Java开发专家

Tomcat与Java Web开发技术详解（第3版）

Helping readers to master Tomcat and Java Web development

孙卫琴 编著

電子工業出版社
Publishing House of Electronics Industry
北京·BEIJING

内 容 简 介

本书结合最新的Tomcat 9版本，详细介绍了开发Java Web应用的各种技术。主要内容包括：Tomcat和Java Web开发的基础知识；Java Web开发的高级技术；在Java Web应用中运用第三方提供的实用软件（如Spring、Velocity和Log4J）的方法，以及Tomcat的各种高级功能。

书中内容注重理论与实践相结合，列举了大量具有典型性和实用价值的Web应用实例，并提供了详细的开发和部署步骤。由于Java Web技术是Oracle公司在Java Servlet规范中提出的通用技术，因此本书讲解的Java Web应用实例，可以运行在任何一个实现Oracle的Servlet规范的Java Web服务器上。随书附赠光盘内容为本书所有实例源文件，以及本书涉及的部分开源软件的最新版本的安装程序。

本书语言深入浅出、通俗易懂。无论是对Java Web开发新手还是Java Web行家来说，本书都是精通Tomcat和开发Java Web应用的必备实用手册。本书还可作为高校Java Web开发的教材，以及企业Java Web的培训教材。

图书在版编目（CIP）数据

Tomcat与Java Web开发技术详解 / 孙卫琴编著. --3版. -- 北京 : 电子工业出版社, 2019.7

ISBN 978-7-121-36155-5

Ⅰ. ①T… Ⅱ. ①孙… Ⅲ. ①JAVA语言－程序设计 Ⅳ. ①TP312

中国版本图书馆CIP数据核字(2019)第048857号

责任编辑：田　蕾　　特约编辑：刘红涛
印　　刷：北京捷迅佳彩印刷有限公司
装　　订：北京捷迅佳彩印刷有限公司
出版发行：电子工业出版社
　　　　　北京市海淀区万寿路173信箱　邮编：100036
开　　本：787×1092　1/16　印张：50.25　字数：1290.4千字
版　　次：2004年4月第1版
　　　　　2019年7月第3版
印　　次：2025年2月第10次印刷
定　　价：129.00元（含光盘1张）

凡所购买电子工业出版社图书有缺损问题，请向购买书店调换。若书店售缺，请与本社发行部联系，联系及邮购电话：（010）88254888，88258888。

质量投诉请发邮件至zlts@phei.com.cn，盗版侵权举报请发邮件至dbqq@phei.com.cn。

本书咨询联系方式：（010）88254161～88254167转1897。

推荐语

在 IT 业，大多数 Java 程序员都看过孙卫琴老师的书，条理清晰、内容严谨，层层剖析复杂的技术架构，结合典型的实例进行细致的讲解，只要读者静下心来好好品读，就能深入 Java 技术的殿堂，领悟其中的核心思想，并掌握实际开发应用的种种技能。

读好书，犹如和名师面对面交流，可以全面地学习和传承名师在这个技术领域里的经验和学识。孙老师及其同仁孜孜不倦地专研 Java 技术，紧跟技术前沿，传道授业，著书立说。无数程序员从中受益，从 Java 小白成长为 Java 大牛。

Oracle 作为 Java 领域的技术引领者和规范制定者，非常欢迎中国作者把最新的 Java 技术介绍給广大 Java 开发人员，孙老师及其同仁们的书刚好满足了这一需求。这本书用原汁原味的本土语言，依据最新的 Servlet 和 JSP 规范，详细介绍了 Java Web 开发的各种实用技术，内容严谨、细致。本书还站在实际开发的角度，介绍了 Java Web 应用与目前各种流行开源框架的整合，使得该书更加具有企业级的参考实用价值。

甲骨文人才产业基地作为 Oracle 在中国业务的拓展，非常欣赏这本书，许多老师和学员都将本书作为首选的 Java Web 开发参考书，从中受益匪浅，轻松上手，循序渐进，最后豁然开朗，精通技术内涵。

王正平

甲骨文人才产业基地教育产品部　总监

本书涵盖了 Java Web 开发技术及多种流行框架的运用技巧，深入浅出地介绍了各种开发步骤。本书是 Java Web 开发必备指南。

张利国 博士

中国文联网络文艺传播中心（新媒体技术负责人）

《Android 移动开发案例详解》等书的作者

本书循序渐进地融合了 Web 基础理论、Tomcat 操作配置、Java Web 程序设计等多方面的知识，并精心提供了实操题供读者练习，兼具广度和深度。既可为入门者提供全面的指引，也可以作为从业人员的“肘后方”，一直是我公司为程序员购买的参考书目之一。计算机类的书籍贵在持续更新，与时俱进，本次新版发行，内容上更加适应了当前行业内的培训和日常开发需求，希望读者都可以像我们一样从中受益。

张　丹

北京增长引擎信息技术有限公司 **CEO**&创始人

前　言

Java 语言已经被广泛用在 Web 应用开发领域，Java Web 应用可以充分发挥 Java 语言自身的优点：跨平台、健壮、稳定、高效的分布运算性能。而且在 Java Web 领域已经出现了许多开放源代码的 Web 容器、框架软件及工具软件，在开发 Web 应用的过程中直接运用这些现成的软件，可以减少开发的成本，提高开发的效率，降低开发的难度。

Tomcat 是在 Oracle 公司的 JSWDK（JavaServer Web DevelopmentKit，Oracle 公司推出的小型 Servlet/JSP 调试工具）的基础上发展起来的一个优秀的 Java Web 应用容器，它是 Apache 开源软件组织的一个子项目。Tomcat 被 *JavaWorld* 杂志评选为 2001 年度最具创新的 Java 产品（Most Innovative Java Product）。同时，它还是 Oracle 公司官方推荐的 Servlet/JSP 容器。因此它受到越来越多的软件公司和开发人员的喜爱。Servlet 和 JSP 的最新规范都在 Tomcat 的新版本中得到了实现。

提示

Java Web 应用容器的主要功能就是运行 Servlet 和 JSP，而 JSP 本质上就是 Servlet。因此本文中提到的 Java Web 应用容器、Servlet/JSP 容器或者 Servlet 容器，实际上都是同一个概念的不同说法。

作为一个开放源代码的软件，Tomcat 得到了开放源代码志愿者的广泛支持，它可以和目前大部分的主流 HTTP 服务器（如 IIS 和 Apache 服务器）一起工作，而且运行稳定、可靠、效率高。

作者根据多年的 Java Web 开发经验，详细阐明了在最新的 Tomcat 9 版本上开发 Java Web 应用涉及的各种技术，并且介绍了如何将 Tomcat 和其他主流 HTTP 服务器集成，以及创建具有实用价值的企业 Java Web 应用的方案。

本书的组织结构和主要内容

本书内容总体上分为两部分。

- 第 1 章至第 23 章：依据 Oracle 的 Java Servlet 规范和 JSP 规范，深入介绍了开发 Java Web 应用的各种技术。
- 第 24 章至第 33 章：介绍 Tomcat 服务器的基本配置和高级配置，从而为 Java Web 应用创建高效的运行环境；介绍在 Java Web 应用中运用第三方提供的实用软件（如

Spring、Velocity 和 Log4J）的方法。

本书按照由浅到深、前后呼应的顺序来安排内容。本书涉及的内容可以细分为以下 5 类：

（1）Tomcat 的基础知识，如表 P-1 所示。

表 P-1　Tomcat 的基础知识

知识点	参考章
Tomcat 服务器作用、结构和安装步骤	第 2 章：Tomcat 简介
配置虚拟主机	第 3 章：第一个 Java Web 应用

（2）Java Web 开发的基础知识，如表 P-2 所示。

表 P-2　Java Web 开发的基础知识

知识点	参考章
HTTP 协议和 Web 运作原理	第 1 章：Web 运作原理探析
Java Web 应用的结构和发布	第 3 章：第一个 Java Web 应用
Servlet 的基本原理，创建 Servlet 的基本步骤，Servlet API 中常用接口和类的用法	第 4 章：Servlet 技术（上）
JSP 基本语法	第 6 章：JSP 技术
bookstore 应用范例	第 7 章：bookstore 应用简介
在 Java Web 应用中访问数据库，配置数据源	第 8 章：访问数据库
在 Java Web 应用中使用 HTTP 会话	第 9 章：HTTP 会话的使用与管理
在 Java Web 应用中访问 JavaBean；JavaBean 在不同范围内的生命周期	第 10 章：JSP 访问 JavaBean
EL 语言	第 12 章：EL 表达式语言

（3）Java Web 开发高级技术，如表 P-3 所示。

表 P-3　Java Web 开发的高级技术

知识点	参考章
用 Servlet 实现文件的上传、文件的下载和生成动态图片	第 5 章：Servlet 技术（下）
ServletContext 监听器 HTTP 会话监听器	第 5 章：Servlet 技术（下） 第 9 章：HTTP 会话的使用与管理
开发 JavaMail Web 应用，配置 Mail Session	第 11 章：开发 JavaMail Web 应用
创建自定义 JSP 标签	第 13 章：自定义 JSP 标签
网站的模板设计	第 14 章：采用模板设计网上书店应用
JSTL 标签库的用法	第 15 章：JSTL Core 标签库 第 16 章：JSTL I18N 标签库 第 17 章：JSTL SQL 标签库 第 18 章：JSTL Functions 标签库
创建国际化的 Web 应用	第 16 章：JSTL I18N 标签库
简单标签和标签文件的用法	第 19 章：简单标签和标签文件
过滤器	第 20 章：过滤器
在 Web 应用中访问 EJB 组件	第 21 章：在 Web 应用中访问 EJB 组件
通过 AXIS 发布和访问 Web 服务	第 22 章：在 Web 应用中访问 Web 服务
Java Web 应用的 MVC 设计模式	第 23 章：Web 应用的 MVC 设计模式

（4）在 Web 应用中运用第三方提供的实用软件，如表 P-4 所示。

表 P-4　在 Java Web 应用中运用第三方提供的实用软件

知识点	参考章
通过 AXIS 发布和访问 Web 服务	第 22 章：在 Web 应用中访问 Web 服务
使用 Spring MVC 框架	第 23 章：Web 应用的 MVC 设计模式
使用 ANT 工具来管理 Web 应用	第 30 章：用 ANT 工具管理 Web 应用
使用 Log4J 进行日志操作	第 31 章：使用 Log4J 进行日志操作
使用 Velocity 模板语言	第 32 章：Velocity 模板语言

（5）Tomcat 的高级功能，如表 P-5 所示。

表 P-5　Tomcat 的高级功能

知识点	参考章
持久性会话管理	第 9 章：HTTP 会话的使用与管理
Tomcat 的控制和管理平台	第 24 章：Tomcat 的控制平台和管理平台
安全域	第 25 章：安全域
Tomcat 与其他 HTTP 服务器（如 Apache HTTP 服务器和 IIS 服务器）集成	第 26 章：Tomcat 与其他 HTTP 服务器集成
Tomcat 集群	第 26 章：Tomcat 与其他 HTTP 服务器集成
在 Tomcat 中配置 SSI	第 27 章：在 Tomcat 中配置 SSI
Tomcat 阀	第 28 章：Tomcat 阀
在 Tomcat 中配置 SSL	第 29 章：在 Tomcat 中配置 SSL
创建嵌入式 Tomcat	第 33 章：创建嵌入式 Tomcat 服务器

本书的范例程序

本书通过以下 3 个 Web 应用范例贯穿全书:

- helloapp 应用
- bookstore（网上书店）应用
- JavaMail Web（javamail）应用

1．helloapp 应用

本书通过 helloapp 应用的例子来讲解 Java Web 开发的基础知识。比如，在第 3 章以 helloapp 应用为例，讲述了发布 Web 应用的步骤。在其他章节中，所有针对单个知识点的 Servlet 和 JSP 的例子，都被发布到 helloapp 应用中。

2．bookstore 应用

bookstore 应用是一个充分运用了所有 Java Web 开发技术的综合实例，它实现了一个网上书店，更加贴近实际应用。为了便于读者循序渐进地掌握 Java Web 应用技术，在书中提供了 bookstore 应用的 5 个版本，它们分别侧重于某些技术。

（1）bookstore version0：通过这个例子读者可以进一步掌握 JSP 编程的技巧，能够灵活地运用 JavaBean 和 HttpSession，并掌握通过 JDBC API 访问数据库的技术。

（2）bookstore version1：该例介绍如何在 Tomcat 中配置 JNDI DataSource（数据源），以及如何在 Web 应用中访问 JNDI DataSource。

（3）bookstore version2：使读者掌握创建 JSP 自定义标签的高级技术，并掌握对网页进行模板设计的方法。

（4）bookstore version3：实现了基于 Java EE 架构的 bookstore 应用，并介绍了在 WildFly 应用服务器上发布 bookstore 应用的方法。

（5）bookstore version4：实现了基于 Web 服务架构的 bookstore 应用。

3. JavaMail Web（javamail）应用

JavaMail Web 应用是一个基于 Web 的邮件客户程序，它向 Web 客户提供了访问邮件服务器上的邮件账号、进行收发邮件和管理邮件夹等功能。通过这个例子，读者可以了解电子邮件的发送和接收协议，掌握 JavaMail API 的使用方法，以及通过 JavaMail API 创建 JavaMail Web 应用的过程。通过这个例子，读者还可以掌握在 Tomcat 中配置 Mail Session 的步骤，以及在 Web 应用中访问 Mail Session 的方法。

这本书是否适合你

阅读本书，要求读者具备 Java 编程的基础知识，作者的另外两本书（《Java 面向对象编程》和《大话 Java：程序设计从入门到精通》）对此做了详细介绍。

本书面向所有打算或已经开发 Java Web 应用的读者。尽管本书在讲解 Java Web 技术时以 Tomcat 作为运行平台，但由于 Java Web 技术是 Oracle 公司在 Java Servlet 规范中提出的通用技术，因此本书讲解的范例，可以运行在任何一个实现 Oracle 的 Servlet 规范的 Java Web 服务器上。另一方面，由于 Tomcat 是 Oracle 公司官方推荐的 Servlet/JSP 容器，因此在学习 Java Web 开发技术或进行实际的开发工作时，Tomcat 是首选的 Java Web 应用容器。

如果你是开发 Java Web 应用的新手，建议按照本书的先后顺序来学习。如果你已经在开发 Java Web 应用方面有丰富的经验，则可以把本书作为实用的 Tomcat 技术和 Java Web 开发技术的参考资料。本书详细介绍了 Servlet API、JDBC API 和 JavaMail API 等的用法，还详细介绍了 JSTL 标签库中各个标签的用法。此外，还介绍了把 Tomcat 与当前其他通用的 HTTP 服务器集成的步骤，以及 Tomcat 的各种高级功能。灵活运用本书介绍的各种开发和配置技巧，将使 Java Web 应用开发更加得心应手。

实践是掌握 Java Web 技术最迅速、有效的办法。本书提供了大量典型的例子，在本书附赠光盘中提供了完整的源代码，以及软件安装程序。本书所有程序均在 Tomcat 9 版本中测试通过，读者可以按照书上介绍的详细步骤亲自动手，在本地机器上配置 Tomcat 开发和运行环境，然后创建和发布 Java Web 应用。

光盘使用说明

本书附赠光盘包含以下目录。

1. software 目录

在该目录下包含了本书涉及的部分开源软件的安装程序，主要包括：

（1）Tomcat 的安装软件

（2）MySQL 服务器的安装软件

（3）Apache HTTP 服务器的安装软件

（4）Ant 的安装软件

（5）AXIS 软件

（6）Log4J 软件

（7）Spring 框架软件

（8）WildFly 软件

（9）Velocity 软件

除了上述软件，本书还会用到 JDK 和 MerakMailServer 软件，受这些软件版权的限制，光盘中未提供这两个软件。读者可以到这些软件的官方网站或者 JavaThinker.net 网站的技术支持网页下载它们。本书的相关章节详细介绍了获取这些软件的途径。

2. sourcecode 目录

在该目录下提供了本书所有的源程序，每一章的源程序位于相应的 sourcecode/chapter*X* 目录下（*X* 代表章节号）。bookstore 应用和 javamail 应用分别位于 sourcecode/bookstores 和 sourcecode/javamails 目录下。

3. lesson 目录

在该目录下提供了与本书配套的精品视频课程。

第三版增加内容

第三版保留了第二版的精华内容，并且在内容的深度和广度方面都做了很大的扩展。第三版主要增加了如下内容：

- 根据最新的 Servlet 规范，增加了新的内容，包括：对请求的异步处理、服务器端推送，以及用标注来配置 Servlet 和过滤器等。
- 根据最新的 JDK、Servlet4 API 以及 EJB3 API，更新了本书中所有的程序代码和配置代码。
- 介绍了最新版本的 Tomcat 9、AXIS 2、Velocity、Log4J 等软件的用法。介绍了最新版本的 Tomcat 与 Apache HTTP 服务器，以及 IIS 服务器集成的方法。

- 在介绍 MVC 设计模式时，介绍了 Spring MVC 框架在 Java Web 中的具体运用方法。
- 在本书附赠光盘中包含了书中所有的源代码和大部分软件的最新版本。此外，还提供了与本书配套的精品视频课程。
- 还为本书多数章节提供了精心设计的思考题及答案，帮助读者理解和巩固书中阐述的知识。

本书技术支持网址

以下网址是作者为本书提供的技术支持网址，读者可通过它获取最新的 Java Web 开发技术资料，下载与本书相关的资源（如源代码、软件安装程序、讲义、视频教程等），还可以与其他读者交流学习心得，与作者联系，以及对本书提出宝贵意见：

http://www.javathinker.net/javaweb.jsp

致谢

本书在编写过程中得到了 Apache 软件组织和 Oracle 公司的大力技术支持，本书第一版和第二版的读者以及 JavaThinker.net 网站的网友为本书的编写提供了有益的帮助，在此表示衷心的感谢！尽管我们尽了最大努力，但本书难免会有不妥之处，欢迎各界专家和读者朋友批评指正。

目录

第 1 篇

Java Web 开发技术详解

第 2 篇

Tomcat 配置及第三方实用软件的用法

第 1 章　Web 运作原理探析

所有上过网的人都熟悉这样的过程：用户在客户机上运行浏览器程序，在浏览器中输入一个 URL 地址，这个地址指向的网页就会从远程 Web 服务器被发送到客户机，并且由客户机上的浏览器将其展示出来。本章从 Web 的概念入手，逐步向读者展示 Web 的本质以及运作原理，读者不妨带着以下问题去阅读本章开头的内容：

- 在整个 Web 体系中，浏览器和 Web 服务器各自的功能是什么？
- 浏览器和 Web 服务器采用 HTTP 协议进行通信，该协议规定了通信的哪些具体细节？

本章接着介绍了 Web 的发展历程。

- 第一个阶段：发布静态 HTML 文档。
- 第二个阶段：发布静态多媒体信息。
- 第三个阶段：提供浏览器端与用户的动态交互功能。
- 第四个阶段：提供服务器端与用户的动态交互功能。
- 第五个阶段：发布基于 Web 的应用程序，即 Web 应用。
- 第六个阶段：发布 Web 服务。
- 第七个阶段：先后推出 Web 2.0 以及 Web 3.0。Web 2.0 是全民共建的 Web，用户共同为 Web 提供丰富的内容。在 Web 3.0 中，网络为用户提供更智能、更个性化的服务。

本章介绍了以上各个阶段所涉及的技术，例如在第一阶段主要通过 HTML 语言来生成超级文本文档，在第四个阶段通过 CGI、ASP 或 JSP 等技术使得 Web 服务器具备动态执行代码的功能。

本章利用 Java 套接字（Socket）实现了一个简单的基于 HTTP 协议的客户程序和服务器程序。这个例子贯穿本章，它能增加读者对 HTTP 协议的感性认识，让读者直观地理解 Web 运作的基本原理。本章还通过完善这个例子，来演示在 Web 发展的不同阶段，客户端和 Web 服务器端各自取得的技术进展。

1.1 Web 的概念

如今，Web 是网络上使用最广泛的分布式应用架构，它最初由 Tim Berners-Lee 发明。1980 年，Tim Berners-Lee 负责一个名为 Enquire（Enquire Within Upon Everything）的项目，该项目确立了 Web 的雏形。1990 年 11 月，第一个名为“nxoc01.cern.ch”的 Web 服务器开始运行，Tim Berners-Lee 在自己编写的图形化 Web 浏览器“WorldWideWeb”上看到了最早的 Web 页面。1991 年，CERN（European Laboratory for Particle Physics）组织正式发布了 Web 技术标准。目前，与 Web 相关的各种技术标准都由著名的 W3C 组织（World Wide Web Consortium）来管理和维护。

Web 的概念如下：Web 是一种分布式应用架构，旨在共享分布在网络上的各个 Web 服务器中所有互相连接的信息。Web 采用客户/服务器通信模式，客户与服务器之间用 HTTP 协议通信。Web 使用超级文本技术（HTML）来连接网络上的信息。信息存放在服务器端，客户机通过浏览器（例如 IE 或 Chrome）就可以查找网络中各个 Web 服务器上的信息。

与 Web 相关的一个概念是 WWW（World Wide Web）。WWW 是指全球范围内的 Web，它以 Internet 作为网络平台，Internet 是来自世界各地的众多相互连接的计算机和其他设备的集合，而 WWW 则是 Internet 上的一种分布式应用架构。

如图 1-1 所示，Web 服务器上存放了代表各种信息的 HTML 文档、图片文件、声音文件以及视频文件等。这些信息通过超级文本技术就能相互连接起来。浏览器采用 HTTP 协议与 Web 服务器通信，就能访问到 Web 服务器上的各种信息。

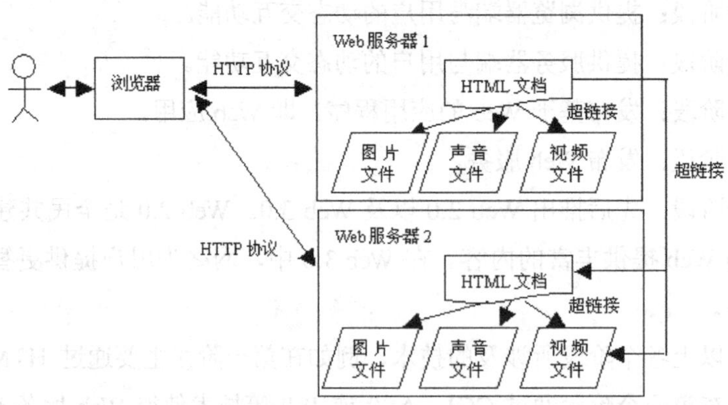

图 1-1　Web 运作示意图

归纳起来，Web 具有以下 3 个特征。

- 信息表达：用超级文本技术（HTML）来表达信息，以及建立信息与信息的连接，参见本章 1.2 节。
- 信息定位：用统一资源定位技术（URL）来实现网络上信息的精确定位，参见本章 1.3 节。

- 信息传输：用网络应用层协议（HTTP）来规范浏览器与 Web 服务器之间的通信过程，参见本章 1.4 节。

以上 3 个特征分别围绕网络上信息的表达、定位和传输来展开。从抽象层面上理解，Web 是一个巨大的信息集合，Web 的首要任务就是向人们提供信息服务。这些相互连接的信息尽管在物理上分布在网络的不同机器节点上，但是，对于访问信息的用户而言，用户可以用统一的方式在浏览器上访问来自世界各地的信息。因此在用户眼里，这些信息在逻辑上是一个相互连接的统一整体。

1.2　HTML 简介

HTML（Hyper Text Markup Language）是指超文本标记语言。上一节已经讲过，Web 的首要任务就是向人们提供信息服务，信息可以用文本、图片、声音和图像等形式来表示。用 HTML 语言编写的文档，即 HTML 文档，不仅可以直接包含文本内容，还可以把其他形式的信息包含进来。HTML 文档具有以下特点：

- 允许直接包含纯文本形式的信息。
- 利用<img>、<audio>和<video>等标记来包含图片、声音和视频等多媒体形式的信息。
- 利用<table>、<p>、
和<b>等标记来设定信息在浏览器中的展示格式。
- 利用超链接标记<a>来连接其他信息。

提示

站在技术角度，本章 1.1 节把 HTML 阐述为超文本技术；站在语言的角度，本节把 HTML 阐述为超文本标记语言。这就像 Java 既是编程技术，也是编程语言，尽管说法不同，但实质上是一回事。

例程 1-1 的 javabook.htm 文件就是一个 HTML 文档。

例程 1-1　javabook.htm

```
<head>
  <title>Java 面向对象编程第二版</title>
</head>

<body>
  <table width="30%" border="1" >
    <tr>
      <td width="13%" >
        <img src="javacover.jpg" width="110" height="149" />
      </td>
      <td width="87%" >
        【书名】Java 面向对象编程第二版  <br>
        【出版社】
        <a href="http://www.phei.com.cn" >电子工业出版社</a>  <br>
        【出版时间】2017/1/1  <br>
        【作者】孙卫琴  <br>
```

```
      【好评】经典 Java 编程书籍  <br>
    </td>
  </tr>

  <tr>
    <td colspan="2">
      【配套视频教程】 <br>
      <video width="288" height="162" controls="controls">
        <source src="javalesson.mp4" type="video/mp4">
      </video>
    </td>
  </tr>
</table>

</body>
</html>
```

在 javabook.htm 文件中，除了纯文本内容，还包含各种各样的 HTML 标记。例如，<table>标记用于绘制表格，<img>标记用于加载图片，而<video>标记用于播放视频。<a>是超链接标记，本章 1.5.2 节介绍了超链接的具体运作原理。在本例中，以下代码提供了到电子工业出版社主页的链接：

```
<a href="http://www.phei.com.cn" >电子工业出版社</a>
```

浏览器"看得懂"HTML 语言，它能够解析 HTML 文档中的标记，然后在自己的窗口中直观地展示 HTML 文档。如图 1-2 所示是浏览器展示 javabook.htm 文件的效果。人们通常所说的网页或者 Web 页面，就是指 HTML 文档在浏览器中展示的页面。

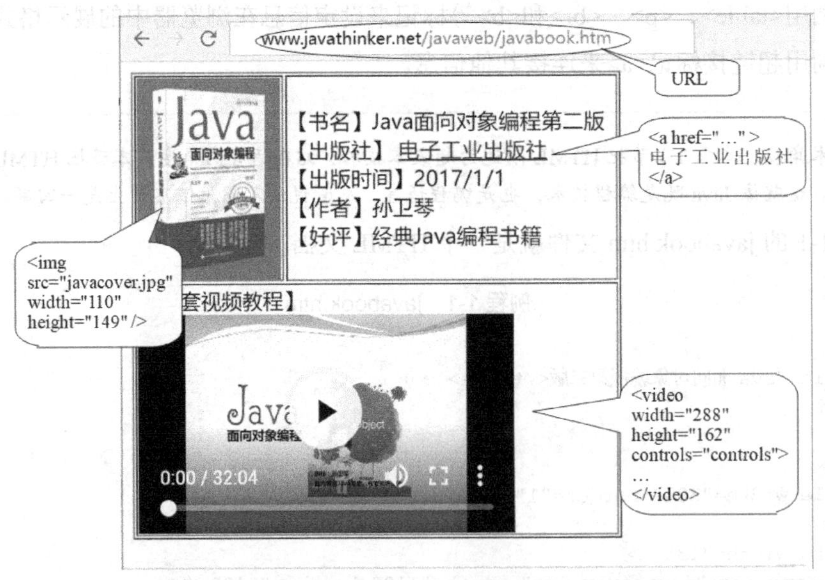

图 1-2　javabook.htm 文件在浏览器中展示的页面

在 HTML 语言中，<b>标记指定用粗体字形式来展示特定的文本。当浏览器解析 HTML 文档时，会把"<b>"解析为 HTML 标记，而不是普通的文本。那么，如果需要在网页中显示字符"<"或">"该怎么办呢？此时可以使用转义字符。下面的 mytext.htm 文件代码使用了 HTML 语言中以"&"开头的转义字符，其中，"<"表示字符"<"，">"表示字

符“>”:

```
&lt;b&gt;标记使得文本用粗体字显示。<br>
例如，&lt;b&gt;hello&lt;/b&gt;的实际显示效果为:

<b>hello</b>
```

mytext.htm 的实际显示效果如图 1-3 所示。

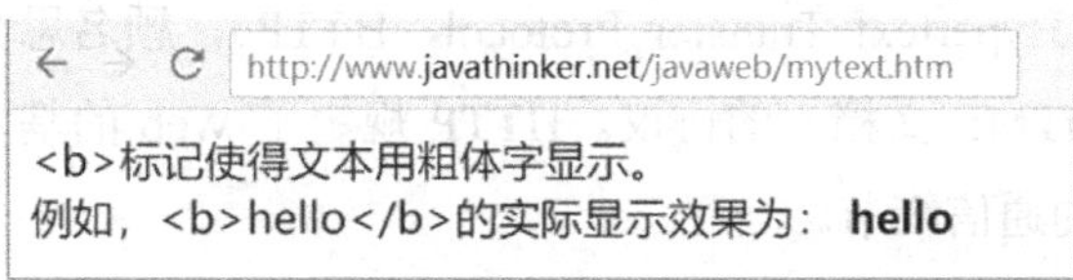

图 1-3　mytext.htm 的实际显示效果

从图 1-3 可以看出，mytext.htm 文件中的“<b>”被浏览器解析为普通文本“<b>”；而“<b>hello</b>”被浏览器解析为用粗体字显示 hello，此处的“<b>”和“</b>”被浏览器解析为 HTML 标记，而不是普通的文本。

如表 1-1 列出了常见的 HTML 转义字符和实际字符的对应关系。在 HTML 文档中，如果不希望浏览器把某个字符解析为 HTML 标记的一部分，就应该使用转义字符。

表 1-1　常见的 HTML 转义字符和实际字符的对应关系

实际字符	转义字符
单引号：‘	'
双引号：“	"
小于：<	<
大于：>	>
与：&	&
空格	

1.3　URL 简介

当用户打开浏览器，输入一个 URL 地址时，就能接收到远程 Web 服务器发送过来的数据。统一资源定位器（Uniform Resource Locator，URL）是专为标记网络上资源的位置而设的一种编址方式。URL 一般由以下 3 个部分组成:

- 应用层协议
- 主机 IP 地址或域名
- 资源所在路径/文件名

URL 的格式如下：

```
应用层协议://主机 IP 地址或域名/资源所在路径/文件名
```

例如，对于 URL：http://www.javathinker.net/Java Web/javabook.htm，其中，“http”是应用层协议，“www.javathinker.net”是 Web 服务器的域名，“Java Web”是文件所在路径，

“javabook.htm”是文件名。

1.4 HTTP 简介

超文本传输协议（Hypertext Transfer Protocol，HTTP），顾名思义，是关于如何在网络上传输超级文本（即 HTML 文档）的协议。HTTP 规定了 Web 的基本运作过程，以及浏览器与 Web 服务器之间的通信细节。

HTTP 采用客户/服务器通信模式，服务器端为 HTTP 服务器，HTTP 服务器也称作 Web 服务器；客户端为 HTTP 客户程序，浏览器是最常见的 HTTP 客户程序。

如图 1-4 所示，在分层的网络体系结构中，HTTP 位于应用层，建立在 TCP/IP 的基础上。HTTP 使用可靠的 TCP 连接，默认端口是 80 端口。HTTP 的第一个版本是 HTTP/0.9，后来发展到了 HTTP/1，现在最新的版本是 HTTP/2。值得注意的是，在目前的实际运用中，HTTP/2 并没有完全取代 HTTP/1，而是这两种协议在网络上并存，也就是说，许多 Web 服务器和浏览器之间既可以通过 HTTP/1 通信，也可以通过 HTTP/2 来通信。

国际互联网工程任务组（The Internet Engineering Task Force，IETF）制定了 HTTP 的细节。其中，HTTP/1.1 对应的 RFC 文档为 RFC2616，它对 HTTP/1.1 做了详细的阐述，网址为：http://www.ietf.org/rfc/rfc2616.txt。HTTP/2 对应的 RFC 文档为 RFC7540，它对 HTTP/2 做了详细的阐述，网址为：http://www.ietf.org/rfc/rfc7540.txt。

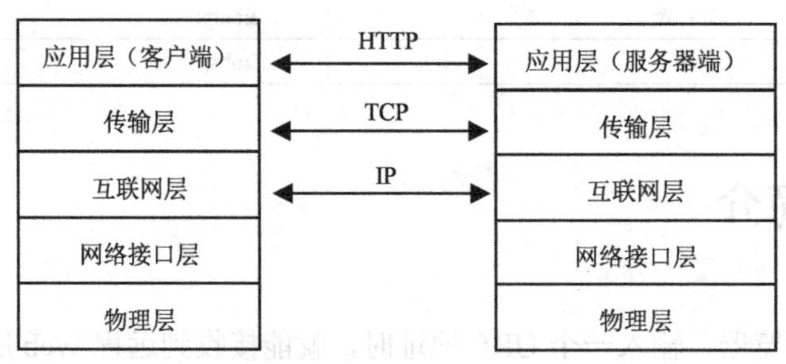

图 1-4　HTTP 位于应用层

HTTP 规定 Web 的基本运作过程基于客户/服务器通信模式，客户端主动发出 HTTP 请求，服务器接收 HTTP 请求，再返回相应的 HTTP 响应结果。如图 1-5 所示，客户端与服务器之间的一次信息交换包括以下过程：

（1）客户端与服务器端建立 TCP 连接。

（2）客户端发出 HTTP 请求。

（3）服务器端发回相应的 HTTP 响应。

（4）客户端与服务器之间的 TCP 连接关闭。

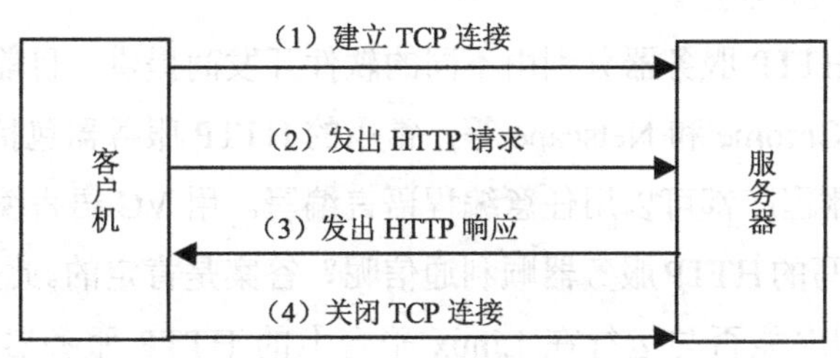

图 1-5　HTTP 规定的信息交换过程

提示

从 HTTP/1.1 版本开始，为了提高服务器端响应客户端请求的性能，在一个 TCP 连接中，允许处理多个 HTTP 请求。

当用户在浏览器中输入 URL 地址 http://www.javathinker.net/Java Web/javabook.htm 后，浏览器与服务器之间的具体通信过程如下：

（1）浏览器与网络上的域名为 www.javathinker.net 的 Web 服务器建立 TCP 连接。

（2）浏览器发出要求访问 Java Web/javabook.htm 的 HTTP 请求。

（3）Web 服务器接收到 HTTP 请求后，解析 HTTP 请求，然后发回包含 javabook.htm 文件数据的 HTTP 响应。

（4）浏览器接收到 HTTP 响应后，解析 HTTP 响应，在窗口中展示 javabook.htm 文件，参见本章 1.2 节的图 1-2 所示。

（5）浏览器与 Web 服务器之间的 TCP 连接关闭。

提示

在 javabook.htm 文件中包含<img>和<video>标记，当浏览器解析这些标记时，还会向服务器端请求访问标记中指定的文件，具体运作细节请参见本章的 1.5.3 节和 1.6.2 节。

在本章 1.2 节的例程 1-1 的 javabook.htm 文件中有一个超链接：

```
<a href="http://www.phei.com.cn" >电子工业出版社</a>
```

当用户在本章 1.2 节的图 1-2 中用鼠标单击“电子工业出版社”超链接时，将会触发浏览器与 Web 服务器开始一次新的 HTTP 通信，在这次通信过程中，浏览器会发出请求访问电子工业出版社主页的 HTTP 请求。

从浏览器与 Web 服务器的通信过程中，可以看出浏览器应该具备以下功能：

- 请求与 Web 服务器建立 TCP 连接。
- 创建并发送 HTTP 请求。
- 接收并解析 HTTP 响应。
- 在窗口中展示 HTML 文档。

Web 服务器应该具备以下功能：

- 接收来自浏览器的 TCP 连接请求。
- 接收并解析 HTTP 请求。

- 创建并发送 HTTP 响应。

HTTP 客户程序和 HTTP 服务器分别由不同的软件开发商提供。目前常用的 HTTP 客户程序包括 IE、Firefox、Chrome 和 Netscape 等，常用的 HTTP 服务器包括 IIS 和 Apache 等。HTTP 客户程序和服务器程序都可以用任意编程语言编写。用 VC 语言编写的 HTTP 客户程序能否与用 Java 语言编写的 HTTP 服务器顺利通信呢？答案是肯定的。此外，运行在 Windows 平台上的 HTTP 客户程序能否与运行在 Linux 平台上的 HTTP 服务器通信呢？答案也是肯定的。

HTTP 客户程序和服务器程序分别用不同的语言编写，并且运行在不同的平台上，如何能“看懂”对方发送的数据呢？这要归功于 HTTP。HTTP 严格规定了 HTTP 请求和 HTTP 响应的具体数据格式，只要 HTTP 服务器与客户程序之间的交换数据都遵守 HTTP，双方就能“看得懂”对方发送的数据，从而能顺利交流。

下面的 1.4.1 节和 1.4.2 节以 HTTP/1.1 版本为例，介绍了 HTTP 请求和 HTTP 响应的具体格式。

1.4.1 HTTP 请求格式

HTTP 规定，HTTP 请求由如下 3 部分构成：

- 请求方法、URI 和 HTTP 的版本。
- 请求头（Request Header）。
- 请求正文（Request Content）。

下面的代码是一个 HTTP/1.1 请求的例子。

```
POST /hello.jsp HTTP/1.1
Accept: image/gif, image/jpeg, */*
Referer: http://localhost/login.htm
Accept-Language: en,zh-cn;q=0.5
Content-Type: application/x-www-form-urlencoded
Accept-Encoding: gzip, deflate
User-Agent: Mozilla/5.0 (Windows NT 10.0; WOW64;
        Trident/7.0; rv:11.0) like Gecko
Host: localhost
Content-Length: 40
Connection: Keep-Alive
Cache-Control: no-cache

username=Tom&password=1234&submit=submit
```

1. 请求方式、URI 和 HTTP 的版本

HTTP 请求的第一行包括请求方式、URI 和协议版本这 3 项内容，以空格分开：

```
POST /hello.jsp HTTP/1.1
```

在以上代码中，“POST”为请求方式，“/hello.jsp”为 URI，“HTTP/1.1”为 HTTP 的版本。

提示

上文提到的统一资源标识符（Uniform Resource Identifier，URI）是一种用字符串来唯一标记信息的工业标准（对应的 RFC 文档为 RFC2396），它使用的范围及方式都较为广泛，URL 属于 URI 的一个子类别。

根据 HTTP，HTTP 请求可以使用多种方式，主要包括以下几种。

- GET：这种请求方式最为常见，客户程序通过这种请求方式访问服务器上的一个文档，服务器把文档发送给客户程序。
- POST：客户程序可以通过这种方式发送大量信息给服务器。在 HTTP 请求中除了包含要访问的文档的 URI，还包括大量的请求正文，这些请求正文中通常会包含 HTML 表单数据。
- HEAD：客户程序和服务器之间交流一些内部数据，服务器不会返回具体的文档。当使用 GET 和 POST 方法时，服务器最后都将特定的文档返回给客户程序。而 HEAD 请求方式则不同，它仅仅交流一些内部数据，这些数据不会影响用户浏览网页的过程，可以说对用户是透明的。HEAD 请求方式通常不单独使用，而是对其他请求方式起辅助作用。一些搜索引擎使用 HEAD 请求方式来获得网页的标志信息，还有一些 HTTP 服务器进行安全认证时，用这个方式来传递认证信息。
- PUT：客户程序通过这种方式把文档上传给服务器。
- DELETE：客户程序通过这种方式来删除远程服务器上的某个文档。客户程序可以利用 PUT 和 DELETE 请求方式来管理远程服务器上的文档。

GET 和 POST 请求方式最常用，而 PUT 和 DELETE 请求方式并不常用，因此不少 HTTP 服务器并不支持 PUT 和 DELETE 请求方式。

统一资源定位符（Universal Resource Identifier，URI）用于标记要访问的网络资源。在 HTTP 请求中，通常只要给出相对于服务器根目录的相对目录即可，相对目录以“/”开头。

HTTP 请求的第一行的最后一部分内容为客户程序使用的 HTTP 的版本。

2．请求头（Request Header）

请求头包含许多有关客户端环境和请求正文的有用信息。例如，请求头可以声明浏览器的类型、所用的语言、请求正文的类型，以及请求正文的长度等：

```
Accept: image/gif, image/jpeg, */*
Referer: http://localhost/login.htm
Accept-Language: en,zh-cn;q=0.5                        //浏览器所用的语言
Content-Type: application/x-www-form-urlencoded        //正文类型
Accept-Encoding: gzip, deflate
User-Agent: Mozilla/5.0 (Windows NT 10.0; WOW64;       //浏览器类型
          Trident/7.0; rv:11.0) like Gecko
Host: localhost                                        //远程主机
Content-Length: 40                                     //正文长度
Connection: Keep-Alive
Cache-Control: no-cache
```

3．请求正文（Request Content）

HTTP 规定，请求头和请求正文之间必须以空行分隔（即只有 CRLF 符号的行），这个空行非常重要，它表示请求头已经结束，接下来是请求正文。请求正文中可以包含客户以 POST 方式提交的表单数据：

```
username=Tom&password=1234&submit=submit
```

在以上 HTTP 请求例子中，请求正文只有一行内容。在实际应用中，HTTP 请求的正文可以包含更多的内容。

提示

CRLF（Carriage Return Linefeed）是指回车符和行结束符“\r\n”。

1.4.2　HTTP 响应的格式

和 HTTP 请求相似，HTTP 响应也由 3 部分构成，分别是：

- HTTP 的版本、状态代码和描述。
- 响应头（Response Header）。
- 响应正文（Response Content）。

下面的代码是一个 HTTP/1.1 响应的例子：

```
HTTP/1.1 200 OK
Server: Apache-Coyote/1.1
Content-type: text/html; charset=GBK
Content-length: 102

<html>
<head>
  <title>HelloWorld</title>
</head>
<body >
  <h1>hello</h1>
</body>
</html>
```

1．HTTP 的版本、状态代码和描述

HTTP 响应的第一行包括服务器使用的 HTTP 的版本、状态代码，以及对状态代码的描述，这 3 项内容之间以空格分隔。在本例中，使用 HTTP1.1 协议，状态代码为 200，该状态代码表示服务器已经成功地处理了客户端发出的请求：

```
HTTP/1.1 200 OK
```

状态代码是一个 3 位整数，以 1、2、3、4 或 5 开头：

- 1xx：信息提示，表示临时的响应。
- 2xx：响应成功，表明服务器成功地接收了客户端请求。
- 3xx：重定向。

- 4xx：客户端错误，表明客户端可能有问题。
- 5xx：服务器错误，表明服务器由于遇到某种错误而不能响应客户请求。

以下是一些常见的状态代码：

- 200：响应成功。
- 400：错误的请求。客户发送的 HTTP 请求不正确。
- 404：文件不存在。在服务器上没有客户要求访问的文档。
- 405：服务器不支持客户的请求方式。
- 500：服务器内部错误。

2. 响应头（Response Header）

响应头也和请求头一样包含许多有用的信息，例如服务器类型、正文类型和正文长度等，如下所示：

```
Server: Apache-Coyote/1.1                    //服务器类型
Content-type: text/html; charset=GBK         //正文类型
Content-length: 102                          //正文长度
```

3. 响应正文（Response Content）

响应正文就是服务器返回的具体数据，它是浏览器真正请求访问的信息，最常见的是 HTML 文档，如下所示：

```
<html>
<head>
  <title>HelloWorld</title>
</head>
<body >
  <h1>hello</h1>
</body>
</html>
```

HTTP 请求头与请求正文之间必须用空行分隔，同样，HTTP 响应头与响应正文之间也必须用空行分隔。

当浏览器接收到 HTTP 响应后，会根据响应正文的不同类型来进行不同的处理。例如，对于大多数浏览器，如果响应正文是 DOC 文档，就会借助安装在本机的 Word 程序来打开这份 DOC 文档，如果响应正文是 RAR 压缩文档，就会弹出一个下载窗口让用户下载。例如，当用户在 IE 浏览器中输入 URL 地址 http://www.javathinker.net/software/tomcat9.zip 以后，浏览器就会弹出如图 1-6 所示的下载窗口。

最常见的情况是响应正文为 HTML 文档，浏览器会在自身的窗口中展示该文档，参见本章 1.2 节的图 1-2 所示。

图 1-6　IE 浏览器提示用户下载压缩文档

1.4.3 正文部分的 MIME 类型

HTTP 请求以及响应的正文部分可以是任意格式的数据，如何保证接收方能“看懂”发送方发送的正文数据呢？HTTP 采用 MIME 协议来规范正文的数据格式。

MIME 协议由 W3C 组织制定，RFC2045 文档（http://www.ietf.org/rfc/rfc2045.txt）对 MIME 协议做了详细阐述。MIME（Multipurpose Internet Mail Extension）是指多用途网络邮件扩展协议，这里的邮件不单纯地指 E-Mail，还可以包括通过各种应用层协议在网络上传输的数据。因此，也可以将 HTTP 中的请求正文和响应正文看作邮件。MIME 规定了邮件的标准数据格式，从而使得接收方能“看懂”发送方发送的邮件。

遵守 MIME 协议的数据类型统称为 MIME 类型。在 HTTP 请求头和 HTTP 响应头中都有一个 Content-type 项，用来指定请求正文部分或响应正文部分的 MIME 类型。表 1-2 列出了常见的 MIME 类型与文件扩展名之间的对应关系。

表 1-2　文件扩展名与 MIME 类型的对应关系

文件扩展名	MIME 类型
未知的数据类型或不可识别的扩展名	content/unknown
.bin、.exe、.o、.a、.z	application/octet-stream
.pdf	application/pdf
.zip	application/zip
.tar	application/x-tar
.gif	image/gif
.jpg、.jpeg	image/jpeg
.htm、.html	text/html
.text、.c、.h、.txt、.java	text/plain
.mpg、.mpeg	video/mpeg
.xml	application/xml

本章的 1.8 节会介绍从浏览器端向服务器端上传文件的例子。在这个例子中，浏览器向服务器发送的正文部分的 MIME 类型为 multipart/form-data，浏览器会依据 MIME 协议来创建这种类型的正文数据，参见 1.8 节的图 1-23 所示。

1.4.4 HTTP 各个版本的特点

HTTP 发展至今，已经经历了好几个版本，下面简要介绍各个版本的主要特点。

1．HTTP/0.9

HTTP /0.9 于 1991 年发布，是最简单的 HTTP。HTTP 请求中不包含 HTT 的版本号和头部信息，并且只有一个 GET 方法。HTTP 响应结果只能包含 HTML 文档，不允许包含多媒体文件。HTTP/0.9 很快就被 HTTP/1.0 取代。

2．HTTP/1.0

HTTP/1.0 于 1996 年发布，它在 HTTP/0.9 的基础上做了很大的改进，应用广泛。HTTP/1.0 中的 HTTP 请求不仅支持 GET 方法，还支持 POST 和 HEAD 方法。HTTP 响应结果中可以包含 HTML 文档、图片、视频或其他类型的数据。

HTTP/1.0 的请求和响应都增加了版本号和头部信息。响应结果中包含状态码、授权认证、缓存和内容编码等信息。

HTTP/1.0 的一个主要缺点是：在一个 TCP 连接中只能发出一次 HTTP 请求，即针对每个 HTTP 请求都需要重新建立一个 TCP 连接。而频繁建立客户端与服务器端的 TCP 连接很耗资源，会减缓服务端响应客户端请求的速度。

3．HTTP/1.1

HTTP/1.1 于 1999 年发布，它在 HTTP/1.0 的基础上做了很大改进，是目前应用非常广泛的版本。

（1）持久 TCP 连接

在 HTTP/1.1 请求头中，以下选项用来设定持久 TCP 连接的参数：

```
Connection: Keep-Alive
Keep-Alive: max=5, timeout=120
```

HTTP/1.1 建立 TCP 连接后，默认情况下不会在处理完一个 HTTP 请求后立即断开，而是允许处理多个有序的 HTTP 请求。客户端如果想要关闭连接，可以在最后一个请求的请求头中，加上“Connection:close”选项来指定安全关闭这个连接，或者当连接闲置时间达到指定值时，也会自动断开连接。在以上范例代码中，max 参数指定一个 TCP 连接允许处理的最大 HTTP 请求数目，timeout 参数指定 TCP 连接的最长闲置时间。

（2）管道机制

HTTP/1.1 引入了管道机制，即在一个 TCP 连接中，客户端发出一个 HTTP 请求后，不需要等待收到服务器端的 HTTP 响应后，才发送下一个请求，客户端可以连续发送几个请求，服务端按照接受请求的先后顺序，依次把响应返回给客户端。

（3）支持更多的请求方法

HTTP1/.1 请求支持更多的请求方法，例如 PUT 和 DELETE 方法等。

HTTP/1.1 的缺点是虽然支持持久 TCP 连接，并引入了管道机制，但核心处理机制还是按照先后顺序来处理 HTTP 请求的，并依次返回响应内容。只有前一个 HTTP 响应生成完毕，才能生成下一个响应。如果生成前一个响应非常慢，那么后面的响应任务只能等待，这样会导致响应任务队列堵塞。

4．HTTP/2.0

HTTP/2.0 于 2015 年发布，它的显著特点是低延时传输，相比 HTTP /1.1，前者主要在二进制协议、多路复用、头部信息压缩、推送、请求优先级和安全等方面做了创新或改进。

（1）二进制协议

HTTP/2.0 将数据分成一个一个的帧，头部帧存储元数据（即头部信息），数据帧存放正文数据。HTTP/1.1 请求和响应的头部信息是文本，正文数据则既可以是文本，也可以是二进制数据；而 HTTP/2.0 请求和响应的头部和正文部分都是二进制数据。

（2）多路复用

在同一个 TCP 连接中，可以并发传输多个响应的结果二进制数据流，这就解决了 HTTP/1.1 中的响应任务队列堵塞问题。

（3）头部压缩

当同一个客户端不断访问服务器时，有很多重复的数据，比如，Cookie 数据会在请求头中反复发送，这会增加带宽的使用以及延迟。为了解决这个问题，HTTP/2.0 引入了头部压缩机制。

头部信息不是以 gzip 或 compress 等格式进行压缩的，而是使用霍夫曼编码对文本值进行编码的，所有头部信息都被放在一张头部信息表里面，由客户端和服务器共同维护，随后的请求中省略所有重复的信息，仅使用一个索引号，服务端根据索引号从头部信息表中检索相应的信息。

（4）推送

服务器推送是 HTTP/2.0 的另一个巨大功能，当服务器知道客户端将要请求某个资源时，就会主动将该资源推送到客户端，甚至不需要客户端主动发出请求。

比如，当客户端请求访问一个网页时，若服务器端发现这个网页里面包含图片资源和脚本资源，就会主动把这些图片资源和脚本资源也发送到客户端，这样就减少了客户端发送请求的次数。

（5）请求优先级

客户端可以在请求头里添加一个优先级信息来为请求数据的二进制流分配优先级。如果二进制流没有任何优先级信息，则服务器异步处理请求，即不分优先顺序来处理。如果二进制流有优先级，那么服务器会根据这个优先级信息来决定处理这个请求的轻重缓急程度。

（6）安全

默认情况下，HTTP/2.0 都基于安全传输层协议（Transport Layer Security，TLS）来进行安全的通信。TLS 协议会确保客户端与服务器端通信过程中数据的保密性和完整性。

1.5 用 Java 套接字创建 HTTP 客户与服务器程序

本节演示用 Java 套接字来创建简单的 HTTP 客户和服务器程序，这有助于读者更直观地理解 Web 运作原理。为了简化范例程序，本节对客户端（通常为浏览器）与服务器端的 HTTP 通信过程做了简化，假定在一个 TCP 连接中仅处理一个 HTTP 请求。当用户在浏览器中输入一个指向特定网页的URL地址时，浏览器就会生成一个HTTP请求，建立与远程HTTP服务器的TCP连接，然后把HTTP请求发送给远程HTTP服务器，HTTP服务器再返回包含相应网页数据的HTTP响应，浏览器最后把这个网页显示出来。当浏览器与服务器之间的数据交换完毕以后，服务器端就会断开连接。如果用户希望访问新的网页，浏览器会再次建立与服务器的连接。

如例程 1-2 的 HTTPServer 类实现了一个简单的 HTTP 服务器，它接收客户程序发出的 HTTP 请求，把它打印到控制台，然后解析 HTTP 请求，并向客户端发回相应的 HTTP 响应。

例程 1-2 HTTPServer.java

```
package server;
import java.io.*;
import java.net.*;

public class HTTPServer{
 public static void main(String args[]) {
   int port;
   ServerSocket serverSocket;

   try {
     port = Integer.parseInt(args[0]);
    }catch (Exception e) {
     System.out.println("port = 8080 (默认)");
     port = 8080; //默认端口为8080
    }

    try{
     serverSocket = new ServerSocket(port);
     System.out.println("服务器正在监听端口："
               + serverSocket.getLocalPort());

     while(true) { //服务器在一个无限循环中不断接收来自客户的TCP连接请求
       try{
         //等待客户的TCP连接请求
         final Socket socket = serverSocket.accept();
         System.out.println("建立了与客户的一个新的TCP连接，"
              +"该客户的地址为："
              +socket.getInetAddress()+":" + socket.getPort());

         service(socket);  //响应客户请求
      }catch(Exception e){
        System.out.println("客户端请求的资源不存在");}
    } //#while
   }catch (Exception e) {e.printStackTrace();}
 }

 /** 响应客户的HTTP请求 */
 public static void service(Socket socket)throws Exception{

   /*读取HTTP请求信息*/
   InputStream socketIn=socket.getInputStream(); //获得输入流
   Thread.sleep(500);  //睡眠500毫秒，等待HTTP请求
   int size=socketIn.available();
```

```
        byte[] buffer=new byte[size];
        socketIn.read(buffer);
        String request=new String(buffer);
        System.out.println(request); //打印 HTTP 请求数据

        /*解析 HTTP 请求*/
        //获得 HTTP 请求的第一行
        int endIndex=request.indexOf("\r\n");
        if(endIndex==-1)
          endIndex=request.length();
        String firstLineOfRequest=
                  request.substring(0,endIndex);

        //解析 HTTP 请求的第一行
        String[] parts=firstLineOfRequest.split(" ");
        String uri="";
        if(parts.length>=2)
          uri=parts[1]; //获得 HTTP 请求中的 uri

        /*决定 HTTP 响应正文的类型，此处做了简化处理*/
        String contentType;
        if(uri.indexOf("html")!=-1 || uri.indexOf("htm")!=-1)
          contentType="text/html";
        else if(uri.indexOf("jpg")!=-1 || uri.indexOf("jpeg")!=-1)
          contentType="image/jpeg";
        else if(uri.indexOf("gif")!=-1)
          contentType="image/gif";
        else
          contentType="application/octet-stream";  //字节流类型


        /*创建 HTTP 响应结果 */
        //HTTP 响应的第一行
        String responseFirstLine="HTTP/1.1 200 OK\r\n";
        //HTTP 响应头
        String responseHeader="Content-Type:"+contentType+"\r\n\r\n";
        //获得读取响应正文数据的输入流
        InputStream in=HTTPServer
                       .class
                       .getResourceAsStream("root/"+uri);

        /*发送 HTTP 响应结果 */
        OutputStream socketOut=socket.getOutputStream(); //获得输出流
        //发送 HTTP 响应的第一行
        socketOut.write(responseFirstLine.getBytes());
        //发送 HTTP 响应的头
        socketOut.write(responseHeader.getBytes());
        //发送 HTTP 响应的正文
        int len=0;
        buffer=new byte[128];
        while((len=in.read(buffer))!=-1)
        socketOut.write(buffer,0,len);

        Thread.sleep(1000);  //睡眠 1 秒，等待客户接收 HTTP 响应结果
        socket.close(); //关闭 TCP 连接
      }
    }
```

在以上 HTTPServer 类的 service()方法中，先读取 HTTP 请求数据，然后获得 HTTP 请求中的 URI，随后会创建一个读取本地文件的输入流，该文件的路径由 URI 来决定：

```
//获得读取响应正文数据的输入流
InputStream in=HTTPServer1.class.getResourceAsStream("root/"+uri);
```

以上输入流读到的数据将作为 HTTP 响应的正文部分发送到客户端：

```
//发送 HTTP 响应的正文
int len=0;
buffer=new byte[128];
while((len=in.read(buffer))!=-1)
  socketOut.write(buffer,0,len);   //向客户端发送响应正文
```

例程 1-3 的 HTTPClient 类是一个简单的 HTTP 客户程序，它以 GET 方式向 HTTP 服务器发送 HTTP 请求，然后把接收到的 HTTP 响应结果打印到控制台。

例程 1-3　HTTPClient.java

```
package client;
import java.net.*;
import java.io.*;
import java.util.*;

public class HTTPClient {
  public static void main(String args[]){
    //确定 HTTP 请求的 uri
    String uri="index.htm";
    if(args.length !=0)uri=args[0];

    doGet("localhost",8080,uri); //按照 GET 请求方式访问 HTTPServer
  }

  /** 按照 GET 请求方式访问 HTTPServer */
  public static void doGet(String host,int port,String uri){
    Socket socket=null;

    try{
      socket=new Socket(host,port); //与 HTTPServer 建立 FTP 连接
    }catch(Exception e){e.printStackTrace();}

    try{
      /*创建 HTTP 请求 */

      //HTTP 请求的第一行
      StringBuffer sb=new StringBuffer("GET "+uri+" HTTP/1.1\r\n");
      //HTTP 请求头
      sb.append("Accept: */*\r\n");
      sb.append("Accept-Language: zh-cn\r\n");
      sb.append("Accept-Encoding: gzip, deflate\r\n");
      sb.append("User-Agent: HTTPClient\r\n");
      sb.append("Host: localhost:8080\r\n");
      sb.append("Connection: Keep-Alive\r\n\r\n");

      /*发送 HTTP 请求*/
      OutputStream socketOut=socket.getOutputStream();     //获得输出流
      socketOut.write(sb.toString().getBytes());
```

```
      Thread.sleep(2000); //睡眠2秒，等待响应结果

      /*接收响应结果*/
      InputStream socketIn=socket.getInputStream();        //获得输入流
      int size=socketIn.available();
      byte[] buffer=new byte[size];
      socketIn.read(buffer);
      System.out.println(new String(buffer));               //打印响应结果
    }catch(Exception e){
      e.printStackTrace();
    }finally{
      try{
        socket.close();
      }catch(Exception e){e.printStackTrace();}
    }
  }            //#doGet()
}
```

以上 HTTPClient 类接收到 HTTP 响应结果后，没有对其进行解析，仅仅是把 HTTP 响应结果全部打印到控制台。

下面的 3 小节分别按照不同的步骤来运行本范例，从而帮助读者理解 Web 运作的具体流程：

- 1.5.1 演示异构系统之间用 HTTP 协议通信。
- 1.5.2 演示对网页中图片的处理过程。
- 1.5.3 演示对网页中超链接的处理过程。

1.5.1 演示异构系统之间用 HTTP 协议通信

本章 1.4 节已经提到，只要 HTTP 客户程序和服务器程序都遵守 HTTP 协议，那么即使它们分别用不同的语言编写，或者运行在不同的操作系统平台上，彼此也能“看得懂”对方发送的数据。如图 1-7 所示，下面分别按 4 种方式运行 HTTP 服务器和客户程序。

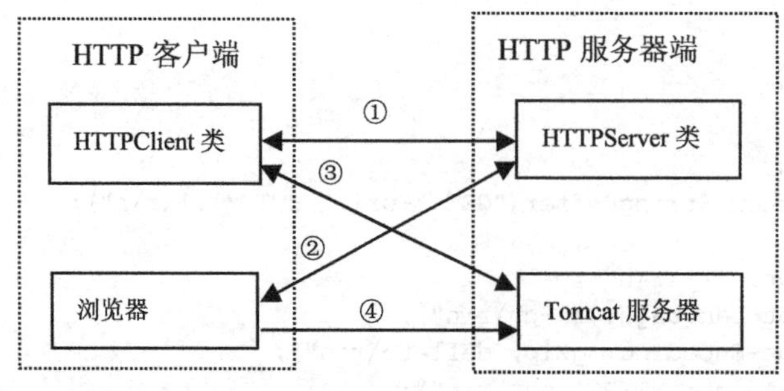

图 1-7　按 4 种方式运行服务器和客户程序

（1）HTTPClient 客户程序访问 HTTPServer 程序

先后启动两个 DOS 窗口，各自转到 HTTPClient.class 文件以及 HTTPServer.class 文件所

在的 classes 根目录下。在第一个 DOS 窗口中运行命令“java server.HTTPServer”，该命令启动 HTTPServer 程序，它将在 8080 端口监听来自客户的请求。在第二个 DOS 窗口中运行命令“java client.HTTPClient hello1.htm”，该命令运行 HTTPClient 程序。如图 1-8 与图 1-9 所示分别是服务器端与客户端的打印结果。

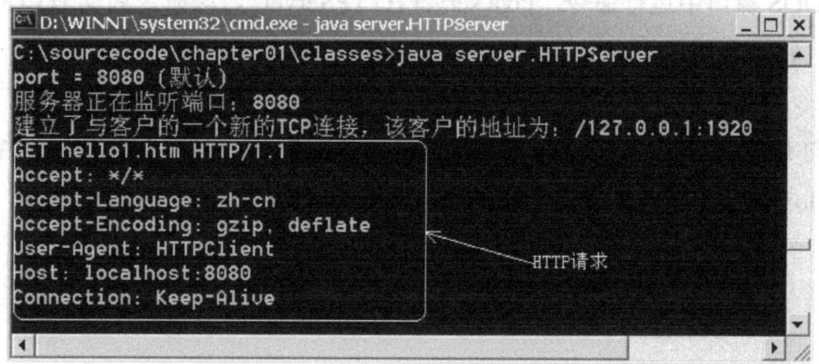

图 1-8　HTTPServer 的打印结果

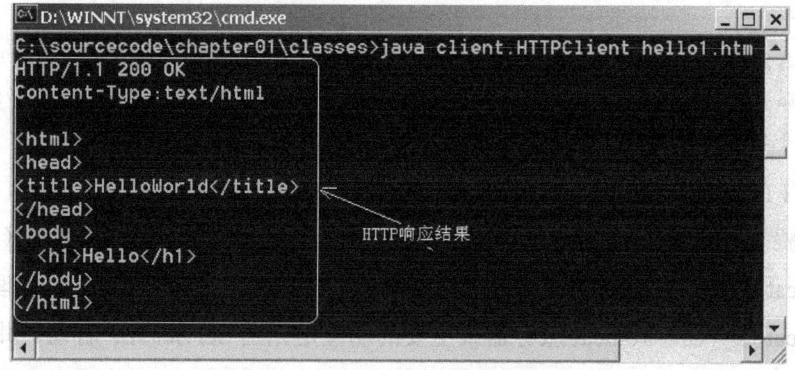

图 1-9　HTTPClient 的打印结果

在 HTTPServer 端，事先已经存放了 hello1.htm 文件，HTTPServer.class 文件和 hello1.htm 文件的存放路径分别为：

```
classes\server\HTTPServer.class
classes\server\root\hello1.htm
```

例程 1-4 是 hello1.htm 文件的源代码。

例程 1-4　hello1.htm

```
<html>
<head>
<title>HelloWorld</title>
</head>
<body >
  <h1>Hello</h1>
</body>
</html>
```

从图 1-8 和图 1-9 中可以看出，HTTPServer 把接收到的 HTTP 请求数据全部打印到了控制台，而 HTTPClient 则把接收到的 HTTP 响应数据全部打印到了控制台。HTTPClient 请求访问的 URI 为“hello1.htm”，HTTPServer 读取本地文件系统中 hello1.htm 文件中的数据，把它作为 HTTP 响应结果的正文，发送给 HTTPClient。

（2）浏览器访问 HTTPServer 程序

在一个 DOS 窗口中运行命令“java server.HTTPServer”，该命令启动 HTTPServer 程序。打开浏览器，输入 URL：

```
http://localhost:8080/hello1.htm
```

浏览器向 HTTPServer 发出一个 HTTP 请求，然后把接收到的 HTTP 响应结果中的正文部分（即 hello1.htm 文件）在自己的窗口中展示出来，如图 1-10 所示。

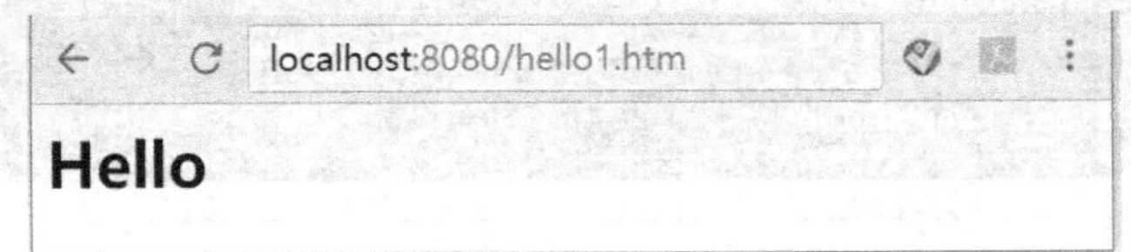

图 1-10　浏览器展示 hello1.htm 文件

提示

有些浏览器访问服务器端的 hello1.htm 文件时，会发出多个 HTTP 请求，除了请求访问 hello1.htm，还会发出用于和服务器端内部通信的请求。如果浏览器请求访问的资源在服务器端不存在，那么 HTTPServer 程序会返回“客户端请求的资源不存在”的提示信息。

（3）HTTPClient 客户程序访问 Tomcat 服务器

关闭步骤（2）中运行的 HTTPServer 程序，然后参照本书第 2 章的 2.8 节（启动 Tomcat 并测试 Tomcat 的安装），运行 Tomcat 根目录中 bin 子目录下的 startup.bat 批处理文件，该文件启动 Tomcat 服务器。Tomcat 服务器最主要的功能是充当 Servlet/JSP 容器。此外，它也具备接收 HTTP 请求以及生成 HTTP 响应的功能。从未接触过 Tomcat 的读者不妨先把它看作简单的 HTTP 服务器，在默认情况下它监听的 TCP 端口为 8080。

在一个 DOS 窗口中运行命令“java client.HTTPClient index.jsp”。HTTPClient 将向 Tomcat 发送一个要求访问 index.jsp 的 HTTP 请求，然后把来自 Tomcat 的响应结果打印到控制台。

提示

在一台主机中，不允许两个服务器进程同时监听同一个 TCP 端口。由于 HTTPServer 类和 Tomcat 默认情况下都监听 8080 端口，因此不能在一台主机中同时启动它们。

（4）浏览器访问 Tomcat 服务器

启动 Tomcat 服务器，然后打开浏览器，输入 URL：

```
http://localhost:8080/index.jsp
```

浏览器向 Tomcat 发出一个要求访问 index.jsp 的 HTTP 请求，然后把接收到的 HTTP 响应结果中的正文部分在自己的窗口中展示出来，如图 1-11 所示。

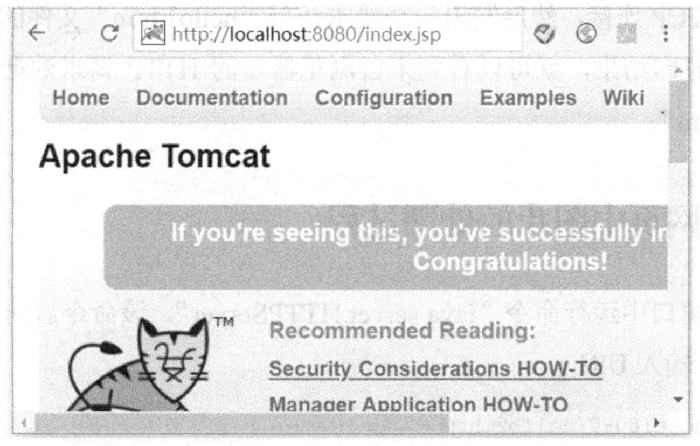

图 1-11　浏览器访问 Tomcat 服务器上的 index.jsp 文件

通过以上 4 个步骤的试验可以看出，HTTPClient 程序既能与 HTTPServer 程序通信，也能与 Tomcat 通信；同样，浏览器既能与 HTTPServer 程序通信，也能与 Tomcat 通信。之所以如此，就是因为这些客户程序和服务器程序都遵守 HTTP 协议，它们创建的 HTTP 请求以及 HTTP 响应的数据格式都符合 HTTP 协议，彼此才能“看得懂”对方发送的数据。

1.5.2　演示对网页中超链接的处理过程

在一个 DOS 窗口中运行命令“java server.HTTPServer”，该命令启动 HTTPServer 程序。接着打开浏览器，输入 URL：

```
http://localhost:8080/index.htm
```

浏览器端展示的网页如图 1-12 所示。

图 1-12　浏览器展示 index.htm 文件

index.htm 文件是本章范例的主页面，它提供了到其他 HTML 文件以及 Servlet 的超链接。index.htm 文件中的第一个超链接的源代码如下：

```
<a href="hello1.htm"> hello1.htm (纯文本网页) </a>
```

在图 1-12 中，用鼠标单击超链接“hello1.htm（纯文本网页）”，此时浏览器会再次与

HTTPServer 建立 TCP 连接，然后发出一个要求访问“hello1.htm”文件的 HTTP 请求。观察 HTTPServer 端的打印结果，就可以看到来自浏览器端的 HTTP 请求数据，该请求数据中的 URI 为“/hello1.htm”。

1.5.3 演示对网页中图片的处理过程

在一个 DOS 窗口中运行命令“java server.HTTPServer”，该命令启动 HTTPServer 程序。接着打开浏览器，输入 URL：

```
http://localhost:8080/hello2.htm
```

浏览器端展示的网页如图 1-13 所示。

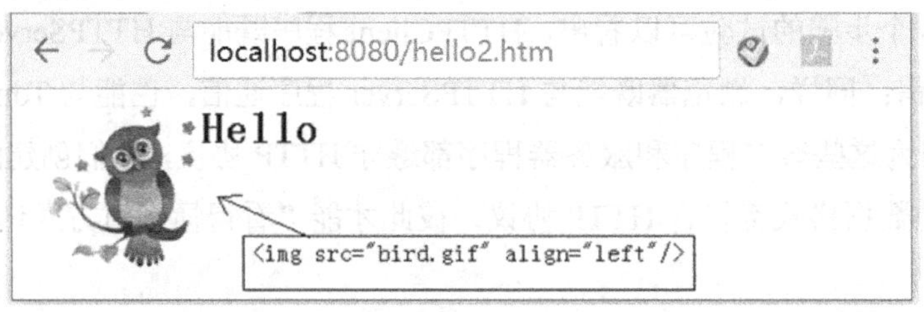

图 1-13　浏览器展示 hello2.htm 文件

在 hello2.htm 文件中包含一张图片，源代码如下：

```
<img src="bird.gif" align="left"/>
```

当用户在浏览器中输入指向 hello2.htm 文件的 URL 时，浏览器先向 HTTPServer 请求访问 hello2.htm 文件，浏览器接收到该文件的数据后，再对其解析。在解析文件中的<img>标记时，会根据<img>标记的 src 属性的值，再次向 HTTPServer 发出一个要求访问 bird.gif 文件的 HTTP 请求，HTTPServer 把本地文件系统中 bird.gif 文件的数据发送给浏览器，浏览器再把它在自己的窗口中展示出来。

观察 HTTPServer 端的打印结果，就可以看到浏览器与服务器建立了两次 FTP 连接，并且浏览器发送了两个 HTTP 请求，这两个 HTTP 请求分别请求访问 hello2.htm 和 bird.gif 文件。

1.6 Web 的发展历程

Web 按照其所提供的功能，其发展历程大致可分为以下几个阶段。

- 第一个阶段：发布静态 HTML 文档。
- 第二个阶段：发布静态多媒体信息。
- 第三个阶段：提供浏览器端与用户的动态交互功能。
- 第四个阶段：提供服务器端与用户的动态交互功能。

- 第五个阶段：发布基于 Web 的应用程序，即 Web 应用。
- 第六个阶段：发布 Web 服务。
- 第七个阶段：先后推出 Web 2.0 和 Web 3.0，使得广大用户都可以为 Web 提供丰富的内容，而 Web 为用户提供更加便捷和智能的服务。

值得注意的是，以上几个阶段在时间上并没有严格的先后顺序。例如，目前第五个阶段的 Web 应用与第六个阶段的 Web 服务是并存的。总的说来，后续阶段都建立在前面阶段的基础上，是对前面阶段的功能的扩展，而不是取代前面阶段的功能。读者在了解 Web 的发展历程时，还应该留意各个阶段的技术扩展点。例如，第二个阶段和第三个阶段的技术扩展点主要在客户端，而第四个阶段和第五个阶段的技术扩展点主要在服务器端。

1.6.1　发布静态 HTML 文档

所谓静态 HTML 文档，就是指事先存放在 Web 服务器端的文件系统中的 HTML 文档。当用户在浏览器中输入指向特定 HTML 文档的 URL 时，Web 服务器就会把该 HTML 文档的数据发送到浏览器端。如图 1-14 演示了 Web 服务器向浏览器发送静态 HTML 文档的过程。

图 1-14　Web 服务器向浏览器发送静态 HTML 文档的过程

在这个阶段，HTML 文档只能包含文本及图片，本章 1.5.3 节的图 1-13 演示了浏览器展示一个包含文本及图片的 HTML 文档的效果。

1.6.2　发布静态多媒体信息

在 Web 的第一个发展阶段，信息只能以文本和图片的形式来发布，这满足不了人们对信息形式多样化的强烈需求。用户的需求使得多媒体信息被引入到 Web 领域。在这个阶段，信息可以用文本、图片、动画、声音和视频等形式来表示。

在技术上，这个阶段主要增强了浏览器的功能，要求浏览器能集成一些插件，利用这些插件来展示特定形式的信息。例如，多数浏览器能利用多媒体播放器插件来播放声音和视频。

在这个阶段，Web 服务器并不需要改进。不管是何种形式的静态信息，它们都作为文件事先存放在 Web 服务器端的文件系统中。Web 服务器只需把包含特定信息的文件中的数据发送给浏览器即可，然后由浏览器来负责解析和展示数据。

在一个 DOS 窗口中运行命令“java server.HTTPServer”，该命令启动 HTTPServer 程序。接着打开浏览器，输入 URL：

```
http://localhost:8080/javabook.htm
```

浏览器端展示的网页如本章 1.2 节的图 1-2 所示。javabook.htm 文件中包含一个视频文件，源代码如下：

```
<video width="288" height="162" controls="controls">
  <source src="javalesson.mp4" type="video/mp4">
</video>
```

当浏览器解析以上代码时，会向服务器发送一个要求访问 javalesson.mp4 视频文件的 HTTP 请求。当浏览器接收到该文件的数据后，会利用多媒体播放器插件来播放视频。

提示

本书所指的静态信息，其特征是作为文件事先存放在 Web 服务器端的文件系统中，Web 服务器把文件中的数据发送给浏览器，浏览器将其直接展示给用户。由于声音、动画和视频等符合这一特征，因此把它们看作静态信息。

1.6.3 提供浏览器端与用户的动态交互功能

在上述几个阶段，用户在浏览器端都只能被动地观看来自服务器的静态信息。到了本阶段，用户不仅可以通过浏览器浏览信息，还可以与浏览器进行交互。该功能的实现主要归功于 JavaScript 和 VBScript 等脚本语言的问世。此外，浏览器必须能够解析和运行用脚本语言编写的小程序。

在这个阶段，Web 服务器并不需要做改进。执行用脚本语言编写的小程序的任务由浏览器来完成，Web 服务器只要把包含脚本文件的 HTML 文档发送到浏览器端即可。

在一个 DOS 窗口中运行命令"java server.HTTPServer"，该命令启动 HTTPServer 程序。接着打开浏览器，输入 URL：

```
http://localhost:8080/hello3.htm
```

浏览器端展示的网页如图 1-15 所示。当用户在图片上单击鼠标时，会切换成另一张图片。

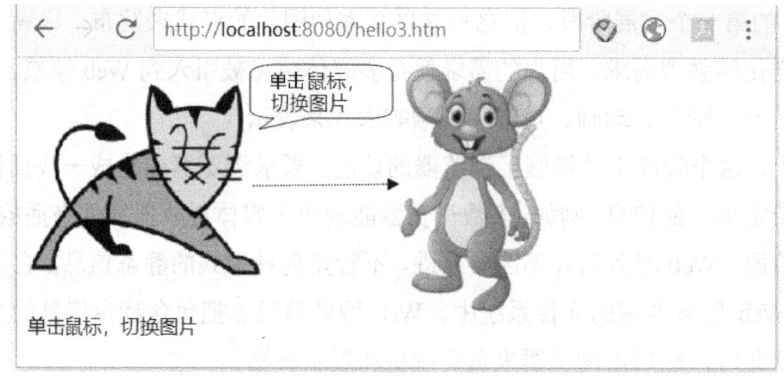

图 1-15　浏览器展示 hello3.htm 文件

例程 1-5 是 hello3.htm 文件的代码，其中，<script>元素中包含 JavaScript 脚本程序：

例程 1-5 hello3.htm

```
<html>
<body>
  <img id="myImage" onclick="changeImage()" src="cat.png" >
  <p>按下鼠标，切换图片</p>

  <script>
   function changeImage(){
    //定义一个 image 变量来引用 id 为“myImage”的元素
    var image = document.getElementById('myImage');

    //切换待显示的图片文件
    if(image.src.match("mouse.png")) {
     image.src = "cat.png";
    }else {
     image.src = "mouse.png";
    }
   }
  </script>
</body>
</html>
```

当用户在浏览器所展示的 hello3.htm 网页的图片上单击鼠标时，浏览器就会执行 JavaScript 脚本中的 changeImage()函数。如图 1-16 演示了浏览器执行 changeImage()函数的过程。

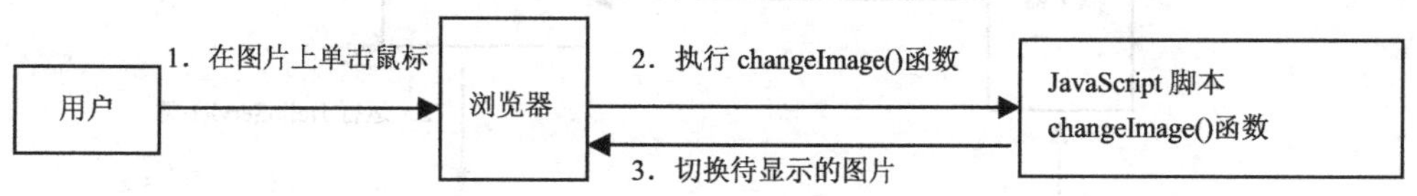

图 1-16 浏览器执行 changeImage()函数的过程

从图 1-16 可以看出，JavaScript 脚本使得用户与浏览器之间可以进行简单的动态交互。浏览器能够响应用户单击鼠标的操作，动态切换待展示的图片。

提示

本节所说的浏览器端与用户的动态交互，其特征是浏览器会在运行时执行 JavaScript 和 VBScript 等脚本程序代码。

1.6.4 提供服务器端与用户的动态交互功能

第三个阶段为用户提供了一些动态交互功能，该功能是由浏览器来完成的，该功能对用户的浏览器提出了诸多技术要求，如果浏览器不支持某种脚本语言，就无法运行网页中的脚本程序。

可以说，前面的三个阶段的技术发展点都是在客户端，而对 Web 服务器端都没有做特别要求。到了本阶段，Web 服务器端增加了动态执行特定程序代码的功能，这使得 Web 服务器能利用特定程序代码来动态生成 HTML 文档。Web 服务器动态执行的程序可分为两种方式。

- 第一种方式：完全用编程语言编写的程序，例如 CGI（Common Gateway Interface）程序和用 Java 编写的 Servlet 程序。
- 第二种方式：嵌入了程序代码的 HTML 文档，如 PHP、ASP 和 JSP 文档。JSP 文档是指嵌入了 Java 程序代码的 HTML 文档。

对于第二种方式，本书第 6 章（JSP 技术）会以 JSP 文档为例，介绍 Web 服务器处理嵌入了程序代码的 HTML 文档的原理。对于第一种方式，下文以 Servlet 为例，介绍 Web 服务器动态执行完全用编程语言编写的程序的原理。

提示

Web 服务器动态执行特定程序代码，其特征是 Web 服务器在运行时加载并执行由第三方提供的程序代码。所谓 Web 服务器动态生成 HTML 文档，就是指 Web 服务器在运行时才通过执行特定程序代码来生成 HTML 文档，而不是直接从文件系统中获取已经存在的 HTML 文档。

如图 1-17 所示，在服务器端存放了一个使用 Java 语言编写的程序的.class 文件：HelloServlet.class。当用户在浏览器端输入指向该类的 URL 时，Web 服务器就会运行 HelloServlet 类，HelloServlet 类生成 HTML 文档，并把它发送给浏览器。

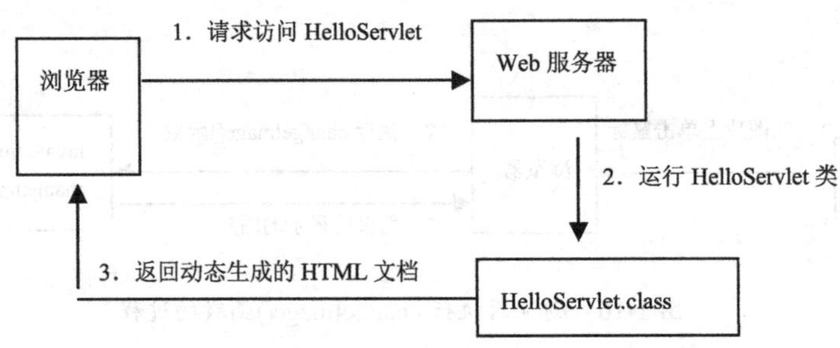

图 1-17　Web 服务器动态生成 HTML 文档的过程

下面对本章 1.5 节的例程 1-2 的 HTTPServer 类做一些改进，使它具备动态执行程序的功能。例程 1-6 的 HTTPServer1 类是改进后的 Web 服务器，其中粗体字部分是新增加的内容。

例程 1-6　HTTPServer1.java

```
package server;
import java.io.*;

import java.net.*;
import java.util.*;
public class HTTPServer1{
  //存放 Servlet 实例的缓存
  private static Map<String,Servlet> servletCache=
                              new HashMap<String,Servlet>();

  //与 HTTPServer 类的 main()方法相同
  public static void main(String args[]) {…}

  /** 响应客户的 HTTP 请求 */
```

```
public static void service(Socket socket)throws Exception{

  /*读取 HTTP 请求信息*/
  InputStream socketIn=socket.getInputStream(); //获得输入流
  Thread.sleep(500);  //睡眠 500 毫秒，等待 HTTP 请求
  int size=socketIn.available();
  byte[] requestBuffer=new byte[size];
  socketIn.read(requestBuffer);
  String request=new String(requestBuffer);
  System.out.println(request); //打印 HTTP 请求数据

  /*解析 HTTP 请求*/
  ……

  /*如果请求访问 Servlet，则动态调用 Servlet 对象的 service()方法*/
  if(uri.indexOf("servlet")!=-1){
    //获得 Servlet 的名字
    String servletName=null;
    if(uri.indexOf("?")!=-1)
      servletName=
         uri.substring(uri.indexOf("servlet/")+8,uri.indexOf("?"));
    else
      servletName=
         uri.substring(uri.indexOf("servlet/")+8,uri.length());
    //尝试从 Servlet 缓存中获取 Servlet 对象
    Servlet servlet=servletCache.get(servletName);

    /*如果 Servlet 缓存中不存在 Servlet 对象，就创建它，
      并把它存放在 Servlet 缓存中 */
    if(servlet==null){
      servlet=(Servlet)Class
                .forName("server."+servletName)
                .getDeclaredConstructor().newInstance();
      servlet.init();//先调用 Servlet 对象的 init()方法
      servletCache.put(servletName,servlet);
    }

    //调用 Servlet 的 service()方法
    servlet.service(requestBuffer,socket.getOutputStream());

    Thread.sleep(1000);  //睡眠 1 秒，等待客户接收 HTTP 响应结果
    socket.close(); //关闭 TCP 连接
    return;
  }

  //下文同 HTTPServer 类的 service()方法，向客户端送静态文件的数据

  /*决定 HTTP 响应正文的类型*/
  String contentType;
  …

 }
}
```

除了 HTTPServer1 类，在服务器端还定义了一个 Servlet 接口，这个接口有一个 init()方法和 service()方法：

- init()方法：为初始化方法，当 HTTPServer1 创建了实现该接口的类的一个实例后，就会立即调用该实例的 init()方法。
- service()方法：用于响应 HTTP 请求，产生具体的 HTTP 响应结果。HTTPServer1 服务器在响应 HTTP 请求时会调用实现了 Servlet 接口的特定类的 service()方法。

提示

所谓 Web 服务器动态执行程序代码，在本范例中就是指 HTTPServer1 在运行时动态加载 Servlet 接口的实现类，创建它的实例，然后调用它的相关方法。HTTPServer1 在其实现中利用了 Java 语言的动态加载类功能。

例程 1-7 是 Servlet 接口的源程序。

例程 1-7　Servlet.java

```
package server;
import java.io.*;
public interface Servlet{
  public void init()throws Exception;

  public void service(byte[] requestBuffer,
                  OutputStream out)throws Exception;
}
```

HTTPServer1 自身的业务逻辑规定：如果客户请求的 URI 位于 servlet 子目录下，就按照 Servlet 来处理，否则，就按照普通的静态文件来处理。当客户请求访问特定的 Servlet 时，HTTPServer1 先从自己的 servletCache 缓存中寻找特定 Servlet 的实例，如果存在，就调用它的 service()方法；否则，先创建该 Servlet 实例，把它放入 servletCache 缓存中，再调用它的 service()方法。

提示

以上 Servlet 接口与 Oracle 公司的 Servlet 规范中的 Servlet 接口（参见本书第 4 章）有点相似，该简化的 Servlet 能帮助读者理解 Servlet 的作用和运行原理。

HelloServlet 类实现了 Servlet 接口。HelloServlet 类的 service()方法能解析 HTTP 请求中的请求参数，根据请求参数 username 的取值来生成 HTML 文档。例程 1-8 是 HelloServlet 类的源程序。

例程 1-8　HelloServlet.java

```
package server;
import java.io.*;
public class HelloServlet implements Servlet{
  public void init()throws Exception{
    System.out.println("HelloServlet is inited");
  }

  public void service(byte[] requestBuffer,
                  OutputStream out)throws Exception{
    String request=new String(requestBuffer);
```

```
      //获得HTTP请求的第一行
      String firstLineOfRequest=
              request.substring(0,request.indexOf("\r\n"));
      //解析HTTP请求的第一行
      String[] parts=firstLineOfRequest.split(" ");
      String method=parts[0]; //获得HTTP请求中的请求方式
      String uri=parts[1]; //获得HTTP请求中的uri


      /*获得请求参数username */
      String username=null;
      //如果请求方式为“GET”，则请求参数紧跟HTTP请求的第一行的uri的后面
      if(method.equalsIgnoreCase("get")
        && uri.indexOf("username=")!=-1){

        /*假定uri="servlet/HelloServlet?username=Tom&password=1234"*/
        //parameters="username=Tom&password=1234"
        String parameters=
                uri.substring(uri.indexOf("?"),uri.length());

        //parts={"username=Tom","password=1234"};
        parts=parameters.split("&");
        //parts={"username","Tom"};
        parts=parts[0].split("=");
        username=parts[1];
      }
      //如果请求方式为“POST”，则请求参数位于HTTP请求的请求正文中。
      if(method.equalsIgnoreCase("post")){
        int locate=request.indexOf("\r\n\r\n");
        //获得响应正文
        String content=request.substring(locate+4,request.length());
        if(content.indexOf("username=")!=-1){
          /*假定content="username=Tom&password=1234"*/
          //parts={"username=Tom","password=1234"};
          parts=content.split("&");
          //parts={"username","Tom"};
          parts=parts[0].split("=");
          username=parts[1];
        }
      }

      /*创建并发送HTTP响应*/
      //发送HTTP响应第一行
      out.write("HTTP/1.1 200 OK\r\n".getBytes());
      //发送HTTP响应头
      out.write("Content-Type:text/html\r\n\r\n".getBytes());
      //发送HTTP响应正文
      String content="<html><head><title>HelloWorld"
                +"</title></head><body>";
      content+="<h1>Hello:"+username+"</h1></body><head>";
      out.write(content.getBytes());

    }
  }
```

以上 HelloServlet 类在获取 HTTP 请求中的请求参数时，在 GET 请求方式及 POST 请求

方式下分别采取了不同的处理方式。这是因为在不同的请求方式下，请求参数在 HTTP 请求中的存放位置不一样。本章 1.7 节对此做了进一步介绍。

提示

以上 HelloServlet 类以及本章 1.8 节的 UploadServlet 类都必须费劲地解析原始的字符串形式的 HTTP 请求。幸运的是，本书后面第 4 章（Servlet 技术）介绍的真正的 Servlet 无须自己动手解析字符串形式的 HTTP 请求，这个烦琐的工作由 Servlet 容器代劳了。

先运行“java server.HTTPServer1”，该命令会启动 Web 服务器，再通过浏览器先后输入 URL：

```
http://localhost:8080/servlet/HelloServlet?username=Tom
http://localhost:8080/servlet/HelloServlet?username=Mike
```

以上 URL 中“?”后面为请求参数，参数名为 username，参数值为 Tom 或 Mike。对于第一个 URL，浏览器接收到的 HTML 页面如图 1-18 所示。

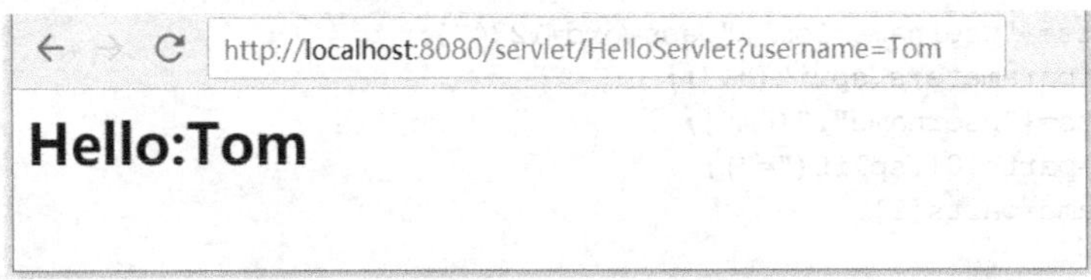

图 1-18　HelloServlet 动态生成的网页

运行以上范例可以看出，如果参数 username 的取值为 Tom，那么服务器端就会返回 Hello:Tom；如果参数 username 的取值为 Mike，那么服务器端就会返回 Hello:Mike。由此可见，尽管浏览器两次都是访问 HelloServlet，但是服务器端会根据请求参数的不同值来生成不同的 HTML 文档，这体现了服务器端动态生成网页的功能，而且也体现了服务器端与用户的交互动能。在本例中，服务器端会“聪明地”对不同的用户打不同的招呼，而不像本章 1.5.1 节的例程 1-4 的 hello1.htm 文件那样，对所有用户都只会千篇一律地说“Hello”。

1.6.5　发布 Web 应用

本阶段是在上一个阶段的基础上进一步发展起来的。Web 服务器端可以动态执行程序的功能变得越来越强大，不仅能动态地生成 HTML 文档，而且能处理各种应用领域里的业务逻辑，还能访问数据库。Web 逐渐被运用到电子财务、电子商务和电子政务等各个领域。

在这个阶段出现了 Web 应用的概念。所谓 Web 应用，就是指需要通过编程来创建的 Web 站点。Web 应用中不仅包括普通的静态 HTML 文档，还包含大量可被 Web 服务器动态执行的程序。用户在 Internet 上看到的能开展业务的各种 Web 站点都可看作 Web 应用，例如，网上商店和网上银行都是 Web 应用。此外，公司内部基于 Web 的 Intranet 工作平台也是 Web 应用。

Web 应用与传统的桌面应用程序相比，具有以下特点：

- 以浏览器作为展示客户端界面的窗口。
- 客户端界面一律表现为网页形式，网页由 HTML 语言写成。
- 客户端与服务器端能进行和业务相关的动态交互。
- 能完成与桌面应用程序类似的功能。
- 使用浏览器—服务器架构，浏览器与服务器之间采用 HTTP 协议通信。
- Web 应用通过 Web 服务器来发布。

如表 1-3 所示比较了 Web 应用与传统的桌面应用程序各自的优缺点。

表 1-3　比较 Web 应用与传统的桌面应用程序各自的优缺点

应用软件的类型	优点	缺点
Web 应用	1．标准化的开发、发布和浏览方式 2．客户机不需要安装专门的客户程序，只要安装了浏览器即可 3．软件升级容易 4．可以穿透防火墙 5．易于在异构平台上进行配置集成 6．降低对用户的培训费用	1．客户界面开发不如桌面应用程序方便，难以实现复杂的客户界面 2．响应速度慢，难以满足实时系统的需求
桌面应用程序	1．交互性强 2．运行性能好 3．网络负载小 4．非常安全 5．易于维护和跟踪用户的状态	1．系统整合性差 2．配置和维护成本高 3．对客户机的要求高 4．用户培训时间长 5．软件伸缩性差 6．软件复用性差

随着 Web 应用的规模越来越大，对软件的可维护性和可重用性的要求也越来越高。一些针对 Web 应用的设计模式以及框架软件应运而生。例如模型—视图—控制器（Model-View-Controller，MVC）设计模式被用到 Java Web 应用的开发中，Struts 和 Spring MVC 等实现了这个设计模式，为 Java Web 应用提供了现成的通用框架。在开发一个大规模的 Java Web 应用时，如果在 Spring 框架的基础上进行开发，能够大大提高开发效率，并且能提高程序代码的可维护性和可重用性。本书第 23 章（Web 应用的 MVC 设计模式）对 Spring MVC 框架做了进一步介绍。

1.6.6　发布 Web 服务

Web 是基于 HTTP 协议的分布式架构。HTTP 协议采用客户/服务器通信模式，该协议规定了服务器与浏览器之间交换数据的通信细节。

Web 服务架构与 Web 一样，也是网络应用层的一种分布式架构，也是基于客户/服务器的通信模式，并且也能实现异构系统之间的通信。在 Web 服务架构中，服务器端负责提供 Web 服务，而客户端则请求访问 Web 服务。

那么，到底什么是 Web 服务呢？简单地理解，Web 服务可看作是被客户端远程调用的各种方法，这些方法能处理特定业务逻辑或者进行复杂的运算等。如图 1-19 演示了客户端请求访问服务器端的一个 Web 服务的过程。

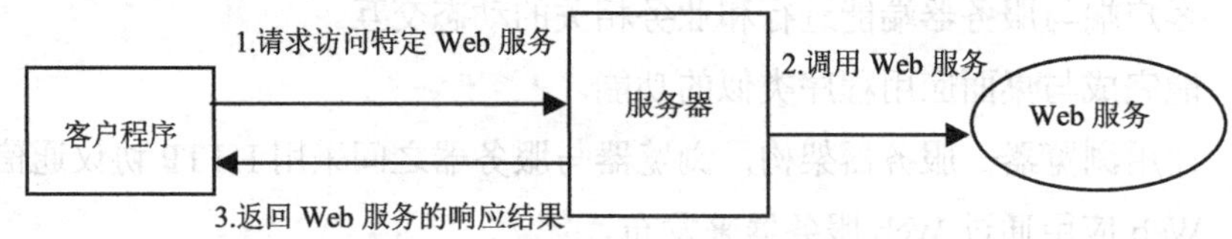

图 1-19　客户端请求访问服务器端的一个 Web 服务

Web 服务架构采用简单对象访问协议（Simple Object Access Protocol，SOAP）作为通信协议。SOAP 规定客户与服务器之间一律用 XML 语言进行通信。可扩展标记语言（Extensible Markup Language，XML）是一种可扩展的跨平台的标记语言。SOAP 规定了客户端向服务器端发送的 Web 服务请求的具体数据格式，以及服务器端向客户端发送的 Web 服务响应结果的具体数据格式。假定服务器端有个 Web 服务（对应 getTime()方法）能返回当前的系统时间，一个客户程序请求访问这个 Web 服务，以下是服务器端返回的 Web 服务响应结果：

```
<?xml version="1.0"?>
<soap:Envelope
  xmlns:soap="http://www.w3.org/2001/12/soap-envelope"
  soap:encodingStyle="http://www.w3.org/2001/12/soap-encoding">

  <soap:Body>
    <m:GetTimeResponse xmlns:m="http://www.javathinker.net/time">
      <m:return>2018 年 01 月 26 日 11:33</m:return>
    </m:GetTimeResponse>
  </soap:Body>

</soap:Envelope>
```

以上 XML 数据的根元素为<soap:Envelope>，它的<soap:Body>子元素中包含了具体的 Web 服务响应正文。

要实现 Web 服务架构，就意味着必须创建基于 SOAP，负责发布和调用 Web 服务，以及负责发送 Web 服务响应结果的服务器，还要创建基于 SOAP 的负责请求访问 Web 服务的客户程序。此外，要在全球范围内普及 Web 服务，则意味着要在 Internet 上安装千千万万的能提供 Web 服务的服务器。如果一切都从头开始，这将花费无数财力和人力，而且是一个非常漫长的过程。幸运的是，当 2000 年 Web 服务的概念出现时，Web 已经在 Internet 上非常普及了。如果 Web 服务能够搭乘 Web 这无处不在的顺风车，Web 服务就能轻而易举地在网络上流传开来。

如图 1-20 所示以客户程序向一个 Web 服务查询当前系统时间为例，演示了 Web 服务搭坐 Web 顺风车的基本原理。

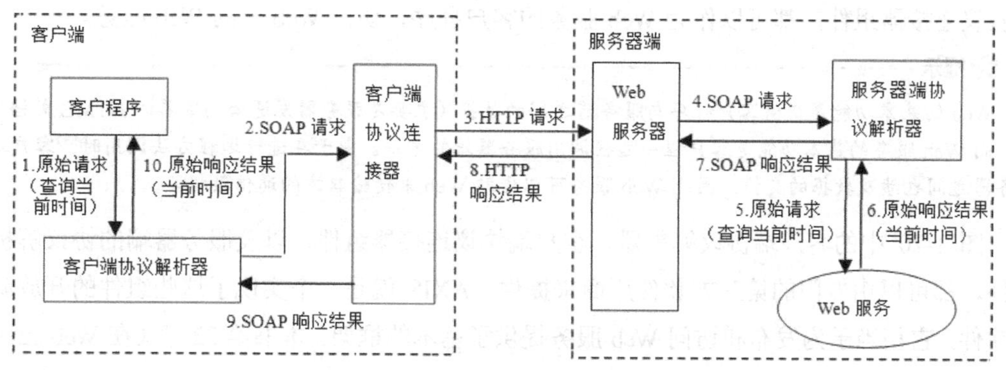

图 1-20 客户程序向一个 Web 服务查询当前系统时间

从图 1-20 可以看出，Web 服务实际上是借助 Web 服务器来发布到网络上的。在 Internet 上，Web 服务器已经无处不在，借用它来发布 Web 服务，就不必再另起炉灶，创建专门的基于 SOAP 协议的服务器程序了。以下是客户程序访问特定 Web 服务来获取当前系统时间的过程：

（1）客户程序发出一个原始请求，要求获取当前系统时间。

（2）客户端协议解析器负责把客户程序的原始请求包装为一个 XML 格式的 SOAP 请求。SOAP 请求是基于 SOAP 协议的 Web 服务请求的简称。

（3）客户端协议连接器把 SOAP 请求包装成一个 HTTP 请求，其中 SOAP 请求变成了 HTTP 请求的正文部分。客户端协议连接器接着把 HTTP 请求发送给 Web 服务器。

（4）Web 服务器接收到 HTTP 请求，取出 HTTP 请求的正文部分，即获得了 SOAP 请求。

（5）服务器端协议解析器从 SOAP 请求中获得客户程序的原始请求数据，对其解析，然后调用 Web 服务。

（6）Web 服务返回原始的响应结果，即当前系统时间。

（7）服务器端协议解析器把 Web 服务返回的原始响应结果包装为 SOAP 响应结果。SOAP 响应结果是基于 SOAP 协议的 Web 服务响应结果的简称。

（8）Web 服务器把 SOAP 响应结果包装成一个 HTTP 响应结果，其中 SOAP 响应结果变成了 HTTP 响应结果的正文部分。Web 服务器接着把 HTTP 响应结果发送给客户端协议连接器。

（9）客户端协议连接器接收到 HTTP 响应结果，取出 HTTP 响应结果中的正文部分，即得到了 SOAP 响应结果。

（10）客户端协议解析器从 SOAP 响应结果中得到 Web 服务的原始响应结果（当前时间），把它交给客户程序。

“Web 服务”与“Web”本来是两个不同的概念，由与 Web 服务可以借助 Web 来发布，使得它们变成了毛与皮的关系。值得注意的是，Web 服务的客户程序不必是浏览器程序，对于任意一个已有的或者新建的软件系统，只要配置了与之兼容的客户端协议解析器以及客户端协议连接器组件，都可以作为 Web 服务的客户程序，访问 Web 上的 Web 服务。

提示

Web 的基本功能是提供客户程序与服务器之间的数据（主要是服务器发送给浏览器的 HTML 文档）传输，而 Web 服务的基本功能是客户程序远程调用服务器端的方法。由于在进行远程方法调用时，客户端与服务器之间也涉及数据的交换，因此 Web 服务可以借助 Web 来传输双方的通信数据。

图 1-20 中的客户端协议解析器、客户端协议连接器组件，以及服务器端的协议解析器组件，都可以由专门的第三方软件厂商来提供。AXIS 就是一个实现了这些组件的开放源代码软件，它相当于为发布和访问 Web 服务提供了基本的框架。本书第 22 章（在 Web 应用中访问 Web 服务）会介绍如何利用 AXIS 来创建 Web 服务、在 Tomcat 上发布 Web 服务，以及创建 Web 服务的客户程序。

1.6.7 Web 2.0：全民共建的 Web

Web 2.0 是 2003 年之后 Internet 上的热门概念之一，不过，对什么是 Web 2.0 没有很严格的定义。Web 2.0 并不是 Web 1.0 的纯技术升级版本，实际上，它沿用了 Web 1.0 的大多数技术。Web 2.0 只是针对如何提供、组织以及展示 Web 上的信息而提出的新概念。在 Web 1.0 中，广大用户主要是 Web 提供的信息的消费者，用户通过浏览器来获取信息。而 Web 2.0 则强调全民织网，发动广大民众来共同为 Web 提供信息来源。Web 2.0 注重用户与 Web 的交互，用户既是 Web 信息的消费者（浏览者），也是 Web 信息的制造者。

一些能够让全民参与，或者能更方便地让网民获取信息的社会性 Web 应用都被纳入了 Web 2.0 的范畴，例如以下应用。

- Blog（博客）：允许全民参与的 Web 应用，网民可以在其中迅速发布想法、与他人交流以及从事其他活动。所有活动通常都是免费的。
- 站点摘要（Really Simple Syndication，RSS）：为用户列出感兴趣的信息的摘要，这些摘要是为用户定制的，这使得用户可以在 Web 上方便地获取所关心的信息，而不必在网络上到处去搜索信息。
- WIKI（百科全书）：一种允许多个人协作来写作的 Web 应用。WIKI 允许多个人（甚至任何访问者）维护网站，每个人都可以发表自己的意见，或者对共同的主题进行探讨。
- 社交网络软件（Social Network Sofwaret，SNS）：一种用来扩展人际关系的 Web 应用。以认识朋友的朋友为基础，从而结识更多的朋友。
- 即时通讯（Instant Messenger，IM）：这是我国上网用户使用率非常高的社会性 Web 应用。IM 也就是人们通常所说的网上聊天。网上聊天刚出现时，用户需要通过浏览器进入聊天室聊天。接下来，以 QQ 为代表的即时通讯软件使网上聊天变得更加方便，用户只需要在本地机器上安装了 QQ 的客户端软件，就能利用该软件来参与网上聊天。

Web 1.0 的客户端程序主要是负责展示 HTML 文档的浏览器，而在 Web 2.0 中，客户端除了传统的浏览器之外，还可以是 RSS 阅读器或 QQ 客户端软件等。

1.6.8 Web 3.0：智能化处理海量信息

Web 3.0 是在 2016 年以后，伴随着移动互联网的到来而兴起的，但对于 Web 3.0 的确切概念，目前还没有明确的定义。如今，大多数人都拥有手机智能终端，随时随地都可以发布信息，而且也可以随时随地获取自己感兴趣的信息。例如，越来越多的人会通过微信、微博和微商平台等来发布或读取信息。

在 Web 3.0 中，信息变得海量化，人人都参与发布信息，这导致信息质量参差不齐。信息发布平台提供者必须能对各种信息进行过滤，智能地为用户提供有用的信息，避免用户浪费大量时间去处理无用的信息。

Web 3.0 中会涉及以下技术的流行和发展：

- 以博客技术为代表，围绕网民互动及个性体验的互联网应用技术得到完善和发展。
- 虚拟货币得到普及，以及虚拟货币的兑换成为现实。
- 大家开始认同网络财富，并发展出安全的网络财务解决方案。
- 互联网应用变得更加细分、专业和兼容，网络信息内容的管理将由专业的内容管理商来负责。

Web 3.0 更强调个性化网络。对用户展示的数据更加个性化，虽然这也会涉及隐私的问题，但是由于对信息的处理更加精准，因此这些信息会更加贴近用户的真实需求。

1.7 处理 HTTP 请求参数以及 HTML 表单

本章 1.6.4 节已经提到了 HTTP 请求参数。当用户在浏览器里输入 URL：

```
http://localhost:8080/servlet/HelloServlet?username=Tom
```

浏览器会按照默认的 GET 方式向 Web 服务器发送一个 HTTP 请求，这个请求中会包含参数信息“username=Tom”。在以上 URL 中，“?”后面的字符串就是 HTTP 请求参数。HTTP 请求参数是客户端向服务器端发送的字符串形式的数据，采用“参数名=参数值”的格式。如果包含多个参数，那么参数之间用“&”隔开。例如：

```
http://locahost:8080/servlet/HelloServlet?username=Tom&password=1234
```

对于浏览器生成的 HTTP 请求，HTTP 请求参数到底放在什么地方呢？这要取决于 HTTP 请求方式，如果为 GET 方式，那么请求参数紧跟 HTTP 请求的第一行的 URI 后面，例如：

```
GET /servlet/HelloServlet?username=Tom&password=1234 HTTP/1.1
```

提示

客户端把未加密的口令作为请求参数直接传送给服务器端，这是非常不安全的。此处仅仅为了举例说明 HTTP 请求中包含多个请求参数的数据格式。

如果为 POST 方式，那么请求参数将作为 HTTP 请求的正文部分，例如：

```
POST /servlet/HelloServlet HTTP/1.1
Accept: image/gif, image/jpeg, */*
…
Cookie: style=default

username=Tom&password=1234&submit=submit
```

用户向网页中的 HTML 表单输入的数据也被浏览器作为 HTTP 请求参数来处理。在例程 1-9 的 hello4.htm 中，<form>标记定义了一个 HTML 表单，它的 method 属性指定请求方式，此处为 GET 方式，它的 action 属性指定用户提交表单时，浏览器请求访问的 URI，此处为“servlet/HelloServlet”。该表单中的四个<input>标记分别定义了一个名为“username”的文本输入框，一个名为“password”的密码输入框，一个名为“submit”的提交按钮，以及一个名为“reset”的恢复按钮。这些输入框或者按钮的名字由<input>标记的 name 属性来指定。

例程 1-9 hello4.htm

```
<html>
<head>
<title>HelloWorld</title>
</head>
<body >
  <form name="loginForm" method="GET" action="servlet/HelloServlet">
    <table>
      <tr>
        <td><div align="right">User Name:</div></td>
        <td><input type="text" name="username"></td>
      </tr>
      <tr>
        <td><div align="right">Password:</div></td>
        <td><input type="password" name="password"></td>
      </tr>
      <tr>
        <td><input type="submit" name="submit" value="submit"></td>
        <td><input type="reset" name="reset" value="reset"></td>
      </tr>
    </table>
  </form>
</body>
</html
```

在一个 DOS 窗口中运行命令“java server.HTTPServer1”，该命令启动 HTTPServer1 程序。然后打开浏览器，输入 URL：

```
http://localhost:8080/hello4.htm
```

浏览器端展示的网页如图 1-21 所示。

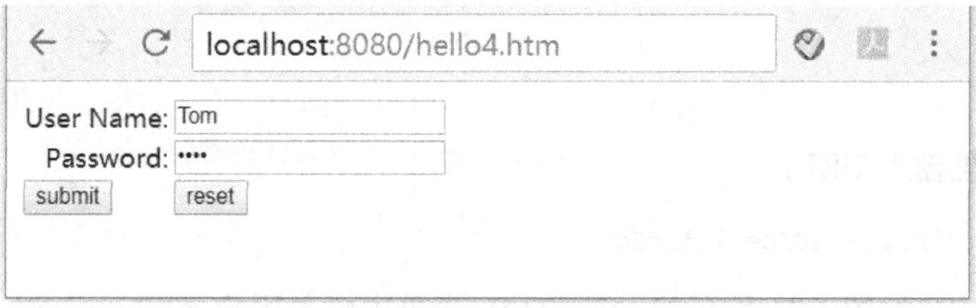

图 1-21　浏览器展示 hello4.htm 文件

如上图 1-21 所示，在 HTML 表单中输入用户名“Tom”，输入口令“1234”，然后提交 HTML 表单。浏览器将按照 GET 方式请求访问服务器端的“servlet/HelloServlet”。服务器端会打印来自浏览器的 HTTP 请求，内容如下：

```
GET /servlet/HelloServlet?username=Tom&password=1234&submit=submit HTTP/1.1
Accept: image/gif, image/jpeg, */*
Referer: http://localhost:8080/hello4.htm
Accept-Language: zh-cn
Accept-Encoding: gzip, deflate
……
Cookie: style=default
```

从以上打印结果可以看出，浏览器把 HTML 表单数据作为请求参数来处理。输入框的名字作为参数名字，输入框的输入值则作为参数值。例如对于名为“username”的输入框，用户输入的值为“Tom”，因此浏览器会把它们转变为请求参数“username=Tom”。

由此可见，<input>标记的 name 属性值与请求参数名对应，<input>标记表示的输入框的输入值与请求参数值对应。此外，<input>标记有一个 value 属性，它的初始值与请求参数的默认值对应。例如，对于提交按钮，代码如下：

```
<input type="submit" name="submit" value="submit">
```

以上<input>标记的 name 属性值为“submit”，value 属性的初始值为“submit”，因此浏览器把它们转变为请求参数“submit=submit”。

服务器接收到来自浏览器的 HTTP 请求后，接着会动态调用 HelloServlet 的 service()方法来生成响应结果。HelloServlet 的 service()方法首先解析 HTTP 请求，获得其中的请求参数，本章 1.6.4 节已经对此做了介绍。HelloServlet 最后生成的网页参见本章 1.6.4 节的图 1-18。

如果按照 POST 方式提交 HTML 表单，情况又会怎样呢？例程 1-10 的 hello5.htm 与 hello4.htm 非常相似，区别仅仅在于把提交 HTML 表单的方式改为 POST 方式。

例程 1-10　hello5.htm

```
<html>
<head>
<title>HelloWorld</title>
</head>
<body >
  <form name="loginForm" method="POST" action="servlet/HelloServlet">
    <table>
```

```
  …
  </table>
 </form>
</body>
</html>
```

在浏览器里输入 URL：

```
http://localhost:8080/hello5.htm
```

接着仍然按照如图 1-21 所示的，在 HTML 表单中输入用户名“Tom”，输入口令“1234”，然后提交 HTML 表单。浏览器将按照 POST 方式请求访问服务器端的“servlet/HelloServlet”。服务器端会打印来自浏览器的 HTTP 请求，内容如下：

```
POST /servlet/HelloServlet HTTP/1.1
Accept: image/gif, image/jpeg, */*
Referer: http://localhost:8080/hello5.htm
Accept-Language: zh-cn
Content-Type: application/x-www-form-urlencoded
Accept-Encoding: gzip, deflate
User-Agent: Mozilla/5.0 (compatible; Chrome; Windows NT 10.0)
Host: localhost:8080
Content-Length: 40
Connection: Keep-Alive
Cache-Control: no-cache
Cookie: style=default

username=Tom&password=1234&submit=submit
```

从以上打印结果可以看出，在 POST 方式下，浏览器也会把 HTML 表单数据作为请求参数来处理，只不过此时请求参数位于 HTTP 请求的正文部分；而在 GET 方式下，请求参数则紧跟 HTTP 请求的第一行的 URI 后面。

提示

在本节介绍的 HTML 表单中，<form>标记的 enctype 属性的值为默认的“application/x-www-form-urlencoded”。enctype 属性用于指定表单数据的 MIME 类型，如果取值为“application/x-www-form-urlencoded”，表示表单数据会采用“名字=值”的形式。确切地说，只有在这种情况下，HTML 表单数据才可作为请求参数来处理。本章 1.8 节会介绍 MIME 类型为“MULTIPART/FORM-DATA”的 HTML 表单，这种类型的表单数据的格式比较复杂，无法简单地采用“名字=值”的形式。

1.8 客户端向服务器端上传文件

在 HTTP 请求以及 HTTP 响应中都包含正文部分。HTTP 响应的正文部分最常见的是 HTML 文档，此外还可以是其他任意格式的数据，如图片和声音文件中的数据。同样，HTTP 请求的正文部分不仅可以是字符串格式的请求参数，也可以是其他任意格式的数据。

Web 服务器只要把特定文件中的数据放到 HTTP 响应的正文部分，就能向浏览器发送任意格式的文件。同样，浏览器只要把特定文件中的数据放到 HTTP 请求的正文部分，也能向 Web 服务器发送任意格式的文件。

例程 1-11 的 hello6.htm 定义了一个能够向 Web 服务器上传文件的 HTML 表单。其中<form>标记设定了以下重要属性：

- method 属性：指定请求方式为“POST”，这使得表单数据会放到 HTTP 请求的正文部分。
- enctype 属性：用于指定表单数据的 MIME 类型，此处取值为“MULTIPART/FORM-DATA”，它表示表单数据为复合类型的数据，包含多个子部分（part）。
- action 属性：指定用户提交表单时，浏览器向服务器端请求访问的 URI 为“servlet/UploadServlet”。

例程 1-11　hello6.htm

```
<html>
<head>
<title>HelloWorld</title>
</head>
<body >
 <form name="uploadForm" method="POST"
      enctype="MULTIPART/FORM-DATA"
      action="servlet/UploadServlet">
   <table>
    <tr>
     <td><div align="right">File Path:</div></td>
     <td><input type="file" name="filedata"/> </td>
    </tr>
    <tr>
     <td><input type="submit" name="submit" value="upload"></td>
     <td><input type="reset" name="reset" value="reset"></td>
    </tr>
   </table>
 </form>
</body>
</html>
```

在一个 DOS 窗口中运行命令“java server.HTTPServer1”，该命令启动 HTTPServer1 程序。然后打开浏览器，输入 URL：

```
http://localhost:8080/hello6.htm
```

浏览器端展示的网页如图 1-22 所示。

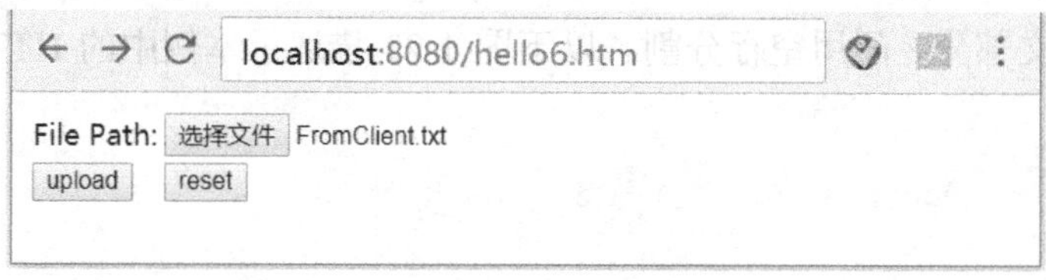

图 1-22　浏览器展示 hello6.htm 文件

以上图 1-22 中有一个【选择文件】按钮，它由 hello6.htm 文件中 type 属性值为“file”的<input>标记定义：

```
<input type="file" name="filedata" />
```

在上图 1-22 中，选中【选择文件】按钮，会弹出选择文件的窗口，假定选择的文件为 chapter01\src\client\FromClient.txt 文件，该文件中包含如下测试数据：

```
Data1 in FromClient.txt
Data2 in FromClient.txt
Data3 in FromClient.txt
Data4 in FromClient.txt
```

接下来单击网页中的【upload】按钮，浏览器会向 HTTPServer1 发送一个包含 FromClient.txt 文件数据的 HTTP 请求，HTTPServer1 收到该 HTTP 请求后，会将其打印出来，内容如下：

```
POST /servlet/UploadServlet HTTP/1.1
Accept: image/gif, image/jpeg, */*
Referer: http://localhost:8080/hello6.htm
Accept-Language: zh-cn
Content-Type: multipart/form-data; boundary=----------d82d9a20188
…
Cookie: style=default

----------7d82d9a20188
Content-Disposition:form-data;name="filedata";
               filename="C:\client\FromClient.txt"
Content-Type: text/plain

Data1 in FromClient.txt
Data2 in FromClient.txt
Data3 in FromClient.txt
Data4 in FromClient.txt
----------7d82d9a20188
Content-Disposition: form-data; name="submit"

upload
----------7d82d9a20188--
```

以上 HTTP 请求的正文部分为复合类型，它包含两个子部分：文件部分和提交按钮部分。浏览器会随机产生一个字符串形式的边界（boundary），在 HTTP 请求头中，以下代码设定了边界的取值：

```
Content-Type: multipart/form-data; boundary=----------7d82d9a20188
```

HTTP 请求的正文部分的各个子部分之间用边界来进行分割。每个子部分由头和正文部分组成，头和正文部分之间用空行分割。以下图 1-23 描述了本例中的 HTTP 请求的组成结构。

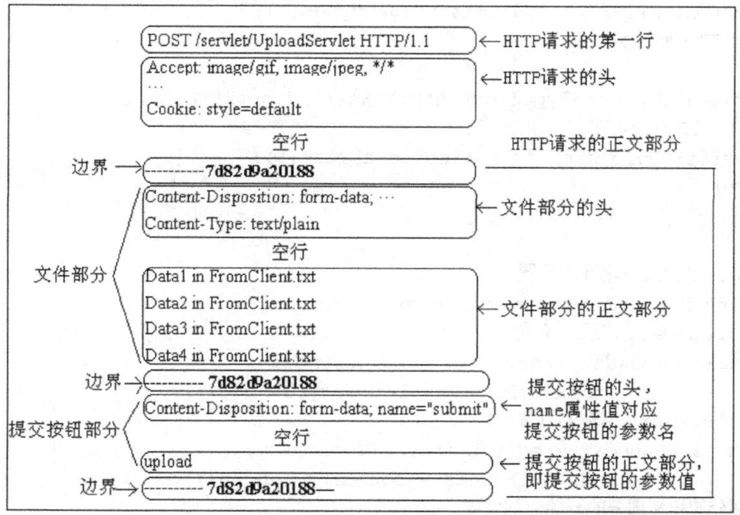

图 1-23 包含复合类型 HTML 表单数据的 HTTP 请求的组成结构

HTTPServer1 打印完 HTTP 请求，接下来把它交给 UploadServlet 类处理。UploadServlet 类必须对 HTTP 请求进行解析，读取其中的边界值，然后再根据边界值来定位到文件部分，然后再定位到文件部分的正文部分，再把正文部分的数据保存到本地文件系统中。例程 1-12 是 UploadServlet 类的源程序。

例程 1-12 UploadServlet.java

```
package server;
import java.io.*;
public class UploadServlet implements Servlet{
  public void init()throws Exception{
    System.out.println("UploadServlet is inited");
  }
  public void service(byte[] requestBuffer, OutputStream out)
                                    throws Exception{
    String request=new String(requestBuffer);

    //获得 HTTP 请求的头
    String headerOfRequest=request.substring(
                   request.indexOf("\r\n")+2,
                   request.indexOf("\r\n\r\n"));

    BufferedReader br=new BufferedReader(
                         new StringReader(headerOfRequest));
    String data=null;
    //获取 boundary
    String boundary=null;
    while((data=br.readLine())!=null){
      if(data.indexOf("Content-Type")!=-1){
        boundary=data.substring(data.indexOf("boundary=")+9,
                          data.length())+"\r\n";
        break;
      }
    }

    if(boundary==null){
```

```
    out.write("HTTP/1.1 200 OK\r\n".getBytes());
    //发送 HTTP 响应头

    out.write("Content-Type:text/html\r\n\r\n".getBytes());
    //发送 HTTP 响应正文
    out.write("Uploading is failed".getBytes());
    return;
  }

  //第一个 boundary 出现的位置
  int index1OfBoundary=request.indexOf(boundary);
  //第二个 boundary 出现的位置
  int index2OfBoundary=request.indexOf(boundary,
                  index1OfBoundary+boundary.length());
  //第三个 boundary 出现的位置
  int index3OfBoundary=request.indexOf(boundary,
                  index2OfBoundary+boundary.length());
  //文件部分的正文部分的开始前的位置
  int beforeOfFilePart=
         request.indexOf("\r\n\r\n",index2OfBoundary)+3;
  //文件部分的正文部分的结束后的位置
  int afterOfFilePart=index3OfBoundary-4;
  //文件部分的头的第一行结束后的位置
  int afterOfFilePartLine1=request.indexOf("\r\n",
                 index2OfBoundary+boundary.length());
  //文件部分的头的第二行
  String header2OfFilePart=request.substring(
                 index2OfBoundary+boundary.length(),
                 afterOfFilePartLine1);
  //上传文件的名字
  String fileName=header2OfFilePart.substring(
             header2OfFilePart.lastIndexOf("=")+2,
             header2OfFilePart.length()-1);
  //文件部分的正文部分之前的字符串的字节长度
  int len1=request.substring(0,
             beforeOfFilePart+1).getBytes().length;
  //文件部分的正文部分之后的字符串的字节长度
  int len2=request.substring(afterOfFilePart,
             request.length()).getBytes().length;
  //文件部分的正文部分的字节长度
  int fileLen=requestBuffer.length-len1-len2;

  /* 把文件部分的正文部分保存到本地文件系统中 */
  FileOutputStream f=new FileOutputStream(
                "server\\root\\"+fileName);
  f.write(requestBuffer,len1,fileLen);
  f.close();

  /*创建并发送 HTTP 响应*/
  //发送 HTTP 响应第一行
  out.write("HTTP/1.1 200 OK\r\n".getBytes());
  //发送 HTTP 响应头
  out.write("Content-Type:text/html\r\n\r\n".getBytes());
  //发送 HTTP 响应正文
  String content=
     "<html><head><title>HelloWorld</title></head><body>";
  content+="<h1>Uploading is finished.<br></h1>";
```

```
    content+="<h1>FileName:"+fileName+"<br></h1>";
    content+="<h1>FileSize:"+fileLen+"<br></h1></body><head>";
    out.write(content.getBytes());
  }
}
```

当用户上传的文件为 FromClient.txt，UploadServlet 最终会在服务器端的 root 子目录下，生成一个包含客户端上传文件数据的 FromClient.txt 文件。接下来 UploadServlet 还会动态生成一个 HTML 文档，该文档向用户汇报服务器端处理上传文件的结果，参见图 1-24。

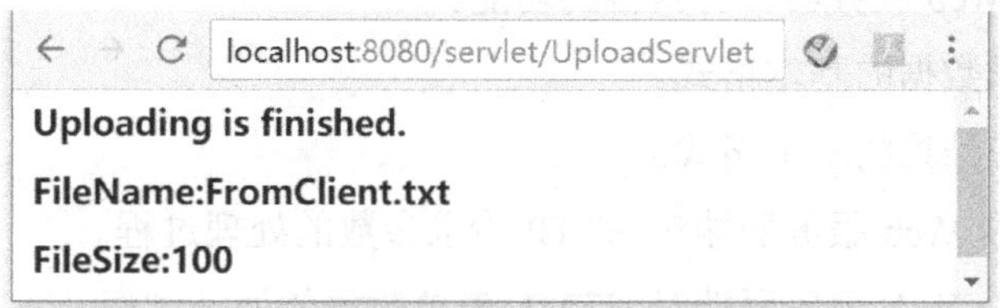

图 1-24　浏览器展示 UploadServlet 返回的 HTML 文档

客户端不仅可以向服务器上传像 FromClient.txt 这样的纯文本格式的数据，还可以上传其他任意格式的文件数据。如图 1-25 所示，在 hello6.htm 网页中把上传文件设为 FromClient.rar，它是一个压缩文件，那么这个压缩文件就会被上传到服务器端。

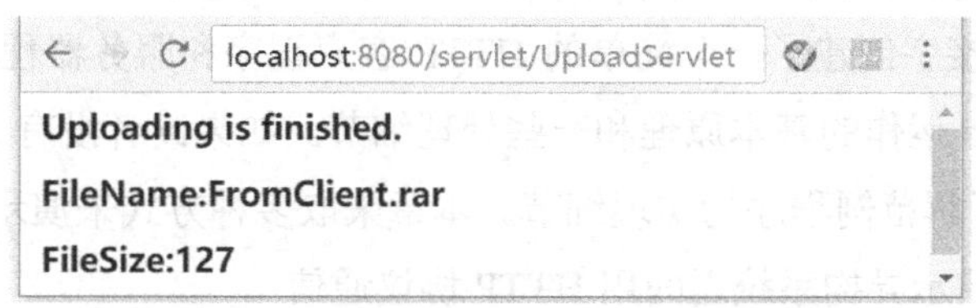

图 1-25　上传 FromClient.rar 压缩文件

当用户提交 HTML 表单后，服务器端接收到的 HTTP 请求的正文部分的文件部分如图 1-26 所示。文件部分的正文部分包含了 FromClient.rar 文件中的数据，由于它不是纯文本数据，因此在图 1-26 中显示为乱码。

UploadServlet 在处理文件部分的正文部分时，把它按照字节流而不是字符串流写到本地文件中，因此会把客户端的 FromClient.rar 文件中的数据准确无误地保存到服务器端的文件系统中。

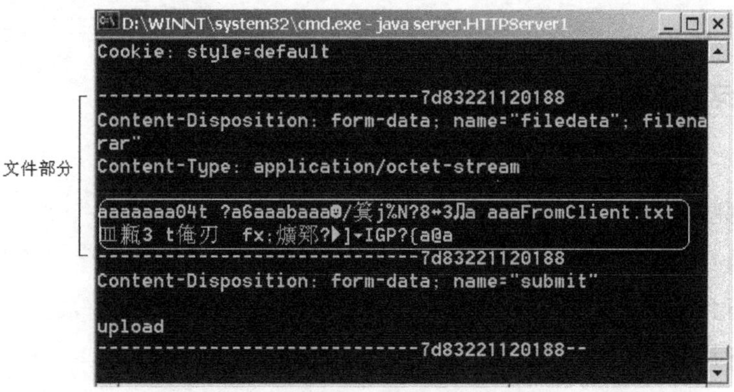

图 1-26　HTTP 请求的正文部分的文件部分

1.9 小结

本章以 HTTP 协议为核心，介绍了 Web 的概念、基本运作原理以及其发展历程。通过阅读本章，读者应该掌握以下内容：

- 浏览器向 Web 服务器请求访问一个 HTML 文档的过程。
- 浏览器和 Web 服务器各自具备的功能。
- HTTP 请求数据的基本格式。
- HTTP 响应结果的基本格式。
- 浏览器以及 Web 服务器端对 HTTP 请求参数的处理过程。
- 浏览器以及 Web 服务器端对 HTML 表单数据的处理过程。
- 浏览器以及 Web 服务器端对网页中的超级链接、图片、声音和脚本文件的处理过程。
- 浏览器向 Web 服务器端上传文件的过程。
- 在 Web 发展的各个阶段，在客户端或者服务器端所做的技术改进。

本章用 Java 套接字创建了一个简单的 HTTP 客户程序和服务器程序，这个范例能帮助读者直观地理解 Web 运作的基本原理和一些处理细节。如果读者没有 Java 套接字编程的基础知识，可以不必了解范例程序的实现细节。本章采取多种方式来演示范例，归纳如下：

- 1.5.1 节：演示异构系统之间用 HTTP 协议通信。
- 1.5.2 节：演示对网页中超级链接的处理过程。
- 1.5.3 节：演示对网页中图片的处理过程。
- 1.6.2 节：演示对网页中声音的处理过程。
- 1.6.3 节：演示浏览器对脚本文件的处理过程。
- 1.6.4 节：演示 HTTP 服务器动态调用 Java 程序的过程。
- 1.7 节：演示对 HTTP 请求参数以及 HTML 表单的处理过程。
- 1.8 节：演示客户端向服务器端上传文件的过程。

1.10 思考题

1．以下哪些属于浏览器的功能？（多选）

（a）编辑 HTML 文档。

（b）解析并运行 JSP 代码。

（c）解析并运行 JavaScript 代码。

（d）发送 HTTP 请求，并接收 HTTP 响应。

（e）解析并展示 HTML 文档。

（f）编译 Java 源程序代码。

2．以下哪些属于 Web 服务器的功能？（多选）

（a）接收 HTTP 请求，并发送 HTTP 响应。

（b）编译 Java 源程序代码。

（c）动态加载并执行程序代码。

（d）运行网页中的 JavaScript 脚本。

（e）展示网页中的图片。

（f）解析 HTML 文档。

3．关于 HTTP 协议，以下哪些说法正确？（多选）

（a）HTTP 响应的正文部分必须为 HTML 文档。

（b）HTTP 响应的正文部分可以是任意格式的数据，如 HTML、JPG、ZIP、MP3、XML 和 EXE 数据等。

（c）HTTP 协议规定服务器端默认情况下监听 TCP80 端口。

（d）HTTP 协议规定了 HTML 的语法。

（e）HTTP 协议是由 Microsoft 公司制定的。

（f）浏览器与 Web 服务器之间的通信遵循 HTTP 协议。

（g）HTTP 是“Hypertext Transfer Protocol”的缩写。

（h）HTTP 请求的正文部分可以是任意格式的数据，如 HTML、JPG、ZIP、MP3、XML 和 EXE 数据等。

4．HTML 与浏览器是什么关系？（单选）

（a）浏览器是 HTML 文档的编辑器，可以用浏览器来编写 HTML 页面。

（b）浏览器是 HTML 的解析器，能够解析 HTML 文件，并且在窗口中展示网页。

（c）浏览器是 HTML 的编译器和运行器，能够把 HTML 文件编译成可执行文件，然后执行它。

5．以下哪些属于 Web 服务器端编程技术？（多选）

（a）ASP　（b）Flash　（c）JSP/Servlet　（d）HTML

（e）JavaScript　（f）CGI　（g）PHP

6．以下哪些属于标记语言？（多选）

（a）HTML　（b）Java　（c）JSP　（d）XML　（e）JavaScript

7．用户在本地编写了一个 hello1.htm 文件，用浏览器打开它，如图 1-27 所示。浏览器按这种方式打开 hello1.htm 文件时，需要先发出一个 HTTP 请求吗？（单选）

（a）需要　（b）不需要

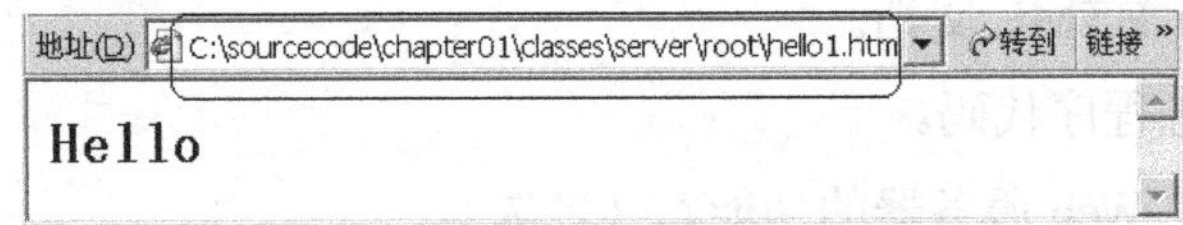

图 1-27　浏览器展示本地的 hello1.htm 文件

8．在 Web 服务器端有一个 index.htm 文件，该文件包含如下超级链接：

```
<a href="hello1.htm"> hello1.htm (纯文本网页) </a>
```

当浏览器请求访问 index.htm 文件时，以下哪些说法是正确的？（多选）

（a）浏览器接收到来自服务器的 index.htm 文件后，对其解析，根据以上<a>标记中的 href 属性值，再自动发出一个要求访问 hello1.htm 文件的 HTTP 请求。

（b）当浏览器展示 index.htm 页面时，如果用户选择网页上的"hello1.htm (纯文本网页)"超级链接，浏览器会发出一个要求访问 hello1.htm 文件的 HTTP 请求。

（c）按照 HTTP/1.1 通信时，浏览器每次向 Web 服务器发送 HTTP 请求时，都必须先建立 FTP 连接。

（d）按照 HTTP/1.1 通信时，浏览器与 Web 服务器建立了 FTP 连接后，浏览器可以利用该连接发送多个 HTTP 请求。

9．以下哪些协议位于 TCP/IP 网络参考模型的应用层？（多选）

（a）TCP　（b）HTTP　（c）POP3　（d）SOAP　（e）IP　（f）FTP

10．有一种协议规定：如果客户端发送一行字符串"date"，服务器端就返回当前日期信息，如果客户端发送一行字符串"exit"，服务器端就结束与客户端的通信。这种协议应该是哪一层的协议？（单选）

（a）网络互联层　（b）应用层　（c）传输层　（d）主机-网络层

11．关于 Web 服务，以下哪些说法正确？（多选）

（a）浏览器是访问 Web 服务的主要客户程序。

（b）为了使 SOAP 请求能变为 HTTP 请求的正文部分，SOAP 请求必须用 HTML 语言编写。

（c）SOAP 请求和 SOAP 响应都用 XML 语言来编写。

（d）Web 服务器负责创建符合 SOAP 协议的 SOAP 响应。

（e）Web 服务可以借助 Web 服务器来发布。

（f）从一个抽象层面来理解，所有 Web 应用都可以看作是 Web 服务。

（g）Web 服务架构是一种支持异构软件系统之间通信的分布式架构。

12．关于 HTTP 请求参数，以下哪些说法正确？（多选）

（a）在 GET 请求方式下，HTTP 请求参数位于 HTTP 请求的正文部分。

（b）在一个 HTTP 请求中，只能包含一个 HTTP 请求参数。

（c）在 POST 请求方式下，HTTP 请求参数位于 HTTP 请求的正文部分。

（d）HTTP 请求参数用来指定浏览器请求访问的 HTML 文件。

（e）HTTP 请求参数为客户端向 Web 服务器传递数据提供了便利。

13. 本书最主要介绍哪方面的内容？（单选）

（a）利用 Java 套接字创建功能强大的浏览器程序。

（b）利用 Java 套接字创建功能强大的 HTTP 服务器程序。

（c）创建基于 Java 的 Web 应用。

（d）Tomcat 服务器的实现原理。

（e）创建、发布和访问 Web 服务。

（f）Web2.0 以及 Web3.0 中出现的新技术。

14. Web 服务与 Web 应用有哪些区别？（多选）

（a）Web 服务基于 SOAP 协议，Web 应用基于 HTTP 协议。

（b）Web 服务的客户端可以是任意的软件系统，而 Web 应用的客户端主要是浏览器。

（c）Web 服务的概念比 Web 应用的概念出现得更早。

（d）Web 服务和 Web 应用必须分别通过不同的服务器来发布。

（e）Web 应用返回的响应结果主要是 HTML 文档，而 Web 服务返回的响应结果实际上是方法调用的返回值。

15. 本章 1.6.1 节提到了“静态 HTML 文档”，如何理解？（单选）

（a）就是指事先存放在 Web 服务器端的文件系统中的 HTML 文档。

（b）就是指不允许包含声音、动画等的 HTML 文档。

（c）Web 服务器动态执行程序代码，由此产生的 HTML 文档也是静态 HTML 文档。

（d）就是指不允许修改的 HTML 文档。

16. 比尔·盖茨在 1990 年提出了可编程的 Web（Programmable Web）的概念，并对此概念做了如下阐述：

As a result of the changes in how businesses and consumers use the Web，the industry is converging on a new computing model that enables a standard way of building applications and processes to connect and exchange information over the Web.

如何理解可编程的 Web 的概念？（多选）

（a）浏览器和 Web 服务器都需要通过编程方式创建。

（b）Web 服务器端的 Web 应用主要通过编程方式创建。

（c）Web 为开展业务、信息链接和信息交换等提供了标准化的平台。

（d）Web 为创建软件应用提供了标准化的方式。

参考答案

1．c,d,e　2．a,c　3．b,c,f,g,h　4．b　5．a,c,f,g　6．a,d　7．b　8．b,d

9．b,c,d,f　10．b　11．c,e,g　12．c,e　13．c　14．a,b,e　15．a　16．b,c,d

第 2 章 Tomcat 简介

本书第 1 章已经介绍了 Web 应用的概念，Web 应用与普通的桌面应用程序都属于应用软件，都能处理各种业务领域里的业务。Web 应用的主要特点在于以可交互的 HTML 网页作为客户端界面，并且由浏览器来展示客户端界面。此外，Web 应用由 Web 服务器来发布和运行，浏览器与 Web 服务器之间的远程数据交换遵循 HTTP 协议。

Web 应用中包含了能处理特定业务的程序代码。在技术上，Web 服务器具备动态执行特定程序代码的能力，这是 Web 应用得以存在和发展的前提。Web 服务器是由专门的服务器开发商创建的，而 Web 应用是由专门的应用软件开发商创建的。Web 服务器如何能动态执行由第三方创建的 Web 应用中的程序代码呢？

本书第 1 章的 1.6.4 节（提供服务器端与用户的动态交互功能）以 HTTPServer1 和自定义的简单 Servlet 为例，揭示了基于 Java 的 Web 服务器动态执行特定程序代码的基本原理。接下来再看一下在实际 Java Web 开发领域，Web 服务器与 Web 应用这两个不同的软件系统如何进行协作。

如图 2-1 所示，为了能让 Web 服务器与 Web 应用这两个不同的软件系统协作，首先应该由一个中介方制定 Web 应用与 Web 服务器进行协作的标准接口，Servlet 就是其中最主要的一个接口。中介方规定：

- Web 服务器可以访问任意一个 Web 应用中所有实现 Servlet 接口的类。
- Web 应用中用于被 Web 服务器动态调用的程序代码位于 Servlet 接口的实现类中。

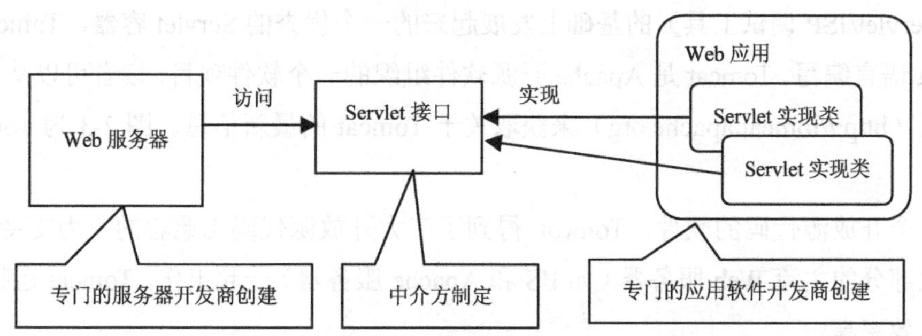

图 2-1 Web 服务器与 Web 应用通过 Servlet 接口来协作

在实际 Java Web 开发领域，到底由谁作为中介方来制定以上标准接口呢？Oracle 公司现在作为 Java 语言的开发和发布者，是当仁不让的标准接口的制定者。Oracle 公司不仅制定了 Web 应用与 Web 服务器进行协作的一系列标准 Java 接口（统称为 Java Servlet API），还对 Web 服务器发布以及运行 Web 应用的一些细节做了规约。Oracle 公司把这一系列标准 Java 接口和规约统称为 Servlet 规范。Servlet 规范的官方网址为：

https://www.oracle.com/technetwork/java/javaee/documentation/index.html

提示

本书为了叙述的方便，把基于 Java 的 Web 应用简称为 Java Web 应用。

Servlet 规范把能够发布和运行 Java Web 应用的 Web 服务器称为 Servlet 容器。Servlet 容器最主要的特征是动态执行 Java Web 应用中 Servlet 实现类的程序代码。

由 Apache 开源软件组织创建的 Tomcat 是一个符合 Servlet 规范的优秀 Servlet 容器。以下图 2-2 演示了 Tomcat 与 Java Web 应用之间通过 Servlet 接口来协作的过程。

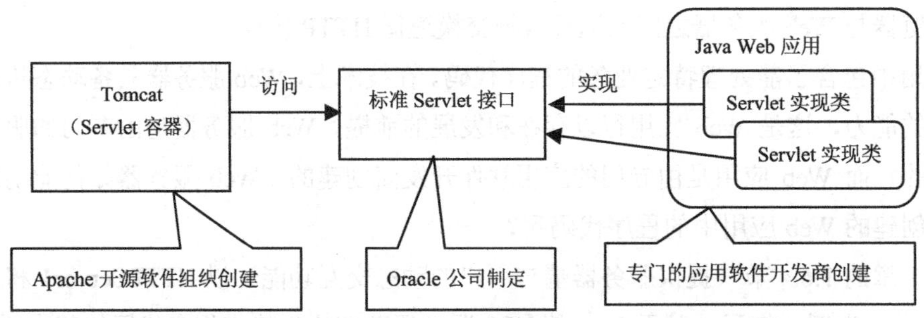

图 2-2　Tomcat 与 Java Web 应用通过标准 Servlet 接口来协作

本章将介绍 Tomcat 作为 Servlet 容器的基本功能、Tomcat 的组成结构和工作模式，还会介绍安装 Tomcat 服务器的基本步骤。

2.1　Tomcat 概述

Tomcat 是在 Oracle 公司的 JSWDK（JavaServer Web DevelopmentKit，是 Oracle 公司推出的小型 Servlet/JSP 调试工具）的基础上发展起来的一个优秀的 Servlet 容器，Tomcat 本身完全用 Java 语言编写。Tomcat 是 Apache 开源软件组织的一个软件项目，读者可以从 Tomcat 的官方网址（http://tomcat.apache.org）来获取关于 Tomcat 的最新信息。图 2-3 为 Tomcat 的主页。

作为一个开放源代码的软件，Tomcat 得到了广大开放源代码志愿者的大力支持，它可以和目前大部分的主流 Web 服务器（如 IIS 和 Apache 服务器）一起工作。Tomcat 运行稳定、可靠，并且效率高。

Tomcat 除了能够充当运行 Servlet 的容器，还提供了作为 Web 服务器的一些实用功能，如 Tomcat 管理和控制平台、安全域管理和 Tomcat 阀等。Tomcat 已成为目前开发企业 Java Web 应用的最佳 Servlet 容器选择之一。

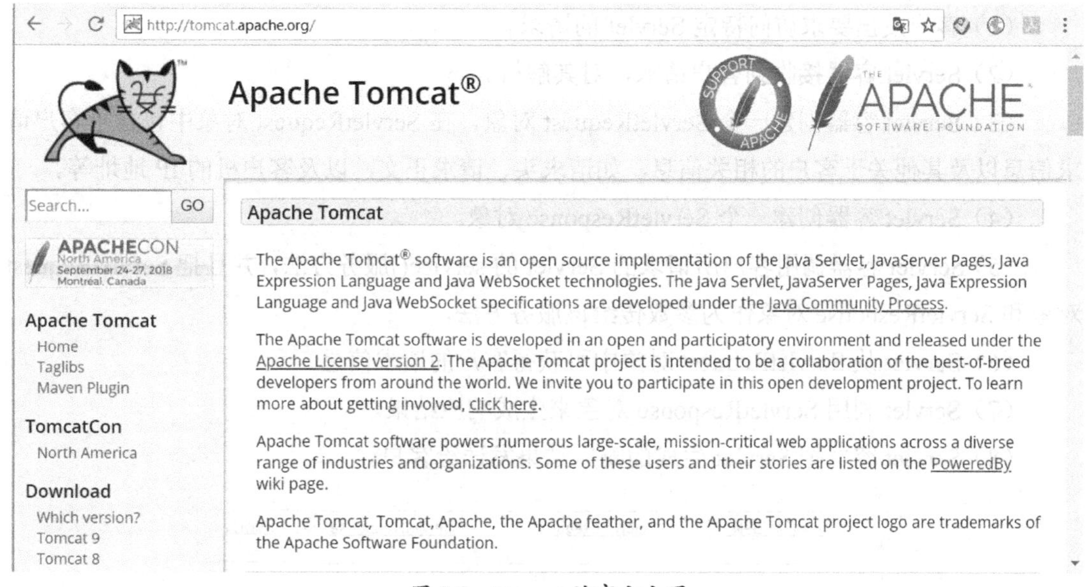

图 2-3　Tomcat 的官方主页

2.2　Tomcat 作为 Servlet 容器的基本功能

Servlet，顾名思义，是一种运行在服务器上的小插件。Servlet 最常见的用途是扩展 Web 服务器的功能，可作为非常安全的、可移植的、易于使用的 CGI 替代品。Servlet 具有以下特点：

- 提供了可被服务器动态加载并执行的程序代码，为来自客户的请求提供相应服务。
- Servlet 完全用 Java 语言编写，因此要求运行 Servlet 的服务器必须支持 Java 语言。
- Servlet 完全在服务器端运行，因此它的运行不依赖于浏览器。不管浏览器是否支持 Java 语言，都能请求访问服务器端的 Servlet。

如图 2-4 所示，Tomcat 作为运行 Servlet 的容器，其基本功能是负责接收和解析来自客户的请求，把客户的请求传送给相应的 Servlet，并把 Servlet 的响应结果返回给客户。

图 2-4　Tomcat 作为 Servlet 容器的基本功能

提示

Servlet 规范规定的 Servlet 不仅可以运行在基于 HTTP 协议的 Web 服务器上，还可以运行在基于其他应用协议的服务器上。不过，目前 Servlet 主要运行在 Web 服务器上，用来扩展 Web 服务器的功能。

如图 2-5 所示，Servlet 规范规定，Servlet 容器响应客户请求访问特定 Servlet 的流程如下：

（1）客户发出要求访问特定 Servlet 的请求。

（2）Servlet 容器接收到客户请求，对其解析。

（3）Servlet 容器创建一个 ServletRequest 对象，在 ServletRequest 对象中包含了客户请求信息以及其他关于客户的相关信息，如请求头、请求正文，以及客户机的 IP 地址等。

（4）Servlet 容器创建一个 ServletResponse 对象。

（5）Servlet 容器调用客户所请求的 Servlet 的 service()服务方法，并且把 ServletRequest 对象和 ServletResponse 对象作为参数传给该服务方法。

（6）Servlet 从 ServletRequest 对象中可获得客户的请求信息。

（7）Servlet 利用 ServletResponse 对象来生成响应结果。

（8）Servlet 容器把 Servlet 生成的响应结果发送给客户。

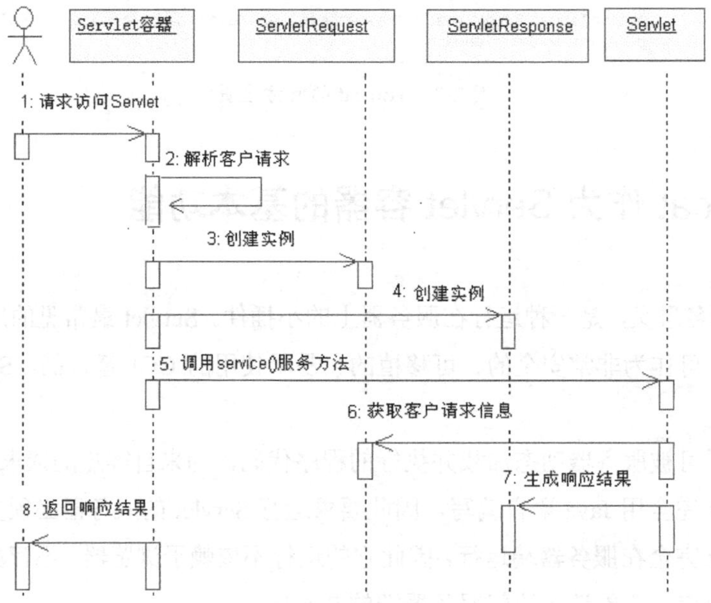

图 2-5　Servlet 容器响应客户请求访问特定 Servlet 的时序图

在本书中，经常用 UML 时序图来直观地显示对象之间相互协作的流程。在时序图中，从对象 A 到对象 B 的箭头，表示 A 向 B 发送一条消息，B 接收到消息后，将执行相关的操作，因此也可以理解为 A 调用 B 的方法。例如图 2-5 中的步骤 5 表示 Servlet 容器调用 Servlet 的 service 方法。对于步骤 2，箭头的起点和终点都指向 Servlet 容器，表示 Servlet 容器调用自身的方法来解析客户请求信息。

2.3　Tomcat 的组成结构

Tomcat 本身由一系列可配置的组件构成，其中核心组件是 Servlet 容器组件，它是所有其他 Tomcat 组件的顶层容器。为了叙述方便，本书用<CATALINA_HOME>表示 Tomcat 的安装根目录。Tomcat 的各个组件可以在<CATALINA_HOME>/conf/server.xml 文件中进行配置，每个 Tomcat 组件在 server.xml 文件中对应一种配置元素。以下代码以 XML 的形式展示了各种 Tomcat 组件之间的关系：

```
<Server>
    <Service>
        <Connector />
        <Engine>
            <Host>
                <Context>
                </Context>
            </Host>
        </Engine>
    </Service>
</Server>
```

在以上 XML 代码中，每个元素都代表一种 Tomcat 组件。这些元素可分为四类：

- 顶层类元素

包括<Server>元素和<Service>元素，它们位于整个配置文件的顶层。

- 连接器类元素

为<Connector>元素，代表介于客户与服务器之间的通信接口，负责将客户的请求发送给服务器，并将服务器的响应结果发送给客户。

- 容器类元素

代表处理客户请求并生成响应结果的组件，有四种容器类元素，分别为<Engine>、<Host>、<Context>和<Cluster>元素。Engine 组件为特定的 Service 组件处理所有客户请求，Host 组件为特定的虚拟主机处理所有客户请求，Context 组件为特定的 Web 应用处理所有客户请求。Cluster 组件负责为 Tomcat 集群系统进行会话复制、Context 组件的属性的复制，以及集群范围内 WAR 文件的发布。本书第 26 章的 26.5 节（Tomat 集群）对配置 Tomcat 集群系统做了进一步介绍。

- 嵌套类元素

代表可以嵌入到容器中的组件，如<Valve>元素和<Realm>元素等，这些元素的作用将在后面的章节做介绍。

提示

Tomcat 的组成结构是由自身的实现决定的，与 Servlet 规范无关。不同的服务器开发商可以用不同的方式来实现符合 Servlet 规范的 Servlet 容器。

下面，再对一些基本的 Tomcat 元素进行介绍。如果要了解这些元素的具体属性，可以参照本书附录 A（server.xml 文件）：

- <Server>元素

<Server>元素代表整个 Servlet 容器组件，它是 Tomcat 的顶层元素。<Server>元素中可包含一个或多个<Service>元素。

- <Service>元素

<Service>元素中包含一个<Engine>元素，以及一个或多个<Connector>元素，这些<Connector>元素共享同一个<Engine>元素。

- <Connector>元素

<Connector>元素代表和客户程序实际交互的组件，它负责接收客户请求，以及向客户返回响应结果。

- <Engine>元素

每个<Service>元素只能包含一个<Engine>元素。<Engine>元素处理在同一个<Service>中所有<Connector>元素接收到的客户请求。

- <Host>元素

一个<Engine>元素中可以包含多个<Host>元素。每个<Host>元素定义了一个虚拟主机，它可以包含一个或多个 Web 应用。

- <Context>元素

<Context>元素是使用最频繁的元素。每个<Context>元素代表了运行在虚拟主机上的单个 Web 应用。一个<Host>元素中可以包含多个<Context>元素。

Tomcat 各个组件之间的嵌套关系如图 2-6 所示。

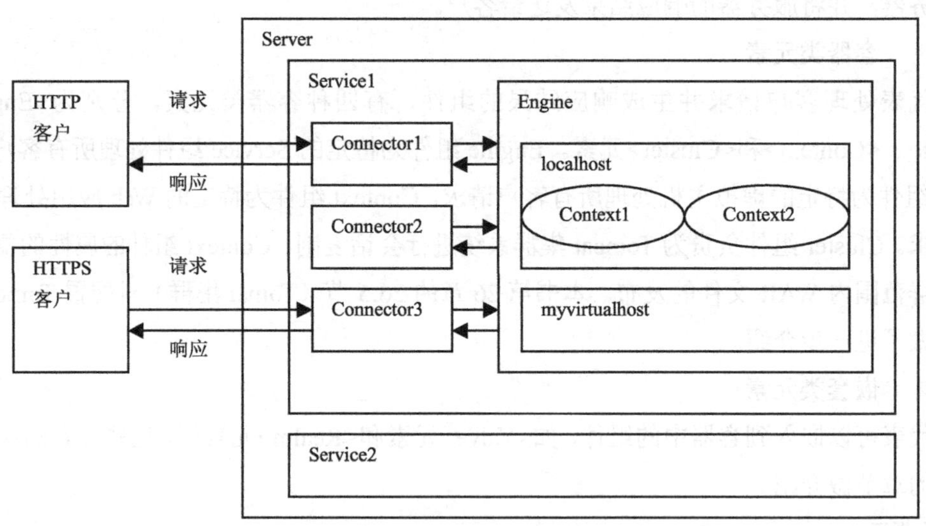

图 2-6　Tomcat 各个组件之间的嵌套关系

图 2-6 表明，Connector 组件负责接收客户的请求并向客户返回响应结果，在同一个 Service 组件中，多个 Connector 组件共享同一个 Engine 组件。同一个 Engine 组件中可以包含多个 Host 组件，同一个 Host 组件中可以包含多个 Context 组件。

Tomcat 安装好以后，在它的 server.xml 配置文件中已经配置了<Server>、<Service>、<Connector>、<Engine>和<Host>等组件：

```
<Server port="8005" shutdown="SHUTDOWN">
  <Service name="Catalina">
    <Connector port="8080" protocol="HTTP/1.1"
```

```
            connectionTimeout="20000"
            redirectPort="8443" />
    <Connector port="8009" protocol="AJP/1.3" redirectPort="8443" />

    <Engine name="Catalina" defaultHost="localhost">
      <Host name="localhost"  appBase="webapps"
          unpackWARs="true" autoDeploy="true">
        ......
      </Host>
    </Engine>
  </Service>
</Server>
```

从以上代码可以看出，Tomcat 自带了一个名为“Catalina”的 Engine 组件，它的默认虚拟主机为 localhost。

2.4　Tomcat 的工作模式

Tomcat 作为 Servlet 容器，有以下三种工作模式。

（1）独立的 Servlet 容器

Tomcat 作为独立的 Web 服务器来单独运行，Servlet 容器组件作为 Web 服务器中的一部分而存在。这是 Tomcat 的默认工作模式。本书主要采用这种模式来运行 Tomcat。

在这种模式下，Tomcat 是一个独立运行的 Java 程序。和运行其他 Java 程序一样，运行 Tomcat 需要启动一个 Java 虚拟机（JVM，Java Virtual Machine）进程，由该进程来运行 Tomcat，参见图 2-7。

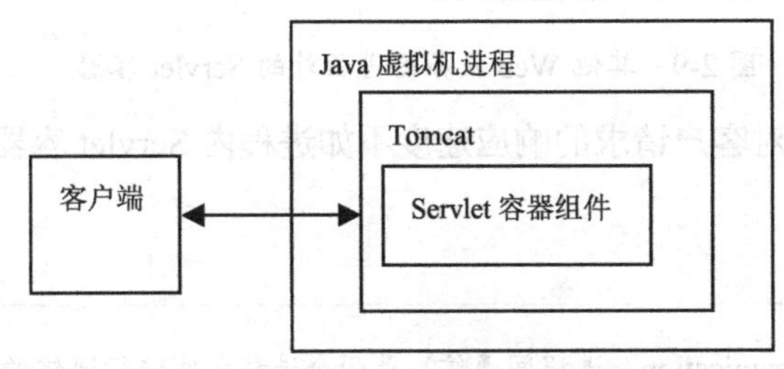

图 2-7　Tomcat 由 Java 虚拟机进程来运行

（2）其他 Web 服务器进程内的 Servlet 容器

在这种模式下，Tomcat 分为 Web 服务器插件和 Servlet 容器组件两部分。如图 2-8 所示，Web 服务器插件在其他 Web 服务器进程的内部地址空间启动一个 Java 虚拟机，Servlet 容器组件在此 Java 虚拟机中运行。如有客户端发出调用 Servlet 的请求，Web 服务器插件获得对此请求的控制并将它转发（使用 JNI 通信机制）给 Servlet 容器组件。

提示

JNI（Java Native Interface）指的是 Java 本地调用接口，通过这一接口，Java 程序可以和采用其他语言编写的本地程序进行通信。

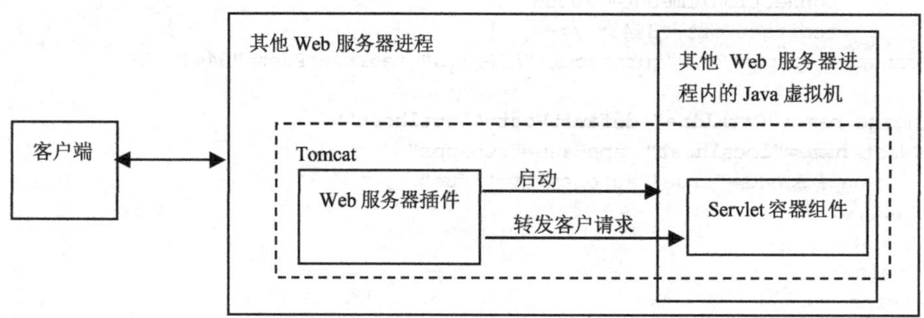

图 2-8　其他 Web 服务器进程内的 Servlet 容器

进程内的 Servlet 容器对于单进程、多线程的 Web 服务器非常合适，可以提供较高的运行速度，但缺乏伸缩性。

（3）其他 Web 服务器进程外的 Servlet 容器

在这种模式下，Tomcat 分为 Web 服务器插件和 Servlet 容器组件两部分。如图 2-9 所示，Web 服务器插件在其他 Web 服务器的外部地址空间启动一个 Java 虚拟机进程，Servlet 容器组件在此 Java 虚拟机中运行。如有客户端发出调用 Servlet 的请求，Web 服务器插件获得对此请求的控制并将它转发（采用 IPC 通信机制）给 Servlet 容器。

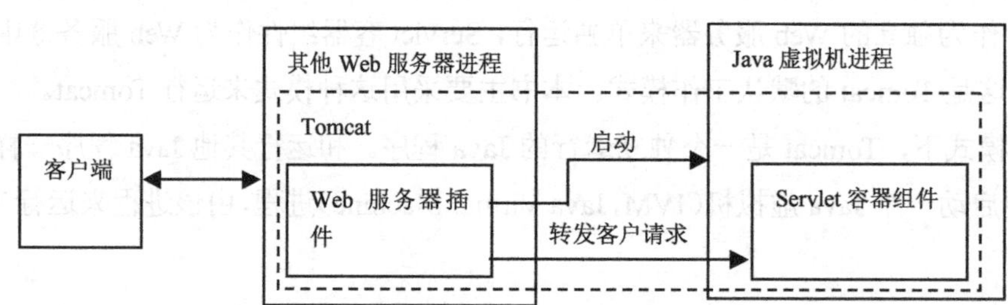

图 2-9　其他 Web 服务器进程外的 Servlet 容器

进程外 Servlet 容器对客户请求的响应速度不如进程内 Servlet 容器，但进程外容器具有更好的伸缩性和稳定性。

提示

IPC（Inter-Process Communication，进程间通信）是两个进程之间进行通信的一种机制。

从 Tomcat 的三种工作模式可以看出，当 Tomcat 作为独立的 Servlet 容器来运行时，此时 Tomcat 是能运行 Java Servlet 的独立 Web 服务器。此外，Tomcat 还可作为其他 Web 服务器进程内或者进程外的 Servlet 容器，从而与其他 Web 服务器集成（如 Apache 和 IIS 服务器等）。集成的意义在于：对于不支持运行 Java Servlet 的其他 Web 服务器，可通过集成 Tomcat 来提供运行 Servlet 的功能。本书第 26 章将进一步介绍 Tomcat 和其他 Web 服务器的集成方法。

2.5 Tomcat 的版本

随着 Oracle 公司推出的 Servlet/JSP 规范的不断完善和升级，Tomcat 的版本也随之不断更新。Tomcat 和 Servlet/JSP 规范以及 JDK 版本的对应关系参见表 2-1。

表 2-1 JDK、Servlet/JSP 规范和 Tomcat 版本的对应关系

Tomcat 版本	JDK 版本	Servlet/JSP 规范
9.x	JDK8 或更高版本	4.0/2.3
8.x	JDK7 或更高版本	3.1/2.3
7.x	JDK6 或更高版本	3.0/2.3
6.x	JDK5 或更高版本	2.5/2.1
5.5.x	JDK1.4 或更高版本	2.4/2.0
5.0.x	JDK1.4 或更高版本	2.4/2.0
4.1.x	JDK1.3 或更高版本	2.3/1.2
3.3.1a	JDK1.3 或更高版本	2.2/1.1

Tomcat 目前的最新版本是 Tomcat 9.x，它的前景被业界看好。本书涉及的范例以及关于 Tomcat 的配置都基于 Tomcat 9.x。Tomcat 9.x 是目前比较稳定和成熟的版本，已经被广泛用于实际 Java Web 应用的开发中。

下面分别介绍一下 Tomcat 9.x、Tomcat 8.x、Tomcat 7.x、Tomcat 6.x、Tomcat 5.5.x、Tomcat 5.0.x 和 Tomcat 4.1.x 的特点。

1．Tomcat 9.x

Tomcat9.x 建立在 Tomcat 8.x 的基础上，前者实现了 Servlet 4.0 和 JSP 2.3 规范。此外，它还提供了如下新特性：

- 支持 HTTP/2 协议。
- 使用 OpenSSL（Open Secure Socket Layer，开放安全套接字层密码库）来支持 TLS（Transport Layer Security，安全传输层协议），在实现中使用了 JSSE（Java Secure Socket Extension，Java 安全套接字扩展）连接器。
- 支持 TLS 虚拟主机。

2．Tomcat 8.x

Tomcat 8.x 建立在 Tomcat 7.x 的基础上，前者实现了 Servlet 3.1 和 JSP 2.3 规范。此外，它还提供了如下新特性：

- 采用单个公共资源的实现机制，来替代早期版本中提供多个可扩展资源的特征。
- Tomcat 8.5.x 实现了 JASPIC1.1（Java Authentication Service Provider，Java 认证服务提供者接口）规范。

3. Tomcat 7.x

Tomcat 7.x 建立在 Tomcat 6.x 的基础上，前者实现了 Servlet 3.0 和 JSP 2.3 规范，此外，它还提供了如下新特性：

- 针对 Web 应用的内存泄漏，进行检测和预防。
- 提高了 Tomcat 自带的两个 Web 应用的安全性能，该自带的两个 Web 应用分别是 Tomcat 的控制平台和管理平台，参见本书第 24 章（Tomcat 的控制平台和管理平台）。
- 采取安全措施，防止 CSRF（Cross-Site Request Forgery, 跨站请求伪造）攻击网站。
- 允许在 Web 应用中直接包含外部内容。
- 重构连接器，对 Tomcat 内部实现代码进行清理和优化。

4. Tomcat 6.x

Tomcat 6.x 是基于 Tomcat 5.5.x 的升级版本，前者实现了 Servlet 2.5 和 JSP 2.1 规范。此外，它还提供了如下新特性：

- 优化对内存的使用。
- 先进的 IO（输入输出）功能，利用 JDK 的 java.nio 包中的接口与类来提高输入输出的性能，并且增加了对异步通信的支持。
- 对 Tomcat 服务器的集群功能进行了重建。

5. Tomcat 5.5.x

Tomcat 5.5.x.与 Tomcat 5.0.x 一样支持 Servlet 2.4 和 JSP 2.0 规范。此外，在其底层实现中，Tomcat 5.5.x 在原有版本的基础上进行了巨大改动。这些改动大大提高了服务器的运行性能和稳定性，并且降低了运行服务器的成本。

6. Tomcat 5.0.x

Tomcat 5.0.x 在 Tomcat 4.1 的基础上做了许多扩展和改进，它提供的新功能和新特性包括：

- 对服务器性能进一步优化，提高垃圾回收的效率。
- 采用 JMX 技术来监控服务器的运行。
- 提高了服务器的可扩展性和可靠性。
- 增强了对标签库（Tag Library）的支持。
- 利用 Windows wrapper 和 UNIX wrapper 技术改进了与操作系统平台的集成。
- 采用 JMX 技术来实现嵌入式的 Tomcat。
- 提供了更完善的 Tomcat 文档。

提示

JMX（Java Management Extensions）是 Oracle 提出的 Java 管理扩展规范，是一个能够在应用程序、设备和系统中嵌入管理功能的框架。JMX 可以跨越一系列异构操作系统平台、系统体系结构和网络传输协议。通过 JMX，用户可以灵活地开发无缝集成的系统、网络和服务管理应用。

7. Tomcat 4.1.x

Tomcat 4.1.x 是 Tomcat 4.0.x 的升级版本。Tomcat 4.0.x 完全废弃了 Tomcat 3.x 的架构，采用新的体系结构实现了 Servlet 容器。Tomcat 4.1.x 在 Tomcat 4.0.x 的基础上又进一步升级，它提供的新功能和新特性包括：

- 基于 JMX 的管理控制功能。
- 实现了新的 Coyote Connector（支持 HTTP/1.1, AJP 1.3 和 JNI）。
- 重写了 Jasper JSP 编译器。
- 提高了 Web 管理应用与开发工具的集成。
- 提供客户化的 Ant 任务，使 Ant 程序根据 build.xml 脚本直接和 Web 管理应用交互。

以上介绍中出现了很多新名词和术语，如 Tag Library（标签库）、AJP 和 Ant 等，在本书后面章节会陆续解释这些名词。

2.6 安装和配置 Tomcat 所需的资源

本书选用 Tomcat 9.x 作为介绍对象。Tomcat 9.x 本身是基于 JDK8 的服务器程序。在使用 Tomcat 9.x 之前，需要下载并安装 JDK 8（或者 JDK 8 以上版本）和 Tomcat 9.x 的安装软件。表 2-2 分别列出了适用于 Windows 和 Linux 操作系统的两个软件的来源。

表 2-2 安装和配置 Tomcat 所需的软件

软件名称	官方下载网址	本书技术支持网站的下载网址
Tomcat9	http://tomcat.apache.org/	www.javathinker.net/JavaWeb.jsp
JDK10	http://www.oracle.com/technetwork/cn/java/javase/downloads/index.html	www.javathinker.net/JavaWeb.jsp

对于 Windows 操作系统，Tomcat 9 提供了两个安装文件，一个文件为 apache-tomcat-9.x.exe，还有一个文件为 apache-tomcat-9.x.zip。apache-tomcat-9.x.exe 是可运行的安装程序，通过这个程序安装 Tomcat，会自动在 Windows 操作系统中注册 Tomcat 服务，参见图 2-10，并且在操作系统的【开始】→【程序】菜单中加入 Tomcat 管理菜单，参见图 2-11。在下面小节中介绍的安装方法采用的是 apache-tomcat-9.x.zip 文件，只要把它解压到本地硬盘即可。

提示

对 Tomcat6.x 及更高版本，默认情况下采用 Eclipse 提供的 JDT（Java Development Tool，Java 开发工具）来编译 JSP 文件。在 Tomcat6.x 及更高版本的安装文件中自带了 JDT。而 Tomcat6.x 以前的版本用 JDK 提供的 Java 编译器来编译 JSP 文件。因此对于 Tomcat6.x 及更高版本，即使不安装完整的 JDK，只要安装了用于运行 Java 程序的 JRE（Java Runtime Environment，Java 运行时环境），就可以运行 Tomcat。JRE 和 JDK 的官方下载网址相同，参见表 2-2。

图 2-10　Tomcat 成为 Windows 中的服务

图 2-11　Tomcat 在 Windows 中的管理菜单

2.7　安装 Tomcat

本节将把 Tomcat 安装为独立的 Web 服务器，也就是说，它的工作方式为本章 2.4 节介绍的第一种模式，即作为独立的 Servlet 容器来运行。下面分别介绍如何在 Windows 以及 Linux 操作系统中安装 Tomcat。

在 Windows 操作系统中安装 Tomcat 包括如下步骤：

（1）先安装 JDK。假定把 JDK 安装在 C:\jdk 目录下。

（2）解压 Tomcat 压缩文件 apache-tomcat-9.x.zip。解压 Tomcat 的压缩文件的过程就相当于安装的过程。假定解压后 Tomcat 的根目录为 C:\tomcat 目录。

（3）在操作系统中创建两个系统环境变量：

- JAVA_HOME：它是 JDK 的安装目录。
- CATALINA_HOME：它是 Tomcat 的安装目录。

在 Windows 操作系统中创建 JAVA_HOME 和 CATALINA_HOME 系统环境变量的步骤如下。

（1）在 Windows 操作系统中，选择【控制面板】→【系统和安全】→【系统】→【高级系统设置】→【环境变量】→【新建】命令。接下来就可以创建 JAVA_HOME 系统环境变量了，参见图 2-12。

（2）重复步骤（1），新建 CATALINA_HOME 环境变量，环境变量值为 C:\tomcat。

为了便于编译和运行本书后面章节的 Java 程序，可以把 JDK 的 Java 编译工具（javac.exe）和运行工具（java.exe）所在的目录 C:\jdk\bin 添加到系统环境变量 Path 中，参见图 2-13。当然，这并不是安装 Tomcat 所要求的步骤。

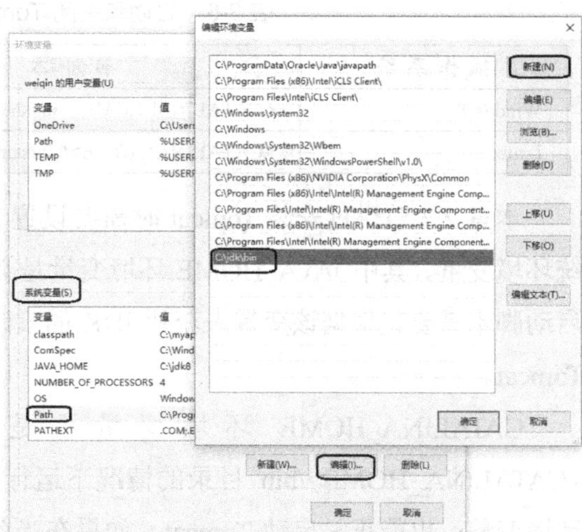

图 2-12　设置 JAVA_HOME 环境变量　　　图 2-13　在 Windows 中编辑 Path 系统环境变量

在 Linux 操作系统中安装 Tomcat 包括如下步骤。

（1）先安装 JDK。假定把 JDK 安装在/home/java/jdk 目录下。接下来，解压 Tomcat 压缩文件，假定解压至/home/tomcat 目录。

（2）设定两个环境变量：JAVA_HOME 和 CATALINA_HOME。在 Linux 操作系统中设置环境变量，需要根据 Linux 采用的 SHELL 类型，采用不同的设置命令，参见表 2-3 和表 2-4。

表 2-3　设置 JAVA_HOME 环境变量

SHELL 类型	设置 JAVA_HOME 环境变量的命令
Bash	JAVA_HOME=/home/java/jdk; export JAVA_HOME
Tsh	setenv　JAVA_HOME　/home/java/jdk

表 2-4　设置 CATALINA_HOME 环境变量

SHELL 类型	设置 CATALINA_HOME 环境变量的命令
Bash	CATALINA_HOME=/home/tomcat; export CATALINA_HOME
Tsh	setenv　CATALINA_HOME　/home/tomcat

2.8　启动 Tomcat 并测试 Tomcat 的安装

要测试 Tomcat 的安装，必须先启动 Tomcat 服务器。在 Windows 操作系统中，如果直接通过 Tomcat 的专门安装程序 apache-tomcat-9.x.exe 安装 Tomcat，则可以从 Windows 的【开始】菜单中启动或关闭 Tomcat 服务器。此外，还可以通过运行批处理文件来启动 Tomcat 服务器。表 2-5 显示了在 Windows 以及 Linux 下分别启动和关闭 Tomcat 服务器的批处理文件。只要运行这些批处理文件，即可启动或关闭 Tomcat 服务器。

表 2-5　启动和关闭 Tomcat 服务器的批处理文件

操 作 系 统	启动脚本	关闭脚本
Windows	<CATALINA_HOME>/bin/startup.bat	<CATALINA_HOME>/bin/shutdown.bat
Linux	<CATALINA_HOME>/bin/startup.sh	<CATALINA_HOME>/bin/shutdown.sh

本章 2.7 节讲过安装 Tomcat 时需要设置 JAVA_HOME 和 CATALINA_HOME 这两个系统环境变量。其中 JAVA_HOME 环境变量是必须设置的，因为在启动 Tomcat 时，startup.bat 启动脚本需要先根据该变量来获得 JDK 的安装位置，从而能利用 JDK 的 Java 虚拟机来运行 Tomcat。

CATALINA_HOME 环境变量不是必须设置的。如果在当前路径为<CATALINA_HOME>/bin 目录的情况下运行启动脚本，即使没有设置 CATALINA_HOME 环境变量，也能正常启动 Tomcat。如果在当前路径不是<CATALINA_HOME>/bin 目录的情况下运行启动脚本，那么启动脚本需要根据 CATALINA_HOME 环境变量来获得 Tomcat 的安装位置。例如以下 DOS 命令试图在当前路径为 D 盘根目录的情况下启动 Tomcat：

```
D:\>C:\tomcat\startup.bat
```

如果没有设置 CATALINA_HOME 环境变量，那么启动脚本无法启动 Tomcat，会提示没有设置该变量：

```
The CATALINA_HOME environment variable is not defined correctly
This environment variable is needed to run this program
```

Tomcat 服务器启动后，就可以在浏览器中访问以下 URL：

```
http://localhost:8080/
```

如果 Tomcat 安装正确，浏览器将展示如图 2-14 所示的网页。

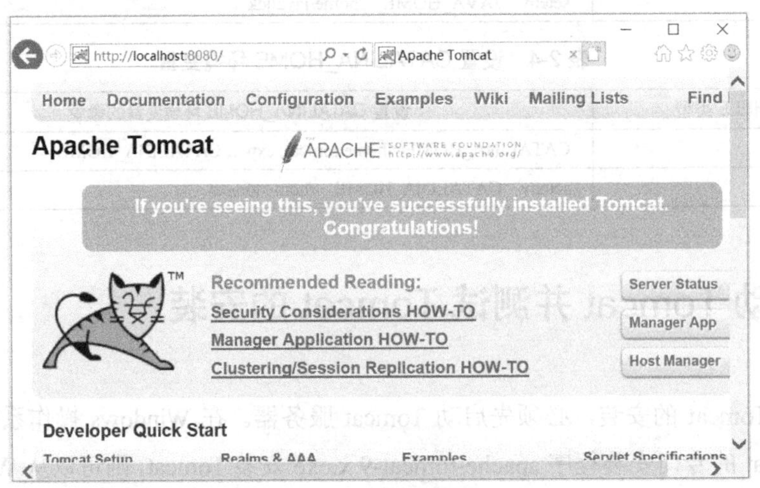

图 2-14　Tomcat 服务器的主页

Tomcat 服务器的主页由服务器端的 index.jsp 文件生成。如果无法访问以上网页，那么可以从以下方面查找原因：

- 检查 JDK 安装是否正确。
- 参照本章 2.5 节的表 2-1，检查 JDK 的版本是否与 Tomcat 的版本匹配。
- 检查 JAVA_HOME 环境变量的设置，应确保它的值与 JDK 安装目录一致。

HTTP 协议规定 Web 服务器使用的默认 FTP 端口为 80，而 Tomcat 服务器默认情况下采用的 FTP 端口为 8080。如果想让 Tomcat 改为使用 80 端口来监听 HTTP 请求，则可以修改 <CATALINA_HOME>/conf/server.xml 配置文件，将其中<Connector>元素的 port 属性值改为“80”，然后重启 Tomcat 服务器。修改成功后，通过 URL 路径 http://localhost 就可以访问如图 2-14 所示的页面。以下是对 server.xml 文件所作的改动：

```
<!--修改前的<Connector>元素-->
<Connector port="8080" protocol="HTTP/1.1"
           connectionTimeout="20000"
           redirectPort="8443" />

<!--修改后的<Connector>元素-->
<Connector port="80" protocol="HTTP/1.1"
           connectionTimeout="20000"
           redirectPort="8443" />
```

2.9 Tomcat 的运行脚本

如果仔细研究一下 Tomcat 启动和关闭脚本（以 Windows 操作系统为例），会发现 startup.bat 和 shutdown.bat 都执行同一目录下的 catalina.bat 脚本。catalina.bat 脚本允许输入命令行参数，catalina.bat 的使用方法参见表 2-6。

表 2-6 catalina.bat 的使用方法

命令行参数	描 述
start	在新的 DOS 窗口启动 Tomcat 服务器
run	在当前 DOS 窗口启动 Tomcat 服务器
debug	在跟踪模式下启动 Tomcat 服务器
stop	关闭 Tomcat 服务器

执行 startup.bat 脚本，相当于执行了 catalina start 命令；执行 shutdown.bat 脚本，相当于执行了 catalina stop 命令；在开发和调试阶段，运行 catalina run 命令更有利于查看 Tomcat 服务器启动时的出错信息。在某些情况下，如果 Tomcat 的 server.xml 文件的配置有错误（最常见的是语法错误，导致 org.xml.sax.SAXParseException 异常），可能会导致 Tomcat 服务器启动失败，而且没有在文件系统中留下任何日志信息。如果运行 catalina start 命令，Tomcat 服务器在一个独立的 DOS 窗口中启动，一旦启动失败，这个 DOS 窗口就立刻自动关闭，程序运行中输出的出错信息也随之消失；如果运行 catalina run 命令，Tomcat 服务器在当前 DOS 窗口中启动，一旦启动失败，仅仅是 Tomcat 启动程序异常终止，在当前 DOS 窗口中仍保留了运行时的出错信息，便于查找启动失败原因。

提示

Tomcat 安装软件中附带了详细的使用说明文档，在安装好 Tomcat 以后，该文档以 Web 应用的形式存放在<CATALINA_HOME>/webapps/docs 目录下。

2.10 小结

Tomcat 是符合 Oracle 的 Servlet 规范的优秀 Servlet 容器。Servlet 规范为 Servlet 容器与 Java Web 应用之间协作制定了标准接口，其中最重要的接口就是 Servlet。Java Web 应用中供 Servlet 容器动态调用的程序代码位于 Servlet 实现类中。当客户请求访问某个 Servlet，Servlet 容器就会调用 Java Web 应用中特定 Servlet 实例的服务方法。

Tomcat 自身的实现由一系列可配置的组件构成，用户可以在 server.xml 配置文件中对这些组件进行配置。本书后面章节会陆续介绍配置这些组件的方法。Tomcat 的最核心的组件就是 Servlet 容器组件，它与 server.xml 文件中的<Server>元素对应。在 Servlet 容器组件中可以包含多个 Service 组件。同一个 Service 组件中，多个 Connector 组件共享同一个 Engine 组件。同一个 Engine 组件中可以包含多个 Host 组件，同一个 Host 组件中可以包含多个 Context 组件。

Tomcat 有三种工作模式：

- 第一种工作模式：Tomcat 在一个 Java 虚拟机进程中独立运行，这是本书主要采用的工作模式。Tomcat 可看作是能运行 Servlet 的独立 Web 服务器。
- 第二种工作模式：Tomcat 运行在其他 Web 服务器的进程中，Tomca 不直接和客户端通信，仅仅为其他 Web 服务器处理客户端访问 Servlet 的请求。
- 第三种工作模式：尽管 Tomcat 在一个 Java 虚拟机进程中独立运行，但是它不直接和客户端通信，仅仅为与它集成的其他 Web 服务器处理客户端访问 Servlet 的请求。

Tomcat 本身是 Java 程序，需要通过 JDK 提供的 Java 虚拟机才能运行。为了能运行 Tomcat，需要安装 JDK 和 Tomcat 软件。此外还必须在操作系统中设置 JAVA_HOME 系统环境变量。Tomcat 的启动脚本在运行时先读取 JAVA_HOME 系统环境变量，从而能找到 JDK 的安装目录。此外，如果在当前路径不是<CATALINA_HOME>/bin 目录的情况下启动 Tomcat，还需要先设置 CATALINA_HOME 系统环境变量，它的值为 Tomcat 的安装目录。

2.11 思考题

1．关于 Servlet 规范，以下哪些说法是正确的？（多选）

（a）Servlet 规范属于 HTTP 协议的一部分。

（b）Servlet 规范由 Oracle 公司制定。

（c）Servlet 规范制定了标准 Servlet 接口。

（d）Servlet 规范规定 Servlet 容器的配置文件为 conf 子目录下的 server.xml 文件。

（e）Tomcat 是符合 Servlet 规范的优秀 Servlet 容器。

（f）Tomcat 的组成结构（包括 Server、Service、Engine 和 Connector 等组件）是由自身的实现决定的，与 Servlet 规范无关。

（g）Servlet 规范规定 Servlet 实例运行在 Servlet 容器中。

2．以下哪些选项属于 Servlet 容器的功能？（多选）

（a）接收并解析客户要求访问特定 Servlet 的请求。

（b）创建一个包含客户请求信息的 ServletRequest 对象。

（c）创建一个 ServletResponse 对象，Servlet 用它来生成响应结果。

（d）创建 Servlet 对象。

（e）调用 Servlet 对象的 service()服务方法。

（f）把 Servlet 对象生成的响应结果发送给客户。

3．关于 Servlet，以下哪些说法是正确的？（多选）

（a）Servlet 是运行在服务器端的小插件。

（b）当客户请求访问某个 Servlet 时，服务器就把特定 Servlet 类的源代码发送给浏览器，由浏览器来编译并运行 Servlet。

（c）Tomcat 是目前惟一能运行 Servlet 的服务器。其他服务器如果希望运行 Servlet，就必须与 Tomcat 集成。

（d）Servlet 规范规定，标准 Servlet 接口有个 service()方法，它有两个参数，分别为 ServletRequest 和 ServletResponse 类型。

4．当 Tomcat 作为独立 Servlet 容器运行时，有哪些特点？（多选）

（a）Tomcat 在一个 Java 虚拟机进程中独立运行。

（b）Tomcat 是一个独立的 Web 服务器，直接与客户端通信，负责接收客户请求和发送响应结果。

（c）Tomcat 与 Servlet 分别运行在不同的 Java 虚拟机进程中。

（d）无须启动任何 Java 虚拟机进程，就能直接运行 Tomcat 服务器程序。

5. 当 Tomcat 作为其他 Web 服务器的进程内或者进程外的 Servlet 容器来运行时，有哪些共同特点？（多选）

（a）其他 Web 服务器直接与客户端通信。如果客户端请求访问 Servlet，Tomcat 的 Web 服务器插件就把请求转发给 Servlet 容器组件。

（b）Tomcat 直接与客户端通信。如果客户端请求访问的不是 Servlet，Tomcat 的 Web 服务器插件就把请求转发给其他 Web 服务器。

（c）Tomcat 总是在一个 Java 虚拟机进程中独立运行。

（d）Tomcat 本身不是一个独立的 Web 服务器，可以为其他不支持 Java 的 Web 服务器提供运行 Java Servlet 的功能。

6．为什么安装 Tomcat 时要先安装 JDK？（多选）

（a）Tomcat 作为 Java 程序，它的运行离不开 JDK 提供的 Java 虚拟机。

（b）Tomcat6.x 以下的版本在运行时利用 JDK 提供的 Java 编译器来动态编译 JSP 代码。

（c）Tomcat 利用 JDK 来接收 HTTP 请求。

（d）Tomcat 利用 JDK 来发送 HTTP 响应结果。

7．一个用户安装了 Tomcat，但无法启动 Tomcat，可能是由于哪些原因引起的？（多选）

（a）没有安装 JDK。

（b）Tomcat 与 JDK 的版本不匹配，例如 Tomcat9.x 要求使用 JDK8 或者以上版本。

（c）没有设置 JAVA_HOME 系统环境变量。

（d）没有设置 CATALINA_HOME 系统环境变量。

（e）没有安装浏览器。

（f）Tomcat 的配置文件 server.xml 中的配置内容有错误。

参考答案

1．b,c,e,f,g　2．a,b,c,d,e,f　3．a,d　4．a,b　5．a,d　6．a,b　7．a,b,c,d,f

第 3 章　第一个 Java Web 应用

本书第 2 章已经讲过，Tomcat 是符合 Servlet 规范的优秀 Servlet 容器。Java Web 应用运行在 Servlet 容器中，Servlet 容器能够动态调用 Java Web 应用中的 Servlet。

本章以一个简单的 helloapp 应用为例，让初学者迅速获得开发 Java Web 应用的实际经验。读者将通过这个例子学习以下内容：

- Java Web 应用的基本组成内容和目录结构。
- 在 web.xml 文件中配置 Servlet。
- 在 Tomcat 中发布 Java Web 应用。
- 配置 Tomcat 的虚拟主机。
- 创建、发布和使用自定义 JSP 标签。

本章侧重于介绍 Java Web 应用的组成和发布方法，所以没有对范例中的 Servlet 实现类以及 JSP 代码进行详细解释，关于 Servlet 和 JSP 的技术可以参考本书第 4 章、第 5 章和第 6 章的内容。

3.1　Java Web 应用简介

Oracle 公司的 Servlet 规范对 Java Web 应用做了这样的定义："Java Web 应用由一组 Servlet/JSP、HTML 文件、相关 Java 类，以及其他可以被绑定的资源构成。它可以在由各种供应商提供的符合 Servlet 规范的 Servlet 容器中运行。"

从 Java Web 应用的定义可以看出，Java Web 应用不仅可以在 Tomcat 中运行，还可以在其他符合 Servlet 规范的 Servlet 容器中运行。在 Java Web 应用中可以包含如下内容：

- Servlet 组件

标准 Servlet 接口的实现类，运行在服务器端，包含了被 Servlet 容器动态调用的程序代码。

- JSP 组件

包含 Java 程序代码的 HTML 文档。运行在服务器端，当客户端请求访问 JSP 文件时，Servlet 容器先把它编译成 Servlet 类，然后动态调用它的程序代码。

- 相关的 Java 类

开发人员自定义的与 Web 应用相关的 Java 类。

- 静态文档

存放在服务器端的文件系统中，如 HTML 文件、图片文件和声音文件等。当客户端请求访问这些文件时，Servlet 容器从本地文件系统中读取这些文件的数据，再把它发送到客户端。

- 客户端脚本程序

是由客户端来运行的程序，JavaScript 是典型的客户端脚本程序，本书第 1 章的 1.6.3 节（提供浏览器端与用户的动态交互功能）已经介绍了它的运行机制。

- web.xml 文件

Java Web 应用的配置文件，该文件采用 XML 格式。该文件必须位于 Web 应用的 WEB-INF 子目录下。

提示

Servlet 容器能够运行 Java Web 应用，而 Java Web 应用的最主要的组件就是 Servlet 和 JSP。因此 Servlet 容器也称为 Java Web 应用容器或者 Servlet/JSP 容器。

3.2 创建 Java Web 应用

Java Web 应用中可以包含 HTML 文档、Servlet、JSP 和相关 Java 类等。为了让 Servlet 容器能顺利地找到 Java Web 应用中的各个组件，Servlet 规范规定，Java Web 应用必须采用固定的目录结构，每种类型的组件在 Web 应用中都有固定的存放目录。Servlet 规范还规定，Java Web 应用的配置信息存放在 WEB-INF/web.xml 文件中，Servlet 容器从该文件中读取配置信息。在发布某些 Web 组件（如 Servlet）时，需要在 web.xml 文件中添加相应的关于这些 Web 组件的配置信息。

3.2.1 Java Web 应用的目录结构

Java Web 应用具有固定的目录结构，假定开发一个名为 helloapp 的 Java Web 应用。首先，应该创建这个 Web 应用的目录结构，参见表 3-1。

表 3-1 Java Web 应用的目录结构

目 录	描 述
/helloapp	Web 应用的根目录，所有的 JSP 和 HTML 文件都存放于此目录或子目录下
/helloapp/WEB-INF	存放 Web 应用的配置文件 web.xml
/helloapp/WEB-INF/classes	存放各种.class 文件，Servlet 类的.class 文件也放于此目录下
/helloapp/WEB-INF/lib	存放 Web 应用所需的各种 JAR 文件（类库文件）。例如，在这个目录下可以存放 JDBC 驱动程序的 JAR 文件，参见本书第 8 章（访问数据库）

从表 3-1 可以看出，在 WEB-INF 目录的 classes 以及 lib 子目录下，都可以存放 Java 类文件。在运行时，Servlet 容器的类加载器先加载 classes 目录下的类，再加载 lib 目录下的 JAR 文件（Java 类库的打包文件）中的类。因此，如果两个目录下存在同名的类，classes 目录下的类具有优先权。另外，浏览器端不可以直接请求访问 WEB-INF 目录下的文件，这些文件只能被服务器端的组件访问。

提示

在开发阶段，为了便于调试和运行 helloapp 应用，可以直接在 Tomcat 的<CATALINA_HOME>/webapps 目录下创建该 Web 应用的目录结构。

本章介绍的 helloapp 应用的完整的目录结构如图 3-1 所示。

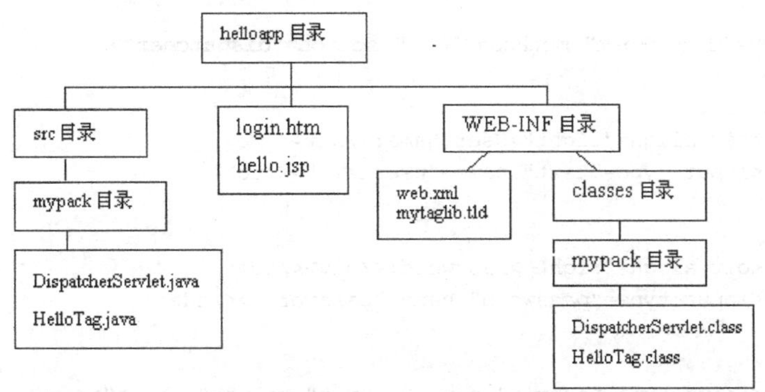

图 3-1 helloapp 应用的目录结构

图 3-1 中有一个 src 目录，这是在开发 helloapp 应用阶段，开发人员自定义的目录，该目录用来存放所有 Java 类的源文件。到了 Web 应用产品正式发布阶段，一般都不希望对外公开 Java 源代码，所以届时应该将 src 目录转移到其他地方。

在 helloapp 应用中包含如下组件。

- HTML 组件：login.htm
- Servlet 组件：DispatcherServlet 类
- JSP 组件： hello.jsp

这些组件之间的关系如图 3-2 所示。login.htm 与 DispatcherServlet 类之间为超级链接关系，DispatcherServlet 类与 hello.jsp 之间为请求转发关系，本书第 5 章的 5.6.1 节（请求转发）对 Web 组件之间的请求转发关系做了深入介绍。

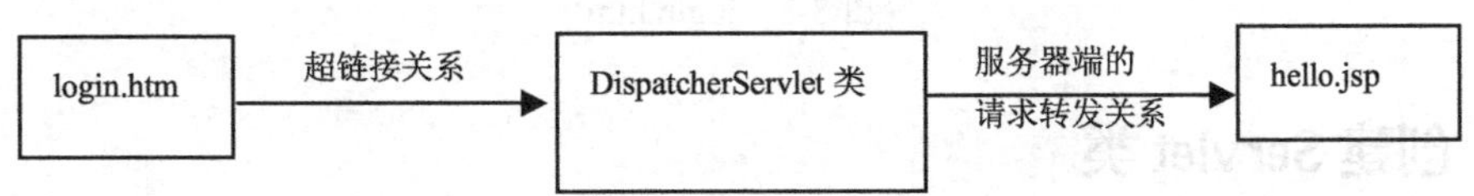

图 3-2 helloapp 应用中组件之间的关系

图 3-1 中还包含 HelloTag.java、mytaglib.tld 和 HelloTag.class 文件，这些文件用于创建、发布和使用自定义 JSP 标签，本章 3.4 节会对此进行介绍。

3.2.2 创建 HTML 文件

在 helloapp 目录下加入 login.htm 文件（参见例程 3-1），它包含一个名为“loginForm”的登录表单，要求输入用户名和口令。当用户提交表单，将由 URI 为“dispatcher”的 Servlet 来处理，这个 Servlet 的 Java 类名为 mypack.DispatcherServlet，参见本章 3.2.3 节。

例程 3-1 login.htm

```
<html>
<head>
<title>helloapp</title>
</head>
<body >
  <form name="loginForm" method="POST" action="dispatcher">
    <table>
      <tr>
        <td><div align="right">User Name:</div></td>
        <td><input type="text" name="username"></td>
      </tr>
      <tr>
        <td><div align="right">Password:</div></td>
        <td><input type="password" name="password"></td>
      </tr>
      <tr>
        <td><input type="submit" name="submit" value="submit"></td>
        <td><input type="reset" name="reset" value="reset"></td>
      </tr>
    </table>
  </form>
</body>
</html>
```

访问 login.htm 的 URL 为 http://localhost:8080/helloapp/login.htm，该页面的显示结果如图 3-3 所示。

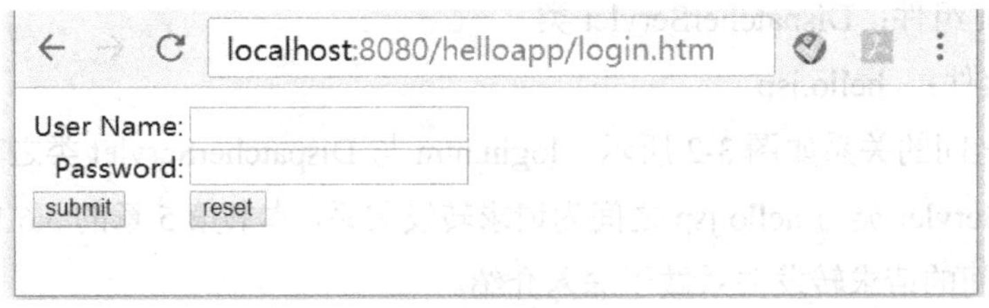

图 3-3 login.htm

3.2.3 创建 Servlet 类

下面创建 DispatcherServlet 类（参见例程 3-2），它调用 ServletRequest 对象的 getParameter() 方法读取客户提交的 loginForm 表单数据，获取用户名和口令，然后将用户名和口令作为属性保存在 ServletRequest 对象中，再把请求转发给 hello.jsp。

例程 3-2　DispatcherServlet.java

```
package mypack;

import javax.servlet.*;
import javax.servlet.http.*;
import java.io.*;
import java.util.*;

public class DispatcherServlet extends GenericServlet {
  private String target = "/hello.jsp";

  /** 响应客户请求*/
  public void service(ServletRequest request,
                ServletResponse response)
    throws ServletException, IOException {

    //读取表单中的用户名
    String username = request.getParameter("username");
    //读取表单中的口令
    String password = request.getParameter("password");

    //在 request 对象中添加 USER 属性
    request.setAttribute("USER", username);
    //在 request 对象中添加 PASSWORD 属性
    request.setAttribute("PASSWORD", password);

    /*把请求转发给 hello.jsp */
    ServletContext context = getServletContext();
    RequestDispatcher dispatcher =
            context.getRequestDispatcher(target);
    dispatcher.forward(request, response);
  }
}
```

编译 Servlet 时，需要将 Servlet API 的 JAR 文件（servlet-api.jar）加入到 classpath 中。servlet-api.jar 文件位于<CATALINA_HOME>/ lib 目录下。此外，从 Oracle 的官方网址（http://www.oracle.com/technetwork/java/index.html）也可以下载该文件。

在 DOS 下先转到 helloapp 目录下，然后用如下 javac 命令编译 DispacherServlet 类：

```
C:\chapter03\helloapp>javac  -sourcepath  src
                -classpath  C:\tomcat\lib\servlet-api.jar
                -d  WEB-INF\classes
                src\mypack\DispatcherServlet.java
```

以上命令编译 DispatcherServlet.java 文件，生成的 DispatcherServlet.class 文件的存放位置为 helloapp/WEB-INF/classes/mypack/DispatcherServlet.class。

提示

Java 编译器编译 Java 类时，编译出来的.class 文件的存放路径与类的包名存在对应关系。例如 DispatcherServlet 类声明位于 mypack 包下，因此 DispatcherServlet.class 文件的存放目录为 helloapp/WEB-INF/classes/mypack。

创建好 DispatcherServlet 后，还必须在 web.xml 文件中对其进行配置，这样客户端才能访问该 Servlet。本章 3.2.5 节介绍了对 DispatcherServlet 的配置。

3.2.4 创建 JSP 文件

接下来创建 hello.jsp，参见例程 3-3。hello.jsp 件放在 helloapp 根目录下。

例程 3-3 hello.jsp

```
<html>
<head>
  <title>helloapp</title>
</head>
<body>
  <b>Hello: <%= request.getAttribute("USER") %></b>
</body>
</html>
```

hello.jsp 和 HTML 文档看上去很相似，仅仅在一处地方使用了 JSP 语法：

```
<%= request.getAttribute("USER") %>
```

以上代码的作用是从 request（即 ServletRequest）对象中获得 USER 属性值，然后输出该 USER 属性值。本章 3.2.3 节介绍的 DispacherServlet 先在 request 对象中设置了 USER 属性，再把请求转发给 hello.jsp，所以接下来 hello.jsp 就能从 request 对象中获取 USER 属性值，hello.jsp 生成的页面如图 3-4 所示。JSP 的详细语法将在本书第 6 章（JSP 技术）详细讨论，本章侧重于介绍 JSP 的发布过程。

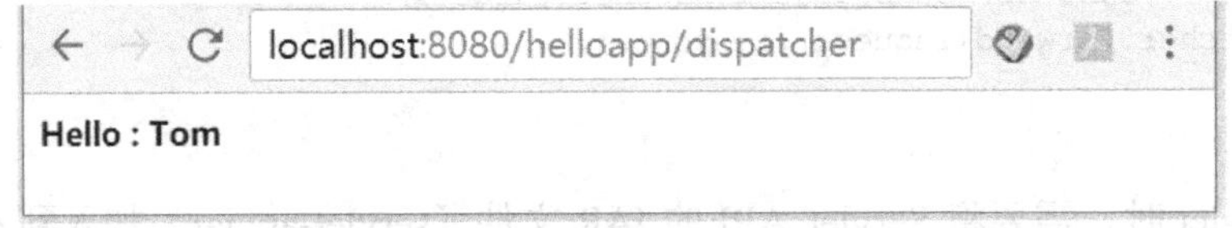

图 3-4 hello.jsp 生成的网页

3.2.5 创建 web.xml 文件

web.xml 文件是 Java Web 应用的 XML 格式的配置文件，存放于 WEB-INF 子目录下。web.xml 文件由开发人员编写，供 Servlet 容器访问。web.xml 文件也称为 Java Web 应用的发布描述符文件，Servlet 容器在加载和启动 Java Web 应用时会读取它的 web.xml 文件，从中获得关于当前 Web 应用的发布信息。本书附录 B 详细介绍了 web.xml 的配置方法，附录 C 则介绍了 XML 的基本知识。在 web.xml 文件中可包含如下配置信息：

- Servlet 的定义。
- Servlet 的初始化参数。
- Servlet 以及 JSP 的映射。
- 安全域配置参数。
- welcome 文件清单。

- 资源引用。
- 环境变量的定义。

现在，先创建一个默认的 web.xml 文件，并把这个文件放到 WEB-INF 目录中。

```
<?xml version="1.0" encoding="UTF-8"?>

<web-app xmlns="http://xmlns.jcp.org/xml/ns/javaee"
  xmlns:xsi="http://www.w3.org/2001/XMLSchema-instance"
  xsi:schemaLocation="http://xmlns.jcp.org/xml/ns/javaee
     http://xmlns.jcp.org/xml/ns/javaee/web-app_4_0.xsd"
  version="4.0" >

  ......
</web-app>
```

以上 web.xml 文件的第一行指定了 XML 的版本和字符编码，接下来声明了一个<web-app>元素，它是根元素，所有关于 Java Web 应用的具体配置元素都将加入到这个<web-app>元素中。

接下来在 web.xml 中为 DispatcherServlet 类加上<servlet>和<servlet-mapping>元素。

```
<web-app xmlns=...... >
  <servlet>
    <servlet-name>dispatcher</servlet-name>
    <servlet-class>mypack.DispatcherServlet</servlet-class>
  </servlet>

  <servlet-mapping>
    <servlet-name>dispatcher</servlet-name>
    <url-pattern>/dispatcher</url-pattern>
  </servlet-mapping>
</web-app>
```

<servlet>元素用于为 Servlet 类定义一个名字，它的子元素的说明参见表 3-2。在本例配置中，没有为 DispatcherServlet 设置<servlet>元素的<load-on-startup>子元素，因此当 Web 应用启动时，Servlet 容器不会初始化这个 Servlet，只有当客户端首次访问这个 Servlet 时，Servlet 容器才初始化它。本书第 4 章的 4.3.1 节（初始化阶段）在介绍 Servlet 生命周期时，进一步介绍了 Servlet 容器初始化 Servlet 的细节。

表 3-2　<servlet>元素的子元素

子元素	说　明
<servlet-name>	定义 Servlet 的名字。
<servlet-class>	指定 Servlet 的完整类名（包括包的名字）。
<init-param>	定义 Servlet 的初始化参数（包括参数名和参数值），一个<servlet>元素中可以有多个<init-param>。<init-param>的具体用法参见本书第 4 章的 4.1.8 节（ServletConfig 接口）。
<load-on-startup>	指定当 Servlet 容器启动 Web 应用时，加载各个 Servlet 的次序。当这个值为正数或零，Servlet 容器先加载数值小的 Servlet，再依次加载其他数值大的 Servlet。如果这个值为负数或者没有设定，那么 Servlet 容器将在客户端首次访问这个 Servlet 时加载它。

<servlet-mapping>元素用于为 Servlet 映射一个 URL。<servlet-name>子元素指定待映射的 Servlet 的名字；<url-pattern>子元素指定访问 Servlet 的相对 URL 路径。根据以上范例中的 <url-pattern> 子元素的值，可以确定访问 DispatcherServlet 的 URL 为 http://localhost:8080/helloapp/dispatcher。本章 3.3.3 节会介绍 Tomcat 根据 Servlet 的 URL 来查找相应的.class 文件的步骤。

在 web.xml 文件中还可以加入<welcome-file-list>元素，它用来为 Web 应用设置默认的主页。例如，当客户端提供的 URL 为 http://localhost:8080/helloapp 时，如果希望服务器端自动返回 login.htm 页面，则可以在 web.xml 文件中加入如下<welcome-file-list>元素：

```
<welcome-file-list>
     <welcome-file>login.htm </welcome-file>
</welcome-file-list>
```

本书附录 B 进一步介绍了<welcome-file-list>元素及<welcome-file>子元素的用法。

3.3 在 Tomcat 中发布 Java Web 应用

Java Web 应用可以运行在各种符合 Servlet 规范的 Servlet 容器中。本节介绍在 Tomcat 中发布 Java Web 应用的步骤。尽管发布的具体细节依赖于 Tomcat 本身的实现，但是以下关于发布 Java Web 应用的基本思想适用于所有 Servlet 容器：

- 把 Web 应用的所有文件复制到 Servlet 容器的特定目录下，这是发布 Web 应用的最快捷的一种方式。
- 各种 Servlet 容器实现都会从 Web 应用的 web.xml 配置文件中读取有关 Web 组件的配置信息。
- 为了使用户能更加灵活自如地控制 Servlet 容器发布和运行 Web 应用的行为，并且为了使 Servlet 容器与 Web 应用能进行更紧密地协作，许多 Servlet 容器还允许用户使用额外的配置文件及配置元素，这些配置文件及配置元素的语法由 Servlet 容器的实现决定，与 Oracle 公司的 Servlet 规范无关。

3.3.1 Tomcat 的目录结构

在 Tomcat 上发布 Java Web 应用之前，首先要了解 Tomcat 的目录结构。Tomcat 的目录结构是由自身的实现决定的，与 Oracle 公司的 Servlet 规范无关。Tomcat9.x 的目录结构参见表 3-3，表中的目录都是<CATALINA_HOME>的子目录。

表 3-3　Tomcat 9.x 的目录结构

目　录	描　述
/bin	存放在 Window 平台以及 Linux 平台上启动和关闭 Tomcat 的脚本文件
/conf	存放 Tomcat 服务器的各种配置文件，其中最重要的配置文件是 server.xml
/lib	存放 Tomcat 服务器以及所有 Web 应用都可以访问的 JAR 文件
/logs	存放 Tomcat 的日志文件
/webapps	在 Tomcat 上发布 Java Web 应用时，默认情况下把 Web 应用文件放于此目录下
/work	Tomcat 的工作目录，Tomcat 在运行时把生成的一些工作文件放于此目录下。例如默认情况下，Tomcat 把编译 JSP 而生成的 Servlet 类文件放于此目录下，参见本书第 6 章的 6.1.3 节（用 JSP 动态生成 HTML 页面）

以上 lib 目录用于存放 JAR 文件，另外，本章 3.2.1 节已经提到，在 Java Web 应用的 WEB-INF 目录下也可以包含 lib 子目录。这两个 lib 目录的区别在于：

- Tomcat 的 lib 子目录：存放的 JAR 文件不仅能被 Tomcat 访问，还能被所有在 Tomcat 中发布的 Java Web 应用访问。
- Java Web 应用的 lib 子目录：存放的 JAR 文件只能被当前 Java Web 应用访问。

Tomcat 的类加载器负责为 Tomcat 本身以及 Java Web 应用加载相关的类。假如 Tomcat 的类加载器要为一个 Java Web 应用加载一个名为 Sample 的类，类加载器会按照以下先后顺序到各个目录中去查找 Sample 类的.class 文件，直到找到为止，如果所有目录中都不存在 Sample.class，则会抛出异常：

（1）在 Java Web 应用的 WEB-INF/classes 目录下查找 Sample.class 文件。

（2）在 Java Web 应用的 WEB-INF/lib 目录下的 JAR 文件中查找 Sample.class 文件。

（3）在 Tomcat 的 lib 子目录下直接查找 Sample.class 文件。

（4）在 Tomcat 的 lib 子目录下的 JAR 文件中查找 Sample.class 文件。

如果想进一步了解 Tomcat 的类加载器的工作过程，请参考 Tomcat 的有关文档，地址为：<CATALINA_HOME>/webapps/docs/class-loader-howto.html。

3.3.2　按照默认方式发布 Java Web 应用

在 Tomcat 中发布 Java Web 应用的最快捷的方式，就是直接把 Java Web 应用的所有文件复制到 Tomcat 的<CATALINA_HOME>/webapps 目录下。默认情况下，<CATALINA_HOME>/webapps 中的所有 Web 应用运行在名为 localhost 的虚拟主机中，而 localhost 虚拟主机则运行在名为 Catalina 的 Engine 组件中。

Tomcat 既可以运行采用开放式目录结构的 Web 应用，也可以运行 Web 应用的打包文件（简称为 WAR 文件）。

在 sourcecode/chapter03/helloapp 目录下提供了本章范例的所有源文件，只要把整个 helloapp 目录复制到<CATALINA_HOME>/webapps 目录下，即可运行开放式目录结构的

helloapp 应用。

在 Web 应用的开发阶段，为了便于调试，通常采用开放式的目录结构来发布 Web 应用，这样可以方便地更新或替换文件。如果开发完毕，进入产品发布阶段，应该将整个 Web 应用打包为 WAR 文件，再进行发布。在本例中，按如下步骤发布 helloapp。

（1）在 DOS 中进入 helloapp 应用的根目录 helloapp。

（2）把整个 Web 应用打包为 helloapp.war 文件，命令如下：

```
C:\chapter03\helloapp>jar cvf C:\chapter03\helloapp.war *
```

以上 jar 命令会把 C:\chapter03\helloapp 目录下（包括其子目录下）的所有文件打包为 helloapp.war 文件，把该文件存放在 C:\chapter03 目录下。

提示

在 JDK 的 bin 目录下提供了打包程序 jar.exe。如果要展开 helloapp.war 文件，命令为：jar xvf C:\chapter03\helloapp.war。

（3）如果在 Tomcat 的 webapps 目录下已经有 helloapp 子目录，先将 helloapp 子目录删除。

（4）把 helloapp.war 文件复制到<CATALINA_HOME>/webapps 目录下。

（5）启动 Tomcat 服务器。

Tomcat 服务器启动时，会把 webapps 目录下的所有 WAR 文件自动展开为开放式的目录结构。因此服务器启动后，读者会发现服务器自动在 webapps 目录下创建了一个 helloapp 子目录，并把 helloapp.war 中的所有内容展开到 helloapp 子目录中。

3.3.3 Web 组件的 URL

无论按照开放式目录结构还是按照打包文件方式发布 Web 应用，Web 应用的默认 URL 入口都是 Web 应用的根目录名。例如对于 helloapp 应用，它的 URL 入口为“/helloapp”。

对于 HTML 或 JSP 文件，它们的 URL 与文件路径之间存在对应关系。例如 login.htm 的文件路径为 helloapp/login.htm，因此它的 URL 为 http://localhost:8080/helloapp/login.htm。同样，hello.jsp 的文件路径为 helloapp/hello.jsp，因此它的 URL 为 http://localhost:8080/helloapp/hello.jsp。

HTML 或 JSP 文件不仅可以放在 Web 应用的根目录下，也可以放到自定义的子目录下。例如，假定 hello.jsp 的文件路径为 helloapp/dir1/dir2/hello.jsp，那么它的 URL 为：http://localhost:8080/helloapp/dir1/dir2/hello.jsp。

提示

浏览器无法直接访问 Web 应用的 WEB-INF 目录下的文件。因此，如果出于安全的原因，不希望浏览器直接访问某个 JSP 文件，可以把它放到 WEB-INF 目录或其子目录下。在这种情况下，只有服务器端的组件才能访问该 JSP 文件，例如 Servlet 可以给把请求转发给 JSP 文件。

对于 Servlet，对其映射 URL 有两种方式：

- 在 web.xml 文件中映射 URL。
- 用@WebServlet 标注来映射 URL，参见第 4 章的 4.7 节（使用 Annotation 标注配置 Servlet）。

本节介绍如何在 web.xml 中配置 Servlet。Servlet 的 URL 由 web.xml 文件中的<url-pattern>元素来指定。在本范例中，web.xml 文件对 mypack.DispatcherServlet 类作了如下配置：

```
<servlet>
  <servlet-name>dispatcher</servlet-name>
  <servlet-class>mypack.DispatcherServlet</servlet-class>
</servlet>

<servlet-mapping>
  <servlet-name>dispatcher</servlet-name>
  <url-pattern>/dispatcher</url-pattern>
</servlet-mapping>
```

以上<url-pattern>元素的值为“/dispatcher”，因此访问 mypack.DispatcherServlet 类的 URL 为：http://localhost:8080/helloapp/dispatcher。当浏览器端首次通过该 URL 请求访问 DispatcherServlet 时，Tomcat 需要先找到文件系统中的 DispatcherServlet.class 文件，从而能加载 DispatcherServlet 类。Tomcat 查找 DispatcherServlet.class 文件的步骤如下。

（1）参考 helloapp 应用的 web.xml 文件，找到<url-pattern>子元素的值为“/dispatcher”的<servlet-mapping>元素。

（2）读取<servlet-mapping>元素的<servlet-name>子元素的值，由此确定 Servlet 的名字为 dispatcher。

（3）找到<servlet-name>子元素的值为“dispatcher”的<servlet>元素。

（4）读取<servlet>元素的<servlet-class>子元素的值，由此确定 Servlet 的类名为 mypack.DispatcherServlet。

（5）到<CATALINA_HOME>/webapps/helloapp/WEB-INF/classes/mypack 目录下查找 DispatcherServlet.class 文件。

以下图 3-5 显示了 DispatcherServlet 类的 URL、Servlet 配置元素以及 DispatcherServlet.class 文件之间的对应关系。

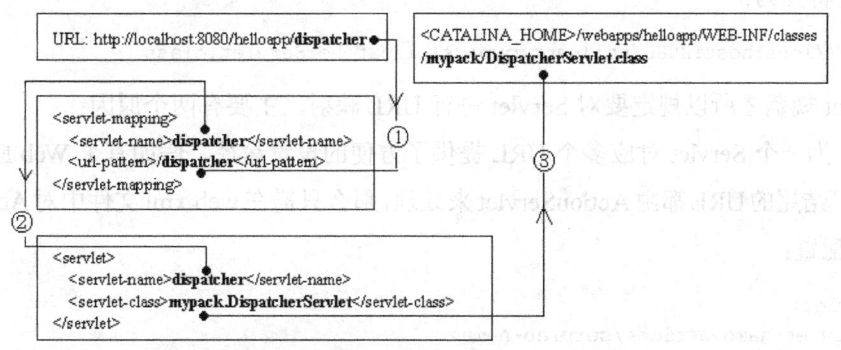

图 3-5　DispatcherServlet 的 URL、配置元素以及.class 文件之间的对应关系

提示

Tomcat 在加载 Web 应用时，就会把相应的 web.xml 文件中的数据读入到内存中。因此当 Tomcat 需要参考 web.xml 文件时，实际上只需要从内存中读取相关数据就行了，无须再到文件系统中读取 web.xml 文件。

初学者发布了 Servlet 后，再通过浏览器访问该 Servlet 时，服务器端可能会返回“该文件不存在”的错误。这可能是由以下原因导致的：

（1）提供的 URL 不正确，例如以下 URL 都无法访问 DispatcherServlet 类：

```
http://localhost:8080/helloapp/DispatcherServlet.class
http://localhost:8080/helloapp/DispatcherServlet
http://localhost:8080/helloapp/mypack/DispatcherServlet.class
http://localhost:8080/dispatcher
```

（2）web.xml 作为 XML 格式的文件，需要区分大小写。如果不注意大小写，可能会导致对 Servlet 的配置不正确。例如以下<servlet>元素把 mypack.DispatcherServlet 类命名为“Dispatcher”。而<servlet-mapping>元素对一个名为“dispatcher”的 Servlet 进行了 URL 映射。这使得名为“Dispatcher”的 Servlet 实际上没有进行 URL 映射。

```
<servlet>
  <servlet-name>Dispatcher</servlet-name>
  <servlet-class>mypack.DispatcherServlet</servlet-class>
</servlet>

<servlet-mapping>
      <servlet-name>dispatcher</servlet-name>
  <url-pattern>/dispatcher</url-pattern>
</servlet-mapping>
```

（3）Servlet 的.class 文件的存放路径不正确。Servlet 的.class 文件必须位于 Web 应用的 WEB-INF/classes 目录下，并且类的包名与文件路径匹配。例如对于一个完整类名为 mypack1.mypack2.MyServlet 的类，它的文件路径应该为：

```
WEB-INF/classes/mypack1/mypack2/MyServlet.class
```

也许你会问：Servlet 规范为什么规定要对 Servlet 进行 URL 映射呢？如果能直接根据 Servlet 的文件路径来访问 Servlet，不是更方便吗？假如这种设想成立，访问 DispatherServlet 类的 URL 将变为：

```
http://localhost:8080/helloapp/mypack/DispatcherServlet.class
```

Servlet 规范之所以规定要对 Servlet 进行 URL 映射，主要有两个原因：

（1）为一个 Servlet 对应多个 URL 提供了方便的设置途径。假如有个 Web 应用规定所有以“.DO”结尾的 URL 都由 ActionServlet 来处理，那么只需在 web.xml 文件中对 ActionServlet 进行如下配置：

```
<servlet>
  <servlet-name>action</servlet-name>
  <servlet-class>mypack1.mypack2.ActionServlet</servlet-class>
```

```
</servlet>

<servlet-mapping>
    <servlet-name>action</servlet-name>
  <url-pattern>*.do</url-pattern>
</servlet-mapping>
```

这样，所有以“.DO”结尾的 URL 都对应 ActionServlet，例如以下 URL 都映射到 ActionServlet：

```
http://localhost:8080/mywebapp/login.DO
http://localhost:8080/mywebapp/logout.DO
http://localhost:8080/mywebapp/checkout.DO
```

再例如一个<servlet>还可以对应多个<servlet-mapping>元素：

```
<servlet>
  <servlet-name>Manager</servlet-name>
  <servlet-class>
    org.apache.catalina.manager.ManagerServlet
  </servlet-class>
  <init-param>
    <param-name>debug</param-name>
    <param-value>2</param-value>
  </init-param>
</servlet>

<servlet-mapping>
  <servlet-name>Manager</servlet-name>
  <url-pattern>/list</url-pattern>
</servlet-mapping>

<servlet-mapping>
  <servlet-name>Manager</servlet-name>
  <url-pattern>/expire</url-pattern>
</servlet-mapping>

<servlet-mapping>
  <servlet-name>Manager</servlet-name>
  <url-pattern>/sessions</url-pattern>
</servlet-mapping>

<servlet-mapping>
  <servlet-name>Manager</servlet-name>
  <url-pattern>/start</url-pattern>
</servlet-mapping>
```

（2）简化 Servlet 的 URL，并且可以向客户端隐藏 Web 应用的实现细节。如果在 URL 中暴露 Servlet 的完整类名，会让不懂 Java Web 开发的普通客户觉得 URL 很复杂，不容易理解和记忆。通过对 Servlet 进行 URL 映射，则可以提供一个简洁、易懂的 URL。

提示

JSP 文件和 Servlet 一样，也可以在 web.xml 文件中映射 URL。本书第 6 章的 6.7 节（再谈发布 JSP）对此做了介绍。

3.3.4 配置 Tomcat 的<Context>元素

本章 3.3.2 节已经介绍了在 Tomcat 中发布 Java Web 应用的最快捷的方式，只需把 Java Web 应用的所有文件复制到<CATALINA_HOME>/webapps 目录下即可，Tomcat 会按照默认的方式来发布和运行 Java Web 应用。如果需要更加灵活地发布 Web 应用，则需要为 Web 应用配置 Tomcat 的<Context>元素。

<Context>元素是 Tomcat 中使用最频繁的元素，它代表了运行在虚拟主机<Host>上的单个 Web 应用。本书第 2 章的 2.3 节（Tomcat 的组成结构）在介绍 Tomcat 的组成结构时已经简单介绍了<Context>元素、<Host>元素和<Engine>元素。一个<Engine>中可以有多个<Host>，一个<Host>中可以有多个<Context>。<Context>元素的主要属性的说明参见表 3-4。

表 3-4 Context 元素的主要属性

属 性	描 述
path	指定访问该 Web 应用的 URL 入口
docBase	指定 Web 应用的文件路径，可以给定绝对路径，也可以给定相对于<Host>的 appBase 属性的相对路径（关于<Host>的 appBase 属性参见本章 3.3.5 节）。如果 Web 应用采用开放目录结构，则指定 Web 应用的根目录；如果 Web 应用是个 WAR 文件，则指定 WAR 文件的路径
className	指定实现 Context 组件的 Java 类的名字，这个 Java 类必须实现 org.apache.catalina.Context 接口。该属性的默认值为 org.apache.catalina.core.StandardContext
reloadable	如果这个属性设为 true，Tomcat 服务器在运行状态下会监视在 WEB-INF/classes 和 WEB-INF/lib 目录下.class 类文件或.jar 类库文件的改动。如果监测到有类文件或类库文件按被更新，服务器会自动重新加载 Web 应用。该属性的默认值为 false。在 Web 应用的开发和调试阶段，把 reloadable 设为 true，可以方便对 Web 应用的调试。在 Web 应用正式发布阶段，把 reloadable 设为 false，可以降低 Tomcat 的运行负荷，提高 Tomcat 的运行性能

一般情况下，<Context>元素都会使用默认的标准 Context 组件，即 className 属性采用默认值 org.apache.catalina.core.StandardContext。标准 Context 组件除了具有表 3-4 列出的属性，还具有以下表 3-5 所示的属性。

表 3-5 标准 Context 组件的专有属性

属 性	描 述
unloadDelay	设定 Tomcat 等待 Servlet 卸载的毫秒数。该属性的默认值为 2000 毫秒
workDir	指定 Web 应用的工作目录。Tomcat 运行时会把与这个 Web 应用相关的临时文件放在此目录下
uppackWar	如果此项设为 true，表示将把 Web 应用的 WAR 文件先展开为开放目录结构后再运行。如果设为 false，则直接运行 WAR 文件。该属性的默认值为 true

在 Tomcat 低版本中，允许直接在<CATALINA_HOME>/conf/server.xml 文件中配置<Context>元素。这种配置方式有一个弊端：如果在 Tomcat 运行时修改 server.xml 文件，比如添加<Context>元素，那么所作的修改不会立即生效，而必须重新启动 Tomcat，才能使所作的修改生效。

因此从 Tomcat 6.x 开始的高版本尽管也允许直接在 server.xml 文件中配置<Context>元素，但不提倡采用这种方式。如今的 Tomcat 提供了多种配置<Context>元素的途径。当 Tomcat

加载一个 Web 应用时，会按照以下顺序查找 Web 应用的<Context>元素：

（1）到<CATALINA_HOME>/conf/context.xml 文件中查找<Context>元素。这个文件中的<Context>元素的信息适用于所有 Web 应用。

（2）到<CATALINA_HOME>/conf/[enginename]/[hostname]/context.xml.default 文件中查找<Context>元素。[enginename]表示<Engine>的 name 属性，[hostname]表示<Host>的 name 属性。在 context.xml.default 文件中的<Context>元素的信息适用于当前虚拟主机中的所有 Web 应用。例如以下文件中的<Context>元素适用于名为 Catalina 的 Engine 下的 localhost 主机中的所有 Web 应用：

```
<CATALINA_HOME>/conf/Catalina/localhost/context.xml.default
```

（3）到<CATALINA_HOME>/conf/[enginename]/[hostname]/[contextpath].xml 文件中查找<Context>元素。[contextpath]表示单个 Web 应用的 URL 入口。在[contextpath].xml 文件中的<Context>元素的信息只适用于单个 Web 应用。例如以下文件中的<Context>元素适用于名为 Catalina 的 Engine 下的 localhost 主机中的 helloapp 应用：

```
<CATALINA_HOME>/conf/Catalina/localhost/helloapp.xml
```

（4）到 Web 应用的 META-INF/context.xml 文件中查找<Context>元素。这个文件中的<Context>元素的信息适用于当前 Web 应用。

（5）到<CATALINA_HOME>/conf/server.xml 文件中的<Host>元素中查找<Context>子元素。该<Context>元素的信息只适用于单个 Web 应用。

如果仅仅为单个 Web 应用配置<Context>元素，可以优先选择第三种或第四种方式。第三种方式要求在 Tomcat 的相关目录下增加一个包含<Context>元素的配置文件，而第四种方式则要求在 Web 应用的相关目录下增加一个包含<Context>元素的配置文件。对于这两种方式，Tomcat 在运行时会监测包含<Context>元素的配置文件是否被更新，如果被更新，Tomcat 会自动重新加载并启动 Web 应用，使对<Context>元素所作的修改生效。

下面先采用第四种方式配置<Context>元素。在 helloapp 目录下新建一个 META-INF 子目录，然后在其中创建一个 context.xml 文件，它的内容如下：

```
<Context path="/helloapp" docBase="helloapp" reloadable="true" />
```

以上<Context>元素的 docBase 属性表明，helloapp 应用的文件路径为<CATALINA_HOME>/webapps/helloapp；path 属性表明访问 helloapp 应用的 URL 入口为“/helloapp”。

下面再采用第三种方式配置<Context>元素。假定 helloapp 应用的文件路径为 C:\chapter03\helloapp，并且在<CATALINA_HOME>/webapps 目录下没有发布 helloapp 应用。在<CATALINA_HOME>/conf 目录下先创建 Catalina 目录，接着在 Catalina 目录下再创建 localhost 目录，然后在<CATALINA_HOME>/conf/Catalina/localhost 目录下创建 helloapp.xml 文件，它的内容如下：

```
<Context path="/helloapp"
         docBase="C:\chapter03\helloapp"
         reloadable="true" />
```

以上<Context>元素的 docBase 属性指定了 helloapp 应用的绝对路径，为 C:\chapter03\helloapp；path 属性表明访问 helloapp 应用的 URL 入口为“/helloapp”。由于 helloapp.xml 文件位于 Catalina/localhost/子目录下，因此 helloapp 应用将运行在名为 Catalina 的 Engine 组件的 localhost 虚拟主机中。访问 helloapp 应用中的 login.htm 和 hello.jsp 的 URL 分别为：

```
http://localhost:8080/helloapp/login.htm
http://localhost:8080/helloapp/hello.jsp
```

在 server.xml 文件中已经有一个名为 localhost 的<Host>元素，如果采用第五种方式配置<Context>元素，最常见的做法是在该<Host>元素中插入<Context>子元素，例如：

```
<Host name="localhost"  appBase="webapps"
          unpackWARs="true" autoDeploy="true"
          xmlValidation="false" xmlNamespaceAware="false">
          …
  <Context path="/helloapp" docBase="helloapp" reloadable="true" />
</Host>
```

提示

如果没有为 Web 应用配置 Tomcat 的 Context 元素，那么 Tomcat 会为 Web 应用提供一个默认的 Context 组件。例如按照本章 3.3.2 节的方式发布 helloapp 应用时，Tomcat 就给它提供了默认的 Context 组件。

3.3.5 配置 Tomcat 的虚拟主机

在 Tomcat 的配置文件 server.xml 中，<Host>元素代表虚拟主机，在同一个<Engine>元素下可以配置多个虚拟主机。例如，有两个公司的 Web 应用都发布在同一个 Tomcat 服务器上，可以为每家公司分别创建一个虚拟主机，它们的虚拟主机名分别为：

```
www.javathinkerok.com
www.javathinkerext.com
```

尽管以上两个虚拟主机实际上对应同一个主机，但是当客户端通过以上两个不同的虚拟主机名访问 Web 应用时，客户端会感觉这两个应用分别拥有独立的主机。

此外，还可以为虚拟主机建立别名，例如，如果希望客户端访问 www.javathinkerok.com 或 javathinkerok.com 都能对应到同一个 Web 应用，那么可以把 javathinkerok.com 作为虚拟主机的别名来处理。

下面介绍如何配置 www.javathinkerok.com 虚拟主机。

（1）打开<CATALINA_HOME>/conf/server.xml 文件，会发现在<Engine>元素中已经有一个名为 localhost 的<Host >元素，可以在它的后面（即</Host>标记后面）加入如下<Host>元素：

```
<Host name="www.javathinkerok.com" appBase="C:\javathinkerok"
unpackWARs="true" autoDeploy="true">

  <Alias>javathinkerok.com</Alias>
  <Alias>javathinkerok</Alias>

</Host>
```

以上配置代码位于 sourcecode/chapter03/virtualhost-configure.xml 文件中。<Host>元素的属性描述参见表 3-6。<Host>元素还有一个子元素<Alias>，它用于指定虚拟主机的别名。<Host>元素允许包含多个<Alias>子元素，因此可以指定多个别名。

表 3-6　<Host>元素的属性

属　性	描　述
name	指定虚拟主机的名字
className	指定实现虚拟主机的 Java 类的名字，这个 Java 类必须实现 org.apache.catalina.Host 接口。该属性的默认值为 org.apache.catalina.core.StandardHost
appBase	指定虚拟主机的目录，可以指定绝对目录，也可以指定相对于<CATALINA_HOME>的相对目录。如果此项没有设定，默认值为<CATALINA_HOME>/webapps
autoDeploy	如果此项设为 true，表示当 Tomcat 服务器处于运行状态时，能够监测 appBase 下的文件，如果有新的 Web 应用加入进来，则会自动发布这个 Web 应用
deployOnStartup	如果此项设为 true，则表示 Tomcat 启动时会自动发布 appBase 目录下所有的 Web 应用。如果 Web 应用没有相应的<Context>元素，那么 Tomcat 会提供一个默认的 Context 组件。deployOnStartup 的默认值为 true

一般情况下，<Host>元素都会使用默认的标准虚拟主机，即 className 属性使用默认值 org.apache.catalina.core.StandardHost。标准虚拟主机除了具有表 3-6 列出的属性，还具有以下表 3-7 所示的属性。

表 3-7　标准虚拟主机的专有属性

属　性	描　述
unpackWARS	如果此项设为 true，表示将把 appBase 属性指定的目录下的 Web 应用的 WAR 文件先展开为开放目录结构后再运行。如果设为 false，则直接运行 WAR 文件
workDir	指定虚拟主机的工作目录。Tomcat 运行时会把与这个虚拟主机的所有 Web 应用相关的临时文件放在此目录下。它的默认值为<CATALINA_HOME>/work。如果<Host>元素下的一个<Context>元素也设置了 workDir 属性，那么<Context>元素的 workDir 属性会覆盖<Host>元素的 workDir 属性
deployXML	如果设为 false，那么 Tomcat 不会解析 Web 应用中的用于设置 Context 元素的 META-INF/context.xml 文件。出于安全原因，如果不希望 Web 应用中包含 Tomcat 的配置元素，就可以把这个属性设为 false，在这种情况下，应该在<CATALINA_HOME>/conf/[enginename]/[hostname]下设置 Context 元素。 该属性的默认值为 true

（2）把 helloapp 应用（helloapp.war 文件或者是整个 helloapp 目录）复制到<Host>元素的 appBase 属性指定的目录 C:\javathinkerok 下。

（3）为了使以上配置的虚拟主机生效，必须在 DNS 服务器中注册以上虚拟主机名和别名，使它们和 Tomcat 服务器所在的主机的 IP 地址进行映射。本节末尾会介绍在 Windows 中配置 DNS 映射的步骤。必须在 DNS 服务器中注册以下虚拟主机名字和别名：

```
www.javathinkerok.com
javathinkerok.com
javathinkerok
```

（4）重启 Tomcat 服务器，然后通过浏览器访问：

```
http://www.javathinkerok.com:8080/helloapp/login.htm
```

如果返回正常的页面就说明配置成功。还可以通过虚拟机的别名来访问 helloapp 应用：

```
http://javathinkerok.com:8080/helloapp/login.htm
http://javathinkerok:8080/helloapp/login.htm
```

每个虚拟主机都可以有一个默认 Web 应用，它的默认根目录为 ROOT。例如在 <CATALINA_HOME>/webapps 目录下有一个 ROOT 目录，它是 localhost 虚拟主机的默认 Web 应用，访问 http://localhost:8080/index.jsp，就会显示这个 Web 应用的 index.jsp 页面。

对于 www.javathinkerok.com 虚拟主机，也可以提供默认的 Web 应用。把 C:\javathinkerok 下的 helloapp 目录改名为 ROOT 目录，这个虚拟主机就有了一个默认 Web 应用。访问 http://www.javathinkerok.com:8080/login.htm，就会显示这个 Web 应用的 login.htm 页面。

提示

如果要设置虚拟主机的默认 Web 应用的<Context>元素，那么它的 path 属性的值应该为一个空的字符串（即 path=""）。

如果要了解更多关于配置 Tomcat 的虚拟主机的信息，可以参考 Tomcat 的相关文档，地址为：<CATALINA_HOME>/webapps/docs/virtual-hosting-howto.html

以上步骤（3）提到要进行虚拟主机名和 IP 地址之间的 DNS 映射。下面介绍在 Windows 操作系统中进行 DNS 映射的步骤。

（1）在文件资源管理器中找到文件：C:\WINDOS\system32\drivers\etc\hosts。选中 hosts 文件，按下鼠标右键，在弹出的菜单中，选择【属性】→【安全】→【编辑】，在 hosts 文件的访问权限编辑窗口中，设置 Windows 用户具有“完全控制”权限，参见图 3-6。

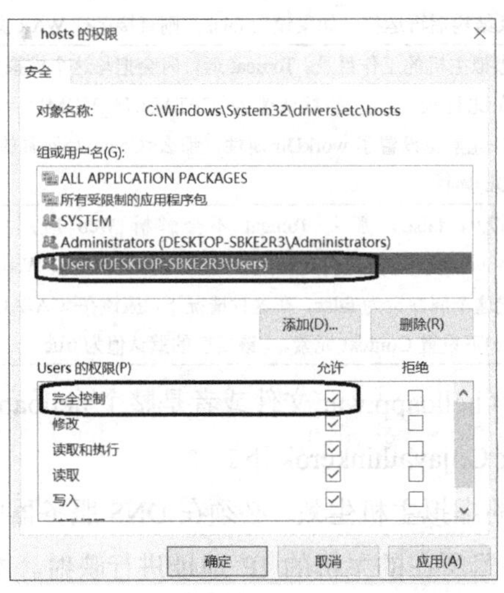

图 3-6　编辑 hosts 文件的访问权限

（2）用 Windows 记事本打开 hosts 文件，在文件中加入如下内容，使得“www.javathinkerok.com”等虚拟主机名和本地主机的 IP 地址映射：

```
127.0.0.1  www.javathinkerok.com
127.0.0.1  javathinkerok.com
127.0.0.1  javathinkerok

::1  www.javathinkerok.com
::1  javathinkerok.com
::1  javathinkerok
```

以上代码中“127.0.0.1”和“::1”分别是本地主机的 IPv4 格式和 IPv6 格式的 IP 地址。

3.4　创建、配置和使用自定义 JSP 标签

接下来创建一个名为 hello 的简单的自定义 JSP 标签，它的作用是输出字符串“Hello”。hello 标签位于一个名为 mytaglib 的标签库（Tag Library）中。hello.jsp 会使用 mytaglib 标签库中的 hello 标签。本章侧重介绍 hello 标签的发布和使用。本书第 13 章（自定义 JSP 标签）还会更深入地介绍创建自定义 JSP 标签的过程。

以下是创建、配置和使用 hello 标签的步骤。

（1）编写用于处理 hello 标签的类，名为 HelloTag 类，例程 3-4 列出了 HelloTag.java 的源代码。

例程 3-4　HelloTag.java

```java
package mypack;

import javax.servlet.jsp.JspException;
import javax.servlet.jsp.JspTagException;
import javax.servlet.jsp.tagext.TagSupport;

public class HelloTag extends TagSupport{
  /** 当JSP解析器遇到hello标签的结束标志时，调用此方法 */
  public int doEndTag() throws JspException{
    try{
      //打印字符串“Hello”
      pageContext.getOut().print("Hello");
    }catch (Exception e) {
      throw new JspTagException(e.getMessage());
    }
    return EVAL_PAGE;
  }
}
```

编译 HelloTag.java 时，需要将 Servlet API 的类库文件（servlet-api.jar）以及 JSP API 的类库文件（jsp-api.jar）添加到 classpath 中，这两个 JAR 文件位于<CATALINA_HOME>/ lib 目录下。此外，在 Oracle 的官方网址（http://www.oracle.com/technetwork/java/index.html）也可以下载 JSP API 的类库文件。编译生成的 HelloTag.class 存放位置为

WEB-INF/classes/mypack/HelloTag.class。

（2）创建一个 TLD（Tag Library Descriptor，标签库描述符）文件。假定 hello 标签位于 mytaglib 标签库中，因此创建一个名为 mytaglib.tld 的 TLD 文件。在这个文件中定义 mytaglib 标签库和 hello 标签。这个文件的存放位置为 WEB-INF/mytaglib.tld。例程 3-5 列出了 mytaglib.tld 的源代码。

例程 3-5　mytaglib.tld

```
<?xml version="1.0" encoding="ISO-8859-1" ?>
<!DOCTYPE taglib
      PUBLIC "-//Sun Microsystems, Inc.//DTD JSP Tag Library 1.2//EN"
    "http://java.sun.com/j2ee/dtds/web-jsptaglibrary_1_2.dtd">

<!-- a tag library descriptor -->

<taglib>
  <tlib-version>1.1</tlib-version>
  <jsp-version>2.4</jsp-version>
  <short-name>mytaglib</short-name>
  <uri>/mytaglib</uri>

  <tag>
    <name>hello</name>
    <tag-class>mypack.HelloTag</tag-class>
    <body-content>empty</body-content>
    <description>Just Says Hello</description>
  </tag>

</taglib>
```

提示

Servlet 规范规定，TLD 文件在 Web 应用中必须存放在 WEB-INF 目录或者自定义的子目录下，但不能放在 WEB-INF\classes 目录和 WEB-INF\lib 目录下。web.xml 文件中的<taglib>元素的<taglib-location>子元素用来设置标签库描述文件的存放路径，应该保证<taglib-location>子元素的取值与 TLD 文件的实际存放位置相符。

（3）在 web.xml 文件中配置<taglib>元素，例程 3-6 列出了修改后的 web.xml 文件。

例程 3-6　加入<taglib>元素的 web.xml

```
<?xml version="1.0" encoding="UTF-8"?>

<web-app xmlns="http://xmlns.jcp.org/xml/ns/javaee"
  xmlns:xsi="http://www.w3.org/2001/XMLSchema-instance"
  xsi:schemaLocation="http://xmlns.jcp.org/xml/ns/javaee
     http://xmlns.jcp.org/xml/ns/javaee/web-app_4_0.xsd"
  version="4.0"
  metadata-complete="true">

  <servlet>
    <servlet-name>dispatcher</servlet-name>
    <servlet-class>mypack.DispatcherServlet</servlet-class>
  </servlet>
```

```
  <servlet-mapping>
    <servlet-name>dispatcher</servlet-name>
    <url-pattern>/dispatcher</url-pattern>
  </servlet-mapping>

  <welcome-file-list>
    <welcome-file>login.htm </welcome-file>
  </welcome-file-list>

  <jsp-config>
    <taglib>
      <taglib-uri>
        /mytaglib
      </taglib-uri>

      <taglib-location>
        /WEB-INF/mytaglib.tld
      </taglib-location>
    </taglib>
  </jsp-config>

</web-app>
```

<taglib>元素位于<jsp-config>元素中。<taglib>元素中包含两个子元素：<taglib-uri>和<taglib-location>。其中<taglib-uri>指定标签库的 URI；<taglib-location>指定标签库的 TLD 文件的存放位置。

（4）在 hello.jsp 文件中使用 hello 标签。首先，在 hello.jsp 中加入引用 mytaglib 标签库的 taglib 标签的指令：

```
<%@ taglib uri="/mytaglib" prefix="mm" %>
```

以上 taglib 指令中，prefix 属性用来为 mytaglib 标签库指定一个前缀“mm”。接下来，hello.jsp 就可以用<mm:hello/>的形式来使用 hello 标签。修改后的 hello.jsp 文件参见例程 3-7。

例程 3-7　加入 hello 标签的 hello.jsp

```
<%@ taglib uri="/mytaglib" prefix="mm" %>
<html>
<head>
  <title>helloapp</title>
</head>
  <b><mm:hello/> : <%= request.getAttribute("USER") %></b>
</body>
</html>
```

hello.jsp 修改后，再依次访问 login.htm→DispatcherServlet→hello.jsp，最后生成的网页如图 3-7 所示。这个网页中的“Hello”字符串就是由<mm:hello/>标签输出来的。

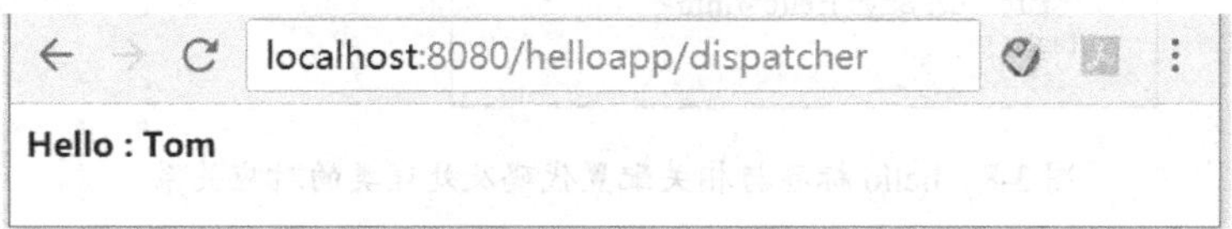

图 3-7　带 hello 标签的 hello.jsp 生成的网页

当客户端请求访问 hello.jsp 时，Servlet 容器会按照如下步骤处理 hello.jsp 中的

<mm:hello/>标签。

（1）由于<mm:hello/>的前缀为“mm”，与 hello.jsp 中的如下 taglib 指令匹配：

```
<%@ taglib uri="/mytaglib" prefix="mm" %>
```

由此得知 hello 标签来自 URI 为“/mytaglib”的标签库。

（2）在 web.xml 文件中对 URI 为“/mytaglib”的标签库的配置如下：

```
<taglib>
  <taglib-uri>/mytaglib</taglib-uri>
  <taglib-location>/WEB-INF/mytaglib.tld</taglib-location>
</taglib>
```

由此得知 URI 为“/mytaglib”的标签库的 TLD 文件为 WEB-INF/mytaglib.tld。

（3）在 WEB-INF/mytaglib.tld 文件中对名为 hello 的标签的定义如下：

```
<tag>
  <name>hello</name>
  <tagclass>mypack.HelloTag</tagclass>
  <bodycontent>empty</bodycontent>
  <info>Just Says Hello</info>
</tag>
```

由此得知 hello 标签的处理类为 mypack.HelloTag 类。因此当 Servlet 容器运行 hello.jsp 时，如果遇到<mm:hello/>标签，就会加载 WEB-INF/classes/mypack 目录下的 HelloTag.class 文件。遇到<mm:hello/>标签的结束标志时，就会调用 HelloTag 类的 doEndTag()方法。

以下图 3-8 显示了 hello.jsp 中的 hello 标签与 web.xml 文件中的<taglib>元素、mytaglib.tld 文件中的<tag>元素，以及 HelloTag.class 文件之间的对应关系。

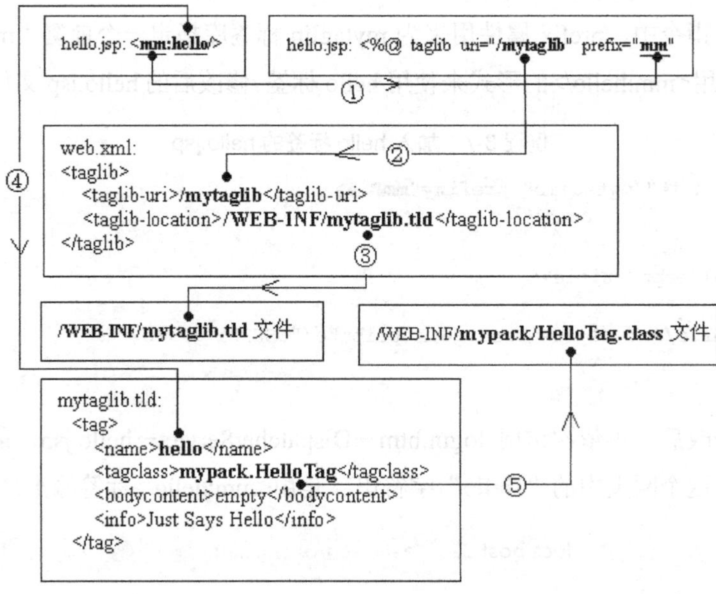

图 3-8　hello 标签与相关配置代码及处理类的对应关系

3.5 用批处理文件或 ANT 编译范例

为了便于读者编译源程序，在 sourcecode/chapter03 目录下提供了编译本章 Java 程序的批处理文件 compile.bat，它的内容如下：

```
set catalina_home=C:\tomcat
set path=%path%;C:\jdk\bin

set currpath=.\
if "%OS%" == "Windows_NT" set currpath=%~dp0%

set src=%currpath%helloapp\src
set dest=%currpath%helloapp\WEB-INF\classes
set classpath=%catalina_home%\lib\servlet-api.jar;
            %catalina_home%\lib\jsp-api.jar

javac  -sourcepath %src%
       -d %dest% %src%\mypack\DispatcherServlet.java
javac  -sourcepath %src%
       -d %dest% %src%\mypack\HelloTag.java
```

运行这个批处理文件时，只要先重新设置以上 Tomcat 目录和 JDK 的根目录即可。在以上 javac 命令中，-sourcepath 选项设定 Java 源文件的路径，-d 选项设定编译生成的类的存放路径。 javac 命令的-classpath 选项设定 classpath 路径，如果此项没有设定，将参照操作系统中 classpath 环境变量的设置。在 compile.bat 文件中，“set classpath”命令用来设置 classpath 环境变量。

除了用上述批处理文件编译范例，还可以使用 ANT 工具来编译范例，本书第 30 章（用 ANT 工具管理 Web 应用）介绍了 ANT 工具的用法。在本书提供的每个范例 Web 应用的根目录下，都有一个 build.xml 文件，它是 ANT 的工程管理文件。例程 3-8 是本章 helloapp 应用下的 build.xml 文件的内容。

例程 3-8 build.xml

```
<project name="helloapp" default="compile" basedir=".">
  <property name="tomcat.home" value="C:/tomcat" />
  <property name="app.home"   value="." />

  <property name="src.home"     value="${app.home}/src"/>
  <property name="classes.home"
          value="${app.home}/WEB-INF/classes"/>

  <path id="compile.classpath"> <!-- 设置 classpath -->

    <pathelement location="${classes.home}"/>
    <fileset dir="${tomcat.home}/lib">
      <include name="*.jar"/>
    </fileset>
  </path>
```

```
    <target name="compile" > <!--编译任务 -->
      <javac srcdir="${src.home}" destdir="${classes.home}"
            debug="yes" includeAntRuntime="false">
         <classpath refid="compile.classpath"/>
      </javac>
    </target>
</project>
```

用 ANT 工具来编译范例的步骤如下。

（1）参照本书第 30 章的 30.1 节（安装配置 ANT），安装和配置 ANT。

（2）打开 helloapp 应用下的 build.xml 文件，确认 tomcat.home 属性的值为本地 Tomcat 的根目录：

```
<property name="tomcat.home" value="C:/tomcat" />
```

（3）在 DOS 下，转到 helloapp 目录下，运行命令“ant”，该命令会执行 build.xml 文件中的“compile”任务，编译 src 子目录下的所有 Java 源文件，编译生成的.class 文件位于 WEB-INF/classes 子目录下。

3.6 小结

本章通过 helloapp 应用例子，介绍了 Java Web 应用的目录结构和开发过程，还介绍了在 Tomcat 上发布 Java Web 应用的步骤。

Java Web 应用有着固定的目录结构，各种类型的 Web 组件都有专门的存放目录。此外 Java Web 应用还有一个 web.xml 文件，当 Java Web 应用被发布到一个 Servlet 容器中时，Servlet 容器需要从 web.xml 文件中来获取有关 Web 组件的配置信息。本章介绍了在 web.xml 文件中为 Servlet 映射 URL 的配置方法。

Tomcat 允许为 Web 应用配置<Context>元素，从而进一步控制 Tomcat 发布和运行 Web 应用的行为。<Context>元素有多种配置方式。如果为单个 Web 应用配置<Context>元素，可以把它放在 Web 应用的 META-INF/context.xml 文件中，或者把它放在 Tomcat 的 <CATALINTA_HOME>/conf/[enginename]/[hostname]/[contextpath].xml 文件中。

要在 Tomcat 中发布 Web 应用，最简单的做法就是把 Web 应用的所有文件复制到 <CATALINTA_HOME>/webapps 目录下。默认情况下，Tomcat 启动时会自动加载 webapps 目录下的 Web 应用，并把它发布到名为 Catalina 的 Engine 组件的 localhost 虚拟主机中。此外，通过在<CATALINTA_HOME>/conf/server.xml 文件中配置<Host>元素，也可以把 Web 应用发布到其他虚拟主机中。

本章还介绍了自定义 JSP 标签的创建、发布和使用方法。每个自定义标签都对应一个标签处理类，当 Servlet 容器遇到 JSP 文件中的自定义标签时，就会调用标签处理类的相关方法。自定义标签放在标签库中，基于 XML 格式的 TLD 文件是标签库的定义文件，它包含了对标签库的定义，以及对库中所有标签的定义。

如果一个 Java Web 应用使用了某个标签库中的标签，必须先在 web.xml 文件中配置这个标签库，指定它的 TLD 文件的存放位置以及它的 URI。接下来在 JSP 文件中先为这个标签库指定一个前缀，然后就可以通过<前缀名：标签名/>的形式来使用这个标签。

3.7　思考题

1．关于本章提到的 web.xml、context.xml 和 server.xml 文件，以下哪些说法正确？（多选）

（a）web.xml 文件的根元素为<Context>元素。

（b）Servlet 规范规定 Java Web 应用的配置文件为 web.xml 文件。

（c）Servlet 规范规定 Servlet 容器的配置文件为 server.xml 文件。

（d）web.xml 文件和 server.xml 文件都是 XML 格式的配置文件。

（e）Servlet 规范规定 Java Web 应用的配置文件为 context.xml 文件。

2．关于 Java Web 应用的目录结构，以下哪些说法正确？（多选）

（a）Java Web 应用的目录结构完全由开发人员自行决定。

（b）Java Web 应用中的 JSP 文件只能存放在 Web 应用的根目录下。

（c）web.xml 文件存放在 WEB-INF 目录下。

（d）Java Web 应用中的.class 文件存放在 WEB-INF/classes 目录或其子目录下。

3．假设在 helloapp 应用中有一个 hello.jsp，它的文件路径如下:

```
<CATALINA_HOME>/webapps/helloapp/hello/hello.jsp
```

在 web.xml 文件中没有对 hello.jsp 作任何配置。浏览器端访问 hello.jsp 的 URL 是什么？（单选）

（a）http://localhost:8080/hello.jsp

（b）http://localhost:8080/helloapp/hello.jsp

（c）http://localhost:8080/helloapp/hello/hello.jsp

（d）http://localhost:8080/hello

4．假设在 helloapp 应用中有一个 HelloServlet 类，它位于 net.javathinker 包中，那么这个类的.class 文件的存放路径应该是什么？（单选）

（a）helloapp/HelloServlet.class

（b）helloapp/WEB-INF/HelloServlet.class

（c）helloapp/WEB-INF/classes/HelloServlet.class

（d）helloapp/WEB-INF/classes/net/javathinker/HelloServlet.class

5．假设在 helloapp 应用中有一个 net.javathinker.HelloServlet 类，它在 web.xml 文件中的

配置如下：

```
<servlet>
  <servlet-name> HelloServlet </servlet-name>
  <servlet-class>net.javathinker.HelloServlet</servlet-class>
</servlet>

<servlet-mapping>
  <servlet-name> HelloServlet </servlet-name>
  <url-pattern>/hello</url-pattern>
</servlet-mapping>
```

那么在浏览器端访问 HelloServlet 的 URL 是什么？（单选）

（a）http://localhost:8080/HelloServlet

（b）http://localhost:8080/helloapp/HelloServlet

（c）http://localhost:8080/helloapp/net/javathinker/hello

（d）http://localhost:8080/helloapp/hello

（e）http://localhost:8080/helloapp/net/javathinker//HelloServlet.class

6．以下配置代码定义了一个名为 hello 的标签：

```
<tag>
  <name>hello</name>
  <tagclass>mypack.HelloTag</tagclass>
  <bodycontent>empty</bodycontent>
  <info>Just Says Hello</info>
</tag>
```

以上代码可能位于哪个配置文件中？（单选）

（a）一个 TLD 文件中。

（b）Tomcat 的 conf/server.xml 文件中。

（c）Java Web 应用的 WEB-INF/web.xml 文件中。

（d）Java Web 应用的 META-INF/context.xml 文件中。

7. 实验题：修改本章范例 helloapp 应用，在 helloapp/META-INF 目录下创建 context.xml 文件，使得访问 helloapp 应用的 URL 入口为“/hello”。例如：通过“http://localhost:8080/hello/login.htm”就可以访问 login.htm 页面。

参考答案

1．b,d　2．c,d　3．c　4．d　5．d　6．a

7．提示：context.xml 文件中需要加入如下<Context>元素：

```
<Context path="/hello" docBase="helloapp" reloadable="true" />
```

第 4 章　Servlet 技术（上）

Servlet 是 Java Web 应用中最核心的组件。本书第 2 章的 2.2 节（Tomcat 作为 Servlet 容器的基本功能）已经介绍了 Servlet 容器与 Servlet 之间的基本关系。Servlet 运行在 Servlet 容器中，能够为各种各样的客户请求提供相应服务。Servlet 可以轻而易举地完成以下任务:

- 动态生成 HTML 文档，参见本章。
- 把请求转发给同一个 Web 应用中的其他 Servlet 组件，参见第 5 章。
- 把请求转发给其他 Web 应用中的 Servlet 组件，参见第 5 章。
- 读取客户端的 Cookie，以及向客户端写入 Cookie，参见第 5 章。
- 访问其他服务器资源（如数据库或基于 Java 的应用程序），参见第 8 章。

Servlet 之所以本领如此高强，主要有两个原因:

- Servlet 是用 Java 语言编写出来的类，只要开发人员有深厚的 Java 编程功底，就可以编写出能完成各种复杂任务的 Servlet 类。
- Servlet 对象由 Servlet 容器创建，它是 Servlet 容器重点关照的宠儿。Servlet 在容器中能呼风唤雨，驾轻就熟地动用容器为它提供的各种资源。古人云："君子性非异也，善借（假）于物也。" Servlet 也是借助容器为它提供的十八般武器，才能成为容器中神通广大的头号干将。

Java 是面向对象的编程语言。面向对象编程中最基本的思想之一就是：万物皆对象；最基本的思想之二就是：在一个软件系统中，每个对象都不是孤立的，对象与对象之间需要相互协作，才能齐心合力地完成特定任务。

Servlet 规范为 Java Web 应用制定了对象模型，在这个对象模型中，不仅 Servlet 是 Java 对象，而且容器为它提供的十八般武器也都是 Java 对象。

提示

为了叙述的方便，本书把 Servlet 规范为 Java Web 应用制定的对象模型命名为 Servlet 对象模型。

要想精通 Servlet 编程，不仅要了解 Servlet 自身的用法，还要了解容器为它提供的十八般武器的用法。本章以及后面章节会陆续介绍各种武器的用法。本章主要展示了以下 Servlet 最常用的武器:

- 请求对象（ServletRequest 和 HttpServletRequest）：Servlet 从该对象中获取来自客户端的请求信息。

- 响应对象（ServletResponse 和 HttpServletResponse）：Servlet 通过该对象来生成响应结果。
- Servlet 配置对象（ServletConfig）：当容器初始化一个 Servlet 对象时，会向 Servlet 提供一个 ServletConfig 对象，Servlet 通过该对象来获取初始化参数信息以及 ServletContext 对象。
- Servlet 上下文对象（ServletContext）：Servlet 通过该对象来访问容器为当前 Web 应用提供的各种资源。

本章内容主要沿着以下两条线索展开：

- 展示 Servlet 对象模型的静态结构，即介绍 Servlet API 中各种接口之间的关系（如关联、依赖、继承和实现关系），以及接口的常用方法。
- 展示 Servlet 对象模型的动态结构，即介绍各种对象在运行时的协作过程，以及各种对象的生命周期。

4.1 Servlet API

Servlet API 的 JavaDoc 文档除了在 Oracle 的官方网站可以查看，此外，在 Apache 网站上也可以查看：

```
http://tomcat.apache.org/tomcat-9.0-doc/servletapi/index.html
```

此外，本书技术支持网站 javathinker.net 的首页上也提供了打开 Servlet API 文档的超链接。Tomcat 的<CATALINA_HOME>/lib/servlet-api.jar 文件为 Servlet API 的类库文件。Servlet API 主要由两个 Java 包组成：javax.servlet 和 javax.servlet.http。在 javax.servlet 包中定义了 Servlet 接口以及相关的通用接口和类。在 javax.servlet.http 包中主要定义了与 HTTP 协议相关的 HttpServlet 类、HttpServletRequest 接口和 HttpServletResponse 接口。图 4-1 显示了 Servlet API 中主要接口与类的类框图。

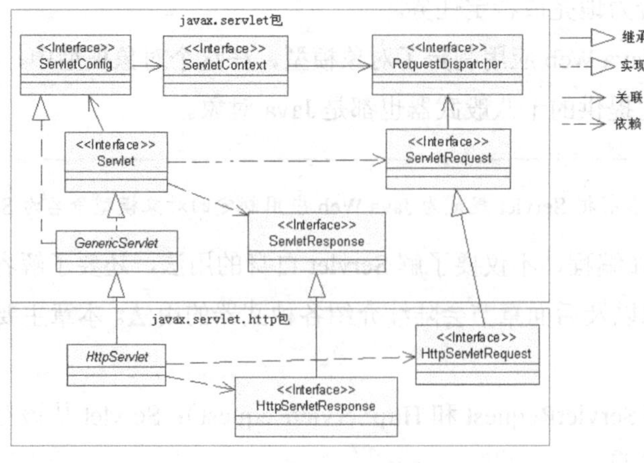

图 4-1　Servlet API 的类框图

4.1.1 Servlet 接口

Servlet API 的核心是 javax.servlet.Servlet 接口，所有的 Servlet 类都必须实现这一接口。在 Servlet 接口中定义了 5 个方法，其中有 3 个方法都由 Servlet 容器来调用，容器会在 Servlet 的生命周期的不同阶段调用特定的方法：

- init(ServletConfig config)方法：该方法负责初始化 Servlet 对象。容器在创建好 Servlet 对象后，就会调用该方法。
- service(ServletRequest req, ServletResponse res)方法：负责响应客户的请求，为客户提供相应服务。容器接收到客户端要求访问特定 Servlet 对象的请求时，就会调用该 Servlet 对象的 service()方法。
- destroy()方法：负责释放 Servlet 对象占用的资源。当 Servlet 对象结束生命周期时，容器会调用此方法。

Servlet 接口还定义了以下两个返回 Servlet 的相关信息的方法。Java Web 应用中的程序代码可以访问 Servlet 的这两个方法，从而获得 Servlet 的配置信息以及其他相关信息：

- getServletConfig()：返回一个 ServletConfig 对象，该对象中包含了 Servlet 的初始化参数信息。
- getServletInfo()：返回一个字符串，该字符串中包含了 Servlet 的创建者、版本和版权等信息。

在 Servlet API 中，javax.servlet.GenericServlet 抽象类实现了 Servlet 接口，而 javax.servlet.http.HttpServlet 抽象类是 GenericServlet 类的子类。当用户开发自己的 Servlet 类时，可以选择扩展 GenericServlet 类或者 HttpServlet 类。图 4-2 显示了 Servlet 接口以及其实现类的类框图。

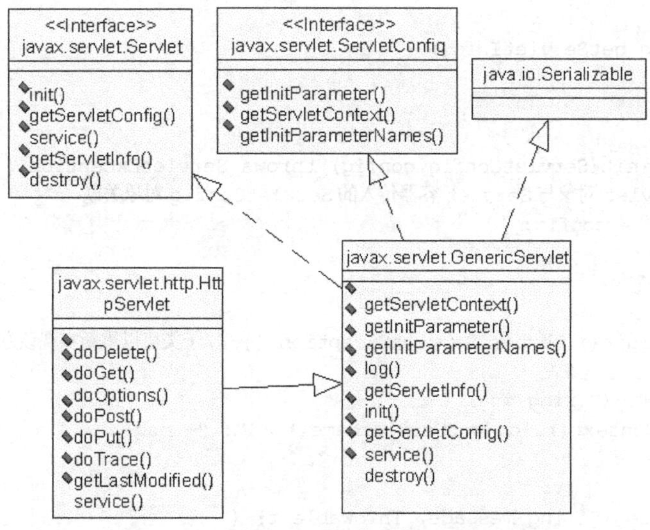

图 4-2 Servlet 接口以及其实现类的类框图

4.1.2 GenericServlet 抽象类

GenericServlet 抽象类为 Servlet 接口提供了通用实现，它与任何网络应用层协议无关。GenericServlet 类除了实现 Servlet 接口，还实现了 ServletConfig 接口和 Serializable 接口。例程 4-1 为 GenericServlet 类的主要源代码。

例程 4-1 GenericServlet.java

```
public abstract class GenericServlet
 implements Servlet, ServletConfig, java.io.Serializable{

 private transient ServletConfig config;

 public GenericServlet(){}

 public void destroy(){}

 public String getInitParameter(String name) {
   return getServletConfig().getInitParameter(name);
 }

 public Enumeration getInitParameterNames() {
   return getS

ervletConfig().getInitParameterNames();
 }

 public ServletConfig getServletConfig() {
   return config;
 }

 public ServletContext getServletContext() {
   return getServletConfig().getServletContext();
 }

 public String getServletInfo() {
   return "";
 }

 public void init(ServletConfig config) throws ServletException {
   //使当前Servlet对象与Servlet容器传入的ServletConfig对象关联
   this.config = config;
   this.init();
 }

 public void init() throws ServletException {} //子类可以重新实现该方法

 public void log(String msg) {
   getServletContext().log(getServletName() + ": "+ msg);
 }

 public void log(String message, Throwable t) {
   getServletContext().log(getServletName() + ": " + message, t);
 }
```

```
  public abstract void service(ServletRequest req, ServletResponse res)
  throws ServletException, IOException;

  public String getServletName() {
    return config.getServletName();
  }
  ......
}
```

从 GenericServlet 类的源代码可以看出，GenericServlet 类实现了 Servlet 接口中的 init(ServletConfig config) 初始化方法。GenericServlet 类有一个 ServletConfig 类型的私有实例变量 config。当 Servlet 容器调用 GenericServlet 的 init(ServletConfig config)方法时，该方法使得私有实例变量 config 引用由容器传入的 ServletConfig 对象，即使得 GenericServlet 对象与一个 ServletConfig 对象关联。

提示

在 tomcat.apache.org 网站上提供了 Tomcat 源代码以及 Servlet API 的源代码的下载。该网站把这些源代码打包成一个压缩文件供大家下载。

GenericServlet 类还自定义了一个不带参数的 init()方法，init(ServletConfig config)方法会调用此方法。对于 GenericServlet 类的子类，如果希望覆盖父类的初始化行为，有两种办法：

（1）覆盖父类的不带参数的 init()方法：

```
public void init(){
  //子类具体的初始化行为
  …
}
```

（2）覆盖父类的带参数的 init(ServletConfig config)方法。如果希望当前 Servlet 对象与 ServletConfig 对象关联，应该在该方法中先调用 super.init(config)方法：

```
public void init(ServletConfig config){
  super.init(config);  //调用父类的 init(config)方法
  //子类具体的初始化行为
  …
}
```

GenericServlet 类没有实现 Servlet 接口中的 service()方法，service()方法是 GenericServlet 类中唯一的抽象方法，GenericServlet 类的具体子类必须实现该方法，从而为特定的客户请求提供具体的服务。

GenericServlet 类尽管实现了 Servlet 接口中的 destroy()方法，实际上什么也没做。GenericServlet 类的具体子类可以覆盖该方法，从而为待销毁的当前 Servlet 对象释放所占用的各种资源（例如关闭文件输入流和输出流，关闭与数据库的连接等）。

此外，GenericServlet 类实现了 ServletConfig 接口中的所有方法。因此，GenericServlet 类的子类可以直接调用在 ServletConfig 接口中定义的 getServletContext()、getInitParameter() 和 getInitParameterNames()等方法。

提示

GenericServlet 类实现了 Servlet 接口和 ServletConfig 接口。GenericServlet 类的主要身份是 Servlet，此外，它还运用装饰设计模式，为自己附加了 ServletConfig 装饰身份。在具体实现中，GenericServlet 类包装了一个 ServletConfig 接口的实例，通过该实例来实现 ServletConfig 接口中的方法。

4.1.3 HttpServlet 抽象类

HttpServlet 类是 GenericServlet 类的子类。HttpServlet 类为 Servlet 接口提供了与 HTTP 协议相关的通用实现。也就是说，HttpServlet 对象适合运行在与客户端采用 HTTP 协议通信的 Servlet 容器或者 Web 服务器中。在开发 Java Web 应用时，自定义的 Servlet 类一般都扩展 HttpServlet 类。

本书第 1 章的 1.4.1 节（HTTP 请求格式）已经讲过，HTTP 协议把客户请求分为 GET、POST、PUT 和 DELETE 等多种方式。HttpServlet 类针对每一种请求方式都提供了相应的服务方法，如 doGet()、doPost()、doPut 和 doDelete()等方法。例程 4-2 提供了 HttpServlet 类的部分源代码。

例程 4-2 HttpServlet.java

```
public abstract class HttpServlet extends GenericServlet
                implements java.io.Serializable{
  private static final String METHOD_GET = "GET";
  private static final String METHOD_POST = "POST";
  ...

  public HttpServlet() { }

  public void service(ServletRequest req, ServletResponse res)
     throws ServletException, IOException{
    HttpServletRequest  request;
    HttpServletResponse  response;

    try {
      request = (HttpServletRequest) req;
      response = (HttpServletResponse) res;
    }catch (ClassCastException e) {
      throw new ServletException("non-HTTP request or response");
    }
    service(request, response);
  }

  protected void service(HttpServletRequest req,
                HttpServletResponse resp)
              throws ServletException, IOException{
    String method = req.getMethod();

    if(method.equals(METHOD_GET)) {
      long lastModified = getLastModified(req);
      if (lastModified == -1) {
          doGet(req, resp);
      } else {
```

```
        long ifModifiedSince = req.getDateHeader(HEADER_IFMODSINCE);
        if (ifModifiedSince < (lastModified / 1000 * 1000)) {
          maybeSetLastModified(resp, lastModified);
          doGet(req, resp);
      } else {
        resp.setStatus(HttpServletResponse.SC_NOT_MODIFIED);
      }
    }
  } else if (method.equals(METHOD_HEAD)) {
    long lastModified = getLastModified(req);
    maybeSetLastModified(resp, lastModified);
    doHead(req, resp);
  } else if (method.equals(METHOD_POST)) {
    doPost(req, resp);
  } else if (method.equals(METHOD_PUT)) {
      doPut(req, resp);
  } else if (method.equals(METHOD_DELETE)) {
      doDelete(req, resp);
  } else if (method.equals(METHOD_OPTIONS)) {
     doOptions(req,resp);
  } else if (method.equals(METHOD_TRACE)) {
    doTrace(req,resp);
  } else {
    String errMsg = lStrings.getString("http.method_not_implemented");
    Object[] errArgs = new Object[1];
    errArgs[0] = method;
    errMsg = MessageFormat.format(errMsg, errArgs);

    resp.sendError(HttpServletResponse.SC_NOT_IMPLEMENTED, errMsg);
  }
}

protected void doGet(HttpServletRequest req,
                     HttpServletResponse resp)
                     throws ServletException, IOException{
  String protocol = req.getProtocol();
  String msg = lStrings.getString("http.method_get_not_supported");
  if (protocol.endsWith("1.1")) {
    resp.sendError(HttpServletResponse.SC_METHOD_NOT_ALLOWED, msg);
  } else {
    resp.sendError(HttpServletResponse.SC_BAD_REQUEST, msg);
  }
}

protected void doPost(HttpServletRequest req,
                     HttpServletResponse resp)
                 throws ServletException, IOException{
  String protocol = req.getProtocol();
  String msg = lStrings.getString("http.method_post_not_supported");
  if (protocol.endsWith("1.1")) {
    resp.sendError(HttpServletResponse.SC_METHOD_NOT_ALLOWED, msg);
  } else {
    resp.sendError(HttpServletResponse.SC_BAD_REQUEST, msg);
  }
}

protected void doPut(HttpServletRequest req,
```

```
                HttpServletResponse resp)
          throws ServletException, IOException{…}
  ......
}
```

从例程 4-2 可以看出，HttpServlet 类实现了 Servlet 接口中的 service(ServletRequest req, ServletResponse res)方法，该方法实际上调用的是它的重载方法：

```
service(HttpServletRequest req, HttpServletResponse resp)
```

在以上重载 service()方法中，首先调用 HttpServletRequest 类型的 req 参数的 getMethod()方法，从而获得客户端的请求方式，然后依据该请求方式来调用匹配的服务方法。如果为 GET 方式，则调用 doGet()方法；如果为 POST 方式，则调用 doPost()方法，依次类推。

HttpServlet 类为所有针对特定请求方式的 doXXX()方法提供了默认的实现。在 HttpServlet 类的默认实现中，doGET()、doPost()、doPut()和 doDelete()方法都向客户端返回一个错误：

- 如果客户与服务器之间采用 HTTP1.1 协议通信，那么返回的错误为 HttpServletResponse.SC_METHOD_NOT_ALLOWED（对应 HTTP 协议中响应状态代码为 405 的错误）
- 如果客户与服务器之间不是采用 HTTP1.1 协议通信，那么返回的错误为 HttpServletResponse.SC_BAD_REQUEST（对应 HTTP 协议中响应状态代码为 400 的错误）。

对于 HttpServlet 类的具体子类，一般会针对客户端的特定请求方式，来覆盖 HttpServlet 父类中的相应 doXXX()方法。为了使 doXXX()方法能被 Servlet 容器访问，应该把访问权限设为 public。假定 HelloServlet 类是 HttpServlet 类的子类。如果客户端只会按照 GET 方式请求访问 HelloServlet，那么就只需重新实现 doGet()方法：

```
public class HelloServlet extends HttpServlet{
  public void doGet(HttpServletRequest req, HttpServletResponse resp)
         throws ServletException, IOException{
    //提供具体的实现代码
    …
  }
}
```

如果客户端会按照 GET 或 POST 方式请求访问 HelloServlet，并且在这两种方式下，HelloServlet 提供同样的服务，那么可以在 HelloServlet 类中重新实现 doGet()方法，并且让 doPost()方法调用 doGet()方法：

```
public class HelloServlet extends HttpServlet{
  public void doGet(HttpServletRequest req, HttpServletResponse resp)
         throws ServletException, IOException{
   //提供具体的实现代码
   …
  }

  public void doPost(HttpServletRequest req, HttpServletResponse resp)
```

```
        throws ServletException, IOException{
    doGet(req,resp);
  }
}
```

4.1.4 ServletRequest 接口

Servlet 接口的 service(ServletRequest req, ServletResponse res) 方法中有一个 ServletRequest 类型的参数。ServletRequest 类表示来自客户端的请求。当 Servlet 容器接收到客户端要求访问特定 Servlet 的请求时，容器先解析客户端的原始请求数据，把它包装成一个 ServletRequest 对象。当容器调用 Servlet 对象的 service()方法时，就会把 ServletRequest 对象作为参数传给 service()方法。

ServletRequest 接口提供了一系列用于读取客户端请求数据的方法：

- getContentLength()：返回请求正文的长度。如果请求正文的长度未知，则返回-1。
- getContentType()：获得请求正文的 MIME 类型，如果请求正文的类型未知，则返回 null。
- getInputStream()：返回用于读取请求正文的输入流。
- getLocalAddr()：返回服务器端的 IP 地址。
- getLocalName()：返回服务器端的主机名。
- getLocalPort()：返回服务器端的 FTP 端口号。
- getParameter(String name)：根据给定的请求参数名，返回来自客户请求中的匹配的请求参数值。关于请求参数的概念，参见本书第 1 章的 1.7 节（处理 HTTP 请求参数以及 HTML 表单）。
- getProtocol()：返回客户端与服务器端通信所用的协议的名称以及版本号。
- getReader()：返回用于读取字符串形式的请求正文的 BufferedReader 对象。
- getRemoteAddr()：返回客户端的 IP 地址。
- getRemoteHost()：返回客户端的主机名。
- getRemotePort()：返回客户端的 FTP 端口号。

此外，ServletRequest 接口中还定义了一组用于在请求范围内存取共享数据的方法，本书第 5 章的 5.6.3 节（请求范围）介绍了请求范围的概念：

- setAttribute(String name, java.lang.Object object)：在请求范围内保存一个属性，参数 name 表示属性名，参数 object 表示属性值。
- getAttribute(String name)：根据 name 参数给定的属性名，返回请求范围内的匹配的属性值。
- removeAttribute(String name)：从请求范围内删除一个属性。

4.1.5 HttpServletRequest 接口

HttpServletRequest 接口是 ServletRequest 接口的子接口。HttpServlet 类的重载 service()方法以及 doGet()和 doPost()等方法都有一个 HttpServletRequest 类型的参数：

```
protected void service(HttpServletRequest req,
                       HttpServletResponse resp)
    throws ServletException, IOException
```

HttpServletRequest 接口提供了用于读取 HTTP 请求中相关信息的方法：

- getContextPath()：返回客户端所请求访问的 Web 应用的 URL 入口。例如，如果客户端访问的 URL 为 http://localhost:8080/helloapp/info，那么该方法返回"/helloapp"
- getCookies()：返回 HTTP 请求中的所有 Cookie。
- getHeader(String name)：返回 HTTP 请求头部的特定项。
- getHeaderNames()：返回一个 Enumeration 对象，它包含了 HTTP 请求头部的所有项目名。
- getMethod()：返回 HTTP 请求方式。
- getRequestURI()：返回 HTTP 请求的头部的第 1 行中的 URI。
- getQueryString()：返回 HTTP 请求中的查询字符串，即 URL 中"?"后面的内容。例如，如果客户端访问的 URL 为 http://localhost:8080/helloapp/info?username=Tom，那么该方法返回"username=Tom"。

本书第 1 章的 1.6.4 节（提供服务器端与用户的动态交互功能）自行设计了一个能运行 Servlet 的简单 Web 服务器 HTTPServer1。在第 1 章自定义的 Servlet 接口的 service(byte[] requestBuffer, OutputStream out)方法中，参数 requestBuffer 代表客户端发送的原始请求数据。Web 服务器 HTTPServer1 接收到客户请求后，直接把原始的请求数据传给 Servlet 具体实现类，因此，Servlet 具体实现类还得化大量功夫去解析复杂的 HTTP 请求数据，从第 1 章的 1.8 节的例程 1-12 的 UploadServlet 类的源代码中可以看出，解析原始请求数据非常繁琐。

而依据 Oracle 的 Servlet API 来创建 Servlet 时，则无须费力地解析原始 HTTP 请求。解析原始 HTTP 请求的工作完全由 Servlet 容器代劳了。Servlet 容器把 HTTP 请求包装成 HttpServletRequest 对象，Servlet 只需调用该对象的各种 getXXX()方法，就能轻轻松松地读取到 HTTP 请求中的各种数据。

例程 4-3 的 RequestInfoServlet 类通过访问 HttpServletRequest 对象的各种方法来读取 HTTP 请求中的特定信息，并且把它们写入到 HTML 文档中。

例程 4-3 RequestInfoServlet.java

```
package mypack;

import javax.servlet.*;
import javax.servlet.http.*;
import java.io.*;
```

```
import java.util.*;

public class RequestInfoServlet extends HttpServlet {

  /** 响应客户请求*/
  public void doGet(HttpServletRequest request,
        HttpServletResponse response)
        throws ServletException, IOException {
    //设置 HTTP 响应的正文的数据类型
    response.setContentType("text/html;charset=GBK");

    /*输出 HTML 文档*/
    PrintWriter out = response.getWriter();
    out.println("<html><head><title>RequestInfo</TITLE></head>");
    out.println("<body>");
    //打印服务器端的 IP 地址
    out.println("<br>LocalAddr: "+request.getLocalAddr());
    //打印服务器端的主机名
    out.println("<br>LocalName: "+request.getLocalName());
    //打印服务器端的 FTP 端口号
    out.println("<br>LocalPort: "+request.getLocalPort());
    //打印客户端与服务器端通信所用的协议的名称以及版本号
    out.println("<br>Protocol: "+request.getProtocol());
    //打印客户端的 IP 地址
    out.println("<br>RemoteAddr: "+request.getRemoteAddr());
    //打印客户端的主机名
    out.println("<br>RemoteHost: "+request.getRemoteHost());
    //打印客户端的 FTP 端口号
    out.println("<br>RemotePort: "+request.getRemotePort());

    //打印 HTTP 请求方式
    out.println("<br>Method: "+request.getMethod());
    //打印 HTTP 请求中的 URI
    out.println("<br>URI: "+request.getRequestURI());
    //打印客户端所请求访问的 Web 应用的 URL 入口
    out.println("<br>ContextPath: "+request.getContextPath());
    //打印 HTTP 请求中的查询字符串
    out.println("<br>QueryString: "+request.getQueryString());

    /**打印 HTTP 请求头*/
    out.println("<br>***打印 HTTP 请求头***");
    Enumeration eu=request.getHeaderNames();
    while(eu.hasMoreElements()){
     String headerName=(String)eu.nextElement();
     out.println("<br>"+headerName+": "
           +request.getHeader(headerName));
    }
    out.println("<br>***打印 HTTP 请求头结束***<br>");
    //打印请求参数 username
    out.println("<br>username: "+request.getParameter("username"));
    out.println("</body></html>");

    //关闭输出流
    out.close();
  }
}
```

在 web.xml 文件中为 RequestInfoServlet 类映射的 URL 为“/info”，通过浏览器访问 http://localhost:8080/helloapp/info?username=Tom，将出现如图 4-3 所示的由 RequestInfoServlet 生成的 HTML 页面。

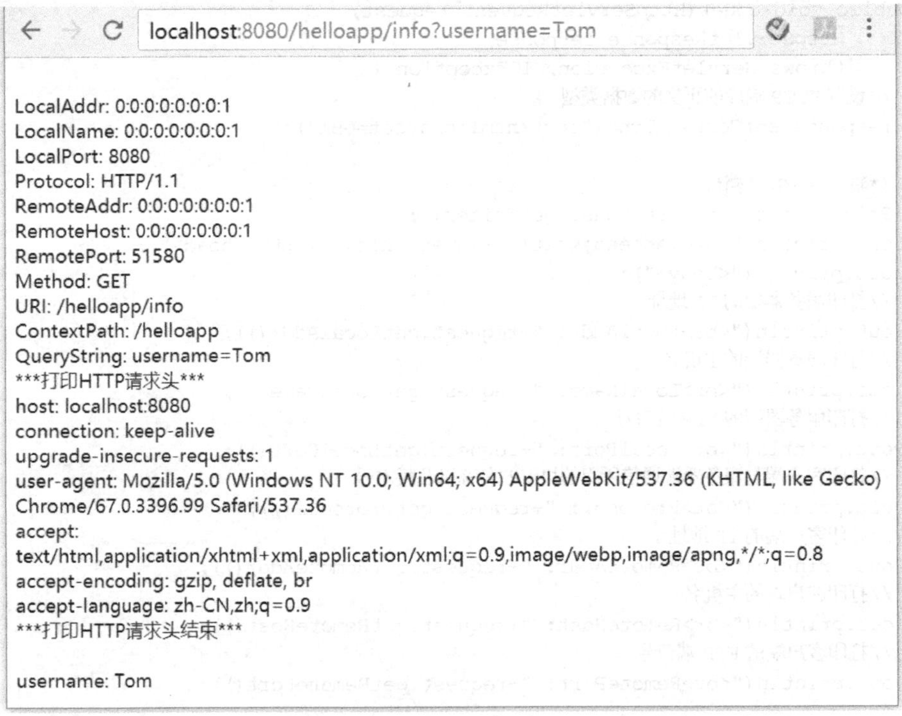

图 4-3　RequestInfoServlet 生成的 HTML 页面

4.1.6　ServletResponse 接口

Servlet 接口的 service(ServletRequest req, ServletResponse res) 方法中有一个 ServletResponse 类型的参数。Servlet 通过 ServletResponse 对象来生成响应结果。当 Servlet 容器接收到客户端要求访问特定 Servlet 的请求时，容器会创建一个 ServletResponse 对象，并把它作为参数传给 Servlet 的 service()方法。

ServletResponse 接口中定义了一系列与生成响应结果相关的方法：

- setCharacterEncoding(String charset)：设置响应正文的字符编码。响应正文的默认字符编码为 ISO-8859-1。
- setContentLength(int len)：设置响应正文的长度。
- setContentType(String type)：设置响应正文的 MIME 类型。
- getCharacterEncoding()：返回响应正文的字符编码。
- getContentType()：返回响应正文的 MIME 类型。
- setBufferSize(int size)：设置用于存放响应正文数据的缓冲区的大小。
- getBufferSize()：获得用于存放响应正文数据的缓冲区的大小。

- reset()：清空缓冲区内的正文数据，并且清空响应状态代码以及响应头。
- resetBuffer()：仅仅清空缓冲区内的正文数据，不清空响应状态代码以及响应头。
- flushBuffer()：强制性地把缓冲区内的响应正文数据发送到客户端。
- isCommitted()：返回一个 boolean 类型的值。如果为 true，表示缓冲区内的数据已经提交给客户，即数据已经发送到客户端。
- getOutputStream()：返回一个 ServletOutputStream 对象，Servlet 用它来输出二进制的正文数据。
- getWriter()：返回一个 PrintWriter 对象，Servlet 用它来输出字符串形式的正文数据。

提示

ServletResponse 中响应正文的默认 MIME 类型为 text/plain，即纯文本类型。而 HttpServletResponse 中响应正文的默认 MIME 类型为 text/html，即 HTML 文档类型。

Servlet 通过 ServletResponse 对象主要产生 HTTP 响应结果的正文部分。ServletResponse 的 getOutputStream() 方法返回一个 ServletOutputStream 对象，Servlet 可以利用 ServletOutputStream 来输出二进制的正文数据。ServletResponse 的 getWriter()方法返回一个 PrintWriter 对象，Servlet 可以利用 PrintWriter 来输出字符串形式的正文数据。

为了提高输出数据的效率，ServletOutputStream 和 PrintWriter 先把数据写到缓冲区内。当缓冲区内的数据被提交给客户后，ServletResponse 的 isCommitted()方法返回 true。在以下几种情况下，缓冲区内的数据会被提交给客户，即数据被发送到客户端：

- 缓冲区内数据已满时，ServletOutputStream 或 PrintWriter 会自动把缓冲区内的数据发送给客户端，并且清空缓冲区。
- Servlet 调用 ServletResponse 对象的 flushBuffer()方法。
- Servlet 调用 ServletOutputStream 或 PrintWriter 对象的 flush()方法或 close()方法。

为了确保 ServletOutputStream 或 PrintWriter 输出的所有数据都会被提交给客户，比较安全的做法是在所有数据都输出完毕后，调用 ServletOutputStream 或 PrintWriter 的 close()方法。

提示

在 Tomcat 的实现中，如果 Servlet 的 service()方法没有调用 ServletOutputStream 或 PrintWriter 的 close()方法，那么 Tomcat 在调用完 Servlet 的 service()方法后，会关闭 ServletOutputStream 或 PrintWriter，从而确保 Servlet 输出的所有数据被提交给客户。

Servlet 还可通过 ServletResponse 对象的 setContentLength()、setContentType() 和 setCharacterEncoding() 来分别设置响应正文的长度、MIME 类型和字符编码。在 ServletResponse 接口的实现类中，这些 setXXX()方法会把相应的设置写到 HTTP 响应头中。

值得注意的是，如果要设置响应正文的 MIME 类型和字符编码，必须先调用 ServletResponse 对象的 setContentType() 和 setCharacterEncoding() 方法，然后再调用 ServletResponse 的 getOutputStream()或 getWriter()方法，以及提交缓冲区内的正文数据。只有满足这样的操作顺序，所作的设置才能生效。

4.1.7 HttpServletResponse 接口

HttpServletResponse 接口是 ServletResponse 的子接口。HttpServlet 类的重载 service()方法以及 doGet()和 doPost()等方法都有一个 HttpServletResponse 类型的参数：

```
protected void service(HttpServletRequest req,
                 HttpServletResponse resp)
   throws ServletException, IOException
```

HttpServletResponse 接口提供了与 HTTP 协议相关的一些方法，Servlet 可通过这些方法来设置 HTTP 响应头或向客户端写 Cookie：

- addHeader(String name, String value) ：向 HTTP 响应头中加入一项内容。
- sendError(int sc) ：向客户端发送一个代表特定错误的 HTTP 响应状态代码。
- sendError(int sc, String msg)：向客户端发送一个代表特定错误的 HTTP 响应状态代码，并且发送具体的错误消息。
- setHeader(String name, String value)：设置 HTTP 响应头中的一项内容。如果响应头中已经存在这项内容，那么原先所作的设置将被覆盖。
- setStatus(int sc)：设置 HTTP 响应的状态代码。
- addCookie(Cookie cookie)：向 HTTP 响应中加入一个 Cookie。

HTTPServletResponse 接口中定义了一些代表 HTTP 响应状态代码的静态常量，例如：

- HTTPServletResponse. SC_BAD_REQUEST：对应的响应状态代码为 400。
- HTTPServletResponse. SC_FOUND：对应的响应状态代码为 302。
- HTTPServletResponse. SC_METHOD_NOT_ALLOWED：对应的响应状态代码为 405。
- HTTPServletResponse. SC_NON_AUTHORITATIVE_INFORMATION：对应的响应状态代码为 203。
- HTTPServletResponse. SC_FORBIDDEN：对应的响应状态代码为 403。
- HTTPServletResponse. SC_NOT_FOUND：对应的响应状态代码为 404。
- HTTPServletResponse. SC_OK：对应的响应状态代码为 200。

例程 4-4 的 HelloServlet 类的 doGet()方法先得到 username 请求参数，对其进行中文字符编码转换，然后判断 username 参数是否为 null，如果满足条件，就直接返回一个代表特定错误的 403 响应状态代码；否则，就通过 HttpServletResponse 对象的 getWriter()方法得到一个 PrintWriter 对象，然后通过 PrintWriter 对象来输出一个 HTML 文档。

例程 4-4 HelloServlet.java

```
public class HelloServlet extends HttpServlet {
  public void doGet(HttpServletRequest request,
                HttpServletResponse response)
            throws ServletException, IOException {
    //获得 username 请求参数
```

```
    String username=request.getParameter("username");

    if(username==null){
      //仅仅为了演示 response.sendError()的用法。
      response.sendError(response.SC_FORBIDDEN);
      return;
    }

    //设置 HTTP 响应的正文的 MIME 类型及字符编码
    response.setContentType("text/html;charset=GBK");

    /*输出 HTML 文档*/
    PrintWriter out = response.getWriter();
    out.println("<html><head><title>HelloServlet</TITLE></head>");
    out.println("<body>");
    out.println("你好: "+username);
    out.println("</body></html>");

    System.out.println("before close():"
              +response.isCommitted()); //false
    out.close(); //关闭 PrintWriter
    System.out.println("after close():"
              +response.isCommitted()); //true
  }
}
```

提示

为了节省篇幅，本书列出的部分类的源代码省略了开头的 package 语句和 import 语句。在本书配套源代码包提供了范例的完整源代码。

以上 HelloServlet 类利用 HttpServletResponse 对象的 setContentType()方法来设置响应正文的 MIME 类型及字符编码。“text/html”表示响应正文为 HTML 文档，“GBK”表示响应正文采用中文字符编码。以下三种方式是等价的，都能设置 HTTP 响应正文的 MIME 类型及字符编码：

```
//方式一:
response.setContentType("text/html;charset=GBK");
//方式二:
response.setContentType("text/html");
response.setCharacterEncoding("GBK");
//方式三:
response.setHeader("Content-type","text/html;charset=GBK");
```

HelloServlet 类的 service()方法最后调用 PrintWriter 对象的 close()方法关闭底层输出流，该方法在关闭输出流之前会先把缓冲区内的数据提交到客户端。因此在调用 PrintWriter 对象的 close()方法之前，response.isCommitted()方法返回 false；而在调用 PrintWriter 对象的 close()方法之后，response.isCommitted()方法返回 true。HelloServlet 类的 service()方法中的“System.out.println(…)”语句把内容打印到 Tomcat 服务器所在的控制台。

提示

GBK 和 GB2312 都支持中文字符编码。GBK 是 GB2312 编码的扩展。GB2312 仅支持简体中文，而 GBK 同时支持简体中文和繁体中文。

在 web.xml 文件中为 HelloServlet 类映射的 URL 为“/hello”，通过浏览器访问 http://localhost:8080/helloapp/hello?username=小王，将出现如图 4-4 所示的由 HelloServlet 生成 HTML 页面。

图 4-4　HelloServlet 生成的 HTML 页面

通过浏览器访问 http://localhost:8080/helloapp/hello，则将出现如图 4-5 所示的由 HelloServlet 生成的错误页面。

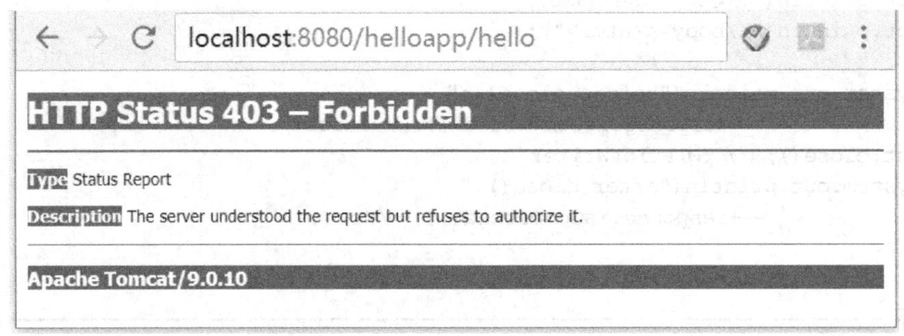

图 4-5　HelloServlet 生成的错误页面

4.1.8　ServletConfig 接口

Servlet 接口的 init(ServletConfig config)方法有一个 ServletConfig 类型的参数。当 Servlet 容器初始化一个 Servlet 对象时，会为这个 Servlet 对象创建一个 ServletConfig 对象。ServletConfig 对象中包含了 Servlet 的初始化参数信息，此外，ServletConfig 对象还与当前 Web 应用的 ServletContext 对象关联。Servlet 容器调用 Servlet 对象的 init(ServletConfig config)方法时，会把 ServletConfig 对象作为参数传给 Servlet 对象，init(ServletConfig config)方法会使得当前 Servlet 对象与 ServletConfig 对象之间建立关联关系，本章 4.1.2 节已经通过 GenericServlet 类的源程序代码对此作了解释。

ServletConfig 接口中定义了以下方法：

- getInitParameter(String name)：根据给定的初始化参数名，返回匹配的初始化参数值。
- getInitParameterNames()：返回一个 Enumeration 对象，里面包含了所有的初始化参数名。
- getServletContext()：返回一个 ServletContext 对象。本章 4.1.9 节的例程 4-6（ContextTesterServlet.java）介绍了本方法的用法。
- getServletName()：返回 Servlet 的名字，即 web.xml 文件中相应<servlet>元素的

<servlet-name>子元素的值。如果没有为 Servlet 配置<servlet-name>子元素，则返回 Servlet 类的名字。

每个初始化参数包括一对参数名和参数值。在 web.xml 文件中配置一个 Servlet 时，可以通过<init-param>元素来设置初始化参数。<init-param>元素的<param-name>子元素设定参数名，<param-value>子元素设定参数值。

以下代码为一个 FontServlet 类设置了两个初始化参数：color 参数和 size 参数。

```
<servlet>
  <servlet-name>Font</servlet-name>
  <servlet-class>mypack.FontServlet</servlet-class>
  <init-param>
    <param-name>color</param-name>
    <param-value>blue</param-value>
  </init-param>
  <init-param>
    <param-name>size</param-name>
    <param-value>15</param-value>
  </init-param>
</servlet>

<servlet-mapping>
  <servlet-name>Font</servlet-name>
  <url-pattern>/font</url-pattern>
</servlet-mapping>
```

HttpServlet 类继承 GenericServlet 类，而 GenericServlet 类实现了 ServletConfig 接口，因此在 HttpServlet 类或 GenericServlet 类以及子类中都可以直接调用 ServletConfig 接口中的方法。

例程 4-5 的 FontServlet 类演示了 ServletConfig 接口的用法。FontServlet 类通过 getInitParameter()方法读取 color 参数和 size 参数的值，然后依据这两个参数来设置待输出的 word 字符串的颜色和大小。

例程 4-5　FontServlet.java

```
public class FontServlet extends HttpServlet {
  /** 响应客户请求*/
  public void doGet(HttpServletRequest request,
            HttpServletResponse response)
            throws ServletException, IOException {
    //获得 word 请求参数
    String word=request.getParameter("word");
    if(word==null)word="Hello";

    //读取初始化参数
    String color=getInitParameter("color");
    String size=getInitParameter("size");
    System.out.println("servletName: "
            +getServletName()); //打印 servletName:Font

    //设置 HTTP 响应的正文的 MIME 类型及字符编码
    response.setContentType("text/html;charset=GBK");
```

```
      /*输出 HTML 文档*/
      PrintWriter out = response.getWriter();
      out.println("<html><head><title>FontServlet</TITLE></head>");
      out.println("<body>");
      out.println("<font size='"+size
            +"' color='"+color+"'>"+word+"</font>");
      out.println("</body></html>");

      out.close(); //关闭 PrintWriter
    }
  }
```

在 web.xml 文件中为 FontServlet 类映射的 URL 为“/font”，通过浏览器访问 http://localhost:8080/helloapp/font?word=HelloWorld，FontServlet 将输出如下 HTML 文档，并且浏览器会展示该 HTML 文档：

```
<html><head><title>FontServlet</TITLE></head>
<body>
<font size='15' color='blue'>HelloWorld</font>
</body></html>
```

4.1.9 ServletContext 接口

ServletContext 是 Servlet 与 Servlet 容器之间进行通信的接口。Servlet 容器在启动一个 Web 应用时，会为它创建一个 ServletContext 对象。每个 Web 应用都有唯一的 ServletContext 对象。可以把 ServletContext 对象形象地理解为 Web 应用的总管家，同一个 Web 应用中的所有 Servlet 对象都共享一个总管家，Servlet 对象们可通过这个总管家来访问容器中的各种资源。

ServletContext 接口提供的方法可分为以下几种类型：

（1）用于在 Web 应用范围内存取共享数据的方法。本章 4.4 节进一步介绍了 Web 应用范围的概念。

- setAttribute(String name, java.lang.Object object)：把一个 Java 对象与一个属性名绑定，并把它存入到 ServletContext 中。参数 name 指定属性名，参数 object 表示共享数据。
- getAttribute(String name)：根据参数给定的属性名，返回一个 Object 类型的对象，它表示 ServletContext 中与属性名匹配的属性值。
- getAttributeNames()：返回一个 Enumeration 对象，该对象包含了所有存放在 ServletContext 中的属性名。
- removeAttribute(String name)：根据参数指定的属性名，从 ServletContext 中删除匹配的属性。

（2）访问当前 Web 应用的资源。

- getContextPath()：返回当前 Web 应用的 URL 入口。
- getInitParameter(String name)：根据给定的参数名，返回 Web 应用范围内的匹配的初始化参数值。在 web.xml 文件中，直接在<web-app>根元素下定义的<context-param>元素表示应用范围内的初始化参数。

- getInitParameterNames()：返回一个 Enumeration 对象，它包含了 Web 应用范围内所有的初始化参数名。
- getServletContextName()：返回 Web 应用的名字，即 web.xml 文件中<display-name>元素的值。<display-name>元素的用法参见本书附录 B（web.xml 文件）。
- getRequestDispatcher(String path)：返回一个用于向其他 Web 组件转发请求的 RequestDispatcher 对象。

（3）访问 Servlet 容器中的其他 Web 应用。

- getContext(String uripath)：根据参数指定的 URI，返回当前 Servlet 容器中其他 Web 应用的 ServletContext 对象。

（4）访问 Servlet 容器的相关信息

- getMajorVersion()：返回 Servlet 容器支持的 Java Servlet API 的主版本号。
- getMinorVersion()：返回 Servlet 容器支持的 Java Servlet API 的次版本号。
- getServerInfo()：返回 Servlet 容器的名字和版本。

（5）访问服务器端的文件系统资源

- getRealPath(String path)：根据参数指定的虚拟路径，返回文件系统中的一个真实的路径。
- getResource(String path)：返回一个映射到参数指定的路径的 URL。
- getResourceAsStream(String path)：返回一个用于读取参数指定的文件的输入流。该方法的用法参见本章 4.4.2 节的例程 4-11（MyServletContextListener.java）。
- getMimeType(String file)：返回参数指定的文件的 MIME 类型。

（6）输出日志

- log(String msg)：向 Servlet 的日志文件中写日志。
- log(String message, java.lang.Throwable throwable)：向 Servlet 的日志文件中写错误日志，以及异常的堆栈信息。

ServletConfig 接口中定义了 getServletContext()方法。HttpServlet 类继承 GenericServlet 类，而 GenericServlet 类实现了 ServletConfig 接口，因此在 HttpServlet 类或 GenericServlet 类以及子类中都可以直接调用 getServletContext()方法，从而得到当前 Web 应用的 ServletContext 对象。

例程 4-6 的 ContextTesterServlet 类用于演示 ServletContext 的用法。在它的 doGet()方法中，先通过 getServletContext()方法得到当前 Web 应用的 ServletContext 对象，然后再调用它的一系列方法。

例程 4-6　ContextTesterServlet.java

```
public class ContextTesterServlet extends HttpServlet {
```

```
    public void doGet(HttpServletRequest request,
                    HttpServletResponse response)
            throws ServletException, IOException {
      //获得 ServletContext 对象
      ServletContext context=getServletContext();

      //设置 HTTP 响应的正文的 MIME 类型及字符编码
      response.setContentType("text/html;charset=GBK");

      /*输出 HTML 文档*/
      PrintWriter out = response.getWriter();
      out.println("<html><head><title>FontServlet</TITLE></head>");
      out.println("<body>");
      out.println("<br>Email: "
              +context.getInitParameter("emailOfwebmaster"));
      out.println("<br>Path: "+context.getRealPath("/WEB-INF"));
      out.println("<br>MimeType: "
              +context.getMimeType("/WEB-INF/web.xml"));
      out.println("<br>MajorVersion: "+context.getMajorVersion());
      out.println("<br>ServerInfo: "+context.getServerInfo());
      out.println("</body></html>");

      //输出日志
      context.log("这是 ContextTesterServlet 输出的日志。");
      out.close(); //关闭 PrintWriter
    }
```

在 web.xml 文件中对 ContextTesterServlet 类做了如下配置：

```
<web-app>
  <context-param>
    <param-name>emailOfwebmaster</param-name>
    <param-value>webmaster@hotmail.com</param-value>
  </context-param>
  …
  <servlet>
   <servlet-name>contextTest</servlet-name>
   <servlet-class>mypack.ContextTesterServlet</servlet-class>
  </servlet>

 <servlet-mapping>
   <servlet-name>contextTest</servlet-name>
   <url-pattern>/contextTest</url-pattern>
 </servlet-mapping>

</web-app>
```

以上<context-param>元素定义了 Web 应用范围内的初始化参数，在 ContextTesterServlet 类的 doGet()方法中，context.getInitParameter("emailOfwebmaster")用于读取初始化参数的值。

通过浏览器访问 http://localhost:8080/helloapp/contextTest，将出现如图 4-6 所示的由 ContextTesterServlet 生成的 HTML 页面。

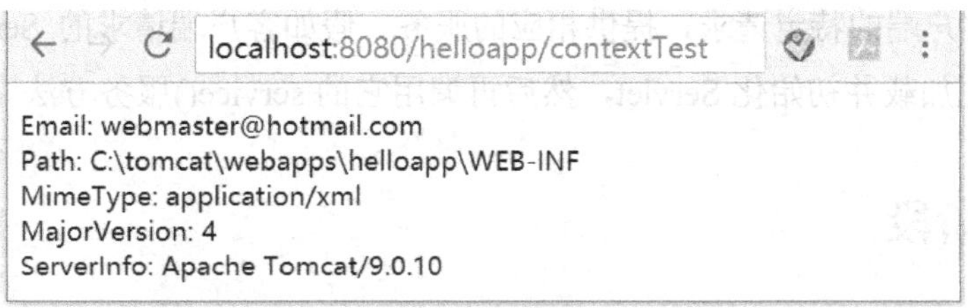

图 4-6　ContextTesterServlet 生成的 HTML 页面

ContextTesterServlet 类还调用 context.log()方法来输出日志。默认情况下，context.log()方法把日志输出到<CATALINA_HOME>/logs/localhost.YYYY-MM-DD.log 文件中，其中“YYYY-MM-DD”表示输出日志的日期。例如，一个实际的日志文件可能为<CATALINA_HOME>/logs/localhost.2018-09-17.log。

本章 4.4 节还会进一步介绍 ServletContext 接口的用法。

4.2　Java Web 应用的生命周期

Java Web 应用的生命周期是由 Servlet 容器来控制的。归纳起来，Java Web 应用的生命周期包括三个阶段：

- 启动阶段：加载 Web 应用的有关数据，创建 ServletContext 对象，对 Filter（过滤器）和一些 Servlet 进行初始化。
- 运行时阶段：为客户端提供服务。
- 终止阶段：释放 Web 应用所占用的各种资源。

4.2.1　启动阶段

Servlet 容器在启动 Java Web 应用时，会完成以下操作：

（1）把 web.xml 文件中的数据加载到内存中。

（2）为 Java Web 应用创建一个 ServletContext 对象。

（3）对所有的 Filter 进行初始化。本书第 20 章（过滤器）详细介绍了 Filter 的作用。

（4）对那些需要在 Web 应用启动时就初始化的 Servlet 进行初始化。Servlet 容器初始化 Servlet 的具体步骤参见本章 4.3.1 节。此外，本章 4.3.1 节还介绍了在 web.xml 文件中，使 Servlet 类在 Web 应用启动时就被初始化的配置方法。

4.2.2　运行时阶段

这是 Java Web 应用最主要的生命阶段。在这个阶段，它的所有 Servlet 都处于待命状态，随时可以响应客户端的特定请求，提供相应的服务。假如客户端请求的 Servlet 还不存在，Servlet 容器会先加载并初始化 Servlet，然后再调用它的 service()服务方法。

4.2.3 终止阶段

Servlet 容器在终止 Java Web 应用时，会完成以下操作：

（1）销毁 Java Web 应用中所有处于运行时状态的 Servlet。Servlet 容器销毁 Servlet 的具体步骤参见本章 4.3.3 节。

（2）销毁 Java Web 应用中所有处于运行时状态的 Filter。

（3）销毁所有与 Java Web 应用相关的对象，如 ServletContext 对象等，并且释放 Web 应用所占用的相关资源。

4.2.4 用 Tomcat 的管理平台管理 Web 应用的生命周期

Servlet 容器启动时，会启动 Java Web 应用。当 Java Web 应用启动后，就处于运行时状态。当 Servlet 容器被关闭时，Servlet 容器会先终止所有的 Java Web 应用。由此可见，一般情况下，Web 应用随着 Servlet 容器的启动而启动，随着 Servlet 容器的运行而运行，随着 Servlet 容器的终止而终止。

Tomcat 作为 Servlet 容器的一种具体实现，还提供了一个管理平台，通过该平台，用户可以在 Tomcat 运行时，手工管理单个 Web 应用的生命周期。以下是通过该管理平台来管理单个 Web 应用的生命周期的步骤，其中步骤一只需在 Tomcat 安装后操作一次就行。

（1）修改<CATALINA_HOME>/conf/tomcat-users.xml 文件，在其中加入一个<user>元素：

```
<tomcat-users>
  <role rolename="manager-gui"/>
  <user username="tomcat" password="tomcat" roles="manager-gui"/>
</tomcat-users>
```

以上代码配置了一个名为“tomcat”的用户，他具有访问 Tomcat 管理平台的权限。本书第 25 章的 25.3 节（内存域）进一步介绍了 tomcat-users.xml 文件的作用。

（2）启动 Tomcat。

（3）Tomcat 管理平台本身也是一个 Java Web 应用，它位于<CATALINA_HOME>/webapps/manager 目录下。该 Web 应用的主页的 URL 为 http://localhost:8080/manager/html。通过浏览器访问该 URL，将会弹出一个身份验证窗口，在该窗口中输入用户“tomcat”以及口令“tomcat”，参见图 4-7。

图 4-7 进入 Tomcat 管理平台的身份验证窗口

如果通过了身份验证，将出现如图 4-8 所示的管理平台的主页。

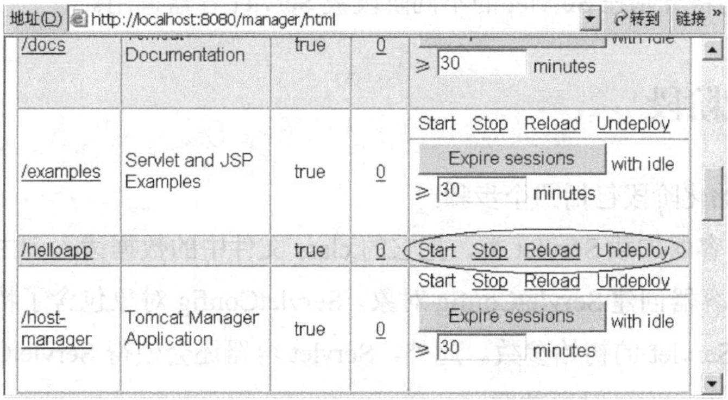

图 4-8 Tomcat 管理平台的主页

图 4-8 中列出了已经在 Tomcat 中发布的所有 Web 应用，对于每个 Web 应用，都提供了四个操作：

- Start 操作：启动当前 Web 应用。
- Stop 操作：终止当前 Web 应用。
- Reload 操作：等价于先终止当前 Web 应用，再重新启动当前 Web 应用。
- Undeploy 操作：从 Tomcat 中卸除当前 Web 应用，Web 应用的文件会被删除。

手工重新启动一个 Web 应用有两种方式：

- 方式一：重新启动 Tomcat。
- 方式二：不必重新启动 Tomcat，只要通过 Tomcat 管理平台的 Reload 操作来重新启动特定 Web 应用即可。

在 Web 应用的开发阶段，利用以上第二种方式来调试和运行 Web 应用显然更加方便。本书后文在演示范例时，如果提到手工重新启动 Web 应用，那么建议读者采用第二种方式来重新启动 Web 应用。

此外，本书第 3 章的 3.3.4 节（配置 Tomcat 的<Context>元素）讲过，如果 Web 应用发布到 Tomcat 中，可以为 Web 应用配置一个<Context>元素，该元素有一个 reloadable 属性。如果这个属性设为 true，Tomcat 在运行时会监视在 Web 应用的 WEB-INF/classes 和 WEB-INF/lib 目录下的类文件的改动。如果监测到有类文件被更新，Tomcat 会自动重新启动 Web 应用。该属性的默认值为 false。在 Web 应用的开发阶段，把<Context>元素的 reloadable

属性设为 true，可以更加方便地调试和运行 Servlet。

4.3 Servlet 的生命周期

Java Web 应用的生命周期由 Servlet 容器来控制，而 Servlet 作为 Java Web 应用的最核心的组件，其生命周期也由 Servlet 容器来控制。Servlet 的生命周期可以分为 3 个阶段：初始化阶段、运行时阶段和销毁阶段。在 javax.servlet.Servlet 接口中定义了 3 个方法：init()、service() 和 destroy()，它们将分别在 Servlet 的不同阶段被 Servlet 容器调用。

4.3.1 初始化阶段

Servlet 的初始化阶段包括四个步骤：

（1）Servlet 容器加载 Servlet 类，把它的.class 文件中的数据读入到内存中。

（2）Servlet 容器创建 ServletConfig 对象。ServletConfig 对象包含了特定 Servlet 的初始化配置信息，如 Servlet 的初始参数。此外，Servlet 容器还会使得 ServletConfig 对象与当前 Web 应用的 ServletContext 对象关联。

（3）Servlet 容器创建 Servlet 对象。

（4）Servlet 容器调用 Servlet 对象的 init(ServletConfig config)方法。本章 4.1.2 节已经讲过，在 Servlet 接口的 GenericServlet 实现类的 init(ServletConfig config)方法中，会建立 Servlet 对象与 ServletConfig 对象的关联关系。

以上初始化步骤创建了 Servlet 对象和 ServletConfig 对象，并且 Servlet 对象与 ServletConfig 对象关联，而 ServletConfig 对象与当前 Web 应用的 ServletContext 对象关联。当 Servlet 容器初始化完 Servlet 后，Servlet 对象只要通过 getServletContext()方法就能得到当前 Web 应用的 ServletContext 对象。

在下列情况之一，Servlet 会进入初始化阶段：

（1）当前 Web 应用处于运行时阶段，特定 Servlet 被客户端首次请求访问。多数 Servlet 都会在这种情况下被 Servlet 容器初始化。

（2）如果在 web.xml 文件中为一个 Servlet 设置了<load-on-startup>元素，那么当 Servlet 容器启动 Servlet 所属的 Web 应用时，就会初始化这个 Servlet。以下代码配置了三个 Servlet：Servlet1、Servlet2 和 ServletX。

```
<servlet>
 <servlet-name>servlet1</servlet-name>
 <servlet-class> Servlet1</servlet-class>
 <load-on-startup> 1 </load-on-startup>
</servlet>

<servlet>
```

```
    <servlet-name>servlet2</servlet-name>
    <servlet-class> Servlet2</servlet-class>
    <load-on-startup> 2 </load-on-startup>
  </servlet>

  <servlet>
    <servlet-name>servletX</servlet-name>
    <servlet-class> ServletX</servlet-class>
  </servlet>
```

其中 Servlet1 和 Servlet2 的<load-on-startup>的值分别为 1 和 2，因此当 Servlet 容器启动当前 Web 应用时，Servlet1 被第一个初始化，Servlet2 被第二个初始化。而 ServletX 没有配置<load-on-startup>元素，因此当 Servlet 容器启动当前 Web 应用时，ServletX 不会被初始化，只有当客户端首次请求访问 ServletX 时，它才会被初始化。

提示

从提高 Servlet 容器运行性能的角度出发，Servlet 规范为 Servlet 规定了不同的初始化情形。如果有些 Servlet 专门负责在 Web 应用启动阶段为 Web 应用完成一些初始化操作，则可以让它们在 Web 应用启动时就被初始化。对于大多数 Servlet，只需当客户端首次请求访问时才被初始化。因为假如所有的 Servlet 都在 Web 应用启动时就被初始化，那么会大大增加 Servlet 容器启动 Web 应用的负担，而且 Servlet 容器有可能会加载一些永远不会被客户访问的 Servlet，白白浪费容器的资源。

（3）当 Web 应用被重新启动时，Web 应用中的所有 Servlet 都会在特定的时刻被重新初始化。

4.3.2 运行时阶段

这是 Servlet 的生命周期中的最重要阶段。在这个阶段，Servlet 可以随时响应客户端的请求。当 Servlet 容器接收到要求访问特定 Servlet 的客户请求，Servlet 容器创建针对于这个请求的 ServletRequest 对象和 ServletResponse 对象，然后调用相应 Servlet 对象的 service()方法。service()方法从 ServletRequest 对象中获得客户请求信息并处理该请求，通过 ServletResponse 对象生成响应结果。本书第 2 章的 2.2 节的图 2-5 展示了 Servlet 响应客户请求的过程。

当 Servlet 容器把 Servlet 生成的响应结果发送给了客户，Servlet 容器就会销毁 ServletRequest 对象和 ServletResponse 对象。

4.3.3 销毁阶段

当 Web 应用被终止时，Servlet 容器会先调用 Web 应用中所有 Servlet 对象的 destroy()方法，然后再销毁这些 Servlet 对象。在 destroy()方法的实现中，可以释放 Servlet 所占用的资源（例如关闭文件输入流和输出流，关闭与数据库的连接等）。

此外，容器还会销毁与 Servlet 对象关联的 ServletConfig 对象。

4.3.4 演示 Servlet 的生命周期的范例

在 Servlet 的生命周期中，Servlet 的初始化和销毁只会发生一次，因此 init()方法和 destroy()方法只会被 Servlet 容器调用一次，而 service()方法可能会被 Servlet 容器调用多次，这取决于客户端请求访问 Servlet 的次数。

例程 4-7 的 LifeServlet 类用于演示 Servlet 的生命周期。它定义了三个用于跟踪 Servlet 的生命周期的实例变量：

- initVar：统计 init()方法被调用的次数，即 Servlet 被初始化的次数。
- serviceVar：统计 service()方法被调用的次数，即 Servlet 响应客户请求的次数。
- destroyVar：统计 destroy()方法被调用的次数，即 Servlet 被销毁的次数。

例程 4-7 LifeServlet.java

```
public class LifeServlet extends GenericServlet{
  private int initVar=0;
  private int serviceVar=0;
  private int destroyVar=0;
  private String name;

  public void init (ServletConfig config)throws ServletException{
    super.init(config);
    name=config.getServletName();
    initVar++;
    System.out.println(name+">init(): Servlet 被初始化了"+initVar+"次");
  }
  public void destroy(){
    destroyVar++;
    System.out.println(name
                  +">destroy(): Servlet 被销毁了"+destroyVar+"次");
  }
  public void service(ServletRequest request,
          ServletResponse response)
          throws IOException ,ServletException{
    serviceVar++;
    System.out.println(name
                +">service(): Servlet 共响应了"+serviceVar+"次请求");

    String content1="初始化次数 : "+initVar;
    String content2="响应客户请求次数 : "+serviceVar;
    String content3="销毁次数 : "+destroyVar;

    response.setContentType("text/html;charset=GBK");

    PrintWriter out = response.getWriter();
    out.print("<html><head><title>LifeServlet</title>");
    out.print("</head><body>");
    out.print("<h1>"+content1 +"</h1>");
    out.print("<h1>"+content2 +"</h1>");
    out.print("<h1>"+content3 +"</h1>");
    out.print("</body></html>");
    out.close();
```

```
    }
}
```

在 web.xml 文件中对 LifeServlet 类作了如下配置：

```
<servlet>
  <servlet-name>lifeInit</servlet-name>
  <servlet-class>mypack.LifeServlet</servlet-class>
  <load-on-startup>1</load-on-startup>
</servlet>

<servlet-mapping>
  <servlet-name>lifeInit</servlet-name>
  <url-pattern>/lifeInit</url-pattern>
</servlet-mapping>

<servlet>
  <servlet-name>life</servlet-name>
  <servlet-class>mypack.LifeServlet</servlet-class>
 </servlet>

<servlet-mapping>
  <servlet-name>life</servlet-name>
  <url-pattern>/life</url-pattern>
</servlet-mapping>
```

以上配置代码定义了两个 Servlet：lifeInit 和 life，它们都对应 LifeServlet 类。lifeInit 和 life 的区别在于，lifeInit 被设置为在 Web 应用启动时就需要被初始化。

（1）启动 Tomcat。Tomcat 启动时会启动 helloapp 应用，而启动 helloapp 应用时会初始化 lifeInit。Tomcat 控制台会输出 lifeInit 的 init()方法的打印结果，参见图 4-9。

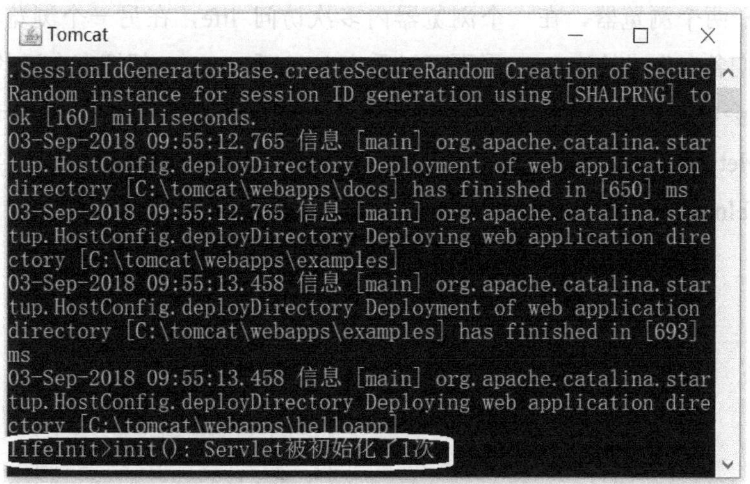

图 4-9　Servlet 容器初始化 lifeInit

（2）通过浏览器访问 lifeInit，URL 为 http://localhost:8080/helloapp/lifeInit，lifeInit 生成的 HTML 页面参见图 4-10。

从浏览器端多次请求访问 lifeInit，会发现 serviceVar 变量的值不断递增，而 initVar 和 destroyVar 变量的值保持不变，由此可见，每当客户端请求访问 lifeInit，Servlet 容器就会调用 lifeInit 的 service()方法。

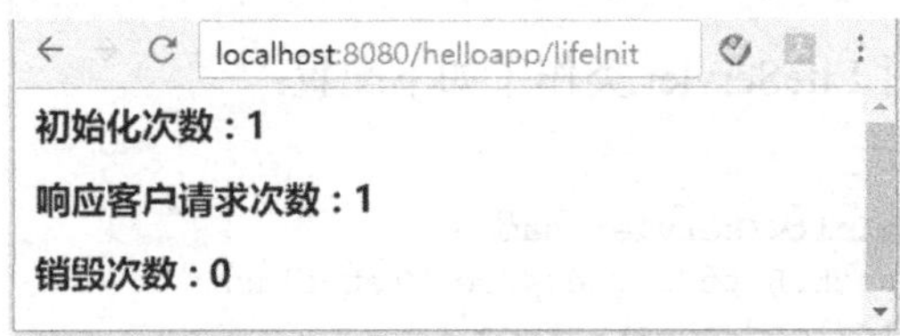

图 4-10　lifeInit 生成的 HTML 页面

（3）通过 Tomcat 的管理平台手工终止 helloapp 应用，Servlet 容器此时会调用 lifeInit 的 destroy()方法。Tomcat 控制台会输出 lifeInit 的 destroy()方法的打印结果，参见图 4-11。由此可见，当 Web 应用被终止时，Servlet 容器会调用 Servlet 的 destroy()方法。

```
Tomcat
lifeInit>service(): Servlet共响应了1次请求
lifeInit>service(): Servlet共响应了2次请求
lifeInit>service(): Servlet共响应了3次请求
lifeInit>service(): Servlet共响应了4次请求
lifeInit>service(): Servlet共响应了5次请求
lifeInit>service(): Servlet共响应了6次请求
lifeInit>service(): Servlet共响应了7次请求
lifeInit>destroy(): Servlet被销毁了1次
```

图 4-11　lifeInit 的 destroy()方法的打印结果

（4）再通过 Tomcat 的管理平台手工启动 helloapp 应用。通过浏览器访问 life，URL 为 http://localhost:8080/helloapp/life。只有当客户端首次访问 life 时，Servlet 容器才会初始化 life，调用它的 init()方法，Tomcat 控制台会输出 life 的 init()方法的打印结果。

（5）打开两个浏览器，在一个浏览器内多次访问 life，在另一个浏览器内多次访问 lifeInit。从它们各自生成的 HTML 页面可以看出，life 和 lifeInit 都拥有自己的 serviceVar 实例变量，它们会各自不断递增。由此可见，life 和 lifeInit 各对应一个 LifeServlet 对象。也就是说，当 Servlet 容器初始化 life 和 lifeInit 时，会分别创建一个 LifeServlet 对象。图 4-12 显示了 life 和 lifeInit 与 LifeServlet 对象的对应关系。

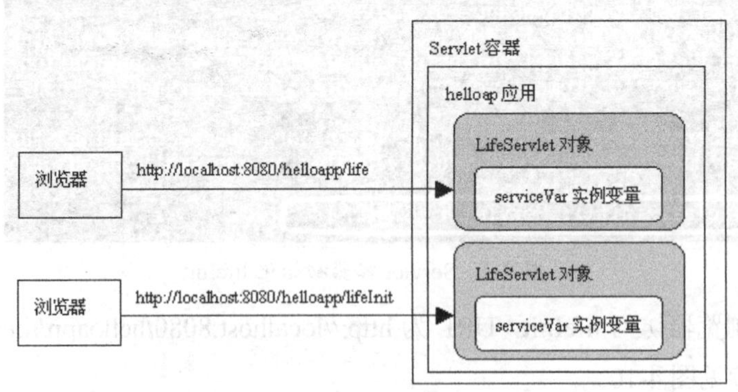

图 4-12　life 和 lifeInit 与 LifeServlet 对象的对应关系

4.4　ServletContext 与 Web 应用范围

Servlet 容器在启动一个 Web 应用时，会为它创建唯一的 ServletContext 对象。当 Servlet 容器终止一个 Web 应用时，就会销毁它的 ServletContext 对象。由此可见，ServletContext 对象与 Web 应用具有同样的生命周期。

本章 4.1.9 节已经讲到 ServletContext 接口提供了一组在 Web 应用范围内存取共享数据的方法。“范围”在这里有两层含义：

- 表示一个特定时间段。
- 表示在特定时间段内可以共享数据的所有 Web 组件的集合。

Web 应用范围具有以下两层含义：

- 表示由 Web 应用的生命周期构成的时间段。
- 表示在 Web 应用的生命周期内所有 Web 组件的集合。

存放在 Web 应用范围内的共享数据具有以下特点：

- 共享数据的生命周期位于 Web 应用的生命周期中的一个时间片段内。
- 共享数据可以被 Web 应用中的所有 Web 组件共享。

如何实现向 Web 应用范围内存取共享数据呢？由于 ServletContext 对象具有与 Web 应用同样长的生命周期，而且 ServletContext 对象可以被 Web 应用中的所有 Web 组件共享，因此可以利用 ServletContext 对象来存取 Web 应用范围内的共享数据，基本思想如下：

- 面向对象编程的一个基本思想就是万物皆对象，因此，共享数据也理所当然地用 java.lang.Object 类型的任意 Java 对象来表示。
- 只要把代表共享数据的 Java 对象与 ServletContext 对象关联，该 Java 对象的生命周期就依附于 ServletContext 对象的生命周期，并且 Web 组件就可以通过 ServletContext 对象来访问它。从语义上理解，该 Java 对象就被存放到 Web 应用范围内。
- 在 Web 应用范围内可以存放各种类型的共享数据。为了方便地存取特定的共享数据，可以把代表共享数据的 Java 对象作为 ServletContext 的属性来存放。每个属性包括一对属性名和属性值。属性值代表共享数据，属性名则用于标识共享数据。

ServletContext 接口中常用的用于存取共享数据的方法包括：

- setAttribute(String name, Object object)：向 Web 应用范围内存入共享数据。参数 name 指定属性名，参数 object 表示共享数据。
- removeAttribute(String name)：根据参数给定的属性名，从 Web 应用范围内删除匹配的共享数据。

- getAttribute(String name)：根据参数给定的属性名，返回 Web 应用范围内匹配的共享数据。

4.4.1 在 Web 应用范围内存放共享数据的范例

接下来介绍一个向 Web 应用范围内存放共享数据的范例。许多网站都能统计特定网页被客户端访问的次数，Java Web 应用可以利用 ServletContext 来实现这一功能。

首先，设计一个用于累计访问次数的计数器，用 Counter 类来实现。Counter 类是一个普通的基于 JavaBean 风格的 Java 类，参见例程 4-8。本书第 10 章（JSP 访问 JavaBean）对 JavaBean 做了进一步介绍。

例程 4-8　Counter.java

```
public class Counter{
  private int count;          //计数值
  public Counter(){
    this(0);
  }
  public Counter(int count){
    this.count=count;
  }
  public void setCount(int count){
    this.count=count;
  }
  public int getCount(){
    return count;
  }

  public void add(int step){
    count+=step;
  }
}
```

接下来把计数器存放在 Web 应用范围内，每当网页被客户端请求访问一次，计数器就会递增一次。例程 4-9 的 CounterServlet 类实现了向应用范围内存取计数器的功能。

例程 4-9　CounterServlet.java

```
public class CounterServlet extends HttpServlet {
  public void doGet(HttpServletRequest request,
  HttpServletResponse response)throws ServletException, IOException{

    //获得 ServletContext 的引用
    ServletContext context = getServletContext();

    // 从 ServletContext 中读取 counter 属性
    Counter counter = (Counter)context.getAttribute("counter");

    // 如果 ServletContext 中没有 counter 属性，就创建 counter 属性
    if ( counter == null ) {
      counter = new Counter(1);
      context.setAttribute("counter", counter);
```

```
    }

    response.setContentType("text/html;charset=GBK");
    PrintWriter out = response.getWriter();
    out.println("<html><head><title>CounterServlet</TITLE></head>");
    out.println("<body>");
    // 输出当前的 counter 属性
    out.println("<h1>欢迎光临本站。您是第 "
          + counter.getCount()+" 位访问者。</h1>");
    out.println("</body></html>");

    counter.add(1);      //将计数器递增 1
    out.close();
  }
}
```

以上代码在 ServletContext 中设置了一个 Counter 类型的属性，属性名为 counter。CounterServlet 的 doGet()方法先从 ServletContext 中读取 counter 属性，如果 counter 属性不存在，那么就创建一个 Counter 对象，把它作为 counter 属性存放在 ServletContext 中，即把代表计数器的 Counter 对象存放在 Web 应用范围内。doGet()方法接下来向客户端输出当前 Counter 对象的计数值，然后将 Counter 对象的计数值加 1。

例程 4-10 的 CounterClearServlet 类负责将 Web 应用范围内的计数器删除。这个 Servlet 类没有什么实际意义，仅仅为了进一步帮助读者理解 ServletContext 的作用。

例程 4-10　CounterClearServlet

```
public class CounterClearServlet extends HttpServlet {
  public void doGet(HttpServletRequest request,
    HttpServletResponse response)throws ServletException, IOException{

    //获得 ServletContext 的引用
    ServletContext context = getServletContext();

    context.removeAttribute("counter");  //删除 counter 属性

    PrintWriter out=response.getWriter();
    out.println("The counter is removed.");
    out.close();
  }
}
```

在 web.xml 文件中为 CounterServlet 和 CounterClearServlet 映射的 URL 分别为"/counter"和"/clear"。接下来按下面步骤来运行范例。

（1）启动 Tomcat。在浏览器中通过 http://localhost:8080/helloapp/counter 访问 CounterServlet。第一次访问该 Servlet 时，浏览器端显示计数器的值为 1。

（2）刷新上述访问 CounterServlet 的页面，会看到每刷新一次，计数器的值增加 1，假定最后一次刷新后计数器的值为 5。

（3）另外再打开一个新的浏览器，也访问 CounterServlet，此时计数器的值为 6。

（4）在浏览器中通过 http://localhost:8080/helloapp/clear 访问 CounterClearServlet。然后

再访问 CounterServlet，浏览器端显示计数器的值又变成 1。

（5）多次刷新上述访问 CounterServlet 的页面，会看到每刷新一次，计数器的值增加 1，假定最后一次刷新后计数器的值为 5。

（6）手工终止 helloapp 应用，再手工重新启动 helloapp 应用。然后再通过浏览器访问 CounterServlet，计数器的值又被初始化为 1。

（7）在<CATALINA_HOME>/webapps 目录下复制 helloapp 应用，改名为 helloapp1。在 Tomcat 中发布了 helloapp 和 helloapp1 两个应用。在两个浏览器中分别多次通过以下 URL 访问 helloapp 应用以及 helloapp1 应用中的 CounterServlet：

```
http://localhost:8080/helloapp/counter
http://localhost:8080/helloapp1/counter
```

两个浏览器中的计数器的数值将各自独立地递增。由此可见，这两个 Web 应用拥有各自独立的计数器。

通过上述实验可以看出，在 ServletContext 中设置的属性，在 Web 应用运行期间一直存在，除非通过 ServletContext 的 removeAttribute()方法将其删除。此外，当 Web 应用被终止时，Servlet 容器会销毁 ServletContext 对象，存储在 ServletContext 对象中的属性自然也不复存在。不同 Web 应用的 ServletContext 对象各自独立。以下图 4-13 显示了 Servlet 容器运行时 Web 应用中各个 Java 对象之间的关系。

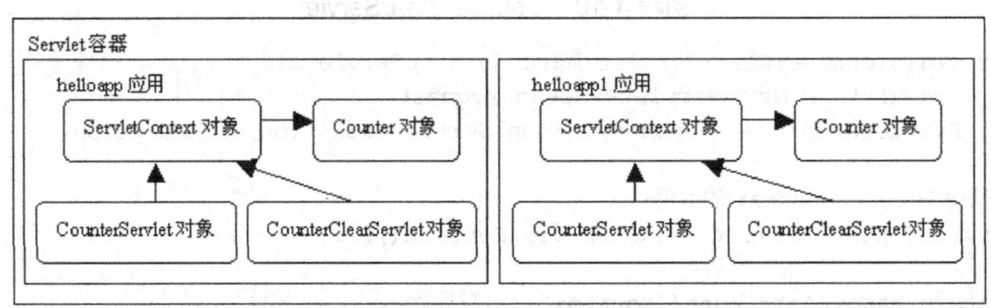

图 4-13 Servlet 容器运行时 Web 应用中各个 Java 对象之间的关系

从图 4-13 看出，在 helloapp 应用中，CounterServlet 和 CounterClearServlet 对象共享同一个 ServletContext 对象，因此也共享与 ServletContext 对象关联的 Counter 对象。这些对象之间的关系同样适用于 helloapp1 应用。

4.4.2 使用 ServletContextListener 监听器

在 Servlet API 中有一个 ServletContextListener 接口，它能够监听 ServletContext 对象的生命周器，实际上就是监听 Web 应用的生命周期。

当 Servlet 容器启动或终止 Web 应用时，会触发 ServletContextEvent 事件，该事件由 ServletContextListener 来处理。在 ServletContextListener 接口中定义了处理 ServletContextEvent 事件的两个方法：

- contextInitialized(ServletContextEvent sce)：当 Servlet 容器启动 Web 应用时调用该方法。在调用完该方法之后，容器再对 Filter 初始化，并且对那些在 Web 应用启动时就需要初始化的 Servlet 进行初始化。
- contextDestroyed(ServletContextEvent sce)：当 Servlet 容器终止 Web 应用时调用该方法。在调用该方法之前，容器会先销毁所有的 Servlet 和 Filter 过滤器。

下面通过一个例子来介绍 ServletContextListener 的用法。本章 4.4.1 节的例程 4-9 的 CounterServlet 类只能统计当 Web 应用启动后，网页被客户端访问的次数。如果重新启动 Web 应用，计数器又会重新从 1 开始统计访问次数。在实际应用中，往往需要统计自 Web 应用被发布后网页被客户端访问的次数，这就要求当 Web 应用被终止时，计数器的数值被永久存储在一个文件中或者数据库中，等到 Web 应用重新启动时，先从文件或数据库中读取计数器的初始值，然后在此基础上继续计数。

向文件中写入或读取计数器的数值的功能可以由自定义的 MyServletContextListener 类（参见例程 4-11）来完成，它具有以下功能：

- 在 Web 应用启动时从文件中读取计数器的数值，并把表示计数器的 Counter 对象存放到 Web 应用范围内。存放计数器的文件的路径为 helloapp/count/count.txt。
- 在 Web 应用终止时把 Web 应用范围内的计数器的数值保存到 count.txt 文件中。

例程 4-11 MyServletContextListener.java

```
public class MyServletContextListener
      implements ServletContextListener{
  public void contextInitialized(ServletContextEvent sce){
    System.out.println("helloapp application is Initialized.");

    //获取 ServletContext 对象
    ServletContext context=sce.getServletContext();

    try{
      //从文件中读取计数器的数值
      BufferedReader reader=new BufferedReader(
          new InputStreamReader(context.getResourceAsStream(
                                  "/count/count.txt")));
      int count=Integer.parseInt(reader.readLine());
      reader.close();

      //创建计数器对象
      Counter counter=new Counter(count);
      //把计数器对象保存到 Web 应用范围
      context.setAttribute("counter",counter);
    }catch(IOException e){e.printStackTrace();}
  }

  public void contextDestroyed(ServletContextEvent sce){
    System.out.println("helloapp application is Destroyed.");

    //获取 ServletContext 对象
    ServletContext context=sce.getServletContext();
```

```
    //从Web应用范围获得计数器对象
    Counter counter=(Counter)context.getAttribute("counter");

    if(counter!=null){
      try{
        //把计数器的数值写到count.txt文件中
        String filepath=context.getRealPath("/count");
        filepath=filepath+"/count.txt";
        PrintWriter pw=new PrintWriter(filepath);
        pw.println(counter.getCount());
        pw.close();
      }catch(IOException e){e.printStackTrace();}
    }
  }
}
```

用户自定义的 MyServletContextListener 监听器必须先向 Servlet 容器注册，Servlet 容器在启动或终止 Web 应用时，才会调用该监听器的相关方法。在 web.xml 文件中，<listener>元素用于向容器注册监听器：

```
<listener>
  <listener-class>mypack.MyServletContextListener<listener-class />
</listener>
```

如果不在 web.xml 文件中配置，那可以在 MyServletContextListener 类中用@WebListener 标注来配置，参见本章 4.7 节。

下面按如下步骤演示 MyServletContextListener 监听器的作用。

（1）在 helloapp/count 目录下创建 count.txt 文件，该文件中存放了一个数字“5”。

（2）启动 Tomcat。在浏览器中通过 http://localhost:8080/helloapp/counter 访问 CounterServlet。第一次访问该 Servlet 时，浏览器端显示计数器的值为 5。

（3）刷新上述访问 CounterServlet 的页面，会看到每刷新一次，计数器的值增加 1，假定最后一次刷新后计数器的值为 10。

（4）手工终止 helloapp 应用。察看 helloapp/count/count.txt 文件，会发现该文件中存放的数字变为 10。

（5）手工重新启动 helloapp 应用。在浏览器中再次访问 CounterServlet，第一次访问该 Servlet 时，浏览器端显示计数器的值为 11。

从上述实验中可以看出，MyServletContextListener 监听器与 CounterServlet 共享 Web 应用范围内的代表计数器的 Counter 对象。监听器在 Web 应用启动或终止时会操纵 Counter 对象，而 Servlet 在每次响应客户请求时会操纵 Counter 对象。

提示

观察 MyServletContextListener 以及本章 4.3.4 节的名为 lifeInit 的 LifeServlet 在 Tomcat 控制台的打印结果的先后顺序，会发现当 Web 应用启动时，Servlet 容器先调用 MyServletContextListener 的 contextInitialized()方法，再调用 lifeInit 的 init()方法；当 Web 应用终止时，Servlet 容器先调用 lifeInit 的 destroy()方法，再调用 MyServletContextListener 的 contextDestroyed()方法。由此可见，在 Web 应用的生命周期中，ServletContext 对象最早被创建，最晚被销毁。

值得注意的是，当 Servlet 容器调用 ServletContextListener 监听器的 contextDestroyed()方法时，该监听器所在的 Web 应用的 Servlet 以及 Filter 等对象都已经被销毁，因此在 contextDestroyed()方法中不能访问这些对象，此外，也不能通过 ServletContext.getAttribute()方法访问 Web 应用范围内的共享数据。

4.5　Servlet 的服务方法抛出异常

Servlet 接口的 service()方法的完整定义如下：

```
public void service(ServletRequest req,ServletResponse res)
        throws ServletException,java.io.IOException
```

以上 service()方法声明抛出两个异常：

- ServletException：表示当 Servlet 进行常规操作时出现的异常。
- IOException：表示当 Servlet 进行 I/O 操作（数据输入和输出）时出现的异常。

ServletException 有一个子类 UnavailableException，表示无法访问当前 Servlet 的异常。如果 Servlet 由于一些系统级别的原因而不能响应客户请求，就可以抛出这种异常。系统级别的原因包括：内存不足或无法访问第三方服务器（例如数据库服务器）等。

UnavailableException 有两个构造方法：

- UnavailableException(String msg)：创建一个表示 Servlet 永远不能被访问的异常。
- UnavailableException(String msg,int seconds)：创建一个表示 Servlet 不能被访问的异常。参数 seconds 表示 Servlet 暂且不能被访问的时间，以秒为单位。如果参数 seconds 取值为零或者负数，表示无法估计 Servlet 暂且不能被访问的时间。

Servlet 的 service()方法抛出的异常由 Servlet 容器捕获，Servlet 容器捕获到异常后，会向客户端发送相应的错误信息。例程 4-12 的 ExceptionTesterServlet 类演示了 Servlet 抛出各种异常的情形。

例程 4-12　ExceptionTesterServlet.java

```
public class ExceptionTesterServlet extends GenericServlet{
  public void service(ServletRequest request,
          ServletResponse response)
          throws IOException,ServletException{

    String condition=request.getParameter("condition");
    if(condition==null)condition="ok";

    if(condition.equals("1")){
      throw new ServletException("condition1");
    }else if(condition.equals("2")){
       //Servlet 在 2 秒内暂且不能被访问
       throw new UnavailableException("condition2",2);
    }else if(condition.equals("3")){
       //Servlet 永远不能被访问
```

```
      throw new UnavailableException("condition3");
    }
    PrintWriter out=response.getWriter();
    out.println("It's ok.");
    out.close();
  }
}
```

在 web.xml 文件中为 ExceptionTesterServlet 类映射的 URL 为“/excep”。通过浏览器依次访问以下 URL：

```
http://localhost:8080/helloapp/excep
http://localhost:8080/helloapp/excep?condition=1
http://localhost:8080/helloapp/excep?condition=2
http://localhost:8080/helloapp/excep?condition=3
```

从浏览器端接收到的响应结果可以看出，如果 ExceptionTesterServlet 的 service()方法抛出异常，Servlet 容器会向客户端发送相应的错误信息。此外，当 ExceptionTesterServlet 通过语句“throw new UnavailableException("condition3")”抛出异常后，接下来就无法通过浏览器再访问该 Servlet，需要重新启动 Web 应用，才能访问它。

4.6 防止页面被客户端缓存

许多浏览器为了能快速向用户展示所请求的页面，会把来自服务器端的网页存放在客户端的缓存中。如果用户多次请求访问服务器端的同一个网页，并且客户端的缓存中已经存在该网页，那么浏览器只需从缓存中获取该网页，而不需再请求访问远程服务器上的网页。

浏览器端的缓存技术适用于保存服务器端的静态网页，以及不包含敏感数据的网页。在以下场合，服务器往往不希望网页被客户端缓存：

- 网页包含随时会被更新的动态内容。因为如果浏览器向用户展示本地缓存中的网页，有可能展示的是过期的网页。
- 网页中包含敏感数据，如特定用户的银行账号信息，或者电子邮件的内容。因为如果浏览器把网页保存在本地缓存中，有可能被其他未授权的用户访问到该网页。

服务器端的 HttpServlet 可通过设置特定 HTTP 响应头来禁止客户端缓存网页，以下示范代码中的 response 变量引用 HttpServletResponse 对象：

```
response.addHeader("Pragma","no-cache");
或者
response.setHeader("Cache-Control","no-cache");
或者
response.setHeader("Expires","0");
```

“Pragma”选项适用于采用 HTTP/1.0 的浏览器。在 HTTP/1.1 中，“Cache-Control”选项用来决定客户端是否可以缓存网页，如果取值为“no-cache”，那么客户端不会把 Servlet 生成的网页保存在本地缓存中。HTTP/1.0 和 HTTP/1.1 都支持“Expires”选项，因此所有的浏览器都能识别该选项。“Expires”选项用于设定网页过期的时间，如果为零，就表示立即过期。如果用户重复请求访问该网页，浏览器每次都会从服务器端获取最新的网页数据。

4.7　使用 Annotation 标注配置 Servlet

从 Servlet 3 版本开始，为了简化对 Web 组件的发布过程，可以不必在 web.xml 文件中配置 Web 组件，而是直接在相关的类中使用 Annotation 标注来配置发布信息。本节介绍如何在 Servlet 类和 ServletContextListener 类中分别加入@WebServlet 和@WebListener 标注。本书第 20 章的 20.3.2 节（用@WebFilter 标注来配置过滤器）还会介绍如何在 Filter 类中加入@WebFilter 标注。

1. 在 Servlet 类中加入@WebServlet 标注

本章 4.1.8 节的例程 4-5 定义了一个 FontServlet，在 web.xml 文件中的配置如下：

```
<servlet>
  <servlet-name>Font</servlet-name>
  <servlet-class>mypack.FontServlet</servlet-class>
  <init-param>
    <param-name>color</param-name>
    <param-value>blue</param-value>
  </init-param>
  <init-param>
    <param-name>size</param-name>
    <param-value>15</param-value>
  </init-param>
</servlet>

<servlet-mapping>
  <servlet-name>Font</servlet-name>
  <url-pattern>/font</url-pattern>
</servlet-mapping>
```

例程 4-13 的 FontServlet1 类与 FontServlet 类的源代码基本相同，区别在于前者使用@WebServlet 标注来配置发布信息。

例程 4-13　FontServlet1.java

```
package mypack;

import javax.servlet.*;
import javax.servlet.http.*;
import java.io.*;
import javax.servlet.annotation.*;

@WebServlet(name="FontServlet1" ,
        urlPatterns={"/font1"},
        initParams={
          @WebInitParam(name="color",value="blue"),
          @WebInitParam(name="size",value="15")
```

```
})
public class FontServlet1 extends HttpServlet {……}
```

标注类位于 javax.servlet.annotation 包中，所以必须在 FontServlet1 类中引入这个包：

```
import javax.servlet.annotation.*
```

FontServlet1 类中@WebServlet 标注的 urlPatterns 属性的取值为“font1”，因此访问 FontServlet1 的 URL 为：http://localhost:8080/helloapp/font1。

提示

对于一个 Servlet，到底按哪种方式来配置呢？如果这个 Servlet 的配置信息固定，不会发生变化，那么使用@WebServlet 标注会更加方便。如果 Servlet 的配置信息可能会发生变化，那么在 web.xml 文件中进行配置会更加灵活。

@WebServlet 标注的各个属性和 web.xml 文件中配置 Servlet 的特定元素对应，表 4-1 介绍了@WebServlet 标注的各个属性的用法。

表 4-1 @WebServlet 标注的各个属性的用法

属性	类型	描述
name	String	指定 Servlet 的名字，等价于 <servlet-name>元素。如果没有显式指定，则其默认值为类的全限定名
urlPatterns	String[]	指定一组 Servlet 的 URL 匹配模式。等价于<url-pattern>元素
loadOnStartup	int	指定 Servlet 的加载顺序，等价于 <load-on-startup>元素
initParams	WebInitParam[]	指定一组 Servlet 初始化参数，等价于<init-param>元素
asyncSupported	boolean	声明 Servlet 是否支持异步处理模式，等价于<async-supported>元素
description	String	指定 Servlet 的描述信息，等价于 <description>元素
displayName	String	指定 Servlet 的显示名，通常配合工具使用，等价于 <display-name>元素

@WebServlet 的 urlPatterns 属性有多种设置方式，以下是一些示范代码：

```
//访问 Servlet 的 URL 为：/hello
@WebServlet("/hello")

//访问 Servlet 的 URL 为：/hello
@WebServlet(urlPatterns = {"/hello"})

//访问 Servlet 的 URL 为：/hello1 或者 /hello2
@WebServlet(urlPatterns = {"/hello1", "/hello2"})

/*  访问 Servlet 的 URL 为所有以".do"结尾的 URL，例如：
    /add.do 或者 /delete.do 或者 /update.do 等    */
@WebServlet(urlPatterns = {"*.do"})
```

2. 在 ServletContextListener 类中加入@WebListener 标注

本章 4.4.2 节的例程 4-11 定义了一个 MyServletContextListener 类，在 web.xml 文件中对它的配置如下：

```
<listener>
 <listener-class>mypack.MyServletContextListener<listener-class />
</listener>
```

如果在 MyServletContextListener 类中加入如下@WebListener 标注，就不用在 web.xml 文件中进行上述配置了：

```
@WebListener
public class MyServletContextListener
        implements ServletContextListener{…}
```

4.8 处理 HTTP 请求参数中的中文字符编码

对于本章 4.1.7 节的例程 4-4（HelloServlet.java），会在 doGet()方法中按照如下方式读取客户端发送过来的请求参数：

```
//获得 username 请求参数
String username=request.getParameter("username");
```

假如浏览器端发送的 username 请求参数中包含中文字符，那么服务器端有可能会读到乱码：

```
http://localhost:8080/helloapp/hello?username=小王
```

为什么会读到乱码呢？有些浏览器采用“ISO-8859-1”字符编码，如果浏览器端与服务器端对请求参数采用不同的字符编码进行解析，就会造成乱码问题。

提示

现在也有不少浏览器会自动以中文字符编码传送包含中文的请求参数，在这种情况下，服务器端会直接读到采用正确编码的请求参数，此时无须进行本节所介绍字符编码转换：把按照 ISO-8859-1 编码的请求参数转换为 GBK 编码。

解决中文乱码可以选用以下方式之一：

（1）对读取到的请求参数进行字符编码转换：

```
String username=request.getParameter("username");
if(username!=null)     //把请求参数转换为 GBK 编码
 username=new String(username.getBytes("ISO8859-1"),"GBK");

或者：

String username=request.getParameter("username");
if(username!=null)     //把请求参数转换为 UTF-8 编码
 username=new String(username.getBytes("ISO8859-1"),"UTF-8");
```

（2）对于 POST 请求方式，采用如下方式设置请求参数编码：

```
request.setCharacterEncoding("GBK");
```

以上代码只能设置请求正文中的字符编码，而不能设置请求头中的字符编码。而 GET 请求方式中的请求参数位于请求头中，所以无法用上述方法设置 GET 请求方式中的请求参数的字符编码。

（3）利用 ServletContext 对象的 getRequestCharacterEncoding()和 setRequestCharacter

Encoding()方法，来分别读取或设置当前 Web 应用中请求正文数据的字符编码。这两个方法是从 Servlet API 4 版本才开始引进的。

（4）在 Tomcat 的 server.xml 配置文件中对 HTTP 连接器进行如下配置：

```
<Connector port="8080" protocol="HTTP/1.1"
           connectionTimeout="20000"
           redirectPort="8443"  URIEncoding="UTF-8" />
```

以上 URIEncoding 属性的取值为“UTF-8”，这意味着服务器会自动把 URI 中的请求参数转换为“UTF-8”编码。这种方式可以一劳永逸地解决读取 URI 请求参数时的乱码问题。但是如果发布环境不允许随意修改 server.xml 文件，那么只能使用其他方法。

（5）参考本书第 20 章的 20.7 节的思考题 6，编写一个预处理客户请求参数的过滤器，并且在一个自定义的 HttpServletRequest 包装类中对请求参数进行编码转换：

```
package mypack;
import javax.servlet.http.*;
import javax.servlet.*;
import java.io.*;
public class MyRequestWrapper extends HttpServletRequestWrapper {
 public MyRequestWrapper(HttpServletRequest request) {
   super(request);
 }

 public String getParameter(String name){
   String value=super.getParameter(name);
   if(value!=null){
      try{
       value=new String(value.getBytes("ISO-8859-1"),"GB2312");
     }catch(Exception e){}
   }
   return value;
 }
}
```

不同的浏览器传递的请求参数会使用不同的字符编码，有的使用 ISO-8859-1，有的使用 GBK 等等，服务器端在对请求参数进行编码转换时，首先需要了解客户端传来的请求参数的字符编码，以下 EncodeTool 类提供了一个实用方法 getEncoding(string str)，它可以判断出任意一个字符串所使用的字符编码。

```
package mypack;
public class EncodeTool{
 private static final String[] encodes={"GBK","GB2312",
                                 "ISO-8859-1","UTF-8"};

 /* 判断str参数字符串是否采用特定字符编码*/
 public static boolean isEncoding(String str,String encode){
   try{
    if(str.equals(new String(str.getBytes(encode), encode)))
      return true;
    else
      return false;
   }catch (Exception exception){ return false; }
 }
```

```
/* 获取str参数字符串使用的字符编码 */
public static String getEncoding(String str){
  for(int i=0;i<encodes.length;i++){
    if(isEncoding(str,encodes[i]))
      return encodes[i];
  }
  return null;
}

public static void main(String args[])throws Exception{
  //测试程序

  String s1=new String("你好".getBytes(),"GBK");
  String s2=new String("你好".getBytes(),"UTF-8");
  String s3=new String("你好".getBytes(),"ISO-8859-1");

  System.out.println("s1的编码:"+getEncoding(s1));  //打印GBK
  System.out.println("s2的编码:"+getEncoding(s2));  //打印UTF-8
  System.out.println("s3的编码:"+getEncoding(s3));  //打印ISO-8859-1
  System.out.println("默认的编码:"+getEncoding("你好"));
}
}
```

借助 EncodeTool 实用类，可以对采用任意字符编码的请求参数进行字符编码转换：

```
String username=request.getParameter("username");
if(username!=null) {//把请求参数转换为GBK编码
  String encode=EncodeTool.getEncoding(username);
  username=new String(username.getBytes(encode),"GBK");
}
```

4.9 小结

本章介绍了 Java Servlet API 中的主要的接口与类的用法，并且介绍了它们的生命周期。以下表 4-2 对接口与类的作用与生命周期做了归纳。这些接口与类的生命周期都由 Servlet 容器来控制，容器会在特定的时刻创建或销毁它们的实例。

表 4-2　Servlet API 中的主要的接口与类的作用和生命周期

接口与类	作用	生命周期
Servlet 接口 GenericServlet 抽象类 HttpServlet 抽象类	（1）负责响应客户请求。 （2)GenericServlet 是 Servlet 接口的通用实现；而 HttpServlet 提供了与 HTTP 协议相关的实现。	（1）对于多数 Servlet，只有当客户端首次请求访问时，才会被容器初始化；对于少数被设置为 Web 应用启动时就初始化的 Servlet，将在 Web 应用启动时就被容器初始化。 （2）当 Web 应用被终止时，所有运行中的 Servlet 都被销毁。
ServletRequest 接口 HttpServletRequest 接口	（1）表示客户请求。 （2）HttpServletRequest 接口表示	（1）容器每次接收到来自客户端的要求访问特定 Servlet 的请求，就

接口与类	作用	生命周期
	HTTP 请求。	会创建一个 ServletRequest 对象，把它传给客户所请求的 Servlet。(2) 当服务器端响应请求完毕，容器就会销毁 ServletRequest 对象。
ServletResponse 接口 HttpServletResponse 接口	(1) Servlet 通过 ServletResponse 接口来生成响应结果。 (2) Servlet 通过 HttpServletResponse 接口来生成 HTTP 响应结果。	(1) 容器每次接收到来自客户端的要求访问特定 Servlet 的请求，就会创建一个 ServletResponse 对象，把它传给客户所请求的 Servlet。(2) 当服务器端响应请求完毕，容器就会销毁 ServletResponse 对象。
ServletConfig 接口	包含了 Servlet 的初始化参数信息，并且与当前 Web 应用的 ServletContext 对象关联。	(1)当容器初始化一个 Servlet 时，会先创建一个 ServletConfig 对象，使得 Servlet 对象与这个 ServletConfig 对象关联。(2) 当容器销毁 Servlet 对象时，也会销毁与它关联的 ServletConfig 对象。
ServletContext 接口	这是容器为每个 Web 应用分配的大管家。Servlet 通过它来存取 Web 应用范围内的共享数据，还可以通过它来访问 Servlet 容器的各种资源。	(1)当容器启动一个 Web 应用时，会为它创建一个 ServletContext 对象。(2) 当容器终止一个 Web 应用时，会销毁它的 ServletContext 对象。

Servlet 接口中定义了 3 个与生命周期相关的方法：

- init()：容器初始化 Servlet 时调用该方法。
- service()：当客户端请求访问 Servlet 时，容器调用该方法。
- destroy()：容器销毁 Servlet 时调用该方法。

以本章 4.1.7 节的例程 4-4 的 HelloServlet 类为例，在编写用于响应 HTTP 请求的 Servlet 时，通常涉及下列 4 个步骤。

（1）扩展 HttpServlet 抽象类。

（2）覆盖 HttpServlet 的部分方法，如覆盖 doGet()或 doPost()方法。

（3）读取 HTTP 请求信息，例如通过 HttpServletRequest 对象来读取请求参数。HttpServletRequest 中提供了以下用于检索参数信息的方法：

- getParameter(String name)：返回与参数名 name 对应的参数值。
- getParameterNames()：返回一个 Enumeration 对象，它包含了所有的参数名信息。
- getParameterValues()：返回一个 Enumeration 对象，它包含了所有的参数值信息。

（4）生成 HTTP 响应结果。通过 HttpServletResponse 对象可以生成响应结果。HttpServletResponse 对象有一个 getWriter()方法，该方法返回一个 PrintWriter 对象。使用 PrintWriter 的 print()或 println()方法可以向客户端发送字符串数据流。

4.10　思考题

1．以下哪些对象由 Servlet 容器创建？（多选）

（a）Servlet 对象　（b）ServletRequest 对象　（c）ServletResponse 对象

（d）ServletContext 对象　（e）ServletConfig 对象

2．HttpServlet 的子类要从 HTTP 请求中获得请求参数，应该调用哪个方法？（单选）

（a）调用 HttpServletRequest 对象的 getAttribute()方法。

（b）调用 ServletContext 对象的 getAttribute()方法。

（c）调用 HttpServletRequest 对象的 getParameter()方法。

（d）调用 HttpServletRequest 对象的 getHeader()方法。

3．关于 ServletContext，以下哪个说法正确？（单选）

（a）由 Servlet 容器负责创建，对于每个客户请求，Servlet 容器都会创建一个 ServletContext 对象。

（b）由 Java Web 应用本身负责为自己创建一个 ServletContext 对象。

（c）由 Servlet 容器负责创建，对于每个 Java Web 应用，在启动时，Servlet 容器都会创建一个 ServletContext 对象。

（d）由 Servlet 容器启动时负责创建，容器内的所有 Java Web 应用共享同一个 ServletContext 对象。

（e）由 Servlet 容器负责创建，容器在初始化一个 Servlet 时，会为它创建惟一的 ServletContext 对象。

4. 当 Servlet 容器初始化一个 Servlet 时，完成哪些操作？（多选）

（a）把 web.xml 文件中的数据加载到内存中。

（b）把 Servlet 类的.class 文件中的数据加载到内存中。

（c）创建一个 ServletConfig 对象。

（d）创建一个 Servlet 对象。

（e）调用 Servlet 对象的 init()方法。

（f）调用 Servlet 对象的 service()方法。

5．Servlet 如何得到用于读取本地文件系统中文件的输入流？（多选）

（a）调用 ServletRequest 对象的 getInputStream()方法。

（b）创建一个 FileInputStream 对象。

（c）调用 ServletContext 对象的 getResourceAsStream()方法。

（d）调用 ServletConfig 对象的 getResourceAsStream()方法。

6．Servlet 容器在启动 Web 应用时创建哪些对象？（多选）

（a）在 web.xml 文件中配置为需要在 Web 应用启动时就初始化的 Servlet 对象。

（b）ServletRequest 对象

（c）ServletContext 对象

（d）Filter 对象

（e）所有的 Servlet 对象

7．当 Servlet 容器销毁一个 Servlet 时，会销毁哪些对象？（多选）

（a）Servlet 对象

（b）与 Servlet 对象关联的 ServletConfig 对象

（c）ServletContext 对象

（d）ServletRequest 和 ServletResponse 对象

8．当客户端首次请求访问一个 Servlet 时，Servlet 容器可能会创建哪些对象？（多选）

（a）Servlet 对象

（b）与 Servlet 对象关联的 ServletConfig 对象

（c）ServletContext 对象

（d）ServletRequest 和 ServletResponse 对象

9．以下程序代码定义了一个 QuestionServlet 类：

```
package mypack;
import java.io.*;
import javax.servlet.*;

public class QuestionServlet extends GenericServlet{

  public void init (ServletConfig config)throws ServletException{
    System.out.println("Servlet is initialized");
  }
  public void service(ServletRequest request,ServletResponse response)
          throws IOException ,ServletException{

    ServletContext context=getServletContext();
    PrintWriter out = response.getWriter();
    out.println(context.getServerInfo());
    out.close();
  }
}
```

在 web.xml 文件中为 QuestionServlet 映射的 URL 为“/test”。编译或运行 QuestionServlet 时，会出现什么情况？（多选）

（a）Java 编译器编译 QuestionServlet 时会出现错误，因为它没有实现 destroy()方法。

（b）QuestionServlet 会顺利通过编译。

（c）浏览器端访问 QuestionServlet 会得到正常的响应结果。

（d）浏览器端访问 QuestionServlet 时，该 Servlet 会抛出 NullPointerException。

10．为了便于调试 Servlet，开发人员希望每次更新了 Web 应用的 WEB-INF 目录下的 Servlet 类的.class 文件后，Tomcat 在运行时会自动重新启动 Web 应用，从而重新初始化 Servlet。以下哪种方式能做到这一点？（单选）

（a）在 web.xml 文件中配置 Servlet 时，把<load-on-startup>元素的值设为 1。

（b）为 Web 应用配置<Context>元素，把它的 reloadable 属性设为 true。

（c）每次更新了 Servlet 类的.class 文件后，就通过 Tomcat 的管理平台手工重新启动 Web 应用。

（d）创建一个 ServletContextListener 监听器，当它监测到 Servlet 类的.class 文件的更新后，就通知 Tomcat 重新启动 Web 应用。

11．假定为一个发布到 Tomcat 中的 Web 应用配置了<Context>元素，它的 reloadable 属性为 true。<Context>元素位于 Web 应用的 META-INF/context.xml 文件中。当这个 Web 应用处于运行时，以下哪些行为会导致 Tomcat 自动重新启动 Web 应用？（多选）

（a）更新 Web 应用的 WEB-INF/web.xml 文件。

（b）更新 Web 应用的 WEB-INF/classes 目录下的.class 文件。

（c）更新 Tomcat 的 conf 目录下的 server.xml 配置文件。

（d）更新 Web 应用的 JSP 文件或 HTML 文件。

（e）更新 Web 应用的 META-INF/context.xml 文件。

12．实验题：修改本章 4.4.1 节的例程 4-9 的 CounterServlet 类，并且修改 web.xml 文件中对 CounterServlet 类的配置，使它能完成与 4.4.2 节的例程 4-11 的 MyServletContextListener 相似的功能。修改后的 CounterServlet 增加了以下功能：

（1）当 Servlet 容器启动 Web 应用时，就会初始化 CounterServlet。

（2）当 Servlet 容器初始化 CounterServlet 时，CounterServlet 读取 count/count.txt 文件中计数器的初始值，然后创建一个具有该初始值的 Counter 对象，把它存放在 Web 应用范围内。

（3）当 Servlet 容器销毁 CounterServlet 时，CounterServlet 把 Web 应用范围内的 Counter 对象的计数值保存到 count/count.txt 文件中。

参考答案

1．a,b,c,d,e　2．c　3．c　4．b,c,d,e　5．b,c　6．a,c,d　7．a,b

8．a,b,d　9．b,d　10．b　11．a,b,e

12．参见本书配套源代码包中本章范例中的 CounterServlet1.java

第 5 章 Servlet 技术（下）

本书第 4 章已经对 Java Servlet API 中常用的接口和类的用法做了介绍。本章将进一步介绍 Servlet 的一些高级用法，主要包括：

- 发送供客户端下载的文件。
- 读取并保存客户端的上传文件。
- 动态生成图像，并发送给客户端。
- 读取客户端的 Cookie，以及向客户端写 Cookie。
- 访问 Servlet 容器为 Web 应用提供的工作目录。
- 在同一个 Web 应用内，通过请求转发、包含和重定向等关系来进行 Web 组件之间的合作。
- 访问 Servlet 容器内的其他 Web 应用。
- 处理多个客户端同时访问 Web 应用中的相同资源导致的并发问题。
- 对客户请求的异步处理。
- 服务器端推送。

5.1 下载文件

下载文件是指把服务器端的文件发送到客户端。Servlet 能够向客户端发送任意格式的文件数据。例程 5-1 的 DownloadServlet 类先获得请求参数 filename，该参数代表客户端请求下载的文件的名字。DownloadServlet 类接下来通过 ServletContext 的 getResourceAsStream()方法，得到一个用于读取 helloapp/store 目录下的相应文件的输入流，再调用 response.getOutputStream()方法，得到一个用于输出响应正文的输出流。DownloadServlet 然后通过输入流读取文件中的数据，并通过输出流把文件中的数据发送到客户端。

例程 5-1　DownloadServlet.java

```
public class DownloadServlet extends HttpServlet {
  public void doGet(HttpServletRequest request,
        HttpServletResponse response)
        throws ServletException, IOException {
```

```
    OutputStream out; //输出响应正文的输出流
    InputStream in;  //读取本地文件的输入流
    //获得 filename 请求参数
    String filename=request.getParameter("filename");

    if(filename==null){
      out=response.getOutputStream();
      out.write("Please input filename.".getBytes());
      out.close();
      return;
    }

    //获得读取本地文件的输入流
    in= getServletContext().getResourceAsStream("/store/"+filename);
    int length=in.available();
    //设置响应正文的MIME类型
    response.setContentType("application/force-download");
    response.setHeader("Content-Length",String.valueOf(length));
    response.setHeader("Content-Disposition",
                  "attachment;filename=\""+filename +"\" ");

    /** 把本地文件中的数据发送给客户 */
    out=response.getOutputStream();
    int bytesRead = 0;
    byte[] buffer = new byte[512];
    while ((bytesRead = in.read(buffer)) != -1){
      out.write(buffer, 0, bytesRead);
    }

    in.close();
    out.close();
  }
}
```

DownloadServlet 类把响应正文的 MIME 类型设为“application/force-download”，当浏览器收到这种 MIME 类型的响应正文时，会以下载的方式来处理响应正文。

在 web.xml 文件中为 DownloadServlet 映射的 URL 为“/download”，通过浏览器访问 http://localhost:8080/helloapp/download?filename=fromserver.rar，浏览器端会弹出提示用户保存 fromserver.rar 文件的窗口，参见图 5-1。不同的浏览器提供的下载界面的外观会不太一样。

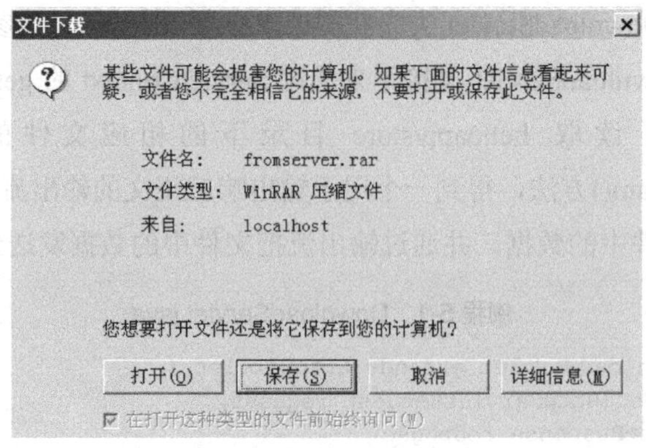

图 5-1 浏览器端提示用户保存 fromserver.rar 文件的窗口

5.2 上传文件

上传文件是指把客户端的文件发送到服务器端。本书第 1 章的 1.8 节（客户端向服务器端上传文件）已经介绍过，当客户端向服务器上传文件时，客户端发送的 HTTP 请求正文采用“multipart/form-data”数据类型，它表示复杂的包括多个子部分的复合表单。

例程 5-2 的 upload.htm 定义了一个用于上传文件的复合表单，它有一个名字为“username”的文本域，还有两个用于指定上传文件的文件域。

例程 5-2　upload.htm

```
<html>
<head>
<title>Upload</title>
</head>
<body >
  <form name="uploadForm" method="POST"
    enctype="MULTIPART/FORM-DATA"
    action="upload">
    <table>
      <tr>
       <td><div align="right">User Name:</div></td>
       <td><input type="text" name="username" size="30"/> </td>
      </tr>
      <tr>
       <td><div align="right">Upload File1:</div></td>
       <td><input type="file" name="file1" size="30"/> </td>
      </tr>
      <tr>
        <td><div align="right">Upload File2:</div></td>
        <td><input type="file" name="file2" size="30"/> </td>
      </tr>
      <tr>
        <td><input type="submit" name="submit" value="upload"></td>
        <td><input type="reset" name="reset" value="reset"></td>
      </tr>
    </table>
  </form>
</body>
</html>
```

从浏览器中访问 http://localhost:8080/helloapp/upload.htm，将出现如图 5-2 所示的 HTML 页面。

不管 HTTP 请求正文为何种数据类型，Servlet 容器都会把 HTTP 请求包装成一个 HttpServletRequest 对象。当请求正文为“multipart/form-data”数据类型时，Servlet 直接从 HttpServletRequest 对象中解析出复合表单的每个子部分仍然是一项非常复杂的工作。

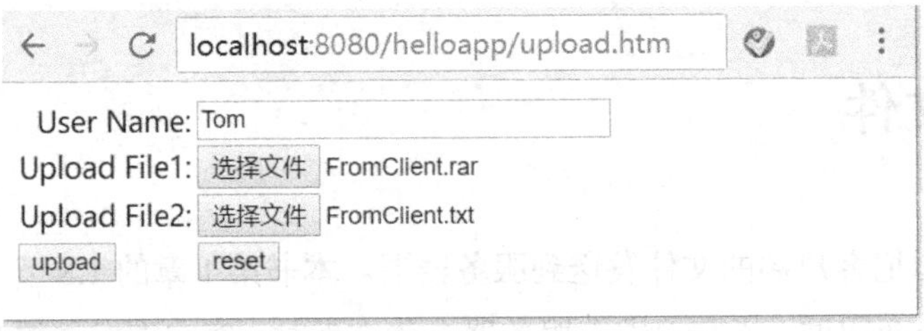

图 5-2　upload.htm 页面

为了简化对“multipart/form-data”类型数据的处理过程，可以利用现成的类库来进行处理：

（1）Apache 开源软件组织提供的类库，参见 5.2.1 节。

（2）用 Servlet API 供的 Part 接口来进行上传，参见 5.2.2 节。Part 接口是在 Servlet 3.0 版本中才开始出现的。

5.2.1　利用 Apache 开源类库实现文件上传

Apache 开源软件组织提供了与文件上传有关的两个软件包：

- fileupload 软件包（commons-fileupload-X.jar）：负责上传文件的软件包，下载网址为：http://commons.apache.org/fileupload/。该软件包的使用说明文档的网址为：http://commons.apache.org/fileupload/using.html。
- I/O 软件包（commons-io-X.jar）：负责输入输出的软件包，下载网址为：http://commons.apache.org/io/。

应该把这两个软件包的 JAR 文件放在 helloapp/WEB-INF/lib 目录下。本书配套源代码包的 sourcecode/chapter05/helloapp/WEB-INF/lib 目录下已经提供了以上两个 JAR 文件。Servlet 主要利用 fileupload 软件包中的接口和类来实现文件上传，而 fileupload 软件包本身依赖 I/O 软件包。如图 5-3 所示为 fileupload 软件包中的主要接口和类的类框图。

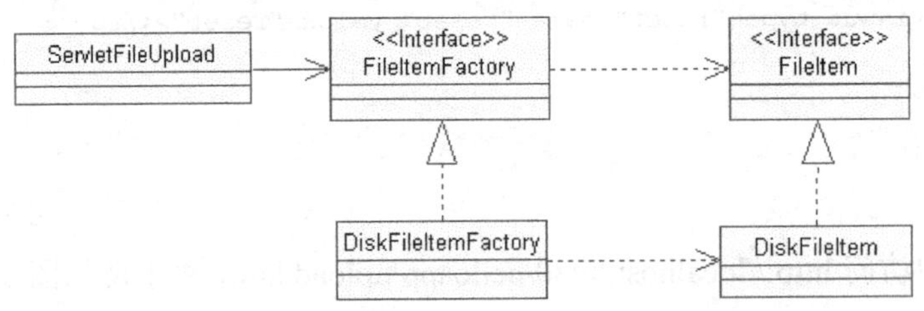

图 5-3　fileupload 软件包中的主要接口和类的类框图

如图 5-4 所示，对于一个正文部分为“multipart/form-data”类型的 HTTP 请求，uploadfile 软件包把请求正文包含的复合表单中的每个子部分看作是一个 FileItem 对象。FileItem 对象分为两种类型：

- formField：普通表单域类型，表单中的文本域以及提交按钮等都是这种类型。
- 非 formField：上传文件类型，表单中的文件域就是这种类型，它包含了文件数据。

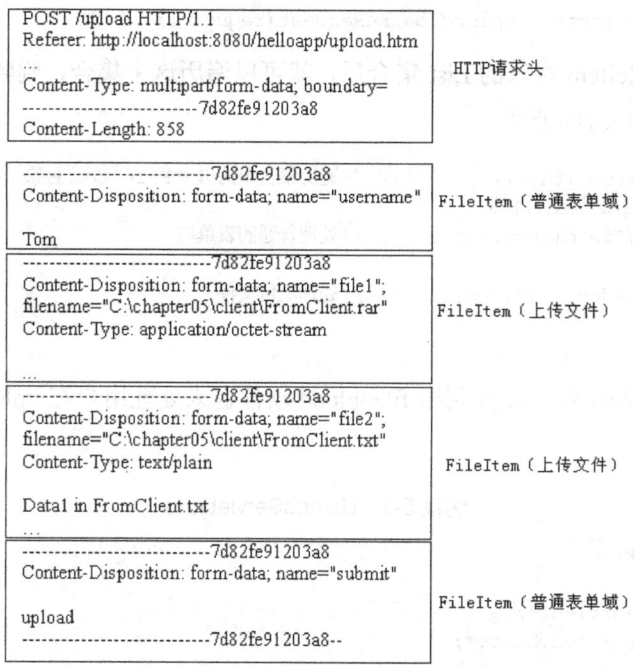

图 5-4　复合表单中的每个子部分看作是一个 FileItem 对象

FileItemFactory 是创建 FileItem 对象的工厂。DiskFileItemFactory 类和 DiskFileItem 类分别实现了 FileItemFactory 接口和 FileItem 接口。DiskFileItem 类表示基于硬盘的 FileItem，DiskFileItem 类能够把客户端上传的文件数据保存到硬盘上。DiskFileItemFactory 则是创建 DiskFileItem 对象的工厂。

以下程序代码创建了一个 DiskFileItemFactory 对象，然后设置向硬盘写数据时所用的缓冲区的大小，以及所使用的临时目录。在 fileupload 软件包自身的实现中，为了提高向硬盘写数据的效率，尤其是写大容量数据的效率，fileupload 软件包在写数据时会使用缓存，以及向临时目录存放一些临时数据。

```
//创建一个基于硬盘的FileItem工厂
DiskFileItemFactory factory = new DiskFileItemFactory();
//设置向硬盘写数据时所用的缓冲区的大小，此处为4K
factory.setSizeThreshold(4*1024);
//设置临时目录
factory.setRepository(new File(tempFilePath));
```

ServletFileUpload 类为文件上传处理器，它与 FileItemFactory 关联。以下程序代码创建了一个 ServletFileUpload 对象，它与一个 DiskFileItemFactory 对象关联。ServletFileUpload 类的 setSizeMax()方法用来设置允许上传的文件的最大尺寸。

```
//创建一个文件上传处理器
ServletFileUpload upload = new ServletFileUpload(factory);
//设置允许上传的文件的最大尺寸，此处为4MB
upload.setSizeMax(4*1024*1024);
```

ServletFileUpload 类的 parseRequest(HttpServletRequest req)方法能够解析 HttpServletRequest 对象中的复合表单数据，返回包含一组 FileItem 对象的 List 集合：

```
List<FileItem> items = upload.parseRequest(request);
```

得到了包含 FileItem 对象的 List 集合后，就可以遍历这个集合，判断每个 FileItem 对象的类型，然后做出相应的处理。

```
for(FileItem item:items){                //遍历集合中的每个 FileItem 对象
  if(item.isFormField()) {
    processFormField(item,out);          //处理普通的表单域
  }else{
    processUploadedFile(item,out);       //处理上传文件
  }
}
```

例程 5-3 的 UploadServlet 类利用 fileupload 软件包来处理用户在 upload.htm 页面中上传的文件。

例程 5-3　UploadServlet.java

```
package mypack;

import javax.servlet.*;
import javax.servlet.http.*;
import java.io.*;
import java.util.*;
import org.apache.commons.fileupload.*;
import org.apache.commons.fileupload.servlet.*;
import org.apache.commons.fileupload.disk.*;

public class UploadServlet extends HttpServlet {
  private String filePath;              //存放上传文件的目录
  private String tempFilePath;          //存放临时文件的目录

  public void init(ServletConfig config)throws ServletException {
    super.init(config);
    filePath=config.getInitParameter("filePath");
    tempFilePath=config.getInitParameter("tempFilePath");
    filePath=getServletContext().getRealPath(filePath);
    tempFilePath=getServletContext().getRealPath(tempFilePath);
  }
  public void doPost(HttpServletRequest request,
         HttpServletResponse response)
         throws ServletException, IOException {
    response.setContentType("text/plain");
    //向客户端发送响应正文
    PrintWriter out=response.getWriter();
    try{
      //创建一个基于硬盘的 FileItem 工厂
      DiskFileItemFactory factory = new DiskFileItemFactory();
      //设置向硬盘写数据时所用的缓冲区的大小，此处为 4KB
      factory.setSizeThreshold(4*1024);
      //设置临时目录
      factory.setRepository(new File(tempFilePath));

      //创建一个文件上传处理器
      ServletFileUpload upload = new ServletFileUpload(factory);
      //设置允许上传的文件的最大尺寸，此处为 4MB
      upload.setSizeMax(4*1024*1024);
```

```
      List<FileItem> items = upload.parseRequest(request);

      for(FileItem item:items){
        if(item.isFormField()) {
          processFormField(item,out); //处理普通的表单域
        }else{
          processUploadedFile(item,out); //处理上传文件
        }
      }
      out.close();
    }catch(Exception e){
      throw new ServletException(e);
    }
  }

  private void processFormField(FileItem item,PrintWriter out){
    String name = item.getFieldName();
    String value = item.getString();
    out.println(name+":"+value+"\r\n");
  }

  private void processUploadedFile(FileItem item,
            PrintWriter out)throws Exception{
    String filename=item.getName();
    int index=filename.lastIndexOf("\\");
    filename=filename.substring(index+1,filename.length());
    long fileSize=item.getSize();

    if(filename.equals("") && fileSize==0)return;

    File uploadedFile = new File(filePath+"/"+filename);
    item.write(uploadedFile);
    out.println(filename+" is saved.");
    out.println("The size of " +filename+" is "+fileSize+"\r\n");
  }
```

web.xml 文件中 UploadServlet 的配置代码如下：

```
<servlet>
  <servlet-name>upload</servlet-name>
  <servlet-class>mypack.UploadServlet</servlet-class>
  <init-param>
    <param-name>filePath</param-name>
    <param-value>store</param-value>
  </init-param>
  <init-param>
    <param-name>tempFilePath</param-name>
    <param-value>temp</param-value>
  </init-param>
</servlet>

<servlet-mapping>
  <servlet-name>upload</servlet-name>
  <url-pattern>/upload</url-pattern>
</servlet-mapping>
```

UploadServlet 有两个初始化参数：filePath 参数表示 UploadServlet 用于存放上传文件的

目录；tempFilePath 参数表示 fileupload 软件包用于存放临时文件的目录。

对于 5.2 节开头的图 5-2 的 upload.htm 页面，在表单中提供图中所示的数据，然后提交表单，UploadServlet 就会响应本次请求，把“FromClient.rar”以及“FromClient.txt”文件都保存到 helloapp/store 目录下，并且向客户端返回如图 5-5 所示的 HTML 页面。

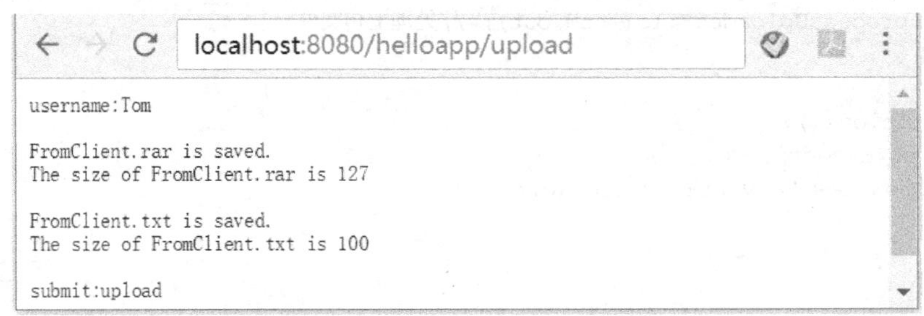

图 5-5 UploadServlet 返回的 HTML 页面

UploadServlet 调用 ServletFileUpload 对象的 setSizeMax(4*1024*1024)方法，把允许上传的文件的最大尺寸设为 4MB。如果在图 5-2 的 upload.htm 页面中输入一个大小超过 4MB 的文件，那么 UploadServlet 在处理上传文件时会抛出以下异常：

```
org.apache.commons.fileupload.FileUploadBase
$SizeLimitExceededException:
the request was rejected because its size (7859197)
exceeds the configured maximum (4194304)
```

5.2.2 利用 Servlet API 中的 Part 接口实现文件上传

对于 5.2.1 节的图 5-4，Servlet API 会把复合表单中的每个子部分看作一个 Part 对象。Part 对象提供了用于读取子部分中各种信息的方法。

- getHeader(String name)：读取子部分的请求头中特定选项的值。参数 name 用于指定特定的选项。
- getContentType()：读取子部分的请求正文的数据类型。
- getSize()：读取子部分的请求正文的长度，以字节为单位。
- getName()：读取子部分的名字，它和 HTML 表单中<input>元素的 name 属性值对应。
- write(String filename)：把子部分的请求正文写到参数 filename 指定的文件中。

HttpServletRequest 类的 getParts()方法返回一个包含多个 Part 对象的集合，每个 Part 对象代表客户发送的 HTTP 请求中复合表单的一个子部分。

例程 5-4 的 UploadServlet1 类演示了 Part 接口的用法。在 UploadServlet1 类中使用了两个标注：

```
//使用@WebServlet 配置 UploadServlet 的访问路径
@WebServlet(name="UploadServlet1",urlPatterns="/upload1")
```

```
//使用注解@MultipartConfig将一个Servlet标识为支持文件上传
@MultipartConfig//标识Servlet支持文件上传
```

以上@WebServlet 标注指定访问 UploadServlet1 的 URL 为“/upload1”。@MultipartConfig 标注表明该 Servlet 类支持文件上传。

例程 5-4 UploadServlet1.java

```
package mypack;

import java.io.File;
import java.io.IOException;
import java.io.PrintWriter;
import java.util.Collection;

import javax.servlet.ServletException;
import javax.servlet.annotation.MultipartConfig;
import javax.servlet.annotation.WebServlet;
import javax.servlet.http.HttpServlet;
import javax.servlet.http.HttpServletRequest;
import javax.servlet.http.HttpServletResponse;
import javax.servlet.http.Part;

//使用@WebServlet配置UploadServlet的访问路径
@WebServlet(name="UploadServlet1",urlPatterns="/upload1")
//使用注解@MultipartConfig将一个Servlet标识为支持文件上传
@MultipartConfig //标识该Servlet支持文件上传

public class UploadServlet1 extends HttpServlet {
  public void doPost(HttpServletRequest request,
          HttpServletResponse response)
          throws ServletException, IOException {
    response.setContentType("text/plain");
    //保存文件的路径
    String savePath = request.getServletContext()
                      .getRealPath("/store");
    PrintWriter out = response.getWriter();

    //获取正文表单数据，存放到parts集合中
    Collection<Part> parts = request.getParts();

    //处理正文表单数据中的每个部分
    for(Part part : parts) {//循环处理上传的文件
      String header = part.getHeader("content-disposition");
      //在Tomcat服务器端显示每个子部分的信息
      System.out.println("-----Part-----");
      System.out.println("type:"+part.getContentType());
      System.out.println("size:"+part.getSize());
      System.out.println("name:"+part.getName());
      System.out.println("header:"+header);

       //如果为表单中的文本域,就显示文本域的名字和取值
      if(part.getContentType()==null){
        String name=part.getName();
        String value=request.getParameter(name);
        out.println(name+": "+value+"\r\n");
```

```
    }else if(part.getName().indexOf("file")!=-1){
      //如果为表单中的file1或file2文件域，就进行文件上传

      //获取上传文件名
      String fileName = getFileName(header);
      //把文件写到指定路径
      part.write(savePath+File.separator+fileName);
      out.println(fileName +" is saved.");
      out.println("The size of "+fileName+" is "
                  +part.getSize()+" byte\r\n");
    }
  }

  out.close();
}

/* 从一个Part的请求头中获取文件名 */
public String getFileName(String header) {

  //如果一个Part的请求头的内容为:
  //form-data; name="file1"; filename="FromClient.rar"
  //那么其中文件名为"FromClient.rar"

  String fileName=header.substring(
                 header.lastIndexOf("=")+2,
                 header.length()-1);

  return fileName;
 }
}
```

以下 upload1.htm 和 5.2 节开头介绍的 upload.htm 很相似，区别仅仅在于前者提交了表单后，由 UploadServlet1 来处理：

```
<html>
<head>
<title>Upload</title>
</head>
<body >
 <form name="uploadForm" method="POST"
   enctype="MULTIPART/FORM-DATA"
   action="upload1">
   ...
</body>
</html>
```

通过浏览器访问 upload1.htm，然后参照 5.2 节开头的图 5-2 输入相同的信息，再提交表单，最后 UploadServlet1 返回的响应结果和 5.2.1 节的图 5-5 是一样的。

UploadServlet1 类的 doPost()方法中的以下代码会向 Tomcat 服务器端的控制台打印一些数据：

```
for(Part part : parts) {//循环处理上传的文件
  String header = part.getHeader("content-disposition");
  //在Tomcat服务器端显示每个子部分的信息
  System.out.println("-----Part-----");
  System.out.println("type:"+part.getContentType());
```

```
  System.out.println("size:"+part.getSize());
  System.out.println("name:"+part.getName());
  System.out.println("header:"+header);
  ......
}
```

运行 doPost()方法时，以上代码的打印结果如下：

```
-----Part-----
type:null
size:3
name:username
header:form-data; name="username"
-----Part-----
type:application/octet-stream
size:127
name:file1
header:form-data; name="file1"; filename="FromClient.rar"
-----Part-----
type:text/plain
size:100
name:file2
header:form-data; name="file2"; filename="FromClient.txt"
-----Part-----
type:null
size:6
name:submit
header:form-data; name="submit"
```

以上打印结果直观地表明每个 Part 对象和 HTML 表单中的一个表单域对应。

5.3 动态生成图像

在实际的 Web 应用中，有时需要动态生成图像，例如随机生成登录验证码，或以图形的形式展示一些信息。Servlet 不仅能动态生成 HTML 文档，还能动态生成图像。本节用 ImageServlet 范例来演示动态生成图像的功能。在 web.xml 文件中为 ImageServlet 映射的 URL 为“/image”。通过浏览器访问 http://localhost:8080/helloapp/image?count=1234567890，ImageServlet 会用图形化的方式来显示请求参数 count 的值，参见图 5-6。

图 5-6　ImageServlet 用图形化的方式来显示请求参数 count 的值

如图 5-7 所示，ImageServlet 实际上向客户端返回了一个图像，整个图像的背景是一个黑色的矩形，宽度为 110，高度为 16。每个白色数字的宽度为 10，高度为 16。此外，数字之间以白色的竖线相隔，竖线的宽度为 1，高度为 16。由此可以推导出，如果请求参数 count 表示的数字的位数为 len，那么整个图像的宽度为 11×len。

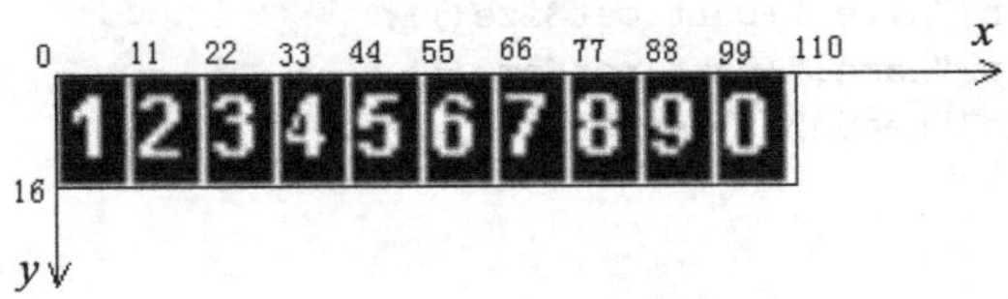

图 5-7　ImageServlet 生成的图像

例程 5-5 是 ImageServlet 类的源代码。

例程 5-5　ImageServlet.java

```
package mypack;
import java.io.*;
import javax.imageio.ImageIO;
import javax.servlet.*;
import javax.servlet.http.*;
import java.awt.*;
import java.awt.image.*;

public class ImageServlet extends HttpServlet{
  private Font font=new Font("Courier", Font.BOLD,12); //字体

  public void doGet(HttpServletRequest request,
        HttpServletResponse response)
       throws ServletException,IOException{
    //得到待显示的数字
    String count=request.getParameter("count");
    if(count==null) count="1";

    int len=count.length(); //数字的长度

    response.setContentType("image/jpeg");
    ServletOutputStream out=response.getOutputStream();
    //创建一个位于缓存中的图像，长为11*len，高为16
    BufferedImage image=new BufferedImage(11*len,
                     16,BufferedImage.TYPE_INT_RGB);

    //获得Graphics画笔
    Graphics g=image.getGraphics();
    g.setColor(Color.black);
    //画一个黑色的矩形，长为11*len，高为16
    g.fillRect(0,0,11*len,16);

    g.setColor(Color.white);
    g.setFont(font);

    char c;
    for(int i=0;i<len;i++) {
      c=count.charAt(i);
      g.drawString(c+"",i*11+1,12); //写一个白色的数字
      //画一条白色的竖线
      g.drawLine((i+1)*11-1,0,(i+1)*11-1,16);
    }

    //输出JPEG格式的图片
    ImageIO.write(image,"jpeg",out);
```

```
      out.close();
    }
  }
```

ImageServlet 调用 response.setContentType("image/jpeg")方法，把响应正文的类型设为“image/jpeg”，然后利用以下类来生成并输出图像。

- java.awt.image.BufferedImage：表示位于缓存中的图像。
- java.awt.Graphics：表示画笔，可用来画矩形、写字和画直线等。
- javax.imageio.ImageIO：能够把原始图像转换为特定的格式（例如 jpeg 格式），并且能利用外界提供的输出流来输出图像数据。

Image IO 类的以下 write()静态方法负责输出图像：

```
public static boolean write(RenderedImage im,
                            String formatName,
                            File output) throws IOException
```

以上 write()方法的 im 参数指定待输出的图像，formatName 参数指定图像的格式，output 参数指定输出流。

值得注意的是，ImageIO 类在输出图像的过程中，会生成一些临时文件。为了确保 ImageIO 类顺利运行，需要在 Tomcat 的根目录下事先创建 temp 子目录。ImageIO 类会在该 temp 子目录下生成临时文件。

例程 5-6 的 CounterServlet 类与本书第 4 章 4.4.1 节例程 4-9 的 CounterServlet 很相似，都用于统计页面被访问的次数。两者的区别在于，本章的 CounterServlet 利用 ImageServlet 来图形化地显示计数器的数值。

例程 5-6　CounterServlet.java

```
public class CounterServlet extends HttpServlet {
  public void doGet(HttpServletRequest request,
        HttpServletResponse response)
        throws ServletException, IOException {

    //获得 ServletContext 的引用
    ServletContext context = getServletContext();

    // 从 ServletContext 中读取 counter 属性
    Counter counter = (Counter)context.getAttribute("counter");

    // 如果 ServletContext 中没有 counter 属性，就创建 counter 属性
    if ( counter == null ) {
      counter = new Counter(1);
      context.setAttribute("counter", counter);
    }

    response.setContentType("text/html;charset=GB2312");
    PrintWriter out = response.getWriter();
    out.println("<html><head><title>CounterServlet</TITLE></head>");
    out.println("<body>");

    //输出当前的 counter 属性
```

```
        String imageLink="<img src='image?count="
                    +counter.getCount()+"'/>";
        out.println("欢迎光临本站。您是第 "
               + imageLink+" 位访问者。");
        out.println("</body></html>");

        //将计数器递增1
        counter.add(1);
        out.close();
    }
}
```

在 web.xml 文件中为 CounterServlet 映射的 URL 为“/counter”，通过浏览器多次访问 http://localhost:8080/helloapp/counter，将得到如图 5-8 所示的 HTML 页面。

图 5-8 CounterServlet 返回的 HTML 页面

以下是 CounterServlet 生成的 HTML 文档的源代码，其中<img>标记的 src 属性用来设定图像的 URL，此处为“/image”，它是 ImageServlet 的 URL。src 属性中的“count=12”是传给 ImageServlet 的 count 请求参数。

```
<html><head><title>CounterServlet</TITLE></head>
<body>
欢迎光临本站。您是第 <img src='image?count=12'/> 位访问者。
</body></html>
```

5.4 读写 Cookie

Cookie 的英文原意是“点心”，它是客户端访问 Web 服务器时，服务器在客户端硬盘上存放的信息，好像是服务器送给客户的“点心”。 服务器可以根据 Cookie 来跟踪客户状态，这对于需要区别客户的场合（如电子商务）特别有用。

为了便于直观地理解 Cookie 的作用，可以用健身馆向会员发送的会员卡来打比方。健身馆首先向来报名的客户发送一张会员卡，会员卡上存储了客户的编号、姓名和照片等信息。以后每次客户到健身馆来健身，先要出示会员卡，健身馆依据会员卡的信息来判断是否允许客户健身。

以上会员卡就类似于服务器在客户端存放的 Cookie。如图 5-9 所示，当客户端首次请求访问服务器时，服务器先在客户端存放包含该客户的相关信息的 Cookie，以后客户端每次请求访问服务器时，都会在 HTTP 请求数据中包含 Cookie，服务器解析 HTTP 请求中的 Cookie，就能由此获得关于客户的相关信息。

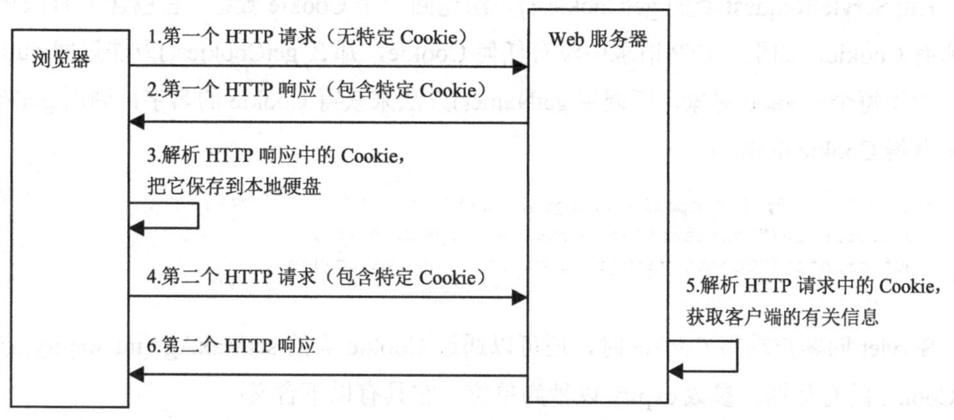

图 5-9　Cookie 的基本运行机制

Cookie 的运行机制是由 HTTP 协议规定的，多数 Web 服务器和浏览器都支持 Cookie。Web 服务器为了支持 Cookie，需要具备以下功能：

- 在 HTTP 响应结果中添加 Cookie 数据。
- 解析 HTTP 请求中的 Cookie 数据。

浏览器为了支持 Cookie，需要具备以下功能：

- 解析 HTTP 响应结果中的 Cookie 数据。
- 把 Cookie 数据保存到本地硬盘。
- 读取本地硬盘上的 Cookie 数据，把它添加到 HTTP 请求中。

提示

如果想进一步了解 Cookie 的规范和运作细节，可参考 RFC6265 文档，它的网址为：https://www.ietf.org/rfc/rfc6265.txt。

Tomcat 作为 Web 服务器，对 Cookie 提供了良好的支持。那么，运行在 Tomcat 中的 Servlet 该如何访问 Cookie 呢？幸运的是，Servlet 无须直接和 HTTP 请求或响应中的原始 Cookie 数据打交道，这项工作由 Servlet 容器来完成。Java Servlet API 为 Servlet 访问 Cookie 提供了简单易用的接口。javax.servlet.http.Cookie 类用来表示 Cookie。每个 Cookie 对象包含一个 Cookie 名字和 Cookie 值。

下面的代码创建了一个 Cookie 对象，然后调用 HttpServletResponse 的 addCookie()方法，把 Cookie 添加到 HTTP 响应结果中：

```
Cookie theCookie=new Cookie("username","Tom");
response.addCookie(the Cookie);
```

在 Cookie 类的构造方法中，第一个参数是 Cookie 的名字，第二个参数是 Cookie 的值。

如果 Servlet 想读取来自客户端的 Cookie，那么可以通过以下方式从 HTTP 请求中取得所有的 Cookie：

```
Cookie cookies[]=request.getCookies();
```

HttpServletRequest 类的 getCookies()方法返回一个 Cookie 数组，它包含了 HTTP 请求中的所有 Cookie。如果 HTTP 请求中没有任何 Cookie，那么 getCookies()方法返回 null。

对于每个 Cookie 对象，可调用 getName()方法来获得 Cookie 的名字，调用 getValue()方法来获得 Cookie 的值：

```
for(int i = 0; i < cookies.length; i++){
  out.println("Cookie name:"+cookies[i].getName());
  out.println("Cookie value:"+cookies[i].getValue());
}
```

Servlet 向客户端写 Cookie 时，还可以通过 Cookie 类的 setMaxAge(int expiry)方法来设置 Cookie 的有效期。参数 expiry 以秒为单位，它具有以下含义：

- 如果 expiry 大于零，就指示浏览器在客户端硬盘上保存 Cookie 的时间为 expiry 秒。
- 如果 expiry 等于零，就指示浏览器删除当前 Cookie。
- 如果 expiry 小于零，就指示浏览器不要把 Cookie 保存到客户端硬盘。Cookie 仅仅存在于当前浏览器进程中，当浏览器进程关闭时，Cookie 也就消失。

Cookie 默认的有效期为-1。对于来自客户端的 Cookie，Servlet 可以通过 Cookie 类的 getMaxAge()方法来读取 Cookie 的有效期。

在例程 5-7 的 CookieServlet 类的 doGet()方法中，先读取客户端的所有 Cookie，把每个 Cookie 的名字、值和有效期打印出来，然后向客户端写一个 Cookie。

例程 5-7　CookieServlet.java

```
public class CookieServlet extends HttpServlet {
  int count=0;

  public void doGet(HttpServletRequest request,
           HttpServletResponse response)
           throws ServletException, IOException {

    response.setContentType("text/plain");
    PrintWriter out=response.getWriter();
    //获得 HTTP 请求中的所有 Cookie
    Cookie[] cookies=request.getCookies();
    if(cookies!=null){
      //访问每个 Cookie
      for(int i = 0; i < cookies.length; i++){
        out.println("Cookie name:"+cookies[i].getName());
        out.println("Cookie value:"+cookies[i].getValue());
        out.println("Max Age:"+cookies[i].getMaxAge()+"\r\n");
      }
    }else{
      out.println("No cookie.");
    }

    //向客户端写一个 Cookie
    response.addCookie(new Cookie(
          "cookieName" + count, "cookieValue" + count));
    count++;
  }
```

```
}
```

在 web.xml 文件中为 CookieServlet 映射的 URL 为“/cookie”，因此访问 CookieServlet 的 URL 为：http://localhost:8080/helloapp/cookie。下面按照以下步骤访问 CookieServlet。

（1）打开浏览器，第一次访问 CookieServlet。由于浏览器端此时还不存在任何 Cookie，因此 CookieServlet 向客户端返回“No cookie”。

（2）在同一个浏览器中第二次访问 CookieServlet。在步骤 1 中 CookieServlet 已经向浏览器端写了一个 Cookie：cookieName0=cookieValue0。因此浏览器在第二次发出的 HTTP 请求中包含了这个 Cookie，CookieServlet 读取该 Cookie，并向客户端返回该 Cookie 的信息，参见图 5-10。图 5-10 中显示 Cookie 的有效期为-1，这意味着 Cookie 仅存在于当前浏览器进程中，其他浏览器进程无法访问到这个 Cookie。

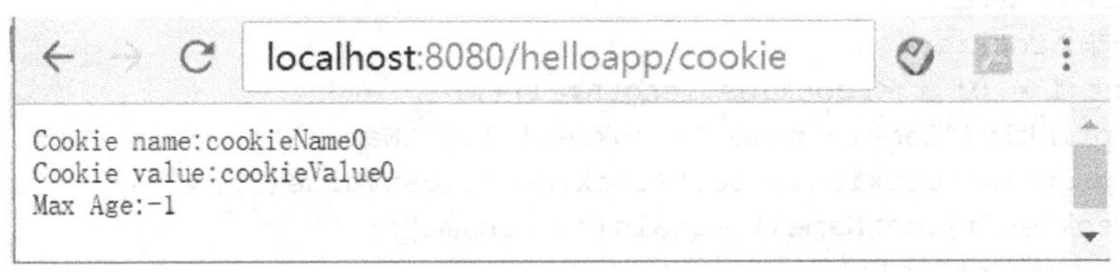

图 5-10　CookieServlet 返回一个 Cookie 的信息

（3）在同一个浏览器中第三次访问 CookieServlet。在步骤（2）中 CookieServlet 已经向浏览器端写了一个 Cookie：cookieName1=cookieValue1。CookieServlet 向客户端返回步骤（1）以及步骤（2）中生成的 Cookie 的信息，参见图 5-11。

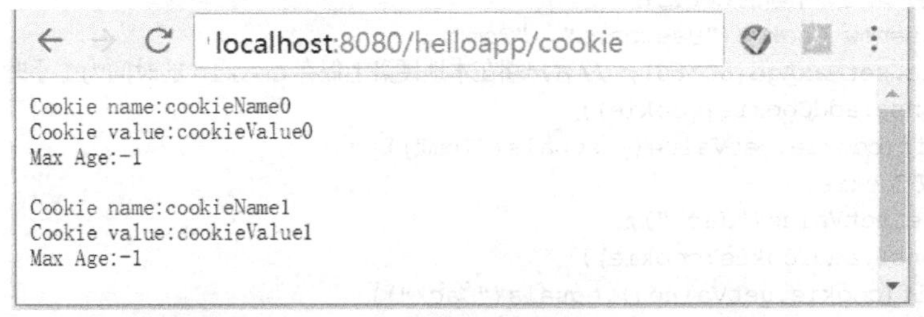

图 5-11　CookieServlet 返回两个 Cookie 的信息

（4）再打开一个新的浏览器，从这个浏览器中第一次访问 CookieServlet。由于这个浏览器端此时还不存在任何 Cookie，因此 CookieServlet 向客户端返回“No cookie”。

（5）从以上第二个浏览器中第二次访问 CookieServlet。在步骤（4）中 CookieServlet 已经向浏览器端写了一个 Cookie：cookieName3=cookieValue3，因此 CookieServlet 向客户端返回该 Cookie 的信息。

例程 5-8 的 CookieServlet1 类演示了对 Cookie 的修改和删除。CookieServlet1 类先读取客户端的所有 Cookie，并寻找名为“username”的 Cookie，然后执行以下逻辑：

- 如果不存在名为“username”的 Cookie，就向客户端写一个新的 Cookie，名为“username”，值为“Tom”，Cookie 的有效期为 60×60 秒，即 1 小时。
- 否则，如果存在名为“username”并且值为“Tom”的 Cookie，就把该 Cookie 的值修改为“Jack”。

- 否则，如果存在名为“username”并且值为“Jack”的 Cookie，就删除该 Cookie。

例程 5-8　CookieServlet1.java

```
public class CookieServlet1 extends HttpServlet {
  public void doGet(HttpServletRequest request,
          HttpServletResponse response)
          throws ServletException, IOException {

    Cookie cookie=null;

    response.setContentType("text/plain");
    PrintWriter out=response.getWriter();

    //获得 HTTP 请求中的所有 Cookie
    Cookie[] cookies=request.getCookies();
    if(cookies!=null){
      //访问每个 Cookie
      for(int i = 0; i < cookies.length; i++){
        out.println("Cookie name:"+cookies[i].getName());
        out.println("Cookie value:"+cookies[i].getValue());
        if(cookies[i].getName().equals("username"))
          cookie=cookies[i];
      }
    }else{
      out.println("No cookie.");
    }

    if(cookie==null){
      //向客户端写一个新的 Cookie
      cookie=new Cookie("username", "Tom");
      cookie.setMaxAge(60*60); //客户端在本地硬盘上保存 Cookie 的时间为 1 小时
      response.addCookie(cookie);
    }else if(cookie.getValue().equals("Tom")){
      //修改 Cookie
      cookie.setValue("Jack");
      response.addCookie(cookie);
    }else if(cookie.getValue().equals("Jack")){
      //删除 Cookie
        cookie.setMaxAge(0);
      response.addCookie(cookie);
    }
  }
}
```

在 web.xml 文件中为 CookieServlet1 映射的 URL 为“/cookie1”，因此访问 CookieServlet1 的 URL 为：http://localhost:8080/helloapp/cookie1。下面按照以下步骤访问 CookieServlet1。

（1）打开浏览器，第一次访问 CookieServlet1。由于浏览器端此时还不存在任何 Cookie，因此 CookieServlet1 向客户端返回“No cookie”。

（2）在同一个浏览器中第二次访问 CookieServlet1。在步骤（1）中 CookieServlet1 已经向浏览器端写了一个 Cookie：username=Tom，浏览器在本次 HTTP 请求中包含了这个 Cookie，CookieServlet1 向客户端返回该 Cookie 的信息：

```
Cookie name:username
```

```
Cookie value:Tom
```

（3）在同一个浏览器中第三次访问 CookieServlet1。在步骤 2 中 CookieServlet1 已经把浏览器端的名为“username”的 Cookie 的值改为“Jack”，浏览器在本次 HTTP 请求中包含了这个 Cookie，CookieServlet1 向客户端返回修改后的 Cookie 的信息：

```
Cookie name:username
Cookie value:Jack
```

（4）在同一个浏览器中第四次访问 CookieServlet1。在步骤 3 中 CookieServlet1 已经把浏览器端的名为“username”的 Cookie 的有效期设为“0”，浏览器处理步骤 3 中的 HTTP 响应结果时会删除该 Cookie。浏览器在本次 HTTP 请求中不包含任何 Cookie 信息，因此 CookieServlet1 向客户端返回“No cookie”。

（5）再打开一个新的浏览器，访问 CookieServlet1。在步骤 4 中 CookieServlet1 已经向浏览器端写了一个 Cookie：“username=Tom”，它的有效期为 1 小时，因此浏览器会把它保存到本地硬盘，其他浏览器也能访问这个 Cookie。新打开的浏览器在 HTTP 请求中包含了这个 Cookie，CookieServlet1 向客户端返回该 Cookie 的信息：

```
Cookie name:username
Cookie value:Tom
```

（6）本书第 1 章的 1.5 节的例程 1-3 的 HTTPClient 类能够把服务器端发送的 HTTP 响应结果打印出来。下面利用 HTTPClient 类来察看包含 Cookie 的 HTTP 响应结果的数据格式。在 DOS 下转到 C:\sourcecode\chapter01\classes 目录，运行以下命令：

```
java client.HTTPClient /helloapp/cookie1
```

HTTPClient 请求访问 Web 服务器端的“/helloapp/cookie1”，接着把接收到的 HTTP 响应结果打印出来，内容如下：

```
HTTP/1.1 200
Set-Cookie: username=Tom; Max-Age=3600;
        Expires=Mon, 10-Sep-2018 18:33:55 GMT
Content-Type: text/plain;charset=ISO-8859-1
Content-Length: 12
Date: Mon, 10 Sep 2018 17:33:55 GMT

No cookie.
```

由于 HTTPClient 类发出的 HTTP 请求中不包含 Cookie，CookieServlet1 会向客户端写一个新的 Cookie。从以上打印结果中可以看出，HTTP 响应结果的头中包含了 CookieServlet1 向客户端发送的 Cookie 数据：“username=Tom”。

提示

服务器对客户端进行读写 Cookie 操作，会给客户端带来安全隐患。服务器可能会向客户端发送包含恶意代码的 Cookie 数据，此外，服务器可能会依据客户端的 Cookie 来窃取用户的保密信息。因此为了安全起见，多数浏览器可以设置是否启用 Cookie。本书第 9 章的 9.5 节（通过重写 URL 来跟踪会话）介绍了在浏览器中禁用 Cookie 的操作步骤。当浏览器端禁用 Cookie 时，服务器就无法对客户端进行读写 Cookie 的操作。

如图 5-12 所示，假定在 Tomcat 服务器 A 上有一个 app1 应用和 app2 应用，在 Tomcat

服务器 B 上有一个 app3 应用。用户会通过同一个浏览器进程访问 app1、app2 和 app3 应用。

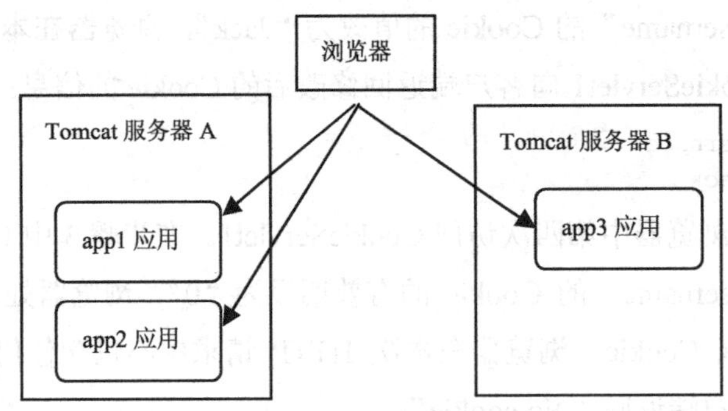

图 5-12　用户通过同一个浏览器进程访问 app1、app2 和 app3 应用

假定 app1 应用中的一个 Web 组件 X 在浏览器端保存了一个 Cookie，当浏览器再次请求访问 app1、app2 和 app3 应用中的其他 Web 组件时，浏览器是否会把 Cookie 添加到每个 HTTP 请求中，从而让这些 Web 组件能读取该 Cookie 呢？

默认情况下，出于安全的原因，只有 app1 应用中的 Web 组件能读取该 Cookie。如果希望改变 Cookie 的共享范围，那么 app1 应用中的 Web 组件 X 在写 Cookie 时，可以通过 setPath(String path)和 setDomain(String doamin)方法来设置 Cookie 的 path 和 domain 属性。

（1）让同一个 Tomcat 服务器 A 中的 app1 应用和 app2 应用共享 Cookie。app1 应用中的 Web 组件 X 的写 Cookie 的代码如下：

```
Cookie cookie=new Cookie("username","Tom");
cookie.setPath("/");
response.addCookie(cookie);
```

以上 setPath()的参数为“/”，表示 Tomcat 服务器的根路径，因此同一个 Tomcat 服务器中的所有 Web 应用可以共享上述 Cookie。

（2）只能让 Tomcat 服务器 A 中的 app2 应用访问 Cookie。app1 应用中的 Web 组件 X 的写 Cookie 的代码如下：

```
Cookie cookie=new Cookie("username","Tom");
cookie.setPath("/app2/");
response.addCookie(cookie);
```

以上 setPath()的参数为“/app2/”，因此只有 Tomcat 服务器 A 中的 app2 应用可以访问该 Cookie，app1 应用也无法访问该 Cookie。

（3）只能让 Tomcat 服务器 A 中的 app1 应用中位于“/sub”子路径下的 Web 组件访问 Cookie。app1 应用中的 Web 组件 X 的写 Cookie 的代码如下：

```
Cookie cookie=new Cookie("username","Tom");
cookie.setPath("/app1/sub/");
response.addCookie(cookie);
```

以上 setPath()的参数为“/app1/sub/”，因此只有 Tomcat 服务器 A 中的 app1 应用中位于“/sub”子路径下的 Web 组件能访问该 Cookie。例如假定 app1 应用的一个 Web 组件的 URL

为“/sub/hello”，那么它可以访问该 Cookie，如果 URL 为“/hello”，则不可以访问该 Cookie。

（4）让 Tomcat 服务器 B 中的所有 Web 应用访问 Cookie，假定 Tomcat 服务器 B 的域名为“www.cat.com”。app1 应用中的 Web 组件 X 的写 Cookie 的代码如下：

```
Cookie cookie=new Cookie("username","Tom");
cookie.setDomain(".cat.tom");
response.addCookie(cookie);
```

以上 setDomain()的参数为“.cat.com”，该参数必须以“.”开头，参数的具体格式可参考 RFC6265 文档（网址为 http://www.ietf.org/rfc/rfc6265.txt）。以上设置使得 Tomcat 服务器 B 中的所有 Web 应用能访问该 Cookie。如果仅仅希望 Tomcat 服务器 B 中的 app3 应用能访问该 Cookie，那么可以把上述代码改为：

```
Cookie cookie=new Cookie("username","Tom");
cookie.setDomain(".cat.tom");
cookie.setPath("/app3/");
response.addCookie(cookie);
```

5.5 访问 Web 应用的工作目录

每个 Web 应用都有一个工作目录，Servlet 容器会把与这个 Web 应用相关的临时文件存放在这个目录下。Tomcat 为 Web 应用提供的默认的工作目录为：

```
<CATALINA_HOME>/work/[enginename]/[hostname]/[contextpath]
```

例如，如果 helloapp 应用被发布到 Tomcat 的名为“Catalina”的 Engine 的 localhost 虚拟主机中，那么 helloapp 应用的默认工作目录为：

```
<CATALINA_HOME>/work/Catalina/localhost/helloapp
```

Tomcat 还允许在配置 Web 应用的<Context>元素时，用 workDir 属性来显式地指定 Web 应用的工作目录，本书第 3 章的 3.3.4 节（配置 Tomcat 的<Context>元素）的表 3-5 已经介绍了 workDir 属性。

Web 应用的工作目录不仅可以被 Servlet 容器访问，还可以被 Web 应用的 Servlet 访问。Servlet 规范规定，当 Servlet 容器在初始化一个 Web 应用时，应该向刚创建的 ServletContext 对象中设置一个名为“javax.servlet.context.tempdir”的属性，它的属性值为一个 java.io.File 对象，它代表当前 Web 应用的工作目录。因此，Servlet 可通过以下方式来获得 Web 应用的工作目录：

```
File workDir=
  (File)context.getAttribute("javax.servlet.context.tempdir");
```

例程 5-9 的 DirTesterServlet 类先打印 ServletContext 对象的所有属性，接着获取代表工作目录的 javax.servlet.context.tempdir 属性，然后在工作目录中生成一个名为“temp.txt”的文件。

例程 5-9　DirTesterServlet.java

```
package mypack;

import javax.servlet.*;
import javax.servlet.http.*;
import java.io.*;
import java.util.*;

public class DirTesterServlet extends HttpServlet {
  public void doGet(HttpServletRequest request,
        HttpServletResponse response)
        throws ServletException, IOException {
    ServletContext context=getServletContext();

    response.setContentType("text/html;charset=GB2312");
    PrintWriter out = response.getWriter();
    Enumeration eu=context.getAttributeNames();
    while(eu.hasMoreElements()){
      String attributeName=(String)eu.nextElement();
      out.println("<br>"+attributeName+": "
            +context.getAttribute(attributeName));
    }
    out.close();

    //获得工作目录属性
    File workDir=(File)context.getAttribute(
                "javax.servlet.context.tempdir");
    //在工作目录下生成一个文件
    FileOutputStream fileOut=new FileOutputStream(workDir
                              +"/temp.txt");
    fileOut.write("Hello World".getBytes());
    fileOut.close();
  }
}
```

在 web.xml 文件中为 DirTesterServlet 类映射的 URL 为“/dirtester”。通过浏览器访问 http://localhost:8080/helloapp/dirtester，将出现如图 5-13 所示的 HTML 页面。

图 5-13　DirTesterServlet 类生成的 HTML 页面

从图 5-13 可以看出，Tomcat 创建了 ServletContext 对象后，会在 ServletContext 对象中预先设置一些属性，其中有一个属性为 javax.servlet.context.tempdir，它对应的工作目录为：C:\tomcat\work\Catalina|\localhost\helloapp。在这个目录下，DirTesterServlet 创建了一个名为

“temp.txt”的文件。

5.6 转发和包含

Servlet 对象由 Servlet 容器创建，并且 Servlet 对象的 service()方法也由容器调用。一个 Servlet 对象可否直接调用另一个 Servlet 对象的 service()方法呢？答案是否定的，因为一个 Servlet 对象无法获得另一个 Servlet 对象的引用。

提示

在旧版本的 Servlet API 中，ServletContext 接口的 getServlet(String name)方法能根据参数给定的名字返回相应的 Servlet 对象的引用。从 Servlet API 2.1 开始，该方法被废弃。对于支持 Servlet API 2.1 或者以上版本的 Servlet 容器，会使得 ServletContext 实现类的 getServlet(String name)方法总是返回 null。因此，一个 Servlet 对象无法再获得另一个 Servlet 对象的引用。

Web 应用在响应客户端的一个请求时，有可能响应过程很复杂，需要多个 Web 组件共同协作，才能生成响应结果。尽管一个 Servlet 对象无法直接调用另一个 Servlet 对象的 service()方法，但 Servlet 规范为 Web 组件之间的协作提供了两种途径：

- 请求转发：Servlet（源组件）先对客户请求做一些预处理操作，然后把请求转发给其他 Web 组件（目标组件）来完成包括生成响应结果在内的后续操作。
- 包含：Servlet（源组件）把其他 Web 组件（目标组件）生成的响应结果包含到自身的响应结果中。

请求转发与包含具有以下共同特点:

- 源组件和目标组件处理的都是同一个客户请求，源组件和目标组件共享同一个 ServletRequest 对象和 ServletResponse 对象。
- 目标组件都可以是 Servlet、JSP 或 HTML 文档。
- 都依赖 javax.servlet. RequestDispatcher 接口。

javax.servlet. RequestDispatcher 接口表示请求分发器，它有两个方法：

- forward()方法：把请求转发给目标组件。该方法的声明如下：

```
public void forward(ServletRequest request,ServletResponse response)
        throws ServletException,java.io.IOException
```

- include()方法：包含目标组件的响应结果。该方法的声明如下：

```
public void include(ServletRequest request,ServletResponse response)
        throws ServletException,java.io.IOException
```

当 Servlet 源组件调用 RequestDispatcher 的 forward()或 include()方法时，都要把当前的 ServletRequest 对象和 ServletResponse 对象作为参数传给 forward()或 include()方法。这使得源组件和目标组件共享同一个 ServletRequest 对象和 ServletResponse 对象。

Servlet 可通过两种方式得到 RequestDispatcher 对象：

- 方式一：调用 ServletContext 的 getRequestDispatcher(String path)方法，path 参数指定目标组件的路径。
- 方式二：调用 ServletRequest 的 getRequestDispatcher(String path)方法，path 参数指定目标组件的路径。

以上两种方式的区别在于，方式一中的 path 参数必须为绝对路径，而方式二中的 path 参数既可以为绝对路径，也可以为相对路径。所谓绝对路径，就是指以符号“/”开头的路径，“/”表示当前 Web 应用的 URL 入口。所谓相对路径，就是指相对于当前源 Servlet 组件的路径，不以符号“/”开头。

5.6.1 请求转发

例程 5-10 的 CheckServlet 类与例程 5-11 的 OutputServlet 类之间为请求转发关系。在 web.xml 文件中，为 CheckServlet 映射的 URL 为“/check”，为 OutputServlet 映射的 URL 为“/output。”

例程 5-10 CheckServlet.java

```
public class CheckServlet extends GenericServlet {

  /** 响应客户请求*/
  public void service(ServletRequest request,
          ServletResponse response)
          throws ServletException, IOException {

    //读取用户名
    String username = request.getParameter("username");
    String message=null;
    if(username==null){
     message="Please input username.";
    }else{
     message="Hello,"+username;
    }
    //在request对象中添加msg属性
    request.setAttribute("msg", message);

    /*把请求转发给OutputServlet */
    ServletContext context = getServletContext();
    RequestDispatcher dispatcher =
        context.getRequestDispatcher("/output");  //ok
    //RequestDispatcher dispatcher =
    //       context.getRequestDispatcher("output"); //wrong
    //RequestDispatcher dispatcher =
    //       request.getRequestDispatcher("output"); //ok

    PrintWriter out=response.getWriter();

    out.println("Output from CheckServlet "
          +"before forwarding request.");
    System.out.println("Output from CheckServlet "
```

```
            +"before forwarding request.");

    //out.close(); //throw IllegalArgumentException
    dispatcher.forward(request, response);

    out.println("Output from CheckServlet"
            +" after forwarding request.");
    System.out.println("Output from CheckServlet"
            +" after forwarding request.");
  }
}
```

例程 5-11 OutputServlet.java

```
public class OutputServlet extends GenericServlet {

  public void service(ServletRequest request,
          ServletResponse response)
          throws ServletException, IOException {

    //读取 CheckServlet 存放在请求范围内的消息
    String message = (String)request.getAttribute("msg");
    PrintWriter out=response.getWriter();

    out.println(message);
    out.close();
  }
}
```

CheckServlet 先检查客户端是否提供 username 请求参数，再依据此生成一条消息，用变量 message 表示，接下来把这条消息作为属性保存到 ServletRequest 对象中，再把请求转发给 OutputServlet。与请求转发相关的代码为：

```
RequestDispatcher dispatcher =context.getRequestDispatcher("/output");
dispatcher.forward(request, response);
```

以上 dispatcher.forward(request, response)方法的处理流程如下：

（1）清空用于存放响应正文数据的缓冲区。

（2）如果目标组件为 Servlet 或 JSP，就调用它们的 service()方法，把该方法产生的响应结果发送到客户端；如果目标组件为文件系统中的静态 HTML 文档，就读取文档中的数据并把它发送到客户端。

图 5-14 显示了 Servlet 源组件把请求转发给 Servlet 目标组件的时序图。

提示

JSP 本质上就是 Servlet，它也有与 Servlet 类似的 service()方法，参见本书第 6 章的 6.1.3 节（用 JSP 动态生成 HTML 页面）。

从 dispatcher.forward(request, response)方法的处理流程可以看出，请求转发具有以下特点：

- 由于 forward()方法先清空用于存放响应正文数据的缓冲区，因此 Servlet 源组件生成的响应结果不会被发送到客户端。只有目标组件生成的响应结果才会被发送到客户端。

- 如果源组件在进行请求转发之前，已经提交了响应结果（例如，调用 ServletResponse 的 flushBuffer()方法，或者调用与 ServletResponse 关联的输出流的 close()方法），那么 forward()方法会抛出 IllegalStateException 异常。为了避免该异常，不应该在源组件中提交响应结果。

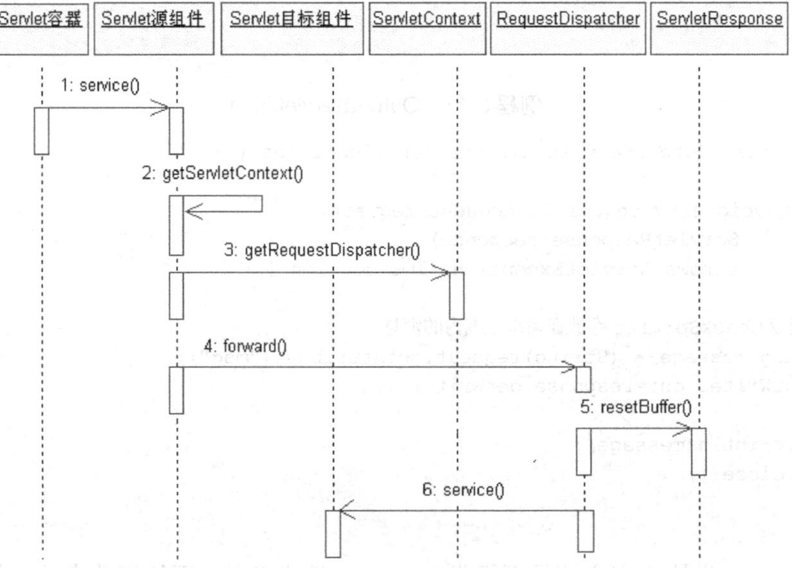

图 5-14　Servlet 源组件把请求转发给 Servlet 目标组件的时序图

范例中的 OutputServlet 类作为转发目标组件，先从 ServlerRequest 对象中读取 msg 属性，然后把它作为响应结果发送到客户端。下面按照如下步骤演示本范例。

（1）通过浏览器访问 http://localhost:8080/helloapp/check，会出现如图 5-15 所示的页面。

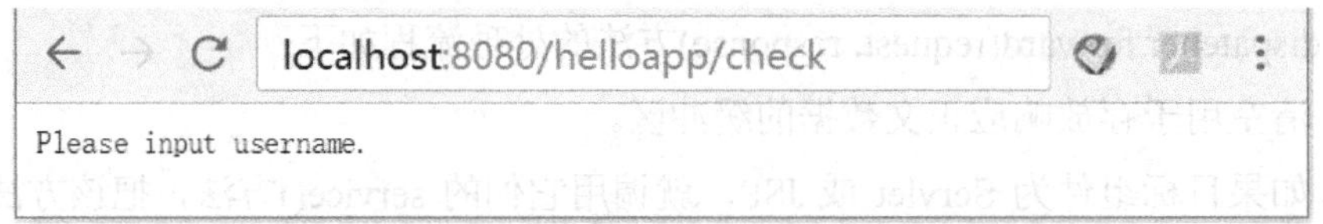

图 5-15　OutputServlet 返回的页面

CheckServlet 负责生成消息，而 OutputServlet 负责把消息发送给客户端。由此可见，CheckServlet 与 OutputServlet 分工明确，各行其职，又紧密协作，来响应同一个客户请求。

CheckServlet 在调用 dispatcher.forward(request, response)方法之前和之后，都试图向浏览器端以及服务器的控制台输出一些数据：

```
out.println("Output from CheckServlet "
            +"before forwarding request.");
System.out.println("Output from CheckServlet "
            +"before forwarding request.");

dispatcher.forward(request, response);

out.println("Output from CheckServlet"
            +" after forwarding request.");
```

```
System.out.println("Output from CheckServlet"
            +" after forwarding request.");
```

从图 5-15 展示的页面可以看出，CheckServlet 作为源组件，它所生成的响应结果不会被发送到客户端。

此外，在 Tomcat 服务器的控制台，会显示调用 dispatcher.forward(request, response)方法之前以及之后的打印语句。由此可见，Servlet 源组件中调用 dispatcher.forward(request, response)方法之后的代码也会被执行。

（2）把 CheckServlet 类中获取 RequestDispatcher 对象的代码改为：

```
RequestDispatcher dispatcher =context.getRequestDispatcher("output");
```

ServletContext 对象的 getRequestDispatcher()方法只能接受绝对路径，以上路径“output”没有以“/”开头，不是绝对路径。再次通过浏览器访问 CheckServlet，CheckServlet 会抛出以下异常：

```
java.lang.IllegalArgumentException:
      Path output does not start with a "/" character
    mypack.CheckServlet.service(CheckServlet.java:27)
```

（3）把 CheckServlet 类中获取 RequestDispatcher 对象的代码改为：

```
RequestDispatcher dispatcher =request.getRequestDispatcher("output");
```

ServletRequest 对象的 getRequestDispatcher()方法可以接受绝对路径或者相对路径，以上路径“output”没有以“/”开头，是相对于当前 CheckServlet 的 URL 的路径，这是合法的。再次通过浏览器访问 CheckServlet，会得到如图 5-15 所示的页面。

（4）修改 CheckServlet 类的代码，在 CheckServlet 类中调用 dispatcher.forward(request, response)方法之前先关闭输出流：

```
out.println("Output from CheckServlet "
            +"before forwarding request.");
System.out.println("Output from CheckServlet "
            +"before forwarding request.");

out.close(); //throw IllegalArgumentException
dispatcher.forward(request, response);
```

再次通过浏览器访问 CheckServlet，浏览器端仅接收到了由 CheckServlet 输出的内容：

```
Output from CheckServlet before forwarding request.
```

这是因为 CheckServlet 的 out.close()方法先把 CheckServlet 输出的内容提交给客户端，然后再关闭输出流。接下来调用 dispatcher.forward(request, response)方法会抛出异常，在 <CATALINA_HOME>/logs/localhost.YYYY-MM-DD.log 文件中记录了该异常，内容如下：

```
java.lang.IllegalStateException:
Cannot forward after response has been committed
at org.apache.catalina.core.ApplicationDispatcher
         .doForward(ApplicationDispatcher.java:323)
at org.apache.catalina.core.ApplicationDispatcher
```

```
        .forward(ApplicationDispatcher.java:312)
    at mypack.CheckServlet.service(CheckServlet.java:37)
```

5.6.2 包含

例程 5-12 的 MainServlet 类把 header.htm 的内容、GreetServlet 生成的响应正文以及 foot.htm 的内容都包含到自己的响应结果中。也就是说，MainServlet 返回给客户的 HTML 文档是由 MainServlet 本身、header.htm、GreetServlet 以及 foot.htm 共同产生的。

例程 5-12　MainServlet.java

```
public class MainServlet extends HttpServlet {

  public void doGet(HttpServletRequest request,
          HttpServletResponse response)
          throws ServletException, IOException {
    //设置HTTP响应的正文的数据类型
    response.setContentType("text/html");

    /*输出HTML文档*/
    PrintWriter out = response.getWriter();
    out.println("<html><head><title>MainServlet</TITLE></head>");
    out.println("<body>");

    ServletContext context = getServletContext();
    RequestDispatcher headDispatcher =
        context.getRequestDispatcher("/header.htm");
    RequestDispatcher greetDispatcher =
        context.getRequestDispatcher("/greet");
    RequestDispatcher footerDispatcher =
        context.getRequestDispatcher("/footer.htm");

    //包含header.htm
    headDispatcher.include(request,response);
    //包含GreetServlet输出的HTML文档
    greetDispatcher.include(request,response);
    //包含footer.htm
    footerDispatcher.include(request,response);

    out.println("</body></html>");

    //关闭输出流
    out.close();
  }
}
```

MainServlet 创建了三个分别用于包含 header.htm、GreetServlet 和 footer.htm 的 RequestDispatcher 对象。RequestDispatcher 对象的 include()方法的处理流程如下：

（1）如果目标组件为 Servlet 或 JSP，就调用它们的相应的 service()方法，把该方法产生的响应正文添加到源组件的响应结果中；如果目标组件为 HTML 文档，就直接把文档的内容添加到源组件的响应结果中。

（2）返回到源组件的服务方法中，继续执行后续代码块。

与请求转发相比，包含有以下特点：

- 源组件与被包含的目标组件的输出数据都会被添加到响应结果中。
- 在目标组件中对响应状态代码或者响应头所做的修改都会被忽略。

例程 5-13、例程 5-14 和例程 5-15 分别是 header.htm、footer.htm 和 GreetServlet 类的源代码。

例程 5-13 header.htm

```
<font size="6">Welcome to ABC Inc.</font>
<hr width="50%" align="left">
```

例程 5-14 footer.htm

```
<hr width="50%" align="left">
Thanks for stopping by!
```

例程 5-15 GreetServlet.java

```
public class GreetServlet extends HttpServlet {
  public void doGet(HttpServletRequest request,
          HttpServletResponse response)
          throws ServletException, IOException {

    /*输出 HTML 文档*/
    PrintWriter out = response.getWriter();
    out.println("Hi,"+request.getParameter("username")+"<p>");
  }
}
```

当客户端请求访问 MainServlet 时，由于 GreetServlet 和 MainServlet 共享同一个 ServletRequest 对象，因此 GreetServlet 也能读取客户端发送的 username 请求参数：

```
out.println("Hi,"+request.getParameter("username")+"<p>");
```

在 web.xml 文件中，为 MainServlet 映射的 URL 为“/main”，为 GreetServlet 映射的 URL 为“/greet”，通过浏览器访问 http://localhost:8080/helloapp/main?username=Tom，浏览器得到的 HTML 页面如图 5-16 所示。

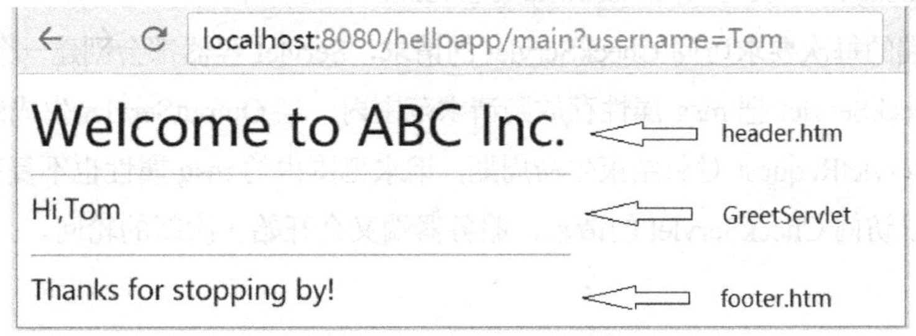

图 5-16 MainServlet 返回的 HTML 页面

本书第 6 章的 6.5 节（包含）还会通过 JSP 的例子，介绍如何利用包含关系来提高代码的可重性。

5.6.3 请求范围

本书第 4 章的 4.4 节（ServletContext 与 Web 应用范围）介绍了 Web 应用范围的概念。Web 应用范围是指整个 Web 应用的生命周期。在具体实现上，Web 应用范围与 ServletContext 对象的生命周期对应。Web 应用范围内的共享数据作为 ServletContext 对象的属性而存在。因此 Web 组件只要共享同一个 ServletContext 对象，也就能共享 Web 应用范围内的共享数据。

与 Web 应用范围相比，请求范围是比较小的一个范围。请求范围是指服务器端响应一次客户请求的过程，从 Servlet 容器接收到一个客户请求开始，到返回响应结果结束。在具体实现上，请求范围与 ServletRequest 对象以及 ServletResponse 对象的生命周期对应。

Servlet 容器每次接收到一个客户请求，都会创建一个针对于该请求的 ServletRequest 对象和 ServletResponse 对象，然后把这两个对象作为参数传给相应 Servlet 的服务方法。当容器把本次响应结果返回给客户时，ServletRequest 对象和 ServletResponse 对象就结束生命周期。

本书第 4 章的 4.1.4 节（ServletRequest 接口）已经讲过，在 ServletRequest 接口中也提供了 getAttribute()和 setAttribute()方法。因此，请求范围内的共享数据可作为 ServletRequest 对象的属性而存在。Web 组件只要共享同一个 ServletRequest 对象，也就能共享请求范围内的共享数据。

当源组件和目标组件之间为请求转发关系或者包含关系时，对于每一次客户请求，它们都共享同一个 ServletRequest 对象和 ServletResponse 对象，因此源组件和目标组件能共享请求范围内的共享数据。

本章 5.6.1 节的例程 5-10 的 CheckServlet 与例程 5-11 的 OutputServlet 之间为请求转发关系。CheckServlet 如何把一个 msg 属性传给 OutputServlet 呢？CheckServlet 实际上就利用了请求范围来传递数据。CheckServlet 先把 msg 属性存放在请求范围内：

```
request.setAttribute("msg", message);
```

接着，CheckServlet 把请求转发给 OutputServlet，而 OutputServlet 再从请求范围内读取 msg 属性：

```
String message = (String)request.getAttribute("msg");
```

对于客户端的每次要求访问 CheckServlet 的请求，Servlet 容器都会创建一个 ServletRequest 对象，接着 CheckServlet 把 msg 属性存放到请求范围内，当 OutputServlet 生成的响应结果被提交给客户时，ServletRequest 对象结束生命周期，请求范围内的 msg 属性也不复存在。如果客户端再次发出要求访问 CheckServlet 的请求，服务器端又会开始一次新的轮回。

5.7 重定向

HTTP 协议规定了一种重定向机制。重定向的运作流程如下：

（1）用户在浏览器端输入特定 URL，请求访问服务器端的某个组件。

（2）服务器端的组件返回一个状态代码为 302 的响应结果，该响应结果的含义为：让浏览器端再请求访问另一个 Web 组件。响应结果中提供了另一个 Web 组件的 URL。另一个 Web 组件有可能在同一个 Web 服务器上，也有可能不在同一个 Web 服务器上。

（3）浏览器端接收到这种响应结果后，再立即自动请求访问另一个 Web 组件。

（4）浏览器端接收到来自另一个 Web 组件的响应结果。

在 Java Servlet API 中，HttpServletResponse 接口的 sendRedirect(String location)方法用于重定向。例程 5-16 的 CheckServlet1 能够把请求重定向到例程 5-17 的 OutputServlet1。

例程 5-16　CheckServlet1.java

```
public class CheckServlet1 extends HttpServlet {

  public void doGet(HttpServletRequest request,
          HttpServletResponse response)
          throws ServletException, IOException {

    PrintWriter out=response.getWriter();

    //读取用户名
    String username = request.getParameter("username");
    String message=null;
    if(username==null){
     message="Please input username.";
    }else{
     message="Hello,"+username;
    }

    //在 request 对象中添加 msg 属性
    request.setAttribute("msg", message);

    out.println("Output from CheckServlet1 before redirecting.");
    System.out.println("Output from CheckServlet1 before redirecting.");

    response.sendRedirect("/helloapp/output1?msg="+message); //ok
    //response.sendRedirect("/output1?msg="+message); //wrong
    //response.sendRedirect(
    //    "http://localhost:8080/helloapp/output1?msg="+message); //ok
    //response.sendRedirect("http://www.javathinker.org"); //ok

    out.println("Output from CheckServlet1 after redirecting.");
    System.out.println("Output from CheckServlet1 after redirecting.");
  }
}
```

例程 5-17　OutputServlet1.java

```
public class OutputServlet1 extends HttpServlet {

  public void doGet(HttpServletRequest request,
          HttpServletResponse response)
          throws ServletException, IOException {
```

```
      //读取CheckServlet1存放在请求范围内的消息
      String message = (String)request.getAttribute("msg");
      System.out.println("请求范围内的消息:"+message);
      //读取msg请求参数
      message=request.getParameter("msg");
      System.out.println("请求参数中的消息:"+message);
      PrintWriter out=response.getWriter();

      out.println(message);
      out.close();
    }
  }
```

CheckServlet1 与本章 5.6.1 节的例程 5-10 的 CheckServlet 有些相似。CheckServlet1 先检查客户端是否提供 username 请求参数，再据此生成一条消息，用变量 message 表示，接下来把这条消息作为属性保存到 ServletRequest 对象中，再重定向到 OutputServlet1。与重定向相关的代码为：

```
response.sendRedirect("/helloapp/output1?msg="+message);
```

response.sendRedirect(String location)方法具有以下特点：

- Servlet 源组件生成的响应结果不会被发送到客户端，只有重定向的目标组件生成的响应结果才会被发送到客户端。
- 如果源组件在进行重定向之前，已经提交了响应结果（例如调用 ServletResponse 的 flushBuffer()方法，或者调用与 ServletResponse 关联的输出流的 close()方法），那么 sendRedirect()方法会抛出 IllegalStateException 异常。为了避免该异常，不应该在源组件中提交响应结果。
- 源组件和目标组件不共享同一个 ServletRequest 对象，因此不共享请求范围内的共享数据。
- 对于 response.sendRedirect(String location)方法中的参数 location，如果以“/”开头，表示相对于当前服务器根路径的 URL，如果以“http://”开头，表示一个完整的 URL。
- 目标组件不必是同一个服务器上的同一个 Web 应用中的组件，它可以是 Internet 上的任意一个有效的网页。

提示

sendRedirect()方法是在 HttpServletResponse 接口中定义的，而在 ServletResponse 接口中没有 sendRedirect()方法。因为重定向机制是由 HTTP 协议规定的。

范例中的 OutputServlet1 类作为重定向的目标组件，先尝试从 ServletRequest 对象中读取 msg 属性，再尝试读取 msg 请求参数，最后把得到的消息作为响应结果发送到客户端。

在 web.xml 文件中，为 CheckServlet1 映射的 URL 为“/check1”，为 OutputServlet1 映射的 URL 为“/output1。”下面按照如下步骤演示本范例。

（1）通过浏览器访问 http://localhost:8080/helloapp/check1，会出现如图 5-17 所示的页面。

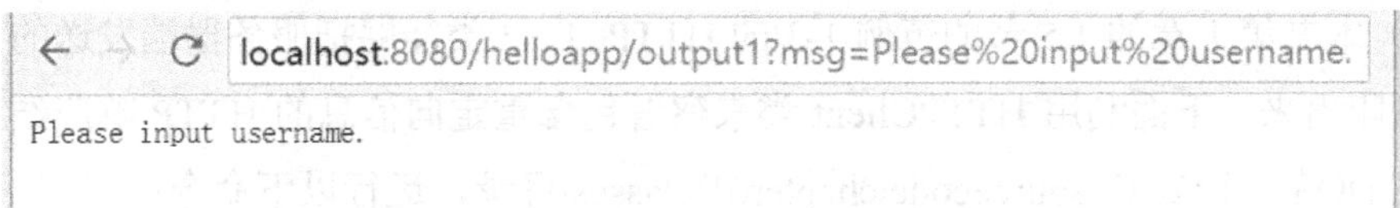

图 5-17 OutputServlet1 返回的页面

浏览器端实际上发出了两次请求，第一次请求访问 CheckServlet1，第二次请求访问 OutputServlet1，浏览器最终展示的是 OutputServlet1 生成的 HTML 页面。

CheckServlet1 在调用 sendRedirect()方法之前和之后，都试图向浏览器端以及服务器的控制台输出一些数据：

```
out.println("Output from CheckServlet1 before redirecting.");
System.out.println("Output from CheckServlet1 before redirecting.");

response.sendRedirect("/helloapp/output1?msg="+message);

out.println("Output from CheckServlet1 after redirecting.");
System.out.println("Output from CheckServlet1 after redirecting.");
```

从图 5-17 展示的页面可以看出，CheckServlet1 作为源组件，它所生成的响应结果不会被发送到客户端。

此外，在 Tomcat 服务器的控制台，会显示调用 response.sendRedirect()方法之前以及之后的打印语句。由此可见，Servlet 源组件中调用 response.sendRedirect()方法之后的代码也会被执行。

另外，OutputServlet1 也向控制台打印了如下内容：

```
请求范围内的消息:null
请求参数中的消息:Please input username.
```

由于 OutputServlet1 与 CheckServlet1 不共享请求范围内的数据，因此尽管 CheckServlet1 向请求范围内存放了 msg 属性，OutputServlet1 却无法从请求范围内获得该 msg 属性。CheckServlet1 还把 msg 属性作为请求参数传给 OutputServlet1，OutputServlet1 能获得该请求参数。

（2）把 CheckServlet1 类中的重定向代码改为：

```
response.sendRedirect(
  "http://localhost:8080/helloapp/output1?msg="+message); //ok

//或者
response.sendRedirect("http://www.javathinker.org"); //ok
```

以上都是有效的重定向路径。如果把重定向代码改为：

```
response.sendRedirect("/output1?msg="+message"); //wrong
```

那么服务器端会返回“所请求的页面不存在”的错误。这是因为当 response.sendRedirect()方法的参数以“/”开头时，表示的是相对于当前服务器根路径的 URL，而不是相对于当前 Web 应用根路径的 URL。

（3）本书第 1 章的 1.5 节的范例 1-3 的 HTTPClient 类能够把服务器端发送的 HTTP 响应结果打印出来。下面利用 HTTPClient 类来察看包含重定向信息的 HTTP 响应结果的数据格式。在 DOS 下转到 C:\sourcecode\chapter01\classes 目录，运行以下命令：

```
java client.HTTPClient /helloapp/check1
```

HTTPClient 请求访问 Web 服务器端的“/helloapp/check1”，接着把接收到的 HTTP 响应结果打印出来，内容如下：

```
HTTP/1.1 302
Location: /helloapp/output1?msg=Please input username.
Content-Length: 0
Date: Mon, 10 Sep 2018 19:21:31 GMT
```

HTTPClient 仅仅把以上响应结果打印到服务器的控制台，而对于具有实用价值的浏览器，它会解析该响应结果，然后再请求访问以上 Location 选项指定的 URL。

5.8 访问 Servlet 容器内的其他 Web 应用

在一个 Servlet 容器进程内可以同时运行多个 Web 应用，这些 Web 应用之间可否进行通信呢？答案是肯定的。本书第 4 章的 4.1.9 节（ServletContext 接口）已经讲过，每个 Web 应用都有一个 ServletContext 大总管。对于 Web 应用 A 中的 Servlet，只要得到了 Web 应用 B 的 ServletContext 对象，就能长驱直入，访问到 Web 应用 B 的各种资源。

ServletContext 接口中的 getContext(String uripath)方法用于得到其他 Web 应用的 ServletContext 对象，参数 uripath 指定其他 Web 应用的 URL 入口。

一个 Web 应用随意访问另一个 Web 应用的各种资源，可能会导致安全问题。因此，为了安全起见，多数 Servlet 容器实现可以让用户设置是否允许 Web 应用得到其他 Web 应用的 ServletContext 对象。在 Tomcat 中，<Context>元素的 crossContext 属性用于设置该选项：

- 当 crossContext 属性为 false 时，那么<Context>元素对应的 Web 应用无法得到其他 Web 应用的 ServletContext 对象，当这个 Web 应用中的 Servlet 调用 getContext(String uripath)方法时，该方法总是返回 null。crossContext 属性的默认值为 false。
- 当 crossContext 属性为 true 时，那么<Context>元素对应的 Web 应用可以得到其他 Web 应用的 ServletContext 对象，当这个 Web 应用中的 Servlet 调用 getContext(String uripath)方法时，该方法返回参数 uripath 对应的其他 Web 应用的 ServletContext 对象。

例程 5-18 的 CrossServlet 与本章 5.6.1 节的例程 5-10 的 CheckServlet 有些相似，区别在于 CrossServlet 没有把请求转发给当前 Web 应用中的 OutputServlet，而是把请求转发给 helloapp1 应用中的 OutputServlet。

例程 5-18　CrossServlet.java

```
public class CrossServlet extends GenericServlet {
```

```
  public void service(ServletRequest request,
        ServletResponse response)
        throws ServletException, IOException {

    //读取用户名
    String username = request.getParameter("username");
    String message=null;
    if(username==null){
     message="Please input username.";
    }else{
     message="Hello,"+username;
    }
    //在request对象中添加msg属性
    request.setAttribute("msg", message);

    ServletContext context = getServletContext();
    //获得helloapp1应用的ServletContext对象
    ServletContext crossContext = context.getContext("/helloapp1");
    RequestDispatcher dispatcher =
              crossContext.getRequestDispatcher("/output");

    PrintWriter out=response.getWriter();
    //把请求转发给helloapp1应用中的OutputServlet
    dispatcher.forward(request, response);
  }
}
```

在 web.xml 文件中为 CrossServlet 映射的 URL 为“/cross”。下面按照以下步骤运行本范例。

（1）在<CATALINA_HOME>/webapps 目录下复制 helloapp 应用，把复制的 helloapp 应用改名为 helloapp1 应用。

（2）在 helloapp/META-INF 目录下创建用于配置<Context>元素的 context.xml 文件，内容如下：

```
<Context reloadable="true" crossContext="true" />
```

（3）启动 Tomcat。通过浏览器访问 http://localhost:8080/helloapp/cross?username=Tom，服务器端的 helloapp 应用中的 CrossServlet 会把请求转发给 helloapp1 应用中的 OutputServlet，最后由 OutputServlet 返回响应结果。

5.9 避免并发问题

在 Internet 中，一个 Web 应用可能被来自四面八方的客户并发访问（即同时访问），而且有可能这些客户并发访问的是 Web 应用中的同一个 Servlet。Servlet 容器为了保证能同时响应多个客户的要求访问同一个 Servlet 的 HTTP 请求，通常会为每个请求分配一个工作线程，这些工作线程并发执行同一个 Servlet 对象的 service()方法。

提示

阅读本节，要求读者已经熟悉 Java 多线程的运行机制。作者的另一本书《Java 面向对象编程》对 Java 多线程做了详细介绍。

当多个线程并发执行同一个 Servlet 对象的 service()方法时，可能会导致并发问题。例程 5-19 的 HelloServlet1 用于演示导致并发问题的情形。

例程 5-19　HelloServlet1.java

```
public class HelloServlet1 extends GenericServlet {
  private String username=null;  //username 为实例变量

  /** 响应客户请求*/
  public void service(ServletRequest request,
          ServletResponse response)
          throws ServletException, IOException {

    //把 username 请求参数赋值给 username 实例变量
    username=request.getParameter("username");

    try{
      Thread.sleep(3000); //特意延长响应客户请求的时间
    }catch(Exception e){e.printStackTrace();}

    //设置 HTTP 响应的正文的 MIME 类型及字符编码
    response.setContentType("text/html;charset=GBK");

    /*输出 HTML 文档*/
    PrintWriter out = response.getWriter();
    out.println("<html><head><title>HelloServlet</TITLE></head>");
    out.println("<body>");
    out.println("你好: "+username);
    out.println("</body></html>");

    out.close(); //关闭 PrintWriter
  }
}
```

HelloServlet1 中有一个实例变量 username，在 HelloServlet1 的 service()方法中，先把 username 请求参数赋值给实例变量 username，最后再向客户端返回实例变量 username 的值。为了延长响应客户请求的时间，service()方法中调用 Thread.sleep(3000)方法睡眠了 3 秒钟。

在 web.xml 文件中为 HelloServlet1 映射的 URL 为“/hello1”。同时打开两个浏览器，确保几乎在同一时间内在两个浏览器中分别请求访问如下 URL：

```
http://localhost:8080/helloapp/hello1?username=老鼠
http://localhost:8080/helloapp/hello1?username=小鸭
```

两个浏览器端收到的页面如图 5-18 所示。

以上两个浏览器并发访问 HelloServlet1，出现了奇怪的现象。在第一个浏览器中，尽管客户端提供的请求参数 username 的值为“老鼠”，HelloServlet1 却返回“你好：小鸭”。为什么一眨眼，老鼠就变成了鸭呢？本章 5.9.1 节会分析出现该并发问题的原因，并提供解决办法。

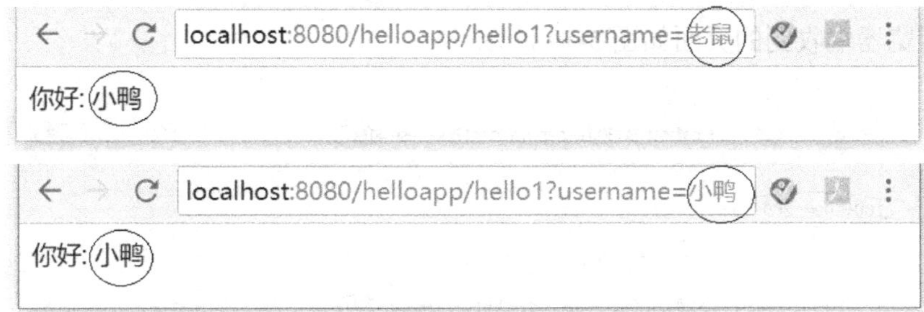

图 5-18　两个浏览器端各自接收到的 HelloServlet1 的响应结果

例程 5-20 的 AdderServlet1 也用于演示导致并发问题的情形。

例程 5-20　AdderServlet1.java

```
public class AdderServlet1 extends GenericServlet{
  private int sum=100; //sum为实例变量

  public void service(ServletRequest request,
        ServletResponse response)
        throws ServletException, IOException {

    //获得increase请求参数
    int increase=Integer.parseInt(request.getParameter("increase"));

    //设置HTTP响应的正文的MIME类型及字符编码
    response.setContentType("text/html;charset=GB2312");

    /*输出HTML文档*/
    PrintWriter out = response.getWriter();
    out.println("<html><head><title>AdderServlet</TITLE></head>");
    out.println("<body>");
    out.println(sum+"+"+increase+"=");
    try{
      Thread.sleep(3000); //特意延长响应客户请求的时间
    }catch(Exception e){e.printStackTrace();}

    sum+=increase;
    out.println(sum);
    out.println("</body></html>");

    out.close(); //关闭PrintWriter
  }
}
```

AdderServlet1 中有一个实例变量 sum，在 AdderServlet1 的 service()方法中，先读取 increase 请求参数，再把实例变量 sum 加上 increase，最后再向客户端返回实例变量 sum 的值。为了延长响应客户请求的时间，service()方法中调用 Thread.sleep(3000)方法睡眠了 3 秒钟。

在 web.xml 文件中为 AdderServlet1 映射的 URL 为“/adder1”。确保几乎在同一时间内，通过两个浏览器分别访问如下 URL：

```
http://localhost:8080/helloapp/adder1?increase=100
http://localhost:8080/helloapp/adder1?increase=200
```

两个浏览器端收到的页面如图 5-19 所示。

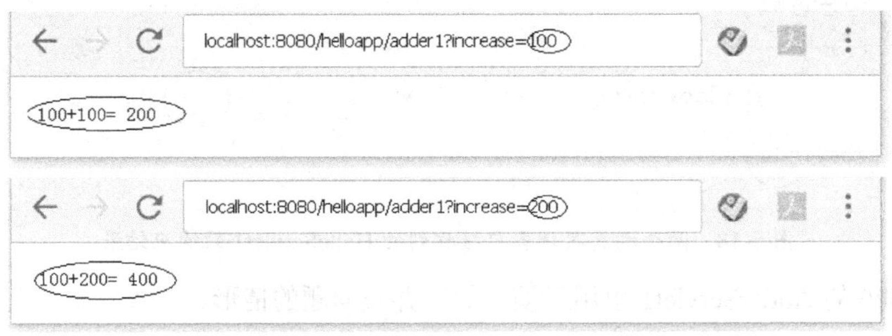

图 5-19　两个浏览器端各自接收到的 AdderServlet1 的响应结果

以上两个浏览器并发访问 AdderServlet1，出现了奇怪的现象。在第二个浏览器中，客户端提供的请求参数 increase 的值为“200”，AdderServlet1 返回“100+200=400”，AdderServlet1 所做的加法运算显然是错误的。下面的 5.9.2 节会分析出现该并发问题的原因，并提供解决办法。

在解决并发问题时，主要遵循以下原则：

（1）根据实际应用需求，合理决定在 Servlet 中定义的变量的作用域，变量到底为实例变量，还是局部变量，是由实际应用需求决定的。

（2）对于多个线程同时访问共享数据而导致并发问题的场合，使用 Java 同步机制对线程进行同步。

（3）不提倡使用被废弃的 javax.servlet.SingleThreadModel 接口。

5.9.1　合理决定在 Servlet 中定义的变量的作用域类型

在 Java 语言中，局部变量和实例变量有着不同的作用域，它们的区别如下：

- 局部变量在一个方法中定义，每当一个线程执行局部变量所在的方法，在线程的堆栈中就会创建这个局部变量，当线程执行完该方法，局部变量就结束生命周期。如果同一时刻有多个线程同时执行该方法，那么每个线程都拥有自己的局部变量。
- 实例变量在类中定义，类的每一个实例都拥有自己的实例变量。当一个实例结束生命周期，那么属于它的实例变量也就结束生命周期。如果同一时刻有多个线程同时执行一个实例的方法，而这个方法会访问一个实例变量，那么这些线程访问的是同一个实例变量。

本章 5.9 节的例程 5-19 的 HelloServlet1 中的 username 变量代表每个 HTTP 请求中的用户名信息。HTTP 请求和线程，以及 HTTP 请求和 username 变量之间存在以下对应关系：

- 一个 HTTP 请求对应一个工作线程。

● 一个 HTTP 请求对应一个 username 变量。

由此可以推出，一个工作线程也应该对应一个 username 变量。所以应该把 username 变量作为 service()方法的局部变量（参见例程 5-21 的 HelloServlet2），而不应该作为 HelloServlet1 类的实例变量。

例程 5-21　HelloServlet2.java

```
public class HelloServlet2 extends GenericServlet {
  public void service(ServletRequest request,
          ServletResponse response)
          throws ServletException, IOException {

    //把 username 请求参数赋值给 username 局部变量
    String username=request.getParameter("username");

    //与 HelloServlet1 的相关代码相同
    …
  }
}
```

在 web.xml 文件中为 HelloServlet2 映射的 URL 为“/hello2”，通过两个浏览器同时访问 HelloServlet2，两个浏览器都会得到与当前请求匹配的响应结果。这是因为服务器端的两个工作线程在执行同一个 HelloServlet2 对象的 service()方法时，这两个工作线程拥有各自的 username 局部变量，它们分别代表各自的 HTTP 请求中的用户名，参见图 5-20。

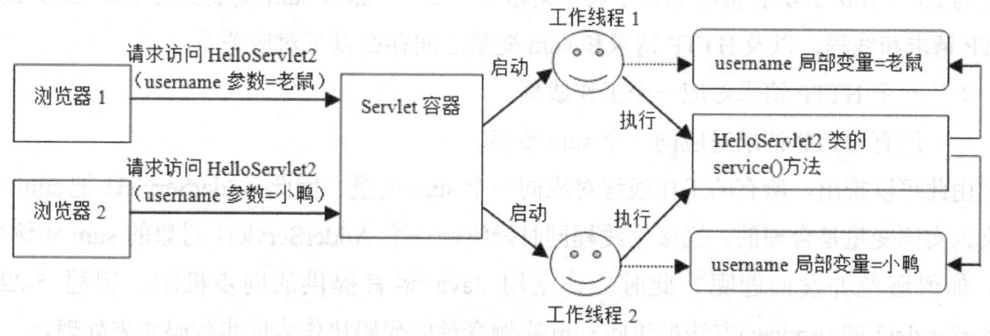

图 5-20　两个工作线程拥有各自的 username 局部变量

5.9 节的例程 5-19 的 HelloServlet1 类把 username 变量定义为实例变量，一个 HelloServlet1 对象只有一个 username 实例变量。当服务器端的工作线程并发执行同一个 HelloServlet1 对象的 service()方法时，该方法操纵的是同一个 username 实例变量。表 5-1 给出了当两个客户端同时访问 HelloServlet1 出现并发问题时，服务器端的两个响应客户请求的工作线程可能的一种操作时序。

提示

既然两个线程同时运行，为什么表 5-1 中的每一步操作都发生在不同的时刻？这是因为对于只有一个 CPU 的服务器，它在某个确定的时刻只可能执行一条语句。可以把表 5-1 中的 T1 和 T2 等理解为精确到毫秒或微秒的时间，假如 T1 代表 11:01:1 500 毫秒，而 T2 代表 11:01:1 501 毫秒，那么从宏观上看，可以认为在这两个时刻执行的操作是并发的，也可以说是同时进行的。

表 5-1 导致并发问题的操作时序

时刻	响应第一个客户请求的工作线程 1	响应第二个客户请求的工作线程 2
T1	读取请求参数 username=老鼠	
T2		读取请求参数 username=小鸭
T3	把实例变量 username 赋值为老鼠	
T4		把实例变量 username 赋值为小鸭
T5	睡眠 3 秒	
T6		睡眠 3 秒
T7	向客户端返回“你好，小鸭”	
T8		向客户端返回“你好，小鸭”

从表 5-1 可以看出，由于两个工作线程都操纵同一个 username 实例变量，第二个工作线程在 T4 时刻把第一个工作线程对 username 变量所赋的值覆盖掉了，因此第一个工作线程在 T7 时刻向客户端返回“你好，小鸭”。

5.9.2 使用 Java 同步机制对多线程同步

对于本章 5.9 节的例程 5-20 的 AdderServlet1，它的 sum 实例变量用来累计客户端请求进行加法运算的和。sum 变量的初始值为 100，如果第一个客户请求加上 100，那么 sum 变量变为 200（100+100）；接着第二个客户请求加上 200，那么 sum 变量变为 400（200+200）。HTTP 请求和线程，以及 HTTP 请求和 sum 变量之间存在以下对应关系：

- 一个 HTTP 请求对应一个工作线程。
- 所有 HTTP 请求对应同一个 sum 变量。

由此可以推出，所有的工作线程对应同一个 sum 变量，因此 AdderServlet1 把 sum 变量定义为实例变量是合理的。当多个线程同时操纵同一个 AdderServlet1 对象的 sum 实例变量时，如何避免并发问题呢？此时应该采用 Java 语言提供的同步机制。例程 5-22 的 AdderServlet2 的 service()方法把访问 sum 实例变量的代码块作为同步代码块来处理。

例程 5-22 AdderServlet2.java

```
public class AdderServlet2 extends GenericServlet{
  private int sum=100;  //sum 为实例变量

  public void service(ServletRequest request,
          ServletResponse response)
          throws ServletException, IOException {

    //获得 increase 请求参数
    int increase=Integer.parseInt(request.getParameter("increase"));

    //设置 HTTP 响应的正文的 MIME 类型及字符编码
    response.setContentType("text/html;charset=GB2312");

    /*输出 HTML 文档*/
```

```
    PrintWriter out = response.getWriter();
    out.println("<html><head><title>AdderServlet</TITLE></head>");
    out.println("<body>");

    synchronized(this){ //使用同步代码块
      out.println(sum+"+"+increase+"=");

      try{
        Thread.sleep(3000); //特意延长响应客户请求的时间
      }catch(Exception e){e.printStackTrace();}

      sum+=increase;
      out.println(sum);
    }
    out.println("</body></html>");

    out.close(); //关闭 PrintWriter
  }
}
```

在 web.xml 文件中为 AdderServlet2 映射的 URL 为“/adder2”，通过两个浏览器同时访问 AdderServlet2，两个浏览器都会得到与当前请求匹配的响应结果。

Java 同步机制确保在任意一时刻，只允许有一个工作线程执行 AdderServlet2 对象的 service()方法中的同步代码块，只有当这个工作线程退出同步代码块，其他工作线程才允许执行同步代码块，这使得任意时刻不会有两个线程同时操纵同一个 AdderServlet1 对象的 sum 实例变量，因此就能避免并发问题。

5.9.3 被废弃的 SingleThreadModel 接口

javax.servlet.SingleThreadModel 接口是一个被废弃的接口，该接口是为避免并发问题而提供的。如果一个 Servlet 实现了该接口，Servlet 容器实现可以采用以下两种方式之一来运行 Servlet：

- 在任意一时刻，只允许有一个工作线程执行该 Servlet 的 service()方法。如果有多个客户同时请求访问该 Servlet，那么这些客户请求被放入等待队列，容器会依次响应等待队列中的每个客户请求。这种实现方式实际上禁止了多个客户端对同一个 Servlet 的并发访问。
- Servlet 容器为该 Servlet 创建一个对象池，在这个池中存放了这个 Servlet 类的多个实例。如果有多个客户同时请求访问该 Servlet，Servlet 容器会为每个请求分配一个工作线程，并且从对象池中取出一个空闲的 Servlet 实例，把它分配给工作线程。每个工作线程执行自己的 Servlet 实例的 service()方法。这种实现方式表面上允许客户端对同一个 Servlet 并发访问，但实际上不同客户端访问的是同一个 Servlet 类的不同实例。当有无数客户同时访问实现了 SingleThreadModel 接口的 Servlet 时，会导致 Servlet 容器创建无数 Servlet 对象，这会消耗大量内存资源。

以上两种实现方式各有弊端，方式一实际上禁止了并发访问，而方式二在大量用户访问该 Servlet 的情况下会消耗大量内存资源。所以从 Servlet API 2.4 版本开始，SingleThreadModel 接口已经废弃使用。

Tomcat 采用第二种方式来提供对 SingleThreadModel 接口的支持。下面再通过具体例子来演示通过实现 SingleThreadModel 接口来解决并发问题的弊端。例程 5-23 的 HelloServlet3 在 HelloServlet1 的基础上稍做修改，使它实现了 SingleThreadModel 接口。

例程 5-23　HelloServlet3.java

```
public class HelloServlet3 extends GenericServlet
                    implements SingleThreadModel{
  private String username=null;  //username 为实例变量

  public void service(ServletRequest request,
          ServletResponse response)
          throws ServletException, IOException {

      //与 HelloServlet1 的相关代码相同
      …
    }
}
```

在 web.xml 文件中为 HelloServlet3 映射的 URL 为“/hello3”。通过两个浏览器同时访问 HelloServlet3，两个浏览器都会得到与当前请求匹配的响应结果。这是因为服务器端的负责响应客户请求的两个工作线程都拥有自己的 HelloServlet3 对象，因此也就拥有自己的 username 实例变量。

尽管 HelloServlet3 可以避免并发问题，但 HelloServlet3 把 username 变量定义为实例变量而不是局部变量，这与实际应用需求不符。而且如果有十万个客户同时访问 HelloServlet3，那么服务器端需要创建十万个 HelloServlet3 对象，这会大量消耗内存资源，降低服务器的运行性能。基于这些原因，所以不提倡采用实现 SingleThreadModel 接口的方式来解决并发问题。

例程 5-24 的 AdderServlet3 在 AdderServlet1 的基础上稍做修改，使它实现了 SingleThreadModel 接口。

例程 5-24　AdderServlet3.java

```
public class AdderServlet3 extends GenericServlet
        implements SingleThreadModel{
  private int sum=100;  //sum 为实例变量

  public void service(ServletRequest request,
          ServletResponse response)
          throws ServletException, IOException {

    //与 AdderServlet1 的相关代码相同
    …
    }
}
```

在 web.xml 文件中为 AdderServlet3 映射的 URL 为“/adder3”，通过两个浏览器多次同时访问 AdderServlet3，尽管对于单次客户请求，AdderServlet3 能返回与请求匹配的结果，但是 sum 实例变量无法用来累计客户端多次请求进行加法运算的和。Tomcat 使得负责响应客户请求的每个工作线程都拥有自己的 AdderServlet3 对象，因此也就拥有自己的 sum 实例变量，这使得 sum 变量作为实例变量失去了实际意义。由此可见，让 AdderServlet3 实现 SingleThreadModel 接口，并不能满足此处的应用需求。

5.10 对客户请求的异步处理

在 Servlet API 3.0 版本之前，Servlet 容器针对每个 HTTP 请求都会分配一个工作线程。即对于每一次 HTTP 请求，Servlet 容器都会从主线程池中取出一个空闲的工作线程，由该线程从头到尾负责处理请求。如果在响应某个 HTTP 请求的过程中涉及到进行 I/O 操作、访问数据库，或其他耗时的操作，那么该工作线程会被长时间占用，只有当工作线程完成了对当前 HTTP 请求的响应，才能释放回线程池以供后续使用。

在并发访问量很大的情况下，如果线程池中的许多工作线程都被长时间占用，这将严重影响服务器的并发访问性能。为了解决这种问题，从 Servlet API 3.0 版本开始，引入了异步处理机制，随后在 Servlet API 3.1 中又引入了非阻塞 I/O 来进一步增强异步处理的性能。

提示

所谓并发访问性能，是指服务器在同一时间可以同时响应众多客户请求的能力。

Servlet 异步处理的机制为：Servlet 从 HttpServletRequest 对象中获得一个 AsyncContext 对象，该对象表示异步处理的上下文。AsyncContext 把响应当前请求的任务传给一个新的线程，由这个新的线程来完成对请求的处理并向客户端返回响应结果。最初由 Servlet 容器为 HTTP 请求分配的工作线程便可以及时地释放回主线程池，从而及时处理更多的请求。由此可以看出，所谓 Servlet 异步处理机制，就是把响应请求的任务从一个线程传给另一个线程来处理。

5.10.1 异步处理的流程

要创建支持异步处理的 Serlvet 类主要包含以下步骤：

（1）在 Servlet 类中把@WebServlet 标注的 asyncSupport 属性设为 true，使得该 Servlet 支持异步处理。例如：

```
@WebServlet(name="AsyncServlet1",
        urlPatterns="/async1",
        asyncSupported=true)
```

如果在 web.xml 文件中配置该 Servlet，那么需要把<async-supported>元素设为 true：

```
<servlet>
  <servlet-name>AsyncServlet1</servlet-name>
  <servlet-class>mypack.AsyncServlet1</servlet-class>
  <async-supported>true</async-supported>
</servlet>
```

（2）在 Servlet 类的服务方法中，通过 ServletRequest 对象的 startAsync()方法，获得 AsyncContext 对象：

```
AsyncContext asyncContext = request.startAsync();
```

AsyncContext 接口为异步处理当前请求提供了上下文，它具有以下方法：

- setTimeout(long timeout)：设置异步线程处理请求任务的超时时间（以毫秒为单位），即异步线程必须在 timeout 参数指定的时间内完成任务。
- start(java.lang.Runnable run) ：启动一个异步线程，执行参数 run 指定的任务。
- addListener(AsyncListener listener) ：添加一个异步监听器。
- complete()：告诉 Servlet 容器任务完成，返回响应结果。
- dispatch(java.lang.String path) ：把请求派发给参数 path 指定的 Web 组件。
- getRequest() ：获得当前上下文中的 ServletRequest 对象。
- getResponse()：获得当前上下文中的 ServletResponse 对象。

（3）调用 AsyncContext 对象的 setTimeout(long timeout) 设置异步线程的超时时间，这一步不是必须的。

（4）启动一个异步线程来执行处理请求的任务。关于如何启动异步线程，有三种方式，参见 5.10.2 节的例程 5-25（AsyncServlet1.java）、例程 5-27（AsyncServlet2.java）和例程 5-28（AsyncServlet3.java）。

（5）调用 AsyncContext 对象的 complete()方法来告诉 Servlet 容器已经完成任务，或者调用 AsyncContext 对象的 dispatch()方法把请求派发给其他 Web 组件。

提示

出于叙述的方便，本章有时把负责异步处理请求的线程简称为异步线程。

5.10.2 异步处理的范例

例程 5-25 的 AsyncServlet1 类是一个支持异步处理的 Servlet 范例。

例程 5-25 AsyncServlet1.java

```
package mypack;
import javax.servlet.*;
import javax.servlet.http.*;
import javax.servlet.annotation.*;
import java.io.*;

@WebServlet(name="AsyncServlet1",
        urlPatterns="/async1",
        asyncSupported=true)
```

```
public class AsyncServlet1 extends HttpServlet{

  public void service(HttpServletRequest request,
              HttpServletResponse response)
              throws ServletException,IOException{

    response.setContentType("text/plain;charset=GBK");
    AsyncContext asyncContext = request.startAsync();
    //设定异步操作的超时时间
    asyncContext.setTimeout(60*1000);

    //启动异步线程的方式一
    asyncContext.start(new MyTask(asyncContext));
  }
}
```

以上 AsyncServlet1 通过 AsyncContext 对象的 start()方法来启动异步线程：

```
asyncContext.start(new MyTask(asyncContext));
```

异步线程启动后，就会执行MyTask对象的run()方法中的代码。AsyncContext接口的start()方法的实现方式取决于具体的 Servlet 容器。有的 Servlet 容器除了拥有存放工作线程的主线程池，还会另外维护一个线程池，从该线程池中取出空闲的线程来异步处理请求。

有的Servlet容器从已有的主线程池中获得一个空闲的线程来作为异步处理请求的线程，这种实现方式对性能的改进不大，因为如果异步线程和初始线程共享同一个线程池的话，就相当于先闲置初始工作线程，再占用另一个空闲的工作线程。

例程 5-26 的 MyTask 类定义了处理请求的具体任务，它实现了 Runnable 接口。

例程 5-26　MyTask.java

```
package mypack;
import javax.servlet.*;
import javax.servlet.http.*;

public class MyTask implements Runnable{
  private AsyncContext asyncContext;

  public MyTask(AsyncContext asyncContext){
    this.asyncContext = asyncContext;
  }

  public void run(){
    try{
      //睡眠 5 秒，模拟很耗时的一段业务操作
      Thread.sleep(5*1000);
      asyncContext.getResponse()
                  .getWriter()
                  .write("让您久等了!");
      asyncContext.complete();
    }catch(Exception e){e.printStackTrace();}
  }
}
```

MyTask 类利用 AsyncContext 对象的 getResponse()方法来获得当前的 ServletResponse 对象，利用 AsyncContext 对象的 complete()方法来通知 Servlet 容易已经完成任务。

通过浏览器访问：http://localhost:8080/helloapp/async1，会看到客户端在耐心等待了 5 秒钟后才会得到如图 5-21 所示的响应结果。

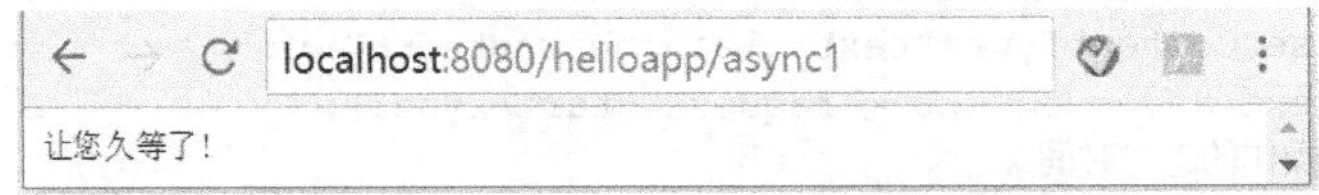

图 5-21　AsyncServlet1 的响应结果

例程 5-27 的 AsyncServlet2 类介绍了启动异步线程的第二种方式。

例程 5-27　AsyncServlet2.java

```
@WebServlet(name="AsyncServlet2",
        urlPatterns="/async2",
        asyncSupported=true)

public class AsyncServlet2 extends HttpServlet{

  public void service(HttpServletRequest request,
          HttpServletResponse response)
          throws ServletException,IOException{

    response.setContentType("text/plain;charset=GBK");
    AsyncContext asyncContext = request.startAsync();
    //设定异步操作的超时时间
    asyncContext.setTimeout(60*1000);

    //启动异步线程的方式二
    new Thread(new MyTask(asyncContext)).start();
  }
}
```

以上 AsyncServlet2 类通过“new Thread()”语句亲自创建新的线程，把它作为异步线程。当大量用户并发访问 AsyncServlet2 类时，会导致服务器端创建大量的新线程，这会大大降低服务器的运行性能。

例程 5-28 的 AsyncServlet3 类介绍了启动异步线程的第三种方式。

例程 5-28　AsyncServlet3.java

```
package mypack;
import javax.servlet.*;
import javax.servlet.http.*;
import javax.servlet.annotation.*;
import java.io.*;
import java.util.concurrent.ArrayBlockingQueue;
import java.util.concurrent.ThreadPoolExecutor;
import java.util.concurrent.TimeUnit;

@WebServlet(name="AsyncServlet3",
        urlPatterns="/async3",
        asyncSupported=true)
```

```
public class AsyncServlet3 extends HttpServlet{
  private static ThreadPoolExecutor executor =
        new ThreadPoolExecutor(100, 200, 50000L,
              TimeUnit.MILLISECONDS,
              new ArrayBlockingQueue<>(100));

  public void service(HttpServletRequest request,
           HttpServletResponse response)
           throws ServletException,IOException{

    response.setContentType("text/plain;charset=GBK");
    AsyncContext asyncContext = request.startAsync();
    //设定异步操作的超时时间
    asyncContext.setTimeout(60*1000);

    //启动异步线程的方式三
    executor.execute(new MyTask(asyncContext));
  }

  public void destroy(){
    //关闭线程池
    executor.shutdownNow();
  }
}
```

以上 AsyncServlet3 类利用 Java API 中的线程池 ThreadPoolExecutor 类来创建一个线程池，所有的异步线程都存放在这个线程池中。如图 5-22 所示演示了主线程池和异步处理线程池的关系。

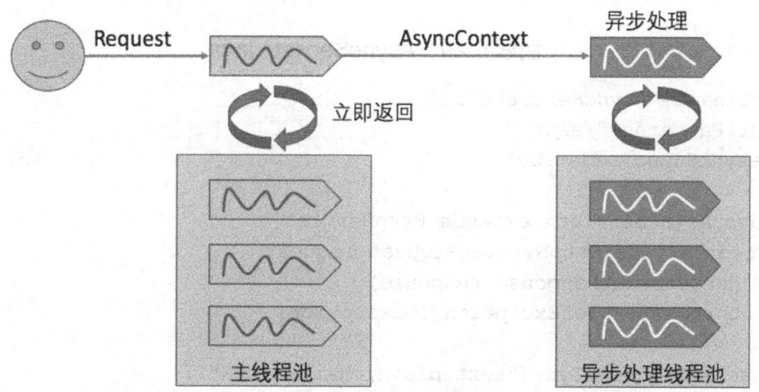

图 5-22　主线程池和异步处理线程池的关系

使用 ThreadPoolExecutor 线程池类的优点是可以更加灵活地根据实际应用需求来设置线程池。在构造 ThreadPoolExecutor 对象时就可以对线程池的各种选项进行设置。以下是 ThreadPoolExecutor 类的一个构造方法：

```
public ThreadPoolExecutor(int corePoolSize,
            int maximumPoolSize,
            long keepAliveTime,
            TimeUnit unit,
            BlockingQueue<Runnable> workQueue)
```

以上 ThreadPoolExecutor 类的构造方法包含以下参数：

- corePoolSize：线程池维护的线程的最少数量。
- maximumPoolSize：线程池维护的线程的最大数量。
- keepAliveTime：线程池维护的线程所允许的空闲时间。
- unit：线程池维护的线程所允许的空闲时间的单位。
- workQueue：线程池所使用的缓冲队列。

ThreadPoolExecutor 类的 execute(Runnable r)方法会从线程池中取出一个空闲的线程，来执行参数指定的任务：

```
executor.execute(new MyTask(asyncContext));
```

5.10.3 异步监听器

在异步处理请求的过程中，还可以利用异步监听器 AsyncListener 来捕获并处理异步线程运行中的特定事件。AsyncListener 接口声明了四个方法。

- onStartAsync(AsyncEvent event)：异步线程开始时调用。
- onError(AsyncEvent event)：异步线程出错时调用。
- onTimeout(AsyncEvent event)：异步线程执行超时时调用。
- onComplete(AsyncEvent event)：异步线程执行完毕时调用。

例程 5-29 的 AsyncServlet4 与 5.10.2 节的例程 5-25 的 AsyncServlet1 类很相似。区别在于 AsyncServlet4 类中的 AsyncContext 对象注册了 AsyncListener 监听器。

例程 5-29 AsyncServlet4.java

```
@WebServlet(name="AsyncServlet4",
      urlPatterns="/async4",
      asyncSupported=true)

public class AsyncServlet4 extends HttpServlet{
 public void service(HttpServletRequest request,
        HttpServletResponse response)
        throws ServletException,IOException{

   response.setContentType("text/plain;charset=GBK");
   AsyncContext asyncContext = request.startAsync();
   //设定异步操作的超时时间
   asyncContext.setTimeout(60*1000);

   //注册异步处理监听器
   asyncContext.addListener(new AsyncListener(){

    public void onComplete(AsyncEvent asyncEvent)
                throws IOException{
     System.out.println("on Complete...");
    }

    public void onTimeout(AsyncEvent asyncEvent)
                throws IOException{
```

```
        System.out.println("on Timeout...");
      }

      public void onError(AsyncEvent asyncEvent)
                          throws IOException{
        System.out.println("on Error...");
      }

      public void onStartAsync(AsyncEvent asyncEvent)
                          throws IOException{
        System.out.println("on Start...");
      }
    });

    asyncContext.start(new MyTask(asyncContext));
  }
}
```

以上 AsyncContext 对象所注册的异步监听器是一个内部匿名类，它实现了 AsyncListener 接口的各个方法，能够在异步线程启动、出错、超时或结束时在服务器的控制台打印出特定的语句。

5.10.4 非阻塞 I/O

非阻塞 I/O 是与阻塞 I/O 相对的概念。阻塞 I/O 包括以下两种情况：

- 当一个线程在通过输入流执行读操作时，如果输入流的可读数据暂时还未准备好，那么当前线程会进入阻塞状态（也可理解为等待状态），只有当读到了数据或者到达了数据末尾，线程才会从读方法中退出。例如，服务器端读取客户端发送的请求数据时，如果请求数据很大（比如上传文件），那么这些数据在网络上传输需要耗费一些时间，此时服务器端负责读取请求数据的线程可能会进入阻塞状态。
- 当一个线程在通过输出流执行写操作时，如果因为某种原因，暂时不能向目的地写数据，那么当前线程会进入阻塞状态，只有当完成了写数据的操作，线程才会从写方法中退出。例如，当服务器端向客户端发送响应结果时，如果响应正文很大（比如下载文件），那么这些数据在网络上传输需要耗费一些时间，此时服务器端负责输出响应结果的线程可能会进入阻塞状态。

非阻塞 I/O 操作也包括两种情况：

- 当一个线程在通过输入流执行读操作时，如果输入流的可读数据暂时还未准备好，那么当前线程不会进入阻塞状态，而是立即退出读方法。只有当输入流中有可读数据时，才进行读操作。
- 当一个线程在通过输出流执行写操作时，如果因为某种原因，暂时不能向目的地写数据，那么当前线程不会进入阻塞状态，而是立即退出写方法。只有当可以向目的地写数据时，才进行写操作。

在 Java 语言中，传统的输入/输出操作都采用阻塞 I/O 的方式。本章前面几节已经介绍了如何用异步处理机制来提高服务器的并发访问性能。但是，当异步线程用阻塞 I/O 的方式来读写数据时，毕竟会使得异步线程常常进入阻塞状态，这还是会削弱服务器的并发访问性能。

为了解决上述问题，从 Servlet API 3.1 开始，引入了非阻塞 I/O 机制，它建立在异步处理的基础上，具体实现方式是引入了两个监听器。

- ReadListener 接口：监听 ServletInputStream 输入流的行为。
- WriteListener 接口：监听 ServletOutputStream 输出流的行为。

ReadListener 接口包含以下方法。

- onDataAvailable()：输入流中有可读数据时触发此方法。
- onAllDataRead()：输入流中所有数据读完时触发此方法。
- onError(Throwable t)：输入操作出现错误时触发此方法。

WriteListener 接口包含以下方法。

- onWritePossible()：可以向输出流写数据时触发此方法。
- onError(java.lang.Throwable throwable)：输出操作出现错误时触发此方法。

在支持异步处理的 Servlet 类中进行非阻塞 I/O 操作主要包括以下步骤。

（1）在服务方法中从 ServletRequest 对象或 ServletResponse 对象中得到输入流或输出流：

```
ServletInputStream input = request.getInputStream();
ServletOutputStream output = request.getOutputStream();
```

（2）为输入流注册一个读监听器，或为输出流注册一个写监听器：

```
//以下 context 引用 AsyncContext 对象
input.setReadListener(new MyReadListener(input, context));
output.setWriteListener(new MyWriteListener(output, context));
```

（3）在读监听器类或写监听器类中编写包含非阻塞 I/O 操作的代码。

下面通过具体范例来演示非阻塞 I/O 的用法。本范例涉及到三个 Web 组件：upload2.htm→NoblockServlet.java→OutputServlet.java。

upload2.htm 和 5.2 节的例程 5-2 的 upload.htm 很相似，也会生成一个可以上传文件的网页，它的主要源代码如下：

```
<form name="uploadForm" method="POST"
  enctype="MULTIPART/FORM-DATA"
  action="nonblock">
  <table>
    <tr>
     <td><div align="right">User Name:</div></td>
     <td><input type="text" name="username" size="30"/> </td>
    </tr>
    <tr>
     <td><div align="right">Upload File1:</div></td>
     <td><input type="file" name="file1" size="30"/> </td>
```

```
      </tr>
      <tr>
        <td><input type="submit" name="submit" value="upload"></td>
        <td><input type="reset" name="reset" value="reset"></td>
      </tr>
    </table>
  </form>
```

OutputServlet.java 在 5.6.1 节中已经做了介绍，参见例程 5-11。它的作用是向网页上输出请求范围内的 msg 属性的值。

例程 5-30 是 NonblockServlet 类的源代码，它为 ServletInputStream 注册了读监听器，并且在 service()方法的开头和结尾，会向客户端打印进入 service()方法以及退出 service()方法的时间。

例程 5-30　NonblockServlet.java

```
package mypack;
import javax.servlet.*;
import javax.servlet.http.*;
import javax.servlet.annotation.*;
import java.io.*;

@WebServlet(urlPatterns="/nonblock",
      asyncSupported=true)
public class NonblockServlet extends HttpServlet{

  public void service(HttpServletRequest request ,
            HttpServletResponse response)
            throws IOException , ServletException{

    response.setContentType("text/html;charset=GBK");
    PrintWriter out = response.getWriter();
    out.println("<title>非阻塞 IO 示例</title>");
    out.println("进入 Servlet 的 service()方法的时间："
      + new java.util.Date() + ".<br/>");

    // 创建 AsyncContext
    AsyncContext context = request.startAsync();
    //设置异步调用的超时时长
    context.setTimeout(60 * 1000);

    ServletInputStream input = request.getInputStream();
    //为输入流注册监听器
    input.setReadListener(new MyReadListener(input, context));

    out.println("退出 Servlet 的 service()方法的时间："
           + new java.util.Date() + ".<br/><hr>");
    out.flush();
  }
}
```

以上 ServletInputStream 注册的读监听器为 MyReadListener 类，例程 5-31 是它的源代码。

例程 5-31 MyReadListener.java

```
package mypack;
import javax.servlet.*;
import javax.servlet.http.*;
import java.io.*;

public class MyReadListener implements ReadListener{
 private ServletInputStream input;
 private AsyncContext context;
 private StringBuilder sb = new StringBuilder();


 public MyReadListener(ServletInputStream input ,
                    AsyncContext context){
   this.input = input;
   this.context = context;
 }

 public void onDataAvailable(){
   System.out.println("数据可用！");
   try{
     // 暂停 5 秒，模拟读取数据是一个耗时操作。
     Thread.sleep(5000);

      int len = -1;
     byte[] buff = new byte[1024];

     //读取浏览器向 Servlet 提交的数据
     while (input.isReady() && (len = input.read(buff)) > 0){
       String data = new String(buff , 0 , len);
       sb.append(data);
     }
   }catch (Exception ex){ex.printStackTrace();}
 }

 public void onAllDataRead(){
   System.out.println("数据读取完成！");
   System.out.println(sb);
   //将数据设置为 request 范围的属性
   context.getRequest().setAttribute("msg" , sb.toString());
   //把请求派发给 OutputServlet 组件
   context.dispatch("/output");
 }

 public void onError(Throwable t){
   t.printStackTrace();
 }
}
```

MyReadListener 类实现了 ReadListener 接口中的所有方法。在 onDataAvailable()方法中读取客户端的请求数据，把它存放到 StringBuilder 对象中。在 onAllDataRead()方法中，把 StringBuilder 对象包含的字符串作为 msg 属性存放到请求范围内。最后把请求派发给 URL 为“/output”的 Web 组件来处理，它和 OutputServlet 对应。

通过浏览器访问 http://localhost:8080/helloapp/upload2.htm，将会出现如图 5-23 所示

的网页。

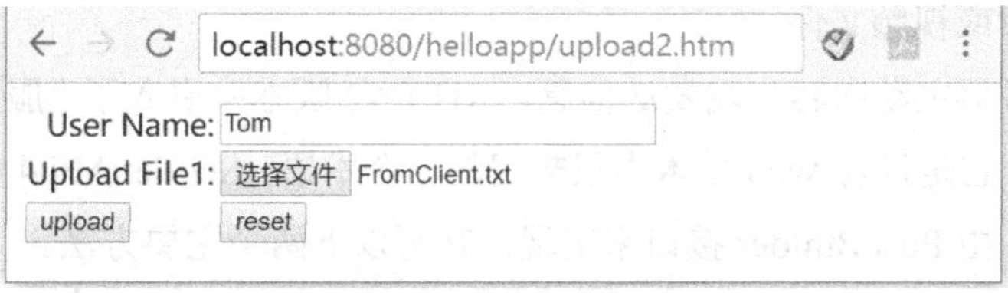

localhost:8080/helloapp/upload2.htm

User Name: Tom

Upload File1: 选择文件 FromClient.txt

upload reset

图 5-23 upload2.htm 网页

在网页中输入相关数据，再提交表单，该请求由 URL 为“/nonblock”的 Web 组件来处理，它和 NonblockServlet 组件对应。而 NonblockServlet 组件会通过 MyReadListener 读监听器采取非阻塞 I/O 的方式来读取请求数据，最后 MyReadListener 读监听器把请求派发給 OutputServlet。NonblockServlet 和 OutputServlet 共同生成的响应结果参见图 5-24。

图 5-24 NonblockServlet 和 OutputServlet 共同生成的响应结果

在客户端等待图 5-24 的网页的内容全部展示出来的过程中，可以看出，当主工作线程已经退出 NonblockServlet 的 service()方法时，读取客户请求数据的非阻塞 I/O 操作还没有完成。那么到底是由哪个线程来执行非阻塞 I/O 操作的呢？这取决于 Servlet 容器的实现，用户无须了解其中的细节，反正可以肯定的是，Servlet 容器会提供一个异步线程来执行 MyReadListener 读监听器中的非阻塞 I/O 操作。

5.11 服务器端推送

在传统的 HTTP 客户请求/服务器响应模式中，都是由客户端主动发出请求，然后由服务器端做出相应响应的。而在很多实际应用中，在以下情况，服务器需要向客户端主动发送一些信息：

- 服务器掌握着系统的主要资源，能够先获悉系统的状态变化和事件的发生。当这些变化发生的时候，服务器需要主动向客户端实时发送信息，例如股票变化。
- 为了給客户端带来更好的个性化的体验，服务器端会根据客户的背景智能地向客户主动发送可能感兴趣的信息。

- 当服务器发现客户请求的网页中包含图片、视频文件等链接时，服务器端主动发送这些图片或视频文件。

为了支持服务器主动向客户端发送信息，HTTP/2 版本中引入了“服务器推送”（Server Pushing）的概念，它是目前 Web 技术中很热门的一个术语。Servlet API 4 版本开始提供对服务器推送的支持，由 PushBuilder 接口来实现，它有以下两个主要方法。

- path(String path)：指定待推送资源的 URL 路径。
- push()：把 path()方法所设定的资源推送到客户端。

PushBuilder 对象可以推送多个资源，例如：

```
pushBuilder.path("images/banner.jpg").push();
pushBuilder.path("css/menu.css").push();
pushBuilder.path("js/foot.js").push();
```

HttpServletRequest 类有一个 newPushBuilder()方法，它会创建 PushBuilder 对象。例程 5-32 的 PushServlet 类演示了服务器向客户端推送资源的过程。

例程 5-32　PushServlet.java

```
package mypack;
import javax.servlet.*;
import javax.servlet.http.*;
import javax.servlet.annotation.*;
import java.io.*;

@WebServlet("/push")
public class PushServlet extends HttpServlet{

 protected void doGet(HttpServletRequest request,
           HttpServletResponse response)

           throws ServletException,IOException{

   response.setContentType("text/html;charset=GBK");
   PrintWriter pw = response.getWriter();

   PushBuilder pb = request.newPushBuilder();
   if(pb != null) {
    pb.path("images/javacover.jpg");
    pb.push();
    pw.println("<html>");
    pw.println("<body>");
    pw.println("<p>以下图片来自于服务器端推送</p>");
    pw.println("<img src=\"" + request.getContextPath()
          + "/images/javacover.jpg\"/>");
    pw.println("</body>");
    pw.println("</html>");
    pw.flush();
   }else{
    pw.println("<html>");
    pw.println("<body>");
    pw.println("<p>当前 HTTP 协议不支持服务器端推送</p>");
    pw.println("</body>");
    pw.println("</html>");
```

```
        }
    }
}
```

以上 request.newPushBuilder()方法如果返回 null，意味着当前请求不支持服务器推送。这可能是由于服务器端或浏览器端不支持 HTTP/2 造成的。

5.12 小结

本章介绍了关于 Servlet 的一些高级技术，主要包括以下方面。

- 输入和输出。
- 与其他 Web 组件的协作。
- 避免并发问题。
- 异步处理请求。
- 非阻塞 I/O。
- 服务器端推送。

1．输入和输出

Servlet 与客户端交换的正文数据不仅可以为 HTML 文档，还可以是其他 MIME 类型的数据。本章介绍了以下几种 MIME 类型数据的传输：

- Servlet 向客户端发送“application/force-download”类型的数据，当浏览器端接收到这种类型的响应正文，会让用户下载响应正文，用户可以把它保存到客户端的文件系统中。
- 客户端向 Servlet 发送““multipart/form-data”类型的数据，当 Servlet 接收到这种类型的请求正文，可以利用 Apache 开源软件组织提供的 fileupload 软件包，或者 Java API 中的 Part 接口，把客户端的上传文件保存到本地文件系统中。
- Servlet 向客户端发送“imag/jpeg”类型的图像数据。图像数据的来源可以是服务器端的文件系统中的静态图像文件，也可以是由 Servlet 动态生成的图像。本章介绍了 Servlet 利用 java.awt.image 包中的类和 javax.imageio.ImageIO 类来动态生成图像，并把它发送给客户的过程。
- Servlet 与客户端交换 Cookie 数据。Cookie 的运作机制由 HTTP 协议规定。Cookie 数据不位于 HTTP 请求正文和响应正文中，而是位于 HTTP 请求头和 HTTP 响应头中。Servlet 利用 HttpServletResponse 接口的 addCookie()方法，把 Cookie 数据加入到 HTTP 响应结果中；Servlet 利用 HttpServletRequest 接口的 getCookies()方法，来读取 HTTP 请求中的所有 Cookie 数据。

2. 与其他 Web 组件的协作

Web 应用中的 Servlet 不是孤军奋战，它可以通过以下几种关系与其他 Web 组件进行协作：

- 请求转发：Servlet 源组件把请求转发给其他 Web 组件。如图 5-25 所示，源组件与目标组件协作完成对同一个客户请求的响应，源组件与目标组件共享请求范围内的数据。通常，源组件对请求先做一些预处理操作，然后由目标组件生成响应结果。源组件不允许向客户端提交响应结果。

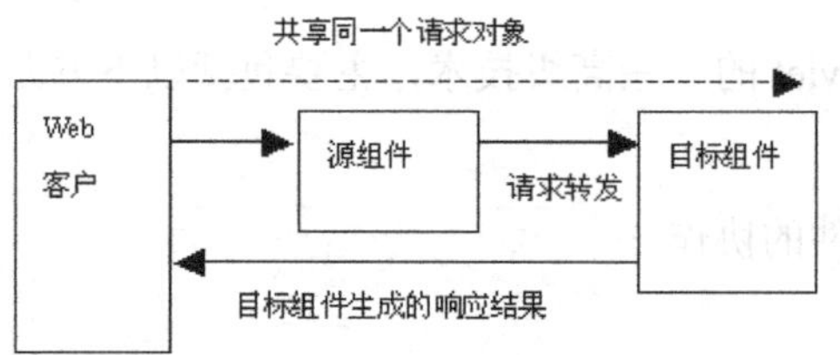

图 5-25　请求转发

- 包含：Servlet 源组件把其他 Web 组件的响应正文包含到自己的响应结果中。如图 5-26 所示，源组件与目标组件协作完成对同一个客户请求的响应，源组件与目标组件共享请求范围内的数据。响应结果是由源组件与目标组件共同产生的。

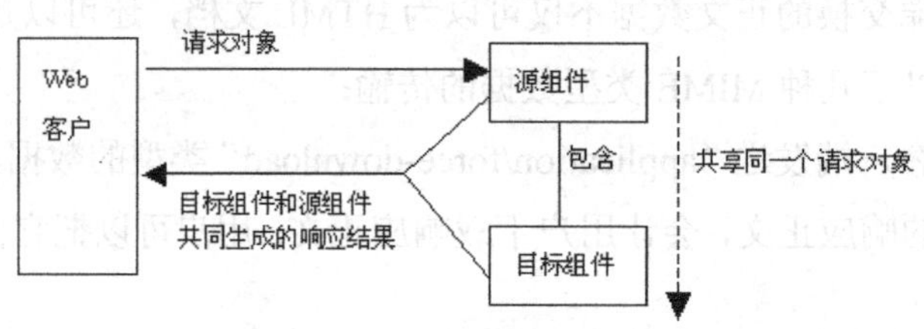

图 5-26　包含

- 重定向：Servlet 源组件把请求重定向到其他 Web 组件。如图 5-27 所示，浏览器端先请求访问 Servlet 源组件，Servlet 源组件返回重定向的信息，浏览器再请求访问目标 Web 组件。源组件与目标组件分别响应不同的客户请求，源组件与目标组件不共享请求范围内的数据。

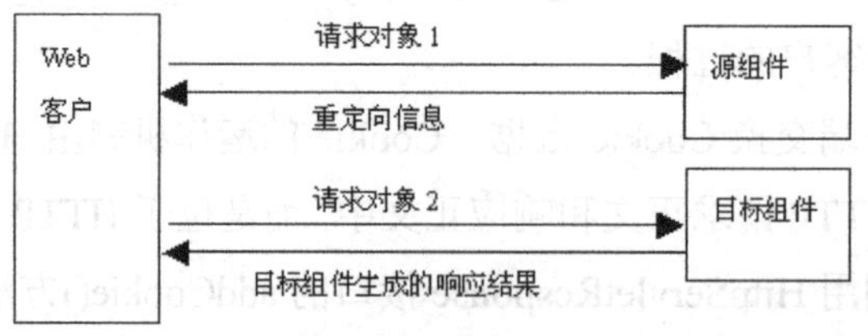

图 5-27　重定向

- 链接：在源组件中通过 HTML 的<a>标记，链接到目标组件。如图 5-28 所示，用户先通过浏览器请求访问源组件，然后在源组件的 HTML 页面中选择链接目标组件，浏览器再请求访问目标组件。源组件与目标组件分别响应不同的客户请求，源组件与目标组件不共享请求范围内的数据。

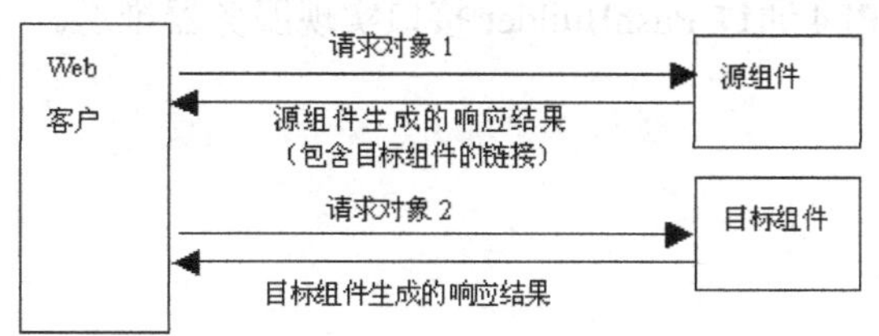

图 5-28 链接

对于请求转发和包含关系，源组件和目标组件必须位于同一个 Web 应用中，或者分别位于同一个 Servlet 容器进程内的不同 Web 应用中。对于重定向关系和链接关系，源组件和目标组件可以位于不同的 Web 服务器上。

3. 避免并发问题

当多个客户同时请求访问 Web 应用中的同一个 Servlet 时，可能会导致并发问题。并发问题有以下两种有效的解决措施：

- 根据实际需求，合理决定 Servlet 中的变量的作用域类型。如果一个变量本来应该为局部变量，结果误把它定义为实例变量，那么只要改正了该错误，并发问题就会迎刃而解。
- 在 Servlet 的 service()方法中，把操纵共享数据的代码块作为同步代码块。Servlet 的实例变量是典型的共享数据。

4. 异步处理请求

异步处理请求主要用于处理客户请求非常耗时的场合，为了提高服务器的并发性能，把主线程处理客户请求的任务转给其他线程去处理，从而使得主线程可以及时释放回线程池，去响应其他的客户请求。

Servlet 容器为异步线程提供了表示异步处理上下文的 AsyncContext 对象，异步线程从该 AsyncContext 对象中来获取当前的 ServletRequest 和 ServletResponse 对象，从而可以对特定的请求生成相应的响应结果。

5. 非阻塞 I/O

非阻塞 I/O 建立在异步处理的基础上，可以进一步提高服务器的并发访问性能。Servlet API 提供了 ReadListener 和 WriteListener 监听器，分别监听 ServletInputStream 和 ServletOutputStream 的行为。当输入流中有可读数据，或者可以向输出流写数据时，Servlet 容器就会指派异步线程去执行 ReadListener 和 WriteListener 监听器的相关方法，来完成读写操作。

6．服务器推送

服务器推送的概念是在 HTTP/2 版本中出现的，旨在由服务器端主动向客户端发送一些有用的信息。Servlet API 4 通过 PushBuilder 接口实现服务器推送。

5.13 思考题

1．当响应正文为哪种数据类型，浏览器会让用户下载响应正文？（单选）

（a）text/html　　　　　　　　（b）text/plain

（c）application/force-download　（d）image/jpeg

2．fromserver.rar 文件位于<CATALINA_HOME>/webapps/helloapp/store 目录下，helloapp 应用中的一个 Servlet 需要得到用于读取 fromserver.rar 文件的输入流，以下哪个选项中的代码是正确的？其中，变量 in 为 InputStream 类型的变量。（单选）

（a）in=getServletContext().getResourceAsStream("/store/fromserver.rar");

（b）in=new FileInputStream ("/store/fromserver.rar");

（c）in=getServletContext().getResourceAsStream("/helloapp/store/fromserver.rar");

（d）in=new FileInputStream ("/webapps/helloapp/store/fromserver.rar");

3．以下哪些说法是错误的？（多选）

（a）“multipart/form-data”类型的请求正文中可以包含多个上传文件的数据。

（b）Cookie 的运作机制由 Java Servlet 规范规定。

（c）服务器端向客户端发送的 Cookie 数据位于响应正文中。

（d）javax.servlet.http.Cookie 类表示 Cookie。

4．在 Apache 开源软件组织提供的 fileupload 软件包中，以下哪个接口或类具有用于解析 HTTP 请求的 parseRequest(HttpServletRequest req)方法？（单选）

（a）DiskFileItem　　　（b）FileItem

（c）FileItemFactory　　（d）ServletFileUpload

5．以下哪种图像属于本章所说的由 Servlet 动态生成的图像？（单选）

（a）位于 Web 服务器的文件系统中的 gif 文件，它显示的图像具有动画效果。Servlet 把该 gif 文件的数据发送到客户端。

（b）由 Servlet 的程序代码动态产生的图像。这种图像刚被创建时位于缓存中。

（c）在 Servlet 输出的 HTML 文档中，包含“<img src='cat.jpg'>”代码，cat.jpg 就是动态生成的图像。

（d）Servlet 向客户端发送一个 JavaScript 脚本文件，该 JavaScript 能产生动画。

6．Servlet 中的变量 cookie 表示客户端的一个 Cookie 数据。以下哪个选项中的代码用于删除客户端的相应 Cookie 数据？（单选）

（a）response.deleteCookie(cookie);

（b）cookie.setMaxAge(0);
response.addCookie(cookie);

（c）cookie.setMaxAge(-1);
response.addCookie(cookie);

（d）request.deleteCookie(cookie);

7．关于“javax.servlet.context.tempdir”，以下哪些说法正确？（多选）

（a）是 ServletContext 接口的一个静态常量。

（b）是 Servlet 容器在 Web 应用范围内存放的一个属性的名字。

（c）表示 Web 应用的工作目录。

（d）是 Servlet 的一个初始化参数。

（e）是 Java Servlet API 中一个包的名字。

8．关于请求转发、包含和重定向关系，以下哪些说法不正确？（多选）

（a）Servlet 只能把请求转发给同一个 Web 应用中的 Web 组件。

（b）对于请求转发和包含关系，源组件和目标组件都共享请求范围内的数据。

（c）HTTP 协议规定了请求转发和包含的运作机制。

（d）ServletResponse 接口中的 sendRedirect(String location)方法用于重定向。

9．以下哪些方法属于在 ServletContext 接口中定义的方法？（多选）

（a）getRequestDispatcher(ServletRequest req,ServletResponse res)

（b）getContext(String uripath)

（c）getRequestDispatcher(String path)

（d）getResourceAsStream(String path)

10．当多个客户端同时请求访问服务器端的同一个 Servlet 时，以下哪些是避免并发问题的有效手段？（多选）

（a）合理决定在 Servlet 中定义的变量的作用域类型。

（b）利用 Java 语言中对多线程的同步机制。

（c）禁止在 Servlet 中定义实例变量。

（d）让 Servlet 实现 javax.servlet.SingleThreadModel 接口。

11．以下哪些属于 javax.servlet.AsyncContext 接口的方法？

（a）complete()

（b）dispatch(java.lang.String path)

（c）getRequest()

（d）push()

12．实验题：编写三个 Servlet：Servlet1、Servlet2 和 Servlet3。Servlet1 把请求转发给 Servlet2，Servlet2 再把请求转发给 Servlet3。这三个 Servlet 的作用如下：

- Servlet1：读取请求参数 num1 和请求参数 num2，检查这两个参数是否为 null，或者是否无法转为数字，如果无法转为数字，就向客户端返回错误信息；否则就把 num1 和 num2 存放在请求范围内，再把请求转发给 Servlet2。
- Servlet2：计算 num1 与 num2 相加的和。把和存放在请求范围内，再把请求转发给 Servlet3。
- Servlet3：向客户端返回由 Servlet2 计算出的和。

通过浏览器分别访问以下 URL：

```
(1) http://localhost:8080/helloapp/servlet1
(2) http://localhost:8080/helloapp/servlet1?num1=one&num2=200
(3) http://localhost:8080/helloapp/servlet1?num1=100&num2=200
```

对于第一个 URL，浏览器会得到由 servlet1 返回的信息：“Please input num1 and num2.”。对于第二个 URL，浏览器会得到由 servlet1 返回的信息：“The num1 and num2 must be numeric.”。对于第三个 URL，浏览器会得到由 servlet3 返回的信息：“100+200=300”。

参考答案

1．c　2．a　3．b,c　4．d　5．b　6．b　7．b,c　8．a,c,d　9．b,c,d　10．a,b

11．a,b,c

12．参见本书配套源代码包中本章范例中的 Servlet1.java、Servlet2.java 和 Servlet3.java。

第 6 章　JSP 技术

JSP 是 Java Server Page 的缩写，它是 Servlet 的扩展，其目的是简化创建和维护动态网站的工作。本章将介绍 JSP 的运行机制和语法、JSP 包含其他 Web 组件，以及把请求转发给其他 Web 组件的方法，本章还介绍了 JSP 的异常处理。

6.1　比较 HTML、Servlet 和 JSP

静态 HTML 文件、Servlet 和 JSP 都能向客户端返回 HTML 页面。下面结合具体的例子来解释这三者的区别。

6.1.1　静态 HTML 文件

例程 6-1 的 hello.htm 文件很简单，用于在网页上显示字符串“Hello”：

例程 6-1　hello.htm

```
<html>
<head>
  <title>helloapp</title>
</head>
<body>
  <b>Hello</b>
</body>
</html>
```

当浏览器请求访问 http://localhost:8080/helloapp/hello.htm 时，Web 服务器会读取本地文件系统中 hello.htm 文件中的数据，把它作为请求正文发送给浏览器，如图 6-1 演示了 Web 服务器向浏览器发送静态 hello.htm 文件的过程。

图 6-1　Web 服务器向浏览器发送静态 hello.htm 文件的过程

hello.htm 文件已经存在于文件系统中，每次客户端请求访问该文件，客户端得到的都是同样的内容。

6.1.2 用 Servlet 动态生成 HTML 页面

假定根据应用需求，要求 Web 应用在运行时，能根据客户端提供的 username 请求参数来动态生成与参数匹配的 HTML 文档。例如，如果 username 请求参数的值为 Tom，那么 HTML 文档的内容为“Hello,Tom”；如果 username 请求参数的值为 Mike，那么 HTML 文档的内容为“Hello,Mike”。显然，内容一成不变的 hello.htm 文件无法满足这一需求。而具有动态生成 HTML 文档的 Servlet 可以完成这一任务，参见例程 6-2 的 HelloServlet。

例程 6-2　HelloServlet.java

```
package mypack;

import javax.servlet.*;
import javax.servlet.http.*;
import java.io.*;

public class HelloServlet extends HttpServlet {
  public void doGet(HttpServletRequest request,
              HttpServletResponse response)
        throws ServletException, IOException {

    //获得username 请求参数
    String username=request.getParameter("username");

    /*输出HTML 文档*/
    PrintWriter out = response.getWriter();
    out.println("<html><head><title>helloApp</TITLE></head>");
    out.println("<body>");
    out.println("<b>Hello,"+username+"</b>");
    out.println("</body></html>");

    out.close(); //关闭PrintWriter
  }
}
```

以上 HelloServlet 类通过 Java 程序代码来读取客户端的 username 请求参数，接着在动态生成的 HTML 文档中会包含 username 请求参数的值。

在 web.xml 文件中为 HelloServlet 映射的 URL 为“/hello”。当浏览器请求访问 http://localhost:8080/helloapp/hello?username=Tom 时，Web 服务器调用 HelloServlet 对象的服务方法，由该方法生成 HTML 文档。以下图 6-2 演示了 Web 服务器通过 HelloServlet 动态生成 HTML 文档的过程。

开发人员尽管能利用 HelloServlet 来动态生成 HTML 文档，但开发人员必须以编写 Java 程序代码的方式来生成 HTML 文档，更确切地说，需要通过 PrintWriter 对象来一行行地打印 HTML 文档的内容。

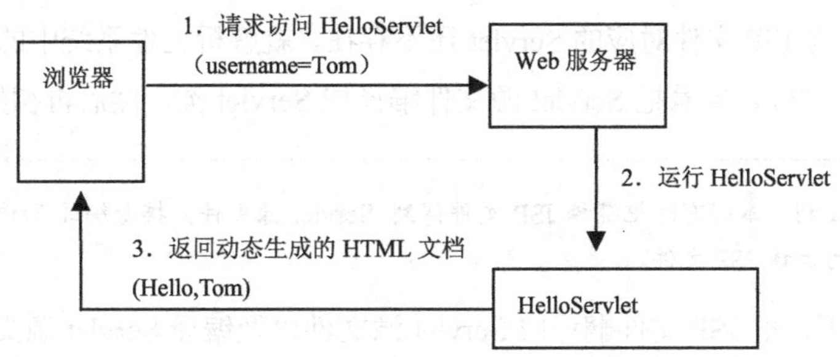

图 6-2　Web 服务器动态生成 HTML 文档的过程

比较 HelloServlet.java 的程序代码和 hello.htm 文件中的标记代码，可以看出，hello.htm 文件中的 HTML 标记能够既简洁又直观地表达网页的外观，而 HelloServlet 中用于生成网页的程序代码既繁琐又难以理解。尤其对于内容庞大并且布局非常复杂的网页，开发人员用 Servlet 来生成这样的网页虽然可行，但编程工作非常繁琐。

6.1.3　用 JSP 动态生成 HTML 页面

从以上两节的介绍可以看出，静态 HTML 文件和 Servlet 各有优缺点。如果有一种技术能吸取两者的优点并摒弃两者的缺点，就能大大简化动态生成网页的工作。这种技术就是 JSP 技术。

在传统的 HTML 文件（*.htm,*.html）中加入 Java 程序片段和 JSP 标记，就构成了 JSP 文件。

从形式上看，例程 6-3 的 hello.jsp 和 hello.htm 文件很相似，因此它能和 HTML 文件一样，既简洁又直观地表达网页的外观。但 hello.jsp 和 hello.htm 有着本质区别，因为 hello.htm 是静态 HTML 文档，而 hello.jsp 和 HelloServlet 一样，都能动态生成 HTML 文档。

例程 6-3　hello.jsp

```
<html>
<head>
  <title>helloapp</title>
</head>
<body>
  <b>Hello,<%= request.getParameter("username") %></b>
</body>
</html>
```

hello.jsp 中的“<%= request.getParameter("username") %>”采用了 JSP 的语法，其作用是向网页上输出 request.getParameter("username")方法的返回值。

浏览器访问 hello.jsp 的 URL 为：http://localhost:8080/helloapp/hello.jsp?username=Tom。当 Servlet 容器接收到客户端的要求访问特定 JSP 文件的请求时，容器按照以下流程来处理客户请求：

（1）查找与 JSP 文件对应的 Servlet，如果已经存在，就调用它的服务方法。

（2）如果与 JSP 文件对应的 Servlet 还不存在，就解析文件系统中的 JSP 文件，把它翻译成 Servlet 源文件，接着把 Servlet 源文件编译成 Servlet 类，然后再初始化并运行 Servlet。

提示

出于表达的便利，本书有时把翻译 JSP 文件得到 Servlet 源文件，接着编译 Servlet 源文件得到 Servlet 类的过程，简称为编译 JSP 文件。

一般情况下，把 JSP 文件翻译成 Servlet 源文件以及编译 Servlet 源文件的步骤仅在客户端首次调用 JSP 文件时发生。如图 6-3 显示了 Tomcat 首次执行 JSP 的过程。

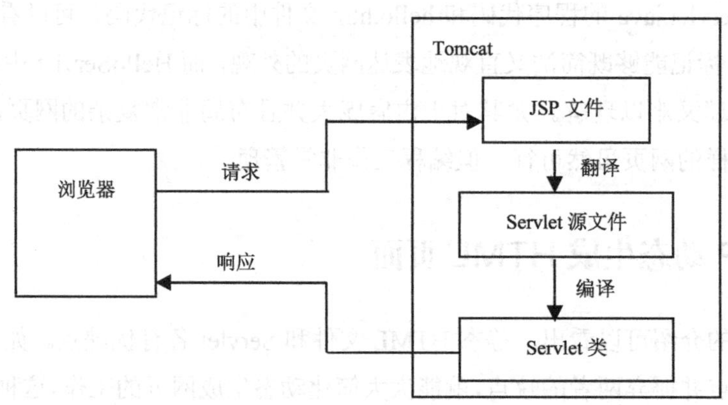

图 6-3　Tomcat 首次执行 JSP 的过程

在 Web 应用处于运行状态的情况下，如果原始的 JSP 文件被更新，多数 Servlet 容器能检测到所做的更新，自动生成新的 Servlet 源文件并进行编译，然后再运行新生成的 Servlet。

提示

Tomcat 把由 JSP 生成的 Servlet 源文件和类文件放于<CATALINA_HOME>/work 目录下。通常情况下，在开发和调试 Web 应用阶段，如果开发人员修改了 JSP 文件，Tomcat 会重新编译 JSP，并把编译生成的新文件覆盖 work 目录下原来的旧文件。在少数情况下，如果更新 JSP 文件后，通过浏览器看到的仍然是旧的网页，有可能是因为 Tomcat 使用的还是 work 目录下的旧 Servlet 类文件，此时可以手动删除 work 目录下的相关 Servlet 文件，这样可确保 Tomcat 重新编译修改后的 JSP 文件。

与 hello.jsp 文件对应的 Servlet 源文件和类文件的路径分别为：

```
<CATALINA_HOME>\work\Catalina\localhost\helloapp
          \org\apache\jsp\hello_jsp.java

<CATALINA_HOME>\work\Catalina\localhost\helloapp
          \org\apache\jsp\hello_jsp.class
```

例程 6-4 为 hello_jsp.java 的源代码。hello_jsp.java 是 Tomcat 根据 hello.jsp 文件自动生成的。

例程 6-4　hello_jsp.java

```
package org.apache.jsp;

import javax.servlet.*;
```

```
import javax.servlet.http.*;
import javax.servlet.jsp.*;

public final class hello_jsp
  extends org.apache.jasper.runtime.HttpJspBase
  implements org.apache.jasper.runtime.JspSourceDependent,
  org.apache.jasper.runtime.JspSourceImports {

 private static final javax.servlet.jsp.JspFactory _jspxFactory =
        javax.servlet.jsp.JspFactory.getDefaultFactory();

 ......
 public void _jspInit() { }

 public void _jspDestroy() { }

 public void _jspService(
    final javax.servlet.http.HttpServletRequest request,
    final javax.servlet.http.HttpServletResponse response)
    throws java.io.IOException, javax.servlet.ServletException {
   ......
   final javax.servlet.jsp.PageContext pageContext;
   javax.servlet.http.HttpSession session = null;
   final javax.servlet.ServletContext application;
   final javax.servlet.ServletConfig config;
   javax.servlet.jsp.JspWriter out = null;
   final java.lang.Object page = this;
   javax.servlet.jsp.JspWriter _jspx_out = null;
   javax.servlet.jsp.PageContext _jspx_page_context = null;

   try {
    response.setContentType("text/html");
    pageContext = _jspxFactory.getPageContext(this, request,
                 response,null, true, 8192, true);
    _jspx_page_context = pageContext;
    application = pageContext.getServletContext();
    config = pageContext.getServletConfig();
    session = pageContext.getSession();
    out = pageContext.getOut();
    _jspx_out = out;

    out.write("<html>\r\n");
    out.write("<head>\r\n");
    out.write("  <title>helloapp</title>\r\n");
    out.write("</head>\r\n");
    out.write("<body>\r\n");
    out.write("  <b>Hello,");
    out.print( request.getParameter("username") );
    out.write("</b>\r\n");
    out.write("</body>\r\n");
    out.write("</html>\r\n");
  } catch (java.lang.Throwable t) {
    if (!(t instanceof javax.servlet.jsp.SkipPageException)){
     out = _jspx_out;
     if (out != null && out.getBufferSize() != 0)
       try {
```

```
            if (response.isCommitted()) {
              out.flush();
            } else {
              out.clearBuffer();
            }
          } catch (java.io.IOException e) {}
        if (_jspx_page_context != null)
          _jspx_page_context.handlePageException(t);
        else throw new ServletException(t);
      }
    } finally {
      _jspxFactory.releasePageContext(_jspx_page_context);
    }
  }
}
```

从以上程序代码看出，与 JSP 文件对应的 Servlet 类继承 org.apache.jasper.runtime.HttpJspBase 类，HttpJspBase 类由 Tomcat 提供，HttpJspBase 类实现了 JSP API 中的 javax.servlet.jsp.HttpJspPage 接口，该接口继承了 javax.servlet.jsp.JspPage 接口，而 JspPage 接口又继承了 Servlet API 中的 javax.servlet.Servlet 接口。如图 6-4 显示了这些类和接口之间的关系。

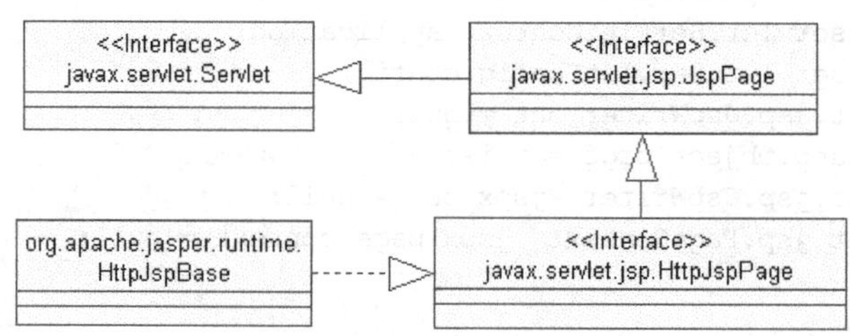

图 6-4　与 JSP 文件对应的 Servlet 类以及接口的类框图

hello.jsp 中的 HTML 文本称为模板文本（template text），它会被原封不动地发送到客户端。在例程 6-4 的 hello_jsp.java 中，以下代码用于输出模板文本：

```
out.write("<html>\r\n");
out.write("<head>\r\n");
out.write("  <title>helloapp</title>\r\n");
out.write("</head>\r\n");
out.write("<body>\r\n");
out.write("  <b>Hello,");
out.print( request.getParameter("username") );
out.write("</b>\r\n");
out.write("</body>\r\n");
out.write("</html>\r\n");
```

hello.jsp 中的“<%= request.getParameter("username") %>”用于向网页上输出 request.getParameter("username")方法的返回值，它与 hello_jsp.java 中的以下代码对应：

```
out.print( request.getParameter("username") );
```

从 Servlet 容器处理 JSP 的过程可以看出，JSP 虽然形式上像 HTML 文件，但其本质上是 Servlet。本书第 4 章和第 5 章介绍的关于 Servlet 的功能和特性也都适用于 JSP。JSP 中的

Java 程序片段可以完成与 Servlet 同样的功能，例如，动态生成网页、操纵数据库、把请求转发给其他 Web 组件，以及发送 E-Mail 等。

虽然理论上 JSP 和 Servlet 能完成同样的功能，但由于它们形式上不一样（前者允许直接包含 HTML 标记，后者是纯粹的 Java 程序代码），这使得它们在 Web 应用中有着不同的分工。

JSP 技术的出现，使得把 Web 应用中的 HTML 文档和业务逻辑代码有效分离成为可能。通常，JSP 负责动态生成 HTML 文档，而业务逻辑由其他可重用的组件，如 JavaBean 或其他 Java 程序来实现。JSP 可通过 Java 程序片段来访问这些业务组件。图 6-5 显示了 JSP 访问服务器端可重用的业务组件的模型，其中 JavaBean 表示业务组件。本书第 23 章在介绍 Web 应用的 MVC 设计模式时，还会介绍 JSP 和 Servlet 的分工细节。

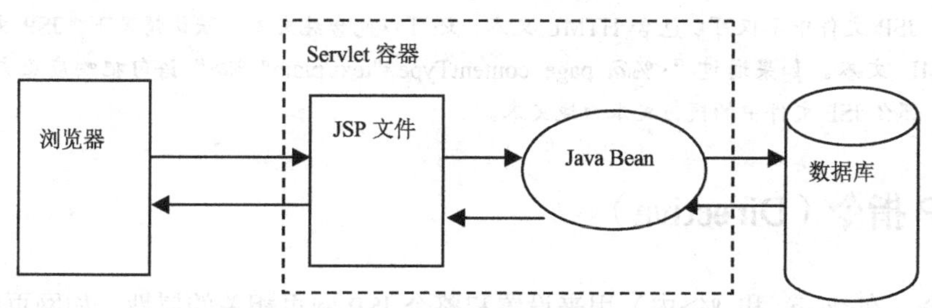

图 6-5　JSP 访问服务器端可重用组件的模型

JSP 本质上就是 Servlet，因此 JSP 可以访问 Servlet API 中的接口和类。此外，JSP 还可以访问 JSP API 中的接口和类。JSP API 主要位于 javax.servlet.jsp 包以及子包中。JSP API 的 JavaDoc 文档可以到 Apache 网站上查阅：

```
http://tomcat.apache.org/tomcat-9.0-doc/jspapi/index.html
```

Tomcat 的<CATALINA_HOME>/lib/jsp-api.jar 文件为 JSP API 的类库文件。

6.2　JSP 语法

虽然 JSP 本质上就是 Servlet，但 JSP 有着不同于 Java 编程语言的专门的语法，该语法的特点是，尽可能地用标记来取代 Java 程序代码，使整个 JSP 文件在形式上不像 Java 程序，而像标记文档。

例如，在 Servlet 类中，可通过以下 Java 语法来引入 Java 包：

```
import java.io.*;
import java.util.Hashtable;
```

而在 JSP 中，可以通过以下 page 指令来引入 Java 包：

```
<%@ page import="java.io.*,java.util.Hashtable" %>
```

再例如，在 Servlet 类中，通过以下方式设置响应正文的类型：

```
response.setContentType("text/html; charset=GBK");
```

而在 JSP 中，可以通过以下 page 指令来设置响应正文的类型：

```
<%@ page contentType="text/html; charset=GBK" %>
```

JSP 文件（扩展名为 .jsp）中除了可以直接包含 HTML 文本，还可以包含以下内容：

- JSP 指令（或称为指示语句）
- JSP 声明
- Java 程序片段（Scriptlet）
- Java 表达式
- JSP 隐含对象

提示

确切地说，JSP 文件中不仅可以包含 HTML 文本，还可以包含纯文本。默认情况下，JSP 文件中的模板文本为 HTML 文本。如果通过“<%@ page contentType="text/plain" %>”语句把响应正文类型设为“text/plain”，那么 JSP 文件中的模板文本为纯文本。

6.2.1 JSP 指令（Directive）

JSP 指令（在<%@ 和 %>内）用来设置和整个 JSP 网页相关的属性，如网页的编码方式和脚本语言等。JSP 指令的一般语法形式为：

```
<%@ 指令名 属性="值" %>
```

常用的三种指令为 page、include 和 taglib。下面分别讲述 page 和 include 指令，taglib 指令在本书第 13 章（自定义 JSP 标签）中讲解。

1. page 指令

page 指令可以指定所使用的编程语言、与 JSP 对应的 Servlet 所实现的接口、所扩展的类以及导入的软件包等。page 指令的语法形式为：

```
<%@ page 属性1="值1"  属性2="值2" %>
```

表 6-1 对 page 指令的属性做了描述。

表 6-1　page 指令的属性

page 指令的属性	描述	举例
language	指定文件中的程序代码所使用的编程语言。目前仅 java 为有效值和默认值。该指令作用于整个文件。当多次使用该指令时，只有第一次使用是有效的	<%@ page language ="java" %>
method	指定 Java 程序片段(Scriptlet)所属的方法的名称。Java 程序片段会成为指定方法的主体。默认的方法是 service()方法。当多次使用该指令时，只有第一次使用是有效的。该属性的有效值包括:service、doGet 和 doPost 等	<%@ page method ="doPost" %>

（续表）

page 指令的属性	描述	举例
import	指定导入的 Java 软件包名或类名列表，该列表用逗号分隔。在 JSP 文件中，可以多次使用该指令来导入不同的软件包	<%@ page import ="java.io.*, java.util.Hashtable" %>
content_type	指定响应结果的 MIME 类型。默认 MIME 类型是：text/html，默认字符编码为 ISO—8859—1。当多次使用该指令时，只有第一次使用是有效的	<%@ page content_type="text/html; charset=GBK" %>
session= "true|false "	指定 JSP 页是否使用 Session，默认为 true	<%@ page session="true" %>
errorPage= "error_url "	指定当发生异常时，客户请求被转发到哪个网页	<%@ page errorPage ="errorpage.jsp" %>
isErrorPage= "true|false "	表示此 JSP 页是否为处理异常的网页	<%@ page isErrorPage="true" %>

2．include 指令

JSP 通过 include 指令来包含其他文件的内容。被包含的文件可以是 JSP 文件或 HTML 文件。include 指令的语法为：

```
<%@ include file="目标组件的绝对 URL 或相对 URL" %>
```

在开发网站时，如果多数网页都包含相同的内容，可以把这部分相同的内容单独放到一个文件中，其他的 JSP 文件通过 include 指令将这个文件包含进来，这样做可以提高代码的可重用性，避免重复编码，从而提高开发网站的效率，而且便于维护网页。

例如，开发网站时，通常希望所有的网页保持同样的风格，比如每个网页上都有相同的 logo。因此可以把生成 logo 的代码放在一个 JSP 文件中，其他的 JSP 文件通过 include 指令将它包含进来。

以下是一个 bookstore 网上书店应用（参见本书第 7 章）的 logo 页面的内容，文件名为 banner.jsp：

```
<body>
<img src="logo.bmp" >
<hr>
```

banner.jsp 负责显示网上书店的 logo，它不是一个完整的页面。在其他的网页中，都通过 include 语句将它包含进来。

bookstore.jsp 用 include 指令将 banner.jsp 包含进来。以下是 bookstore.jsp 的代码：

```
<%@ page contentType="text/html; charset=GBK" %>
<%@ include file="common.jsp" %>
<html>
<head><title>Bookstore</title></head>
<%@ include file="banner.jsp" %>

<center>
<p><b><a href="<%=request.getContextPath()%>/catalog.jsp">
    查看所有书目</a></b>
```

```
<form action=bookdetails.jsp method="POST">
<h3>请输入查询信息</h3>
<b>书的编号:</b>
<input type="text" size="20" name="bookId"  value="" ><br><br>
<center><input type=submit  value="查询"></center>
</form>
</center>

</body>
</html>
```

在 bookstore.jsp 中包含了两个 JSP 文件，一个是 banner.jsp，还有一个是 common.jsp。common.jsp 将在本书第 7 章（bookstore 应用简介）中讲述。bookstore.jsp 生成的网页如图 6-6 所示。

图 6-6　bookstore.jsp 网页

用 include 指令来包含其他文件被看作静态包含，本章 6.5 节还会介绍动态包含，并且介绍静态包含和动态包含的区别。

6.2.2　JSP 声明

JSP 声明（在<%! 和 %>内）用于声明与 JSP 对应的 Servlet 类的成员变量和方法。语法如下：

```
<%! declaration;[declaration;] …%>
```

例如：

```
<%! int v1=0; %>
<%! int v2,v3,v4 ;%>
<%! String v5="hello";
   static int v6;
%>
<%!
   public String amethod(int i){
         if(i<3)return "i<3";
         else return "i>=3";
   }
%>
```

以上变量 v1、v2、v3、v4 和 v5 都是实例变量，变量 v6 是静态变量，amethod(int i)方法为实例方法。每个 JSP 声明只在当前 JSP 文件中有效，如果希望多个 JSP 文件中都包含这些声明，可以把这些声明语句写到一个单独的 JSP 文件中，然后在其他 JSP 文件中用 include 指令把这个 JSP 文件包含进来。

6.2.3 Java 程序片段（Scriptlet）

在 JSP 文件中，可以在“<% 和 %>”标记间直接嵌入任何有效的 Java 程序代码。这种嵌入的程序片段称为 Scriptlet。如果在 page 指令中没有指定 method 属性（参见本章 6.2.1 节的表 6-1），那么这些程序片段默认是属于与 JSP 对应的 Servlet 类的 service()方法中的代码块。

例如，例程 6-5 的 ifLogic.jsp 中定义了 3 个程序片段：

例程 6-5 ifLogic.jsp

```
<%
  String gender="female"; //局部变量
  if(gender.equals("female")){
%>

  She is a girl. <%--模板文本 --%>

<% }else{ %>

  He is a boy. <%--模板文本 --%>

<% } %>
```

以上 JSP 代码等价于以下 Servlet 的 service()方法：

```
public void service(HttpServletRequest request,
       HttpServletResponse response)
       throws ServletException, IOException {
  PrintWriter out = response.getWriter();
  String gender="female"; //局部变量
  if(gender.equals("female"))
    out.print("She is a girl.");
  else
   out.print("He is a boy.");
  }
}
```

ifLogic.jsp 的输出结果为“She is a girl”。在 ifLogic.jsp 中，if 语句由 3 段“<% 和 %>”代码构成，分段的 if 语句可以控制网页的输出结果。如果把 ifLogic.jsp 中 gender 变量的值改为“male”：

```
<%
  String gender="male";
  if(gender.equals("female")){
%>
```

```
 She is a girl. <%--模板文本 --%>
<% }else{ %>
 He is a boy. <%--模板文本 --%>
<% } %>
```

那么，ifLogic.jsp 的输出结果为：He is a boy。

例程 6-6 的 whileLogic.jsp 利用 while 语句来循环输出若干数据。

例程 6-6　whileLogic.jsp

```
<%
 int a=0;
 while(a<3){
%>

a=<%=a%>

<%
   a++;
 } //end of while
%>
```

以上代码中，while 语句由两段“<% 和 %>”代码构成。分段的 while 语句可以控制循环输出。该 JSP 文件的输出内容为：*a*=0 *a*=1 *a*=2。以上 JSP 代码与以下 Servlet 的 service()方法的作用是等价的。

```
public void service(HttpServletRequest request,
      HttpServletResponse response)
      throws ServletException, IOException{
 PrintWriter out = response.getWriter();
 int a=0;
 while(a<3){
  out.print("a="+a)
  a++;
 }
}
```

6.2.4 Java 表达式

Java 表达式的标记为“<%= 和 %>”。如果在 JSP 文件的模板文本中使用该标记，那么它能把表达式的值输出到网页上。在表达式中，int 或 float 类型的值都自动转换成字符串再进行输出。例程 6-7 的 hitCount.jsp 是一个包含“<%! 和 %>”、“<% 和 %>”和“<%= 和 %>”标记的 JSP 例子。

例程 6-7　hitCounter.jsp

```
<html>
<head><title>hitCounter</title></head>
<body>
  <H1>
```

```
  You hit the page:
  <%! int hitcount=1;%>
  <%
   int count=0;
   hitcount=count++;
  %>
  <%=hitcount++ %>

  times
  </H1>
</body></html>
```

在 hitCounter.jsp 中，定义了两个变量：hitcount 和 count。hitcount 变量在 JSP 声明中定义，因此为实例变量；count 变量在程序片段中定义，因此为局部变量。如果多次从客户端访问该 JSP，会发现每次的输出结果都为：

```
You hit the page: 0 times
```

当客户端首次请求访问 hitCounter.jsp 时，hitCounter.jsp 的执行步骤如下：

（1）执行<%!int hitcount=1;%>。此时，hitcount 实例变量为 1。

（2）执行<% int count=0; hitcount=count++;%>。此时，count 局部变量的初始值为 0，把 count 变量赋值给 hitcount 变量，再把 count 加 1，因此 hitcount 变量变为 0，而 count 变量变为 1。

（3）执行<%=hitcount++%>。先向网页上输出 hitcount 变量的值，然后再把 hitcount 加 1，因此网页上看到的是 0。

如果多次访问这个网页，将重复步骤（2）和（3），因此网页上看到的始终是 0。hitCounter.jsp 与以下 HitCounterServlet 类的作用是等价的。

```
import javax.servlet.*;
import javax.servlet.http.*;
import java.io.*;

public class HitCounterServlet extends HttpServlet {
 private int hitcount=1; //成员变量

 public void service(HttpServletRequest request,
       HttpServletResponse response)
       throws ServletException, IOException {
  int count=0; //局部变量

  hitcount=count++;
  PrintWriter out = response.getWriter();
  out.println("<html>");
  out.println("<head><title>Welcome Page</title></head>");
  out.println("<body>");
  out.println("<H1>You hit the page:"+ (hitcount++)
          +" times</H1>"); //输出hitcount变量
  out.println("</body></html>");
 }
}
```

下面将 hitCounter.jsp 中的程序片段注释掉，“<%-- 和--%>”为 JSP 的注释标记。

```
<html>
<head><title>hitCounter</title></head>
<body>
  <H1>
  You hit the page:
  <%! int hitcount=1;%>
  <%-- 这段代码被注释掉
  <%
    int count=0;
    hitcount=count++;
  %>
  --%>
  <%=hitcount++ %>

  times
  </H1>
</body></html>
```

此时，hitcount 变量的输出值将会随着用户的访问次数从 1 开始逐渐递增。如果从多个浏览器窗口同时访问 hitCounter.jsp，访问的都是同一个 hitcount 实例变量。

这个例子显示了 JSP 中实例变量和局部变量的区别。对于实例变量（如 hitcount 变量），每个 JSP 实例拥有一个实例变量，由于在 Servlet 容器内，一个 JSP 文件只对应一个 JSP 实例，因此也只有一个 hitcount 实例变量。

局部变量和实例变量有不同的生命周期，局部变量在一个方法中定义。当 Servlet 容器每次调用 JSP 的服务方法时，Java 虚拟机会为局部变量分配内存，从而创建一个新的局部变量。这个方法执行完毕后，Java 虚拟机就会销毁这个局部变量。本书第 5 章的 5.9.1 节（合理决定在 Servlet 中定义的变量的作用域类型）结合 Servlet 的例子，也介绍了局部变量和实例变量的区别。

Java 表达式除了可以直接插入到模板文本中，也可以作为某些 JSP 标签属性的值，例如：

```
<%-- 把 myPageBean 的 count 属性的值加 1 ，参见本书第 10 章 10.3 节的--%>
<jsp:setProperty name="myPageBean" property="count"
     value="<%=myPageBean.getCount()+1 %>" />
```

6.2.5 隐含对象

Servlet 可以访问由 Servlet 容器提供的 ServletContext、ServletRequest 和 ServletResponse 等对象。在 JSP 的程序片段中，如何访问这些对象呢？ 对于 JSP 程序片段，这些对象称为隐含对象，每个对象都被固定的引用变量引用。JSP 不需要做任何变量声明，就可以直接通过固定的引用变量来引用这些对象。表 6-2 列出了 JSP 中所有隐含对象的引用变量和类型之间的对应关系。

表 6-2　JSP 中的隐含对象

隐含对象的引用变量	隐含对象的类型
request	javax.servlet.HttpServletRequest
response	javax.servlet.HttpServletResponse
pageContext	javax.servlet.jsp.PageContext
application	javax.servlet.ServletContext
out	javax.servlet.jsp.JspWriter
config	javax.servlet.ServletConfig
page	java.lang.Object（相当于 Java 中的 this 关键字）
session	javax.servlet.http.HttpSession，用法参见本书第 9 章
exception	java.lang.Exception

例如，在 JSP 中可以直接通过 request 变量来获取 HTTP 请求中的请求参数：

```
<%
  String username = request.getParameter("username");
  out.print(username);
%>
```

以上 request 和 out 变量分别引用 HttpServletRequest 和 JspWriter 隐含对象。“out.print(username)”语句用于向页面上打印 username，它与以下代码是等价的：

```
<%= username %>
```

再例如，以下代码通过 ServletContext 隐含对象向 Web 应用范围内存放一个 username 属性，application 变量引用 ServletContext 隐含对象：

```
<%
  application.setAttribute("username","Tom");
%>
```

隐含对象的固定引用变量看上去有些神秘，实际上，它们不过是与 JSP 对应的 Servlet 类的服务方法中的方法参数或局部变量。在本章 6.1.3 节的例程 6-4 的 hello_jsp.java 的服务方法中，request 和 response 变量实际上是服务方法的参数，pageContext 和 application 等变量则是服务方法的局部变量：

```
public void _jspService(HttpServletRequest request,
        HttpServletResponse response)
        throws java.io.IOException, ServletException {
  //声明引用隐含对象的局部变量
  PageContext pageContext = null;
     HttpSession session = null;
  ServletContext application = null;
  ServletConfig config = null;
  JspWriter out = null;
  Object page = this;
  JspWriter _jspx_out = null;
  PageContext _jspx_page_context = null;
  …
```

```
}
```

6.3 JSP 的生命周期

JSP 与 Servlet 的一个区别在于，Servlet 容器必须先把 JSP 编译成 Servlet 类，然后才能运行它。JSP 的生命周期包含以下阶段。

- 解析阶段：Servlet 容器解析 JSP 文件的代码，如果有语法错误，就会向客户端返回错误信息。
- 翻译阶段：Servlet 容器把 JSP 文件翻译成 Servlet 源文件。
- 编译阶段：Servlet 容器编译 Servlet 源文件，生成 Servlet 类。
- 初始化阶段：加载与 JSP 对应的 Servlet 类，创建其实例，并调用它的初始化方法。
- 运行时阶段：调用与 JSP 对应的 Servlet 实例的服务方法。
- 销毁阶段：调用与 JSP 对应的 Servlet 实例的销毁方法，然后销毁 Servlet 实例。

在 JSP 的生命周期中，解析、翻译和编译是 JSP 生命周期中特有的阶段，这三个阶段仅发生于以下场合：

- JSP 文件被客户端首次请求访问。
- JSP 文件被更新。
- 与 JSP 文件对应的 Servlet 类的类文件被手工删除。

初始化、运行时和销毁阶段则是 JSP 和 Servlet 都具有的阶段。本书第 4 章的 4.3 节（Servlet 的生命周期）已经对这三个阶段的特征做了详细介绍。

本章 6.1.3 节已经讲过，与 JSP 对应的 Servlet 类实现了 javax.servlet.jsp.JspPage 接口。而 JspPage 接口继承自 javax.servlet.Servlet 接口。JspPage 接口中定义了 jspInit()和 jspDestroy()方法，它们的作用与 Servlet 接口的 init()和 destroy()方法相同。开发人员在编写 JSP 文件时，可以实现 jspInit()和 jspDestroy()方法。与 JSP 对应的 Servlet 类的_jspService()方法则由 Servlet 容器根据 JSP 源文件自动生成。

例程 6-8 的 life.jsp 中定义了 jspInit()和 jspDestroy()方法。life.jsp 的作用与本书第 4 章的 4.3.4 节的例程 4-7 的 LifeServlet 类很相似，life.jsp 用于演示 JSP 的生命周期。

例程 6-8　life.jsp

```
<%@ page contentType="text/html; charset=GBK" %>
<html><head><title>life.jsp</title></head><body>

<%!
 private int initVar=0;
 private int serviceVar=0;
 private int destroyVar=0;
%>
```

```
<%!
  public void jspInit(){
    initVar++;
    System.out.println("jspInit(): JSP被初始化了"+initVar+"次");
  }
  public void jspDestroy(){
    destroyVar++;
    System.out.println("jspDestroy(): JSP被销毁了"+destroyVar+"次");
  }
%>

<%
  serviceVar++;
  System.out.println("_jspService(): JSP共响应了"+serviceVar+"次请求");

  String content1="初始化次数 : "+initVar;
  String content2="响应客户请求次数 : "+serviceVar;
  String content3="销毁次数 : "+destroyVar;
%>

<h1><%=content1 %></h1>
<h1><%=content2 %></h1>
<h1><%=content3 %></h1>

</body></html>
```

life.jsp 定义了三个用于跟踪 JSP 的生命周期的实例变量。

- initVar：统计 jspInit()方法被调用的次数，即 JSP 被初始化的次数。
- serviceVar：统计_jspService()方法被调用的次数，即 JSP 响应客户请求的次数。
- destroyVar：统计 jspDestroy()方法被调用的次数，即 JSP 被销毁的次数。

通过浏览器多次访问 life.jsp，会发现 serviceVar 变量的值不断递增，而 initVar 和 destroyVar 变量的值保持不变，分别为 1 和 0，参见图 6-7。

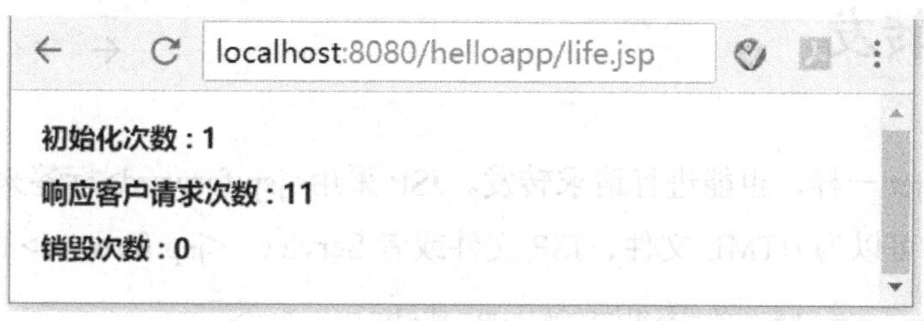

图 6-7 life.jsp 生成的 HTML 页面

从图 6-7 可以看出，每次客户端请求访问 life.jsp，Servlet 容器就会调用与 life.jsp 对应的 Servlet 的_jspService()方法。

通过 Tomcat 的管理平台手工终止 helloapp 应用，Servlet 容器此时会调用 life.jsp 的 jspDestroy()方法。Tomcat 控制台会输出 life.jsp 的 jspDestroy()方法的打印结果。

例程 6-9 的 visit.jsp 试图在 jspInit()初始化方法中使用 ServletContext 隐含对象的固定引用变量 application。

例程 6-9 visit.jsp

```
<%@ page contentType="text/html; charset=GBK" %>
<%@ page import="java.io.*" %>
<html><head><title>visit.jsp</title></head><body>

<%!
 File tempDir=null; //定义实例变量

 public void jspInit(){
   tempDir=(File)application.getAttribute(
         "javax.servlet.context.tempdir");
 }
%>

工作目录为: <%=tempDir.getPath() %>

</body></html>
```

通过浏览器访问 visit.jsp，Servlet 容器在编译 visit.jsp 时会产生编译错误，因为 application 变量是在 JSP 的_jspService()服务方法中定义的局部变量，在任何其他方法中都无法访问到它。在 jspInit()方法中，可以通过 getServletConfig().getServletContext()方法来得到 SevletContext 对象。getServletConfig()方法在 Servlet 接口中定义，因此与 JSP 对应的 Servlet 类也具有该方法。应该对 visit.jsp 的 jspInit()方法做如下修改，显式地定义 application 局部变量：

```
public void jspInit(){
  ServletContext application=
         getServletConfig().getServletContext();
  tempDir=(File)application.getAttribute(
         "javax.servlet.context.tempdir");
}
```

6.4 请求转发

JSP 和 Servlet 一样，也能进行请求转发。JSP 采用<jsp:forward>标签来实现请求转发，转发的目标组件可以为 HTML 文件、JSP 文件或者 Servlet。<jsp:forward>的语法为：

```
<jsp:forward page="转发的目标组件的绝对 URL 或相对 URL " />
```

本书第 5 章的 5.6.1 节（请求转发）介绍了 Servlet 请求转发的特点，这些特点也都适合用于 JSP。JSP 源组件和目标组件共享 HttpServletRequest 对象和 HttpServletResponse 对象，JSP 源组件中的所有输出数据都不会被发送到客户端。另外，值得注意的是，JSP 源组件中<jsp:forward>标签以后的代码不会被执行。

提示

标签实际上也属于标记。本书把 JSP 中以“<%”开头的标记称为 JSP 标记，而把<jsp:forward>、<jsp:include>和<jsp:useBean>等称为 JSP 标签。<%!和%>、<%和%>和<%=和%>这三种以“<%”开头的 JSP 标记也称为 JSP 脚本元素(scripting element)。以“jsp”作为前缀的标签也称为 JSP 动作元素(action element)。

例程 6-10 的 source.jsp 把请求转发给例程 6-11 的 target.jsp。

例程 6-10　source.jsp

```
<html><head><title>Source Page</title></head>
<body>
    <p>
        This is output of source.jsp before forward
    </p>
      <jsp:forward page="target.jsp" />
   <p>
        This is output of source.jsp after forward
    </p>
</body></html>
```

例程 6-11　target.jsp

```
<html><head><title>Target Page</title></head>
<body>
    <p>
        hello, <%= request.getParameter("username")%>
    </p>
</body></html>
```

在 source.jsp 中，<jsp:forward>标签前后都试图输出一些字符串。通过浏览器访问 http://localhost:8080/helloapp/source.jsp?username=Tom，生成的网页如图 6-8 所示。

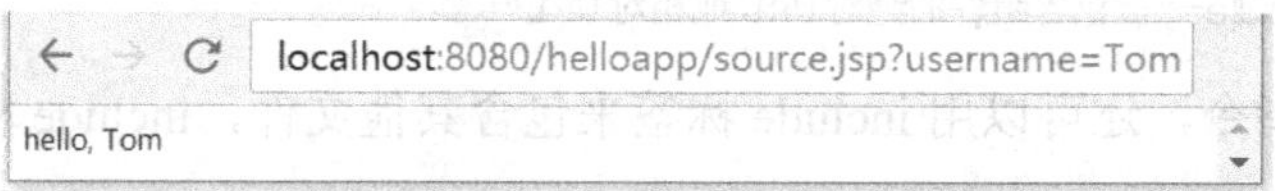

图 6-8　访问 source.jsp 生成的网页

由于 source.jsp 将请求转发给了 target.jsp，source.jsp 所有的数据输出都无效。此外，target.jsp 和 source.jsp 共享同一个 HttpServletRequest 对象，因此 target.jsp 可以通过 request.getParameter("username")方法读取客户端提供的 username 请求参数。

<jsp:forward>标签中的 page 属性既可以为相对路径（不以“/”开头），也可以为绝对路径（以“/”开头）。假定 source.jsp 和 target.jsp 的文件路径分别为：

```
helloapp/dir1/source.jsp
helloapp/dir1/dir2/target.jsp
```

那么，在 source.jsp 中可以通过以下两种方式把请求转发给 target.jsp：

```
<%-- 方式一：采用相对与当前 source.jsp 的路径 --%>
<jsp:forward page="dir2/target.jsp" />

<%-- 方式二：采用绝对路径 --%>
<jsp:forward page="/dir1/dir2/target.jsp" />
```

源组件还可以通过<jsp:param>标签来向转发目标组件传递额外的请求参数。例如以下 source1.jsp 把请求转发给 target.jsp，并且向 target.jsp 传递了 username 和 password 请求参数：

```
<html><head><title>Source Page</title></head>
<body>
```

```
  <jsp:forward page="target.jsp">
    <jsp:param name="username" value="Tom" />
    <jsp:param name="password" value="1234" />
  </jsp:forward>

</body></html>
```

在 target.jsp 中可以通过 request.getParameter("username")的方式来读取 source1.jsp 传过来的 username 请求参数，可以通过 request.getParameter("password")的方式来读取 source1.jsp 传过来的 password 请求参数。

提示

<jsp:param>标签除了可以嵌套在<jsp:forward>标签中，还可以嵌套在<jsp:include>标签中，用于向转发目标组件或者被包含的目标组件传递请求参数。

6.5 包含

本章 6.2.1 节已经介绍了用 include 指令来包含其他文件的方法。include 指令的语法为：

```
<%@ include file="被包含组件的绝对 URL 或相对 URL" %>
```

除了 include 指令，还可以用 include 标签来包含其他文件，include 标签的语法为：

```
<jsp:include page="被包含组件的 URL 的绝对 URL 或相对 URL"  />
```

include 指令用于静态包含，而 include 标签用于动态包含。无论是静态包含还是动态包含，源组件和被包含的目标组件都共享请求范围内的共享数据。那么，静态包含和动态包含有什么区别呢？下面结合具体的例子来解释。

6.5.1 静态包含

例程 6-12 的 sin.jsp 静态包含 content.jsp 的内容。在 sin.jsp 中定义了一个局部变量 var，还在请求范围内存放了一个 username 属性。

例程 6-12　sin.jsp

```
sin.jsp is including content.jsp.
<% int var=1; //局部变量
   //在请求范围内存放 username 属性
   request.setAttribute("username","Tom");
%>
<%@ include file="content.jsp" %>
<p>sin.jsp is doing something else.
```

例程 6-13 的 content.jsp 试图打印 sin.jsp 中定义的局部变量 var，以及打印请求范围内的 username 属性。

例程 6-13　content.jsp

```
<p>
Output from content.jsp:
<br>
var=<%=var %>
<br>
username=<%=request.getAttribute("username") %>
```

通过浏览器访问 http://localhost:8080/helloapp/sin.jsp?username=Tom，将得到如图 6-9 所示的 HTML 页面。

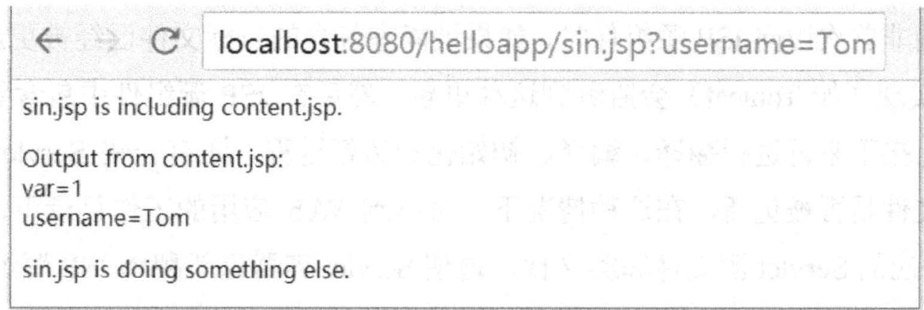

图 6-9　sin.jsp 生成的 HTML 页面

当客户端首次请求访问 sin.jsp，Tomcat 将按照以下流程响应客户请求。

（1）解析 sin.jsp，在解析<%@ include file="content.jsp" %>时，把 content.jsp 的所有源代码融合到 sin.jsp 中，融合后的 JSP 的源代码如下，其中粗体字部分来源于 content.jsp：

```
sin.jsp is including content.jsp.
<% int var=1;
  request.setAttribute("username","Tom");
%>
<p>
Output from content.jsp:
<br>
var=<%=var %>
<br>
username=<%=request.getAttribute("username") %>
<p>sin.jsp is doing something else.
```

（2）把融合后的 JSP 源代码翻译为 Servlet 源文件，再把它编译为 Servlet 类。与 sin.jsp 对应的 Servlet 源文件和 Servlet 类的文件路径分别为：

```
<CATALINA_HOME>\work\Catalina\localhost\helloapp
            \org\apache\jsp\sin_jsp.java

<CATALINA_HOME>\work\Catalina\localhost\helloapp
            \org\apache\jsp\sin_jsp.class
```

（3）初始化与 sin.jsp 对应的 Servlet，再运行它的服务方法。

由此可见，静态包含发生在解析 JSP 源组件阶段，被包含的目标文件中的内容被原封不动地添加到 JSP 源组件中，Servlet 容器然后再对 JSP 源组件进行翻译和编译。静态包含的目标组件可以为 HTML 文件或者 JSP 文件，但不允许为 Servlet。如果目标组件为 JSP 文件，那么该 JSP 文件可以访问源组件中定义的局部变量，因为实际上，JSP 源组件和 JSP 目标组件对应同一个 Servlet。

提示

为了区分 JSP 源组件以及被静态包含的 JSP 或 HTML 目标组件，有些开发人员喜欢遵守这样的编程规约：被静态包含的 JSP 文件用“.jspf”作为文件扩展名，被静态包含的 HTML 文件用“.htmf”作为文件扩展名；或者被静态包含的 JSP 或 HTML 文件都用“.inc”作为文件扩展名。

当客户端非首次访问 JSP 源组件时，只要 JSP 源组件以及被包含的目标文件都没有被更新，那么 Servlet 容器就会直接运行与 JSP 源组件对应的 Servlet。

当客户端非首次访问 JSP 源组件时，如果被静态包含的目标文件已经被更新，那么有些 Servlet 容器实现（如 Tomcat）会监测到这种更新，然后在 JSP 源组件中包含更新后的目标文件的内容，接下来再进行翻译、编译、初始化和运行过程。还有一些 Servlet 容器实现不会监测目标文件是否被更新，在这种情况下，可以到 Web 应用的工作目录下，手工删除与 JSP 源组件对应的 Servlet 源文件和类文件，迫使 Servlet 容器重新翻译 JSP 源组件。

6.5.2 动态包含

例程 6-14 的 din.jsp 动态包含 content.jsp 的内容。在 din.jsp 中定义了一个局部变量 var，还在请求范围内存放了一个 username 属性。content.jsp 的代码参见本章 6.5.1 节的例程 6-13。

例程 6-14　din.jsp

```
din.jsp is including content.jsp.
<% int var=1;
  request.setAttribute("username","Tom");
%>
<jsp:include page="content.jsp" />
<p>din.jsp is doing something else.
```

通过浏览器访问 http://localhost:8080/helloapp/din.jsp?username=Tom，Servlet 容器会向客户端返回如下编译错误：

```
org.apache.jasper.JasperException: Unable to compile class for JSP:

An error occurred at line: 4 in the jsp file: /content.jsp
var cannot be resolved to a variable
1: <p>
2: Output from content.jsp:
3: <br>
4: var=<%=var %>
5: <br>
6: username=<%=request.getAttribute("username") %>
```

以上编译错误表明，content.jsp 无法识别局部变量 var，这是因为对于动态包含，目标组件和源组件分别对应不同的 Servlet，两个不同的 Servlet 之间当然无法访问对方的服务方法中的局部变量。

当客户端首次请求访问 din.jsp，Tomcat 将按照以下流程响应客户请求。

（1）解析 din.jsp 并把它翻译为 Servlet 源文件。din.jsp 中的<jsp:include page="content.jsp" />被翻译为如下程序代码：

```
org.apache.jasper.runtime.JspRuntimeLibrary.include(
    request, response, "content.jsp", out, false);
```

（2）把 Servlet 源文件编译为 Servlet 类。与 din.jsp 对应的 Servlet 源文件和 Servlet 类的文件路径分别为：

```
<CATALINA_HOME>\work\Catalina\localhost\helloapp
              \org\apache\jsp\din_jsp.java

<CATALINA_HOME>\work\Catalina\localhost\helloapp
              \org\apache\jsp\din_jsp.class
```

（3）初始化与 din.jsp 对应的 Servlet，再运行它的服务方法。

（4）与 din.jsp 对应的 Servlet 的服务方法会调用 JspRuntimeLibrary.include(request, response, "content.jsp", out, false)方法，当 Servlet 容器执行 JspRuntimeLibrary.include(…)方法时，会解析 content.jsp，如果没有语法错误，那么把 content.jsp 翻译为 Servlet 源文件，再编译 Servlet 源文件，假定无编译错误，将生成 Servlet 类。再初始化该 Servlet 并调用它的服务方法。与 content.jsp 对应的 Servlet 源文件和 Servlet 类的文件路径分别为：

```
<CATALINA_HOME>\work\Catalina\localhost\helloapp
            \org\apache\jsp\content_jsp.java

<CATALINA_HOME>\work\Catalina\localhost\helloapp
            \org\apache\jsp\content_jsp.class
```

（5）Servlet 容器执行完 JspRuntimeLibrary.include(request, response, "content.jsp", out, false)方法后，继续执行 din.jsp 代表的 Servlet 的服务方法中的后续代码。

由此可见，动态包含发生在运行 JSP 源组件阶段，动态包含的目标组件可以为 HTML 文件、JSP 文件或者为 Servlet。如果目标组件为 JSP，Servlet 容器会在运行 JSP 源组件的过程中，运行与 JSP 目标组件对应的 Servlet 的服务方法。JSP 目标组件生成的响应结果被包含到 JSP 源组件的响应结果中。

在本例中，当 Servlet 容器对与 content.jsp 对应的 Servlet 源文件进行编译时，由于无法解析其中的 var 局部变量，就向客户端返回该编译错误，后续的流程都不会执行。

<jsp:include>标签还有一个 flush 属性，可选值为 true 和 false。如果 flush 属性为 true，就表示源组件在包含目标组件之前，先把已经生成的响应正文提交给客户。flush 属性的默认值为 false。

把 din.jsp 中的包含 content.jsp 的代码改为：

```
<jsp:include page="content.jsp"  flush="true"/>
```

通过浏览器再次访问 din.jsp，浏览器将得到 din.jsp 在包含 content.jsp 之前的输出内容

“din.jsp is including content.jsp.”。浏览器端看不到 Servlet 容器编译 content.jsp 产生的错误，该错误被写到<CATALINA_HOME>/logs/localhost.YYYY-MM-DD.log 日志文件中。

把 content.jsp 中访问局部变量 var 的代码注释掉：

```
<p>
Output from content.jsp:
<br>
<%-- var=<%=var %> --%>
<br>
username=<%=request.getAttribute("username") %>
```

再次通过浏览器访问 din.jsp，会得到正常的返回结果。在 helloapp 应用的工作目录下，会看出 Tomcat 为 din.jsp 和 content.jsp 分别生成的 Servlet 源文件和类文件。

6.5.3 混合使用静态包含和动态包含

静态包含通常用来包含不会发生变化的网页内容，而动态包含通常用来包含会发生变化的网页内容。

假定一个 Web 应用中包含主页 index.jsp（参见图 6-10）和产品页面 product.jsp（参见图 6-11）。

图 6-10　一个 Web 应用的主页 index.jsp

图 6-11　一个 Web 应用的产品页面 product.jsp

例程 6-15 为 index.jsp 的源代码。

例程 6-15　index.jsp

```
<%@ page contentType="text/html; charset=GBK" %>
<html>
  <head>
    <title>index</title>
  </head>
  <body >
    <%-- 最外层Table --%>
    <table width="100%" height="100%" >
      <tr>
        <%--左侧菜单部分--%>
        <td width="150" valign="top" align="left" bgcolor="#CCFFCC">
          <table>
            <tr>
              <%-- 菜单部分上方 --%>
              <td width="150" height="65" valign="top"
                                        align="left">
                <a href="">
```

```
                <img src="chinese.gif" border="0" /></a>
              <a href="">
                <img src="usa.gif" border="0"/></a>
             </td>
          </tr>
          <tr>
            <%--菜单部分下方--%>
            <td>
              <font size="5">Links</font><p>
              <a href="index.jsp">Home</a><br>
              <a href="product.jsp">Products</a><br>
              <a href="">Hot Link1</a><br>
              <a href="">Hot Link2</a><br>
              <a href="">Hot Link3</a><br>
            </td>
          </tr>
        </table>
      </td>
      <%-- 网页右边部分--%>
      <td valign="top" height="100%" width="*">
        <table width="100%" height="100%">
          <tr>
            <%-- 头部--%>
            <td valign="top" height="15%">
              <font size="6">Welcome to ABC Inc.</font>
              <hr>
            </td>
          <tr>
         <tr>
            <%--主体部分--%>
            <td valign="top" >
              <font size="4">
                Page-specific content goes here
              </font>
            </td>
          </tr>
          <tr>
            <%-- 尾部--%>
            <td valign="bottom" height="15%">
              <hr>
              Thanks for stopping by!
            </td>
          </tr>
        </table>
      </td>
    </tr>
  </table>
 </body>
</html>
```

product.jsp 的源代码和 index.jsp 几乎相同，只有主体部分的代码不一样，product.jsp 主体部分的代码为：

```
<%-- 主体部分--%>
<td valign="top" >
  <font size="4">Products</font> <p>
   <li>product1</li> <br>
  <li>product2</li> <br>
```

```
    <li>product3</li> <br>
  </td>
```

index.jsp 和 product.jsp 文件中存在大量重复代码。如果网页的相同部分发生需求变更，必须手动修改每个 JSP 文件。可见，为每个网页从头编写 JSP 代码，会导致 JSP 代码的大量冗余，增加开发与维护成本。

改进方案一

为了减少代码的冗余，可以把 index.jsp 和 product.jsp 中相同部分放在单独的 JSP 文件或 HTML 文件中，然后在 index.jsp 和 product.jsp 文件中通过 include 指令把其他 JSP 文件和 HTML 文件静态包含进来。如图 6-12 和图 6-13 分别显示了 index.jsp 和 product.jsp 文件静态包含的其他 JSP 文件。

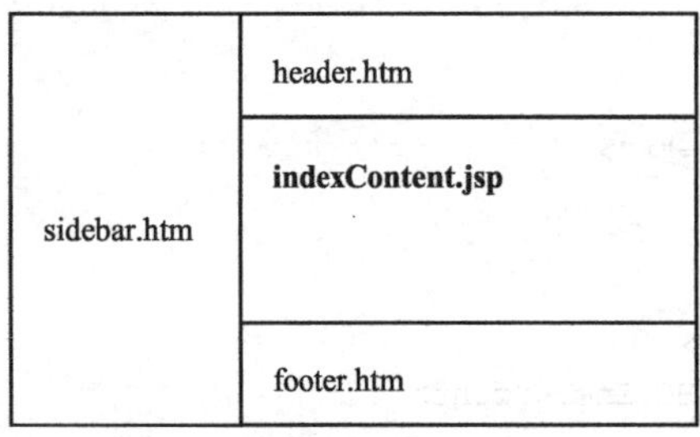

图 6-12　index.jsp 包含的其他 JSP 文件和 HTML 文件

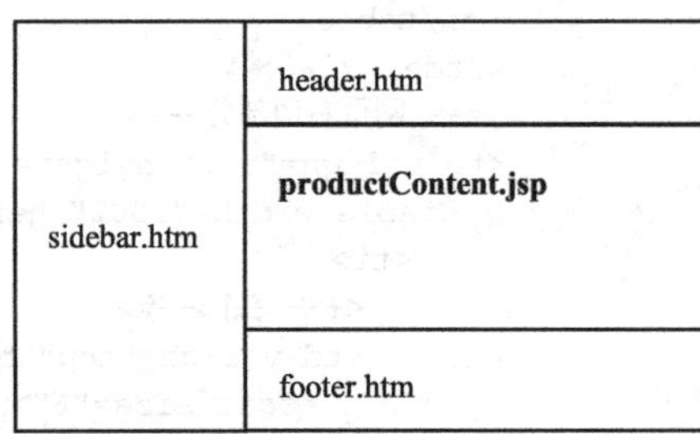

图 6-13　product.jsp 包含的其他 JSP 文件和 HTML 文件

由图 6-12 和图 6-13 可以看出，在 index.jsp 和 product.jsp 中均包含 header.htm、sidebar.htm 和 footer.htm，仅仅网页主体部分包含的 JSP 文件不同。例程 6-16、例程 6-17、例程 6-18、例程 6-19、例程 6-20、例程 6-21 和例程 6-22 分别为 header.htm、footer.htm、sidebar.htm、indexContent.jsp、productContent.jsp、index.jsp 和 product.jsp 的源代码。

例程 6-16　header.htm

```
<font size="6">Welcome to ABC Inc.</font>
<hr>
```

例程 6-17　footer.htm

```
<hr>
Thanks for stopping by!
```

例程 6-18　sidebar.htm

```
<table >
  <tr>
    <%-- 菜单部分的上方 --%>
    <td width="150" height="65" valign="top" align="left">
      <a href=""><img src="chinese.gif" border="0"/></a>
      <a href=""><img src="usa.gif" border="0"/></a>
    </td>
  </tr>
  <tr>
    <%-- 菜单部分的下方--%>
    <td>
```

```
        <table>
          <tr>
            <td>
              <font size="5">Links</font><p>
              <a href="index.jsp">Home</a><br>
              <a href="product.jsp">Products</a><br>
              <a href="">Hot Link1</a><br>
              <a href="">Hot Link2</a><br>
              <a href="">Hot Link3</a><br>
            </td>
          </tr>
        </table>
      </td>
    </tr>
  </table>
```

例程 6-19 indexContent.jsp

```
<font size="4">Page-specific content goes here</font>
```

例程 6-20 productContent.jsp

```
<font size="4">Products</font> <p>
<li>product1</li> <br>
<li>product2</li> <br>
<li>product3</li> <br>
```

例程 6-21 index.jsp

```
<%@ page contentType="text/html; charset=GBK" %>
<html>
  <head>
    <title>index</title>
  </head>
  <body >
    <%-- 最外层 Table --%>
    <table width="100%" height="100%">
      <tr>
        <%-- 左侧菜单部分 --%>
        <td width="150" valign="top" align="left" bgcolor="#CCFFCC">
          <jsp:include page="sidebar.htm"/>
        </td>
        <%-- 网页右边部分 --%>
        <td height="100%" width="*">
          <table width="100%" height="100%">
            <tr>
              <%-- 头部 --%>
              <td valign="top" height="15%">
                <jsp:include page="header.htm"/>
              </td>
            <tr>
            <tr>
              <%-- 主体部分 --%>
              <td valign="top" >
                <jsp:include page="indexContent.jsp"/>
              </td>
            </tr>
            <tr>
              <%-- 尾部 --%>
```

```
                    <td valign="bottom" height="15%">
                      <jsp:include page="footer.htm"/>
                    </td>
                  </tr>
                </table>
              </td>
            </tr>
          </table>
        </body>
      </html>
```

例程 6-22　product.jsp

```
<%@ page contentType="text/html; charset=GBK" %>
<html>
  <head>
    <title>product</title>
  </head>
  <body >
    <%-- 最外层Table --%>
    <table width="100%" height="100%">
      <tr>
        <%-- 左侧菜单部分 --%>
        <td width="150" valign="top" align="left" bgcolor="#CCFFCC">
          <jsp:include page="sidebar.htm"/>
        </td>
        <%-- 网页右边部分 --%>
        <td height="100%" width="*">
          <table width="100%" height="100%">
            <tr>
              <%-- 头部 --%>
              <td valign="top" height="15%">
                <jsp:include page="header.htm"/>
              </td>
            <tr>
            <tr>
              <%-- 主体部分 --%>
              <td valign="top" >
                <jsp:include page="productContent.jsp"/>
              </td>
            </tr>
            <tr>
              <%-- 尾部 --%>
              <td valign="bottom" height="15%">
                <jsp:include page="footer.htm"/>
              </td>
            </tr>
          </table>
        </td>
      </tr>
    </table>
  </body>
</html>
```

改进方案二

例程 6-21 的 index.jsp 和例程 6-22 的 product.jsp 都包含了 header.htm、footer.htm 和

sidebar.htm，这样就大大减少了重复编码。但是，在 index.jsp 和 product.jsp 中仍然存在重复编码。可以把 index.jsp 和 product.jsp 中的相同代码抽取到一个 template.jsp 文件（参见例程 6-23）中，这个文件实际上规划了网站中所有页面的布局。

例程 6-23　template.jsp

```
<%@ page contentType="text/html; charset=GBK" %>
<html>
  <head>
    <title><%=titlename %></title>
  </head>
  <body >
    <%-- 最外层 Table --%>
    <table width="100%" height="100%">
      <tr>
        <%-- 左侧菜单部分 --%>
        <td width="150" valign="top" align="left" bgcolor="#CCFFCC">
          <%@ include file="sidebar.htm" %>
        </td>
        <%-- 网页右边部分 --%>
        <td height="100%" >
          <table width="100%" height="100%">
            <tr>
              <%-- 头部 --%>
              <td valign="top" height="15%">
                <%@ include file="header.htm"%>
              </td>
            </tr>
            <tr>
              <%-- 主体部分 --%>
              <td valign="top" >
                <jsp:include page="<%=bodyfile %>" />
              </td>
            </tr>
            <tr>
              <%-- 尾部 --%>
              <td valign="bottom" height="15%">
                <%@ include file="footer.htm" %>
              </td>
            </tr>
          </table>
        </td>
      </tr>
    </table>
  </body>
</html>
```

在 template.jsp 中，<%=titlename %>产生网页的动态内容，因为不同网页有不同的标题。<jsp:include page="<%=bodyfile %>" />也产生网页中的动态内容，bodyfile 变量指定网页中的主体部分对应的 JSP 文件。

提示

如果把 template.jsp 文件中的<jsp:include page="<%=bodyfile %>" />改为：<@page include="<%=bodyfile %>"　%>，那么 Servlet 容器会把字符串"<%=bodyfile %>"的字面内容直接理解为一个目标组件的 URL，

由于找不到相应的目标组件，会向客户端返回错误。

index.jsp 中只需设定与主页对应的 titlename 和 bodyfile 局部变量，再包含 template.jsp 文件：

```
<% String titlename="index";
  String bodyfile="indexContent.jsp";
%>

<%@ include file="template.jsp" %>
```

product.jsp 中只需设定与产品页对应的 titlename 和 bodyfile 局部变量，再包含 template.jsp 文件：

```
<% String titlename="product";
  String bodyfile="productContent.jsp";
%>

<%@ include file="template.jsp" %>
```

如图 6-14 显示了改进后的 index.jsp 和 template.jsp 等文件之间的包含关系。

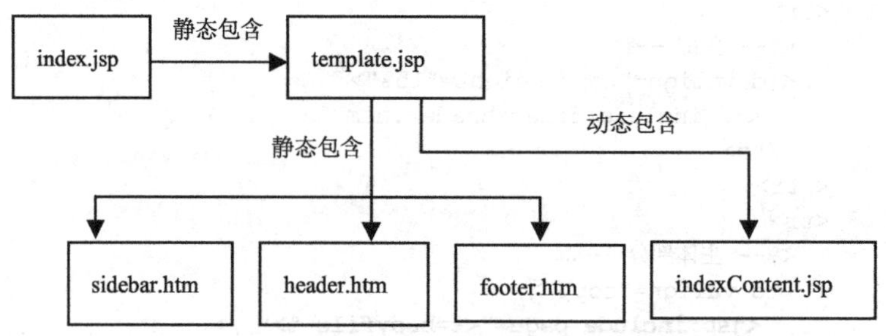

图 6-14　index.jsp 和 template.jsp 等文件之间的包含关系

如图 6-15 显示了改进后的 product.jsp 和 template.jsp 等文件之间的包含关系。

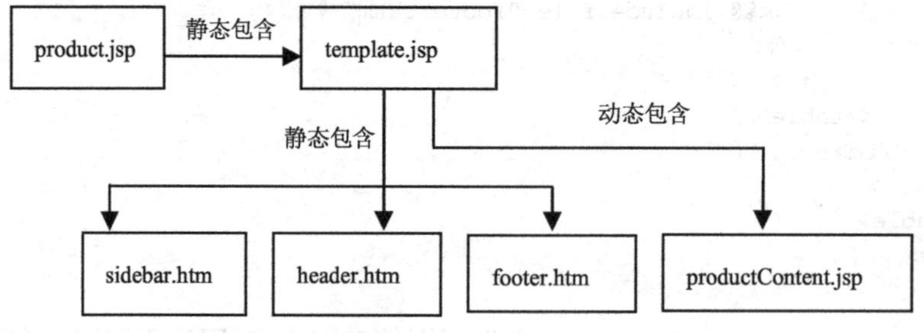

图 6-15　product.jsp 和 template.jsp 等文件之间的包含关系

6.6　JSP 异常处理

像普通的 Java 程序一样，JSP 在运行时也有可能抛出异常。在发生异常的场合，可以通过下面的指令将请求转发给另一个专门处理异常的网页：

```
<%@ page errorPage="errorpage.jsp" %>
```

以上 errorpage.jsp 是一个专门负责处理异常的网页。在这个处理异常的网页中，应该通过如下语句将该网页声明为异常处理网页：

```
<%@ page isErrorPage="true" %>
```

处理异常的网页可以直接访问 exception 隐含对象，获取当前异常的详细信息，例如:

```
<p>
 错误原因为：<% exception.printStackTrace(new PrintWriter(out));%>
</p>
```

提示

抛出异常的 JSP 文件与处理异常的 JSP 文件之间为请求转发关系。因此它们共享请求范围内的共享数据。

下面创建一个可能会抛出异常的 JSP 网页 sum.jsp，在这个网页中读取客户请求中的两个参数 num1 和 num2，把它们转化为整数类型，再对其求和，最后把结果输出到网页上。sum.jsp 中的 toInt()方法负责将字符串转化为整数：

```
private int toInt(String num){
 return Integer.parseInt(num);
}
```

如果客户提供的请求参数不能转化为整数，Integer.parseInt(num)方法就会抛出 NumberFormatException，这时 Servlet 容器自动把客户请求转发到 errorpage.jsp。例程 6-24 和例程 6-25 分别是 sum.jsp 和 errorpage.jsp 的源代码。

例程 6-24　sum.jsp

```
<%@ page contentType="text/html; charset=GBK" %>
<%@ page errorPage="errorpage.jsp" %>

<html><head><title>sum.jsp</title></head>
<body>
   <%!
         private int toInt(String num){
           return Integer.valueOf(num).intValue();
         }
   %>
   <%
      int num1=toInt(request.getParameter("num1"));
      int num2=toInt(request.getParameter("num2"));
   %>

   <p>
     运算结果为:<%=num1%>+<%=num2%>=<%=(num1+num2)%>
   </p>
</body></html>
```

例程 6-25　errorpage.jsp

```
<%@ page contentType="text/html; charset=GBK" %>
```

```
<%@ page isErrorPage="true" %>
<%@ page import="java.io.PrintWriter" %>

<html><head><title>Error Page</title></head>
<body>

     <p>
          你输入的参数（num1=<%=request.getParameter("num1")%>,
             num2=<%=request.getParameter("num2")%>）有错误
     </p>
     <p>
          错误原因为:
            <% exception.printStackTrace(new PrintWriter(out));%>
     </p>
</body></html>
```

通过如下 URL 访问 sum.jsp：

```
http://localhost:8080/helloapp/sum.jsp?num1=100&num2=200
```

这时 sum.jsp 正常运行，生成的网页如图 6-16 所示。

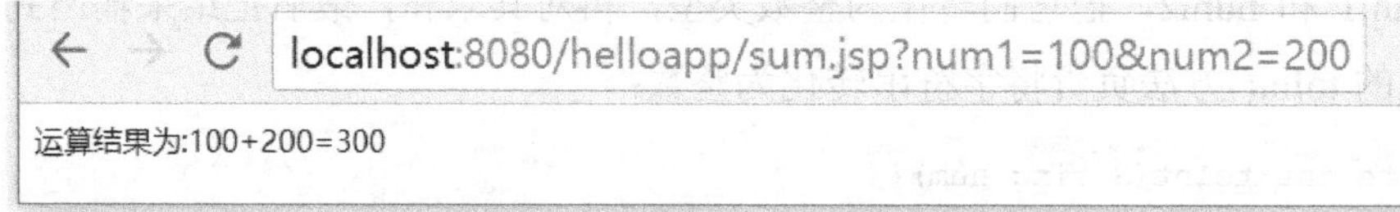

图 6-16　sum.jsp 正常执行时生成的网页

将 URL 中的请求参数 num2 的值改为字符串“two”，再访问 sum.jsp：

```
http://localhost:8080/helloapp/sum.jsp?num1=100&num2=two
```

由于 num2 参数不能转化为整数，sum.jsp 在运行时会抛出 NumberFormatException，这时客户请求转到 errorpage.jsp，生成的网页如图 6-17 所示。

图 6-17　sum.jsp 出现异常时生成的网页

除了在 JSP 文件中通过 page 指令的 errorPage 属性指定异常处理页面，还可以在 web.xml 文件中，通过<error-page>元素来配置对所有 Web 组件有效的错误处理页面，例如：

```
<!-- 当服务器端出现 403 错误时，转到 403.html 错误处理页面 -->
<error-page>
  <error-code>403</error-code>
  <location>/403.html</location>
</error-page>
```

```
<!-- 当服务器端出现 404 错误时，转到 404.html 错误处理页面 -->
<error-page>
  <error-code>404</error-code>
  <location>/404.html</location>
</error-page>
```

以上错误处理页面是 HTML 文档，此外，也可以把错误处理页面设为 JSP 文件，例如：

```
<!-- 当服务器端出现 404 错误时，转到 error.jsp 错误处理页面 -->
<error-page>
  <error-code>404</error-code>
  <location>/error.jsp</location>
</error-page>

<!--  当 JSP 或 Servlet 运行中出现异常时转到 error.jsp -->
<error-page>
  <exception-type>java.lang.Exception</exception-type>
  <location>/error.jsp</location>
</error-page>
```

以上 error.jsp 文件作为错误处理文件，需要在 page 指令中把 isErrorPage 属性设置为 true：

```
<%@ page contentType="text/html; charset=GBK"  isErrorPage="true" %>
```

在 web.xml 文件中通过<error-page>元素所作的配置对 Web 应用中的所有 Web 组件有效，除非个别 JSP 组件通过"<%@ page errorPage="errorpage.jsp" %>"的形式单独指定了错误处理页面。

6.7　再谈发布 JSP

本书第 3 章介绍了发布 Java Web 应用的各种组件的方法。发布 JSP 文件很简单，例如，在发布 helloapp 应用中的 hello.jsp 文件（参见本章 6.1.3 节的例程 6-3）时，只要把 hello.jsp 文件复制到 helloapp 应用的根目录下即可。浏览器可以通过如下 URL 访问 hello.jsp：

```
http://localhost:8080/helloapp/hello.jsp
```

发布 Servlet 时，可以在 web.xml 文件中加入<servlet>和<servlet-mapping>元素，其中<servlet-mapping>元素用来为 Servlet 映射 URL。事实上，也可以为 JSP 配置<servlet>和<servlet-mapping>元素，从而为 JSP 映射 URL。以下是在 web.xml 中配置 hello.jsp 的代码：

```
<servlet>
  <servlet-name>hi</servlet-name>
  <jsp-file>/hello.jsp</jsp-file>
</servlet>

<servlet-mapping>
  <servlet-name>hi</servlet-name>
  <url-pattern>/hi</url-pattern>
</servlet-mapping>
```

在 web.xml 中加入了以上代码后，就可以通过<url-pattern>指定的 URL 来访问 hello.jsp：

```
http://localhost:8080/helloapp/hi?username=Tom
```

6.8 预编译 JSP

当 JSP 文件被客户端第一次请求访问时，Servlet 容器需要先把 JSP 文件编译为 Servlet 类然后才能运行，这一过程会延长客户端等待响应结果的时间，可能会给客户留下不好的印象。为了避免这一问题，可以对 JSP 文件进行预编译。

JSP 规范为 JSP 规定了一个特殊的请求参数 jsp_precompile，它的取值可以为 true 和 false。如果请求参数 jsp_precompile 的值为 true，那么 Servlet 容器仅仅对客户端请求的 JSP 文件进行预编译，即把 JSP 文件转换为 Servlet 类，但不会运行 Servlet。

下面按照如下步骤对本章 6.1.3 节的例程 6-3 的 hello.jsp 进行预编译，并把它作为 Servlet 来发布。

（1）通过浏览器访问以下 URL，Servlet 容器仅仅对 hello.jsp 文件进行预编译：

```
http://localhost:8080/helloapp/hello.jsp?jsp_precompile=true
```

Servlet 容器根据 hello.jsp 文件生成相应的 Servlet 源文件和类文件，它们的路径分别为：

```
<CATALINA_HOME>/work/Catalina/localhost/helloapp
                /org/apache/jsp/hello_jsp.java

<CATALINA_HOME>/work/Catalina/localhost/helloapp
               /org/apache/jsp/hello_jsp.class
```

（2）把 org.apache.jsp.hello_jsp 类的.class 文件复制到 helloapp 应用的 WEB-INF/classes 目录的相应子目录下。hello_jsp.class 文件的具体存放路径为：

```
helloapp/WEB-INF/classes/org/apache/jsp/hello_jsp.class
```

（3）在 web.xml 文件中配置 hello_jsp 类：

```
<servlet>
  <servlet-name>greet</servlet-name>
  <servlet-class>org.apache.jsp.hello_jsp</servlet-class>
</servlet>

<servlet-mapping>
  <servlet-name>greet</servlet-name>
  <url-pattern>/greet</url-pattern>
</servlet-mapping>
```

（4）删除 helloapp 应用中的 hello.jsp 文件。

按照上述方式预编译和发布 hello.jsp 后，客户端访问 hello.jsp 文件的 URL 变为：

```
http://localhost:8080/helloapp/greet?username=Tom
```

按照上述方式预编译和发布 JSP 文件有两个作用：

（1）提高服务器对客户端请求访问 JSP 文件的响应速度。因为无论客户端是否首次访问某个 JSP 文件，服务器都只需直接运行与 JSP 文件对应的 Servlet。

（2）如果 Web 应用被发布后，不希望其他人察看或者更新 JSP 源代码，那么对 JSP 文件进行预编码刚好能满足这一要求，因为发布后的 Web 应用中根本没有 JSP 文件，而只有与 JSP 文件对应的 Servlet 的.class 文件。

对 JSP 进行预编译的局限是，编译生成的 Servlet 类依赖于所编译的 Servlet 容器，这导致这种 Servlet 类的兼容性很差。例如通过 Tomcat 的特定版本来编译 JSP 文件生成的 Servlet 类有可能无法在 Tomcat 的其他版本中运行，更无法在其他的 Servlet 容器中运行。

6.9 PageContext 类的用法

JSP API 中提供了一个非常实用的类：javax.servlet.jsp.PageContext 类，它继承了 javax.servlet.jsp.JspContext。PageContext 类是 JSP 文件的得力助手，JSP 文件中使用 PageContext 类的场合主要包括：

- JSP 文件中的 Java 程序片段。
- JSP 文件中的自定义标签的处理类（参见本书第 13 章）。

PageContext 类中的方法可分为以下几种：

- 用于向各种范围内存取属性的方法。
- 用于获得由 Servlet 容器提供的其他对象的引用的方法。
- 用于请求转发和包含的方法。

1．向各种范围内存取属性的方法

PageContext 类中提供了一组用于向各种范围内存取属性的方法：

- getAttribute(String name)：返回页面范围内的特定属性的值。
- getAttribute(String name,int scope)：返回参数 scope 指定的范围内的特定属性的值。
- setAttribute(String name,Object value,int scope)：向参数 scope 指定的范围内存放属性。
- removeAttribute(String name,int scope)：从参数 scope 指定的范围内删除特定属性。
- findAttribute(String name)：依次从页面范围、请求范围、会话范围和 Web 应用范围内寻找参数 name 指定的属性，如果找到，就立即返回该属性的值。如果所有的范围内都不存在该属性，就返回 null。
- int getAttributesScope(java.lang.String name)：返回参数指定的属性所属的范围，如果所有的范围内都不存在该属性，就返回 0。

以上方法中的 scope 参数指定属性的范围，可选值为 PageContext 类的四个静态常量：

- PageContext.PAGE_SCOPE：实际取值为 1，表示页面范围。页面范围的概念参见本书第 10 章的 10.3.1 节（JavaBean 在页面范围内）。
- PageContext.REQUEST_SCOPE：实际取值为 2，表示请求范围。请求范围的概念参见本书第 5 章的 5.6.3 节（请求范围）。

- PageContext.SESSION_SCOPE：实际取值为 3，表示会话范围。会话范围的概念参见本书第 9 章的 9.2 节（HttpSession 的生命周期及会话范围）。
- PageContext.APPLICATION_SCOPE：实际取值为 4，表示 Web 应用范围。Web 应用范围的概念参见本书第 4 章的 4.4 节（ServletContext 与 Web 应用范围）。

PageContext 对象由 Servlet 容器负责创建，JSP 文件可以直接通过固定变量 pageContext 来引用隐含的 PageContext 对象。

以下代码向请求范围内存放了一个 username 属性：

```
<% pageContext.setAttribute("username","Tom",
          PageContext.REQUEST_SCOPE); %>
```

它与以下代码是等价的：

```
<% request.setAttribute("username","Tom"); %>
```

以下代码试图读取 Web 应用范围内的 count 属性：

```
<%
Counter counter =(Counter)pageContext.getAttribute("counter",
                       PageContext.APPLICATION_SCOPE);
%>
```

它与以下代码是等价的：

```
<%
//application 引用 ServletContext 隐含对象
Counter counter = (Counter)application.getAttribute("counter");
%>
```

2. 用于获得由 Servlet 容器提供的其他对象的引用的方法

PageContext 类的以下方法用于获得由 Servlet 容器提供的 ServletContext、HttpSession、ServletRequest 和 ServletResponse 等对象：

- getPage()：返回与当前 JSP 对应的 Servlet 实例。
- getRequest()：返回 ServletRequest 对象。
- getResponse()：返回 ServletResponse 对象。
- getServletConfig()：返回 ServletConfig 对象。
- getServletContext()：返回 ServletContext 对象。
- getSession()：返回 HttpSession 对象。
- getOut()：返回一个用于输出响应正文的 JspWriter 对象。

在 JSP 文件的 Java 程序片段中，可以直接通过 application、request 和 response 等固定变量来引用 PageContext、ServletRequest 和 ServletResponse 等对象。而在自定义的 JSP 标签的处理类中，无法使用 application、request 和 response 等固定变量，此时就需要依靠 PageContext 类的相关方法来得到 ServletContext、ServletRequest 和 ServletResponse 等对象。

3．用于请求转发和包含的方法

PageContext 类的以下方法用于请求转发和包含：

- forward(String relativeUrlPath)：用于把请求转发给其他 Web 组件。
- include(String relativeUrlPath)：用于包含其他 Web 组件。

在 JSP 文件中可以用专门的 JSP 标记（如<jsp:forward>标记和<jsp:include>标记）来进行请求转发和包含操作，而在自定义的 JSP 标签的处理类中，无法使用 JSP 标记，此时就需要依靠 PageContext 类的相关方法来进行请求转发和包含操作。

6.10　在 web.xml 中配置 JSP

在 web.xml 文件中，可以用<jsp-config>元素来对一组 JSP 文件进行配置，它包括 <taglib> 和 <jsp-property-group>两个子元素。其中<taglib>元素会在第 13 章介绍，本节介绍<jsp-property-group>元素。<jsp-property-group>主要有八个子元素，下面分别介绍。

- <url-pattern>：设定该配置所影响的 JSP，如：/mypath 或 *.jsp
- <description>：对 JSP 的描述。
- <display-name>：JSP 的显示名称。
- <el-ignored>：若为 true，表示不支持 EL 语法，本书第 12 章（EL 表达式语言）介绍了 EL 语言。
- <scripting-invalid>：若为 true，表示不支持 <% %>Java 程序片段。
- <page-encoding>：设定 JSP 文件的字符编码。
- <include-prelude>：设置自动包含的 JSP 页面的头部文件。
- <include-coda>：设置自动包含的 JSP 页面的结尾文件。

以下是配置<jsp-config> 元素的示范代码：

```
<jsp-config>
  <jsp-property-group>
    <description>
    Special property group for JSP Configuration
    </description>

    <display-name>HomePage</display-name>
    <url-pattern>*.jsp </url-pattern>
    <el-ignored>true</el-ignored>
    <page-encoding>GBK</page-encoding>
    <scripting-invalid>true</scripting-invalid>
  </jsp-property-group>

  <jsp-property-group>
    <url-pattern>/mypath</url-pattern>
    <el-ignored>true</el-ignored>
    <include-prelude>/include/head.jsp</include-prelude>
```

```
    <include-coda>/include/food.jsp</include-coda>
  </jsp-property-group>
</jsp-config>
```

以上<jsp-config>元素包括两个<jsp-property-group>子元素。第一个<jsp-property-group>元素的<url-pattern>子元素的值为“*.jsp”，表明当前<jsp-property-group>元素的配置对所有文件名以“.jsp”结尾的 JSP 文件有效。<page-encoding>子元素的值为“GBK”，表明所有以“.jsp”结尾的 JSP 文件的默认字符编码为“GBK”。

第二个<jsp-property-group>元素的<url-pattern>子元素的值为“/path”，表明当前<jsp-property-group>元素的配置对 Web 应用根目录中 path 子目录下的所有 JSP 文件有效。<include-prelude>和<include-coda>子元素的取值表明：对于 path 子目录下的所有 JSP 文件，它们的开头会包含/include/head.jsp 文件，它们的末尾会包含/include/food.jsp 文件。

6.11 JSP 技术的发展趋势

JSP 技术主要用来简化动态网页的开发过程，由于它形式上和 HTML 文档比较相似，因此与 Servlet 相比，用 JSP 来编写动态网页更加直观。但是，当网页非常复杂时，JSP 文件中大量的 HTML 标记和 Java 程序片段混杂在一起，会大大削弱 JSP 代码的可读性和可维护性，而且会增加调试 JSP 文件的难度。

因此自从 JSP 技术诞生以后，它的发展的总的目标就是使 JSP 代码变得更加简洁和精炼，为了达到这一目标，就要通过各种技术手段把 JSP 文件中的 Java 程序代码分离出去，最终使得 JSP 文件中只有 HTML 标记和 JSP 标签。在 JSP 技术的发展历程中，以下技术都为了达到这一目标：

- 把 JSP 文件中的 Java 程序代码放到 JavaBean 中，JSP 文件通过专门的标签来访问 JavaBean。
- 用 EL（Expression Language）表达式语言来替换“<%= 和 %>”形式的 Java 表达式，参见本书第 12 章（EL 表达式语言）。
- 在 JSP 文件中使用自定义 JSP 标签，参见本书第 13 章（自定义 JSP 标签）。
- 在 JSP 文件中使用 JSP 的标准标签库（JSTL），参见本书第 15、16、17 和 18 章。
- Web 应用采用基于 MVC 设计模式的框架（如 Spring MVC 框架），使得 JSP 位于视图层，用于展示数据，不用负责流程控制和业务逻辑，参见本书第 23 章（Web 应用的 MVC 设计模式）。

JSP 2 版本是对 JSP 1.2 的升级。JSP 2 的目标是使动态网页的设计、开发和维护更加容易，网页编写者不必懂得 Java 编程语言，也可以编写 JSP 网页。JSP 2 引入的最主要的新特性包括：

- 引入 EL 表达式语言。

- 引入创建自定义标签的新语法，该语法使用.tag 和.tagx 文件，这类文件可由开发人员或者网页作者编写。

当新的 JSP 版本产生后，最初打算把版本号定为 1.3，但由于这些新特性对 JSP 应用程序的开发模型产生了非常深刻的影响，专家组感到有必要把主版本号升级到 2，这样才能充分反映这种影响。此外，新的版本号也有助于把开发人员的注意力吸引到这些有趣的新特性上来。令人欣慰的是，所有合法的 JSP 1.2 页面同时也是合法的 JSP 2 页面。

6.12　小结

JSP 文件形式上和 HTML 文件相似，因此能和 HTML 文件一样，直观地表达网页的内容和布局；但 JSP 本质上是 Servlet，因此能和 Servlet 一样动态生成网页的内容。由于 JSP 同时吸取了 HTML 和 Servlet 的优点，因此能简化创建动态网页的开发过程。

本章介绍了 JSP 的语法。JSP 文件可以包含：模板文本、JSP 指令（或称为指示语句）、JSP 声明、Java 程序片段（Scriptlet）和 Java 表达式，JSP 文件还可以通过固定的引用变量来引用由 Servlet 容器提供的隐含对象。本章还讲解了 JSP 的请求转发、包含和异常处理方式。本章没有覆盖 JSP 的所有技术，在本书的以下章中将进一步介绍和 JSP 有关的高级开发技术。

- 第 10 章：JSP 访问 JavaBean
- 第 12 章：EL 表达式语言
- 第 13 章：自定义 JSP 标签
- 第 14 章：采用模板设计网上书店应用
- 第 15 章：JSTL Core 标签库
- 第 16 章：JSTL I18N 标签库
- 第 17 章：JSTL SQL 标签库
- 第 18 章：JSTL Functions 标签库
- 第 19 章：简单标签和标签文件

6.13　思考题

1．关于 JSP，以下哪些说法正确？（多选）

（a）当客户端请求访问一个 JSP 文件，Servlet 容器会读取文件系统中的 JSP 文件，然后把它的源代码作为响应正文发送给客户。

（b）Servlet 容器必须先把 JSP 文件编译为 Servlet，然后才能运行它。

（c）用JSP来动态生成网页，比用Servlet来动态生成网页更加方便。

（d）JSP中只能包含标记，不能包含Java程序代码。

2．一个JSP文件需要引入java.io.File类和java.util.Date类，以下哪些选项的语法是正确的？（多选）

（a）

```
<%@ page import ="java.io.File, java.util.Date" %>
```

（b）

```
import java.io.File;
import java.util.Date;
```

（c）

```
<%@ page import ="java.io.File" %>
<%@ page import ="java.util.Date" %>
```

（d）

```
<%@ page import ="java.io.File; java.util.Date;" %>
```

3．关于静态包含和动态包含，以下哪些说法正确？（多选）

（a）静态包含的语法为<%@ include file="目标组件的URL" %>

（b）静态包含的目标组件可以为JSP文件、HTML文件和Servlet。

（c）对于静态包含，Servlet容器先把目标组件的源代码融合到JSP源组件中，然后对JSP源组件进行编译。

（d）对于动态包含，Servlet容器先把目标组件的源代码融合到JSP源组件中，然后对JSP源组件进行编译。

（e）对于动态包含，Servlet容器会分别编译和运行JSP源组件和JSP目标组件。JSP目标组件生成的响应结果被包含到JSP源组件的响应结果中。

4．aa.jsp文件需要动态包含bb.jsp文件，这两个文件在helloapp应用中的文件路径分别为：

```
helloapp/aa.jsp
helloapp/dir1/dir2/bb.jsp
```

以下哪些选项中的代码能使得aa.jsp文件正确地动态包含bb.jsp？（多选）

（a）<jsp:include page="bb.jsp" />

（b）<jsp:include page="dir1/dir2/bb.jsp" />

（c）<jsp:include page=" /dir1/dir2/bb.jsp " />

（d）<jsp:include page="dir2/bb.jsp" />

5．JSP中的application固定变量引用哪个隐含对象？（单选）

（a）ServletConfig

（b）HttpServletResponse

（c）HttpServletRequest

（d）ServletContext

6．helloapp应用中的test.jsp文件的源代码如下：

```
<%!
 public void amethod(){
```

```
    String username=request.getParameter("username");
    out.print(username);
  }
%>
<% amethod(); %>
```

当客户端访问 http://localhost:8080/helloapp/test.jsp?username=Tom，会出现什么情况？（单选）

（a）Servlet 容器向客户端返回编译错误，因为无法识别 amethod()方法中的 request 变量和 out 变量。

（b）test.jsp 向客户端输出"Tom"。

（c）Servlet 容器向客户端返回编译错误，因为不允许在 JSP 文件中定义 amethod()方法。

（d）test.jsp 向客户端输出"null"。

7．aa.jsp 把请求转发给 bb.jsp。aa.jsp 在请求范围内存放了一个 String 类型的 username 属性，bb.jsp 如何获取该属性？（单选）

（a）

```
<%
 String username=request.getAttribute("username");
%>
```

（b）

```
<%
 String username=(String)request.getAttribute("username");
%>
```

（c）

```
<%
 String username=request.getParameter("username");
%>
```

（d）

```
<%
 String username=(String)application.getAttribute("username");
%>
```

8．aa.jsp 要把请求转发给 bb.jsp，aa.jsp 和 bb.jsp 都位于 helloapp 应用的根目录下。以下哪些选项能使 aa.jsp 正确地把请求转发给 bb.jsp？（多选）

（a）<a href="bb.jsp">bb.jsp </a>

（b）<jsp:forward page="bb.jsp">

（c）<jsp:forward page="/bb.jsp">

（d）<%@ include file="bb.jsp" %>

9．helloapp 应用中的 test.jsp 文件的源代码如下：

```
<!% int a=0; %>
<%
   int b=0;
   a++;
   b++;
%>
```

```
a:<%= a %> <br>
b:<%= b %>
```

当浏览器第二次访问该 test.jsp 时得到的返回结果是什么？（单选）

（a）a=0 b=0

（b）a=1 b=1

（c）a=2 b=1

（d）a=1 b=0

10．关于 JSP 预编译，以下哪些说法正确？（多选）

（a）对 JSP 文件预编译，能提高服务器对客户端请求访问 JSP 文件的响应速度。

（b）当用户通过浏览器访问 http://localhost:8080/helloapp/hello.jsp?jsp_precompile=true，Servlet 容器就会对 hello.jsp 进行预编译，但不会运行它。

（c）Tomcat 把 hello.jsp 预编译为 hello_jsp.class，它是一个 Servlet 类。

（d）Tomcat 把 hello.jsp 预编译为 hello_jsp.class，hello_jsp 类不仅能在 Tomcat 中运行，还能在其他 Servlet 容器（如 Resin）中运行。

11．以下哪些属于 PageContext 类的方法？（多选）

（a）getServletContext()

（b）getAttribute(String name,int scope)

（c）include(String relativeUrlPath)

（d）setContentType(String type)

参考答案

1．b,c 2．a,c 3．a,c,e 4．b,c 5．d 6．a 7．b 8．b,c 9．c

10．a,b,c（提示：Tomcat 对 hello.jsp 预编译得到的 Servlet 类依赖于 Tomcat 本身的实现，不能在其他 Servlet 容器中运行。）11. a,b,c

第 7 章　bookstore 应用简介

bookstore 应用是一个充分运用了本书所有 Web 技术的综合例子，它实现了一个网上书店，更加贴近于实际应用。本章将介绍 bookstore 应用的软件结构，各个 JSP 网页的功能，以及部分 Web 组件的实现。在本书的其他章节，还将陆续介绍 bookstore 应用涉及的 Web 技术。

本书一共提供了 5 个版本的 bookstore 应用，它们完成的功能和提供的用户界面都相同，但在实现方式上有差别。本章讲解的 bookstore 应用基于 version0，它的源文件在本书配套源代码包中的位置为：sourcecode/bookstores/version0/bookstore。

7.1　bookstore 应用的软件结构

bookstore 应用是一个 Java Web 应用，采用典型的三层软件结构：

- 客户层：提供基于浏览器的客户界面，客户可以浏览 Web 服务器传过来的静态或动态 HTML 页面，客户可以通过动态 HTML 页面和 Web 服务器交互。
- Web 服务器层：Servlet、JSP 和 JavaBean 组件运行在 Web 服务器上，JSP 负责动态生成 HTML 页面，JavaBean 负责访问数据库和事务处理。在 Web 服务器层还包括一些供 JSP 和 JavaBean 组件访问的实用类。
- 数据库层：存储和维护 Web 应用的永久业务数据信息。

bookstore 应用的软件结构如图 7-1 所示。

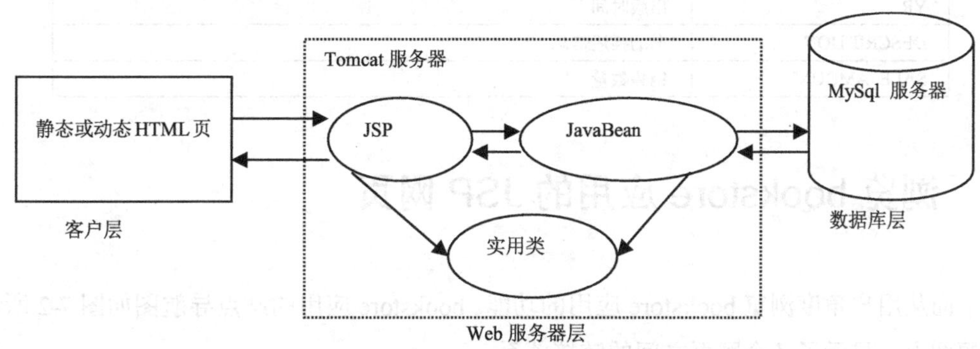

图 7-1　bookstore 应用的软件结构

7.1.1 Web 服务器层

开发 bookstore 应用最主要的工作就是开发 Web 服务器层组件。构成 Web 服务器层组件的具体文件如表 7-1 所示。

表 7-1 bookstore 应用的文件清单

组件类别	文件名	描述
JSP	banner.jsp	网站的 LOGO
	common.jsp	包含了各个 JSP 网页的公共代码
	bookstore.jsp	网站的主页
	bookdetails.jsp	显示某本书的详细信息
	catalog.jsp	显示书店所有书目，用户可以将选购的书加入购物车
	showcart.jsp	显示用户购物车中的书，用户可以修改购物车的内容
	cashier.jsp	用户付账页面
	receipt.jsp	完成结账业务，结束当前购物交易，提供用户重新购物的链接
JavaBean	BookDB.java	访问数据库，查询书的信息，处理购书事务
	ShoppingCart.java	代表虚拟的购物车
实用类	BookDetails.java	代表具体的一本书，包含书的详细信息
	ShoppingCartItem.java	代表购物车中的一项购物条目

7.1.2 数据库层

bookstore 应用采用 MySQL 作为数据库服务器。网上书店中所有书的信息存放在 BookDB 数据库的 BOOKS 表中。BOOKS 表的字段说明参见表 7-2。在本书第 8 章的 8.1 节（安装和配置 MySQL 数据库）会介绍创建数据库 BookDB 和表 BOOKS 的步骤。

表 7-2 BOOKS 表的结构

字段	描述
ID	书的 ID 号，它是 BOOKS 表的主键
NAME	作者姓名
TITLE	书的名字
PRICE	价格
YR	出版时间
DESCRIPTION	书的描述信息
SALE_AMOUNT	销售数量

7.2 浏览 bookstore 应用的 JSP 网页

下面从用户角度浏览 bookstore 应用的功能。bookstore 应用的站点导航图如图 7-2 所示，在这幅图上，显示了各个网页之间的链接关系。

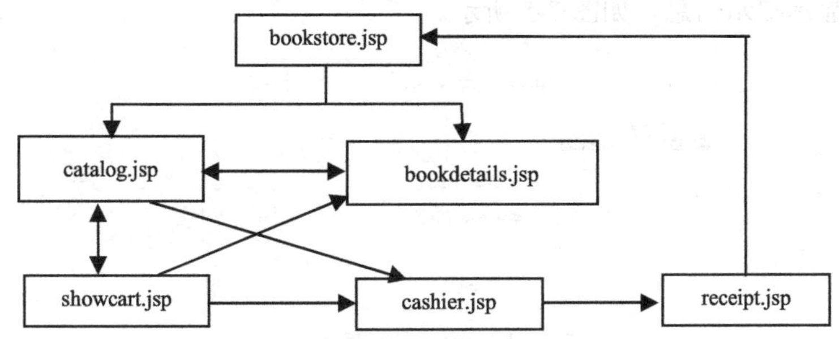

图 7-2 bookstore 应用中各个网页之间的链接关系

1．banner.jsp

banner.jsp 用于显示书店的 logo，它是所有网页的公共部分。在其他的 JSP 网页中，可以通过<%@ include>指令将 banner.jsp 静态包含进去。本书第 6 章的 6.2.1 节（JSP 指令）已经介绍了 banner.jsp。

2．common.jsp

common.jsp 也是其他网页包含的公共部分，它通过<%@ page import>指令引入了 JSP 网页可能访问的 Java 类，还通过<%@ page errorPage>指令指定异常处理页面，并且定义了一个 application 范围内的 JavaBean，本书第 10 章（JSP 访问 JavaBean）介绍了<jsp:useBean>标签的用法：

```
<jsp:useBean id="bookDB" scope="application" class="mypack.BookDB"/>
```

所有包含 common.jsp 的 JSP 网页都共享这个 bookDB 对象，它负责完成实际的数据库操作。以下是 common.jsp 的源代码：

```
<%@ page import="mypack.*" %>
<%@ page import="java.util.Properties" %>
<%@ page errorPage="errorpage.jsp" %>

<jsp:useBean id="bookDB" scope="application" class="mypack.BookDB"/>
```

3．bookstore.jsp

bookstore.jsp 是书店的首页，它提供了两个链接，可以通过“查看所有书目”链接进入 catalog.jsp 网页，也可以输入书的编号，再单击【查询】按钮，进入 bookdetails.jsp 网页，从而查看某本书的详细信息。

通过 http://localhost:8080/bookstore/bookstore.jsp 进入网上书店的主页，如图 7-3 所示。

4．bookdetails.jsp

bookdetails.jsp 用于显示某一本书的详细信息，如图 7-4 所示。如果选择“加入购物车”链接，则会进入 catalog.jsp 网页，并且 catalog.jsp 把这本书放到虚拟的购物车中；如果选择“继续购物”，则直接进入 catalog.jsp 网页。

对于用户在主页 bookstore.jsp 中输入的书的编号，如果该编号在数据库中不存在，

bookdetails.jsp 将显示提示信息，如图 7-5 所示。

图 7-3　bookstore.jsp 网页

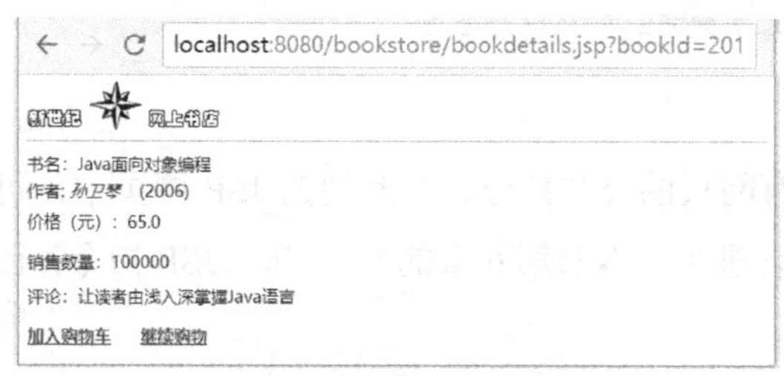

图 7-4　bookdetails.jsp 网页

图 7-5　书号不存在时的 bookdetails.jsp 网页

5. catalog.jsp

catalog.jsp 用于显示书店中所有的书目，如图 7-6 所示，用户可以在该网页上选购书，对于同一本书，用户每选择一次“加入购物车”链接，这本书的购买数量就会增加 1。每当用户将一本书加入购物车，就会在网页上显示相应的提示信息。用户也可以选择“查看购物车”链接转到 showcart.jsp 网页，或者选择“付账”链接转到 cashier.jsp 网页。

6. showcart.jsp

showcart.jsp 用于显示用户的购物车中的信息，如图 7-7 所示。用户可以通过选择“删除”链接从购物车中删除一本书，也可以通过选择“清空购物车”链接删除所有购买的书目。showcart.jsp 中的“继续购物”链接转到 catalog.jsp，“付账”链接转到 cashier.jsp。

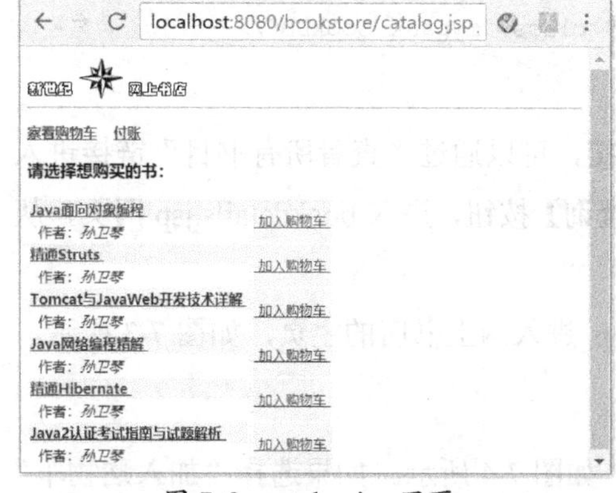

图 7-6　catalog.jsp 网页

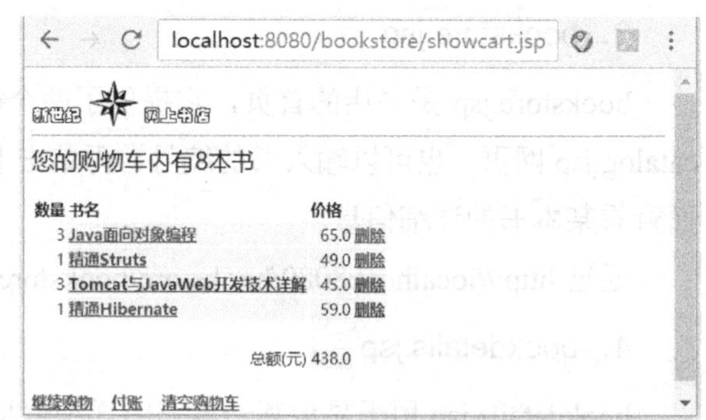

图 7-7　showcart.jsp 网页

7. cashier.jsp

cashier.jsp 提供了用户输入信用卡信息的表单，如图 7-8 所示。用户单击【提交】按钮，就会转到 receipt.jsp 网页。

8. receipt.jsp

receipt.jsp 结束当前的会话（Session），礼貌地和用户告别，并且提供了继续购物的链接，如图 7-9 所示。用户选择“继续购物”，又会转到 bookstore 应用的首页 bookstore.jsp。

图 7-8 cashier.jsp 网页

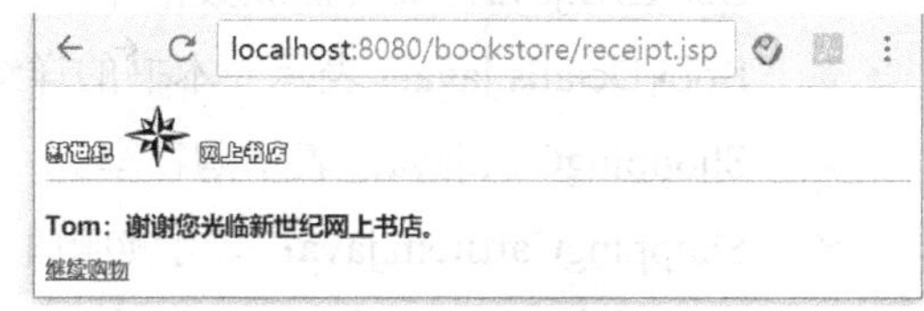

图 7-9 receipt.jsp 网页

9. errorpage.jsp

errorpage.jsp 是异常处理页面，它将异常信息输出到网页上，以下是 errorpage.jsp 的源代码：

```
<%@ page import="java.io.*" %>
<!--设置中文输出-->
<%@ page contentType="text/html; charset=GB2312" %>
<%@ page isErrorPage="true" %>

<html><head><title>Error Page</title></head>
<body>
    <p>
        服务器端发生错误:<%= exception.getMessage() %>
    </p>
    <p>
        错误原因为: <% exception.printStackTrace(new PrintWriter(out));%>
    </p>
</body></html>
```

当浏览器正在请求访问 bookdetails.jsp 网页时，如果 MySQL 服务器关闭，将会导致数据库连接异常，异常发生后，客户请求被转发给 errorpage.jsp 处理，如图 7-10 所示。

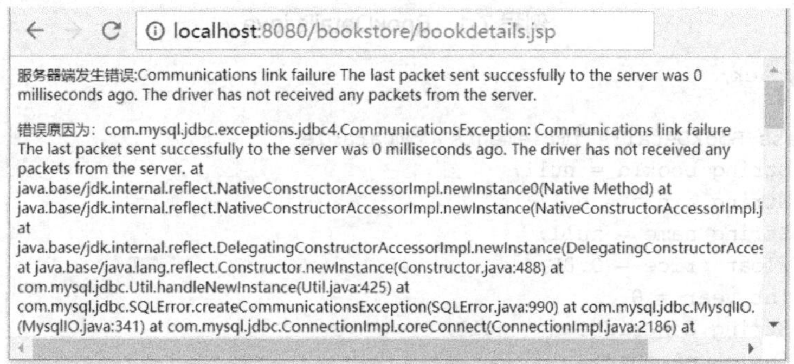

图 7-10 errorpage.jsp 网页

提示

在 Web 开发阶段，把程序中发生异常的堆栈信息输出到异常处理网页上，有助于开发人员跟踪和调试程序。当 Web 应用面向真正的 Web 用户时，应该提供更友好的异常处理网页，确保用户能够理解错误信息。

7.3 JavaBean 和实用类

在 bookstore 应用中，创建了以下类：

- BookDB.java：负责操纵数据库。
- BookDetails.java：表示一本书的详细信息。
- ShoppingCart.java：表示购物车。
- ShoppingCartItem.java：表示购物车中的一个条目。

这些类都放在 mypack 包下。ShoppingCart 和 ShoppingCartItem 之间为一对多的关联关系，ShoppingCartItem 和 BookDetails 之间为一对一的关联关系，BookDB 和 BookDetails 之间为依赖关系，参见图 7-11。

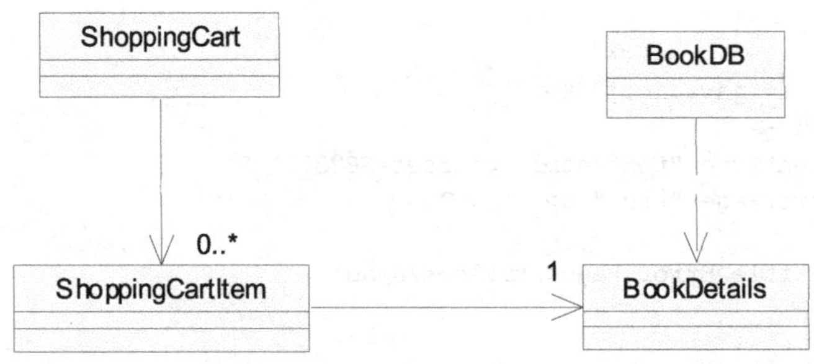

图 7-11 bookstore 应用的对象模型

7.3.1 实体类

BookDetails 代表了具体的一本书，它的属性和 BOOKS 表中字段对应。例程 7-1 是 BookDetails.java 的源代码。

例程 7-1 BookDetails.java

```
package mypack;

public class BookDetails implements Comparable {
  private String bookId = null;
  private String title = null;
  private String name = null;
  private float price = 0.0F;
  private int year = 0;
  private String description = null;
  private int saleAmount;

  public BookDetails(String bookId, String name,  String title,
      float price, int year, String description,int saleAmount){

    this.bookId = bookId;
    this.title = title;
```

```
    this.name = name;
    this.price = price;
    this.year = year;
    this.description = description;
    this.saleAmount=saleAmount;
  }

  public String getTitle() {
    return title;
  }

  public float getPrice() {
    return price;
  }

  public int getYear() {
    return year;
  }

  public String getDescription() {
    return description;
  }

  public String getBookId() {
    return this.bookId;
  }

  public String getName() {
    return this.name;
  }

  public int getSaleAmount(){
    return this.saleAmount;
  }

  public int compareTo(Object o) {
    BookDetails n = (BookDetails)o;
    int lastCmp = title.compareTo(n.title);
    return (lastCmp);
  }
}
```

7.3.2　购物车的实现

ShoppingCart.java 和 ShoppingCartItem.java 分别代表购物车和购物车中的条目，在一个购物车中可以包含多个购物车条目。购物车条目包含了用户购买同一样书的信息和数量。

例如，某个用户的购物车内包含如下内容：

- 《Java 面向对象编程》两本
- 《Java 网络编程精解》三本

那么在 ShoppingCart 对象中应该包含两个 ShoppingCartItem 对象。ShoppingCartItem 有

两个成员变量：

```
Object item;
int quantity;
```

item 变量代表用户购买的书，它引用 BookDetails 对象，quantity 表示书的数量。

对于以上的例子，第一个 ShoppingCartItem 对象的 item 变量引用代表《Java 面向对象编程》的 BookDetails 对象，quantity 变量为 2；第二个 ShoppingCartItem 对象的 item 变量引用代表《Java 网络编程精解》的 BookDetails 对象，quantity 变量为 3。在这个购物模型中，ShoppingCart、ShoppingCartItem 和 BookDetails 对象之间的关系如图 7-12 所示。

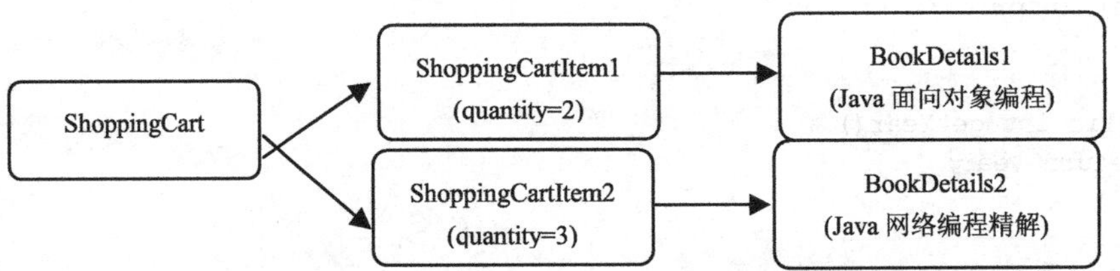

图 7-12　ShoppingCart、ShoppingCartItem 和 BookDetails 对象之间的关系

例程 7-2 是 ShoppingCartItem 的源代码。

例程 7-2　ShoppingCartItem.java

```
package mypack;
public class ShoppingCartItem {
  Object item;
  int quantity;

  public ShoppingCartItem(Object anItem) {
    item = anItem;
    quantity = 1;
  }

  public void incrementQuantity() {
    quantity++;
  }

  public void decrementQuantity() {
    quantity--;
  }

  public Object getItem() {
    return item;
  }

  public int getQuantity() {
    return quantity;
  }
}
```

ShoppingCart 将 ShoppingCartItem 存放在 HashMap 中，它提供了以下方法：

- public synchronized void add(String bookId, BookDetails book)

将一本书放入购物车中，如果这本书的 ShoppingCartItem 条目已经在购物车中存在，则将 ShoppingCartItem 的 quantity 属性加 1，否则创建这本书的 ShoppingCartItem 条目。

- public synchronized void remove(String bookId)

从购物车中删除一本书，即将这本书的 ShoppingCartItem 的 quantity 属性减 1。如果 ShoppingCartItem 的 quantity 属性小于或等于零，就把 ShoppingCartItem 从 ShoppingCart 中删除。

- public synchronized Collection getItems()

从购物车中返回所有的 ShoppingCartItem 对象的集合。

- public synchronized int getNumberOfItems()

返回购物车中所有书的数量。

- public synchronized double getTotal()

返回购物车中所有书的总金额。

例程 7-3 是 ShoppingCart 的源代码。

例程 7-3 ShoppingCart.java

```
package mypack;
import java.util.*;

public class ShoppingCart {
 HashMap<String,ShoppingCartItem> items = null;
 int numberOfItems = 0;

 public ShoppingCart() {
  items = new HashMap<String,ShoppingCartItem>();
 }

 public synchronized void add(String bookId, BookDetails book) {
  if(items.containsKey(bookId)) {
   ShoppingCartItem scitem = items.get(bookId);
   scitem.incrementQuantity();
  } else {
   ShoppingCartItem newItem = new ShoppingCartItem(book);
   items.put(bookId, newItem);
  }

  numberOfItems++;
 }

 public synchronized void remove(String bookId) {
  if(items.containsKey(bookId)) {
   ShoppingCartItem scitem = items.get(bookId);
   scitem.decrementQuantity();

   if(scitem.getQuantity() <= 0)
    items.remove(bookId);

   numberOfItems--;
  }
```

```
    }

    public synchronized Collection<ShoppingCartItem> getItems() {
      return items.values();
    }

    public synchronized int getNumberOfItems() {
      return numberOfItems;
    }

    public synchronized double getTotal() {
      double amount = 0.0;

      for(ShoppingCartItem item:getItems() ) {
        BookDetails bookDetails = (BookDetails) item.getItem();

        amount += item.getQuantity() * bookDetails.getPrice();
      }
      return roundOff(amount);
    }

    private double roundOff(double x) {
      long val = Math.round(x*100); // cents
      return val/100.0;
    }

    public synchronized void clear() {
      items.clear();
      numberOfItems = 0;
    }
}
```

7.4　发布 bookstore 应用

在本书配套源代码包的 sourcecode/bookstores/version0/bookstore 目录下提供了这个 Web 应用的完整的源代码，它的目录结构如图 7-13 所示。

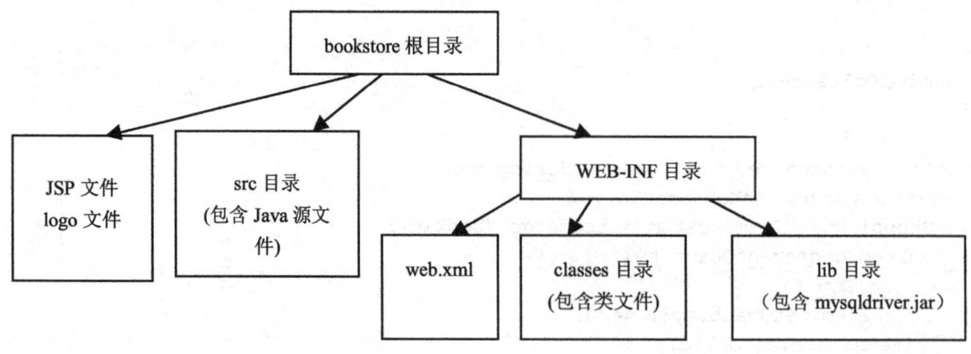

图 7-13　bookstore 应用的目录结构

bookstore 应用在 Windows 资源管理器中的展开图如图 7-14 所示。

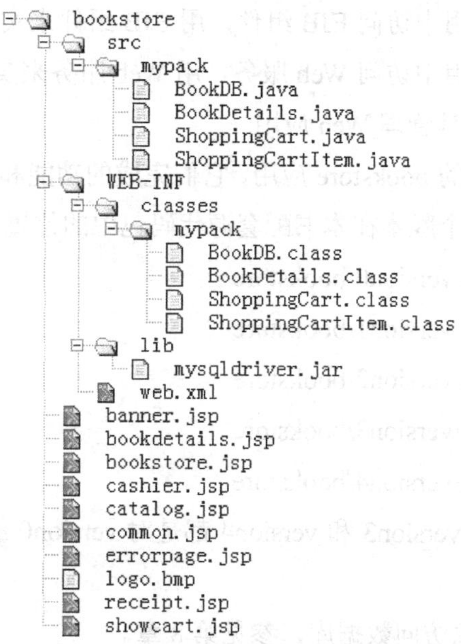

图 7-14　bookstore 应用在 Windows 资源管理器中的展开图

发布 bookstore version0 应用的步骤非常简单。

（1）把整个 bookstore 目录复制到<CATALINA_HOME>/webapps 目录下。

（2）参照本书第 8 章的 8.1 节（安装和配置 MySQL 数据库），在 MySQL 中创建 BookDB 数据库和 BOOKS 表。

提示

在本书第 3 章的 3.3.5 节（配置 Tomcat 的虚拟主机）中讲过，<Host>元素的 deployOnStartup 属性值默认为 true，在这种情况下，Tomcat 服务器启动时能自动发布虚拟主机目录下所有的 Web 应用，即使没有为这个 Web 应用配置<Context>元素，也可以被发布。

（3）接下来就可以启动 Tomcat 服务器，然后访问 bookstore 应用了。bookstore 应用使用的 HTTP 会话依赖于浏览器支持 Cookie，因此访问 bookstore 应用时，应该确保浏览器启用了 Cookie，关于 HTTP 会话的概念参见本书第 9 章（HTTP 会话的使用与管理），关于浏览器启用或禁用 Cookie 的步骤参见本书第 9 章的 9.5 节（通过重写 URL 来跟踪会话）。

7.5　小结

本章介绍了 bookstore 应用的三层软件结构，从浏览器端浏览了各个 JSP 网页的功能，还讲解了购物车的实现。在本书的以下章节，还将陆续介绍 bookstore 应用涉及的 Web 技术：

- 第 8 章：Web 应用访问数据库
- 第 10 章：JSP 访问 JavaBean
- 第 14 章：采用模板设计网上书店应用

- 第 21 章：在 Web 应用中访问 EJB 组件，用 EJB 组件来实现业务逻辑
- 第 22 章：在 Web 应用中访问 Web 服务，用 Web 服务来实现业务逻辑
- 第 30 章：用 ANT 工具管理 Web 应用

本书一共提供了 5 个版本的 bookstore 应用，它们完成的功能和提供的用户界面都相同，但在实现方式上有差别，这 5 个版本在本书配套源代码包中的位置分别为：

- sourcecode/bookstores/version0/bookstore
- sourcecode/bookstores/version1/bookstore
- sourcecode/bookstores/version2/bookstore
- sourcecode/bookstores/version3/bookstore
- sourcecode/bookstores/version4/bookstore

其中 version1、version2、version3 和 version4 都是对 version0 的改写，它们的技术侧重点分别为：

- version1：通过数据源访问数据库，参见第 8 章。
- version2：采用模板设计 Web 应用，参见第 14 章。
- version3：创建基于 JavaEE 框架的 JavaEE 应用，参见第 21 章。
- version4：在 Web 应用中访问 Web 服务，参见第 22 章。

第 8 章　访问数据库

本章首先介绍如何通过 JDBC API 访问数据库，包括 JDBC 驱动器的概念、java.sql 包中常用接口和类的使用方法以及访问数据库的步骤。接着介绍了数据源的概念以及如何在 Tomcat 中配置数据源，最后举例说明如何在 Web 应用中通过数据源连接数据库。

8.1　安装和配置 MySQL 数据库

本书中所有和数据库相关的内容都以 MySQL 作为数据库服务器。MySQL 是一个多用户、多线程的强壮的关系数据库服务器。对 Unix 和 Window 平台，MySQL 的官方网站 www.mysql.com 提供了免费安装软件。

MySQL 自带了一个客户程序，它支持在 DOS 命令行中输入 SQL 语句，图 8-1 显示了 MySQL 客户程序的界面。MySQL 安装后，有一个初始用户 root。

提示

对于 MySQL4.0 或者以下的版本，root 用户的初始口令为空，对于 MySQL5.0 或者以上的版本，在安装时会提示设置 root 用户的口令。

```
C:\mysql\bin>mysql -u root -p
Enter password: ****
Type 'help;' or '\h' for help. Type
'\c' to clear the current input stat
ement.
mysql> ■
```

图 8-1　MySQL 自带的客户程序

在本章访问数据库的例子中，都以 BookDB 数据库为例，在 BookDB 中有一张表 BOOKS，在这张表中保存了书的信息。本书第 7 章的 7.1.2 节（数据库层）已对 BOOKS 表中的各个字段做了说明。

安装 MySQL 服务器的具体步骤如下。

（1）获取 MySQL 的安装软件。从 http://www.mysql.com 站点下载 MySQL 的安装软件和 JDBC 驱动器（也称为 JDBC 驱动程序）。此外，从本书的技术支持网站（www.javathinker.net）上也可以下载 MySQL 安装软件。

（2）运行 mysql-installer.msi 安装程序，就可以安装 MySQL。

MySQL 服务器既可以作为前台服务程序运行，也可以作为后台服务程序运行。在安装 MySQL 时，会提示是否要在操作系统启动时自动启动 MySQL 服务器程序，以后台服务的方式运行。如果安装了 MySQL 后台服务，可通过在 Windows 系统中选择【控制面板】→【系统和安全】→【管理工具】→【服务】程序来管理它。

如果在安装 MySQL 时选择不自动启动 MySQL 服务器程序，那么也可以手工启动它。在 MySQL 安装目录的 bin 目录下提供了 MySQL 服务器程序：mysqld.exe。运行该程序，就会启动 MySQL 服务器，它以前台服务的形式运行。

假定在安装 MySQL 时为 root 用户设置的口令为 1234。MySQL 服务器启动后，接下来按照如下步骤，创建新用户：dbuser，口令为：1234。

（1）在 DOS 下转到 MySQL 的安装目录的 bin 子目录下。

（2）以 root 用户身份进入 mysql 客户程序，DOS 命令如下：

```
mysql  -u  root  -p
```

当系统提示输入口令时，输入："1234"。

（3）进入 mysql 数据库，创建一个新的用户：dbuser，口令为：1234。SQL 命令如下：

```
use mysql;

grant all privileges on *.* to dbuser@localhost
identified by '1234' with  grant  option;
```

接下来创建 BookDB 数据库和 BOOKS 表，向 BOOKS 表中插入数据，具体步骤如下（在本书配套源代码包的 sourcecode/chapter08/目录下，提供了创建 BookDB 数据库和 BOOKS 表的 SQL 脚本文件 books.sql）。

（1）创建数据库 BookDB，SQL 命令如下：

```
create database BookDB;
```

（2）进入 BookDB 数据库，SQL 命令为：use BookDB

（3）在 BookDB 数据库中创建 BOOKS 表，SQL 命令如下：

```
create table BOOKS(
ID varchar(8) primary key,
NAME varchar(24),
TITLE varchar(96),
PRICE float,
YR int,
DESCRIPTION varchar(128),
SALE_AMOUNT int);
```

（4）在 BOOKS 表中加入一些记录，SQL 命令如下：

```
insert into BOOKS values('201', '孙卫琴',
 'Java 面向对象编程',
 65, 2006, '让读者由浅入深掌握 Java 语言', 100000);

insert into BOOKS values('202', '孙卫琴',
 '精通 Struts', 49,
 2004, '真的很棒', 80000);
```

```
insert into BOOKS values('203', '孙卫琴',
 'Tomcat 与 Java Web 开发技术详解',
 45, 2004, '关于 Tomcat 与 Java Web 开发的最畅销的技术书', 80000);

insert into BOOKS values('204', '孙卫琴',
 'Java 网络编程精解',
 55, 2007, '很值得一看', 20000);

insert into BOOKS values('205', '孙卫琴',
 '精通 Hibernate',
 59, 2005, '权威的 Hibernate 技术资料', 50000);

insert into BOOKS values('206', '孙卫琴',
 'Java2 认证考试指南与试题解析',
 88, 2002, '权威的 Java 技术资料', 8000);
```

8.2　JDBC 简介

JDBC 是 Java DataBase Connectivity 的缩写。JDBC 是连接 Java 程序和数据库服务器的纽带。如图 8-2 所示，JDBC 的实现封装了与各种数据库服务器通信的细节。Java 程序通过 JDBC API 来访问数据库，有以下优点：

（1）简化访问数据库的程序代码，无须涉及与数据库服务器通信的细节。

（2）不依赖于任何数据库平台。同一个 Java 程序可以访问多种数据库服务器。

JDBC API 主要位于 java.sql 包中，此外，在 javax.sql 包中包含了一些提供高级特性的 API。

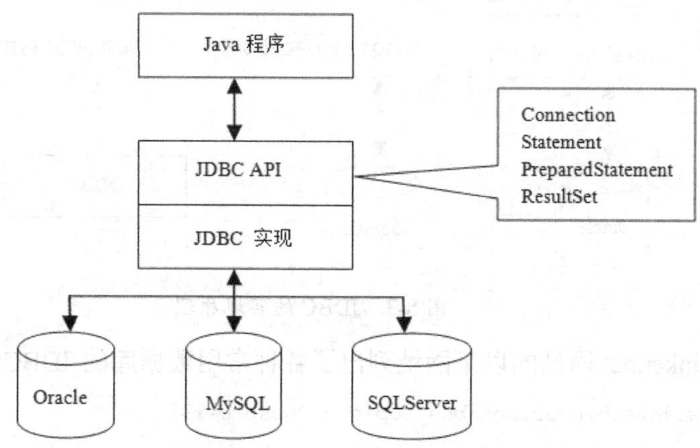

图 8-2　Java 程序通过 JDBC API 访问数据库

如图 8-3 所示，JDBC 的实现包括三部分：

- JDBC 驱动管理器：java.sql.DriverManger 类，由 Oracle 公司实现，负责注册特定 JDBC 驱动器，以及根据特定驱动器建立与数据库的连接。
- JDBC 驱动器 API：由 Oracle 公司制定，其中最主要的接口是 java.sql.Driver 接口。
- JDBC 驱动器：由数据库供应商或者其他第三方工具提供商创建，也称为 JDBC 驱动程序。JDBC 驱动器实现了 JDBC 驱动器 API，负责与特定的数据库连接，以及处理通信细节。JDBC 驱动器可以注册到 JDBC 驱动管理器中。Oracle 公司很明智地让数据库供应商或者其他第三方工具提供商来创建 JDBC 驱动器，因为他们才最了解与特定数据库通信的细节，有能力对特定数据库的驱动器进行优化。

从图 8-3 可以看出，Oracle 公司制定了两套 API：

- JDBC API：Java 应用程序通过它来访问各种数据库。
- JDBC 驱动器 API：当数据库供应商或者其他第三方工具提供商为特定数据库创建 JDBC 驱动器时，该驱动器必须实现 JDBC 驱动器 API。

从图 8-3 还可以看出，JDBC 驱动器才是真正的连接 Java 应用程序与特定数据库的纽带。Java 应用程序如果希望访问某种数据库，必须先获得相应的 JDBC 驱动器的类库，然后把它注册到 JDBC 驱动管理器中。

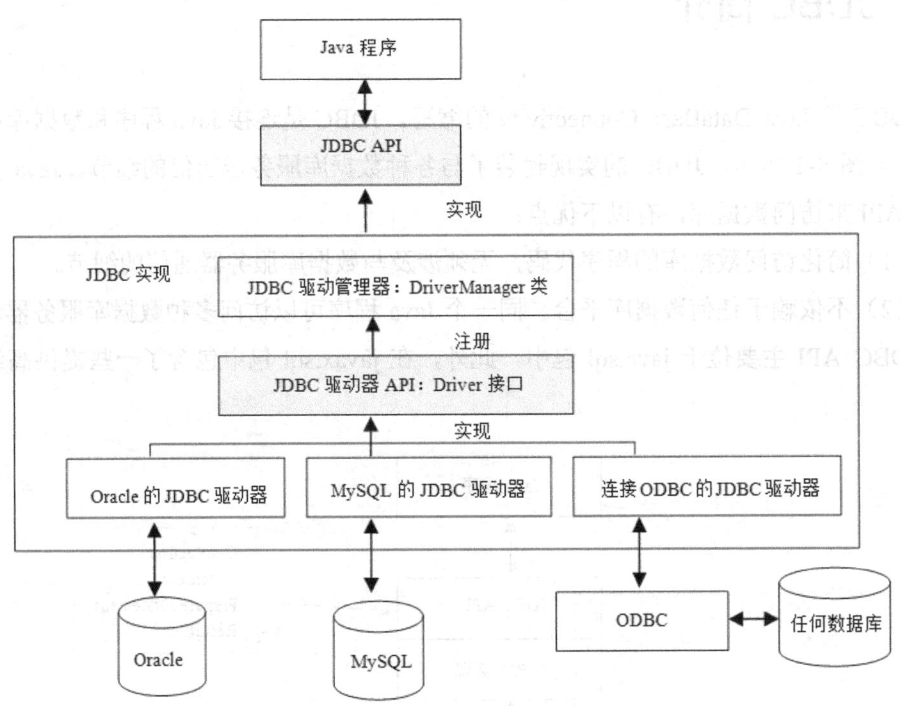

图 8-3　JDBC 的实现原理

在 JavaThinker.net 网站的以下网址列出了各种常用数据库的 JDBC 驱动器的下载地址：

```
http://www.javathinker.net/bbs_topic.do?postID=193
```

JDBC 驱动器可分为以下四类：

- 第 1 类驱动器：JDBC-ODBC 驱动器。ODBC（Open Database Connectivity，开放数据库互连）是微软公司为应用程序提供的访问任何一种数据库的标准 API。JDBC-ODBC 驱动器为 Java 程序与 ODBC 之间建立了桥梁，使得 Java 程序可以间接地访问 ODBC API。JDBC-ODBC 驱动器是唯一由 Oracle 公司实现的驱动器，属于 JDK 的一部分，默认情况下，该驱动器就已经在 JDBC 驱动管理器中注册了。

在 JDBC 刚刚发布后，JDBC-ODBC 驱动器可以方便地用于应用程序的测试，但由于它连接数据库的速度比较慢，因此现在已经不提倡使用它了。从 JDK8 开始，该驱动器已经从 JDK 类库中彻底删除。

- 第 2 类驱动器：由部分 Java 程序代码和部分本地代码组成。用于与数据库的客户端 API 通信。在使用这种驱动器时，不仅需要安装相关的 Java 类库，还要安装一些与平台相关的本地代码。
- 第 3 类驱动器：完全由 Java 语言编写的类库。它用一种与具体数据库服务器无关的协议将请求发送给服务器的特定组件，再由该组件按照特定数据库协议对请求进行翻译，并把翻译后的内容发送给数据库服务器。
- 第 4 类驱动器：完全由 Java 语言编写的类库。它直接按照特定数据库的协议，把请求发送给数据库服务器。

一般说来，这几类驱动器访问数据库的速度由快到低，依次为：第 4 类、第 3 类、第 2 类和第 1 类。第 4 类驱动器的速度最快，因为它把请求直接发送给数据库服务器，而第 1 类驱动器的速度最慢，因为它要把请求转发给 ODBC，然后再由 ODBC 把请求发送给数据库服务器。

大部分数据库供应商都为它们的数据库产品提供第 3 类或第 4 类驱动器。许多第三方工具提供商也开发了符合 JDBC 标准的驱动器产品，它们往往支持更多的数据库平台，具有很好的运行性能和可靠性。

Java 应用程序应该优先考虑使用第 3 类和第 4 类驱动器，如果某种数据库还不存在第 3 类或第 4 类驱动器，则可以把第 1 类和第 2 类驱动器作为暂时的替代品。

Java 应用程序必须通过 JDBC 驱动器来访问数据库，Java 应用程序如何能与各种不同的 JDBC 驱动器通信呢？这要归功于 java.sql.DriverManager 类，它运用桥梁设计模式，成为连接 Java 应用程序和各种 JDBC 驱动器的桥梁。

如图 8-4 所示，应用程序只和 JDBC API 打交道，JDBC API 依赖 DriverManager 类来管理 JDBC 驱动器。假如应用程序需要向一个 MySQL 数据库提交一条 SQL 语句，DriverManager 类就会委派特定的 MySQL 的驱动器来执行这个任务；同理，假如应用程序需要向一个 Oracle 数据库提交一条 SQL 语句，DriverManager 类就会委派特定的 Oracle 的驱动器来执行这个任务。

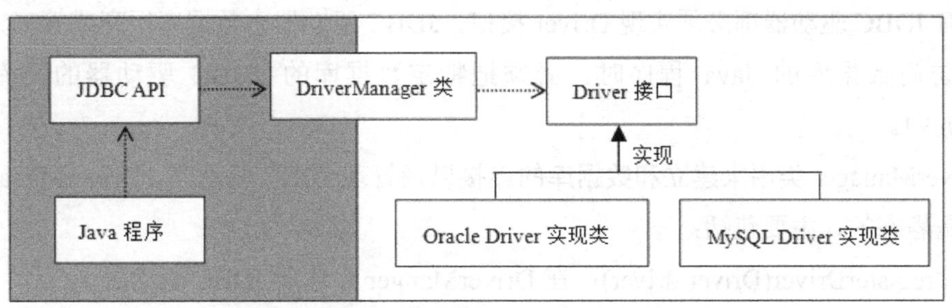

图 8-4　DriverManager 类运用了桥梁设计模式

当 Java 应用程序希望访问某种数据库时，要先向 DriverManager 类注册该数据库的驱动器类，这样，DriverManager 类就能委派该驱动器来执行由应用程序下达的操纵数据库的各种任务了。

8.2.1 java.sql 包中的接口和类

JDBC API 主要位于 java.sql 包中，关键的接口与类包括：

- Driver 接口和 DriverManager 类：前者表示驱动器，后者表示驱动管理器。
- Connection 接口：表示数据库连接。
- Statement 接口：负责执行 SQL 语句。
- PreparedStatement 接口：负责执行预准备的 SQL 语句。
- CallableStatement 接口：负责执行 SQL 存储过程。
- ResultSet 接口：表示 SQL 查询语句返回的结果集。

图 8-5 为 java.sql 包中主要的接口与类的类框图。

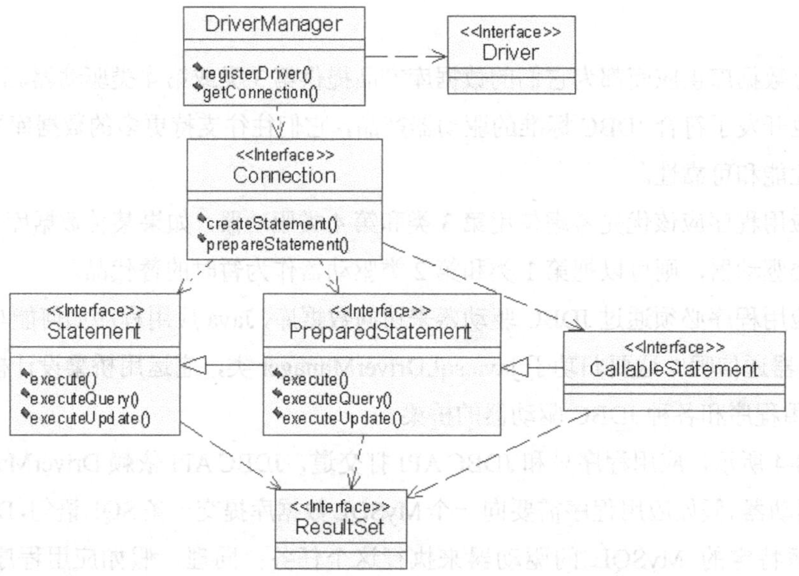

图 8-5 java.sql 包中主要的类与接口的类框图

1. Driver 接口和 DriverManager 类

所有 JDBC 驱动器都必须实现 Driver 接口，JDBC 驱动器由数据库厂商或第三方提供。在编写访问数据库的 Java 程序时，必须把特定数据库的 JDBC 驱动器的类库加入到 classpath 中。

DriverManager 类用来建立和数据库的连接以及管理 JDBC 驱动器。DriverManager 类的方法都是静态的，主要包括：

- registerDriver(Driver driver)：在 DriverManger 中注册 JDBC 驱动器。
- deregisterDriver(Driver driver)：在 DriverManger 中注销 JDBC 驱动器。

- getConnection(String url, String user, String pwd)　　：建立和数据库的连接，并返回表示数据库连接的 Connection 对象。
- setLoginTimeOut(int seconds)：设定等待建立数据库连接的超时时间。
- setLogWriter(PrintWriter out)　　：设定输出 JDBC 日志的 PrintWriter 对象。

2. Connection 接口

Connection 接口代表 Java 程序和数据库的连接，Connection 接口主要包括以下方法：

- getMetaData()：返回表示数据库的元数据的 DatabaseMetaData 对象。元数据包含了描述数据库的相关信息，如数据库中表的结构就是一种元数据。
- createStatement()：创建并返回 Statement 对象。
- prepareStatement(String sql)：创建并返回 PreparedStatement 对象。

3．Statement 接口

Statement 接口提供了三个执行 SQL 语句的方法：

- execute(String sql)：执行各种 SQL 语句。该方法返回一个 boolean 类型的值，如果为 true，表示所执行的 SQL 语句具有查询结果，可通过 Statement 的 getResultSet() 方法获得这一查询结果。
- executeUpdate(String sql)：执行 SQL 的 insert、update 和 delete 语句。该方法返回一个 int 类型的值，表示数据库中受该 SQL 语句影响的记录的数目。
- executeQuery(String sql)：执行 SQL 的 select 语句。该方法返回一个表示查询结果的 ResultSet 对象，例如：

```
String sql=" select ID,NAME,TITLE,PRICE from BOOKS "
        +"where NAME= 'Tom' and PRICE=40";
ResultSet rs=stmt.executeQuery(sql);    //stmt 为 Statement 对象
```

4．PreparedStatement

PreparedStatement 接口继承了 Statement 接口。PreparedStatement 用来执行预准备的 SQL 语句。在访问数据库时，可能会遇到这样的情况，某条 SQL 语句被多次执行，仅仅其中的参数不同，例如：

```
select ID,NAME,TITLE,PRICE from BOOKS where NAME='Tom' and PRICE=40
select ID,NAME,TITLE,PRICE from BOOKS where NAME='Mike' and PRICE=30
select ID,NAME,TITLE,PRICE from BOOKS where NAME='Jack' and PRICE=50
```

以上 SQL 语句的格式为：

```
select ID,NAME,TITLE,PRICE from BOOKS where NAME=? and PRICE=?
```

在这种情况下，使用 PreparedStatement，而不是 Statement 来执行 SQL 语句，具有以下优点：

- 简化程序代码。
- 提高访问数据库的性能。PreparedStatement 执行预准备的 SQL 语句，数据库只需对这种 SQL 语句编译一次，然后就可以多次执行。而每次用 Statement 来执行 SQL 语句时，数据库都需要对该 SQL 语句进行编译。

PreparedStatement 的使用步骤如下。

（1）通过 Connection 对象的 prepareStatement()方法生成 PreparedStatement 对象。以下 SQL 语句中 NAME 的值和 PRICE 的值都用“?”代替，它们表示两个可被替换的参数：

```
String selectStatement = "select ID,NAME,TITLE,PRICE from BOOKS "
                        +"where NAME = ? and PRICE= ? ";
//预准备 SQL 语句
PreparedStatement prepStmt = con.prepareStatement(selectStatement);
```

（2）调用 PreparedStatement 的 setXXX 方法，给参数赋值：

```
prepStmt.setString(1, "Tom");  //替换 SQL 语句中的第一个“?”
prepStmt.setFloat(2, 40);      //替换 SQL 语句中的第二个“?”
```

预准备 SQL 语句中的第一个参数为 String 类型，因此调用 PreparedStatement 的 setString()方法，第二个参数为 float 类型，因此调用 PreparedStatement 的 setFloat()方法。这些 setXXX()方法的第一个参数表示预准备 SQL 语句中的“?”的位置，第二个参数表示替换“?”的具体值。

（3）执行 SQL 语句：

```
ResultSet rs = prepStmt.executeQuery();
```

5. ResultSet

ResultSet 接口表示 select 查询语句得到的结果集。调用 ResultSet 对象的 next()方法，可以使游标定位到结果集中的下一条记录。调用 ResultSet 对象的 getXXX()方法，可以获得一条记录中某个字段的值。ResultSet 接口提供了以下常用的 getXXX()方法：

- getString(int columnIndex)：返回指定字段的 String 类型的值，参数 columnIndex 代表字段的索引。
- getString(String columnName)：返回指定字段的 String 类型的值，参数 columnName 代表字段的名字。
- getInt(int columnIndex)：返回指定字段的 int 类型的值，参数 columnIndex 代表字段的索引。
- getInt(String columnName)：返回指定字段的 int 类型的值，参数 columnName 代表字段的名字。
- getFloat(int columnIndex)：返回指定字段的 float 类型的值，参数 columnIndex 代表字段的索引。
- getFloat(String columnName)：返回指定字段的 float 类型的值，参数 columnName 代表字段的名字。

ResultSet 提供了 getString()、getInt()和 getFloat()等方法。程序应该根据字段的数据类型

来决定调用哪种 getXXX()方法。此外，程序既可以通过字段的索引来指定字段，也可以通过字段的名字来指定字段。字段的索引从 1 开始编号。

例如对于以下 select 查询语句，查询结果存放在 rs 变量中：

```
String sql=" select ID,NAME,TITLE,PRICE from BOOKS "
       +"where NAME= 'Tom ' and PRICE=40";
ResultSet rs=stmt.executeQuery(sql);
```

如果要访问 ID 字段，可以用以下的语句：

```
rs.getString(1); //指定字段的索引
```

或者：

```
rs.getString("ID"); //指定字段的名字
```

如果要访问 PRICE 字段，可以用以下的语句：

```
rs.getFloat(4); //指定字段的索引
```

或者：

```
rs.getFloat("PRICE"); //指定字段的名字
```

如果要取出 ResultSet 中所有记录，可以采用下面的循环语句：

```
while (rs.next()){
  String col1 = rs.getString(1);
  String col2 = rs.getString(2);
  String col3 = rs.getString(3);
  float col4 = rs.getFloat(4);

  //打印当前记录
  System.out.println("ID="+col1+" NAME="+col2
                  +" TITLE="+col3+" PRICE="+col4);
}
```

8.2.2 编写访问数据库程序的步骤

在 Java 程序中，通过 JDBC API 访问数据库包含以下步骤：

（1）获得要访问的数据库的 JDBC 驱动器的类库，把它放到 classpath 中。

（2）在程序中加载并注册 JDBC 驱动器，其中 JDBC-ODBC 驱动器是在 JDK 中自带的，默认已经注册，所以不需要再注册。以下分别给出了加载 JDBC-ODBC 驱动器，加载并注册 SQLServer 驱动器、Oracle 驱动器和 MySQL 驱动器的代码：

```
//加载 JdbcOdbcDriver 类,从 JDK8 开始已经不支持该驱动类
Class.forName (" sun.jdbc.odbc.JdbcOdbcDriver") ;

//加载 SQLServerDriver 类
Class.forName(" com.microsoft.jdbc.sqlserver.SQLServerDriver");
//注册 SQLServerDriver 类
java.sql.DriverManager.registerDriver (
      new com.microsoft.jdbc.sqlserver.SQLServerDriver ()) ;
```

```
//加载OracleDriver类
Class.forName("oracle.jdbc.driver.OracleDriver");
//注册OracleDriver类
java.sql.DriverManager.registerDriver (
               new oracle.jdbc.driver.OracleDriver ()) ;

//加载MySQL Driver类
Class.forName("com.mysql.jdbc.Driver");
//注册MySQL Driver,这一步不是必要步骤
java.sql.DriverManager.registerDriver(
              new com.mysql.jdbc.Driver());
```

有些驱动器的 Driver 类在被加载的时候，能自动创建本身的实例，然后调用 DriverManager.registerDriver() 方法注册自身，例如对于 MySQL 的驱动器类 com.mysql.jdbc.Driver，当 Java 虚拟机加载这个类时，会执行它的如下静态代码块：

```
//向DriverManager注册自身
static {
   try {
      java.sql.DriverManager.registerDriver(new Driver());
   } catch (java.sql.SQLException E) {
      throw new RuntimeException("Can't register driver!");
   }
    ……
}
```

所以在 Java 应用程序中，只要通过 Class.forName()方法加载 MySQL Driver 类即可，而通过 DriverManager.registerDriver()方法注册该 Driver 类不是必要步骤。

（3）建立与数据库的连接：

```
Connection con =
    java.sql.DriverManager.getConnection(dburl,user,password);
```

getConnection()方法中有三个参数，dburl 表示连接数据库的 JDBC URL，user 和 password 分别表示连接数据库的用户名和口令。

JDBC URL 的一般形式为：

```
jdbc:drivertype:driversubtype://parameters
```

drivertype 表示驱动器的类型。driversubtype 是可选的参数，表示驱动器的子类型。parameters 通常用来设定数据库服务器的 IP 地址、端口号和数据库的名称。以下给出了几种常用的数据库的 JDBC URL 形式。

如果通过 JDBC-ODBC Driver 连接数据库，采用如下形式：

```
jdbc:odbc:datasource
```

对于 Oracle 数据库连接，采用如下形式：

```
jdbc:oracle:thin:@localhost:1521:sid编C程序的步骤
```

对于 SQLServer 数据库连接，采用如下形式：

```
jdbc:microsoft:sqlserver://localhost:1433;DatabaseName=BookDB
```

对于 MySQL 数据库连接，采用如下形式：

```
jdbc:mysql://localhost:3306/BookDB 编 JDBC 程序步骤
```

在连接 MySQL 数据库时，还可以在 JDBC URL 中设定一些参数，例如：

```
jdbc:mysql://localhost:3306/BookDB?useUnicode=true
&characterEncoding=GB2312
```

以下表 8-1 对 MySQL 的 JDBC URL 的参数的作用做了说明。

表 8-1　MySQL 的 JDBC URL 的参数的作用

参数	说明
useUnicode	是否使用 Unicode 字符集，如果参数 characterEncoding 设置为 GB2312 或 GBK，本参数值必须设置为 true。该参数的默认值为 false
characterEncoding	当 useUnicode 设置为 true 时，指定字符编码。比如字符编码可设置为 GB2312 或 GBK。该参数的默认值为 false
autoReconnect	指定当数据库连接异常中断时，是否自动重新连接。该参数的默认值为 false
autoReconnectForPools	指定是否使用针对数据库连接池的重连策略。该参数的默认值为 false
failOverReadOnly	指定自动重新连接数据库成功后，连接是否设置为只读。该参数的默认值为 true
maxReconnects	当 autoReconnect 设置为 true 时，指定重试连接数据库的次数。该参数的默认值为 3
initialTimeout	当 autoReconnect 设置为 true 时，指定两次尝试重连数据库之间的时间间隔，单位：秒。该参数的默认值为 2
connectTimeout	指定和数据库服务器建立 socket 连接时的超时时间，单位：毫秒。 0 表示永不超时。该参数的默认值为 0
useSSL	指定是否进行 SSL 安全验证。默认值为 true

以上表中各个参数的默认值仅供参考，因为在 MySQL 软件版本的升级过程中，各个参数的默认值会有所改动。

（4）创建 Statement 对象，准备执行 SQL 语句：

```
Statement stmt = con.createStatement();
```

（5）执行 SQL 语句：

```
String sql=" select ID,NAME,TITLE,PRICE from BOOKS "
     +"where NAME= 'Tom' and PRICE=40";
ResultSet rs=stmt.executeQuery(sql);
```

（6）访问 ResultSet 中的记录集：

```
while (rs.next()){
  String col1 = rs.getString(1);
  String col2 = rs.getString(2);
  String col3 = rs.getString(3);
  float col4 = rs.getFloat(4);

  //打印当前记录
  System.out.println("ID="+col1+" NAME="+col2
```

```
        +" TITLE="+col3+" PRICE="+col4);
}
```

（7）依次关闭 ResultSet、Statement 和 Connection 对象：

```
rs.close();
stmt.close();
con.close();
```

8.2.3 事务处理

在数据库操作中，一项事务是指由一条或多条操纵数据库的 SQL 语句所组成的一个不可分割的工作单元。只有当事务中的所有操作都正常完成，整个事务才能被提交到数据库；如果有一项操作没有完成，就必须撤销整个事务。

例如在银行转账事务中，假定张三从自己的账号上把 1000 元钱转到李四的账号上，相关的 SQL 语句如下：

```
update ACCOUNT set MONEY=MONEY-1000 where NAME= 'zhangsan';
update ACCOUNT set MONEY=MONEY+1000 where NAME= 'lisi';
```

这两条 SQL 语句必须作为一个完整的事务来处理，也就是说，只有当两条 SQL 语句都成功地执行，才能提交整个事务。只要有一条语句执行失败，整个事务必须撤销，否则会导致数据库中的数据不一致。例如，假定第一条语句执行成功了，第二条语句却执行失败（例如执行第二条语句时数据库服务器刚好关机），张三账号上的钱少了 1000 元，李四账号上的钱却没多出来，那么银行转账事务就混乱了。

在 Connection 接口中提供了 3 个控制事务的方法：

- setAutoCommit(boolean autoCommit)：设置是否自动提交事务。
- commit()：提交事务。
- rollback()：撤销事务。

在 JDBC API 中，默认情况下为自动提交事务。也就是说，每一条操纵数据库的 SQL 语句代表一个事务，如果操作成功，数据库系统将自动提交事务，否则就自动撤销事务。

在 JDBC API 中，可以通过调用 Connection 接口的 setAutoCommit(false)来禁止自动提交事务。然后就可以把多条操纵数据库的 SQL 语句作为一个事务，在所有操作完成后，调用 Connection 接口的 commit()来进行整体提交。倘若其中一项 SQL 操作失败，就会产生相应的 SQLException，此时就可以在捕获异常的代码块中调用 Connection 接口的 rollback()方法来撤销事务。示例如下：

```
try {
  con = java.sql.DriverManager.getConnection(dbUrl,dbUser,dbPwd);
  //禁止自动提交
  con.setAutoCommit(false);
  stmt = con.createStatement();
  //数据库更新操作1
  stmt.executeUpdate("update ACCOUNT set MONEY=MONEY-1000 "
                +"where NAME='zhangsan' ");
```

```
    //数据库更新操作 2
    stmt.executeUpdate("update ACCOUNT set MONEY=MONEY+1000 "
                     +"where NAME='lisi' ");
    con.commit(); //提交事务
  }catch(Exception ex) {
    ex.printStackTrace();
    try{
      con.rollback(); //操作不成功则撤销事务
    }catch(Exception e){
     e.printStackTrace();
    }
  }finally{
    try{
      stmt.close();
      con.close();
    }catch(Exception e){
      e.printStackTrace();
    }
  }
```

8.3　通过 JDBC API 访问数据库的 JSP 范例程序

以下是一个 JSP 访问数据库的范例程序（例程 8-1），名为 dbaccess.jsp。在这个程序中，建立了和数据库的连接，向 BOOKS 表中加入了一条记录，然后将 BOOKS 中所有记录以表格的方式显示出来，最后删除新加的记录。

例程 8-1　dbaccess.jsp

```
<!--首先导入一些必要的packages-->
<%@ page import="java.io.*"%>
<%@ page import="java.util.*"%>
<!--告诉编译器使用 SQL 包-->
<%@ page import="java.sql.*"%>
<!--设置中文输出-->
<%@ page contentType="text/html; charset=GB2312" %>

<html>
<head>
  <title>dbaccess.jsp</title>
</head>
<body>
<%
try{
  Connection con;
  Statement stmt;
  ResultSet rs;
  //加载驱动器，下面的代码加载 MySQL 驱动器
  Class.forName("com.mysql.jdbc.Driver");
  //注册 MySQL 驱动器
  DriverManager.registerDriver(new com.mysql.jdbc.Driver());
  //用适当的驱动器连接到数据库
  String dbUrl = "jdbc:mysql://localhost:3306/BookDB?useUnicode=true"
              +"&characterEncoding=GB2312&useSSL=false";
```

```
    String dbUser="dbuser";
    String dbPwd="1234";
    //建立数据库连接
    con = java.sql.DriverManager.getConnection(dbUrl,dbUser,dbPwd);
    //创建一个 SQL 声明
    stmt = con.createStatement();
    //增加新记录
    stmt.executeUpdate("insert into BOOKS (ID,NAME,TITLE,PRICE)"
                +"values('999','Tom','Tomcat Bible',44.5)");

    //查询记录
    rs = stmt.executeQuery("select ID,NAME,TITLE,PRICE from BOOKS");
    //输出查询结果
    out.println("<table border=1 width=400>");
    while (rs.next()){
      String col1 = rs.getString(1);
      String col2 = rs.getString(2);
      String col3 = rs.getString(3);
      float col4 = rs.getFloat(4);
      //打印所显示的数据
      out.println("<tr><td>"+col1+"</td><td>"
       +col2+"</td><td>"+col3+"</td><td>"+col4+"</td></tr>");
    }
    out.println("</table>");

    //删除新增加的记录
    stmt.executeUpdate("delete from BOOKS where ID='999'");

    //关闭结果集、SQL 声明和数据库连接
    rs.close();
    stmt.close();
    con.close();

    //注销 JDBC Driver
    Enumeration<Driver> drivers = DriverManager.getDrivers();
    while(drivers.hasMoreElements()) {
      DriverManager.deregisterDriver(drivers.nextElement());
    }
  }catch(Exception e){out.println(e.getMessage());}

  %>
  </body>
  </html>
```

假定将 dbaccess.jsp 发布到 helloapp 应用中。在本书配套源代码包的 sourcecode/chapter08 目录下提供了 helloapp 应用的所有源文件。确保 MySQL 的 JDBC 驱动器类库 mysqldriver.jar 位于 helloapp/WEB-INF/lib 目录下。此外，也可以把 mysqldriver.jar 文件复制到 <CATALINA_HOME>/lib 目录下。

通过浏览器访问 http://localhost:8080/helloapp/dbaccess.jsp，得到的结果如图 8-6 所示。

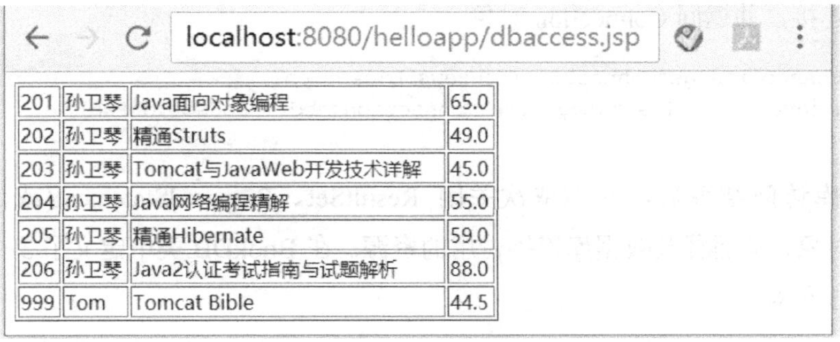

localhost:8080/helloapp/dbaccess.jsp

201	孙卫琴	Java面向对象编程	65.0
202	孙卫琴	精通Struts	49.0
203	孙卫琴	Tomcat与JavaWeb开发技术详解	45.0
204	孙卫琴	Java网络编程精解	55.0
205	孙卫琴	精通Hibernate	59.0
206	孙卫琴	Java2认证考试指南与试题解析	88.0
999	Tom	Tomcat Bible	44.5

图 8-6　dbaccess.jsp 生成的网页

8.4　bookstore 应用通过 JDBC API 访问数据库

在本书第 7 章介绍的 bookstore 应用中，BookDB 类负责访问数据库，它提供了操纵数据库的所有方法，包括：

- public Collection getBooks()：从 BOOKS 表中读取所有书的信息，放在 Collection 集合中。
- public int getNumberOfBooks()：从 BOOKS 表中获取所有书的销售数量。
- public BookDetails getBookDetails(String bookId)：根据 bookId 读取某一本书的详细信息。
- public void buyBooks(ShoppingCart cart)：根据购物车中的内容，更新 BOOKS 表，该方法调用 buyBook(String bookId, int quantity,Connection con)方法，完成实际的 SQL 操作。
- public void buyBook(String bookId, int quantity,Connection con)：完成实际购买书的 SQL 操作，执行的 SQL 语句为：

```
update BOOKS set SALE_AMOUNT=SALE_AMOUNT+quantity where ID=bookId。
```

本书提供了 bookstore 应用的 5 种版本，其中 version1 的 BookDB 类通过 DataSource 数据源获得数据库连接，其他版本都直接通过 JDBC API 来创建与数据库的连接。

下面讲述 version0 中 BookDB 类的实现，相关的代码位于本书配套源代码包的 sourcecode/bookstores/version0/bookstore/src/mypack 目录下。

在 BookDB 类的构造方法中通过 Class.forName()方法装载 MySQL 的 JDBC 驱动器：

```
public BookDB () throws Exception{
  Class.forName(driverName);
  java.sql.DriverManager.registerDriver(
              new com.mysql.jdbc.Driver());
}
```

每次访问数据库时，都调用 BookDB 类自身的 getConnection()方法，在这个方法中建立和数据库的连接，并返回 Connection 对象：

```
public Connection getConnection()throws Exception{
  return java.sql.DriverManager.getConnection(dbUrl,dbUser,dbPwd);
}
```

当数据库访问结束后，应该依次关闭 ResultSet、PreparedStatement(或 Statement)和 Connection 对象，从而释放数据库连接占用的资源。在 BookDB 类中定义了 3 个方法，它们分别关闭这 3 种对象：

```
closeResultSet(ResultSet rs)
closePrepStmt(PrepareStatement prepStmt)
closeConnection(Connection con)
```

为了确保数据库访问结束后，closeConnection()方法一定被执行，BookDB 类中所有访问数据库的方法都采用如下结构：

```
Connection con=null;
PreparedStatement prepStmt=null;
ResultSet rs =null;
try {
  con=getConnection();
  //访问数据库
      ...

}finally{
  closeResultSet(rs);
  closePrepStmt(prepStmt);
  closeConnection(con);
}
```

例程 8-2 给出了 BookDB.java 的源代码。

例程 8-2　BookDB.java

```
/** 直接通过 JDBC API 访问 MySQL 数据库 */
package mypack;
import java.sql.*;
import javax.naming.*;
import javax.sql.*;
import java.util.*;

public class BookDB {

  private String dbUrl =  "jdbc:mysql://localhost:3306/BookDB"
        +"?useUnicode=true&characterEncoding=GB2312&useSSL=false";
  private String dbUser="dbuser";
  private String dbPwd="1234";
  private String driverName="com.mysql.jdbc.Driver";

  public BookDB () throws Exception{
    Class.forName(driverName);
    java.sql.DriverManager.registerDriver(
              new com.mysql.jdbc.Driver());
  }
```

```
public Connection getConnection()throws Exception{
   return java.sql.DriverManager.getConnection(
                         dbUrl,dbUser,dbPwd);
}

public void closeConnection(Connection con){
  try{
     if(con!=null) con.close();
  }catch(Exception e){ e.printStackTrace(); }
}

public void closePrepStmt(PreparedStatement prepStmt){
  try{
     if(prepStmt!=null) prepStmt.close();
  }catch(Exception e){
    e.printStackTrace();
  }
}

public void closeResultSet(ResultSet rs){
  try{
     if(rs!=null) rs.close();
  }catch(Exception e){ e.printStackTrace(); }
}

public int getNumberOfBooks() throws Exception {
  Connection con=null;
  PreparedStatement prepStmt=null;
  ResultSet rs=null;
  int count=0;

  try {
   con=getConnection();
   String selectStatement = "select count(*) " +"from BOOKS";
   prepStmt = con.prepareStatement(selectStatement);
   rs = prepStmt.executeQuery();

   if (rs.next())
     count = rs.getInt(1);

  }finally{
   closeResultSet(rs);
   closePrepStmt(prepStmt);
   closeConnection(con);
  }
  return count;
}

public Collection getBooks()throws Exception{
  Connection con=null;
  PreparedStatement prepStmt=null;
  ResultSet rs =null;
  ArrayList<BookDetails> books = new ArrayList<BookDetails>();
  try {
   con=getConnection();
   String selectStatement = "select * " + "from BOOKS";
   prepStmt = con.prepareStatement(selectStatement);
```

```
    rs = prepStmt.executeQuery();

    while (rs.next()) {

      BookDetails bd = new BookDetails(rs.getString(1),
            rs.getString(2),rs.getString(3),rs.getFloat(4),
            rs.getInt(5),rs.getString(6),rs.getInt(7));
      books.add(bd);
    }
  }finally{
    closeResultSet(rs);
    closePrepStmt(prepStmt);
    closeConnection(con);
  }
  return books;
}

public BookDetails getBookDetails(String bookId) throws Exception {
  Connection con=null;
  PreparedStatement prepStmt=null;
  ResultSet rs =null;
  try {
    con=getConnection();
    String selectStatement = "select * " + "from BOOKS where ID = ? ";
    prepStmt = con.prepareStatement(selectStatement);
    prepStmt.setString(1, bookId);
    rs = prepStmt.executeQuery();

    if (rs.next()) {
      BookDetails bd = new BookDetails(rs.getString(1),
            rs.getString(2),rs.getString(3),rs.getFloat(4),
            rs.getInt(5),rs.getString(6),rs.getInt(7));
      prepStmt.close();

      return bd;
    }
    else {
      return null;
    }
  }finally{
    closeResultSet(rs);
    closePrepStmt(prepStmt);
    closeConnection(con);
  }
}

public void buyBooks(ShoppingCart cart)throws Exception {
  Connection con=null;
  Collection items = cart.getItems();
  Iterator i = items.iterator();
  try {
    con=getConnection();
    con.setAutoCommit(false);
    while (i.hasNext()) {
      ShoppingCartItem sci = (ShoppingCartItem)i.next();
      BookDetails bd = (BookDetails)sci.getItem();
      String id = bd.getBookId();
```

```
        int quantity = sci.getQuantity();
        buyBook(id, quantity,con);
      }
      con.commit();
      con.setAutoCommit(true);

    } catch (Exception ex) {
      con.rollback();
      throw ex;
    }finally{
       closeConnection(con);
    }
  }

  public void buyBook(String bookId, int quantity,Connection con)
                                        throws Exception {
    PreparedStatement prepStmt=null;
    ResultSet rs=null;
    try{
      String selectStatement = "select * "+"from BOOKS where ID = ?";
      prepStmt = con.prepareStatement(selectStatement);
      prepStmt.setString(1, bookId);
      rs = prepStmt.executeQuery();

      if (rs.next()) {
         prepStmt.close();
         String updateStatement =
                "update BOOKS set SALE_AMOUNT = SALE_AMOUNT + ?"
               +" where ID = ?";
         prepStmt = con.prepareStatement(updateStatement);
         prepStmt.setInt(1, quantity);
         prepStmt.setString(2, bookId);
         prepStmt.executeUpdate();
         prepStmt.close();
      }

    }finally{
      closeResultSet(rs);
      closePrepStmt(prepStmt);
    }
  }
}
```

MySQL 驱动程序会自动运行名为“Abandoned Connection Cleanup Thread”的线程，当 Web 应用终止时，这个线程有可能没有被终止。为了防止内存泄漏，可以为 Web 应用提供一个 MyServletContextListener 监听器，它的 contextDestroyed() 方法调用 AbandonedConnectionCleanupThread.checkedShutdown() 方法，确保关闭该线程。MyServletContextListner 监听器的代码如下：

```
package mypack;

import javax.servlet.*;
import java.sql.*;
import javax.sql.*;
import java.util.*;
```

```
import javax.servlet.annotation.*;

@WebListener
public class MyServletContextListener
        implements ServletContextListener{
  public void contextDestroyed(ServletContextEvent sce){
    System.out.println("bookstore application is Destroyed.");

    try{  //关闭MySQL的AbandonedConnectionCleanupThread
      com.mysql.jdbc.AbandonedConnectionCleanupThread
                    .checkedShutdown();
    }catch(Exception e){e.printStackTrace();}

    try{
      Enumeration<Driver> drivers = DriverManager.getDrivers();
      while(drivers.hasMoreElements()) {  //注销JDBC驱动程序
        DriverManager.deregisterDriver(drivers.nextElement());
      }
    }catch(Exception e){e.printStackTrace();}
  }
}
```

为了使程序更加健壮，MyServletContextListener 监听器的 contextDestroyed()方法还会注销已经注册的 JDBC 驱动程序。

提示

如果应用程序通过本章 8.5 节介绍的数据源获得数据库连接，那么终止 AbandonedConnection CleanupThread 线程以及注销 JDBC 驱动程序的操作都由数据源来完成，程序无须进行这些操作。

8.5 数据源（DataSource）简介

JDBC API 提供了 javax.sql.DataSource 接口，它负责建立与数据库的连接，在应用程序中访问数据库时不必编写连接数据库的代码，可以直接从数据源获得数据库连接。

1. 数据源和数据库连接池

在数据源中事先建立了多个数据库连接，这些数据库连接保存在连接池（Connection Pool）中。Java 程序访问数据库时，只需从连接池中取出空闲状态的数据库连接；当程序访问数据库结束，再将数据库连接放回连接池，这样做可以提高访问数据库的效率。试想如果 Web 应用每次接收到客户请求，都和数据库建立一个新的连接，数据库操作结束就断开连接，这样会耗费大量的时间和资源。因为 Java 程序与数据库之间建立连接时，数据库端要验证用户名和密码，并且为这个连接分配资源，Java 程序则要把代表连接的 java.sql.Connection 对象等加载到内存中，所以建立数据库连接的开销很大。

2. 数据源和 JNDI 资源

DataSource 对象通常是由 Servlet 容器提供的，因此 Java 程序无须自己创建 DataSource 对象，而只要直接使用 Servlet 容器提供的 DataSource 对象即可。那么，Java 程序如何获得

Servlet 容器提供的 DataSource 对象的引用呢？这要依赖 Java 的 JNDI（Java Naming and Directory Interface）技术。

可以简单地把 JNDI 理解为一种将对象和名字绑定的技术，对象工厂负责生产出对象，这些对象都和唯一的名字绑定。外部程序可以通过名字来获得某个对象的引用。

在 javax.naming 包中提供了 Context 接口，该接口提供了将对象和名字绑定，以及通过名字来检索对象的方法。Context 接口中的主要方法描述参见表 8-2。

表 8-2 Context 接口的方法

方 法	描 述
bind(String name,Object object)	将对象与一个名字绑定
lookup(String name)	返回与指定的名字绑定的对象

外部应用程序访问对象工厂中的对象的过程如图 8-7 所示。

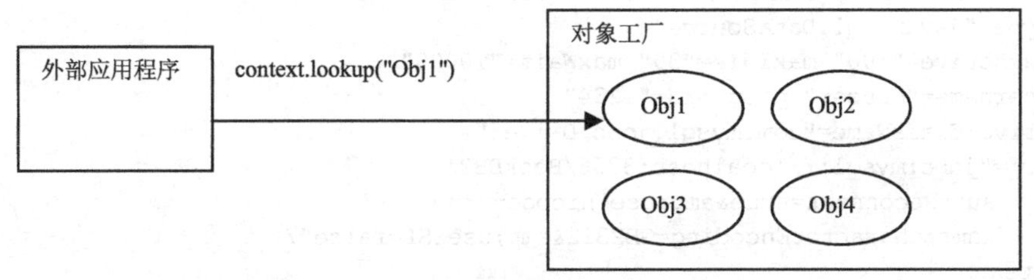

图 8-7 外部应用程序访问对象工厂中的对象

Tomcat 把 DataSource 作为一种可配置的 JNDI 资源来处理。生成 DataSource 对象的工厂为 org.apache.commons.dbcp.BasicDataSourceFactory。假定配置了两个 DataSource，一个名为 jdbc/BookDB，还有一个名为 jdbc/BankDB，helloapp 应用访问名为 jdbc/BookDB 的 DataSource 的过程如图 8-8 所示。

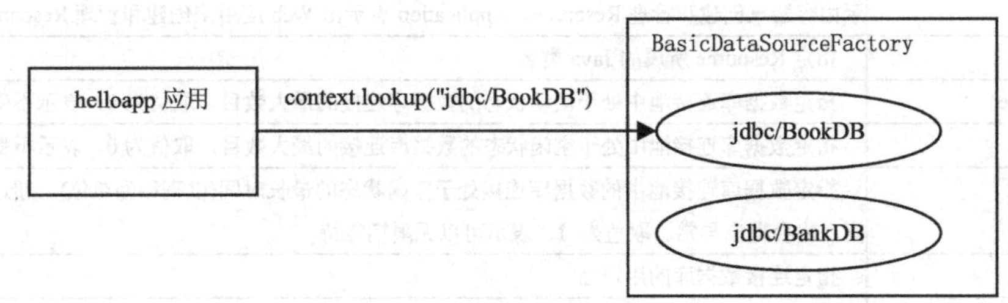

图 8-8 helloapp 应用访问 jdbc/BookDB 数据源

8.6 配置数据源

为 Web 应用配置数据源涉及修改 context.xml 和 web.xml 文件。在 context.xml 文件中加入定义数据源的<Resource>元素；在 web.xml 中加入<resource-ref>元素，该元素声明 Web

应用引用了特定数据源。

提示

Tomcat 自带的帮助文档中详细介绍了配置数据源的方法，文档位置为：
<CATALINA_HOME>\webapps\docs\jndi-datasource-examples-howto.html

8.6.1 在 context.xml 中加入<Resource>元素

<Resource>元素用来定义 JNDI 资源。在 Tomcat 中，数据源是 JNDI 资源的一种。在 helloapp 应用的 META-INF 目录下创建一个 context.xml 文件（参见例程 8-3）。context.xml 文件为 helloapp 应用定义了一个名为 jdbc/BookDB 的数据源。

例程 8-3 用于定义数据源的 context.xml 文件

```
<Context  reloadable="true" >
  <Resource name="jdbc/BookDB" auth="Container"
    type="javax.sql.DataSource"
    maxActive="100" maxIdle="30" maxWait="10000"
    username="dbuser" password="1234"
    driverClassName="com.mysql.jdbc.Driver"
    url="jdbc:mysql://localhost:3306/BookDB?
        autoReconnect=true&amp;useUnicode=true
        &amp;characterEncoding=GB2312&amp;useSSL=false"/>
</Context>
```

在以上代码中，<Resource>元素用于定义名为 jdbc/BookDB 的数据源。<Resource>的属性描述参见表 8-3。

表 8-3 <Resource>的属性

属 性	描 述
name	指定 Resource 的 JNDI 名字
auth	指定管理 Resource 的 Manager，它有两个可选值：Container 和 Application。Container 表示由容器来创建和管理 Resource，Application 表示由 Web 应用来创建和管理 Resource
type	指定 Resource 所属的 Java 类名
maxActive	指定数据库连接池中处于活动状态的数据库连接的最大数目，取值为 0，表示不受限制
maxIdle	指定数据库连接池中处于空闲状态的数据库连接的最大数目，取值为 0，表示不受限制
maxWait	指定数据库连接池中的数据库连接处于空闲状态的最长时间(以毫秒为单位)，超过这一时间，将会抛出异常。取值为-1，表示可以无限期等待
username	指定连接数据库的用户名
password	指定连接数据库的口令
driverClassName	指定连接数据库的 JDBC 驱动器中的 Driver 实现类的名字
url	指定连接数据库的 URL

连接数据库的 URL 的一般形式为：

```
jdbc:mysql://localhost:3306/BookDB?
        autoReconnect=true&useUnicode=true
        &characterEncoding=GB2312&useSSL=false
```

而在 XML 文件中，符号“&”有着特殊的含义，如果要表达字面上的符号“&”，需要使用转义字符“&”：

```
jdbc:mysql://localhost:3306/BookDB?
        autoReconnect=true&amp;useUnicode=true
        &amp;characterEncoding=GB2312&amp;useSSL=false
```

提示

如果希望数据源被 Servlet 容器内一个虚拟主机中的多个 Web 应用访问，那么可以在<CATALINA_HOME>/conf/server.xml 文件中的相应<Host>元素中配置<Resource>子元素。

8.6.2　在 web.xml 中加入<resource-ref>元素

如果 Web 应用访问了由 Servlet 容器管理的某个 JNDI 资源，那么必须在 web.xml 文件中声明对这个 JNDI 资源的引用。表示资源引用的元素为<resource-ref>，以下是声明引用 jdbc/BookDB 数据源的代码：

```
<wepapp>
     <resource-ref>
       <description>DB Connection</description>
   <res-ref-name>jdbc/BookDB</res-ref-name>
   <res-type>javax.sql.DataSource</res-type>
   <res-auth>Container</res-auth>
  </resource-ref>
</webapp>
```

<resource-ref>的子元素的描述参见表 8-4。

表 8-4　<resource-ref>的子元素

子元素	描　述
description	对所引用的资源的说明
res-ref-name	指定所引用资源的 JNDI 名字，与<Resource>元素中的 name 属性对应
res-type	指定所引用资源的类名字，与<Resource>元素中的 type 属性对应
res-auth	指定管理所引用资源的 Manager，与<Resource>元素中的 auth 属性对应

8.7　程序中访问数据源

javax.naming.Context 提供了查找 JNDI 资源的接口，例如，可以通过以下代码获得 jdbc/BookDB 数据源的引用：

```
Context ctx = new InitialContext();
DataSource ds=(DataSource)ctx.lookup("java:comp/env/jdbc/BookDB");
```

得到了 DataSource 对象的引用后，就可以通过 DataSource 对象的 getConnection()方法获得数据库连接对象 Connection：

```
Connection con=ds.getConnection();
```

当程序结束数据库访问后，应该调用 Connection 对象的 close()方法，及时将 Connection 对象返回数据库连接池，使 Connection 对象恢复到空闲状态。

提示

对于 DataSource 接口的多数实现类，它的 getConnection()方法返回的是 Connection 代理对象，它也实现了 java.sql.Connection 接口。Connection 代理对象为真正的代表数据库连接的 Connection 对象提供代理。Connection 代理对象的 close()方法并不断开与数据库的连接，而是把被代理的代表数据库连接的 Connection 对象放回数据库连接池，使它又回到空闲状态。在作者的另一本书《Java 网络编程精解》的第 12 章（通过 JDBC API 访问数据库）对这种代理机制做了介绍。

8.7.1 通过数据源连接数据库的 JSP 范例程序

例程 8-4 的 dbaccess1.jsp 是一个访问 jdbc/BookDB 数据源的例子，它与 dbaccess.jsp 完成的功能相同，两者的代码很相似，不同之处在于获得数据库连接的方式不一样。

例程 8-4 dbaccess1.jsp

```
<!--首先导入一些必要的包-->
<%@ page import="java.io.*"%>
<%@ page import="java.util.*"%>
<%@ page import="java.sql.*"%>
<%@ page import="javax.sql.*"%>
<%@ page import="javax.naming.*"%>
<!--设置中文输出-->
<%@ page contentType="text/html; charset=GB2312" %>
<html>
<head>
  <TITLE>dbaccess1.jsp</TITLE>
</head>
<body>
<%
try{
  Connection con;
  Statement stmt;
  ResultSet rs;

  //从数据源中获得数据库连接
  Context ctx = new InitialContext();
  DataSource ds =(DataSource)ctx.lookup("java:comp/env/jdbc/BookDB");
  con = ds.getConnection();

  //创建一个 SQL 声明
  stmt = con.createStatement();
  //增加新记录
  stmt.executeUpdate("insert into BOOKS(ID,NAME,TITLE,PRICE)"
              +"values ('999','Tom','Tomcat Bible',44.5)");

  //查询记录
  rs = stmt.executeQuery("select ID,NAME,TITLE,PRICE from BOOKS");
  //输出查询结果
  out.println("<table border=1 width=400>");
  while (rs.next()){
    String col1 = rs.getString(1);
    String col2 = rs.getString(2);
    String col3 = rs.getString(3);
    float col4 = rs.getFloat(4);
```

```
      //打印所显示的数据
      out.println("<tr><td>"+col1+"</td><td>"
        +col2+"</td><td>"+col3+"</td><td>"+col4+"</td></tr>");
    }

    out.println("</table>");

    //删除新增加的记录
    stmt.executeUpdate("delete from BOOKS where ID='999'");

    //关闭结果集、SQL 声明、数据库连接
    rs.close();
    stmt.close();
    con.close();
  }catch (Exception e) {
    out.println(e.getMessage());e.printStackTrace();
  }
  %>
  </body>
  </html>
```

假定将 dbaccess1.jsp 发布到 helloapp 应用中，首先应该按照本章 8.6.1 和 8.6.2 小节介绍的步骤创建 context.xml 和 web.xml 文件。在本书配套源代码包的 sourcecode/chapter08 目录下提供了 helloapp 应用的所有源文件。此外，应该将 MySQL 的 JDBC 驱动器类库 mysqldriver.jar 文件复制到<CATALINA_HOME>/lib 目录下。通过浏览器访问 dbaccess1.jsp：

```
http://localhost:8080/helloapp/dbaccess1.jsp
```

会看到生成的网页与 dbaccess.jsp 生成的网页一样，如本章 8.3 节的图 8-6 所示。

提示

如果 helloapp 应用直接通过 JDBC API 访问数据库，那么可以把 JDBC 驱动器类库复制到 helloapp/WEB-INF/lib 目录或者<CATALINA_HOME>/lib 目录下；如果 helloapp 应用通过数据源连接数据库，由于数据源由 Servlet 容器创建并维护，因此必须把 JDBC 驱动器类库复制到<CATALINA_HOME>/lib 目录下，从而确保 Servlet 容器能访问到驱动器类库。关于 helloapp/WEB-INF/lib 目录和<CATALINA_HOME>/lib 目录的区别，可以参见本书第 3 章的 3.3.1 节（Tomcat 的目录结构）。

8.7.2 bookstore 应用通过数据源连接数据库

在 bookstore version0 版本中，对于每一个需要访问数据库的客户请求，BookDB 类都会首先建立与数据库的连接，然后再完成相关的事务。频繁地连接数据库，会影响 Web 服务器的工作效率，降低服务器响应客户请求的速度。

为了提高访问数据库的效率，在 bookstore version1 版本中通过数据源来访问数据库。对于每一个需要访问数据库的客户请求，BookDB 类不必直接建立和数据库的连接，只需从 Servlet 容器提供的数据源的数据库连接池中取出一个空闲状态的连接。BookDB 类通过数据源连接数据库的过程如图 8-9 所示。

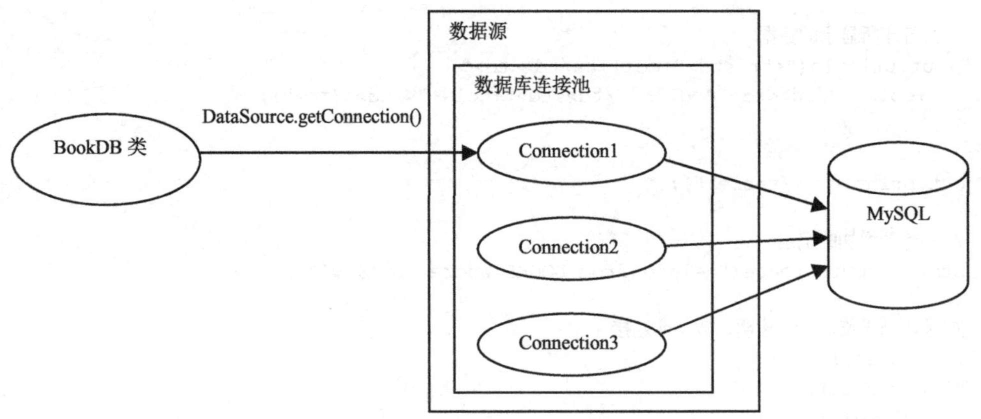

图 8-9　BookDB 类通过数据源获得数据库连接

下面讲述 version1 中 BookDB 类的实现，相关的代码位于本书配套源代码包的 sourcecode/bookstores/version1/bookstore/src/mypack 目录下。

在 BookDB 类的构造方法中通过 Context.lookup()方法获得 DataSource 的引用，并将它保存在成员变量 ds 中。

每次访问数据库时，都调用 BookDB 类自身的 getConnection()方法，该方法从 DataSource 的数据库连接池中取出一个空闲状态的连接：

```
public Connection getConnection(){
  try{
    return ds.getConnection();
  }catch(Exception e){
    e.printStackTrace();
    return null;
  }
}
```

当数据库访问结束后，应该依次关闭 ResultSet、PreparedStatement(或 Statement)和 Connection 对象。在 BookDB 类中定义了 3 个方法，分别关闭这 3 种对象：

```
closeResultSet(ResultSet rs)
closePrepStmt(PrepareStatement prepStmt)
closeConnection(Connection con)
```

以上 closeConnection()方法把数据库连接放回数据库连接池，使它恢复空闲状态，从而能被重复利用。

为了确保数据库访问结束后，closeConnection()方法一定被执行，BookDB 类中所有访问数据库的方法采用如下结构：

```
Connection con=null;
PreparedStatement prepStmt=null;
ResultSet rs =null;
try {
  con=getConnection();
  //访问数据库
      ...
}finally{
```

```
    closeResultSet(rs);
    closePrepStmt(prepStmt);
    closeConnection(con);
  }
```

例程 8-5 给出了 BookDB.java 的源代码，它和本章 8.4 节的例程 8-2 的 BookDB 类的大部分代码相同。两者主要的区别在于获取数据库连接的方式不一样。

例程 8-5　BookDB.java

```
package mypack;
import java.sql.*;
import javax.naming.*;
import javax.sql.*;
import java.util.*;

public class BookDB {
  private DataSource ds=null;

  public BookDB () throws Exception{
     Context ctx = new InitialContext();
     if(ctx == null )
       throw new Exception("No Context");

     //获得数据源
     ds =(DataSource)ctx.lookup("java:comp/env/jdbc/BookDB");
  }

  public Connection getConnection()throws Exception{
      return ds.getConnection();
  }

  public void closeConnection(Connection con){
    try{
        if(con!=null) con.close();
      }catch(Exception e){
        e.printStackTrace();
      }
  }

  public void closePrepStmt(PreparedStatement prepStmt){
    try{
        if(prepStmt!=null) prepStmt.close();
      }catch(Exception e){
        e.printStackTrace();
      }
  }

  public void closeResultSet(ResultSet rs){
    try{
        if(rs!=null) rs.close();
      }catch(Exception e){
        e.printStackTrace();
      }
  }

  public int getNumberOfBooks() throws Exception {
```

```
    Connection con=null;
    PreparedStatement prepStmt=null;
    ResultSet rs=null;
    int count=0;

    try {
      con=getConnection();
      String selectStatement = "select count(*) " + "from BOOKS";
      prepStmt = con.prepareStatement(selectStatement);
      rs = prepStmt.executeQuery();

      if (rs.next())
        count = rs.getInt(1);

    }finally{
      closeResultSet(rs);
      closePrepStmt(prepStmt);
      closeConnection(con);
    }
    return count;
  }

  public Collection getBooks()throws Exception{…}
  public BookDetails getBookDetails(String bookId)throws Exception {…}
  public void buyBooks(ShoppingCart cart)throws Exception {…}
  public void buyBook(String bookId, int quantity,Connection con)
                                 throws Exception {…}
}
```

在本书配套源代码包的 sourcecode/bookstores/version1/bookstore 目录下提供了采用数据源连接数据库的 bookstore 应用，该应用按照本章 8.6.1 和 8.6.2 节介绍的步骤创建了 context.xml 和 web.xml 文件。

把整个 bookstore 应用复制到<CATALINA_HOME>/webapps 目录下，并且把 MySQL 的 JDBC 驱动器类库 mysqldriver.jar 文件复制到<CATALINA_HOME>/lib 目录下，就可以发布和运行 bookstore 应用。

8.8 处理数据库中数据的中文字符编码

对于 Web 应用从数据库中取出的数据，该数据的字符编码有可能和网页使用的编码不一致，如果不进行相关的处理，会导致在网页上出现乱码。例如，在 dbaccess.jsp 网页中声明使用 GB2312 中文编码：

```
<%@ page contentType="text/html; charset=GB2312" %>
```

而本书使用的 MySQL 数据库的 JDBC 驱动器（即本书配套源代码包的 lib/mysqldriver.jar）默认情况下采用 ISO-8859-1 编码。为了把从 MySQL 数据库中读出的数据正确地显示在网页上，可以采用以下两种办法之一：

（1）在设定连接数据库的 URL 时，指定字符编码。dbaccess.jsp（参见本章 8.3 节的例程 8-1）就采用了这种办法：

```
String dbUrl="jdbc:mysql://localhost:3306/BookDB?useUnicode=true"
        +"&characterEncoding=GB2312&useSSL=false";
```

采用这种方式从数据库取出的数据，使用的字符编码为以上 characterEncoding 参数指定的 GB2312，这样就可以直接把它显示在网页上。

提示

对于不同的数据库，连接数据库的 URL 中字符编码的设置语法可能不一样。

（2）如果在设定连接数据库的 URL 时，没有设定字符编码，则首先应该了解 JDBC 驱动器使用的默认字符编码，然后对从数据库中取出的数据进行字符编码转换，例如：

```
//查询记录
ResultSet rs = stmt.executeQuery("select ID,NAME,TITLE,PRICE"
                    +" from BOOKS");
while (rs.next()){
  String col1 = rs.getString(1);
  String col2 = rs.getString(2);
  String col3 = rs.getString(3);
  float col4 = rs.getFloat(4);

  //字符编码转换
  col1=new String(col1.getBytes("ISO-8859-1"),"GB2312");
  col2=new String(col2.getBytes("ISO-8859-1"),"GB2312");
  col3=new String(col3.getBytes("ISO-8859-1"),"GB2312");

  //打印所显示的数据
  out.println("<tr><td>"+col1+"</td><td>"
   +col2+"</td><td>"+col3+"</td><td>"+col4+"</td></tr>");
}
```

提示

不同数据库的驱动器，以及同一数据库的不同版本的驱动器，使用的默认字符编码都可能不一样。

8.9　分页显示批量数据

当 JSP 页面展示数据库中的记录时，如果记录很多，那么把所有记录都放在同一个页面上有两个弊端：

- 使得页面很长，用户必须依靠浏览器窗口的滚动条来浏览数据，比较麻烦。
- JSP 一次性地把数据库中的大量数据加载到内存中，会占用大量内存，而且这一过程很耗时，会降低响应客户请求的速度。

为了克服上述问题，可以分页显示批量数据。例如，如果总共要显示 90 条记录，那么可以分 9 页来显示，每个页面仅仅显示 10 条记录。

例程 8-6 的 dbaccess2.jsp 和例程 8-7 的 pages.jsp 演示如何实现分页显示批量数据。dbasscess2.jsp 静态包含 pages.jsp。dbasscess2.jsp 主要负责从数据源获得数据库连接，而

pages.jsp 负责分页显示 BOOKS 表中的所有记录。

例程 8-6　dbaccess2.jsp

```
<!--首先导入一些必要的packages-->
<%@ page import="java.io.*"%>
<%@ page import="java.util.*"%>
<%@ page import="java.sql.*"%>
<%@ page import="javax.sql.*"%>
<%@ page import="javax.naming.*"%>
<!--设置中文输出-->
<%@ page contentType="text/html; charset=GB2312" %>

<html>
<head>
 <title>dbaccess2.jsp</title>
</head>
<body>
<%
try{
 Connection con;
 Statement stmt;
 ResultSet rs;

 //建立数据库连接
 Context ctx = new InitialContext();
 DataSource ds=(DataSource)ctx.lookup("java:comp/env/jdbc/BookDB");
 con = ds.getConnection();

 //创建一个SQL声明
 stmt = con.createStatement();
%>

<%@ include file="pages.jsp" %>

<%
 stmt.close();
 con.close();
}catch(Exception e){out.println(e.getMessage());}

%>
</body>
</html>
```

例程 8-7　pages.jsp

```
<%@ page contentType="text/html; charset=GB2312" %>
<%
//分页变量定义
final int e=3;                 //每页显示的记录数
int totalPages=0;              //页面总数
int currentPage=1;             //当前页面编号
int totalCount=0;              //数据库中数据的总记录数
int p=1;                       //当前页面所显示的第一条记录的游标

//读取当前待显示的页面编号
String tempStr=request.getParameter("currentPage");
if(tempStr!=null && !tempStr.equals(""))
```

```
  currentPage=Integer.parseInt(tempStr);

/* 分页预备 */

//计算总记录数
rs=stmt.executeQuery("select count(*) from BOOKS;");
if(rs.next())
  totalCount=rs.getInt(1);

//计算总的页数
totalPages=((totalCount%e==0)?(totalCount/e):(totalCount/e+1));
if(totalPages==0) totalPages=1;

//修正当前页面编号，确保：1<=currentPage<=totalPages
if(currentPage>totalPages)
  currentPage=totalPages;
else if(currentPage<1)
  currentPage=1;

//计算当前页面所显示的第一条记录的游标
p=(currentPage-1)*e+1;

String sql="select ID,NAME,TITLE,PRICE from BOOKS order by ID limit "
                                    +(p-1)+","+e;
rs=stmt.executeQuery(sql);

%>

<%-- 显示页标签 --%>
页码：
<% for(int i=1;i<=totalPages;i++){
    if(i==currentPage){
%>
      <%=i%>
<%   }else{ %>
      <a href="dbaccess2.jsp?currentPage=<%=i%>"><%=i %></a>
<%   } %>

<% } %>

  共<%=totalPages%>页,共<%=totalCount%>条记录

<table border="1" width=400>

<tr>
<td bgcolor="#D8E4F1"><b>书编号</b></td>
<td bgcolor="#D8E4F1"><b>作者</b></td>
<td bgcolor="#D8E4F1"><b>书名</b></td>
<td bgcolor="#D8E4F1"><b>价格</b></td>
</tr>

<%
while(rs.next()){

  String id=rs.getString(1);
  String name=rs.getString(2);
```

```
  String title=rs.getString(3);
  float price=rs.getFloat(4);
%>


<tr>
<td><%=id %></td>
<td><%=name %></td>
<td><%=title %></td>
<td><%=price %></td>
</tr>

<%
} //#while
%>

</table>
```

pages.jsp 中定义了五个与分页有关的局部变量。

- 常量 e：表示每页显示的记录数，此处取值为 3，表示每页显示 3 条记录。
- 变量 totalPages：表示页面总数。
- 变量 currentPage：表示当前页面编号。
- 变量 totalCount：表示数据库中数据的总记录数。
- 变量 p：表示当前页面所显示的第一条记录在整个结果集中的游标。

BOOKS 表中有 6 条记录，通过浏览器访问：

```
http://localhost:8080/helloapp/dbaccess2.jsp?currentPage=1
```

将得到如图 8-10 所示的页面。当 dbaccess2.jsp 显示第 1 个页面时，它通过以下 SQL 查询语句来读取数据库的数据：

```
select ID,NAME,TITLE,PRICE from BOOKS order by ID limit 0 , 3
```

以上“limit 0,3”表示从查询结果集中游标为“0+1”的记录开始，共返回 3 条记录。

当 dbaccess2.jsp 显示第 2 个页面时，它通过以下 SQL 查询语句来读取数据库的数据：

```
select ID,NAME,TITLE,PRICE from BOOKS order by ID limit 3 , 3
```

以上“limit 3,3”表示从查询结果集中游标为“3+1”的记录开始，共返回 3 条记录。

由此可见，dbaccess2.jsp 把记录分为多个页来显示，可以方便用户浏览数据，而且能提高响应单次客户请求的速度。

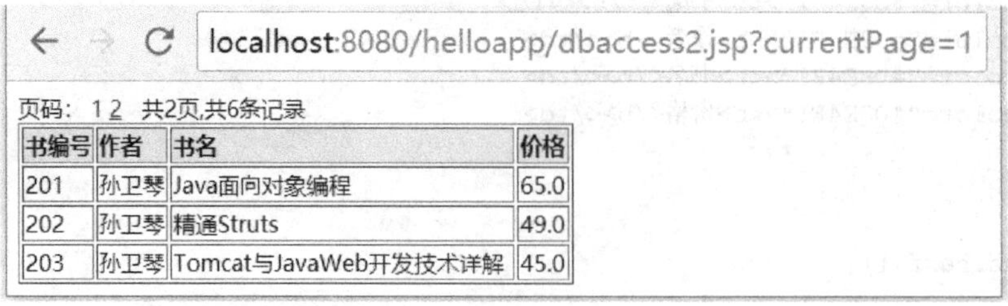

localhost:8080/helloapp/dbaccess2.jsp?currentPage=1

页码： 1 2 共2页,共6条记录

书编号	作者	书名	价格
201	孙卫琴	Java面向对象编程	65.0
202	孙卫琴	精通Struts	49.0
203	孙卫琴	Tomcat与JavaWeb开发技术详解	45.0

图 8-10 dbaccess2.jsp 生成的页面

8.10　用可滚动结果集分页显示批量数据

默认情况下，结果集的游标只能从上往下移动。只要调用 ResultSet 对象的 next()方法，就能使游标下移一行，当到达结果集的末尾，next()方法就会返回 false，否则返回 true。此外，默认情况下，只能对结果集执行读操作，不允许更新结果集的内容。

提示

结果集的开头是指第一条记录的前面位置，这是游标的初始位置。结果集的末尾是指最后一条记录的后面位置。

在实际应用中，往往希望能在结果集中上下移动游标。为了获得可滚动的 ResultSet 对象，需要通过 Connection 接口的以下方法来构造 Statement 或者 PreparedStatement 对象：

```
//创建 Statement 对象
createStatement(int type,int concurrency)
//创建 PreparedStatement 对象
createPreparedStatement(String sql,int type,int concurrency)
```

以上 type 和 concurrency 参数决定了由 Statement 或 PreparedStatement 对象创建的 ResultSet 对象的特性。type 参数有以下可选值：

- ResultSet.TYPE_FORWARD_ONLY：游标只能从上往下移动，即结果集不能滚动。这是默认值。
- ResultSet.TYPE_SCROLL_INSENSITIVE：游标可以上下移动，即结果集可以滚动。当程序对结果集的内容作了修改，游标对此不敏感。
- ResultSet.TYPE_SCROLL_SENSITIVE：游标可以上下移动，即结果集可以滚动。当程序对结果集的内容作了修改，游标对此敏感。比如当程序删除了结果集中的一条记录时，游标位置会随之发生变化。

concurrency 参数有以下可选值：

- CONCUR_READ_ONLY：结果集不能被更新。
- CONCUR_UPDATABLE：结果集可以被更新。

例如，按照以下方式创建的结果集可以滚动，但不能被更新。

```
Statement stmt=connection.createStatement(
          ResultSet.TYPE_SCROLL_INSENSITIVE,
          ResultSet.CONCUR_READ_ONLY);
ResultSet rs=stmt.executeQuery("select ID,NAME from BOOKS");
```

当 ResultSet 结果集可以滚动时，就可以通过以下方法来任意移动游标：

- first()：把游标定位到第一条记录。
- last()：把游标定位到最后一条记录。
- next()：把游标移动到下一条记录。
- previous()：把游标移动到上一条记录。

- absolute(int row)：把游标移动到参数 row 指定行号的记录。

例程 8-8 的 dbaccess3.jsp 和 8.9 节例程 8-6 的 dbaccess2.jsp 很相似，区别在于前者创建了支持可滚动结果集的 Statement 对象，并且会包含下文介绍的 pages1.jsp 文件。

例程 8-8 dbaccess3.jsp

```
<html>
<head>
 <title>dbaccess3.jsp</title>
</head>
<body>
<%
try{
 Connection con;
 Statement stmt;
 ResultSet rs;

 //建立数据库连接
 Context ctx = new InitialContext();
 DataSource ds =(DataSource)ctx.lookup("java:comp/env/jdbc/BookDB");
 con = ds.getConnection();

 //创建一个 SQL 声明
 stmt=con.createStatement(
          ResultSet.TYPE_SCROLL_INSENSITIVE,
          ResultSet.CONCUR_READ_ONLY);
%>

<%@ include file="pages1.jsp" %>
……
```

例程 8-9 的 pages1.jsp 和 8.9 节的例程 8-7 的 pages.jsp 完成同样的功能，都会分页显示 BOOKS 表中的记录。区别在于前者用可滚动的结果集来读取 BOOKS 表中的所有记录。

例程 8-9 pages1.jsp

```
<%@ page contentType="text/html; charset=GB2312" %>
<%
//分页变量定义
final int e=3;                    //每页显示的记录数
int totalPages=0;                 //页面总数
int currentPage=1;                //当前页面编号
int totalCount=0;                 //数据库中数据的总记录数
int p=0;                          //当前页面所显示的第一条记录的游标

//读取当前待显示的页面编号
String tempStr=request.getParameter("currentPage");
if(tempStr!=null && !tempStr.equals(""))
 currentPage=Integer.parseInt(tempStr);

/* 分页预备 */

String sql="select ID,NAME,TITLE,PRICE from BOOKS order by ID";
rs=stmt.executeQuery(sql);

rs.last();                        //将游标定位到最后一条记录
```

```
totalCount=rs.getRow();    //计算总记录数

//计算总的页数
totalPages=((totalCount%e==0)?(totalCount/e):(totalCount/e+1));
if(totalPages==0) totalPages=1;

//修正当前页面编号，确保：1<=currentPage<=totalPages
if(currentPage>totalPages)
 currentPage=totalPages;
else if(currentPage<1)
 currentPage=1;

//计算当前页面所显示的第一条记录在结果集中的游标
p=(currentPage-1)*e+1;

rs.absolute(p);              //将游标定位到第 p 条记录
%>

<%-- 显示页标签 --%>
页码:
<% for(int i=1;i<=totalPages;i++){
    if(i==currentPage){
%>
      <%=i%>
<%  }else{ %>
      <a href="dbaccess3.jsp?currentPage=<%=i%>"><%=i %></a>
<%  } %>

<% } %>

  共<%=totalPages%>页,共<%=totalCount%>条记录
<table border="1" width=400>

<tr>
<td bgcolor="#D8E4F1"><b>书编号</b></td>
<td bgcolor="#D8E4F1"><b>作者</b></td>
<td bgcolor="#D8E4F1"><b>书名</b></td>
<td bgcolor="#D8E4F1"><b>价格</b></td>
</tr>

<%
int count=0;
do{
  String id=rs.getString(1);
  String name=rs.getString(2);
  String title=rs.getString(3);
  float price=rs.getFloat(4);
%>

<tr>
<td><%=id %></td>
<td><%=name %></td>
<td><%=title %></td>
<td><%=price %></td>
</tr>

<%
```

```
}while(rs.next() && ++count<e); //#while
%>
</table>
```

通过浏览器访问：

```
http://localhost:8080/helloapp/dbaccess3.jsp?currentPage=1
```

会得到与 8.9 节的图 8-10 相同的网页。

8.11 小结

本章介绍了 Java Web 应用访问数据库的方法。Java Web 应用和普通 Java 程序一样，需要通过 JDBC API 来访问数据库。JDBC API 主要位于 java.sql 包中。java.sql 包中常用的接口和类包括：DriverManger 类（管理 JDBC 驱动器）、Connection 接口（代表数据库连接）、Statement 接口（执行静态 SQL 语句）、PraparedStatement 接口（执行动态 SQL 语句）和 ResultSet 接口（代表 select 查询语句得到的记录集合）。

Java Web 应用也可以从数据源中获得与数据库的连接。采用数据源，可以避免每次访问数据库都建立数据库连接，这样可以提高访问数据库的效率。本章介绍了 bookstore 应用连接数据库的两种方式。bookstore version0 和 version1 中的 BookDB 类的功能相同，代码和结构也很相似，主要区别在于 BookDB version0 直接通过 JDBC API 创建数据库连接，而 BookDB version1 从 Servlet 容器提供的数据源中获得数据库连接。BookDB 类的两个版本的具体区别如下。

1．构造方法的实现不一样

BookDB version0 的构造方法加载 MySQL 的 JDBC Driver：

```
public BookDB () throws Exception{
  Class.forName("com.mysql.jdbc.Driver");
}
```

BookDB version1 的构造方法获得 JNDI DataSource 的引用：

```
public BookDB () throws Exception{
  Context ctx = new InitialContext();
  if(ctx == null )
    throw new Exception("No Context");
  ds =(DataSource)ctx.lookup("java:comp/env/jdbc/BookDB");
}
```

2．getConnection()方法的实现不一样

BookDB version0 的 getConnection()方法直接和数据库建立连接，然后返回连接对象：

```
public Connection getConnection()throws Exception{
  return java.sql.DriverManager.getConnection(dbUrl,dbUser,dbPwd);
}
```

BookDB version1 的 getConnection()方法从 DataSource 中获得空闲状态的连接：

```
public Connection getConnection()throws Exception{
 return ds.getConnection();
}
```

3．closeConnection 方法的作用不一样

两个 BookDB 类的 closeConnection()方法的代码相同：

```
public void closeConnection(Connection con){
 try{
  if(con!=null) con.close();
 }catch(Exception e){
   e.printStackTrace();
     }
}
```

在 BookDB version0 中，con.close()方法会真正关闭和数据库的连接，而在 BookDB version1 中，con.close()方法仅仅是把数据库连接对象返回到数据库连接池中，使连接对象恢复到空闲状态。

在一个 Web 应用中访问数据源，归纳其来，涉及以下步骤：

（1）在 Web 应用的 META-INF 子目录的 context.xml 文件中通过<Resource>元素来定义数据源。

（2）在 Web 应用的 WEB-INF 子目录的 web.xml 文件中通过<resource-ref>元素来声明引用数据源。

（3）把相应的数据库驱动器的类库文件复制到<CATALINA_HOME>/lib 子目录下。

（4）在程序中通过 javax.sql.Datasource 接口和 JNDI 接口访问数据源。

8.12　思考题

1．对于本章提到的 mysqldriver.jar 文件，以下哪些说法正确？（多选）

（a）它是 MySQL 的 JDBC 驱动器的类库。

（b）它包含了对 java.sql.Driver 接口的实现。

（c）它是 JDK 的 Java API 的一部分，由 Oracle 公司提供。

（d）它定义了 Connection、Statement 和 ResultSet 接口。

2．以下哪些属于 java.sql.DriverManager 类的方法？（多选）

（a）createStatement()

（b）getConnection(String url, String user, String pwd)

（c）registerDriver(Driver driver)

（d）execute(String sql)

3．对于以下 select 查询语句，查询结果存放在 rs 变量中：

```
String sql=" select ID,NAME, PRICE from BOOKS "
        +"where NAME= 'Tom' and PRICE=40";
ResultSet rs=stmt.executeQuery(sql);
```

以下哪些选项能够访问查询结果中的 PRICE 字段？（多选）

（a）float price=rs.getString(3);　（b）float price=rs.getFloat(2);

（c）float price=rs.getFloat(3);　（d）float price=rs.getFloat("PRICE");

4．以下哪个选项正确地创建了一个 PreparedStatement 对象？假定 prepStmt 变量为 PreparedStatement 类型，con 变量为 Connection 类型，sql 变量表示一个 SQL 语句。（单选）

（a）prepStmt = con.createStatement(sql);

（b）prepStmt = con.prepareStatement();

（c）prepStmt = con.createStatement();

（d）prepStmt = con.prepareStatement(sql);

5．以下哪些属于 java.sql.Connection 接口的方法？（多选）

（a）execute(String sql)　（b）commit()

（c）createStatement()　（d）getFloat(int columnIndex)

6．调用 DriverManager 类的 getConnection()方法时，应该提供哪些参数？（多选）

（a）连接数据库的 URL。

（b）连接数据库的用户名。

（c）连接数据库的口令。

（d）在数据库的 JDBC 驱动器类库中，实现 java.sql.Driver 接口的类的名字。

7．本章 8.7.1 节的 dbaccess1.jsp 通过数据源连接数据库，以下哪些说法正确？（多选）

（a）数据源由 Servlet 容器提供。

（b）dbaccess1.jsp 通过 JNDI API 来得到 DataSource 对象的引用。

（c）数据源本身的实现不依赖 JDBC API。

（d）数据源主要负责为 dbaccess1.jsp 提供数据库连接。

（e）DataSource 接口位于 javax.sql 包中。

8．假定可滚动的 ResultSet 结果集中有 5 条记录，当前游标指向第 3 条记录，调用 ResultSet 对象的哪些方法会使游标指向第 4 条记录？（多选）

（a）next()　（b）previous()　（c）absolute(4)　（d）last()

参考答案

1．a,b　2．b,c　3．c,d　4．d　5．b,c　6．a,b,c　7．a,b,d,e　8．a,c

第 9 章　HTTP 会话的使用与管理

当客户访问 Web 应用时，在许多情况下，Web 服务器必须能够跟踪客户的状态。比如有若干客户各自以合法的账号登录到电子邮件系统，然后分别进行收信、写信和发信等一系列操作。在这过程中，假如某个客户请求查看收件箱，Web 服务器必须能判断发出请求的客户的身份，这样才能返回与这个客户相对应的数据。

再比如，有许多客户在同一个购物网站上购物，Web 服务器为每个客户配置了虚拟的购物车（ShoppingCart）。当某个客户请求将一个商品放入购物车时，Web 服务器必须根据发出请求的客户的身份，找到该客户的购物车，然后把商品放入其中。

Web 服务器跟踪客户的状态通常有 4 种方法：

- 在 HTML 表单中加入隐藏字段，它包含用于跟踪客户状态的数据。
- 重写 URL，使它包含用于跟踪客户状态的数据。
- 用 Cookie 来传送用于跟踪客户状态的数据。
- 使用会话（Session）机制。

本章将介绍如何通过会话来实现服务器对客户的状态的跟踪。本章将结合具体的范例来讲解在 Web 应用中使用会话的方法，本章还介绍了会话的持久化的作用和配置方法，以及会话的监听器的用法。

9.1　会话简介

HTTP 是无状态的协议。所谓无状态，是指当一个浏览器客户程序与服务器之间多次进行基于 HTTP 请求/响应模式的通信时，HTTP 协议本身没有提供服务器连续跟踪特定浏览器端状态的规范。例如，假定有多个客户同时访问本书第 7 章介绍的网上书店 bookstore 应用的 catalog.jsp 网页，这些客户都要求把同一本书加入到他们各自的购物车，他们请求的 URL 地址完全相同：

```
http://localhost:8080/bookstore/catalog.jsp?Add=205
```

假如这些客户发送的 HTTP 请求数据完全相同，当 bookstore 应用接收到这些 HTTP 请求后，如何判断每个请求分别是由哪个客户发出的，从而把书加入到与客户相对应的购物车中呢？显然，必须在 HTTP 请求中加入一些额外的用于跟踪客户状态的数据，只有这样，bookstore 应用才能根据 HTTP 请求中的额外数据来区分不同的客户。

在 Web 开发领域，会话机制是用于跟踪客户状态的普遍解决方案。会话指的是在一段时间内，单个客户与 Web 应用的一连串相关的交互过程。在一个会话中，客户可能会多次请求访问 Web 应用的同一个网页，也有可能请求访问同一个 Web 应用中的多个网页。

提示

Web 领域的会话也称作 HTTP 会话，但实际上，会话并不是由 HTTP 协议制定的，会话机制是用于跟踪客户状态的普遍解决方案，用 ASP、PHP 或 JSP 开发的 Web 应用都可以运用会话机制。

例如在电子邮件应用中，从一个客户登录到电子邮件系统开始，经过收信、写信和发信等一系列操作，直至最后退出邮件系统，整个过程为一个会话。再比如，在网上书店应用中，从一个客户开始购物，到最后结账，整个过程为一个会话。

假定一个 Web 服务器中同时运行着网上书店应用（bookstore 应用）和电子邮件应用（JavaMail 应用）。在一段时间内，Web 服务器与两个客户端展开了会话。以下客户 1 和客户 2 对应两个独立的浏览器进程，以下每个操作代表一次独立的 HTTP 请求/HTTP 响应过程。

（1）客户 1 请求访问 bookstore 应用的网页，要求购买一本书，服务器端的 bookstore 应用把相应的书放入购物车中。

（2）客户 1 请求访问 JavaMail 应用的网页，要求察看一封邮件，服务器端的 JavaMail 应用返回这封邮件的内容。

（3）客户 2 请求访问 bookstore 应用的网页，要求购买一本书，服务器端的 bookstore 应用把相应的书放入购物车中。

（4）客户 1 请求访问 JavaMail 应用的网页，要求删除一封邮件，服务器端的 JavaMail 应用把相应的邮件删除。

（5）客户 2 请求访问 bookstore 应用的网页，要求付款，服务器端的 bookstore 应用返回让用户输入信用卡账号的网页。

（6）客户 2 请求访问 JavaMail 应用的网页，要求创建一个邮件夹，服务器端的 JavaMail 应用于是创建一个邮件夹。

（7）客户 1 请求访问 bookstore 应用的网页，要求察看一本书的详细信息，服务器端的 bookstore 应用返回这本书的详细信息。

（8）客户 2 请求访问 JavaMail 应用的网页，要求察看一封邮件，服务器端的 JavaMail 应用返回这封邮件的内容。

以上操作实际上包含 4 个会话，分别为：

（1）客户 1 与 bookstore 应用的会话，包括操作（1）和（7）。

（2）客户 1 与 JavaMail 应用的会话，包括操作（2）和（4）。

（3）客户 2 与 bookstore 应用的会话，包括操作（3）和（5）。

（4）客户 2 与 JavaMail 应用的会话，包括操作（6）和（8）。

Servlet 规范制定了基于 Java 的会话的具体运作机制。在 Servlet API 中定义了代表会话的 javax.servlet.http.HttpSession 接口，Servlet 容器必须实现这一接口。当一个会话开始时，Servlet 容器将创建一个 HttpSession 对象，在 HttpSession 对象中可以存放表示客户状态的信息（例如购物车对象）。Servlet 容器为每个 HttpSession 对象分配一个唯一标识符，称为 Session ID。

下面以 bookstore 应用为例，介绍会话的运作流程。

（1）一个浏览器进程第一次请求访问 bookstore 应用中的任意一个支持会话的网页，Servlet 容器试图寻找 HTTP 请求中表示 Session ID 的 Cookie，由于还不存在这样的 Cookie，因此就认为一个新的会话开始了，于是创建一个 HttpSession 对象，为它分配唯一的 Session ID，然后把 Session ID 作为 Cookie 添加到 HTTP 响应结果中。浏览器接收到 HTTP 响应结果后，会把其中表示 Session ID 的 Cookie 保存在客户端。

（2）浏览器进程继续请求访问 bookstore 应用中的任意一个支持会话的网页，在本次 HTTP 请求中会包含表示 Session ID 的 Cookie。Servlet 容器试图寻找 HTTP 请求中表示 Session ID 的 Cookie，由于此时能获得这样的 Cookie，因此认为本次请求已经处于一个会话中，Servlet 容器不再创建新的 HttpSession 对象，而是从 Cookie 中获取 Session ID，然后根据 Session ID 找到内存中对应的 HttpSession 对象。

（3）浏览器进程重复步骤 2，直到当前会话被销毁，HttpSession 对象就会结束生命周期。会话被销毁的时机参见本章 9.2 节。

如图 9-1 所示，bookstore 应用同时与 3 个客户（即三个浏览器进程）展开了会话。在服务器端，Servlet 容器为每个会话分配一个 HttpSession 对象，bookstore 应用把每个客户的表示购物车的 ShoppingCart 对象存放在与之对应的 HttpSession 对象中。在每个客户端存放了表示 Session ID 的 Cookie。

当一个客户通过以下 URL：

```
http://localhost:8080/bookstore/catalog.jsp?Add=205
```

请求把一本书加入到自己的购物车时，它会在 HTTP 请求中以 Cookie 的形式出示自己的 Session ID，Servlet 容器根据这个 Session ID 找到对应的 HttpSession 对象，然后就能找到存放在其中的 ShoppingCart 对象，catalog.jsp 就能把特定的书加入到属于该客户的 ShoppingCart 对象中。

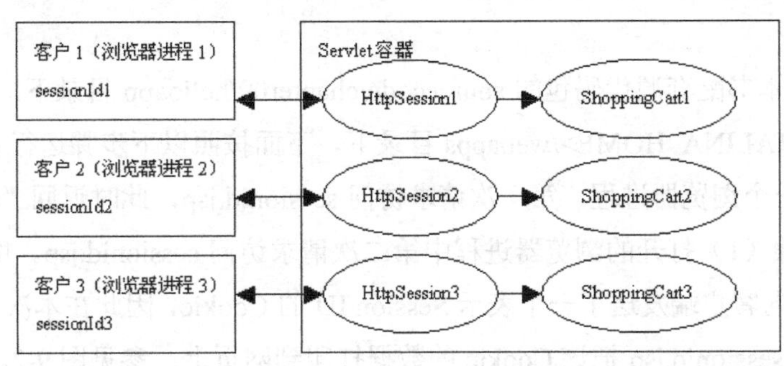

图 9-1　会话的运行机制

从图 9-1 可以看出，Session ID 就好比一个俱乐部事先发给会员的 ID 卡。会员必须保存好 ID 卡（相当于浏览器保存表示 Session ID 的 Cookie）。以后当会员每次访问俱乐部，就要先出示 ID 卡（相当于浏览器在发送的 HTTP 请求中会包含表示 Session ID 的 cookie）。

默认情况下，JSP 网页都是支持会话的，也可以通过以下语句显式声明支持会话：

```
<%@ page session= "true" %>
```

如果一个 Web 组件支持会话，就意味着：

- 当客户请求访问该 Web 组件时，Servlet 容器会自动查找 HTTP 请求中表示 Session ID 的 Cookie，以及向 HTTP 响应结果中添加表示 Session ID 的 Cookie。Servlet 容器还会创建新的 HttpSession 对象或者寻找已经存在的与 Session ID 对应的 HttpSession 对象。
- Web 组件可以访问代表当前会话的 HttpSession 对象。

例程 9-1 的 sessionid.jsp 会打印保存在客户端的所有 Cookie。

例程 9-1　sessionid.jsp

```
<%
Cookie[] cookies = request.getCookies();
if(cookies==null){
  out.println("no cookie");
  return;
}

for(int i = 0; i < cookies.length; i++){
%>

  <p>
  <b>Cookie name:</b>
  <%= cookies[i].getName() %>

  <b>Cookie value:</b>
  <%= cookies[i].getValue() %>
  </p>
  <p>
  <b>max age in seconds:</b>
  <%= cookies[i].getMaxAge() %>
  </p>
<%
}
%>
```

本范例位于本书配套源代码包的 sourcecode/chapter09/helloapp 目录下。把整个 helloapp 目录复制到<CATALINA_HOME>/webapps 目录下。下面按照以下步骤运行 sessionid.jsp。

（1）打开一个浏览器进程，第一次请求访问 sessionid.jsp，此时返回“no cookie”。

（2）从步骤（1）打开的浏览器进程中第二次请求访问 sessionid.jsp。由于在步骤（1）中，Servlet 容器向客户端发送了一个表示 Session ID 的 Cookie，因此在本次 HTTP 请求中会包含该 Cookie，sessionid.jsp 把该 Cookie 的数据打印到网页上，参见图 9-2。

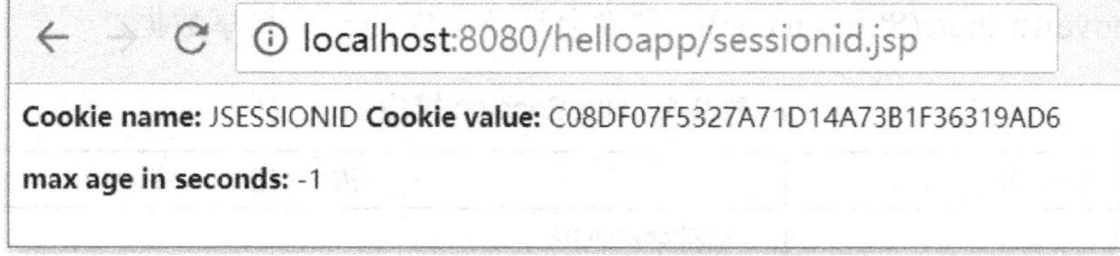

图 9-2　sessionid.jsp 显示客户端的 Cookie

图 9-2 显示，表示 Session ID 的 Cookie 的有效期为-1，这意味着该 Cookie 仅仅存在于当前浏览器进程中，当浏览器进程关闭，Cookie 也就消失，因此本次会话也会结束。

（3）从步骤（1）打开的浏览器进程中多次请求访问 sessionid.jsp，sessionid.jsp 的返回结果始终如图 9-2 所示。

（4）再打开一个新的浏览器进程，多次请求访问 sessionid.jsp，将重复步骤（1）、（2）和（3）。区别在于两个浏览器进程中显示的 Session ID 的值不一样，因为两个浏览器进程分别对应不同的会话，而每个会话都有唯一的 Session ID。

（5）关闭上述步骤中打开的两个浏览器进程。在 sessionid.jsp 的开头加入如下代码，使 sessionid.jsp 不支持会话：

```
<%@ page session= "false" %>
```

（6）再打开一个新的浏览器进程，多次请求访问 sessionid.jsp，sessionid.jsp 的返回结果始终为"no cookie"，这是因为 sessionid.jsp 不支持会话，因此 Servlet 容器不会创建 HttpSession 对象，也不会向客户端发送表示 Session ID 的 Cookie。

9.2　HttpSession 的生命周期及会话范围

本书第 4 章和第 5 章已经分别介绍了 Web 应用范围和请求范围的概念。Web 应用范围是指整个 Web 应用的生命周期。在具体实现上，Web 应用范围与 ServletContext 对象的生命周期对应。Web 应用范围内的共享数据作为 ServletContext 对象的属性而存在。因此 Web 组件只要共享同一个 ServletContext 对象，也就能共享 Web 应用范围内的共享数据。

同样，会话范围是指浏览器端与一个 Web 应用进行一次会话的过程。在具体实现上，会话范围与 HttpSession 对象的生命周期对应。因此，Web 组件只要共享同一个 HttpSession 对象，也就能共享会话范围内的共享数据。

HttpSession 接口中的方法描述参见表 9-1，Web 应用中的 JSP 或 Servlet 组件可通过这些方法来访问会话。

HttpSession 接口的以下方法用于向会话范围存取或删除共享数据：

- setAttribute(String name, Object value)：向会话范围存放共享数据。
- getAttribute(String name)：返回会话范围内与参数 name 匹配的共享数据。
- getAttributeNames()：返回会话范围内的所有共享数据的属性名。

● removeAttribute(String name)：删除会话范围内的一个共享数据。

表 9-1 HttpSession 接口

方　法	描　述
getId()	返回 Session ID
invalidate()	销毁当前的会话，Servlet 容器会释放 HttpSession 对象占用的资源
setAttribute(String name, Object value)	将一对 name/value 属性保存在 HttpSession 对象中
getAttribute(String name)	根据 name 参数返回保存在 HttpSession 对象中的属性值
getAttributeNames()	以数组的方式返回 HttpSession 对象中所有的属性名
removeAttribute(String name)	从 HttpSession 对象中删除 name 参数指定的属性
isNew()	判断是否是新创建的会话。如果是新创建的会话，返回 true，否则返回 false
setMaxInactiveInterval(int interval)	设定一个会话可以处于不活动状态的最长时间，以秒为单位。如果超过这个时间，Servlet 容器自动销毁会话。如果把参数 interval 设置为负数，表示不限制会话处于不活动状态的时间，即会话永远不会过期
getMaxInactiveInterval()	读取当前会话可以处于不活动状态的最长时间
getServletContext()	返回会话所属的 Web 应用的 ServletContext 对象

对于本章 9.3 节将介绍的 JavaMail1 应用，mailcheck.jsp 把用户名存放在会话范围内：

```
session.setAttribute("username",name);
```

maillogin.jsp 和 maillogout.jsp 都会从会话范围内读取用户名：

```
name=(String)session.getAttribute("username");
```

在以下情况，会开始一个新的会话，即 Servlet 容器会创建一个新的 HttpSession 对象：

- 一个浏览器进程第一次访问 Web 应用中支持会话的任意一个网页。
- 浏览器进程与 Web 应用的一次会话已经被销毁后，浏览器进程再次访问 Web 应用中支持会话的任意一个网页。

提示

当浏览器进程与 Web 应用的一次会话被销毁后，服务器端的相应 HttpSession 对象结束生命周期。当浏览器进程再次访问 Web 应用中支持会话的任意一个网页时，它的 HTTP 请求的 Cookie 中包含了已经被销毁的会话的 Session ID，Servlet 容器无法找到与该 Session ID 对应的 HttpSession 对象，在这种情况下，Servlet 容器会创建新的 HttpSession 对象，从而开始新的会话。

在以下情况，会话被销毁，即 Servlet 容器使 HttpSession 对象结束生命周期，并且存放在会话范围内的共享数据也都被销毁：

- 浏览器进程终止。
- 服务器端执行 HttpSession 对象的 invalidate()方法。
- 会话过期。

会话过期是指当会话开始后，如果在一段时间内，客户一直没有和 Web 应用交互，即一直没有请求访问 Web 应用中支持会话的任意一个网页，那么 Servlet 容器会自动销毁这个会话。HttpSession 类的 setMaxInactiveInterval(int interval)方法用于设置允许会话保持不活动状态的时间（以秒为单位），如果超过这一时间，会话就会被销毁。如果把参数 interval 设为负数，就表示会话永远不会过期。Tomcat 为会话设定的默认的保持不活动状态的最长时间为 1800 秒。

提示

当 Tomcat 中的 Web 应用被终止时，它的会话不会被销毁，而是被 Tomcat 持久化到永久性存储设备中，当 Web 应用被重启后，Tomcat 会重新加载这些会话。本章 9.6 节介绍了会话的持久化机制。

当一个会话开始后，如果浏览器进程突然关闭，Servlet 容器端无法立即知道浏览器进程已经被关闭，因此 Servlet 容器端的 HttpSession 对象不会立即结束生命周期。不过，当浏览器进程关闭后，这个会话就进入不活动状态，等到超过了 setMaxInactiveInterval(int interval) 方法设置的时间，会话就会因为过期而被 Servlet 容器销毁。

会话过期具有以下意义：

- 销毁长时间处于不活动状态的会话，可以及时释放无效 HttpSession 对象占用的内存空间。
- 防止未授权的用户访问会话，提高 Web 应用的安全性。例如，某个合法用户 A 正在通过浏览器查看自己的电子邮箱，忽然因为其他事情走开了一个小时，这期间有其他未授权的用户 B 试图从同一个浏览器进程中偷看用户 A 的电子邮箱，但由于会话已经过期，存放在会话范围内的用户名和口令信息也不复存在，Web 应用会要求用户重新提供用户名和口令，才能访问邮箱。

9.3　使用会话的 JSP 范例程序

Servlet 容器为 JSP 提供了隐含 HttpSession 对象，JSP 可以直接通过固定引用变量 session 来引用 HttpSession 对象。例如，以下 JSP 代码把用户名信息存放在会话范围内：

```
<% session.setAttribute("username",name); %>
```

如果同一时刻有多个客户与服务器在进行会话，那么在 Servlet 容器中会存在多个 HttpSession 对象。每当一个客户请求访问包含以上代码的 JSP 文件时，Servlet 容器就会执行代码中的 session.setAtribute()方法。容器会保证找到代表当前会话的 HttpSession 对象，并调用它的 setAttribute()方法。本章 9.1 节已经介绍了 Servlet 容器根据 HTTP 请求中表示 Session ID 的 Cookie，来找到与 Session ID 对应的 HttpSession 对象的过程。

下面介绍一个简单的 JavaMail1 邮件应用，它由 3 个 JSP 文件组成：maillogin.jsp（参见例程 9-2）、mailcheck.jsp（参见例程 9-3）和 maillogout.jsp（参见例程 9-4）。它们位于本书配套源代码包的 sourcecode/chapter09/JavaMail1 目录下。

maillogin.jsp 提供了一个登录界面，要求输入用户名和口令。maillogin.jsp 还会显示当前会话的 Session ID，参见例程 9-2。

例程 9-2　maillogin.jsp

```
<%@ page contentType="text/html; charset=GB2312" %>
<html>
<head>
  <title>maillogin</title>
</head>

<body bgcolor="#FFFFFF" onLoad="document.loginForm.username.focus()">

<%
String name="";
if(!session.isNew()){
  name=(String)session.getAttribute("username");
 if(name==null)name="";
}
%>
<p>欢迎光临邮件系统</p>
<p>Session ID:<%=session.getId()%></p>

  <table width="500" border="0">
    <tr>
      <td>
        <table width="500" border="0" >
          <form name="loginForm" method="post" action="mailcheck.jsp">
          <tr>
            <td width="401">
              <div align="right">User Name: </div>
            </td>
            <td width="399">
              <input type="text" name="username" value="<%=name%>">
            </td>
          </tr>
          <tr>
            <td width="401">
              <div align="right">Password: </div>
            </td>
            <td width="399">
              <input type="password" name="password">
            </td>
          </tr>
          <tr>
            <td width="401"> </td>
            <td width="399"><br>
              <input type="Submit" name="Submit" value="提交">
            </td>
          </tr>
          </form>
        </table>
      </td>
    </tr>
  </table>

</body>
</html>
```

mailcheck.jsp 从 HttpServletRequest 对象中读取 username 请求参数，把用户名存放在会

话范围内。如果 HTTP 请求中没有 username 请求参数，就试图从会话范围内读取用户名，如果会话范围内也没有用户名，那么就把请求复位到 maillogin.jsp。如果 mailcheck.jsp 得到了用户名，就返回用户的邮件数目，在这里只是简单地返回一个固定的邮件数目。在 mailcheck.jsp 中还提供了到 maillogin.jsp 和 maillogout.jsp 的链接，参见例程 9-3。

例程 9-3　mailcheck.jsp

```
<%@ page contentType="text/html; charset=GB2312" %>
<html><head><title>mailcheck</title></head>
<body>

<%
String name=null;
name=request.getParameter("username");
if(name!=null)
  session.setAttribute("username",name);
else{
  name=(String)session.getAttribute("username");
  if(name==null){
    response.sendRedirect("maillogin.jsp");
  }
}
%>

<a href="maillogin.jsp">登录</a>   
<a href="maillogout.jsp">注销</a>
<p>当前用户为：<%=name%> </P>
<P>你的信箱中有 100 封邮件</P>

</body></html>
```

maillogout.jsp 调用 HttpSession 对象的 invalidate()方法销毁当前的会话，并且提供了到 maillogin.jsp 的链接，参见例程 9-4。

例程 9-4　maillogout.jsp

```
<%@ page contentType="text/html; charset=GB2312" %>
<html><head><title>maillogout</title></head>
<body>

<%
String name=(String)session.getAttribute("username");
session.invalidate();
%>

<%=name%>,再见!
<p>
<p>
<a href="maillogin.jsp">重新登录邮件系统</a>   

</body></html>
```

把整个 JavaMail1 应用复制到<CATALINA_HOME>/webapps 目录下，按如下步骤来演示范例。

（1）访问 http://localhost:8080/JavaMail1/maillogin.jsp，输入用户名和口令，如图 9-3 所示。

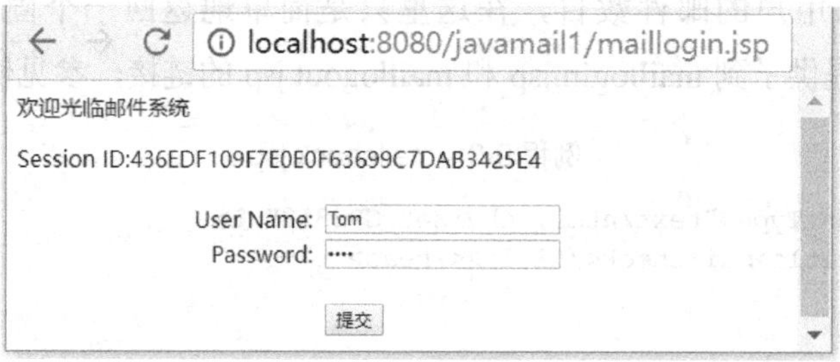

图 9-3　maillogin.jsp 网页

（2）在 maillogin.jsp 网页中单击“提交”按钮，进入 mailcheck.jsp 页面，如图 9-4 所示。

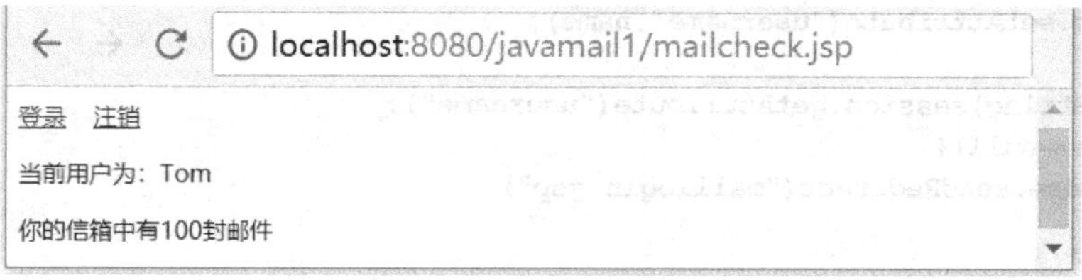

图 9-4　mailcheck.jsp 网页

（3）在 mailcheck.jsp 网页中选中“登录”链接，再次进入 maillogin.jsp 页面。这时客户端与服务器端仍然处于同一个会话中，maillogin.jsp 中的 session.isNew()方法返回 false：

```
<%
String name="";
if(!session.isNew()){
  name=(String)session.getAttribute("username");
  if(name==null)name="";
}
%>
```

maillogin.jsp 接着调用 session.getAttribute("username")方法，获得当前会话范围内的用户名。

在浏览器端会看到 maillogin.jsp 把当前用户名显示在 HTML 表单的用户文本框中，而且本次显示的 Session ID 与第一次登录 maillogin.jsp 时显示的 ID 一样。

（4）在 maillogin.jsp 网页中单击【提交】按钮，再次进入 mailcheck.jsp 页面，选择“注销”链接，进入 maillogout.jsp 网页，如图 9-5 所示。

图 9-5　maillogout.jsp 网页

（5）在 maillogout.jsp 网页中选择“重新登录邮件系统”链接，再次进入 maillogin.jsp 页面，这时由于在 maillogout.jsp 中已经调用 session.invalidate()方法，销毁了上一个会话（与会话对应的 HttpSession 对象结束生命周期），因此再次进入 maillogin.jsp 页面时，将开始一个新的会话（Servlet 容器会创建与之对应的新的 HttpSession 对象），在 maillogin.jsp 页面上会显示新的 Session ID。

（6）打开两个浏览器进程，分别用不同的用户名访问邮件系统，这时服务器将创建两个会话（每个会话有各自的 HttpSession 对象和 Session ID），如果两个浏览器同时访问相同的网页，则会看到在两个浏览器端显示的内容各自独立。

9.4 使用会话的 Servlet 范例程序

JSP 文件默认情况下都支持会话，而 HttpServlet 类默认情况下不支持会话，这是 JSP 与 HttpServlet 一个小小的区别。

在 JSP 文件中可以直接通过固定变量 session 来引用隐含的 HttpSession 对象，那么在 HttpServlet 类中如何支持会话，并且如何获得 HttpSession 对象呢？

Servlet 容器调用 HttpServlet 类的服务方法时，会传递一个 HttpServletRequest 类型的参数，HttpServlet 可通过 HttpServletRequest 对象来获得 HttpSession 对象。

HttpServletRequest 接口提供了两个与会话有关的方法：

- getSession()：使得当前 HttpServlet 支持会话。假如会话已经存在，就返回相应的 HttpSession 对象，否则就创建一个新会话，并返回新建的 HttpSession 对象。该方法等价于调用 HttpServletRequest 的 getSession(true)方法。
- getSession(boolean create)：如果参数 create 为 true，等价于调用 HttpServletRequest 的 getSession()方法；如果参数 create 为 false，那么假如会话已经存在，就返回相应的 HttpSession 对象，否则就返回 null。

下面介绍一个简单的 store 购物网站应用，它是本书第 7 章介绍的 bookstore 应用的简化版本。例程 9-5 的 ShoppingServlet 类负责把用户选购的商品放入购物车，并且把购物车存放在会话范围内。在 web.xml 文件中为 ShoppingServlet 类映射的 URL 为“/shopping”。购物车用 ShoppingCart 类表示，参见例程 9-6。

例程 9-5 ShoppingServlet.java

```
package mypack;
import javax.servlet.*;
import javax.servlet.http.*;
import java.io.*;
import java.util.*;

public class ShoppingServlet extends HttpServlet{
 public void doGet(HttpServletRequest req, HttpServletResponse res)
 throws ServletException, java.io.IOException{
   String[] itemNames={"糖果","收音机","练习簿"};
   //获取HttpSession对象
   HttpSession session=req.getSession(true);
```

```
    //获取会话范围内的 ShoppingCart 对象
    ShoppingCart cart=(ShoppingCart) session.getAttribute("cart");
    //如果会话范围内没有 ShoppingCart 对象，就创建它，并把它存入会话范围
    if (cart==null){
      cart=new ShoppingCart();
      session.setAttribute("cart",cart);
    }

    res.setContentType("text/html;charset=GB2312");
    PrintWriter out=res.getWriter();

    //读取表单数据
    String[] itemsSelected;
    String itemIndex; //商品的索引
    String itemName;  //商品的名字
    itemsSelected=req.getParameterValues("item"); //读取复选框的数据

    if(itemsSelected !=null){
      for(int i=0;i<itemsSelected.length;i++){
        itemIndex=itemsSelected[i]; //获得选中商品的索引
        itemName=itemNames[Integer.parseInt(itemIndex)];
        //将选中的商品加入购物车
        cart.add(itemName);
      }

    }

    //打印购物车的内容
    out.println("<html>");
    out.println("<head>");
    out.println("<title>购物车的内容</title>");
    out.println("</head>");
    out.println("<body>");
    out.println("Session ID:"+session.getId()+"<br>");
    out.println("<center><h1>你的购物车有"+cart.getNumberOfItems()
                 +"个商品：</h1></center>");

    Map<String,Integer> items=cart.getItems();
    Iterator<Map.Entry<String,Integer>> it=
                       items.entrySet().iterator();
    while(it.hasNext()){
      Map.Entry entry=it.next(); //entry 表示 Map 中的一对键与值
      //打印商品名和数目
      out.println(entry.getKey()+": "+entry.getValue()+"<br>");
    }
    out.println("<br><a href='shopping.htm'>继续购物</a><br>");

    out.println("</body>");
    out.println("</html>");
    out.close();
  }

  public void doPost(HttpServletRequest req, HttpServletResponse res)
  throws ServletException, java.io.IOException{
    doGet(req,res);
  }
}
```

例程 9-6　ShoppingCart.java

```
package mypack;
import java.util.*;
import java.io.*;
public class ShoppingCart implements Serializable{
  Map<String,Integer> items = new HashMap<String,Integer>();
  int numberOfItems = 0;

  public synchronized void add(String itemName) {
    if(items.containsKey(itemName)) {
        //如果购物车中已经存在该商品，就把数目加 1
        Integer itemCount = (Integer) items.get(itemName);
        items.put(itemName,Integer.valueOf(itemCount+1));
    } else {
       //如果购物车中不存在该商品，就加入该商品，数目为 1
        items.put(itemName, Integer.valueOf(1));
    }

    numberOfItems++;
  }

  public synchronized int getNumberOfItems() {
      return numberOfItems;
  }

  public synchronized Map<String,Integer> getItems() {
      return items;
  }
}
```

例程 9-6 的 ShoppingCart 类是本书第 7 章 7.3.2 节例程 7-3 的 ShoppingCart 类的简化版本。例程 9-6 的 ShoppingCart 类的 items 实例变量用来存放客户选购的商品信息，items 变量为 Map 类型，它的每个元素包含一对“商品名/选购数目”信息。ShoppingCart 类的 add(String itemName)方法用于把一个商品加入购物车。

例程 9-7 的 shopping.htm 表示让用户选购商品的网页，它包含一个 HTML 表单。

例程 9-7　shopping.htm

```
<html><head><title>选购商品</title></head><body>
  <center><h1>百货商场</h1></center>
  <hr>
  <form action="shopping" method="POST">
    选购商品
    <p><input type="checkbox" name="item" value="0">
      第一种：糖果</p>
    <p><input type="checkbox" name="item" value="1">
      第二种：收音机</p>
    <p><input type="checkbox" name="item" value="2">
      第三种：练习簿</p>
    <hr>
    <input type="submit" name="submit" value="加入购物车">
  </form>
</body></html>
```

本范例位于本书配套源代码包的 sourcecode/chapter09/store 目录下。把整个 store 目录复制到<CATALINA_HOME>/webapps 目录下。通过浏览器访问 http://localhost:8080/store/shopping.htm，将得到如图 9-6 所示的网页。

图 9-6　通过浏览器访问 shopping.htm 网页

在图 9-6 的网页中选择若干商品，然后单击“加入购物车”按钮，ShoppingServlet 负责响应客户请求，把客户选择的商品加入到购物车中，然后返回当前购物车的内容，如图 9-7 所示。

图 9-7　ShoppingServlet 显示购物车的内容

在图 9-7 中单击“继续购物”超链接，浏览器又会显示 shopping.htm 网页，在该网页中再选中若干商品，然后单击“加入购物车”按钮，ShoppingServlet 负责响应客户请求，把客户选择的商品加入到购物车中，然后返回当前购物车的内容。从 ShoppingServlet 显示的购物车内容可以看出，购物车能够累积存放客户在多次 HTTP 请求中选购的商品。这是因为在同一个浏览器进程中，客户多次选购商品的 HTTP 请求都处于同一个会话中，而在同一个会话范围内只有一个 ShoppingCart 对象。因此，在同一个会话中，ShoppingServlet 始终向同一个 ShoppingCart 对象中存放商品信息。

9.5　通过重写 URL 来跟踪会话

本章 9.1 节已经讲过，Servlet 容器先在客户端浏览器中保存一个 Session ID，之后浏览器发出的 HTTP 请求中就会包含这个 Session ID。Servlet 容器读取 HTTP 请求中的 Session ID，就能判断出来自各个浏览器进程的 HTTP 请求属于哪个会话。这一过程也称为会话的跟踪。

如果浏览器支持 Cookie，Servlet 容器就把 Session ID 作为 Cookie 保存在浏览器中，本章 9.3 节介绍的 JavaMail1 邮件应用就是基于浏览器支持 Cookie 的。如果浏览器出于安全的原因禁用 Cookie，不允许服务器向客户端存放 Cookie，那么 Servlet 容器如何跟踪会话呢？本节将介绍跟踪会话的另一种方式。

下面先在 Chrome 浏览器中禁用 Cookie。在 Chrome 浏览器中输入网址：chrome://settings/content/cookies，然后屏蔽 Cookie，如图 9-8 所示。

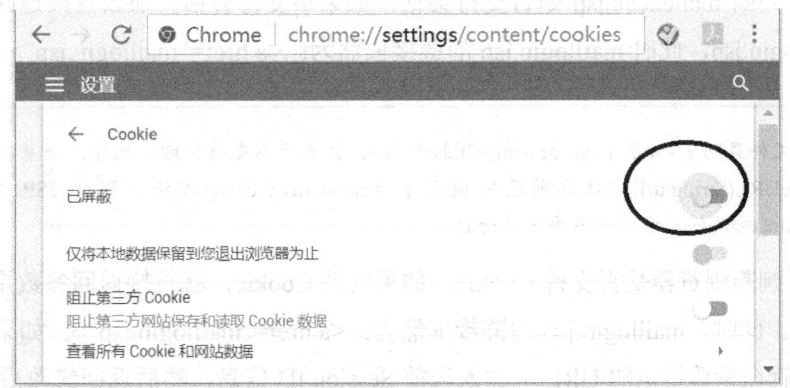

图 9-8　在 Chrome 浏览器中禁用 Cookie

接下来再访问本章 9.3 节的 JavaMail1 邮件应用，步骤如下：

（1）访问 http://localhost:8080/JavaMail1/maillogin.jsp，输入用户名和口令，参见 9.3 节图 9-3 所示。

（2）在 maillogin.jsp 页面中单击“提交”按钮，进入 mailcheck.jsp 页面，参见 9.3 节图 9-4 所示。

（3）在 mailcheck.jsp 页面中单击“登录”超链接，再次访问 maillogin.jsp 页面。这时由于浏览器中不存在表示 Session ID 的 Cookie，因此在请求访问 maillogin.jsp 的 HTTP 请求中不包含表示 Session ID 的 Cookie。Servlet 容器没有从 HTTP 请求中得到 Session ID，就会创建一个新的会话，所以在 maillogin.jsp 页面上显示的是新的 Session ID，并且 HTML 表单中用户文本框的内容为空。

由此可以看出，如果浏览器禁用 Cookie，Servlet 容器无法向客户端存放表示 Session ID 的 Cookie，客户端的 HTTP 请求中也不会包含表示 Session ID 的 Cookie，Servlet 容器就无法跟踪会话。因此，每次客户请求访问支持会话的 JSP 页面时，Servlet 容器都会创建一个新的会话，这样就无法把多个业务逻辑上相关的客户请求放在同一个会话中。

为了解决上述问题，Servlet 规范提供了跟踪会话的另一种方案，如果浏览器不支持 Cookie，Servlet 容器可以重写 Web 组件的 URL，把 Session ID 添加到 URL 信息中。HtttServletResponse 接口提供了重写 URL 的方法：

```
public java.lang.String encodeURL(String url)
```

为了保证在浏览器不支持 Cookie 的情况下，也可以正常使用会话，应该修改本章 9.3 节例子中所有 URL 链接，例如，把 mailcheck.jsp 中对 maillogin.jsp 的链接做如下修改：

```
//修改前：
<a href="maillogin.jsp">
//修改后：
<a href="<%=response.encodeURL("maillogin.jsp")%>">
```

当客户端请求访问 mailcheck.jsp 时，mailcheck.jsp 中的 response.encodeURL("maillogin.jsp") 方法的运行流程如下：

（1）先判断 mailcheck.jsp 是否支持会话，如果不支持会话，那么直接返回参数指定的 URL：maillogin.jsp，此时 maillogin.jsp 的链接依然为：<a href="maillogin.jsp">。

提示

如果 JSP 文件声明了<%@ page session="false" %>，就表示不支持会话。此外，如果 JSP 文件在调用 response.encodeURL(String url)方法之前已经调用了 session.invalidate()方法，那么 JSP 文件中调用完 session.invalidate()方法的后续代码不再支持会话。

（2）再判断浏览器是否支持 Cookie，如果支持 Cookie，就直接返回参数指定的 URL：maillogin.jsp。此时，maillogin.jsp 的链接依然为：<a href="maillogin.jsp">。如果浏览器不支持 Cookie，就在参数指定的 URL 中加入当前 Session ID 信息，然后返回修改后的 URL，此时 maillogin.jsp 的链接形式如下：

```
<a href=" maillogin.jsp;jsessionid=95493599415695lDB6F290F68EF ">
```

由此可见，只有在当前 Web 组件支持会话，并且浏览器端不支持 Cookie 的情况下，encodeURL(java.lang.String url)方法才会重写 URL，否则直接返回参数指定的原始 URL。

例程 9-8、例程 9-9 和例程 9-10 分别是修改后的 maillogin.jsp、mailcheck.jsp 和 maillogout.jsp 的代码。

例程 9-8　maillogin.jsp

```
<%@ page contentType="text/html; charset=GB2312" %>
<html><head><title>maillogin</title></head>

<body bgcolor="#FFFFFF"
      onLoad="document.loginForm.username.focus()">

…
  <table width="500" border="0" >
    <tr>
      <td>
        <table width="500" border="0" >
          <form name="loginForm"
            method="post"
            action="<%=response.encodeURL("mailcheck.jsp")%>">
            …
          </form>
        </table>
      </td>
    </tr>
  </table>

</body></html>
```

例程 9-9　mailcheck.jsp

```
<%@ page contentType="text/html; charset=GB2312" %>
<html><head><title>mailcheck</title></head>
<body>

<%
String name=null;
name=request.getParameter("username");
if(name!=null)
  session.setAttribute("username",name);
else{
  name=(String)session.getAttribute("username");
  if(name==null){
    response.sendRedirect(
       response.encodeRedirectURL("maillogin.jsp"));
  }
}
%>

<a href="<%=response.encodeURL("maillogin.jsp")%>">
登录
</a>
   
<a href="<%=response.encodeURL("maillogout.jsp")%>">
注销
</a>
<p>当前用户为：<%=name%> </P>
<P>你的信箱中有100封邮件</P>

</body></html>
```

例程 9-10　maillogout.jsp

```
<%@ page contentType="text/html; charset=GB2312" %>
<html><head><title>maillogout</title></head>
<body>
…
<p>
<a href="<%=response.encodeURL("maillogin.jsp")%>">重新登录邮件系统</a>

</body></html>
```

修改后的源文件位于本书配套源代码包的 sourcecode/chapter09/JavaMail2 目录下，把它复制到<CATALINA_HOME>/webapps 目录下，按如下步骤运行修改后的应用：

（1）访问 http://localhost:8080/JavaMail2/maillogin.jsp，服务器端的 maillogin.jsp 将执行以下代码：

```
<form name="loginForm" method="post"
action="<%=response.encodeURL("mailcheck.jsp")%>">
```

以上代码的 response.encodeURL("mailcheck.jsp")方法将返回包含当前 Session ID 的 URL 信息。可以选择 Chrome 浏览器的“查看网页源代码”菜单，查看服务器传给客户端的 HTML 源文件。此时，可以看到以上代码生成的网页内容如下：

```
<form name="loginForm" method="post"
```

```
action="mailcheck.jsp;jsessionid=1D18192ABC870F5FA8FAC9D01A5D300D">
```

（2）在浏览器的 maillogin.jsp 网页中输入用户名和口令，参见本章 9.3 节图 9-3 所示，然后单击“提交”按钮。此时，客户请求的 URL 信息应该为以上包含 SessionID 的 URL，所以在访问 mailcheck.jsp 页面时，如图 9-9 所示，会发现在浏览器地址栏中的 URL 包含了 Session ID 信息：

```
http://localhost:8080/JavaMail2/mailcheck.jsp;jsessionid=1D18192
ABC870F5FA8FAC9D01A5D300D
```

当浏览器根据以上 URL 来请求访问 mailcheck.jsp 时，会在 HTTP 请求的 URL 中包含 Session ID 信息，因此 Servlet 容器就能根据该 HTTP 请求中的 Session ID 找到对应的 HttpSession 对象。

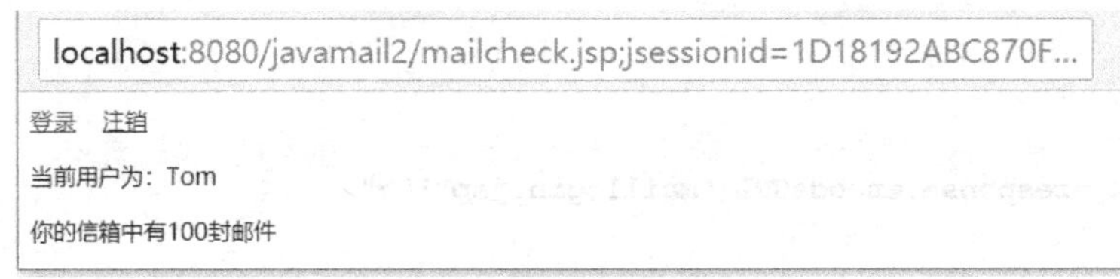

图 9-9 mailcheck.jsp 网页

（3）在 mailcheck.jsp 页面中单击“登录”超链接，再次进入 maillogin.jsp 页面。同样，Session ID 信息也被添加到访问 maillogin.jsp 的 URL 中，此时由于处于同一个会话中，在 maillogin.jsp 网页中会显示当前 Session ID 和用户名。

（4）在 maillogin.jsp 网页中单击“提交”按钮，进入 mailcheck.jsp 页面，再单击“注销”超链接，进入 maillogout.jsp 网页，然后在 maillogout.jsp 网页中单击“重新登录邮件系统”超链接，再次进入 maillogin.jsp 页面。这时，由于在 maillogout.jsp 中已经调用 session.invalidate()方法销毁了会话，因此 maillogout.jsp 中的 response.encodeURL("maillogin.jsp") 方法直接返回参数指定的 URL：maillogin.jsp：

```
session.invalidate();
…
…
<a href="<%=response.encodeURL("maillogin.jsp")%>">
重新登录邮件系统
</a>
```

从浏览器的地址栏可以看到，此时访问 maillogin.jsp 的 URL 中没有添加 Session ID 信息。

9.6 会话的持久化

当一个会话开始时，Servlet 容器会为会话创建一个 HttpSession 对象。Servlet 容器在某些情况下会把这些 HttpSession 对象从内存中转移到永久性存储设备（如文件系统或数据库）中，在需要访问 HttpSession 信息时再把它们加载到内存中，如图 9-10 所示。

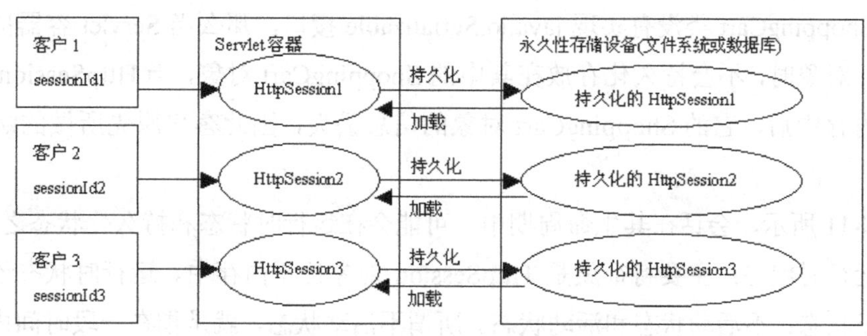

图 9-10 HttpSession 对象的持久化

把内存中的 HttpSession 对象保存到文件系统或数据库中，这一过程称为会话的持久化。会话的持久化有以下两个好处：

- 节约内存空间。假定有一万个客户同时访问某个 Web 应用，Servlet 容器中会生成一万个 HttpSession 对象。如果把这些对象都一直存放在内存中，将消耗大量的内存资源，显然是不可取的。因此可以把处于不活动状态的 HttpSession 对象转移到文件系统或数据库中，这样可以提高对内存资源的利用率。
- 确保服务器重启或单个 Web 应用重启后，能恢复重启前的会话。假定某个客户正在一个购物网站上购物，他把购买的物品放在虚拟的购物车（ShoppingCart 对象）中，服务器端把这个包含购物信息的购物车对象保存在 HttpSession 对象中。如果此时 Web 服务器因忽然出现故障而终止，那么内存中的 HttpSession 对象连同客户的购物车信息都会丢失。这意味着客户在当前会话中所做的选购商品的操作都作废了。等到 Web 服务器重启后，客户必须在一个新的会话中重新开始购物。这样的购物网站会给客户留下不友好的印象。如果服务器能够事先把 HttpSession 对象保存在文件系统或数据库中，那么当 Web 服务器重启后，还可以从文件系统或数据库中恢复包含购物车信息的 HttpSession 对象。客户就可以继续在同一个会话中购物，他在服务器重启前所做的购物操作依然有效。

提示

把 HttpSession 对象保存到文件系统或数据库中的方法，采用了 Java 语言提供的对象序列化技术。如果把 HttpSession 对象从文件系统或数据库中恢复到内存中，则采用了 Java 语言提供的对象反序列化技术。在作者的另一本书《Java 网络编程精解》介绍了 Java 对象的序列化及反序列化。

值得注意的是，在持久化会话时，Servlet 容器不仅会持久化 HttpSession 对象，还会对其所有可以序列化的属性进行持久化，从而确保存放在会话范围内的共享数据不会丢失。所谓可以序列化的属性，就是指属性所属的类实现了 java.io.Serializable 接口。

例如，如果 ShoppingCart 类实现了 java.io.Serializable 接口，那么当 Servlet 容器持久化一个 HttpSession 对象时，还会持久化存放在其中的 ShoppingCart 对象。当 HttpSession 对象被重新加载到内存中后，存放在其中的 ShoppingCart 对象也被加载到内存中。因此客户原先所做的购物操作依然有效。

如果 ShoppingCart 类没有实现 java.io.Serializable 接口，那么当 Servlet 容器持久化一个 HttpSession 对象时，不会持久化存放在其中的 ShoppingCart 对象，当 HttpSession 对象被重新加载到内存中后，它的 ShoppingCart 对象的信息丢失，因此客户原先所做的购物操作都作废。

如图 9-11 所示，会话在其生命周期中，可能会在运行时状态和持久化状态之间转换：

- 运行时状态：主要特征就是 HttpSession 对象位于内存中。运行时状态还包含两个子状态：不活动状态和活动状态。所谓不活动状态，就是指在一段时间内，处于会话中的客户端一直没有向 Web 应用发出任何 HTTP 请求。所谓活动状态，就是指在一段时间内，处于会话中的客户端频繁地向 Web 应用发出各种 HTTP 请求。
- 持久化状态：主要特征就是 HttpSession 对象位于永久性存储设备中。

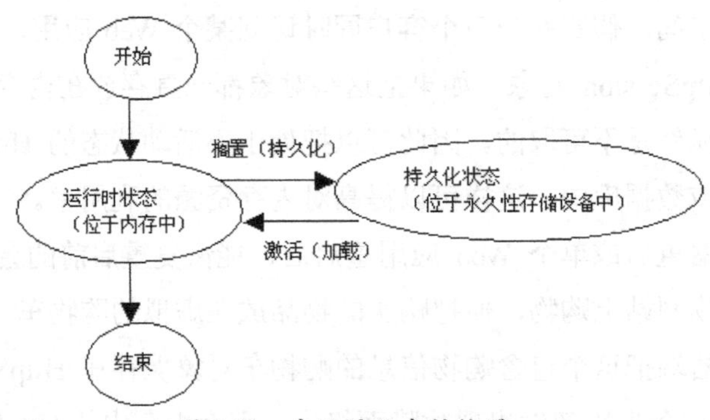

图 9-11　会话的状态转换图

会话从运行时状态变为持久化状态的过程称为搁置（或者称为持久化）。在以下情况下，会话会被搁置：

- 服务器终止或单个 Web 应用终止时，Web 应用中的会话被搁置。
- 会话处于不活动状态的时间太长，达到了特定的限制值。
- Web 应用中处于运行时状态的会话数目太多，达到了特定的限制值，部分会话被搁置。

会话从持久化状态变为运行时状态的过程称为激活（或者称为加载）。在以下情况下，会话会被激活：

- 服务器重启或单个 Web 应用重启时，Web 应用中的会话被激活。
- 处于会话中的客户端向 Web 应用发出 HTTP 请求，相应的会话被激活。

提示

会话的搁置和激活对客户端来说是透明的。当客户端与服务器端的一个 Web 应用进行会话时，客户端感觉上会认为会话始终处于运行时状态。

Java Servlet API 并没有为会话的持久化提供标准的接口。会话的持久化完全依赖于 Servlet 容器的具体实现。

Tomcat 采用会话管理器来管理会话，相关的帮助文档的文件路径为：

```
<CATALINA_HOME>webapps/docs/config/manager.html
```

Tomcat 的会话管理器包括两种：

- org.apache.catalina.session.StandardManager 类：标准会话管理器。
- org.apache.catalina.session.PersistentManager 类：提供了更多的管理会话的功能。

9.6.1　标准会话管理器 StandardManager

StandardManager 是默认的标准会话管理器。它的实现机制为：当 Tomcat 服务器终止或者单个 Web 应用被终止时，会对被终止的 Web 应用的 HttpSession 对象进行持久化，把它们保存到文件系统中，默认的文件为：

```
<CATALINA_HOME>/work/Catalina/[hostname]/
[applicationname]/SESSIONS.ser
```

当 Tomcat 服务器重启或者单个 Web 应用重启时，会激活已经被持久化的 HttpSession 对象。

下面以本章 9.4 节介绍的 store 应用为例，演示 StandardManager 的行为。

（1）通过浏览器访问 http://localhost:8080/store/shopping.htm，然后提交 shopping.htm 网页上的表单，进入 ShoppingServlet 生成的页面。此时，浏览器与 store 应用之间开始了一个购物会话。

（2）参照本书第 4 章的 4.2.4 节（用 Tomcat 的管理平台管理 Web 应用的生命周期）的步骤，通过 Tomcat 的管理平台手工终止 store 应用。此时在<CATALINA_HOME>/work/Catalina/localhost/store 目录下会看到一个 SESSIONS.ser 文件，这个文件中保存了持久化的 HttpSession 对象的信息。

（3）通过 Tomcat 的管理平台手工启动 store 应用。重启 store 应用后，Tomcat 服务器把 SESSIONS.ser 文件中的持久化 HttpSession 对象加载到内存中。此时对客户端来说，依然处于同一个会话中。继续通过同一个浏览器访问 store 应用，会看到在 store 应用重启前放在购物车中的商品信息没有丢失。

提示

修改 ShoppingCart 类，使它不实现 java.io.Serializable 接口。那么会发现会话被激活后，原先存放在会话中的购物车信息丢失了。因为当会话被持久化时，存放在会话中的不可序列化的 ShoppingCart 对象不会被持久化。

9.6.2　持久化会话管理器 PersistentManager

PersistentManager 提供了比 StandardManager 更为灵活的管理会话的功能，PersistentManager 把存放 HttpSession 对象的永久性存储设备称为会话 Store。PersistentManager 具有以下功能：

- 当 Tomcat 服务器关闭或重启，或者单个 Web 应用被重启时，会对 Web 应用的

HttpSession 对象进行持久化，把它们保存到会话 Store 中

- 具有容错功能，及时把 HttpSession 对象备份到会话 Store 中，当 Tomcat 服务器意外关闭后再重启时，可以从会话 Store 中恢复 HttpSession 对象。
- 可以灵活控制在内存中的 HttpSession 对象的数目，将部分 HttpSession 对象转移到会话 Store 中。

Tomcat 中会话 Store 的接口为 org.apache.Catalina.Store，目前提供了两个实现这一接口的类：

- org.apache.Catalina.FileStore：把 HttpSession 对象保存在一个文件中。
- org.apache.Catalina.JDBCStore：把 HttpSession 对象保存在数据库的一张表中。

下面介绍如何配置 PersistentManager 以及两种会话 Store。

1．配置 FileStore

FileStore 将 HttpSession 对象保存在一个文件中，这个文件的默认目录为 <CATALINA_HOME>/work/Catalina/[hostname]/[applicationname]。每个 HttpSession 对象都会对应一个文件，它以 Session ID 作为文件名，扩展名为.session。

假定为本章 9.3 节介绍的 JavaMail1 应用配置 FileStore，应该在 JavaMail1/META-INF/context.xml 文件中加入<Manager>元素：

```
<Context  reloadable="true" >
  <Manager className="org.apache.catalina.session.PersistentManager"
    saveOnRestart="true"
    maxActiveSessions="10"
    minIdleSwap="60"
    maxIdleSwap="120"
    maxIdleBackup="180"
    maxInactiveInterval="300">

    <Store className="org.apache.catalina.session.FileStore"
           directory="mydir" />

  </Manager>

</Context>
```

<Manager>元素专门用于配置会话管理器。如果采用 PersistentManager，那么还应该配置<Store>子元素。以上<Store>子元素指定了会话 Store 的实现类和存放会话文件的目录。<Manger>元素的属性说明参见表 9-2。

表 9-2　<Manger>元素的属性

方　法	描　述
className	指定会话管理器的类名
saveOnRestart	如果这个属性设为 true，表示当 Web 应用终止时，会把内存中所有的 HttpSession 对象都保存到会话 Store 中。当 Web 应用重启时，会重新加载这些会话对象
maxActiveSessions	设定可以处于运行时状态的会话的最大数目。如果超过这一数目，Tomcat 将把一些

（续表）

方　法	描　述
	HttpSession 对象转移到会话 Store 中。如果这个属性为-1，表示不限制可以处于运行时状态的会话的数目
minIdleSwap	指定会话处于不活动状态的最短时间（以秒为单位），超过这一时间，Tomcat 有可能把这个 HttpSession 对象转移到会话 Store 中。如果这个属性为-1，表示不限制会话处于不活动状态的最短时间
maxIdleSwap	指定会话处于不活动状态的最长时间（以秒为单位），超过这一时间，Tomcat 必须把这个 HttpSession 对象转移到会话 Store 中。如果这个属性为-1，表示不限制会话处于不活动状态的最长时间
maxIdleBackup	指定会话处于不活动状态的最长时间（以秒为单位），超过这一时间，Tomcat 将为这个 HttpSession 对象在会话 Store 中进行备份。与 maxIdleSwap 不同，这个 HttpSession 对象仍然存在于内存中
maxInactiveInterval	指定会话处于不活动状态的最长时间（以秒为单位），超过这一时间，Tomcat 会使这个会话过期

通过浏览器访问 JavaMail1 应用的 maillogin.jsp，再由 maillogin.jsp 页面进入 mailcheck.jsp 页面，mailcheck.jsp 把用户名保存在 HttpSession 对象中。这时通过 Tomcat 的管理平台手工终止 JavaMail1 应用，PersistentManager 会把当前会话保存到一个文件中，文件以 Session ID 命名，文件路径为：

```
<CATALINA_HOME>/work/Catalina/localhost/JavaMail1/mydir/
        2C442D3D212EF05588B63A4C9F9D4C39.session
```

再重启 JavaMail1 应用，然后在同一个浏览器中从刚才的 mailcheck.jsp 页面转到 maillogin.jsp 页面，则会发现 maillogin.jsp 页面显示原来的 Session ID 和用户名，这是因为 PersistentManager 从会话文件中重新加载了原来的 HttpSession 对象。

2. 配置 JDBCStore

JDBCStore 将 HttpSession 对象保存在数据库的一张表中。这张表中的字段描述参见表 9-3。

表 9-3　存放 HttpSession 对象的表的结构

方　法	描　述
session_id	表示 Session ID
session_data	表示 HttpSession 对象的序列化数据
app_name	表示会话所属 Web 应用的名字
session_valid	表示会话是否有效
session_inactive	表示会话可以处于不活动状态的最长时间
last_access	表示最近一次访问会话的时间

下面为本章 9.5 节介绍的 JavaMail2 应用配置 JDBCStore。首先在 MySQL 中创建用于存放会话的表，假定表的名字为 tomcat_sessions，这张表所在的数据库为 tomcatsessionDB。关于 MySQL 的用法，可以参考本书第 8 章的 8.1 节（安装和配置 MySQL 数据库）。在第 8 章的 8.1 节中，已经创建了一个 MySQL 账号：用户名为：dbuser，口令为：1234。下面配置

JDBCStore 时会用这一账号连接数据库。

以下是在 MySQL 中创建 tomcatsessionDB 数据库和 tomcat_sessions 表的步骤。

（1）在操作系统中打开 DOS 界面，转到<MYSQL_HOME>/bin 目录。在 DOS 命令行通过“mysql –u dbuser -p”命令，进入 MySQL 客户界面。

（2）创建数据库 tomcatsessionDB，SQL 命令如下：

```
CREATE DATABASE tomcatsessionDB;
```

（3）进入 tomcatsessionDB 数据库，SQL 命令如下：

```
use tomcatsessionDB
```

（4）在 tomcatsessionDB 数据库中创建 tomcat_sessions 表，SQL 命令如下：

```
create table tomcat_sessions (
  session_id    varchar(100) not null primary key,
  valid_session  char(1)  not null,
  max_inactive   int not null,
  last_access    bigint not null,
  app_name      varchar(255),
  session_data   mediumblob,
  KEY kapp_name(app_name)
);
```

本书配套源代码包的 sourcecode/chapter09/JavaMail2/tomcat_sessions.sql 文件为创建 tomcat_sessions 表的 SQL 脚本。

tomcat_sessions 表创建好以后，下面为 JavaMail2 应用配置 JDBCStore，在 JavaMail2/META-INF/context.xml 文件中加入以下<Manager>元素和<Store>子元素：

```
<Context  reloadable="true">
<Manager className="org.apache.catalina.session.PersistentManager"

saveOnRestart="true"
maxActiveSessions="10"
minIdleSwap="60"
maxIdleSwap="120"
maxIdleBackup="180"
maxInactiveInterval="300">

<Store className="org.apache.catalina.session.JDBCStore"
driverName="com.mysql.jdbc.Driver"
connectionURL="jdbc:mysql://localhost/tomcatsessionDB?
    user=dbuser&amp;password=1234&amp;useSSL=false"
sessionTable="tomcat_sessions"
sessionIdCol="session_id"
sessionDataCol="session_data"
sessionValidCol="valid_session"
sessionMaxInactiveCol="max_inactive"
sessionLastAccessedCol="last_access"
sessionAppCol="app_name"
checkInterval="60"  />

</Manager>
```

```
</Context>
```

为了确保 Tomcat 服务器能够访问 MySQL 数据库，应该将 MySQL 的 JDBC 驱动程序类库文件 mysqldriver.jar 复制到 JavaMail2/WEB-INF/lib 目录下。

<Store>子元素的属性描述参见表 9-4。

表 9-4　<Store>子元素的属性

方　法	描　述
className	设定会话 Store 的类名
driverName	设定数据库驱动程序类的名字
connectionURL	设定访问数据库的 URL，在该 URL 中应该包含连接数据库的用户名和口令
sessionTable	设定存放 HttpSession 对象的表的名字
sessionIdCol	设定在存放 HttpSession 对象的表中，表示 Session ID 的字段的名字
sessionDataCol	设定在存放 HttpSession 对象的表中，表示 HttpSession 对象的序列化数据的字段的名字
sessionAppCol	设定在存放 HttpSession 对象的表中，表示会话所属的 Web 应用的名字的字段的名字
sessionValidCol	设定在存放 HttpSession 对象的表中，表示会话是否有效的字段的名字
sessionMaxInactiveCol	设定在存放 HttpSession 对象的表中，表示会话可以处于不活动状态的最长时间的字段的名字
sessionLastAccessCol	设定在存放 HttpSession 对象的表中，表示最近一次访问会话的时间的字段的名字
checkInterval	设定在存放 HttpSession 对象的表中，表示 Tomcat 定期检查会话状态的时间间隔的字段的名字

下面按以下步骤测试 JDBCStore。

（1）通过浏览器访问 http://localhost:8080/JavaMail2/maillogin.jsp，在网页上显示当前 Session ID：5B26A887913492585F4AEF334BB98142。

（2）让浏览器停留在 maillogin.jsp 网页上，然后通过 Tomcat 的管理平台手工终止 JavaMail2 应用。

（3）运行 MySQL 的客户程序，输入如下 SQL 命令：

```
use tomcatsessionDB;
select session_id from tomcat_sessions;
```

会看到在 tomcat_sessions 表中保存了一条 HttpSession 的记录，如图 9-12 所示。

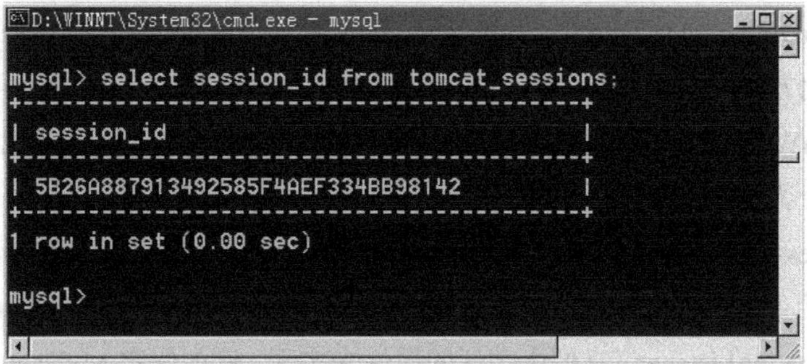

```
D:\WINNT\System32\cmd.exe - mysql
mysql> select session_id from tomcat_sessions;
+----------------------------------------+
| session_id                             |
+----------------------------------------+
| 5B26A887913492585F4AEF334BB98142       |
+----------------------------------------+
1 row in set (0.00 sec)

mysql>
```

图 9-12　在 tomcat_sessions 表中保存的当前 Session 记录

（4）重新启动 JavaMail2 应用，然后在同一个浏览器中刷新刚才的 maillogin.jsp 网页，会发现 Session ID 不变，这说明本次访问 maillogin.jsp 的 HTTP 请求仍然处于原来的会话中。

9.7 会话的监听

Servlet API 中定义了四个用于监听会话中各种事件的监听器接口。

（1）HttpSessionListener 接口：监听创建会话以及销毁会话的事件。它有两个方法：

- sessionCreated(HttpSessionEvent event)：当 Servlet 容器创建了一个会话后，会调用此方法。
- sessionDestroyed(HttpSessionEvent event)：当 Servlet 容器将要销毁一个会话之前，会调用此方法。

（2）HttpSessionAttributeListener 接口：监听向会话中加入属性、替换属性和删除属性的事件，它有三个方法：

- attributeAdded(HttpSessionBindingEvent event)：当 Web 应用向一个会话中加入了一个新的属性，Servlet 容器会调用此方法。
- attributeRemoved(HttpSessionBindingEvent event)：当 Web 应用从会话中删除了一个属性，Servlet 容器会调用此方法。
- attributeReplaced(HttpSessionBindingEvent event)：当 Web 应用替换了会话中的一个已经存在的属性的值，Servlet 容器会调用此方法。

（3）HttpSessionBindingListener 接口：监听会话与一个属性绑定或解除绑定的事件，它有两个方法：

- valueBound(HttpSessionBindingEvent event)：当 Web 应用把一个属性与会话绑定后，Servlet 容器会调用此方法。
- valueUnbound(HttpSessionBindingEvent event)：当 Web 应用将要把一个属性与会话解除绑定之前，Servlet 容器会调用此方法。

（4）HttpSessionActivationListener 接口：监听会话被激活和被搁置的事件，它有两个方法：

- sessionDidActivate(HttpSessionEvent event)：当 Servlet 容器把一个会话激活后，会调用此方法。
- sessionWillPassivate(HttpSessionEvent event)：当 Servlet 容器将要把一个会话搁置之前，会调用此方法。

对于 HttpSessionListener 和 HttpSessionAttributeListener，它们必须在 web.xml 文件中通过 <listener> 元素向 Servlet 容器注册。对于 HttpSessionBindingListener 和 HttpSessionActivationListener，它们由会话的属性来实现。例如假定 MyData 类的对象会作为会话的属性与会话绑定。如果希望监听 MyData 对象与会话绑定、解除绑定、以及会话被激活或搁置的事件，那么可以让 MyData 类实现 HttpSessionBindingListener 和 HttpSessionActivationListener 接口。

例程 9-11 的 MyData 类表示与会话绑定的某种数据，它实现了 HttpSessionBindingListener 和 HttpSessionActivationListener 接口。

例程 9-11 MyData.java

```
package mypack;
import javax.servlet.http.*;
import java.io.Serializable;

public class MyData implements HttpSessionBindingListener,
        HttpSessionActivationListener,Serializable{
  private int data;

  public MyData(){}

  public MyData(int data){
    this.data=data;
  }

  public int getData(){
    return data;
  }

  public void setData(){
    this.data=data;
  }

  public void valueBound(HttpSessionBindingEvent event){
    System.out.println("MyData is bound with a session.");
  }

  public void valueUnbound(HttpSessionBindingEvent event){
    System.out.println("MyData is unbound with a session.");
  }

  public void sessionDidActivate(HttpSessionEvent se){
    System.out.println("A session is activate.");
  }

  public void sessionWillPassivate(HttpSessionEvent se){
    System.out.println("A session will be passivate.");
  }

}
```

例程 9-12 的 MySessionLifeListener 类实现了 HttpSessionListener 和 HttpSessionAttributeListener 接口。

例程 9-12 MySessionLifeListener.java

```
package mypack;
import javax.servlet.*;
import javax.servlet.http.*;

public class MySessionLifeListener
        implements HttpSessionListener,HttpSessionAttributeListener{
  public void sessionCreated(HttpSessionEvent event) {
```

```
    System.out.println("A new session is created.");
  }

  public void sessionDestroyed(HttpSessionEvent event) {
    System.out.println("A new session is to be destroyed.");
  }

  public void attributeAdded(HttpSessionBindingEvent event){
    System.out.println("Attribute("+event.getName()+
              "/"+event.getValue()+") is added into a session.");
  }

  public void attributeRemoved(HttpSessionBindingEvent event){
    System.out.println("Attribute("+event.getName()+
              "/"+event.getValue()+") is removed from a session.");
  }

  public void attributeReplaced(HttpSessionBindingEvent event){
    System.out.println("Attribute("+event.getName()+
              "/"+event.getValue()+") is replaced in a session.");
  }
}
```

在 web.xml 文件中只需配置 MySessionLifeListener 类，而不需要配置 MyData 类：

```
<web-app>
  <listener>
    <listener-class>mypack.MySessionLifeListener</listener-class>
  </listener>
</web-app>
```

在 context.xml 文件中配置了如下持久化会话管理器：

```
<Context  reloadable="true" >
  <Manager className="org.apache.catalina.session.PersistentManager"
    saveOnRestart="true"
    maxActiveSessions="1"
    minIdleSwap="60"
    maxIdleSwap="120"
    maxIdleBackup="180"
    maxInactiveInterval="300">

    <Store className="org.apache.catalina.session.FileStore"
         directory="mydir" />

  </Manager>
</Context>
```

例程 9-13 的 sessionopt.jsp 访问会话，产生以下事件：

- 产生创建会话的事件。
- 调用 session.invalidate()方法，产生销毁（结束）会话的事件。
- 第一次调用 session.setAttribute("data",new MyData(1))方法，产生向会话中加入属性的事件，以及会话与属性绑定的事件。
- 第二次调用 session.setAttribute("data",new MyData(1))方法，产生替换会话中的属性的事件，会话与属性解除绑定的事件，以及会话与属性绑定的事件。

● 调用 session.remove("data")方法，产生删除会话中的属性的事件，以及会话与属性解除绑定的事件。

例程 9-13　sessionopt.jsp

```
<%@ page contentType="text/html; charset=GB2312" %>
<%@ page import="mypack.MyData" %>

<% String action=request.getParameter("action");
if(action==null){ %>

<a href="sessionopt.jsp?action=add">加入属性</a> <br>
<a href="sessionopt.jsp?action=invalidate">结束会话</a> <br>

<%
}else if(action.equals("invalidate")){
 session.invalidate();
%>
<a href="sessionopt.jsp">开始新的会话</a> <br>
<%
}else if(action.equals("add")){
 session.setAttribute("data",new MyData(1));
%>

<a href="sessionopt.jsp?action=replace">替换属性</a> <br>
<a href="sessionopt.jsp?action=remove">删除属性</a> <br>
<a href="sessionopt.jsp?action=invalidate">结束会话</a> <br>

<%
}else if(action.equals("remove")){
 session.removeAttribute("data");
%>
<a href="sessionopt.jsp?action=add">加入属性</a> <br>
<a href="sessionopt.jsp?action=invalidate">结束会话</a> <br>

<%
}else if(action.equals("replace")){
 session.setAttribute("data",new MyData(1));

%>
<a href="sessionopt.jsp?action=remove">删除属性</a> <br>
<a href="sessionopt.jsp?action=invalidate">结束会话</a> <br>
<%
}
%>
```

本范例位于本书配套源代码包的 sourcecode/chapter09/helloapp 目录下。把整个 helloapp 目录复制到<CATALINA_HOME>/webapps 目录下。通过浏览器访问 http://localhost:8080/helloapp/sessionopt.jsp。如图 9-13 所示，在网页上进行加入属性、替换属性、删除属性和结束会话等操作，同时观察 Tomcat 的控制台的打印结果，由此可以了解各种监听器被触发的时机。此外，还可以打开多个浏览器访问 sessionopt.jsp，从而创建多个会话，然后观察会话被激活以及被搁置时，HttpSessionActivationListener 监听器被触发的时机。此外，把一个访问了 sessionopt.jsp 页面的浏览器关闭(确保浏览器端未选择 sessionopt.jsp 页面上的结束会话操作），服务器端与这个浏览器的会话就进入不活动状态，最后会由于过期而被 Servlet 容器销毁，此时 HttpSessionListener 监听器会监听到这一事件。

图 9-13　观察各种会话监听器被触发的时机

9.7.1　用 HttpSessionListener 统计在线用户人数

许多网站都具有统计在线用户人数的功能。当一个用户登入一个 Web 应用，就会开始一个会话，当这个会话被销毁，就意味着用户离开了 Web 应用。因此，对于多数 Web 应用，一个在线用户对应一个会话，Web 应用的当前的所有会话数目就等于在线用户的数目。

本节介绍的 JavaMail3 应用是本章 9.5 节的 JavaMail2 应用的修正版本，JavaMail3 应用提供了统计在线用户的功能。例程 9-14 的 OnlineCounterListener 类实现了 HttpSessionListener 接口。OnlineCounterListener 把在线用户人数作为 counter 属性存放在 Web 应用范围内。当 Servlet 容器创建一个会话时，OnlineCounterListener 就会把 Web 应用范围内的 counter 属性的值加 1，当 Servlet 容器销毁一个会话时，OnlineCounterListener 就会把 Web 应用范围内的 counter 属性的值减 1。

例程 9-14　OnlineCounterListener.java

```
package mypack;
import javax.servlet.*;
import javax.servlet.http.*;

public class OnlineCounterListener implements HttpSessionListener {
  public void sessionCreated(HttpSessionEvent event) {

    HttpSession session=event.getSession();
    ServletContext context=session.getServletContext();
    Integer counter=(Integer)context.getAttribute("counter");
    if(counter==null)
      counter=Integer.valueOf(1);
    else
      counter= Integer.valueOf(counter+1);

    //把counter属性存放在Web应用范围内
    context.setAttribute("counter",counter);
```

```
    //出于演示范例的需要，把会话的过期时间设为 60 秒
    session.setMaxInactiveInterval(60);

    System.out.println("A new session is created.");

  }

  public void sessionDestroyed(HttpSessionEvent event) {
    HttpSession session=event.getSession();
    ServletContext context=session.getServletContext();
    Integer counter=(Integer)context.getAttribute("counter");
    if(counter==null)
      return;
    else
      counter= Integer.valueOf(counter-1);

    context.setAttribute("counter",counter);

    System.out.println("A new session is to be destroyed.");
  }
}
```

在 web.xml 文件中对 OnlineCounterListener 类做了配置：

```
<web-app>

  <listener>
     <listener-class>mypack.OnlineCounterListener</listener-class>
  </listener>

</web-app>
```

例程 9-15 的 mailcheck.jsp 在末尾增加了显示在线用户人数的代码。

例程 9-15　mailcheck.jsp

```
<%@ page contentType="text/html; charset=GB2312" %>

<html><head><title>mailcheck</title></head>
<body>
…
<P>你的信箱中有 100 封邮件</P>

<%
//从 Web 应用范围内获取表示在线用户人数的 counter 属性
Integer counter=(Integer)application.getAttribute("counter");
if(counter!=null){
%>

当前在线人数为: <%=counter %> <br>
<% } %>

</body></html>
```

本范例位于本书配套源代码包的 sourcecode/chapter09/JavaMail3 目录下。把整个 JavaMail3 目录复制到<CATALINA_HOME>/webapps 目录下。打开多个浏览器，分别依次访问 maillogin.jsp、mailcheck.jsp 和 maillogout.jsp 页面，会看到 mailcheck.jsp 在网页的底端显

示了在线用户人数，参见图 9-14。

图 9-14 显示在线用户人数的 mailcheck.jsp 网页

9.7.2 用 HttpSessionBindingListener 统计在线用户人数

本章 9.7.1 节的 OnlineCounterListener 实际上统计的是 Web 应用的当前的所有会话的数目，它无法统计所有在线用户的具体名单。本节介绍利用 HttpSessionBindingListener 来统计在线用户人数，它还能统计所有在线用户的名单。

本节介绍的 JavaMail4 应用是本章 9.5 节的 JavaMail2 应用的修正版本。JavaMail4 应用中增加了两个类：

- OnlineUsers 类（参见例程 9-16）：表示在线用户的名单。OnlineUsers 类是一个单例类（只有一个实例），它的唯一的实例中存放了在线用户的名单列表。
- User 类（参见例程 9-17）：表示用户，User 类实现了 HttpSessionBindingListener 接口。

User 类实现了 HttpSessionBindingListener 接口的 valueBound()方法和 valueUnbound()方法：

- valueBound()方法：当一个用户登入到 JavaMail4 应用后，mailcheck.jsp 会把代表用户的 User 对象与当前会话绑定，此时 Servlet 容器就会调用 User 对象的 valueBound()方法，该方法向 OnlineUsers 实例中加入当前用户名。
- valueUnbound()方法：当 Servlet 容器销毁一个会话之前，会先解除 User 对象与会话的绑定，而在解除绑定之前，又会先调用 User 对象的 valueUnbound()方法，该方法从 OnlineUsers 实例中删除当前用户名。

例程 9-16 OnlineUsers.java

```
package mypack;
import java.util.*;

public class OnlineUsers{
  //唯一的OnlineUsers 实例
  private static final OnlineUsers onlineUsers=new OnlineUsers();
  //存放在线用户名单
  private List<String> users=new ArrayList<String>();
```

```
    public void add(String name){
      users.add(name);          //加入一个用户
    }

    public void remove(String name){
      users.remove(name);       //删除一个用户
    }

    public List getUsers(){
      return users;             //返回用户名单列表
    }

    public int getCount(){
      return users.size();      //返回在线用户人数
    }

    public static OnlineUsers getInstance(){
      return onlineUsers;       //返回唯一的OnlineUsers实例
    }
}
```

例程 9-17　User.java

```
package mypack;
import javax.servlet.http.*;

public class User implements HttpSessionBindingListener{
  private OnlineUsers onlineUsers=OnlineUsers.getInstance();
  private String name=null;

  public User(String name){
    this.name=name;
  }

  public void setName(String name){
    this.name=name;
  }

  public String getName(){
    return name;
  }

  public void valueBound(HttpSessionBindingEvent event){
    onlineUsers.add(name);
    System.out.println(name+" is bound with a session");
  }

  public void valueUnbound(HttpSessionBindingEvent event){
    onlineUsers.remove(name);
    System.out.println(name+" is unbound with a session");
  }
}
```

JavaMail2 应用在会话范围内直接存放 String 类型的用户名。而在本例中，需要在会话范围内存放 User 对象，只有这样，才能确保当 User 对象与会话绑定或解除绑定时，它自身能监听到这些事件。例程 9-18、例程 9-19 和例程 9-20 分别是修改后的 maillogin.jsp、mailcheck.jsp 和 maillogout.jsp。

例程 9-18　maillogin.jsp

```
<%@ page contentType="text/html; charset=GB2312" %>
<%@ page import="mypack.*" %>
<html><head><title>maillogin</title></head>

<body bgcolor="#FFFFFF" onLoad="document.loginForm.username.focus()">

<%
String name="";
User user=null;
if(!session.isNew()){
  user=(User)session.getAttribute("user");
  if(user==null)
   name="";
  else
   name=user.getName();
}
%>
```

例程 9-19　mailcheck.jsp

```
<%@ page contentType="text/html; charset=GB2312" %>
<%@ page import="mypack.*,java.util.* " %>
<html><head><title>mailcheck</title></head>
<body>

<%
String name=null;
User user=null;
name=request.getParameter("username");
if(name!=null)
  session.setAttribute("user",new User(name));
else{
  user=(User)session.getAttribute("user");
  if(user==null){
    response.sendRedirect(
         response.encodeRedirectURL("maillogin.jsp"));
  }
}
%>

<a href="<%=response.encodeURL("maillogin.jsp")%>">登录</a>
   
<a href="<%=response.encodeURL("maillogout.jsp")%>">注销</a>
<p>当前用户为：<%=name%> </P>
<P>你的信箱中有100 封邮件</P>

<%
OnlineUsers onlineUsers=OnlineUsers.getInstance();
List<String> users=onlineUsers.getUsers();
%>
<hr>
```

```
当前在线人数为：<%= onlineUsers.getCount() %> <br>
<% for(int i=0;i<users.size();i++){%>
<%=users.get(i)%>   

<%}%>
</body></html>
```

例程 9-20　maillogout.jsp

```
<%@ page contentType="text/html; charset=GB2312" %>
<%@ page import="mypack.*" %>
<html><head><title>maillogout</title></head>
<body>

<%
User user=(User)session.getAttribute("user");
String name=null;
if(user!=null)name=user.getName();

session.invalidate();
%>
<%=name%>,再见!
<p>
<p>
<a href="<%=response.encodeURL("maillogin.jsp")%>">重新登录邮件系统</a>

</body></html>
```

本范例位于本书配套源代码包的 sourcecode/chapter09/JavaMail4 目录下。把整个 JavaMail4 目录复制到<CATALINA_HOME>/webapps 目录下。打开多个浏览器，分别依次访问 maillogin.jsp、mailcheck.jsp 和 maillogout.jsp 页面，会看到 mailcheck.jsp 在网页的底端显示了在线用户人数和名单，参见图 9-15。

图 9-15　mailcheck.jsp 显示在线用户人数和名单

9.8　小结

HTTP 会话为跟踪客户状态提供了统一的解决方案，Session ID 就是 HTTP 请求中用于跟踪客户状态的额外数据。Servlet 容器先把 Session ID 以 Cookie 的形式存放在客户端，在客户发出的 HTTP 请求中就会包含表示 Session ID 的 Cookie。如果浏览器禁用 Cookie，那么可以把 Session ID 添加到 Web 组件的 URL 中，在客户发出的 HTTP 请求的 URI 部分就会包含 Session ID 信息。

真正用于表示客户状态的信息实际上一直存放在服务器端的 HttpSession 对象中。不同 Web 应用的表示客户状态的信息是不一样的，例如 store 购物网站应用把 ShoppingCart 对象存放在 HttpSession 对象中，再例如 JavaMail 邮件应用把用户名存放在 HttpSession 对象中。

Web 应用中的 JSP 或 Servlet 组件通过 HttpSession 对象的相关方法来向会话范围内存放共享数据。例如 JavaMail1 应用中的 mailcheck.jsp 把一个用户名存放在会话范围内：

```
session.setAttribute("username",name);
```

以上 session 变量引用当前的 HttpSession 对象。运行中的 JavaMail1 应用可能会包含好多个 HttpSession 对象，到底哪个是所谓的当前 HttpSession 对象呢？每次当客户端请求访问 mailcheck.jsp 时，Servlet 容器从 HTTP 请求中取得 Session ID，然后根据 Session ID 就能找到对应的 HttpSession 对象，它就是当前的 HttpSession 对象。

本章介绍了好几个 Web 应用范例，JavaMail 应用向会话范围内存放用户名，store 应用向会话范围内存放购物车 ShoppingCart 对象。每个 Web 应用范例涉及的知识点归纳如下：

- helloapp 应用：演示 Session ID 的创建机制（参见 9.1 节）；演示监听与会话相关的事件（参见 9.7 节）。
- JavaMail1 应用：演示 JSP 中使用会话的方法（参见 9.3 节）；演示配置 PersistentManager 和 FileStore（参见 9.6.2 节）。
- JavaMail2 应用：演示通过重写 URL 来跟踪会话（参见 9.5 节）；演示配置 PersistentManager 和 JDBCStore（参见 9.6.2 节）。
- JavaMail3 应用：演示用 HttpSessionListener 来实现在线用户人数统计（参见 9.7.1 节）。
- JavaMail4 应用：演示用 HttpSessionBindingListener 来实现在线用户人数统计（参见 9.7.2 节）。
- store 应用：演示在 Servlet 中使用会话（参见 9.4 节）；演示标准会话管理器 StandardManager 的行为（参见 9.6.1 节）。

9.9 思考题

1．用户在一个客户机上通过浏览器访问 Tomcat 中的 JavaMail1 应用和 JavaMail2 应用，他依次进行了以下操作：

（1）从浏览器进程 A 中访问 JavaMail1 应用的 maillogin.jsp

（2）从浏览器进程 A 中访问 JavaMail2 应用的 maillogin.jsp

（3）从浏览器进程 B 中访问 JavaMail1 应用的 maillogin.jsp

（4）从浏览器进程 A 中访问 JavaMail1 应用的 mailcheck.jsp

对于以上操作，Tomcat 必须创建几个 HttpSession 对象？（单选）

（a）1　（b）2　（c）3　（e）4

2．关于 Session ID，以下哪些说法正确？（多选）

（a）Session ID 由 Servlet 容器创建。

（b）每个 HttpSession 对象都有唯一的 Session ID。

（c）Session ID 由客户端浏览器创建。

（d）Servlet 容器会把 Session ID 作为 Cookie 或者 URL 的一部分发送到客户端。

（e）JSP 文件无法获取 HttpSession 对象的 Session ID。

3．以下哪些属于在 HttpSession 接口中定义的方法？（多选）

（a）invalidate()

（b）getRequest()

（c）getServletContext()

（d）getAttribute(String name)

4．关于会话的销毁，以下哪些说法正确？（多选）

（a）如果服务器端执行了 HttpSession 对象的 invalidate()方法，那么这个会话被销毁。

（b）当客户端关闭浏览器进程，服务器端会探测到客户端关闭浏览器进程的行为，从而立即销毁相应的 HttpSession 对象。

（c）当一个会话过期，服务器端会自动销毁这个会话。

（d）当客户端访问了一个不支持会话的网页，服务器端会销毁已经与这个客户端展开的所有会话。

5．encodeURL(java.lang.String url)方法是在哪个接口中定义的？（单选）

（a）HttpSession

（b）HttpServletRequest

（c）HttpServletResponse

（d）ServletResponse

6．关于会话的持久化，以下哪些说法正确？（多选）

（a）Servlet 容器持久化一个 HttpSession 对象时，会对它的所有实现 java.io.Serializable 接口的属性进行持久化。

（b）Java Servlet API 制定了负责对会话进行持久化的接口。

（c）对会话进行持久化，可以及时释放处于不活动状态的 HttpSession 对象占用的内存。

（d）对会话进行持久化，可以使得 Web 应用重启后，客户端仍然能继续重启前的会话。

7．JSP 或 Servlet 可以对会话完成哪些操作？（多选）

（a）通过 HttpSession 对象的 getId()方法获得会话的 Session ID。

（b）通过 HttpSession 对象的 invalidate()方法销毁会话。

（c）通过 HttpSession 对象的 setAttribute(String name, Object value)方法向会话中存放共享数据。

（d）通过 HttpSession 对象的 passivate()方法对会话进行持久化。

8．当 Servlet 容器销毁一个具有若干属性的会话时，会调用以下哪些会话监听器的相应方法？（多选）

（a）HttpSessionListener 的 sessionDestroyed()方法

（b）HttpSessionAttributeListener 的 attributeRemoved()方法

（c）HttpSessionBindingListener 的 valueUnbound()方法

（d）HttpSessionActivationListener 的 sessionWillPassivate()方法

9．在 HttpServlet 中如何获得 HttpSession 对象的引用？（单选）

（a）直接使用固定变量 session

（b）调用 HttpServletRequest 对象的 getSession()方法

（c）调用 ServletContext 对象的 getSession()方法

（d）用 new 语句创建一个 HttpSession 对象。

10．一个 JSP 文件中包括如下代码：

```
<%
session.setAttribute("username","Tom");
session.invalidate();
String name=(String)session.getAttribute("username");
%>
<%=name %>
```

当浏览器访问这个 JSP 文件时，会出现什么情况？（单选）

（a）JSP 文件正常执行，输出“Tom”

（b）服务器端向客户端返回编译错误。

（c）JSP 文件正常执行，输出“null”

（d）服务器端向客户端返回 java.lang.IllegalStateException。

11．关于 HTTP 会话，以下哪些说法正确？（多选）

（a）HTTP 会话的运行机制是由 HTTP 协议规定的。

（b）Servlet 容器为每个会话分配一个 HttpSession 对象。

（c）每个 HttpSession 对象都与一个 ServletContext 对象关联。

（d）Servlet 容器把 HttpSession 对象的序列化数据作为 Cookie 发送到客户端，这样就能跟踪会话。

参考答案

1．c　2．a,b,d　3．a,c,d　4．a,c　5．c　6．a,c,d　7．a,b,c　8．a,b,c

9．b　10．d　11．b,c

第 10 章　JSP 访问 JavaBean

把 Java 程序代码放到 JavaBean 中，然后在 JSP 文件中通过简洁的 JSP 标签来访问 JavaBean，这是简化 JSP 代码的重要手段。本章首先介绍 JavaBean 的概念和创建方法，接着介绍 JSP 访问 JavaBean 的语法，然后通过例子来解释 JavaBean 在 Web 应用中的四种存在范围。最后讲解如何在 bookstore 应用中运用 JavaBean。

10.1　JavaBean 简介

JavaBean 是一种可重复使用、且跨平台的软件组件。JavaBean 可分为两种：一种是有用户界面（UI，User Interface）的 JavaBean；还有一种是没有用户界面，主要负责表示业务数据或者处理事务（如数据运算，操纵数据库）的 JavaBean。JSP 通常访问的是后一种 JavaBean。

JSP 与 JavaBean 搭配使用，有 3 个好处：

- 使得 HTML 与 Java 程序分离，这样便于维护代码。如果把所有的程序代码都写到 JSP 网页中，会使得代码繁杂，难以维护。
- 可以降低开发 JSP 网页的人员对 Java 编程能力的要求。
- JSP 侧重于生成动态网页，事务处理由 JavaBean 来完成，这样可以充分利用 JavaBean 组件的可重用性特点，提高开发网站的效率。

一个标准的 JavaBean 有以下几个特性：

- JavaBean 是一个公共的（public）类。
- JavaBean 有一个不带参数的构造方法。
- JavaBean 通过 get 方法设置属性，通过 set 方法获取属性。
- 属性名和 get 方法名之间存在固定的对应关系：如果属性名为“xyz”，那么 get 方法名为“getXyz”，属性名中的第一个字母在方法名中改为大写。
- 属性名和 set 方法名之间存在固定的对应关系：如果属性名为“xyz”，那么 set 方法名为“setXyz”，属性名中的第一个字母在方法名中改为大写。
- 如果希望 JavaBean 能被持久化，那么可以使它实现 java.io.Serializable 接口。本书第 9 章的 9.4 节的例程 9-6 的 ShoppingCart 类属于 JavaBean，它实现了 Serializable

接口，因此当 Servlet 容器持久化一个会话时，也会对存放在其中的 ShoppingCart 对象持久化。

提示

在 JavaBean 中除了可以定义 get 方法和 set 方法，也可以像普通 Java 类那样定义其他完成特定功能的方法。

以下是一个 JavaBean 的例子，类名为 CounterBean。在 CounterBean 类中定义了一个属性 count，还定义了访问这个属性的两个方法：getCount()和 setCount()。

```
package mypack;
public class CounterBean{
  private int count=0;
  public CounterBean(){}

  public int getCount(){
     return count;
  }

  public void setCount(int count){
    this.count=count;
  }
}
```

假定把 CounterBean 类发布到 helloapp 应用中，它的存放位置是：

```
helloapp/WEB-INF/classes/mypack/CounterBean.class
```

10.2 JSP 访问 JavaBean 的语法

在 JSP 网页中，既可以通过程序代码来访问 JavaBean，也可以通过特定的 JSP 标签来访问 JavaBean。采用后一种方法，可以减少 JSP 网页中的程序代码，使它更接近于 HTML 页面。下面介绍访问 JavaBean 的 JSP 标签。

1. 导入 JavaBean 类

如果在 JSP 网页中访问 JavaBean，首先要通过<%@ page import>指令引入 JavaBean 类，例如：

```
<%@ page import="mypack.CounterBean" %>
```

2. 声明 JavaBean 对象

<jsp:useBean>标签用来声明 JavaBean 对象，例如：

```
<jsp:useBean id="myBean" class="mypack.CounterBean" scope="session" />
```

上述代码声明了一个名字为“myBean”的 JavaBean 对象。<jsp:useBean>标签具有以下属性：

- id 属性：代表 JavaBean 对象的 ID，实际上表示引用 JavaBean 对象的局部变量名，以及存放在特定范围内的属性名。JSP 规范要求存放在所有范围内的每个 JavaBean 对象都有唯一的 ID。例如不允许在会话范围内存在两个 ID 为“myBean”的 JavaBean，也不允许在会话范围和请求范围内分别存在 ID 为“myBean”的 JavaBean。

- class 属性：用来指定 JavaBean 的类名。
- scope 属性：用来指定 JavaBean 对象的存放范围，可选值包括：page（页面范围）、request（请求范围）、session（会话范围）和 application（Web 应用范围）。scope 属性的默认值为 page。范例中 scope 属性取值为“session”，表示会话范围。

以上示范代码中的<jsp:useBean>标签的处理流程如下。

（1）定义一个名为 myBean 的局部变量。

（2）尝试从 scope 指定的会话范围内读取名为“myBean”的属性，并且使得 myBean 局部变量引用具体的属性值，即 CounterBean 对象。

（3）如果在 scope 指定的会话范围内，名为“myBean”的属性不存在，那么就通过 CounterBean 类的默认构造方法创建一个 CounterBean 对象，把它存放在会话范围内，属性名为“myBean”。此外，myBean 局部变量也引用这个 CounterBean 对象。

以上<jsp:useBean>标签和以下 Java 程序片段的作用是等价的：

```
mypack.CounterBean myBean = null; //定义 myBean 局部变量
//试图从会话范围内读取 myBean 属性
myBean = (mypack.CounterBean) session.getAttribute("myBean");
if (myBean == null){ //如果会话范围内不存在 myBean 属性
  myBean = new mypack.CounterBean();
  session.setAttribute("myBean", myBean);
}
```

比较<jsp:useBean>标签以及与它等价的 Java 程序片段，不难看出，<jsp:useBean>标签在形式上比 Java 程序片段简洁多了。

提示

在<jsp:useBean>标签中，指定 class 属性时，必须给出完整的 JavaBean 的类名（包括类所属的包的名字）。如果将以上的声明语句改为：

```
<jsp:useBean id="myBean"
class="CounterBean" scope="session" />
```

那么 JSP 编译器会找不到 CounterBean 类，从而抛出 ClassNotFoundException。

3. 访问 JavaBean 属性

JSP 提供了访问 JavaBean 属性的标签，如果要将 JavaBean 的某个属性输出到网页上，可以用<jsp:getProperty>标签，例如：

```
<jsp:getProperty name="myBean" property="count" />
```

以上<jsp:getProperty>标签根据 name 属性的值“myBean”找到由<jsp:useBean>标签声明的 ID 为“myBean”的 CounterBean 对象，然后打印它的 count 属性。它等价于以下 Java 程序片段：

```
<%=myBean.getCount() %>
```

Servlet 容器运行<jsp:getProperty>标签时，会根据 property 属性指定的属性名，自动调用 JavaBean 的相应的 get 方法。属性名和 get 方法名之间存在固定的对应关系：如果属性名为“xyz”，那么 get 方法名为“getXyz”，属性名中的第一个字母在方法名中改为大写。本范例中属性名为“count”，因此相应的 get 方法的名字为“getCount”。假如 CounterBean 类中不存在 getCount()方法，那么 Servlet 容器运行<jsp:getProperty>标签时就会抛出异常。由此可见，只有开发人员创建的 JavaBean 类严格遵守 JavaBean 的规范，才能保证 JSP 中访问 JavaBean 的标签能正常运行。

提示

<jsp:getProperty>标签在形式上还不够简洁，本书第 12 章会介绍用 EL 语言来访问 JavaBean 的属性，例如 EL 表达式“${myBean.count}”与以上<jsp:getProperty>标签能完成同样的功能。

如果要给 JavaBean 的某个属性赋值，可以用<jsp:setProperty>标签，例如：

```
<jsp:setProperty name="myBean" property="count" value="1" />
```

以上<jsp:getProperty>标签根据 name 属性的值“myBean”，找到由<jsp:useBean>标签声明的 ID 为“myBean”的 CounterBean 对象，然后给它的 count 属性赋值。以上<jsp:setProperty>标签等价于以下代码：

```
<% myBean.setCount(1); %>
```

值得注意的是，如果一个 JSP 文件通过<jsp:setProperty>或<jsp:getProperty>标签访问一个 JavaBean 的属性，要求该 JSP 文件先通过<jsp:useBean>标签声明这个 JavaBean。否则<jsp:setProperty>和<jsp:getProperty>标签在运行时会抛出异常。

10.3 JavaBean 的范围

在<jsp:useBean>标签中可以设置 JavaBean 的 scope 属性，scope 属性决定了 JavaBean 对象存在的范围。scope 的可选值包括：

- page：表示页面范围，它是 scope 属性的默认值。
- request：表示请求范围。本书第 5 章的 5.6.3 节（请求范围）已经阐述了这一个概念。
- session：表示会话范围。本书第 9 章的 9.2 节（HttpSession 的生命周期及会话范围）已经阐述了这一个概念。
- application：表示 Web 应用范围。本书第 4 章的 4.4 节（ServletContext 与 Web 应用范围）已经阐述了这一个概念。

本书前面章节已经介绍了请求范围、会话范围和 Web 应用范围内的概念。下面用访问

CounterBean 的 4 个 JSP 例子来演示四种范围的特性和区别：

- pageCounter1.jsp 和 pageCounter2.jsp：存取页面范围内的 CounterBean。
- requestCounter1.jsp 和 requestCounter2.jsp：存取请求范围内的 CounterBean。
- sessionCounter.jsp：存取会话范围内的 CounterBean。
- applicationCounter.jsp：存取 Web 应用范围内的 CounterBean。

10.3.1　JavaBean 在页面（page）范围内

页面范围对应的时间段为：从客户请求访问一个 JSP 文件开始，到这个 JSP 文件执行结束。在 pageCounter1.jsp 中声明了一个存放在页面范围内的 CounterBean：

```
<jsp:useBean id="myPageBean" scope="page" class="mypack.CounterBean" />
```

每次当客户请求访问 pageCounter1.jsp 时，<jsp:useBean>标签都会创建一个 CounterBean 对象，把它存放在页面范围内。这个 CounterBean 对象在以下两种情况下都会结束生命期：

- 客户请求访问的当前 pageCounter1.jsp 页面执行完毕，然后通过<jsp:forward>标记将请求转发到另一个 Web 组件。
- 客户请求访问的当前 pageCounter1.jsp 页面执行完毕并向客户端发回响应。

由此可见，页面范围内的 JavaBean 对象只在当前 JSP 页面中有效。假如 pageCounter1.jsp 页面把请求转发给 pageCounter2.jsp 页面，那么 pageCounter2.jsp 无法访问到 pageCounter1.jsp 页面范围内的 JavaBean 对象。

pageCounter1.jsp 首先声明了一个名为“myPageBean”的 CounterBean 对象，把它存放在页面范围内，接着把 CounterBean 对象的 count 属性加 1，然后打印 CounterBean 对象的 count 属性：

```
<jsp:useBean id="myPageBean" scope="page" class="mypack.CounterBean"/>

<%-- 把myPageBean的count属性的值加1 --%>
<jsp:setProperty name="myPageBean" property="count"
    value="<%=myPageBean.getCount()+1 %>" />

<%-- 打印myPageBean的count属性 --%>
Current count value is :
<jsp:getProperty name="myPageBean" property="count" />
```

pageCounter1.jsp 接下来通过 PageContext 对象的 getAttributesScope()方法，来判断 CounterBean 对象存在于哪种范围内，然后打印范围的名字：

```
<%
String scopeNames[]=
   {"No scope","page","request","session","application"};

//寻找myPageBean的范围
int scope=pageContext.getAttributesScope("myPageBean");
%>
```

```
<%--打印myPageBean的范围 --%>
<p>scope=<%=scopeNames[scope]%></p>
```

pageCounter1.jsp 的源代码参见例程 10-1。

例程 10-1　pageCounter1.jsp

```
<%@ page import="mypack.CounterBean" %>

<html>
<head><title>Counter</title></head>
<body>

<jsp:useBean id="myPageBean" scope="page" class="mypack.CounterBean" />

<%-- 把myPageBean的count属性的值加1 --%>
<jsp:setProperty name="myPageBean" property="count"
    value="<%=myPageBean.getCount()+1 %>" />

<%-- 打印myPageBean的count属性 --%>
Current count value is :
<jsp:getProperty name="myPageBean" property="count" />

<%
String scopeNames[]=
   {"No scope","page","request","session","application"};
//寻找myPageBean的范围
int scope=pageContext.getAttributesScope("myPageBean");
%>

<%--打印myPageBean的范围 --%>
<p>scope=<%=scopeNames[scope]%></p>

<%--把请求转发给pageCounter2.jsp --%>
<%-- <jsp:forward page="pageCounter2.jsp" /> --%>

</body></html>
```

本章范例位于本书配套源代码包的 sourcecode/chapter10/helloapp 目录下，把整个 helloapp 目录复制到<CATALINA_HOME>/webapps 目录下，然后通过以下步骤访问 pageCounter1.jsp。

（1）通过浏览器第一次访问 http://localhost:8080/helloapp/pageCounter1.jsp，将会看到网页上的内容如下：

```
Current count value is :1
scope=page
```

（2）通过浏览器多次访问 pageCounter1.jsp，会看到 CounterBean 对象的 count 属性的值始终为 1。客户端每次访问 pageCounter1.jsp，服务器端都会创建新的 CounterBean 对象，把它存放在当前页面范围内，count 属性的初始值为 0，接下来<jsp:setProperty>标签把 count 属性的值增加 1。等到 pageCounter1.jsp 完成了对本次客户请求的响应，这个 CounterBean 对象就结束生命周期。

（3）修改 pageCounter1.jsp 文件，在文件末尾把请求转发给 pageCounter2.jsp：

```
<jsp:forward page="pageCounter2.jsp" />
```

pageCounter2.jsp 的文件内容如下：

```
<%@ page import="mypack.CounterBean" %>

<html><head><title>Counter</title></head><body>

<jsp:useBean id="myPageBean" scope="page" class="mypack.CounterBean"/>

Current count value is :
<jsp:getProperty name="myPageBean" property="count" />

</body></html>
```

pageCounter2.jsp 在页面范围内也声明了一个名为“myPageBean”的 CounterBean 对象，然后打印它的 count 属性。

（4）通过浏览器访问修改后的 pageCounter1.jsp，pageCounter1.jsp 把请求转发给 pageCounter2.jsp，浏览器端最后得到 pageCounter2.jsp 的打印结果：

```
Current count value is :0
```

pageCounter2.jsp 页面范围和 pageCounter1.jsp 页面范围各自独立。当客户请求被转发给 pageCounter2.jsp 时，pageCounter1.jsp 页面范围内的 CounterBean 对象就结束生命周期，接下来 pageCounter2.jsp 创建一个 CounterBean 对象，把它存放在自己的当前页面范围内。CounterBean 对象的 count 属性的初始值为 0。

（5）通过浏览器多次访问修改后的 pageCounter1.jsp，浏览器端最后得到的 pageCounter2.jsp 的打印结果始终相同。

10.3.2 JavaBean 在请求（request）范围内

请求范围对应的时间段为：从客户请求访问一个 JSP 文件开始，到这个 JSP 文件返回响应结果结束，如果这个 JSP 文件把请求转发给其他 Web 组件，那么直到其他 Web 组件返回响应结果结束。在 requestCounter1.jsp 中声明了一个存放在请求范围内的 CounterBean：

```
<jsp:useBean id="myRequestBean" scope="request"
class="mypack.CounterBean" />
```

每次当客户请求访问 requestCounter1.jsp 时，requestCounter1.jsp 都会创建一个 CounterBean 对象，把它存放在请求范围内。这个 CounterBean 对象在以下两种情况下会结束生命期：

- 客户请求访问的当前 requestCounter1.jsp 执行完毕并向客户端发回响应结果。
- 客户请求访问的当前 requestCounter1.jsp 把请求转发给 requestCounter2.jsp，requestCounter2.jsp 执行完毕并向客户端发回响应结果。

由此可见，请求范围内的 JavaBean 对象存在于响应一个客户请求的整个过程中。当所有共享同一个客户请求的 JSP 文件执行完毕并向客户端发回响应时，本次请求范围内的 JavaBean 对象结束生命周期。

对于 requestCounter1.jsp 文件中声明的 CounterBean 对象，它可以被以下 Web 组件共享：

- requestCounter1.jsp 文件本身
- 和 requestCounter1.jsp 文件共享同一个客户请求（即 HttpServletRequest 对象）的 Web 组件，包括 requestCounter1.jsp 文件通过<%@ include>指令或<jsp:include>标记包含的其他 Web 组件，以及通过<jsp:forward>标记转发的其他目标 Web 组件。

请求范围内的 JavaBean 对象实际上作为属性保存在 HttpServletRequest 对象中，属性名为 JavaBean 的 ID，属性值为 JavaBean 对象,因此也可以通过 HttpServletRequest.getAttribute() 方法读取请求范围内的 JavaBean 对象，例如：

```
CounterBean obj=(CounterBean)request.getAttribute("myRequestBean");
```

requestCounter1.jsp 和本章 10.3.1 节的 pageCounter1.jsp 的处理流程很相似，区别在于 requestCounter1.jsp 把 CounterBean 对象存放在请求范围内，而 pageCounter1.jsp 把 CounterBean 对象存放在页面范围内。

下面通过以下步骤访问 requestCounter1.jsp。

（1）通过浏览器第一次访问 http://localhost:8080/helloapp/requestCounter1.jsp，将会看到网页上的内容如下：

```
Current count value is :1
scope=request
```

（2）通过浏览器多次访问 requestCounter1.jsp，会看到 CounterBean 对象的 count 属性的值始终为 1。客户端每次访问 requestCounter1.jsp，服务器端都会创建新的 CounterBean 对象，把它存放在当前请求范围内，count 属性的初始值为 0，接下来<jsp:setProperty>标签把 count 属性的值增加 1。等到 requestCounter1.jsp 完成了对本次客户请求的响应，这个 CounterBean 对象就结束生命周期。

（3）修改 requestCounter1.jsp 文件，在文件末尾把请求转发给 requestCounter2.jsp：

```
<jsp:forward page="requestCounter2.jsp" />
```

requestCounter2.jsp 的文件内容如下：

```
<%@ page import="mypack.CounterBean" %>

<html><head><title>Counter</title></head><body>

<jsp:useBean id="myRequestBean" scope="request"
class="mypack.CounterBean"/>

Current count value is :
<jsp:getProperty name="myRequestBean" property="count" />
```

```
</body></html>
```

requestCounter2.jsp 在请求范围内也声明了一个名为“myRequestBean”的 CounterBean 对象，然后打印它的 count 属性。

（4）通过浏览器访问修改后的 requestCounter1.jsp，requestCounter1.jsp 把请求转发给 requestCounter2.jsp，浏览器端最后得到 requestCounter2.jsp 的打印结果：

```
Current count value is :1
```

requestCounter2.jsp 和 requestCounter1.jsp 共享请求范围内的同一个名为“myRequestBean”的 CounterBean 对象。当客户请求被转发给 requestCounter2.jsp 时，requestCounter2.jsp 不再创建新的 CounterBean 对象，而是打印当前请求范围内已经存在的 CounterBean 对象的 count 属性。

（5）通过浏览器多次访问修改后的 requestCounter1.jsp，浏览器端最后得到的 requestCounter2.jsp 的打印结果始终相同。

10.3.3　JavaBean 在会话（session）范围内

会话范围对应整个会话的生存周期。处于同一个会话中的 Web 组件共享这个会话范围内的 JavaBean 对象。

会话范围内的 JavaBean 对象实际上作为属性保存在 HttpSession 对象中，属性名为 JavaBean 的 ID，属性值为 JavaBean 对象，因此也可以通过 HttpSession.getAttribute()方法读取会话范围内的 JavaBean 对象，例如：

```
CounterBean obj=(CounterBean)session.getAttribute("mySessionBean");
```

在 sessionCounter.jsp 中声明了一个存放在会话范围内的 CounterBean：

```
<jsp:useBean id="mySessionBean" scope="session"
class="mypack.CounterBean" />
```

sessionCounter.jsp 和本章 10.3.1 节的 pageCounter1.jsp 的处理流程很相似，区别在于 sessionCounter.jsp 把 CounterBean 对象存放在会话范围内，而 pageCounter1.jsp 把 CounterBean 对象存放在页面范围内。

下面通过以下步骤访问 sessionCounter.jsp。

（1）通过浏览器第一次访问 http://localhost:8080/helloapp/sessionCounter.jsp，将会看到网页上的内容如下：

```
Current count value is :1
scope=session
```

浏览器第一次访问 sessionCounter.jsp 时，由于会话范围内还不存在名为“mySessionBean”的 CounterBean 对象，因此 sessionCounter.jsp 会创建一个 CounterBean 对象，把它存放在当前会话范围内。

（2）通过同一个浏览器多次访问 sessionCounter.jsp，会看到 CounterBean 对象的 count 属性的值不断递增。这是因为浏览器多次访问 sessionCounter.jsp 时，这些客户请求始终处于同一个会话中，因此 sessionCounter.jsp 不再创建新的 CounterBean 对象，而是访问当前会话范围内已经存在的名为“mySessionBean”的 CounterBean 对象，使它的 count 属性增加 1。

（3）再打开一个新的浏览器，第一次访问 sessionCounter.jsp，将会看到网页上的内容如下：

```
Current count value is :1
scope=session
```

此时 sessionCounter.jsp 会开始一个新的会话，sessionCounter.jsp 这在个新的会话范围内存放一个新建的名为“mySessionBean”的 CounterBean 对象。以后多次通过该浏览器访问 sessionCounter.jsp，会看到 count 属性的值不断递增。

10.3.4 JavaBean 在 Web 应用（application）范围内

Web 应用范围对应整个 Web 应用的生存周期。处于同一个 Web 应用中的所有 Web 组件共享这个 Web 应用范围内的 JavaBean 对象。

Web 应用范围内的 JavaBean 对象实际上作为属性保存在 ServletContext 对象中，属性名为 JavaBean 的 ID，属性值为 JavaBean 对象，因此也可以通过 ServletContext.getAttribute() 方法读取 Web 应用范围内的 JavaBean 对象，例如：

```
//application 变量为引用 ServletContext 对象的固定变量
CounterBean obj=
  (CounterBean)application.getAttribute("myApplicationBean");
```

在 applicationCounter.jsp 中声明了一个存放在 Web 应用范围内的 CounterBean：

```
<jsp:useBean id="myApplicationBean" scope="application"
class="mypack.CounterBean" />
```

applicationCounter.jsp 和本章 10.3.1 节的 pageCounter1.jsp 的处理流程很相似，区别在于 applicationCounter.jsp 把 CounterBean 对象存放在 Web 应用范围内，而 pageCounter1.jsp 把 CounterBean 对象存放在页面范围内。

下面通过以下步骤访问 applicationCounter.jsp。

（1）通过浏览器第一次访问 http://localhost:8080/helloapp/applicationCounter.jsp，将会看到网页上的内容如下：

```
Current count value is :1
scope=application
```

浏览器第一次访问 applicationCounter.jsp 时，由于 Web 应用范围内还不存在名为“myApplicationBean”的 CounterBean 对象，因此 applicationCounter.jsp 会创建一个 CounterBean 对象，把它存放在 Web 应用范围内。

（2）通过同一个浏览器多次访问 applicationCounter.jsp，会看到 CounterBean 对象的 count 属性的值不断递增。这是因为浏览器多次访问 applicationCounter.jsp 时，这些客户请求始终处于同一个 Web 应用范围内，因此 applicationCounter.jsp 不再创建新的 CounterBean 对象，而是访问当前 Web 应用范围内已经存在的名为“myApplicationBean”的 CounterBean 对象，使它的 count 属性增加 1。

（3）再打开一个新的浏览器，多次访问 applicationCounter.jsp，会看到 count 属性的值在第一个浏览器显示的数值的基础上递增。这是因为从第二个浏览器访问 applicationCounter.jsp 时，这些客户请求也处于同一个 Web 应用范围内，因此 applicationCounter.jsp 访问的是始终是 Web 应用范围内的名为“myApplicationBean”的同一个 CounterBean 对象。

（4）通过 Tomcat 的管理平台手工终止 helloapp 应用，再重启 helloapp 应用，此时一个新的 Web 应用范围开始了。再通过浏览器第一次访问 applicationCounter.jsp，由于在新的 Web 应用范围内还不存在名为“myApplicationBean”的 CounterBean 对象，因此 applicationCounter.jsp 又会新建一个 CounterBean 对象，把它存放在 Web 应用范围内。

10.4　在 bookstore 应用中访问 JavaBean

本书第 7 章介绍的 bookstore 应用创建了两个 JavaBean：BookDB 类和 ShoppingCart 类。本书第 8 章的 8.4 节（bookstore 应用通过 JDBC API 访问数据库）介绍了 BookDB 类的实现，第 7 章的 7.3.2 节（购物车的实现）介绍了 ShoppingCart 类的实现。下面讲解 bookstore 应用中的 JSP 文件如何访问这两个 JavaBean。

10.4.1　访问 BookDB 类

BookDB 类负责访问数据库，负责查询 BOOKS 表的数据以及购书事务。在 common.jsp 中声明了一个类型为 BookDB 类的 JavaBean：

```
<jsp:useBean id="bookDB" scope="application" class="mypack.BookDB"/>
```

以上<jsp:useBean>标签的 scope 属性为“application”，这意味着整个 Web 应用范围内只有一个名为“bookDB”的 BookDB 对象，所有通过<%@ include>指令包含了 common.jsp 的其他 JSP 文件都可以访问这个 BookDB 对象。

由于<jsp:useBean>标签会定义一个引用 BookDB 对象的 bookDB 局部变量，因此在 JSP 文件的 Java 程序片段中可以直接通过 bookDB 局部变量来引用 BookDB 对象。例如在 bookdetails.jsp 中调用 bookDB.getBook(bookId)方法，根据 bookId 查找书的详细信息，并把查询结果输出到网页上。bookdetails.jsp 的源代码参见例程 10-2。

例程 10-2　bookdetails.jsp

```
<%@ page contentType="text/html; charset=GB2312" %>
<%@ include file="common.jsp" %>
<%@ page import="java.util.*" %>

<html><head><title>TitleBookDescription</title></head>
<%@ include file="banner.jsp" %>
<br>
<%
//读取 bookId
String bookId = request.getParameter("bookId");
if(bookId==null)bookId="201";
BookDetails book = bookDB.getBookDetails(bookId);
%>

<% if(book==null){ %>
<p>书号"<%=bookId%>"在数据库中不存在<p>
<strong><a href="<%=request.getContextPath()%>/catalog.jsp">
继续购物</a>
</strong>
<% return; } %>

<p>书名：<%= book.getTitle()%></p>
作者：<em><%= book.getName()%> </em>  
(<%=book.getYear()%>)<br>
<p>价格（元）：<%=book.getPrice()%></p>
<p>销售数量：<%=book.getSaleAmount()%></p>
<p>评论：<%= book.getDescription()%></p>

<p>
<strong>
<a href="<%=request.getContextPath()%>/catalog.jsp?Add=<%=bookId%>">
加入购物车
</a>     
<a href="<%=request.getContextPath()%>/catalog.jsp">继续购物</a></p>
</strong>
</body></html>
```

10.4.2　访问 ShoppingCart 类

ShoppingCart 类代表虚拟的购物车，ShoppingCart 的作用和实际生活中的购物车很相似。例如：顾客们到超市里去购物，每位顾客都有各自的购物车（相当于服务器为每个客户创建不同的 ShoppingCart 对象），当某个顾客的整个购物活动结束时，超市就会收回购物车（相当于服务器清除这个客户的 ShoppingCart 对象）。当这个客户下次到超市里去购物，他又会得到一个新的购物车进行购物活动（相当于服务器为这个客户创建新的 ShoppingCart 对象）。

在 catalog.jsp、showcart.jsp、cashier.jsp 和 receipt.jsp 中均访问 ShoppingCart 对象。以下是声明 ShoppingCart 对象的代码：

```
<jsp:useBean id="cart" scope="session" class="mypack.ShoppingCart"/>
```

ShoppingCart 对象存放在会话范围内。bookstore 应用中的会话代表了客户的一次购物活动，从选购书开始，到付账结束。ShoppingCart 对象保存在会话中，可用来跟踪客户的购书信息（例如书名和购买数量）。当客户付账时，服务器端就可以根据 ShoppingCart 对象中的信息来计算客户应支付的金额。

1．catalog.jsp 访问 ShoppingCart

catalog.jsp 显示了所有书的列表，并且提供了让客户选购书的链接。在 catalog.jsp 网页上，如果客户针对某本书选择“加入购物车”链接，catalog.jsp 就会把这本书的信息加入到该客户的会话范围内的 ShoppingCart 对象中：

```
<%
//向购物车内加入一本书
String bookId = request.getParameter("Add");
if (bookId != null) {
 BookDetails book = bookDB.getBookDetails(bookId);
 cart.add(bookId, book);
%>
```

2．showcart.jsp 访问 ShoppingCart

showcart.jsp 用于显示客户购物车中的内容，并且提供了管理购物车的功能。showcart.jsp 从 ShoppingCart 对象中读取所有的 ShoppingCartItem 对象，然后从 ShoppingCartItem 对象中读取 BookDetails 对象，并且将这些数据输出到网页上。

如果客户在 showcart.jsp 网页选择“删除”链接，就会执行如下代码：

```
<%
String bookId = request.getParameter("Remove");
if (bookId != null) {
 cart.remove(bookId);  //从购物车中删除一本书
 BookDetails book = bookDB.getBookDetails(bookId);
%>
```

showcart.jsp 的源代码参见例程 10-3。

例程 10-3　showcart.jsp

```
<%@ page contentType="text/html; charset=GB2312" %>

<%@ include file="common.jsp" %>
<%@ page import="java.util.*" %>

<jsp:useBean id="cart" scope="session" class="mypack.ShoppingCart"/>

<html>
<head><title>TitleShoppingCart</title></head>
<%@ include file="banner.jsp" %>
<%
String bookId = request.getParameter("Remove");
if (bookId != null) {
 cart.remove(bookId);
 BookDetails book = bookDB.getBookDetails(bookId);
%>
```

```
<font color="red" size="+2">您删除了一本书：
<em><%=book.getTitle()%></em><br><br>
</font>

<%
} //End of if

if (request.getParameter("Clear") != null) {
 cart.clear();
%>

<font color="red" size="+2"><strong>
清空购物车
</strong><br> <br></font>

<%
}

// Print a summary of the shopping cart
int num = cart.getNumberOfItems();
if (num > 0) {
%>

<font size="+2">您的购物车内有<%=num%>本书
</font><br> 

<table>
<tr>
<th align=left>数量</th>
<th align=left>书名</th>
<th align=left>价格</th>
</tr>

<%
 Iterator i = cart.getItems().iterator();
 while (i.hasNext()) {
  ShoppingCartItem item = (ShoppingCartItem)i.next();
  BookDetails book = (BookDetails)item.getItem();
%>

<tr>
<td align="right" bgcolor="#ffffff">
<%=item.getQuantity()%>
</td>

<td bgcolor="#ffffaa">
<strong>
<a href="<%=request.getContextPath()%>/bookdetails.jsp
                    ?bookId=<%=book.getBookId()%>">
<%=book.getTitle()%></a></strong>
</td>

<td bgcolor="#ffffaa" align="right">
<%=book.getPrice()%>
</td>
```

```
<td bgcolor="#ffffaa">
<strong>
<a href="<%=request.getContextPath()%>/showcart.jsp
                ?Remove=<%=book.getBookId()%>">
删除
</a></strong>
</td></tr>

<%
   // End of while
}
%>

<tr><td colspan="5" bgcolor="#ffffff"><br></td></tr>
<tr>
<td colspan="2" align="right" bgcolor="#ffffff">总额(元)</td>
<td bgcolor="#ffffaa" align="right"><%=cart.getTotal()%></td>
<td><br></td>
</tr>

</table>

<p> <p>
<strong>
<a href="<%=request.getContextPath()%>/catalog.jsp">继续购物</a>
   
<a href="<%=request.getContextPath()%>/cashier.jsp">付账</a>
   
<a href="<%=request.getContextPath()%>/showcart.jsp?Clear=clear">
清空购物车
</a></strong>
<% } else { %>

<font size="+2">您的购物车目前为空</font>
<br><br>
<a href="<%=request.getContextPath()%>/catalog.jsp">继续购物</a>

<%
  }  // End of if
%>

</body>
</html>
```

3．cashier.jsp 访问 ShoppingCart

cashier.jsp 从 ShoppingCart 对象中获取客户购买书的总数量和总金额，然后输出到网页上，此外还提供了让客户输入信用卡账号的表单。

```
<p>您一共购买了<%=cart.getNumberOfItems() %>本书</P>
<p>您应支付的金额为<%=cart.getTotal() %>元</p>
```

cashier.jsp 的源代码参见例程 10-4。

例程 10-4 cashier.jsp

```
<%@ page contentType="text/html; charset=GB2312" %>
```

```
<%@ include file="common.jsp" %>
<%@ page import="java.util.*" %>

<jsp:useBean id="cart" scope="session" class="mypack.ShoppingCart"/>

<html>
<head><title>TitleCashier</title></head>
<%@ include file="banner.jsp" %>
<p>您一共购买了<%=cart.getNumberOfItems() %>本书</P>
<p>您应支付的金额为<%=cart.getTotal() %>元</p>

<form action="<%=request.getContextPath()%>/receipt.jsp"
     method="post">

<table>
<tr>
<td><strong>信用卡用户名</strong></td>
<td><input type="text" name="cardname" value="guest" size="19"></td>
</tr>
<tr>
<td><strong>信用卡账号</strong></td>
<td><input type="text" name="cardnum"
   value="xxxx xxxx xxxx xxxx" size="19">
</td>
</tr>
<tr>
<td></td>
<td><input type="submit" value="递交"></td>
</tr>
</table>
</form>
</body></html>
```

4．receipt.jsp 访问 ShoppingCart

receipt.jsp 把 ShoppingCart 对象作为参数传给 BookDB 对象的 buyBooks()方法：

```
<jsp:useBean id="cart" scope="session" class="mypack.ShoppingCart"/>

<%
bookDB.buyBooks(cart);
session.invalidate();
%>
```

10.5　小结

JavaBean 是一种可重复使用、跨平台的软件组件。本章介绍了在 JSP 中通过特定 JSP 标签来访问 JavaBean 的语法，还重点介绍了 JavaBean 的四种存放范围的特性。本章最后讲解了 JavaBean 在 bookstore 应用中的运用。bookstore 应用用到了两个 JavaBean：BookDB 类和 ShoppingCart 类。BookDB 对象存放在 Web 应用范围内，而 ShoppingCart 对象存放在会话范围内。

JavaBean 常常用来作为被 Web 应用中多个 Web 组件共享的数据。在 Web 应用中，如果某种数据需要被多个 Web 组件共享，可以把这些共享数据存放在特定的范围内。Servlet 规范规定了四种范围，分别是:

- 页面（page）范围：共享数据的有效范围是用户请求访问的当前 JSP 网页。
- 请求（request）范围：共享数据的有效范围为用户请求访问的当前 Web 组件，以及和当前 Web 组件共享同一个用户请求的其他 Web 组件。如果用户请求访问的是 JSP 网页，那么该 JSP 网页的<%@ include>指令、<jsp:include>标签以及<jsp:forward>标签指向的其他 JSP 文件也能访问共享数据。请求范围内的共享数据实际上存放在 HttpServletRequest 对象中。
- 会话（session）范围：共享数据存在于整个 HTTP 会话的生命周期内，同一个 HTTP 会话中的 Web 组件共享它。会话范围内的共享数据实际上存放在 HttpSession 对象中。
- Web 应用（application）范围：共享数据存在于整个 Web 应用的生命周期内，Web 应用中的所有 Web 组件都能共享它。共享数据实际上存放在 ServletContext 对象中。

共享数据的四种范围是 Java Web 开发中非常重要的概念，读者只有深刻地理解了在运行时环境中，Web 应用中的 ServletContext、HttpSession 和 HttpServletRequest 等对象的生命周期，才能理解这四种范围的概念，并能熟练地运用它们。

图 10-1 根据四种范围的生命周期的长短，直观地比较了它们的大小，但并不意味着这几种范围之间存在包含关系。也就是说，每个范围内存放的共享数据是各自独立的。

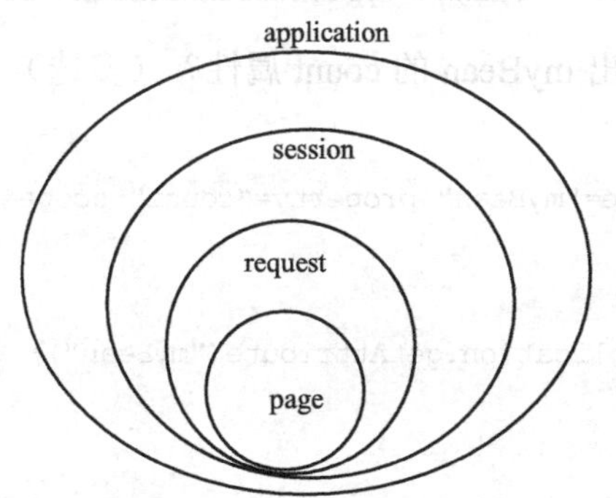

图 10-1 共享数据在 Web 应用中的四个范围

10.6 思考题

1. 对于以下<jsp:useBean>标签:

```
<jsp:useBean id="myBean" class="mypack.CounterBean" scope="request" />
```

它与哪个选项中的 Java 程序片段等价？（单选）

（a）

```
<%
CounterBean myBean=(CounterBean)request.getAttribute("myBean");
if(myBean==null) myBean=new CounterBean();
%>
```

（b）

```
<%
CounterBean myBean=(CounterBean) request.getAttribute("CounterBean");
if(myBean==null){
    myBean=new CounterBean();
    request.setAttribute("CounterBean",myBean);
}
%>
```

（c）

```
<%
CounterBean myBean=(CounterBean)request.getAttribute("myBean");
if(myBean==null){
  myBean=new CounterBean();
  request.setAttribute("myBean",myBean);
}
%>
```

（d）

```
<%
CounterBean myBean=new CounterBean();
request.setAttribute("myBean",myBean);
%>
```

2．以下代码在 Web 应用范围内声明了一个 CounterBean 对象：

```
<jsp:useBean id="myBean" class="mypack.CounterBean" scope="application" />
```

如何在 JSP 文件中输出 myBean 的 count 属性？（多选）

（a）

```
<jsp:getProperty name="myBean" property="count" scope="application" />
```

（b）

```
<% CounterBean bean=
     (CounterBean)application.getAttribute("myBean"); %>
<%=bean.getCount()%>
```

（c）

```
<% CounterBean bean=
   (CounterBean)pageContext.getAttribute ("myBean"); %>
<%=bean.getCount()%>
```

（d）

```
<% CounterBean bean=(CounterBean)pageContext.getAttribute(
          "myBean",PageContext.APPLICATION_SCOPE); %>
<%=bean.getCount()%>
```

3．mypack.CounterBean 类的.class 文件应该发布到 helloapp 应用的什么目录下？（单选）

（a）helloapp 根目录　　　　（b）helloapp/WEB-INF/

（c）helloapp/WEB-INF/classes　　　（d）helloapp/WEB-INF/classes/mypack

4．test.jsp 文件中包含如下代码：

```
<%@ page import="mypack.CounterBean" %>

<jsp:useBean id="myRequestBean" scope="request"
            class="mypack.CounterBean" />
<jsp:useBean id="myRequestBean1" scope="request"
             class="mypack.CounterBean" />

<jsp:setProperty name="myRequestBean" property="count"
    value="<%=myRequestBean1.getCount()+1 %>" />

<jsp:getProperty name="myRequestBean1" property="count"/>
```

通过浏览器第一次访问 test.jsp，将出现什么情况？（单选）

（a）打印 0

（b）打印 1

（c）打印 null

（d）Servlet 容器返回编译错误，不允许在请求范围内定义两个 CounterBean 对象。

5．test.jsp 文件中包含如下代码：

```
<%@ page import="mypack.CounterBean" %>

<jsp:useBean id="myBean" scope="request" class="mypack.CounterBean"/>
<jsp:useBean id="myBean" scope="session" class="mypack.CounterBean"/>

<jsp:setProperty name="myBean" property="count"
        value="<%=myBean.getCount()+1 %>" />
<jsp:getProperty name="myBean" property="count" />
```

通过浏览器第一次访问 test.jsp，将出现什么情况？（单选）

（a）打印 0

（b）打印 1

（c）打印 null

（d）Servlet 容器返回编译错误，不允许定义两个同名的 CounterBean 对象。

6．以下哪些说法正确？（多选）

（a）在 JSP 文件中通过<jsp:useBean>标签来声明 JavaBean，而不是通过“<% 和 %>”程序片段来声明 JavaBean，可以使 JSP 文件更加简洁和可维护。

（b）JavaBean 必须遵守特定的规范，比如对于 CounterBean 的 count 属性，其相应的 get 方法应该为 getCount()，不能随心所欲地定义为 getCOunt()、getCOUNT()或者 getcount()。

（c）JSP 文件通过<jsp:useBean>标签声明的 JavaBean 只能被 JSP 文件访问，而不能被 Servlet 访问。

（d）在四种范围中，页面范围的生命周期最短，Web 应用范围的生命周期最长。

参考答案

1. c　2. a,b,d　3. d　4. a　5. d　6. a,b,d

第 11 章 开发 JavaMail Web 应用

本章介绍了一个 JavaMail Web 应用，通过它，客户可以访问邮件服务器上的邮件账号，收发邮件和管理邮件夹。本章首先介绍电子邮件的发送和接收协议，接着介绍 JavaMail API 的常用类的用法，然后讲解通过 JavaMail API 创建应用程序的步骤，最后介绍 JavaMail Web 应用。运行 JavaMail 例子时，读者需要先安装一个名为 Merak 的邮件服务器，本章介绍了在 Windows 下安装和配置该邮件服务器的方法。

11.1 E-Mail 协议简介

邮件服务器按照提供的服务类型，可以分为发送邮件服务器（简称发送服务器）和接收邮件服务器（简称接收服务器）。发送邮件服务器使用邮件发送协议，现在常用的是 SMTP 协议，所以通常发送邮件服务器也称为 SMTP 服务器；接收邮件服务器使用接收邮件协议，常用的有 POP3 协议和 IMAP 协议，所以通常接收邮件服务器也称为 POP3 服务器或 IMAP 服务器。

图 11-1 显示了客户机 A 向客户机 B 发送邮件的过程。邮件服务器 A 是 SMTP 服务器，邮件服务器 B 是 POP3 服务器。客户机 A 首先采用 SMTP 协议把邮件发送到服务器 A，服务器 A 再采用 SMTP 协议把邮件发送到服务器 B，服务器 B 采用 POP3 协议把邮件发送到客户机 B。

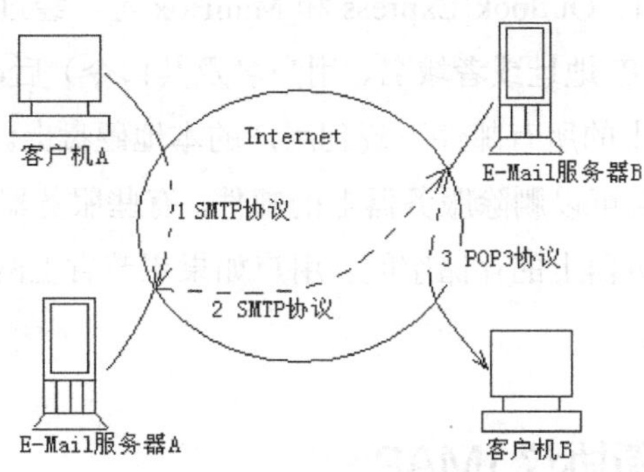

图 11-1 邮件系统的工作过程

11.1.1 SMTP 简单邮件传输协议

简单邮件传输协议（Simple Mail Transfer Protocol，SMTP），是 Internet 传送 E-Mail 的基本协议，也是 TCP/IP 协议组的成员。SMTP 协议解决邮件系统如何通过一条链路，把邮件从一台机器传送到另一台机器上的问题。

SMTP 协议的特点是具有良好的可伸缩性，这也是它成功的关键。它既适用于广域网，也适用于局域网。SMTP 协议由于非常简单，使得它得到了广泛的运用，在 Internet 上能够发送邮件的服务器几乎都支持 SMTP 协议。

下面看一下 SMTP 协议发送一封邮件的过程。客户端邮件首先到达邮件发送服务器，再由发送服务器负责传送到接收方的服务器。发送邮件前，发送服务器会与接收方服务器联系，以确认接收方服务器是否已准备好接收邮件，如果已经准备好，则传送邮件；如果没有准备好，发送服务器便会等待，并在一段时间后继续与接收方服务器进行联系，若在规定的时间内联系不上，发送服务器会发送一个消息到客户的邮箱说明这个情况。这种方式在 Internet 中称为“存储-转发”方式，这种方式会使得邮件在沿途各网点上处于等待状态，直至允许其继续前进。虽然该方式降低了邮件的传送速度，但能极大地提高邮件到达目的地的成功率。

11.1.2 POP3 邮局协议

邮局协议第 3 版（Post Office Protocol 3，POP3），是 Internet 接收邮件的基本协议，也是 TCP/IP 协议组的成员。RFC1939 描述了 POP3 协议，网址为“http://www.ietf.org/rfc/rfc1939.txt”。

POP3 既允许接收服务器向邮件客户发送邮件，也可以接收来自 SMTP 服务器的邮件。邮件客户端软件会与 POP3 服务器交互，下载由 POP3 服务器接收到的邮件。基于 POP3 协议的邮件系统能提供快速、经济和方便的邮件接收服务，深受用户的青睐。

下面看一下用基于 POP3 协议的邮件系统阅读邮件的过程。用户通过自己所熟悉的邮件客户端软件，例如 Foxmail、Outlook Express 和 MailBox 等，经过相应的参数设置（主要是设置 POP3 邮件服务器的 IP 地址或者域名、用户名及其口令）后，只要选择接收邮件操作，就能够将远程邮件服务器上的所有邮件下载到用户的本地硬盘上。下载了邮件之后，用户就可以在本地阅读邮件，并且可以删除服务器上的邮件，有些服务器还会自动删除已经被下载的邮件，以便及时释放服务器上的存储空间。用户如果想节省上网费用，可以选择在脱机状态下慢慢地阅读本地邮件。

11.1.3 接收邮件的新协议 IMAP

IMAP（Internet Message Access Protocol），即互联网消息访问协议，是一种功能比 POP3

更强大的新的接收邮件协议。目前最新的 IMAP 协议版本为 IMAP4，RFC2060 描述了 IMAP4，网址为“http://www.ietf.org/rfc/rfc2060.txt”。

IMAP4 与 POP3 协议一样提供了方便的下载邮件服务，允许用户在脱机状态下阅读已经下载到本地硬盘的邮件。但 IMAP4 的功能远远不只这些，它还具有以下功能：

- 摘要浏览邮件的功能。允许用户先阅读邮件的概要信息，比如邮件的到达时间、主题、发件人和邮件大小等，然后再做出是否下载邮件的决定。也就是说，用户不必等邮件全部下载完毕后才能知道究竟邮件里有什么内容。如果用户根据摘要信息就可以决定某些邮件毫无用处,就可以直接在服务器上把这些邮件删除，而不必浪费宝贵的上网下载邮件的时间。
- 选择性下载附件的功能。举例来说，假如一封邮件里含有大大小小共 5 个附件,而其中只有 2 个附件是用户需要的，那么用户就可以只下载那两个附件，节省了下载其余 3 个附件的时间。
- 鼓励用户把邮件一直存储在邮件服务器上。用户可以在服务器上建立任意层次结构的邮件夹，并且可以灵活地在邮件夹之间移动邮件，随心所欲地管理远程服务器上的邮件夹。IMAP4 最有可能被那些需要在网上漫游的用户所采用。在多数情况下，漫游用户愿意把他们的邮件保存在邮件服务器上，这样，用户通过任何一台机器的 IMAP4 客户程序，都可以收取远程邮件服务器上的新邮件或查看旧邮件。
- 允许用户把远程邮件服务器上的邮箱作为信息存储工具。一般的 IMAP4 客户软件都支持邮件在本地文件夹和服务器文件夹间的随意拖动，让用户得心应手地把本地硬盘上的文件存放到服务器上，然后在需要的时候再方便地下载到本地。

提示

本书第 1 章的 1.4.3 节（正文部分的 MIME 类型）介绍过，HTTP 请求以及 HTTP 响应的正文的数据格式都遵循 MIME 协议。同样，大多数邮件系统中的邮件正文的数据格式也遵循 MIME 协议。

11.2 JavaMail API 简介

邮件客户程序的主要任务是向邮件服务器发送邮件，以及接收来自邮件服务器的邮件。如果用 Java 语言从头编写邮件客户程序，就必须通过 Java 套接字（Socket）与邮件服务器通信，发送和接收符合 IMAP、POP3 或 SMTP 协议的请求和响应信息。

为了简化邮件客户程序的开发，Oracle 公司制定了 JavaMail API，它封装了按照各种邮件通信协议，如 IMAP、POP3 和 SMTP，与邮件服务器通信的细节，为 Java 应用程序提供了收发电子邮件的公共接口，参见图 11-2。

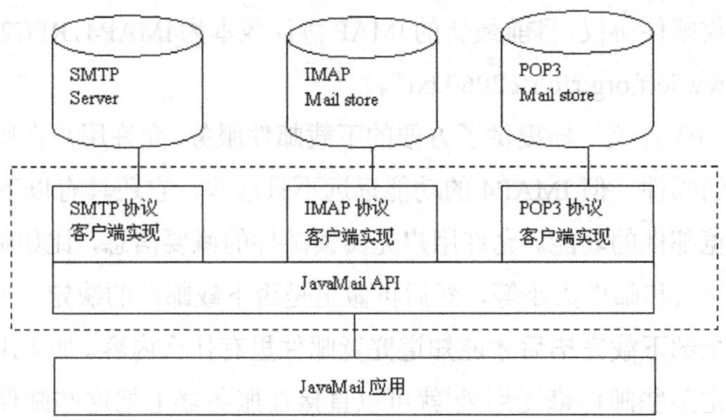

图 11-2　JavaMail API 封装了与邮件服务器通信的细节

本章把使用了 JavaMail API 的程序简称为 JavaMail 应用。JavaMail API 主要位于 javax.mail 包和 javax.mail.internet 包中，图 11-3 为其中主要类的类框图。

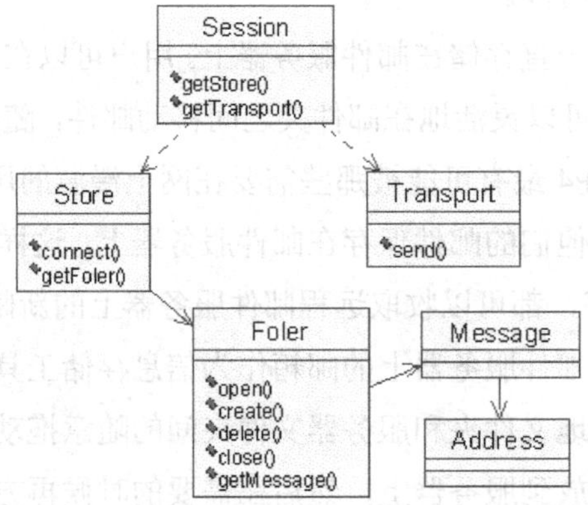

图 11-3　JavaMail API 的主要类的类框图

1. javax.mail.Session 类

Session 类表示邮件会话，是 JavaMail API 的最高层入口类。Session 对象从 java.util.Properties 对象中获取配置信息，如邮件发送服务器的主机名或 IP 地址、接受邮件的协议、发送邮件的协议、用户名、口令及整个应用程序中共享的其他信息。

提示

javax.mail.Session 与 javax.servlet.http.HttpSession 是两个不同的类。本章为了区分它们，把前者称为邮件会话，把后者称为 HTTP 会话。

2. javax.mail.Store 类

Store 类表示接收邮件服务器上的注册账号的存储空间，通过 Store 类的 getFolder()方法，可以访问用户的特定邮件夹。

3. javax.mail.Folder 类

Folder 类代表邮件夹，邮件都放在邮件夹中，Folder 类提供了管理邮件夹以及邮件的各种方法。

4. javax.mail.Message 类

Message 类代表电子邮件。Message 类提供了读取和设置邮件内容的方法。邮件主要包含如下内容：

- 地址信息，包括发件人地址、收件人地址列表、抄送地址列表和广播地址列表。
- 邮件标题。
- 邮件发送和接收日期。
- 邮件正文（包括纯文本和附件）。

Message 是个抽象类，常用的具体子类为 Javax.mail.internet.MimeMessage。MimeMessage 是正文部分符合 MIME 协议的电子邮件。

5. javax.mail.Address 类

Address 类代表邮件地址，和 Message 类一样，Address 类 也是个抽象类。常用的具体子类为 javax.mail.internet.InternetAddress 类。

6. javax.mail.Transport 类

Transport 类根据指定的邮件发送协议（通常是 SMTP 协议），通过指定的邮件发送服务器来发送邮件。Transport 类是抽象类，它的静态方法 send(Message)负责发送邮件。

Oracle 公司为 JavaMail API 提供了参考实现，该实现支持 POP3、IMAP 和 SMTP 协议。此外，一些第三方也实现了 JavaMail API，它们对其他邮件协议提供了支持。表 11-1 列出了 JavaMail API 的一些实现软件。

表 11-1　JavaMail API 的实现软件

软件	提供者	URL	支持的邮件协议	许可权
JavaMail	Oracle	https://www.oracle.com/technetwork/java/JavaMail/index-138643.html	SMTP,POP3,IMAP	自由
JavaMail/Exchange Service Provider （JESP）	Intrinsyc Software	http://www.intrinsyc.com/	Microsoft Exchange	收费
JDAVMail	Luc Claes	http://jdavmail.sourceforge.net/	Hotmail	LGPL
GNU JavaMail	GNU	http://www.gnu.org/software/classpathx/JavaMail/	POP3,NNTP,SMTP,IMAP,mbox,maildir	GPL

11.3　建立 JavaMail 应用程序的开发环境

JDK 中并不包含 JavaMail API 及其实现的类库。为了开发 JavaMail 应用程序，需要从 Oracle 公司的网站下载 JavaMail API 及其实现的类库，该类库由两个 JAR 文件组成: mail.jar 和 activation.jar。另外，为了运行本章介绍的程序，还应该准备好可以访问的邮件服务器。

11.3.1 获得 JavaMail API 的类库

可以到 https://www.oracle.com/technetwork/java/JavaMail/index-138643.html 下载最新的 JavaMail API的类库文件。下载完毕，解开 JavaMail_X.zip 压缩文件，就会获得 mail.jar 文件，它包含了 JavaMail API 中所有的接口和类，并且包含了 Oracle 提供的 JavaMail API 的实现。

除了 mail.jar，还需要到 https://www.oracle.com/technetwork/java/jaf11-139815.html 下载最新的 JavaBean Activation Framework（JavaBean 激活框架）的类库文件。JavaMail API 的实现依赖于 JavaBean 激活框架。下载完框架后，解开 jaf_X.zip 文件，就会获得 activation.jar 文件，它包含了 JavaBean 激活框架中所有的接口和类。

此外，在本书配套源代码包的 sourcecode/chapter11/lib 目录下也提供了 mail.jar 和 activation.jar 文件。

11.3.2 安装和配置邮件服务器

为了运行本章介绍的程序，应该准备好可以访问的邮件服务器。本书选用 Merak 邮件服务器，它是一个商业邮件服务器，支持 STMP、POP3 和 IMAP 协议。在本书技术支持网站 JavaThinker.net 上提供了本章范例使用的 Merak 邮件服务器试用版本的安装软件的压缩包，网址为：

```
http://www.javathinker.net/software/merak.zip
```

在安装 Merak 邮件服务器的过程中会出现 Details 窗口，提示输入姓名、E-Mail、公司和国家信息，只需要输入你的真实信息即可，参见图 11-4。

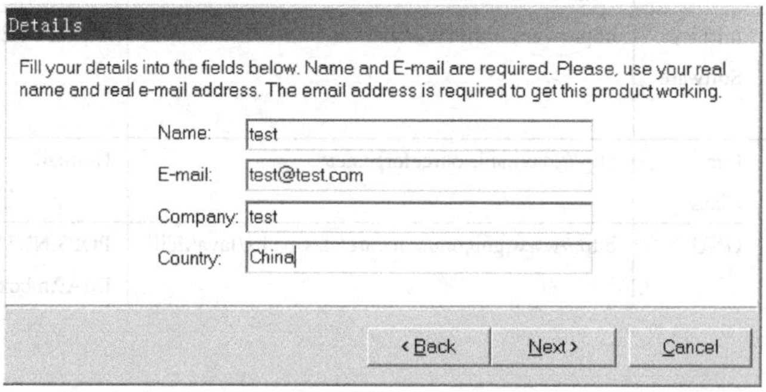

图 11-4　用户信息输入窗口

在最后的安装向导阶段，会出现如图 11-5 所示的 Domain 配置窗口（不同的 Merak 安装版本的配置界面可能不太一样），此时提供如下配置信息：

```
Hostname: mail.mydomain.com
Domain: mydomain.com
Username: admin
Password: 1234
```

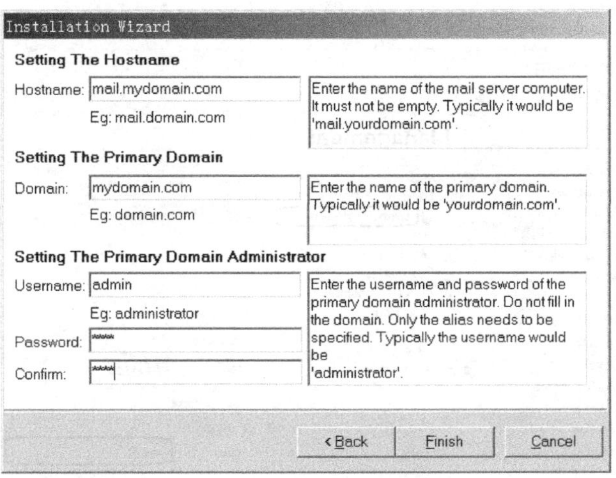

图 11-5　Domain 配置窗口

该邮件服务器安装软件会自动在 Window 操作系统中加入邮件发送和接收服务，发送邮件采用 SMTP 协议，接收邮件支持 POP3 和 IMAP 协议，参见图 11-6。每次启动操作系统时，会自动运行这两项服务。

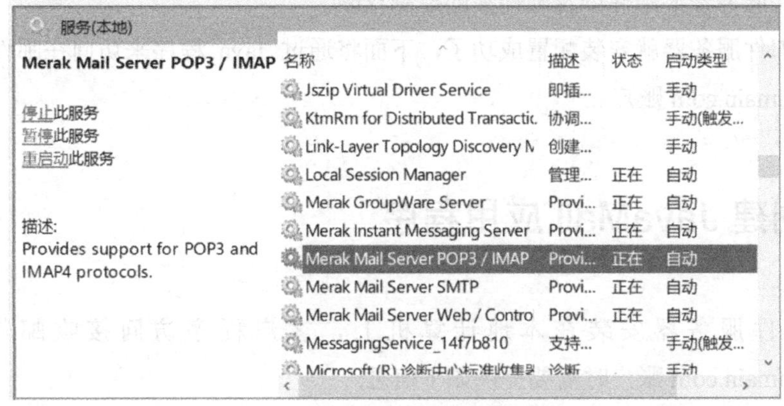

图 11-6　Merak 邮件服务器在 Window 操作系统中加入邮件发送和接收服务

邮件服务器安装好以后，在 Window 操作系统中选择【开始】→【Merak Mail Server】→【Merak Mail Servler Administration】命令，将运行邮件服务器的管理程序，在 Domains & Accounts → Management → Users 目录下，会看到已经配置的一个邮件账号：admin@mydomain.com，修改这个账号的接收邮件协议属性，把原来默认的 POP3 协议改为 IMAP 协议，如图 11-7 所示。

提示

Merak 邮件服务器已经更名为 IceWarp 邮件服务器，它是商业化软件，它的新的官方网站为：www.icewarp.com。可以从该网站下载最新的免费试用版本。

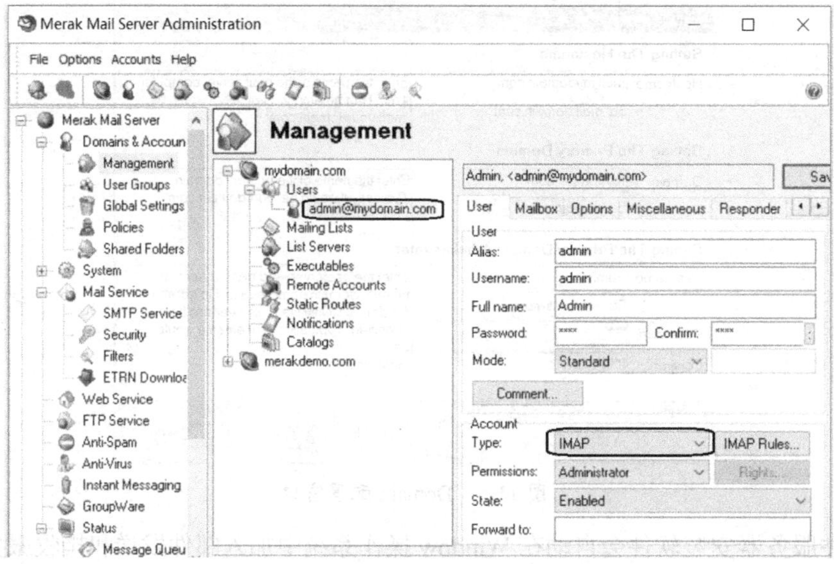

图 11-7　在邮件服务器的管理窗口修改 admin 用户的接收邮件协议

把邮件用户的接收邮件协议改为 IMAP，这是因为 IMAP 协议比 POP3 协议向用户提供更多的对邮件服务器上邮件以及邮件夹的控制权限。

这样，邮件服务器就安装配置成功了，下面将通过 Java 程序来访问在邮件服务器上的 admin@mydomain.com 账户。

11.4　创建 JavaMail 应用程序

假定邮件服务器安装在本地计算机上，客户程序访问接收邮件服务器的 admin@mydomain.com 账户时需要提供如下信息:

```
String hostname = "localhost";
String username = "admin";
String password = "1234";
```

JavaMail 应用程序在初始化过程中需要执行如下步骤。

（1）设置 JavaMail 属性:

```
Properties props = new Properties();
props.put("mail.transport.protocol", "smtp");
props.put("mail.store.protocol", "imap");
props.put("mail.smtp.class", "com.sun.mail.smtp.SMTPTransport");
props.put("mail.imap.class", "com.sun.mail.imap.IMAPStore");
props.put("mail.smtp.host", hostname);
```

以上代码设置了如下 JavaMail 属性:

- mail.transport.protocol：指定邮件发送协议；默认值为“smtp”。
- mail.store.protocol：指定邮件接收协议。

- mail.smtp.class：指定支持 SMTP 协议的 Transport 具体类，允许由第三方提供。默认值为“com.sun.mail.smtp.SMTPTransport”。
- mail.imap.class：指定支持 IMAP 协议的 Store 具体类，允许由第三方提供。默认值为“com.sun.mail.imap.IMAPStore”。
- mail.smtp.host：指定采用 SMTP 协议的邮件发送服务器的 IP 地址或主机名。

如果在程序中希望以上某些属性采用其默认值，那么可以不必调用 props.put()方法来显式设置该属性。

（2）调用 javax.mail.Session 类的静态方法 Session.getDefaultInstance()获得 Session 实例，该方法根据已经配置的 JavaMail 属性来创建 Session 实例:

```
Session mailsession = Session.getDefaultInstance(props);
```

（3）调用 Session 的 getStore(String protocol)方法来获得 Store 对象，参数 protocol 指定接收邮件协议:

```
Store store = mailsession.getStore("imap");
```

步骤（1）把 mail.imap.class 属性设为 com.sun.mail.imap.IMAPStore，因此以上 getStore()方法返回 com.sun.mail.imap.IMAPStore 类的实例。

（4）调用 Store 对象的 connect()方法连接到接收邮件服务器。调用 connect()方法时，应该指定接收邮件服务器的主机名或 IP 地址、用户名和口令。

```
store.connect(hostname,username, password);
```

获得了 Store 对象后，就可以通过它来访问邮件服务器上的特定邮件账号了。通常会对邮件账号执行以下操作。

（1）创建并发送邮件：

```
//创建邮件
msg = new MimeMessage(mailsession);
InternetAddress[] toAddrs =
   InternetAddress.parse("admin@mydomain.com", false);
//设置邮件接收者
msg.setRecipients(Message.RecipientType.TO, toAddrs);
//设置邮件的主题
msg.setSubject("hello");
//设置邮件的发送者
msg.setFrom(new InternetAddress("admin@mydomain.com"));
//设置邮件的正文
msg.setText("How are you");
//发送邮件
Transport.send(msg);
```

Transport 的静态方法 send(Message)负责发送邮件，邮件发送协议由 mail.transport.protocol 属性指定，邮件发送服务器由 mail.smtp.host 属性指定。

（2）打开 inbox 邮件夹收取邮件:

```
//获得名为“inbox”的邮件夹
```

```
Folder folder=store.getFolder("inbox");
//打开邮件夹
folder.open(Folder.READ_ONLY);
//获得邮件夹中的邮件数目
System.out.println("You have "
        +folder.getMessageCount()+" messages in inbox.");
//获得邮件夹中的未读邮件数目
System.out.println("You have "
       +folder.getUnreadMessageCount()
       +" unread messages in inbox.");
```

在 IMAP 协议中，inbox 邮件夹是邮件账号的保留邮件夹，用户不允许删除该邮件夹，邮件服务器把所有接收到的新邮件都存在该邮件夹中。

（3）从邮件夹中读取邮件:

```
//从邮件夹中读取第一封邮件
Message msg=folder.getMessage(1);
System.out.println("------the first message in inbox-------");
//获得邮件的发送者、主题和正文
System.out.println("From:"+msg.getFrom()[0]);
System.out.println("Subject:"+msg.getSubject());
System.out.println("Text:"+msg.getText());
```

例程 11-1 的 MailClient 类演示了通过 JavaMail API 来收发邮件的基本方法。

例程 11-1　MailClient.java

```
import javax.mail.*;
import javax.mail.internet.*;
import javax.activation.*;
import java.util.*;

public class MailClient {
  protected Session session;
  protected Store store;
  private String sendHost="localhost";            //发送邮件服务器
  private String receiveHost="localhost";         //接收邮件服务器
  private String sendProtocol="smtp";             //发送邮件协议
  private String receiveProtocol="imap";          //接收邮件协议
  private String username = "admin";
  private String password = "1234";
  private String fromAddr="admin@mydomain.com";   //发送者地址
  private String toAddr="admin@mydomain.com";     //接收者地址

  public void init()throws Exception{
    //设置 JavaMail 属性
    Properties props = new Properties();
    props.put("mail.transport.protocol", sendProtocol);
    props.put("mail.store.protocol", receiveProtocol);
    props.put("mail.smtp.class", "com.sun.mail.smtp.SMTPTransport");
    props.put("mail.imap.class", "com.sun.mail.imap.IMAPStore");
    props.put("mail.smtp.host", sendHost);        //设置发送邮件服务器

    //创建 Session 对象
    session = Session.getDefaultInstance(props);
    session.setDebug(true); //输出跟踪日志
```

```
    //创建Store对象
    store = session.getStore(receiveProtocol);
    //连接到收邮件服务器
    store.connect(receiveHost,username,password);
  }

  public void close()throws Exception{
    store.close();
  }
  public void sendMessage(String fromAddr,String toAddr)
                                  throws Exception{
    //创建一个邮件
    Message msg = createSimpleMessage(fromAddr,toAddr);
    //发送邮件
    Transport.send(msg);
  }

  public Message createSimpleMessage(String fromAddr,String toAddr)
                                          throws Exception{
    //创建一封纯文本类型的邮件
    Message msg = new MimeMessage(session);
    InternetAddress[] toAddrs =InternetAddress.parse(toAddr, false);
    msg.setRecipients(Message.RecipientType.TO, toAddrs);
    msg.setSentDate(new Date());
    msg.setSubject("hello");
    msg.setFrom(new InternetAddress(fromAddr));
    msg.setText("How are you");
    return msg;
  }
  public void receiveMessage()throws Exception{
    browseMessagesFromFolder("inbox");
  }

  public void browseMessagesFromFolder(String folderName)
                                  throws Exception{
    Folder folder=store.getFolder(folderName);
    if(folder==null)
      throw new Exception(folderName+"邮件夹不存在");
    browseMessagesFromFolder(folder);
  }

  public void browseMessagesFromFolder(Folder folder)
                              throws Exception{
    folder.open(Folder.READ_ONLY);
    System.out.println("You have "+folder.getMessageCount()
                          +" messages in inbox.");
    System.out.println("You have "
 +folder.getUnreadMessageCount()+" unread messages in inbox.");

    //读邮件
    Message[] messages=folder.getMessages();
    for(int i=1;i<=messages.length;i++){
      System.out.println("------第"+i+"封邮件-------");
      //打印邮件信息
      folder.getMessage(i).writeTo(System.out);
      System.out.println();
    }
```

```
    //关闭邮件夹，但不删除邮件夹中标记为“DELETED”的邮件
    folder.close(false);
  }

  public static void main(String[] args)
                      throws Exception {
    MailClient client=new MailClient();
    client.init();
    client.sendMessage(client.fromAddr,client.toAddr);
    client.receiveMessage();
    client.close();
  }
}
```

以上 init()方法调用 Session 的 setDebug(true)方法，使得 JavaMail API 的实现在运行过程中会输出日志，默认情况下不会输出日志。以上 browseMessagesFromFolder()方法调用了 Message 类的 writeTo(OuputStream out)方法，该方法把邮件的内容写到 out 参数指定的输出流。

编译和运行本程序时，应该把 mail.jar 和 activation.jar 加入到 classpath 中。假定 MailClient.class 文件位于 C:\chapter11\classes 目录下，mail.jar 和 activation.jar 文件位于 C:\chapter11\lib 目录下。按如下步骤运行 MailClient 类：

（1）设置 classpath，命令如下：

```
set classpath=C:\chapter11\classes;C:\chapter11\lib\mail.jar;
        C:\chapter11\lib\activation.jar
```

（2）运行命令：java MailClient。程序的打印结果如下：

```
You have 1 messages in inbox.
You have 1 unread messages in inbox.
------第 1 封邮件-------
Received: from sun-40e58tuehxr ([127.0.0.1])
      by mail.mydomain.com (Merak 8.3.8) with ESMTP id KZT82613
      for <admin@mydomain.com>; Mon, 24 Sep 2018 21:39:13 +0800
Message-ID: <24212267.1165412351903.JavaMail.swq@sun-40e58tuehxr>
Date: Mon, 24 Sep 2018 21:39:11 +0800 (CST)
From: admin@mydomain.com
To: admin@mydomain.com
Subject: hello
Mime-Version: 1.0
Content-Type: text/plain; charset=us-ascii
Content-Transfer-Encoding: 7bit

How are you
```

11.5 JavaMail Web 应用简介

本节将介绍一个 JavaMail Web 应用（简称为 JavaMail 应用）例子，它向 Web 客户提供了访问 IMAP 服务器上的邮件账号的功能，它允许 Web 客户管理邮件夹、查看邮件。此外，

Web 客户也可以通过特定的 SMTP 服务器发送邮件。在本章 11.1 节已经介绍过，与 POP3 协议相比，IMAP 为客户提供了更多的对邮件服务器上邮件的控制权限，如管理邮件和邮件夹等。本范例 Web 应用采用 IMAP 协议与邮件服务器通信，因此要求接收邮件服务器必须支持 IMAP 协议。

图 11-8 显示了该应用的三层结构：Web 客户通过浏览器访问 JavaMail 应用，该应用可以连接到客户请求的某个 IMAP 服务器上的邮件账号。此外，该应用还可以通过特定的 SMTP 服务器发送邮件。

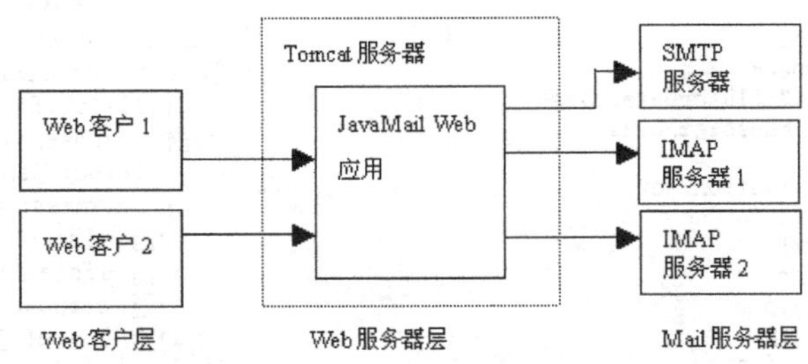

图 11-8　JavaMail 应用的三层结构

11.6　JavaMail Web 应用的程序结构

构成整个 JavaMail 应用的所有文件参见表 11-2。

表 11-2　JavaMail 应用的文件清单

文 件 名 称	描　　述
PMessage.java	对 Message 数据重新封装，提供显示邮件信息更便捷的方法
MailUserData.java	用于保存客户的邮件账号信息的 JavaBean，还提供了管理邮件和邮件夹的实用方法，该 JavaBean 被存放在 HTTP 会话范围内
common.jsp	包含了各个 JSP 文件的共同内容，如 import 语句和 JavaBean 的声明
link.jsp	包含了各个 JSP 文件的共同链接
login.jsp	提供客户登录页面
connect.jsp	根据客户的登录信息，负责连接到接收邮件服务器上的邮件账号
listallfolders.jsp	显示客户邮件账号中所有的邮件夹
listonefolder.jsp	显示客户指定的邮件夹中所有的邮件
showmessage.jsp	显示客户指定的邮件内容
compose.jsp	提供创建、编辑和发送邮件的功能
logout.jsp	退出邮件系统
errorpage.jsp	错误处理网页
web.xml	Web 应用的配置文件

JavaMail 应用在 Windows 资源管理器中的展开图如图 11-9 所示。

JavaMail 应用的站点导航图如图 11-10 所示，在这个图中显示了各个网页之间的链接关系。

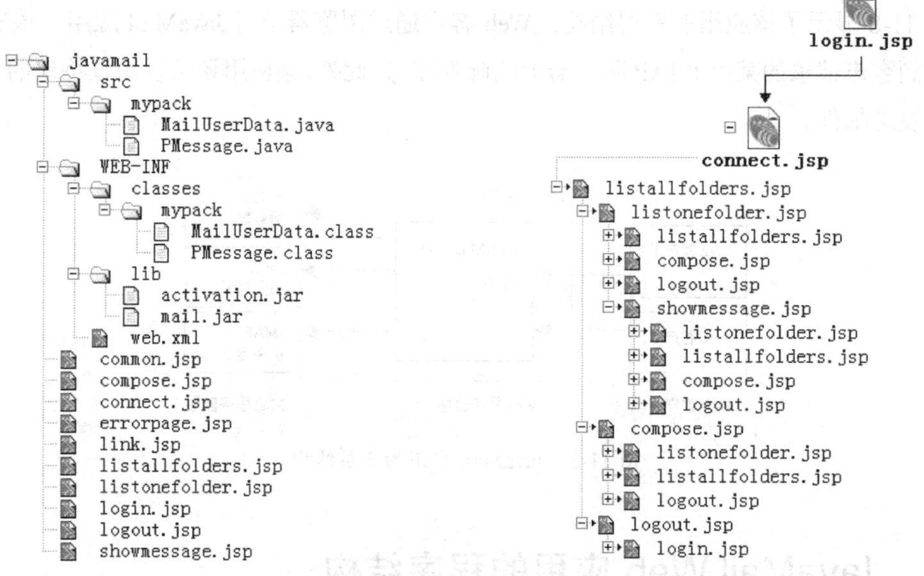

图 11-9　JavaMail 应用在 Windows 资源管理器中的展开图　　图 11-10　JavaMail 应用的站点导航图

11.6.1　重新封装 Message 数据

PMessage 类对 Message 类表示的邮件数据重新封装，提供更方便地显示邮件信息的方法。例如，在 javax.mail.Message 类中读取接收者邮件地址列表的方法为 getTo()方法，该方法返回 Address[]类型的数组，如果要把接收者邮件地址列表显示到网页上，必须把 Address 数组转化为相应的字符串。PMessage 的 PMessage(Message msg) 构造方法对 Message 数据做了重新封装。JSP 文件调用 PMessage 的 getTo()方法可以直接获得字符串形式的接收者邮件地址列表。例程 11-2 是 PMessage 的源程序。

例程 11-2　Pmessage.java

```
import javax.mail.*;
import javax.mail.internet.*;
import java.util.*;
import java.text.*;

public class PMessage{

  private String subject="";                          //邮件标题
  private String from="";                             //邮件发送者地址
  private String to="";                               //邮件接收地址列表
  private String cc="";                               //邮件抄送地址列表
  private String bcc="";                              //邮件广播地址列表
  private String date=new Date().toString();          //邮件发送或接收日期
```

```
    private int size=0;                                     //邮件大小
    private String text="";                                 //邮件正文
    private boolean readFlag;                               //邮件是否已读标志

    public PMessage(){}

    public PMessage(Message msg)throws Exception{
      if(msg!=null){
        SimpleDateFormat df =
              new SimpleDateFormat("yy.MM.dd 'at' HH:mm:ss ");
        try{
          date=df.format(
            (msg.getSentDate()!=null)
            ? msg.getSentDate() : msg.getReceivedDate());

        }catch(Exception e){date=new Date().toString();}

        subject=msg.getSubject();
        size=msg.getSize();
        Object content=null;
        try{
          content=msg.getContent();
        }catch(Exception e){}

        if(msg.isMimeType("text/plain") && content!=null)
          text=(String)content;

        from=assembleAddress(msg.getFrom());
        to=assembleAddress(
              msg.getRecipients(Message.RecipientType.TO));
        cc=assembleAddress(
              msg.getRecipients(Message.RecipientType.CC));
        bcc=assembleAddress(
              msg.getRecipients(Message.RecipientType.BCC));
      }
    }

    public PMessage(String to,String cc,String bcc,
                          String subj,String text){
      to.replace(';',',');
      cc.replace(';',',');
      bcc.replace(';',',');
      this.to=to;
      this.cc=cc;
      this.bcc=bcc;
      this.subject=subj;
      this.text=text;
    }

    //把Address数组中的邮件地址列表转换为字符串，邮件地址之间以逗号分割
    private String assembleAddress(Address[] addr){
      if(addr==null)return "";

      String addrString="";
      boolean tf = true;
      for(int i = 0; i < addr.length; i++) {
        addrString=addrString+((tf) ? " " : ", ")
```

```
              + getDisplayAddress(addr[i]);
      tf = false;
    }

    return addrString;
  }

  //返回字符串形式的邮件地址，用于输出到网页上
  private String getDisplayAddress(Address a) {
    String pers = null;
    String addr = null;
    if(a instanceof InternetAddress &&
      ((pers = ((InternetAddress)a).getPersonal()) != null)) {
      addr = pers + "  "+"&lt;"
            +((InternetAddress)a).getAddress()+"&gt;";
    }else
      addr = a.toString();

    return addr;
  }

  public String getFrom(){return from;}

  public void setFrom(String from){
    this.from=from==null ? "" : from;
  }

  public String getTo(){return to;}

  public void setTo(String to){
    this.to=to==null ? "" : to;
  }

  public String getCC(){return cc;}

  public void setCC(String cc){
    this.cc=cc==null ? "" : cc;
  }

  public String getBCC(){return bcc;}

  public void setBCC(String bcc){
    this.bcc=bcc==null ? "" : bcc;
  }

  public int getSize(){return size;}

  public void setSize(int size){this.size=size;}

  public String getDate(){return date;}

  public void setDate(String date){this.date=date;}

  public String getSubject(){return subject;}

  public void setSubject(String subject){
    this.subject=subject==null ? "" : subject;
```

```
  }

  public String getText(){return text;}

  public void setText(String text){
   this.text=text==null ? "" : text;
  }

  public boolean getReadFlag(){return readFlag;}

  public void setReadFlag(boolean readFlag){
    this.readFlag=readFlag;
  }
}
```

在 PMessage 类的 PMessage(String to,String cc,String bcc,String subj,String text) 构造方法中，首先将参数传入的地址信息中的分号改为逗号，这是因为 IMAP 协议要求多个邮件地址之间采用逗号作为间隔。如果用户在创建一封新邮件时，输入的多个邮件地址之间采用分号间隔，那么 PMessage 类的构造方法就先把它们替换为逗号：

```
to.replace(';' , ',');
cc.replace(';' , ',');
bcc.replace(';' , ',');
```

此外，为了简化起见，本 JavaMail 应用只处理邮件内容为文本的邮件，没有考虑带附件的情况：

```
Object content="";
try{
  content=msg.getContent(); //获取邮件正文
}catch(Exception e){}

if(msg.isMimeType("text/plain") && content!=null)
     text=(String)content;
```

提示

在作者的另一本书《Java 网络编程精解》中，详细介绍了创建以及读取带附件的邮件的方法。

11.6.2　用于保存邮件账号信息的 JavaBean

当客户登录到邮件服务器后，他的邮件账号信息保存在 MailUserData 对象中，MailUserData 对象作为 JavaBean 存放在 HTTP 会话范围内。在 MailUserData 中定义了如下属性，并为这些属性提供了相应的 get 和 set 方法：

```
URLName urlName;        //客户连接邮件服务器上的邮件账号的URL
Session session;        //客户当前使用的邮件会话
Store store;            //客户当前使用的Store
Folder currFolder;      //客户当前访问的Folder
Message currMsg;        //客户当前访问的Message
```

在 MailUserData 中还提供了管理邮件和邮件夹的实用方法，这些方法的描述参见表

11-3。

在本书配套源代码包的 sourcecode/JavaMails/version0/JavaMail/src/mypack 目录下提供了 MailUserData.java 源文件。由于篇幅较长，因此不在本书里列出。

关于 MailUserData 类，有以下几个需要注意的方面：

- 由于本 JavaMail 应用访问的是 IMAP 接收邮件服务器，因此所有邮件和邮件夹都存放在 IMAP 邮件服务器上，修改或删除邮件和邮件夹的实际操作自然也在邮件服务器上执行。
- Web 应用保留（reserved）的系统邮件夹指的是 inbox、Draft、SendBox 和 Trash。其中，inbox 邮件夹是由 IMAP 服务器自动创建的，用于存放接收到的新邮件，IMAP 不允许用户删除该邮件夹。在 JavaMail 应用中为用户创建了 Draft、SendBox 和 Trash 邮件夹，并为它们指定了特定的用途：Draft 邮件夹存放用户编辑的邮件；SendBox 邮件夹存放已经发送的邮件；Trash 邮件夹存放从其他邮件夹中删除的邮件。在 Web 应用层对这些邮件夹进行了限制，不允许用户删除它们或修改它们的名字。
- JavaMail API 的 Message 类没有直接提供删除邮件的方法，如果要删除邮件，首先把 Message 的 DELETED 标志设为 true，然后调用邮件所在邮件夹 Folder 的 expunge() 方法，该方法删除邮件夹中所有 DELETED 标志为 true 的邮件。

表 11-3　MailUserData 类的管理邮件和邮件夹的实用方法

方　法	描　述
doDeleteFolder	删除用户自己创建的邮件夹，但不允许删除 Web 应用保留的系统邮件夹
doRenameFolder	修改用户自己创建的邮件夹的名字，但不允许修改 Web 应用保留的系统邮件夹的名字
doCreateFolder	创建用户自己的邮件夹
doAppendMessage	把邮件添加到参数指定的邮件夹中
doAssembleMessage	根据参数给定的邮件信息，如标题、收发地址和邮件内容，来构建 Message 对象
doDeleteMessage	如果该邮件在 Trash 邮件夹中，就永久删除该邮件，否则把这封邮件移到 Trash 邮件夹中
doMoveMessage	从用户当前邮件夹中，把用户当前访问的邮件移到参数指定的邮件夹中
doSaveMessage	把用户编辑的邮件保存到 Draft 邮件夹中
doSendMessage	发送邮件，并把邮件保存到 SendBox 邮件夹中

例如，在 doDeleteMessage()方法中，如果邮件不在 Trash 邮件夹中，首先把这个邮件在 Trash 邮件夹中备份，然后把原来邮件的 DELETED 标志设为 true；如果邮件在 Trash 中，就直接把邮件的 DELETED 标志设为 true。两种情况下最后都调用待删除邮件所在邮件夹的 expunge 方法，该方法能够删除邮件夹中所有 DELETED 标志为 true 的邮件：

```
public void doDeleteMessage(int arrayOpt[],Folder f)throws Exception {
  for(int i=0;i<arrayOpt.length;i++){

    if(arrayOpt[i]==0)continue;
    Message msg=f.getMessage(i+1);
    if(!f.getName().equals("Trash")){
      Message[] m=new Message[1];
      m[0]=msg;
```

```
      Folder Trash=store.getFolder("Trash");
      f.copyMessages(m,Trash); //把待删除邮件复制到Trash邮件夹
      msg.setFlag(Flags.Flag.DELETED, true);
    }else{
      msg.setFlag(Flags.Flag.DELETED, true);
    }
  }
  f.expunge();
}
```

以上 doDeleteMessage()方法的 arrayOpt 参数用来指定删除邮件夹中哪些邮件，例如，如果 arrayOpt[5]=1，表示需要删除邮件夹中第 6 封邮件；如果 arrayOpt[5]=0，表示不需要删除这封邮件。邮件夹中第一封邮件的序号为 1。

11.6.3 定义所有 JSP 文件的相同内容

在 common.jsp 中定义了其他 JSP 文件都包含的共同内容，其他的 JSP 文件都通过 include 指令将其包含进来。

在 common.jsp 中声明了所有 JSP 文件中引入的 Java 包，还声明了 HTTP 会话范围内的 MailUserData Bean：

```
<jsp:useBean id="mud" scope="session" class="mypack.MailUserData"/>
```

此外，它还能判断用户是否已经登录到邮件服务器或者 HTTP 会话是否已经失效，例如：

（1）用户打开浏览器，在未登录的情况下直接访问：

```
http://localhost:8080/JavaMail/listallfolders.jsp
```

（2）用户通过 login.jsp 登录到邮件服务器，在 listallfolders.jsp 网页上单击“Logout”超链接，客户请求由 logout.jsp 处理。logout.jsp 调用 session.invalidate()方法，使当前的 HttpSession 对象和 MailUserData Bean 都失效。此时用户再单击浏览器的【后退】按钮返回到已经访问过的 listallfolders.jsp 网页，然后单击浏览器的【刷新】按钮。

在以上两种情况下访问 listallfolders.jsp 时，Servlet 容器都将创建一个新的 HttpSession 和 MailUserData 对象，MailUserData 对象的属性都为空，此时执行 listallfolders.jsp 所包含的 common.jsp 中的如下代码将直接返回错误信息。

```
<%
//检查会话是否已经失效，或者用户是否已经登入
if(mud.getStore()==null){
%>

  <font color="red" size="4">
  <b>Error Information:</b>
  The page you visit expires or you do not login yet.
  Please <a href=login.jsp>login again</a>
  </font>

<%
```

```
return; }  //直接返回
%>
```

common.jsp 生成的错误信息如图 11-11 所示。

图 11-11 HTTP Session 失效时的出错网页

以下是 common.jsp 的源代码：

```
<%@ page import="java.util.*" %>
<%@ page import="java.text.*" %>
<%@ page import="mypack.*" %>
<%@ page import="javax.mail.*" %>
<%@ page import="javax.mail.internet.*" %>
<%@ page import="javax.activation.*" %>
<%@ page errorPage="errorpage.jsp" %>

<jsp:useBean id="mud" scope="session" class="mypack.MailUserData"/>
<%
//检查会话是否已经失效，或者用户是否已经登入
if(mud.getStore()==null){
%>

<font color="red" size="4">
<b>Error Information:</b>
The page you visit expires or you do not login yet.
Please <a href=login.jsp>login again</a>
</font>

<%
return; }
%>
```

所有的 JSP 网页都包含了以下超链接：

- CheckMail：查看收件箱中的邮件。
- Folders：管理邮件夹。
- Compose：创建和编辑邮件。
- Logout：退出邮件系统。

在 link.jsp 中定义了这些链接，其他的 JSP 网页通过 include 指令将其包含进来。以下是 link.jsp 的代码：

```
<a href="listonefolder.jsp?folder=inbox" >CheckMail</a>
<a href="listallfolders.jsp" >Folders</a>
<a href="compose.jsp" >Compose</a>
<a href="logout.jsp">Logout</a>
<hr>
```

11.6.4　登录 IMAP 服务器上的邮件账号

login.jsp（参见例程 11-3）提供了用户登录 IMAP 服务器的网页。假定已按照本章 11.3.2 节的内容在本地安装配置了邮件服务器，并且拥有一个邮件账号，用户名为：admin，口令为：1234，可以在登录页面中输入如图 11-12 所示的信息。

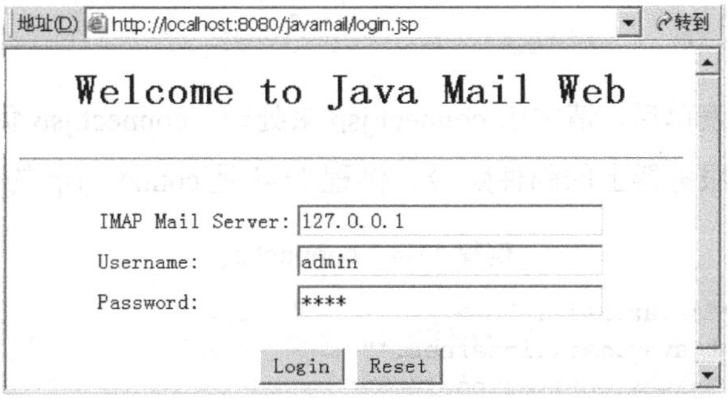

图 11-12　login.jsp 网页

例程 11-3　login.jsp

```
<html><head><title>JavaMail</title></head>
<body >
<p><center>
<font size=+3><b>Welcome to Java Mail Web</b></font>
</center></p><hr>

<%
String loginfail=(String)request.getAttribute("loginfail");
if(loginfail!=null && loginfail.equals("true")){
%>

<center>
<p><font color="red">
Login Failed. MailServer,UserName or password are incorrect.
</font></p>
</center>

<% } %>

<form action="connect.jsp" method="post" >
<center>
<table>
<tr>
  <td>IMAP Mail Server:</td>
  <td><input type="text" name="hostname" size="25"></td>
</tr>
<tr>
  <td>Username:</td>
  <td><input type="text" name="username" size="25"></td>
</tr>
<tr>
  <td>Password:</td>
  <td><input type="password" name="password" size="25"></td>
```

```
</tr>
</table>
</center>

<center><br>
  <input type="submit" value="Login">
  <input type="reset" name="Reset" value="Reset">
</center>

</form>
</body></html>
```

客户提交了登录表单后，请求由 connect.jsp 来处理。connect.jsp 负责根据客户的登录信息连接到 IMAP 邮件服务器上的邮件账号，例程 11-4 是 connect.jsp 的代码。

例程 11-4　connect.jsp

```
<%@ page import="javax.mail.*" %>
<%@ page import="javax.mail.internet.*" %>
<%@ page import="javax.activation.*" %>
<%@ page import="java.util.*" %>
<%@ page errorPage="errorpage.jsp" %>
<jsp:useBean id="mud" scope="session" class="mypack.MailUserData"/>

<%!
private Properties props=null;
public void jspInit() {
  props = System.getProperties();
  props.put("mail.transport.protocol", "smtp");
  props.put("mail.store.protocol", "imap");
  props.put("mail.smtp.class", "com.sun.mail.smtp.SMTPTransport");
  props.put("mail.imap.class", "com.sun.mail.imap.IMAPStore");
  props.put("mail.smtp.host", "localhost");  //指定邮件发送服务器
}
%>

<%
String hostname = request.getParameter("hostname");
String username = request.getParameter("username");
String password = request.getParameter("password");

//创建Mail Session对象
Session mailsession = Session.getDefaultInstance(props, null);

//创建Store对象
Store store = mailsession.getStore("imap");

try{
  //连接邮件服务器
  store.connect(hostname,username, password);
}catch(Exception e){
  request.setAttribute("loginfail","true");
%>
  <jsp:forward page="login.jsp" />
<%
}
%>
```

```
<%
// 在MailUserData对象中保存Mail Session对象和Store对象
mud.setSession(mailsession);
mud.setStore(store);
//创建并打开默认的Trash、Draft和SendBox邮件夹
Folder folder=store.getFolder("Trash");
if(!folder.exists())folder.create(Folder.HOLDS_MESSAGES);

folder=store.getFolder("SendBox");
if(!folder.exists())folder.create(Folder.HOLDS_MESSAGES);

folder=store.getFolder("Draft");
if(!folder.exists())folder.create(Folder.HOLDS_MESSAGES);

folder.open(Folder.READ_WRITE);

//把URL保存到MailUserData对象中
URLName url =
  new URLName("imap",hostname, -1, "inbox", username, password);
mud.setURLName(url);

%>

<jsp:forward page="listallfolders.jsp" />
```

如果邮件服务器连接失败，connect.jsp 在请求范围内设置“loginfail”属性，再把客户请求转发给 login.jsp，login.jsp 将显示登录失败信息，如图 11-13 所示。

图 11-13　登录失败时的 login.jsp 网页

如果邮件服务器连接成功，首先查看是否存在 Trash、Draft 和 SendBox 邮件夹，如果不存在就创建这些邮件夹。这几个邮件夹连同 inbox 邮件夹将作为 JavaMail 应用为用户保留的系统邮件夹，不允许用户删除或改名。接下来，connect.jsp 把客户请求再转发给 listallfolders.jsp。

11.6.5　管理邮件夹

listallfolders.jsp 用于显示用户邮件夹信息，并且提供了创建和删除邮件夹，以及修改邮件夹名字的功能，如图 11-14 所示。IMAP 协议允许用户创建树形结构的邮件夹系统，即邮

件夹下面允许包含子邮件夹。为了简化起见，本例中仅考虑了单层目录结构的情况。

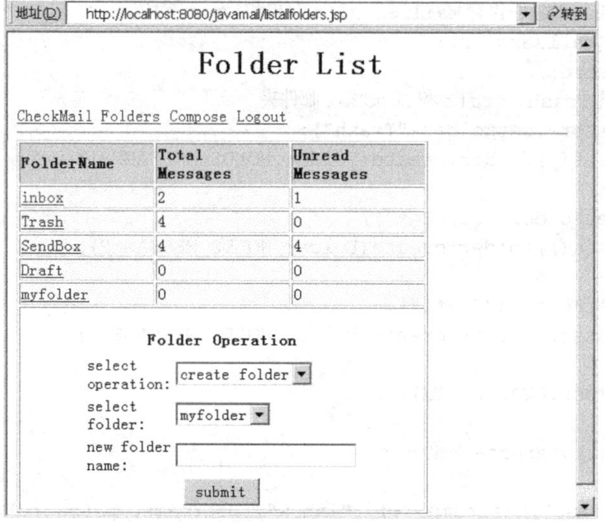

图 11-14 listallfolders.jsp 网页

当用户提交了创建或删除邮件夹的操作后，listallfolders.jsp 将调用 MailUserData Bean 的相应方法来完成实际的操作。例程 11-5 是 listallfolders.jsp 的代码。

例程 11-5 listallfolders.jsp

```
<%@ include file="common.jsp" %>

<html>
<head><title>listallfolders</title></head>
<body>
<center><font size="+3"><b>Folder List</b></font></center>
<p>
<%@ include file="link.jsp" %>

<%
String operation=request.getParameter("operation");
String folderName=request.getParameter("folder");
String newFolderName=request.getParameter("newFolderName");
String error=null;
try{
  if(operation!=null && operation.equals("create"))
    mud.doCreateFolder(newFolderName);
  if(operation!=null && operation.equals("delete"))
    mud.doDeleteFolder(folderName);
  if(operation!=null && operation.equals("rename"))
    mud.doRenameFolder(folderName,newFolderName);
}catch(Exception e){
  //显示异常信息
  out.println("<font color='red'>"+e.getMessage()+"</font><p>");
}
%>

<%
Folder folder=null;
Store store=mud.getStore();
```

```
folder = store.getDefaultFolder();
if (folder == null)
 throw new MessagingException("No folder is available");
Folder[] f = folder.list("%");
%>

<table width="75%" border=1 align=left>
<tr bgcolor="#FFCC66">
<td rowspan=1 width="25%" ><b>FolderName</b></td>
<td rowspan=1 width="25%" ><b>Total Messages</b></td>
<td rowspan=1 width="25%" ><b>Unread Messages</b></td>
</tr>

<% for(int i=0; i<f.length;i++){ %>

<tr valigh=middle bgcolor="#FFFFCC">
<td>
<a href="listonefolder.jsp?folder=<%=f[i].getName()%>">
<%=f[i].getName()%></a>
</td>
<td><%=f[i].getMessageCount()%></td>
<td><%=f[i].getUnreadMessageCount()%></td>
</tr>

<% } %>

<tr>
<td colspan=3>

<table width="50%" border=0 align=center>
<tr><td colspan=2 align=center><b><br>Folder Operation</b></td><tr>
<form action="listallfolders.jsp" >
<tr>
<td>select operation:</td>
<td>
<select name="operation">
<option value="create" selected> create folder
<option value="delete" >delete folder
<option value="rename" >rename folder
</select>
</td>
</tr>

<tr>
<td>select folder:</td>
<td>
<select name="folder">

<%
for(int i=0;i<f.length;i++){
 if(!f[i].getName().equalsIgnoreCase("inbox")
   && !f[i].getName().equalsIgnoreCase("Draft")
   && !f[i].getName().equalsIgnoreCase("Trash")
   && !f[i].getName().equalsIgnoreCase("SendBox")){

   if(i==0)
     out.println("<OPTION VALUE=\""+f[i].getName()
```

```
                    +" selected\">"+f[i].getName());
    else
      out.println("<OPTION VALUE=\""+f[i].getName()+" \">"
                    +f[i].getName());
  }
}
%>

</select></td></tr>

<tr>
<td>new folder name:</td>
<td><input type="text" name="newFolderName"></td>
</tr>
<tr>
<td colspan=2 align=center>
<input type="submit" name="submit" value="submit">
</td>
</tr>
</form>
</table>

</td>
</tr>
</table>

</body></html>
```

当客户创建新的邮件夹，或者修改原有的邮件夹的名字时，必须在“new folder name”文本框中输入新的邮件夹的名字，否则 listallfolders.jsp 调用 MailUserData 的 doCreateFolder()或 doRenameFolder()方法会抛出异常，listallfolders.jsp 会把异常信息显示在网页上。当客户创建新的邮件夹，但没有输入新邮件夹名时，listallfolders.jsp 返回的错误信息页面如图 11-15 所示。

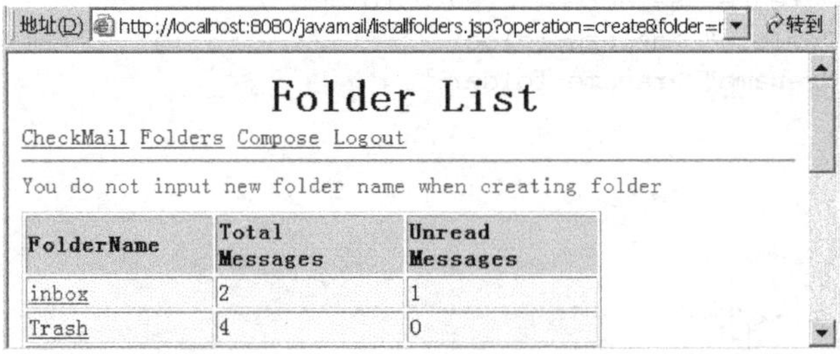

图 11-15　没有输入新邮件夹名时 listallfolders.jsp 显示的错误信息

在 listallfolders.jsp 网页中，当用户单击某个邮件夹的超链接以后，客户请求将由 listonefolder.jsp 处理。

11.6.6　查看邮件夹中的邮件信息

listonefolder.jsp 用于显示用户指定的邮件夹中的邮件信息，包括邮件总数和未读邮件数目，而且列出了所有邮件的发送者、日期、标题和大小信息。此外，用户也可以删除邮件，页面如图 11-16 所示。

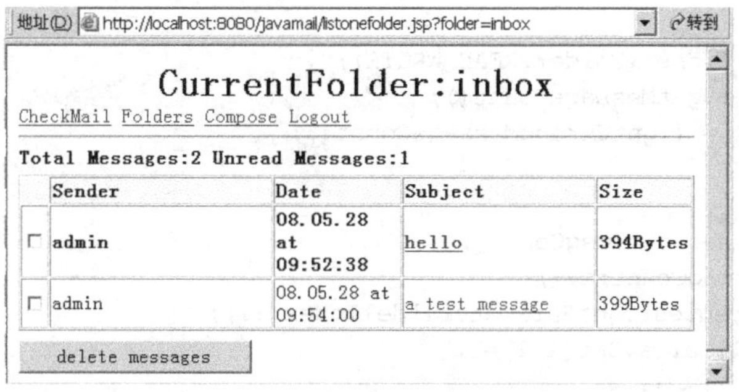

图 11-16　listonefolder.jsp 网页

通过 Message 类的 isSet(Flags.Flag.SEEN)方法可以判断这封邮件是否被阅读过。如果邮件没有被阅读，就采用粗体字显示。当用户单击某封邮件的超链接以后，如果当前邮件夹为 Draft，那么就把客户请求交给 compose.jsp 处理，否则就由 showmessage.jsp 来处理。以下是显示邮件标题以及设置超链接的代码：

```
<%
String link="";
if(f.getName().equals("Draft")){
  link="compose.jsp?edit=true";
  mud.setCurrMsg(m);
}else
     link="showmessage.jsp" + "?messageindex=" + i;

if(!m.isSet(Flags.Flag.SEEN))out.println("<b>");

out.println("<a href="+link+">" +
   ((m.getSubject() != null)&& !m.getSubject().equals("") ?
  m.getSubject() : "<i>No Subject</i></a>"));

if(!m.isSet(Flags.Flag.SEEN))out.println("</b>");
%>
```

例程 11-6 是 listonefolder.jsp 的代码。

例程 11-6　listonefolder.jsp

```
<%@ include file="common.jsp" %>

<html>
<head><title>listonefolder</title></head>
<body>
<%
String folderName=request.getParameter("folder");
SimpleDateFormat df = new SimpleDateFormat("yy.MM.dd 'at' HH:mm:ss ");
Folder f=null;
if(folderName!=null){
  f=mud.getStore().getFolder(folderName);
  mud.setCurrFolder(f);
```

```
}else{
  f=mud.getCurrFolder();
  folderName=f.getName();
}

if(!f.isOpen())f.open(Folder.READ_WRITE);
int msgCount = f.getMessageCount();
int unReadCount = f.getUnreadMessageCount();

//删除邮件
int arrayOpt[]=new int[msgCount];
for(int i=1;i<=msgCount;i++){
   String optS=request.getParameter("delIndex"+i);
   if(optS!=null) arrayOpt[i-1]=1;
}
mud.doDeleteMessage(arrayOpt,f);

//刷新邮件总数以及未读邮件总数
if(f.isOpen())f.close(true);
f.open(Folder.READ_WRITE);
msgCount = f.getMessageCount();
unReadCount = f.getUnreadMessageCount();
%>

<center>
<font size="+3"><b>CurrentFolder:<%=folderName%></b></font>
</center><p>

<%@ include file="link.jsp" %>

<b>Total Messages:<%=msgCount%></b>
<b>Unread Messages:<%=unReadCount%></b>

<form action="listonefolder.jsp">
<table cellpadding=1 cellspacing=1 width="100%" border=1>
<tr bgcolor="ffffcc">
  <td width="5%" ></td>
  <td width="35%" ><b>Sender</b></td>
  <td width="20%" ><b>Date</b></td>
  <td width="30%" ><b>Subject</b></td>
  <td width="10%" ><b>Size</b></td>
</tr>

<%
Message m = null;
//显示每封邮件的头信息
for (int i = 1; i <= msgCount; i++) {
  m = f.getMessage(i);

  //如果邮件设了DELETED标志，就不用显示
  if (m.isSet(Flags.Flag.DELETED))
    continue;
%>

<tr valign=middle >
<%--opt --%>
<td width=5% ><input type=checkbox name="delIndex<%=i%>"></td>
```

```
<%-- from --%>
<td width="35%">
<% if(!m.isSet(Flags.Flag.SEEN)) out.print("<b>"); %>
<% out.println((m.getFrom() != null)
          ? m.getFrom()[0].toString() : " "); %>
<% if(!m.isSet(Flags.Flag.SEEN))out.print("</b>"); %>
</td>

<%--date --%>
<td width="20%">
<%
if(!m.isSet(Flags.Flag.SEEN))out.println("<b>");

out.println(
 df.format((m.getSentDate()!=null)
         ? m.getSentDate() : m.getReceivedDate()));

if(!m.isSet(Flags.Flag.SEEN))out.println("</b>");
%>
</td>

<%--subject & link --%>
<td width="30%">
<%
String link="";
if(f.getName().equals("Draft")){
 link="compose.jsp?edit=true";
 mud.setCurrMsg(m);
}else
 link="showmessage.jsp" + "?messageindex=" + i;

if(!m.isSet(Flags.Flag.SEEN))out.println("<b>");

out.println("<a href="+link+">" +
     ((m.getSubject() != null)&& !m.getSubject().equals("") ?
                 m.getSubject() : "<i>No Subject</i></a>"));

if(!m.isSet(Flags.Flag.SEEN))out.println("</b>");

%>
</td>

<%-- size--%>
<td width="10%">

<%
if(!m.isSet(Flags.Flag.SEEN))out.println("<b>");

out.println(m.getSize()+"Bytes");

if(!m.isSet(Flags.Flag.SEEN))out.println("</b>");
%>

</td>
</tr>
```

```
<% } %>

</table>
<p><input type="submit" name="submit" value="delete messages"></form>
</body></html>
```

11.6.7　查看邮件内容

showmessage.jsp 用于显示邮件的内容，如图 11-17 所示。

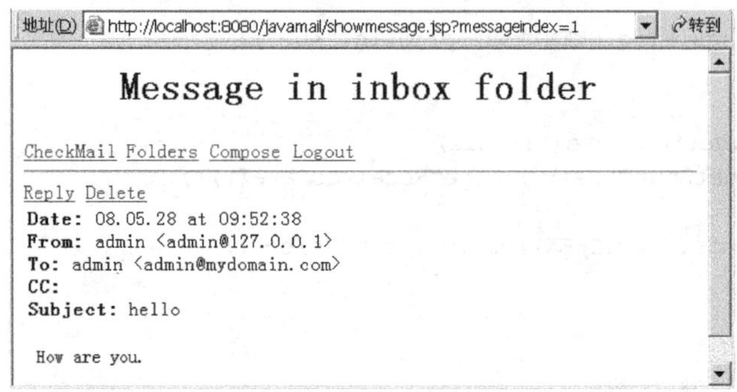

图 11-17　showmessage.jsp 网页

showmessage.jsp 读取用户请求参数 messageindex，它代表了邮件在邮件夹中的序号，然后从当前 Folder 中取出指定邮件，再把它封装到 PMessage 对象中，最后在网页上显示出来。邮件在邮件夹中的序号从 1 开始。例程 11-7 是 showmessage.jsp 的源代码。

例程 11-7　showmessage.jsp

```
<%@ include file="common.jsp" %>
<html>
<head><title>show message</title></head>
<body >

<%
Folder folder=mud.getCurrFolder();
Message currmsg=null;
int msgNum=1;
String messageindex=request.getParameter("messageindex");

if(messageindex!=null){
 msgNum=Integer.parseInt(messageindex);
 currmsg=folder.getMessage(msgNum);
 mud.setCurrMsg(currmsg);
}else
 currmsg=mud.getCurrMsg();

PMessage displayMsg=new PMessage(currmsg);
%>

<center><font size="+3"><b>
<%
 out.println("Message in "+folder.getName()+" folder ");
%>
```

```
</b></font></center><p>

<%@ include file="link.jsp" %>

<a href="compose.jsp?reply=true" >Reply</a>
<a href="listonefolder.jsp?delIndex<%=msgNum%>=on" >Delete</a>

<%-- 显示邮件信息--%>
<table width=90%>
<tr>
<td>
<b>Date:</b> <%=displayMsg.getDate()%><br>
<b>From:</b> <%=displayMsg.getFrom()%><br>
<b>To:</b> <%=displayMsg.getTo()%><br>
<b>CC:</b> <%=displayMsg.getCC()%><br>
<b>Subject:</b> <%=displayMsg.getSubject()%><br>
<pre><%=displayMsg.getText()%></pre>
</td>
</tr>
</table>
</body></html>
```

如果用户单击“Reply”超链接，客户请求由 compose.jsp 来处理，如果单击“Delete”超链接，客户请求由 listonefolder.jsp 来处理，listonefolder.jsp 将删除请求参数中指定的邮件。

11.6.8　创建和发送邮件

compose.jsp 提供了编辑邮件的表单，用户进入 compose.jsp 有 3 个入口：

- 在任意一个网页上单击“Compose”超链接，此时 compose.jsp 将创建一封新邮件。
- 在 showmessage.jsp 中单击“Reply”超链接，此时 compose.jsp 先创建一封回复邮件，再让用户编辑这封邮件。
- 当 listonefolder.jsp 显示 Draft 邮件夹时，用户单击某封邮件的超链接，此时 compose.jsp 将提供编辑这封邮件的页面。

用户创建新邮件的 compose.jsp 网页如图 11-18 所示。

图 11-18　compose.jsp 网页

例程 11-8 是 compose.jsp 的源代码。

例程 11-8　compose.jsp

```
<%@ include file="common.jsp" %>

<html>
<head><title>composemessage</title></head>
<body>
<center><font size="+3"><b>Compose Message</b></font></center><p>
<%@ include file="link.jsp" %>

<%
String operation=request.getParameter("operation");
String reply=request.getParameter("reply");
String edit=request.getParameter("edit");

String to = request.getParameter("to");
String cc = request.getParameter("cc");
String bcc = request.getParameter("bcc");
String subj = request.getParameter("subject");
String text = request.getParameter("text");

PMessage displayMsg=new PMessage();

//发送邮件
if(operation != null && operation.equals("send")) {
 displayMsg=new PMessage(to, cc, bcc, subj,text);
 mud.doSendMessage(displayMsg);
 out.println("Message is sent to "+to);
}

//保存邮件
if(operation != null && operation.equals("save")) {
 displayMsg=new PMessage(to, cc, bcc, subj,text);
 mud.doSaveMessage(displayMsg);
 out.println("Message is saved to Draft");
}

//获得回复邮件的初稿
if(reply!=null){
 Message currmsg=mud.getCurrMsg();
 displayMsg=new PMessage(currmsg.reply(true));
}

//编辑草稿邮件
if(edit!=null) {
 displayMsg=new PMessage(mud.getCurrMsg());
}

%>

<form action="compose.jsp" method="post">
<table border="0" width="100%">
<tr>
<td width="16%" height="22"><p align="right"><b>to:</b></td>
<td width="84%" height="22">
```

```
<input type="text" name="to" value="<%=displayMsg.getTo()%>"
              size="30" >
</td>
</tr>

<tr>
<td width="16%"><p align="right"><b>cc:</b></td>
<td width="84%">
<input type="text" name="cc" value="<%=displayMsg.getCC()%>"
              size="30">
</td>
</tr>

<tr>
<td width="16%"><p align="right"><b>bcc:</b></td>
<td width="84%">
<input type="text" name="bcc" value="<%=displayMsg.getBCC()%>"
              size="30">
</td>
</tr>

<tr>
<td width="16%"><p align="right"><b>subject:</b></td>
<td width="84%">
<input type="text" name="subject"
    value="<%=displayMsg.getSubject()%>" size="30">
</td>
</tr>

<tr>
<td width="16%"> </td>
<td width="84%">
<textarea name="text" rows="5" cols="40">
    <%=displayMsg.getText()%></textarea>
</td>
</tr>

</table>

<center>
<b>
<input type="radio" name="operation" value="save">save draft
<input type="radio" name="operation" value="send" checked>send
</b>
<input type="submit" name="submit" value="submit">
<input type="reset" name="reset" value="reset">
</center>

</form>
</body></html>
```

如果用户在 compose.jsp 页面上单击“send”超链接，compose.jsp 将发送这封邮件，如果单击“save draft”超链接，compose.jsp 将把邮件保存到 Draft 邮件夹中。

11.6.9 退出邮件系统

logout.jsp 负责退出邮件系统，结束当前 HTTP 会话，并且提供了再次登录的链接，如图 11-19 所示。

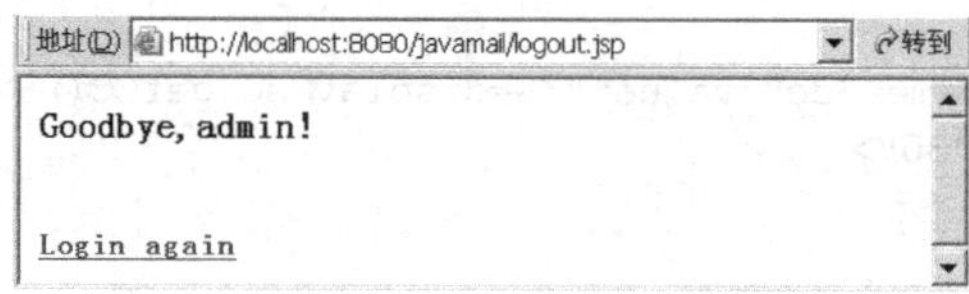

图 11-19 logout.jsp 网页

logout.jsp 会调用 Store 对象的 close 方法，断开与接收邮件服务器的超连接，以下是 logout.jsp 的代码：

```
<%@ include file="common.jsp" %>
<%
String username=mud.getURLName().getUsername();
mud.getStore().close();    //断开与接收邮件服务器的连接
session.invalidate();      //结束 HTTP 会话
%>

<html>
<head><title>Logout</title></head>
<body>
<h3>Goodbye,<%=username%>!</h3><br>
<strong><a href="login.jsp">Login again</a></strong>
</body>
</html>
```

11.7 在 Tomcat 中配置邮件会话（Mail Session）

本书第 8 章的 8.6 节（配置数据源）已经讲过，可以把数据源 DataSource 作为一种 JNDI 资源在 Tomcat 中配置，Tomcat 的 org.apache.commons.dbcp.BasicDataSourceFactory 工厂负责创建 DataSource 对象。在程序中，可以通过 javax.naming.Context 的 lookup()方法来获得 JNDI DataSource 资源的引用。

同样，也可以把 Mail Session 作为一种 JNDI 资源在 Tomcat 中配置，Tomcat 提供了创建 Mail Session 对象的工厂：org.apache.naming.factory.MailSessionFactory。

11.7.1 在 context.xml 中配置 Mail Session 资源

以下代码在 JavaMail/META-INF/context.xml 文件中配置了一个 Mail Session 资源，它的 JNDI 名字为“mail/session”：

```
<Context reloadable="true" >
```

```
    <Resource name="mail/session"
            auth="Container"
            type="javax.mail.Session"
            mail.smtp.host="localhost"
            mail.store.protocol="imap" />
</Context>
```

以上<Resource>元素用于配置 Mail Session 资源，<Resource>的属性描述参见表 11-4。

表 11-4　<Resource>的属性描述

属　性	描　述
name	指定 Resource 的 JNDI 名字
auth	指定管理 Resource 的 Manager，它有两个可选值：Container 和 Application。Container 表示由容器来创建和管理 Resource，Application 表示由 Web 应用来创建和管理 Resource
type	指定 Resource 所属的 Java 类名
mail.smtp.host	指定发送邮件服务器的主机
mail.store.protocol	指定接收邮件的协议

提示

如果希望 Mail Session 资源被 Servlet 容器内的虚拟主机中的多个 Web 应用访问，那么可以在<CATALINA_HOME>/conf/server.xml 文件中的相应<Host>元素中配置<Resource>子元素。

11.7.2　在 web.xml 中加入对 JNDI Mail Session 资源的引用

由于 JavaMail 应用会引用 JNDI Mail Session 资源，所以应该在 web.xml 中加入<resource-ref>元素，用于声明所引用的名为“mail/session”的 JNDI 资源：

```
<resource-ref>
  <description>Java Mail Session</description>
  <res-ref-name>mail/session</res-ref-name>
  <res-type>javax.mail.Session</res-type>
  <res-auth>Container</res-auth>
</resource-ref>
```

11.7.3　在 JavaMail 应用中获取 JNDI Mail Session 资源

本章 11.6.4 节介绍的 connect.jsp 是通过 javax.mail.Session 的静态方法 getDefaultInstance() 来创建 Session 对象的：

```
Session mailsession = Session.getDefaultInstance(props, null);
```

现在，将修改 connect.jsp 代码，让它从 Tomcat 的 Mail Session 工厂中取得 Session 对象的引用：

```
Context ctx = new InitialContext();
 if(ctx == null )
  throw new Exception("No Context");
```

```
Session mailsession =
  (Session)ctx.lookup("java:comp/env/mail/session");
```

Mail Session 所需的 JavaMail 属性已经在 context.xml 文件中做了设置，Mail Session 由 Tomcat 容器来负责创建和管理，所以在 connect.jsp 中不需要再为 Mail Session 设置这些属性，例程 11-9 是修改后的 connect.jsp。

例程 11-9　connect.jsp

```
<%@ page import="javax.mail.*" %>
<%@ page import="javax.mail.internet.*" %>
<%@ page import="javax.activation.*" %>
<%@ page import="java.util.*" %>
<%@ page import="javax.naming.*" %>

<%@ page errorPage="errorpage.jsp" %>
<jsp:useBean id="mud" scope="session" class="mypack.MailUserData"/>

<%
String hostname = request.getParameter("hostname");
String username = request.getParameter("username");
String password = request.getParameter("password");

Context ctx = new InitialContext();
if(ctx == null )
  throw new Exception("No Context");
Session mailsession =
   (Session)ctx.lookup("java:comp/env/mail/session");

//获得 Store 对象
Store store = mailsession.getStore("imap");
%>

<%
try{
  //连接邮件服务器
  store.connect(hostname,username, password);
}catch(Exception e){
  request.setAttribute("loginfail","true");
%>

 <jsp:forward page="login.jsp" />

<%
}
%>

<%
// 在 MailUserData 对象中保存 Mail Session 对象和 Store 对象
mud.setSession(mailsession);
mud.setStore(store);
//创建并打开默认的 Trash、Draft 和 sendbox 邮件夹
Folder folder=store.getFolder("Trash");
if(!folder.exists())folder.create(Folder.HOLDS_MESSAGES);

folder=store.getFolder("SendBox");
```

```
    if(!folder.exists())folder.create(Folder.HOLDS_MESSAGES);

    folder=store.getFolder("Draft");
    if(!folder.exists())folder.create(Folder.HOLDS_MESSAGES);

    folder.open(Folder.READ_WRITE);

    //把URL保存到MailUserData对象中
    URLName url = new URLName("imap",hostname, -1, "inbox",
                    username, password);
    mud.setURLName(url);
    %>

    <jsp:forward page="listallfolders.jsp" />
```

11.8　发布和运行 JavaMail 应用

在本书配套源代码包的 sourcecode/JavaMails/目录下提供了 JavaMail 应用的两个版本，这两个版本的区别在于：第一个版本的 connect.jsp 直接在程序中创建 Mail Session 对象，第二个版本的 connect.jsp 从 Tomcat 容器中获取 JNDI Mail Session 资源。

运行这两个版本之前，都应该确保邮件服务器已经启动。

1．发布 JavaMail version0 应用

JavaMail version0 的发布描述文件 web.xml 的<web-app>元素的内容为空。在 JavaMail/WEB-INF/lib 目录下已经存放了 activation.jar 和 mail.jar 文件。

因此，发布 version0 非常简单，只要把 sourcecode/JavaMails/version0/下的整个 JavaMail 目录复制到<CATALINA_HOME>/webapps 目录下即可。

2．发布 JavaMail version1 应用

JavaMail version1 的 META-INF/context.xml 文件中已经通过<Resource>元素配置了 Mail Session 资源。此外，WEB-INF/web.xml 文件中已经配置好了<resource-ref>元素，它用于声明对 JNDI Mail Session 资源的引用。

由于 JavaMail version1 的 Mail Session 对象由 Tomcat 容器来创建，因此必须把 activation.jar 和 mail.jar 文件复制到<CATALINA_HOME>/lib 目录下。这样，Tomcat 容器才可以访问这些 JAR 文件。

最后，只要把 sourcecode/JavaMails/version1/下的整个 JavaMail 目录复制到<CATALINA_HOME>/webapps 目录下即可。

对于这两个版本，它们提供的客户界面和功能都是一样的。当 Tomcat 服务器启动后，通过浏览器访问 http://localhost:8080/JavaMail/login.jsp，就可以进入 JavaMail 应用的登录界面。

11.9 小结

邮件服务器按照为用户提供的服务类型，可以分为发送邮件服务器和接收邮件服务器。发送邮件服务器常用的协议是 SMTP，接收邮件服务器常用的协议包括 POP3 和 IMAP。与 POP3 协议相比，IMAP 协议为用户提供了更多的对邮件服务器上邮件的控制权限，如管理邮件和邮件夹等。JavaMail API 是 Oracle 公司为 Java 开发者提供的公用 Mail API 框架，它支持各种邮件通信协议，如 IMAP、POP3 和 SMTP，为 Java 应用程序提供了访问邮件服务器的公共接口。JavaMail API 中最主要的类包括：

- javax.mail.Session 类：表示邮件会话，是 JavaMail API 的最高层入口类。
- javax.mail.Store 类：表示接收邮件服务器上的注册账号的存储空间。
- javax.mail.Folder 类：代表邮件夹，邮件都放在邮件夹中。
- javax.mail.Message 类：代表电子邮件。
- javax.mail.Address 类：代表邮件地址。
- javax.mail.Transport 类：根据指定的邮件发送协议（通常是 SMTP 协议），通过指定的邮件发送服务器来发送邮件。

本章介绍了一个 JavaMail Web 应用，它允许用户访问 IMAP 邮件服务器上的邮件账号，还允许用户通过特定的 SMTP 邮件服务器发送邮件。本章提供了 JavaMail 应用的两个版本，前者在 Web 应用程序中创建 Mail Session 对象，后者从 Tomcat 容器中取得 JNDI Mail Session 资源。

11.10 思考题

1．以下哪些属于接收邮件的协议？（多选）

（a）POP3 （b）SMTP （c）HTTP （d）IMAP4

2．以下哪个协议允许管理远程邮件服务器上的邮件夹？（单选）

（a）POP3 （b）SMTP （c）HTTP （d）IMAP4

3．以下哪些方法属于 javax.mail.Store 类的方法？（多选）

（a）connect(String host,String user,String password)
（b）getFolder(String name)
（c）send(Message msg)
（d）setText(String txt)
（e）close()

4．假定本地 Merak 邮件服务器已经启动。编译或运行以下 MailTest 类，会出现什么情况？（单选）

```
import javax.mail.*;
import javax.mail.internet.*;
import javax.activation.*;
import java.util.*;

public class MailTest{

  public static void main(String[] args)throws Exception {
    Properties props = new Properties();
    props.put("mail.smtp.host", "localhost");

    Session session = Session.getDefaultInstance(props);

    String toAddr="admin@mydomain.com";
    String fromAddr="admin@mydomain.com";

    Message msg = new MimeMessage(session);
    InternetAddress[] toAddrs =InternetAddress.parse(toAddr, false);
    msg.setRecipients(Message.RecipientType.TO, toAddrs);
    msg.setSentDate(new Date());
    msg.setSubject("hello");
    msg.setFrom(new InternetAddress(fromAddr));
    msg.setText("How are you");

    Transport.send(msg);
  }
}
```

（a）出现编译错误。

（b）编译通过，运行时抛出异常：未设置接收邮件的协议。

（c）编译通过，运行时抛出异常：未连接到接收邮件服务器。

（d）编译通过，运行正常，成功地发送一封邮件。

5．Folder 类的 expunge()方法有什么作用？（单选）

（a）永久删除邮件夹中所有设置了 DELETE 标记的邮件

（b）永久删除邮件夹中所有的邮件

（c）给邮件夹中所有邮件加上 DELETE 标记

（d）取消邮件夹中所有邮件的 DELETE 标记

6．为了使 Java Web 应用能访问 Servlet 容器的 Mail Session 资源，以下哪些步骤是必须的？（多选）

（a）在<Context>元素中通过<Resource>子元素中配置 Mail Session 资源。

（b）在 web.xml 文件中通过<resource-ref>元素声明对 Mail Session 资源的引用。

（c）把 mail.jar 和 activation.jar 文件复制到 Web 应用的 WEB-INF/lib 目录下。

（d）把 mail.jar 和 activation.jar 文件复制到<CATALINA_HOME>/lib 目录下。

7．以下哪个类提供了连接到接收邮件服务器的方法？（单选）

（a）Session　（b）Store　（c）Folder　（d）Message

8．以下哪个选项能正确地创建一个名为“myfolder”的邮件夹？（单选）

（a）

```
Folder folder=new Folder("myfolder");
```

（b）

```
Folder folder=store.getFolder("myfolder");
folder.open(Folder.READ_WRITE);
```

（c）

```
Folder folder=store.getFolder("myfolder");
folder.create(Folder.HOLDS_MESSAGES);
```

（d）

```
Folder folder=store.createFolder("myfolder");
```

9．关于 JavaMail API，以下哪些说法正确？（多选）

（a）它由 Apache 开源软件组织制定。

（b）它是访问邮件服务器的客户端 API。

（c）Java 程序可通过它来访问邮件服务器。

（d）它为实现邮件服务器提供了标准接口。

参考答案

1．a,d　2．d　3．a,b,e　4．d　5．a　6．a,b,d　7．b　8．c　9．b,c

第 12 章 EL 表达式语言

EL（Expression Language）表达式语言是 JSP 2 版本中引入的新特性，它用于 JSP 文件中的数据访问。这种表达式语言能简化 JSP 文件中数据访问的代码，可用来替代传统的基于“<%= 和 %>”形式的 Java 表达式，以及部分基于“<% 和 %>”形式的 Java 程序片段。

例如以下代码包含了传统的 Java 程序片段和 Java 表达式，它们用于显示会话范围内的属性名为“cart”的 ShoppingCart 对象（表示购物车）中所有书的金额：

```
<%
ShoppingCart cart=(ShoppingCart)session.getAttribute("cart");
if(cart!=null){
%>
<%=cart.getTotal() %>
<% } %>
```

上述代码和以下 EL 表达式的作用是等价的：

```
${sessionScope.cart.total}
```

比较上述两段代码，可以看出，EL 表达式能大大简化 JSP 代码，并能提高 JSP 代码的可读性。

提示

虽然 JSP 新版本极力推荐 EL 表达式，但它依然会支持传统的基于“<%= 和 %>”形式的 Java 表达式，以及基于“<% 和 %>”形式的 Java 程序片段，这给 JSP 开发人员提供了灵活的选择空间。

12.1 基本语法

从 JSP 2 版本开始引进的 EL 表达式语言是一种简洁的数据访问语言。通过它可以在 JSP 文件中方便地访问应用程序数据，从而替代传统的基于“<%= 和 %>”形式的 Java 表达式，以及部分基于“<% 和 %>”形式的 Java 程序片段。

提示

尽管这种 EL 表达式语言是 JSP 新版本的一个重要特性，但它并不是一种通用的编程语言，它仅仅是一种数据访问语言。

EL 表达式的基本形式为：${var}。所有的表达式都以“${”符号开头，以“}”符号结尾。如果在 JSP 文件的模板文本中使用 EL 表达式，那么表达式的值会输出到网页上。

例如以下 Java 表达式和 EL 表达式的作用相同，都用于输出请求参数 username：

```
Java 表达式：<%=request.getParameter("username") % >
EL 表达式：${param.username}
```

比较以上两种表达式的形式，可以看出，EL 语言使得 JSP 文件的创建人员（即网页作者）能用更加简单的语法来访问数据。

EL 表达式和 Java 表达式一样，即可以直接插入到 JSP 文件的模板文本中，也可以作为 JSP 标签的属性的值，例如以下<jsp:setProperty>标签的 value 属性的值为 EL 表达式 ${myPageBean.count+1}：

```
<jsp:useBean id="myPageBean" scope="page" class="mypack.CounterBean" />

<%-- 把 myPageBean 的 count 属性的值加 1 --%>
<jsp:setProperty name="myPageBean" property="count"
     value="${myPageBean.count+1}" />

<%-- 打印 myPageBean 的 count 属性 --%>
Current count value is : ${myPageBean.count}
```

12.1.1 访问对象的属性及数组的元素

EL 表达式语言可以使用点号运算符“.”来访问对象的属性，例如表达式${customer.name}表示 customer 对象的 name 属性。

EL 表达式语言也可使用方括号运算符“[]”来访问对象的属性，例如表达式${customer["name"]}和${customer.name}是等价的。

方括号运算符“[]”还可以用来访问数组中的元素，例如${customers[0]}表示访问 customers 数组中的第一个元素。

12.1.2 EL 运算符

EL 语言支持算术运算符、关系运算符和逻辑运算符等，用来完成常见的数据处理操作。所有的运算符说明参见表 12-1。

表 12-1 EL 语言的运算符

运算符类型	运 算 符	说 明	范例	结果
算术运算符	+	加	${16+5}	21
	-	减	${16-5}	11
	*	乘	${16*5}	80
	/ 或 div	除	${16/5}	3.2
	% 或 mod	模（求余）	${16%5}	1
关系运算符	== 或 eq	等于	${16==5}	false

（续表）

运算符类型	运　算　符	说　　明	范例	结果
	!= 或 ne	不等于	${16!=5}	true
	< 或 lt	小于	${16<5}	false
	> 或 gt	大于	${16>5}	true
	≤ 或 le	小于等于	${16≤5}	false
	≥ 或 ge	大于等于	${16≥5}	true
逻辑运算符	&& 或 and	逻辑与	${16>5 && 16<18}	true
	|| 或 or	逻辑或	${16>5 || 16<18}	true
	! 或 not	逻辑非	${! (16>5) }	false
empty 运算符	empty	检查是否为空值	${empty var}	如果变量 var 为 null，就返回 true
条件运算符	a ? b : c	条件运算符	${16>5 ? 16:5　}	16

EL 语言提供了一个用于测试对象是否为空的特殊运算符“empty”，语法形式为${empty var}。empty 运算符能判断 var 变量（确切的说，应该是命名变量）是否为空。在以下情况 empty 运算符返回 true：

- var 变量不存在，即没有被定义。例如对于表达式${empty some}，如果不存在 some 变量，就返回 true。
- var 变量的值为 null。例如对于表达式${empty customer.name}，如果 customer.name 的值为 null，就返回 true。
- var 变量引用集合（Set、List 和 Map）类型的对象，并且集合对象中不包含任何元素。

empty 运算符可以与“!”运算符一起使用，比如对于表达式${! empty customer.name}，如果 customer.name 不为空，就返回 true。

例程 12-1 的 isempty.jsp 演示了 empty 运算符的用法。

例程 12-1　isempty.jsp

```
<%@ page import="java.util.HashMap" %>

(1)${empty pageScope.container}   <!-- 打印 true -->

<%
HashMap container=new HashMap();
//定义集合类型的命名变量 container
pageContext.setAttribute("container",
              container,PageContext.PAGE_SCOPE);
%>

(2)${empty pageScope.container}    <!-- 打印 true -->

<% container.put("name","Tom");%>

(3)${empty pageScope.container}    <!-- 打印 false -->
(4)${empty param.username}    <!-- 打印 true -->
(5)${!empty param.username}    <!-- 打印 false -->
```

通过浏览器访问 http://localhost:8080/helloapp/isempty.jsp，将得到如下打印结果：

```
(1)true  (2)true  (3)false  (4)true  (5)false
```

12.1.3 隐含对象

EL 语言定义了 11 个隐含对象，其中 10 个都是 java.util.Map 类型，网页作者可通过它们来便捷地访问 Web 应用中的特定数据。表 12-2 对这 11 个隐含对象做了说明。

表 12-2 EL 表达式语言中的隐含对象

隐含对象的固定变量名	类型	说　明
applicationScope	java.util.Map	把 Web 应用范围内的属性名和属性值进行映射
cookie	java.util.Map	把客户请求中的 Cookie 名和 Cookie 对象进行映射
header	java.util.Map	把 HTTP 请求头部的项目名和项目值进行映射，例如${header.host}等价于<%=request.getHeader("host")%>
headerValues	java.util.Map	把 HTTP 请求头部的项目名和所有匹配的项目值的数组进行映射，例如${headerValues["accept-language"]}等价于<%=request.getHeaders("accept-language")%>
initParam	java.util.Map	把 Web 应用的初始化参数名和参数值进行映射
pageContext	PageContext	表示 javax.servlet.jsp.PageContext 对象
pageScope	java.util.Map	把页面范围内的属性名和属性值进行映射
param	java.util.Map	把客户请求中的请求参数名和参数值进行映射
paramValues	java.util.Map	把客户请求中的请求参数名和所有匹配的参数值数组进行映射。例如${paramValues.username}等价于<%=request.getParameterValues("username")%>
requestScope	java.util.Map	把请求范围内的属性名和属性值进行映射
sessionScope	java.util.Map	把会话范围内的属性名和属性值进行映射

这 11 个隐含对象可分为以下 4 种类型。

（1）表示 HTTP 请求中的特定数据，包括：header、headerValues、param、paramValues 和 cookie。举例如下：

```
${header["user-agent"]}
等价于：<%=request.getHeader("user-agent") %>

${header.host}
等价于：<%=request.getHeader("host") %>

${cookie.username.value}
等价于：调用名为“username”的Cookie对象的getValue()方法

${param.username}
等价于：<%=request.getParameter("username") %>
```

提示

对于${header["user-agent"]}，由于“user-agent”中包含特殊字符“-”，此时必须采用“[]”运算符来访问它，而不能采用“.”运算符，表达式${header.user-agent}是不合法的。

（2）表示特定范围，包括：pageScope、requestScope、sessionScope 和 applicationScope。

举例如下：

```
${sessionScope.cart.total}
等价于：调用会话范围内的属性名为“cart”
        的 ShoppingCart 对象的 getTotal()方法

${applicationScope.counter.count}
等价于：调用 Web 应用范围内的属性名为“counter”
        的 CounterBean 对象的 getCount()方法
```

（3）表示 PageContext 对象，对应 pageContext。举例如下：

```
${pageContext.servletContext.serverInfo}
等价于：<%=application.getServerInfo()%>

${pageContext.request.requestURL}
等价于：<%=request.getRequestURL()%>

${pageContext.response.characterEncoding}
等价于：<%=response.getCharacterEncoding()%>

${pageContext.session.creationTime}
等价于：<%=session.getCreationTime()%>
```

（4）表示 Web 应用的初始化参数集合，对应 initParam。举例如下：

```
${initParam.driver}
等价于：<%=application.getInitParameter("driver") %>
```

值的注意的是，在 EL 表达式中无法直接访问 JSP 文件中的隐含对象（参见本书第 6 章的 6.2.5 节）。例如试图通过表达式${request.requestURL }来访问 HttpServletRequest 对象的 requestURL 属性是无效的，正确的表达式应该为${pageContext.request.requestURL}。

12.1.4　命名变量

EL 表达式中的变量称为命名变量，它不是 JSP 文件中的局部变量或实例变量，而是存放在特定范围内的属性，命名变量的名字和特定范围内的属性名字对应。例如，${username}等价于以下代码：

```
<%
//从所有范围内寻找名为“username”的属性
String username=(String)pageContext.findAttribute("username");
if(username!=null){
%>
<%=username%>
<%}%>
```

再例如，${cart.total}等价于以下代码：

```
<%
//从所有范围内寻找名为“cart”的属性
ShoppingCart cart=(ShoppingCart)pageContext.findAttribute("cart");
if(cart!=null){
%>
```

```
<%=cart.getTotal()%>
<%}%>
```

提示

尽管 ShoppingCart 类中并不存在 total 属性，只要提供了 public 类型的 getTotal()方法，就可以通过${cart.total}表达式获得 cart.getTotal()方法的返回值。

以下代码先定义了一个 username 局部变量，再试图通过${username}来访问这个变量：

```
<%
String username="Tom";
%>
${username}
```

以上代码不会打印 username 局部变量。因为${username}代表特定范围内的 username 属性，而不是 username 局部变量。如果所有范围内都不存在 username 属性，那么${username}没有任何打印结果。

以下代码先定义了一个会话范围内的 username 属性，再试图通过${username}来访问这个属性：

```
<%
 pageContext.setAttribute("username","Tom",
          PageContext.SESSION_SCOPE);
%>
${username}
```

以上代码会打印会话范围内的 username 属性的值“Tom”。

如果事先知道命名变量的范围，也可以通过 pageScope、requestScope、sessionScope 和 applicationScope 隐含对象来访问命名变量，例如${sessionScope.username}表示会话范围内的 username 属性。再例如${applicationScope.counter.count}表示 Web 应用范围内的属性名为“counter”的 CounterBean 对象的 count 属性。

12.2 使用 EL 表达式的 JSP 范例

由于 EL 表达式中没有任何 Java 程序代码，因此网页作者无须掌握 Java 编程，也能够使用这种 EL 语言。下面是使用 EL 语言的 JSP 例子。本章所有例子的源文件都位于本书配套源代码包的 sourcecode/chapter12/helloapp 目录下。

12.2.1 关于基本语法的例子

例程 12-2 的 syntax.jsp 演示了 EL 表达式语言的基本语法和隐含对象的用法。

例程 12-2 syntax.jsp

```
<html>
<head>
```

```
<title>expression language examples</title>
</head>
<body>

<h3>jsp expression language examples</h3>
<p>the following table illustrates some el
  expressions and implicit objects:

<table border="1">
  <thead>
    <td><b>expression</b></td>
    <td><b>value</b></td>
  </thead>
  <tr>
    <td>\${2 + 5}</td>
    <td>${2 + 5}</td>
  <tr>
    <td>\${4/5}</td>
    <td>${4/5}</td>
  </tr>
  <tr>
    <td>\${5 div 6}</td>
    <td>${5 div 6}</td>
  </tr>
  <tr>
    <td>\${5 mod 7}</td>
    <td>${5 mod 7}</td>
  </tr>
  <tr>
    <td>\${2 < 3}</td>
    <td>${2 < 3}</td>
  </tr>
  <tr>
    <td>\${2 gt 3}</td>
    <td>${2 gt 3}</td>
  </tr>
  <tr>
    <td>\${3.1 le 3.2}</td>
    <td>${3.1 le 3.2}</td>
  </tr>
  <tr>
    <td>\${(5 > 3) ? 5 : 3}</td>
    <td>${(5 > 3) ? 5 : 3}</td>
  </tr>
  <tr>
    <td>\${header.host}</td>
    <td>${header.host}</td>
  </tr>
  <tr>
    <td>\${header["user-agent"]}</td>
    <td>${header["user-agent"]}</td>
  </tr>

</table>
</body>
</html>
```

以上 syntax.jsp 中的“\${2 gt 3}”为转义字符，代表真正的“$”字符，因此“\${2 gt 3}”将作为纯文本输出到网页上，而“${2 gt 3}”才是 EL 表达式，它的值被输出到网页上。

通过浏览器访问 http://localhost:8080/helloapp/syntax.jsp ，生成的网页如图 12-1 所示。

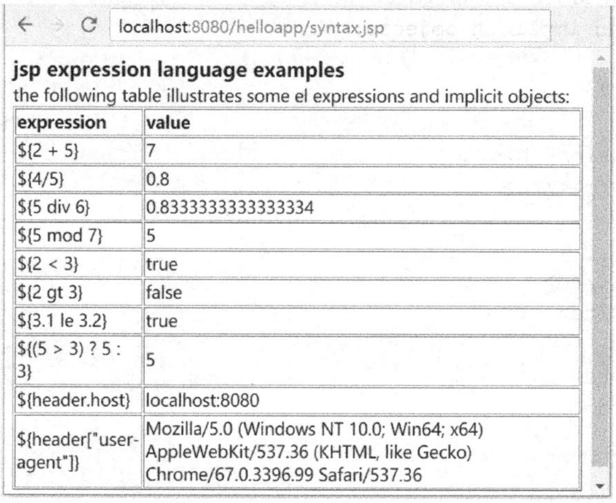

localhost:8080/helloapp/syntax.jsp

jsp expression language examples

the following table illustrates some el expressions and implicit objects:

expression	value
${2 + 5}	7
${4/5}	0.8
${5 div 6}	0.8333333333333334
${5 mod 7}	5
${2 < 3}	true
${2 gt 3}	false
${3.1 le 3.2}	true
${(5 > 3) ? 5 : 3}	5
${header.host}	localhost:8080
${header["user-agent"]}	Mozilla/5.0 (Windows NT 10.0; Win64; x64) AppleWebKit/537.36 (KHTML, like Gecko) Chrome/67.0.3396.99 Safari/537.36

图 12-1　syntax.jsp 网页

12.2.2　读取 HTML 表单数据的例子

隐含对象 param 可用于读取 HTTP 请求参数，形式为${param["var"]}或者${param.var}。HTML 表单数据也属于 HTTP 请求参数。例程 12-3 的 form.jsp 给出了一个简单的 HTML 表单，它包含一个“username”参数。

例程 12-3　form.jsp

```
<html><head><title>form content</title></head>
<body>

<h3>Fill-out-form</h3>
<p>
<form action="form.jsp" method="GET">
  name=<input type="text" name="username"
        value="${param["username"]}">

  <input type="submit" value="Submit">
</form>
<p>
The name is: ${param.username}
</body>
</html>
```

通过浏览器访问 http://localhost:8080/helloapp/form.jsp。在网页表单中输入名字，然后提交表单，输入的名字就会出现在表单的文本框中，以及同一页面中的“The Name is:”文字后面，如图 12-2 所示。

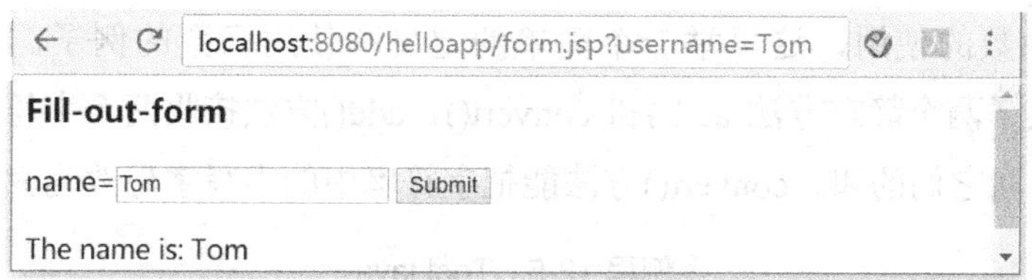

图 12-2　form.jsp 网页

12.2.3　访问命名变量的例子

例程 12-4 的 variables.jsp 先后访问了命名变量 myPageBean 和 driver。

例程 12-4　variables.jsp

```
<%@ page import="mypack.CounterBean" %>

<html><head><title>named varivable</title></head>
<body>

<jsp:useBean id="myPageBean" scope="page" class="mypack.CounterBean" />

<%-- 把myPageBean的count属性的值加1 --%>
<jsp:setProperty name="myPageBean" property="count"
     value="${myPageBean.count+1}" />

<%-- 打印myPageBean的count属性 --%>
Current count value is :${myPageBean.count} <p>

<%
application.setAttribute("driver","com.mysql.jdbc.Driver");
%>
Current driver is :${applicationScope.driver} <p>

</body></html>
```

通过浏览器访问 http://localhost:8080/helloapp/variables.jsp，得到的网页如图 12-3 所示。

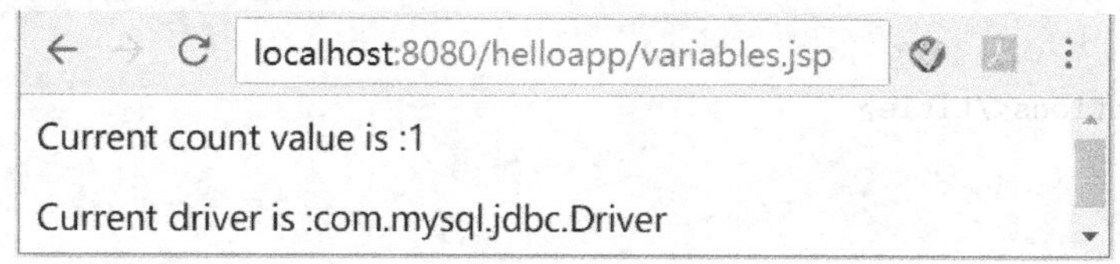

图 12-3　variables.jsp

12.3　定义和使用 EL 函数

EL 表达式语言可以访问 EL 函数。EL 函数实际上与 Java 类中的方法对应。这个 Java 类必须定义为 public 类型，并且作为函数的方法必须声明为 public static 类型。Java 类定义好以后，应该在标签库描述符（TLD）文件中，把 Java 类的方法映射为函数。

为了演示函数的使用，这里举一个简单的定义和使用函数的例子。在例程 12-5 的 Tool.java 中定义了两个静态方法 add()和 convert()，add()方法接收两个字符串参数，把它们解析成整数并返回它们的和。convert()方法能把字符串中的小写字母改为大写。

例程 12-5　Tool.java

```
package mypack;
import java.util.*;
public class Tool {
 public static int add(String x, String y) {
   int a = 0;
   int b = 0;
   try {
     a = Integer.parseInt(x);
     b = Integer.parseInt(y);
   }catch(Exception e) {}

   return a + b;
 }

 public static String convert(String str){
   try{
     return str.toUpperCase();
   }catch(Exception e){return "";}
 }
}
```

下面编写一个 JSP 文件来使用以上函数。例程 12-6 的 sum.jsp 中提供了一个包含三个字段的 HTML 表单，用户在表单中输入一个中文用户名和两个数字然后提交表单，就会调用上面的 add()函数把两个数相加，结果显示在同一个页面上，此外还会调用 convert()函数对作为请求参数的用户名进行字符大小写转换。

例程 12-6　sum.jsp

```
<%@ page contentType="text/html; charset=GB2312" %>
<%@ taglib prefix="mm" uri="/mytaglib" %>
<html>
<head>
<title>functions</title>
</head>

<body>

<h3>Add Numbers</h3>
<p>
<form action="sum.jsp" method="get">
  <!--通过 convert 函数转换请求参数 user 的大小写 -->
  user= <input type="text" name="user"
       value="${mm:convert(param.user)}">
  <br>

  x = <input type="text" name="x" value="${param.x}">
  <br>
  y = <input type="text" name="y" value="${param.y}">
```

```
  <input type="submit" value="Add Numbers">
</form>

<p>
<!--通过 add 函数计算请求参数 x 与 y 的和 -->
the sum is: ${mm:add(param.x,param.y)}

</body>
</html>
```

运行这个例子的步骤如下。

（1）编译 Tool.java，把编译生成的类文件放到以下位置：

```
<CATALINA_HOME>/webapps/helloapp/WEB-INF/classes/mypack/Tool.class
```

（2）在标签库描述符（TLD）文件中，把 Tool 类的 add()方法映射为 add 函数，把 convert()方法映射为 convert 函数。具体步骤为在<CATALINA_HOME>/webapps /helloapp/WEB-INF 目录下创建 mytaglib.tld 文件，其文件内容如下：

```
<?xml version="1.0" encoding="ISO-8859-1" ?>

<taglib xmlns="http://java.sun.com/xml/ns/j2ee"
  xmlns:xsi="http://www.w3.org/2001/XMLSchema-instance"
  xsi:schemaLocation=
  "http://java.sun.com/xml/ns/j2ee web-jsptaglibrary_2_0.xsd"
  version="2.0">

 <tlib-version>1.0</tlib-version>
 <short-name>mytaglib</short-name>
 <uri>/mytaglib</uri>

 <function>
  <description>add x and y</description>
  <name>add</name>
  <function-class>mypack.Tool</function-class>
  <function-signature>
   int add(java.lang.String,java.lang.String)
  </function-signature>
 </function>

 <function>
  <description>convert encoding</description>
  <name>convert</name>
  <function-class>mypack.Tool</function-class>
  <function-signature>
   java.lang.String convert(java.lang.String)
  </function-signature>
 </function>

</taglib>
```

以上代码中的<function>元素定义了名为 add 和 convert 的函数，并把它们和 Tool 类的 add()方法和 convert()方法进行了映射。

（3）在<CATALINA_HOME>/webapps/helloapp/WEB-INF/web.xml 文件中加入<taglib>

元素，参见例程 12-7。

例程 12-7 web.xml

```
<?xml version="1.0" encoding="UTF-8"?>

<web-app xmlns="http://xmlns.jcp.org/xml/ns/javaee"
 xmlns:xsi="http://www.w3.org/2001/XMLSchema-instance"
 xsi:schemaLocation="http://xmlns.jcp.org/xml/ns/javaee
     http://xmlns.jcp.org/xml/ns/javaee/web-app_4_0.xsd"
 version="4.0" >

 <jsp-config>
   <taglib>
     <taglib-uri>/mytaglib</taglib-uri>
     <taglib-location>/WEB-INF/mytaglib.tld</taglib-location>
   </taglib>
 </jsp-config>
</web-app>
```

以上<taglib>元素用于声明 helloapp 应用会访问 URI 为“/mytaglib”的标签库，该标签库的 TLD 文件的路径为“/WEB-INF/mytaglib.tld”。

（4）启动 Tomcat 服务器，通过浏览器访问 http://localhost:8080/helloapp/sum.jsp。如果运行正常，会看到如图 12-4 所示的网页。

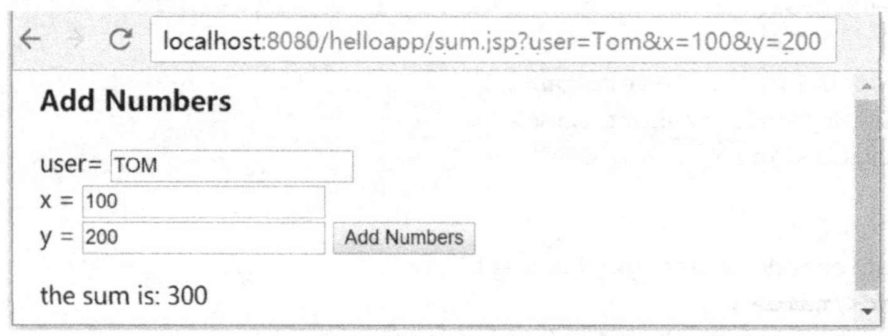

图 12-4 sum.jsp 网页

12.4 小结

EL 表达式语言用于简化 JSP 文件中数据访问的代码，EL 表达式的基本形式为：${var}。EL 语言支持算术运算符、关系运算符和逻辑运算符等，以完成常见的数据处理操作。EL 语言定义了 11 个隐含对象，其中十个是 java.util.Map 类型，还有一个是 PageContext 类型。这 11 个隐含对象按照用途可分为以下四种类型：

（1）表示 HTTP 请求中的特定数据，包括：header、headerValues、param、paramValues 和 cookie。

（2）表示特定范围，包括：pageScope、requestScope、sessionScope 和 applicationScope。

（3）表示 PageContext 对象，为 pageContext。

（4）表示 Web 应用的初始化参数集合，为 initParam。

EL 表达式中的变量称为命名变量，它不是 JSP 文件中的局部变量或实例变量，而是存放在特定范围内的属性，命名变量的名字和属性名字对应。例如${requestScope.username}表示请求范围内的 username 属性。

EL 表达式语言可以访问 EL 函数。EL 函数实际上与 Java 类中的方法对应。这个 Java 类必须定义为 public 类型，并且作为函数的方法必须声明为 public static 类型。Java 类定义好以后，应该在标签库描述符（TLD）文件中，把 Java 类的方法映射为函数。

12.5 思考题

1．关于 EL 表达式语言，以下哪些说法正确？（多选）

（a）它和 Java 一样，是一种编程语言。

（b）它的基本形式为${var}。

（c）只有在 JSP 文件中才能使用 EL 语言，在 Servlet 类的程序代码中不能使用它。

（d）它能使 JSP 文件的代码更加简洁。

2．以下哪些是合法的 EL 表达式？（多选）

（a）${pageContext.response.characterEncoding}

（b）${header["user-agent"]}

（c）${request.getParameter("username")}

（d）${empty applicationScope}

（e）${param.username}

3．表达式${56>12 ? 56 : 12}的值是多少？（单选）

（a）56 （b）12 （c）true （d）false

4．以下哪些选项可以输出 HttpSession 对象的 id 属性？（多选）

（a）${session.id}

（b）${pageContext.session.id}

（c）<%=session.getId()%>

（d）<%=session.id%>

5．在请求范围内存放了一个属性名为“myBean”的 CounterBean 对象，表达式${myBean.count}试图访问 myBean 的 count 属性。为了使这个表达式能正常执行，CounterBean 类必须满足哪些条件？（多选）

（a）CounterBean 类必须为 public 类型。

（b）CounterBean 类必须声明了 public 类型的 count 成员变量。

（c）CounterBean 类必须声明了 public 类型的 getCount()方法。

（d）CounterBean 类必须声明了 public 类型的 setCount()方法。

6. 在 Web 应用范围内存放了一个属性名为“myBean”的 CounterBean 对象，以下哪些选项能输出 myBean 的 count 属性？（多选）

（a）${applicationScope.myBean.count}

（b）${ myBean.count}

（c）<%=myBean.count%>

（d）

<%CounterBean myBean=(CounterBean)application.getAttribute("myBean"); %>

<%=myBean.getCount()%>

7. 在 HTTP 请求中包含一个名字为“username”，值为“Tom”的 Cookie，以下哪个选项能输出这个 Cookie 的名字“username”？（单选）

（a）${cookie.username.name}

（b）${cookie.username.value}

（c）${cookie.username}

（d）${request.cookie.username.name}

8. 一个 JSP 文件中包含如下代码：

```
<% int a=0; %>
a=${a}
```

通过浏览器访问这个 JSP 文件，会出现什么情况？（单选）

（a）JSP 文件输出“a=”

（b）JSP 文件输出“a=0”

（c）JSP 文件输出“a=${a}”

（d）Servlet 容器返回编译错误，提示表达式${a}不合法。

参考答案

1. b,c,d　2. a,b,d,e　3. a　4. b,c　5. a,c　6. a,b,d　7. a　8. a

第 13 章　自定义 JSP 标签

自定义标签技术允许开发人员创建客户化的标签，然后在 JSP 文件中使用这些标签，这样可以使 JSP 代码更加简洁。这些可重用的标签能处理复杂的逻辑运算和事务，或者定义 JSP 网页的输出内容和格式。

本书第 3 章（第一个 Java Web 应用）已经通过一个简单的自定义 JSP 标签范例，使读者对 JSP 标签的创建过程和用法有了简单的了解。本章将结合具体的范例，进一步介绍自定义标签的创建过程以及在 JSP 文件中的使用方法。

13.1　自定义 JSP 标签简介

JSP 标签包括以下几种形式：

（1）主体内容和属性都为空的标签，例如：

```
<mm:hello/>
```

（2）包含属性的标签，例如：

```
<mm:message key="hello.hi" />
```

（3）包含主体内容的标签，例如：

```
<mm:greeting> How are you. </mm:greeting>
```

以上<mm:greeting>称为标签的起始标志，</mm:greeting>称为标签的结束标志，两个标签之间的内容“How are you”称为标签主体。

（4）包含属性和主体内容的标签，例如：

```
<mm:greeting username="Tom"> How are you. </mm:greeting>
```

（5）嵌套的标签，例如：

```
<mm:greeting>
  <mm:user  name="Tom"  age="18" />
</mm:greeting>
```

以上外层标签<mm:greeting>称为父标签，内层标签<mm:user>称为子标签。

为了便于组织和管理标签，可以把一组功能相关的标签放在同一个标签库中。开发包含自定义标签的标签库包括以下步骤：

（1）创建自定义标签的处理类（Tag Handler Class）

（2）创建 TLD 标签库描述文件（Tag Library Descriptor）

假定甲方开发了重用性比较高的标签库，除了甲方本身的 Web 应用可以使用它，其他方（如乙方）也可以使用它。本书第 15 章（JSTL Core 标签库）就会介绍如何在 Web 应用使用由第三方提供的 JSP 标准标签库（JSTL）。

本章将按照如下步骤在 Web 应用中使用标签库：

（1）把标签处理类及相关类的.class 文件存放在 WEB-INF\classes 目录下。

（2）把 TLD 标签库描述文件存放在 WEB-INF 目录或者其自定义的子目录下。

（3）在 web.xml 文件中声明所引用的标签库。

（4）在 JSP 文件中使用标签库中的标签。

本章下文介绍的各个范例分别用于演示不同类型标签的创建和使用方法：

（1）13.3 节：带属性的 message 标签。

（2）13.4 节：能重复执行标签主体内容的 iterate 标签。

（3）13.5 节：能访问标签主体内容的 greet 标签。

此外，本书第 14 章（采用模板设计网上书店应用）还会介绍一个创建和使用自定义标签的综合例子，通过这个例子，读者可以掌握在嵌套的标签中，子标签与父标签之间进行协作的技巧。

13.2 JSP Tag API

Servlet 容器运行 JSP 文件时，如果遇到自定义标签，就会调用这个标签的处理类（Tag Handler Class）的相关方法。标签处理类可以继承 JSP Tag API 中的 TagSupport 类或者 BodyTagSupport 类。

JSP Tag API 位于 javax.servlet.jsp.tagext 包中，如图 13-1 所示是其中的主要接口和类的类框图。

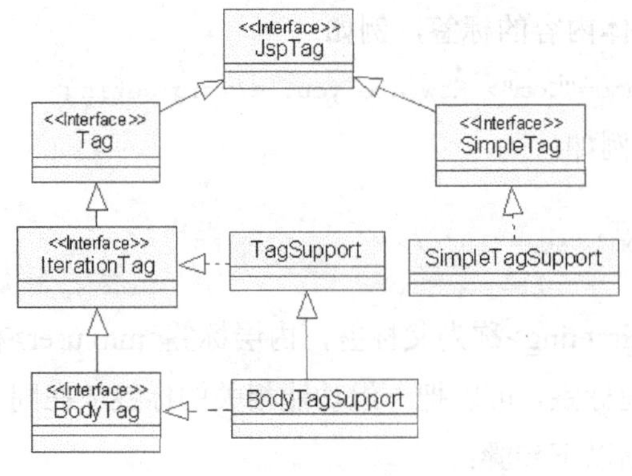

图 13-1　JSP Tag API

13.2.1　JspTag 接口

所有的标签处理类都要实现 JspTag 接口。这个接口只是一个标识接口，没有任何方法，主要是作为 Tag 和 SimpleTag 接口的共同接口。在 JSP2.0 以前，所有的标签处理类都要实现 Tag 接口，实现该接口的标签称为传统标签（Classic Tag）。JSP2.0 提供了 SimpleTag 接口，实现该接口的标签称为简单标签（Simple Tag）。本章将介绍传统标签的用法，本书第 19 章（简单标签和标签文件）会介绍简单标签的用法。

13.2.2　Tag 接口

Tag 接口定义了所有传统标签处理类都要实现的基本方法，包括：

（1）setPageContext(PageContext pc)：由 Servlet 容器调用该方法，向当前标签处理对象（即 Tag 对象）传递当前的 PageContext 对象。

（2）setParent(Tag t)：由 Servlet 容器调用该方法，向当前 Tag 对象传递父标签的 Tag 对象。

（3）getParent()：返回 Tag 类型的父标签的 Tag 对象。

（4）release()：当 Servlet 容器需要释放 Tag 对象占用的资源时，会调用此方法。

（5）doStartTag()：当 Servlet 容器遇到标签的起始标志时，会调用此方法。doStartTag() 方法返回一个整数值，用来决定程序的后续流程。它有两个可选值：Tag.SKIP_BODY 和 Tag.EVAL_BODY_INCLUDE。

Tag.SKIP_BODY 表示标签之间的主体内容被忽略。Tag.EVAL_BODY_INCLUDE 表示标签之间的主体内容被正常执行。例如对于以下代码：

```
<prefix: mytag>
 Hello World
 ……
</prefix:mytag>
```

假若<mytag>标签的处理对象的 doStartTag()方法返回 Tag.SKIP_BODY，那么“Hello World”字符串不会显示在网页上；若返回 Tag.EVAL_BODY_INCLUDE，那么“Hello World”符串将显示在网页上。

（6）doEndTag()：当 Servlet 容器遇到标签的结束标志，就会调用 doEndTag()方法。doEndTag()方法也返回一个整数值，用来决定程序后续流程。它有两个可选值：Tag.SKIP_PAGE 和 Tag.EVAL_PAGE。Tag.SKIP_PAGE 表示立刻停止执行标签后面的 JSP 代码，网页上未处理的静态内容和 Java 程序片段均被忽略，任何已有的输出内容立刻返回到客户的浏览器上。Tag.EVAL_PAGE 表示按正常的流程继续执行 JSP 文件。

以上提到的 Tag.SKIP_BODY、Tag.EVAL_BODY_INCLUDE、Tag.SKIP_PAGE 和 Tag.EVAL_PAGE 是在 Tag 接口中定义的四个 int 类型的静态常量，用于指示标签处理流程。

标签处理类的具体实例（即 Tag 对象）由 Servlet 容器负责创建。当 Servlet 容器在执行 JSP 文件时，如果遇到 JSP 文件中的自定义标签，就会寻找缓存中的相关的 Tag 对象，如果还不存在，就创建一个 Tag 对象，把它存放在缓存中，以便下次处理自定义标签时重复使用。Servlet 容器得到了 Tag 对象后，会按照如图 13-2 的流程调用 Tag 对象的相关方法：

（1）Servlet 容器调用 Tag 对象的 setPageContext()和 setParent()方法，把当前 JSP 页面的 PageContext 对象以及父标签处理对象传给当前 Tag 对象。如果不存在父标签，则把父标签处理对象设为 null。

（2）Servlet 容器调用 Tag 对象的一系列 set 方法，设置 Tag 对象的属性。如果标签没有属性，则无须这个步骤。本章第 13.3 节介绍了标签的属性的用法。

（3）Servlet 容器调用 Tag 对象的 doStartTag()方法。

（4）如果 doStartTag()方法返回 Tag.SKIP_BODY，就不执行标签主体的内容；如果 doStartTag()方法返回 Tag.EVAL_BODY_INCLUDE，就执行标签主体的内容。

（5）Servlet 容器调用 Tag 对象的 doEndTag()方法。

（6）如果 doEndTag()方法返回 Tag.SKIP_PAGE，就不执行标签后续的 JSP 代码；如果 doEndTag()方法返回 Tag.EVAL_PAGE，就执行标签后续的 JSP 代码。

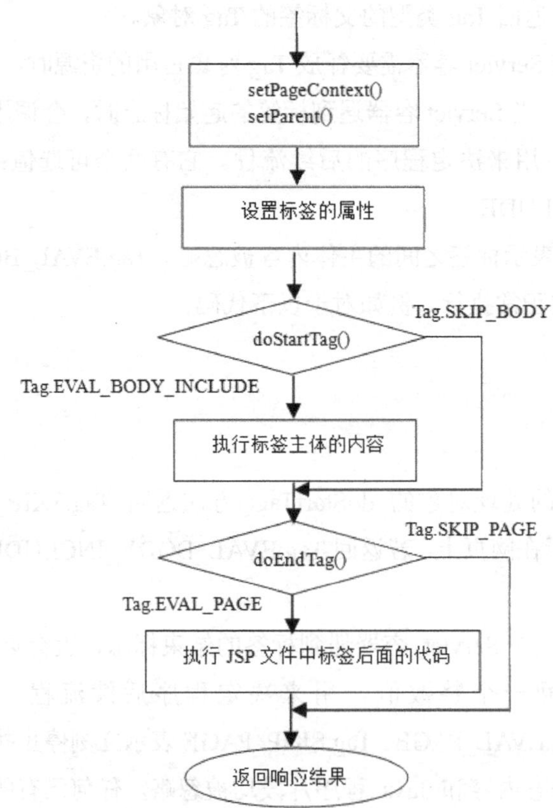

图 13-2　Servlet 容器调用 Tag 对象的相关方法的流程

提示

一个 Tag 对象被创建后，就会一直存在，可以被 Servlet 容器重复调用。当 Web 应用终止时，Servlet 容器会先调用该 Web 应用中所有 Tag 对象的 release()方法，然后销毁这些 Tag 对象。

13.2.3 IterationTag 接口

IterationTag 接口继承自 Tag 接口，IterationTag 接口增加了重复执行标签主体内容的功能。

IterationTag 接口定义了一个 doAfterBody()方法，Servlet 容器执行完标签主体内容后，调用此方法。如果 Servlet 容器未执行标签主体内容，那么不会调用此方法。doAfterBody()方法也返回一个整数值，用来决定程序后续流程。它有两个可选值：Tag.SKIP_BODY 和 IterationTag.EVAL_BODY_AGAIN。Tag.SKIP_BODY 表示不再执行标签主体内容；IterationTag. EVAL_BODY_AGAIN 表示重复执行标签主体内容。

IterationTag 接口还定义了一个可作为 doAfterBody()方法的返回值的 int 类型的静态常量：IterationTag. EVAL_BODY_AGAIN，用于指示 Servlet 容器重复执行标签主体内容。

Servlet 容器在处理 JSP 文件中的这种标签时，会寻找缓存中的相关的 IterationTag 对象，如果还不存在，就创建一个 IterationTag 对象，把它存放在缓存中，以便下次处理自定义标签时重复使用。Servlet 容器得到了 IterationTag 对象后，然后按照如图 13-3 的流程调用 IterationTag 对象的相关方法：

（1）Servlet 容器调用 IterationTag 对象的 setPageContext()和 setParent()方法，把当前 JSP 页面的 PageContext 对象以及父标签处理对象传给当前 IterationTag 对象。如果不存在父标签，则把父标签处理对象设为 null。

（2）Servlet 容器调用 IterationTag 对象的一系列 set 方法，设置 IterationTag 对象的属性。如果标签没有属性，则无须这个步骤。本章第 13.3 节介绍了标签的属性的用法。

（3）Servlet 容器调用 IterationTag 对象的 doStartTag()方法。

（4）如果 doStartTag()方法返回 Tag.SKIP_BODY，就不执行标签主体的内容；如果如果 doStartTag()方法返回 Tag.EVAL_BODY_INCLUDE，就执行标签主体的内容。

（5）如果在步骤（4）中 Servlet 容器执行了标签主体的内容，那么就调用 doAfterBody()方法。

（6）如果 doAfterBody()方法返回 Tag.SKIP_BODY，就不再执行标签主体内容；如果 doAfterBody()方法返回 IterationTag. EVAL_BODY_AGAIN，就继续重复执行标签主体内容。

（7）Servlet 容器调用 IterationTag 对象的 doEndTag()方法。

（8）如果 doEndTag()方法返回 Tag.SKIP_PAGE，就不执行标签后续的 JSP 代码；如果 doEndTag()方法返回 Tag.EVAL_PAGE，就执行标签后续的 JSP 代码。

与 Servlet 容器调用 Tag 对象的流程相比，可以看出，以上步骤（5）和步骤（6）是增加的步骤。

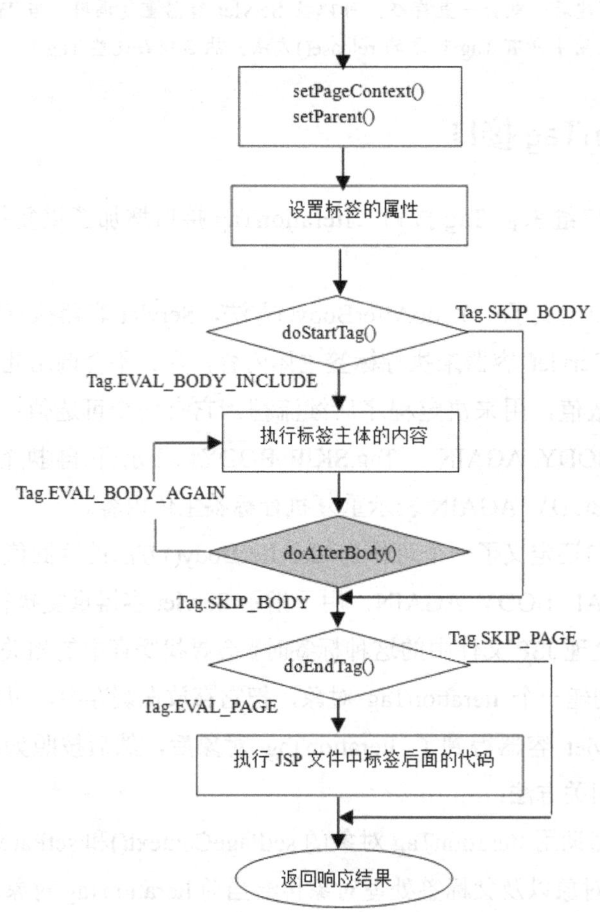

图 13-3　Servlet 容器调用 IterationTag 对象的相关方法的流程

13.2.4　BodyTag 接口

BodyTag 接口继承自 IterationTag 接口，BodyTag 接口增加了直接访问和操纵标签主体内容的功能。BodyTag 接口定义了两个方法:

（1）setBodyContent(BodyContent bc)：Servlet 容器通过此方法向 BodyTag 对象传递一个用于缓存标签主体的执行结果的 BodyContent 对象。

（2）doInitBody()：Servlet 容器调用完 setBodyContent()方法之后，在第一次执行标签主体之前，先调用此方法，该方法用于为执行标签主体做初始化工作。

只要符合以下两种条件之一，setBodyContent(BodyContent bc)和 doInitBody()方法不会被 Servlet 容器调用：

- 标签主体为空。
- doStartTag()方法的返回值为 Tag.SKIP_BODY 或者 Tag.EVAL_BODY_INCLUDE。

只有同时符合以下两个条件，Servlet 容器才会调用 setBodyContent(BodyContent bc)和

doInitBody()方法：

- 标签主体不为空。
- doStartTag()方法的返回值为 BodyTag.EVAL_BODY_BUFFERED。

以上提到的 BodyTag.EVAL_BODY_BUFFERED 是 BodyTag 接口中定义的 int 类型的静态常量，它可作为 doStartTag()方法的返回值，指示 Servlet 容器调用 BodyTag 对象的 setBodyContent()和 doInitBody()方法。

Servlet 容器在处理 JSP 文件中的这种标签时，会寻找缓存中的相关的 BodyTag 对象，如果还不存在，就创建一个 BodyTag 对象，把它存放在缓存中，以便下次处理自定义标签时重复使用。Servlet 容器得到了 BodyTag 对象后，然后按照如图 13-4 的流程调用 BodyTag 对象的相关方法。

（1）Servlet 容器调用 BodyTag 对象的 setPageContext()和 setParent()方法，把当前 JSP 页面的 PageContext 对象以及父标签处理对象传给当前 BodyTag 对象。如果不存在父标签，则把父标签处理对象设为 null。

（2）Servlet 容器调用 BodyTag 对象的一系列 set 方法，设置 BodyTag 对象的属性。如果标签没有属性，则无须这个步骤。本章第 13.3 节介绍了标签的属性的用法。

（3）Servlet 容器调用 BodyTag 对象的 doStartTag()方法。

（4）如果 doStartTag()方法返回 Tag.SKIP_BODY，就不执行标签主体的内容；如果如果 doStartTag()方法返回 Tag.EVAL_BODY_INCLUDE，就执行标签主体的内容；如果 doStartTag()方法返回 BodyTag.EVAL_BODY_BUFFERED，就先调用 setBodyContent()和 initBody()方法，再执行标签主体的内容。

（5）如果在步骤（4）中 Servlet 容器执行了标签主体的内容，那么就调用 doAfterBody()方法。

（6）如果 doAfterBody()方法返回 Tag.SKIP_BODY，就不再执行标签主体内容；如果 doAfterBody()方法返回 IterationTag. EVAL_BODY_AGAIN，就继续重复执行标签主体内容。

（7）Servlet 容器调用 BodyTag 对象的 doEndTag()方法。

（8）如果 doEndTag()方法返回 Tag.SKIP_PAGE，就不执行标签后续的 JSP 代码；如果 doEndTag()方法返回 Tag.EVAL_PAGE，就执行标签后续的 JSP 代码。

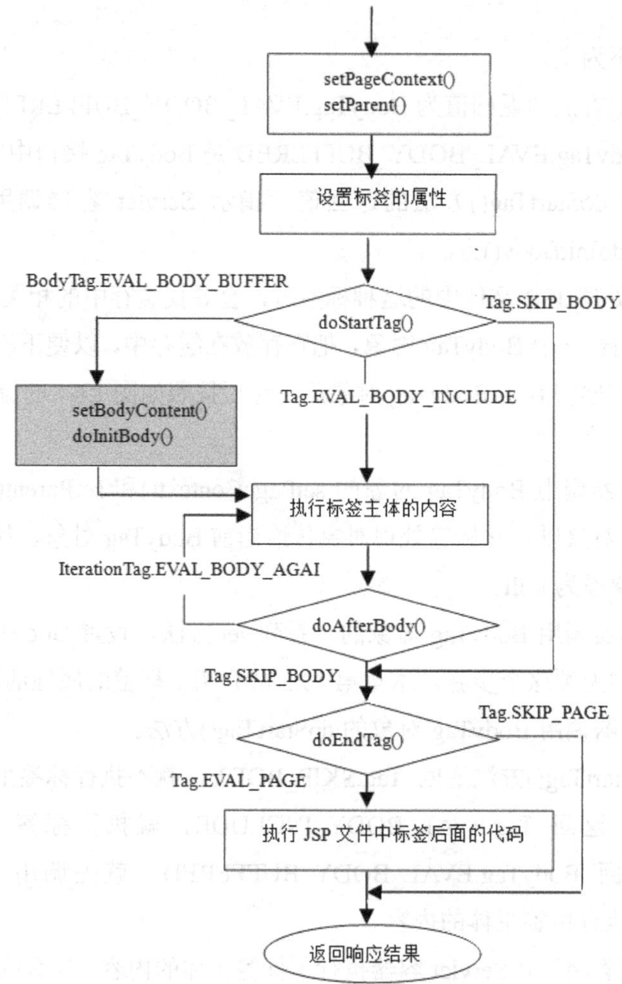

图 13-4　Servlet 容器调用 BodyTag 对象的相关方法的流程

13.2.5　TagSupport 类和 BodyTagSupport 类

TagSupport 类和 BodyTagSupport 类是标签实现类，其中 TagSupport 类实现了 IterationTag 接口，而 BodyTagSupport 类继承自 TagSupport 类，并且实现了 BodyTag 接口。用户自定义的标签处理类可以继承 TagSupport 类或者 BodyTagSupport 类。例程 13-1 是 TagSupport 类的部分源代码。

例程 13-1　TagSupport.java

```
package javax.servlet.jsp.tagext;
import java.io.Serializable;
…
public class TagSupport implements IterationTag, Serializable {
  protected PageContext pageContext;
  private Tag parent;
  private Hashtable values;
  protected String id;
```

```
public TagSupport() { }

public int doStartTag() throws JspException {   return SKIP_BODY;   }
public int doEndTag() throws JspException {   return EVAL_PAGE;  }
public int doAfterBody() throws JspException {   return SKIP_BODY;  }

public void release() {
  parent = null;
  id = null;
  if( values != null ) {
    values.clear();
  }
  values = null;
}

public void setParent(Tag t) {    parent = t; }
public Tag getParent() {    return parent;  }
public void setId(String id) {   this.id = id;  }
public String getId() {    return id;  }

public void setPageContext(PageContext pageContext) {
  this.pageContext = pageContext;
}

public void setValue(String k, Object o) {
  if (values == null) {
     values = new Hashtable();
  }
  values.put(k, o);
}

public Object getValue(String k) {
  if (values == null) {
    return null;
  } else {
    return values.get(k);
  }
}

public void removeValue(String k) {
  if (values != null) {
     values.remove(k);
  }
}

public Enumeration getValues() {
  if (values == null) {
     return null;
  }
  return values.keys();
}
}
```

TagSupport 类的主要方法参见表 13-1。

表 13-1　TagSupport 类的主要方法

方　法	属　性
doStartTag()	Servlet 容器遇到自定义标签的起始标志时调用该方法
doEndTag()	Servlet 容器遇到自定义标签的结束标志时调用该方法
setValue(String key,Object value)	在标签处理对象中设置 key/value
getValue(String key)	根据参数 key 返回匹配的 value
removeValue(String key)	在标签处理对象中删除 key/value
setPageContext(PageContext pc)	设置 PageContext 对象，该方法由 Servlet 容器在调用 doStartTag()方法前调用
setParent(Tag t)	设置父标签的处理对象，该方法由 Servlet 容器在调用 doStartTag()方法前调用
getParent()	返回父标签的处理对象

1. parent 和 pageContext 成员变量

TagSupport 类有两个重要的成员变量：

- parent：private 访问级别的成员变量，代表父标签的处理对象。
- pageContext：protected 访问级别的成员变量，代表当前 JSP 页面的 PageContext 对象。

Servlet 容器在调用 doStartTag()方法前，会先调用 setPageContext()和 setParent()方法，设置 pageContext 和 parent 成员变量，因此在 TagSupport 子类的 doStartTag()或 doEndTag()等方法中可以通过 getParent()方法获取父标签的处理对象。在 TagSupport 类中定义了 protected 访问级别的 pageContext 成员变量，因此在 TagSupport 子类的 doStartTag()或 doEndTag()等方法中可以直接访问 pageContext 变量。本书第 6 章的 6.9 节（PageContext 类的用法）已经介绍了 PageContext 类的作用，它在标签处理类中将大有用武之地。在本章以及下一章的标签处理类的例子中，都会用到 PageContext 类。

提示

在 TagSupport 的构造方法中不能访问 pageContext 成员变量，因为此时 Servlet 容器还没有调用 setPageContext()方法对 pageContext 成员变量进行初始化。

2. 处理标签的方法

对于用户自定义的标签处理类，主要重新实现 TagSupport 类中的以下方法：

- doStartTag()：提供 Servlet 容器遇到标签起始标志时执行的操作。
- doEndTag()：提供 Servlet 容器遇到标签结束标志时执行的操作。

如果希望 Servlet 容器重复执行标签主体内容，那么还可以重新实现 TagSupport 类的 doAfterBody()方法。

3. 用户自定义的标签属性

如果在标签中包含自定义的属性，例如：

```
<prefix:mytag username="Tom" >
  ......
</prefix:mytag>
```

那么在标签处理类中应该将这个 username 属性作为成员变量，并且分别提供设置和读取属性的方法，假定以上 username 为 String 类型，可以定义如下方法：

```
private String username;
public void setUsername(String username){
  this. username = username;
}
public int getUsername (){
  return username;
}
```

Servlet 容器在调用标签处理对象的 doStartTag()方法之前，会先调用以上 setUsername(String username)方法，把标签中的 username 属性的值“Tom”赋值给标签处理对象的 username 成员变量。

提示

对于以上<prefix:mytag>标签中的 username 属性，由于 Servlet 容器在调用相应标签处理对象的 doStartTag()方法之前，会先调用 setUsername(String username)方法，因此在标签处理类中必须提供 setUsername(String username)方法，而 username 成员变量和 getUsername()方法不是必须的，可以根据实际需要来决定是否定义它们。

如果希望操纵标签主体内容，可以让自定义的标签处理类继承 BodyTagSupport 类。例程 13-2 是 BodyTagSupport 类的部分源代码。

例程 13-2　BodyTagSupport.java

```
package javax.servlet.jsp.tagext;
import javax.servlet.jsp.JspException;
import javax.servlet.jsp.JspWriter;

public class BodyTagSupport extends TagSupport implements BodyTag {
  protected BodyContent  bodyContent;

  public BodyTagSupport() {
    super();
  }

  public int doStartTag() throws JspException {
    return EVAL_BODY_BUFFERED;
  }

  public int doEndTag() throws JspException {
    return super.doEndTag();
  }

  public void setBodyContent(BodyContent b) {
    this.bodyContent = b;
  }

  public void doInitBody() throws JspException {}

  public int doAfterBody() throws JspException {
    return SKIP_BODY;
```

```
  }

  public void release() {
    bodyContent = null;
    super.release();
  }

  public BodyContent getBodyContent() {
    return bodyContent;
  }

  public JspWriter getPreviousOut() {
    return bodyContent.getEnclosingWriter();
  }
}
```

BodyTagSupport 类有个重要的 bodyContent 成员变量，它是 protected 访问级别的成员变量，为 javax.servlet.jsp.tagext.BodyContent 类型，用于缓存标签主体的执行结果。

如果标签处理类的 doStartTag()方法返回 BodyTag.EVAL_BODY_BUFFERED，那么 Servlet 容器在执行标签主体之前，会先创建一个用来缓存标签主体的执行结果的 BodyContent 对象，接着调用 setBodyContent(BodyContent bc)方法，使得 bodyContent 成员变量引用 BodyContent 对象，然后再调用 doInitBody()方法。Servlet 容器执行标签主体内容时，会把得到的执行结果缓存到 BodyContent 对象中。

标签处理类中可以直接访问 bodyContent 成员变量，也可以通过 getBodyContent()方法得到 BodyContent 对象。BodyContent 类的 getString()方法返回字符串形式的标签主体的执行结果。

13.3 message 标签范例（访问标签属性）

在 JSP 文件中会包含许多静态本文。例如以下 hello0.jsp 中的粗体字部分都是静态文本：

```
<html>
<head>
  <title>helloapp</title>
</head>

<body>
  <b>Nice to meet you: ${param.username} </b>
</body>
</html>
```

下面将创建一个能替换 JSP 文件中的所有静态文本的 message 标签，它放在 mytaglib 标签库中。hello.jsp 与 hello0.jsp 能生成同样的网页，区别在于 hello.jsp 使用了 message 标签。在 hello.jsp 文件中使用 message 标签的步骤如下。

（1）在 JSP 文件中引入这个标签库，如下所示：

```
<%@ taglib uri="/mytaglib" prefix="mm" %>
```

（2）用<mm:message>标签替换文件中的所有静态文本。例如：

```
修改前：
 <b> Nice to meet you: ${param.username}</b>
修改后：
 <b><mm:message key="hello.hi" /> : ${param.username} </b>
```

例程 13-3 是 hello.jsp 的源代码。

例程 13-3　hello.jsp

```
<%@ page contentType="text/html; charset=UTF-8" %>
<%@ taglib uri="/mytaglib" prefix="mm" %>
<html>
<head>
  <title><mm:message key="hello.title" /></title>
</head>
<body>
  <b><mm:message key="hello.hi" />:${param.username}</b>
</body>
</html>
```

当客户访问 hello.jsp 时，message 标签的处理类会根据 key 属性的值从一个特定的资源文件中找到与 key 匹配的字符串。假定与“hello.hi”匹配的字符串为“Nice to meet you”，那么 message 标签的处理类就将这个字符串输出到网页上。

对开发人员来说，采用 message 标签可以使 JSP 网页变得简洁并且易于维护。试想如果许多 JSP 网页的静态文本内容发生需求变更，那么网页维护人员无须修改这些 JSP 文件的代码，只要修改一个集中存放了所有网页的静态文本的资源文件即可。

采用 message 标签，还可以方便地实现同一个 JSP 文件支持多种语言版本。message 标签可以根据客户选择的语言来输出相应的静态文本。使用不同语言的客户访问 hello.jsp 文件时，message 标签的处理过程如图 13-5 所示。

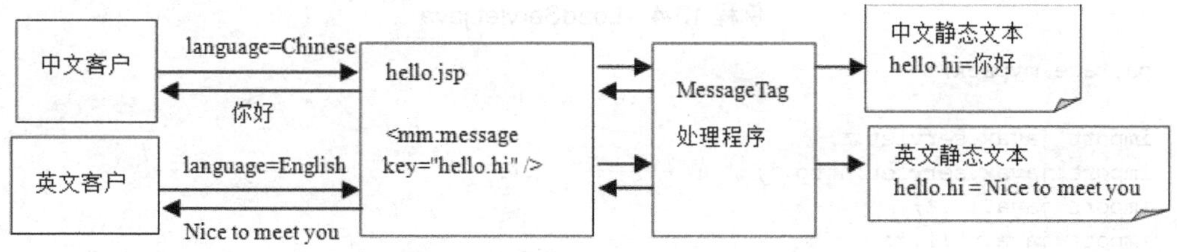

图 13-5　message 标签支持中文和英文语言

13.3.1　创建 message 标签的处理类 MessageTag

下面将创建 message 标签的处理类 MessageTag 以及相关的资源文件和 Servlet 类。

1．创建包含 JSP 网页静态文本的资源文件

首先创建包含 JSP 网页静态文本的资源文件，这些文本以 key/value 的形式存放。在

messageresource.properties 资源文件中存放英文静态文本，在 messageresource_ch.properties 资源文件中存放中文静态文本。这两个文件都存放于 helloapp 应用的 WEB-INF 目录下。messageresource.properties 文件的内容如下：

```
hello.title = helloapp
hello.hi = Nice to meet you
login.title = helloapp
login.user = User Name
login.password = Password
login.submit = Submit
```

messageresource_ch.properties 文件的内容如下：

```
hello.title = helloapp的hello页面
hello.hi = 你好
login.title = helloapp的登录页面
login.user = 用户名
login.password = 口令
login.submit = 提交
```

以上资源文件中包含了 login.jsp 和 hello.jsp 中的静态文本。为了便于管理和区分不同 JSP 文件中的文本，约定 login.jsp 中的静态文本的 key 以“login.”开头，而 hello.jsp 中的静态文本的 key 以“hello.”开头。

2．在 Web 应用启动时加载静态文本

尽管加载静态文本的任务可以直接由标签处理类来完成，但是把初始化的操作安排在 Web 应用启动时完成，则更符合 Web 编程的规范。在本例中，将用 LoadServlet 类的 init 方法()来完成加载静态文本的任务。init()方法从 messageresource.properties 文件中读取英文静态文本，从 messageresource_ch.properties 文件中读取中文静态文本，然后把它们加载到各自的 Properties 对象中，最后再把两个 Properties 对象作为属性保存到 Web 应用范围内。例程 13-4 是 LoadServlet 类的源代码。

例程 13-4　LoadServlet.java

```
package mypack;

import javax.servlet.*;
import javax.servlet.http.*;
import java.io.*;
import java.util.*;

public class LoadServlet extends HttpServlet {

  public void init()throws ServletException {

    Properties ps=new Properties();
    Properties ps_ch=new Properties();
    try{
      ServletContext context=getServletContext();
      InputStream in=context.getResourceAsStream(
            "/WEB-INF/messageresource.properties");
```

```
    ps.load(in);
    InputStream in_ch=context.getResourceAsStream(
              "/WEB-INF/messageresource_ch.properties");
    ps_ch.load(in_ch);

    in.close();
    in_ch.close();

    //在Web应用范围内存放包含静态文本的Properties对象
    context.setAttribute("ps",ps);
    context.setAttribute("ps_ch",ps_ch);
   }catch(Exception e){ e.printStackTrace(); }
  }

  public void doGet(HttpServletRequest request,
           HttpServletResponse response)
           throws ServletException, IOException {
   init(); //重新加载资源文件
   PrintWriter out = response.getWriter();
   out.println("The resouce file is reloaded.");
  }
}
```

为了保证在 Web 应用启动时就加载 LoadServlet，应该在 web.xml 中配置这个 Servlet 时设置<load-on-startup>子元素：

```
<servlet>
  <servlet-name>load</servlet-name>
  <servlet-class>mypack.LoadServlet</servlet-class>
  <load-on-startup>1</load-on-startup>
</servlet>

<servlet-mapping>
  <servlet-name>load</servlet-name>
  <url-pattern>/load</url-pattern>
</servlet-mapping>
```

3．创建 MessageTag 类

例程 13-5 是 MessageTag 类的源程序。

例程 13-5　MessageTag.java

```
package mypack;
import javax.servlet.jsp.JspException;
import javax.servlet.jsp.JspTagException;
import javax.servlet.jsp.tagext.TagSupport;
import javax.servlet.http.HttpSession;
import java.util.*;
import java.io.*;

public class MessageTag extends TagSupport{
  private String key=null;

  public String getKey(){ return this.key; }

  public void setKey(String key){ this.key=key;}
```

```
    public int doEndTag() throws JspException {
      try {
        //获得英文资源文本
        Properties ps=(Properties)pageContext.getAttribute(
                  "ps",pageContext.APPLICATION_SCOPE);

        //获得中文资源文件
        Properties ps_ch=(Properties)pageContext.getAttribute(
                    "ps_ch",pageContext.APPLICATION_SCOPE);

        HttpSession session=pageContext.getSession();
        //读取当前使用的语言
        String language=(String)session.getAttribute("language");

        //决定与 key 匹配的文本
        String message=null;
        if(language!=null && language.equals("Chinese")){
          message=(String)ps_ch.get(key);
          message=new String(
                  message.getBytes("ISO-8859-1"),"GB2312");
        }else{
          message=(String)ps.get(key);
        }

        //打印静态文本
        pageContext.getOut().print(message);

      }catch (Exception e) {
        throw new JspTagException(e);
      }

      return EVAL_PAGE;
    }
  }
```

MessageTag 类包含一个成员变量 key，它与<message>标签的属性 key 对应。在 MessageTag 中定义了 getKey()和 setKey()方法：

```
private String key=null;
public String getKey(){  return this.key; }
public void setKey(String key){  this.key=key; }
```

LoadServlet 的 init()方法把 Properties 对象保存在 Web 应用范围内。在 MessageTag 的 doEndTag()方法中，首先从 Web 应用范围内读取包含静态文本的 Properties 对象：

```
Properties ps=(Properties)pageContext.getAttribute(
          "ps",pageContext.APPLICATION_SCOPE);
Properties ps_ch=(Properties)pageContext.getAttribute(
          "ps_ch",pageContext.APPLICATION_SCOPE);
```

在 MessageTag 的 doEndTag()方法中，接着从会话范围内读取当前客户使用的语言：

```
HttpSession session=pageContext.getSession();
String language=(String)session.getAttribute("language");
```

然后根据客户使用的语言，选择相应的 Properties 对象，再从中读取 key 对应的静态文本。如果用户选择的是中文语言，还要进行字符编码转换处理。Properties 对象通过 InputStream 流装载文件时，按照 ISO-8859-1 编码来读取数据，因此，应该把从 Properties 对象中取出的静态文本转换为中文编码 GB2312。

```
String message=null;
if(language!=null && language.equals("Chinese")){
  message=(String)ps_ch.get(key);
  message=new String(message.getBytes("ISO-8859-1"),"GB2312");
}else{
  message=(String)ps.get(key);
}

pageContext.getOut().print(message); //打印静态文本
```

13.3.2　创建标签库描述文件

标签库描述文件（Tag Library Descriptor，简称 TLD），采用 XML 文件格式，对标签库以及库中的标签做了描述。TLD 文件中的元素可以分为 3 类：

- <taglib>：标签库元素
- <tag>：标签元素
- <attribute>：标签属性元素

1．标签库元素<taglib>

标签库元素<taglib>用来设定标签库的相关信息，它的子元素说明参见表 13-2。

表 13-2　<taglib>元素的子元素

子元素	描　述
tlib-version	指定标签库的版本
jsp-version	指定 JSP 的版本
short-name	指定标签库默认的前缀名（prefix）
uri	设定标签库的唯一访问标识符
info	设定标签库的说明信息

2．标签元素<tag>

标签元素<tag>元素用来定义一个标签，它的子元素说明参见表 13-3。

表 13-3　<tag>元素的子元素

子元素	描　述
Name	设定标签的名字
tag-class	设定 Tag 的处理类
body-content	设定标签主体的类型
Info	设定标签的说明信息

以上<tag>元素的<body-content>子元素用于设定标签主体的类型，可选值包括：

- empty：标签主体为空。

- scriptless：标签主体不为空，并且包含 JSP 的 EL 表达式和动作元素，但不能包含 JSP 的脚本元素。所谓动作元素是指<jsp:include>和<jsp:forward>等以“jsp”作为前缀的 JSP 内置标签。所谓脚本元素是指“<%!和%>”、“<%和%>”和“<%=和%>”这三种以“<%”开头的 JSP 标记。
- jsp：标签主体不为空，并且包含 JSP 代码。JSP 代码中可包含 EL 表达式、动作元素和脚本元素。<body-content>子元素的 scriptless 可选值与 jsp 可选值的区别在于：前者不能包含 JSP 的脚本元素。
- tagdependant：标签主体不为空，并且标签主体内容由标签处理类来解析和处理。标签主体的所有代码都会原封不动地传给标签处理类，而不是把标签主体的执行结果传给标签处理类。假定用户定义了一个<sql:query>标签，它的<body-content>元素的值为 tagdependent。以下 JSP 代码使用了<sql:query >标签：

```
<sql:query >
 select * from MemberDB where ID<10
</sql:query >
```

这段代码中的标签主体为一个 SQL 语句，它将由<sql:query>标签的处理类来处理，负责执行这个 SQL 语句。

3．标签属性元素<attribute>

标签属性元素<attribute>用来描述标签的属性，<attribute>元素的子元素说明参见表 13-4。

表 13-4　<attribute>元素的子元素

子元素	描　述
name	属性名称
required	属性是否是必须的。默认为 false
rtexprvalue	属性值是否可以为基于“<%=和%>”形式的 Java 表达式或者 EL 表达式

<attribute>元素中包括一个<rtexprvalue>子元素，如果取值为 true，表示标签的属性可以为普通的字符串，或者基于“<%=和%>”形式的 Java 表达式以及 EL 表达式；如果为 false，表示标签的属性只能为普通的字符串。例如对于以下 mytag 标签，它的 num 属性就是一个 Java 表达式，因此在 TLD 文件中定义 mytag 标签的 num 属性时，应该把<rtexprvalue>子元素设为 true：

```
<% int num=1; %>
<prefix:mytag num="<%= num %>" />
```

提示

“rtexprvalue”是“runtime expression value”缩写，表示运行时表达式，包括基于“<%=和%>”形式的 Java 表达式以及 EL 表达式。

下面将创建 TLD 文件，名为 mytaglib.tld。在这个文件中定义了 uri 为“/mytaglib”的标签库，本章创建的所有标签都位于这个标签库中。例程 13-6 是 mytaglib.tld 文件的源代码，它定义了一个名为 message 的标签，这个标签有一个名为 key 的属性。本章后文还会向 mytaglib.tld 文件中加入其他范例标签的定义代码。

例程 13-6　mytaglib.tld

```
<?xml version="1.0" encoding="ISO-8859-1" ?>
<!DOCTYPE taglib
      PUBLIC "-//Sun Microsystems, Inc.//DTD JSP Tag Library 1.1//EN"
    "http://java.sun.com/j2ee/dtds/web-jsptaglibrary_1_1.dtd">

<!-- a tag library descriptor -->

<taglib>
  <tlib-version>1.1</tlib-version>
  <jsp-version>2.4</jsp-version>
  <short-name>mytaglib</short-name>
  <uri>/mytaglib</uri>

  <tag>
    <name>message</name>
    <tag-class>mypack.MessageTag</tag-class>
    <body-content>empty</body-content>
    <info>produce message by key</info>
    <attribute>
      <name>key</name>
      <required>true</required>
    </attribute>
  </tag>
</taglib>
```

由于<message>标签的主体为空，因此以上<body-content>子元素的值为“empty”。在 JSP 文件中使用<message>标签时，必须为标签设置 key 属性，因此<attribute>元素的<required>子元素的值为“true”。例如在以下 JSP 代码中，<mm:message key="hello.hi" />是合法的，而<mm:message/>是不合法的。

```
<mm:message key="hello.hi" />:${param.username}
<mm:message />:${param.username}
```

13.3.3　在 Web 应用中使用标签

如果 Web 应用中用到了特定标签库中的自定义标签，则应该在 web.xml 文件中加入<taglib>元素，它用于声明所引用的标签库：

```
<taglib>
   <taglib-uri>/mytaglib</taglib-uri>
   <taglib-location>/WEB-INF/mytaglib.tld</taglib-location>
</taglib>
```

<taglib>元素中的子元素描述参见表 13-5。

表 13-5 <taglib>元素的子元素

子元素	说 明
<taglib-uri>	指定标签库的惟一标识符，在 Web 应用中将根据这一标识符来引用标签库
<taglib-location>	指定标签库的 TLD 文件的位置

在 JSP 文件中需要通过<%@ taglib>指令来声明对标签库的引用，例如：

```
<%@ taglib uri="/mytaglib" prefix="mm" %>
```

以上<%@ taglib>指令中的 uri 属性用来指定标签库的标识符，它和 web.xml 中的<taglib-uri>元素的值保持一致。prefix 属性表示在 JSP 文件中引用这个标签库中的标签的前缀，例如，以下代码表示引用 mytaglib 标签库中的<message>标签：

```
<title><mm:message key="hello.title" /></title>
```

提示

在 Web 应用中引入标签库实际上有两种方式，除了按照本章介绍的方式在 web.xml 文件中声明引入的标签库，还可以直接使用第三方提供的标签库的符合特定规范的 JAR 打包文件。本书第 15 章的 15.1 节（使用第三方提供的标签库的步骤）对此做了详细介绍。

下面在 helloapp 应用中加入三个负责产生网页的文件：index.htm、login.jsp 和 hello.jsp，它们之间的链接关系为：index.htm→login.jsp→hello.jsp。这三个文件组成了一个小小的支持中文和英文两个版本的 Web 应用。

1．创建 index.htm

在 index.htm 文件中提供了中文和英文版本的链接，参见例程 13-7。

例程 13-7 index.htm

```
<html>
<head><title>helloapp</title></head>
<body>
<p><font size="7">Welcome to HelloApp</font></p>
<p><a href="login.jsp?language=English">English version </a>
<p><a href="login.jsp?language=Chinese">Chinese version </a>
</body>
</html>
```

2．创建 login.jsp

在 login.jsp 中，先读取表示客户选择的语言种类的 language 请求参数，并把它作为 language 属性保存在会话范围内。然后用<mm:message>标签来产生网页中所有的静态文本。例程 13-8 是 login.jsp 文件的代码。

例程 13-8 login.jsp

```
<%@ page contentType="text/html; charset=UTF-8" %>
<%@ taglib uri="/mytaglib" prefix="mm" %>
<html>

 <% String language=request.getParameter("language");
     if(language==null)language="English";
     session.setAttribute("language",language);
```

```
%>
<head>
 <title><mm:message key="login.title" /></title>
</head>
<body>
<br>
<form name="loginForm" method="post" action="hello.jsp">
<table>
<tr>
<td><div align="right">
<mm:message key="login.user" />:
</div></td>
<td> <input type="text" name="username"></td>
</tr>
<tr>
<td><div align="right">
<mm:message key="login.password" />:
</div></td>
<td><input type="password" name="password"></td>
</tr>
<tr>
<td></td>
<td>
<input type="Submit" name="Submit"
     value=<mm:message key="login.submit" /> >
</td>
</tr>
</table>
</form>
</body>
</html>
```

login.jsp 以及 hello.jsp 都采用 UTF-8 字符编码：

```
<%@ page contentType="text/html; charset=UTF-8" %>
```

UTF-8 是一种支持多国语言的通用字符编码，包含了对英文和中文字符的编码。

3．创建 hello.jsp

hello.jsp 用<mm:message>标签来产生网页中所有的静态文本。hello.jsp 的源代码参见本章 13.3 节的例程 13-3。

13.3.4　发布支持中、英文版本的 helloapp 应用

下面，按以下步骤发布并运行加入了 message 标签的 helloapp 应用。

（1）编译 MessageTag.java 和 LoadServlet.java，编译时需要将 servlet-api.jar 和 jsp-api.jar 文件添加到 classpath 中，这两个 JAR 文件都位于<CATALINA_HOME>/lib 目录下。编译后生成的类的存放位置为：

```
<CATALINA_HOME>/webapps/helloapp/WEB-INF/classes
                    /mypack/MessageTag.class
<CATALINA_HOME>/webapps/helloapp/WEB-INF/classes
```

```
                /mypack/LoadServlet.class
```

（2）将 messageresource.properties 文件和 messageresource_ch.properties 文件复制到 <CATALINA_HOME>/webapps/helloapp/WEB-INF 目录下。

（3）创建 mytaglib.tld 文件（参见 13.3.2 节例程 13-6），它的存放位置为：

```
<CATALINA_HOME>/webapps/helloapp/WEB-INF/mytaglib.tld
```

（4）在 web.xml 文件中加入<taglib>元素，修改后的 web.xml 文件如下：

```
<?xml version="1.0" encoding="UTF-8"?>

<web-app xmlns="http://xmlns.jcp.org/xml/ns/javaee"
  xmlns:xsi="http://www.w3.org/2001/XMLSchema-instance"
  xsi:schemaLocation="http://xmlns.jcp.org/xml/ns/javaee
     http://xmlns.jcp.org/xml/ns/javaee/web-app_4_0.xsd"
  version="4.0" >

  <servlet>
    <servlet-name>load</servlet-name>
    <servlet-class>mypack.LoadServlet</servlet-class>
    <load-on-startup>1</load-on-startup>
  </servlet>

  <servlet-mapping>
    <servlet-name>load</servlet-name>
    <url-pattern>/load</url-pattern>
  </servlet-mapping>

  <welcome-file-list>
    <welcome-file>index.htm </welcome-file>
  </welcome-file-list>

  <jsp-config>
    <taglib>
      <taglib-uri>/mytaglib</taglib-uri>
      <taglib-location>/WEB-INF/mytaglib.tld</taglib-location>
    </taglib>
  </jsp-config>

</web-app>
```

（5）按本章 13.3.3 节的相关内容创建 index.htm、login.jsp 和 hello.jsp 文件，它们都位于 helloapp 根目录下。

（6）启动 Tomcat 服务器，访问 http://localhost:8080/helloapp/index.htm，生成的网页如图 13-6 所示。

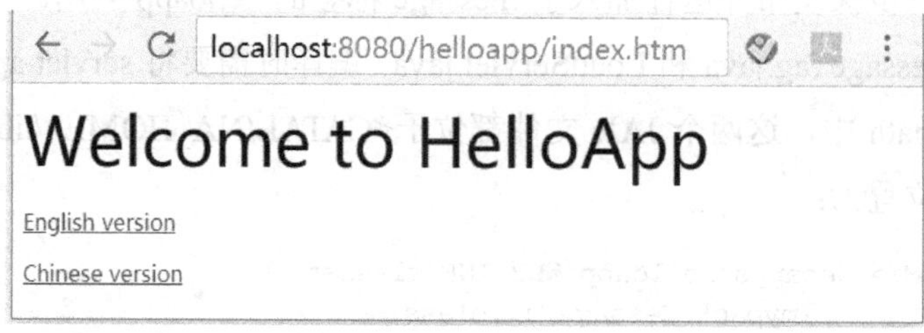

图 13-6　index.htm 网页

（7）在 index.htm 网页上选择“Chinese version”链接，进入 login.jsp 页面，此时会看到 login.jsp 的标题以及网页上的内容均为中文，如图 13-7 所示。

图 13-7　中文版本的 login.jsp 网页

（8）在 login.jsp 中输入用户名和口令，然后单击【提交】按钮，此时客户请求由 hello.jsp 来处理，会看到 hello.jsp 网页的标题和网页内容均为中文，如图 13-8 所示。

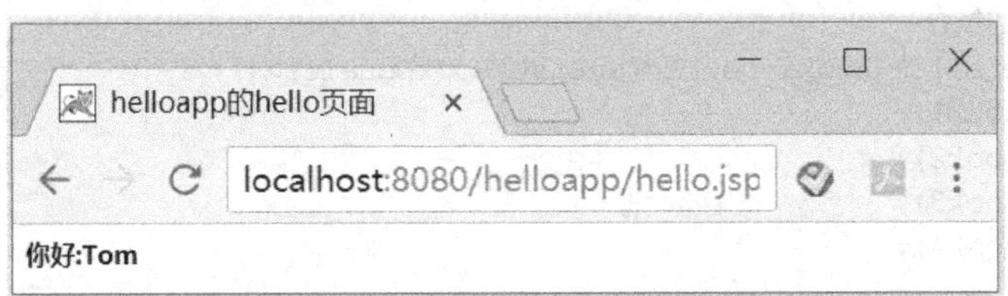

图 13-8　中文版本的 hello.jsp 网页

如果希望当 username 请求参数为中文时，hello.jsp 能正确地显示中文用户名，可以参考本书第 12 章的 12.3 节介绍的定义 EL 函数的步骤，定义一个 convert()函数，它能对字符串进行字符编码转换：

```
public static String convert(String str,
              String encodeFrom,String encodeTo){
  try{
    new String(str.getBytes(encodeFrom),encodeTo);
  }catch(Exception e){return "";}
}
```

然后在 hello.jsp 中把 ${param.username} 改为：${mm:convert(param.username, "ISO-8859-1","UTF-8")}。

（9）再次访问 http://localhost:8080/helloapp/index.htm，这次选择“English version”链接，接下来会看到 login.jsp 和 hello.jsp 的输出网页均为英文。

在本书配套源代码包的 sourcecode/chapter13/helloapp 目录下提供了包含以上所有文件的 helloapp 应用。如果要发布这个应用，只要把整个 helloapp 应用复制到<CATALINA_HOME>/webapps 目录下即可。

13.4　iterate 标签范例（重复执行标签主体）

JSP 网页常常需要显示集合中的批量数据。例如例程 13-9 的 iterate0.jsp 利用传统的基于“<% 和 %>”形式的 Java 程序片段，把 books 集合中的所有书的信息输出到网页上。

例程 13-9 iterate0.jsp

```
<%@page contentType="text/html; charset=GB2312" %>
<%@page import="mypack.BookDetails" %>
<%@page import="java.util.*" %>
<%
  BookDetails book1=new BookDetails("201", "孙卫琴",
      "Java 面向对象编程", 65, 2006,
      "让读者由浅入深掌握 Java 语言", 20000);
  BookDetails book2=new BookDetails("202", "孙卫琴",
     "精通 Struts", 49, 2004, "真的很棒", 80000);
  BookDetails book3=new BookDetails("203", "孙卫琴",
     "Tomcat 与 Java Web 开发技术详解", 45, 2004,
     "关于 Java Web 开发的最畅销书", 40000);
  BookDetails book4=new BookDetails("204", "孙卫琴",
     "Java 网络编程精解",55, 2007, "很值得一看", 20000);

  //创建待显示的集合
  List<BookDetails> books=new ArrayList<BookDetails>();
  books.add(book1);
  books.add(book2);
  books.add(book3);
  books.add(book4);
%>

<html><head><title>booklist</title></head>
<body>
  <table border="1">
    <caption><b>书的信息</b></caption>
    <tr>
      <th>作者</th>    <th>书名</th>
      <th>价格</th>    <th>读者评价</th>
    </tr>
    <%
      for(int i=0;i<books.size();i++){
        BookDetails book=(BookDetails)books.get(i);
        pageContext.setAttribute("book",book,PageContext.PAGE_SCOPE);
    %>
      <tr>
        <td>${book.name}</td>
        <td>${book.title}</td>
        <td>${book.price}</td>
        <td>${book.description}</td>
      </tr>
    <% } %>
  </table>
</body></html>
```

通过浏览器访问 http://localhost:8080/helloapp/iterate0.jsp，会得到如图 13-9 所示的网页。

例程 13-9 中 iterate0.jsp 中的 Java 程序片段通过 for 循环来遍历 books 集合中的 BookDetails 对象，每读取一个 BookDetails 对象，就把它存放在页面范围内，属性名为“book”。位于 for 循环体中的 JSP 代码通过 EL 表达式${book.name}和${book.title}等来输出书的详细信息。

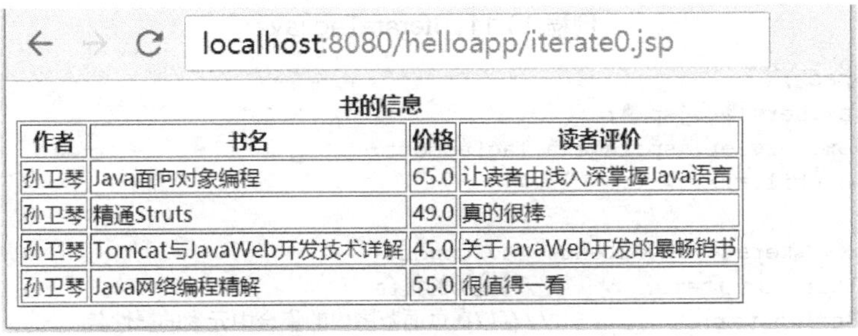

localhost:8080/helloapp/iterate0.jsp

书的信息

作者	书名	价格	读者评价
孙卫琴	Java面向对象编程	65.0	让读者由浅入深掌握Java语言
孙卫琴	精通Struts	49.0	真的很棒
孙卫琴	Tomcat与JavaWeb开发技术详解	45.0	关于JavaWeb开发的最畅销书
孙卫琴	Java网络编程精解	55.0	很值得一看

图 13-9　iterate0.jsp 生成的网页

下面将创建一个 iterate 标签，它能和以上 for 循环完成相似的功能。在例程 13-10 的 iterate.jsp 中就通过 iterate 标签来遍历 books 集合中的所有 BookDetails 对象。iterate.jsp 生成的网页和 iterate0.jsp 完全相同。比较 iterate.jsp 和 iterate0.jsp 的代码，不难看出，使用 iterate 标签能使 JSP 代码更加简洁，提高可读性。

例程 13-10　iterate.jsp

```
<%@page contentType="text/html; charset=GB2312" %>
<%@taglib uri="/mytaglib" prefix="mm" %>
<%@page import="mypack.BookDetails" %>
<%@page import="java.util.*" %>
<%  //与iterate0.jsp 的代码相同
  …
%>

<html><head><title>booklist</title></head>
<body>
  <table border="1">
    <caption><b>书的信息</b></caption>
    <tr>
      <th>作者</th> <th>书名</th>
      <th>价格</th> <th>读者评价</th>
    </tr>
    <mm:iterate var="book" items="<%=books%>">
      <tr>
        <td>${book.name}</td>
        <td>${book.title}</td>
        <td>${book.price}</td>
        <td>${book.description}</td>
      </tr>
    </mm:iterate>
  </table>
</body></html>
```

iterate 标签有两个属性：

- var：指定存放在页面范围内的元素的属性名，此处为“book”，就意味着 iterate 标签的处理类每次从集合中读取一个元素后，会把这个元素存放在页面范围内，属性名为“book”。
- items：表示待遍历访问的集合，此处为 books 集合。

iterate 标签的处理类为 IterateTag 类，例程 13-11 是它的源代码。

例程 13-11 IterateTag.java

```
package mypack;
import javax.servlet.jsp.*;
import javax.servlet.jsp.tagext.TagSupport;
import java.util.*;

public class IterateTag extends TagSupport{
  private Iterator items;        //待遍历的集合
  private String var;            //存放在页面范围内的集合中元素的属性名
  private Object item;           //集合中的一个元素

  public void setItems(Collection items){
    if(items.size()>0)
      this.items=items.iterator();
  }

  public void setVar(String var){
    this.var=var;
  }

  public int doStartTag()throws JspException{
    if(items.hasNext()){
      item=items.next();         //从集合中读取一个元素
      saveItem();                //把元素存放在页面范围内
      return EVAL_BODY_INCLUDE;
    }else{
      return SKIP_BODY;
    }

  }

  public int doAfterBody()throws JspException{
    //如果集合中还有元素，就把元素存放在页面范围内，再重复执行标签主体
    if(items.hasNext()){
      item=items.next();
      saveItem();
      return EVAL_BODY_AGAIN;
    }else{
      return SKIP_BODY;
    }
  }

  /**如果元素不为null，就把它存放在页面范围内 */
  private void saveItem(){
    if(item==null)
      pageContext.removeAttribute(var,PageContext.PAGE_SCOPE);
    else
      pageContext.setAttribute(var,item);
  }
}
```

当 Servlet 容器处理 iterate.jsp 中的 iterate 标签时，运行 IterateTag 对象的主要流程如下：

（1）调用 setPageContext()、setParent()、setVar()和 setItems()方法。

（2）调用 doStartTag()方法，由于 items 枚举对象不为空，因此取出一个元素（BookDetails

对象），把它存放在页面范围内，属性名为 var 变量的值“book”。

（3）执行标签主体，打印页面范围内的名为“book”的 BookDetails 对象的 name 和 title 等属性。

（4）执行 doAfterBody()方法，由于 items 枚举对象不为空，因此取出一个元素（BookDetails 对象），把它存放在页面范围内，属性名为 var 变量的值“book”。

（5）重复执行标签主体和 doAfterBody()方法，直到 items 枚举对象为空。

值的注意的是，为了简化 IterateTag 类的程序代码，它的 items 成员变量为 java.util.Iterator 类型，通过它来遍历集合比较方便。

在 mytaglib.tld 文件中，iterate 标签的定义代码如下：

```
<tag>
  <name>iterate</name>
  <tag-class>mypack.IterateTag</tag-class>
  <body-content>jsp</body-content>
  <attribute>
    <name>var</name>
    <required>true</required>
    <rtexprvalue>false</rtexprvalue>
  </attribute>

  <attribute>
    <name>items</name>
    <required>true</required>
    <rtexprvalue>true</rtexprvalue>
  </attribute>
</tag>
```

由于 iterate 标签的主体中包含如${book.name}等 JSP 代码，因此把<body-content>元素设为“jsp”。此外，由于 iterate 标签的 items 属性的值是一个基于“<%= 和 %>”形式的 Java 表达式，因此它的相应<rtexprvalue>子元素的值为 true。

13.5　greet 标签范例（访问标签主体内容）

例程 13-12 的 greet0.jsp 读取请求参数 username，然后把要输出的结果先放在 StringBuffer 类型的 buffer 缓存中。接下来判断 username 的值是否为“Monster”，如果满足条件，就输出“Go away,Monster!”，否则就输出 buffer 中的字符串数据。

例程 13-12　greet0.jsp

```
<%@page contentType="text/html; charset=GB2312" %>
<%@taglib uri="/mytaglib" prefix="mm" %>

<html><head><title>greet</title></head>
<body>
<% int size=3; %>
<% int count=3;
```

```
String username=request.getParameter("username");
StringBuffer buffer=new StringBuffer();

//准备buffer缓存中的数据
for(int i=0;i<count;i++){
  buffer.append("<font size='"+(size++)+"'>"+"\r\n");
  buffer.append("Hi,"+username+"<br>"+"\r\n");
  buffer.append("</font>"+"\r\n");
}

System.out.println(buffer);

//如果用户名为“Monster”，就打印“Go away,Monster!”，
//否则就打印buffer缓存中的数据。
if(username!=null && username.equals("Monster")){
%>
  Go away,Monster!
<%}else{%>
  <%=buffer %>
<%}%>

</body></html>
```

通过浏览器访问 http://localhost:8080/helloapp/greet0.jsp?username=Tom，将得到如图 13-10 所示的网页。

localhost:8080/helloapp/greet0.jsp?username=Tom

Hi,Tom
Hi,Tom
Hi,Tom

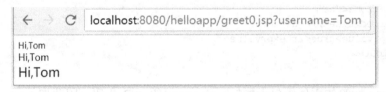

图 13-10　当用户名为“Tom”时 greet0.jsp 生成的网页

从图 13-10 可以看出，字符串“Hi,Tom”被用不同的字体重复显示了三次。在 Tomcat 控制台会输出 buffer 缓存中的数据：

```
<font size='3'>
Hi,Tom<br>
</font>
<font size='4'>
Hi,Tom<br>
</font>
<font size='5'>
Hi,Tom<br>
</font>
```

如果通过浏览器访问 http://localhost:8080/helloapp/greet0.jsp?username=Monster，将得到如图 13-11 所示的网页。

图 13-11　当用户名为“Monster”时 greet0.jsp 生成的网页

下面将创建一个 greet 标签，它能和 greet0.jsp 中的程序代码完成相似的功能。在例程 13-13 的 greet.jsp 中使用了 greet 标签。greet.jsp 生成的网页和 greet0.jsp 完全相同。通过浏览器访问 http://localhost:8080/helloapp/greet.jsp?username=Tom，将得到如图 13-10 所示的网页。通过浏览器访问 http://localhost:8080/helloapp/greet.jsp?username=Monster，将得到如图 13-11 所示的网页。比较 greet.jsp 和 greet0.jsp 的代码，不难看出，使用 greet 标签能使 JSP 代码更加简洁，提高可读性。

例程 13-13 greet.jsp

```
<%@page contentType="text/html; charset=GB2312" %>
<%@taglib uri="/mytaglib" prefix="mm" %>

<html><head><title>greet</title></head>
<body>
<% int size=3; %>

  <mm:greet count="3">
    <font size="<%=size++ %>">
      Hi,${param.username} <br>
    </font>
  </mm:greet>
</body></html>
```

greet 标签有一个 count 属性，它决定了重复执行标签主体的次数。greet 标签的处理类为 GreetTag 类，例程 13-14 是它的源代码。GreetTag 类继承了 BodyTagSupport 类，具有以下功能：

- 重复执行标签主体。
- 访问存放在 BodyContent 对象中的标签主体的执行结果。

例程 13-14 GreetTag.java

```
package mypack;
import javax.servlet.jsp.*;
import javax.servlet.jsp.tagext.*;
import java.io.IOException;

public class GreetTag extends BodyTagSupport{
  private int count; //表示循环次数
  private String username; //表示请求参数 username
  public void setCount(int count){
    this.count=count;
  }

  public int doStartTag()throws JspException{
    System.out.println("call doStartTag()");

    if(count>0){
      return EVAL_BODY_BUFFERED;
    }else{
      return SKIP_BODY;
    }
  }
```

```
public void setBodyContent(BodyContent bc){
  System.out.println("call setBodyContent()");
  super.setBodyContent(bc);
 }

public void doInitBody()throws JspException{
  System.out.println("call doInitBody()");
  username=pageContext.getRequest().getParameter("username");
 }

public int doAfterBody()throws JspException{
  System.out.println("call doAfterBody()");

  if(count>1){
   count--;
   return EVAL_BODY_AGAIN;
  }else{
   return SKIP_BODY;
  }
 }

public int doEndTag()throws JspException{
  System.out.println("call doEndTag()");
  JspWriter out=bodyContent.getEnclosingWriter();
  try{
   String content=bodyContent.getString(); //得到标签主体的执行结果
   System.out.println(bodyContent.getString());

   //修改标签主体的执行结果
   if(username!=null && username.equals("Monster")){
    content="Go away,Monster!" ;
   }

   out.println(content); //向客户端打印标签主体的执行结果

  }catch(IOException e){e.printStackTrace();}

  return EVAL_PAGE;
 }
}
```

当 Servlet 容器处理 greet.jsp 中的 greet 标签时，运行 GreetTag 对象的主要流程如下：

（1）调用 setPageContext()、setParent()和 setCount()方法。

（2）调用 doStartTag()方法，由于 count 属性大于 0，因此返回 EVAL_BODY_BUFFERED。

（3）调用 setBodyContent()和 doInitBody()方法。

（4）执行标签主体，把标签主体的执行结果缓存在 BodyContent 对象中。

（5）执行 doAfterBody()方法，由于 count 属性大于 1，返回 EVAL_BODY_AGAIN。

（6）重复执行标签主体和 doAfterBody()方法，直到 count 属性不再大于 1。

（7）调用 doEndTag()方法，读取 username 请求参数，如果 username 为“Monster”，就向客户端输出"Go away,Monster!"，否则就输出在 BodyContent 对象的缓存中的数据。

通过浏览器访问 http://localhost:8080/helloapp/greet.jsp?username=Tom 时，在 Tomcat 控制台会输出如下数据：

```
call doStartTag()
call setBodyContent()
call doInitBody()
call doAfterBody()
call doAfterBody()
call doAfterBody()
call doEndTag()

<font size="3">
 Hi,Tom <br>
</font>

<font size="4">
 Hi,Tom <br>
</font>

<font size="5">
 Hi,Tom <br>
</font>
```

以上打印结果显示了 Servlet 容器调用 GreetTag 对象的各个方法的流程，其中 doAfterBody()方法调用了三次。以上粗体字部分为三次重复执行标签主体的结果，这些结果都先存放在 BodyContent 对象中。最后由 doEndTag()方法一次性地把 BodyContent 对象中的数据全部输出到客户端。

在 mytaglib.tld 文件中，greet 标签的定义代码如下：

```
<tag>
  <name>greet</name>
  <tag-class>mypack.GreetTag</tag-class>
  <body-content>jsp</body-content>
  <attribute>
    <name>count</name>
    <required>true</required>
    <rtexprvalue>false</rtexprvalue>
  </attribute>
</tag>
```

由于 greet 标签的主体中包含如${param.username}等 JSP 代码，因此把<body-content>元素设为“jsp”。

13.6　小结

在 JSP 文件中使用自定义标签，具有以下优点：

- 使 JSP 代码更加简洁，易于维护。
- 把 Java 程序代码从 JSP 文件中分离出去。

- 自定义标签可以被重复使用，这意味着标签处理类中的程序代码具有较高的可重用性。

Servlet 容器执行 JSP 文件时，如果遇到自定义标签，就会调用这个标签的处理类的相关方法。标签处理类可以继承 javax.servlet.jsp.TagSupport 类或者 javax.servlet.jsp.BodyTagSupport。

TagSupport 类提供了以下处理标签的方法：

- doStartTag()：当 Servlet 容器遇到标签起始标志时调用此方法。
- doAfterBody()：当 Servlet 容器执行完标签主体后调用此方法。
- doEndTag()：当 Servlet 容器遇到标签结束标志时调用此方法。

Servlet 容器在调用 TagSupport 标签处理对象的 doStartTag()方法之前，会先调用 setPageContext()、setParent()和用于设置标签属性的一系列 set 方法，从而向标签处理对象传递以下资源：

- pageContext 对象：这是当前标签处理对象的得力助手，可通过它来访问各种范围内的共享数据。
- 父标签的处理对象：当前标签处理对象可通过它来与父标签通信。
- 标签的属性：当前标签处理对象可通过它来获取 JSP 文件中标签的特定属性的值。

BodyTagSupport 类是 TagSupport 类的子类，除了继承了 TagSupport 类中的方法，还定义了以下处理标签的方法：

- setBodyContent() 方法：Servlet 容器在准备执行标签主体之前，会先调用 setBodyContent()方法，向标签处理对象传递一个 BodyContent 对象，它用于缓存标签主体执行结果。标签处理对象可通过 BodyContent 对象的 getString()方法来获取字符串形式的标签主体执行结果。
- doInitBody()：当 Servlet 容器调用完 setBodyContent()方法后，在准备执行标签主体之前调用此方法。

13.7 思考题

1．在继承了 TagSupport 类的标签处理类中，如何访问会话范围内的属性名为“cart”的 ShoppingCart 对象？（多选）

（a）在 TagSupport 类中定义了 session 成员变量，直接调用它的 getAttribute("cart")方法即可。

（b）在 TagSupport 类中定义了 pageContext 成员变量，先通过它的 getSession()方法获得当前的 HttpSession 对象，再调用 HttpSession 对象的 getAttribute("cart")方法。

（c）在 TagSupport 类中定义了 pageContext 成员变量，调用它的 pageContext.getAttribute ("cart",PageContext.SESSION_SCOPE)方法。

（d）采用 EL 表达式${sessionScope.cart}

2．在下面的选项中，哪些是 BodyTagSupport 类的 doStartTag()方法的有效返回值？（多选）

（a）BodyTagSupport.SKIP_BODY

（b）BodyTagSupport.EVAL_BODY_BUFFERED

（c）BodyTagSupport.EVAL_BODY_INCLUDE

（d）BodyTagSupport.EVAL_PAGE

3．标签处理类的 doStartTag()方法以及 doEndTag()方法由谁调用？（单选）

（a）JSP 文件中的 Java 程序片段　　（b）HttpServletResponse 类

（c）ServletContext 类　　（d）Servlet 容器

4．当 Servlet 容器准备调用 BodyTagSupport 类的 doStartTag()方法时，会先调用以下哪些方法？（多选）

（a）setPageContext()　　（b）setBodyContent()

（c）doInitBody()　　（d）setParent()

5．一个标签的处理类继承了 BodyTagSupport 类，当 Servlet 容器准备执行这个标签的主体时，会先调用标签处理类的以下哪些方法？（多选）

（a）doAfterBody()　　（b）setBodyContent()

（c）doInitBody()　　（d）doEndTag()

6．以下哪个选项会使得 Servlet 容器重复执行标签主体？（单选）

（a）doAfterBody()方法返回 EVAL_BODY_AGAIN

（b）doInitBody()方法返回 EVAL_BODY_INCLUDE

（c）doBeginTag()方法返回 EVAL_BODY_BUFFERED

（d）doEndTag()方法返回 EVAL_PAGE

7．在一个 JSP 文件中按如下方式使用 hello 标签：

```
<% int count=3 %>
<mm:greet count="<%=count %>">
  <font size="4">
   Hi,${param.username} <br>
  </font>
</mm:greet>
```

在 hello 标签所在的标签库的 TLD 文件中，应该怎样定义 hello 标签？（单选）

（a）

```
<tag>
  <name>hello</name>
```

```
    <tag-class>mypack.HelloTag</tag-class>
    <body-content>empty</body-content>
  </tag>
```

（b）

```
  <tag>
    <name>hello</name>
    <tag-class>mypack.HelloTag</tag-class>
    <body-content>jsp</body-content>
    <attribute>
      <name>count</name>
      <required>true</required>
      <rtexprvalue>true</rtexprvalue>
    </attribute>
  </tag>
```

（c）

```
  <tag>
    <name>hello</name>
    <tag-class>mypack.HelloTag</tag-class>
    <body-content>jsp</body-content>
    <attribute>
      <name>count</name>
      <required>true</required>
      <rtexprvalue>false</rtexprvalue>
    </attribute>
  </tag>
```

（d）

```
  <tag>
    <name>hello</name>
    <tag-class>mypack.HelloTag</tag-class>
    <body-content>jsp</body-content>
  </tag>
```

8．关于标签处理对象的生命周期，以下哪个说法正确？（单选）

（a）每次当 Servlet 容器执行 JSP 文件中的自定义标签时，会先创建相应的标签处理对象。

（b）当 Web 应用启动时，Servlet 容器会为所有 JSP 文件中的自定义标签创建相应的标签处理对象。

（c）当 Web 应用终止时，Servlet 容器会销毁属于这个 Web 应用的所有标签处理对象。

（d）每次当 Servlet 容器执行完 JSP 文件中的自定义标签后，会销毁相应的标签处理对象。

参考答案

1．b,c　2．a,b,c　3．d　4．a,d　5．b,c　6．a　7．b　8．c

第 14 章　采用模板设计网上书店应用

在设计网站时，常常希望所有的网页保持同样的风格。本章以第 7 章介绍的 bookstore 应用为例，介绍如何通过自定义 JSP 标签来为网站设计模板，所有在客户端展示的网页都通过模板来生成。采用这种办法来设计大型网站，可以提高网站的开发效率，使网页便于维护。假如网页的风格出现需求变更，不需要修改所有的网页，只要修改模板即可。通过本章内容，读者可以掌握开发嵌套的自定义 JSP 标签的技术。

在实际运用中，开发 Java Web 应用会运用现成的框架软件（如 Spring），通常不需要从头设计模板。不过，本章的范例可以帮助读者了解为网站设计模板的原理，从而能更加容易地掌握现成的框架软件的用法。

14.1　如何设计网站的模板

在设计网站的模板时，首先应该找出所有网页在结构和内容上的相同之处，然后把这些相同之处定义在模板中，模板本身也常常是个 JSP 文件。在 bookstore 应用中，所有在客户端展示的网页都采用如下结构：

```
<html>
<head>
<title>
      <!-- title -->
</title>
</head>
<body>
      <!-- banner -->
      <!-- body -->
</body>
</html>
```

这些网页都包含 title、banner 和 body 三部分，通过 template.jsp 文件来定义这个基本模板。当客户请求某个网页时，template.jsp 文件中的自定义标签可以根据客户的请求，把具体的 title、banner 和 body 内容填充进去，生成客户所需的网页。

所有的客户请求都由 DispatcherServlet 类来处理，它把客户请求的具体 URL 保存在请求范围内，再把客户请求转发给 template.jsp，template.jsp 从请求范围内读取客户请求的 URL，然后根据客户请求生成相应的网页。

当客户请求查看购物车内容时，服务器端的流程如图 14-1 所示。DispatcherServlet 将客户请求转发给 template.jsp，template.jsp 根据客户请求把相应的 title、banner.jsp 和 showcart.jsp 填充到模板中，生成客户需要的网页。

对 bookstore 应用进行模板设计，包含以下内容：

- 创建负责流程控制的 Servlet：DispatcherServlet。
- 创建模板标签和模板 JSP 文件。这里将创建 4 个标签：<definition>、<screen>、<insert>和<parameter>。template.jsp 和 screendefinitions.jsp 用来生成所有网页的模板。
- 修改 bookstore 应用中原有的 JSP 文件，使它们仅负责生成模板中 body 部分的内容。

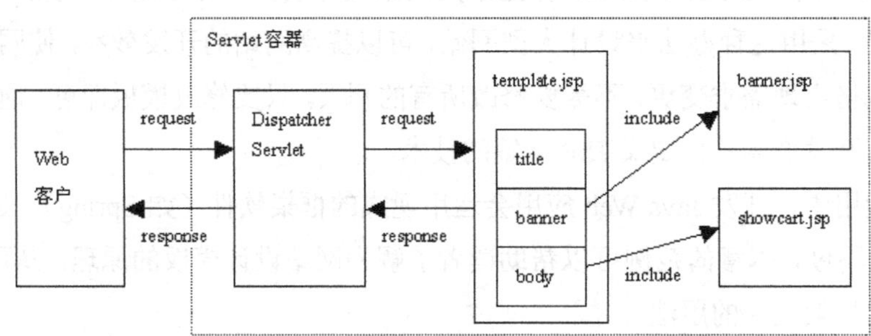

图 14-1　客户请求查看购物车内容时服务器端的流程

14.2　创建负责流程控制的 Servlet

所有的客户请求都由 DispatcherServlet 类来处理，它把客户请求的 URL 作为 selectedScreen 属性存放在请求范围内，然后再把请求转发给 template.jsp。template.jsp 文件中的自定义标签再从请求范围内读取 selectedScreen 属性，把具体的 title、banner 和 body 内容填充进去，生成客户需要的网页。DispatcherServlet 类的源程序如下：

```
package mypack;
import javax.servlet.*;
import javax.servlet.http.*;
import java.util.*;

public class DispatcherServlet extends HttpServlet {
  public void doGet(HttpServletRequest request,
                HttpServletResponse response) {
    //把客户请求的 URL 作为 selectedScreen 属性存放在请求范围内
    request.setAttribute("selectedScreen",
                    request.getServletPath().substring(1));

    try {
```

```
        request.getRequestDispatcher("/template.jsp")
            .forward(request, response);
    } catch(Exception ex) {ex.printStackTrace();}
  }

  public void doPost(HttpServletRequest request,
                HttpServletResponse response) {
    doGet(request,response);
  }
}
```

以上代码中获取客户请求 URL 的代码为：

```
request.getServletPath().substring(1)
```

如果客户请求的 URL 为“/bookdetails”，那么以上 substring(1)方法将返回“bookdetails”字符串。

为了能让所有的客户请求都首先由 DispatcherServlet 来处理，在 web.xml 文件中为 DispatcherServlet 类配置了多个<servlet-mapping>元素：

```
<servlet>
  <servlet-name>dispatcher</servlet-name>
  <servlet-class>mypack.DispatcherServlet</servlet-class>
</servlet>

<servlet-mapping>
  <servlet-name>dispatcher</servlet-name>
  <url-pattern>/enter</url-pattern>
</servlet-mapping>

<servlet-mapping>
  <servlet-name>dispatcher</servlet-name>
  <url-pattern>/catalog</url-pattern>
</servlet-mapping>

<servlet-mapping>
  <servlet-name>dispatcher</servlet-name>
  <url-pattern>/bookdetails</url-pattern>
</servlet-mapping>

<servlet-mapping>
  <servlet-name>dispatcher</servlet-name>
  <url-pattern>/showcart</url-pattern>
</servlet-mapping>

<servlet-mapping>
  <servlet-name>dispatcher</servlet-name>
  <url-pattern>/cashier</url-pattern>
</servlet-mapping>

<servlet-mapping>
  <servlet-name>dispatcher</servlet-name>
  <url-pattern>/receipt</url-pattern>
</servlet-mapping>
```

对于 bookstore 应用中原有的 JSP 文件，应该修改文件中的链接地址。例如，在

bookstore.jsp 文件中，有如下链接：

```
<p><b><a href="<%=request.getContextPath()%>/catalog.jsp">
查看所有书目</a></b>
```

应该把这个链接改为：

```
<p><b><a href="<%=request.getContextPath()%>/catalog ">
查看所有书目</a></b>
```

这样，当客户选择“/catalog”链接时，客户请求就会先被 DispatcherServlet 接收，而不是直接交给 catalog.jsp 文件处理。

提示

对于 <a href="<%=request.getContextPath()%>/catalog ">，也可以改为采用 EL 表达式：<a href="${pageContext.request.contextPath}/catalog">。

原有的 JSP 文件和 DispatcherServlet 的<url-pattern>的对应关系如图 14-2 所示。

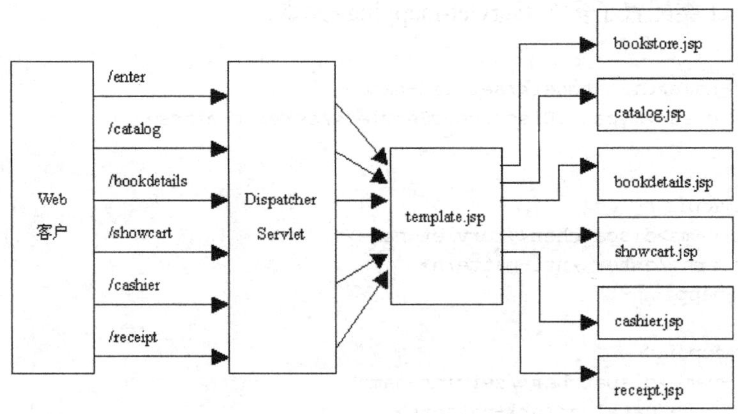

图 14-2 JSP 文件和 DispatcherServlet 的<url-pattern>的对应关系

14.3 创建模板标签和模板 JSP 文件

上一节已经讲过，template.jsp 是所有网页的模板文件。以下是 template.jsp 的源代码：

```
<%@ taglib uri="/mytaglib" prefix="mm" %>
<%@ page errorPage="errorpage.jsp" %>
<%@ page import="java.util.*" %>
<%@ include file="screendefinitions.jsp" %>
<html>
<head>
<title>
      <mm:insert definition="bookstore" parameter="title"/>
</title>
</head>
      <mm:insert definition="bookstore" parameter="banner"/>
      <mm:insert definition="bookstore" parameter="body"/>
</body>
</html>
```

template.jsp 文件定义了所有网页的基本布局，由 title、banner 和 body 这三部分组成。<mm:insert>标签能根据客户请求，把相应的 title、banner 和 body 内容填充到模板中，形成客户所需的网页。

DispatcherServlet 把所有的客户请求都转发给 template.jsp，那么 template.jsp 是如何根据客户的请求来决定网页的 title、banner 和 body 的具体内容的呢？在 template.jsp 中通过<%@include%>指令包含了 screendefinitions.jsp 文件，这个文件负责依据客户的请求决定网页的具体内容。例程 14-1 是 screendefinitions.jsp 的代码。

例程 14-1　screendefinitions.jsp

```
<mm:definition name="bookstore"
    screenId="${requestScope.selectedScreen}"  screenNum="6">
  <mm:screen id="enter">
    <mm:parameter name="title" value="Bookstore" direct="true"/>
    <mm:parameter name="banner" value="/banner.jsp" direct="false"/>
    <mm:parameter name="body" value="/bookstore.jsp" direct="false"/>
  </mm:screen>
  <mm:screen id="catalog">
    <mm:parameter name="title" value="BookCatalog" direct="true"/>
    <mm:parameter name="banner" value="/banner.jsp" direct="false"/>
    <mm:parameter name="body" value="/catalog.jsp" direct="false"/>
  </mm:screen>
  <mm:screen id="bookdetails">
    <mm:parameter name="title" value="BookDescription" direct="true"/>
    <mm:parameter name="banner" value="/banner.jsp" direct="false"/>
    <mm:parameter name="body" value="/bookdetails.jsp" direct="false"/>
  </mm:screen>
    <mm:screen id="showcart">
    <mm:parameter name="title" value="ShoppingCart" direct="true"/>
    <mm:parameter name="banner" value="/banner.jsp" direct="false"/>
    <mm:parameter name="body" value="/showcart.jsp" direct="false"/>
  </mm:screen>
  <mm:screen id="cashier">
    <mm:parameter name="title" value="Cashier" direct="true"/>
    <mm:parameter name="banner" value="/banner.jsp" direct="false"/>
    <mm:parameter name="body" value="/cashier.jsp" direct="false"/>
  </mm:screen>
  <mm:screen id="receipt">
    <mm:parameter name="title" value="Receipt" direct="true"/>
    <mm:parameter name="banner" value="/banner.jsp" direct="false"/>
    <mm:parameter name="body" value="/receipt.jsp" direct="false"/>
  </mm:screen>
</mm:definition>
```

在 screendefinitions.jsp 文件中包含三个嵌套的标签：<definition>、<screen>和<parameter>。<definition>标签定义了客户所请求的某个具体网页的内容。DispatcherServlet 类把客户请求的 URL 作为 selectedScreen 属性保存请求范围内，在 screendefinitions.jsp 文件中又从请求范围内读取 selectedScreen 属性，把它赋值给<definition>标签的 screenId 属性，EL 表达式${requestScope.selectedScreen}就表示请求范围内的 selectedScreen 属性：

```
<mm:definition name="bookstore"
screenId=" ${requestScope.selectedScreen}"  screenNum="6">
```

在<definition>标签中还包含了许多<screen>标签，每个<screen>标签用来预先定义一个网页的具体内容（包括 title、banner 和 body）。所有网页的 banner 都对应 banner.jsp 文件。body 是模板中的主体部分，它对应的文件可以是 bookstore.jsp、bookdetails.jsp、catalog.jsp、showcart.jsp、cashier.jsp 和 receipt.jsp 中的一个。

在 template.jsp 和 screendefinitions.jsp 文件中一共用到了 4 个标签：<parameter>、<screen>、<definition>和<insert>。这些标签的描述参见表 14-1。

表 14-1　模板标签以及标签处理类

标　签	描　述	标签处理类和相关的类
parameter	定义网页中 title、banner 或 body 对应的内容	ParameterTag，Paramter
screen	预先定义某个网页的内容	ScreenTag
definition	根据客户请求决定相应网页的内容	DefinitionTag，Definition
insert	把客户请求的网页的各项内容填充到模板中，生成客户需要的网页	InsertTag

下面分别讲述这些标签的作用和标签处理类创建过程。

14.3.1　<parameter>标签和其处理类

在 screendefinitions.jsp 文件中，多次使用到了<parameter>元素，例如：

```
<mm:screen id="enter">
  <mm:parameter name="title" value="Bookstore" direct="true"/>
  <mm:parameter name="banner" value="/banner.jsp" direct="false"/>
  <mm:parameter name="body" value="/bookstore.jsp" direct="false"/>
</mm:screen>
```

<parameter>标签定义了网页中的某一部分的内容，它有 3 个属性：

- name：指定在网页中所处的位置，可选值包括“title”、“banner”和“body”。
- value：设定具体的内容，如果 name 属性为“title”，就直接给出字符串；如果 name 属性为“banner”或“body”，就给出相应的 JSP 文件名。
- direct：指定此项内容是否可以直接在网页上输出，如果 name 属性为“title”，那么 direct 属性为 true；如果 name 属性为“banner”或“body”，那么 direct 属性为 false。

在<insert>标签的处理类 InsertTag 中，会根据<parameter>标签的 direct 属性来决定输出某部分内容的方式。如果 direct 属性为 true，就直接输出<parameter>标签的 value 属性指定的字符串内容；如果 direct 属性为 false，此时<parameter>标签的 value 属性指定的是 JSP 文件，所以应该把这个 JSP 文件包含到 template.jsp 文件中。以下是 InsertTag 类中处理<parameter>的 value 属性的代码：

```
//directInclude 变量与<parameter>标签的 direct 属性对应
if (directInclude && parameter != null)
  //直接输出 parameter 的 value 属性的值
  pageContext.getOut().print(parameter.getValue());
else {
  if ((parameter != null) && (parameter.getValue() != null))
```

```
      //在当前网页中包含parameter的value属性指定的JSP文件
      pageContext.include(parameter.getValue());
   }
```

<parameter>标签采用 Parameter 类来保存所有属性，下面是 Parameter 类的代码：

```
package mytaglib;
public class Parameter {
  private String name;  //对应parameter标签的name属性
  private boolean isDirect;  //对应parameter标签的direct属性
  private String value;  //对应parameter标签的value属性
  public Parameter(String name, String value, boolean isDirect) {
    this.name = name;
    this.isDirect = isDirect;
    this.value = value;
  }
  public String getName() {
    return name;
  }
  public boolean isDirect() {
    return isDirect;
  }
  public String getValue() {
    return value;
  }
}
```

<parameter>标签的处理类为 ParameterTag 类，它在 doStartTag()方法中构造一个 Parameter 对象，把<parameter>标签的 name、value 和 direct 属性保存在 Parameter 对象中。然后把 Parameter 对象保存到一个 ArrayList 对象中，这个 ArrayList 对象名为 parameters，以下是这段操作的代码：

```
if(paramName != null) {
  //从ScreenTag对象中取得存放Parameter对象的parameters集合
  ArrayList parameters = (ArrayList)((TagSupport)getParent())
                                   .getValue("parameters");
  if(parameters != null) {
    Parameter param = new Parameter(paramName,
                               paramValue, isDirect);
    parameters.add(param);
  }
}
```

提示

java.util.ArrayList 是一个集合类，可以通过它的 add(Object obj)方法，向集合中添加对象。

以上代码中的 getParent()和 getValue()方法是在 TagSupport 类中定义的，ParameterTag 类继承了 TagSupport 类的这两个方法。getParent()方法返回上一层父标签的处理对象。从 screendefinitions.jsp 文件中可以看出，<parameter>标签嵌套在<screen>标签中，因此这里的 getParent()方法返回 ScreenTag 对象。

在 TagSupport 类中定义了 setValue(String key,Object obj)和 getValue(String key)方法，通过 setValue(String key,Object obj)方法，可以在标签处理对象中以 key/value 的方式保存一些共享数据，并且在需要的时候通过 getValue(String key)方法读取共享数据。

parameters 对象保存在 ScreenTag 对象中，所以以上代码调用 ScreenTag 对象的 getValue("parameters")方法取得 parameters 对象。

在 screendefinitions.jsp 文件中，每个<screen>标签包含 3 个<parameter>标签，它们分别代表了一个网页的 title、banner 和 body，当 3 个<parameter>标签的处理类都执行完毕，在 parameters 对象中保存了 3 个 Parameter 对象。ScreenTag、parameters 和 Parameter 对象之间的关系如图 14-3 所示。

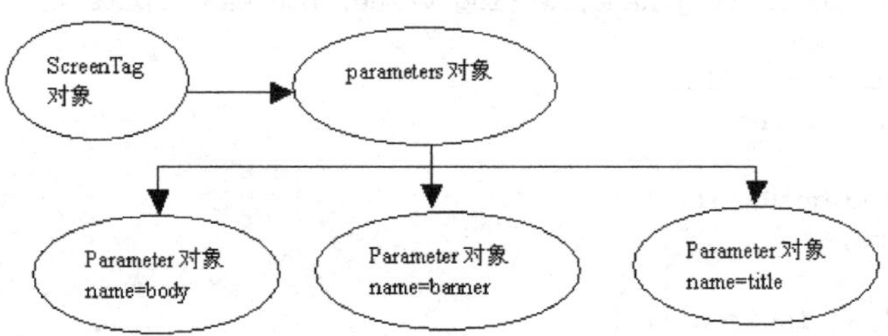

图 14-3　ScreenTag、parameters 和 Parameter 对象之间的关系

例程 14-2 是 ParameterTag.java 的源程序。

例程 14-2　ParameterTag.java

```
package mytaglib;
import javax.servlet.jsp.JspTagException;
import javax.servlet.jsp.tagext.*;
import java.util.*;

public class ParameterTag extends TagSupport {
  private String paramName = null;
  private String paramValue = null;
  private String isDirectString = null;

  public ParameterTag() {
    super();
  }
  public void setName(String paramName) {
    this.paramName = paramName;
  }
  public void setValue(String paramValue) {
    this.paramValue = paramValue;
  }
  public void setDirect(String isDirectString) {
    this.isDirectString = isDirectString;
  }
  public int doStartTag() {
    boolean isDirect = false;

    if((isDirectString != null) &&
      isDirectString.toLowerCase().equals("true"))
      isDirect = true;

    try{
      // 从ScreenTag对象中取得存放Parameter对象的parameters集合
```

```
      if(paramName != null) {
        ArrayList parameters = (ArrayList)((TagSupport)getParent())
                                    .getValue("parameters");
        if(parameters != null) {
          Parameter param = new Parameter(paramName,
                                     paramValue, isDirect);
          parameters.add(param);
        }
      }
    }catch (Exception e) {
      e.printStackTrace();
    }
    return SKIP_BODY;
  }

  public void release() {
    paramName = null;
    paramValue = null;
    isDirectString = null;
    super.release();
  }
}
```

14.3.2 <screen>标签和处理类

在 screendefinitions.jsp 中一共定义了 6 个<screen>标签，分别代表了 6 个网页。<screen>标签是<definition>标签的子标签，同时它又是<parameter>标签的父标签：

```
<mm:definition name="bookstore"
    screenId="${requestScope.selectedScreen}"  screenNum="6">

  <mm:screen id="enter">
    <mm:parameter name="title" value="Bookstore" direct="true"/>
    <mm:parameter name="banner" value="/banner.jsp" direct="false"/>
    <mm:parameter name="body" value="/bookstore.jsp" direct="false"/>
  </mm:screen>
  ……
</mm:definition>
```

<screen>标签预定义了某个网页的各部分内容，它有一个属性 id，用于标识网页名。<screen>标签的处理类为 ScreenTag，在 doStartTag()方法中，它首先创建了一个 ArrayList 对象，并且调用 setValue()方法把它作为 parameters 属性保存起来：

```
setValue("parameters", new ArrayList());
```

这个 ArrayList 类型对象用来存放 Parameter 对象，<screen>标签和 3 个<parameter>子标签共享这个 ArrayList 类型的 parameters 对象。上一节已经讲过，<parameter>标签的处理类把相应的 Parameter 对象保存在这个 ArrayList 类型的 parameters 对象中。ScreenTag 和 ParameterTag 操纵 parameters 对象的时序图如图 14-4 所示。

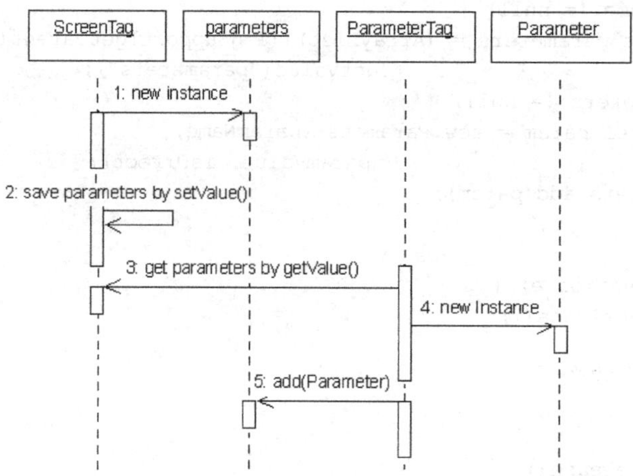

图 14-4　ScreenTag 和 ParameterTag 操纵 parameters 对象的时序图

在 ScreenTag 类的 doStartTag()方法中，从 Web 应用范围内取得 HashMap 类型的 screens 对象，然后把 parameters 对象保存在 screens 对象中：

```
HashMap screens = (HashMap) pageContext.getAttribute("screens",
                        pageContext.APPLICATION_SCOPE);
if(screens == null) {
  return SKIP_BODY;
}else{
  if(!screens.containsKey(getId())) {
    screens.put(getId(), getValue("parameters"));
    return EVAL_BODY_INCLUDE;
  }else{
    return SKIP_BODY;
  }
}
```

提示

java.util.HashMap 类提供了以 key/value 的方式保存对象的方法，可以通过 put(Object key,Object value)方法保存对象，还可以通过 get(Object key)方法取得被保存对象的引用。

在 screendefinitions.jsp 中一共定义了 6 个<screen>标签，它们都把各自的 parameters 对象保存在 screens 对象中，在保存时以<screen>标签的 id 属性作为 key。当 6 个<screen>标签的处理对象都执行完毕，在 screens 对象中保存了 6 个 parameters 对象，screens 和 parameters 对象之间的关系如图 14-5 所示。

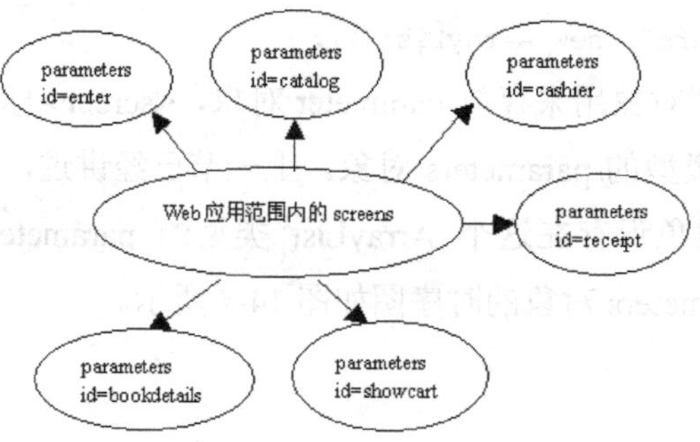

图 14-5　screens 和 parameters 对象之间的关系

例程 14-3 是 ScreenTag.java 的源程序。

例程 14-3　ScreenTag.java

```
package mytaglib;
import javax.servlet.jsp.JspTagException;
import javax.servlet.jsp.tagext.*;
import java.util.*;

public class ScreenTag extends TagSupport {
 public ScreenTag() { super(); }
 public int doStartTag() {
  setValue("parameters", new ArrayList());
  HashMap screens = (HashMap) pageContext.getAttribute("screens",
                    pageContext.APPLICATION_SCOPE);
  if(screens == null) {
   return SKIP_BODY;
  }else{
   if(!screens.containsKey(getId())) {
    screens.put(getId(), getValue("parameters"));
    return EVAL_BODY_INCLUDE;
   }else{
    return SKIP_BODY;
   }
  }
 }

 public void release() { super.release(); }
}
```

14.3.3 <definition>标签和处理类

<definition>标签根据客户的请求，决定输出网页的内容：

```
<mm:definition name="bookstore"
    screenId="${requestScope.selectedScreen}" screenNum="6">
  <mm:screen id="enter">
    <mm:parameter name="title" value="Bookstore" direct="true"/>
    <mm:parameter name="banner" value="/banner.jsp" direct="false"/>
    <mm:parameter name="body" value="/bookstore.jsp" direct="false"/>
  </mm:screen>
  ......
</mm:definition>
```

<definition>标签有三个属性：

- name 属性：用来标识当前的 Defintion 对象
- screenId 属性：用来指定网页的名字。screenId 属性值是由客户请求的 URL 决定的：screenId="${requestScope.selectedScreen}"
- screenNum 属性：表示 Web 应用中所有向客户端展示的网页的数目，即<definition>标签中所有<screen>子标签的数目。

<definition>标签采用 Definition 类来保存网页的各部分内容，下面是 Definition 类的代

码：

```
package mytaglib;
import java.util.HashMap;

public class Definition {
 private HashMap<String,Parameter> params =
           new HashMap<String,Parameter>();

 public void setParam(Parameter p) {
  params.put(p.getName(), p);
 }
 public Parameter getParam(String name) {
  return params.get(name);
 }
}
```

一个 Definition 对象代表了客户请求的一个网页，它包含 3 个 Parameter 对象，分别代表网页的 title、banner 和 body。这 3 个 Parameter 对象保存在一个 HashMap 类型的 params 对象中。Definition 对象、params 对象和 Parameter 对象之间的关系如图 14-6 所示。

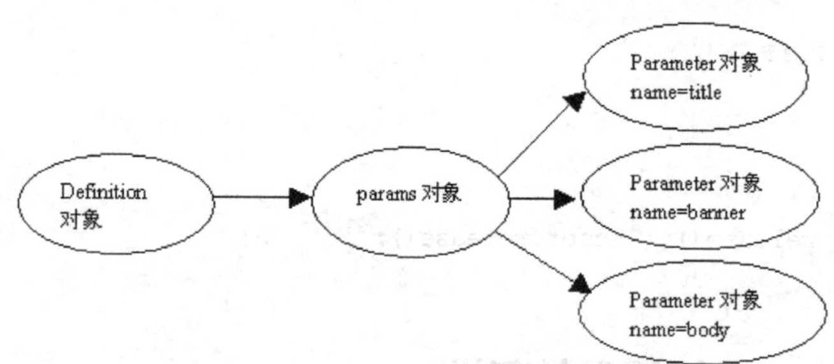

图 14-6　Definition 对象、params 对象和 Parameter 对象之间的关系

<definition>标签的处理类为 DefinitionTag，在 DefinitionTag 的 doStartTag()方法中，首先判断在 Web 应用范围内是否存在 screens 对象，如果不存在，就创建一个 screens 对象，把它保存在 Web 应用范围内，这意味着在整个 Web 应用中只有一个 screens 对象，可以被所有的 Web 组件共享，以下是这段操作的代码：

```
HashMap screens = null;
screens = (HashMap) pageContext.getAttribute("screens",
               pageContext.APPLICATION_SCOPE);
if(screens == null)
 pageContext.setAttribute("screens",
        new HashMap <String,ArrayList<Parameter>> (),
        pageContext.APPLICATION_SCOPE);
else{
 //screens 对象中包含的 parameters 对象的数目为 screenNum
 if(screens.size()==screenNum)
 return SKIP_BODY;  //不再执行标签主体
}
```

上一节已经讲过每个<screen>标签都会创建一个 parameters 对象，并把它保存在 screens 对象中。所以，screens 对象用来存放 bookstore 应用的所有网页的内容，参见本章 14.3.2 节的图 14-5。如果 Web 应用范围内已经存在 screens 对象，并且 screens 对象中包含的 parameters

对象的数目为 screenNum，那么 DefinitionTag 的 doStartTag()方法会返回 SKIP_BODY，这使得<definition>标签中的所有<screen>子标签都不会再被执行。

在 DefinitionTag 的 doEndTag()方法中，首先从 Web 应用范围内取得 screens 对象，再从 screens 对象中取得与客户请求的 screenId 对应的 parameters 对象，在这个 parameters 对象中存放了客户请求的网页的内容：

```
screens = (HashMap) pageContext.getAttribute("screens",
                 pageContext.APPLICATION_SCOPE);
if(screens != null) {
 parameters = (ArrayList) screens.get(screenId);
}
```

接下来把 parameters 对象的内容封装到一个 Definition 对象中：

```
Iterator ir = null;
if(parameters != null)
 ir = parameters.iterator();

 while((ir != null) && ir.hasNext())
  definition.setParam((Parameter) ir.next());
```

这样，这个 Definition 对象就代表了客户请求的网页的内容。然后把这个 Definition 对象保存在页面范围内：

```
//把 Definition 对象保存在页面范围内
pageContext.setAttribute(definitionName, definition);
```

DefinitionTag 创建 Definition 对象，以及把它存放在页面范围内的时序图如图 14-7 所示。

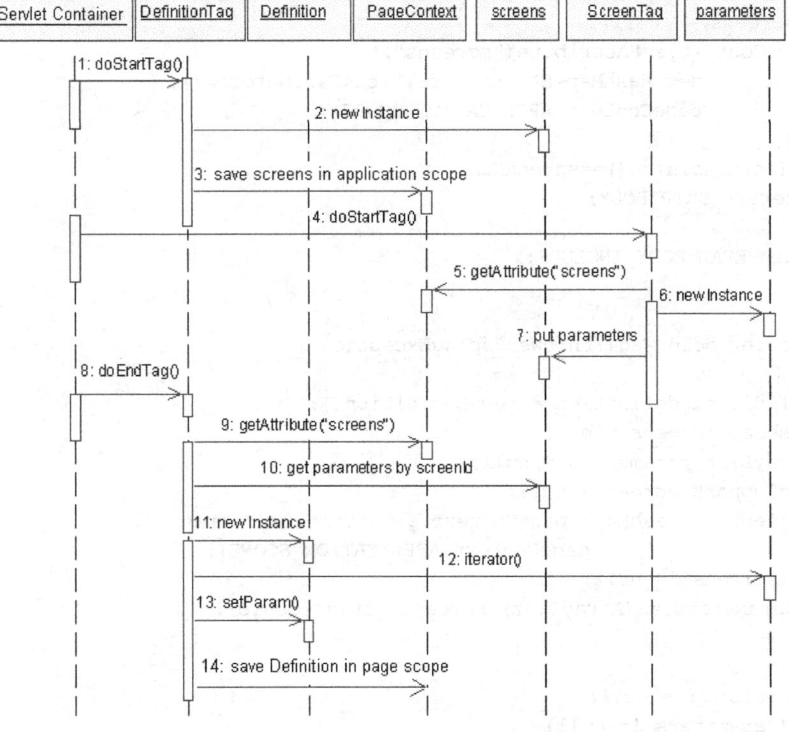

图 14-7　DefinitionTag 创建和保存 Definition 对象的时序图

例程 14-4 是 DefinitionTag.java 的源程序。

例程 14-4　DefinitionTag.java

```
package mytaglib;
import javax.servlet.jsp.JspTagException;
import javax.servlet.jsp.tagext.TagSupport;
import java.util.*;

public class DefinitionTag extends TagSupport {
  private  String definitionName = null;
  private  String screenId;
  private  int screenNum;

  public DefinitionTag() {  super();  }
  public void setName(String name) {
    this.definitionName = name;
  }
  public void setScreenId(String screenId) {
    this.screenId = screenId;
  }

  public void setScreenNum(int screenNum){
    this.screenNum=screenNum;
  }

  public int doStartTag() {
    HashMap screens = null;
    screens =(HashMap) pageContext.getAttribute("screens",
                        pageContext.APPLICATION_SCOPE);
    if(screens == null)
      pageContext.setAttribute("screens",
              new HashMap<String,ArrayList<Parameter>>(),
              pageContext.APPLICATION_SCOPE);
    else{
      if(screens.size()==screenNum)
        return SKIP_BODY;
    }
    return EVAL_BODY_INCLUDE;
  }

  public int doEndTag()throws JspTagException {
    try {
      Definition definition = new Definition();
      HashMap screens = null;
      ArrayList parameters = null;
      TagSupport screen = null;
      screens = (HashMap) pageContext.getAttribute("screens",
                        pageContext.APPLICATION_SCOPE);
      if(screens != null) {
        parameters = (ArrayList) screens.get(screenId);
      }

      Iterator ir = null;
      if(parameters != null)
        ir = parameters.iterator();
```

```
      while ((ir != null) && ir.hasNext())
        definition.setParam((Parameter) ir.next());

      //把 Definition 对象保存在页面范围内
      pageContext.setAttribute(definitionName, definition);
    }catch (Exception ex) { ex.printStackTrace(); }

    return EVAL_PAGE;
  }

  public void release() {
    definitionName = null;
    screenId = null;
    super.release();
  }
}
```

14.3.4　<insert>标签和处理类

在 template.jsp 文件中，<insert>标签能够将网页的某部分内容填充到模板中，生成客户需要的网页：

```
<html>
<head>
<title>
  <mm:insert definition="bookstore" parameter="title"/>
</title>
</head>
  <mm:insert definition="bookstore" parameter="banner"/>
  <mm:insert definition="bookstore" parameter="body"/>
</body>
</html>
```

<insert>标签有两个属性：definition 属性用来指定存放在页面范围内的 Definition 对象的属性名，parameter 属性用来指定具体的 Parameter 对象的名字。

<insert>标签的处理类为 InsertTag。在 InsertTag 的 doStartTag()方法中，首先根据<insert>标签的 definition 属性从页面范围内取得 Definition 对象，它包含了当前客户请求的网页内容信息：

```
definition = (Definition)pageContext.getAttribute(definitionName);
```

然后根据<insert>标签的 parameter 属性从 Definition 对象中取得 Parameter 对象，它包含了网页的某部分内容信息。这个 Parameter 对象可以代表网页的 title、banner 或 body：

```
if(parameterName != null && definition != null)
  parameter = (Parameter) definition.getParam(parameterName);
```

在 InsertTag 类的 doEndTag()方法中，把 Parameter 对象的内容插入到 template.jsp 模板中。如果 Parameter 对象的 direct 属性为 true，此时 Parameter 对象代表的是网页的 title，它是一个字符串，因此可以直接把它输出到网页上；如果 direct 属性为 false，此时 Parameter 对象代表的是网页的 banner 或 body，它们是 JSP 文件，所以应该通过 include 方法把相应的 JSP

文件包含到 template.jsp 文件中：

```
//directInclude 变量对应 Parameter 对象的 direct 属性
if(directInclude && parameter != null)
  //直接输出 parameter 的 value 属性的值
  pageContext.getOut().print(parameter.getValue());
else{
  if((parameter != null) && (parameter.getValue() != null))
    //在当前网页中包含 parameter 的 value 属性指定的 JSP 文件
    pageContext.include(parameter.getValue());
}
```

在 template.jsp 中包含了 3 个<insert>标签，它们分别负责生成网页的 title、banner 和 body。InsertTag 类向 template.jsp 模板中插入网页内容的时序图如图 14-8 所示。

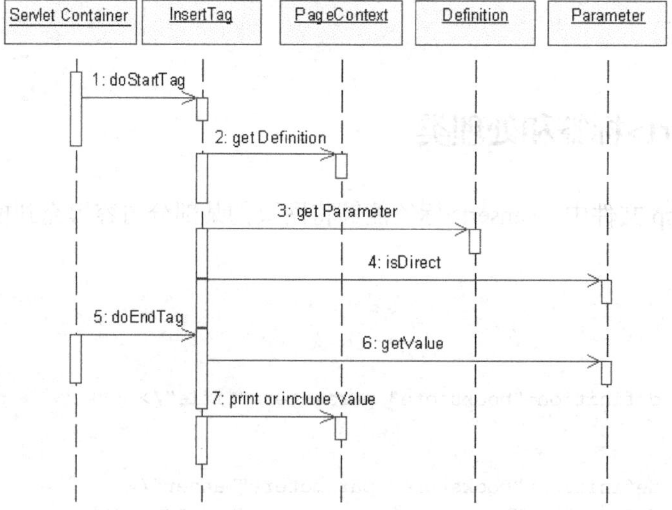

图 14-8　InsertTag 类向 template.jsp 模板中插入网页内容的时序图

例程 14-5 是 InsertTag.java 的源程序。

例程 14-5　InsertTag.java

```
package mytaglib;
import javax.servlet.jsp.JspTagException;
import javax.servlet.jsp.tagext.TagSupport;

public class InsertTag extends TagSupport {
  private boolean directInclude = false;
  private String parameterName = null;
  private String definitionName = null;
  private Definition definition = null;
  private Parameter parameter = null;

  public InsertTag() { super(); }
  public void setParameter(String parameter) {
    this.parameterName = parameter;
  }
  public void setDefinition(String name) {
    this.definitionName = name;
  }
  public int doStartTag() {
```

```
    //从页面范围取得 Definition 对象
    definition = (Definition)pageContext.getAttribute(definitionName);
    //得到 Parameter 对象
    if(parameterName != null && definition != null)
     parameter = (Parameter) definition.getParam(parameterName);

    if(parameter != null)
     directInclude = parameter.isDirect();

    return SKIP_BODY;
  }
  public int doEndTag()throws JspTagException {
    try{
     if(directInclude && parameter  != null)
       //直接输出 parameter 的 value 属性的值
       pageContext.getOut().print(parameter.getValue());
     else{
       if((parameter != null) && (parameter.getValue() != null))
        //在当前网页中包含 parameter 的 value 属性指定的 JSP 文件
        pageContext.include(parameter.getValue());
     }
    }catch (Exception ex) {
     throw new JspTagException(ex.getMessage());
    }
    return EVAL_PAGE;
  }
  public void release() {
    directInclude = false;
    parameterName = null;
    definitionName = null;
    definition = null;
    parameter = null;
    super.release();
  }
}
```

14.4 修改 JSP 文件

现在读者已经知道，template.jsp 能根据客户的请求，生成客户需要的网页。bookstore 应用中原有的 JSP 文件不能构成独立的网页，它们都只是作为 template.jsp 中 body 部分的内容。因此，应该删除这些 JSP 文件中的 title 和 banner 部分的内容。

此外，为了保证客户请求的 URL 都能由 DispatcherServlet 来接收，应该修改这些 JSP 文件中的 URL 链接，例如，在 bookstore.jsp 文件中，有如下链接：

```
<p><b><a href="<%=request.getContextPath()%>/catalog.jsp">
查看所有书目</a></b>
```

应该把这个链接改为：

```
<p><b><a href="<%=request.getContextPath()%>/catalog ">
查看所有书目</a></b>
```

这样，当客户选择“/catalog”链接时，客户请求就会先被 DispatcherServlet 接收，而不是直接交给 catalog.jsp 文件处理。

下面是修改后的 bookstore.jsp 文件，粗体部分为修改的内容：

```
<%@ include file="common.jsp" %>

<!--
<html>
<head><title>Bookstore</title></head>
<%@ include file="banner.jsp" %>
-->

<center>
<p><b><a href="<%=request.getContextPath()%>/catalog">
查看所有书目</a></b>

<form  action="bookdetails" method="POST">
<h3>请输入查询信息</h3>
<b>书的编号:</b>
<input type="text" size="20" name="bookId"  value="" ><br><br>
<center><input type=submit  value="查询"></center>
</form>
</center>

<!--
</body></html>
-->
```

除了修改 bookstore.jsp 文件外，还应该按照上述方法修改 catalog.jsp、bookdetails.jsp、showcart.jsp、cashier.jsp 和 receipt.jsp 文件。

14.5 发布采用模板设计的 bookstore 应用

现在，我们已经对原来的 bookstore 应用进行了改版，使它通过模板来生成网页。新建了如下文件：

- DispatcherServlet.java
- template.jsp 和 screendefinitions.jsp
- Parameter.java 和 ParameterTag.java
- ScreenTag.java
- Definition.java 和 DefinitionTag.java
- InsertTag.java

此外，还对原有的 JSP 文件，包括 bookstore.jsp、catalog.jsp、bookdetails.jsp、showcart.jsp、cashier.jsp 和 receipt.jsp 文件进行了修改。

下面按如下步骤发布 bookstore 应用。

（1）编译上述新建的 Java 文件。编译生成的 DispatcherServlet.class 的存放目录为：

```
<CATALINA_HOME>/webapps/bookstore/WEB-INF/classes/mypack
```

其他的标签处理类和相关的类都存放到以下目录：

```
<CATALINA_HOME>/webapps/bookstore/WEB-INF/classes/mytaglib
```

（2）所有的 JSP 文件的存放目录为：

```
<CATALINA_HOME>/webapps/bookstore
```

（3）在<CATALINA_HOME>/webapps/bookstore/WEB-INF 目录下创建 mytaglib.tld 文件，用于定义<parameter>、<screen>、<definition>和<insert>标签。例程 14-6 是 mytaglib.tld 的源代码。

例程 14-6　mytaglib.tld

```
<?xml version="1.0" encoding="ISO-8859-1" ?>
<!DOCTYPE taglib
      PUBLIC "-//Sun Microsystems, Inc.//DTD JSP Tag Library 1.2//EN"
      "http://java.sun.com/dtd/web-jsptaglibrary_1_2.dtd">
<taglib>
 <tlib-version>1.1</tlib-version>
 <jsp-version>2.4</jsp-version>
 <short-name>mytaglib</short-name>
 <uri>/mytaglib</uri>

 <tag>
  <name>definition</name>
  <tag-class>mytaglib.DefinitionTag</tag-class>
  <body-content>JSP</body-content>
  <attribute>
   <name>name</name>
   <required>true</required>
   <rtexprvalue>true</rtexprvalue>
  </attribute>
  <attribute>
   <name>screenId</name>
   <required>true</required>
   <rtexprvalue>true</rtexprvalue>
  </attribute>
  <attribute>
   <name>screenNum</name>
   <required>true</required>
   <rtexprvalue>false</rtexprvalue>
  </attribute>
 </tag>

 <tag>
  <name>screen</name>
  <tag-class>mytaglib.ScreenTag</tag-class>
  <body-content>JSP</body-content>
  <attribute>
   <name>id</name>
   <required>true</required>
   <rtexprvalue>true</rtexprvalue>
  </attribute>
 </tag>
```

```
  <tag>
    <name>parameter</name>
    <tag-class>mytaglib.ParameterTag</tag-class>
    <body-content>JSP</body-content>
    <attribute>
      <name>name</name>
      <required>true</required>
      <rtexprvalue>true</rtexprvalue>
    </attribute>
    <attribute>
      <name>value</name>
      <required>true</required>
      <rtexprvalue>true</rtexprvalue>
    </attribute>
    <attribute>
      <name>direct</name>
      <required>true</required>
      <rtexprvalue>true</rtexprvalue>
    </attribute>
  </tag>

  <tag>
    <name>insert</name>
    <tag-class>mytaglib.InsertTag</tag-class>
    <body-content>JSP</body-content>
    <attribute>
      <name>definition</name>
      <required>true</required>
      <rtexprvalue>true</rtexprvalue>
    </attribute>
    <attribute>
      <name>parameter</name>
      <required>true</required>
      <rtexprvalue>true</rtexprvalue>
    </attribute>
  </tag>
</taglib>
```

（4）修改原来的 web.xml 文件，加入<servlet>、<servlet-mapping>和<taglib>元素，例程 14-7 是 web.xml 的源代码。

例程 14-7　web.xml

```
<?xml version="1.0" encoding="ISO-8859-1"?>

<web-app xmlns="http://java.sun.com/xml/ns/javaee"
   xmlns:xsi="http://www.w3.org/2001/XMLSchema-instance"
   xsi:schemaLocation="http://java.sun.com/xml/ns/javaee
   http://java.sun.com/xml/ns/javaee/web-app_2_5.xsd"
   version="2.5">

  <servlet>
    <servlet-name>dispatcher</servlet-name>
    <servlet-class>mypack.DispatcherServlet</servlet-class>
  </servlet>

  <servlet-mapping>
```

```
    <servlet-name>dispatcher</servlet-name>
    <url-pattern>/enter</url-pattern>
  </servlet-mapping>

  <servlet-mapping>
    <servlet-name>dispatcher</servlet-name>
    <url-pattern>/catalog</url-pattern>
  </servlet-mapping>

  <servlet-mapping>
    <servlet-name>dispatcher</servlet-name>
    <url-pattern>/bookdetails</url-pattern>
  </servlet-mapping>

  <servlet-mapping>
    <servlet-name>dispatcher</servlet-name>
    <url-pattern>/showcart</url-pattern>
  </servlet-mapping>

  <servlet-mapping>
    <servlet-name>dispatcher</servlet-name>
    <url-pattern>/cashier</url-pattern>
  </servlet-mapping>

  <servlet-mapping>
    <servlet-name>dispatcher</servlet-name>
    <url-pattern>/receipt</url-pattern>
  </servlet-mapping>

  <jsp-config>
    <taglib>
      <taglib-uri>/mytaglib</taglib-uri>
      <taglib-location>/WEB-INF/mytaglib.tld</taglib-location>
    </taglib>
  </jsp-config>

</web-app>
```

（5）启动 Tomcat 服务器，访问 http://localhost:8080/bookstore/enter，将会看到采用模板设计的 bookstore 应用和本书第 7 章介绍的 bookstore 应用提供同样的客户界面。

在本书配套源代码包的 sourcecode/bookstores/version2/bookstore 目录下已经提供了现成的采用模板设计的 bookstore 应用。要发布这个应用，只要把整个 bookstore 目录复制到 <CATALINA_HOME>/webapps 目录下即可。

14.6 小结

本章以 bookstore 应用为例，介绍如何通过自定义 JSP 标签来为网站设计模板，所有在客户端展示的网页都通过模板来生成。采用这种办法来设计大型网站，可以提高开发网站效率，使网页便于维护。对 bookstore 应用进行模板设计的思路是：所有的客户请求都先由

DispatcherServlet 类来处理，它再把客户请求转给 template.jsp。template.jsp 和 screendefinitions.jsp 是生成所有网页的模板，它们包含 4 个自定义 JSP 标签：

- <parameter>标签：定义网页中特定部分（如 title、banner 或 body 部分）的内容。
- <screen>标签：定义一个网页中各个部分的内容。
- <definition>标签：根据客户请求决定相应网页的内容。
- <insert>标签：把客户请求的网页的各部分内容填充到模板中，生成客户需要的网页。

通过本章的内容，读者可以进一步掌握开发自定义 JSP 标签的技术。本章范例中的各个标签之间通过以下方式来共享数据：

- 设置 Web 应用中所有标签可以共享的数据：调用 PageContext 的 setAttribute(String name, Object value, PageContext.APPLICATION_SCOPE)方法来保存共享数据。例如<definition>标签的处理类在 Web 应用范围内存放了 screens 属性。
- 设置父标签和子标签可以共享的数据：调用父标签处理类的 setValue(String name,Object value)方法来保存共享数据，子标签如果要访问父标签的数据，则可以先通过子标签处理类的 getParent()方法来获得父标签处理对象的引用，然后再调用父标签处理对象的 getValue(String name)方法来访问共享数据。例如<screen>父标签和<parameter>子标签就通过这种方式来共享 parameters 对象。
- 设置同一个 JSP 页面中所有标签可以共享的数据：调用 PageContext 的 setAttribute(String name, Object value, PageContext.PAGESCOPE_SCOPE)方法来保存共享数据。例如<definition>标签把 Definition 对象保存在页面范围内，而<insert>标签会从页面范围内读取 Definition 对象。

如图 14-9 显示了本章 bookstore 应用中各个标签以及 DispatcherServlet 之间传递共享数据的流程图。

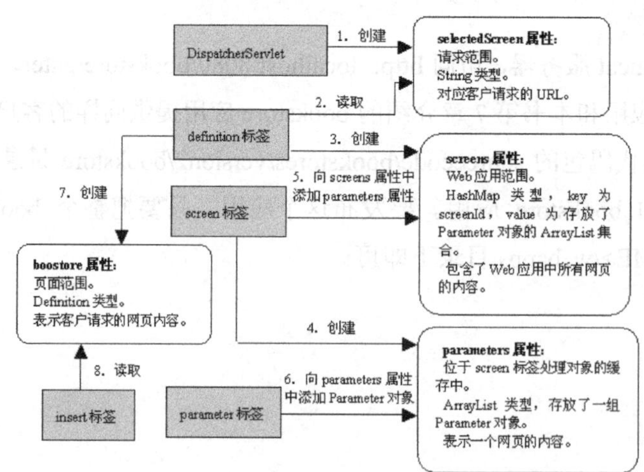

图 14-9 bookstore 应用中各个标签以及 DispatcherServlet 之间传递共享数据的流程图

第 15 章　JSTL Core 标签库

自定义 JSP 标签是用来替代 JSP 中的 Java 程序片段的有效途径。大多数 Web 应用的 JSP 文件常常要实现一些通用的功能：比如重定向、文件包含、对日期和时间进行格式化输出，以及访问数据库等，此外，这些 JSP 文件还要实现一些通用的流程控制逻辑：比如用 if-else 语句来进行条件判断，再比如用 while 语句或 for 语句来进行循环操作。

为了提高 Web 应用的开发效率，Oracle 公司制定了一组标准标签库的最新规范，这组标准标签库简称为 JSTL（JavaServer Pages Standard Tag Library）。本章对 JSTL 做了概要介绍，并且着重介绍了 JSTL 中的 Core 标签库的用法。本书第 16 章、第 17 章和第 18 章还会介绍 JSTL 中其他标签库的用法。

15.1　使用第三方提供的标签库的步骤

假定甲方打算使用乙方开发的标签库。乙方把与标签库相关的所有文件打包成为一个 JAR 文件（假定名为 standard.jar），这个 JAR 文件中包含以下内容：

- 所有标签处理类以及相关类的.class 文件。
- META-INF 目录。在这个目录下有一个描述标签库的 TLD 文件（假定名为 c.TLD 文件），在这个 TLD 文件中，假定为标签库设置的 uri 为“http://java.sun.com/jsp/jstl/core”：

```
<taglib xmlns="http://java.sun.com/xml/ns/j2ee"
  xmlns:xsi="http://www.w3.org/2001/XMLSchema-instance"
  xsi:schemaLocation="http://java.sun.com/xml/ns/j2ee
  http://java.sun.com/xml/ns/j2ee/web-jsptaglibrary_2_0.xsd"
  version="2.0">

 <description>JSTL 1.1 core library</description>
 <display-name>JSTL core</display-name>
 <tlib-version>1.1</tlib-version>
 <short-name>c</short-name>
 <uri>http://java.sun.com/jsp/jstl/core</uri>
 …
</taglib>
```

甲方要开发一个 helloapp 应用，可以采用两种方式使用乙方的标签库。第一种方式包括如下步骤。

（1）把 standard.jar 文件复制到<CATALINA_HOME>/lib 目录或者 helloapp/WEB-INF/lib 目录下。

（2）在 JSP 文件中通过 taglib 指令声明标签库。taglib 指令中的 uri 属性应该与上述 c.TLD 文件中的<uri>元素匹配。例如以下 sample.jsp 使用了乙方提供的标签库中的<out>标签：

```
<%@ taglib uri="http://java.sun.com/jsp/jstl/core" prefix="c" %>
<c:out value="${param.username}" default="unknown" />
```

当 Servlet 容器运行以上 sample.jsp 时，会自动到 stardard.jar 文件的 META-INF 目录中读取 c.TLD 文件。

甲方使用乙方的标签库的第二种方式包括如下步骤。

（1）把乙方的 standard.jar 文件展开，把 META-INF 目录中的 c.TLD 文件复制到 helloapp/WEB-INF 目录下。

（2）从乙方的 standard.jar 文件的展开目录中删除 META-INF 目录下的 c.TLD 文件，再把不包含 c.TLD 文件的展开目录重新打包为 standardNew.jar 文件。

（3）把 standardNew.jar 文件复制到<CATALINA_HOME>/lib 目录或者 helloapp/WEB-INF/lib 目录下。

（4）在 helloapp 应用的 web.xml 文件中声明引入标签库：

```
<taglib>
  <taglib-uri>/corelib</taglib-uri>
  <taglib-location>/WEB-INF/c.tld</taglib-location>
</taglib>
```

（5）在 JSP 文件中通过 taglib 指令声明标签库。taglib 指令中的 uri 属性应该与上述 web.xml 文件中的<taglib-uri>元素匹配。例如以下 sample.jsp 使用了乙方提供的标签库中的<out>标签：

```
<%@ taglib uri="corelib" prefix="c" %>
<c:out value="${param.username}" default="unknown" />
```

比较上述两种方式，可以看出第一种方式更加方便，因此本章将采用第一种方式使用 JSTL 标签库。

15.2 JSTL 标签库简介

JSTL 标签库实际上包含五个不同的标签库。JSTL 规范为这些标签库的 URI 和前缀做了约定，参见表 15-1。表 15-1 中的 URI 虽然形式上是 URL，但并不要求它们必须是有效的 URL 地址，仅仅表示具有唯一性的资源标识符。本书附录 C 的 C.4.1 节（URL、URN 和 URI）介绍了 URI 和 URL 的区别。

表 15-1 JSTL 标签库的种类

标签库名	前缀	URI	描 述
Core	c	http://java.sun.com/jsp/jstl/core	核心标签库，包括一般用途的标签、条件标签、迭代标签和 URL 相关的标签
I18N	fmt	http://java.sun.com/jsp/jstl/fmt	包含编写国际化 Web 应用的标签，以及对日期、时间和数字格式化的标签
Sql	sql	http://java.sun.com/jsp/jstl/sql	包含访问关系数据库的标签
Xml	x	http://java.sun.com/jsp/jstl/xml	包含对 XML 文档进行操作的标签
Functions	fn	http://java.sun.com/jsp/jstl/functions	包含了一组通用的 EL 函数，在 EL 表达式中可以使用这些 EL 函数

JSTL 规范的官方地址为：

```
https://www.oracle.com/technetwork/java/index-jsp-135995.html
```

JSTL 规范由 Apache 开源软件组织实现。为了在 Web 应用中使用 JSTL，需要从以下网址下载 JSTL 的安装包：

```
http://tomcat.apache.org/taglibs/standard/
```

下载得到的文件包括 taglibs-standard-impl-X.jar 和 taglibs-standard-spec-X.jar，本书配套源代码包的 sourcecode/chapter15/helloapp/web-inf/lib 目录下也提供了这两个文件。这两个压缩文件中包含以下内容：

- taglibs-standard-spec-X.jar 文件：包含 JSTL 规范中定义的接口和类的.class 文件。
- taglibs-standard-impl-X.jar 文件：包含 Apache 开源软件组织用于实现 JSTL 的.class 文件。在它的展开目录的 META-INF 目录下，还包含了表 15-1 中列出的五个标签库的 TLD 文件，这些 TLD 文件为各个标签库设定的 URI 符合表 15-1 的约定。

要在 helloapp 应用中使用 JSTL 标签库，要先把 taglibs-standard-impl-X.jar 和 taglibs-standard-spec-X.jar 文件复制到 helloapp/WEB-INF/lib 目录下或者<CATALINA_HOME>/lib 目录下。

本章接下来介绍 Core 标签库中常用标签的用法。Core 标签库主要包含四种类型的标签：一般用途的标签、条件标签、迭代标签和 URL 相关的标签。

在 JSP 文件中使用 Core 标签库，要先通过 taglib 指令引入该标签库：

```
<%@ taglib uri="http://java.sun.com/jsp/jstl/core" prefix="c" %>
```

15.3 一般用途的标签

一般用途的标签包括：

- <c:out>：把一个表达式的结果打印到网页上。
- <c:set>：设定命名变量的值。如果命名变量为 JavaBean，还可以设定 JavaBean 的属性的值；如果命名变量为 Map 类型，还可以设定与其中的 Key 对应的值。
- <c:remove>：删除一个命名变量。
- <c:catch>：用于捕获异常，把异常对象放在指定的命名变量中。

提示

JSTL 标签库中的许多标签都会使用命名变量，本书第 12 章的 12.1.4 节（命名变量）已经介绍了命名变量的概念。命名变量实际上是指存放在特定范围内的属性，命名变量的名字就是属性的名字。

15.3.1 <c:out>标签

<c:out>标签能够把一个表达式的结果打印到网页上，这个表达式可以为基于“<%= 和 %>”形式的传统 Java 表达式，或者是 EL 表达式。<c:out>标签的基本语法如下：

```
<c:out value="表达式" />
```

<c:out>标签的 value 属性设定表达式。例如：

```
<c:out value="${param.username}" />
```

以上代码打印 username 请求参数，如果 username 参数的值为 null，就打印空字符串。以上代码的作用与单纯的 EL 表达式${param.username}等价。

<c:out>标签还可以采用以下两种方式设定默认值，如果表达式的值为 null，<c:out>标签就打印默认值：

```
<%-- 方式一：用default属性设定默认值 --%>
<c:out value="表达式" default="默认值" />

<%-- 方式二：用标签主体设定默认值 --%>
<c:out value="表达式" >
默认值
</c:out>
```

例如例程 15-1 的 out.jsp 中的两个<c:out>标签的作用是等价的，它们的作用都是打印 username 请求参数，如果 username 参数的值为 null，就打印“Unknown”。

例程 15-1 out.jsp

```
<%@ taglib uri="http://java.sun.com/jsp/jstl/core" prefix="c" %>

<%-- 第 1 个 out 标签 --%>
<c:out value="${param.username}" default="unknown" />

   

<%--第 2 个 out 标签 --%>
<c:out value="${param.username}"> unknown </c:out>
```

通过浏览器访问 http://localhost:8080/helloapp/out.jsp，打印结果为“unknown unknown”。如果通过浏览器访问 http://localhost:8080/helloapp/out.jsp?username=Tom，那么打印结果为“Tom Tom”。

15.3.2 <c:set>标签

<c:set>标签具有以下作用：

- 为 String 类型的命名变量设定值。

- 如果命名变量为 JavaBean，那么为这个 JavaBean 对象的特定属性设定值。
- 如果命名变量为 Map 类型，那么为这 Map 对象中的特定 Key 设定值。

（1）为 String 类型的命名变量设定值。

<c:set>标签为特定范围内的 String 类型的命名变量设定值时，采用以下语法：

```
<c:set var="命名变量的名字"  value="表达式"
 scope="{page|request|session|application}" />
```

以上 scope 属性指定范围的名字，可选值包括：page、request、session 和 application，scope 属性的默认值为 page（页面范围）。

例如以下代码在会话范围内设置了一个 user 命名变量，它的值为“Tom”，表达式 ${sessionScope.user}的打印结果为“Tom”：

```
<c:set var="user" value="Tom" scope="session" />
${sessionScope.user}
```

以上代码中的<c:set>标签与以下 Java 程序片段的作用是等价的：

```
<%
pageContext.setAttribute("user","Tom",PageContext.SESSION_SCOPE);
%>
```

再例如以下代码在页面范围内设置了一个 user 属性，它的值为 username 请求参数的值：

```
<c:set var="user" value="${param.username}" />
```

<c:set>标签的 value 属性用于设定命名变量的值，此外，也可以用标签主体来设定值，例如以下两段代码是等价的，都在会话范围内设置了一个 user 命名变量，它的值为“Tom”：

```
<%-- 代码 1  --%>
<c:set var="user" value="Tom" scope="session" />

<%-- 代码 2  --%>
<c:set var="user" scope="session" > Tom </c:set>
```

（2）为特定范围内的 JavaBean 对象的属性设定属性值。

<c:set>标签为特定范围内的 JavaBean 对象的属性设定属性值时，采用以下语法：

```
<c:set target="代表 JavaBean 的命名变量"
 property="JavaBean 的属性名"  value="表达式"  />
```

例如以下代码先通过<jsp:useBean>标签定义了一个 Web 应用范围内的 counterBean 命名变量，接下来通过<c:set>标签把这个 counterBean 命名变量的 count 属性设为 2，${counterBean.count}的打印结果为 2：

```
<%@ page import="mypack.CounterBean" %>
<jsp:useBean id="counterBean" scope="application"
         class="mypack.CounterBean" />
<c:set target="${counterBean}" property="count"
                   value="2" />
${counterBean.count}
```

以上代码中的<c:set>标签与以下 Java 程序片段的作用是等价的：

```
<%
CounterBean counterBean=
```

```
  (CounterBean)pageContext.findAttribute("counterBean");
counterBean.setCount(2);
%>
```

（3）为特定范围内的 Map 对象的 Key 设定值

<c:set>标签为特定范围内的 Map 对象的 Key 设定值时，采用以下语法：

```
<c:set target="代表 Map 对象的命名变量"
    property="key 的名字"  value="表达式"  />
```

例如以下代码先通过<jsp:useBean>标签定义了一个请求范围内的 HashMap 类型的 weeks 命名变量，接下来通过两个<c:set>标签向这个 weeks 命名变量中加入两个元素：

```
<%@ page import="java.util.HashMap" %>
<jsp:useBean id="weeks" scope="request" class="java.util.HashMap" />
<c:set target="${weeks}" property="1" value="Monday" />
<c:set target="${weeks}" property="2" value="Tuesday" />
```

以上代码中的第一个<c:set>标签与以下 Java 程序片段的作用是等价的：

```
<%
Map weeks=(Map)pageContext.findAttribute("weeks");
weeks.put("1","Monday");
%>
```

15.3.3 <c:remove>标签

<c:remove>标签用于删除特定范围内的命名变量。它的语法为：

```
<c:remove var="命名变量的名字"
  scope="{page|request|session|application}" />
```

以上 scope 属性指定范围，可选值包括：page、request、session 和 application。如果没有设定 scope 属性，那么会从所有范围内删除 var 指定的命名变量。

例如以下代码删除会话范围内的 user 命名变量：

```
<c:remove var="user" scope="session" />
```

以上代码中的<c:remove>标签与以下 Java 程序片段的作用是等价的：

```
<%
pageContext.removeAttribute("user",PageContext.SESSION_SCOPE);
%>
```

以下<c:remove>标签没有设置 scope 属性，因此会删除所有范围内的 user 命名变量：

```
<c:remove var="user" />
```

15.3.4 <c:catch>标签

<c:catch>标签用于捕获标签主体中可能出现的异常，并且把异常对象作为命名变量保存在页面范围内。<c:catch>标签的语法为：

```
<c:catch var="代表异常对象的命名变量的名字" />
```

例如以下代码中的<c:catch>标签的主体内容为 Java 程序片段：

```
<c:catch var="ex">
<%
int a=11;
int b=0;
int c=a/b; //抛出异常
%>
</c:catch>
<c:out value="${ex.message}" default="No exception" />
```

以上<c:catch>标签等价于以下 Java 程序片段：

```
<%
try{
  int a=11;
  int b=0;
  int c=a/b;
}catch(Exception e){
  //把异常对象存放在页面范围内
  pageContext.setAttribute("ex", e, PageContext.PAGE_SCOPE);
}
%>
```

15.4　条件标签

条件标签能够实现 Java 语言中的 if 语句以及 if-else 语句的功能。条件标签包括以下两个。

- <c:if>：用于实现 Java 语言中的 if 语句的功能。
- <c:choose>、<c:when>和<c:otherwise>：用于实现 Java 语言中的 if-else 语句的功能。

15.4.1　<c:if>标签

<c:if>标签用于实现 Java 语言中的 if 语句的功能。<c:if>标签的语法为：

```
<c:if test="逻辑表达式"
var="代表逻辑表达式的值的命名变量的名字"
scope="{page|request|session|application}" / >
```

<c:if>标签会把逻辑表达式的值存放在 var 属性指定的命名变量中，scope 属性指定命名变量的范围，scope 属性的默认值是 page（页面范围）。

例如以下<c:if>标签判断 username 请求参数的值是否为 Tom，然后把判断结果作为 result 命名变量存放在请求范围内：

```
<c:if test="${param.username=='Tom'}" var="result" scope="request" />
${result}
```

以上<c:if>标签等价于以下 Java 程序片段：

```
<%
String username=request.getParameter("username");
if(username!=null && username.equals("Tom"))
  request.setAttribute("result",true);
else
```

```
 request.setAttribute("result",false);
%>
```

<c:if>标签还可以包含标签主体，只有当逻辑表达式的值为 true，才会执行标签主体。例如：

```
<c:if test="${param.save=='user'}" >
Saving user
<c:set var="user"  value="Tom" />
</c:if>
```

以上<c:if>标签等价于以下 Java 程序片段：

```
<%
String save=request.getParameter("save");
if(save!=null && save.equals("user")){
//对应<c:if>标签的主体
out.print("Saving user")
pageContext.setAttribute("user","Tom");
}
%>
```

15.4.2 <c:choose>、<c:when>和<c:otherwise>标签

<c:choose>、<c:when>和<c:otherwise>在一起连用，可以实现 Java 语言中的 if-else 语句的功能。例如，以下代码根据 username 请求参数的值来打印不同的结果：

```
<c:choose>
 <c:when test="${empty param.username}">
  Nnknown user.
 </c:when>
 <c:when test="${param.username=='Tom'}">
  ${param.username} is manager.
 </c:when>
 <c:otherwise>
  ${param.username} is employee.
 </c:otherwise>
</c:choose>
```

以上标签等价于以下 Java 程序片段：

```
<%
String username=request.getParameter("username");
if(username==null){
 //对应第一个<c:when>标签的主体
 out.print("Nnknown user.");
}else if(username.equals("Tom")){
 //对应第二个<c:when>标签的主体
 out.print(username+" is manager.");
}else{
 //对应<c:otherwise>标签的主体
 out.print(username+" is employee.");
}
%>
```

<c:choose>、<c:when>和<c:otherwise>标签的使用必须符合以下语法规则：

- <c:when>和<c:otherwise>不能单独使用，必须位于<c:choose>父标签中。

- <c:choose>标签中可以包含一个或多个<c:when>标签。
- <c:choose>标签中可以不包含<c:otherwise>标签。
- <c:choose>标签中如果同时包含<c:when>和<c:otherwise>标签，那么<c:otherwise>必须位于<c:when>标签之后。

15.5 迭代标签

迭代标签包括：

- <c:forEach>：用于遍历集合中的对象，并且能重复执行标签主体。
- <c:forTokens>：用于遍历字符串中用特定分割符分割的子字符串，并且能重复执行标签主体。

15.5.1 <c:forEach>标签

<c:forEach 标签>用于遍历集合中的对象，并且能重复执行标签主体。它和本书第 13 章的 13.4 节（iterate 标签范例）介绍的<iterate>标签的作用有些相似。

1．基本语法

<c:forEach>标签的基本语法为：

```
<c:forEach var="代表集合中的一个元素的命名变量的名字"  items="集合">
标签主体
</c:forEach>
```

<c:forEach>标签每次从集合中取出一个元素，把它存放在 NESTED 范围内的命名变量中，在标签主体中可以访问这个命名变量。NESTED 范围是指当前标签主体构成的范围，只有当前标签主体才能够访问 NESTED 范围内的命名变量。

例如，以下代码先创建了一个 names 集合，然后通过<c:forEach>标签遍历这个集合，打印集合中的所有元素：

```
<%@ page import="java.util.HashSet" %>
<%
HashSet names=new HashSet();
names.add("Tom");
names.add("Mike");
names.add("Linda");
%>
<c:forEach var="name" items="<%=names %>" >
  ${name}  
</c:forEach>
```

运行以上代码，得到的打印结果为“Tom　Mike　Linda”。以上<c:forEach>标签等价于以下 Java 程序片段：

```
<%@ page import="java.util.Iterator" %>
<% //第一个Java程序片段
 Iterator it=names.iterator();
 while(it.hasNext()){
  String name=(String)it.next();
  //把元素作为name命名变量存放在页面范围内
  pageContext.setAttribute("name",name);
%>

<%  //第二个Java程序片段，对应<c:forEach>标签的主体
  name=(String)pageContext.getAttribute("name");
  out.print(name+"  ");
%>

<% //第三个Java程序片段
  pageContext.removeAttribute("name");
 }
%>
```

以上第一个和第三个 Java 程序片段完成<c:forEach>标签的任务，在每一次循环中，先从 names 集合中取出一个元素，把它作为 name 命名变量存放在页面范围内，接着执行标签主体，然后从页面范围内删除 name 命名变量，从而确保只有当前标签主体才能访问 name 命名变量。因此尽管在实现上，name 命名变量位于页面范围，但是在逻辑上，name 命名变量属于 NESTED 范围。

以上第二个 Java 程序片段完成<c:forEach>标签主体的任务，从页面范围内读取 name 命名变量，并输出它的值。

2. <c:forEach>标签的 varStatus 属性

<c:forEach>标签的 varStatus 属性用于设定一个 javax.servlet.jsp.jstl.core.LoopTagStatus 类型的命名变量，它位于 NESTED 范围，这个命名变量包含了从集合中取出的当前元素的状态信息：

- count：当前元素在集合中的序号，从 1 开始计数。
- index：当前元素在集合中的索引，从 0 开始计数。
- first：当前元素是否是集合中的第一个元素。
- last：当前元素是否是集合中的最后一个元素。

例程 15-2 的 namelist.jsp 中的<c:forEach>标签就使用了 varStatus 属性。

例程 15-2　namelist.jsp

```
<%@ page contentType="text/html; charset=GB2312" %>
<%@ taglib prefix="c" uri="http://java.sun.com/jsp/jstl/core" %>
<%@ page import="java.util.HashSet" %>

<%
HashSet names=new HashSet();
names.add("Tom");
names.add("Mike");
names.add("Linda");
%>
```

```
<table border="1">
  <tr>
   <td>序号</td>
   <td>索引</td>
   <td>是否是第一个元素</td>
   <td>是否是最后一个元素</td>
   <td>元素的值</td>
  </tr>

<c:forEach var="name" items="<%=names %>" varStatus="status">
  <tr>
    <td>${status.count} </td>
    <td>${status.index} </td>
    <td>${status.first} </td>
    <td>${status.last} </td>
    <td>
      <c:choose>
        <c:when test="${status.last}">
          <font color="red">${name} </font>
        </c:when>
        <c:otherwise>
          <font color="green">${name} </font>
        </c:otherwise>
      </c:choose>
    </td>
  </tr>
</c:forEach>
</table>
```

在以上<c:forEach>标签中还嵌套了一个<c:choose>标签，它判断当前元素是否是集合中的最后一个元素，如果满足条件，就用红色字体显示元素的值，否则就用绿色字体显示元素的值。

通过浏览器访问 http://localhost:8080/helloapp/namelist.jsp，将得到如图 15-1 所示的网页。

localhost:8080/helloapp/namelist.jsp

序号	索引	是否是第一个元素	是否是最后一个元素	元素的值
1	0	true	false	Mike
2	1	false	false	Tom
3	2	false	true	Linda

图 15-1 namelist.jsp 生成的网页

3．<c:forEach>标签的 begin、end 和 step 属性

<c:forEach>标签的 begin、end 和 step 属性分别指定循环的起始索引、结束索引和步长。例如以下代码中的<c:set>标签在页面范围内存放了一个集合类型的 colors 命名变量，它包含 5 个元素。<c:forEach>标签会依次访问 colors 集合中索引为 1 和 3 的元素。

```
<%@ page import="java.util.ArrayList" %>
<%
ArrayList colors=new ArrayList();
colors.add("red");    //index:0
colors.add("yellow"); //index:1
colors.add("blue");   //index:2
colors.add("green");  //index:3
```

```
colors.add("black"); //index:4
%>
<c:set var="colors" value="<%=colors%>" />

<c:forEach var="color" items="${colors}" begin="1" end="3" step="2">
  ${color}  
</c:forEach>
```

以上代码的打印结果为“yellow　green”。

如果没有为<c:forEach>标签设置 items 属性，那么就直接把每次循环的索引赋值给 var 属性指定的命名变量。例如以下<c:forEach>标签的打印结果为“10　14　18”：

```
<c:forEach var="i" begin="10" end="20" step="4" >
  ${i}  
</c:forEach>
```

4. <c:forEach>标签可以遍历的集合

<c:forEach>标签可以遍历的集合包括：

- java.util.Set、java.util.List、java.util.Map、java.util.Iterator 和 java.util.Enumeration 接口的实现类。
- Java 数组。
- 以逗号（“,”）分割的字符串。

例如以下<c:forEach>标签遍历 Map 类型的 weeks 集合中的元素：

```
<%@ page import="java.util.HashMap" %>
<jsp:useBean id="weeks" scope="application"
                class="java.util.HashMap" />

<c:set target="${weeks}" property="one" value="Monday" />
<c:set target="${weeks}" property="two" value="Tuesday" />

<c:forEach var="entry" items="${weeks}">
 ${entry.key}:${entry.value} <br>
</c:forEach>
```

以上代码的打印结果为：

```
two:Tuesday
one:Monday
```

再例如以下<c:forEach>标签遍历 fruits 数组中的元素：

```
<%
String[] fruits={"apple","orange","banana","peal","grape"};
%>
<c:forEach var="fruit" items="<%=fruits %>" end="2">
 ${fruit}  
</c:forEach>
```

以上代码的打印结果为“apple　orange　banana”。

再例如以下<c:forEach>标签遍历访问字符串“Tom,Mike,Linda”中的每个被逗号分割的子字符串：

```
<c:forEach var="name" items="Tom,Mike,Linda" >
```

```
  ${name}  
</c:forEach>
```

以上代码的打印结果为“Tom　Mike　Linda”。

15.5.2　<c:forTokens>标签

<c:forTokens>标签用于遍历字符串中用特定分割符分割的子字符串，并且能重复执行标签主体。<c:forTokens>标签的基本语法如下：

```
<c:forTokens var="代表子字符串的命名变量的名字" items="被分割的字符串"
 delims="分割符" >
标签主体
</c:forTokens>
```

例如以下代码能遍历字符串“Tom:Mike:Linda”中用分割符“:”分割的子字符串：

```
<c:forTokens var="name" items="Tom:Mike:Linda" delims=":">
  ${name}  
</c:forTokens>
```

以上代码的打印结果为“Tom　Mike　Linda”。

<c:forTokens>标签中也可以使用 varStatus、begin、end 和 step 属性，它们的作用和<c:forEach>标签中的相应属性相同。

15.6　URL 相关的标签

URL 相关的标签包括：

- <c:import>：包含其他 Web 资源，与<jsp:include>指令的作用有些类似。
- <c:url>：按照特定的重写规则重新构造 URL。
- <c:redirect>：负责重定向。

为了便于在范例中演示以上各个标签的作用，假定在<CATALINA_HOME>/webapps 目录下包含 helloapp 和 helloapp1 两个 Web 应用。helloapp 目录下包含两个 JSP 文件：

```
helloapp/dir1/test.jsp
helloapp/dir1/dir2/target.jsp
```

helloapp1 目录下包含一个 JSP 文件：

```
helloapp1/dir1/dir2/target.jsp
```

对于下面 15.6.1 节、15.6.2 节和 15.6.3 节提供的范例代码，如果没有特别说明，都位于 helloapp/dir1/test.jsp 文件中。

15.6.1　<c:import>标签

<c:import>标签用于包含其他 Web 资源，与<jsp:include>指令的作用有些类似。<c:import>

标签与<jsp:include>标签的区别在于，前者不仅可以包含同一个 Web 应用中的资源，还能包含其他 Web 应用中的资源，甚至是其他网站的资源。

<c:import>标签的基本语法形式为：

```
<c:import url="Web 资源的 URL" / >
```

在 test.jsp 文件中可以按如下方式包含其他 JSP 文件。

（1）包含当前 helloapp 应用中的 target.jsp 文件，url 属性为相对于当前 test.jsp 文件的相对路径：

```
<c:import url="dir2/target.jsp" />
```

（2）包含当前 helloapp 应用中的 target.jsp 文件，url 属性为以"/"开头的绝对路径：

```
<c:import url="/dir1/dir2/target.jsp" />
```

（3）包含 JavaThinker 网站中的 download.jsp 文件，url 属性为以"http://"开头的绝对路径：

```
<c:import url="http://www.javathinker.net/download.jsp" />
```

helloapp 应用与 helloapp1 应用位于同一个 Servlet 容器内，helloapp 应用中的 test.jsp 可以按照如下步骤包含 helloapp1 应用中的 target.jsp：

（1）修改 helloapp 应用的 META-INF/context.xml 文件，把<Context>元素的 crossContext 属性设为 true，使得 helloapp 应用具有访问同一个 Servlet 容器内其他 Web 应用的权限。本书第 5 章的 5.8 节（访问 Servlet 容器内的其他 Web 应用）介绍了 crossContext 属性的作用。

```
<Context  reloadable="true" crossContext="true" />
```

（2）在 test.jsp 文件中通过以下<c:import>标签包含 helloapp1 应用中的 target.jsp：

```
<c:import url="/dir1/dir2/target.jsp" context=/helloapp1" />
```

以上 context 属性设定 helloapp1 应用的根路径，url 属性设定 target.jsp 文件在 helloapp1 应用中的绝对路径。

在<c:import>标签中还可以通过 var 属性设定一个 String 类型的命名变量。如果设定了 var 属性，那么<c:import>标签不会把 url 属性设定的目标文件的内容直接包含到当前文件中，而是把目标文件中的文本内容保存在 var 属性设定的命名变量中。例如以下<c:import>标签把 target.jsp 文件中的文本内容存放在 target 命名变量中，${target}输出 target.jsp 文件中的文本内容：

```
<c:import url="dir2/target.jsp" var="target" />
${target}
```

15.6.2 <c:url>标签

<c:url>标签的主要作用是按照特定的重写规则重新构造 URL。它的基本语法为：

```
<c:url  value="原始 URL"  var="存放新的 URL 的命名变量"
scope="{page|request|session|application}" />
```

<c:url>标签把重新生成的 URL 存放在 var 属性指定的命名变量中，scope 属性指定命名变量的范围，它的默认值为 page（页面范围）。

例如，以下<c:url>标签在页面范围内创建一个 myurl 命名变量，它的值为“dir2/target.jsp”：

```
<c:url value="dir2/target.jsp" var="myurl" />
```

例如，以下<c:url>标签中的 value 属性以“/”开头，<c:url>标签会在重新生成的 URL 中加上当前 Web 应用的根路径，因此 myurl 命名变量的值为“/helloapp/dir1/dir2/target.jsp”：

```
<c:url value="/dir1/dir2/target.jsp" var="myurl" />
<a href="${myurl}" >target.jsp </a>
```

在<c:url>标签中可以包含<c:param>子标签，<c:param>用于设定请求参数，例如以下<c:url>标签包含两个<c:param>子标签，它们分别用于设定 username 请求参数和 description 请求参数：

```
<c:url value="/dir1/dir2/target.jsp" var="myurl" >
  <c:param name="username" value="Tom" />
  <c:param name="description" value="Age>10&Age<30" />
</c:url>

<a href="${myurl}" >target.jsp </a>
```

<c:param>标签会对 value 属性中的特殊符号（如“>”和“&”）进行正确地编码。以上<a>标记生成的代码为：

```
<a href="/helloapp/dir1/dir2/target.jsp
       ?username=Tom&description=Age%3e10%26Age%3c30">
target.jsp </a>
```

从以上代码可以看出，description 参数值中的“>”符号被编码为“%3e”，“&”符号被编码为“%26”，“<”符号被编码为“%3c”。

<c:param>标签的 name 属性设定请求参数名，value 属性设定请求参数值，此外，也可以在标签主体内设定请求参数值。例如以下<c:param>标签主体判断 username 命名变量是否为“Tom”，如果满足条件，就把 role 请求参数设为“Manager”；如果 username 命名变量为空或者不是“Tom”，就把 role 请求参数设为“Employee”：

```
<c:url value="/dir1/dir2/target.jsp" var="myurl" >
  <c:param name="role">
    <c:if test="${username=='Tom'}">
     Manager
    </c:if>
    <c:if test="${empty username || ! username=='Tom'}">
     Employee
    </c:if>
  </c:param>
</c:url>

<a href="${myurl}" >target.jsp </a>
```

如果 username 命名变量为空，那么以上<a>标记生成的代码为：

```
<a href="/helloapp/dir1/dir2/target.jsp?role=Employee" >
target.jsp </a>
```

15.6.3 <c:redirect>标签

<c:redirect>标签把请求重定向到其他 Web 资源，本书第 5 章的 5.7 节（重定向）已经介绍了重定向的概念。<c:redirect>标签的基本语法为：

```
<c:redirect url="目标Web资源的URL" />
```

例如，以下代码把请求重定向到同一个 Web 应用中的 target.jsp：

```
<c:redirect url="dir2/target.jsp" >
```

例如，以下代码把请求重定向到 JavaThinker 网站的 download.jsp：

```
<c:redirect url="http://www.javathinker.net/download.jsp" />
```

在<c:redirect>标签中也可以设置 context 属性，还可以加入<c:param>子标签。例如以下代码把请求重定向到 helloapp1 应用中的 target.jsp，并且提供了 num1 和 num2 请求参数：

```
<c:redirect url="/dir1/dir2/target.jsp" context="/helloapp1" >
  <c:param name="num1" value="10" />
  <c:param name="num2" value="20" />
</c:redirect>
```

15.7 小结

Core 标签库是编写 JSP 时最常用的标签库，它包括以下标签：

- <c:out>：用于把一个表达式的结果打印到网页上。
- <c:set>：用于设定命名变量的值。如果命名变量为 JavaBean，还可以设定 JavaBean 的属性的值；如果命名变量为 Map 类型，还可以设定与其中的 Key 对应的值。
- <c:remove>：用于删除一个命名变量。
- <c:catch>：用于捕获异常，把异常对象放在指定的命名变量中。
- <c:if>：用于实现 Java 语言中的 if 语句的功能。
- <c:choose>、<c:when>和<c:otherwise>：用于实现 Java 语言中的 if-else 语句的功能。
- <c:forEach>：用于遍历集合中的对象，并且能重复执行标签主体。
- <c:forTokens>：用于遍历字符串中用特定分割符分割的子字符串，并且能重复执行标签主体。
- <c:import>：用于包含其他 Web 资源，与<jsp:include>指令的作用有些类似。
- <c:url>：用于按照特定的重写规则重新构造 URL。
- <c:redirect>：用于重定向。

其中<c:set>、<c:remove>、<c:catch>、<c:if>、<c:forEach>、<c:forTokens>、<c:import>和<c:url>标签中都可以包含 var 属性，该属性用于设定命名变量。

15.8 思考题

1．关于 JSTL，以下哪些说法正确？（多选）

（a）Oracle 公司制定了 JSTL 的最新规范，Apache 开源软件组织提供了具体的实现。

（b）JSTL 目前包括五个标签库：Core、I18N、Sql、XML 和 Functions 标签库。

（c）在 Web 应用中使用 JSTL 时，可以把 JSTL 的 JAR 类库文件放在 Web 应用的 WEB-INF/lib 目录下。

（d）在 Web 应用中使用 JSTL 时，必须把 JSTL 的 TLD 文件放在 Web 应用的 WEB-INF 目录下。

2．假定会话范围内不存在 cart 属性，以下<c:out>标签的打印结果是什么？（单选）

```
<c:out value="${sessionScope.cart.total}">
 No Shoppingcart
</c:out>
```

（a）null　　　　　　　　　　　　（b）No ShoppingCart

（c）sessionScope.cart.total　　　　（d）没有任何打印结果

3．对于以下 Java 程序片段：

```
<%
request.setAttribute("user","Tom");
%>
```

以下哪个选项能完成和上述 Java 程序片段同样的功能？（单选）

（a）<c:set var="user" value="Tom" />

（b）<c:set var="user" value="Tom" scope="request" />

（c）<c:set var="${user}"　value="Tom" scope="request" />

（d）<c:out var="user" value="Tom" scope="request" />

4．在 Web 应用范围内有一个命名变量 counterBean，如何把它的 count 属性设为 4？（单选）

（a）<c:set target="<%=counterBean %>" property="count" value="4" />

（b）<c:set var="counterBean" property="count" value="4" />

（c）<c:set target="${counterBean.count}" value="4" />

（d）<c:set target="${counterBean}" property="count" value="4" />

5．编译或运行以下 JSP 代码会出现什么情况？（单选）

```
<c:set var="count" value="1"  />
<%=count ++ %>
```

（a）打印 1。

（b）打印 2。

（c）编译出错，<c:set>标签的语法不正确。

（d）编译出错，表达式<%=count ++ %>不正确。

6．假定不存在 color 请求参数，运行以下 JSP 代码，得到什么打印结果？（单选）

```
<c:choose>
  <c:when test="${param.color==1}">
    <font color="blue">Hello</font>
  </c:when>

  <c:otherwise>
    <font color="red">Hello</font>
  </c:otherwise>
</c:choose>
```

（a）打印蓝色的“Hello”。　　（b）打印红色的“Hello”。

（c）打印 null。　　（d）没有任何打印结果。

7．运行以下 JSP 代码，得到什么打印结果？（单选）

```
<%
  String[] colors={"blue","red","green","yellow","black"};
%>
<c:forEach var="color" items="<%=colors %>"
         begin="1" end="4" step="2" >
   ${color}  
</c:forEach>
```

（a）blue red green yellow black　　（b）blue green

（c）red yellow　　（d）red black

8．假定 hello.jsp 位于 helloapp 应用的 dir1 目录下，运行以下 JSP 代码，<a>标记生成的代码是什么？（单选）

```
<c:url value="hello.jsp" var="myurl" >
  <c:param name="username" value="Tom" />
  <c:param name="age" value="10" />
</c:url>

<a href="${myurl}" >hello</a>
```

（a）<a href="myurl?username=Tom&age=10" >hello</a>

（b）<a href="hello.jsp?username=Tom&age=10" >hello</a>

（c）<a href="/dir1/hello.jsp?username=Tom&age=10" >hello</a>

（d）<a href=" hello.jsp?username=Tom%26age=10" >hello</a>

参考答案

1．a,b,c　2．b　3．b　4．d　5．d　6．b　7．c　8．b

第 16 章 JSTL I18N 标签库

I18N 标签库主要用于编写国际化的 Web 应用。I18N 标签库中的标签可分为两部分：一部分用于国际化，另一部分用于对时间、日期和数字进行格式化。

本章首先介绍了软件应用的国际化的概念，然后讨论了 Java 中提供对国际化支持的类的用法，接着介绍了 I18N 标签库中各种标签的用法。本章还以 helloapp 应用为例，介绍了对 Web 应用实现国际化的步骤。本章提供的 helloapp 应用的源文件位于本书配套源代码包的 sourcecode/chapter16/helloapp 目录下。

在 JSP 文件中使用 I18N 标签库，要先通过 taglib 指令引入该标签库：

```
<%@ taglib prefix="fmt" uri="http://java.sun.com/jsp/jstl/fmt" %>
```

16.1 国际化的概念

随着全球经济的一体化成为一种主流趋势，如今的企业已经不再仅仅着眼于本国市场，而是开始致力于在全球范围内为它们的产品寻找客户。万维网（World Wide Web）的迅猛发展推动了跨国业务的发展，它成为一种在全世界范围内发布产品信息、吸引客户的有效手段。为了使企业 Web 应用能支持全球客户，软件开发者应该开发出支持多国语言、国际化的 Web 应用。

在过去，软件开发者在开发应用程序时，将注意力集中于实现具体的业务逻辑。软件面向的用户群是固定的，软件只需要支持一种语言。如今，随着跨国业务的迅猛发展，需要同一个软件能同时支持多种语言和国家。

国际化（简称为 I18N）指的是在软件设计阶段，就应该使软件具有支持多种语言和地区的功能。这样，当需要在应用中添加对一种新的语言和国家的支持时，不需要对已有的软件返工，无须修改应用的程序代码。

如图 16-1 所示，国际化意味着同一个软件可以面向使用各种不同语言的客户。如果 Web 客户使用的语言为中文，Web 应用就会从中文资源文件中读取消息文本，把它插入到返回给客户端的 HTML 页面中。如果 Web 客户使用的语言为英文，Web 应用就会从英文资源文件中读取消息文本，把它插入到返回给客户端的 HTML 页面中。

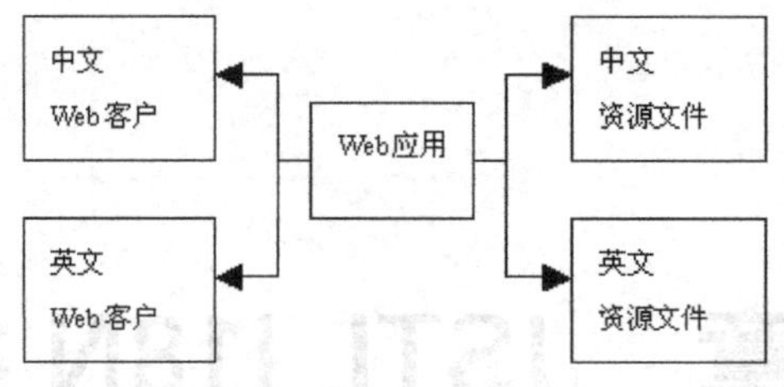

图 16-1　软件的国际化

如果一个应用支持国际化，它应该具备以下特征：

- 当应用需要支持一种新的语言时，无须修改应用程序代码。
- 将文本、消息和图片从源程序代码中抽取出来，存储在外部。
- 应该根据用户的语言和地理位置，对和特定文化相关的数据，如日期、时间和货币，进行正确的格式化。
- 支持非标准的字符集。
- 可以方便快捷地对应用做出调整，使它适应新的语言和地区。

提示

I18N 是 Internationalization 的简称，因为该单词的首字母 I 与尾字母 N 中间隔着 18 个字符，由此得名。

在对一个 Web 应用进行国际化时，除了应该对网站上的文本、图片和按钮进行国际化，而且应该对数字和货币等根据不同国家的标准进行相应的格式化。这样才能保证各个国家的用户都能顺利地读懂这些数据。

Locale（本地）指的是一个具有相同风俗、文化和语言的区域。如果一个应用没有事先把 I18N 作为内嵌的功能，那么当这个应用需要支持新的 Locale 时，开发人员必须对嵌入在源代码中的文本、图片和消息进行修改，然后重新编译源代码。每当这个应用需要支持新的 Locale 时，就必须重复这些繁琐的步骤，这种做法显然大大降低了软件开发效率。

16.2　Java 语言对 I18N 的支持

Java 语言在其核心库中提供了支持 I18N 的类和接口。本节简短地介绍了 Java 语言中和 I18N 有关的类的用法。I18N 标签库依赖于这些 Java 类来实现对 I18N 的支持，因此，掌握这些 Java 类的使用方法有助于理解 I18N 标签库的国际化机制。

16.2.1　Locale 类

java.util.Locale 类是最重要的与 I18N 有关的类，在 Java 语言中，几乎所有对国际化的支持都依赖于这个类。

关于 Locale 的概念已经在本章 16.1 节做了解释。Locale 类的实例代表一种特定的语言和地区。如果 Java 类库中的某个类在运行时需要根据 Locale 对象来调整其功能，那么就称这个类是本地敏感的（Locale-Sensitive）。例如，java.text.DateFormat 类就是本地敏感的，因为它需要依照特定的 Locale 对象来对日期进行相应的格式化。

Locale 对象本身并不执行和 I18N 相关的格式化或解析工作。Locale 对象仅仅负责向本地敏感的类提供本地化信息。例如，DateFormat 类依据 Locale 对象来确定日期的格式，然后对日期进行语法分析和格式化。

创建 Locale 对象时，需要明确地指定其语言和国家代码。以下代码创建了两个 Locale 对象，一个是美国的，另外一个是中国的：

```
Locale usLocale = new Locale("en", "US");
Locale zhLocale = new Locale("zh", "CN");
```

构造方法的第一个参数是语言代码。语言代码由两个小写字母组成，遵从 ISO-639 规范。可以从 https://www.iso.org/iso-639-language-codes.html 获得完整的语言代码列表。

构造方法的第二个参数是国家代码，它由两个大写字母组成，遵从 ISO-3166 规范。可以从 https://www.iso.org/iso-3166-country-codes.html 获得完整的国家代码列表。

Locale 类提供了几个静态常量，它们代表一些常用的 Locale 实例。例如，如果要获得 Japanese Locale 实例，可以使用如下两种方法之一：

```
Locale locale1 = Locale.JAPAN;
Locale locale2 = new Locale("ja", "JP");
```

1．Servlet 容器中 Locale 对象的来源

Java 虚拟机在启动时会查询操作系统，为运行环境设置本地默认的 Locale。Java 程序可以调用 java.util.Locale 类的静态方法 getLocale()来获得默认的 Locale:

```
Locale defaultLocale = Locale.getDefault();
```

Servlet 容器在其本地环境中通常会使用以上默认的 Locale；而对于特定的 Web 客户，Servlet 容器中的 Web 应用可以从 HTTP 请求的头部获取 Locale 信息。如图 16-2 显示了 Servlet 容器中 Locale 对象的来源。

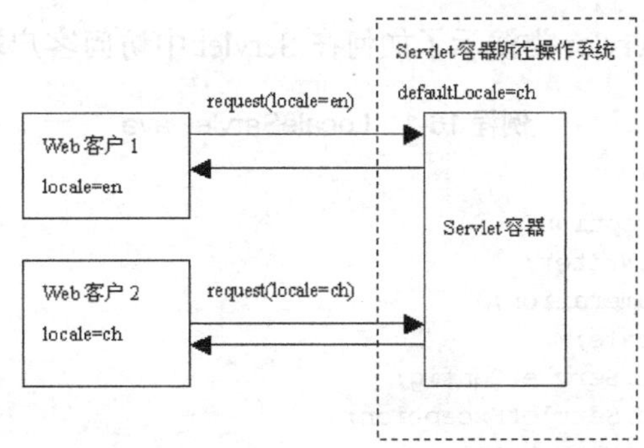

图 16-2 Servlet 容器中 Locale 对象的来源

2．在 Web 应用中访问 Locale 对象

上文讲过可以通过 Locale 的构造方法来创建 Locale 对象，在创建 Locale 对象时应该把

语言和国家代码两个参数传递给构造方法。对于 Web 应用程序，通常不必创建自己的 Locale 实例。在应用程序中，可以调用 HttpServletRequest 对象的以下两个方法，来取得包含 Web 客户的 Locale 信息的 Locale 实例:

```
public java.util.Locale getLocale();
public java.util.Enumeration getLocales();
```

这两个方法都会访问 HTTP 请求头部的 Accept-Language 项。getLocale()方法返回客户优先使用的 Locale，而 getLocales()方法返回一个 Enumeration 集合对象，它包含了按优先级降序排列的所有 Locale 对象。如果客户没有配置任何 Locale，getLocale()方法将会返回默认的 Locale。

大多数 Web 浏览器允许用户配置 Locale。例如，对于微软的 IE 浏览器，可以选择【工具】→【Internet 选项】→【语言】命令，然后在语言设置窗口中选择语言，参见图 16-3。

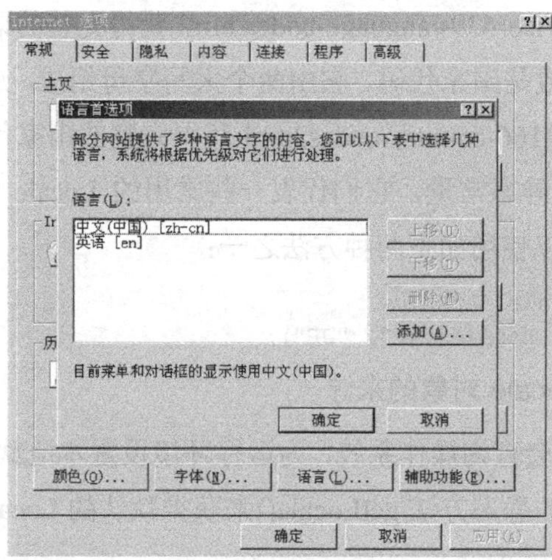

图 16-3　在 IE 浏览器中设置用户的 Locale

提示

对于 Chrome 浏览器，在地址栏中输入“chrome://settings/”，然后选择【高级】→【语言】命令，也可以进行和图 16-3 相似的配置。

例程 16-1 的 LocaleServlet 类演示了如何在 Servlet 中访问客户端的 Locale 信息。

例程 16-1　LocaleServlet.java

```
import java.io.IOException;
import java.io.PrintWriter;
import java.util.Enumeration;
import java.util.Locale;
import javax.servlet.ServletConfig;
import javax.servlet.ServletException;
import javax.servlet.http.HttpServlet;
import javax.servlet.http.HttpServletRequest;
import javax.servlet.http.HttpServletResponse;

public class LocaleServlet extends HttpServlet {
  private static final String CONTENT_TYPE =
```

```
                    "text/html;charset=GB2312";

  public void doGet(HttpServletRequest request,
          HttpServletResponse response)
          throws ServletException, IOException {
    response.setContentType(CONTENT_TYPE);
    PrintWriter out = response.getWriter( );

    out.println("<html>");
    out.println("<head><title>The Example Locale Servlet"
                         +"</title></head>");
    out.println("<body>");

    //获取客户端优先使用的Locale
    Locale preferredLocale = request.getLocale( );
    out.println("<p>The user's preffered Locale is "
                     + preferredLocale + "</p>");

    //检索客户端支持的所有Locale
    out.println("<p>A list of preferred Locales"
                    +" in descreasing order</p>");
    Enumeration allUserSupportedLocales = request.getLocales( );
    out.println("<ul>");
    while( allUserSupportedLocales.hasMoreElements( ) ){
      Locale supportedLocale =
           (Locale)allUserSupportedLocales.nextElement( );
      StringBuffer buf = new StringBuffer( );
      buf.append("<li>");
      buf.append("Locale: ");
      buf.append( supportedLocale );
      buf.append( " - " );
      buf.append( supportedLocale.getDisplayName( ) );
      buf.append("</li>");
      out.println( buf.toString( ) );
    }
    out.println("</ul>");

    //获取Servlet容器使用的默认Locale
    Locale servletContainerLocale = Locale.getDefault( );
    out.println("<p>The container's Locale "
            + servletContainerLocale + "</p>");
    out.println("</body></html>");
  }
}
```

假定把 LocaleServlet 发布到 helloapp 应用中，在 web.xml 中的配置代码如下：

```
<servlet>
 <servlet-name>locale</servlet-name>
 <servlet-class>LocaleServlet</servlet-class>
</servlet>
<servlet-mapping>
<servlet-name>locale</servlet-name>
 <url-pattern>locale</url-pattern>
</servlet-mapping>
```

如果 Servlet 容器运行在中文操作系统中，IE 浏览器的语言选项采用图 16-3 的设置，运行以上 Servlet，将会看到类似图 16-4 的输出结果。

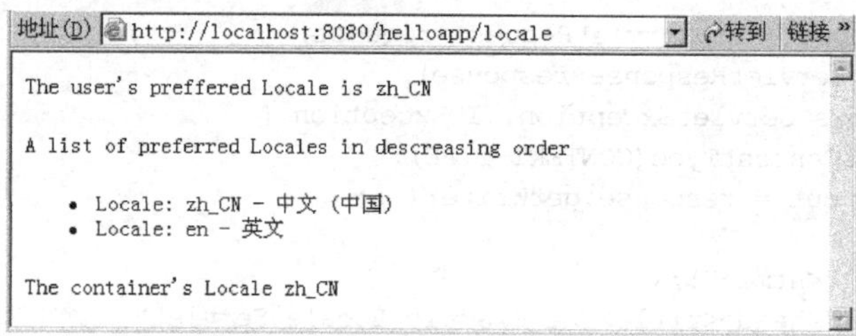

图 16-4　LocaleServlet 的输出结果

如果对图 16-3 中 IE 浏览器的语言选项进行一些改动，颠倒一下中文和英文两种语言的优先级，再次运行 LocaleServlet，将得到如图 16-5 所示的输出结果。

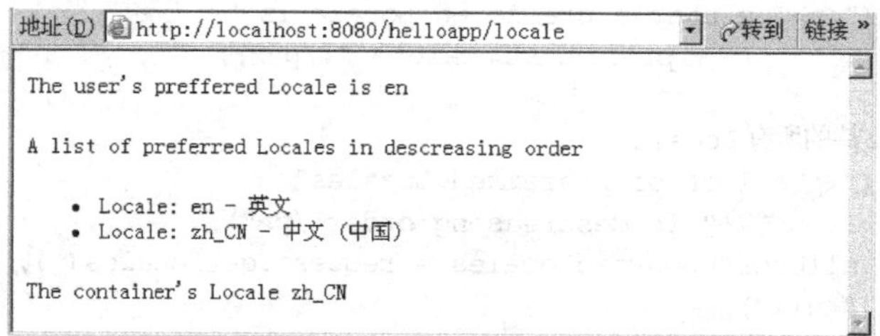

图 16-5　修改 IE 浏览器的语言优先级后 LocaleServlet 的输出结果

从图 16-5 看出，Web 客户选用的 Locale 由原来的中文变成了英文，但 Servlet 容器默认的 Locale 保持不变，因为后者是由 Servlet 容器所在的本地操作系统决定的。

16.2.2　ResourceBundle 类

java.util.ResourceBundle 类提供存放和管理和 Locale 相关的资源的功能。这些资源包括文本域或按钮的名字、状态信息、图片名、正常消息、错误信息和网页标题等。

ResourceBundle 类提供了两个用于创建 ResourceBundle 对象的静态工厂方法：

- getBundle(String baseName)
- getBundle(String baseName, Locale locale)

以上 baseName 参数指定资源文件的名字，参数 locale 指定使用的 Locale。如果没有设定 locale 参数，则采用本地默认的 Locale。

资源文件一律以“properties”作为扩展名。假定在 classpath 根路径下有两个资源文件：

- 默认资源文件：resource.properties
- 英文资源文件：resource_en_US.properties
- 中文资源文件：resource_zh_CN.properties

以下程序代码创建了一个使用中文 Locale 的 ResourceBundle 对象，它会把 resource_zh_CN.properties 文件中的数据加载到缓存中：

```
Locale zhLocale = new Locale("zh", "CN");
ResourceBundle bundle=ResourceBundle.getBundle("resource",zhLocale);
```

如果 classpath 根目录下不存在 resource_zh_CN.properties 文件，那么将把默认资源文件 resource.properties 中的数据加载到缓存中。

ResourceBundle 类的 getString(String key)方法能根据参数 key 返回匹配的消息文本。例如：

```
String message=bundle.getString("hello");
```

假定在 ResourceBundle 加载的资源文件中存在以下内容：

```
hello= Nice to meet you.
```

那么以上 message 变量的取值为“Nice to meet you.”。

例程 16-2 的 BundleServlet 演示了 ResourceBundle 类的用法。

例程 16-2 BundleServlet.java

```
import java.io.IOException;
import java.io.PrintWriter;
import java.util.ResourceBundle;
import java.util.Locale;
import javax.servlet.ServletException;
import javax.servlet.http.HttpServlet;
import javax.servlet.http.HttpServletRequest;
import javax.servlet.http.HttpServletResponse;

public class BundleServlet extends HttpServlet {
 private static final String CONTENT_TYPE =
                    "text/html;charset=GB2312";

 public void doGet(HttpServletRequest request,
         HttpServletResponse response)
         throws ServletException, IOException {
  response.setContentType(CONTENT_TYPE);
  PrintWriter out = response.getWriter( );
  out.println("<html>");
  out.println("<head><title>The Example Bundle Servlet"
                          +"</title></head>");
  out.println("<body>");

  ResourceBundle bundle=ResourceBundle.getBundle("resource");
  String key="hello";
  //返回与key匹配的文本。
  String message=bundle.getString(key);
  out.println("key="+key+"<br>");
  out.println("message="+message+"<br>");
  out.println("</body></html>");
 }
}
```

假定在 web.xml 文件中为 BundleServlet 类映射的 URL 为“/bundle”。在 helloapp/WEB-INF/classes 目录下有一个 resource.properties 资源文件，它包含了如下内容：

```
hello= Nice to meet you.
```

通过浏览器访问 http://localhost:8080/helloapp/bundle，将得到如图 16-6 所示的网页。

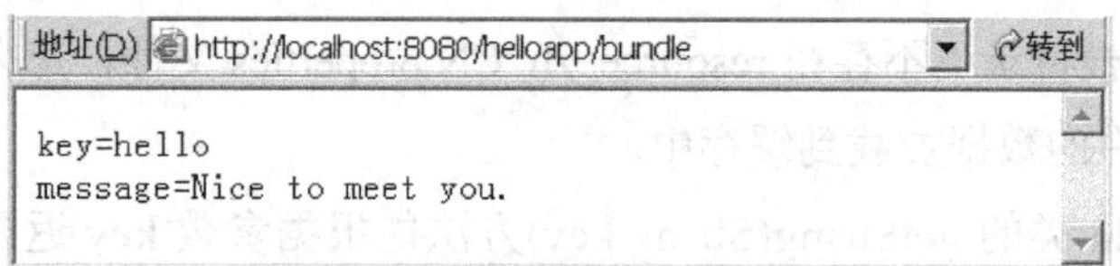

图 16-6 BundleServlet 生成的网页

16.2.3 MessageFormat 类和复合消息

ResourceBundle 类允许使用静态和动态的文本。静态文本指的是事先就已经具有明确内容的文本，例如文本框和按纽的 Label。动态文本指的是只有在运行时才能确定内容的文本。下面通过一个例子来说明这两者的区别。

假定应用需要向用户显示提示信息，提示 HTML 表单中的名字文本域和电话文本域不允许为空。一种方法是在资源文件中添加如下信息：

```
error.requiredfield.name=The Name field is required to save.
error.requiredfield.phone=The Phone field is required to save.
```

尽管以上方法是可行的，但是如果有上百个文本域不允许为空时怎么办？按照以上方法，需要给每一个文本域添加一个消息，这会导致资源文件变得很庞大，难以维护。

事实上，以上两则消息唯一的不同是具体的域名不一样。一个更加容易且易维护的方法是使用 java.text.MessageFormat 类的功能，此时只需要提供以下的消息文本：

```
error.requiredfield=The {0} field is required to save.
label.phone=Phone
label.name=Name
```

以上消息中包含了一个消息参数{0}，如果还有多个消息参数，可以用{1}、{2}来表示，以此类推。在运行时，MessageFormat 类的 format()方法可以把消息参数{0}替换为真正的动态文本内容。例程 16-3 的 MessageServlet 类是使用 MessageFormat 类来格式化文本消息的例子。

例程 16-3 MessageServlet.java

```
import java.io.IOException;
import java.io.PrintWriter;
import java.util.ResourceBundle;
import java.util.Locale;
import javax.servlet.ServletException;
import javax.servlet.http.HttpServlet;
import javax.servlet.http.HttpServletRequest;
import javax.servlet.http.HttpServletResponse;
import java.text.MessageFormat;

public class MessageServlet extends HttpServlet {
  private static final String CONTENT_TYPE =
                  "text/html;charset=GB2312";

  public void doGet(HttpServletRequest request,
          HttpServletResponse response)
          throws ServletException, IOException {
```

```
    response.setContentType(CONTENT_TYPE);
    PrintWriter out = response.getWriter( );

    out.println("<html>");
    out.println("<head><title>The Example Message Servlet"
                        +"</title></head>");
    out.println("<body>");

    //加载 ResourceBundle
    ResourceBundle bundle = ResourceBundle.getBundle( "resource");

    // 获取消息模版
    String requiredFieldMessage =
               bundle.getString( "error.requiredfield" );

    // 创建存放消息参数的数组
    Object[] messageArgs = new Object[1];

    //读取 label.name 对应的文本
    messageArgs[0] = bundle.getString( "label.name" );

    // 格式化消息，为消息参数设置动态文本
    String formattedNameMessage =
     MessageFormat.format( requiredFieldMessage, messageArgs );

    out.println( formattedNameMessage +"<br>");

    // 读取 label.phone 对应的文本
    messageArgs[0] = bundle.getString( "label.phone" );
    // 格式化消息，为消息参数设置动态文本
    String formattedPhoneMessage =
     MessageFormat.format( requiredFieldMessage, messageArgs );

    out.println( formattedPhoneMessage +"<br>");

    out.println("</body></html>");
  }
}
```

假定在 web.xml 文件中为 MessageServlet 类映射的 URL 为“/message”。在 WEB-INF/classes 目录下有一个 resource.properties 资源文件，它包含如下内容：

```
error.requiredfield=The {0} field is required to save.
label.phone=Phone
label.name=Name
```

通过浏览器访问 http://localhost:8080/helloapp/message，将得到如图 16-7 所示的网页。

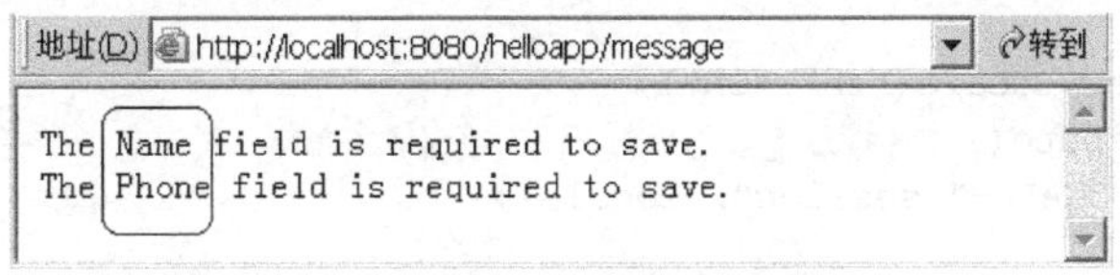

图 16-7 MessageServlet 生成的网页

通常把包含可变数据的消息称为复合消息。复合消息允许在程序运行时把动态数据加入到消息文本中。这能够减少资源文件中的静态消息数量，从而减少把静态消息文本翻译成其

他 Locale 版本所花费的时间。

当然，在资源文件中使用复合信息会使文本的翻译变得更加困难。因为文本包含了直到运行时才知道的代替值，而把包含替代值的消息文本翻译成不同的语言时，往往要对语序做适当调整。

16.3 国际化标签

I18N 标签库中用于国际化的标签包括以下几种。

- <fmt:setLocale>：设置 Locale，把 Locale 保存到特定范围内。
- <fmt:setBundle>：设置 ResourceBundle，把 ResourceBundle 保存到特定范围内。
- <fmt:bundle>：设置标签主体使用的 ResourceBundle。
- <fmt:message>：根据属性 key 返回 ResourceBundle 中匹配的消息文本。
- <fmt:param>：为消息文本中的消息参数设置值。
- <fmt:requestEncoding>：设置 HTTP 请求正文使用的字符编码。

16.3.1 <fmt:setLocale>标签

<fmt:setLocale>标签设置 Locale，把 Locale 保存到特定范围内。它的基本语法为：

```
<fmt:setLocale value="locale"
    scope="{page|request|session|application}" />
```

<fmt:setLocale>标签的 scope 属性的默认值为 page。

以下代码在会话范围内存放了一个表示中文的 Locale：

```
<fmt:setLocale value="zh_CN"  scope="session" />
```

以上<fmt:setLocale>标签和以下 Java 程序片断的作用是等价的：

```
<%
Locale locale=new Locale("zh","CN");
session.setAttribute(
   "javax.servlet.jsp.jstl.fmt.locale.session", locale);
%>

//或者：

<%
Locale locale=new Locale("zh","CN");
session.setAttribute(
    Config.FMT_LOCALE+".session", locale);
%>
```

JSTL API 中的 javax.servlet.jsp.jstl.core.Config 类是 JSTL 标签库的配置类，在这个类中定义了一个字符串类型的静态常量 FMT_LOCALE，该常量用作在特定范围内存放 Locale 的属性名：

```
public static final String FMT_LOCALE=
      "javax.servlet.jsp.jstl.fmt.locale";
```

此外，Config 类的静态 find()方法可以查询当前设置的 Locale：

```
Config.find(pageContext,Config.FMT_LOCALE);
```

例程 16-4 的 localetest.jsp 演示了<fmt:setLocale>标签的用法以及它的特性。

例程 16-4　localetest.jsp

```
<%@ page contentType="text/html; charset=UTF-8" %>
<%@ taglib prefix="fmt" uri="http://java.sun.com/jsp/jstl/fmt" %>
<%@ taglib prefix="c" uri="http://java.sun.com/jsp/jstl/core" %>
<%@ page import="javax.servlet.jsp.jstl.core.Config" %>
<%@ page import="java.util.Locale" %>

<!-- 获取客户端使用的 Locale，把它存放在会话范围内 -->
<fmt:setLocale value="${header['accept-language']}"
                             scope="session" />

1:${sessionScope['javax.servlet.jsp.jstl.fmt.locale.session']
                                          .language}
<p>

<%
Locale locale=(Locale)Config.find(pageContext,Config.FMT_LOCALE);
%>
2:<%=locale.getLanguage()%>
```

假定浏览器端优先使用的 Locale 为 zh_CN，那么以上 localetest.jsp 的返回内容为：

```
1:zh  2:zh
```

16.3.2　<fmt:setBundle>标签

<fmt:setBundle>标签设置 ResourceBundle，把 ResourceBundle 保存到特定范围内。它的基本语法为：

```
<fmt:setBundle  basename="资源文件的名字"  var= "命名变量的名字"
scope="{page|request|session|application}" />
```

<fmt:setBundle>标签的 scope 属性的默认值为 page。

以下代码在会话范围内存放了一个 ResourceBundle：

```
<fmt:setBundle basename="messages" var="myres" scope="session"/>
```

以上<fmt:setBundle>标签和以下 Java 程序片断的作用是等价的：

```
<%
Locale locale=(Locale)Config.find(pageContext,Config.FMT_LOCALE);
if(locale==null)
  locale=request.getLocale();

ResourceBundle bundle= ResourceBundle.getBundle("messages",locale);
javax.servlet.jsp.jstl.fmt.LocalizationContext context=
```

```
                        new LocalizationContext(bundle);
session.setAttribute("myres", bundle);
%>
```

如果没有设置<fmt:setBundle>标签的 var 属性，那么命名变量名将采用 javax.servlet.jsp.jstl.core.Config 类的静态字符串常量 FMT_LOCALIZATION_CONTEXT 的值，即“javax.servlet.jsp.jstl.fmt.localizationContext”，该标签设置的 ResourceBundle 将作为特定范围内的默认 ResourceBundle。

16.3.3 <fmt:bundle>标签

<fmt:bundle>标签设置标签主体使用的 ResourceBundle。它的基本语法为：

```
<fmt:bundle basename="资源文件的名字"  前缀="消息 key 的前缀" >
 标签主体
</fmt:bundle>
```

假定 messages.properties 文件中包含如下内容：

```
app.login.user = User Name
app.login.password = Password
```

以下代码输出与消息 key 匹配的文本：

```
<fmt:bundle basename="message" >
  <fmt:message key="app.login.user" />
  <fmt:message key="app.login.password" />
</fmt:bundle>
```

为了简化上文中指定消息 key 的代码，可以使用<fmt:bundle>标签的 prefix 属性：

```
<fmt:bundle basename="message"  prefix=" app.login.">
  <fmt:message key=" user" />
  <fmt:message key=" password" />
</fmt:bundle>
```

16.3.4 <fmt:message>标签

<fmt:message>标签根据属性 key 返回 ResourceBundle 中匹配的消息文本。假定在 messages.properties 资源文件中包含如下内容：

```
myword=message from messages.properties
```

在 resource.properties 资源文件中包含如下内容：

```
myword=message from resource.properties
```

例程 16-5 的 messagetest.jsp 演示了<fmt:message>标签的用法。

例程 16-5 messagetest.jsp

```
<%@ page contentType="text/html; charset=UTF-8" %>
<%@ taglib prefix="fmt" uri="http://java.sun.com/jsp/jstl/fmt" %>

<fmt:setBundle basename="messages" />
<fmt:setBundle basename="resource" var="myres"/>
```

```
1: <fmt:message key="myword" /> <br>

<fmt:bundle basename="resource">
2: <fmt:message key="myword" /> <br>
</fmt:bundle>

3: <fmt:message key="myword" bundle="${myres}" /> <br>
```

以上 messagetest.jsp 通过<fmt:setBundle>标签设置了两个 ResourceBundle，其中第一个<fmt:setBundle>标签没有设置 var 属性，它将成为默认的 ResourceBundle。

第一个<fmt:message>标签从默认的 ResourceBundle 中读取消息文本。第二个<fmt:message>标签嵌套在一个<fmt:bundle>父标签中，因此<fmt:message>标签从<fmt:bundle>父标签指定的 ResourceBundle 中读取消息文本。第三个<fmt:message>标签的 bundle 属性为“${myres}”，因此<fmt:message>标签将从${myres}指定的 ResourceBundle 中读取消息文本。

通过浏览器访问 http://localhost:8080/helloapp/messagetest.jsp，返回的结果为：

```
1: message from messages.properties
2: message from resource.properties
3: message from resource.properties
```

<fmt:message>标签有一个 var 属性和 scope 属性，用于把消息文本保存到特定范围内。var 属性指定命名变量的名字，scope 属性指定消息文本的存放范围。scope 属性的默认值为 page。

如果没有设定 var 和 scope 属性，那么<fmt:message>标签直接输出消息文本，否则将把消息文本作为命名变量存放在特定范围内。例如：

```
<fmt:setBundle basename="messages" />
<fmt:message key="myword" var="msg"/>

<c:if test="${msg!='ok'}" >
 <font color='green'>${msg}</font>
</c:if>
```

以上代码将输出采用绿色字体的消息文本。

16.3.5 <fmt:param>标签

<fmt:param>标签嵌套在<fmt:message>父标签中，用于为消息文本中的消息参数设置值。假定在 messages.properties 文件中包含如下内容：

```
hello.hi = Nice to meet you,{0}.The current time is {1}.
```

以上消息文本中的{0}和{1}分别表示两个消息参数。

以下代码演示了<fmt:param>标签的用法：

```
<fmt:formatDate value="<%=new Date()%>" type="both" var="now" />
<fmt:message key="hello.hi" >
<fmt:param value="Tom" />
<fmt:param value="${now}" />
</fmt:message>
```

以上代码中的两个<fmt:param>标签用于替换消息文本中的两个参数。以上代码的输出结果为：

```
Nice to meet you,Tom.The current time is Oct 19, 2018 5:07:57 PM.
```

16.3.6　<fmt:requestEncoding>标签

<fmt:requestEncoding>标签设置 HTTP 请求正文使用的字符编码。以下两段代码是等价的：

```
<fmt:requestEncoding value="GB2312" />
等价于：
<% request.setCharacterEncoding("GB2312"); %>
```

本书第 4 章的 4.8 节（处理 HTTP 请求参数中的中文字符编码）已经介绍了对请求参数进行字符编码转换的技巧。

16.4　创建国际化的 Web 应用

下面以 helloapp 应用为例，介绍创建国际化 Web 应用的方法。如图 16-8 显示了 helloapp 应用的目录结构。

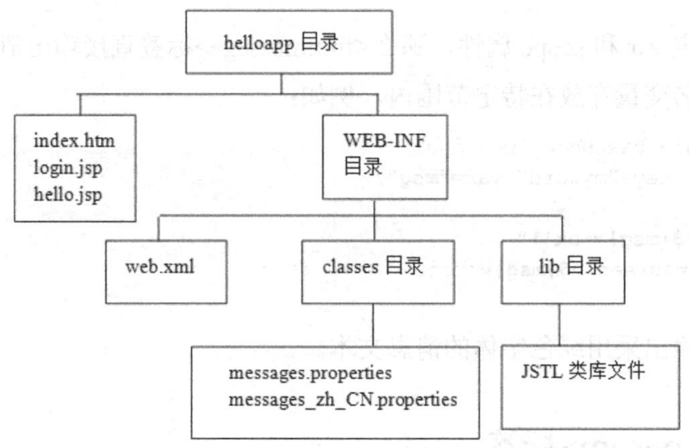

图 16-8　helloapp 应用的目录结构

本书配套源代码包的 sourcecode/chapter16 目录下提供了 helloapp 应用的源代码。读者只要把整个 helloapp 目录复制到<CATALINA_HOME>/webapps 目录下，就可以运行该 Web 应用。

16.4.1　创建支持国际化的网页

本书第 13 章的 13.3 节（message 标签范例）利用自定义 JSP 标签创建了一个支持中文和英文两种语言的 helloapp 应用。本章介绍的范例在功能上很相似，区别在于本章范例采用了 I18N 标签库中的标签。

index.htm 页面负责提供英文版本和中文版本的链接，它的源代码如下：

```
<html>
<head>
<title>helloapp</title>
</head>
<body >
<p><font size="7">Welcome to HelloApp</font></p>
<p><a href="login.jsp?locale=en_US">English version </a>
<p><a href="login.jsp?locale=zh_CN">Chinese version </a>
</body>
</html>
```

图 16-9 显示了 index.htm 页面。

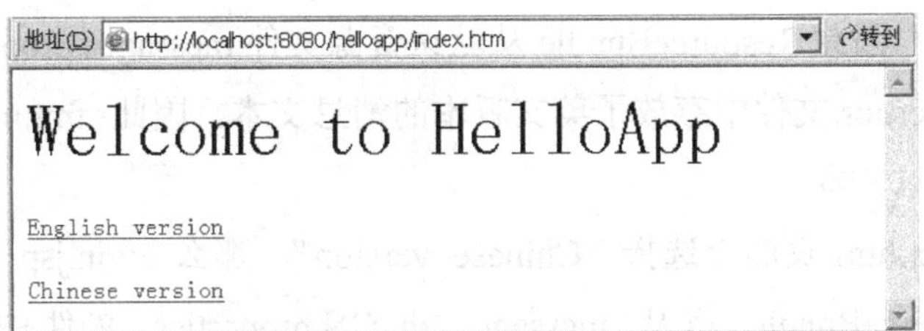

图 16-9　index.htm 页面

在图 16-9 中选择“English version”或“Chinese version”链接，都将由 login.jsp 来处理请求。例程 16-6 是 login.jsp 的源代码。

例程 16-6　login.jsp

```
<%@ page contentType="text/html; charset=UTF-8" %>
<%@ taglib prefix="fmt" uri="http://java.sun.com/jsp/jstl/fmt" %>

<fmt:setLocale value="${param.locale}" scope="session" />
<fmt:setBundle basename="messages"/>

<html>
<head>
 <title><fmt:message key="login.title" /></title>
</head>
<body>

<form name="loginForm" method="post" action="hello.jsp">
<table>
<tr><td><div align="right"><fmt:message key="login.user" />:
</div></td>
<td><input type="text" name="username"></td></tr>
<tr><td><div align="right"><fmt:message key="login.password" />:
</div></td>
<td><input type="password" name="password"></td></tr>

<tr>
<td></td>
<td>
<input type="Submit" name="Submit"
    value=<fmt:message key="login.submit" />
```

```
</td></tr>

</table>
</form>
</body></html>
```

login.jsp 先根据 HTTP 请求中的 locale 请求参数来设置 Locale，接下来再设置 ResourceBundle：

```
<fmt:setLocale value="${param.locale}" scope="session" />
<fmt:setBundle basename="messages"/>
```

login.jsp 还利用<fmt:message>标签来输出 ResourceBundle 中的消息文本。

当用户在 index.htm 页面上选择"English version"，那么 login.jsp 设置的 Locale 代表"en_US"，ResourceBundle 将试图从 messages_en_US.properties 文件中加载数据，由于本范例没有提供该文件，因此 ResourceBundle 从默认资源文件 messages.properties 中加载数据。由于 messages.properties 文件中存放了英文版本的消息文本，因此<fmt:message>标签输出的都是英文版本的消息文本。

当用户在 index.htm 页面上选择"Chinese version"，那么 login.jsp 设置的 Locale 代表"zh_CN"，ResourceBundle 将从 messages_zh_CN.properties 文件中加载数据。由于 messages_zh_CN.properties 文件中存放了中文版本的消息文本，因此<fmt:message>标签输出的都是中文版本的消息文本。

如图 16-10 显示了当用户在 index.htm 页面上选择"Chinese version"或"English version"链接时，login.jsp 返回的页面。

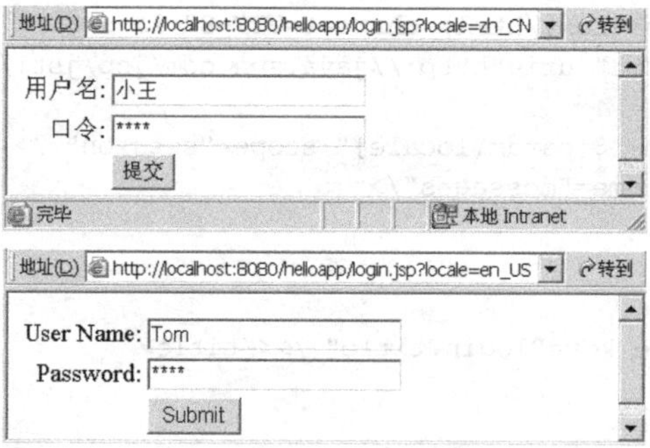

图 16-10　login.jsp 返回的中文版本和英文版本页面

当用户在 login.jsp 页面上提交表单，该请求由 hello.jsp 处理。由于 login.jsp 把 Locale 信息保存在会话范围内，因此在同一个会话中，hello.jsp 与 login.jsp 共享同一个 Locale。例程 16-7 是 hello.jsp 的代码。

例程 16-7　hello.jsp

```
<%@ page contentType="text/html; charset=UTF-8" %>
<%@ taglib prefix="fmt" uri="http://java.sun.com/jsp/jstl/fmt" %>
<%@ taglib prefix="c" uri="http://java.sun.com/jsp/jstl/core" %>
<%@page import="java.util.Date" %>

<fmt:setBundle basename="messages"/>
```

```
<html>
<head>
 <title><fmt:message key="hello.title" /></title>
</head>
<body>

<fmt:requestEncoding value="UTF-8" />

<b>
<fmt:message key="hello.hi" >
<fmt:param value="${param.username}" />
<fmt:param value="<%=new Date()%>" />
</fmt:message>
</b>
</body>
</html>
```

hello.jsp 与 login.jsp 一样，会根据特定的 Locale 来输出相应版本的消息文本。此外，hello.jsp 会读取请求参数${param.username}，为了得到采用 UTF-8 编码的请求参数，hello.jsp 利用<fmt:requsetEncoding>标签设置了 HTTP 请求正文的字符编码：

```
<fmt:requestEncoding value="UTF-8" />
```

如图 16-11 显示了 hello.jsp 生成的中文和英文版本的页面。

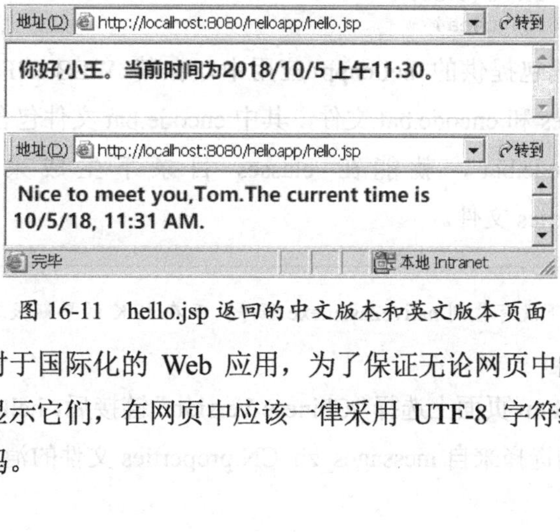

图 16-11　hello.jsp 返回的中文版本和英文版本页面

值得注意的是，对于国际化的 Web 应用，为了保证无论网页中的消息文本采用哪种语言，浏览器都能正确显示它们，在网页中应该一律采用 UTF-8 字符编码，这是一种支持多国语言的通用字符编码。

16.4.2　创建资源文件

helloapp 应用使用的默认资源文件为 messages.properties 文件，它的内容如下：

```
hello.title = helloapp
hello.hi = Nice to meet you,{0}.The current time is {1}.
login.title = helloapp
login.user = User Name
login.password = Password
login.submit = Submit
```

helloapp 应用使用的中文版本的资源文件为 messages_zh_CN.properties，必须按如下步骤来生成该文件。

（1）创建包含中文消息文本的临时文件 messages_temp.properties，内容如下：

```
hello.title = helloapp的hello页面
hello.hi = 你好,{0}。当前时间为{1}。
login.title = helloapp的登录页面
login.user = 用户名
login.password = 口令
login.submit = 提交
```

（2）利用 JDK 提供的 native2ascii 命令进行字符编码转换。在 JDK 的安装目录的 bin 目录下包含了 native2ascii.exe 可执行程序。

在 DOS 下执行以下命令，将生成按 GB2312 编码的中文资源文件 messages_zh_CN.properties：

```
native2ascii -encoding gb2312
          messages_temp.properties  messages_zh_CN.properties
```

以上命令生成的 messages_zh_CN.properties 文件的内容如下：

```
hello.title = helloapp\u7684hello\u9875\u9762
hello.hi =
    \u4f60\u597d,{0}\u3002\u5f53\u524d\u65f6\u95f4\u4e3a{1}\u3002
login.title = helloapp\u7684\u767b\u5f55\u9875\u9762
login.user = \u7528\u6237\u540d
login.password = \u53e3\u4ee4
login.submit = \u63d0\u4ea4
```

在本书配套源代码包提供的 helloapp 应用中，在其 WEB-INF/classes 目录下提供了 messages_temp.properties 和 encode.bat 文件，其中 encode.bat 文件包含了上述 native2ascii 命令。只要运行 encode.bat，就能在 classes 目录下生成采用 GB2312 编码的 messages_zh_CN.properties 文件。

提示

在 JDK10 的 bin 目录下没有找到 native2ascii.exe 程序，而在 JDK 的早期版本的 bin 目录下都提供了这一程序。

当客户端在 index.htm 页面上选择“Chinese Version”链接后，helloapp 应用中的 login.jsp 和 hello.jsp 页面将自动选择来自 messages_zh_CN.properties 文件的消息文本。

16.5 格式化标签

I18N 标签库中的格式化标签用于决定日期、时间和数字的显示格式。格式化标签包括以下几种。

- <fmt:setTimeZone>：设置时区，把时区保存到特定范围内。
- <fmt:timeZone>：设置标签主体使用的时区。
- <fmt:formatNumber>：格式化数字。

- <fmt:parseNumber>：解析被格式化的字符串类型的数字。
- <fmt:formatDate>：格式化日期和时间。
- <fmt:parseDate>：解析被格式化的字符串类型的日期和时间。

16.5.1　<fmt:setTimeZone>标签

<fmt:setTimeZone>标签设置时区，把时区保存到特定范围内。它的基本语法为：

```
<fmt:setTimeZone value="时区" var= "命名变量的名字"
 scope="{page|request|session|application}" />
```

<fmt:setTimeZone>标签的 scope 属性的默认值为 page。

以下代码在会话范围内存放了一个表示“GMT”的时区：

```
<fmt:setTimeZone value="GMT" var="myzone" scope="session" />
```

如果没有设置<fmt:setTimeZone>标签的 var 属性，那么命名变量名将采用 javax.servlet.jsp.jstl.core.Config 类的静态字符串常量 FMT_TIME_ZONE 的值，即“javax.servlet.jsp.jstl.fmt.timeZone”，该标签设置的时区将作为特定范围内的默认时区。

16.5.2　<fmt:timeZone>标签

<fmt:timeZome>标签设置当前标签主体使用的时区。它的基本语法为：

```
<fmt:timeZone value="时区">
  标签主体
</fmt:timeZone >
```

例如，以下代码输出采用 GMT 时区的日期和时间：

```
<fmt:timeZone value="GMT">
<fmt:formatDate value="<%=new Date() %>" type="both" />
</fmt:timeZone>
```

假定当前上下文使用的 Locale 为 en_US，以上代码的输出结果为：

```
Jun 18, 2018 3:14:56 AM
```

16.5.3　<fmt:formatNumber>标签

<fmt:formatNumber>标签用于对数字进行格式化，它具有以下属性。

- value 属性：待格式化的数字。
- type 属性：数字的类型，可选值包括：number、currency 和 percent，分别表示数字、货币和百分比。其中 number 为默认值。
- pattern 属性：自定义的格式化样式。
- currencyCode 属性：ISO4271 货币代码。只适用于格式化货币类型的数字。
- currencySymbol 属性：货币符号，例如“$”。只适用于格式化货币类型的数字。如果没有设置该属性，那么会根据当前的 Locale 来使用对应的货币符号。

例如以下代码分别根据不同的 Locale 来输出表示货币的数字：

```
<fmt:setLocale value="en_US" />
1: <fmt:formatNumber value="12345" type="currency" /><br>

<fmt:setLocale value="zh_CN" />
2: <fmt:formatNumber value="12345" type="currency" /><br>
3: <fmt:formatNumber value="12345" type="currency"
                currencySymbol="$"/><br>
```

以上代码的输出结果为：

```
1: $12,345.00
2: ¥12,345.00
3: $12,345.00
```

以上代码的第一个和第二个<fmt:formatNumber>根据当前 Locale 来决定货币符号。第三个<fmt:formatNumber>通过 currencySymbol 属性显式指定了货币符号。

- groupingUsed 属性：指定是否使用对数字进行分组显示的分割符，默认值为 true。例如对于以下代码：

```
<fmt:formatNumber value="12345678" />
```

输出结果为：12,345,678。可见<fmt:formatNumber>会自动对数字分组，分割符为逗号“,”。

- maxIntegerDigits 属性：指定整数部分的最大的数字位数。
- minIntegerDigits 属性：指定整数部分的最小的数字位数。
- maxFractionDigits 属性：指定小数部分的最大的数字位数。例如对于以下代码：

```
<fmt:formatNumber value="0.123456" type="percent"
maxIntegerDigits="2" maxFractionDigits="3" /><br>

<fmt:formatNumber value="0.123453" type="percent"
maxIntegerDigits="2" maxFractionDigits="3" /><br>
```

输出结果为：

```
12.346%
12.345%
```

以上输出数字的小数部分只有三位数字，原数字中多余的位数按四舍五入处理。

- minFractionDigits 属性：指定小数部分的最小的数字位数。
- var 属性：指定命名变量的名字。
- scope 属性：指定经过格式化的数字的存放范围。默认值为 page。

如果没有设定 var 和 scope 属性，那么<fmt:formatNumber>直接输出格式化的数字，否则将把格式化的数字作为命名变量存放在特定范围内。例如：

```
1:<fmt:formatNumber value="12345" /><br>
2:<fmt:formatNumber value="12345" var="num" scope="session"/> <br>
3:${num}
```

以上代码的输出结果为：

```
1:12,345
2:
3:12,345
```

pattern 属性用于设置自定义的格式化样式，例如：

```
<fmt:formatNumber value="34.6" pattern=".000" />
```

将输出“34.600”。以上格式化样式“.000”表明小数部分有三位数字，如果实际小数位数不足三位，则用零补齐。

再例如：

```
<fmt:formatNumber value="123456.7892" pattern="#,#00.0#" />
```

将输出“123,456.79”。以上格式化样式“#,#00.0#”表明整数部分至少有两位，小数部分至少有 1 位，最多有两位，多余的位数按照四舍五入处理；整数部分每三位数为一组，用逗号“,”隔开。关于 pattern 属性的更详细的用法，可以参考 java.text.DecimalFormat 类的 API 文档。

16.5.4　<fmt:parseNumber>标签

<fmt:parseNumber>标签用于将已经格式化后的字符串形式的数字、货币和百分数转换为数字类型。<fmt:parseNumber>标签具有以下属性：

- value 属性：待解析的字符串。
- type 属性：指定按照什么类型进行解析，可选值包括：number、currency 和 percent，分别表示数字、货币和百分比。其中 number 为默认值。
- pattern 属性：指定自定义的格式化样式。用于决定如何解析 value 属性的值。
- parseLocale 属性：指定按照哪个 Locale 的习惯来解析 value 属性的值。如果没有设定该属性，将采用当前上下文环境使用的 Locale。
- integerOnly 属性：指定是否只解析整数部分，默认值为 false。
- var 属性：指定命名变量的名字。
- scope 属性：指定经过解析的数字的存放范围。默认值为 page。

<fmt:formatNumber>标签和<fmt:parseNumber>标签的作用相反，两者可以配合使用。例如在数据库中存储了格式化的货币值，可以直接把它取出来显示。当需要参与运算的时候，需要通过<fmt:parseNumber>标签把货币值转换为数字，然后执行算术运算，得到结果后，再使用<fmt:formatNumber>标签把运算结果格式化为货币值，最后将格式化的货币值保存到数据库中。

以下代码演示了<fmt:parseNumber>的用法：

```
1: <fmt:parseNumber value="123,456.78" type="number" /><br>
2: <fmt:parseNumber value="$123,456.78" type="currency"
                       parseLocale="en_US"/><br>
3: <fmt:parseNumber value="72%" type="percent" /><br>
4: <fmt:parseNumber value="34.600" pattern=".000" var="num"
```

```
                                        scope="request"/><br>
5: ${num}
```

以上代码的输出结果为：

```
1: 123456.78
2: 123456.78
3: 0.72
4:
5: 34.6
```

16.5.5 <fmt:formatDate>标签

<fmt:formatDate>标签用于对日期和时间进行格式化，它具有以下属性：

- value 属性：待格式化的日期或时间。
- type 属性：指定格式化日期，还是时间，还是日期和时间。可选值包括：date、time 和 both。默认值是 date。例如以下<fmt:formatDate>标签分别根据不同的 Locale 来显示日期或时间：

```
<c:set var="now" value="<%=new Date() %>" />

<fmt:setLocale value="en_US" />
1: <fmt:formatDate value="${now}" type="both" /><br>

<fmt:setLocale value="zh_CN" />
2: <fmt:formatDate value="${now}" type="both" /><br>
3: <fmt:formatDate value="${now}" type="date" /><br>
4: <fmt:formatDate value="${now}" type="time" /><br>
```

以上代码的输出结果为：

```
1: Oct 5, 2018, 12:04:48 PM
2: 2018年10月5日 下午12:04:48
3: 2018年10月5日
4: 下午12:04:48
```

- dateStyle 属性：日期的格式化样式。默认值为 default。关于该属性的详细用法可参考 java.text.DateFormat 类的 API 文档。
- timeStyle 属性：时间的格式化样式。默认值为 default。关于该属性的详细用法可参考 java.text.DateFormat 类的 API 文档。
- pattern 属性：指定自定义的格式化日期和时间的样式。关于该属性的详细用法可参考 java.text.SimpleDateFormat 类的 API 文档。
- timeZone 属性：指定使用的时区。
- var 属性：指定命名变量的名字。
- scope 属性：指定经过格式化的时间和日期的存放范围。默认值为 page。

dateStyle 和 timeStyle 属性都有 5 个可选值：default、short、medium、long 和 full。以下代码演示了这两个属性的用法。

```
<c:set var="now" value="<%=new Date() %>" />
```

```
<fmt:setLocale value="zh_CN" />

default: <fmt:formatDate value="${now}" type="both" /><br>

short: <fmt:formatDate value="${now}" type="both"
  dateStyle="short" timeStyle="short"/><br>

medium: <fmt:formatDate value="${now}" type="both"
   dateStyle="medium" timeStyle="medium"/><br>

long: <fmt:formatDate value="${now}" type="both"
   dateStyle="long" timeStyle="long"/><br>

full: <fmt:formatDate value="${now}" type="both"
   dateStyle="full" timeStyle="full"/><br>
```

以上代码的输出结果为：

```
default: 2018年10月5日 下午12:06:43
short: 2018/10/5 下午12:06
medium: 2018年10月5日 下午12:06:43
long: 2018年10月5日 EDT 下午12:06:43
full: 2018年10月5日星期五 下午12:06:43
```

如果没有设定 var 和 scope 属性，那么<fmt:formatDate>标签直接输出格式化的日期或时间，否则将把格式化的日期或时间作为命名变量存放在特定范围内。例如：

```
1: <fmt:formatDate value="<%=new Date()%>" var="dd" scope="session"/>
<br>
2: ${dd}
```

以上代码的输出结果为：

```
1:
2: Oct 5, 2018
```

16.5.6　<fmt:parseDate>标签

<fmt:parseDate>标签用于将已经格式化后的字符串形式的日期和时间转换为 java.util.Date 日期类型。<fmt:parseDate>标签具有以下属性：

- value：待解析的字符串。
- type：指定按照什么类型进行解析，可选值包括：date、time 和 both，分别表示日期、时间，以及时间和日期。其中 date 为默认值。
- dateStyle：日期的格式化样式。默认值为 default。关于该属性的详细用法可参考 java.text.DateFormat 类的 API 文档。
- timeStyle：时间的格式化样式。默认值为 default。关于该属性的详细用法可参考 java.text.DateFormat 类的 API 文档。
- pattern：指定自定义的格式化样式。用于决定如何解析 value 属性的值。
- parseLocale：指定按照哪个 Locale 的习惯来解析 value 属性的值。如果没有设定该属性，将采用当前上下文环境使用的 Locale。

- timeZone：指定使用的时区。
- var：指定命名变量的名字。
- scope：指定经过解析的日期或时间的存放范围。默认值为 page。

<fmt:formatDate>标签和<fmt:parseDate>标签的作用相反，两者可以配合使用。例如有一个表示日期和时间的字符串值“2008-6-19 11:15:32”，需要采用其他格式来显示它。可以先采用<fmt:parseDate>标签把它解析为日期类型，然后再用<fmt:formatDate>标签来格式化它：

```
<fmt:parseDate value="2018-10-19 11:15:32" pattern="yyyy-MM-dd"
   parseLocale="zh_CN" type="both" var="dd" scope="request"/>

<fmt:formatDate value="${dd}" type="both"
   dateStyle="long" timeStyle="long" />
```

以上代码的输出结果为：

```
October 19, 2018 at 12:00:00 AM EDT
```

16.6 小结

本章介绍了 I18N 标签库中各个标签的用法。I18N 标签库中的标签可分为两部分：第一部分用于国际化，第二部分用于对时间、日期和数字进行格式化。创建国际化 Web 应用的基本思想是：首先通过<fmt:setLocale>标签设置客户端使用的 Locale，有两种途径获得客户端使用的 Locale：

（1）从 HTTP 请求头部获取 Locale 信息：

```
<fmt:setLocale value="${header['accept-language']}" />
或者：<fmt:setLocale value="${pageContext.request.locale}" />
```

（2）从 HTTP 请求参数中获取 Locale 信息，本章 helloapp 应用中的 login.jsp 文件就采用了这种方式：

```
<fmt:setLocale value="${param.locale}" />
```

接下来用<fmt:setBundle>标签设置 ResourceBundle，ResourceBundle 能根据当前上下文配置的 Locale 从相关的资源文件中加载消息文本。最后通过<fmt:message>标签从 ResourceBundle 中按照指定的 Key 来输出相应的消息文本。

I18N 标签库中的<fmt:formatDate>和<fmt:formatNumber>标签能根据特定的 Locale 来对时间、日期和数字进行格式化。

<fmt:message>、<fmt:formatNumber>、<fmt:parseNumber>、<fmt:formatDate>和<fmt:parseDate>等标签都有一个 var 属性和 scope 属性，用于把标签执行结果保存到特定范围内。var 属性指定命名变量的名字，scope 属性指定标签执行结果的存放范围。scope 属性的默认值为 page。如果没有设定 var 和 scope 属性，那么这些标签直接输出执行结果，否则将把执行结果作为命名变量存放在特定范围内，以便 JSP 文件中的其他代码可以访问它。例如：

```
<fmt:parseNumber value="34.600" pattern=".000" var="num1"
```

```
                         scope="request"/>
<fmt:parseNumber value="32.600" pattern=".000" var="num2"
                         scope="request"/>
${num1+num2}
```

16.7　思考题

1．如果一个 Web 应用支持国际化，它应该具备哪些特征？（多选）

（a）对同一个网页，针对不同的语言提供不同的 JSP 文件。例如用 hello.jsp 来生成英文页面，用 hello_zh_CN.jsp 来生成中文页面。

（b）当应用需要支持一种新的语言时，无须修改应用程序代码。

（c）文本、消息和图片从源程序代码中抽取出来，存储在外部。

（d）应该根据用户的语言和地理位置，对和特定文化相关的数据，如日期、时间和货币，进行正确的格式化。

2. 以下哪些属于有效的 I18N 标签库中的标签？（多选）

（a）<fmt:locale>　　（b）<fmt:formatDate>

（c）<fmt:responseEncoding>　　（d）<fmt:bundle>

3．假定 messages.properties 文件中包含如下内容：

```
app.hello.hi = Hello,{0}
```

以下代码的输出结果是什么？（单选）

```
<fmt:bundle basename="message" prefix=" app.hello.">
 <fmt:message key="hi" >
    <fmt:param value="Tom" />
</fmt:message>
</fmt:bundle>
```

（a）Hello,Tom　　（b）Hello,{0}

（c）app.hello.hi　　（d）hi

4．以下代码分别按照不同的 Locale 来输出时间和日期：

```
<c:set var="now" value="<%=new Date() %>" />
<fmt:setLocale value="en_US" />
<fmt:formatDate value="${now}" type="both" dateStyle="full"
                         timeStyle="full"/>
<fmt:setLocale value="zh_CN" />
<fmt:formatDate value="${now}" type="both" dateStyle="full"
                         timeStyle="full"/>
<fmt:setLocale value="ja_JP" />
<fmt:formatDate value="${now}" type="both" dateStyle="full"
                         timeStyle="full"/>
<fmt:setLocale value="zh_TW" />
<fmt:formatDate value="${now}" type="both" dateStyle="full"
                         timeStyle="full"/>
```

包含以上代码的 JSP 文件应该采用什么字符编码，才能保证客户端的浏览器能正确地显示以上所有时间和日期？（单选）

（a）GB2312　　（b）UTF-8

（c）ISO-8859-1　　（d）ASCII

5．以下这段代码的输出结果是什么？（单选）

```
<fmt:parseNumber value="123,411.1" var="n1" />
<fmt:parseNumber value="11.1" var="n2" />
<fmt:formatNumber value="${n1+n2}" pattern=".00" />
```

（a）n1+n2　　（b）123,422.20

（c）123,422.2　　（d）123422.20

6．客户端访问包含以下代码的 JSP 文件会出现什么情况？（单选）

```
<fmt:setLocale value="zh_CN" />
<fmt:formatDate value="2008-6-19 11:22:33" />
```

（a）打印“2008-6-19 11:22:33”。

（b）打印 “2008-6-19”。

（c）编译出错。

（d）打印“11:22:33”。

7．实验题：扩展本章范例 helloapp 应用，使它提供对台湾客户的支持。台湾的 Locale 为“zh_TW”。繁体字的字符编码为“BIG5”。

参考答案

1．b,c,d　2．b,d　3．a　4．b　5．d　6．c（<fmt:formatDate>标签的 value 属性为 java.util.Date 类型，因此不能把字符串类型的数据赋值给 value 属性）

7．扩展本章范例 helloapp 应用的步骤如下。

（1）在 helloapp/WEB-INF/classes 目录下创建一个 messages_temp.properties 文件，里面包含采用繁体字的消息文本。

（2）在 DOS 下，转到 helloapp/WEB-INF/classes 目录下，运行以下命令，生成采用 BIG5 繁体字符编码的 messages_zh_TW.properties 资源文件：

```
native2ascii -encoding BIG5
      messages_temp.properties messages_zh_TW.properties
```

（3）修改 index.htm 文件，增加“Taiwan version”的超级链接：

```
<p><a href="login.jsp?locale=zh_TW">Taiwan version </a>
```

第 17 章　JSTL SQL 标签库

对于采用 MVC 设计模式的大型 Web 应用，访问数据库的任务通常由模型层的 JavaBean 组件来完成，本书第 23 章详细介绍了 MVC 设计模式的概念。对于简单的、小型的 Web 应用，也可以直接在 JSP 中访问数据库，从而简化 Web 应用的软件架构。但是如果在 JSP 中直接通过 Java 程序代码来访问数据库，会降低 JSP 页面的可读性和可维护性。为了解决这一问题，可以在 JSP 中通过 JSTL SQL 标签库中的标签来访问数据库。

SQL 标签库提供了访问关系数据库的常用功能，包括数据查询、添加、更新、删除，以及声明数据库事务等。

在 JSP 文件中使用 SQL 标签库，要先通过 taglib 指令引入该标签库：

```
<%@ taglib prefix="sql" uri="http://java.sun.com/jsp/jstl/sql" %>
```

SQL 标签库主要包括以下六个标签。

- <sql:setDataSource>：设置数据源。
- <sql:query>：执行 SQL select 语句。
- <sql:param>：为 SQL 语句中的用“?”表示的参数赋值。
- <sql:dateParam>：为 SQL 语句中的用“?”表示的日期或时间类型的参数赋值。
- <sql:update>：执行 SQL insert、update 和 delete 语句，以及执行 SQL DDL 语句。
- <sql:transaction>：声明数据库事务。

17.1　<sql:setDataSource>标签

<sql:setDataSource>标签用于设置数据源。SQL 标签库中的其他标签从数据源中得到数据库连接。为<sql:setDataSource>标签设置的数据源有两个来源：

（1）由 Servlet 容器提供的数据源。假定已经按照本书第 8 章的 8.6 节（配置数据源）的方式配置了一个 JNDI 名字为“jdbc/BookDB”的数据源，以下<sql:setDataSource>标签指明使用该数据源：

```
<sql:setDataSource  dataSource="jdbc/BookDB"  />
```

（2）由<sql:setDataSource>标签自身创建数据源，以下<sql:setDataSource>标签根据相

关的属性来创建数据源：

```
<sql:setDataSource
url="jdbc:mysql://localhost:3306/BookDB?useUnicode=true"
          +"&characterEncoding=GB2312&useSSL=false"
driver="com.mysql.jdbc.Driver"
user="dbuser"
password="1234" />
```

<sql:setDataSource>标签会把数据源保存在特定范围内，var 属性指定命名变量的名字，scope 属性指定存放范围，默认值为 page。例如，以下代码把数据源作为 myRes 命名变量存放在 application 范围内：

```
<sql:setDataSource  dataSource="jdbc/BookDB"
var="myRes"  scope="application" />
```

如果没有设置<sql:setDataSource>标签的 var 属性，那么命名变量名将采用 javax.servlet.jsp.jstl.core.Config 类的静态字符串常量 SQL_DATA_SOURCE 的值，即"javax.servlet.jsp.jstl.sql.dataSource"，该标签设置的数据源作为特定范围内的默认数据源。

17.2 <sql:query>标签

<sql:query>标签用于执行 SQL select 查询语句，它主要有以下属性。

- sql 属性：指定 select 查询语句。
- dataSource 属性：指定数据源。如果没有设定该属性，将使用由<sql:setDataSource>标签设值的默认数据源。
- maxRows 属性：指定从原始查询结果中取出的最大记录数目。
- startRow 属性：指定从原始查询结果中第几条记录开始取出记录。原始查询结果中第一条记录的索引为 0。
- var 属性：指定查询结果的命名变量名。
- scope 属性：指定查询结果的存放范围，默认值为 page。

17.2.1 设置数据源

以下代码中的第一个<sql:setDataSource>标签没有设置 var 属性，因此是默认的数据源。以下代码中的第一个<sql:query>标签没有设置 dataSource 属性，因此会使用第一个<sql:setDataSource>标签配置的默认数据源。第二个<sql:query>标签则使用${myRes}命名变量表示的数据源。

```
<!-- 默认数据源 -->
<sql:setDataSource
url="jdbc:mysql://localhost:3306/BookDB?useUnicode=true"
          +"&characterEncoding=GB2312&useSSL=false"
```

```
driver="com.mysql.jdbc.Driver"
user="dbuser"
password="1234"  />

<sql:setDataSource  dataSource="jdbc/BookDB" var="myRes"/>

<!-- 使用默认数据源 -->
<sql:query sql="select ID,NAME,TITLE,PRICE from BOOKS"  var="books" />

<sql:query sql="select ID,NAME,TITLE,PRICE from BOOKS"
var="books" dataSource="${myRes}" />
```

17.2.2　设置 select 查询语句

select 查询语句既可以通过<sql:query>标签的 sql 属性来指定，也可以在标签主体中指定。以下两段代码是等价的：

```
<sql:query sql="select ID,NAME,TITLE,PRICE from BOOKS"  var="books" />
```

或者：

```
<sql:query  var="books" />
 select ID,NAME,TITLE,PRICE from BOOKS
</sql:query>
```

17.2.3　控制实际取出的记录

默认情况下，<sql:query>标签会从数据库中取出所有满足查询条件的记录。此外，<sql:query>标签的 maxRows 和 startRow 属性可以控制实际取出的记录。假定 BOOKS 表中有 6 条记录，它们的 ID 依次为 201、202、203、204、205 和 206。以下代码将从原始查询结果中取出 4 条记录，ID 依次为 202、203、204 和 205。

```
<sql:query sql="select ID,NAME,TITLE,PRICE from BOOKS order by ID"
startRow="1" maxRows="4"  var="books" />
```

以上 startRow 属性指定了取出的第一条记录在查询结果中的索引。<sql:query>标签对查询结果中记录的索引从 0 开始进行编号。

17.2.4　访问查询结果

<sql:query>标签返回的查询结果为 javax.servlet.jsp.jstl.sql.Result 类型，在这个接口中定义了以下 5 个方法：

- String[] getColumnNames()：返回查询结果中所有字段（列）的名字。
- int getRowCount()：返回查询结果中所有记录（行）的数目。
- SortedMap[] getRows()：返回查询结果中的所有记录（行）。每个 SortedMap 对象表

示一个记录，以字段的名字作为 Key，以相应的字段值作为 Value。

- Object[][] getRowsByIndex()：以二维数组形式返回查询结果。第一维表示查询结果的记录（行），第二维表示查询结果的字段（列）。
- boolean isLimitedByMaxRows()：判断查询结果的记录数目是否受到<sql:query>标签的 maxRows 属性的限制。当原始查询结果的记录数目大于 maxRows，则该方法返回 true；当原始查询结果的记录数目小于或等于 maxRows，则该方法返回 false。

以下<sql:query>标签把查询结果存放在页面范围内，用命名变量 books 表示，变量 books 为 Result 类型的对象：

```
<sql:query sql="select ID,NAME,TITLE,PRICE from BOOKS order by ID"
startRow="1" maxRows="4"  var="books" />
```

可以通过 Core 标签库中的标签来访问 Result 类型的 books 变量，从而遍历查询结果中的记录。以下两种方式是等价的。

```
<c:forEach var="book" items="${books.rows}">
<tr>
<td>${book.ID}</td>
<td>${book.NAME}</td>
<td>${book.TITLE}</td>
<td>${book.PRICE}</td>
</tr>
</c:forEach>
```

或者：

```
<c:forEach var="book" items="${books.rowsByIndex}">
<tr>
<td>${book[0]}</td>
<td>${book[1]}</td>
<td>${book[2]}</td>
<td>${book[3]}</td>
</tr>
</c:forEach>
```

17.2.5 使用<sql:query>标签的范例

例程 17-1 的 query.jsp 是一个使用<sql:query>标签的范例。

例程 17-1 query.jsp

```
<%@ page contentType="text/html; charset=GB2312" %>
<%@ taglib prefix="sql" uri="http://java.sun.com/jsp/jstl/sql" %>
<%@ taglib prefix="c" uri="http://java.sun.com/jsp/jstl/core" %>

<html>
<head><title>query</title></head>
<body>

<sql:setDataSource
url="jdbc:mysql://localhost:3306/BookDB?useUnicode=true"
```

```
            +"&characterEncoding=GB2312&useSSL=false"
driver="com.mysql.jdbc.Driver"
user="dbuser"
password="1234" />

<sql:query sql="select ID,NAME,TITLE,PRICE from BOOKS order by ID"
startRow="1" maxRows="4"  var="books" />

共有${books.rowCount}本书。<br>
<table border="1">
<tr>
<th>${books.columnNames[0]}</th>
<th>${books.columnNames[1]}</th>
<th>${books.columnNames[2]}</th>
<th>${books.columnNames[3]}</th>
</tr>

<c:forEach var="book" items="${books.rows}">
<tr>
<td>${book.ID}</td>
<td>${book.NAME}</td>
<td>${book.TITLE}</td>
<td>${book.PRICE}</td>
</tr>
</c:forEach>

</table>
</body>
</html>
```

通过浏览器访问 http://localhost:8080/helloapp/query.jsp，将得到如图 17-1 所示的页面。

localhost:8080/helloapp/query.jsp

共有4本书。

ID	NAME	TITLE	PRICE
202	孙卫琴	精通Struts	49.0
203	孙卫琴	Tomcat与JavaWeb开发技术详解	45.0
204	孙卫琴	Java网络编程精解	55.0
205	孙卫琴	精通Hibernate	59.0

图 17-1　query.jsp 返回的页面

例程 17-2 的 query1.jsp 和 query.jsp 作用相同，区别在于 query.jsp 中的<sql:setDataSource>标签自己创建数据源，而 query1.jsp 中的<sql:setDataSource>标签从 Servlet 容器中获取数据源。

例程 17-2　query1.jsp

```
<%@ page contentType="text/html; charset=GB2312" %>
<%@ taglib prefix="sql" uri="http://java.sun.com/jsp/jstl/sql" %>
<%@ taglib prefix="c" uri="http://java.sun.com/jsp/jstl/core" %>

<html>
<head><title>query</title></head>
<body>

<sql:setDataSource  dataSource="jdbc/BookDB" var="myRes"/>
```

```
<sql:query sql="select ID,NAME,TITLE,PRICE from BOOKS"
var="books" dataSource="${myRes}" />

共有${books.rowCount}本书。<br>
<!--与query.jsp的代码相同 -->
…
</table>
</body>
</html>
```

通过浏览器访问http://localhost:8080/helloapp/query1.jsp，也将得到如图17-1所示的页面。

在本书配套源代码包的 sourcecode/chapter17/helloapp 目录下提供了本章范例的源代码。下面按以下步骤运行 query.jsp。

（1）参照本书第 8 章的 8.1 节的步骤在 MySQL 中创建 BookDB 数据库、BOOKS 表，以及 dbuser 用户（口令为 1234）。

（2）把 helloapp 应用复制到<CATALINA_HOME>/webapps 目录下。在 helloapp/WEB-INF/lib 目录下有一个 MySQL 的 JDBC 驱动程序类库文件 mysqldirver.jar，query.jsp 中的<sql:setDataSource>标签会通过它创建数据源。

（3）启动 Tomcat 服务器，通过浏览器访问 http://localhost:8080/helloapp/query.jsp。

下面再按以下步骤运行 query1.jsp。

（1）参照本书第 8 章的 8.1 节的步骤在 MySQL 中创建 BookDB 数据库、BOOKS 表，以及 dbuser 用户（口令为 1234）。

（2）把 helloapp 应用复制到<CATALINA_HOME>/webapps 目录下。在 helloapp/META-INF/context.xml 文件中配置了如下 JNDI 为“jdbc/BookDB”的数据源：

```
<Context  reloadable="true" >
  <Resource name="jdbc/BookDB" auth="Container"
     type="javax.sql.DataSource"
     maxActive="100" maxIdle="30" maxWait="10000"
     username="dbuser" password="1234"
     driverClassName="com.mysql.jdbc.Driver"
     url="jdbc:mysql://localhost:3306/BookDB?useUnicode=true&amp;
         characterEncoding=GB2312&amp;useSSL=false"/>

</Context>
```

在 helloapp/WEB-INF/web.xml 文件中声明引入 JNDI 为“jdbc/BookDB”的数据源：

```
<resource-ref>
   <description>DB Connection</description>
   <res-ref-name>jdbc/BookDB</res-ref-name>
   <res-type>javax.sql.DataSource</res-type>
   <res-auth>Container</res-auth>
</resource-ref>
```

（3）把 MySQL 的 JDBC 驱动程序类库文件 mysqldriver.jar 复制到<CATALINA_HOME>/lib 目录下。

（4）启动 Tomcat 服务器，通过浏览器访问 http://localhost:8080/helloapp/query1.jsp。

如果由<sql:setDataSource>标签自己创建数据源，那么可以把 MySQL 的 JDBC 驱动程序类库文件 mysqldriver.jar 放在 helloapp/WEB-INF/lib 目录下或者<CATALINA_HOME>/lib 目录下。如果<sql:setDataSource>标签从 Servlet 容器中获取数据源，那么必须把 MySQL 的 JDBC 驱动程序类库文件 mysqldriver.jar 放在<CATALINA_HOME>/lib 目录下。

17.3 <sql:param>标签

本书第 8 章的 8.2.1 节（java.sql 包中的接口和类）介绍过，PreparedStatement 类用来执行预准备的 SQL 语句。在这种 SQL 语句中可以包含用“?”表示的参数，例如：

```
select ID,NAME,TITLE,PRICE from BOOKS where NAME=? and PRICE>?
```

在 SQL 标签库中，可以用<sql:param>标签来为 SQL 语句中的参数设置值，它和 PreparedStatement 类的 setXXX()方法的作用相似。<sql:param>标签可以嵌套在<sql:query>和<sql:update>标签中，例如：

```
<sql:query var="books"
sql="select ID,NAME,TITLE,PRICE from BOOKS where NAME=? and PRICE>?">
<sql:param>孙卫琴</sql:param>
<sql:param>45</sql:param>
</sql:query>
```

或者：

```
<sql:query var="books">
select ID,NAME,TITLE,PRICE from BOOKS where NAME=? and PRICE>?
<sql:param>孙卫琴</sql:param>
<sql:param>45</sql:param>
</sql:query>
```

17.4 <sql:dateParam>标签

<sql:dateParam>标签和<sql:param>标签的作用相似，区别在于<sql:dateParam>标签用来为 SQL 语句中时间或日期类型的参数赋值。<sql:dateParam>标签有两个参数：

- value 属性：java.util.Date 类型，用于设置 SQL 语句中相应参数的值。
- type 属性：String 类型，指定参数的类型，可选值包括：date、time 和 timestamp，默认值是 timestamp。

假定在 BOOKS 表中有一个 date 类型的 PUBLISH_DATE 字段，以下代码演示了<sql:dateParam>标签的用法：

```
<fmt:parseDate value="2007-05-06" type="date" var="publish_date"/>
<sql:query var="books">
select ID,NAME,TITLE,PRICE from BOOKS where PUBLISH_DATE=?
<sql:dateParam value="${publish_date}" type="date" />
```

```
</sql:query>
```

17.5 <sql:update>标签

<sql:update>标签用于执行 SQL insert、update 和 delete 语句，还可以执行 SQL DDL（Data Definition Language）语句。DDL 语言用于定义数据库中的表、视图和索引等。

<sql:update>标签具有以下属性。

- sql 属性：指定待执行的 SQL 语句。
- dataSource 属性：指定数据源。如果没有设定该属性，将使用由<sql:setDataSource>标签设值的默认数据源。
- var 属性：指定执行结果的命名变量名。执行结果表示数据库中受影响的记录的数目。
- scope 属性：指定执行结果的存放范围，默认值为 page。

例程 17-3 的 update.jsp 演示了<sql:update>标签的用法。update.jsp 利用<sql:update>标签对 BOOKS 表进行了更新、添加和删除操作。

例程 17-3 update.jsp

```
<%@ page contentType="text/html; charset=GB2312" %>
<%@ taglib prefix="sql" uri="http://java.sun.com/jsp/jstl/sql" %>
<html>
<head><title>update</title></head>
<body>

<sql:setDataSource
url="jdbc:mysql://localhost:3306/BookDB?useUnicode=true
     &characterEncoding=GB2312&useSSL=false"
driver="com.mysql.jdbc.Driver"
user="dbuser"
password="1234"
/>

<!-- 更新记录 -->
<sql:update var="result"
  sql="update BOOKS set PRICE=PRICE-10 where SALE_AMOUNT>10000" />

一共更新了${result}条记录。<br>

<!-- 添加记录 -->
<sql:update var="result" >
 insert into BOOKS(ID,NAME,TITLE,PRICE,YR,DESCRIPTION,SALE_AMOUNT)
values(?,?,?,?,?,?,?)
 <sql:param>207</sql:param>
 <sql:param>王小亚</sql:param>
 <sql:param>Java 编程</sql:param>
 <sql:param>60</sql:param>
 <sql:param>2008</sql:param>
```

```
  <sql:param>好书</sql:param>
  <sql:param>20000</sql:param>
</sql:update>
一共添加了${result}条记录。<br>

<!-- 删除记录 -->
<sql:update  var="result" >
  delete from BOOKS where SALE_AMOUNT>10000
</sql:update>
一共删除了${result}条记录。<br>

</body>
</html>
```

通过浏览器访问 http://localhost:8080/helloapp/update.jsp，将得到如下返回结果：

```
一共更新了 5 条记录。
一共添加了 1 条记录。
一共删除了 6 条记录。
```

17.6 <sql:transaction>标签

<sql:transaction>标签用于为嵌套在其中的<sql:query>和<sql:update>标签声明数据库事务。位于同一个<sql:transaction>标签中的所有<sql:query >和<sql:update>标签所执行的 SQL 操作将作为一个数据库事务。

<sql:transaction>标签具有以下属性：

- dataSource 属性：设置数据源。嵌套在<sql:transaction>中的<sql:query>和<sql:update>标签不允许再设置 dataSource 属性。
- isolation 属性：设置事务隔离级别。可选值包括 read_uncommitted、read_committed、repeatable_read 和 serializable。如果没有设置该属性，那么将使用数据源提供的默认隔离级别。

在并发环境中，当多个事务同时操纵数据库中相同的数据时，可能会导致各种并发问题。为了解决这一问题，数据库系统提供了 4 种事务隔离级别供用户选择。

- serializable：串行化。
- repeatable_read：可重复读。
- read_committed：读已提交数据。
- read_uncommitted：读未提交数据。

数据库系统采用不同的锁类型来实现以上 4 种隔离级别，具体的实现过程对用户是透明的。用户应该关心的是如何选择合适的隔离级别。在 4 种隔离级别中，serializable 的隔离级别最高，read_uncommittedd 的隔离级别最低，表 17-1 列出了各种隔离级别所能避免的并发问题。

表 17-1　各种隔离级别所能避免的并发问题

隔离级别	是否出现第一类丢失更新	是否出现脏读	是否出现虚读	是否出现不可重复读	是否出现第二类丢失更新
serializable	否	否	否	否	否
repeatable_read	否	否	是	否	否
read_commited	否	否	是	是	是
read_uncommited	否	是	是	是	是

隔离级别越高，越能保证数据的完整性和一致性，但是对并发性能的影响也越大，如图 17-2 显示了隔离级别与并发性能的关系。对于多数应用程序，可以优先考虑把数据库系统的隔离级别设为 read_committed，它能够避免脏读，而且具有较好的并发性能。

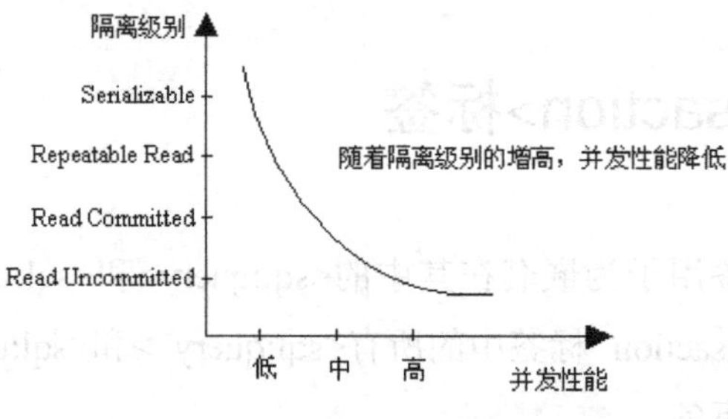

图 17-2　隔离级别与并发性能的关系

以下代码演示了<sql:transaction>标签的用法，其中位于<sql:transaction>标签中的两个<sql:update>标签所执行的 SQL 操作位于同一个数据库事务中：

```
<sql:setDataSource  dataSource="jdbc/BookDB" var="myRes"/>

<sql:transaction  dataSource="${myRes}" isolation="read_committed" >

  <sql:update var="result1">
     update BOOKS set PRICE=PRICE-10 where ID='201'
  </sql:update>

  <sql:update var="result2">
    delete from BOOKS where ID='206'
  </sql:update>

</sql:transaction>
一共更新了${result1}条记录。<br>
一共删除了${result2}条记录。
```

17.7　小结

JSP 可通过 SQL 标签库来访问数据库。其中，<sql:setDataSource>标签用于设置数据源，

<sql:setDataSource>标签既可以使用 Servlet 容器创建的数据源，也可以使用自己创建的数据源，一般使用前者具有更好的数据库连接性能。<sql:transaction>标签用于声明事务，位于同一个<sql:transaction>标签中的<sql:query>和<sql:update>标签处于同一个事务中。

<sql:query>标签用于执行 SQL select 语句，得到的查询结果为 javax.servlet.jsp.jstl.sql.Result 类型。<sql:update>标签用于执行 SQL insert、update 和 delete 语句，以及执行 SQL DDL 语句，其执行结果表示数据库中受影响的记录的数目。<sql:param>标签为 SQL 语句中用“?”表示的参数赋值。<sql:dateParam>标签为 SQL 语句中用“?”表示的日期或时间类型的参数赋值。

<sql:query>标签和<sql:update>标签都具有 var 属性和 scope 属性，用于把执行 SQL 语句的结果作为命名变量存放在特定范围内。

17.8　思考题

1．以下选项中哪些属于 SQL 标签库中的标签？（多选）

（a）<sql:update>　（b）<sql:insert>　（c）<sql:query>　（d）<sql:param>

2．假定“jdbc/BookDB”为 Servlet 容器提供的一个数据源的 JNDI 名字，以下哪些选项对数据源的配置是正确的？（多选）

（a）

```
<sql:setDataSource  dataSource="jdbc/BookDB"  />
```

（b）

```
<sql:setDataSource
url="jdbc:mysql://localhost:3306/BookDB"
driver="com.mysql.jdbc.Driver"
user="dbuser"  password="1234" />
```

（c）

```
<sql:setDataSource
dataSource="jdbc/BookDB"
url="jdbc:mysql://localhost:3306/BookDB"
driver="com.mysql.jdbc.Driver"
user="dbuser"  password="1234" />
```

（d）

```
<sql:setDataSource  var="jdbc/BookDB"  />
```

3．假定 BOOKS 表中有 6 条记录，它们的 ID 依次为 201、202、203、204、205 和 206。以下<sql:query>标签返回的查询结果是什么？（单选）

```
<sql:query sql="select ID,NAME,TITLE,PRICE from BOOKS order by ID"
startRow="4" maxRows="3"  var="books" />
```

（a）包含 3 条记录，ID 依次为 202、203 和 204。

（b）包含 3 条记录，ID 依次为 204、205 和 206。

（c）包含 2 条记录，ID 依次为 205 和 206。

（d）包含 6 条记录，ID 依次为 201、202、203、204、205 和 206。

4．思考题 3 的<sql:query>标签把查询结果作为命名变量存放在页面范围内。以下哪个选项能够显示查询结果中的 NAME 字段名？（单选）

（a）${books.NAME}

（b）${books.columnNames[1]}

（c）${books.columnNames[2]}

（d）${books[1]}

5．以下哪些选项能够执行 SQL 语句“update BOOKS set PRICE=PRICE-10 where SALE_AMOUNT>10000”？（多选）

（a）

```
<sql:update  var="result"
  sql="update BOOKS set PRICE=PRICE-10 where SALE_AMOUNT>10000" />
```

（b）

```
<sql:update  var="result" >
  update BOOKS set PRICE=PRICE-10 where SALE_AMOUNT>10000
</sql:update>
```

（c）

```
<sql:update  var="result" >
   update BOOKS set PRICE=PRICE-10 where SALE_AMOUNT>?
<sql:param>10000</sql:param>
</sql:update>
```

（d）

```
<sql:update  var="result" >
update BOOKS set PRICE=PRICE-10 where SALE_AMOUNT>?
<sql:dateParam>10000</sql:dateParam>
</sql:update>
```

6．在下面的 4 种隔离级别中，哪个隔离级别最高？（单选）

（a）serializable

（b）repeatable_read

（c）read_committed

（d）read_uncommitted

参考答案

1．a,c,d　2．a,b　3．c　4．b　5．a,b,c　6．a

第 18 章　JSTL Functions 标签库

本书第 12 章的 12.3 节（定义和使用 EL 函数）介绍了 EL 函数的创建和使用方法。在 JSTL Functions 标签库中提供了一组常用的 EL 函数，主要用于处理字符串。在 JSP 中可以直接使用这些函数。

在 JSP 文件中使用 Functions 标签库，要先通过 taglib 指令引入该标签库：

```
<%@ taglib prefix="fn" uri="http://java.sun.com/jsp/jstl/functions" %>
```

本章将介绍 Functions 标签库中常用的 16 个函数的用法。这些函数的名字以及作用与 java.lang.String 类中的相应方法很相似。例如 fn:indexOf 函数与 String 类的 indexOf()方法的作用相似，fn:substring 函数与 String 类的 substring()方法的作用相似。

本章范例位于本书配套源代码包的 sourcecode/chapter18/helloapp 目录下。

18.1　fn:contains 函数

fn:contains 函数用于判断源字符串中是否包含目标字符串，语法为：

```
fn:contains(String source, String target) →boolean
```

以上代码中，source 参数指定源字符串，target 参数指定目标字符串，返回类型为 boolean。

例如，对于以下 EL 表达式：

```
${fn:contains("Tomcat","cat")}
${fn:contains("Tomcat","CAT")}
```

第一个 EL 表达式的值为 true，第二个 EL 表达式的值为 false。

18.2　fn:containsIgnoreCase 函数

fn:containsIgnoreCase 函数用于判断源字符串中是否包含目标字符串，判断时忽略大小写，语法为：

```
fn:containIgnoreCases(String source, String target) →boolean
```

以上代码中，source 参数指定源字符串，target 参数指定目标字符串，返回类型为 boolean。

例如，对于以下 EL 表达式：

```
${fn:containsIgnoreCase("Tomcat","CAT")}
${fn:containsIgnoreCase("Tomcat","Mike")}
```

第一个 EL 表达式的值为 true，第二个 EL 表达式的值为 false。

18.3 fn:startsWith 函数

fn:startsWith 函数用于判断源字符串是否以指定的目标字符串开头，语法为：

```
fn:startsWith(String source, String target) →boolean
```

以上代码中，source 参数指定源字符串，target 参数指定目标字符串，返回类型为 boolean。例如，对于以下 EL 表达式：

```
${fn:startsWith("Tomcat","Tom")}
${fn:startsWith("Tomcat","cat")}
```

第一个 EL 表达式的值为 true，第二个 EL 表达式的值为 false。

18.4 fn:endsWith 函数

fn:endsWith 函数用于判断源字符串是否以指定的目标字符串结尾，语法为：

```
fn:endsWith(String source, String target) →boolean
```

以上代码中，source 参数指定源字符串，target 参数指定目标字符串，返回类型为 boolean。例如，对于以下 EL 表达式：

```
${fn:endsWith("Tomcat","cat")}
${fn:endsWith("Tomcat","Tom")}
```

第一个 EL 表达式的值为 true，第二个 EL 表达式的值为 false。

18.5 fn:indexOf 函数

fn:indexOf 函数用于在源字符串中查找目标字符串，并返回源字符串中最先与目标字符串匹配的第一个字符的索引，如果源字符串中不包含目标字符串，就返回-1。源字符串中第一个字符的索引为 0。fn:indexOf 函数的语法为：

```
fn:indexOf(String source, String target) →int
```

以上代码中，source 参数指定源字符串，target 参数指定目标字符串，返回类型为 int。例如，对于以下 EL 表达式：

```
1: ${fn:indexOf("Tomcat","cat")} <br>
```

```
2: ${fn:indexOf ("2211221","21")} <br>
3: ${fn:indexOf ("Tomcat","Mike")} <br>
```

其打印结果为：

```
1: 3
2: 1
3: -1
```

18.6 fn:replace 函数

fn:replace 函数用于把源字符串中的一部分替换为另外的字符串，并返回替换后的字符串。fn:replace 函数的语法为：

```
fn:replace(String source, String before, String after) →String
```

以上代码中，source 参数指定源字符串，before 参数指定源字符串中被替换的子字符串，after 参数指定用于替换的子字符串，返回类型为 String。

例如，对于以下 EL 表达式：

```
1: ${fn:replace("TomcAt","cAt","cat")} <br>
2: ${fn:replace("2018/1/9","/","-")} <br>
```

其打印结果为：

```
1: Tomcat
2: 2018-1-9
```

18.7 fn:substring 函数

fn:substring 函数用于获取源字符串中的特定子字符串。fn:substring 函数的语法为：

```
fn:substring(String source, int beginIndex, int endIndex) →String
```

以上代码中，source 参数指定源字符串，beginIndex 参数表示子字符串中第一个字符在源串中的索引，endIndex 参数表示子字符串的最后一个字符在源串中的索引加 1，返回类型为 String。源字符串中第一个字符的索引为 0。

例如，对于以下 EL 表达式：

```
1: ${fn:substring("Tomcat","0","3")} <br>
2: ${fn:substring("Tomcat","3","6")} <br>
```

其打印结果为：

```
1: Tom
2: cat
```

18.8 fn:substringBefore 函数

fn:substringBefore 函数用于获取源字符串中指定子字符串之前的子字符串，语法为：

```
fn:substringBefore(String source, String target) →String
```

以上代码中，source 参数指定源字符串，target 参数指定子字符串，返回类型为 String。如果源字符串中不包含特定子串，就返回空字符串。

例如，对于以下 EL 表达式：

```
1: ${fn:substringBefore("Tomcat","cat")} <br>
2: ${fn:substringBefore("mydata.txt",".txt")} <br>
```

其打印结果为：

```
1: Tom
2: mydata
```

18.9 fn:substringAfter 函数

fn:substringAfter 函数用于获取源字符串中指定子字符串之后的子字符串，语法为：

```
fn:substringAfter(String source, String target) →String
```

以上代码中，source 参数指定源字符串，target 参数指定子字符串，返回类型为 String。如果源字符串中不包含特定子串，就返回空字符串。

例如，对于以下 EL 表达式：

```
1: ${fn:substringAfter("Tomcat","Tom")} <br>
2: ${fn:substringAfter("mydata.txt","mydata.")} <br>
```

其打印结果为：

```
1: cat
2: txt
```

18.10 fn:split 函数

fn:split 函数用于将源字符串拆分为一个字符串数组，语法为：

```
fn:split(String source, String delimiter) →String[]
```

以上代码中，source 参数指定源字符串，delimiter 参数指定用于拆分源字符串的分隔符，返回类型为 String[]。如果源字符串中不包含 delimiter 参数指定的分割符，或者 delimiter 参数为 null，那么返回的字符串数组中只有一个元素，为源字符串。

例如，对于以下代码：

```
<c:set value='${fn:split("www.javathinker.net",".")}' var="strs" />

<c:forEach var="token" items="${strs}">
${token}<br>
</c:forEach>
```

其打印结果为：

```
www
javathinker
net
```

再例如，对于以下代码：

```
<c:set value='${fn:split("www.javathinker.net","-")}' var="strs" />
${strs[0]}
```

其打印结果为：

```
www.javathinker.net
```

18.11　fn:join 函数

fn:join 函数用于将源字符串数组中的所有字符串连接为一个字符串，语法为：

```
fn:join(String source[], String separator) →String
```

以上代码中，source 参数指定源字符串数组，separator 参数指定用于连接源字符串数组中各个字符串的分隔符，返回类型为 String。

例如，对于以下代码：

```
<%
String strs[]={"www","javathinker","net"};
%>
<c:set value="<%=strs%>" var="strs" />
${fn:join(strs,".")}
```

其打印结果为：

```
www.javathinker.net
```

18.12　fn:toLowerCase 函数

fn:toLowerCase 函数用于将源字符串中的所有字符改为小写，语法为：

```
fn:toLowerCase(String source) →String
```

以上代码中，source 参数指定源字符串，返回类型为 String。

例如，对于以下 EL 表达式：

```
${fn:toLowerCase("TomCat")}
```

其打印结果为：

```
tomcat
```

18.13 fn:toUpperCase 函数

fn:toUpperCase 函数用于将源字符串中的所有字符改为大写，语法为：

```
fn:toUpperCase(String source) →String
```

以上代码中，source 参数指定源字符串，返回类型为 String。

例如，对于以下 EL 表达式：

```
${fn:toUpperCase("TomCat")}
```

其打印结果为：

```
TOMCAT
```

18.14 fn:trim 函数

fn:trim 函数用于将源字符串中开头和末尾的空格删除，语法为：

```
fn:trim(String source) →String
```

以上代码中，source 参数指定源字符串，返回类型为 String。

例如，对于以下 EL 表达式：

```
${fn:trim("  Tomcat  ")}
```

以上 EL 表达式的值为“Tomcat”。

18.15 fn:escapeXml 函数

fn:escapeXml 函数用于将源字符串中的字符“<”、“>”、“"”和“&”等转换为转义字符，本书第 1 章的 1.2 节（HTML 简介）介绍了转义字符的概念。fn:escapeXml 函数的行为与<c:out>标签的 escapeXml 属性为 true 时的转换行为相同。fn:escapeXml 函数的语法为：

```
fn:escapeXml (String source) →String
```

以上代码中，source 参数指定源字符串，返回类型为 String。

例如，例程 18-1 的 out.jsp 演示了 fn:escapeXml 函数的用法。

例程 18-1　out.jsp

```
<%@ page contentType="text/html; charset=GB2312" %>
<%@ taglib prefix="fn" uri="http://java.sun.com/jsp/jstl/functions" %>
<%@ taglib prefix="c" uri="http://java.sun.com/jsp/jstl/core" %>

<html>
```

```
<head><title>out</title></head>
<body>

1: ${fn:escapeXml("<b>表示粗体字</b>")} <br>
2: <c:out value="<b>表示粗体字</b>" escapeXml="true" /> <br>
3: ${"<b>表示粗体字</b>"} <br>

</body>
</html>
```

对于 out.jsp 中的以下代码：

```
1: ${fn:escapeXml("<b>表示粗体字</b>")} <br>
2: <c:out value="<b>表示粗体字</b>" escapeXml="true" /> <br>
3: ${"<b>表示粗体字</b>"} <br>
```

以上代码的输出结果为：

```
1: &lt;b&gt;表示粗体字&lt;/b&gt; <br>
2: &lt;b&gt;表示粗体字&lt;/b&gt; <br>
3: <b>表示粗体字</b> <br>
```

out.jsp 的输出结果在浏览器中的显示效果如图 18-1 所示。

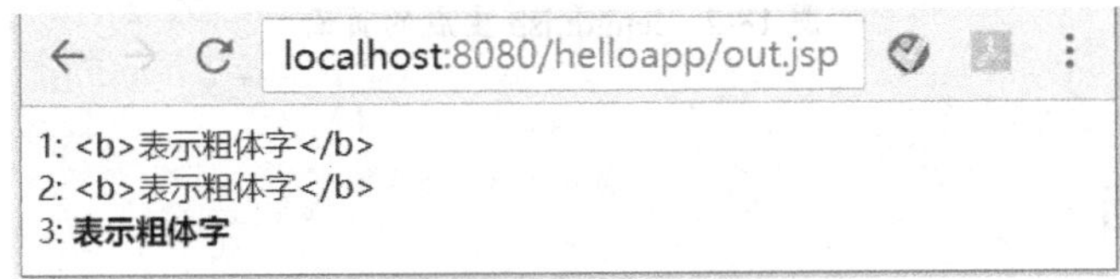

图 18-1　out.jsp 生成的页面

18.16　fn:length 函数

fn:length 函数用于返回字符串中字符的个数，或者集合和数组中元素的个数，语法为：

```
fn:length(source) →int
```

以上代码中，source 参数可以为字符串、集合或者数组，返回类型为 int。

例程 18-2 的 length.jsp 演示了 fn:length 函数的用法。

例程 18-2　length.jsp

```
<%@ page contentType="text/html; charset=GB2312" %>
<%@ taglib prefix="fn" uri="http://java.sun.com/jsp/jstl/functions" %>
<%@ taglib prefix="c" uri="http://java.sun.com/jsp/jstl/core" %>
<%@ page import="java.util.ArrayList" %>

<html>
<head><title>length</title></head>
<body>

<%
int[] array={1,2,3,4};
ArrayList list=new ArrayList();
list.add("one");
```

```
list.add("two");
list.add("three");
%>

<c:set value="<%=array %>" var="array" />
<c:set value="<%=list %>" var="list" />

数组长度：${fn:length(array)} <br>
集合长度：${fn:length(list)} <br>
字符串长度：${fn:length("Tomcat")} <br>

</body>
</html>
```

通过浏览器访问 http://localhost:8080/helloapp/length.jsp，得到的页面如图 18-2 所示。

图 18-2　length.jsp 生成的页面

18.17　小结

Functions 标签库提供了一些通用的 EL 函数，具体包括以下几种。

- fn:contains 函数：用于判断源字符串中是否包含目标字符串。
- fn:containsIgnoreCase 函数：用于判断源字符串中是否包含目标字符串，判断时忽略大小写。
- fn:startsWith 函数：用于判断源字符串是否以指定的目标字符串开头。
- fn:endsWith 函数：用于判断源字符串是否以指定的目标字符串结尾。
- fn:indexOf 函数：用于在源字符串中查找目标字符串，并返回源字符串中最先与目标字符串匹配的第一个字符的索引。
- fn:replace 函数：用于把源字符串中的一部分替换为另外的字符串，并返回替换后的字符串。
- fn:substring 函数：用于获取源字符串中的特定子字符串。
- fn:substringBefore 函数：用于获取源字符串中指定子字符串之前的字符串。
- fn:substringAfter 函数：用于获取源字符串中指定子字符串之后的字符串。
- fn:split 函数：用于将源字符串拆分为一个字符串数组。
- fn:join 函数：用于将源字符串数组中的所有字符串连接为一个字符串。
- fn:toLowerCase 函数：用于将源字符串中的所有字符改为小写。
- fn:toUpperCase 函数：用于将源字符串中的所有字符改为大写。

- fn:trim 函数：用于将源字符串中开头和末尾的空格删除。
- fn:escapeXml 函数：用于将源字符串中的字符“<”“>”“"”和“&”等转换为转义字符。
- fn:length 函数：用于返回字符串中字符的个数，或者集合和数组中元素的个数。

18.18　思考题

1．以下选项中哪些属于 Functions 标签库中的函数？（多选）

（a）fn:contains　（b）fn:connect　（c）fn:length　（d）fn:split

2．以下选项中哪个函数用于获取源字符串中的特定子字符串？（单选）

（a）fn:contains　（b）fn:indexOf　（c）fn:substring　（d）fn:trim

3．以下选项中哪些 EL 表达式的值为 true？（多选）

（a）${fn:contains("Tomcat","CAT")}

（b）${fn:contains("Tomcat","cat")}

（c）${fn:containsIgnoreCase("Tomcat","CAT")}

（d）${fn:startsWith("Tomcat","T")}

4．以下选项中哪些 EL 表达式的值为“cat”？（多选）

（a）${fn:replace("cAt","A","a")}

（b）${fn:substring("Tomcat","3","6")}

（c）${fn:substringAfter("Tomcat","Tom")}

（d）${fn:indexOf("Tomcat","cat")}

5．运行下面这段代码会出现什么情况？（单选）

```
<%
String strs[]={"www","javathinker","net"};
%>
${fn:join(strs,".")}
```

（a）输出“www.javathinker.net”

（b）输出“wwwjavathinkernet”

（c）没有任何输出结果

（d）抛出异常，命名变量 strs 不存在。

6．以下选项中哪些函数的返回类型为 int？（多选）

（a）fn:join　（b）fn:indexOf　（c）fn:length　（d）fn:trim

参考答案

1. a,c,d 2. c 3. b,c,d 4. a,b,c 5. c 6. b,c

第 19 章 简单标签和标签文件

本书第 13 章介绍了传统的自定义标签的开发方法，传统的自定义标签的主体中可以包含 Java 程序片段，而且标签的处理流程比较复杂，开发人员需要考虑标签处理类中 doStartTag()和 doEndTag()方法等的返回值。为了简化开发标签的过程，JSP 2 引入了一种新的标签扩展机制，称为“简单标签扩展”，这种机制有两种使用方式。

- 对于熟悉 Java 编程语言的开发人员，可以定义实现 javax.servlet.jsp.tagext.SimpleTag 接口的标签处理类。
- 对于不懂 Java 编程语言的网页作者，则可以使用标签文件来定义标签。标签文件以.tag 或.tagx 作为文件扩展名。

19.1 实现 SimpleTag 接口

javax.servlet.jsp.tagext.SimpleTag 接口中定义了以下 5 个方法。

（1）void setJspContext(JspContext pc)：由 Servlet 容器调用该方法，Servlet 容器通过此方法向 SimpleTag 对象传递当前的 JspContext 对象。JspContext 类是 PageContext 类的父类。JspContext 类中定义了用于存取各种范围内的共享数据的方法，如 getAttribute()、setAttribute()和 removeAttribute()方法等，本书第 6 章的 6.9 节（PageContext 类的用法）对此做了介绍。

（2）void setParent(JspTag parent)：由 Servlet 容器调用该方法，向当前 SimpleTag 对象传递父标签的 JspTag 对象。

（3）JspTag getParent()：返回父标签的 JspTag 对象。

（4）void setJspBody(JspFragment jspBody)：由 Servlet 容器调用该方法，向当前 SimpleTag 对象传递标签主体。参数 jspBody 表示当前标签的主体，它封装了一段 JSP 代码。

（5）void doTag()方法：该方法负责具体的标签处理过程。与传统标签处理类的 doStartTag()和 doEndTag()方法不同的是，doTag()方法没有返回值。

SimpleTag 对象由 Servlet 容器负责创建。当 Servlet 容器在执行 JSP 文件时，每次遇到 JSP 文件中的自定义的简单标签，都会创建一个 SimpleTag 对象，标签处理完毕，就会销毁该 SimpleTag 对象。这是与传统的自定义标签的一个不同之处。对于传统的自定义标签，

Servlet 容器会缓存标签处理类的实例，以便重复利用该实例。

Servlet 容器得到了 SimpleTag 对象后，会按照如图 19-1 的流程调用 SimpleTag 对象的相关方法：

（1）Servlet 容器调用 SimpleTag 对象的 setJspContext()和 setParent()方法，把当前 JSP 页面的 JspContext 对象以及父标签处理对象传给当前 SimpleTag 对象。如果不存在父标签，则把父标签处理对象设为 null。

（2）Servlet 容器调用 SimpleTag 对象的一系列 set 方法，设置 SimpleTag 对象的属性。如果标签没有属性，则无须这个步骤。本书第 13 章的 13.3 节（message 标签范例）介绍了标签的属性。

（3）如果存在标签主体，Servlet 容器就调用 SimpleTag 对象的 setJspBody()方法，设置标签主体。

（4）Servlet 容器调用 SimpleTag 对象的 doTag()方法，在该方法中完成处理标签的具体逻辑。

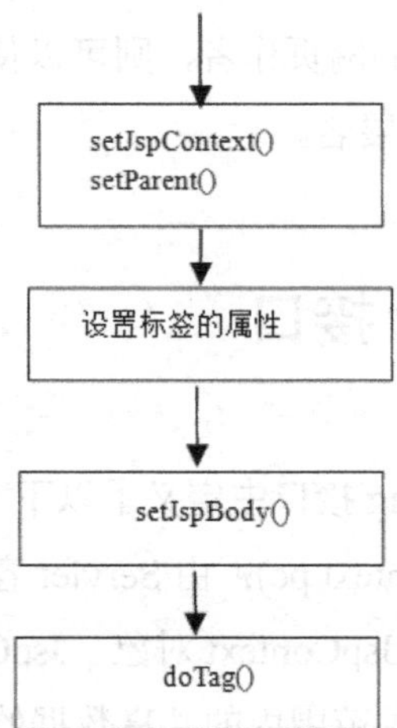

图 19-1　Servlet 容器调用 SimpleTag 对象的相关方法的流程

在 javax.servlet.jsp.tagext 包中提供了 SimpleTag 接口的实现类 SimpleTagSupport 类，参见例程 19-1。

例程 19-1　SimpleTagSupport.java

```
public class SimpleTagSupport  implements SimpleTag{
  private JspTag parentTag;
  private JspContext jspContext;
  private JspFragment jspBody;

  public SimpleTagSupport() {}

  public void doTag()throws JspException, IOException{}

  public void setParent(JspTag parent ) {
    this.parentTag = parent;
  }
```

```
  public JspTag getParent() {
    return this.parentTag;
  }

  public void setJspContext(JspContext pc ) {
    this.jspContext = pc;
  }

  protected JspContext getJspContext() {
    return this.jspContext;
  }

  public void setJspBody(JspFragment jspBody ) {
    this.jspBody = jspBody;
  }

  protected JspFragment getJspBody() {
    return this.jspBody;
  }
}
```

在开发简单标签时，只需创建 SimpleTagSupport 类的子类，然后覆盖其 doTag()方法即可。

19.1.1　创建和使用<hello>简单标签

以下程序 HelloTag.java 是一个简单标签处理类，它的作用是打印“This is my first tag!”:

```
package mypack;

import javax.servlet.jsp.JspException;
import javax.servlet.jsp.tagext.SimpleTagSupport;
import java.io.IOException;

public class HelloTag extends SimpleTagSupport {
  public void doTag() throws JspException, IOException {
    getJspContext().getOut().write("This is my first tag!");
  }
}
```

以下代码是使用上述标签的 JSP 例子 helloworld.jsp:

```
<%@ taglib prefix="mm" uri="/mytaglib" %>
<html>
<head>
<title>Simple Tag Handler</title>
</head>
<body>
<h2>Simple Tag Handler</h2>
<p><b>My first tag prints</b>: <mm:hello/>
</body></html>
```

运行上述例子的步骤如下。

（1）编译 HelloTag.java，编译时应该把<CATALINA_HOME>/lib/jsp-api.jar 文件加入到

classpath 中。把编译生成的类文件放到以下位置：

```
<CATALINA_HOME>/webapps/helloapp/WEB-INF/classes
        /mypack/HelloTag.class
```

（2）在<CATALINA_HOME>/webapps/helloapp/WEB-INF/mytag.tld 文件中添加如下标签描述符：

```
<tag>
<description>Prints this is my first tag</description>
<name>hello</name>
<tag-class>mypack.HelloTag</tag-class>
<body-content>empty</body-content>
</tag>
```

提示

对于简单标签，其<tag>元素的<body-content>子元素的可选值包括 empty、scriptless 和 tagdependent。默认值为 scriptless。本书第 13 章的 13.3.2 节（创建标签库描述文件）讲到，对于传统的自定义标签，<body-content>子元素的可选值包括 empty、jsp、scriptless 和 tagdependent。由于简单标签的主体不能包含 Java 程序片段等脚本元素，所以<body-content>子元素的值不能为 jsp。

（3）在<CATALINA_HOME>/webapps/helloapp/WEB-INF/web.xml 文件中声明引入 mytaglib 标签库：

```
<taglib>
 <taglib-uri>/mytaglib</taglib-uri>
 <taglib-location>/WEB-INF/mytaglib.tld</taglib-location>
</taglib>
```

（4）把 helloworld.jsp 复制到<CATALINA_HOME>/webapps/helloapp 目录中。

（5）启动 Tomcat 服务器，通过浏览器访问 http://localhost:8080/helloapp/helloworld.jsp，会看到如图 19-2 所示的网页。

图 19-2　helloworld.jsp 网页

19.1.2　创建和使用带属性和标签主体的<welcome>简单标签

例程 19-2 的 welcome.jsp 使用了<welcome>简单标签，该标签具有一个 username 属性，而且具有标签主体。

例程 19-2　welcome.jsp

```
<%@ taglib prefix="mm" uri="/mytaglib" %>
<html>
<head>
<title>welcome</title>
</head>
```

```
<body>

<mm:welcome username="${param.username}">
 Welcome to my website.
</mm:welcome>

</body></html>
```

通过浏览器访问 http://localhost:8080/helloapp/welcome.jsp?username=Tom，得到的返回内容为：

```
Tom, Welcome to my website.
```

例程 19-3 的 WelcomeTag 类是<welcome>标签的处理类。

例程 19-3　WelcomeTag.java

```
package mypack;

import javax.servlet.jsp.JspException;
import javax.servlet.jsp.tagext.SimpleTagSupport;
import java.io.IOException;

public class WelcomeTag extends SimpleTagSupport {

 private String username;
 public void setUsername(String username){
  this.username=username;
 }

public void doTag() throws JspException, IOException {
  getJspContext().getOut().print(username+",");

  JspFragment jspBody=getJspBody();
  //将标签主体的执行结果输出到当前输出流中。
  jspBody.invoke(null);
 }
}
```

WelcomeTag 类中定义了 username 属性，它和<welcome>标签的 username 属性对应。在 doTag()方法中，先打印 username 属性，然后再调用代表标签主体的 jspBody 对象的 invoke(null)方法。

jspBody 对象为 JspFragment 类型。JspFragment 类代表一段 JSP 代码。它的 invoke(java.io.Writer out)方法负责执行所封装的 JSP 代码，并且通过 out 参数输出执行结果。如果参数 out 为 null，则把执行结果输出到当前输出流中。

在 mytaglib.tld 文件中，<welcome>标签的定义如下：

```
<tag>
 <description>welcome</description>
 <name>welcome</name>
 <tag-class>mypack.WelcomeTag</tag-class>
 <body-content>tagdependent</body-content>
 <attribute>
  <name>username</name>
  <required>true</required>
```

```
    <rtexprvalue>true</rtexprvalue>
  </attribute>
</tag>
```

由于<welcome>标签的主体由标签处理类来负责执行，因此以上<body-content>元素的值为“tagdependent”。

19.1.3 创建和使用带动态属性的<max>简单标签

例程 19-4 的 max.jsp 中使用了<max>简单标签，该标签具有数目不固定的属性：num1，num2，num3，…，num*N*。这种数目不固定的属性称为动态属性。<max>标签负责找出所有属性中的最大值，并把它作为 max 命名变量保存在页面范围内。

例程 19-4　max.jsp

```
<%@ taglib prefix="mm" uri="/mytaglib" %>
<html>
<head>
<title>max</title>
</head>
<body>

<mm:max num1="100"  num2="300"  num3="400"  />
Max Value: ${max} <br>

<mm:max num1="500"  num2="300"  num3="400"  num4="200"  />
Max Value: ${max}

</body></html>
```

通过浏览器访问 http://localhost:8080/helloapp/max.jsp，得到的返回内容为：

```
Max Value: 400
Max Value: 500
```

例程 19-5 的 MaxTag 类是<max>标签的处理类。

例程 19-5　MaxTag.java

```
package mypack;

import javax.servlet.jsp.*;
import javax.servlet.jsp.tagext.*;
import java.io.IOException;
import java.util.ArrayList;

public class MaxTag extends SimpleTagSupport
            implements DynamicAttributes{

  private ArrayList<String> al=new ArrayList<String>();

  public void setDynamicAttribute(String uri,String localeName,
                     Object value)throws JspException{
    //将所有属性保存到ArrayList中
    al.add((String)value);
```

```
    }

    public void doTag() throws JspException, IOException {
      JspContext context=getJspContext();

      int max=0;
      for(int i=0;i<al.size();i++){
        int num=Integer.parseInt(al.get(i));
        max= num > max ? num : max;
      }
      //将最大值保存到页面范围内
      context.setAttribute("max",Integer.valueOf(max));
    }
  }
```

MaxTag 类实现了 javax.servlet.jsp.tagext.DynamicAttributes 接口，该接口中定义了一个 setDynamicAttribute()方法。Servlet 容器会通过反复调用此方法来向 SimpleTag 对象传递标签的动态属性。

MaxTag 类的 setDynamicAttribute()方法把 num1 和 num2 等属性保存在一个 ArrayList 对象中，doTag()方法从 ArrayList 对象中找出最大值，并把该最大值作为 max 命名变量存放在页面范围内。在 max.jsp 中，可通过 EL 表达式“${max}”来访问<max>标签得到的最大值。

在 mytaglib.tld 文件中，<max>标签的定义如下：

```
<tag>
  <description>max</description>
  <name>max</name>
  <tag-class>mypack.MaxTag</tag-class>
  <body-content>empty</body-content>
  <dynamic-attributes>true</dynamic-attributes>
</tag>
```

由于<max>标签包含动态属性，因此以上<dynamic-attributes>元素的值为“true”。

19.2　使用标签文件

使用简单标签扩展机制的另一种方法是采用标签文件。标签文件用 JSP 语法编写，可以不包含 Java 程序片段，因此标签文件允许 JSP 网页作者无须懂得 Java 编程语言，只需懂得 JSP 语法，就能创建可复用的标签。标签文件的扩展名通常为“.tag”。如果标签文件使用 XML 语言，则扩展名为“.tagx”。

标签文件的语法和 JSP 文件的语法很相似，也就是说，JSP 文件中的大多数语法适用于标签文件。两者的不同之处在于：

- JSP 文件中的 page 指令在标签文件中不能使用。标签文件中增加了 tag 指令、attribute 指令和 variable 指令。
- <jsp:invoke>和<jsp:doBody>这两个标准动作元素只能在标签文件中使用。

以下是一个非常简单的标签文件 greentings.tag，它仅包含以下内容：

```
<%@ tag pageEncoding="GB2312" %>
朋友们，大家好！
```

以上标签文件定义了 greentings 标签，标签文件的名字就是标签的名字。一旦定义了标签文件，就可以在 JSP 网页中使用相应的标签。以下 chat.jsp 使用了 greentings 标签：

```
<%@ page contentType="text/html;charset=GB2312" %>
<%@ taglib prefix="mm" tagdir="/WEB-INF/tags" %>
<html>
<head>
<title>Hello World Using a Tag File</title>
</head>
<body>

<mm:greetings/>

</body>
</html>
```

运行这个例子的步骤如下：

（1）把标签文件 greetings.tags 复制到<CATALINA_HOME>/webapps/helloapp/WEB-INF/tags 目录下。

（2）把 chat.jsp 文件复制到<CATALINA_HOME>/webapps/helloapp 目录下。

（3）启动 Tomcat 服务器，通过浏览器访问 http://localhost:8080/helloapp/chat.jsp。如果运行正常，会看到如图 19-3 所示的网页。

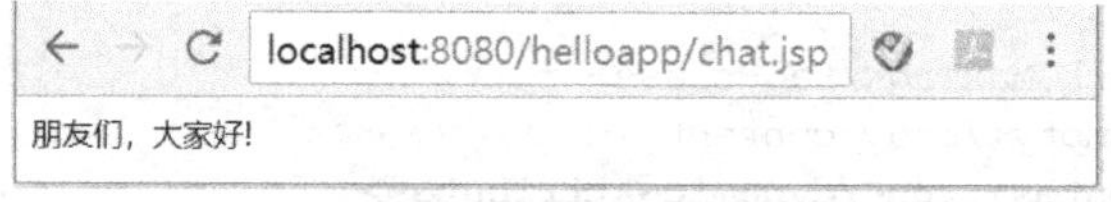

图 19-3　chat.jsp 网页

通过标签文件来创建标签时，不必在 TLD 文件中添加标签描述符，而只要把标签文件放在 Web 应用的 WEB-INF/tags 目录或者其子目录下，然后在 JSP 网页中通过 taglib 指令导入并直接使用它：

```
<%@ taglib prefix="mm" tagdir="/WEB-INF/tags" %>
```

以上 tagdir 属性用于设定标签文件所在的目录，此处为/WEB-INF/tags 目录。

运行 chat.jsp 时，Servlet 容器会解析并编译 greetings.tag 标签文件，在<CATALINA_HOME>/work/Catalina/localhost/helloapp/org/apache/jsp/tag/web 目录下生成相应的标签处理类 greetings_tag 类，例程 19-6 是它的部分源代码。

例程 19-6　greetings_tag.java

```
package org.apache.jsp.tag.web;
import javax.servlet.*;
import javax.servlet.http.*;
import javax.servlet.jsp.*;

public final class greetings_tag
   extends javax.servlet.jsp.tagext.SimpleTagSupport
   implements org.apache.jasper.runtime.JspSourceDependent,
              org.apache.jasper.runtime.JspSourceImports {
```

```
    private static final javax.servlet.jsp.JspFactory _jspxFactory =
          javax.servlet.jsp.JspFactory.getDefaultFactory();

    private static java.util.Map<java.lang.String,java.lang.Long>
              _jspx_dependants;

    private static final java.util.Set<java.lang.String>
              _jspx_imports_packages;

    private static final java.util.Set<java.lang.String>
              _jspx_imports_classes;

    static {
      _jspx_imports_packages = new java.util.HashSet<>();
      _jspx_imports_packages.add("javax.servlet");
      _jspx_imports_packages.add("javax.servlet.http");
      _jspx_imports_packages.add("javax.servlet.jsp");
      _jspx_imports_classes = null;
    }

    private javax.servlet.jsp.JspContext jspContext;
    private java.io.Writer _jspx_sout;
    ……

    public void setJspContext(javax.servlet.jsp.JspContext ctx) {
      super.setJspContext(ctx);
      java.util.ArrayList _jspx_nested = null;
      java.util.ArrayList _jspx_at_begin = null;
      java.util.ArrayList _jspx_at_end = null;
      this.jspContext=new org.apache.jasper.runtime.JspContextWrapper(
        this, ctx, _jspx_nested, _jspx_at_begin, _jspx_at_end, null);
    }

    public javax.servlet.jsp.JspContext getJspContext() {
      return this.jspContext;
    }
    ……
    private void _jspInit(javax.servlet.ServletConfig config) {
      _el_expressionfactory = _jspxFactory.getJspApplicationContext(
              config.getServletContext()).getExpressionFactory();
      _jsp_instancemanager = org.apache.jasper.runtime
              .InstanceManagerFactory.getInstanceManager(config);
    }

    public void _jspDestroy() {}

    public void doTag() throws javax.servlet.jsp.JspException,
                    java.io.IOException {
      javax.servlet.jsp.PageContext _jspx_page_context =
        (javax.servlet.jsp.PageContext)jspContext;

      javax.servlet.http.HttpServletRequest request =
        (javax.servlet.http.HttpServletRequest)
         _jspx_page_context.getRequest();

      javax.servlet.http.HttpServletResponse response =
```

```
      (javax.servlet.http.HttpServletResponse)
      _jspx_page_context.getResponse();

    javax.servlet.http.HttpSession session =
      _jspx_page_context.getSession();

    javax.servlet.ServletContext application =
      _jspx_page_context.getServletContext();

    javax.servlet.ServletConfig config =
      _jspx_page_context.getServletConfig();
    javax.servlet.jsp.JspWriter out = jspContext.getOut();

    _jspInit(config);

    jspContext.getELContext().
    putContext(javax.servlet.jsp.JspContext.class,jspContext);

    try {
      out.write("\r\n");
      out.write("朋友们，大家好!");
    } catch( java.lang.Throwable t ) {
      if( t instanceof javax.servlet.jsp.SkipPageException )
         throw (javax.servlet.jsp.SkipPageException) t;
      if( t instanceof java.io.IOException )
         throw (java.io.IOException) t;
      if( t instanceof java.lang.IllegalStateException )
         throw (java.lang.IllegalStateException) t;
      if( t instanceof javax.servlet.jsp.JspException )
         throw (javax.servlet.jsp.JspException) t;
      throw new javax.servlet.jsp.JspException(t);
    } finally {……}
  }
}
```

以上 greetings_tag 类继承了 SimpleTagSupport 类，由此可以看出，标签文件本质上就是简单标签处理类。网页作者采用 JSP 的语法来编写标签文件，然后由 Servlet 容器来把它翻译为简单标签处理类。

既然标签文件实际上也是简单标签，而简单标签需要在 TLD 中进行配置，那么标签文件是否也有 TLD 呢？答案是肯定的。Servlet 容器会为 WEB-INF/tags 目录以及下面的每个子目录生成一个隐含的 TLD，并在 TLD 中设置下列元素。

- <tlib-version>元素：设置为 1.1。
- <short-name>元素：根据路径名来设定。如果目录为 WEB-INF/tags，那么元素取值为 tags；如果目录为 WEB-INF/tags/a/b/c，则元素取值为 a-b-c。
- 为该目录中的每个标签文件配置<tag-file>元素，它的子元素<name>设置为标签文件的文件名，子元素<path>设置为标签文件的路径。

例如，对于本范例中的 WEB-INF/tags/greetings.tag，Servlet 容器为它提供的隐含 TLD 的内容如下：

```
<taglib>
```

```
  <tlib-version>1.1</tlib-version>
  <short-name>tags</short-name>

  <tag-file>
    <name>greetings</name>
    <path>/WEB-INF/tags/greetings.tag</path>
  </tag-file>

</taglib>
```

如果将标签文件打包到 JAR 文件中，那么应该把标签文件复制到 JAR 文件的展开目录的 META-INF/tags 目录或者其子目录下，并且应该在 JAR 文件的展开目录的 META-INF 子目录下提供 TLD 文件，用<tag-file>元素来配置标签文件，<path>子元素的值必须以/META-INF/tags 开始：

```
<taglib>
  <tlib-version>1.1</tlib-version>
  <short-name>tags</short-name>

  <tag-file>
    <name>greetings</name>
    <path>/META-INF/tags/greetings.tag</path>
  </tag-file>

</taglib>
```

19.2.1　标签文件的隐含对象

和 JSP 文件一样，标签文件也可以访问隐含对象。表 19-1 列出了标签文件可以访问的 7 个隐含对象。

表 19-1　标签文件可以访问的隐含对象

隐含对象的变量名	隐含对象的类型	存在范围
request	javax.servlet.HttpServletRequest	request
response	javax.servlet.HttpServletResponse	page
jspContext	javax.servlet.jsp.JspContext	page
application	javax.servlet.ServletContext	application
out	javax.servlet.jsp.JspWriter	page
config	javax.servlet.ServletConfig	page
session	javax.servlet.http.HttpSession	session

与 JSP 文件的隐含对象相比，标签文件中不存在 page 和 exception 隐含对象。此外，标签文件中存在 jspContext 隐含对象，它是 javax.servlet.jsp.JspContext 类型；而 JSP 文件中存在 pageContext 隐含对象，它是 javax.servlet.jsp.PageContext 类型。JspContext 类是 PageContext 类的父类。

19.2.2 标签文件的指令

在标签文件中使用的指令包括：taglib、include、tag、attribute 和 variable。其中 taglib 和 include 指令与 JSP 文件中的 taglib 和 include 指令的用法相同，而 tag、attribute 和 variable 指令只能在标签文件中使用，下面介绍这三个指令的用法。

1. tag 指令

tag 指令与 JSP 文件中的 page 指令的作用相似。tag 指令用于设置整个标签文件的一些属性，例如以下 tag 指令设定标签文件使用的字符编码为 GB2312，标签主体为 scriptless 类型：

```
<%@ tag pageEncoding="GB2312" body-content="scriptless" %>
```

tag 指令具有以下可选属性。

- display-name 属性：为标签指定一个简短的名字，这个名字可以被一些工具软件显示。默认值为标签文件的名字（不包含扩展名）。
- body-content 属性：指定标签主体的格式，可选值包括 empty、scriptless 和 tagdependent。默认值为 scriptless。
- dynamic-attributes 属性：指定动态属性的名字。Servlet 容器把标签文件翻译成简单标签处理类时，会在类中创建一个 Map 对象，用来存放动态属性的名字和值，其中属性的名字作为 Map 的 Key，属性的值作为 Map 的 value。
- small-icon 属性：为标签指定小图标文件（gif 或 jpeg 格式）的路径，大小为 16×16，该图标可以在具有图形用户界面的工具软件中显示。
- large-icon 属性：为标签指定大图标文件（gif 或 jpeg 格式）的路径，大小为 32×32，该图标可以在具有图形用户界面的工具软件中显示。
- description 属性：为标签提供文本描述信息。
- example 属性：提供使用这个标签的例子的信息描述。
- language 属性：与 JSP 文件中 page 指令的 language 属性相同，用于设定编程语言，默认值为“java”。
- import 属性：与 JSP 文件中 page 指令的 import 属性相同，用于引入 Java 类。
- pageEncoding 属性：与 JSP 文件中 page 指令的 pageEncoding 属性相同，此处用于设定标签文件的字符编码。
- isELIgnored 属性：与 JSP 文件中 page 指令的 isELIgnored 属性相同，用于指定是否忽略 EL 表达式。如果取值为 false，则会解析 EL 表达式；如果为 true，则把 EL 表达式按照普通的文本处理。默认值为 false。

2. attribute 指令

attribute 指令类似于 TLD 中的<attribute>元素，用于声明自定义标签的属性。例如以下 attribute 指令声明标签有一个名字为 username 的属性：

```
<%@ attribute name="username"  required="true"
  fragment="false"  rtexprvalue="true"  type="java.lang.String"
  description="name of user"
%>
```

attribute 指令必须有一个 name 属性，此外，还可以有 5 个可选的属性。

- name 属性：指定属性的名字。
- required 属性：指定属性是否是必须的。默认值为 false。
- fragment 属性：指定属性是否是 JspFragment 对象。默认值是 false。如果 fragment 属性为 true，那么无须设置 rtexprvalue 和 type 属性，此时 rtexprvalue 属性被自动设置为 true，type 属性被自动设置为 javax.servlet.jsp.tagext.JspFragment。
- rtexprvalue 属性：指定属性是否可以是一个运行时表达式。默认值是 true。
- type 属性：指定属性的类型，不能指定为 Java 基本类型（如 int、char 和 long 等）。默认值是 java.lang.String。
- description 属性：为属性提供文本描述信息。

3．variable 指令

variable 指令类似于 TLD 中的<variable>元素，用于设置标签为 JSP 页面提供的变量。例如，以下 variable 指令定义了一个 sum 变量：

```
<%@ variable name-given="sum"  variable-class="java.lang.Integer"
  scope="NESTED"  description="The sum of the two operands"  %>
```

variable 指令具有以下 7 个属性：

- name-given 属性：指定变量的名字。在 variable 指令中，要么设置 name-given 属性，要么设置 name-from-attribute 属性。
- name-from-attribute 属性：表示用标签的某个属性的值作为变量的名称。在 variable 指令中，要么设置 name-given 属性，要么设置 name-from-attribute 属性。
- alias 属性：定义一个本地范围的属性来保存这个变量的值。当指定了 name-from-attribute 属性时，必须设置 alias 属性。
- variable-class 属性：指定变量的 Java 类型，默认值为 java.lang.String。
- declare 属性：指定变量是否引用新的对象，默认值为 true。
- scope 属性：指定变量的范围。可选值包括：AT_BEGIN、NESTED 和 AT_END。默认值为 NESTED。AT_BEGIN 表示从标签起始标记开始到 JSP 页面结束构成的范围，AT_END 表示从标签结束标记开始到 JSP 页面结束构成的范围，NESTED 表示标签主体构成的范围。
- description 属性：为变量提供文本描述信息。

19.2.3　标签文件的<jsp:invoke>和<jsp:doBody>动作元素

在标签文件中可以包含<jsp:invoke>和<jsp:doBody>动作元素。<jsp:invoke>动作元素用于执行标签的JspFragment类型的属性所包含的JSP代码，并把执行结果输出到当前JspWriter对象中，或者保存到指定的命名变量中。

<jsp:invoke>动作元素具有以下 4 个属性。

- fragment 属性：这是必须的属性。指定类型为 JspFragment 的属性的名称。
- var 属性：这是可选的属性。指定一个命名变量的名字。该命名变量保存了 JspFragment 对象的执行结果。var 属性和 varReader 属性只能指定其一，如果两者都没有指定，则 JspFragment 对象的执行结果被输出到当前的 JspWriter 对象中。
- varReader 属性：这是可选的属性。指定一个 java.io.Reader 类型的命名变量，该变量保存了 JspFragment 对象的执行结果。
- scope 属性：这是可选的属性。为 var 属性或 varReader 属性指定的命名变量指定存放范围，默认值为 page。

<jsp:doBody>动作元素用于执行标签主体，并把执行结果输出到当前 JspWriter 对象中，或者保存到指定的命名变量中。<jsp:doBody>动作元素有三个可选的属性：var、varReader 和 scope，它们的用法与<jsp:invoke>动作元素的相应属性的用法相同。

19.2.4 创建和使用带属性和标签主体的 display 标签文件

例程 19-7 的 display.tag 标签文件定义了一个表格模板。display.tag 标签文件包含 color、bgcolor 和 title 属性，它们都是普通的 java.lang.String 类型的属性，在标签文件中可以通过类似${color}的形式访问这些属性。display.tag 文件位于 helloapp/WEB-INF/tags 目录下。

例程 19-7 display.tag

```
<%@ attribute name="color" %>
<%@ attribute name="bgcolor" %>
<%@ attribute name="title" %>

<table border="0" bgcolor="${color}">
  <tr>
    <td><b>${title}</b></td>
  </tr>
  <tr>
    <td bgcolor="${bgcolor}">
      <jsp:doBody/>
    </td>
  </tr>
</table>
```

例程 19-8 的 newsportal.jsp 是使用上述标签的 JSP 例子。

例程 19-8 newsportal.jsp

```
<%@ taglib prefix="tags" tagdir="/WEB-INF/tags" %>
<html>
<head>
<title>Another Tag File Example</title>
```

```
</head>
<body>
<h2>News Portal: Another Tag File Example</h2>

<table border="0">
<tr valign="top">

<td>
<tags:display color="#ff0000" bgcolor="#ffc0c0"  title="Travel">
Last French Concorde Arrives in NY<br>
Another Travel Headline<br>
Yet Another Travel Headline<br>
</tags:display>
</td>

<td>
<tags:display color="#00fc00" bgcolor="#c0ffc0"  title="Technology">
Java for in-flight entertainment<br>
Another Technology Headline<br>
Another Technology Headline<br>
</tags:display>
</td>

<td>
<tags:display color="#ffcc11" bgcolor="#ffffcc" title="Sports">
Football<br>
NBA<br>
Soccer<br>
</tags:display>
</td>

</tr>
</table>
</body>
</html>
```

通过浏览器访问 http://localhost:8080/helloapp/newsportal.jsp，会看到如图 19-4 所示的网页。

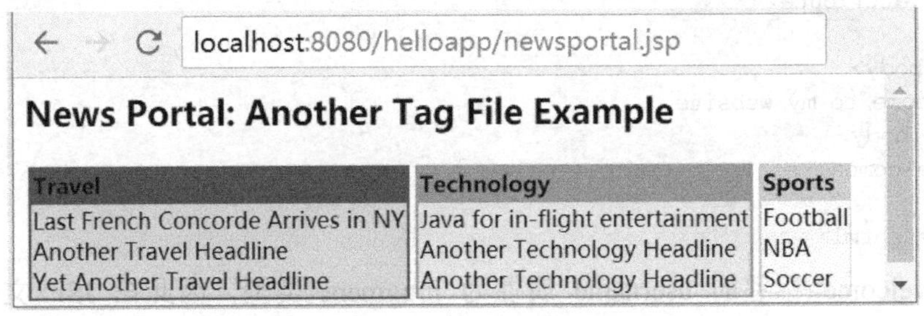

图 19-4　newsportal.jsp 生成的页面

19.2.5　创建和使用带属性和标签主体的 welcome 标签文件

例程 19-9 的 welcome.tag 定义了一个 welcome 标签，它具有一个 JspFragment 类型的 username 属性，还具有标签主体。welcome.tag 文件位于 helloapp/WEB-INF/tags 目录下。

例程 19-9　welcome.tag

```
<%@ tag pageEncoding="GB2312" %>
<%@ taglib uri="http://java.sun.com/jsp/jstl/core" prefix="c" %>
<%@ attribute name="username"  required="true"  fragment="true" %>

<jsp:invoke fragment="username" var="user" />

<c:choose>
  <c:when test="${empty user}">
    My friend,
  </c:when>
  <c:otherwise>
    ${user},
  </c:otherwise>
</c:choose>

<jsp:doBody/>
```

以上标签文件通过<jsp:invoke>动作元素来执行 JspFragment 类型的 username 属性，并把执行结果存放在命名变量 user 中。如果 user 命名变量为空，就输出“My friend,”，否则就输出 user 命名变量。最后通过<jsp:doBody/>动作元素来执行标签主体，并把执行结果输出到当前 JspWriter 对象中。

例程 19-10 的 welcome1.jsp 中使用了由 welcome 标签文件定义的 welcome 简单标签。

例程 19-10　welcome1.jsp

```
<%@ taglib prefix="mm" tagdir="/WEB-INF/tags/" %>
<html>
<head>
<title>welcome</title>
</head>
<body>

<mm:welcome>
  <jsp:attribute name="username">
    ${param.username}
  </jsp:attribute>

  <jsp:body>
    Welcome to my website.
  </jsp:body>
</mm:welcome>

</body></html>
```

由于<welcome>标签的 username 属性为 Fragment 类型，因此在 JSP 文件中必须用<jsp:attribute>元素来设置 username 属性。此外，如果在<welcome>标签中嵌入了<jsp:attribute>子元素，那么必须用<jsp:body>子元素来设置标签主体的内容。

通过浏览器访问 http://localhost:8080/helloapp/welcome1.jsp?username=Tom，得到的返回内容为：

```
Tom, Welcome to my website.
```

19.2.6　创建和使用带变量的 precode 标签文件

JSP 页面与标签之间交换数据可采用以下方式：

- 把共享数据存放在特定范围内。
- 通过在 JSP 页面中设置标签的有关属性，实现 JSP 页面向标签的数据传递。
- 通过在标签中定义变量，实现标签向 JSP 页面的数据传递。简单标签文件中的 variable 指令用于定义标签的变量。

例程 19-11 的 precode 标签文件定义了一个 precode 标签，它具有一个名为 code 的变量，还有一个 JspFragment 类型的 preserve 属性。

例程 19-11　precode.tag

```
<%@attribute name="preserve" fragment="true" %>
<%@variable name-given="code" scope="NESTED" %>

<jsp:doBody var="code" />

<table border="1"><tr><td>

<pre><jsp:invoke fragment="preserve"/></pre>

</td></tr></table>
```

以上<jsp:doBody>动作元素把标签主体的执行结果存放在 code 变量中，<jsp:invoke>动作元素执行 preserve 属性包含的 JSP 代码，并把执行结果输出到当前 JspWriter 对象中。

例程 19-12 的 out.jsp 使用了 precode 标签。

例程 19-12　out.jsp

```
<%@ taglib prefix="mm" tagdir="/WEB-INF/tags" %>
<%@ taglib uri="http://java.sun.com/jsp/jstl/functions" prefix="fn" %>
<html>
<body>

<mm:precode>
<jsp:attribute name="preserve">
  <b>${code}</b>
</jsp:attribute>

<jsp:body>
  ${fn:toUpperCase("  Tomcat  ")}
</jsp:body>
</mm:precode>

</body> </html>
```

以上<jsp:attribute>元素中的${code}用于输出 code 变量的值，而 code 变量的值实际上为<precode>标签主体的执行结果。通过浏览器访问 http://localhost:8080/helloapp/out.jsp，将得到如图 19-5 所示的页面。

图 19-5　out.jsp 生成的页面

19.3　小结

本章介绍了简单标签的两种创建方式。一种方式是扩展 javax.servlet.jsp.tagext.SimpleTagSupport 类，还有一种方式是创建标签文件。标签文件本质上就是简单标签处理类。网页作者采用 JSP 的语法来编写标签文件，然后由 Servlet 容器来把它翻译为简单标签处理类。

在本书配套源代码包的 sourcecode/chapter19/helloapp 目录下包含了本章所有的源文件。只要把整个 helloapp 目录复制到<CATALINA_HOME>/webapps 目录下，就可以运行 helloapp 应用。

19.4　思考题

1．以下哪些属于 SimpleTag 接口的方法？（多选）

（a）setJspBody　（b）doStartTag　（c）doEndTag　（d）doTag

2．关于简单标签，以下哪些说法正确？（多选）

（a）简单标签没有标签主体。

（b）简单标签的处理类都实现了 javax.servlet.jsp.tagext.SimpleTag 接口。

（c）对于不懂 Java 编程语言的网页作者，可以使用标签文件来定义简单标签。

（d）简单标签也可以具有属性。

3．在 TLD 中配置简单标签时，它的<body-content>子元素有哪些可选值？（多选）

（a）empty　（b）scriptless　（c）tagdependent　（d）jsp

4．在 helloapp/WEB-INF/tags 目录下有一个 greetings.tag 文件，如果 JSP 文件希望使用 greetings 简单标签，应该如何通过 taglib 指令引入标签？（单选）

（a）<%@ taglib prefix="mm" tagdir="/WEB-INF/tags/greetings.tag" %>

（b）<%@ taglib prefix="mm" tagdir="/WEB-INF/tags" %>

（c）<%@ taglib prefix="mm" uri="/WEB-INF/tags" %>

（d）<%@ taglib prefix="mm" uri="/WEB-INF/tags/greetings" %>

5．假定在 helloapp/WEB-INF/tags 目录下有一个 table.tag 文件，它的内容如下：

```
<%@attribute name="frag1" fragment="true"%>
<%@attribute name="frag2" fragment="true"%>
<table border="1">
<tr>
<td><b>frag1</b></td>
<td><jsp:invoke fragment="frag1"/></td>
</tr>
<tr>
<td><b>frag2</b></td>
<td><jsp:invoke fragment="frag2"/></td>
</tr>
</table>
```

假定 test.jsp 使用了 table.tag 标签文件定义的 table 标签。以下选项都表示 test.jsp 文件的代码，哪个选项中的 JSP 代码是合法的，可以正常运行？（单选）

（a）

```
<%@taglib prefix="mm" tagdir="/WEB-INF/tags/" %>
<mm:table>
<jsp:attribute name="frag1">Apple</jsp:attribute>
<jsp:attribute name="frag2">Orange</jsp:attribute>
</mm:table>
```

（b）

```
<%@taglib prefix="mm" tagdir="/WEB-INF/tags/" %>
<mm:table>
<jsp:attribute name="frag1"  value="Apple"/>
<jsp:attribute name="frag2"  value="Orange"/>
</mm:table>
```

（c）

```
<%@taglib prefix="mm" tagdir="/WEB-INF/tags/" %>
<mm:table  frag1="Apple"  frag2="Orange" />
```

（d）

```
<%@taglib prefix="mm" tagdir="table.tag" %>
<mm:table>
<jsp:attribute name="frag1">Apple</jsp:attribute>
</mm:table>
```

参考答案

1．a,d　2．b,c,d　3．a,b,c　4．b　5．a

第 20 章　过滤器

在一个 Web 应用中，每个 Web 组件都用于响应特定的客户请求，不过，在这些 Web 组件响应客户请求的过程中，可能都会完成一些相同的操作，比如都要先检查客户的 IP 地址是否位于预定义的拒绝 IP 地址范围内，如果满足这一条件，就直接向客户端返回拒绝响应客户请求的信息，而不会继续执行后续操作。

如果在多个 Web 组件中编写完成同样操作的程序代码，显然会导致重复编码，从而降低开发效率和软件的可维护性。

为了解决上述问题，过滤器应运而生。过滤器能够对一部分客户请求先进行预处理操作，然后再把请求转发给相应的 Web 组件，等到 Web 组件生成了响应结果后，过滤器还能对响应结果进行检查和修改，然后再把修改后的响应结果发送给客户。各个 Web 组件中的相同操作可以放到同一个过滤器中来完成，这样就能减少重复编码。

本章首先介绍过滤器的概念，然后介绍过滤器的创建和发布过程，最后讲解如何将多个过滤器串联起来工作。

20.1　过滤器简介

过滤器能够对 Servlet 容器传给 Web 组件的 ServletRequest 对象和 ServletResponse 对象进行检查和修改。过滤器本身并不生成 ServletRequest 对象和 ServletResponse 对象，它只为 Web 组件提供如下过滤功能：

- 过滤器能够在 Web 组件被调用之前检查 ServletRequest 对象，修改请求头和请求正文的内容，或者对请求进行预处理操作。
- 过滤器能够在 Web 组件被调用之后检查 ServletResponse 对象，修改响应头和响应正文。

过滤器负责过滤的 Web 组件可以是 Servlet、JSP 或 HTML 文件。过滤器的过滤过程如图 20-1 所示。

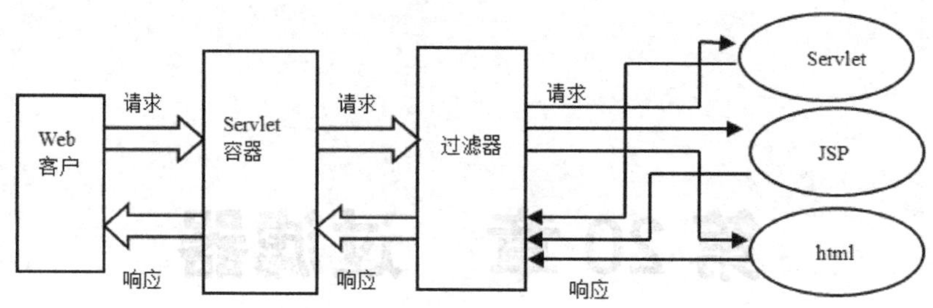

图 20-1　过滤器的过滤过程

过滤器具有以下特点：

- 过滤器可以检查 ServletRequest 和 ServletResponse 对象，并且利用 ServletRequestWrapper 和 ServletResponseWrapper 包装类来修改 ServletRequest 和 ServletResponse 对象。
- 可以在 web.xml 文件中为过滤器映射特定的 URL。当客户请求访问此 URL 时，Servlet 容器就会先触发过滤器工作。
- 多个过滤器可以被串联在一起，协同为 Web 组件过滤请求对象和响应对象。

20.2　创建过滤器

所有自定义的过滤器类都必须实现 javax.servlet.Filter 接口。这个接口含有 3 个过滤器类必须实现的方法：

- init(FilterConfig config)：这是过滤器的初始化方法。在 Web 应用启动时，Servlet 容器先创建包含了过滤器配置信息的 FilterConfig 对象，然后创建 Filter 对象，接着调用 Filter 对象的 init(FilterConfig config)方法。在这个方法中可通过 config 参数来读取 web.xml 文件中为过滤器配置的初始化参数。
- doFilter(ServletRequest req, ServletResponse res, FilterChain chain)：这个方法完成实际的过滤操作。当客户请求访问的 URL 与为过滤器映射的 URL 匹配时，Servlet 容器将先调用过滤器的 doFilter()方法。FilterChain 参数用于访问后续过滤器或者 Web 组件。
- destroy()：Servlet 容器在销毁过滤器对象前调用该方法，在这个方法中可以释放过滤器占用的资源。

过滤器由 Servlet 容器创建，在它的生命周期中包含以下阶段：

- 初始化阶段：当 Web 应用启动时，Servlet 容器会加载过滤器类，创建过滤器配置对象（FilterConfig）和过滤器对象，并调用过滤器对象的 init(FilterConfig config)方法。
- 运行时阶段：当客户请求访问的 URL 与为过滤器映射的 URL 匹配时，Servlet 容器将先调用过滤器的 doFilter()方法。

- 销毁阶段：当 Web 应用终止时，Servlet 容器先调用过滤器对象的 destroy()方法，然后销毁过滤器对象。

例程 20-1 的 NoteFilter 类是一个过滤器的例子，它为 NoteServlet（表示留言薄）提供以下过滤功能：

- 判断客户 IP 地址是否在预定义的拒绝 IP 地址范围内，如果满足这一条件，就直接返回拒绝信息，不再调用后续的 NoteServlet 组件。
- 判断 username 请求参数表示的姓名是否位于预定义的黑名单中，如果满足这一条件，就直接返回拒绝信息，不再调用后续的 NoteServlet 组件。
- 将 NoteServlet 响应客户请求所花的时间写入日志。

例程 20-1　NoteFilter.java

```
package mypack;
import java.io.*;
import javax.servlet.*;
import javax.servlet.http.*;

public class NoteFilter implements Filter {
  //引用由 Servlet 容器提供的 FilterConfig 对象
  private FilterConfig config = null;
  private String blackList=null;
  private String ipblock=null;

  public void init(FilterConfig config) throws ServletException {
    System.out.println("NoteFilter: init()");
    //把 Servlet 容器提供的 FilterConfig 对象传给 config 成员变量
    this.config = config;

    //读取 ipblock 初始化参数
    ipblock=config.getInitParameter("ipblock");

    //读取 blacklist 初始化参数
    blackList=config.getInitParameter("blacklist");
  }

  public void doFilter(ServletRequest request,ServletResponse response,
        FilterChain chain) throws IOException, ServletException {

    System.out.println("NoteFilter: doFilter()");

    /*判断客户 IP 地址是否在预定义的拒绝 IP 地址范围内，如果满足这一条件，
      就直接返回拒绝信息，不再调用后续的 NoteServlet 组件。*/
    if(!checkRemoteIP(request,response))return;

    /* 判断 username 请求参数表示的姓名是否位于预定义的黑名单中，
       如果满足这一条件，就直接返回拒绝信息，
       不再调用后续的 NoteServlet 组件。*/
    if(!checkUsername(request,response))return;

    //记录响应客户请求前的时间
```

```
      long before = System.currentTimeMillis();
      config.getServletContext().log(
            "NoteFilter:before call chain.doFilter()");

      //把请求转发给后续的过滤器或者Web组件
      chain.doFilter(request, response);

      //记录响应客户请求后的时间
      config.getServletContext().log(
               "NoteFilter:after call chain.doFilter()");
      long after = System.currentTimeMillis();

      String name = "";
      if (request instanceof HttpServletRequest) {
        name = ((HttpServletRequest)request).getRequestURI();
      }
      //记录响应客户请求所花的时间
      config.getServletContext().log("NoteFilter:"+name
                         + ": " + (after - before) + "ms");
    }

    private boolean checkRemoteIP(ServletRequest request,
      ServletResponse response)throws IOException, ServletException {
      //读取客户的IP地址
      String addr=request.getRemoteAddr();
      if(addr.indexOf(ipblock)==0){
        response.setContentType("text/html;charset=GB2312");
        PrintWriter out = response.getWriter();
        out.println("<h1>对不起,服务器无法为你提供服务。</h1>");
        out.flush();
        return false;
      }else{
        return true;
      }
    }

    private boolean checkUsername(ServletRequest request,
           ServletResponse response)
           throws IOException, ServletException {

      String username =
          ((HttpServletRequest) request).getParameter("username");
      if(username!=null)
        username=new String(username.getBytes("ISO-8859-1"),"GB2312");

      if (username!=null && username.indexOf(blackList) != -1 ) {
        //生成拒绝用户留言的网页
        response.setContentType("text/html;charset=GB2312");
        PrintWriter out = response.getWriter();
        out.println("<h1>对不起,"+username + ",你没有权限留言 </h1>");
        out.flush();
        return false;
      }else{
        return true;
      }
    }
```

```
    public void destroy() {
      System.out.println("NoteFilter: destroy()");
      config = null;
    }
  }
```

在 NoteFilter 的 init(FilterConfig config) 初始化方法中，先调用 config.getInitParameter("ipblock")方法，从 web.xml 文件中读取初始化参数 ipblock，这个参数表示被禁止访问留言簿的客户的 IP 地址范围；接着调用 config.getInitParameter("blacklist")方法，从 web.xml 文件中读取初始化参数 blacklist，这个参数表示被禁止访问留言簿的客户黑名单。

在 NoteFilter 的 doFilter()方法中，先后调用 checkRemoteIP()和 checkUsername()方法，对客户请求进行预处理。如果 checkRemoteIP()或者 checkUsername()方法返回 false，那么直接返回拒绝信息，客户请求访问的 NoteServlet 不会被调用。

假定为 NoteFilter 配置的 blacklist 初始化参数的值为“捣蛋鬼”，那么姓名中包含“捣蛋鬼”字符串的客户将被禁止访问留言簿。留言簿由 NoteServlet 类来实现（参见本章 20.3.3 节的例程 20-2），当名叫“捣蛋鬼 2018”的客户（假定他的 IP 地址不在拒绝 IP 地址范围内）访问留言簿时，NoteFilter 的工作流程如图 20-2 所示。

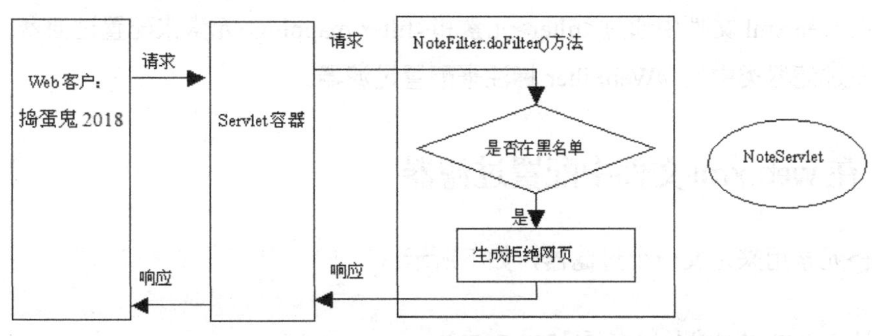

图 20-2　当客户请求被拒绝时的 NoteFilter 工作流程

如果客户名不在黑名单里，NoteFilter 的 doFilter()方法就会调用 chain.doFilter()方法，这个方法用于调用过滤器链中后续过滤器的 doFilter()方法。假如没有后续过滤器，那么就把客户请求传给相应的 Web 组件。在本例中，在调用 chain.doFilter()方法前后都生成了一些日志，并且记录了调用 chain.doFilter()方法前后的时间，从而计算出 Web 组件响应客户请求所花的时间。

当名叫“小精灵”的客户（假定他的 IP 地址不在拒绝 IP 地址范围内）访问留言簿时 NoteFilter 的工作流程如图 20-3 所示。

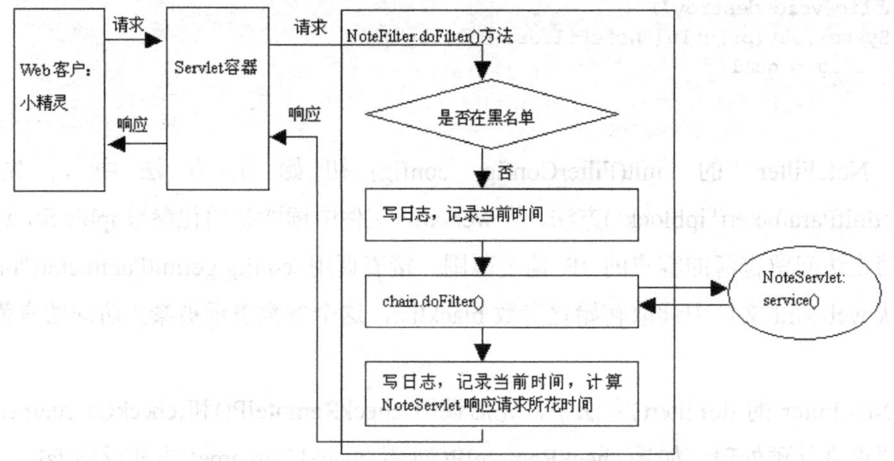

图 20-3　当客户请求被接受时的 NoteFilter 工作流程

20.3 发布过滤器

发布过滤器有两种办法：

- 在 web.xml 文件中通过<filter>元素和<filter-mapping>元素来配置过滤器。
- 在过滤器类中用@WebFilter 标注来配置过滤器。

20.3.1 在 web.xml 文件中配置过滤器

<filter>元素用来定义一个过滤器，如下所示：

```
<filter>
  <filter-name>NoteFilter</filter-name>
  <filter-class>mypack.NoteFilter</filter-class>

  <init-param>
    <param-name>ipblock</param-name>
    <param-value>221.45</param-value>
  </init-param>

  <init-param>
    <param-name>blacklist</param-name>
    <param-value>捣蛋鬼</param-value>
  </init-param>

</filter>
```

在以上代码中，<filter-name>子元素指定过滤器的名字，<filter-class>指定过滤器的类名。<init-param>子元素为过滤器实例提供初始化参数，它包含一对参数名和参数值，在<filter>元素中可以包含多个<init-param>子元素。在这里定义了一个名为 ipblock 的参数，以及一个名为 blacklist 的参数。在 NoteFilter 类的 init(FilterConfig config)方法中，可通过

config.getInitParameter(String name)读取初始化参数。

<filter-mapping>元素用于为过滤器映射特定的 URL，如下所示：

```
<filter-mapping>
  <filter-name>NoteFilter</filter-name>
  <url-pattern>/note</url-pattern>
</filter-mapping>
```

对于以上代码，当客户请求的 URL 和<url-pattern>指定的 URL（/note）匹配时，Servlet 容器就会先调用 NoteFilter 过滤器的 doFilter()方法。<filter-mapping>元素中的<filter-name>子元素必须和<filter>元素中的<filter-name>子元素一致。

提示

如果希望过滤器能为所有的 URL 过滤，那么可以把<url-pattern>的值设为"/* "。这样，当客户请求访问 Web 应用中的任何一个 Web 组件时，Servlet 容器都会先把请求交给过滤器处理。

20.3.2　用@WebFilter 标注来配置过滤器

本书第 4 章的第 4.7 节（使用 Annotation 标注配置 Servlet）介绍了用@WebServlet 来配置 Servlet，类似的，也可以用@WebFilter 标注来配置过滤器。表 20-1 列出了@WebFilter 标注的常用属性。

表 20-1　@WebFilter 标注的常用属性

属性	类型	描述
filterName	String	指定过滤器的名字，等价于 <filter-name>元素
urlPatterns	String[]	指定一组待过滤的 URL 匹配模式。等价于<url-pattern>元素。如果要对所有的 URL 过滤，可以把该属性设为"/*"
value	String[]	该属性等价于 urlPatterns 属性。但是两者不应该同时使用
initParams	WebInitParam[]	指定一组过滤器初始化参数，等价于<init-param>元素
asyncSupported	boolean	声明过滤器是否支持异步处理模式，等价于<async-supported>元素
Description	String	指定过滤器的描述信息，等价于 <description>元素
displayName	String	指定过滤器的显示名，通常配合工具使用，等价于 <display-name>元素
dispatcherTypes	DispatcherType	指定过滤器的调用模式。具体取值包括：ASYNC、ERROR、FORWARD、INCLUDE、REQUEST

对于 NoteFilter 类的源程序，可以加入如下@WebFilter 标注：

```
@WebFilter(
  filterName = "NoteFilter",
  urlPatterns = "/note",
  initParams = {
    @WebInitParam(name = "ipblock", value = "221.45"),
    @WebInitParam(name = "blacklist", value = "捣蛋鬼")}
)
public class NoteFilter implements Filter {……}
```

@WebFilter 标注还有一个 dispatcherTypes 属性指定调用过滤器的模式。具体取值包括：

- DispatcherType.REQUEST：当客户端直接请求访问待过滤的目标资源时，Web 容器会先调用该过滤器。

- DispatcherType.FORWARD：当待过滤的目标资源是通过 RequestDispather 的 forward（请求转发）方式被访问时，Web 容器会先调用该过滤器。
- DispatcherType.INCLUDE：当待过滤的目标资源是通过 RequestDispather 的 include（请求包含）方式被访问时，Web 容器会先调用该过滤器。
- DispatcherType.ERROR：当待过滤的目标资源是通过声明式异常处理机制被访问时，Web 容器会先调用该过滤器。本书第章的第节介绍了声明式异常处理机制。
- DispatcherType.ASYNC：当待过滤的目标资源被异步访问时，Web 容器会先调用该过滤器。

@WebFilter 标注的 dispatcherTypes 属性允许有一个或多个取值，例如：

```
@WebFilter(
  filterName = "SampleFilter",
  urlPatterns = {"/*.jsp","/*.do"},
  dispatcherTypes=DispatcherType.REQUEST
)
或者：
@WebFilter(
  filterName = "SampleFilter",
  urlPatterns = {"/*.jsp","/*.do"},
  dispatcherTypes={DispatcherType.REQUEST,DispatcherType.FORWARD}
)
```

20.3.3 用 NoteFilter 来过滤 NoteServlet 的范例

下面创建一个 NoteServlet 类，它实现一个简单的留言簿。它提供了一个 HTML 表单，让客户输入姓名和留言，客户提交表单后，再将客户输入的信息显示在客户端的网页上。例程 20-2 是 NoteServlet 类的源代码。

例程 20-2 NoteServlet.java

```
package mypack;
import javax.servlet.*;
import javax.servlet.http.*;
import java.io.*;
import java.util.*;

public class NoteServlet extends HttpServlet {

  public void service(HttpServletRequest request,
            HttpServletResponse response)
            throws ServletException, IOException {
    System.out.println("NoteServlet: service()");

    response.setContentType("text/html; charset=GB2312");
    ServletOutputStream out = response.getOutputStream();

    out.println("<html>");
    out.println("<head><title>留言薄</title></head>");
```

```
    out.println("<body>");

    String username=request.getParameter("username");
    String content=request.getParameter("content");
    if(username!=null)
      username=new String(username.getBytes("ISO-8859-1"),"GB2312");
    if(content!=null)
      content=new String(content.getBytes("ISO-8859-1"),"GB2312");

    if(content!=null && !content.equals(""))
      out.println("<p>"+username+"的留言为: "+content+"</p>");

    out.println("<form action="+request.getContextPath()
            +"/note method=POST>");

    out.println("<b>姓名:</b>");
    out.println("<input type=text size=10 name=username><br>");
    out.println("<b>留言:</b><br>");
    out.println("<textarea name=content rows=5 cols=20>"
                    +"</textarea><br><br>");
    out.println("<input type=submit  value=提交>");
    out.println("</form>");
    out.println("</body></html>");
  }
}
```

假定把 NoteServlet 和 NoteFilter 发布到 helloapp 应用中，下面是发布和运行 NoteServlet 和 NoteFilter 的步骤。

（1）编译 NoteServlet 和 NoteFilter 类，在编译时，需要在 classpath 中加入 Java Servlet API 的 JAR 文件 servlet-api.jar，servlet-api.jar 文件位于<CATALINA_HOME>/lib 目录下。编译生成的类的存放位置如下：

```
<CATALINA_HOME>/webapps/helloapp/WEB-NF/classes
                    /mypack/NoteServlet.class
<CATALINA_HOME>/webapps/helloapp/WEB-INF/classes
                    /mypack/NoteFilter.class
```

（2）在 web.xml 中配置 NoteServlet 和 NoteFilter，或者分别用@WebServlet 标注和@WebFilter 标注来配置它们。此外，由于在 web.xml 中包含了中文字符“捣蛋鬼”，因此，应该把 web.xml 的字符编码设为 GB2312。以下是 web.xml 的代码：

```
<?xml version="1.0" encoding="GB2312"?>

<web-app xmlns="http://xmlns.jcp.org/xml/ns/javaee"
  xmlns:xsi="http://www.w3.org/2001/XMLSchema-instance"
  xsi:schemaLocation="http://xmlns.jcp.org/xml/ns/javaee
   http://xmlns.jcp.org/xml/ns/javaee/web-app_4_0.xsd"
  version="4.0" >

  <filter>
    <filter-name>NoteFilter</filter-name>
    <filter-class>mypack.NoteFilter</filter-class>

    <init-param>
      <param-name>ipblock</param-name>
```

```
      <param-value>221.45</param-value>
    </init-param>

    <init-param>
      <param-name>blacklist</param-name>
      <param-value>捣蛋鬼</param-value>
    </init-param>

  </filter>

  <filter-mapping>
    <filter-name>NoteFilter</filter-name>
    <url-pattern>/note</url-pattern>
  </filter-mapping>

  <servlet>
    <servlet-name>NoteServlet</servlet-name>
    <servlet-class>mypack.NoteServlet</servlet-class>
  </servlet>

  <servlet-mapping>
    <servlet-name>NoteServlet</servlet-name>
    <url-pattern>/note</url-pattern>
  </servlet-mapping>

</web-app>
```

提示

在 web.xml 文件中，必须先配置所有过滤器，再配置 Servlet。

（3）启动 Tomcat 服务器，当 Tomcat 启动 helloapp 应用时，会初始化 NoteFilter，在 Tomcat 控制台会看到 NoteFilter 的 init(FilterConfig config)方法的打印内容。

（4）通过浏览器访问 http://localhost:8080/helloapp/note ，将会显示留言簿表单，如图 20-4 所示。此时，在<CATALINA_HOME>/logs/localhost.2018-05-21.txt 文件中生成如下日志：

```
2018-5-21 10:52:22: NoteFilter:before call chain.doFilter()
2018-5-21 10:52:22: NoteFilter:after call chain.doFilter()
NoteFilter:/helloapp/note: 20ms
```

最后一行日志表明 Servlet 容器执行 NoteServlet 的 service()方法花了 20ms。

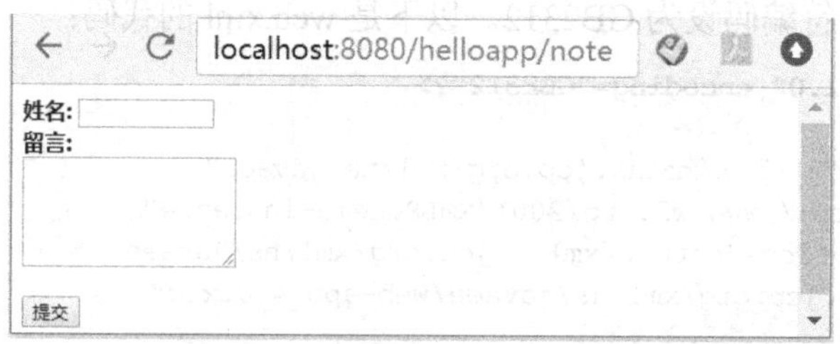

图 20-4　NoteServlet 的网页

（5）在留言簿中输入姓名和留言，确保姓名不在黑名单中，如图 20-5 所示。然后单击【提交】按钮。

NoteServlet 返回的网页如图 20-6 所示。

图 20-5 在留言簿中输入合法信息

图 20-6 在留言簿中输入合法信息后的返回页面

（6）在留言簿中输入姓名“捣蛋鬼 2018”并留言，如图 20-7 所示，然后单击【提交】按钮。

此时，由于客户姓名在黑名单中，NoteFilter 将拒绝客户的请求，返回的网页如图 20-8 所示。

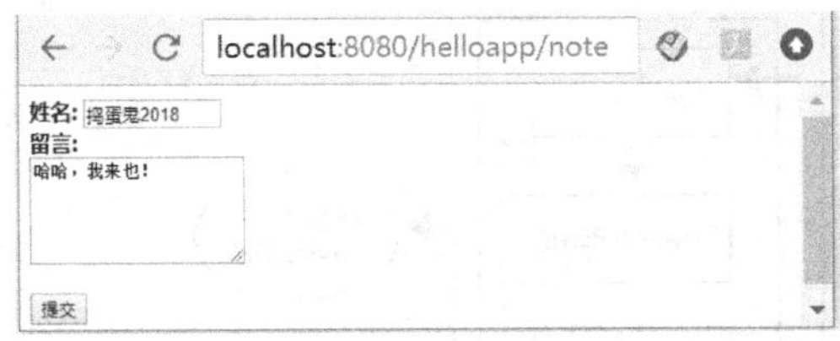

图 20-7 在留言簿中输入的客户姓名在黑名单中

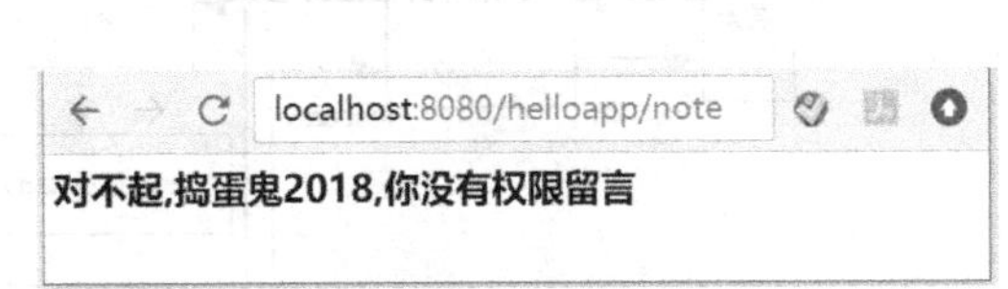

图 20-8 拒绝姓名为“捣蛋鬼 2018”的客户访问留言簿时的返回页面

（7）通过 Tomcat 的管理平台手工终止 helloapp 应用，此时 Tomcat 会调用 NoteFilter 的 destroy()方法，在 Tomcat 的控制台会看到 destroy()方法的打印内容。

（8）修改 web.xml 文件，把 NoteFilter 的 ipblock 参数改为“127.0”，这使得 NoteFilter 会拒绝来自于本地机器“127.0.0.1”的客户请求：

```
<filter>
  <filter-name>NoteFilter</filter-name>
  <filter-class>mypack.NoteFilter</filter-class>

  <init-param>
    <param-name>ipblock</param-name>
    <param-value>127.0</param-value>
  </init-param>
  …
</filter>
```

通过 Tomcat 的管理平台手工启动 helloapp 应用，然后再次通过浏览器访问 NoteServlet，将得到由 NoteFilter 生成的拒绝网页，参见图 20-9。

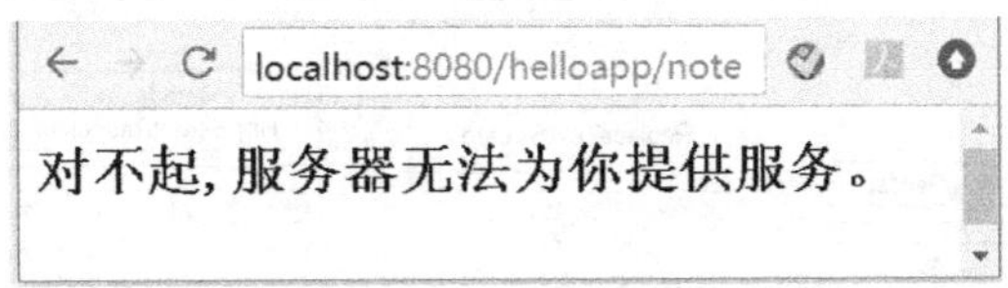

图 20-9 拒绝 IP 地址为“127.0.0.1”的客户访问留言簿时的返回页面

20.4 串联过滤器

多个过滤器可以串联起来协同工作。Servlet 容器将根据它们在 web.xml 中定义的先后顺序，依次调用它们的 doFilter()方法。假定有两个过滤器串联起来，它们的 doFilter()方法均采用如下结构：

```
Code1; //表示调用 chain.doFilter()前的代码
chain.doFilter();
Code2; //表示调用 chain.doFilter()后的代码
```

假定这两个过滤器都会为同一个 Servlet 预处理客户请求。当客户请求访问这个 Servlet 时，这两个过滤器以及 Servlet 的工作流程如图 20-10 所示。

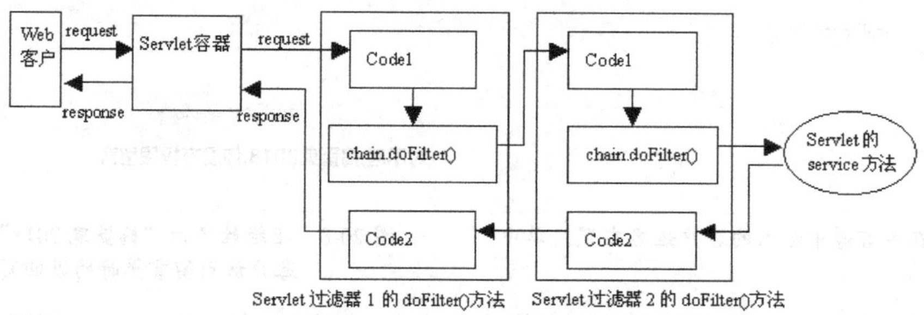

图 20-10　串联过滤器的工作流程

本章 20.2 节已经创建了一个 NoteFilter 过滤器，下面将创建第二个过滤器，名为 ReplaceTextFilter，它能够修改 NoteServlet 生成的响应结果，将特定的新字符串替换响应结果中特定的旧字符串，然后将修改后的响应结果返回给客户。为了实现这一过滤功能，一共创建了 3 个类：

- ReplaceTextStream 类：ServletOutputStream 的包装类，对由 Servlet 容器创建的 ServletOutputStream 对象进行包装。
- ReplaceTextWrapper：HttpServletResponse 的包装类，对由 Servlet 容器创建的 HttpServletResponse 对象进行包装。
- ReplaceTextFilter：过滤器类，能够对 NoteServlet 生成的响应结果进行字符串替换。

以下图 20-11 显示了上述类之间的关系。

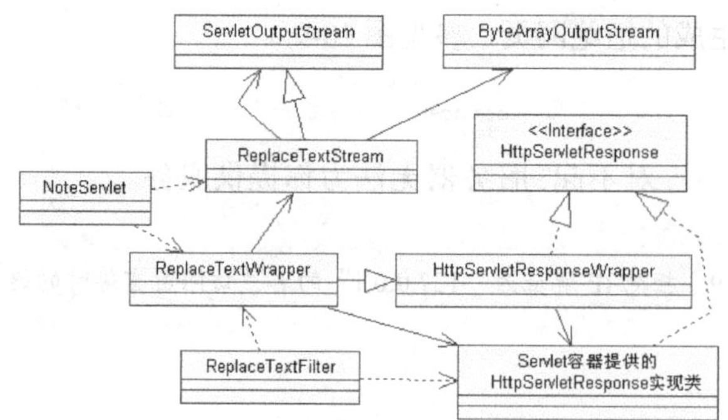

图 20-11　负责替换响应结果中特定字符串的过滤器类及相关类的类框图

20.4.1　包装设计模式简介

ReplaceTextStream 类和 ReplaceTextWrapper 类都运用了包装设计模式（又名装饰器设计模式）。为了帮助读者理解本章范例，先简单介绍包装设计模式的概念。包装设计模式具有以下特点：

- 以对客户程序透明的方式，动态地给一个对象附加上更多的功能，或者修改这个对象的部分功能。
- 假定类 A 是类 B 的包装类，那么类 A 与类 B 具有同样的接口，并且类 A 拥有类 B 的实例，类 A 借助类 B 的实例来实现接口。

如图 20-12 所示，javax.servlet.http.HttpServletResponseWrapper 类是 Servlet 容器提供的 HttpServletResponse 实现类的包装类，它们都实现了 javax.servlet.http.HttpServletResponse 接口。

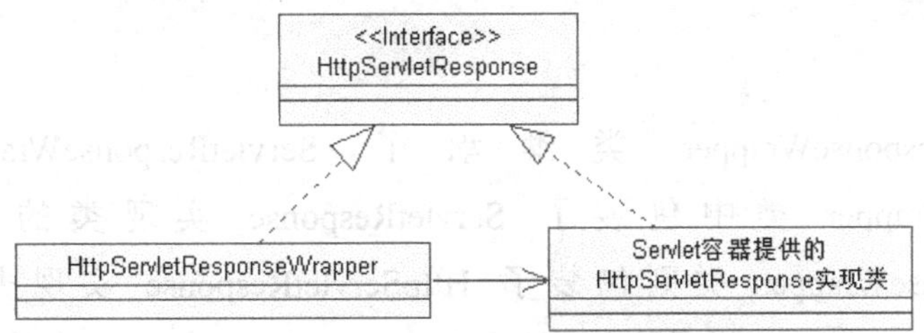

图 20-12　HttpServletResponseWrapper 包装类以及被包装类

例程 20-3 是 HttpServletResponseWrapper 类的源代码。

例程 20-3　HttpServletResponseWrapper.java

```
package javax.servlet.http;
import java.io.IOException;
import javax.servlet.ServletResponseWrapper;

public class HttpServletResponseWrapper extends ServletResponseWrapper
  implements HttpServletResponse {

   public HttpServletResponseWrapper(HttpServletResponse response) {
     super(response); //设置被包装的 HttpServletResponse 对象
   }

   private HttpServletResponse _getHttpServletResponse() {
     //返回被包装的 HttpServletResponse 对象
     return (HttpServletResponse) super.getResponse();
   }

   public void addCookie(Cookie cookie) {
     this._getHttpServletResponse().addCookie(cookie);
   }

    public boolean containsHeader(String name) {
      return this._getHttpServletResponse().containsHeader(name);
    }

    public String encodeURL(String url) {
```

```
        return this._getHttpServletResponse().encodeURL(url);
    }

    public void setDateHeader(String name, long date) {
      this._getHttpServletResponse().setDateHeader(name, date);
    }

    public void addDateHeader(String name, long date) {
      this._getHttpServletResponse().addDateHeader(name, date);
    }

    public void setHeader(String name, String value) {
      this._getHttpServletResponse().setHeader(name, value);
    }

    public void addHeader(String name, String value) {
      this._getHttpServletResponse().addHeader(name, value);
    }

    ...
}
```

HttpServletResponseWrapper 类继承了 ServletResponseWrapper 类。在 ServletResponseWrapper 类中包装了 ServletResponse 实现类的一个对象，而 HttpServletResponseWrapper 类则包装了 HttpServletResponse 实现类的一个对象。HttpServletResponseWrapper 类通过调用这个 HttpServletResponse 对象的相关方法，来实现 HttpServletResponse 接口。

HttpServletResponseWrapper 类本身并没有修改或扩充被包装的 HttpServletResponse 对象的功能，它的主要作用是为 HttpServletResponse 的包装类提供默认的实现。对于用户自定义的 HttpServletResponse 的包装类，只需继承 HttpServletResponseWrapper 类，然后覆盖它的部分方法，就能修改或扩充被包装的 HttpServletResponse 对象的功能。

本章 20.4.3 节将要介绍的 ReplaceTextWrapper 类就继承了 HttpServletResponseWrapper 类，前者覆盖了父类中的 getOutputStream()方法。

20.4.2 ServletOutputStream 的包装类

ReplaceTextStream 类是 ServletOutputStream 的子类，它包装了 Servlet 容器提供的 ServletOutputStream 对象，重新实现了它的 write()、println()方法、flush()方法和 close()方法。在构造 ReplaceTextStream 类的实例时，应该把 Servlet 容器提供的 ServletOutputStream 对象作为参数传给 ReplaceTextStream：

```
//由 Servlet 容器提供的 ServletOutputStream 对象
private ServletOutputStream intStream;

//充当 NoteServlet 生成的响应结果的缓存
private ByteArrayOutputStream baStream;
```

```
    private boolean closed = false;

    private String oldStr;      //需要被替换的旧字符串
    private String newStr;      //替换后的新字符串

    public ReplaceTextStream(ServletOutputStream outStream,
            String searchStr, String replaceStr) {
      /* 把 Servlet 容器提供的 ServletOutputStream 对象
        传给 intStream 成员变量 */
      intStream = outStream;
      baStream = new ByteArrayOutputStream();
      oldStr = searchStr;
      newStr = replaceStr;
    }
```

ReplaceTextStream 类的 println(String s)方法把数据写到 ByteArrayOutputStream 缓存：

```
    public void println(String s)throws IOException{
      s=s+"\n";
      byte[] bs=s.getBytes();
      baStream.write(bs);
    }
```

ReplaceTextStream 的 close()和 flush()方法中均调用 processStream()方法：

```
    public void close() throws java.io.IOException {
      if (!closed) {
        processStream();
        intStream.close();
        closed = true;
      }
    }

    public void flush() throws java.io.IOException {
      if (baStream.size() != 0) {
        if (! closed) {
          processStream();
          baStream = new ByteArrayOutputStream();
        }
      }
    }
```

在 processStream()方法中先对 ByteArrayOutputStream 缓存中的数据进行字符串替换，然后将替换后的数据全部写到由 Servlet 容器提供的 ServletOutputStream 对象中，并且向客户端提交这些数据。字符串替换操作是在 replaceContent()方法中完成的：

```
    public void processStream() throws java.io.IOException {
      /* 把缓存中的数据进行替换操作后，再把替换后的数据写到
         Servlet 容器提供的 ServletOutputStream 对象中 */
      intStream.write(replaceContent(baStream.toByteArray()));
      intStream.flush(); //向客户端提交已经生成的响应数据
    }
```

replaceContent()方法负责替换字节数组中的字符串：

```
    public byte [] replaceContent(byte [] inBytes) {
      String str = new String(inBytes);
      return str.replaceAll(oldStr,newStr).getBytes();
    }
```

ReplaceTextStream 类对输出流的字符串替换的流程如图 20-13 所示。

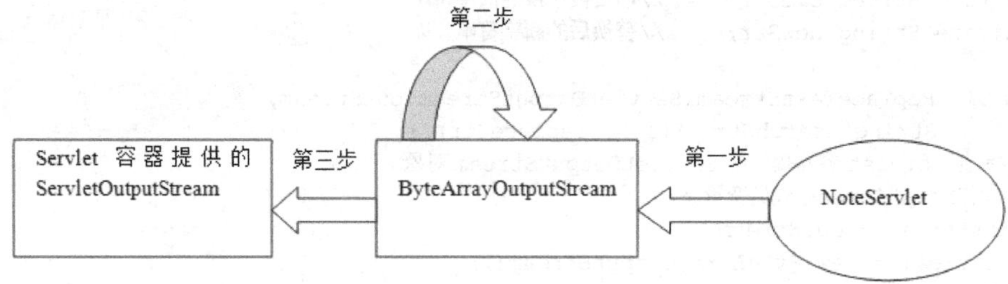

图 20-13 ReplaceTextStream 类替换输出流中字符串的流程

图 20-13 中每一步操作的说明参见表 20-2。

表 20-2 ReplaceTextStream 类替换输出流字符串的流程

步 骤	功 能	描 述
第一步	把响应结果输出到缓存中	NoteServlet 调用 ReplaceTextStream 的 println(String)方法，将所有的响应数据写到 ByteArrayOutputStream 中
第二步	在缓存中替换字符串	ReplaceTextFilter 调用 ReplaceTextStream 的 close()方法。close()方法又调用 processStream()方法。processStream()方法又先调用 replaceContent()方法替换 ByteArrayOutputStream 中的字符串
第三步	把响应结果输出到真正的 Servlet 输出流中	在 processStream()方法中将替换后的 ByteArrayOutputStream 的数据写到由 Servlet 容器提供的 ServletOutputStream 对象中

例程 20-4 是 ReplaceTextStream 类的源程序。

例程 20-4 ReplaceTextStream.java

```
package mypack;
import java.io.*;
import javax.servlet.*;

public class ReplaceTextStream extends ServletOutputStream {
  //由 Servlet 容器提供的 ServletOutputStream 对象
  private ServletOutputStream intStream;
  //充当 NoteServlet 生成的响应结果的缓存
  private ByteArrayOutputStream baStream;
  private boolean closed = false;

  private String oldStr;          //需要被替换的字符串
  private String newStr;          //替换后的字符串

  public ReplaceTextStream(ServletOutputStream outStream,
         String searchStr, String replaceStr) {
    intStream = outStream;
    baStream = new ByteArrayOutputStream();
    oldStr = searchStr;
    newStr = replaceStr;
  }

  public void write(int a)throws IOException{
    baStream.write(a);
  }
```

```
    public void println(String s)throws IOException{
      s=s+"\n";
      byte[] bs=s.getBytes();
      baStream.write(bs);
    }

    public void close() throws java.io.IOException {
      if (!closed) {
         processStream();
         intStream.close();
         closed = true;
       }
    }

    public void flush() throws java.io.IOException {
      if (baStream.size() != 0) {
        if (! closed) {
          processStream();
          baStream = new ByteArrayOutputStream();
        }
      }
    }

    /* setWriterListener()和 isReady()方法在支持非阻塞 IO 的情况下才需要,
      在本范例中并不支持非阻塞 IO，因此没有真正实现它们 */
    public void setWriteListener(WriteListener listener){}
    public boolean isReady(){return true;}

    public void processStream() throws java.io.IOException {

      /* 把缓存中的数据进行替换操作后，再把替换后的数据
         写到 Servlet 容器提供的 ServletOutputStream 对象中 */
      intStream.write(replaceContent(baStream.toByteArray()));
      intStream.flush(); //向客户端提交已经生成的响应数据
    }


    public byte[]  replaceContent(byte [] inBytes) {
      String str = new String(inBytes);
      return str.replaceAll(oldStr,newStr).getBytes();
    }
}
```

20.4.3　HttpServletResponse 的包装类

ReplaceTextWrapper 类是 HttpServletResponseWrapper 的子类，它包装了由 Servlet 容器提供的 HttpServletResponse 对象，覆盖了父类的 getOutputStream()方法。

ReplaceTextWrapper 在构造方法中创建了一个 ReplaceTextStream 对象。ReplaceTextWrapper 的 getOutputStream()方法返回这个 ReplaceTextStream 对象，而不是由 Servlet 容器提供的 ServletOutputStream 对象。

例程 20-5 是 ReplaceTextWrapper 类的源程序。

例程 20-5　ReplaceTextWrapper.java

```
package mypack;
import javax.servlet.http.*;
import javax.servlet.*;
import java.io.*;

public class ReplaceTextWrapper
        extends HttpServletResponseWrapper {
 //ServletOutputStream 的包装对象
 private ReplaceTextStream tpStream;

 public ReplaceTextWrapper(ServletResponse inResp,
         String searchText,String replaceText)
         throws java.io.IOException {

  super((HttpServletResponse) inResp);
  tpStream = new ReplaceTextStream(inResp.getOutputStream(),
                              searchText,replaceText);
 }

 public ServletOutputStream getOutputStream()
                throws java.io.IOException {
  return tpStream;
 }
}
```

20.4.4　创建对响应结果进行字符串替换的过滤器

ReplaceTextFilter 类在 init()初始化方法中调用 config.getInitParameter("search")方法读取被替换的旧字符串，调用 config.getInitParameter("replace")方法读取替换后的新字符串。

```
private FilterConfig config = null;
private String searchStr=null;
private String replaceStr=null;
public void init(FilterConfig config) throws ServletException {
 this.config = config;
 searchStr=config.getInitParameter("search");
 replaceStr=config.getInitParameter("replace");
}
```

ReplaceTextFilter 在 doFilter()方法中首先创建了一个 ReplaceTextWrapper 对象，然后调用 chain.doFilter(request, myWrappedResp)方法，将 ReplaceTextWrapper 对象传给后续的过滤器或者 Servlet，在本例中后续组件为 NoteServlet。这样，当 NoteServlet 调用 response.getOutputStream()方法来获取 ServletOutputStream 对象时，其实得到的不是由 Servlet 容器提供的 ServletOutputStream 对象，而是它的包装对象，即 ReplaceTextStream 对象。

在 doFilter()方法中，在调用 chain.doFilter(request, myWrappedResp)前后，都生成了一些日志，用于跟踪 doFilter()方法的执行流程。

```
public void doFilter(ServletRequest request,
        ServletResponse response,FilterChain chain)
        throws IOException, ServletException {
```

```
    System.out.println("ReplaceTextFilter:doFilter()");

    //创建由Servlet容器提供的ServletResponse对象的包装类对象
    ReplaceTextWrapper myWrappedResp=
        new ReplaceTextWrapper( response,searchStr, replaceStr);
    config.getServletContext().log(
       "ReplaceTextFilter:before call chain.doFilter()");

    //把ServletResponse对象的包装类对象传给后续Web组件
    chain.doFilter(request,  myWrappedResp);

    config.getServletContext().log(
      "ReplaceTextFilter:after call chain.doFilter()");

    myWrappedResp.getOutputStream().close();
  }
```

提示

如果要在过滤器中改写请求信息，可以创建一个 HttpServletRequest 的包装类，它继承了 HttpServletRequestWrapper 类，并且覆盖父类的部分方法。过滤器把这个 HttpServletRequest 的包装类的对象传给后续 Web 组件。本章 20.6 节的思考题 6 提供了修改客户请求的过滤器范例。

例程 20-6 是 ReplaceTextFilter 类的源程序。

例程 20-6　ReplaceTextFilter.java

```
package mypack;
import java.io.*;
import javax.servlet.*;
import javax.servlet.http.*;

public class ReplaceTextFilter implements Filter {
  private FilterConfig config = null;
  private String searchStr=null;
  private String replaceStr=null;

  public void init(FilterConfig config) throws ServletException{
    System.out.println("ReplaceTextFilter:init()");

    this.config = config;
    searchStr=config.getInitParameter("search");
    replaceStr=config.getInitParameter("replace");
  }

  public void doFilter(ServletRequest request,
          ServletResponse response,FilterChain chain)
          throws IOException, ServletException {
    System.out.println("ReplaceTextFilter:doFilter()");

    //创建由Servlet容器提供的ServletResponse对象的包装类对象
    ReplaceTextWrapper myWrappedResp=
          new ReplaceTextWrapper( response,searchStr, replaceStr);
    config.getServletContext().log(
               "ReplaceTextFilter:before call chain.doFilter()");

    //把ServletResponse对象的包装类对象传给后续Web组件
    chain.doFilter(request,  myWrappedResp);
```

```
    config.getServletContext().log(
            "ReplaceTextFilter:after call chain.doFilter()");
    myWrappedResp.getOutputStream().close();
  }

  public void destroy() {
    System.out.println("ReplaceTextFilter:destroy()");
    config = null;
  }
}
```

20.4.5 ReplaceTextFilter 过滤器工作的 UML 时序图

在 NoteServlet 的 service()方法中，从 HttpServletResponse 对象中获取 ServletOutputStream 对象，然后调用 ServletOutputStream 对象的 println()方法生成响应数据：

```
public void service(HttpServletRequest request,
          HttpServletResponse response)
          throws ServletException, IOException {
  response.setContentType("text/html; charset=GB2312");
  ServletOutputStream out = response.getOutputStream();
  out.println("<html>");
  out.println("<head><title>留言簿</title></head>");
  out.println("<body>");
  ……
}
```

如果没有安装 ReplaceTextFilter 过滤器，NoteServlet 的 service()方法将从参数中获取 Servlet 容器提供的 HttpServletResponse 对象，因此，response.getOutputStream()方法返回 Servlet 容器提供的 ServletOutputStream 对象。通过这个流输出数据时，无法修改已输出的数据内容。在没有安装 ReplaceTextFilter 过滤器的情况下，NoteServlet 的 service()方法输出响应数据的 UML 时序图，如图 20-14 所示。

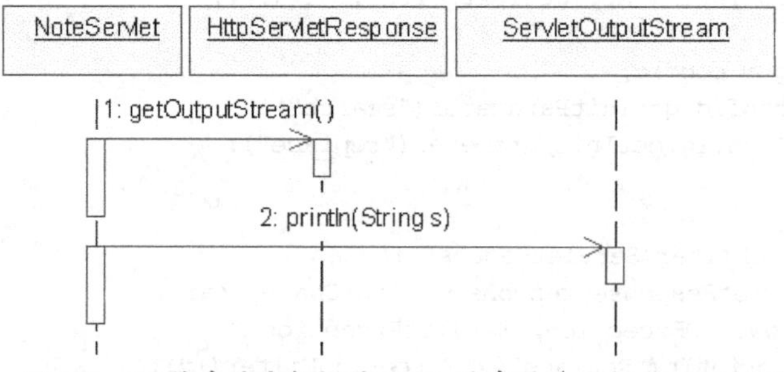

图 20-14　NoteServlet 输出响应数据的 UML 时序图（无 ReplaceTextFilter 时）

如果安装了 ReplaceTextFilter 过滤器，ReplaceTextFilter 把一个 ReplaceTextWrapper 对象作为参数传给 NoteServlet 的 service()方法。这样，response.getOutputStream()方法将返回 ReplaceTextStream 对象。通过这个用户自定义的流输出数据时，可以修改已输出的数据内容。安装了 ReplaceTextFilter 后，NoteServlet 的 service()方法输出响应数据的 UML 时序图如图 20-15 所示。

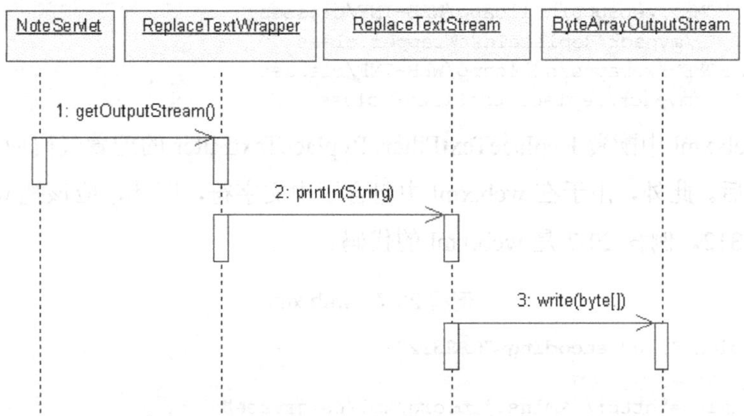

图 20-15 NoteServlet 输出响应数据的 UML 时序图（安装了 ReplaceTextFilter 时）

在 ReplaceTextFilter 的 doFilter()方法中，最后一行代码会关闭 ReplaceTextStream 流。ReplaceTextFilter 关闭 ReplaceTextStream 的 UML 时序图，如图 20-16 所示。

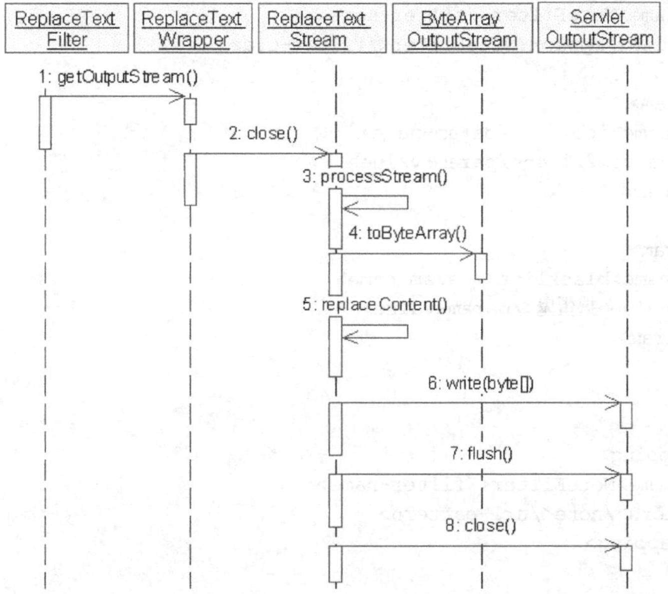

图 20-16 ReplaceTextFilter 关闭 ReplaceTextStream 的 UML 时序图

20.4.6 发布和运行包含 ReplaceTextFilter 过滤器的 Web 应用

假定把 ReplaceTextFilter 发布到 helloapp 应用中，以下是发布和运行 ReplaceTextFilter 的步骤。

（1）编译 ReplaceTextStream、ReplaceTextWrapper 和 ReplaceTextFilter 类，在编译时，需要在 classpath 中加入 Java Servlet API 的 JAR 文件 servlet-api.jar，servlet-api.jar 文件位于 <CATALINA_HOME>/lib 目录下。它们编译生成的类文件的存放位置如下：

```
<CATALINA_HOME>/webapps/helloapp/WEB-INF/classes
            /mypack/ReplaceTextStream.class
```

```
<CATALINA_HOME>/webapps/helloapp/WEB-INF/classes
            /mypack/ReplaceTextWrapper.class
<CATALINA_HOME>/webapps/helloapp/WEB-INF/classes
            /mypack/ReplaceTextFilter.class
```

（2）在 web.xml 中配置 ReplaceTextFilter，ReplaceTextFilter 的配置代码应该在 NoteFilter 的配置代码之后。此外，由于在 web.xml 中包含了中文字符，因此，应该把 web.xml 的字符编码设为 GB2312。例程 20-7 是 web.xml 的代码。

例程 20-7 web.xml

```
<?xml version="1.0" encoding="GB2312"?>

<web-app xmlns="http://xmlns.jcp.org/xml/ns/javaee"
  xmlns:xsi="http://www.w3.org/2001/XMLSchema-instance"
  xsi:schemaLocation="http://xmlns.jcp.org/xml/ns/javaee
    http://xmlns.jcp.org/xml/ns/javaee/web-app_4_0.xsd"
  version="4.0" >

  <filter>
    <filter-name>NoteFilter</filter-name>
    <filter-class>mypack.NoteFilter</filter-class>

    <init-param>
      <param-name>ipblock</param-name>
      <param-value>221.45</param-value>
    </init-param>

    <init-param>
      <param-name>blacklist</param-name>
      <param-value>捣蛋鬼</param-value>
    </init-param>

  </filter>

  <filter-mapping>
    <filter-name>NoteFilter</filter-name>
    <url-pattern>/note</url-pattern>
  </filter-mapping>

  <filter>
    <filter-name>ReplaceTextFilter</filter-name>
    <filter-class>mypack.ReplaceTextFilter</filter-class>
    <init-param>
      <param-name>search</param-name>
      <param-value>暴力</param-value>
    </init-param>

    <init-param>
      <param-name>replace</param-name>
      <param-value>和平</param-value>
    </init-param>

  </filter>

  <filter-mapping>
    <filter-name>ReplaceTextFilter</filter-name>
```

```
    <url-pattern>/note</url-pattern>
  </filter-mapping>

  <servlet>
    <servlet-name>NoteServlet</servlet-name>
    <servlet-class>mypack.NoteServlet</servlet-class>
  </servlet>

  <servlet-mapping>
    <servlet-name>NoteServlet</servlet-name>
    <url-pattern>/note</url-pattern>
  </servlet-mapping>

</web-app>
```

以上配置为 ReplaceTextFilter 配置了两个初始化参数 search 和 replace，它们的参数值分别为“暴力”和“和平”。因此，当客户留言中包含“暴力”字符串，就会被 ReplaceTextFilter 过滤器替换为“和平”字符串。

（4）启动 Tomcat 服务器，访问 http://localhost:8080/helloapp/note，将会看到一个留言簿表单，如图 20-17 所示。

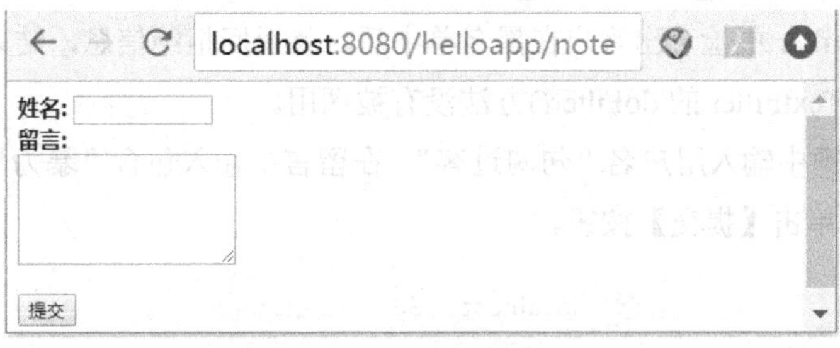

图 20-17　NoteServlet 的网页

在<CATALINA_HOME>/logs/localhost.2018-05-21.txt 文件中生成如下日志：

```
2008-5-21 11:52:22: NoteFilter:before call chain.doFilter()
2018-5-21 11:52:22: ReplaceTextFilter:before call chain.doFilter()
2018-5-21 11:52:22: ReplaceTextFilter:after call chain.doFilter()
2018-5-21 11:52:22: NoteFilter:after call chain.doFilter()
2018-5-21 11:52:22: NoteFilter:/helloapp/note: 60ms
```

根据日志，可以看出 Servlet 容器先调用 NoteFilter 的 doFilter()方法，再调用 ReplaceTextFilter 的 doFilter()方法。当 ReplaceTextFilter 的 doFilter()方法执行完毕，流程将回到 NoteFilter 的 doFilter()方法中。

（5）在留言簿中输入用户名“捣蛋鬼 2018”，然后再留言，如图 20-18 所示，然后单击【提交】按钮。

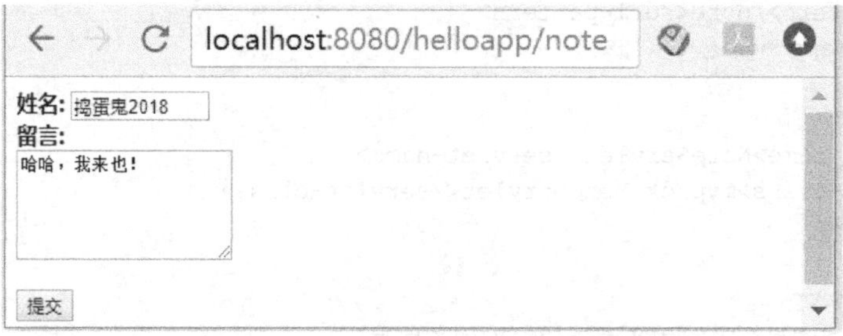

图 20-18　在留言簿中输入的客户姓名在黑名单中

此时，由于用户姓名在黑名单中，NoteFilter 将屏蔽客户的请求，直接返回拒绝网页，如图 20-19 所示。

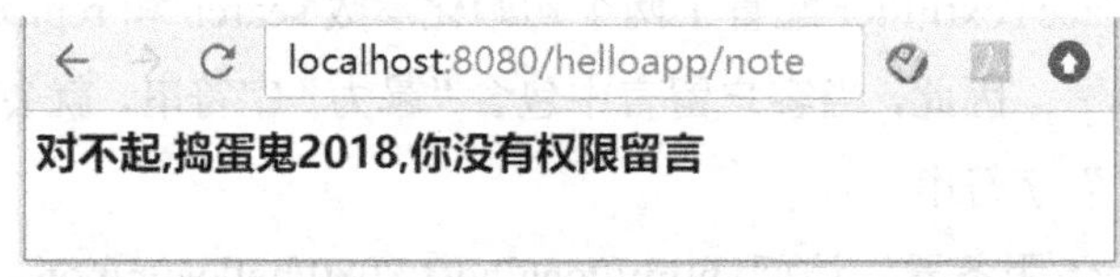

图 20-19　NoteFilter 拒绝客户访问留言簿时的返回页面

此时，在<CATALINA_HOME>/logs/localhost.2018-05-21.txt 文件中没有生成任何日志。这是因为在 NoteFilter 中检查出客户在黑名单中后，就返回拒绝信息，结束对客户请求的响应，因此 ReplaceTextFilter 的 doFilter()方法没有被调用。

（6）在留言簿中输入用户名“匆匆过客”，在留言中输入包含“暴力”的字符串，如图 20-20 所示，然后单击【提交】按钮。

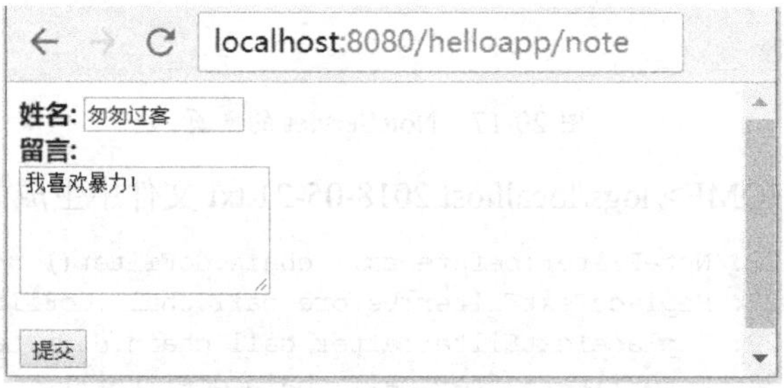

图 20-20　在留言簿中输入的留言包含被替换字符串

此时，由于客户提交的留言中包含“暴力”字符串，它将被 ReplaceTextFilter 替换为“和平”字符串，返回的网页如图 20-21 所示。

图 20-21　被 ReplaceTextFilter 替换字符串后返回的网页

在本书配套源代码包的 sourcecode/chapter20/helloapp 目录下提供了包含以上所有文件的

helloapp 应用，如果要发布这个应用，只要把整个 helloapp 应用复制到 <CATALINA_HOME>/webapps 目录下即可。

20.5 异步处理过滤器

本书第 5 章的 5.10 节（对客户请求的异步处理）介绍了 Servlet 的异步处理机制，过滤器也支持异步处理。例程 20-8 的 AsyncFilter 过滤器为例程 20-9 的 AsyncServlet 进行过滤。

AsyncFilter 和 AsyncServlet 都采用异步处理模式，因此在程序中用标注进行配置时，需要作如下设置：

- 把 AsyncFilter 的@WebFilter 标注的 asyncSupported 属性设为 true。
- 把 AsyncServlet 的@WebServlet 标注的 asyncSupported 属性设为 true。

例程 20-8 AsyncFilter.java

```
package mypack;
import java.io.*;
import javax.servlet.*;
import javax.servlet.http.*;
import javax.servlet.annotation.*;

@WebFilter(
  filterName = "AsyncFilter",
  urlPatterns = "/async",
  asyncSupported=true
)
public class AsyncFilter implements Filter {
  //引用由Servlet容器提供的FilterConfig对象
  private FilterConfig config = null;

  public void init(FilterConfig config) throws ServletException {
    System.out.println("AsyncFilter: init()");
    //把Servlet容器提供的FilterConfig对象传给config成员变量
    this.config = config;
  }

  public void doFilter(ServletRequest request,ServletResponse response,
        FilterChain chain) throws IOException, ServletException {
     System.out.println("AsyncFilter: doFilter()");

    AsyncContext asyncContext = request.startAsync();
    //设定异步操作的超时时间
    asyncContext.setTimeout(60*1000);
    asyncContext.start(new MyTask(asyncContext));
    //把请求转发给后续的过滤器或者Web组件
    chain.doFilter(request, response);
  }

  public void destroy() {……}
```

```
  class MyTask implements Runnable{
    private AsyncContext asyncContext;
    public MyTask(AsyncContext asyncContext){
      this.asyncContext = asyncContext;
    }
    public void run(){
      try{
        config.getServletContext().log(
            "AsyncFilter:doFilter()");
      }catch(Exception e){e.printStackTrace();}
    }
  }
}
```

例程 20-9　AsyncServlet.java

```
package mypack;
import javax.servlet.*;
import javax.servlet.http.*;
import javax.servlet.annotation.*;
import java.io.*;

@WebServlet(name="AsyncServlet",
        urlPatterns="/async",
        asyncSupported=true)
public class AsyncServlet extends HttpServlet{

  public void service(HttpServletRequest request,
          HttpServletResponse response)
          throws ServletException,IOException{

    response.setContentType("text/plain;charset=GBK");
    AsyncContext asyncContext = request.getAsyncContext();
    asyncContext.start(new MyTask(asyncContext));
  }

  class MyTask implements Runnable{
    private AsyncContext asyncContext;

    public MyTask(AsyncContext asyncContext){
      this.asyncContext = asyncContext;
    }

    public void run(){
      try{
        //睡眠5秒，模拟很耗时的一段业务操作
        Thread.sleep(5*1000);
        asyncContext.getResponse()
              .getWriter()
              .write("让您久等了!");
        asyncContext.complete();
      }catch(Exception e){e.printStackTrace();}
    }
  }
}
```

为了使 AsyncServlet 类与 AsyncFilter 类共享同一个表示异步处理上下文的 AsyncContext

对象，可以按照以下方式创建并访问 AsyncContext 对象：

- 在 AsyncFilter 的 doFilter()方法中，通过 ServletRequest 类的 startAsync()方法创建 AsyncContext 对象：

```
AsyncContext asyncContext = request.startAsync();
```

- 在 AsyncServlet 的 service()方法中，通过 ServletRequest 类的 getAsyncContext()方法获得已经在 AsyncFilter 类中创建的 AsyncContext 对象：

```
AsyncContext asyncContext = request.getAsyncContext();
```

- 由 AsyncServlet 的内部类 MyTask 负责调用 AsyncContext 对象的 complete()方法，来提交任务：

```
asyncContext.complete();
```

值得注意的是，当一个过滤器使用了异步处理模式，被过滤的 Servlet 以及串联的过滤器也都必须使用异步处理模式，否者在运行时出现 IllegalStateException 异常：

```
java.lang.IllegalStateException: A filter or servlet of
the current chain does not support asynchronous operations.
```

20.6 小结

过滤器能够对由 Servlet 容器提供的请求对象和响应对象进行检查和修改。所有实现 Java Servlet 规范 2.3 及以上版本的 Servlet 容器都支持过滤器。本章介绍了过滤器的创建和发布方法，并且介绍了过滤器串联起来的工作流程。同时介绍了一个具有实际用途的过滤器例子 ReplaceTextFilter，它能够对 Servlet 的响应结果进行字符串替换。如果在实际应用中，希望对 Servlet 的响应结果进行特定的格式或数据转换，均可采用这种编程模型。

20.7 思考题

1．过滤器中能否访问 Web 应用的 ServletContext 对象？（单选）

（a）不可以。

（b）调用 FilterConfig 对象的 getServletContext()方法。

（c）Servlet 容器为过滤器提供了固定变量 application，它引用 ServletContext 对象。

（d）Filter 接口的 getServletContext()方法返回 ServletContext 对象。

2．关于过滤器，以下哪些说法正确？（多选）

（a）过滤器负责过滤的 Web 组件只能是 Servlet。

（b）过滤器能够在 Web 组件被调用之前检查 ServletRequest 对象，修改请求头和请求正文的内容，或者对请求进行预处理。

（c）所有自定义的过滤器类都必须实现 javax.servlet.Filter 接口

（d）在一个 web.xml 文件中配置的过滤器可以为多个 Web 应用中的 Web 组件提供过滤。

3．关于过滤器的生命周期，以下哪些说法正确？（多选）

（a）当客户请求访问的 URL 与为过滤器映射的 URL 匹配时，Servlet 容器将先创建过滤器对象，再依次调用 init()、doFilter()和 destroy()方法。

（b）当客户请求访问的 URL 与为过滤器映射的 URL 匹配时，Servlet 容器将先调用过滤器的 doFilter()方法。

（c）当 Web 应用终止时，Servlet 容器先调用过滤器对象的 destroy()方法，然后销毁过滤器对象。

（d）当 Web 应用启动时，Servlet 容器会初始化 Web 应用的所有的过滤器。

4．以下哪些属于 Filter 接口的 doFilter()方法的参数类型？（多选）

（a）ServletRequest （b）ServletResponse

（c）FilterConfig （d）FilterChain

5．Filter1 为 HttpServlet1 提供过滤。Filter1 的 doFilter()方法的代码如下：

```
public void doFilter(ServletRequest request,
           ServletResponse response,FilterChain chain)
           throws IOException, ServletException {
  System.out.print(" one ");
  chain.doFilter(request, response);
  System.out.print(" two ");
}
```

HttpServlet1 的 service()方法的代码如下：

```
public void service(HttpServletRequest request,
             HttpServletResponse response)
             throws ServletException, IOException {
  System.out.print(" before ");
  PrintWriter out = response.getWriter();
  out.print(" hello ");
  System.out.print(" after ");
}
```

当客户端请求访问 HttpServlet1 时，在 Tomcat 的控制台将得到什么打印结果？（单选）

（a）one two before hello after

（b）one before after two

（c）one before hello after two r

（d）before after one two

6．一个开发人员创建了一个 HttpServletRequest 的包装类，名为 MyRequestWrapper，它的源代码如下：

```
package mypack;
import javax.servlet.http.*;
import javax.servlet.*;
import java.io.*;

public class MyRequestWrapper extends HttpServletRequestWrapper {
  public MyRequestWrapper(HttpServletRequest request) {
    super(request);
  }

  public String getParameter(String name){
    String value=super.getParameter(name);
    if(value==null){
      value="none";
    }else{
      //把请求参数中的“-”替换为“/”
      value=value.replaceAll("-","/");
    }
    return value;
  }
}
```

RequestFilter 类是一个过滤器，它的源代码如下：

```
package mypack;
import java.io.*;
import javax.servlet.*;
import javax.servlet.http.*;

public class RequestFilter implements Filter {

  public void init(FilterConfig config) throws ServletException {}

  public void doFilter(ServletRequest request,
          ServletResponse response,FilterChain chain)
          throws IOException, ServletException {
    MyRequestWrapper requestWrapper=
          new MyRequestWrapper((HttpServletRequest)request);
    chain.doFilter(requestWrapper, response);
  }
  public void destroy() {}
}
```

RequestFilter 类负责为 out.jsp 过滤，out.jsp 的源代码如下：

```
<%@ page contentType="text/html; charset=GB2312" %>
param1=${param.param1} <br>
param2=${param.param2} <br>
```

在本书配套源代码包的 sourcecode/chapter20/helloapp 目录下提供了上述文件的源代码。当浏览器请求访问如下 URL 时：

```
http://localhost:8080/helloapp/out.jsp?param1=2018-10-11
```

note.jsp 返回的响应结果是什么？（单选）

（a）param1=??　param2=null

（b）param1=2018/10/11　param2=none

（c）param1=2018-10-11　param2=

（d）param1=2018/10/11　param2=2018/10/11

7．对于以上第 6 题介绍的 RequestFilter，在 web.xml 文件中已经为 RequestFilter 类配置了如下<filter>元素：

```
<filter>
  <filter-name>RequestFilter</filter-name>
  <filter-class>mypack.RequestFilter</filter-class>
</filter>
```

以下哪些选项使得 RequestFilter 能够为 out.jsp 提供过滤？（多选）

（a）

```
<filter-mapping>
  <filter-name>RequestFilter</filter-name>
  <url-pattern>/out.jsp</url-pattern>
</filter-mapping>
```

（b）

```
<filter-mapping>
  <filter-name>mypack.RequestFilter</filter-name>
  <url-pattern>/out.jsp</url-pattern>
</filter-mapping>
```

（c）

```
<filter-mapping>
  <filter-name> RequestFilter</filter-name>
  <url-pattern>/out</url-pattern>
</filter-mapping>
```

（d）

```
<filter-mapping>
  <filter-name>RequestFilter</filter-name>
  <url-pattern>/*</url-pattern>
</filter-mapping>
```

参考答案

1．b　2．b,c　3．b,c,d　4．a,b,d　5．b　6．b　7．a,d

第21章 在Web应用中访问EJB组件

本章首先介绍JavaEE的体系结构，然后以bookstore应用为例，介绍开发EJB组件的过程，最后讲解如何在WildFly服务器上发布JavaEE应用。

21.1 JavaEE体系结构简介

如今，人们对分布式的软件应用系统提出了更高的要求。软件开发人员致力于提高服务器端的运行速度、安全性和可靠性。在电子商务和信息技术领域，设计和开发软件应用应该建立在低成本、高效率和占用资源少的基础上。

JavaEE（Java Platform, Enterprise Edition）技术提供了以组件为基础来设计、开发、组装和发布企业应用的方法，它能够有效降低开发软件的成本，并且提高开发速度。JavaEE平台提供了多层次的分布式的应用模型，应用逻辑根据不同的功能由不同的组件来实现。一个JavaEE应用由多种组件组合而成，这些组件安装在不同的机器上。组件分布在哪台机器上，是根据组件在JavaEE体系结构中所处的层次来决定的。

一个多层次的JavaEE应用结构如图21-1所示，它包含如下4个层次：

- 客户层：运行在客户机器上。客户层可以是普通的应用程序，直接访问业务层的EJB组件；也可以是浏览器程序，访问Web层的JSP和Servlet组件。
- Web层：运行在JavaEE服务器上。Web层的组件主要包含JSP和Servlet，用于动态生成HTML页面。Web层的组件会访问业务层的EJB组件。
- 业务层：运行在JavaEE服务器上。业务层的主要组件为EJB，它们负责实现业务逻辑。
- Enterprise Information System （EIS）层：运行在数据库服务器上，用于存储业务数据。

图21-1中的4个层如果按照它们在机器上的分布来划分，可以分为3层：客户层、JavaEE服务器层及企业信息系统所在的数据库服务器层，这就是通常所说的三层应用结构。三层应用结构扩展了标准的两层应用结构，前者在客户层和数据库服务器层之间，增加了一个多线层的JavaEE服务器，JavaEE服务器也称为应用服务器。

Enterprise Java Bean（简称 EJB）组件是应用服务器方的组件，它实现了企业应用的业务逻辑。在运行环境中，企业应用的客户程序通过调用 EJB 组件的有关方法来完成业务。

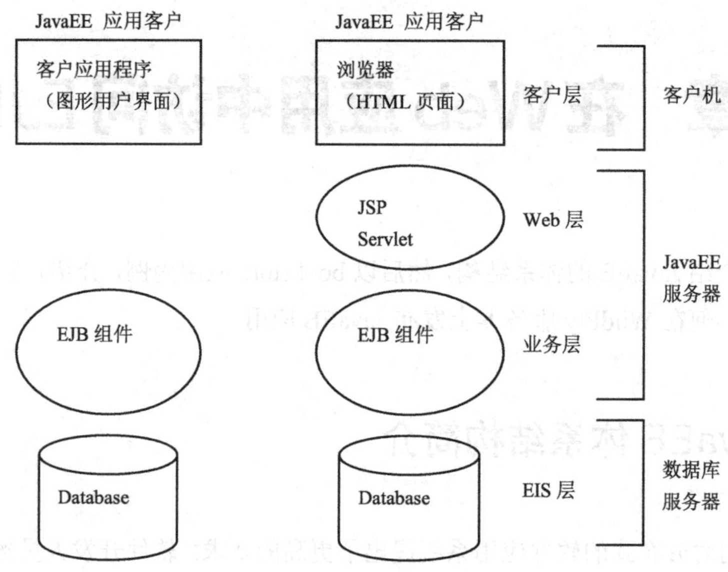

图 21-1　JavaEE 的多层软件架构

EJB 组件分两种类型：

- 会话 Bean：实现会话中的业务逻辑。
- 实体 Bean：实现一个业务实体。

会话 Bean 又有两种类型：

- 有状态会话 Bean：有状态会话 Bean 的实例始终与一个特定的客户关联，它的实例变量可以代表特定客户的状态。
- 无状态会话 Bean：无状态会话 Bean 的实例不与特定的客户关联，它的实例变量不能始终代表特定客户的状态。

在本章，将创建一个基于 JavaEE8 的 bookstore 应用，它包含一个无状态会话 Bean，名为 BookDBEJB，该 EJB 组件遵循 EJB3 规范。新的 bookstore 应用的体系结构如图 21-2 所示。

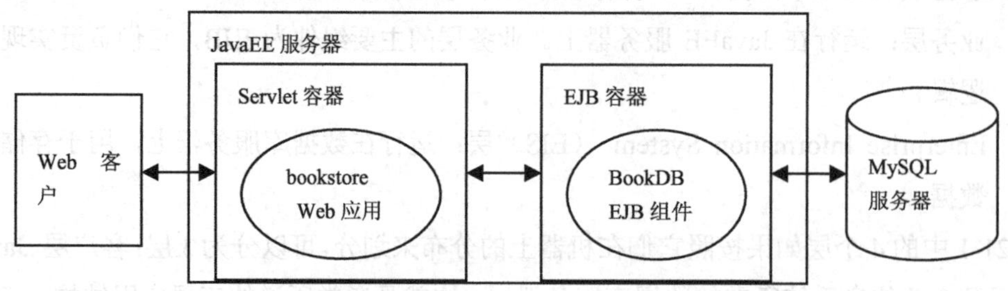

图 21-2　基于 JavaEE 的 bookstore 应用的体系结构

在本书第 7 章（bookstore 应用简介）介绍的 bookstore 应用中，业务逻辑是由 BookDB JavaBean 组件来实现的，这个 JavaBean 组件和 Web 应用都运行在 Servlet 容器中。采用 JavaEE

结构后，业务逻辑由 BookDBEJB 来实现，这个 EJB 组件运行在 EJB 容器中。

许多 JavaEE 服务器都同时提供了 Servlet 容器和 EJB 容器，因此可以把 Java Web 应用和 EJB 组件都发布在 JavaEE 服务器上。本章采用 WildFly 服务器来发布采用 JavaEE 架构的 bookstore 应用。

本书配套源代码包的 sourcecode/bookstores/version3/bookstore 目录下提供了本章介绍的 bookstore 应用的源文件。

21.2 安装和配置 WildFly 服务器

WildFly 服务器的前身是 JBoss，是一个免费的 JavaEE 服务器软件。WildFly 服务器同时提供了 Servlet 容器和 EJB 容器，因此既能运行 Java Web 应用，又能运行 EJB 组件。

WildFly 服务器的一个显著优点是需要比较小的内存和硬盘空间。安装和启动 WildFly 的步骤如下。

（1）WildFly 是一个纯 Java 软件，它的运行需要 JDK，因此在安装 WildFly 前应该先安装好 JDK，并且在操作系统中加入 JAVA_HOME 系统环境变量，它的取值为 JDK 的安装目录。

（2）WildFly 的官方下载地址为：http://wildfly.org/downloads/，从该网址可以下载 WildFly 的最新安装软件包。此外，在本书的技术支持网页上也提供了与本书范例配套的 WildFly 软件的下载：www.javathinker.net/Java Web.jsp。

（3）WildFly 安装软件包是个压缩文件，应该把这个压缩文件解压到本地硬盘（例如，把它解压到 C:\WildFly 目录），假定 WildFly 的根目录为<WILDFLY_HOME>。

（4）接下来运行<WILDFLY_HOME>/bin/standalone.bat，这个命令启动 WildFly 服务器。WildFly 服务器的 Servlet 容器默认情况下监听的 HTTP 端口为 8080。通过浏览器访问 http://localhost:8080/，会出现如图 21-3 所示的页面。

图 21-3 WildFly 的主页

如果访问上述 URL，看到的结果和本书描述相同，就说明 WildFly 已经安装成功。

在运行<WILDFLY_HOME>/bin/standalone.bat 的过程中，有时会出现如下错误：

```
ERROR [org.jboss.msc.service.fail] (MSC service thread 1-2) MSC000001:
Failed to start service
jboss.serverManagement.controller.management.http:
org.jboss.msc.service.StartException in service
jboss.serverManagement.controller.management.http:
java.net.BindException: Address already in use: bind /127.0.0.1:9990
```

以上错误是由于 WildFly 所需的端口被占用引起的。WildFly 的管理平台默认情况下监听 9990 端口，如果这个端口已经被操作系统中的其他程序占用，就会出现这种错误。解决这个问题的办法是修改<WILDFLY_HOME>/standalone/configuration/standalone.xml 配置文件中的端口配置代码：

```
<socket-binding-group name="standard-sockets"
  default-interface="public"
  port-offset="${jboss.socket.binding.port-offset:0}">

  <socket-binding name="management-http" interface="management"
    port="${jboss.management.http.port:9990}"/>

  <socket-binding name="management-https" interface="management"
    port="${jboss.management.https.port:9993}"/>

  <socket-binding name="ajp" port="${jboss.ajp.port:8009}"/>
  <socket-binding name="http" port="${jboss.http.port:8080}"/>
  <socket-binding name="https" port="${jboss.https.port:8443}"/>
  <socket-binding name="txn-recovery-environment" port="4712"/>
  <socket-binding name="txn-status-manager" port="4713"/>
  <outbound-socket-binding name="mail-smtp">
    <remote-destination host="localhost" port="25"/>
  </outbound-socket-binding>
</socket-binding-group>
```

把以上配置代码中的“${jboss.management.http.port:9990}”改为“${jboss.management.http.port:9991}”，这样就能顺利启动 WildFly 服务器。

此外，如果希望 WildFly 服务器的 Servlet 容器监听其他的 HTTP 服务器端口，那么只需修改以上配置代码中“${jboss.http.port:8080}”的端口号码即可。

21.3 创建 EJB 组件

在本范例中，将创建一个遵循 EJB3 规范的无状态的会话 Bean，名为 BookDBEJB。它将取代原来的 BookDB JavaBean，负责操纵数据库。

一个 EJB 至少需要生成 2 个 Java 文件：Remote 接口和 Enterprise Bean 类。

本例中 BookDBEJB 的 2 个 Java 文件分别为：

- BookDBEJB.java：Remote 接口

- BookDBEJBImpl.java：Enterprise Bean 类

21.3.1　编写 Remote 接口

Remote 接口中定义了客户可以调用的业务方法。这些业务方法在 Enterprise Bean 类中实现。以下是远程接口 BookDBEJB.java 的代码，@Remote 标注用于声明 BookDBEJB 接口为远程接口：

```
package mypack;
import javax.ejb.Remote;
import java.util.*;

@Remote
public interface BookDBEJB{
  public BookDetails getBookDetails(String bookId)throws Exception ;
  public int getNumberOfBooks()throws Exception ;
  public Collection getBooks()throws Exception ;
  public void buyBooks(ShoppingCart cart)throws Exception ;
}
```

当客户程序访问 EJB 组件的业务方法时，这些方法的参数以及返回值都会在网络上传输，如图 21-4 所示。Oracle 公司的 EJB 规范规定，如果在 Remote 接口中声明的方法的参数类型或返回类型为类，那么这个类必须实现 java.io.Serializable 接口。以上代码中，getBookDetails()方法返回类型为 BookDetails 类，buyBooks()方法的参数类型为 ShoppingCart 类。因此，必须修改 BookDetails 和 ShoppingCart 类的声明，确保它们都实现了 Serializable 接口。此外，在一个 ShoppingCart 对象中会包含多个 ShoppingCartItem 对象，ShoppingCartItem 对象也会作为参数的一部分在网络上传输。因此，ShoppoingCartItem 也必须实现 Serializable 接口。

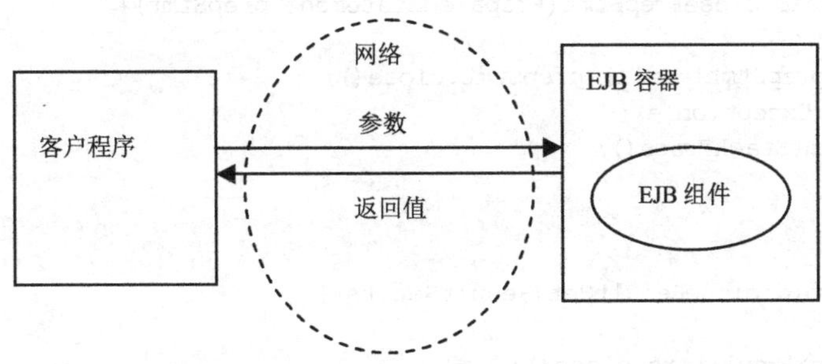

图 21-4　客户程序访问 EJB 组件的业务方法

21.3.2　编写 Enterprise Java Bean 类

本例中的 Enterprise Java Bean 名为 BookDBEJBImpl，它实现了远程接口 BookDBEJB 中定义的业务方法。例程 21-1 是 BookDBEJBImpl 类的源代码。

例程 21-1　BookDBEJBImpl.java

```
package mypack;
import javax.ejb.Stateless;
import java.sql.*;
import javax.naming.*;
import javax.sql.*;
import java.util.*;

//声明为无状态会话Bean，name 属性设定该Bean 的名字
@Stateless(name="bookdb")
public class BookDBEJBImpl implements BookDBEJB {
  private String dbUrl = "jdbc:mysql://localhost:3306/BookDB"
      +"?useUnicode=true&characterEncoding=GB2312&useSSL=false";
  private String dbUser="dbuser";
  private String dbPwd="1234";
  private String driverName="com.mysql.jdbc.Driver";

  public BookDBEJBImpl () {
    try{
      Class.forName(driverName);
    }catch(Exception e){e.printStackTrace();}
  }

  public Connection getConnection()throws Exception{
    return java.sql.DriverManager.getConnection(dbUrl,dbUser,dbPwd);
  }

  public void closeConnection(Connection con){
    try{
       if(con!=null) con.close();
     }catch(Exception e){
       e.printStackTrace();
     }
  }

  public void closePrepStmt(PreparedStatement prepStmt){
    try{
       if(prepStmt!=null) prepStmt.close();
    }catch(Exception e){
      e.printStackTrace();
    }
  }

  public void closeResultSet(ResultSet rs){
    try{
       if(rs!=null) rs.close();
    }catch(Exception e){
      e.printStackTrace();
    }
  }

  public int getNumberOfBooks() throws Exception {
    Connection con=null;
    PreparedStatement prepStmt=null;
    ResultSet rs=null;
    int count=0;
```

```
    try {
      con=getConnection();
      String selectStatement = "select count(*) " + "from BOOKS";
      prepStmt = con.prepareStatement(selectStatement);
      rs = prepStmt.executeQuery();

      if (rs.next())
        count = rs.getInt(1);

    }finally{
      closeResultSet(rs);
      closePrepStmt(prepStmt);
      closeConnection(con);
    }
    return count;
  }

  public Collection getBooks()throws Exception{...}
  public BookDetails getBookDetails(String bookId)
                         throws Exception{...}
  public void buyBooks(ShoppingCart cart)
                         throws Exception{...}
  public void buyBook(String bookId, int quantity,Connection con)
                         throws Exception {...}
}
```

以上 BookDBEJBImpl 类与本书第 8 章的 8.4 节的例程 8-2 的 BookDB 类很相似，区别在于 BookDBEJBImpl 类通过@Stateless 标注声明自身为无状态会话 Bean，并且实现了远程接口 BookDBEJB。

21.4　在 Web 应用中访问 EJB 组件

在原来的 bookstore 应用的 common.jsp 中定义了如下 JavaBean：

```
<jsp:useBean id="bookDB" scope="application" class="mypack.BookDB"/>
```

现在，用 BookDBEJB 替换原来的 BookDB JavaBean。BookDBEJB 组件运行在 EJB 容器中，是一种 JNDI 资源。而 common.jsp 运行在 Servlet 容器中，common.jsp 无法直接创建或引用 BookDBEJB 组件，而应该通过 javax.naming.InitialContext 类的 lookup()方法来查找位于 EJB 容器中的 BookDBEJB JNDI 资源，获得该资源的引用：

```
Properties pro = new Properties();
pro.setProperty("java.naming.factory.initial",
   "org.wildfly.naming.client.WildFlyInitialContextFactory");

pro.setProperty("java.naming.provider.url",
   "http-remoting://localhost:8080");

pro.setProperty("java.naming.factory.url.pkgs",
   "org.jboss.naming:org.jnp.interfaces");
```

```
Context context =new InitialContext(pro);
bookDB=(BookDBEJB) context.lookup(
      "ejb:bookstore/bookstore/bookdb!mypack.BookDBEJB");
```

以上代码先通过一个 Properties 对象来为 InitialContext 设置访问 WildFly 服务器的一些属性，接下来再调用 InitialContext 类的 lookup()方法。lookup()方法中的参数是 BookDBEJB 的 JNDI 名字。

在编程时，如何检查 BookDBEJB 的 JNDI 名字是否正确呢？当 bookstore 应用发布到 WildFly 服务器中时，WildFly 服务器会在 DOS 控制台显示 BookDBEJB 的 JNDI 名字信息：

```
INFO  [org.jboss.as.ejb3.deployment] (MSC service thread 1-8)
WFLYEJB0473: JNDI bindings for session bean named 'bookdb'
in deployment unit 'subdeployment "bookstore.war"
of deployment "bookstore.ear"' are as follows:

java:global/bookstore/bookstore/bookdb!mypack.BookDBEJB
java:app/bookstore/bookdb!mypack.BookDBEJB
java:module/bookdb!mypack.BookDBEJB
java:jboss/exported/bookstore/bookstore/bookdb!mypack.BookDBEJB
ejb:bookstore/bookstore/bookdb!mypack.BookDBEJB
java:global/bookstore/bookstore/bookdb
java:app/bookstore/bookdb
java:module/bookdb
```

common.jsp 得到了 BookDBEJB 组件的远程引用后，就把它保存到 Web 应用范围内，作为 bookstore Web 应用的共享资源。

```
getServletContext().setAttribute("bookDB", bookDB);
```

例程 21-2 是 common.jsp 的源代码。

例程 21-2　common.jsp

```
<%@ page import="mypack.*" %>
<%@ page import="java.util.Properties" %>
<%@ page errorPage="errorpage.jsp" %>
<%@ page import="javax.naming.*" %>
<%!
 private BookDBEJB bookDB;

 public void jspInit() {
   bookDB =
     (BookDBEJB)getServletContext().getAttribute("bookDB");

   if(bookDB == null) {
     try {
       Properties pro = new Properties();
       pro.setProperty("java.naming.factory.initial",
         "org.wildfly.naming.client.WildFlyInitialContextFactory");
       pro.setProperty("java.naming.provider.url",
         "http-remoting://localhost:8080");
       pro.setProperty("java.naming.factory.url.pkgs",
         "org.jboss.naming:org.jnp.interfaces");
       Context context =new InitialContext(pro);

       bookDB=(BookDBEJB) context.lookup(
```

```
        "ejb:bookstore/bookstore/bookdb!mypack.BookDBEJB");
      getServletContext().setAttribute("bookDB", bookDB);

    }catch (Exception ex) {
      System.out.println("Couldn't create database bean."
                              + ex.getMessage());
    }
  }
}

public void jspDestroy() {
  bookDB = null;
}
%>
```

除了修改 common.jsp，不需要修改任何其他的 JSP 文件。当其他的 JSP 组件调用 BookDBEJB 的业务方法时，使用的 Java 代码和原来一样，例如在 bookdetails.jsp 中调用了 bookDB 变量的 getBookDetails()方法：

```
<%
  String bookId = request.getParameter("bookId");
  if(bookId==null)bookId="201";
  BookDetails book = bookDB.getBookDetails(bookId);
%>
```

对于原来的 bookstore Web 应用，bookDB 代表的是 JavaBean 组件，它运行在 Servlet 容器中，所以 getBookDetails()方法在 Servlet 容器中执行。在本例中，bookDB 代表 BookDBEJB 组件，它运行在 EJB 容器中，所以 getBookDetails()方法在 EJB 容器中执行。

21.5　发布 JavaEE 应用

在本书第 3 章（第一个 Java Web 应用）中讲过，在发布一个 Web 应用时，可以把它打包为 WAR 文件。如果单独发布一个 EJB 组件，应该把它打包为 JAR 文件。对于一个完整的 JavaEE 应用，在发布时，应该把它打包为 EAR 文件。

在 WildFly 中，发布 JavaEE 组件的目录为<WILDFLY_HOME>/standalone/deployments。WildFly 服务器具有热部署功能。所谓热部署，就是当 WildFly 服务器处于运行状态中，能监视<WILDFLY_HOME>/standalone/deployments 目录下文件的更新情况，一旦监测到有新的 JavaEE 组件发布到这个目录下，或者原有的 JavaEE 组件的文件发生了更改，就会重新发布这些组件。

21.5.1　在 WildFly 上发布 EJB 组件

一个 EJB 组件由相关的类文件构成。假定 BookDBEJB 组件的文件全部放在<bookdbejb>目录下，它的文件和目录结构如图 21-5 所示。

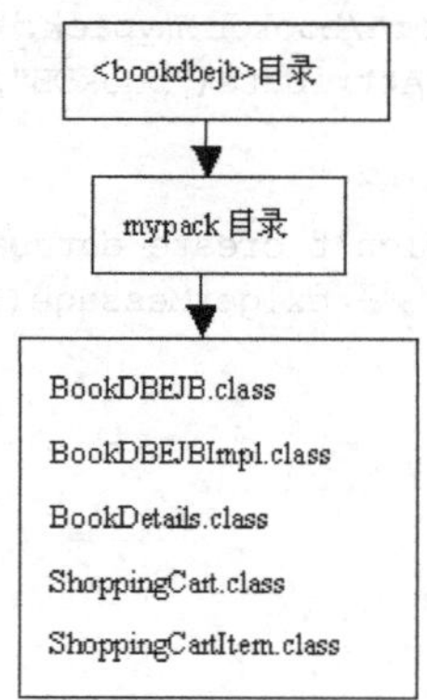

图 21-5　BookDBEJB 组件的文件目录结构

1. BookDBEJB 组件的相关文件

BookDBEJB 组件的 Java 源文件由 BookDBEJB.java 和 BookDBEJBImpl.java 组成。编译这 2 个 Java 文件时，应该把 JavaEE API 的类库文件加入到 classpath 中。在<WILDFLY_HOME>/modules 目录的子目录下有一个 jboss-ejb-api_X_spec-X.Final.jar 文件，它就是 JavaEE API 的类库文件。在本书配套源代码包的 sourcecode\bookstores\version3\bookstore\lib 目录下就包含了这个类库文件，并且已经把它改名为“ejb3.jar”。

BookDBEJB 组件还用到了 BookDetails、ShoppingCart 和 ShoppingCartItem 类，所以应该把这些类也加入进来。

BookDBEJB 组件通过 JDBC API 访问 MySQL 数据库，本书第 21.5.3 节会介绍如何把 MySQL 数据库的 JDBC 驱动程序类库 mysqldriver.jar 文件加入进来。

2. 给 EJB 组件打包

在发布 EJB 组件时，应该把它打包为 JAR 文件。

在 DOS 窗口中，转到<bookdbejb>目录，运行如下命令：

```
jar cvf bookdbejb.jar *
```

在<bookdbejb>目录下将生成 bookdbejb.jar 文件。如果希望单独发布这个 EJB 组件，只要把这个 JAR 文件复制到<WILDFLY_HOME>/standalone/deployments 下即可。在本章的 21.5.3 节，将把这个 EJB 组件加入到 bookstore JavaEE 应用中，然后再发布整个 JavaEE 应用。

21.5.2　在 WildFly 上发布 Web 应用

本书第 3 章（第一个 Java Web 应用）已经介绍了 Web 应用的目录结构，如果要在 WildFly 上发布 Web 应用，可以完全保持原来的目录结构。

在发布 Web 应用时，应该把它打包为 WAR 文件。在 DOS 窗口中，转到<bookstorewar>目录，运行如下命令：

```
jar cvf bookstore.war *
```

在<bookstorewar>目录下将生成 bookstore.war 文件。如果希望单独发布这个 Web 应用，只要把这个 WAR 文件复制到<WILDFLY_HOME>/standalone/deployments 下即可。在下一节，将把这个 Web 应用加入到 bookstore JavaEE 应用中，然后再发布整个 JavaEE 应用。

21.5.3　在 WildFly 上发布 JavaEE 应用

一个 JavaEE 应用由 EJB 组件、Web 应用、存放第三方类库的 lib 目录以及发布描述文件构成，它的目录结构如图 21-6 所示。

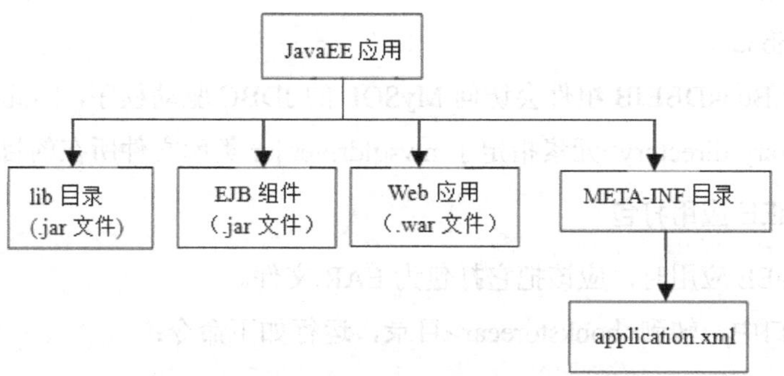

图 21-6　JavaEE 应用的目录结构

假定 bookstore JavaEE 应用的文件位于<bookstoreear>目录下，它的目录结构如图 21-7 所示。

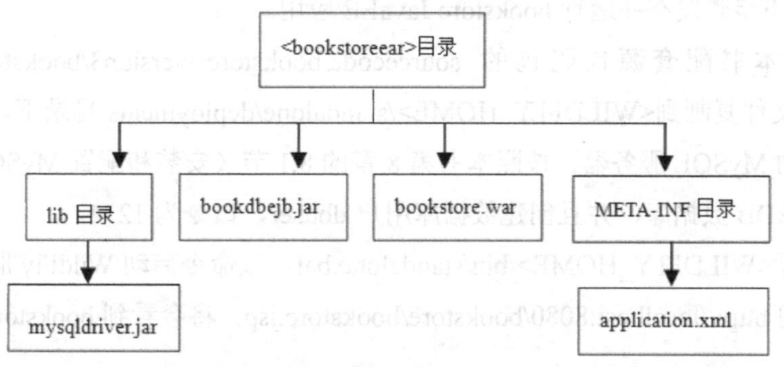

图 21-7　bookstore JavaEE 应用的目录结构

1．application.xml 文件

application.xml 是 JavaEE 应用的发布描述文件，在这个文件中声明 JavaEE 应用所包含的 Web 应用以及 EJB 组件。以下是 application.xml 文件的代码：

```
<?xml version="1.0" encoding="UTF-8"?>

<application>
   <display-name>Bookstore JavaEE Application</display-name>

   <module>
     <web>
       <web-uri>bookstore.war</web-uri>
       <context-root>/bookstore</context-root>
     </web>
```

```
    </module>

    <module>
      <ejb>bookdbejb.jar</ejb>
    </module>

    <library-directory>lib</library-directory>
</application>
```

以上代码指明在 bookstore JavaEE 应用中包含一个 bookstore Web 应用，WAR 文件为 bookstore.war，它的 URL 路径为/bookstore；此外还声明了一个 EJB 组件，这个组件的 JAR 文件为 bookdbejb.jar。

此外，由于 BookDBEJB 组件会访问 MySQL 的 JDBC 驱动程序，因此在 application.xml 文件中通过<library-directory>元素指定了 mysqldriver.jar 类库文件所在的目录为“lib”。

2．给 JavaEE 应用打包

在发布 JavaEE 应用时，应该把它打包为 EAR 文件。

在 DOS 窗口中，转到<bookstoreear>目录，运行如下命令：

```
jar cvf bookstore.ear *
```

在<bookstoreear>目录下将生成 bookstore.ear 文件。

3．发布并运行 bookstore JavaEE 应用

下面按以下步骤发布并运行 bookstore JavaEE 应用。

（1）将本书配套源代码包的 sourcecode/bookstores/version3/bookstore 目录下的 bookstore.ear 文件复制到<WILDFLY_HOME>/standalone/deployments 目录下。

（2）启动 MySQL 服务器，按照本书第 8 章的 8.1 节（安装和配置 MySQL 数据库）的步骤创建 BookDB 数据库，并且创建数据库用户 dbuser，口令为 1234。

（3）运行<WILDFLY_HOME>/bin/standalone.bat，该命令启动 WildFly 服务器。

（4）访问 http://localhost:8080/bookstore/bookstore.jsp，将会看到 bookstore 应用的主页。

21.6 小结

JavaEE 是一种多层次的分布式的软件体系结构，业务逻辑由 EJB 组件来实现，EJB 组件必须运行在 EJB 容器中。WildFly 提供了免费的 EJB 容器和 Servlet 容器，具有较高的运行效率。在 WildFly 服务器上可以发布完整的 JavaEE 应用。本章以 bookstore 应用为例，介绍了 JavaEE 应用的开发和发布过程。

在本书配套源代码包的 sourcecode/bookstores/version3/bookstore 目录下提供了所有的源文件，bookstore 应用在 Windows 资源管理器中的展开图如图 21-8 所示。

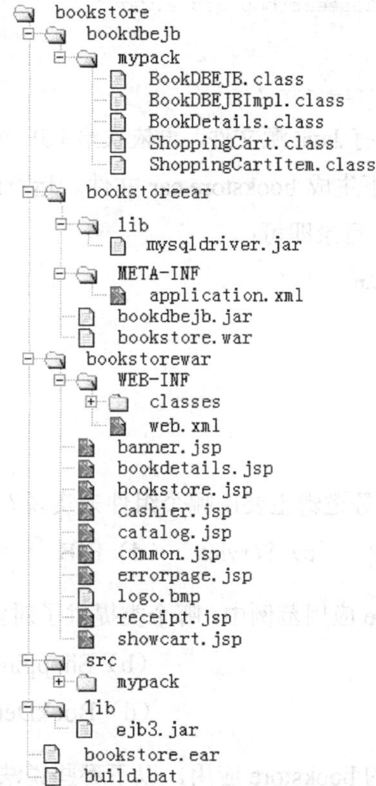

图 21-8 bookstore 应用在 Windows 资源管理器中的展开图

为了便于读者编译和发布本章的程序，在 bookstore 目录下提供了编译和打包的批处理文件 build.bat，它的内容如下：

```
set path=%path%;C:\jdk\bin
set currpath=.\
if "%OS%" == "Windows_NT" set currpath=%~dp0%

set src=%currpath%src
set dest=%currpath%bookdbejb
set classpath=%classpath%;%currpath%\lib\ejb3.jar

javac -classpath %classpath% -sourcepath %src%
     -d %dest% %src%\mypack\BookDetails.java
javac -classpath %classpath% -sourcepath %src%
     -d %dest% %src%\mypack\ShoppingCartItem.java
javac -classpath %classpath% -sourcepath %src%
     -d %dest% %src%\mypack\ShoppingCart.java
javac -classpath %classpath% -sourcepath %src%
     -d %dest% %src%\mypack\BookDBEJB.java
javac -classpath %classpath% -sourcepath %src%
     -d %dest% %src%\mypack\BookDBEJBImpl.java
copy %dest%\mypack  %currpath%\bookstorewar\WEB-INF\classes\mypack

cd %currpath%\bookdbejb
jar -cvf %currpath%\bookstoreear\bookdbejb.jar *
cd ..
cd bookstorewar
```

```
jar cvf %currpath%\bookstoreear\bookstore.war *
cd ..
cd bookstoreear
jar cvf %currpath%\bookstore.ear *
```

以上批处理文件先编译所有 Java 源文件，再依次给 EJB 组件、Web 应用和 JavaEE 应用打包，最终在 bookstore 目录下生成 bookstore.ear 文件。运行这个批处理文件时，只要根据实际环境先修改文件中的 JDK 目录即可：

```
set path=%path%;C:\jdk\bin
```

21.7 思考题

1．在 JavaEE 架构中，业务逻辑主要由哪个组件来实现？（单选）

（a）JavaBean （b）JSP （c）Servlet （d）EJB

2．在本章介绍的 bookstore 应用范例中，哪个类提供了对业务逻辑的具体实现？（单选）

（a）BookDBEJB 类 （b）ShoppingCart 类

（c）BookDBEJBImpl 类 （d）BookDetails 类

3．关于发布和运行本章的 bookstore 应用，以下哪些说法正确？（多选）

（a）WildFly 服务器能同时充当 bookstore 应用的 Servlet 容器和 EJB 容器。

（b）为了使 bookstore 应用的 JSP 组件能访问 EJB 组件，必须把 JSP 组件和 EJB 组件都发布到 Servlet 容器中。

（c）EJB 组件可以单独打包为 JAR 文件，Java Web 应用可以单独打包为 WAR 文件，JavaEE 应用可以单独打包为 EAR 文件。

（d）bookstore 应用的客户端为浏览器程序。

4．以下哪个发布描述文件用于声明 JavaEE 应用所包含的 Web 应用以及 EJB 组件？（单选）

（a）web.xml （b）application.xml （c）configuration.xml （d）ejb-jar.xml

参考答案

1．d 2．c 3．a,c,d 4．b

第22章 在Web应用中访问Web服务

近年来，Web 服务技术逐渐成为非常热门的技术。本书第 1 章的 1.6.6 节（发布 Web 服务）已经介绍了 Web 服务的基本概念和运行原理。Web 服务确立了一种基于 Internet 网的分布式软件体系结构。Web 服务支持两个运行在不同操作系统平台上，并且用不同编程语言实现的系统能够相互通信。一个系统向另一个系统公开的服务被统称为 Web 服务。Web 服务主要涉及以下两个要素：

- SOAP（Simple Object Access Protocol）协议：基于 XML 语言的数据交换协议。
- WSDL（Web Service Description Language）语言：基于 XML 语言的 Web 服务描述语言。

本章把 Web 服务也称为 SOAP 服务。本章首先介绍了 SOAP 的基本概念，接着介绍了一个实现了 SOAP 的 Web 服务框架：Apache Axis。Apache Axis 由开放源代码软件组织 Apache 创建，它具有良好的运行速度、灵活性和稳定性。Apache Axis 支持 SOAP 和 WSDL。本章介绍了利用 Axis 来创建 SOAP 服务和 SOAP 客户程序的方法。最后还介绍了在 bookstore 应用中访问 SOAP 服务的方法。

22.1 SOAP 简介

SOAP（Simple Object Access Protocol），即简单对象访问协议，是在分布式的环境中交换数据的简单协议，它以 XML 作为通信语言。

SOAP 采用的数据传输协议可以是 HTTP/HTTPS（现在用得最广泛）协议，也可以是 SMTP/POP3 协议，还可以是为一些应用而专门设计的特殊数据传输协议。两个系统之间通过 SOAP 通信的过程如图 22-1 所示。

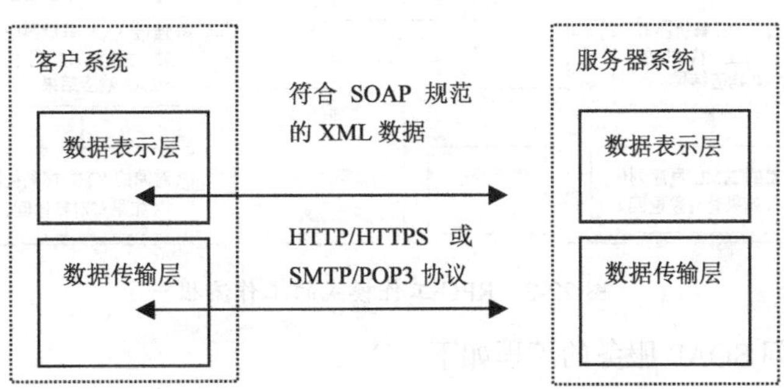

图 22-1　系统间采用 SOAP 通信

按照网络的分层模型，SOAP 和 HTTP 协议都属于应用层协议。在图 22-1 中，把网络的应用层又细分为数据传输层和数据表示层。SOAP 协议建立在 HTTP 协议基础之上：

- HTTP 协议负责应用层的数据传输，即负责把客户端的 Web 服务请求包装为 HTTP 请求，再把它传输给服务器；并且负责把服务器端的 Web 服务响应包装为 HTTP 响应，再把它传输给客户端。
- SOAP 协议负责应用层的数据表示，即负责产生 XML 格式的 Web 服务请求和响应。

SOAP 系统有两种工作模式，一种称为 RPC（Remote Procedure Call，远程过程调用），另一种叫法不统一，在 Microsoft 的文档中称做 Document-Oriented，而在 Apache 的文档中，称为 Message-Oriented，它可以利用 XML 来交换结构更为复杂的数据，通常以 SMTP 作为数据传输协议。下文将集中讨论 RPC。

RPC 工作模式与 SOAP 的关系为：SOAP=RPC+HTTP+XML。RPC 有以下特征：

- 采用 HTTP 作为数据传输协议，采用客户/服务器模式。
- RPC 作为统一的远程方法调用途径。
- 传送的数据使用 XML 语言，允许服务提供者和客户经过防火墙在 Internet 上进行通信。

RPC 的工作流程如图 22-2 所示，从图中可以看到，RPC 建立在 HTTP 的请求/响应模式上。SOAP 客户和 SOAP 服务器交换的是符合 SOAP 规范的 XML 数据。这些 XML 数据被协议连接器包装为 HTTP 请求或 HTTP 响应，然后在网络上传输。RPC 采用 HTTP 作为数据传输协议，HTTP 是个无状态协议，无状态协议非常适合松散耦合系统，而且对于负载平衡等都有潜在的优势和贡献。

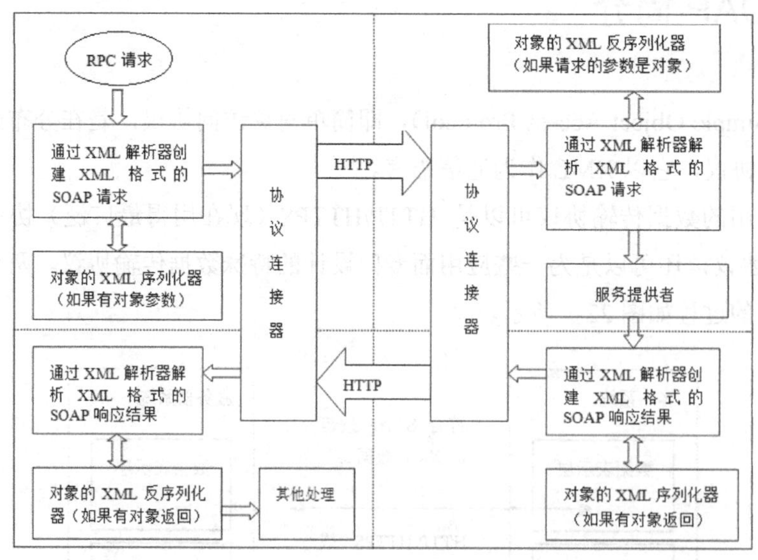

图 22-2　RPC 工作模式的工作流程

SOAP 客户访问 SOAP 服务的流程如下。

（1）客户端创建一个 XML 格式的 SOAP 请求，它包含了提供服务的服务器的 URI、客户请求调用的方法名和参数信息。如果参数是对象，则必须进行序列化操作（把对象转换为 XML 数据）。

（2）客户端的协议连接器把 XML 格式的 SOAP 请求包装为 HTTP 请求，即把 SOAP 请求作为 HTTP 请求的正文，并且增加 HTTP 请求头。

（3）服务器端的协议连接器接收到客户端发送的 HTTP 请求，对其进行解析，获得其中的请求正文，请求正文就是客户端发送的 XML 格式的 SOAP 请求。

（4）服务器对 XML 格式的 SOAP 请求进行解析，如果参数中包含对象，先对其进行反序列化操作（把 XML 格式的参数转换为对象），然后执行客户请求的方法。

（5）服务器执行方法完毕后，如果方法的返回值是对象，则先对其进行序列化操作（把对象转换为 XML 数据），然后把返回值包装为 XML 格式的 SOAP 响应。

（6）服务器端的协议连接器把 XML 格式的 SOAP 响应包装为 HTTP 响应，即把 SOAP 响应作为 HTTP 响应的正文，并且增加 HTTP 响应头。

（7）客户端的协议连接器接收到服务器端发送的 HTTP 响应，对其进行解析，获得其中的响应正文，响应正文就是服务器端发送的 XML 格式的 SOAP 响应。

（8）客户端解析 XML 格式的 SOAP 响应，如果返回值中包括对象，则先对其进行反序列化操作（把 XML 格式的返回值转换为对象），最后获得返回值。

提示

XML 解析器具有创建 XML 文档以及解析 XML 文档的功能。

SOAP 客户和 SOAP 服务器之间采用符合 SOAP 规范的 XML 数据进行通信。例如以下是一个 SOAP 服务器向 SOAP 客户发回的响应数据：

```
<ns:sayHelloResponse xmlns:ns="http://mypack">
  <ns:return>Hello:Tom</ns:return>
</ns:sayHelloResponse>
```

以上 XML 数据中的<ns:sayHelloResponse>元素表示这是一个名为“sayHello”方法的响应结果，<ns:return>元素包含了“sayHello”方法的返回值。

22.2　在 Tomcat 上发布 Axis Web 应用

Axis 的官方网址为：axis.apache.org，该网站提供了两种下载资源：

- axis2-X-bin.zip：包含了用于发布 Axis Web 服务的独立服务器。
- axis2-X-war.zip：包含了 Axis2 Web 应用，该 Web 应用可以发布到 Tomcat 服务器中。

Axis 的最新主版本号为“2”。从本书的技术支持网页（www.javathinker.net/Java Web.jsp）上也可以下载上述两个文件。 本章范例只需要下载 axis2-X-war.zip 文件。

把 axis2-X-war.zip 文件解压到本地，它的展开目录中有一个 axis2.war 文件，这是一个用于发布 SOAP 服务的 Web 应用，下文称其为 Axis Web 应用，或者简称为 Axis 应用。

把 axis2.war 文件复制到 Tomcat 根目录的 webapps 目录下，启动 Tomcat 服务器，在浏览器地址栏中输入如下 URL：

```
http://localhost:8080/axis2/
```

如看到如图 22-3 所示的 Axis Web 应用的主页面，则表示 Axis Web 应用发布成功。本书配套源代码包的 sourcecode\chapter22\axis2 目录下包含了 axis2.war 文件的所有展开内容。把整个 axis2 目录复制到 Tomcat 根目录的 webapps 目录下，也可以发布 Axis Web 应用。

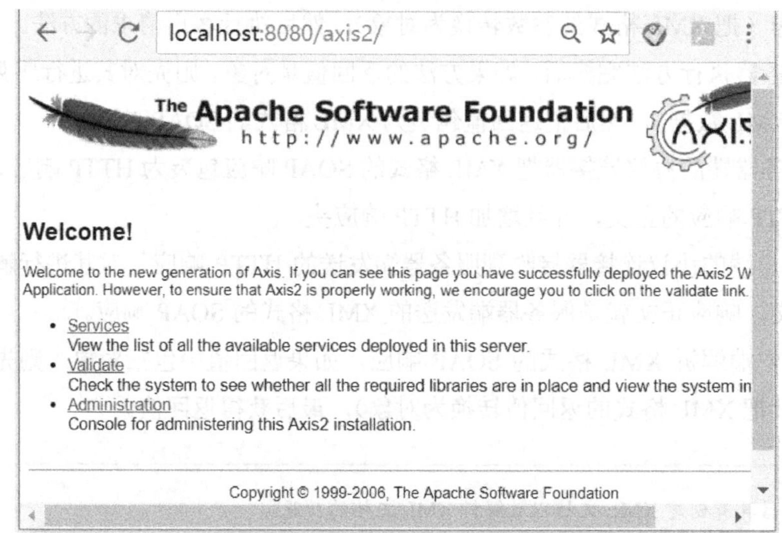

图 22-3　Axis Web 应用的主页

选择图 22-3 所示的页面上的“Validate”链接，将运行 happyaxis.jsp。它能够检查 Axis 应用的配置是否正确，例如检测是否准备好了必要的 JAR 文件。如果在 happyaxis.jsp 的返回网页上没有汇报错误，那么说明配置已经成功，可以忽略警告信息。

22.3　创建 SOAP 服务

Tomcat 充当 Axis Web 应用的容器，而 Axis Web 应用又充当 SOAP 服务的容器，SOAP 客户程序可以通过 Axis 的客户端 API 来发出 SOAP 请求，访问 SOAP 服务，如图 22-4 所示。

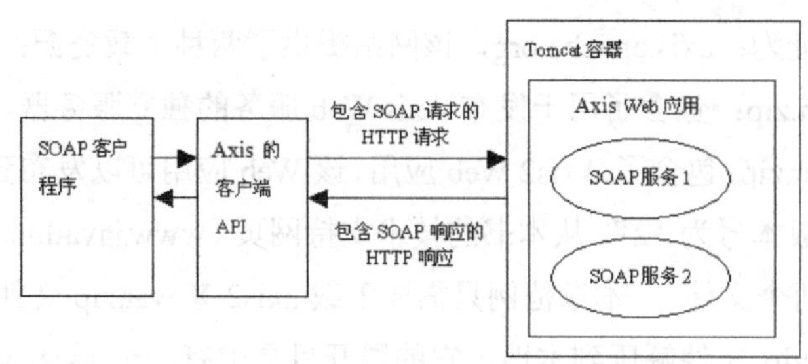

图 22-4　SOAP 客户和 SOAP 服务

创建 SOAP 服务包括两个步骤：

（1）创建提供 SOAP 服务的 Java 类。

（2）创建 SOAP 服务的发布描述文件。

22.3.1　创建提供 SOAP 服务的 Java 类

以下是一个简单的 SOAP 服务类，它包含了一个方法 sayHello()：

```
package mypack;
public class HelloService {
  public String sayHello(String username) {
    return "Hello:"+username;
  }
}
```

HelloService 类是一个非常普通的 Java 类，编译这个 Java 类不需要在 classpath 中引入任何与 Axis 相关的 JAR 文件。

22.3.2　创建 SOAP 服务的发布描述文件

Axis 使用基于 XML 格式的配置文件来发布 SOAP 服务。以下是 HelloService 的发布描述文件，名为 services.xml：

```
<?xml version="1.0" encoding="UTF-8"?>
<service name="HelloService">
   <description> Web Service Sample </description>
   <parameter name="ServiceClass">
     mypack.HelloService
   </parameter>

   <operation name="sayHello">
     <messageReceiver
       class="org.apache.axis2.rpc.receivers.RPCMessageReceiver"/>
   </operation>
</service>
```

以上文件配置了<service>、<parameter>、<operation>和<messageReceiver>等元素，它们的用途如下：

- <service>：配置一个 SOAP 服务，它的 name 属性设定 SOAP 服务的名字。
- <parameter>：配置 SOAP 服务的相关参数。当它的 name 属性取值为“ServiceClass”时，指定提供 SOAP 服务的 Java 类的完整名字（包括类的包名）。
- <operation>：指定 SOAP 服务所提供的方法。
- <messageReceiver>：指定负责处理方法的参数以及返回值的处理类，此处为 RPCMessageReceiver 类，它利用相关的 XML 序列化器以及反序列化器，把来自客户端，并由网络传输过来的 XML 格式的方法参数转换成相应的 Java 数据类型；并且能把 Java 数据类型的方法返回值转换为 XML 格式的数据，由网络传输到客户端。

22.4 发布和管理 SOAP 服务

本节以发布一个简单的 HelloService SOAP 服务为例，介绍在 Axis Web 应用中发布和管理 SOAP 服务的方法。

22.4.1 发布 SOAP 服务

在发布 HelloService 服务之前，本章将先通过 ANT 工具来编译和打包本范例的相关文件。关于 ANT 工具的安装和详细使用方法可参考本书第 30 章（用 ANT 工具管理 Web 应用）。

本书配套源代码包的 sourcecode/chapter22 目录下包含了本章范例的源代码。在 chapter22 根目录下有一个 build.xml 文件，它是 ANT 工具所需的工程管理文件，在这个文件中配置了编译和打包本章范例的 ANT target。

下面是编译、打包和发布 HelloService 服务的步骤。

（1）先编译本章范例。在 DOS 命令行中，转到 chapter22 目录下，运行命令“ant compile”，就会编译 chapter22/src/mypack/HelloService.java 文件，编译生成的类文件存放于“chapter22/classes/mypack”目录下。

（2）创建 HelloService 服务的目录结构，把 services.xml 文件（HelloService 服务的发布描述文件）放到 META-INF 目录下。在本书配套源代码包的 chapter22/classes 目录下包含了 HelloService 服务的目录结构，参见图 22-5。

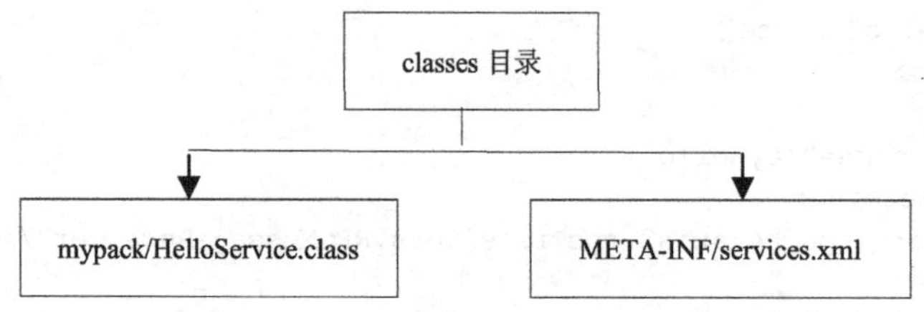

图 22-5 HelloService 服务的目录结构

（3）SOAP 服务的打包文件的扩展名为“aar”。在 DOS 命令行中，在 chapter22 目录下，运行命令“ant build”，就会把图 22-5 所示的 classes 目录下的所有内容打包为 helloservice.aar 文件，该文件存放在 chapter22/build 目录下。

（4）确保 Axis Web 应用已经发布到 Tomcat 中，它的展开目录的根目录为“axis2”。把 helloservice.aar 文件复制到 Tomcat 的如下文件路径中：

```
<CATALINA_HOME>\webapps\axis2\WEB-INF\services\helloservice.aar
```

（5）启动 Tomcat 服务器，Axis Web 应用会自动发布它的 WEB-INF\services 目录下的 helloservice.aar 文件中的 HelloService 服务。

Axis Web 应用具有热部署 SOAP 服务的功能，也就是说，它在运行时能自动检测

WEB-INF\services 目录下的“.aar”文件，对其进行发布。默认情况下，一旦某个“.aar”文件中的 SOAP 服务发布成功，那么不会再监控该“.aar”文件的改动，除非重新启动 Axis Web 应用。

如果希望实时监控“.aar”文件的更新，使得 Axis Web 应用一旦发现“.aar”文件被更新，就及时重新发布该文件包含的 SOAP 服务，那么可以修改 Axis Web 应用的配置文件。Axis Web 应用的配置文件为 axis2/WEB-INF/conf/axis2.xml，把其中的 hotupdate 参数设为 true：

```
<axisconfig name="AxisJava2.0">
  <parameter name="hotdeployment">true</parameter>
  <parameter name="hotupdate">true</parameter>
  <parameter name="enableMTOM">false</parameter>
  <parameter name="enableSwA">false</parameter>
  ......
</axisconfig>
```

以上 hotdeployment 参数的默认值为 true，所以 Axis Web 应用默认情况下支持热部署。在 SOAP 服务的调试阶段，确保 hotdeployment 和 hotupdate 参数都为 true，可以使调试过程变得更加方便。

当 Axis Web 应用尝试发布 HelloService 服务时，如果在 Tomcat 控制台出现如下错误，这是由于 Axis 和 JDK 的版本不匹配引起的：

```
The version.aar service, which is not valid,
caused The following error occurred during schema generation:
Error looking for paramter names in bytecode:
unexpected bytes in file。
```

Axis Web 应用本身是基于 Java 语言的 Web 应用。由于 Axis 和 JDK 的版本都在不断更新，当用某个 JDK 版本编译的 HelloService 类与 Axis Web 应用的版本不兼容，就会出现以上错误。解决上述问题的办法是，用与 Axis 版本兼容的 JDK 版本对 HelloService 类重新编译。在 Java 编译命令“javac”中可以通过“-target”参数来设定编译生成的 Java 类所需兼容的 JDK 版本。

在本章范例的 ANT 工程管理文件 build.xml 的 compile target 中，也设定了编译 Java 类时需要兼容的 JDK 版本：

```
<target name="compile" >
  <javac srcdir="${src.home}" destdir="${classes.home}"
    debug="yes" source="8" target="8"
    includeAntRuntime="false" deprecation="true">

    <classpath refid="compile.classpath"/>
  </javac>
</target>
```

22.4.2 管理 SOAP 服务

Axis Web 应用提供了管理 SOAP 服务的网页，URL 为：

```
http://localhost:8080/axis2/axis2-admin/welcome
```

以上 URL 返回的网页如图 22-6 所示。

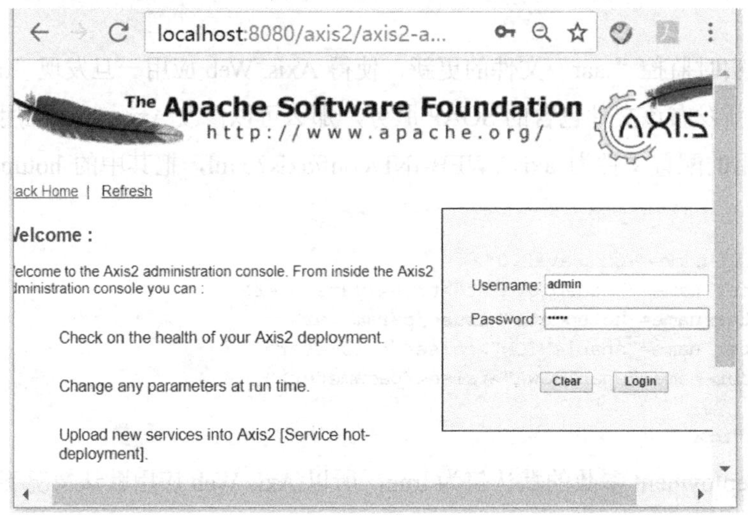

图 22-6　Axis Web 应用的管理 SOAP 服务的登录页面

从图 22-6 可以看出，登录到管理 SOAP 服务的网页需要进行身份验证。在 Axis 应用的 WEB-INF/conf/axis2.xml 配置文件中设置了一个登录用户：

```
<parameter name="userName">admin</parameter>
<parameter name="password">axis2</parameter>
```

在图 22-6 中，以“admin”用户身份进行登录，口令为“axis2”。如果登录成功，就可以查看 Axis Web 应用的所有可用的 SOAP 服务，URL 为：

```
http://localhost:8080/axis2/axis2-admin/listServices
```

如果 HelloService 服务已经发布成功，那么可以查看它的信息，参见图 22-7。

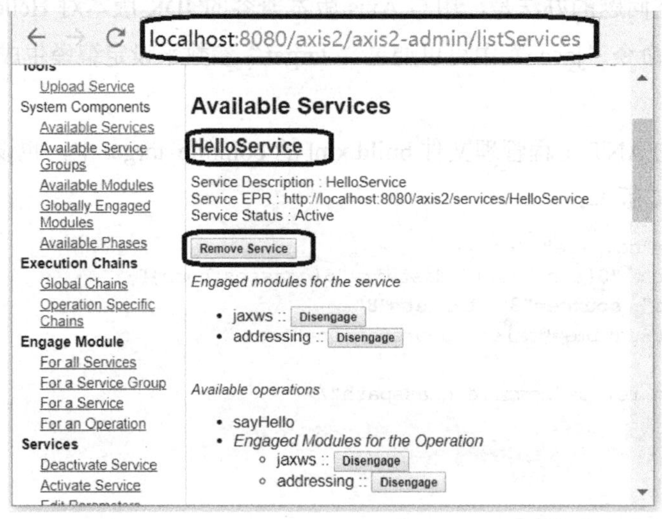

图 22-7　Axis Web 应用显示 HelloService 服务的信息

在以上图 22-7 中，只要选择“Remove Service”按钮，就可以删除该 HelloService 服务。

还可以通过以下 URL 察看 HelloService 服务的 WSDL 服务描述信息，参见图 22-8：

```
http://localhost:8080/axis2/services/HelloService?wsdl
```

localhost:8080/axis2/services/HelloService?wsdl
▼<wsdl:definitions xmlns:wsdl="http://schemas.xmlsoap.org/wsdl/" xmlns:ns="http://mypack
xmlns:xs="http://www.w3.org/2001/XMLSchema" xmlns:ns1="http://org.apache.axis2/xsd"
xmlns:soap="http://schemas.xmlsoap.org/wsdl/soap/" xmlns:soap12="http://schemas.xmlsoap
xmlns:http="http://schemas.xmlsoap.org/wsdl/http/" xmlns:mime="http://schemas.xmlsoap.o
xmlns:wsaw="http://www.w3.org/2006/05/addressing/wsdl" targetNamespace="http://mypack">
<wsdl:documentation>HelloService</wsdl:documentation>
▼<wsdl:types>
▼<xs:schema attributeFormDefault="qualified" elementFormDefault="qualified" targetNa
▼<xs:element name="sayHello">
▼<xs:complexType>
▼<xs:sequence>
<xs:element minOccurs="0" name="username" nillable="true" type="xs:string"/
</xs:sequence>
</xs:complexType>
</xs:element>
▼<xs:element name="sayHelloResponse">
▼<xs:complexType>
▼<xs:sequence>
<xs:element minOccurs="0" name="return" nillable="true" type="xs:string"/>

图 22-8　HelloService 服务的 WSDL 服务描述信息

在浏览器中输入如下 URL，就能访问 HelloService 服务的 sayHello()方法：

```
http://localhost:8080/axis2/services/HelloService/sayHello
```

以上 URL 链接的返回页面参见图 22-9，它显示的是 sayHello()方法的基于 SOAP 规范的 XML 格式的响应结果。

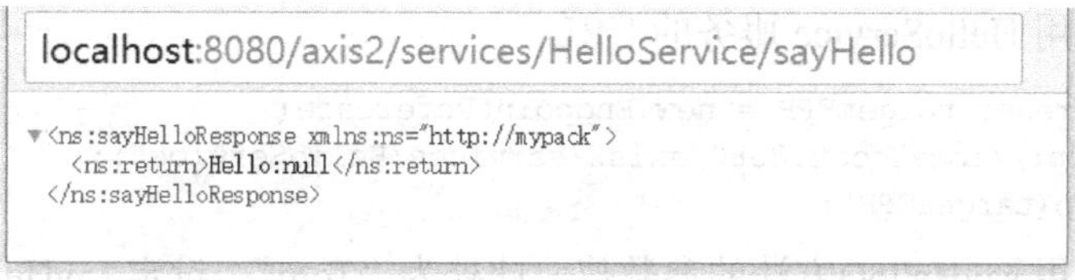

localhost:8080/axis2/services/HelloService/sayHello
▼<ns:sayHelloResponse xmlns:ns="http://mypack">
<ns:return>Hello:null</ns:return>
</ns:sayHelloResponse>

图 22-9　通过浏览器访问 HelloService 服务的 sayHello()方法的响应结果

22.5　创建和运行 SOAP 客户程序

SOAP 客户程序可以通过 Axis 的客户端 API 发出 SOAP 请求，调用 SOAP 服务的方法。例程 22-1 的 HelloClient 类是访问 HelloService 服务的 sayHello()方法的客户程序。

例程 22-1　HelloClient.java

```
package mypack;
import javax.xml.namespace.QName;
import org.apache.axis2.AxisFault;
import org.apache.axis2.addressing.EndpointReference;
import org.apache.axis2.client.Options;
import org.apache.axis2.rpc.client.RPCServiceClient;

public class HelloClient {
  public static void main(String args[]) throws AxisFault{
```

```
    //使用RPC方式访问SOAP服务
    RPCServiceClient serviceClient = new RPCServiceClient();
    Options options = serviceClient.getOptions();
    //指定调用HelloService服务的URL
    EndpointReference targetEPR = new EndpointReference(
          "http://localhost:8080/axis2/services/HelloService");
    options.setTo(targetEPR);

    //指定sayHello方法的参数值
    Object[] parameters = new Object[] {"Tom"};
    //指定sayHello方法返回值的数据类型的Class对象
    Class[] returnTypes = new Class[] {String.class};
    //指定要调用的sayHello方法的命名空间
    QName methodEntry = new QName("http://mypack", "sayHello");

    //调用sayHello方法并输出该方法的返回值
    Object[] response =serviceClient.invokeBlocking(
                   methodEntry, parameters, returnTypes);
    String result=(String)response[0];
    System.out.println(result);
  }
}
```

HelloClient 访问 HelloService 服务包含如下步骤。

（1）创建 RPCServiceClient 对象，它能通过 RPC 方式访问 SOAP 服务：

```
RPCServiceClient serviceClient = new RPCServiceClient();
```

（2）指定调用 HelloService 服务的 URL：

```
EndpointReference targetEPR = new EndpointReference(
        "http://localhost:8080/axis2/services/HelloService");
options.setTo(targetEPR);
```

（3）设定调用 sayHello()方法的参数值，此处为“Tom”；设定 sayHello()方法的返回值的数据类型所对应的 Class 对象，此处为“String.class”；设定 sayHello()方法的命名空间，此处为“http://mypack”：

```
    //指定sayHello方法的参数值
    Object[] parameters = new Object[] {"Tom"};
    //指定sayHello方法返回值的数据类型的Class对象
    Class[] returnTypes = new Class[] {String.class};
    //指定要调用的sayHello方法的命名空间
    QName methodEntry = new QName("http://mypack", "sayHello");
```

（4）通过 RPCServiceClient 对象远程调用 HelloService 服务的 sayHello()方法，并且获取返回结果：

```
Object[] response =serviceClient.invokeBlocking(
                 methodEntry, parameters, returnTypes);
String result=(String)response[0];
System.out.println(result);
```

编译和运行 HelloClient 类时，要确保把 sourcecode/chapter22/axis2/WEB-INF/lib 目录下的所有 JAR 文件加入到 classpath 中。在本书配套源代码包中，已经把 chapter22/axis2/WEB-INF/lib 目录下的所有 JAR 文件复制到了 chapter22/lib 目录下。

下面介绍通过 ANT 工具编译和运行 HelloClient 类的步骤。

（1）在 DOS 命令行中，转到 chapter22 目录下，运行命令“ant compile”，就会编译 chapter22/src/mypack/HelloClient.java 文件，编译生成的类文件存放于“chapter22/classes/mypack”目录下。

（2）在 DOS 命令行中，在 chapter22 目录下，运行命令“ant runClient”，就会运行 chapter22/classes/mypack/HelloClient.class 类。HelloClient 类会远程调用发布到 Axis Web 应用中的 HelloService 服务的 sayHello()方法，得到的返回值为“Hello:Tom”。HelloClient 类会打印这一返回值。

22.6　在 bookstore 应用中访问 SOAP 服务

在本书第 7 章（bookstore 应用简介）介绍的 bookstore 应用中，业务逻辑是由 BookDB JavaBean 组件来实现的，这个 JavaBean 组件和 Web 应用都运行在同一个 Servlet 容器中。本章将把 BookDB 类发布为 SOAP 服务，bookstore Web 应用通过 BookDBDelegate 代理类来访问这个 SOAP 服务。新的 bookstore 应用的体系结构如图 22-10 所示。

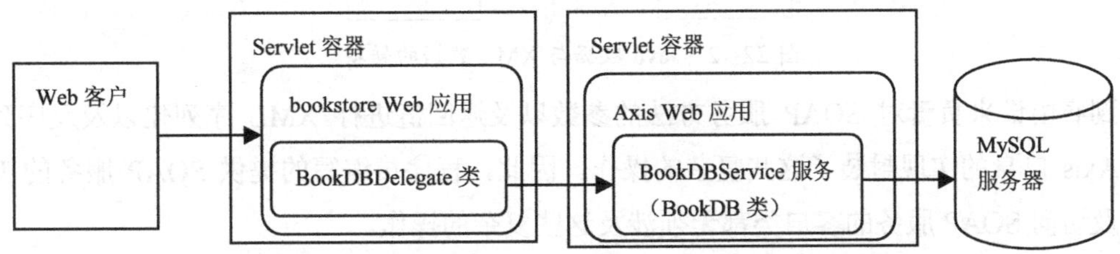

图 22-10　访问 Web 服务的 bookstore 应用的体系结构

在图 22-10 中，BookDB 类作为 SOAP 服务发布到 Axis Web 应用中，服务名为“BookDBService”。bookstore Web 应用中的 BookDBDelegate 类会通过 Axis 的客户端 API 来访问这个 SOAP 服务。

Web 服务架构是一种分布式的架构，图 22-10 中的 bookstore Web 应用和 Axis Web 应用可以分布在不同的 Servlet 容器中，因此 bookstore Web 应用和 Axis Web 应用之间能进行远程通信。本章后文为了简化演示范例的步骤，把这两个 Web 应用发布在同一个 Tomcat 服务器中。

22.6.1　对 SOAP 服务方法的参数和返回值的限制

当 SOAP 客户程序访问 SOAP 服务的业务方法时，这些方法的参数以及返回值都会在网络上传输，如图 22-11 所示。

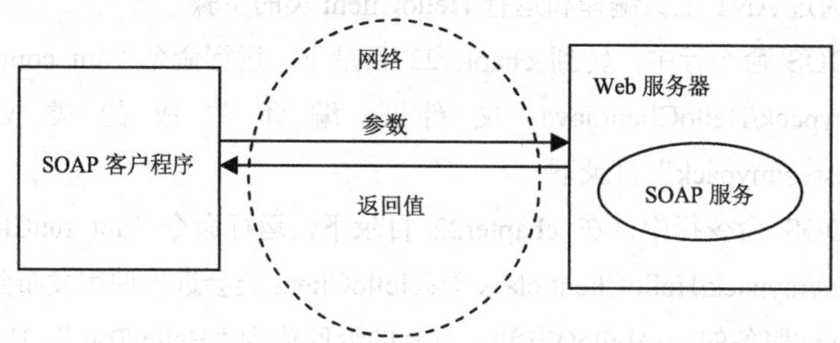

图 22-11　SOAP 客户程序访问 SOAP 服务的业务方法

SOAP 客户和 SOAP 服务之间采用符合 SOAP 规范的 XML 数据进行通信。当 SOAP 客户或 SOAP 服务发送包含方法参数或返回值的 Java 数据时，XML 序列化器会把 Java 数据序列化为 XML 数据；当 SOAP 客户或 SOAP 服务接收到 XML 数据时，XML 反序列化器会把 XML 数据反序列化为 Java 数据。图 22-12 显示了 Java 数据与 XML 数据的转换过程。

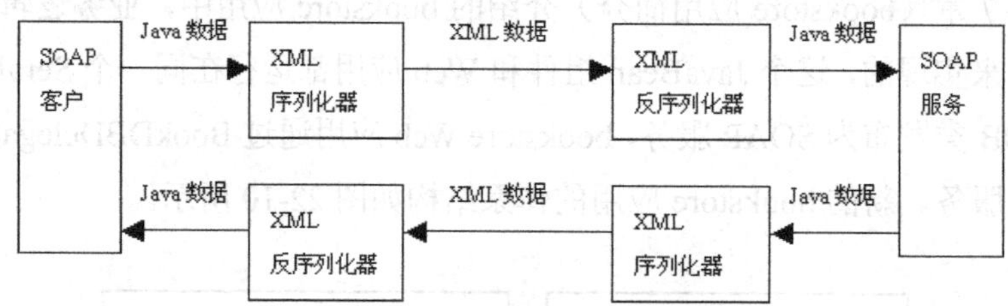

图 22-12　Java 数据与 XML 数据的转换

到底由谁来负责对 SOAP 服务方法的参数以及返回值进行 XML 序列化以及反序列化呢？Axis 自身的实现封装了这些复杂的操作。因此，程序员编写的提供 SOAP 服务的 Java 类以及访问 SOAP 服务的客户类都无须涉及这些复杂的操作。

Axis 支持对大部分 Java 数据类型进行 XML 序列化以及反序列化。不过，目前它不支持对 Java 集合类型进行 XML 序列化以及反序列化。因此，Axis 要求 SOAP 服务方法的参数以及返回值如果是 Java 集合类型，那么必须把它们改成数组类型，才能顺利地在网络上传输。

22.6.2　创建 BookDB 服务类及 BookDBDelegate 代理类

与本书第 7 章介绍的 bookstore 应用相比，本章介绍的 bookstore 应用主要做了如下改动：

（1）修改 BookDB 类，把 getBooks()方法的返回类型改为 BookDetails[]数组类型，把 buyBooks()方法的参数类型改为 ShoppingCartItem[]数组类型。

（2）创建用于发布“BookDBService”服务的发布描述文件 services.xml。

（3）创建 BookDBDelegate 客户端代理类。

（4）修改 BookDetails 类和 ShoppingCartItem 类，使它们严格遵守 JavaBean 规范。

（5）修改 common.jsp，使它把 BookDBDelegate 类作为 Web 应用范围内的 JavaBean。

1．修改 BookDB 类

例程 22-2 的 BookDB 类和第 8 章的 8.4 节的例程 8-2 的 BookDB 类很相似，区别在于前者把 getBooks()方法的返回类型改为 BookDetails[]数组类型，把 buyBooks()方法的参数类型改为 ShoppingCartItem[]数组类型：

```
//修改前
public Collection getBooks()throws Exception{…}
public void buyBooks(ShoppingCart cart)throws Exception{…}
//修改后
public BookDetails[] getBooks()throws Exception{…}
public void buyBooks(ShoppingCartItem[] items)throws Exception{…}
```

之所以要做以上修改，是因为修改后的数据类型可以被 Axis 进行 XML 序列化以及 XML 反序列化，本章 22.6.1 节已经对此做了解释。

例程 22-2　BookDB.java

```
ackage mypack;
import java.sql.*;
import javax.naming.*;
import javax.sql.*;
import java.util.*;

public class BookDB {
  private String dbUrl ="jdbc:mysql://localhost:3306/BookDB"
     +"?useUnicode=true&characterEncoding=GB2312&useSSL=false";
  private String dbUser="dbuser";
  private String dbPwd="1234";

  public BookDB () throws Exception{
    Class.forName("com.mysql.jdbc.Driver");
  }

  public Connection getConnection()throws Exception{
    return java.sql.DriverManager.getConnection(
        dbUrl,dbUser,dbPwd);
  }

  public void closeConnection(Connection con){......}
  public void closePrepStmt(PreparedStatement prepStmt){ ......}
  public void closeResultSet(ResultSet rs){......}
  public int getNumberOfBooks() throws Exception {......}

  public BookDetails[] getBooks()throws Exception{
    Connection con=null;
    PreparedStatement prepStmt=null;
    ResultSet rs =null;
    ArrayList<BookDetails> books = new ArrayList<BookDetails>();
    try {
      con=getConnection();
      String selectStatement = "select * " + "from BOOKS";
      prepStmt = con.prepareStatement(selectStatement);
      rs = prepStmt.executeQuery();

      while (rs.next()) {
```

```
        BookDetails bd = new BookDetails(rs.getString(1),
          rs.getString(2), rs.getString(3),
          rs.getFloat(4), rs.getInt(5), rs.getString(6),rs.getInt(7));
        books.add(bd);
      }

    }finally{
      closeResultSet(rs);
      closePrepStmt(prepStmt);
      closeConnection(con);
    }

    BookDetails[] results=new BookDetails[books.size()];
    for(int i=0;i<books.size();i++)
      results[i]=(BookDetails)books.get(i);
    return  results;
  }

  public BookDetails getBookDetails(String bookId)
       throws Exception{......}

  public void buyBooks(ShoppingCartItem[] items)throws Exception {
    Connection con=null;
    try {
      con=getConnection();
      con.setAutoCommit(false);
      for(int i=0;i<items.length;i++){
        ShoppingCartItem sci = items[i];
        BookDetails bd = (BookDetails)sci.getItem();
        String id = bd.getBookId();
        int quantity = sci.getQuantity();
        buyBook(id, quantity,con);
      }
      con.commit();
      con.setAutoCommit(true);

    } catch (Exception ex) {
      con.rollback();
      throw ex;
    }finally{
       closeConnection(con);
    }
  }

  public void buyBook(String bookId, int quantity,Connection con)
       throws Exception {......}
}
```

2．创建发布描述文件 services.xml

例程 22-3 的 services.xml 用于把 BookDB 类发布为“BookDBService”服务。

例程 22-3　services.xml

```
<service name="BookDBService">
  <description> Web Service BookDB </description>
  <parameter name="ServiceClass">
```

```
    mypack.BookDB
  </parameter>

  <operation name="getBooks">
    <messageReceiver
     class="org.apache.axis2.rpc.receivers.RPCMessageReceiver" />
    </operation>
  <operation name="getNumberOfBooks">
    <messageReceiver
     class="org.apache.axis2.rpc.receivers.RPCMessageReceiver" />
  </operation>
  <operation name="getBookDetails">
    <messageReceiver
     class="org.apache.axis2.rpc.receivers.RPCMessageReceiver" />
  </operation>
  <operation name="buyBooks">
    <messageReceiver
     class="org.apache.axis2.rpc.receivers.RPCMessageReceiver" />
  </operation>

</service>
```

以上代码配置了一个名为“BookDBService”的 SOAP 服务，它的实现类为“mypack.BookDB”，它的 getBooks()、getNumberOfBooks()、getBookDetails()和 buyBooks()方法都是可以被远程调用的服务方法。

3. 创建 BookDBDelegate 类

例程 22-4 的 BookDBDelegate 类通过 Axis 的客户端 API 访问 BookDBService 服务，实际上远程调用发布到 Axis Web 应用中的 BookDB 类的 getNumberOfBooks()、getBooks()、getBookDetails()和 buyBooks()方法。

例程 22-4　BookDBDelegate.java

```
package mypack;
import javax.xml.namespace.QName;
import org.apache.axis2.AxisFault;
import org.apache.axis2.addressing.EndpointReference;
import org.apache.axis2.client.Options;
import org.apache.axis2.rpc.client.RPCServiceClient;
import java.util.*;

public class BookDBDelegate {
  RPCServiceClient serviceClient;
  final String namespace="http://mypack";

  public BookDBDelegate() throws Exception{
     //使用 RPC 方式调用 BookDBService 服务
     serviceClient = new RPCServiceClient();
     Options options = serviceClient.getOptions();
     //指定调用 BookDBService 服务的 URL
     EndpointReference targetEPR = new EndpointReference(
         "http://localhost:8080/axis2/services/BookDBService");
     options.setTo(targetEPR);
  }
```

```
  public int getNumberOfBooks() throws Exception {
    Object[] parameters = new Object[]{};
    Class[] returnTypes = new Class[] {Integer.class};
    QName methodEntry = new QName(namespace, "getNumberOfBooks");

    Object[] response =serviceClient.invokeBlocking(methodEntry,
                                parameters, returnTypes);
    Integer result=(Integer)response[0];
    return result.intValue();
  }

  public Collection getBooks()throws Exception{
    Object[] parameters = new Object[]{};
    Class[] returnTypes = new Class[] {BookDetails[].class};
    QName methodEntry = new QName(namespace, "getBooks");

    Object[] response =serviceClient.invokeBlocking(methodEntry,
                                parameters, returnTypes);
    BookDetails[] result = (BookDetails[])response[0];

    ArrayList<BookDetails> list=new ArrayList<BookDetails>();
    for(int i=0;i<result.length;i++)
      list.add(result[i]);
    return list;
  }

  public BookDetails getBookDetails(String bookId) throws Exception{
    Object[] parameters = new Object[]{bookId};
    Class[] returnTypes = new Class[]{BookDetails.class};
    QName methodEntry = new QName(namespace, "getBookDetails");

    Object[] response =serviceClient.invokeBlocking(methodEntry,
                                parameters, returnTypes);
    BookDetails result = (BookDetails)response[0];
    return result;
  }

  public void buyBooks(ShoppingCart cart)throws Exception {
    /* 把存放ShoppingCartItem的collection集合转换为items数组，
      然后再作为参数，传给远程服务方法 */
    Collection collection = cart.getItems();
    ShoppingCartItem[] items=new ShoppingCartItem[collection.size()];
    Iterator it =collection.iterator();
    int i=0;
    while (it.hasNext())
      items[i++]=(ShoppingCartItem)it.next();

    Object[] parameters = new Object[]{items};
    QName methodEntry = new QName(namespace, "buyBooks");
    serviceClient.invokeBlocking(methodEntry, parameters);
  }
}
```

BookDBDelegate 类远程调用 BookDB 类的各个方法时，需要在网络上传输方法参数和返回值。例如，当 BookDBDelegate 类访问 BookDB 类的 buyBooks ()方法时，将在网络上传输 ShoppingCartItem[]数组类型，ShoppingCartItem[]数组中包含 ShoppingCartItem 类型数据，而 ShoppingCartItem 类中又包含 BookDetails 类型数据。

4．修改 BookDetails 类和 ShoppingCartItem 类

BookDetails 类和 ShoppingCartItem 类型数据会作为方法参数或返回值，在网络上传输。Axis 把 BookDetails 类和 ShoppingCartItem 类作为 JavaBean 类型，利用专门的 XML 序列化器和反序列化器来对这种 JavaBean 类型进行 Java 数据与 XML 数据之间的转换。

为了保证能正确地进行 Java 数据与 XML 数据之间的转化，Axis 要求 BookDetails 类和 ShoppingCartItem 类必须严格遵守 JavaBean 规范：

- 提供 public 的不带参数的构造方法，XML 反序列化器会通过此构造方法创建 JavaBean 对象。
- 为 JavaBean 的属性提供相应的 public 的 get 和 set 方法。XML 序列化器和反序列化器会通过 get 和 set 方法来读取以及设置 JavaBean 的属性。

5．修改 common.jsp，

例程 22-5 的 common.jsp 把 BookDBDelegate 类作为 Web 应用范围内的 JavaBean。

例程 22-5 common.jsp

```
<%@ page import="mypack.*" %>
<%@ page import="java.util.Properties" %>
<%@ page errorPage="errorpage.jsp" %>
<%@ page import="mypack.*" %>
<%@ page import="java.util.Properties" %>
<%@ page errorPage="errorpage.jsp" %>


<jsp:useBean id="bookDB" scope="application"
        class="mypack.BookDBDelegate"/>
```

除了修改 common.jsp，不需要修改任何其他的 JSP 文件。当其他的 JSP 组件调用 BookDBDelegate 类的方法时，使用的 Java 代码和原来一样，例如在 bookdetails.jsp 中调用了 bookDB 的 getBookDetails()方法：

```
<%
  //Get the identifier of the book to display
  String bookId = request.getParameter("bookId");
  if(bookId==null)bookId="201";
  BookDetails book = bookDB.getBookDetails(bookId);
%>
```

22.6.3 发布 BookDBService 服务和 bookstore 应用

本书配套源代码包的 sourcecode/bookstores/version4 目录下提供了本章 bookstore 应用范例的源代码。在 version4/bookstore 目录下有一个 ANT 工程管理文件 build.xml，它配置了编译和打包 BookDBService 服务的 ANT target。

由于BookDBDelegate类会通过 Axis API访问发布到Axis Web应用中的BookDBService服务，因此在bookstore Web应用的WEB-INF/lib目录下应该包含Axis API的相关JAR文件。只要把 Axis Web 应用的 WEB-INF/lib 目录下的所有 JAR 文件复制到version4/bookstore/WEB-INF/lib目录下即可。

下面按如下步骤编译、打包和发布BookDBService服务和bookstore应用。

（1）先编译bookstore应用。在DOS命令行中，转到version4/bookstore目录下，运行命令“ant compile”，就会编译version4/bookstore/src目录下的所有Java源文件，编译生成的类文件存放于“version4/bookstore/classes”目录下。

（2）创建BookDBService服务的目录结构，把services.xml文件（BookDBService服务的发布描述文件）放到META-INF目录下。version4/bookstore/WEB-INF/classes目录下包含了BookDBService服务的目录结构，参见图22-13。

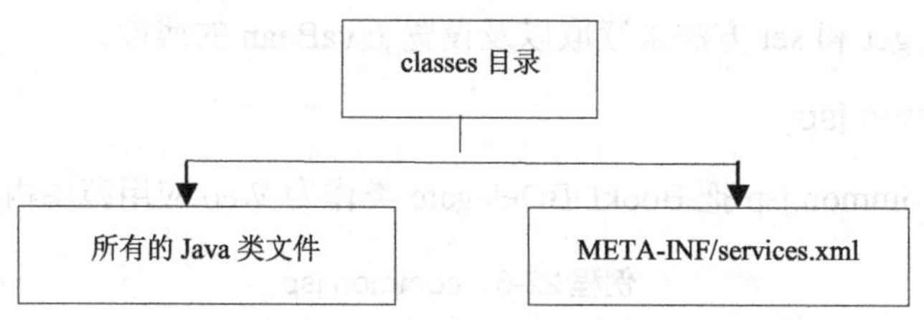

图 22-13　BookDBService 服务的目录结构

（3）在DOS命令行中，在version4/bookstore目录下，运行命令“ant build”，就会把图22-13 所示的 classes 目录下的所有内容打包为 bookdbservice.aar 文件，该文件存放在version4/build目录下。

（4）在Apache Axis应用中发布BookDBService服务。把bookdbservice.aar文件复制到Tomcat的以下文件路径：

```
<CATALINA_HOME>/webapps/axis2/WEB-INF/services/bookdbservice.aar
```

（5）由于发布在Axis Web应用中的BookDB类需要访问MySQL数据库，因此需要把MySQL的驱动程序mysqldriver.jar文件复制到以下文件路径：

```
<CATALINA_HOME>/webapps/axis2/WEB-INF/lib/mysqldriver.jar
```

（6）在Tomcat中发布bookstore Web应用。把version4目录下的整个bookstore目录复制到<CATALINA_HOME>/webapps目录下。

（7）启动MySQL服务器，按照本书第8章的8.1节（安装和配置MySQL数据库）的步骤创建BookDB数据库，并且创建数据库用户dbuser，口令为1234。

（8）启动Tomcat服务器。

（9）如果BookDBService服务发布成功，可以通过以下URL察看该服务的WSDL信息，参见图22-14：

```
http://localhost:8080/axis2/services/BookDBService?wsdl
```

图 22-14　BookDBService 服务的 WSDL 描述信息

（10）访问 http://localhost:8080/bookstore/bookstore.jsp，将会看到 bookstore 应用的主页。

本章为了简化操作步骤，在 bookstore Web 应用的目录结构以及 BookDBService 服务的 AAR 打包文件中都分别包含了范例中的所有 Java 类文件。如果要更精确地发布它们，可以参考表 22-1，使 bookstore Web 应用以及 BookDBService 服务的 AAR 打包文件中仅仅包含各自所需要的 Java 类文件。

表 22-1　bookstore Web 应用以及 BookDBService 服务各自所需要的 Java 类文件

Java 类文件	bookstore Web 应用	BookDBService 服务
BookDB.class	×	√
BookDBDelegate.class	√	×
ShoppingCart	√	×
ShoppingCartItem	√	√
BookDetails	√	√

22.7　小结

Web 服务与其他支持分布式计算的技术相比，优点在于：

（1）以目前已经非常普及的 Internet 网以及 Intranet 网为数据传输媒介。

（2）建立在一系列开放式标准的基础之上，如 XML（Extensible Markup Language，可扩展标记语言），SOAP 协议（Simple Object Access Protocol，简单对象访问协议），WSDL 语言（Web Service Definition Language，Web 服务描述语言）和 HTTP 协议。

以上优点使得 Web 服务得到了越来越广泛的运用。Web 服务大大提高了异构的、不兼容的系统间进行互操作的能力。

本章介绍了通过 Axis 来创建和发布 Web 服务的方法，还介绍了通过 Axis 的客户端 API 来创建访问 Web 服务的客户程序的方法。Tomcat 充当 Axis Web 应用的容器，而 Axis Web

应用充当 Web 服务的容器，Axis 客户程序可以通过 Axis 的客户端 API 来发出 SOAP 请求，访问 Web 服务。如图 22-15 显示了客户程序访问名为 HelloService 的 Web 服务的时序图。

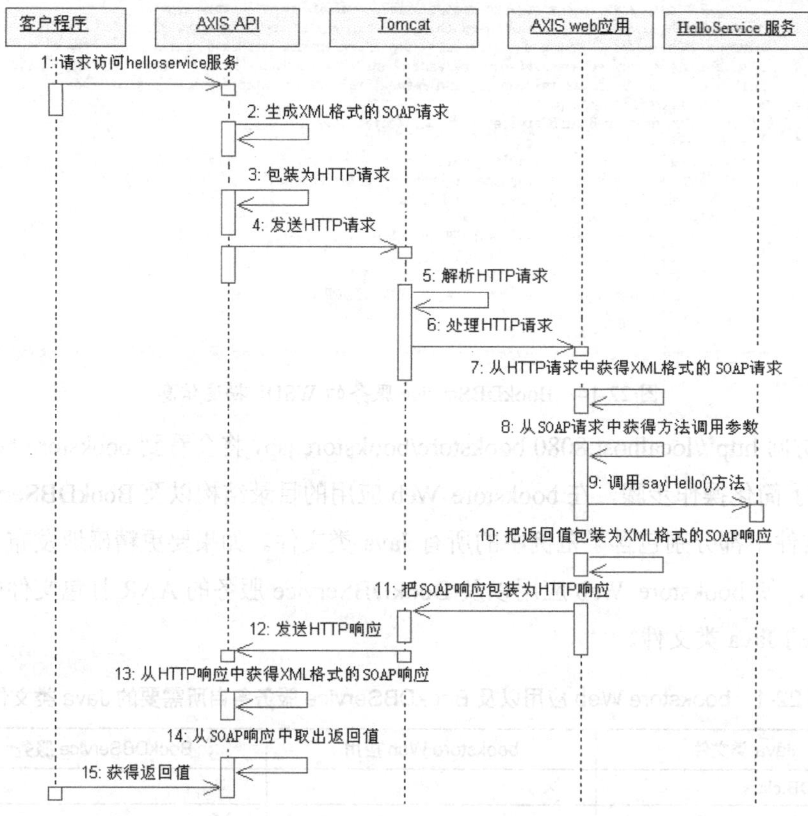

图 22-15　客户程序访问名为 HelloService 的 Web 服务的时序图

归纳起来，本书对 bookstore 应用的业务逻辑层分别采用了三种实现方式：

（1）采用普通的 BookDB JavaBean 来实现，参见第 7 章（bookstore 应用简介）。

（2）采用 BookDB EJB 组件来实现，参见第 21 章（在 Web 应用中访问 EJB 组件）。

（3）采用 Web 服务来实现，参见本章。

22.8　思考题

1．关于 SOAP，以下哪些说法正确？（多选）

（a）SOAP 是基于 XML 语言的数据交换协议。

（b）SOAP 可以建立在 HTTP 协议基础之上。

（c）SOAP 要求服务器端与客户端都是 Java 程序。

（d）SOAP 要求在网络上传输的 Java 类型都实现 java.io.Serializable 接口。

2．用 Tomcat 服务器来发布 Axis Web 应用时，Tomcat 有什么作用？（多选）

（a）接收 HTTP 请求　　（b）解析 HTTP 请求
（c）充当 Axis Web 应用的容器
（d）把 SOAP 响应包装为 HTTP 响应，并发送 HTTP 响应
（e）解析 SOAP 请求，对其中的参数进行反序列化

3．Axis Web 应用有什么作用？（多选）
（a）把 SOAP 服务的返回结果包装为符合 HTTP 规范的 HTTP 响应结果
（b）解析 SOAP 请求，对其中的参数进行反序列化
（c）调用相应的 SOAP 服务
（d）把 SOAP 服务的返回结果包装为 SOAP 响应

4．对于建立在 HTTP 协议上的 SOAP，SOAP 请求与 HTTP 请求之间是什么关系？（单选）
（a）SOAP 请求是 HTTP 请求的正文部分
（b）HTTP 请求是 SOAP 请求的正文部分
（c）SOAP 请求是 HTTP 请求的头部分
（d）两者没有关系

5．对于本章介绍的 HelloService 例子，以下哪个选项依赖于 Axis 的客户端 API？（单选）
（a）服务器端的 HelloService 类　　（b）Tomcat 服务器
（c）Axis Web 应用　　（d）客户端的 HelloClient 类

6．对于本章介绍的 bookstore 应用的 BookDBDelegate 类，以下哪些说法正确？（多选）
（a）它被发布到 Axis Web 应用中，提供 SOAP 服务。
（b）它通过 JDBC API 访问 MySQL 数据库。
（c）它通过 Axis 的客户端 API 访问 SOAP 服务。
（d）bookstore Web 应用中的 JSP 组件会直接访问 BookDBDelegate 类。

7. JavaEE 架构和 Web 服务架构都是一种分布式的软件架构，以下哪些选项属于这两种架构的共同特点？（多选）
（a）客户端和服务器端可以是由不同的任意编程语言开发出来的程序。
（b）客户端和服务器端可以位于不同的操作系统平台上。
（c）客户端和服务器端之间远程通信以 XML 作为数据交换语言。
（d）负责完成业务逻辑的组件具有较高的可重用性。

8．实验题：在本地机器上启动两个 Tomcat 服务器进程，一个进程监听 80 端口，另一个进程监听 8080 端口。修改 bookstore 应用的部分代码，然后进行如下操作：
（1）把 bookstore Web 应用发布在监听 8080 端口的 Tomcat 服务器上。

（2）把 Axis Web 应用发布在监听 80 端口的 Tomcat 服务器上。

（3）把 BookDBService 服务发布在 Axis Web 应用中。

（4）通过浏览器访问 bookstore Web 应用。

参考答案

1．a,b　2．a,b,c,d　3．b,c,d　4．a　5．d　6．c,d　7．b,d

8．提示：由于 BookDBService 服务所在的 Tomcat 服务器监听 80 端口，因此要对 BookDBDelegate 类的代码作如下修改，重新设定 BookDBService 服务的 URL：

```
public BookDBDelegate() throws Exception{
   //使用 RPC 方式调用 WebService
   serviceClient = new RPCServiceClient();
   Options options = serviceClient.getOptions();
   //指定调用 WebService 的 URL
   EndpointReference targetEPR = new EndpointReference(
        "http://localhost:80/axis2/services/BookDBService");
   options.setTo(targetEPR);
}
```

第 23 章　Web 应用的 MVC 设计模式

MVC 是 Model-View-Controller 的简称，即模型-视图-控制器。MVC 是 Xerox PARC 在八十年代为编程语言 Smalltalk－80 发明的一种软件设计模式，至今已被广泛使用。最近几年被推荐为 JavaEE 平台的主流设计模式，受到越来越多的 Web 开发者的欢迎。

本章首先介绍了 MVC 设计模式的结构和优点，接着介绍了在 Java Web 开发领域的两种设计模式：JSP Model1 和 JSP Molde2，然后介绍了 Spring MVC 框架实现 MVC 的机制。

Spring 是轻量级的开源 JavaEE 框架，而 Spring MVC 是 Spring 框架的一个扩展功能，为 Java Web 应用提供了现成的通用的 MVC 框架结构。Spring MVC 框架可以大大提高 Web 应用的开发速度。如果没有 Spring MVC，开发人员将不得不首先花大量的时间和精力设计和开发自己的框架。如果在 Web 应用中恰到好处地使用 Spring MVC，将把从头开始设计框架的时间节省下来，使得开发人员可以把精力集中在如何解决实际业务问题上。

而且，Spring MVC 本身是一群经验丰富的 Web 开发专家的集体智慧的结晶，它在全世界范围内得到广泛运用，并得到一致认可。因此，对于开发大型复杂的 Web 应用，Spring MVC 是不错的框架选择。

本章最后以 helloapp 应用为例，简要介绍了在 Web 应用中使用 Spring MVC 的方法。

23.1　MVC 设计模式简介

MVC 是一种设计模式，它强制性地把应用程序的数据展示、数据处理和流程控制分开。MVC 把应用程序分成三个核心模块：模型、视图和控制器，它们分别担当不同的任务。图 23-1 显示了这几个模块各自的功能以及它们的相互关系。

视图

视图是用户看到并与之交互的界面。视图向用户显示相关的数据，并能接收用户的输入数据，但是它并不进行任何实际的业务处理。视图可以向模型查询业务状态，但不能改变模型。视图还能接受模型发出的数据更新事件，从而对用户界面进行同步更新。

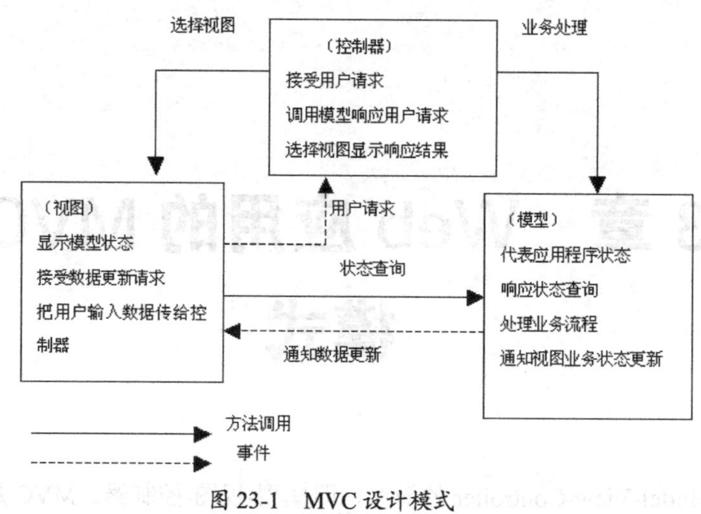

图 23-1　MVC 设计模式

提示

对于基于请求/响应方式的 Web 应用，模型位于 Web 服务器端，视图位于用户浏览器端，目前无法做到模型向视图主动发出数据更新事件，使用户界面能自动刷新。

模型

模型是应用程序的主体部分。模型表示业务数据和业务逻辑。一个模型能为多个视图提供数据。由于同一个模型可以被多个视图重用，所以提高了模型的可重用性。

控制器

控制器负责应用的流程控制。所谓流程控制，这里是指接受用户的输入并调用相应的模型和视图去完成用户的需求。当 Web 用户单击 Web 页面中的提交按钮来发送 HTML 表单时，控制器接收请求并调用相应的模型组件去处理请求，然后调用相应的视图来显示模型返回的数据。

MVC 处理过程

现在总结一下 MVC 处理过程，首先控制器接收用户的请求，并决定应该调用哪个模型来进行处理；然后模型根据客户请求进行相应的业务逻辑处理，并返回数据；最后控制器调用相应的视图来格式化模型返回的数据，并通过视图呈现给用户。

MVC 的优点

在最初的 JSP 网页中，像数据库查询语句这样的数据库访问代码和像 HTML 这样的表示层代码混在一起。经验比较丰富的开发者会将数据库访问代码从表示层分离开来，但这通常不是很容易做到的，它需要精心的设计和不断地尝试。MVC 从根本上强制性地将它们分开。尽管构造 MVC 应用程序需要一些额外的工作，但是它给开发人员带来的诸多优点是无庸质疑的。

首先，多个视图能共享一个模型。如今，同一个 Web 应用程序会提供多种用户界面，例如用户希望既能通过浏览器来收发电子邮件，还希望通过手机来访问电子邮箱，这就要求 Web 网站同时提供 Web 界面和 WAP 界面。在 MVC 设计模式中，模型响应客户请求并返回响应数据，视图负责格式化数据并把它们呈现给用户，业务逻辑和表示层分离，同一个模型可以被不同的视图重用，所以大大提高了代码的可重用性。

其次，模型是自包含的，与控制器和视图保持相对独立，所以可以方便地改变应用程序的业务数据和业务规则。如果把数据库从 MySQL 移植到 Oracle，或者把 RDBMS（Relational Database Management System，关系数据库管理系统）数据源改变成 LDAP（Lightweight Directory Access Protocol,轻量级目录访问协议）数据源，只需改变模型即可。一旦正确地实现了模型，不管数据来自数据库还是 LDAP 服务器，视图都会正确地显示它们。由于 MVC 的三个模块相互独立，改变其中一个不会影响其他两个，所以依据这种设计思想能构造良好的松耦合的构件。

此外，控制器提高了应用程序的灵活性和可配置性。控制器可以用来联接不同的模型和视图去完成用户的需求，控制器可以为构造应用程序提供强有力的组合手段。给定一些可重用的模型和视图，控制器可以根据用户的需求选择适当的模型进行处理，然后选择适当的视图将处理结果显示给用户。

MVC 的适用范围

使用 MVC 需要精心的设计，由于它的内部原理比较复杂，所以需要花费一些时间去理解它。将 MVC 运用到应用程序中，会带来额外的工作量，增加应用的复杂性，所以 MVC 不适合小型应用程序。

但对于开发存在大量用户界面，并且业务逻辑复杂的大型应用程序，MVC 将会使软件在健壮性和代码可重用性方面上一个新的台阶。尽管在最初构建 MVC 框架时会花费一定的工作量，但从长远角度看，它会大大提高后期软件开发的效率。

23.2　JSP Model1 和 JSP Model2

尽管 MVC 设计模式很早就出现了，但在 Web 应用的开发中引入 MVC 却是步履维艰。主要原因是在早期的 Web 应用的开发中，程序代码和 HTML 代码的分离一直难以实现。例如在 JSP 网页中执行业务逻辑的程序代码和 HTML 表示层代码混杂在一起，因而很难分离出单独的业务模型。产品设计弹性力度很小，很难满足用户的变化性需求。

在早期的 Java Web 应用中，JSP 文件负责处理业务逻辑、控制网页流程并创建 HTML 页面，参见图 23-2。JSP 文件是一个独立的、自主完成所有任务的模块，这给 Web 开发带来一系列问题：

- HTML 代码和 Java 程序代码强耦合在一起：JSP 文件的编写者必须既是网页设计者，又是 Java 开发者。但实际情况是，多数 Web 开发人员要么只精通网页设计，能够设计出漂亮的网页外观，但是编写的 Java 代码很糟糕；要么仅熟悉 Java 编程，能够编写健壮的 Java 代码，但是设计的网页外观很难看。这两种才能皆备的开发人员并不多见。

- 内嵌的流程控制逻辑：要理解应用程序的整个流程，必须浏览所有 JSP 页面，试想一下拥有 100 个网页的网站的错综复杂的流程控制逻辑。
- 调试困难：除了很糟的外观之外，HTML 标记、Java 代码和 JavaScript 代码都集中在一个网页中，使调试变得相当困难。
- 可维护性差：更改业务逻辑或控制流程往往牵涉相关的多个 JSP 页面。
- 可读性差：设想有 1000 行代码的网页，其编码样式看起来杂乱无章。即使有彩色语法显示，阅读和理解这些代码仍然比较困难。

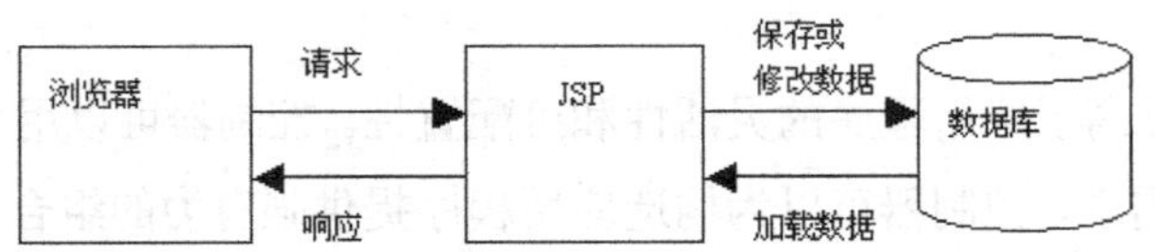

图 23-2　JSP 作为自主独立的模块

为了解决以上问题，在 Java Web 开发领域先后出现了两种设计模式，称为 JSP Model1 和 JSP Model2。虽然 Model1 在一定程度上实现了 MVC 中的视图和模型，但是它的运用并不理想；直到基于 JavaEE 的 JSP Model2 问世才得以改观。JSP Model 2 用 JSP 技术实现视图的功能，用 Servlet 技术实现控制器的功能，用 JavaBean 技术实现模型的功能。

JSP Model 1 和 JSP Model 2 的本质区别在于负责流程控制的组件不同。在 Model 1 中，如图 23-3 所示，JSP 页面负责调用模型组件来响应客户请求，并将处理结果返回用户。JSP 即要负责流程控制，还要负责产生用户界面，因此同时充当视图和控制器的功能，未能实现这两个模块之间的独立和分离。尽管 Model 1 十分适合简单应用的需要，但它不适合开发复杂的大型应用程序。不加选择地随意运用 Model 1，仍然会导致 JSP 页内嵌入大量的 Java 代码。尽管这对于 Java 程序员来说可能不是什么大问题，但如果 JSP 页面是由网页设计人员开发并维护的（通常这是开发大型项目的规范），这就确实是个问题了。从根本上讲，将导致角色定义不清和职责分配不明，给项目管理带来很多麻烦。

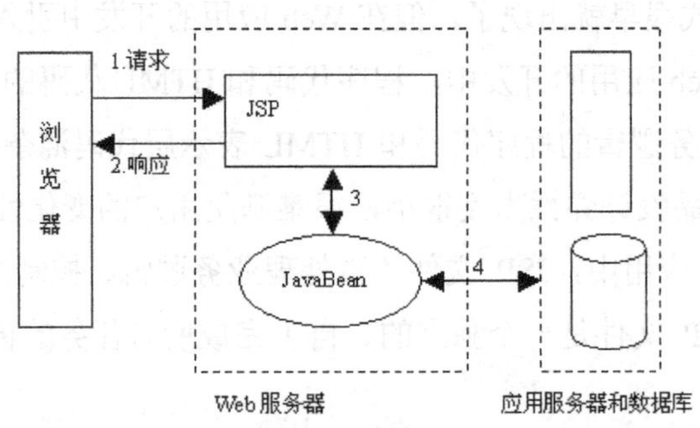

图 23-3　JSP Model1

提示

本书介绍的 bookstore 应用采用了 JSP Model1 体系结构。JSP 负责生成视图和流程控制。模型层可以用 JavaBean、EJB 组件或者 Web 服务来实现。

JSP Model 2 体系结构，如图 23-4 所示，是一种联合使用 JSP 与 Servlet 来提供动态内容服务的方法。它吸取了 JSP 和 Servlet 两种技术各自的突出优点，用 JSP 生成表示层的内容，让 Servlet 完成深层次的处理任务。在这里，Servlet 充当控制器的角色，负责处理客户请求，创建 JSP 页面需要使用的 JavaBean 对象，根据客户请求选择合适的 JSP 页面返回给用户。在 JSP 页面内没有流程控制逻辑，它仅负责检索原先由 Servlet 创建的 JavaBean 对象，把 JavaBean 对象包含的数据作为动态内容插入到静态模板。这是一种有突破性的软件设计方法，它清晰地分离了数据展示、数据处理和流程控制，明确了角色定义以及软件开发者与网页设计者的分工。事实上，项目越复杂，使用 Model 2 设计模式的好处就越大。

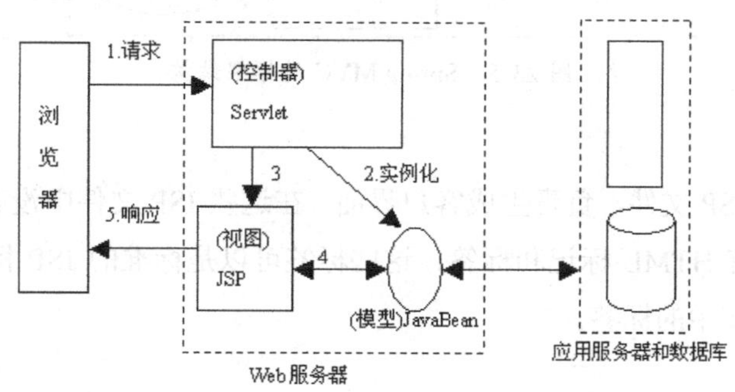

图 23-4　JSP Model2

23.3　Spring MVC 概述

当建筑师开始一个建筑项目时，首先要设计该建筑的框架结构，有了这份蓝图，接下来的实际建筑过程才会有条不紊，井然有序。同样，软件开发者开始一个软件项目时，首先也应该构思该软件应用的框架，规划软件模块，并定义这些模块之间的接口和关系。框架可以提高软件开发的速度和效率，并且使软件更便于维护。

对于开发 Web 应用，要从头设计并开发出一个可靠、稳定的框架并不是件容易的事。幸运的是，随着 Web 开发技术的日趋成熟，在 Web 开发领域出现了一些现成的优秀的框架，开发者可以直接使用它们，Spring MVC 就是一种不错的选择，它是基于 MVC 的 Web 应用框架。

23.3.1　Spring MVC 的框架结构

Spring MVC 是基于 JSP Model2 的一个 MVC 框架。在 Spring MVC 框架中，模型由实现业务逻辑的 JavaBean 或 EJB 组件构成，控制器由 Spring MVC 自带的 DispatcherServlet 类和由用户自定义的一系列 Controller 组件来实现，视图由一组 JSP 文件构成。图 23-5 显示了 Spring MVC 的框架结构。

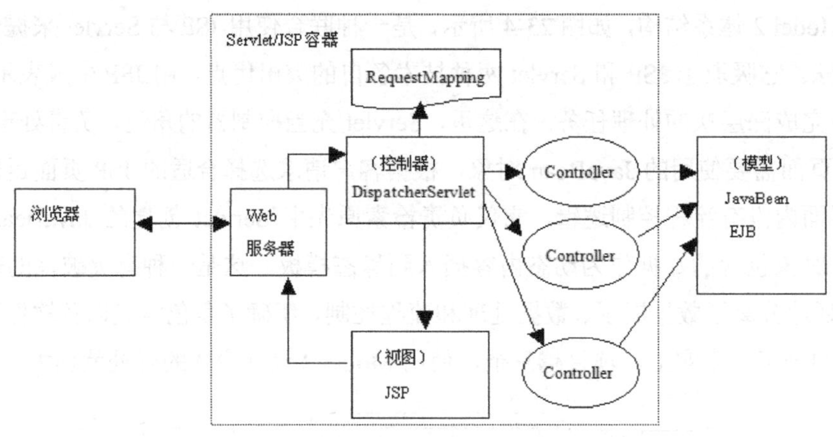

图 23-5　Spring MVC 的框架结构

视图

视图就是一组 JSP 文件，负责生成客户界面。在这些 JSP 文件中没有业务逻辑，也没有流程控制逻辑，只有 HTML 标记和标签，这些标签可以是标准的 JSP 标签或自定义 JSP 标签，如 Spring 标签库中的标签。

模型

模型表示应用程序的业务数据和业务逻辑。对于大型应用，业务逻辑通常由 JavaBean 或 EJB 组件实现。

控制器

控制器由 Spring MVC 提供的 DispatcherServlet 类和用户自定义的 Controller 组件来实现。org.springframework.web.servlet.DispatcherServlet 类是 Spring MVC 框架中的核心组件。DispatcherServlet 实现了 javax.servlet.http.HttpServlet 接口，它在 MVC 模型中扮演中央控制器的角色。DispatcherServlet 主要负责接收 HTTP 请求信息，根据 RequetMapping（请求映射，即用户请求的 URL 与实际的 Controller 组件的对应关系）信息，把请求转发给适当的 Controller 组件。如果该 Controller 组件还不存在，DispatcherServlet 会先创建这个 Controller 组件。

Controller 组件负责调用模型的方法，更新模型的状态，并帮助控制应用程序的流程。对于小型简单的应用，Controller 本身也可以完成一些实际的业务逻辑。

对于大型应用，Controller 充当客户请求和业务逻辑处理之间的适配器（Adaptor），其功能就是将数据展示与业务逻辑分离。Controller 根据客户请求调用相关的业务逻辑组件。业务逻辑由 JavaBean 或 EJB 来完成，Controller 侧重于控制应用程序的流程，而不是实现应用程序的业务逻辑。通过将业务逻辑放在单独的 JavaBean 或 EJB 组件中，可以提高应用程序的灵活性和可重用性。

创建用户自定义的 Controller 组件非常简单，只要把一个类加上@Controller 标注，它就成为一个 Controller 组件。例程 23-1 的 SampleController 类就是一个简单的 Controller 组件：

例程 23-1　SampleController.java

```
@Controller
@RequestMapping("/hello")
public class SampleController {
  @RequestMapping(method = RequestMethod.GET)
  public String printHello(ModelMap model) {
    model.addAttribute("message", "Hello Spring MVC Framework!");
    return "result";
  }
}
```

以上 pirntHello()方法的返回值“result”表示一个 Web 组件的逻辑名字，接下来，DispatcherServlet 参考 Spring MVC 配置文件（参见本章 23.4.5 节），获取与逻辑名字“result”对应的目标组件的实际 URL，然后再把请求转发给该目标组件。

RequestMapping 信息

上面讲到客户请求是通过 DispatcherServlet 处理和转发的。那么，DispatcherServlet 如何决定把客户请求转发给哪个 Controller 组件呢？这就需要先设定客户请求的 URL 路径和 Controller 组件之间的映射关系。在以上例程 23-1 的 SampleController 类中，@RequestMapping 标注用于设定这种映射关系：

- 位于 SampleController 类前面的@RequestMapping("/hello")表明当客户端请求访问“/hello”URL 时，DispatherServlet 控制器就会调用这个 SampleController 组件。也就是说，为 SampleController 组件映射的 URL 为“/hello”。
- 位于 printHello()方法前面的@RequestMapping(method = RequestMethod.GET)表明，当客户端通过 HTTP GET 方式请求访问 SampleController 组件时，DispatherServlet 控制器就会调用该 pringHello()方法。

例程 23-1 的 SampleController 类也可以改写为：

```
@Controller
public class SampleController {
  @RequestMapping(value = "/hello", method = RequestMethod.GET)
  public String printHello(ModelMap model) {
    model.addAttribute("message", "Hello Spring MVC Framework!");
    return "result";
  }
}
```

以上@RequestMapping 标注的 value 属性设定访问 SampleController 组件的 printHello()方法的 URL 为“/hello”。

23.3.2　Spring MVC 的工作流程

对于采用 Spring MVC 框架的 Web 应用，在 Web 应用启动时就会加载并初始化 DispatcherServlet。当 DispatcherServlet 接收到一个要访问特定 Controller 组件的客户请求时，将执行如下流程。

（1）检索和客户请求匹配的 Controller 组件，如果不存在，就先创建这个组件。然后调用 Controller 组件的相关方法。

（2）Controller 组件的相关方法调用模型层的有关组件来处理业务逻辑，再指定下一步负责处理请求的目标组件的逻辑名字。

（3）DispatcherServlet 参考 Spring MVC 配置文件（参见本章 23.4.5 节），获取与 Controller 组件指定的逻辑名字对应的目标组件的实际 URL，然后再把请求转发给该目标组件。如果该目标组件是 JSP 文件，那么该 JSP 文件会把包含响应结果的视图呈现给客户。

23.4 创建采用 Spring MVC 的 Web 应用

为了把 Spring MVC 运用到 Web 应用中，首先需要下载与操作系统对应的 Spring 软件包，下载地址为 https://repo.spring.io/libs-release-local/org/springframework/spring/，本书的技术支持网页（www.javathinker.net/Java Web.jsp）上也提供了 Spring 软件包的下载。

23.4.1 建立 Spring MVC 的环境

把 Spring 软件包 spring-framework-X.RELEASE-dist.zip 解压到本地，把其中 libs 目录下的 JAR 文件考复制到 Web 应用的 WEB-INF/lib 目录下。如图 23-6 展示了基于 Sping MVC 的 helloapp 应用的目录结构。

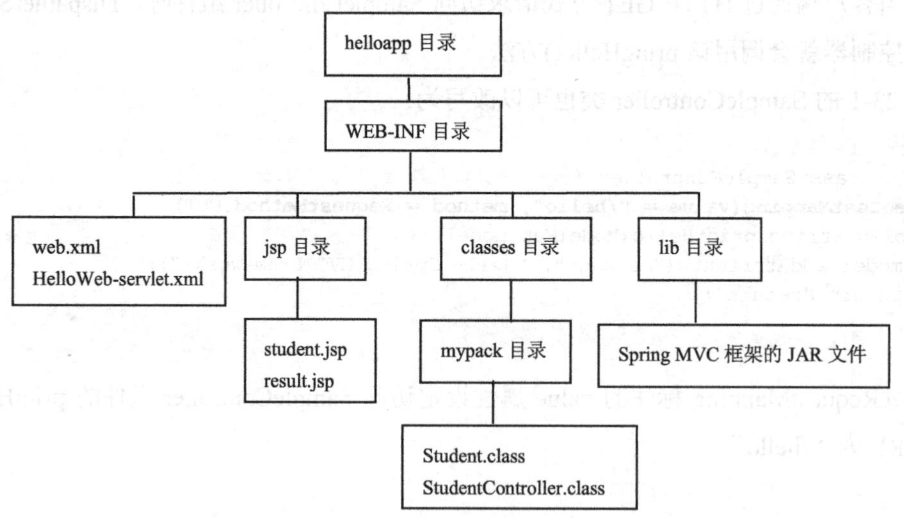

图 23-6 helloapp 应用的目录结构

23.4.2 创建视图

Spring MVC 的视图是一组包含了 Spring 标签的 JSP 文件。在本例中，视图层包括

student.jsp 和 result.jsp 两个文件。student.jsp 负责生成一个 HTML 表单，让客户端输入学生信息。student.jsp 的 HTML 表单由 URL 为"/helloapp/addStudent"的 Web 组件来处理：

```
<form:form method = "POST" action = "/helloapp/addStudent">
…
</form:form>
```

student.jsp 使用了 Spring 标签库中的标签。例程 23-2 是 student.jsp 的代码。

例程 23-2 student.jsp

```
<%@page contentType = "text/html;charset = UTF-8" language = "java" %>
<%@taglib uri = "http://www.springframework.org/tags/form"
                               prefix = "form"%>
<html>
 <head>
  <title>Spring MVC Sample</title>
 </head>

 <body>
  <h2>Student Information</h2>
  <form:form method = "POST" action = "/helloapp/addStudent">
   <table>
    <tr>
     <td><form:label path = "name">Name</form:label></td>
     <td><form:input path = "name" /></td>
    </tr>
    <tr>
     <td><form:label path = "age">Age</form:label></td>
     <td><form:input path = "age" /></td>
    </tr>
    <tr>
     <td><form:label path = "id">ID</form:label></td>
     <td><form:input path = "id" /></td>
    </tr>
    <tr>
     <td colspan = "2">
      <input type = "submit" value = "Submit"/>
     </td>
    </tr>
   </table>
  </form:form>
 </body>
</html>
```

以上 student.jsp 代码中的<form:form>、<form:label>和<form:input>标签来自于 Spring 标签库，用来生成 HTML 表单。

result.jsp 负责显示客户端输入的学生信息，例程 23-3 是它的源代码。

例程 23-3 result.jsp

```
<%@page contentType = "text/html;charset = UTF-8" language = "java" %>
<%@page isELIgnored = "false" %>
<%@taglib uri = "http://www.springframework.org/tags/form"
                                 prefix = "form"%>
<html>
 <head>
```

```
    <title>Spring MVC Sample</title>
  </head>

  <body>
    <h2>Submitted Student Information</h2>
    <table>
      <tr>
        <td>Name:</td>
        <td>${name}</td>
      </tr>
      <tr>
        <td>Age:</td>
        <td>${age}</td>
      </tr>
      <tr>
        <td>ID:</td>
        <td>${id}</td>
      </tr>
    </table>
  </body>
</html>
```

23.4.3 创建模型

在 Spring MVC 的模型层，可以创建表示业务数据或实现业务逻辑的 JavaBean 组件。例程 23-4 的 Student 类是一个 JavaBean，它表示本范例应用的业务数据。

例程 23-4 Student.java

```
package mypack;
public class Student {
  private Integer age;
  private String name;
  private Integer id;

  public void setAge(Integer age) {
    this.age = age;
  }
  public Integer getAge() {
    return age;
  }
  public void setName(String name) {
    this.name = name;
  }
  public String getName() {
    return name;
  }
  public void setId(Integer id) {
    this.id = id;
  }
  public Integer getId() {
    return id;
  }
}
```

对于非常简单的 Java Web 应用，业务逻辑也可以直接由控制器层的 Controller 来完成。在本例中，业务逻辑将直接由 StudentController 来完成。

23.4.4 创建 Controller 组件

下面创建一个类名叫 StudentController 的 Controller 组件，参见例程 23-5。StudentController 类有两个方法：

- student()方法：对应的 URL 为“/student”，请求方式为 HTTP GET 方式。
- addStudent()方法：对应的 URL 为“/addStudent”，请求方式为 HTTP POST 方式。

例程 23-5 StudentController.java

```
package mypack;

import org.springframework.stereotype.Controller;
import org.springframework.web.bind.annotation.ModelAttribute;
import org.springframework.web.bind.annotation.RequestMapping;
import org.springframework.web.bind.annotation.RequestMethod;
import org.springframework.web.servlet.ModelAndView;
import org.springframework.ui.ModelMap;

@Controller
public class StudentController {

  @RequestMapping(value ="/student", method =RequestMethod.GET)
  public ModelAndView student() {
    return new ModelAndView("student", "command", new Student());
  }

  @RequestMapping(value ="/addStudent", method =RequestMethod.POST)
  public String addStudent(
      @ModelAttribute("SpringWeb")Student student,ModelMap model){
    model.addAttribute("name", student.getName());
    model.addAttribute("age", student.getAge());
    model.addAttribute("id", student.getId());

    return "result";
  }
}
```

当客户端以 HTTP GET 方式请求访问 http://localhost:8080/helloapp/student，Spring MVC 的 DispatcherServlet 就会把请求转发给 StudentController 的 student()方法，这个方法返回一个 ModelAndView 对象，它表示把模型数据和视图绑定在一起的对象。在本例中，“new ModelAndView("student", "command", new Student())”中的三个参数的含义如下：

- 第一个参数“student”表示视图组件的逻辑名字为“student”，实际上对应 WEB-INF/jsp/student.jsp 文件。本章 23.4.5 节会介绍如何在 Spring MVC 配置文件中配置这种对应关系。
- 第二个参数“command”表明逻辑名为“student”的视图组件中的 HTML 表单需要

与第三个参数指定的 Student 对象绑定。

- 第三个参数“new Student()”提供了一个新建的 Student 对象。Spring MVC 框架会负责把客户端在 HTML 表单中输入的数据填充到这个 Student 对象中。

DispatcherServlet 接收到 StudentController 的 student()方法返回的 ModelAndView 对象后，会把请求再转发給逻辑名字为“student”的视图组件，即 WEB-INF/jsp/student.jsp 文件。

如图 23-7 显示了 Spring MVC 框架响应“/student”URL 的流程。

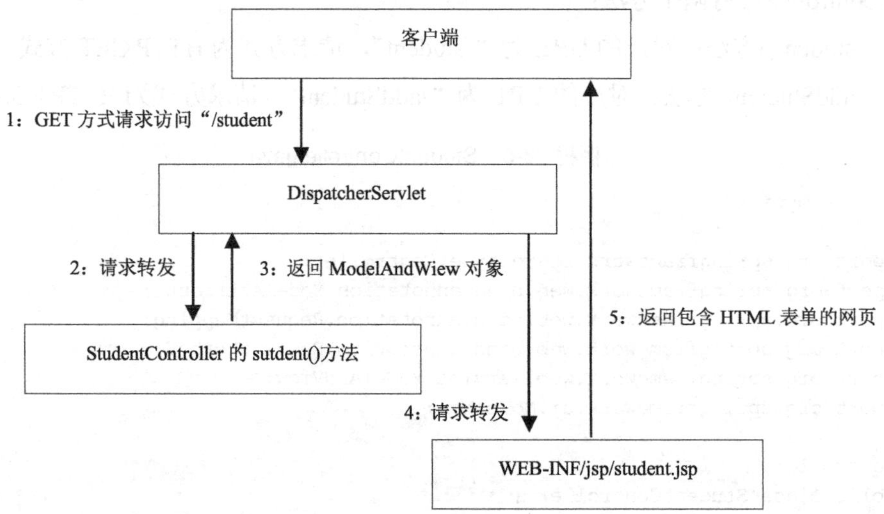

图 23-7　Spring MVC 框架响应“/student”URL 的流程

student.jsp 生成的网页如图 23-8 所示。

localhost:8080/helloapp/student

Student Information

Name

Age

ID

Submit

图 23-8　student.jsp 生成的网页

客户在图 23-8 所示的 HTML 表单中输入学生的相关信息，然后提交表单，这时浏览器会以 POST 方式请求访问“/helloapp/addStudent”URL。

Spring MVC 框架的 DispatcherServlet 接受到客户端的请求后，先把包含学生信息的 HTML 表单数据填充到表示模型数据的 Student 对象中，接下来 DispatcherServlet 就把请求转发給 StudentController 的 addStudent()方法。

StudentController 的 addStudent()方法读取 Student 对象的各个属性，再把它存放到一个 ModelMap 对象中：

```
//model 变量为ModelMap 类型
model.addAttribute("name", student.getName());
```

```
model.addAttribute("age", student.getAge());
model.addAttribute("id", student.getId());
```

StudentController 的 addStudent()方法接下来返回一个字符串“result”，它是一个 Web 组件的逻辑名字，实际上对应 WEB-INF/jsp/result.jsp 文件。DispatcherServlet 再把请求转发給 result.jsp 文件。result.jsp 文件中的${name}、${age}和${id}标记会显示由 StudentController 存放在 ModelMap 对象中的 name、age 和 id 属性的值。由此可见，控制层可以借助 ModelMap 对象向视图层传递数据。

如图 23-9 是 result.jsp 返回的包含学生信息的网页。

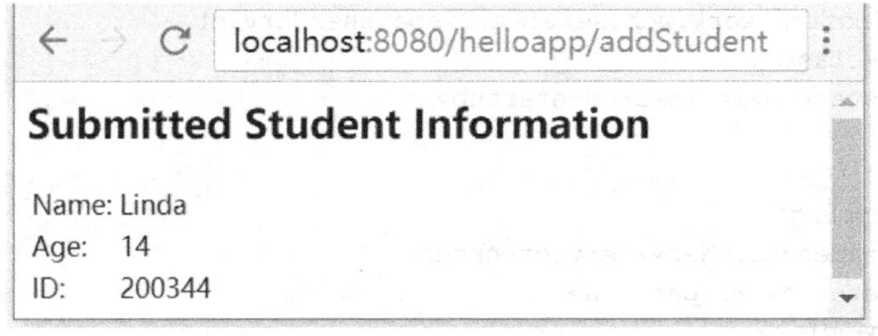

图 23-9　result.jsp 返回的包含学生信息的网页

如图 23-10 显示了 Spring MVC 框架响应“/helloapp/addStudent”URL 的流程。

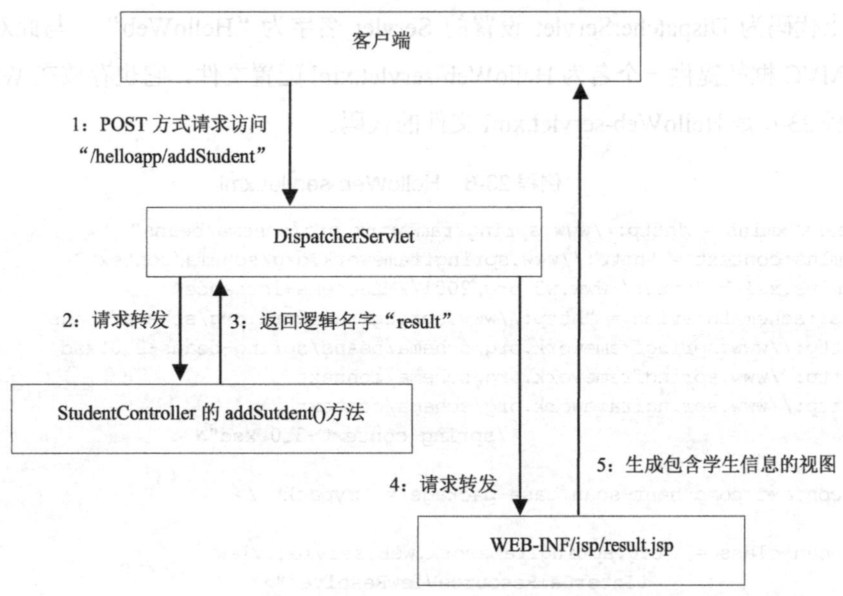

图 23-10　Spring MVC 框架响应“/helloapp/addStudent”URL 的流程

23.4.5　创建 web.xml 文件和 Spring MVC 配置文件

在 web.xml 文件中，应该对 Spring MVC 框架的中央控制枢纽 DispatcherServlet 进行配置：

```
<?xml version="1.0" encoding="UTF-8"?>

<web-app xmlns="http://xmlns.jcp.org/xml/ns/javaee"
  xmlns:xsi="http://www.w3.org/2001/XMLSchema-instance"
  xsi:schemaLocation="http://xmlns.jcp.org/xml/ns/javaee
      http://xmlns.jcp.org/xml/ns/javaee/web-app_4_0.xsd"
  version="4.0" >

  <display-name>Spring MVC Sample</display-name>

  <servlet>
    <servlet-name>HelloWeb</servlet-name>
    <servlet-class>
      org.springframework.web.servlet.DispatcherServlet
    </servlet-class>
    <load-on-startup>1</load-on-startup>
  </servlet>

  <servlet-mapping>
    <servlet-name>HelloWeb</servlet-name>
    <url-pattern>/</url-pattern>
  </servlet-mapping>
</web-app>
```

以上代码为 DispatcherServlet 映射的 URL 为“/”，这意味着所有访问 helloapp 应用的客户请求都会先由 DispatcherServlet 来预处理，然后再由 DispatcherServlet 转发给后续组件。

以上代码为 DispatcherServlet 设置的 Servlet 名字为“HelloWeb”，与此对应，必须为 Spring MVC 框架提供一个名为 HelloWeb-servlet.xml 配置文件，它也存放在 WEB-INF 目录下。例程 23-6 是 HelloWeb-servlet.xml 文件的代码。

例程 23-6 HelloWeb-servlet.xml

```
<beans xmlns = "http://www.springframework.org/schema/beans"
  xmlns:context = "http://www.springframework.org/schema/context"
  xmlns:xsi = "http://www.w3.org/2001/XMLSchema-instance"
  xsi:schemaLocation = "http://www.springframework.org/schema/beans
  http://www.springframework.org/schema/beans/spring-beans-3.0.xsd
  http://www.springframework.org/schema/context
  http://www.springframework.org/schema/context
                                  /spring-context-3.0.xsd">

  <context:component-scan base-package = "mypack" />

  <bean class = "org.springframework.web.servlet.view
                 .InternalResourceViewResolver">

    <property name = "prefix" value = "/WEB-INF/jsp/" />
    <property name = "suffix" value = ".jsp" />
  </bean>

</beans>
```

以上代码指定负责解析视图组件的逻辑名字的类为“InternalResourceViewResolver”。它的 prefix 和 suffix 属性分别设定了视图文件的前缀与后缀。

例如，对于 StudentController 的 addStudent()方法返回的逻辑名字“result”，将被解析为“/WEB-INF/jsp/result.jsp”文件。

再例如，StudentController 的 student()方法返回一个 ModelAndView 对象，它包含的视图组件的逻辑名字为“student”，“student”将被解析为“/WEB-INF/jsp/student.jsp”文件。

23.5　运行 helloapp 应用

按以上步骤创建好 helloapp 应用后，就可以启动 Tomcat 服务器，运行 helloapp 应用。在本书配套源代码包的 sourcecode/chapter23/helloapp 目录下，提供了这个应用的所有源文件，可以直接将整个 helloapp 目录复制到<CATALINA_HOME>/webapps 目录下，就会发布这个应用。

通过浏览器访问 http://localhost:8080/helloapp/student ，就可以访问 helloapp 应用了。

23.6　小结

Spring MVC 把 MVC 设计模式运用到 Web 应用中，它由一组相互协作的类以及自定义 JSP 标签库组成。本章介绍了 Spring MVC 的框架体系和工作流程。Spring MVC 的最主要的组件包括：

- DispatcherServlet：它担当控制器角色，客户请求都通过 DispatcherServlet 来转发。
- Controller：它负责调用适当的 JavaBean 或 EJB 组件来完成业务逻辑，以及调用适当的 JSP 文件来展示响应结果。对于简单的 Web 应用，Controller 本身也可以完成业务逻辑。
- Spring MVC 配置文件：假定在 web.xml 文件中为 DispatcherServlet 设定的 Servlet 名字为“HelloWeb”，那么 Spring MVC 配置文件的名字为“HelloWeb-servlet.xml”，它的默认存放路径是 WEB-INF 目录。

本章通过 helloapp 应用介绍了在 Web 应用中使用 Spring MVC 的方法。在运行 helloapp 应用时，还详细介绍了 Spring MVC 的各个组件的工作流程，帮助读者进一步理解 Spring MVC 的工作原理。

23.7　思考题

1．在 Spring MVC 框架的视图中可包含哪些组件？（多选）

（a）JSP　（b）Servlet　（c）Controller 组件　（d）代表业务逻辑或业务数据的 JavaBean

（e）EJB 组件　（f）自定义 JSP 标签

2．在 Spring MVC 框架的控制器中可包含哪些组件？（多选）

（a）JSP　（b）Controller 组件　（c）代表业务逻辑或业务数据的 JavaBean

（d）DispatcherServlet　（e）自定义 JSP 标签

3．在 Spring MVC 框架的模型中可包含哪些组件？（多选）

（a）JSP　（b）Controller 组件　（c）代表业务逻辑或业务数据的 JavaBean

（d）EJB 组件　（e）自定义 JSP 标签

4．一个 Web 应用中包含这样一段逻辑：

```
if(用户还未登录)
  把请求转发给 login.jsp 登录页面;
else
  把请求转发给 shoppingcart.jsp 购物车页面;
```

以上逻辑应该由 MVC 的哪个模块来实现？（单选）

（a）视图　（b）控制器　（c）模型

5．一个 Web 应用中包含这样一段逻辑：

```
if(在数据库中已经包含特定用户信息)
  throw new BusinessException("该用户已经存在");
else
  把用户信息保存到数据库中;
```

以上逻辑应该由 MVC 的哪个模块来实现？（单选）

（a）视图　（b）控制器　（c）模型

6．一个 Web 应用中包含这样一段逻辑：

```
if(如果购物车为空)
  用红色字体显示文本"购物车为空";
else
  显示购物车中的所有内容;
```

以上逻辑应该由 MVC 的哪个模块来实现？（单选）

（a）视图　（b）控制器　（c）模型

7．在 Spring MVC 中，视图层的 JSP 文件主要借助哪个技术，从而把负责业务逻辑和流程控制的 Java 程序代码从 JSP 文件中分离出去？（单选）

（a）自定义 JSP 标签　（b）HTML 技术　（c）JSP 程序片段　（d）JavaScript

参考答案

1．a,f　2．b,d　3．c,d　4．b　5．c　6．a　7．a

第 24 章　Tomcat 的管理平台

Tomcat 提供了基于 Web 方式的管理平台，用户通过浏览器，就可以很方便地管理运行在 Tomcat 服务器上的 Web 应用，如发布、启动、停止或删除 Web 应用，以及查看 Web 应用状态。

24.1　访问 Tomcat 的管理平台

Tomcat 的管理平台是 Tomcat 自带的一个 Web 应用，它位于<CATALINA_HOME>/webapps/manager 目录下，因此称它为 manager 应用。

manager 应用会对试图登录的用户先进行安全验证。manager 应用要求用户具有特定的角色，这些角色决定了用户具有哪些访问权限：

- manager-gui 角色：允许访问 manager 应用的基于 HTML 格式的网页。
- manager-script 角色：允许用户访问 manager 应用的基于普通文本格式的网页。

为了能顺利访问 manager 应用，应该先在 Tomcat 中添加具有 manager-gui 角色和 manager-script 角色的用户信息，方法为打开<CATALINA_HOME>/conf/tomcat-users.xml 文件，在该文件中添加如下内容：

```
<tomcat-users>
  <role rolename="manager-gui"/>
  <role rolename="manager-script"/>

  <user name="tomcat" password="tomcat"
      roles="manager-gui,manager-script" />
</tomcat-users>
```

上述代码创建了一个名为 tomcat 的用户，他具有 manager-gui 和 manager-script 角色。这样，客户端就可以通过 tomcat 用户身份登录 manager 应用。本书第 25 章（安全域）对如何配置安全验证信息进行了详细介绍。

提示

tomcat-users.xml 文件修改后，应该重启 Tomcat 服务器，文件修改才能生效。

访问 manager 应用的 URL 为 http://localhost:8080/manager/html/，这个应用的登录页面如图 24-1 所示。

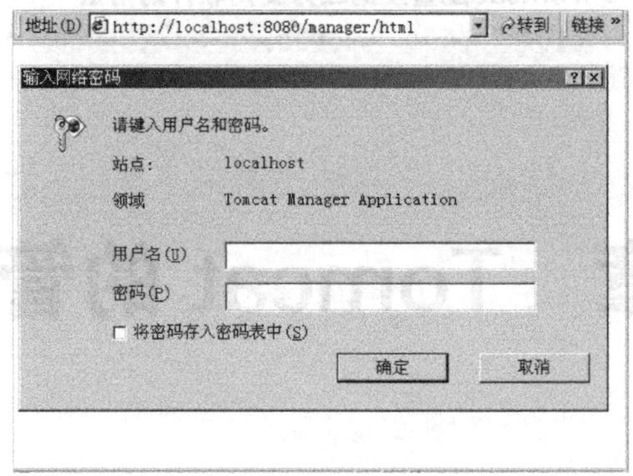

图 24-1　manager 应用的登录页面

24.2　Tomcat 的管理平台

在 Tomcat 管理平台的登录窗口中输入用户名：tomcat，口令：tomcat，将登录管理平台，显示如图 24-2 所示的页面。

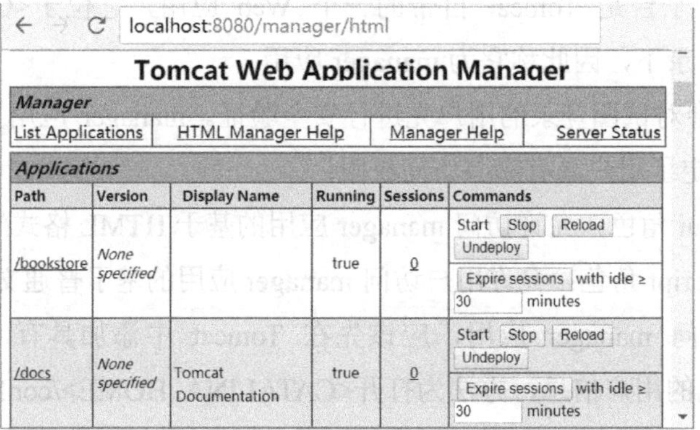

图 24-2　manager 应用的主页

24.2.1　管理 Web 应用

从本章 24.2 节的图 24-2 中可以看到，在 Tomcat 的管理平台上列出了所有的 Web 应用和它们的状态，并且提供了 Start、Stop、Reload 和 Undeploy 命令。通过这些命令，可以在 Tomcat 服务器始终处于运行状态下来管理 Web 应用。这些命令的描述参见表 24-1。

表 24-1　Web 应用的管理命令

命　令	描　述
Start	启动 Web 应用
Stop	停止 Web 应用
Reload	停止 Web 应用，重新加载 Web 应用的各种组件，如 Servlet、JSP 和类文件，然后重新启动 Web 应用
Undeploy	卸载 Web 应用，并且删除<CATALINA_HOME>/webapps 目录下该 Web 应用的文件资源

Tomcat 的管理平台可以发布 Web 应用，它提供了两种发布方式，如图 24-3 所示：

第一种方式：发布位于<CATALINA_HOME>/webapps 目录下的 Web 应用，

第二种方式：发布位于文件系统任意位置的 WAR 文件。

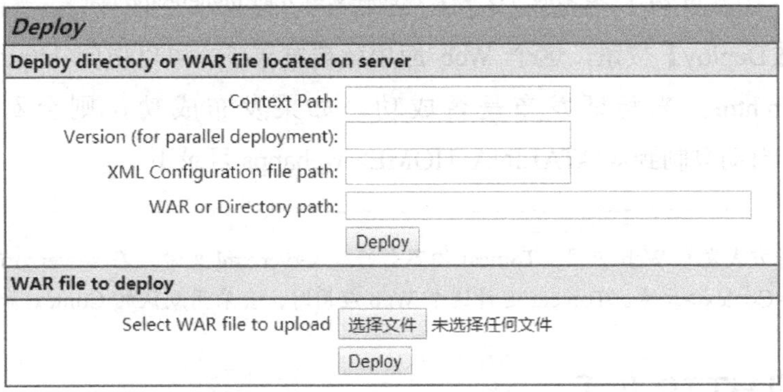

Deploy
Deploy directory or WAR file located on server
Context Path:
Version (for parallel deployment):
XML Configuration file path:
WAR or Directory path:
Deploy
WAR file to deploy
Select WAR file to upload 选择文件 未选择任何文件
Deploy

图 24-3　manager 应用中发布 Web 应用的界面

下面举例说明如何按照这两种方式发布 Web 应用。假定要发布一个名为 myhelloapp 的 Web 应用，可以把本书第 3 章的 3.3.2 节（按照默认方式发布 Java Web 应用）生成的 helloapp.war 文件改名为 myhelloapp.war。

（1）先按照第一种方式发布 Web 应用。把 myhelloapp.war 复制到<CATALINA_HOME>/webapps 目录下，接着在“Deploy directoy or WAR file located on server”一栏中输入如图 24-4 所示的内容。

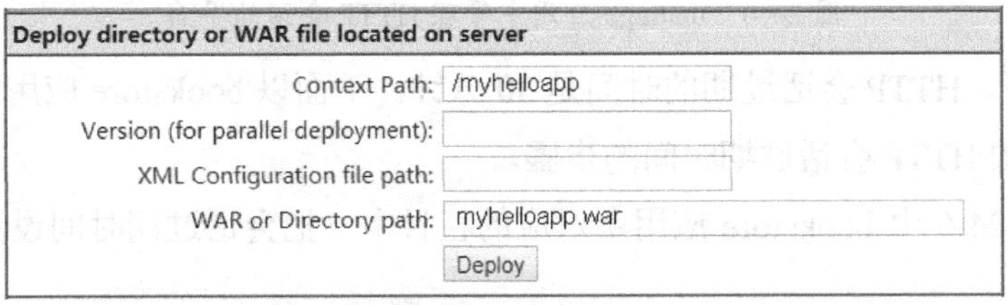

Deploy directory or WAR file located on server
Context Path: /myhelloapp
Version (for parallel deployment):
XML Configuration file path:
WAR or Directory path: myhelloapp.war
Deploy

图 24-4　发布位于 Tomcat 服务器上的 myhelloapp.war

然后单击【Deploy】按钮，这个 Web 应用就被发布了。可以访问 http://localhost:8080/myhelloapp/login.htm，来验证发布是否成功。

提示

默认情况下，Tomcat 在运行时会自动发布复制到 webapps 目录下的 war 文件。可以修改 conf/server.xml 文件中用于配置 localhost 虚拟主机的<Host>元素，把它的 autoDeploy 属性改为 false。然后再按照步骤（1）发布 myhelloapp.war。

（2）选择 Undeploy 命令删除 myhelloapp 应用，这个命令执行后，会发现<CATALINA_HOME>/webapps 目录下的 myhelloapp.war 文件被删除。

（3）接下来再按照第二种方式发布 Web 应用。把 myhelloapp.war 文件复制到文件系统的任意地方，比如 C:\myhelloapp.war，然后在“WAR file to deploy”一栏中单击【选择文件】按钮，然后选择 C:\myhelloapp.war 文件，如图 24-5 所示内容。

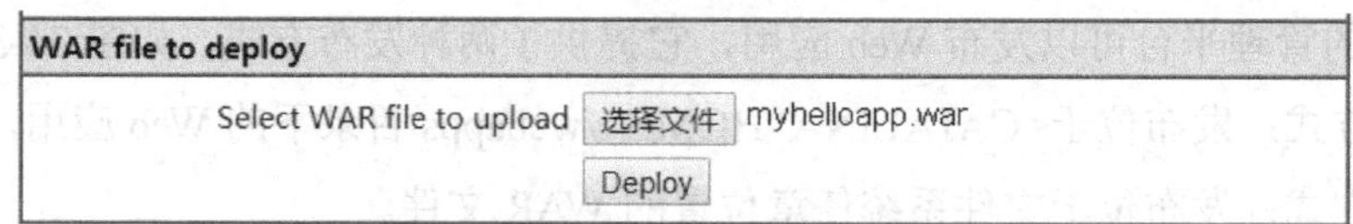

图 24-5　发布位于文件系统的任意地方的 myhelloapp.war

然后单击【Deploy】按钮，这个 Web 应用就被发布了。可以访问 http://localhost:8080/myhelloapp/login.htm，来验证发布是否成功。如果发布成功，则会看到 Tomcat 把 myhelloapp.war 自动复制到<CATALINA_HOME>/webapps 目录下。

提示

通过以上两种方式发布 Web 应用，Tomcat 均不会修改 server.xml 文件，在 server.xml 文件中不会添加这个 Web 应用的<Context>元素。Tomcat 运行这个 Web 应用时，会采用默认的 Context 配置。

24.2.2　管理 HTTP 会话

如下图 24-6 所示，Tomcat 的管理平台的主页上会列出每个 Web 应用当前与客户端展开的 HTTP 会话数目。

Path	Version	Running	Sessions	Commands
/bookstore	None specified	true	1	Start Stop Reload Undeploy Expire sessions with idle ≥ 30 minutes
/docs	None specified	true	0	Start Stop Reload Undeploy Expire sessions with idle ≥ 30 minutes

图 24-6　manage 应用中管理 HTTP 会话的界面

默认情况下，HTTP 会话过期的时间是 30 分钟。下面以 bookstore 应用为例，介绍修改特定 Web 应用的 HTTP 会话过期时间的步骤。

（1）在图 24-6 中 bookstore 应用所对应的栏目中，把会话过期时间设为 2 分钟，参见图 24-7。

（2）在 bookstore 应用所对应的栏目中，选择【Expire sessions】按钮，这时候，manager 应用会使得 bookstore 应用中所有闲置时间超过 2 分钟的会话都过期失效。manager 应用会把执行结果显示在网页上，参见图 24-7。

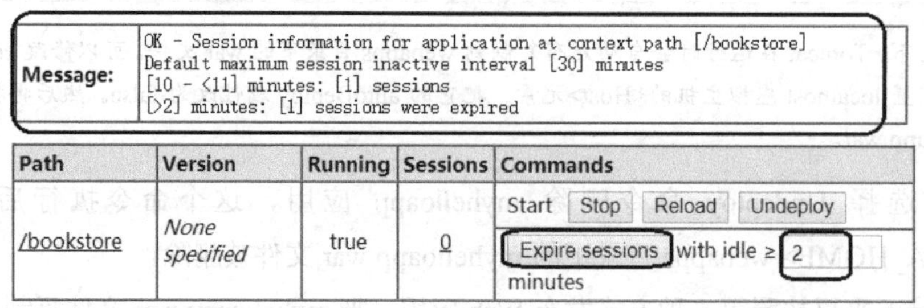

Message:

```
OK - Session information for application at context path [/bookstore]
Default maximum session inactive interval [30] minutes
[10 - <11] minutes: [1] sessions
[>2] minutes: [1] sessions were expired
```

Path	Version	Running	Sessions	Commands
/bookstore	None specified	true	0	Start Stop Reload Undeploy Expire sessions with idle ≥ 2 minutes

图 24-7　通过 Tomcat 管理平台设置特定 Web 应用的会话过期时间

从图 24-7 中“Message”栏目的反馈信息可以看出，bookstore 应用中有一个会话的闲置时间超过 2 分钟，所以它现在过期了。

24.2.3　查看 Tomcat 服务器信息

manager 应用还允许用户以特定的 URL 来查看 Tomcat 服务器的各种信息，manager 应用会以普通文本格式或者网页格式返回相关的信息。

1. 查看 Tomcat 所在的操作系统以及 Java 虚拟机的版本信息

在浏览器中输入 URL：

```
http://localhost:8080/manager/text/serverinfo
```

manager 应用就会返回关于 Tomcat 所在的操作系统，以及 Java 虚拟机的版本信息，参见图 24-8。

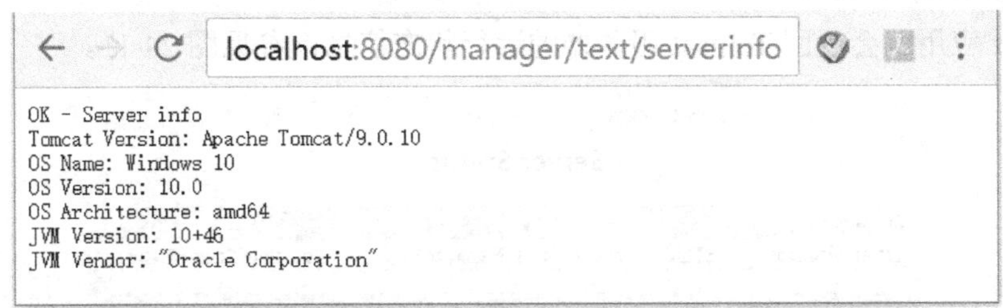

图 24-8　查看 Tomcat 所在的操作系统以及 Java 虚拟机的版本信息

2. 查看全局范围内可用的 JNDI 资源

在浏览器中输入 URL：

```
http://localhost:8080/manager/text/resources
```

manager 应用就会返回全局范围内可用的 JNDI 资源，参见图 24-9。

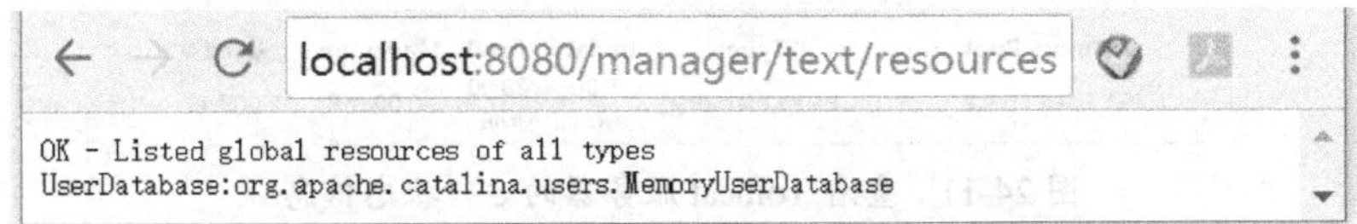

图 24-9　查看全局范围内可用的 JNDI 资源

3. 查看内存泄漏

在浏览器中输入 URL：

```
http://localhost:8080/manager/text/findleaks?statusLine=true
```

manager 应用就会返回存在内存泄漏的 Web 应用的信息，参见图 24-10。

图 24-10　查看内存泄漏

以上 URL 中 statusLine 请求参数的值为 true，表示每个存在内存泄漏的 Web 应用的信息都会在新的一行中显示。

所谓内存泄漏，是指当 Web 应用终止运行后，它的相关资源却没有被及时释放，依然占用着内存。当终止、重新加载或卸载一个 Web 应用时，可能会导致内存泄漏。

值得注意的是，用户必须非常谨慎地使用manager应用提供的这个查看内存泄漏的功能。因为manger应用在检查内存泄漏时，会促发Java虚拟机执行全面地垃圾回收操作。而在Java语言中，通过程序代码来促发 Java 虚拟机执行全面地垃圾回收操作是不可靠的，因为 Java 虚拟机是否一定执行垃圾回收操作，以及到底回收哪些垃圾取决于不同的 Java 虚拟机自身的实现以及本地的操作系统，所以具有很大的不确定性。

4.查看 Tomcat 服务器的运行状态信息

在浏览器中输入 URL：

```
http://localhost:8080/manager/status
```

manager 应用就会返回 Tomcat 服务器的运行状态信息，参见图 24-11。

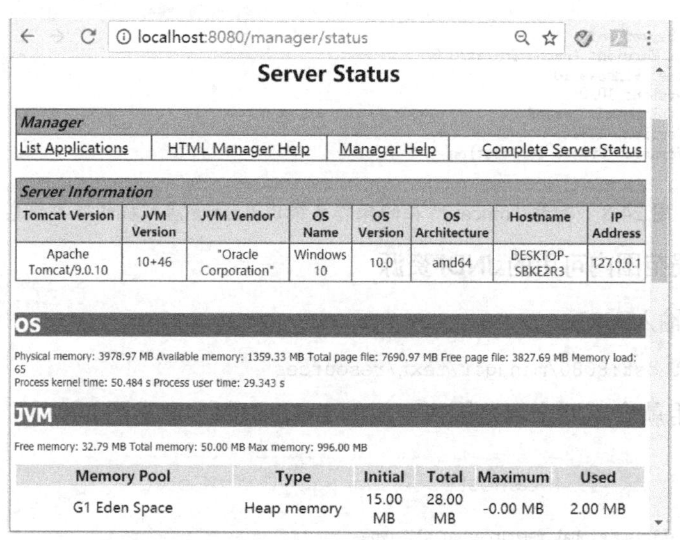

图 24-11　查看 Tomcat 服务器的运行状态信息

Tomcat服务器的运行状态信息包括当前操作系统和Java虚拟机的内存使用情况，Tomcat的并发线程的数目，以及数据访问流量等。

24.3　小结

本章介绍了 Tomcat 的基于 Web 方式的管理平台。通过管理平台，可以在不重启 Tomcat 服务器的情况下，方便地发布、启动、停止或卸除 Web 应用，还可以实时管理 HTTP 会话，以及查看 Tomcat 服务器的各种信息。

第 25 章　安全域

当用户访问 Web 应用的敏感资源时，多数 Web 应用都会先验证用户身份，只有拥有相应角色的用户才能访问特定资源。实现安全验证事务有两种方式：

（1）完全由 Web 应用本身来实现。由 Web 组件及相关 Java 类提供登录窗口、进行身份验证，以及检索存储在数据库中的所有用户和角色信息。

（2）采用由 Web 服务器提供的通用的安全验证功能。这种方式只需对 Web 应用以及 Web 服务器进行一些配置，无须编写负责安全验证的程序代码，因此使用起来很方便。本章将采用这一种方式进行安全验证。

本章介绍如何通过 Tomcat 提供的安全域来保护 Web 应用的资源，首先介绍安全域的概念，接着介绍如何为 Web 资源配置安全约束，然后详细讲解配置内存域、JDBC 域和数据源域的步骤。

25.1　安全域概述

安全域是 Web 服务器用来保护 Web 应用的资源的一种机制。在安全域中可以配置安全验证信息，即用户信息（包括用户名和口令）以及用户和角色的映射关系。每个用户可以拥有一个或多个角色，每个角色限定了可访问的 Web 资源。一个用户可以访问其拥有的所有角色对应的 Web 资源。Web 客户必须以某种用户身份才能登录 Web 应用系统，该客户只能访问与这种用户身份对应的 Web 资源。Web 客户、用户、角色和受保护 Web 资源的关系如图 25-1 所示。

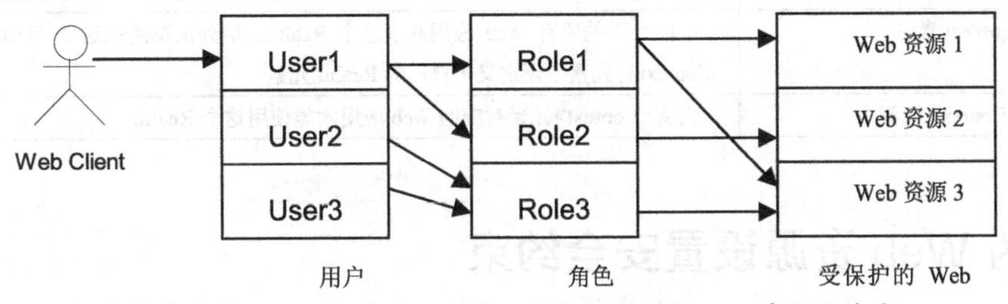

图 25-1　Web 客户、用户、角色和受保护 Web 资源的关系

根据图 25-1，假定 Web 客户以 User1 的身份登录 Web 应用，那么他拥有的角色是 Role1

和 Role2，角色 Role1 可以访问 Web 资源 1 和 Web 资源 3，角色 Role2 可以访问 Web 资源 2，所以用户 User1 可以访问 Web 资源 1、Web 资源 2 和 Web 资源 3。

安全域是 Tomcat 内置的功能，在 org.apache.catalina.Realm 接口中声明了把一组用户名、口令及所关联的角色集成到 Tomcat 中的方法。Tomcat 为 Realm 接口提供了一些实现类。表 25-1 列出了常见的一些 Realm 实现类，它们代表不同的安全域类型。

表 25-1　常见安全域的类型

安全域类型	类　名	描　述
内存域	MemoryRealm	在初始化阶段，从 XML 文件中取读安全验证信息，并把它们以一组对象的形式存放在内存中
JDBC 域	JDBCRealm	通过 JDBC 驱动程序访问存放在数据库中的安全验证信息
数据源域	DataSourceRealm	通过 JNDI 数据源访问存放在数据库中的安全验证信息
JNDI 域	JNDIRealm	通过 JNDI provider 访问存放在基于 LDAP 的目录服务器中的安全验证信息
JAAS 域	JAASRealm	利用 JAAS（Java Authentication & Authorization Service，Java 验证与授权服务）框架进行验证
合并域	CombinedRealm	合并使用其他的安全域，从多种来源（例如 XML 文件或数据库）中获取安全验证信息

不管配置哪一种类型的安全域，都包含以下步骤。

（1）在 Web 应用的 WEB-INF/web.xml 文件中为 Web 资源设置安全约束，参见本章 25.2 节。

（2）在 Tomcat 的<CATALINA_HOME>/conf/server.xml 配置文件中，或者 Web 应用的 META-INF/context.xml 文件中配置<Realm>元素，在这个元素中指定安全域的类名以及相关的属性。形式如下：

```
<Realm className="... 实现这一安全域的类的名字"  ... 其他属性 .../>
```

<Realm>元素可以嵌入到 3 种不同的 Catalina 容器元素中，这直接决定<Realm>的作用范围，例如，它可以决定哪些 Web 应用可以共享这一 Realm，参见表 25-2。本章范例将把<Realm>元素嵌入到 Web 应用的 META-INF/context.xml 文件的<Context>元素中。

表 25-2　<Realm>元素在 server.xml 中的嵌入位置

嵌 入 位 置	描　述
嵌入到<Engine> 元素中	<Engine>中所有虚拟主机上的所有 Web 应用共享这个 Realm。例外情况是在这个<Engine>下的<Host> 或 <Context> 元素下还定义了自己的 Realm 元素
嵌入到<Host>元素中	<Host>下的所有 Web 应用共享这个 Realm。例外情况是在这个<Host>下的<Context> 元素下还定义了自己的 Realm 元素
嵌入到 <Context>元素中	只有<Context>元素对应的 Web 应用才能使用这个 Realm

25.2　为 Web 资源设置安全约束

在上一节介绍了每种角色只能访问特定的 Web 资源。通过为 Web 资源设置安全约束，可以指定某种 Web 资源可以被哪些角色访问。例如，对于一个网上商店应用，假定它包含了“/shopping”、“/order”、“/admin”等 URL 入口。其中顾客（customer）可以访问“/shopping”，进行浏览商品和购物等活动；销售人员（salesman）可以访问“/order”，管理订单信息；系统管理人员（administrator）可以访问“/admin”，管理整个 Web 应用。公司里的小张是个销售人员，他负责管理订单信息，有时他也做为顾客在网上购物。

在上述例子中，可以确定“/shopping”、“/order”、“/admin”均为受保护的 Web 资源，它们分别只能被 customer、salesman 和 administrator 角色访问。用户小张拥有 customer 和 salesman 角色，如图 25-2 所示。

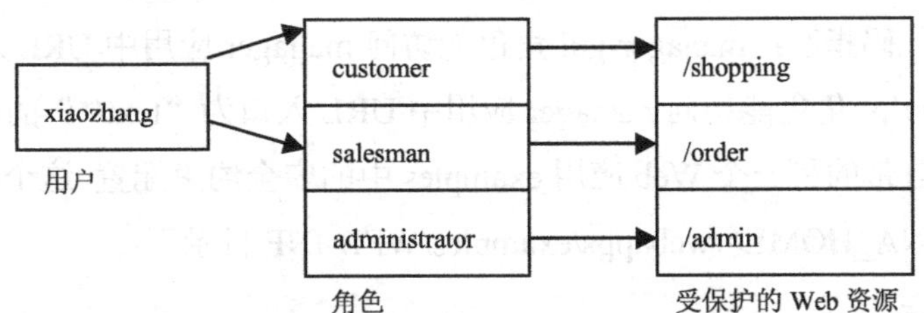

图 25-2 网上商店中受保护的 Web 资源

提示

为 Web 资源设置安全约束时，只指定某种 Web 资源可以被哪些角色访问，并不涉及定义用户信息。用户信息以及用户和角色的映射关系是在配置<Realm>元素时设定的。

为 Web 资源设置安全约束，需要在 Web 应用的 web.xml 文件中加入<security-constraint>、<login-config>和<security-role>元素。

下面以 Tomcat 的 manager 应用（Tomcat 的管理平台）为例，讲解如何配置这些元素。此外还将为范例 helloapp 应用设置安全约束。Tomcat 的 manager 应用的 web.xml 文件的位置为<CATALINA_HOME>/webapps/manager/WEB-INF/web.xml。

本书配套源代码包的 sourcecode/chapter25/helloapp/WEB-INF/web.xml 文件，是 helloapp 应用的增加了安全约束配置代码的配置文件。

25.2.1 在 web.xml 中加入<security-constraint>元素

在<security-constraint>元素中指定受保护的 Web 资源以及所有可以访问该 Web 资源的角色。例如在 Tomcat 的 manager 应用中声明了如下安全约束：

```
<security-constraint>
 <web-resource-collection>
  <web-resource-name>
   HTML Manager interface (for humans)
  </web-resource-name>
  <url-pattern>/html/*</url-pattern>
 </web-resource-collection>
 <auth-constraint>
   <role-name>manager-gui</role-name>
 </auth-constraint>
```

```
</security-constraint>

<security-constraint>
  <web-resource-collection>
   <web-resource-name>
    Text Manager interface (for scripts)
   </web-resource-name>
   <url-pattern>/text/*</url-pattern>
  </web-resource-collection>
  <auth-constraint>
    <role-name>manager-script</role-name>
  </auth-constraint>
</security-constraint>
```

以上安全约束代码指明：manager-gui 角色能访问 manager 应用中 URL 入口为“/html/*”的资源；manager-script 角色能访问 manager 应用中 URL 入口为“text/*”的资源

再看一下 Tomcat 自带的另一个 Web 应用 examples 中的安全约束配置。这个应用的 web.xml 文件位于<CATALINA_HOME>/webapps/examples/WEB-INF 目录下：

```
<security-constraint>
  <display-name>Example Security Constraint</display-name>
  <web-resource-collection>
   <web-resource-name>Protected Area</web-resource-name>
    <url-pattern>/jsp/security/protected/*</url-pattern>
    <http-method>DELETE</http-method>
    <http-method>GET</http-method>
    <http-method>POST</http-method>
    <http-method>PUT</http-method>
   </web-resource-collection>

   <auth-constraint>
     <role-name>tomcat</role-name>
     <role-name>role1</role-name>
   </auth-constraint>
</security-constraint>
```

以上安全约束代码指明：只有 tomcat 和 role1 角色能以 DELETE、GET、POST 或 PUT 方式访问 examples 应用中 URL 入口为“/jsp/security/protected/”下的 Web 资源。

<security-constraint>元素的各个子元素的说明参见表 25-3。

表 25-3 <security-constraint>元素的子元素

属　性	说　明
<web-resource-collection>	声明受保护的 Web 资源
<web-resource-name>	标识受保护的 Web 资源
<url-pattern>	指定受保护的 URL 路径
<http-method>	指定受保护的 HTTP 请求方式，如 GET、POST 或 PUT。如果没有设置 HTTP 请求方式，那么所有 HTTP 请求方式都受到保护。如果某种 HTTP 请求方式受到保护，则表示当客户通过这种方式访问受保护的 Web 资源时，要求通过安全验证
<auth-constraint>	声明可以访问受保护资源的角色，可以包含多个<role-name>子元素
<role-name>	指定可以访问受保护资源的角色

下面为 helloapp 应用加上安全约束，假定只有 friend 和 guest 角色可以访问 helloapp 应

用下的所有 Web 资源，应该把这段代码加入到 helloapp 应用的 web.xml 文件的<web-app>元素中。

```
<security-constraint>
  <display-name>
    HelloApp Configuration Security Constraint
  </display-name>
  <web-resource-collection>
    <web-resource-name>Protected Area</web-resource-name>
    <url-pattern>/* </url-pattern>
  </web-resource-collection>

  <auth-constraint>
    <role-name>friend</role-name>
    <role-name>guest</role-name>
  </auth-constraint>

</security-constraint>
```

25.2.2　在 web.xml 中加入<login-config>元素

接下来，在 web.xml 文件中再加入<login-config>元素，它指定当 Web 客户访问受保护的 Web 资源时，浏览器弹出的登录对话框的类型。例如在 Tomcat 的 manager 应用的 web.xml 中定义了如下<login-config>元素：

```
<login-config>
  <auth-method>BASIC</auth-method>
  <realm-name>Tomcat Manager Application</realm-name>
</login-config>
```

<login-config>元素的各个子元素的说明参见表 25-4。

表 25-4　<login-config>元素的子元素

属　性	说　明
<auth-method>	指定验证方法。它有 3 个可选值：BASIC（基本验证）、DIGEST（摘要验证）、FORM（基于表单的验证）
<realm-name>	设定安全域的名称
<form-login-config>	当验证方法为 FORM 时，配置验证网页和出错网页
<form-login-page>	当验证方法为 FORM 时，设定验证网页
<form-error-page>	当验证方法为 FORM 时，设定出错网页

在表 25-4 中提到 3 种验证方法：基本验证（Basic Authentication）、摘要验证（Digest Authentication）和基于表单的验证（Form Authentication）。下面分别介绍这 3 种验证方法。

1．**基本验证**

如果 Web 应用采用基本验证，那么当客户访问受保护的资源时，浏览器会先弹出一个对话框，要求用户输入用户名和口令。如果客户输入的用户名和口令正确，Web 服务器就允许他访问这些资源；否则，在接连 3 次尝试失败之后，会显示一个错误消息页面。这个方法的缺点是把用户名和口令从客户端传送到 Web 服务器的过程中，在网络上传送的用户名和口令数据采用 Base64 编码（全是可读文本），因此这种验证方法不是非常安全。

在 helloapp 应用的 web.xml 中加入如下<login-config>元素：

```
<login-config>
  <auth-method>BASIC</auth-method>
  <realm-name>HelloApp realm</realm-name>
</login-config>
```

当访问 helloapp 应用时，浏览器端会先弹出一个对话框，要求输入用户名和口令，如图 25-3 所示。

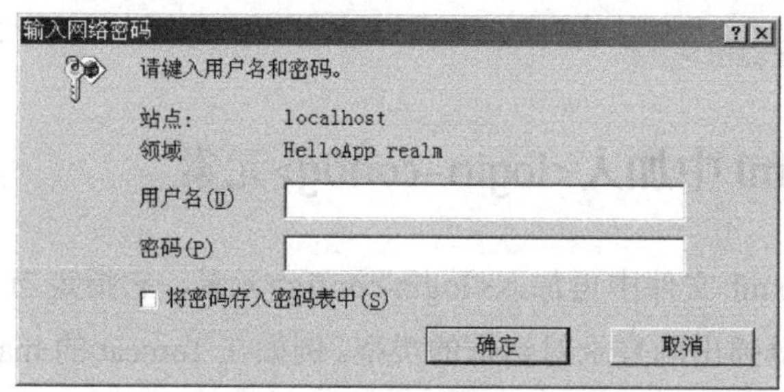

图 25-3　基本验证的登录窗口

2．摘要验证

摘要验证方法和基本验证的区别在于：前者不会在网络中直接传输用户的口令，而是首先采用 MD5（Message Digest Algorithm）对用户的口令进行加密，然后传输加密后的数据，这种验证方法显然更为安全。

在 helloapp 应用的 web.xml 中加入如下<login-config>元素：

```
<login-config>
  <auth-method>DIGEST</auth-method>
  <realm-name>HelloApp realm</realm-name>
</login-config>
```

当访问 helloapp 应用时，浏览器端将先弹出一个对话框，要求输入用户名和口令，如图 25-4 所示。

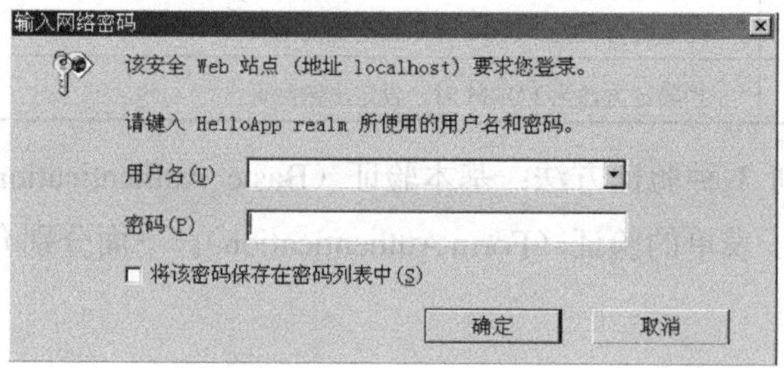

图 25-4　摘要验证的登录窗口

3. 基于表单的验证

基于表单的验证方法和基本验证方法的区别在于：前者使用自定义的登录页面来代替标准的登录对话框。在<form-login-config>元素中可以设定登录页面以及验证失败时的出错页面。

用户自定义的验证网页中必须提供一个登录表单，表单中和用户名对应的文本框必须命名为j_username，和口令对应的文本框必须命名为j_password，并且表单的 action 的值必须为j_security_check。

例如为 helloapp 应用创建如下验证网页 usercheck.jsp，参见例程 25-1。

例程 25-1　usercheck.jsp

```
<html>
<head><title>Login Page for helloapp</title></hea>
<body bgcolor="white">
<form method="POST" action=j_security_check>
  <table border="0" cellspacing="5">
    <tr>
      <th align="right">Username:</th>
      <td align="left"><input type="text" name="j_username"></td>
    </tr>
    <tr>
      <th align="right">Password:</th>
      <td align="left"><input type="password" name="j_password"></td>
    </tr>
    <tr>
      <td align="right"><input type="submit" value="Log In"></td>
      <td align="left"><input type="reset" value="reset"></td>
    </tr>
  </table>
</form>
</body></html>
```

再为 helloapp 应用创建一个错误处理页面 error.jsp，参见例程 25-2。

例程 25-2　error.jsp

```
<!--设置中文输出-->
<%@ page contentType="text/html; charset=GB2312" %>
<html><head><title>Error Page</title></head>
<body>
     <p> 请输入合法的用户名和口令</p>
</body></html>
```

下面，在 helloapp 应用的 web.xml 中加上如下<login-config>元素：

```
<login-config>
  <auth-method>FORM</auth-method>
  <realm-name>HelloApp realm</realm-name>

  <form-login-config>
    <form-login-page>/usercheck.jsp</form-login-page>
    <form-error-page>/error.jsp</form-error-page>
  </form-login-config>
</login-config>
```

当访问 helloapp 应用时，浏览器端将会先显示 usercheck.jsp 网页，要求输入用户名和口令，如图 25-5 所示。

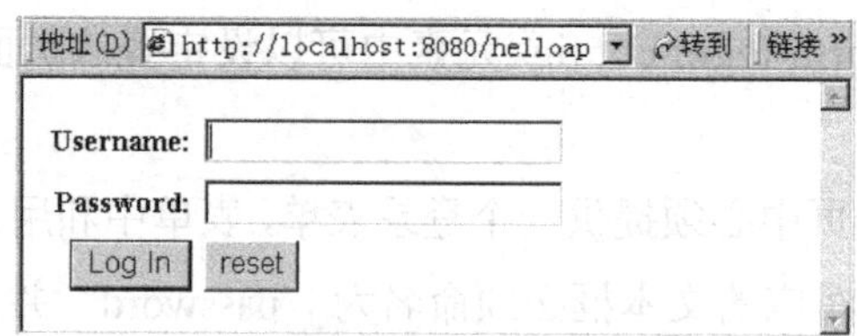

图 25-5　基于表单验证的登录窗口

如果在登录窗口中输入非法的用户名或口令，将会显示 error.jsp 出错页面，如图 25-6 所示。

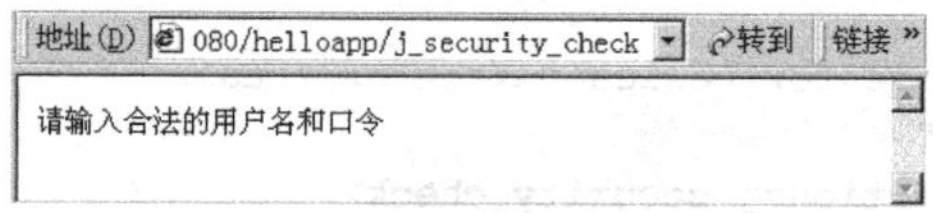

图 25-6　验证失败后的错误页面

25.2.3　在 web.xml 中加入<security-role>元素

最后，应该在 web.xml 中加入<security-role>元素，指明这个 Web 应用引用的所有角色名字。例如，在 Tomcat 的 manager 应用中声明引用了 manager-gui 和 manager-script 角色：

```
<security-role>
  <description>
    The role that is required to access the HTML Manager pages
  </description>
  <role-name>manager-gui</role-name>
</security-role>

<security-role>
  <description>
    The role that is required to access the text Manager pages
  </description>
  <role-name>manager-script</role-name>
</security-role>
```

在 helloapp 应用中引用了 guest 和 friend 角色，因此也要加入相应的<security-role>元素：

```
<security-role>
  <description>
    The role that is required to log in to the helloapp Application
  </description>

  <role-name>guest</role-name>
  <role-name>friend</role-name>
</security-role>
```

25.3　内存域

内存域是由 org.apache.catalina.realm.MemoryRealm 类来实现的。MemoryRealm 类从一个 XML 文件中读取用户信息。默认情况下，该 XML 文件为<CATALINA_HOME>/conf/tomcat-users.xml。<role>元素用来定义角色，<tomcat-users>元素用来设定用户信息。以下是 tomcat-users.xml 文件中的代码：

```
<?xml version='1.0' encoding='utf-8'?>
<tomcat-users>
  <role rolename="manager-gui"/>
  <role rolename="manager-script"/>

  <user name="tomcat" password="tomcat"
     roles="manager-gui,manager-script" />
</tomcat-users>
```

在以上 XML 文件中，定义了两个角色和一个名为“tomcat”的用户（包括用户名和口令），该用户拥有 manger-gui 和 manager-script 角色。本章 25.2.1 节已经讲过，Tomcat 的 manager 应用（Tomcat 的管理平台）中 URL 为“/html/*”的网页要求拥有 manager-gui 角色的用户才能访问它，manager 应用中 URL 为“/text/*”的网页要求拥有 manager-script 角色的用户才能访问她。由于“tomcat”用户同时具有这两个角色，因此 Web 客户能以“tomcat”用户的身份访问 manager 应用中的相关资源。本书第 24 章的 24.1 节（访问 Tomcat 的管理平台）也对此做了介绍。

下面，在 tomcat-users.xml 中加入两个用户 xiaowang 和 xiaoming，他们分别拥有 friend 和 guest 角色。以下是修改后的 tomcat-users.xml 文件：

```
<tomcat-users>
  <role rolename="manager-gui"/>
  <role rolename="manager-script"/>
  <role rolename="friend"/>
  <role rolename="guest"/>

  <user name="tomcat" password="tomcat"
     roles="manager-gui,manager-script" />
  <user name="xiaowang"  password="1234"  roles="friend"  />
  <user name="xiaoming"  password="1234"  roles="guest"  />
</tomcat-users>
```

接下来在 helloapp 应用的 META-INF/context.xml 文件的<Context>元素内加上如下<Realm>元素：

```
<Realm className="org.apache.catalina.realm.MemoryRealm" />
```

下面总结配置 MemoryRealm 的步骤。

（1）按本章 25.2 节的步骤在 helloapp 应用的 web.xml 中配置安全约束，假定采用基本验证方法。

（2）在<CATALINA_HOME>/conf/tomcat-user.xml 文件中定义用户、角色以及两者的映

射关系。

（3）在 helloapp 应用的 META-INF/context.xml 中配置<Realm>元素，指明使用 MemoryRealm。

（4）重启 Tomcat 服务器，然后访问 http://localhost:8080/helloapp/hello.jsp，会看到浏览器端弹出一个安全验证窗口，如本章 25.2.2 节的图 25-3 所示。在安全验证窗口中输入用户名：xiaowang，口令：1234，就可以通过安全验证，然后访问 hello.jsp 文件。

25.4 JDBC 域

JDBC Realm 通过 JDBC 驱动程序访问存放在关系型数据库中的安全验证信息。JDBC 域使得安全配置非常灵活。当修改了数据库中的安全验证信息后，不必重启 Tomcat 服务器，因为数据库服务器和 Tomcat 服务器是相互独立的。

当用户通过浏览器第一次访问受保护的资源时，Tomcat 将调用 Realm 的 authenticate()方法，该方法从数据库中读取最新的安全验证信息。

该用户通过验证后，在用户访问 Web 资源期间，当前用户的各种验证信息被保存在缓存中（对于 FORM 类型的验证，当前用户的验证信息直到 HTTP 会话结束才失效；对于 BASIC 类型的验证，当前用户的验证信息直到浏览器关闭才失效）。因此，如果此时对数据库中安全验证信息做了修改，这种修改对正在访问 Web 资源的当前用户无效，只有当用户再次登录时，才会生效。

25.4.1 用户数据库的结构

必须在数据库中创建两张表：users 和 user_roles，这两张表包含了所有的安全验证信息。users 表用来定义用户信息，包括用户名和口令，user_roles 表用来定义用户和角色的映射关系。一个用户可以没有，或者有一个或多个角色。这两张表的结构参见表 25-5 和表 25-6。

表 25-5 users

字 段	字段类型	描 述
user_name	varchar（15）	用户的名字
user_pass	varchar（15）	用户的口令

表 25-6 user_roles

字 段	字段类型	描 述
user_name	varchar（15）	用户的名字
role_name	varchar（15）	该用户所拥有的角色

在这两张表中添加一些用户信息，参见表 25-7 和表 25-8。

表 25-7 users 表的数据

user_name	user_pass
xiaowang	1234
xiaoming	1234

表 25-8 user_roles 表的数据

user_name	role_name
xiaowang	friend
xiaoming	guest

25.4.2 在 MySQL 中创建和配置用户数据库

下面以 MySQL 为例，创建以上用户数据库。关于 MySQL 服务器的用法可以参照第 8 章的 8.1 节（安装和配置 MySQL 数据库）中的内容。下面是创建和配置用户数据库的步骤。

（1）在 DOS 下，转到<MYSQL_HOME>/bin 目录，运行命令“mysql”启动 MySQL 客户程序，然后创建名为 tomcatusers 的用户数据库，SQL 命令如下：

```
create database tomcatusers;
```

（2）将当前数据库设为 tomcatusers 数据库，SQL 命令如下：

```
use tomcatusers
```

（3）创建 users 表，SQL 命令如下：

```
create table users(
user_name varchar(15) not null primary key,
 user_pass varchar(15) not null
);
```

（4）创建 user_roles 表，SQL 命令如下：

```
create table user_roles(
user_name varchar(15) not null,
role_name varchar(15) not null,
primary key(user_name,role_name)
);
```

（5）向 users 表中加入用户数据，SQL 命令如下：

```
insert into users values("xiaowang","1234");
insert into users values("xiaoming","1234");
```

（6）向 user_roles 表中加入数据，SQL 命令如下：

```
insert into user_roles values("xiaowang","friend");
insert into user_roles values("xiaoming","guest");
```

在本书配套源代码包的 sourcecode/chapter25/tomcatusers.sql 文件中提供了上述 SQL 脚本。

25.4.3 配置<Realm>元素

用户数据库创建好以后，应该把 MySQL 数据库的驱动程序 mysqldriver.jar 文件复制到<CATALINA_HOME>/lib 目录中，然后在 helloapp 应用的 META-INF/context.xml 文件的<Context>元素内加入如下<Realm>元素：

```
<Realm  className="org.apache.catalina.realm.JDBCRealm"
driverName="com.mysql.jdbc.Driver"
connectionURL="jdbc:mysql://localhost/tomcatusers?useSSL=false"
connectionName="dbuser"   connectionPassword="1234"
userTable="users"  userNameCol="user_name"  userCredCol="user_pass"
userRoleTable="user_roles"  roleNameCol="role_name" />
```

如果在<Context>中已经有<Realm>元素，则应该把原来的<Realm>元素注释掉。<Realm>元素的各个属性的说明参见表 25-9。

表 25-9　Realm 元素的属性

属　性	描　述
className	指定 Realm 的类名，在这里为 org.apache.catalina.realm.JDBCRealm
connectionName	用于建立数据库连接的用户名
connectionPassword	用于建立数据库连接的口令
connectionURL	用于建立数据库连接的数据库 URL
digest	设定存储口令时的加密方式
driverName	JDBC 驱动程序类的名字
roleNameCol	在 user_roles 表中代表角色的字段名
userCredCol	在 users 表中代表用户口令的字段名
userNameCol	在 users 和 user_roles 表中代表用户名字的字段名
userRoleTable	指定用户与角色映射关系的表
userTable	指定用户表

下面总结配置 JDBCRealm 的步骤。

（1）按本章 25.2 节的步骤在 helloapp 应用的 web.xml 中配置安全约束，假定采用基本验证方法。

（2）在 MySQL 中创建 tomcatusers 数据库、users 表和 user_roles 表。

（3）将 MySQL 的 JDBC 驱动程序复制到<CATALINA_HOME>/lib 目录中。

（4）在 helloapp 应用的 META-INF/context.xml 中配置<Realm>元素，指明使用 JDBCRealm。

（5）重启 Tomcat 服务器，然后访问 http://localhost:8080/helloapp/hello.jsp，会看到浏览器端弹出一个安全验证窗口，如本章 25.2.2 节的图 25-3 所示。在安全验证窗口中输入用户名：xiaowang，口令：1234，就可以通过安全验证，然后访问 hello.jsp 文件。

25.5　DataSource 域

DataSourceRealm 和 JDBCRealm 很相似：两者都将安全验证信息存放在关系型数据库中，并且创建的用户数据库结构也相同。两者的不同之处在于访问数据库的方式不一样：DataSourceRealm 通过 JNDI DataSource 来访问数据库，而 JDBCRealm 直接通过 JDBC 驱动程序访问数据库。以下是配置 DataSourceRealm 的步骤。

（1）按本章 25.2 节的步骤在 helloapp 应用的 web.xml 中配置安全约束，假定采用基本验证方法。

（2）参照本章 25.4.2 节的内容在 MySQL 中创建 tomcatusers 数据库、users 表和 user_roles 表。

（3）将 MySQL 的 JDBC 驱动程序 mysqldriver.jar 复制到<CATALINA_HOME>/lib 目录中。

（4）参照本书第 8 章的 8.6 节（配置数据源）的内容，创建一个名为 jdbc/tomcatusers 的 DataSource。需要在<CATALINA_HOME>/conf/server.xml 中<GlobalNamingResources>元素下加入<Resource>元素：

```
<GlobalNamingResources>
  ……
  <Resource name="jdbc/tomcatusers" auth="Container"
     type="javax.sql.DataSource"
     maxActive="100" maxIdle="30" maxWait="10000"
     username="dbuser" password="1234"
     driverClassName="com.mysql.jdbc.Driver"
     url="jdbc:mysql://localhost:3306/tomcatusers
         ?autoReconnect=true&amp;useSSL=false"/>

</GlobalNamingResources>
```

在本书配套源代码包的 sourcecode/chapter25/server_modify_datasource.xml 文件中提供了以上<Resource>元素配置代码，读者只要把它复制到<CATALINA_HOME>/conf/server.xml 文件的<GlobalNamingResources>元素中。

为 DataSourceRealm 配置 DataSource，有以下几个值得注意的地方：

- 在 server.xml 中已经存在<GlobalNamingResources>元素，它用于配置 Tomcat 服务器范围内的 JNDI 资源。
- 在 Web 应用中并不会访问这个 DataSource，所以无须在 web.xml 中加入<resource-ref>元素，声明对 DataSource 的引用。

（5）在 helloapp/META-INF/context.xml 文件的<Context>元素中加入如下<Realm>元素：

```
<Realm className="org.apache.catalina.realm.DataSourceRealm"
  dataSourceName="jdbc/tomcatusers"
  userTable="users" userNameCol="user_name" userCredCol="user_pass"
  userRoleTable="user_roles" roleNameCol="role_name"/>
```

<Realm>元素的各个属性的说明参见表 25-10。

（6）重启 Tomcat 服务器，然后访问 http://localhost:8080/helloapp/hello.jsp，会看到浏览器端弹出一个安全验证窗口，如本章 25.2.2 节的图 25-3 所示。在安全验证窗口中输入用户名：xiaowang，口令：1234，就可以通过安全验证，然后访问 hello.jsp 文件。

表 25-10 <Realm>元素的属性

属　性	描　述
className	指定 Realm 的类名，在这里为 org.apache.catalina.realm.DataSourceRealm
dataSourceName	设定数据源的 JNDI 名字
digest	设定存储口令时的加密方式
roleNameCol	在 user_roles 表中代表角色的字段名
userCredCol	在 users 表中代表用户口令的字段名
userNameCol	在 users 和 user_roles 表中代表用户名字的字段名
userRoleTable	指定用户与角色映射关系的表
userTable	指定用户表

25.6 在 Web 应用中访问用户信息

当通过验证的用户访问 Web 资源时，HttpServletRequest 对象的 getRemoteUser()方法可以返回访问当前网页的用户的名字，否则 getRemoteUser()方法返回 null。例如以下 hello.jsp 文件调用 request.getRemoteUser()方法，将当前用户的名字输出到网页上：

```
<html>
<head>
  <title>helloapp</title>
</head>
<body>
     <b>Welcome: <%= request.getRemoteUser() %></b>
</body>
</html>
```

运行这个例子时，可以先按照本章 25.3 节的步骤配置好 MemoryRealm，然后访问 http://localhost:8080/helloapp/hello.jsp，会看到浏览器端弹出一个安全验证窗口，如本章 25.2.2 节的图 25-3 所示。在安全验证窗口中输入用户名：xiaowang，口令：1234，就可以通过安全验证，然后将看到 hello.jsp 生成的网页，如图 25-7 所示。

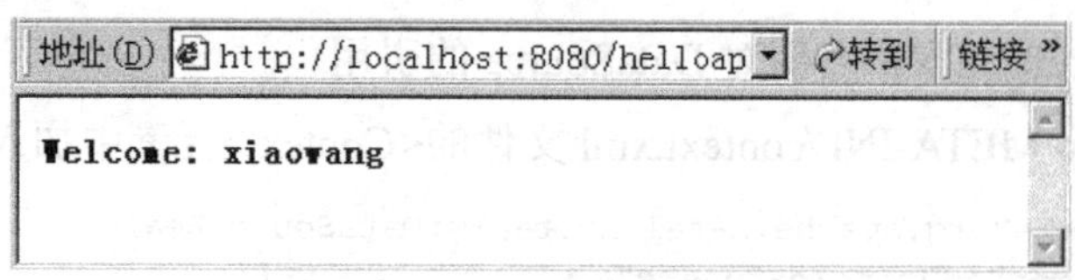

图 25-7 hello.jsp 网页

25.7　小结

安全域是 Tomcat 服务器用来保护 Web 应用的资源的一种机制。在安全域中可以配置安全验证信息，即用户信息（包括用户名和口令）以及用户和角色的映射关系。每个用户可以拥有一个或多个角色，每个角色限定了可访问的 Web 资源。安全域是 Tomcat 内置的功能，在 org.apache.catalina.Realm 接口中声明了把一组用户名、口令及所关联的角色集成到 Tomcat 中的方法。Tomcat 为 Realm 接口提供了一些实现类，它们分别代表了特定的安全域类型：MemoryRealm、JDBCRealm、DataSourceRealm、JNDIRealm、JAASRealm 以及 CombinedRealm，这些安全域的差别在于存放安全验证信息的地点不一样。本章介绍了前 3 种安全域的配置，关于其他类型的安全域的配置可以参考 Tomcat 的文档：

```
<CATALINA_HOME>/webapps/docs/realm-howto.html
```

25.8　思考题

1．对于本章 25.1 节的图 25-1，当 Web 客户以“User3”的身份登入到 Web 应用时，可以访问哪些 Web 资源？（单选）

（a）Web 资源 1，Web 资源 2，Web 资源 3

（b）Web 资源 1，Web 资源 3

（c）Web 资源 2，Web 资源 3

（d）Web 资源 3

2．Tomcat 的安全域的作用是什么？（多选）

（a）定义一组用户（包括用户名和口令）。

（b）把用户和角色映射。

（c）把角色和受保护 Web 资源映射。

（d）把用户和受保护 Web 资源映射。

3．web.xml 文件中的<security-constraint>元素的作用是什么？（单选）

（a）定义用户以及用户的口令。　　（b）把用户和角色映射。

（c）把角色和受保护 Web 资源映射。　　（d）把用户和受保护 Web 资源映射。

4．为了使 helloapp 应用采用 MemoryRealm，以下这段代码应该放在什么地方？（单选）

```
<Realm className="org.apache.catalina.realm.MemoryRealm" />
```

（a）放在 helloapp 应用的 WEB-INF/web.xml 文件的<web-app>元素中。

（b）放在 helloapp 应用的 META-INF/context.xml 文件的<Context>元素中。

（c）放在<CATALINA_HOME>/conf/tomcat-users.xml 文件中。

（d）放在<CATALINA_HOME>/conf/server.xml 文件的<GlobalNamingResources>元素中。

5．以下哪些安全域把安全验证信息存放在关系数据库中？（多选）

（a）内存域　（b）JDBC 域　（c）数据源域　（d）JNDI 域

参考答案

1．d　2．a,b　3．c　4．b　5．b,c

第 26 章　Tomcat 与其他 HTTP 服务器集成

Tomcat 最主要的功能是提供 Servlet/JSP 容器，尽管它也可以作为独立的 Java Web 服务器，它在对静态资源（如 HTML 文件或图像文件）的处理速度，以及提供的 Web 服务器管理功能方面都不如其他专业的 HTTP 服务器，如 IIS 和 Apache 服务器。

因此在实际应用中，常常把 Tomcat 与其他 HTTP 服务器集成。对于不支持 Servlet/JSP 的 HTTP 服务器，可以通过 Tomcat 服务器来运行 Servlet/JSP 组件。

当 Tomcat 与其他 HTTP 服务器集成时，Tomcat 服务器的工作模式通常为进程外的 Servlet 容器，Tomcat 服务器与其他 HTTP 服务器之间通过专门的插件来通信。关于 Tomcat 服务器的工作模式的概念可以参考本书第 2 章的 2.4 节（Tomcat 的工作模式）。

本章首先讨论 Tomcat 与 HTTP 服务器集成的一般原理，然后介绍 Tomcat 与 Apache 服务器以及 IIS 集成的详细步骤，最后还介绍了把由多个 Tomcat 服务器构成的集群系统与 Apache 服务器集成的方法。

26.1　Tomcat 与 HTTP 服务器集成的原理

Tomcat 服务器通过 Connector 连接器组件与客户程序建立连接，Connector 组件负责接收客户的请求，以及把 Tomcat 服务器的响应结果发送给客户。默认情况下，Tomcat 在 server.xml 中配置了两种连接器：

```
<!-- Define a non-SSL Coyote HTTP/1.1 Connector on port 8080 -->
<Connector port="8080" protocol="HTTP/1.1"
       connectionTimeout="20000"
       redirectPort="8443" />

<!-- Define an AJP 1.3 Connector on port 8009 -->
<Connector port="8009" protocol="AJP/1.3" redirectPort="8443" />
```

第一个连接器是 HTTP 连接器，监听 8080 端口，负责建立 HTTP 连接。在通过浏览器访问 Tomcat 服务器的 Web 应用时，使用的就是这个连接器。

第二个连接器是 AJP 连接器，监听 8009 端口，负责和其他的 HTTP 服务器建立连接。在把 Tomcat 与其他 HTTP 服务器集成时，就需要用到这个连接器。

Web 客户访问 Tomcat 服务器上 JSP 组件的两种方式如图 26-1 所示。

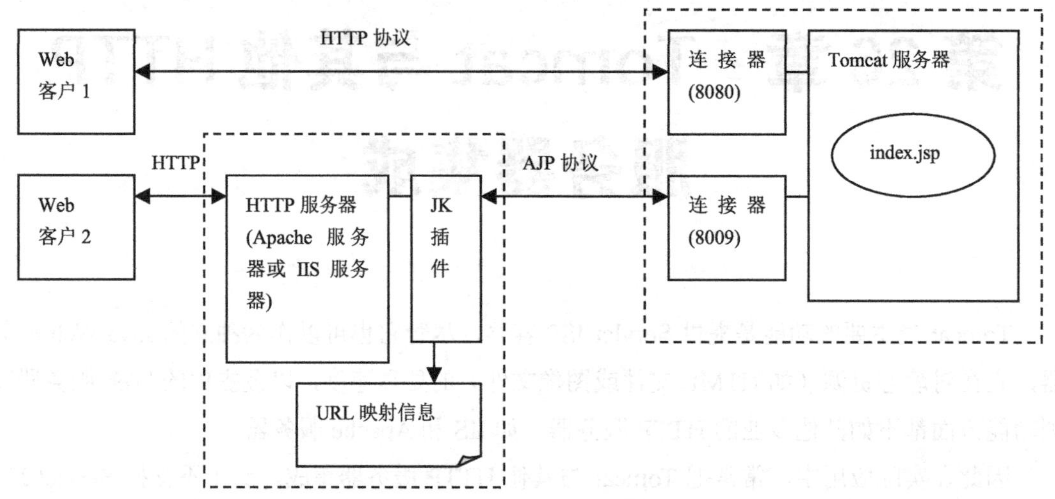

图 26-1　Web 客户访问 Tomcat 服务器上的 JSP 组件的两种方式

在图 26-1 中，Web 客户 1 直接访问 Tomcat 服务器上的 JSP 组件，他访问的 URL 为 http://localhost:8080/index.jsp。Web 客户 2 通过 HTTP 服务器访问 Tomcat 服务器上的 JSP 组件。假定 HTTP 服务器使用的 HTTP 端口为默认的 80 端口，那么 Web 客户 2 访问的 URL 为 http://localhost:80/index.jsp 或者 http://localhost/index.jsp。

下面，介绍 Tomcat 与 HTTP 服务器之间是如何通信的。

26.1.1　JK 插件

Tomcat 提供了专门的 JK 插件来负责 Tomcat 和 HTTP 服务器的通信。应该把 JK 插件安置在对方的 HTTP 服务器上。当 HTTP 服务器接收到客户请求时，它会通过 JK 插件来过滤 URL，JK 插件根据预先配置好的 URL 映射信息，决定是否要把客户请求转发给 Tomcat 服务器处理。

假定在预先配置好的 URL 映射信息中，所有“/*.jsp”形式的 URL 都由 Tomcat 服务器来处理，那么在图 26-1 的例子中，JK 插件将把 Web 客户 2 的请求转发给 Tomcat 服务器，Tomcat 服务器于是运行 index.jsp，然后把响应结果传给 HTTP 服务器，HTTP 服务器再把响应结果传给 Web 客户 2。

对于不同的 HTTP 服务器，Tomcat 提供了不同的 JK 插件的实现模块。本章将用到以下 JK 插件：

- 与 Windows 下的 Apache HTTP 服务器集成：mod_jk.sol
- 与 Linux 下的 Apache HTTP 服务器集成：mod_jk_linux.so

- 与 IIS 服务器集成：isapi_redirect.dll

26.1.2　AJP 协议

AJP 是为 Tomcat 与 HTTP 服务器之间通信而定制的协议，能提供较高的通信速度和效率。在配置 Tomcat 与 HTTP 服务器集成中，读者可以不必关心 AJP 协议的细节。关于 AJP 的知识可以参考以下网址：

```
http://tomcat.apache.org/connectors-doc/ajp/ajpv13a.html
```

26.2　在 Windows 下 Tomcat 与 Apache 服务器集成

Apache HTTP 服务器（下文简称 Apache 服务器或者 Apache）是 Apache 软件组织提供的开放源代码软件，它是一个非常优秀的专业的 Web 服务器，为网络管理员提供了丰富多彩的 Web 管理功能，包括目录索引、目录别名、内容协商、可配置的 HTTP 错误报告、CGI 程序的 SetUID 功能、子进程资源管理、服务器端图像映射、重写 URL、URL 拼写检查以及联机手册等。

Apache 服务器本身没有提供 Servlet/JSP 容器。因此，在实际应用中，把 Tomcat 与 Apache 服务器集成，可以建立具有实用价值的商业化的 Web 平台。

在 Windows XP 下 Tomcat 与 Apache 服务器集成需要准备的软件参见表 26-1。

表 26-1　在 Windows XP 下 Tomcat 与 Apache 服务器集成需要准备的软件

软　件	下 载 位 置	本书提供的获取方式
基于 Windows XP 的 Apache HTTP 服务器软件	http://httpd.apache.org/ 或者： https://www.apachelounge.com/download/	本书技术支持网址： www.javathinker.net/Java Web.sjp
JK 插件	http://tomcat.apache.org/download-connectors.cgi 或者： https://www.apachelounge.com/download/	sourcecode/chapter26 /windows_apache/mod_jk.so

1. 安装和启动 Apache 服务器

安装和启动 Apache 服务器的步骤如下。

（1）下载了 Apache 服务器的安装软件 httpd-X.zip 文件后，把它解压到本地，假定解压到 C:\Apache24 目录下。下文用<APACHE_HOME>来表示 Apache 服务器的根目录。

（2）打开<APACHE_HOME>/conf/httpd.conf 文件，它是 Apache 服务器的配置文件。在 httpd.conf 文件中有以下内容：

```
Define SRVROOT "c:/Apache24"
......
Listen 80
```

确保以上 SRVROOT 的取值为 Apache 服务器的根路径。此外，Apache 服务器默认情况下采用 80 端口作为 HTTP 端口，应该确保操作系统的 80 端口没有被占用，否则 Apache 服务器无法启动。如果希望使用其他的端口，例如 81 端口，只要把以上配置内容改为“Listen 81”即可。

（3）在 DOS 控制台，转到<APACHE_HOME>/bin 目录下，有一个 httpd.exe 程序。运行命令“httpd”，就启动了 Apache 服务器。按下“Ctrl+C”键，就会终止该服务器。

（4）Apache 服务器启动后，就可以通过访问 Apache 服务器的测试页来确定是否安装成功。访问 http://localhost，如果出现如图 26-2 所示的网页，就说明 Apache 已经安装成功了。

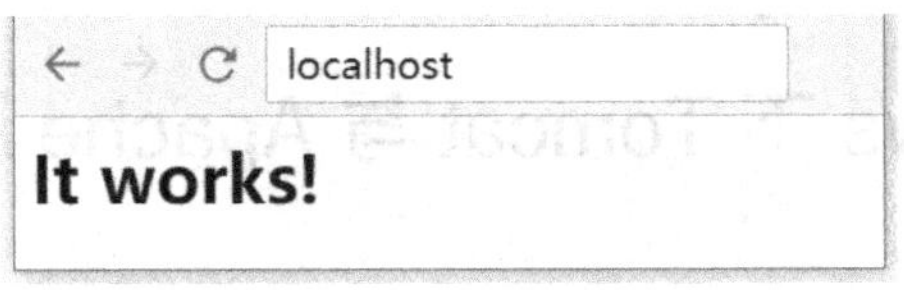

图 26-2　Apache 服务器的测试网页

2．在 Apache 服务器中加入 JK 插件

在 Apache 服务器中加入 JK 插件，只要把 mod_jk.so 复制到<APACHE_HOME>/modules 目录下即可。

3．创建 workers.properties 文件

Apache 服务器把 Tomcat 看作是为自己工作的工人（worker）。workers.properties 文件用于配置 Tomcat 的信息，它的存放位置为<APACHE_HOME> /conf/workers.properties。在本书配套源代码包的 sourcecode/chapter26/windows_apache 目录下提供了 workers.properties 文件，它的内容如下（“#”后面为注释信息）：

```
worker.list=worker1
worker.worker1.port=8009  #工作端口，若没占用则不用修改
worker.worker1.host=localhost  #Tomcat 服务器的地址
worker.worker1.type=ajp13  #类型
worker.worker1.lbfactor=1  #负载平衡因数
```

以上文件中的属性描述参见表 26-2。

表 26-2　workers.properties 文件的属性

属　性	描　述
worker.list	指定 Tomcat 服务器名单
worker.worker1.port	指定 Tomcat 服务器使用的 AJP 端口
worker.worker1.host	指定 Tomcat 服务器的 IP 地址
worker.worker1.type	指定 Tomcat 服务器与 Apache 服务器之间的通信协议
worker.worker1.lbfactor	指定负载平衡因数（Load Balance Factor）。只有在使用了负载平衡器（LoadBalancer）的情况下，这个属性才有意义

以上 worker.list 指定 Tomcat 服务器名单。例如“worker.list=worker1”表示只有一个 Tomcat 服务器，名为 worker1。再例如“worker.list=worker1,worker2”表示有两个 Tomcat 服务器，

分别名为 worker1 和 worker2。worker.worker1.port 以及 worker.worker1.host 用于设置名为 worker1 的 Tomcat 服务器的有关属性。如果要设置 worker2 的 port 属性，则可以采用 "worker.worker2.port=8109" 的形式。

4．修改 Apache 服务器的配置文件 httpd.conf

打开<APACHE_HOME>/conf/httpd.conf 文件，在其末尾加入以下内容：

```
# Using mod_jk.so to redirect dynamic calls to Tomcat
LoadModule  jk_module  modules/mod_jk.so
<IfModule jk_module>
JkWorkersFile  conf/workers.properties
JkLogFile  logs/mod_jk.log
JkLogLevel  debug
JkMount  /*.jsp  worker1
JkMount  /helloapp/*  worker1
</IfModule>
```

在本书配套源代码包的 sourcecode/chapter26/windows_apache/httpd_modify.conf 文件中提供了以上内容，它指示 Apache 服务器加载 JK 插件，并且为 JK 插件设置相关属性，这些属性的描述参见表 26-3。"<IfModule jk_module>...</ifModule>"代码块表示只有当 jk_module 加载成功，才会执行代码块中的内容。

表 26-3　JK 插件的相关属性

属　性	描　述
LoadModule	指定加载的 JK 插件
JkWorkersFile	指定 JK 插件的工作文件
JkLogFile	指定 JK 插件使用的日志文件，在实际配置中，可以通过查看这个日志文件，来跟踪 JK 插件的运行过程，这对排错很有用
JkLogLevel	指定 JK 插件的日志级别，可选值包括 debug、info 和 error 等
JkMount	指定 JK 插件处理的 URL 映射信息

JkMount 用来指定 URL 映射信息，"JkMount　/*.jsp　worker1"表示"/*.jsp"形式的 URL 都由 worker1 代表的 Tomcat 服务器来处理；"JkMount　/helloapp/*　worker1"表示访问 helloapp 应用的 URL 也都由 worker1 来处理。

5．测试配置

重启 Tomcat 服务器和 Apache 服务器，通过浏览器访问 http://localhost/index.jsp，如果出现 Tomcat 的默认主页，就说明配置已经成功。此外，如果在 Tomcat 服务器上已经发布了 helloapp 应用（把本书配套源代码包的 sourcecode/chapter26 目录下的 helloapp 目录复制到<CATALINA_HOME>/webapps 目录下），可以访问 http://localhost/helloapp/hello.htm，如果正常返回 helloapp 应用的 hello.htm 网页，说明配置已经成功。如果配置有误，可以查看 JK 插件生成的日志信息，它有助于查找错误原因。在 Apache 服务器的配置文件 httpd.conf 中设定该日志文件的存放位置为<APACHE_HOME>/logs/mod_jk.log

26.3 在 Linux 下 Tomcat 与 Apache 服务器集成

在 Linux 下 Tomcat 与 Apache 服务器集成的步骤与在 Windows XP 下非常相似。在 Linux 下 Tomcat 与 Apache 服务器集成需要准备的软件参见表 26-4。

表 26-4 在 Linux 下 Tomcat 与 Apache 服务器集成需要准备的软件

软 件	下 载 位 置	本书提供的获取方式
基于 Linux 的 Apache HTTP 服务器软件	http://httpd.apache.org/	本书技术支持网址：www.javathinker.net/Java Web.sjp
JK 插件	http://tomcat.apache.org/download-connectors.cgi	sourcecode/chapter26 /linux_apache/mod_jk_linux.so

下文介绍在 Linux（以 RedHat 为例）中把 Tomcat 与 Apache 服务器集成的方法。

1. 安装和启动 Apache 服务器

以下是在 Linux 下安装 Apache 服务器的步骤。

（1）建立 httpd 用户，把 httpd-2.4.37.tar.gz 文件复制到/tmp 目录下。

（2）将 httpd-2.4.37.tar.gz 文件解压，命令为：

```
gzip -d httpd-2.4.37.tar.gz
tar xvf httpd-2.4.37.tar
```

（3）用超级用户账号登录 Linux，命令为：su

（4）转到/tmp/httpd-2.4.37 目录，配置 Apache 服务器，命令为：

```
./configure --prefix =/home/httpd
```

"--prefix"选项用来设定 Apache 的安装目录。根据以上设置，Apache 将被安装到/home/httpd 目录。

（5）编译 Apache，命令为：make。

（6）安装 Apache，命令为：make install。

（7）安装好以后，假定 Apache 的根目录为<APACHE_HOME>，打开<APACHE_HOME>/conf/httpd.conf 文件，配置"Listen"和"ServerName"属性：

```
Listen 80
ServerName localhost
```

（8）转到<APACHE_HOME>/bin 目录，运行 apachectl configtest 命令，来测试安装是否成功。如果显示 Syntax ok，则表示安装成功。

启动 Apache 服务器的命令为：<APACHE_HOME>/bin/apachect1 start。

终止 Apache 服务器的命令为：<APACHE_HOME>/bin/apachect1 stop。

提示

应该确保操作系统的 80 端口没有被占用，否则 Apache 服务器无法启动。

也可以通过访问 Apache 的测试页来确定是否安装成功。访问 http://localhost，如果出现如本章 26.2 节的图 26-2 所示的网页，就说明 Apache 已经安装成功了。

2．在 Apache 服务器中加入 JK 插件

在 Apache 中加入 JK 插件，只要把 mod_jk_linux.so 复制到<APACHE_HOME>/modules 目录下即可。

如果 Apache 服务器无法加载 JK 插件，有可能是 JK 插件与 Apache 服务器版本不匹配引起的，需要到表 26-4 提供的网站重新下载匹配的 JK 插件。

3．创建 workers.properties 文件

在<APACHE_HOME>/conf 目录下创建以下 workers.properties 文件。此外，在本书配套源代码包的 sourcecode/chapter26/linux_apache 目录下也提供了该文件：

```
worker.list=worker1
worker.worker1.port=8009  #工作端口,若没占用则不用修改
worker.worker1.host=localhost  #Tomcat 服务器的地址
worker.worker1.type=ajp13  #类型
worker.worker1.lbfactor=1  #负载平衡因数
```

4．修改 Apache 服务器的配置文件 httpd.conf

打开<APACHE_HOME>/conf/httpd.conf 文件，在其末尾加入以下内容：

```
LoadModule jk_module modules/ mod_jk_linux.so
<IfModule jk_module>
JkWorkersFile conf/workers.properties
JkLogFile logs/mod_jk.log
JkLogLevel debug
JkMount /*.jsp worker1
JkMount /helloapp/* worker1
</IfModule>
```

在本书配套源代码包的 sourcecode/chapter26/linux_apache 目录下的 httpd_modify.conf 文件中提供了以上内容。

5．测试配置

重启 Tomcat 服务器和 Apache 服务器。通过浏览器访问 http://localhost/index.jsp，如果出现 Tomcat 的默认主页，说明配置已经成功。此外，如果在 Tomcat 服务器上已经发布了 helloapp 应用（把本书配套源代码包的 sourcecode/chapter26 目录下的 helloapp 目录复制到<CATALINA_HOME>/webapps 目录下），则可以访问 http://localhost/helloapp/hello.htm，如果正常返回 helloapp 应用的 hello.htm 网页，说明配置已经成功。如果配置有误，可以查看 JK 插件生成的日志信息，它有助于查找错误原因。在 Apache 的配置文件 httpd.conf 中设定该日志文件的存放位置为：<APACHE_HOME>/logs/mod_jk.log。

26.4 Tomcat 与 IIS 服务器集成

IIS（Internet Information Service）服务器是微软开发的功能强大的 Web 服务器，IIS 为创建和开发电子商务提供了安全的 Web 平台。把 Tomcat 与 IIS 集成，可以扩展 IIS 的功能，使它支持 Java Web 应用。

26.4.1 安装和启动 IIS 服务器

高版本的 Windows 自带了 IIS，但默认情况下没有被启用。下面以 Window10 为例，介绍启用 IIS 的步骤。

（1）在 Windows 操作系统中选择【控制面板】→【程序】→【启动或关闭 Windows 功能】命令，打开【启动或关闭 Windows 功能】的对话框，参见图 26-3。

（2）在【启动或关闭 Windows 功能】的对话框中，选择与 IIS 信息服务相关的所有选项，参见图 26-4。确保启用了【应用程序开发功能】中的各个选项。

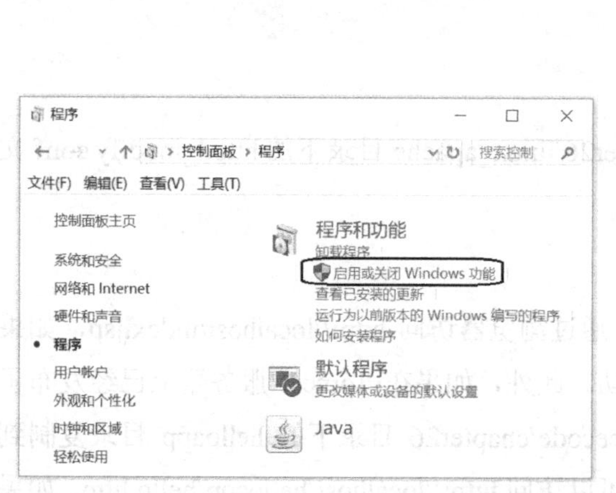

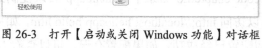

图 26-3 打开【启动或关闭 Windows 功能】对话框

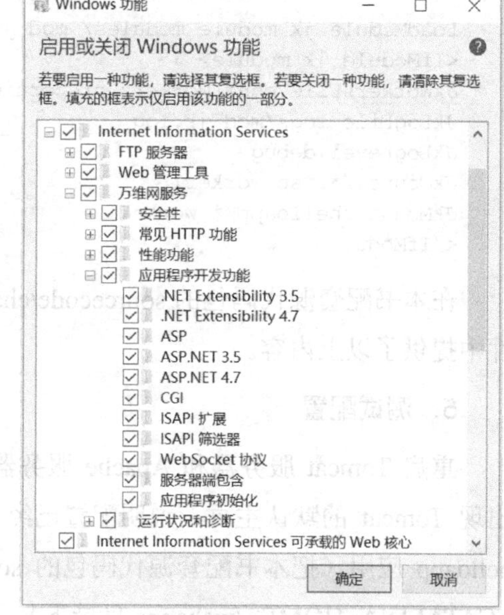

图 26-4 在 Windows 中启用 IIS 的各项功能

（3）在 Windows 操作系统中选择【控制面板】→【系统和安全】→【管理工具】→【Internet Information Services (IIS)管理器】命令，打开 IIS 管理器。

（4）在 IIS 管理器窗口左侧的目录树中选择表示本地计算机的主机节点，单击鼠标右键，在快捷菜单中选择【启动】命令，就会启动 IIS 服务器。如果选择【停止】命令，就会终止 IIS 服务器，参见图 26-5。

（5）按照以上步骤（4）启动 IIS 服务器后，通过浏览器访问 http://localhost，如果出现如图 26-6 所示的页面，就表示 IIS 服务器已经安装和启动成功。

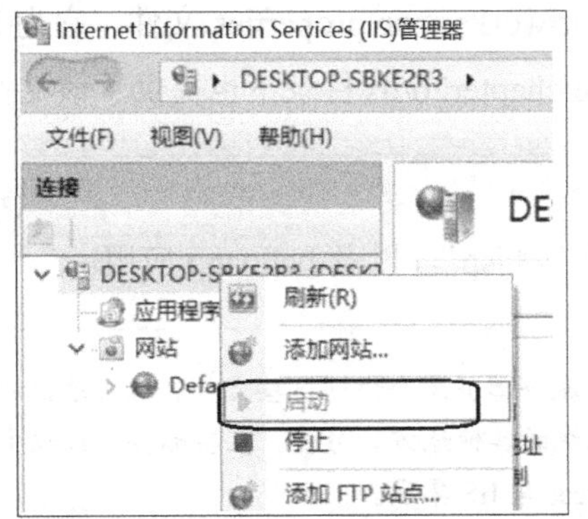

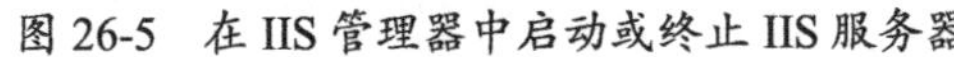
图 26-5 在 IIS 管理器中启动或终止 IIS 服务器

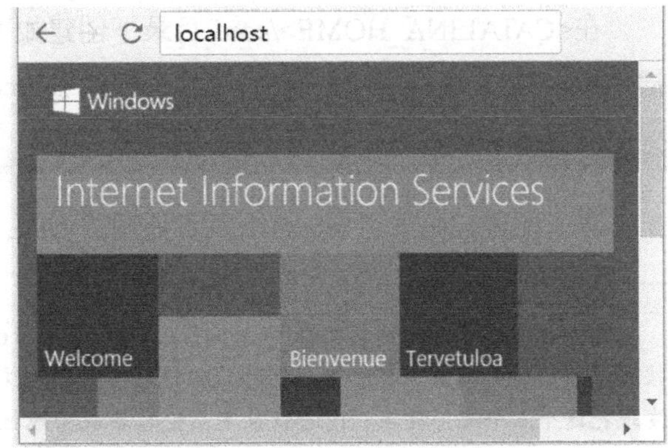

图 26-6 访问 IIS 服务器的主页

26.4.2 准备相关文件

在开始本节的操作之前，假定已经按照本章 26.4.1 节的步骤，在机器上安装了 IIS 服务器，接下来准备好以下 3 个文件，它们的存放路径为 Tomcat 根目录的 conf 目录下（<CATALINA_HOME>/conf）：

- JK 插件：isapi_redirect.dll 文件
- workers.properties 文件
- uriworkermap.properties 文件

1. JK 插件

在本书配套源代码包的 sourcecode/chapter26/iis 目录下提供了用于 IIS 的 JK 插件：isapi_redirect.dll，此外，也可以到以下地址下载最新的 JK 插件：

```
http://tomcat.apache.org/download-connectors.cgi
```

把 JK 插件 isapi_redirect.dll 复制到<CATALINA_HOME>/conf 目录下。

提示

针对不同的 Windows 版本，需要下载不同的 IIS JK 插件。在本书配套源代码包中，sourcecode/chapter26/iis/isapi_redirect.dll 适用于 X86_64 类型的 Windows；sourcecode/chapter26/iis/isapi_redirect_windows-i386.dll 适用于 i386 型号的 Windows。如果选用了不匹配的 JK 插件，会导致 IIS 服务器无法加载它。

2. workers.properties 文件

在<CATALINA_HOME>/conf 目录下创建如下的 workers.properties 文件。在本书配套源代码包的 sourcecode/chapter26/iis 目录下也提供了该文件：

```
worker.list=worker1
worker.worker1.port=8009  #工作端口,若没占用则不用修改
worker.worker1.host=localhost  #Tomcat 服务器的地址
worker.worker1.type=ajp13  #类型
worker.worker1.lbfactor=1  #负载平衡因数
```

3．uriworkermap.properties 文件

在<CATALINA_HOME>/conf 目录下创建如下的 uriworkermap.properties 文件，它为 JK 插件指定 URL 映射。在本书配套源代码包的 sourcecode/chapter26/iis 目录下也提供了该文件：

```
/*.jsp=worker1
/helloapp/*=worker1
```

以上配置代码表明 worker1 负责处理的 URL 包括“/*.jsp”，以及 helloapp 应用。

提示

尽管把以上 3 个文件都放在 Tomcat 目录下，其实 Tomcat 服务器并不会访问这些文件。以上给出的是按照惯例的一种配置。事实上，也可以把这些文件放在文件系统的其他地方。另外，在实际操作过程中，发现把这个三个文件放在相同的目录下，更容易成功地把 Tomcat 与 IIS 集成。

26.4.3　编辑注册表

在配置 Apache 和 Tomcat 集成时，JK 插件的属性是在 Apache 的配置文件 httpd.conf 中设置的。配置 IIS 和 Tomcat 集成时，应该在操作系统的注册表中设置 JK 插件的属性，以下是操作步骤。

（1）在 Windows 中通过 regedit 命令编辑注册表，创建一个新的键：HKEY_LOCAL_MACHINE\SOFTWARE\Apache Software Foundation\Jakarta Isapi Redirector\1.0，如图 26-7 所示。

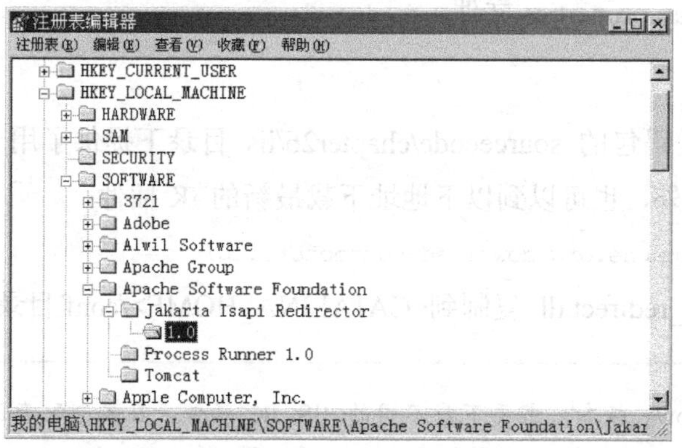

图 26-7　在注册表中创建 Jakarta Isapi Redirector\1.0 键

（2）在 Jakarta Isapi Redirector\1.0 键下面创建新的字符串，参见表 26-5，创建好之后的注册表如图 26-8 所示。

在本书配套源代码包的 sourcecode/chapter26/iis 目录下提供了注册表编辑文件 jk.reg，如果不想按照以上方式手工修改注册表，也可以直接运行 jk.reg 文件（选中这个文件再双击鼠标即可），它会把以上配置内容自动添加到注册表中。jk.reg 的内容如下：

```
Windows Registry Editor Version 5.00

[HKEY_LOCAL_MACHINE\SOFTWARE\Apache Software Foundation
                    \Jakarta Isapi Redirector\1.0]
```

```
"extension_uri"="/jakarta/isapi_redirect.dll"
"log_file"="C:\\tomcat\\logs\\isapi.log"
"log_level"="debug"
"worker_file"="C:\\tomcat\\conf\\workers.properties"
"worker_mount_file"="C:\\tomcat\\conf\\uriworkermap.properties"
```

在运行 jk.reg 文件之前，应该把文件中的“C:\\tomcat”目录替换为读者本地机器上 Tomcat 的实际安装目录。

表 26-5 在 Jakarta Isapi Redirector\1.0 键下面创建的字符串

字 符 串	字 符 串 值	描 述
extension_uri	/jakarta/isapi_redirect.dll	指定访问 isapi_redirect.dll 文件的 uri，在 IIS 中将创建名为 jakarta 的虚拟目录，在该目录下包含 isapi_redirect.dll 文件，参见本章 26.4.4 节
log_file	C:\tomcat\logs\isapi.log	指定 JK 插件使用的日志文件，在实际配置中，可以通过查看这个日志文件，来跟踪 JK 插件的运行过程，这对排错很有用
log_level	debug	指定 JK 插件的日志级别，可选值包括 debug、info 和 error 等
worker_file	C:\tomcat\conf\workers.properties	指定 JK 插件的工作文件
worker_mount_file	C:\tomcat\conf\uriworkermap.properties	指定 JK 插件的 URL 映射文件

图 26-8 在 Jakarta Isapi Redirector\1.0 键下面创建新的字符串

26.4.4 在 IIS 中加入“jakarta”虚拟目录

注册表修改以后，应该在 IIS 中加入名为“jakarta”的虚拟目录，它是 JK 插件所在的目录，以下是操作步骤。

（1）在 Windows 操作系统中选择【控制面板】→【系统和安全】→【管理工具】→【Internet Information Services (IIS)管理器】命令，打开 IIS 管理器。

（2）选中窗口左侧的目录树中的【Default Web Site】，单击鼠标右键，在快捷菜单中选择【添加虚拟目录】命令，如图 26-9 所示。创建一个虚拟目录，名为“jakarta”，对应的实际文件路径应该是 isapi_redirect.dll 文件所在的目录<CATALINA_HOME>/conf，参见图 26-10。

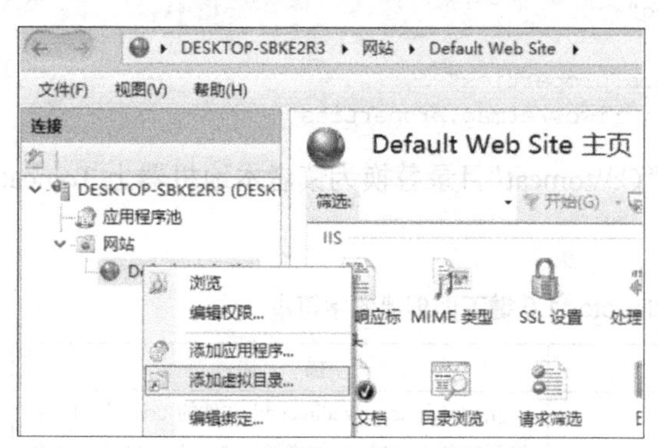

图 26-9 选中“添加虚拟目录”菜单

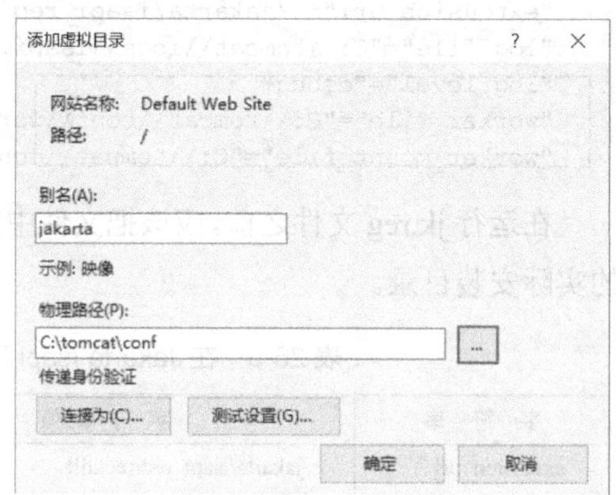

图 26-10 添加虚拟目录

26.4.5 把 JK 插件作为 ISAPI 筛选器加入到 IIS

在 IIS 中加入名为“jakarta”的虚拟目录后，还应该把 JK 插件作为 ISAPI 筛选器（也称为过滤器）加入到 IIS 中，以下是操作步骤。

（1）在 IIS 管理器窗口左侧的目录树中选择“Default Web Site”节点，然后在右侧窗口中选择“ISAPI 筛选器”栏目，添加新的 ISAPI 筛选器，筛选器名称为“jakarta”，可执行文件为<CATALINA_HOME>/conf /isapi_redirect.dll，如图 26-11 所示。

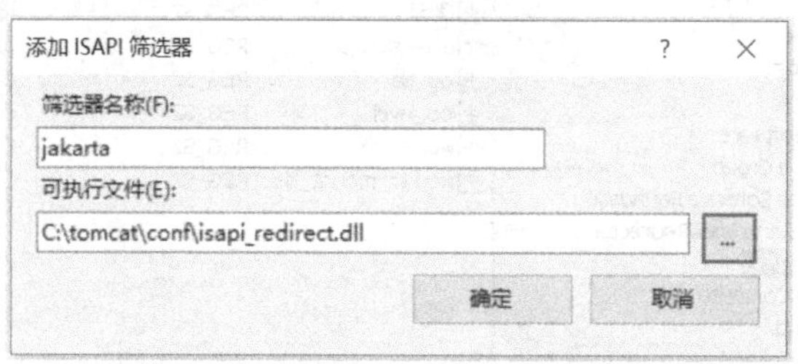

图 26-11 添加新的 ISAPI 筛选器

（2）在 IIS 管理器窗口左侧的目录树中选择 IIS 主机节点，然后在右侧窗口中选择“ISAPI 和 CGI 限制”栏目，然后添加一条新的 ISAPI 和 CGI 限制，参见图 26-12。在图 26-12 中，要把“允许执行扩展路径”选项打勾。

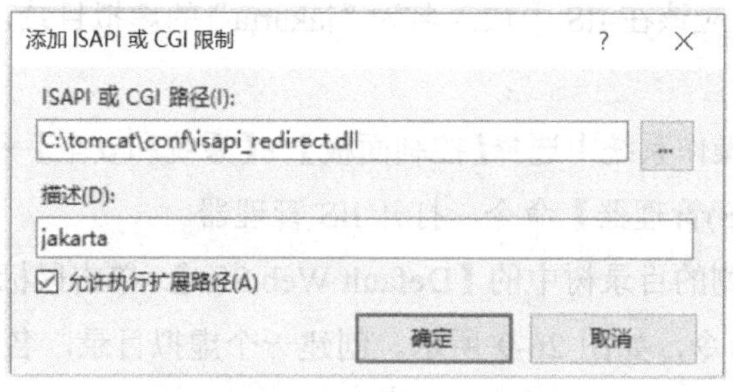

图 26-12 添加 ISAPI 限制

26.4.6　测试配置

重启 Tomcat 服务器和 IIS 服务器，通过浏览器访问 http://localhost/index.jsp。如果出现 Tomcat 的默认主页，说明配置已经成功。此外，如果在 Tomcat 服务器上已经发布了 helloapp 应用（把本书配套源代码包的 sourcecode/chapter26 目录下的 helloapp 目录复制到 <CATALINA_HOME>/webapps 目录下），可以访问 http://localhost/helloapp/hello.htm；如果正常返回 helloapp 应用的 hello.htm 网页，说明配置已经成功；如果配置有误，可以按照以下方法来查找错误原因：

- 如果 isapi_redirect.dll、workers.properties 和 uriworkermap.properties 文件没有放在同一个目录下，那么尝试把它们放在同一个目录下。
- 确保下载的 JK 插件文件与 Windows 版本匹配。
- 检查是否在注册表中注册了“Jakarta Isapi Redirector”键。
- 确保在 IIS 管理器中添加虚拟目录和 ISAPI 筛选器时，提供的名字和文件路径都正确无误。
- 在 IIS 管理器中添加了虚拟目录或 ISAPI 筛选器后，要重新启动 IIS 服务器才能生效。
- 可以查看 JK 插件生成的日志信息，它有助于查找错误原因。在注册表中设定该日志文件的存放位置为<CATALINA_HOME>/logs/isapi.log。

26.5　Tomcat 集群

在实际应用中，如果网站的访问量非常大，为了提高访问速度，可以将多个 Tomcat 服务器与 Apache 服务器集成，让它们共同分担运行 Servlet/JSP 组件的任务。 多个 Tomcat 服务器构成了一个集群（Cluster）系统，共同为客户提供服务。集群系统具有以下优点：

- 高可靠性：当一台服务器发生故障时，集群系统能够自动把工作任务转交给另一台正常运行的服务器，以便为用户提供透明的不间断的服务。
- 高性能计算：充分利用集群中的每一台服务器的软件和硬件资源，实现复杂运算的并行处理，通常用于科学计算领域，比如基因分析和化学分析等。
- 负载平衡：把负载压力根据某种算法合理分配到集群中的每一台服务器上，以减轻单个服务器的压力，降低对单个服务器的硬件和软件要求。

图 26-13 显示了由 JK 插件和两个 Tomcat 服务器构成的集群系统。集群系统的正常运作离不开以下两个组件：

- JK 插件的 loadbalancer（负载平衡器）：负责根据在 workers.properties 文件中预先配置的 lbfactor（负载平衡因数），为集群系统中的 Tomcat 服务器分配工作负荷，实现负载平衡。

- 每个 Tomcat 服务器上的集群管理器（SimpleTcpCluster）：每个 Tomcat 服务器上的集群管理器通过 TCP 连接与集群系统中的其他 Tomcat 服务器通信，以实现 HTTP 会话的复制，以及把 Web 应用发布到集群系统中的每个 Tomcat 服务器上。

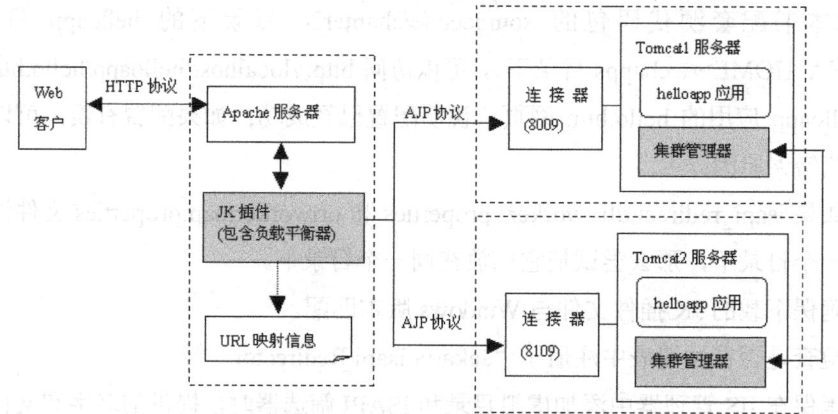

图 26-13　Tomcat 集群系统

26.5.1　配置集群系统的负载平衡器

假定在 Windows 中，把 Apache 服务器和两个 Tomcat 服务器集成。为了方便读者在本地机器上做实验，这两个 Tomcat 服务器和 Apache 服务器都运行在同一台机器上，Tomcat1（根目录为 C:\tomcat1）使用的 AJP 端口为 8009，Tomcat2（根目录为 C:\tomcat2）使用的 AJP 端口为 8109。如果两个 Tomcat 服务器运行在不同的机器上，那么它们可以使用相同的 AJP 端口。

以下是把 Apache 和这两个 Tomcat 服务器集成，以及配置负载平衡器的步骤。

（1）把 mod_jk.so 复制到<APACHE_HOME>/modules 目录下。

（2）在<APACHE_HOME>/conf 目录下创建如下的 workers.properties 文件（注意粗体部分的内容）：

```
worker.list=worker1,worker2,loadbalancer

worker.worker1.port=8009  #工作端口，若没占用则不用修改
worker.worker1.host=localhost  #Tomcat 服务器的地址
worker.worker1.type=ajp13  #类型
worker.worker1.lbfactor=100  #负载平衡因数

worker.worker2.port=8109  #工作端口，若没占用则不用修改
worker.worker2.host=localhost  #Tomcat 服务器的地址
worker.worker2.type=ajp13  #类型
worker.worker2.lbfactor=100  #负载平衡因数

worker.loadbalancer.type=lb
worker.loadbalancer.balanced_workers=worker1, worker2
worker.loadbalancer.sticky_session=false
```

```
worker.loadbalancer.sticky_session_force=false
```

以上文件创建了两个监听 AJP 端口的 worker：worker1 和 worker2。worker1 和 worker2 分别代表两个 Tomcat 服务器，它们由负载平衡器来进行调度。由于本实验中 worker1 和 worker2 运行在同一个机器上，所以应该使 worker1.port 和 worker2.port 指向不同的端口。worker1 和 worker2 的 lbfactor 属性设定工作负荷，在本例中，worker1 和 worker2 的 lbfactor 属性都为 100，因此会分担同样的工作负荷。

以上文件还配置了一个名为 loadbalancer 的 worker，它是负载平衡器，它有一个 sticky_session 和 sticky_session_force 属性，这两个属性的作用在本章 26.5.2 节的最后做了介绍。在本书配套源代码包的 sourcecode/chapter26/windows_apache/loadbalance 目录下提供了上述 workers.properties 文件。

（3）修改<APACHE_HOME>/conf/httpd.conf 文件，在文件末尾加入如下内容：

```
# Using mod_jk.so to redirect dynamic calls to Tomcat
LoadModule jk_module modules/mod_jk.so
<IfModule jk_module>
JkWorkersFile conf/workers.properties
JkLogFile logs/mod_jk.log
JkLogLevel debug
JkMount /*.jsp loadbalancer
JkMount /helloapp/* loadbalancer
</IfModule>
```

当客户请求“/*.jsp”或“/helloapp/*”形式的 URL，该请求都由 loadbalancer 来负责转发，它根据在 workers.properties 文件中为 worker1 和 worker2 设定的 lbfactor 属性，来决定如何调度它们。在本书配套源代码包的 sourcecode/chapter26/windows_apache/loadbalance 目录下的 httpd_modify.conf 文件中提供了上述配置代码。

提示

只有在使用了 loadbalancer 的情况下，workers.properties 文件中 worker 的 lbfactor 属性才有意义，lbfactor 取值越大，表示分配给 Tomcat 服务器的工作负荷越大。

（4）分别修改两个 Tomcat 服务器的 conf/server.xml 文件中 AJP 连接器的端口，确保它们和 workers.properties 文件中的配置对应：

```
Tomcat 服务器 1：
<Connector port="8009" protocol="AJP/1.3" redirectPort="8443" />
Tomcat 服务器 2：
<Connector port="8109" protocol="AJP/1.3" redirectPort="8443" />
```

此外，在使用了 loadbalancer 后，要求 worker 的名字和 Tomcat 的 server.xml 文件中的<Engine>元素的 jvmRoute 属性一致。

所以应该分别修改两个 Tomcat 的 sever.xml 文件，把它们的<Engine>元素的 jvmRoute 属性分别设为 worker1 和 worker2。以下是修改后的两个 Tomcat 服务器的<Engine>元素：

```
Tomcat 服务器 1：
<Engine name="Catalina" defaultHost="localhost" jmvRoute="worker1">
Tomcat 服务器 2：
<Engine name="Catalina" defaultHost="localhost" jmvRoute="worker2">
```

（5）在完成以上步骤后，分别启动两个 Tomcat 服务器和 Apache 服务器，然后访问 http://localhost/index.jsp，会出现 Tomcat 服务器的默认主页。由于此时由 loadbalancer 来调度 Tomcat 服务器，因此不能断定到底访问的是哪个 Tomcat 服务器的 index.jsp，这对于 Web 客户来说是透明的。

在进行以上实验时，两个 Tomcat 服务器都在同一台机器上运行，应该确保它们没有使用相同的端口。在 Tomcat 的默认的 server.xml 中，一共配置了以下 3 个端口：

```
<Server port="8005" shutdown="SHUTDOWN" >
<!-- Define a non-SSL Coyote HTTP/1.1 Connector on port 8080 -->
<Connector port="8080" … />
<!-- Define an AJP 1.3 Connector on port 8009 -->
<Connector port="8009" … />
```

由于两个 Tomcat 服务器都在同一台机器上运行，至少应该对其中一个 Tomcat 服务器的以上 3 个端口号都进行修改。例如把第 2 个 Tomcat 服务器的端口号改为：

```
<Server port="8105" shutdown="SHUTDOWN" >
<!-- Define a non-SSL Coyote HTTP/1.1 Connector on port 8080 -->
<Connector port="8180"  … />
<!-- Define an AJP 1.3 Connector on port 8009 -->
<Connector port="8109"  …/>
```

此外，把 Tomcat 和其他 HTTP 服务器集成时，Tomcat 主要负责处理 HTTP 服务器转发过来的客户请求，通常不会直接接受 HTTP 请求。因此为了提高 Tomcat 的运行性能，也可以关闭 Tomcat 的 HTTP 连接器，方法为在 server.xml 中把 Tomcat 的 HTTP Connector 的配置注释掉：

```
<!-- Define a non-SSL Coyote HTTP/1.1 Connector on port 8080 -->
<!-- <Connector port="8080" … /> -->
```

26.5.2 配置集群管理器

假定已经按照本章 26.5.1 节的步骤使 Apache 服务器与两个 Tomcat 服务器集成。把本书配套源代码包的 sourcecode/chapter26 目录下的 helloapp 目录分别复制到两个 Tomcat 服务器的<CATALINA_HOME>/webapps 目录下。在 helloapp 应用中有一个 test.jsp 文件，它的源代码如下：

```
<html>
<head>
  <title>helloapp</title>
</head>
<body>
<%
System.out.println("call test.jsp"); //在 Tomcat 控制台上打印一些跟踪数据
%>
SessionID: <%=session.getId() %>

</body>
</html>
```

分别启动两个 Tomcat 服务器和 Apache 服务器，然后打开浏览器，多次访问 http://localhost/helloapp/test.jsp，浏览器以及 Tomcat 服务器的打印结果如图 26-14 所示。根据 test.jsp 在 Tomcat 控制台上的打印语句，可以判断出客户端每次请求访问 test.jsp 时，由哪个 Tomcat 服务器执行 test.jsp。

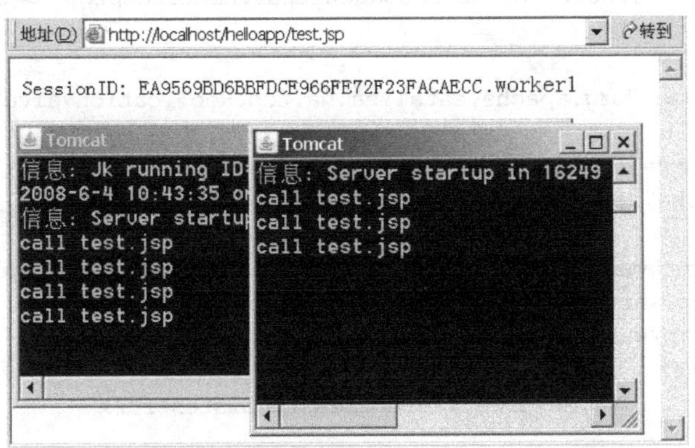

图 26-14 通过浏览器多次访问 test.jsp 的效果

本书第 9 章的 9.2 节（HttpSession 的生命周期及会话范围）已经讲过，通过同一个浏览器进程多次访问同一个 Web 应用中支持会话的 JSP 页面时，这些请求始终处于同一个会话中，因此 Session ID 应该是不变的。

但是在上述实验中，通过同一个浏览器进程多次访问 helloapp 应用的 test.jsp 时，从浏览器上看到每次 Session ID 的值都不一样。这是因为客户端每次访问 test.jsp 的请求都由不同的 Tomcat 服务器来响应，而这两个 Tomcat 服务器之间没有进行会话的同步。

为了解决上述问题，需要启用 Tomcat 的集群管理器（SimpleTcpCluster），步骤如下。

（1）分别修改 Tomcat1 和 Tomcat2 的 conf/server.xml 文件，在其中的<Engine>元素内都加入以下<Cluster>子元素，使得 Tomcat 能够启用集群管理器。

```
<Cluster className="org.apache.catalina.ha.tcp.SimpleTcpCluster"
         channelSendOptions="8">

  <Manager className="org.apache.catalina.ha.session.DeltaManager"
       expireSessionsOnShutdown="false"
       notifyListenersOnReplication="true"/>

  <Channel className="org.apache.catalina.tribes.group.GroupChannel">
    <Membership className="org.apache.catalina.tribes
                  .membership.McastService"
     bind="127.0.0.1"  address="228.0.0.4"
     port="45564"     frequency="500"  dropTime="3000"/>
    <Receiver className=
         "org.apache.catalina.tribes.transport.nio.NioReceiver"
     address="auto"   port="4000"
     autoBind="100"   electorTimeout="5000"
     maxThreads="6"/>

  <Sender className="org.apache.catalina.tribes
              .transport.ReplicationTransmitter">
```

```
        <Transport className="org.apache.catalina.tribes
                  .transport.nio.PooledParallelSender"/>
      </Sender>
      <Interceptor className="org.apache.catalina.tribes
                  .group.interceptors.TcpFailureDetector"/>
      <Interceptor className="org.apache.catalina.tribes.group
                  .interceptors.MessageDispatchInterceptor"/>
      </Channel>

      <Valve className="org.apache.catalina.ha.tcp.ReplicationValve"
        filter=""/>
      <Valve className="org.apache.catalina
              .ha.session.JvmRouteBinderValve"/>

      <Deployer className="org.apache.catalina.ha.deploy.FarmWarDeployer"
       tempDir="/tmp/war-temp/"    deployDir="/tmp/war-deploy/"
       watchDir="/tmp/war-listen/"  watchEnabled="false"/>
      <ClusterListener className="org.apache.catalina.ha
                  .session.ClusterSessionListener"/>
    </Cluster>
```

在本书配套源代码包的 sourcecode/chapter26/windows_apache/loadbalance 目录下的 server_modify.xml 文件中提供了上述配置代码。关于<Cluster>元素的详细用法可以参考以下文档：

```
<CATALINA_HOME>\webapps\docs\cluster-howto.html
<CATALINA_HOME>\webapps\docs\config\cluster.html
```

在本书配套源代码包的 sourcecode/chapter26/windows_apache/loadbalance 目录下还提供了 server1.xml 和 server2.xml 文件，它们分别是 Tomcat1 和 Tomcat2 的配置文件，这两个文件已经按照本章 26.5.1 和 26.5.2 节的步骤做了相应的设置。读者可以删除 Tomcat1 和 Tomcat2 的 conf 目录下的原有 server.xml 文件，再把 server1.xml 和 server2.xml 文件分别复制到 Tomcat1 和 Tomcat2 的 conf 目录下，并把它们改名为 server.xml。

（2）分别修改 Tomcat1 和 Tomcat2 的 helloapp 应用的 web.xml 文件，在其中加入<distributable/>元素：

```
<?xml version="1.0" encoding="UTF-8"?>

<web-app xmlns="http://xmlns.jcp.org/xml/ns/javaee"
  xmlns:xsi="http://www.w3.org/2001/XMLSchema-instance"
  xsi:schemaLocation="http://xmlns.jcp.org/xml/ns/javaee
    http://xmlns.jcp.org/xml/ns/javaee/web-app_4_0.xsd"
  version="4.0" >

  <distributable/>
</web-app>
```

在集群系统中，如果 Tomcat 服务器中的一个 Web 应用的 web.xml 文件中设置了<distributable/>元素，那么当 Tomcat 服务器启动这个 Web 应用时，会为它创建由 server.xml 文件中的<Cluster>元素的<Manager>子元素指定的会话管理器。在本实验中，会话管理器为 DeltaManager，它能够把一个服务器节点中的会话信息复制到集群系统中的所有其他服务器节点中。

（3）分别启动两个 Tomcat 服务器和 Apache 服务器，然后打开一个浏览器，多次访问 http://localhost/helloapp/test.jsp，会看到 test.jsp 页面中的 Session ID 始终保持不变。这表明无论浏览器访问 Tomcat1 中的 test.jsp，还是访问 Tomcat2 中的 test.jsp，都始终处于同一个会话中。Tomcat1 与 Tomcat2 中的关于 helloapp 应用的会话信息是同步的。

在配置 Tomcat 集群系统时，有以下注意事项。

（1）为了保证在集群系统中，会话数据能在所有 Tomcat 服务器上正确地复制，应该保证存放在会话范围内的所有属性都实现了 java.io.Serializable 接口。

（2）集群系统中的 Tomcat 服务器之间通过组播的形式来通信。如果 Tomcat 所在的机器上有多个网卡，或者配置了虚拟网卡，可能会导致组播失败，从而无法正常复制会话。假定集群系统中 Tomcat1 已经启动，而启动 Tomcat2 时控制台输出如下信息：

```
信息: Manager [localhost#/helloapp]:
skipping state transfer. No members active in cluster group.
```

以上信息表明 Tomcat2 没有识别到集群系统中的 Tomcat1，说明组播失败。解决这一问题的方法是，在配置<Cluster>元素的<Membership>子元素时，确保设置了如下 bind 属性，它用于明确地设置组播绑定地址：

```
  <Membership className="org.apache.catalina
              .tribes.membership.McastService"
      bind="127.0.0.1"  … />
```

（3）如果集群系统规模较小，即其中的 Tomcat 服务器数目不多，可以采用 DeltaManager 会话管理器，它能够把一个服务器节点中的会话信息复制到集群系统中的所有其他服务器节点中。DeltaManager 会话管理器不适合用于规模很大的集群系统中，因为它会大大增加网络通信负荷。对于规模很大的集群系统，可以采用 BackupManager 会话管理器，它只会把一个服务器节点中的会话信息备份到集群系统中其他单个服务器节点中。例如以下 server.xml 文件中的配置代码使用了 BackupManager 会话管理器：

```
<Cluster className="org.apache.catalina.ha.tcp.SimpleTcpCluster"
         channelSendOptions="8">

  <Manager className="org.apache.catalina.ha.session.BackupManager"
           expireSessionsOnShutdown="false"
           notifyListenersOnReplication="true"
           mapSendOptions="6"/>
    …
</Cluster>
```

（4）<Membership>元素的 address 属性设定组播地址，本实验中把它设为 228.0.0.4，运行本实验时，应该确保 Tomcat 所在的主机连在 Internet 上，否则无法访问该组播地址。

（5）本章 26.5.1 节在 workers.properties 文件中配置负载平衡器时设置了 sticky_session 和 sticky_session_force 属性：

```
worker.loadbalancer.type=lb
worker.loadbalancer.balanced_workers=worker1, worker2
```

```
worker.loadbalancer.sticky_session=false
worker.loadbalancer.sticky_session_force=false
```

如果 sticky_session 的值为 true，就表示会话具有“粘性”。“粘性”意味着，当用户通过浏览器 A 与 Tomcat1 开始了一个会话后，以后用户从浏览器 A 中发出的请求只要处于同一个会话中，负载平衡器就会始终让 Tomcat1 来处理请求。直观地理解，可以认为一个会话始终与集群系统中的一个 Tomcat 服务器“粘”在一起。当 sticky_session 的值为 true，集群系统不会进行会话复制。如果希望集群系统能进行会话复制，从而使得一个浏览器能与多个 Tomcat 服务器展开同一个会话，则应该把 sticky_session 设为 false。sticky_session 的默认值为 true。

sticky_session_force 的默认值为 false。当 sticky_session 设为 false 时，sticky_session_force 对集群系统没有什么影响，通常可以把它设为默认值 false。当 sticky_session 设为 true 时，则建议把 sticky_session_force 也设为 true。

假定 sticky_session 设为 true，当浏览器已经与集群系统中 Tomcat1 服务器“粘”在一起，展开了会话后，如果这个 Tomcat1 服务器异常终止，此时会出现什么情况呢？如果 sticky_session_force 为 true，那么服务器端会向客户端返回状态代码为 500 的错误。如果 sticky_session_force 为 false，那么负载平衡器会把请求转发给集群系统中的其他 Tomcat2 服务器，假如 Tomcat2 服务器中不存在同一个会话的信息，当 Web 组件试图访问会话中的有关数据时可能会导致异常。

26.6 小结

本章介绍了通过 JK 插件来实现 Tomcat 与 Apache 以及 IIS 服务器集成的步骤。Tomcat 提供了专门的 JK 插件来负责 Tomcat 和 HTTP 服务器的通信。JK 插件安置在对方 HTTP 服务器上。当 HTTP 服务器接收到客户请求时，它会通过 JK 插件来过滤 URL，JK 插件根据预先配置好的 URL 映射信息，来决定是否要把客户请求转发给 Tomcat 服务器处理。Tomcat 与 Apache 以及 IIS 服务器集成的异同之处参见表 26-6。

表 26-6 Tomcat 与 Apache 以及 IIS 服务器集成的异同之处

	Tomcat 与 Apache 集成	Tomcat 与 IIS 集成
JK 插件	mod_jk.so	isapi_redirect.dll
JK 插件的工作文件	workers.properties 文件	workers.properties 文件
设置 JK 插件属性	在 Apache 的配置文件 httpd.conf 中设置	在注册表中设置
设置 URL 映射信息	在 Apache 的配置文件 httpd.conf 中设置	在 uriworkermap.properties 文件中设置
加载 JK 插件	把 JK 插件复制到<APACHE_HOME>/modules 目录下，在 Apache 的配置文件 httpd.conf 中设置 LoadModule 属性	把 JK 插件所在的目录作为 IIS 的虚拟目录，把 JK 插件作为 ISAPI 筛选器加入到 IIS 中

26.7 思考题

1．把 Tomcat 与其他 HTTP 服务器集成时，以下哪些说法正确？（多选）

（a）Tomcat 与其他 HTTP 服务器之间采用 HTTP 协议通信。

（b）Tomcat 与其他 HTTP 服务器之间采用 AJP 协议通信。

（c）Web 客户与其他 HTTP 服务器之间采用 HTTP 协议通信。

（d）要求访问 JSP/Servlet 的客户请求先到达其他 HTTP 服务器，然后由 JK 插件转发给 Tomcat。

2．把 Apache 服务器与 Tomcat 集成，涉及哪些步骤？（多选）

（a）把 worker.properties 文件放在<APACHE_HOME>/conf 目录下。

（b）修改<APACHE_HOME>/conf 目录下的 httpd.conf 文件，增加用于加载 JK 插件以及设置 JK 插件属性的代码。

（c）把 mod_jk.so 文件复制到<APACHE_HOME>/modules 目录下。

（d）把 mod_jk.so 文件复制到<CATALINA_HOME>/lib 目录下。

3．关于 JK 插件，以下哪些说法正确？（多选）

（a）JK 插件在 Apache 服务器中称为动态加载模块，在 IIS 服务器中称为 ISAPI 筛选器。

（b）JK 插件运行在 Tomcat 服务器进程中，负责接收由其他 HTTP 服务器转发过来的客户请求。

（c）在配置 JK 插件时，需要设定 JK 插件的工作文件（worker.properties）、日志文件、日志级别和 URL 映射信息等。

（d）JK 插件的接口由 Oracle 公司制定，各种类型的 Servlet 容器实现都可以通过 JK 插件来与其他 HTTP 服务器集成。

4．关于 Tomcat 集群系统与 Apache 服务器构成的集成环境，以下哪些说法正确？（多选）

（a）当 Tomcat 集群系统为客户端提供服务时，到底由哪个服务器节点来提供服务，这对客户端来说是透明的。

（b）当 Tomcat 集群系统为客户端提供服务时，到底由哪个服务器节点来提供服务，这是由 JK 插件中的负载平衡器来调度的。

（c）Tomcat 集群系统中的各个 Tomcat 服务器节点通过 AJP 协议进行通信。

（d）Tomcat 集群系统中的各个 Tomcat 服务器节点通过组播的方式来进行 HTTP 会话的同步。

参考答案

1．b,c,d　2．a,b,c　3．a,c　4．a,b,d

第 27 章　在 Tomcat 中配置 SSI

SSI 是 Server Side Include 的缩写，是指嵌入到 HTML 页面的一组指令的集合。当客户端请求访问包含了 SSI 指令的 HTML 页面时，服务器会先解析并执行页面中的 SSI 指令，然后把包含 SSI 指令执行结果的页面返回给客户端。因此，SSI 指令也可以用来向 HTML 页面中添加动态产生的内容。

本章首先介绍了 SSI 的概念以及 SSI 指令的用法，然后介绍了在 Tomcat 中配置 SSI 的方法。

27.1　SSI 简介

SSI（Server Side Include）直译为服务器端包含，实际上是指嵌入到 HTML 页面的一组指令的集合。嵌入了 SSI 指令的 HTML 文件通常以.shtml 作为扩展名。例如例程 27-1 的 sample.shtml 文件中就使用了 SSI 指令。

例程 27-1　sample.shtml

```
<html>
<head><title>my first SSI page</title></head>
<body>
欢迎您于（<!--#echo var="DATE_LOCAL" -->）访问本网站。
</body>
</html>
```

SSI 指令都采用以下语法形式：

```
<!--#指令名  参数名="参数值" -->
```

sample.shtml 文件中的#echo 指令的作用是输出本地日期和时间。当客户端请求访问 sample.shtml 文件时，Web 服务器会解析并执行文件中内嵌的#echo 指令，然后把包含了#echo 指令执行结果的 HTML 文档发送至客户端。

对于 sample.shtml 文件，Web 服务器实际发送给客户端的文档为：

```
<html>
<head><title>my first SSI page</title></head>
<body>
欢迎您于（Wednesday, 24-Oct-2018 11:43:54 EDT）访问本网站。
</body>
</html>
```

尽管 SSI 和 JSP 有些相似，但两者并不能相互替代。两者主要有以下区别：

（1）SSI 指令集是一种通用的运行在 Web 服务器端的指令集，大多数 Web 服务器都能解析和执行 HTML 文件中的 SSI 指令。而 JSP 文件中嵌入了 Java 程序片段和自定义标签，只能运行在 Servlet 容器中。

（2）SSI 只能动态完成一些简单的功能（如显示本地日期、包含一个文件或者显示文件的更新日期和大小等），如果要动态完成一些复杂的功能（如访问数据库，遍历集合中元素等），则需要采用 Servlet 和 JSP 技术。

（3）Web 服务器处理 SHTML 文件以及 JSP 文件的原理不一样。对于 SHTML 文件，Web 服务器解析并执行文件中内嵌的 SSI 指令，然后把 SSI 指令的执行结果插入到 HTML 文档中。对于 JSP 文件，Web 服务器会把整个文件翻译为 Servlet 程序，然后再执行 Servlet 程序。

SSI 主要包括以下指令：

- #echo 指令：显示服务器端的特定环境变量。
- #printenv 指令：返回服务器端的所有环境变量的清单。
- #include 指令：将指定文件的内容插入到当前 HTML 文档中。
- #flastmod 指令：显示指定文件的最后修改日期。
- #fsize 指令：显示指定文件的大小。
- #exec 指令：直接执行服务器上的各种程序（如 CGI 或其他可执行程序）。
- #config 指令：设置 SSI 指令的输出信息的显示格式。
- #if、#elif、#else 和#endif 指令：提供类似 Java 语言中的 if-else 条件判断逻辑。

读者运行下文介绍的范例时，要先根据本章 27.2 节的步骤，在 Tomcat 中配置对 SSI 的支持。

27.1.1 #echo 指令

#echo 指令用于显示服务器端的一些环境变量，语法为：

```
<!--#echo var="环境变量" -->
```

参数 var 的以下可选值用于显示与当前文档有关的环境变量：

（1）DOCUMENT_NAME：当前文档的名称。

（2）DOCUMENT_URI：当前文档的虚拟路径。随着网站的不断发展，那些越来越长的 URL 地址写起来很麻烦，为了解决这一问题，可以把网站的域名和 SSI 指令结合在一起，来显示一个完整的 URL，例如：

```
http://www.javathinker.net<!--#echo var=" DOCUMENT_URI " -->
```

（3）QUERY_STRING_UNESCAPED：显示未经转义处理的客户请求中的查询字符串（Query String），即 HTTP 请求的第一行的 URI 部分的“?”后面的内容。

（4）LAST_MODIFIED：显示当前文档的最后更新时间。这是非常实用的功能，对于维护和更新网站的文档很有用。

参数 var 的以下可选值用于显示与当前服务器以及客户端有关的环境变量：

（1）DATE_LOCAL：显示服务器端的当前日期和时间。可以结合#config 指令的 timefmt 参数，来设置输出日期和时间的格式。例如：

```
<!--#config timefmt="%A, the %d of %B, in the year %Y" -->
<!--#echo var="DATE_LOCAL" -->
```

以上代码的输出结果为：Wednesday, the 24 of October, in the year 2018

（2）DATE_GMT：功能与 DATE_LOCAL 相同，两者区别在于，DATE_GMT 返回以格林威治标准时间为基准的日期。

（3）SERVER_SOFTWARE：显示服务器软件的名称和版本。

（4）SERVER_NAME：显示服务器的主机名称，DNS 别名或者 IP 地址。

（5）SERVER_PROTOCOL：显示服务器与客户端通信使用的协议名称和协议版本。

（6）SERVER_PORT：显示服务器的监听端口。

（7）REQUEST_METHOD：显示客户端的请求方式，如 GET、POST 和 PUT 等。

（8）REMOTE_HOST：显示客户端的主机名称。

（9）REMOTE_ADDR：显示客户端的主机的 IP 地址。

（10）AUTH_TYPE：显示对客户端进行安全验证的方法。关于安全验证的概念参见本书第 25 章（安全域）。

（11）REMOTE_USER：显示客户端进行安全验证时提供的用户名。

例程 27-2 的 echo.shtml 使用了#echo 指令。

例程 27-2　echo.shtml

```
<html>
<head>
<title>helloapp</title>
</head>
<body>

DOCUMENT_NAME: <!--#echo var="DOCUMENT_NAME" --> <br>
DOCUMENT_URI:
    http://localhost:8080<!--#echo var="DOCUMENT_URI" --><br>
QUERY_STRING_UNESCAPED:
    <!--#echo var="QUERY_STRING_UNESCAPED" --> <br>
LAST_MODIFIED: <!--#echo var="LAST_MODIFIED" --> <br>
<!--#config timefmt="%A, the %d of %B, in the year %Y" --> <br>
DATE_LOCAL: <!--#echo var="DATE_LOCAL" --><br>
SERVER_SOFTWARE: <!--#echo var="SERVER_SOFTWARE" --><br>
SERVER_NAME: <!--#echo var="SERVER_NAME" --> <br>
SERVER_PROTOCOL: <!--#echo var="SERVER_PROTOCOL" --><br>
SERVER_PORT: <!--#echo var="SERVER_PORT" --> <br>
REQUEST_METHOD: <!--#echo var="REQUEST_METHOD" --> <br>
REMOTE_HOST: <!--#echo var="REMOTE_HOST" --> <br>
REMOTE_ADDR: <!--#echo var="REMOTE_ADDR" --> <br>

</body></html>
```

通过浏览器访问：

```
http://localhost:8080/helloapp/echo.shtml?param1=one&amp;param2=two
```

得到的结果如图 27-1 所示。

```
localhost:8080/helloapp/echo.shtml?param1=one&amp;param2=two

DOCUMENT_NAME: echo.shtml
DOCUMENT_URI: http://localhost:8080/helloapp/echo.shtml
QUERY_STRING_UNESCAPED: param1=one&amp;param2=two
LAST_MODIFIED: Saturday, 12-Jul-2008 12:43:16 EDT

DATE_LOCAL: Wednesday, the 24 of October, in the year 2018
SERVER_SOFTWARE: Apache Tomcat/9.0.10 Java HotSpot(TM) 64-Bit Server VM/10+46 \
SERVER_NAME: localhost
SERVER_PROTOCOL: HTTP/1.1
SERVER_PORT: 8080
REQUEST_METHOD: GET
REMOTE_HOST: 0:0:0:0:0:0:0:1
REMOTE_ADDR: 0:0:0:0:0:0:0:1
```

图 27-1　echo.shtml 返回的页面

提示

运行本章范例时，要先按照本章 27.2 节的配置步骤，使得 Tomcat 提供对 SSI 的支持。

27.1.2　#include 指令

#include 指令能将指定文件的内容包含到当前 HTML 文档中。#include 指令有两个参数：virtual 和 file。

（1）virtual：给出服务器端某个文件的虚拟路径，例如：

```
<!--#include virtual=="/includes/header.html" -->
```

在 Tomcat 中，虚拟路径对应的实际路径取决于为 SSIServlet 类配置的 isVirtualWebappRelative 初始化参数。如果取值为 true，表示应该把虚拟路径解析为相对于当前 Web 应用的路径；如果取值为 false，表示应该把虚拟路径解析为相对于服务器根路径的路径。该参数的默认值为 false，参见本章 27.2 节。

（2）file：给出相当于当前文档的相对路径，例如：

```
<!--#include file=="header.html" -->
```

提示

#include 指令是 SSI 指令集中最有用的功能之一，SSI（Server Side Include）的名字就来源于#include 指令。

例程 27-3 的 include.shtml 使用了#include 指令。

例程 27-3　include.shtml

```
<html>
<head>
  <title>今日新闻</title>
</head>
<body>
<center><h1>今日新闻</h1></center><p>
<!--#include file="news.txt" -->

<!--#config timefmt="%Y 年%m 月%d 日" -->
<p>文件更新日期：<!--#flastmod file="news.txt" -->
```

```
<!--#config sizefmt="bytes" -->
<br>文件大小：<!--#fsize file="news.txt" -->字节
</body>
</html>
```

通过浏览器访问 http://localhost:8080/helloapp/include.shtml，得到的结果如图 27-2 所示。

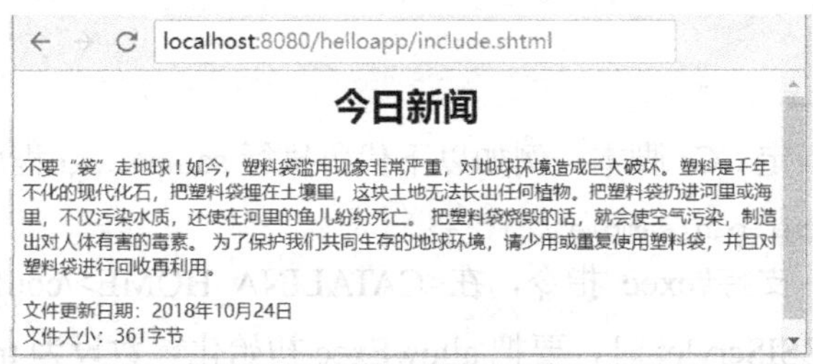

图 27-2　include.shtml 返回的页面

以上#include 指令包含的 news.txt 文件中有中文字符，为了确保能正确显示中文字符，在<CATALINA_HOME>/conf/web.xml 文件中配置 org.apache.catalina.ssi.SSIServlet 时，要把 outputEncoding 初始化参数设为中文字符编码“GB2312”：

```
<servlet>
  <servlet-name>ssi</servlet-name>
  <servlet-class>org.apache.catalina.ssi.SSIServlet</servlet-class>
  ......
  <init-param>
    <param-name>outputEncoding</param-name>
    <param-value>GB2312</param-value>
  </init-param>
</servlet>
```

本章 27.2 节对如何在 Tomcat 中配置对 SSI 的支持做了进一步介绍。

27.1.3　#flastmod 指令

#flastmod 指令用于显示指定文件的最后修改日期，可以结合#config 指令的 timefmt 参数来控制日期的输出格式，例如：

```
<!--#config timefmt="%Y 年%m 月%d 日" -->
<p>文件更新日期：<!--#flastmod file="news.txt" -->
```

本章 27.1.2 节的例程 27-3 的 include.shtml 文件中使用了#flastmod 指令。

27.1.4　#fsize 指令

#fsize 指令用于显示指定文件的大小，可以结合#config 指令的 sizefmt 参数来控制输出格式，例如：

```
<!--#config sizefmt="bytes" -->
<br>文件大小：<!--#fsize file="news.txt" -->字节
```

本章 27.1.2 节的例程 27-3 的 include.shtml 文件中使用了#fsize 指令。

27.1.5 #exec 指令

#exec 指令可以执行 CGI 脚本或者 shell 命令，它有两个参数：cmd 和 cgi。

（1）cmd 参数：指定 shell 命令。例如以下代码执行“dir /b”命令，显示当前目录下的文件列表：

```
<!--#exec cmd="dir /b "-->
```

（2）cgi 参数：指定 CGI 脚本。例如以下代码执行 sample.cgi 程序：

```
<!--#exec cgi="/cgi-bin/sample.cgi"-->
```

为了确保 Tomcat 支持#exec 指令，在<CATALINA_HOME>/conf/web.xml 文件中配置 org.apache.catalina.ssi.SSIServlet 时，要把 allowExec 初始化参数设为 true：

```
<servlet>
  <servlet-name>ssi</servlet-name>
  <servlet-class>org.apache.catalina.ssi.SSIServlet</servlet-class>
  ......
  <init-param>
    <param-name>allowExec</param-name>
    <param-value>true</param-value>
  </init-param>
</servlet>
```

27.1.6 #config 指令

#config 指令用于设置 SSI 指令的输出信息的显示格式，它有三个参数：errmsg、timefmt 和 sizefmt。

（1）errmsg 参数：设置用户自定义的错误信息。为了能够正常的返回用户自定义的错误信息，在 HTML 文件中，包含 errmsg 参数的#config 指令必须放置在其他 SSI 指令的前面，否则客户端只能显示默认的错误信息，而不是由用户设定的自定义错误信息。例如以下代码设置了用户自定义的错误信息：

```
<!--#config errmsg="Error! Please contact WebMaster" -->
```

（2）timefmt 参数：指定日期和时间的输出格式。包含 timefmt 参数的#config 指令必须位于#echo 指令或#flastmod 指令之前。例如对于以下代码：

```
<!--#config timefmt="%A, %B %d, %Y"-->
<!--#echo var="LAST_MODIFIED" -->
```

显示结果为：Wednesday, October 24, 2018。

以上代码中的“%A, %B %d, %Y”用来指定日期的格式。表 27-1 列出了常用的一些日期和时间格式。

表 27-1　timefmt 参数的常用的日期和时间格式

格式	描述	例子
%a	一个星期内的某一天的缩写形式	Thu

（续表）

格式	描述	例子
%A	一个星期内的某一天	Thursday
%b	月的缩写形式	Apr
%B	月	April
%d	一个月内的第几天	13
%D	mm/dd/yy 日期格式	04/13/00
%H	小时（24 小时制，从 00 到 23）	01
%I	小时（12 小时制，从 00 到 11）	01
%j	一年内的第几天（从 01 到 365）	104
%m	一年内的第几个月（从 01 到 12）	04
%M	一小时内的第几分钟（从 00 到 59）	10
%p	AM 或 PM	AM
%r	12 小时制的时间，格式为%I:%M:%S AM | PM	01:10:18 AM
%S	一分钟内的第几秒（从 00 到 59）	18
%T	24 小时制的时间，格式为%H:%M:%S	01:10:18
%U	一年内的第几个星期（从 00 到 52），以星期天作为每个星期的第一天	15
%w	一个星期内的第几天（从 0 到 6）	4
%W	一年内的第几个星期（从 00 到 53），以星期一作为每个星期的第一天	15
%y	年的缩写形式，从 00 到 99	05
%Y	用 4 为数字表示年	2000
%Z	时区名称	MDT

（3）sizefmt 参数：指定文件大小以字节或者千字节为单位。如果以字节为单位，参数值为“bytes”；如果以千字节为单位，参数值为“abbrev”;。包含 sizefmt 参数的#config 指令必须位于#fsize 指令的前面。例如：

```
<!--#config sizefmt="abbrev" -->
<!--#fsize file="news.txt" -->
```

以上代码的输出结果为“1K”，表明 news.txt 文件的大小为 1K。

27.1.7　#if、#elif、#else 和#endif 指令

#if、#elif、#else 和#endif 指令能提供类似 Java 语言中的 if-else 条件判断逻辑。例如例程 27-4 的 if.shtml 就使用了这些指令。

例程 27-4　if.shtml

```
<html>
<head>
  <title>活动安排</title>
</head>
<body>
<!--#config timefmt="%A" -->
<!--#if expr="$DATE_LOCAL = /Monday/" -->
<p>Meeting at 10:00 on Mondays</p>
<!--#elif expr="$DATE_LOCAL = /Friday/" -->
<p>Turn in your time card</p>
<!--#else -->
<p>Yoga class at noon.</p>
```

```
<!--#endif -->

</body>
</html>
```

假定当前日期为“Tuesday”，通过浏览器访问 http://localhost:8080/helloapp/if.shtml，得到的结果如图 27-3 所示。

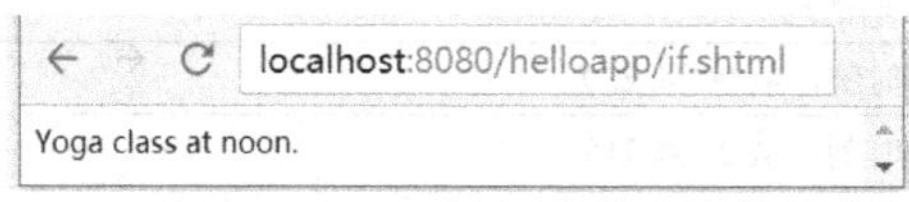

图 27-3　if.shtml 返回的页面

27.2　在 Tomcat 中配置对 SSI 的支持

默认情况下，Tomcat 不支持 SSI。下面按如下步骤启用 Tomcat 对 SST 的支持。

（1）修改<CATALINA_HOME>/conf/web.xml 文件，把其中用于配置 SSIServlet 类的<servlet>和<servlet-mapping>元素的注释标记取消：

```
<servlet>
   <servlet-name>ssi</servlet-name>
   <servlet-class>
     org.apache.catalina.ssi.SSIServlet
   </servlet-class>
   <init-param>
     <param-name>buffered</param-name>
     <param-value>1</param-value>
   </init-param>
   <init-param>
     <param-name>debug</param-name>
     <param-value>0</param-value>
   </init-param>
   <init-param>
     <param-name>expires</param-name>
     <param-value>666</param-value>
   </init-param>
   <init-param>
     <param-name>isVirtualWebappRelative</param-name>
     <param-value>false</param-value>
   </init-param>
   <load-on-startup>4</load-on-startup>
</servlet>

<servlet-mapping>
   <servlet-name>ssi</servlet-name>
   <url-pattern>*.shtml</url-pattern>
</servlet-mapping>
```

<CATALINA_HOME>/conf 目录下的 web.xml 文件为 Tomcat 中的所有 Web 应用提供了通用的配置代码。因此以上为 SSIServlet 类所做的配置适用于 Tomcat 中的所有 Web 应用。

以上配置代码为 SSIServlet 映射的 URL 为“*.shtml”，因此当客户端请求访问扩展名

为.shtml 的 SHTML 文件时，该请求都先由 SSIServlet 类处理，它能够解析并执行 SHTML 文件中的 SSI 指令。

此外，以上配置代码通过<servlet>元素的<init-param>子元素为 SSIServlet 设置了如下初始化参数：

- buffered：指定 SSIServlet 的输出结果是否需要缓冲（1 表示需要缓冲，0 表示不需要缓冲）。
- debug：指定 SSIServlet 输出日志的等级（默认值为 0）。
- expires：指定含有 SSI 指令的页面失效的时间（以秒为单位）。
- isVirtualWebappRelative：指定是否应该把虚拟路径解析为相对于当前 Web 应用的路径，而不是相对于服务器根路径的路径。（true 表示是，false 表示否，默认值为 false）。

此外，还可以通过<servlet>元素的<init-param>子元素为 SSIServlet 设置以下初始化参数：

- inputEncoding：当 Tomcat 无法明确识别某个 SSI 资源（例如#include 指令所包含的文件就是一种 SSI 资源）的字符编码时，就会以 inputEncoding 参数的取值作为该 SSI 资源的假定字符编码。该参数的默认值为平台所使用的默认字符编码。
- outputEncoding：指定 SSI 指令的输出内容使用的字符编码。该参数的默认值为“UTF-8”。
- allowExec：指定是否支持#exec 指令。该参数的默认值为 false。

如果希望改变 SSIServlet 的运行行为，那么可以根据实际需要修改以上初始化参数的值。

（2）对于包含 SHTML 文件的 helloapp 应用，需要在 META-INF/context.xml 文件中把<Context>元素的 privileged 属性设为 true：

```
<Context reloadable="true" privileged="true" />
```

以上配置代码意味着 helloapp 应用具有访问 SSIServlet 类的权限，只有这样，SSISevlet 类才能处理 helloapp 应用中的 SHTML 文件。

上述配置完成后，启动 Tomcat 服务器，就可以通过浏览器访问 helloapp 应用中的 SHTML 文件了。

27.3　小结

SSI 包含了一组由服务器来解析并执行的指令。嵌入了 SSI 指令的 HTML 文件通常以.shtml 作为文件扩展名。SSI 主要包括以下指令：

- #echo 指令：显示服务器端的特定环境变量。
- #printenv 指令：返回服务器端的所有环境变量的清单。
- #include 指令：将指定文件的内容插入到当前 HTML 文档中。
- #flastmod 指令：显示指定文件的最后修改日期。
- #fsize 指令：显示指定文件的大小。

- #exec 指令：直接执行服务器上的各种程序（如 CGI 或其他可执行程序）。
- #config 指令：设置 SSI 指令的输出信息的显示格式。
- #if、#elif、#else 和#endif 指令：提供类似 Java 语言中的 if-else 条件判断逻辑。

默认情况下，Tomcat 不支持 SSI。配置 Tomcat 对 SST 的支持包括如下步骤：

（1）修改<CATALINA_HOME>/conf/web.xml 文件，把其中用于配置 SSIServlet 类的<servlet>和<servlet-mapping>元素的注释标记取消。

（2）对于包含 SHTML 文件的 Web 应用，需要在 META-INF/context.xml 文件中把<Context>元素的 privileged 属性设为 true。

27.4 思考题

1．关于 SSI，以下哪些说法正确？（多选）

（a）SSI 是由第三方提供的自定义 JSP 标签库。

（b）SSI 指令的解析和执行都由服务器端来完成。

（c）与 JSP 相比，SSI 的功能非常有限，SSI 只能动态完成一些简单的功能（如显示本地日期、包含一个文件或者显示文件的更新日期和大小等），而不能动态完成一些非常复杂的功能（如访问数据库，遍历集合中元素等）。

（d）包含了 SSI 指令的 HTML 文件通常以.shtml 作为文件扩展名。

2．关于在 Tomcat 中配置 SSI，包含哪些步骤？（多选）

（a）修改<CATALINA_HOME>/conf/web.xml 文件，把其中用于配置 SSIServlet 类的<servlet>和<servlet-mapping>元素的注释标记取消。

（b）对于包含 SHTML 文件的 Web 应用，需要在 META-INF/context.xml 文件中把<Context>元素的 privileged 属性设为 true。

（c）把所有 SHTML 文件发布到 Web 应用的 WEB-INF/classes 目录下。

（d）修改<CATALINA_HOME>/conf/server.xml 文件，把其中用于配置 SSIServlet 类的<servlet>和<servlet-mapping>元素的注释标记取消。

3．以下哪些选项属于 SSI 指令？（多选）

（a）#config （b）#echo （c）#forward （d）#include （e）#redirect

4. 假定服务器端的当前日期为 2018 年 10 月 24 日，运行以下这段包含 SSI 指令的代码，得到的输出结果是什么？（单选）

```
<!--#config timefmt="%Y/%m/%d" -->
<!--#echo var="DATE_LOCAL" -->
```

（a）2018/10/24 （b）18/10/24 （c）2018-10-24 （d）10/24/2018

参考答案

1．b,c,d 2．a,b 3．a,b,d 4．a

第 28 章　Tomcat 阀

本书第 20 章介绍了过滤器，它的功能之一就是预处理客户请求。本章将介绍 Tomcat 的名为 Tomcat 阀（Valve）的组件，它用于对 Catalina 容器接收到的 HTTP 请求进行预处理。过滤器是在 Java Servlet 规范中提出来的，因此适用于所有的 Servlet 容器，而 Tomcat 阀是 Tomcat 专有的，不能用于 Tomcat 以外的其他 Servlet 容器。

本章将介绍 Tomcat 阀的种类，还将详细介绍常用的 Tomcat 阀的功能和使用方法。

28.1　Tomcat 阀简介

Tomcat 阀（Valve）能够对 Catalina 容器接收到的 HTTP 请求进行预处理。Tomcat 阀可以加入到 3 种 Catalina 容器中，它们是 Engine、Host 和 Context。Tomcat 阀在不同的容器中的作用范围参见表 28-1。

表 28-1　Tomcat 阀加入到 Catalina 容器中

容　器	描　述
Engine	加入到 Engine 中的 Tomcat 阀可以预处理该 Engine 接收到的所有 HTTP 请求
Host	加入到 Host 中的 Tomcat 阀可以预处理该 Host 接收到的所有 HTTP 请求
Context	加入到 Context 中的 Tomcat 阀可以预处理该 Context 接收到的所有 HTTP 请求

所有的 Tomcat 阀都实现了 org.apache.Catalina.Valve 接口或扩展了 org.apache.Catalina.valves.ValveBase 类。Tomcat 阀主要包括以下几种：

- 客户访问日志阀（Access Log Valve）
- 远程地址过滤阀（Remote Address Valve）
- 远程主机过滤阀（Remote Host Valve）
- 错误报告阀（Error Report Valve）

Tomcat 阀用<Valve>元素来配置，它的形式为：

```
<Valve className="实现这种阀的类的完整名字"     ... 其他属性 .../>
```

如果把 Tomcat 阀加入到 Engine 或 Host 中，则需要在 Tomcat 的 conf/server.xml 文件的相应<Engine>或<Host>元素中加入<Valve>元素；如果把 Tomcat 阀加入到 Context 中，则需要在 Tomcat 的 conf/server.xml 文件的相应<Context>元素中加入<Valve>元素，或者在相应

Web 应用的 META-INF/context.xml 文件的<Context>元素中加入<Valve>元素。

Tomcat 中自带了关于 Tomcat 阀的参考文档，地址为：

```
<CATALINA_HOME>/webapps/docs/config/valve.html
```

28.2　客户访问日志阀

客户访问日志阀（Access Log Valve）能够将客户的请求信息写到日志文件中。 这些日志可以记录网页的访问次数、访问时间、用户的会话活动和用户的安全验证信息等。客户访问日志阀可以加入到 Engine、Host 或 Context 容器中，记录所在容器接收的 HTTP 请求信息。客户访问日志阀的工作过程如图 28-1 所示。

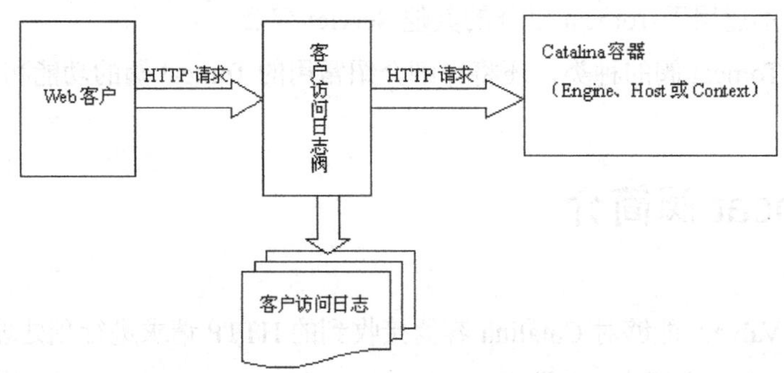

图 28-1　客户访问日志阀的工作过程

客户访问日志阀的<Valve>元素的属性描述参见表 28-2。

表 28-2　客户访问日志阀的<Valve>元素的属性

属　性	描　述
className	指定阀的实现类，这里为 org.apache.catalina.valves.AccessLogValve
directory	设定存放日志文件的绝对或相对于<CATALINA_HOME>的相对目录。该属性的默认值为<CATALINA_HOME>/logs
pattern	设定日志的格式和内容
prefix	设定日志文件名前缀，默认值为 access_log
resolveHosts	如果设为 true，表示把远程 IP 地址解析为主机名；如果设为 false，表示直接记录远程 IP 地址。默认值为 false
suffix	设定日志文件的扩展名，默认值为""

<Valve>元素的 pattern 属性用于设定日志的格式和内容，它有以下可选值。

- %a：远程 IP 地址。
- %A：本地 IP 地址。
- %b：发送的字节数，不包括 HTTP 头部。符号“-”表示发送字节为零。
- %B：发送的字节数，不包括 HTTP 头部。
- %h：远程主机名。
- %H：客户请求所用的协议。

- %l：远程逻辑用户名（目前总是返回符号“-”）。
- %m：客户请求方式（如 GET 或 POST 等）。
- %p：接收到客户请求的本地服务器端口。
- %q：客户请求中的查询字符串（Query String），即 HTTP 请求的第一行的 URI 部分的“?”后面的内容。
- %r：客户请求的第一行内容（包括请求方式、请求 URI 以及 HTTP 协议版本）。
- %s：服务器响应结果中的 HTTP 状态代码。
- %S：用户的 Session ID。
- %t：时间和日期。
- %u：通过安全验证的远程用户名，符号“-”表示不存在远程用户名。
- %U：客户请求的 URL 路径。
- %v：本地服务器名。

例如在 helloapp 应用的 context.xml 文件的<Context>元素中加入如下<Valve>元素：

```
<Valve className="org.apache.catalina.valves.AccessLogValve"
      directory="logs"
      prefix="helloapp_access_log."
      suffix=".txt"
      pattern="%h %l %u %t %r %s %b"
      resolveHosts="true" />
```

在本书配套源代码包的 sourcecode/chapter28/helloapp 目录下提供了本章范例的源代码。该 helloapp 应用配置了本书第 25 章介绍的安全域。按照本书第 25 章的 25.3 节（内存域）的步骤在<CATALINA_HOME>/conf/tomcat-users.xml 文件中加入如下代码：

```
<role rolename="friend"/>
<user name="xiaowang" password="1234" roles="friend" />
```

然后把 helloapp 应用复制到<CATALINA_HOME>/webapps 目录下。启动 Tomcat 服务器，从浏览器端访问 helloapp 应用的 login.htm 和 hello.jsp 页面，此时在<CATALINA_HOME>/logs 目录下会生成一个 helloapp_access_log.2018-10-18.txt 文件，文件内容如下：

```
0:0:0:0:0:0:0:1 - xiaowang [18/Oct/2018:15:49:32 -0400]
 GET /helloapp/login.htm HTTP/1.1 200 602
0:0:0:0:0:0:0:1 - xiaowang [18/Oct/2018:15:49:42 -0400]
 POST /helloapp/hello.jsp HTTP/1.1 200 112
```

可见，日志文件的内容是由<Valve>元素的 pattern 属性来指定的，上述文件中第二条日志记录和 pattern 格式的对应关系参见表 28-3。

pattern 属性的默认值为 common，它相当于“%h %l %u %t %r %s %b”的组合，所以上述<Valve>元素的 pattern 值也可以由 common 来代替，生成的日志文件和上面的例子一样。

```
<Valve className="org.apache.catalina.valves.AccessLogValve"
 directory="logs"
 prefix="helloapp_access_log."
 suffix=".txt" pattern="common" resolveHosts="true" />
```

表 28-3　日志记录和 pattern 格式的对应关系

pattern	日 志 内 容	描　述
%h	0:0:0:0:0:0:0:1	远程客户主机名
%l	-	远程逻辑用户名
%u	xiaowang	经过安全验证的远程用户名
%t	[18/Oct/2018:15:49:42 -0400]	时间和日期
%r	POST /helloapp/hello.jsp HTTP/1.1	客户请求的第一行内容
%s	200	服务器响应结果中的 HTTP 状态代码
%b	112	发送的字节数

28.3　远程地址过滤阀

远程地址过滤阀（Remote Address Valve）可以根据远程客户的 IP 地址来决定是否接受客户的请求。在远程地址过滤阀中，事先保存了一份被拒绝的 IP 地址清单和允许访问的 IP 地址清单。如果客户的 IP 地址在拒绝清单中，那么这个客户的请求不会被 Catalina 容器响应；如果客户的 IP 地址在允许访问清单中，那么这个客户的请求可以被 Catalina 容器响应。远程地址过滤阀的工作过程如图 28-2 所示。

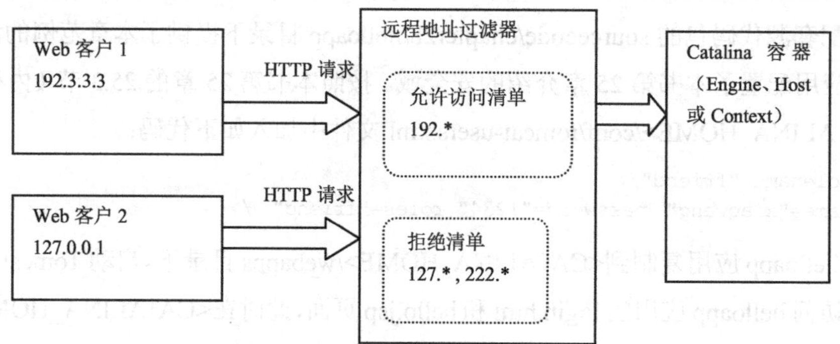

图 28-2　远程地址过滤阀的工作过程

远程地址过滤阀的<Valve>元素的属性描述参见表 28-4。

表 28-4　远程地址过滤阀的<Valve>元素的属性

属　性	描　述
className	指定阀的实现类，这里为 org.apache.catalina.valves.RemoteAddrValve
allow	指定允许访问的客户 IP 地址，如果此项没有设定，表示只要客户 IP 地址不在 deny 清单中，就允许访问。多个 IP 地址以 “|” 隔开
deny	指定不允许访问的客户 IP 地址，多个 IP 地址以 “|” 隔开
denyStatus	设定当拒绝客户请求时，服务器端返回的响应状态代码。该属性的默认值是 403
addConnectorPort	设定是否在 deny 或 allow 属性中加入端口号。该属性的默认值是 false。当该属性的取值为 true，那么在 deny 或 allow 属性中应该以“ADDRESS;PORT”的形式来设定地址，例如：allow=".*;8009",表示只接受来自端口号为 8009 的客户的请求

例如，在 Tomcat 的 conf/server.xml 文件中 localhost 的<Host>元素中加入如下<Valve>元素：

```
<Valve className="org.apache.catalina.valves.RemoteAddrValve"
deny="127.* | 222.*"  />
```

以上代码表明，所有 IP 地址以 127 或 222 开头的客户都被拒绝访问 localhost 虚拟主机中的所有 Web 应用。当 IP 地址为 127.0.0.1 的客户访问 helloapp 应用时，会得到如图 28-3 所示的拒绝页面。

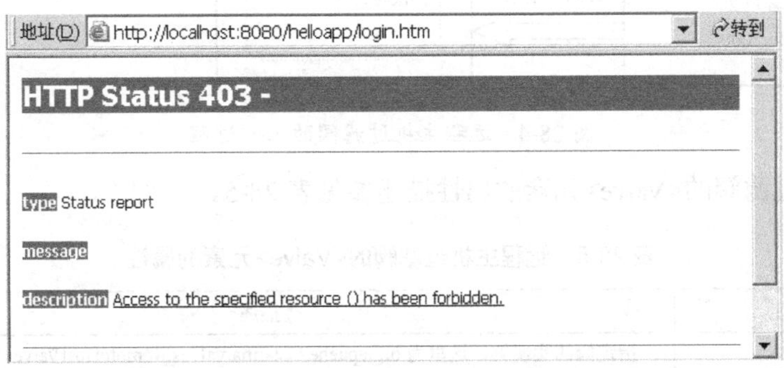

图 28-3　客户端被拒绝访问 helloapp 应用

IP 地址分为 IPv4 格式和 IPv6 格式。例如“127.0.0.1”是 IPv4 格式的本地主机的地址。目前网络上更流行使用 IPv6 格式的地址，“::1”或者“0:0:0:0:0:0:0:1”就是 IPv6 格式的本地主机的地址。例如以下配置代码表明只有本地主机上的客户才允许访问相关的 Web 应用：

```
<Valve className="org.apache.catalina.valves.RemoteAddrValve"
  allow="127\.\d+\.\d+\.\d+ | ::1 | 0:0:0:0:0:0:0:1"/>
```

提示

当<Valve>元素的 allow 属性和 deny 属性配置的 IP 地址清单存在相同 IP 地址时，deny 属性设置的 IP 地址有效。例如，假定 IP 地址“224.5.6.12”同时出现在 allow 属性和 deny 属性配置的 IP 地址清单中，那么具有该地址的客户被拒绝访问特定 Web 应用。

28.4　远程主机过滤阀

远程主机过滤阀（Remote Host Valve）可以根据远程客户的主机名，来决定是否接受客户的请求。在远程主机过滤阀中，事先保存了一份被拒绝的主机名清单和允许访问的主机名清单。如果客户的主机名在拒绝清单中，那么这个客户的请求不会被 Catalina 容器响应；如果客户的主机名在允许访问清单中，那么这个客户的请求可以被 Catalina 容器响应。图 28-4 显示了远程主机过滤阀的工作过程。

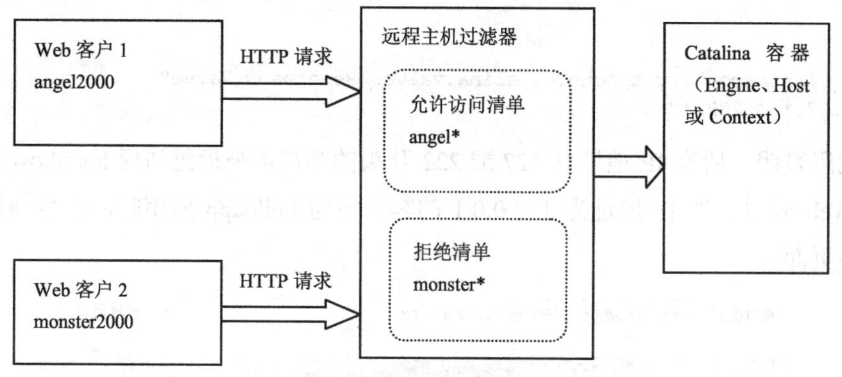

图 28-4　远程主机过滤阀的工作过程

远程主机过滤阀的<Valve>元素的属性描述参见表 28-5。

表 28-5　远程主机过滤阀的<Valve>元素的属性

属性	描述
className	指定阀的实现类，这里为 org.apache.Catalina.valves.RemoteHostValve
allow	指定允许访问的客户主机名，如果此项没有设定，表示只要客户主机名不在 deny 清单中，就允许访问。多个主机名以“|”隔开
deny	指定不允许访问的客户主机名，多个主机名以“|”隔开
denyStatus	设定当拒绝客户请求时，服务器端返回的响应状态代码。该属性的默认值是 403
addConnectorPort	设定是否在 deny 或 allow 属性中加入端口号。该属性的默认值是 false。当该属性的取值为 true，那么在 deny 或 allow 属性中应该以“HOSTNAME;PORT”的形式来设定地址，例如：allow="*;8009",表示只接受来自端口号为 8009 的客户的请求

例如，在 Tomcat 的 conf/server.xml 文件中 localhost 的<Host>元素中加入如下<Valve>元素：

```
<Valve className="org.apache.catalina.valves.RemoteHostValve"
deny="monster*" />
```

以上代码表明，所有主机名中包含 monster 字符串的客户都被拒绝访问 localhost 虚拟主机中的所有 Web 应用。

28.5　错误报告阀

错误报告阀（Error Report Valve）能够向客户端输出 HTTP 响应错误信息。配置和使用错误报告阀的步骤如下。

（1）在 Tomcat 的安装根目录<CATALINA_HOME>下创建一个自定义的目录，例如为 error_report 目录，然后在该目录下创建一个报告特定 HTTP 响应错误的网页，例如为 error404.htm，它采用“UTF-8”编码，它的内容如下：

```
<html>
<head>
```

```
<meta charset="UTF-8">
<title>Error Page</title>
</head>

<body>
<p>The page you request does not exist.</p>
</body>
</html>
```

（2）在 Tomcat 的 conf/server.xml 文件中 localhost 的<Host>元素中加入如下<Valve>元素：

```
<Valve className="org.apache.catalina.valves.ErrorReportValve"
errorCode.404="/error_report/error404.htm" />
```

以上<Valve>元素的 errorCode.404 属性设定了与 HTTP 响应错误状态代码为 404 对应的错误报告网页，它的取值为“/error_report/error404.htm”，这是相对于 Tomcat 根目录的相对路径。

（3）启动 Tomcat 服务器，从浏览器端访问一个服务器端不存在的文件资源，例如：http://localhost:8080/tt，这时服务器端会产生响应状态代码为 404 的错误，错误报告阀把相应的 error404.htm 网页返回到客户端。

28.6　小结

Tomcat 阀（Valve）能够对 Catalina 容器接收到的 HTTP 请求进行预处理。Tomcat 阀可以加入到 3 种 Catalina 容器中，它们是 Engine、Host 和 Context。本章介绍了常见的四种 Tomcat 阀：客户访问日志阀（Access Log Valve）、远程地址过滤阀（Remote Address Valve）、远程主机过滤阀（Remote Host Valve）和错误报告阀（Error Report Valve）。

配置 Tomcat 阀很简单，只要在 Tomcat 的 server.xml 文件的<Engine>或<Host>容器元素中加入<Valve>元素即可，此外，也可以在 Web 应用的 context.xml 文件的<Context>容器元素中加入<Valve>元素。在不同容器元素中配置的<Valve>元素只对当前容器有效。

在本书配套源代码包的 sourcecode/chapter28 目录下的 server_modify.xml 文件中包含了本章的部分配置代码。

28.7　思考题

1．关于 Tomcat 阀，以下哪些说法正确？（多选）

（a）Tomcat 阀是 Tomcat 专有的，不能用于 Tomcat 以外的 Servlet 容器。

（b）Tomcat 阀能够预处理客户请求。

（c）Tomcat 阀能够修改客户请求信息。

（d）Tomcat 阀能够修改服务器端响应结果。

2．如果希望跟踪关于客户请求的信息，可以使用哪个阀？（单选）

（a）客户访问日志阀

（b）远程地址过滤阀

（c）远程主机过滤阀

（d）错误报告阀

3．在 Tomcat 的 server.xml 文件中，<Valve>元素可以加入到哪些元素中？（多选）

（a）<Context>　（b）<Host>　（c）<Engine>　（d）<Service>

4．实验题：假定 helloapp 应用只允许被 IP 地址满足以下条件的客户访问：

- IP 地址必须以 223.4 或 223.5 开头。
- IP 地址不能为 223.4.5.67。

应该如何配置 Tomcat 阀，才能满足以上要求？

参考答案

1．a,b　2．a　3．a,b,c

4．在 helloapp 应用的 META-INF/context.xml 文件的<Context>元素中加入如下<Valve>元素：

```
<Valve className="org.apache.catalina.valves.RemoteAddrValve"
allow="223.4.* | 223.5.*"
deny="223.4.5.67" />
```

第 29 章　在 Tomcat 中配置 SSL

在网络上，信息在由源主机到目标主机的传输过程中会经过其他计算机。一般情况下，中间的计算机不会监听路过的信息。但在访问网上银行或者进行信用卡交易时，网络上的信息有可能被非法分子监听，从而导致个人隐私的泄露。由于 Internet 和 Intranet 体系结构存在一些安全漏洞，总有某些人能够截获并替换用户发出的原始信息。随着电子商务的不断发展，人们对信息安全的要求越来越高，于是 Netscape 公司提出了 SSL（Server Socket Layer）协议，旨在达到在开放网络（Internet）上安全保密地传输信息的目的，这种协议在 Web 上获得了广泛的应用。

29.1　SSL 简介

SSL（Server Socket Layer）是一种保证网络上的两个节点进行安全通信的协议。IETF（Internet Engineering Task Force）组织对 SSL 进行了标准化，并将其称为 TLS（Transport Layer Security）。TLS1.3 规范的 RFC 文档的网址为：https://tools.ietf.org/html/rfc8446。

如表 29-1 所示，SSL 和 TLS 建立在 TCP/IP 协议的基础上，一些应用层协议，如 HTTP 和 IMAP 协议，都可以采用 SSL 来保证安全通信。建立在 SSL 协议上的 HTTP 被称为 HTTPS 协议。HTTP 使用的默认端口为 80，而 HTTPS 使用的默认端口为 443。

表 29-1　SSL 和 TLS 建立在 TCP/IP 协议的基础上

协议层	协议
应用层	HTTP、IMAP、NNTP、Telnet、FTP 等
安全套接字层	SSL，TLS
传输层	TCP
网络层	IP

用户在网上商店购物，当他输入信用卡信息，进行网上支付交易时，存在以下不安全因素：

- 用户的信用卡信息在网络上传输时有可能被他人截获。
- 用户发送的信息在网络上传输时可能被非法篡改，数据完整性被破坏。
- 用户正在访问的 Web 站点是个非法站点，专门从事网上欺诈活动，比如骗取客户的资金。

SSL 采用加密技术来实现安全通信，保证通信数据的保密性和完整性，并且保证通信双方可以验证对方的身份。

29.1.1 加密通信

当客户与服务器进行通信时，通信数据有可能被网络上其他计算机非法监听，SSL 使用加密技术实现会话双方信息的安全传递。加密技术的基本原理是：数据从一端发送到另一端时，发送者先对数据加密，然后再把它发送给接收者。这样，在网络上传输的是经过加密的数据。如果有人在网络上非法截获了这批数据，由于没有解密的密钥，就无法获得真正的原始数据。接收者接收到加密的数据后，先对数据解密，然后再处理。如图 29-1 显示了采用 SSL 的通信过程。客户和服务器的加密通信需要在两端进行处理。

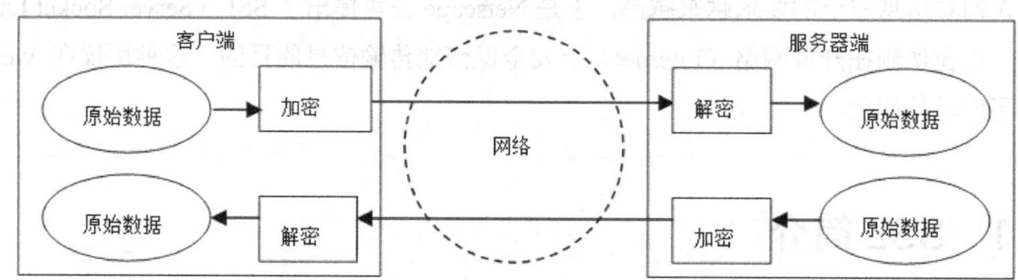

图 29-1　基于 SSL 的加密通信

29.1.2 安全证书

除了对数据加密通信，SSL 还采用了身份认证机制，确保通信双方都可以验证对方的真实身份。它和现时生活中我们使用身份证来证明自己的身份很相似。比如你到银行去取钱，你自称自己叫张三，如何让对方相信你的真实身份呢？最有效的办法就是出示身份证。每人都拥有唯一的身份证，这个身份证上记录了你的真实信息，身份证由国家权威机构颁发，不允许伪造。在身份证不能被别人假冒复制的前提下，只要你出示身份证，就可以证明你的确是你自称的那个人。

个人可以通过身份证来证明自己的身份，对于一个单位，比如商场，可以通过营业执照来表明身份，营业执照也由国家权威机构颁发，不允许伪造，它保证了营业执照的可信性。

SSL 通过安全证书来证明客户或服务器的身份。当客户通过安全的连接和服务器通信时，服务器会先向客户出示它的安全证书，这个证书声明该服务器是安全的而且的确是这个服务器。每一个证书在全世界范围内都是唯一的，其他非法服务器无法假冒原始服务器的身份。可以把安全证书比作电子身份证。

一些服务器会向客户出示自己的安全证书，但另一方面，为了扩大客户群并且便于客户的访问，许多服务器不要求客户出示安全证书。因为对客户来说，获取安全证书是一件麻烦的事。在某些情况下，服务器也会要求客户出示安全证书，以便核实该客户的身份，这主要用于 B2B（Business to Business）事务中。

获取安全证书有两种方式，一种方式是从权威机构购买证书，还有一种方式是创建自我签名的证书。

1．从权威机构获得证书

安全证书可以有效地保证通信双方的身份的可信性。安全证书采用加密技术制作而成，他人几乎无法伪造。安全证书由国际权威的证书机构（CA，Certificate Authority）如 GlobalSign（www.globalsign.com）和 WoSign（www.wosign.com）颁发，它们保证了证书的可信性。申请安全证书时，必须支付一定的费用。一个安全证书只对一个 IP 地址有效，如果用户的系统环境中有多个 IP 地址，那么必须为每个 IP 地址购买安全证书。

2．创建自我签名证书

在某些场合，通信双方只关心数据在网络上经过加密后可以安全传输，并不需要对方进行身份验证，在这种情况下，可以创建自我签名（self-assign）的证书，比如通过 Oracle 公司提供的 keytool 工具就可以创建这样的证书。这样的证书就像用户自己制作的名片，缺乏权威性，达不到身份认证的目的。当你向对方递交你的名片，声称是某个大公司的老总，信不信只能由对方自己去判断。

既然自我签名证书不能有效地证明自己的身份，那么有何意义呢？在技术上，无论是从权威机构获得的证书，还是自己制作的证书，采用的加密技术都是一样的，使用这些证书，都可以实现安全的加密通信。

29.1.3　SSL 握手

安全证书既包含了用于加密数据的密钥，又包含了用于证实身份的数字签名。安全证书采用公钥加密技术。公钥加密是指使用一对非对称的密钥进行加密或解密。每一对密钥由公钥和私钥组成。公钥被广泛发布。私钥是隐密的，不公开。用公钥加密的数据只能够被私钥解密。反过来，使用私钥加密的数据只能被公钥解密。这个非对称的特性使得公钥加密很有用。

在安全证书中包含了这一对非对称的密钥。只有安全证书的所有者才知道私钥。如图 29-2 所示，当通信方 A 将自己的安全证书发送给通信方 B 时，实际上发给通信方 B 的是公开密钥，接着通信方 B 可以向通信方 A 发送用公钥加密的数据，只有通信方 A 才能使用私钥对数据解密，从而获得通信方 A 发送的原始数据。

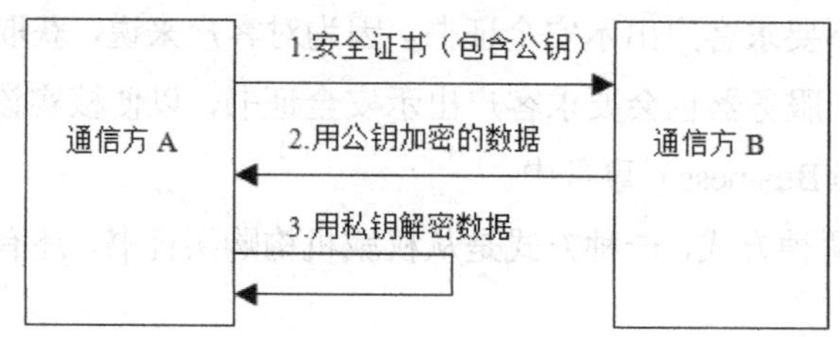

图 29-2　通信方 A 和通信方 B 通过公钥加密技术传送加密数据的过程

安全证书中的数字签名部分则是通信方 A 的电子身份证。数字签名告诉通信方 B 该信息确实由通信方 A 发出，不是伪造的，也没有被篡改。

客户与服务器通信时，首先要进行 SSL 握手，SSL 握手主要完成以下任务：

- 协商使用的加密套件。加密套件中包括一组加密参数，这些参数指定了加密算法和密钥的长度等信息。
- 验证对方的身份。此操作是可选的。
- 确定使用的加密算法。

SSL 握手过程采用非对称加密方法传递数据，由此来建立一个安全的 SSL 会话。SSL 握手完成后，通信双方将采用对称加密方法传递实际的应用数据。

以下是 SSL 握手的具体流程：

（1）客户将自己的 SSL 版本号、加密参数、与 SSL 会话有关的数据以及其他一些必要信息发送到服务器。

（2）服务器将自己的 SSL 版本号、加密参数、与 SSL 会话有关的数据以及其他一些必要信息发送给客户，同时发给客户的还有服务器的证书。如果服务器需要验证客户身份，服务器还会发出要求客户提供安全证书的请求。

（3）客户端验证服务器证书，如果验证失败，就提示不能建立 SSL 连接。如果成功，那么继续下一步骤。

（4）客户端为本次 SSL 会话生成预备主密码（pre-master secret），并将其用服务器公钥加密后发送给服务器。

（5）如果服务器要求验证客户身份，客户端还要再对另外一些数据签名后，将其与客户端证书一起发送给服务器。

（6）如果服务器要求验证客户身份，则检查签署客户证书的 CA（Certificate Authority，证书机构）是否可信。如果不在信任列表中，结束本次会话。如果检查通过，服务器用自己的私钥解密收到的预备主密码（pre-master secret），并用它通过某些算法生成本次会话的主密码（master secret）。

（7）客户端与服务器均使用此主密码（master secret）生成本次会话的会话密钥（对称密钥）。在双方 SSL 握手结束后传递任何消息均使用此会话密钥。这样做的主要原因是对称加密比非对称加密的运算量低一个数量级以上，能够显著提高双方会话时的运算速度。

（8）客户端通知服务器此后发送的消息都使用这个会话密钥进行加密，并通知服务器客户端已经完成本次 SSL 握手。

（9）服务器通知客户端此后发送的消息都使用这个会话密钥进行加密，并通知客户端服务器已经完成本次 SSL 握手。

（10）本次握手过程结束，SSL 会话已经建立。在接下来的会话过程中，双方使用同一个会话密钥分别对发送以及接收的信息进行加密和解密。

29.2　在 Tomcat 中使用 SSL

Tomcat 既可以作为独立的 Servlet 容器，也可以作为其他 HTTP 服务器附加的 Servlet 容器。如果 Tomcat 在非独立模式下工作，通常不必配置 SSL，由它从属的 HTTP 服务器来实现和客户的 SSL 通信。Tomcat 和 HTTP 服务器之间的通信无须采用加密机制，HTTP 服务器将解密后的数据传给 Tomcat，并把 Tomcat 发来的数据加密后传给客户。

如果 Tomcat 作为独立的 Java Web 服务器，则可以根据安全需要，为 Tomcat 配置 SSL，它包含两个步骤：

（1）准备安全证书；

（2）配置 Tomcat 的 SSL 连接器（Connector）。

29.2.1　准备安全证书

在本章 29.1.2 节中讲过，获得安全证书有两种方式：一种方式是到权威机构购买，还有一种方式是创建自我签名的证书。本节将介绍后一种方式。

Oracle 公司提供了制作证书的工具 keytool。在 JDK 中包含了这一工具，它的位置为 <JAVA_HOME>\bin\keytool.exe。

通过 keytool 工具创建证书的命令为：

```
keytool -genkey -alias tomcat -keyalg RSA
    -keystore C:\tomcat\conf\test.keystore
```

以上命令将生成包含一对非对称密钥和自我签名的证书，这个命令中的参数含义分别如下。

- -genkey：生成一对非对称密钥。
- -alias：指定密钥对的别名，该别名是公开的。
- -keyalg：指定加密算法，本例中采用通用的 RSA 算法。
- -keystore：设定生成的安全证书的存放路径以及文件名字

该命令的运行过程如图 29-3 所示。首先会提示输入密钥库的密码（口令），假定输入“123456”，然后提示输入个人信息，如姓名、组织单位和所在城市等，只要输入真实信息即可。接着会提示输入信息是否正确，输入“y”表示信息正确。

以上命令将在操作系统的 C:\tomcat\conf 目录下生成名为“test.keystore”的文件。

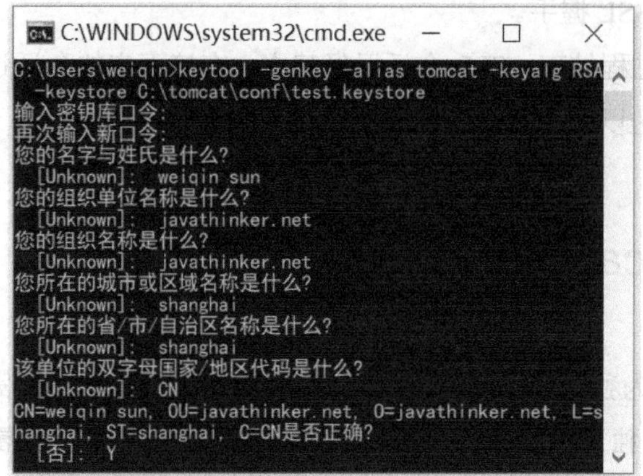

图 29-3 用 keytool 工具生成安全证书

29.2.2 配置 SSL 连接器

在 Tomcat 的 server.xml 文件中，在<Service>元素中加入如下<Connector>元素：

```
<Connector
  protocol="org.apache.coyote.http11.Http11NioProtocol"
  port="8443" maxThreads="200"
  scheme="https" secure="true" SSLEnabled="true"
  keystoreFile="conf/test.keystore" keystorePass="123456"
  clientAuth="false" sslProtocol="TLS"/>
```

以上代码配置了一个 SSL 连接器。在本书配套源代码包的 sourcecode\chapter29\code.txt 文件中包含了上述配置代码。在本章 29.1 节中讲过，基于 SSL 的 HTTP（即 HTTPS）使用的默认端口为 443。而在本范例中，把 HTTPS 端口设为 8443。<Connector>的一些属性的描述参见表 29-2。

表 29-2 SSL Connector 的属性

属　性	描　述
clientAuth	如果设为 true，表示 Tomcat 要求所有的 SSL 客户出示安全证书，对 SSL 客户进行身份验证
keystoreFile	指定 keystore 文件（安全证书文件）的存放位置，可以指定绝对路径，也可以指定相对于<CATALINA_HOME>环境变量的相对路径
keystorePass	指定 keystore 的密码
sslProtocol	指定套接字（Socket）使用的加密/解密协议，默认值为 TLS，用户不应修改这个默认值

在以上范例配置代码中，<Connector>元素的<keystoreFile>属性的取值为“C:\tomcat\conf\test.keytool”，因此需要参考本章 29.2.1 节，确保用 keytool 工具在<CATALINA_HOME>/conf 目录下生成了 test.keytool 文件。

29.2.3 访问支持 SSL 的 Web 站点

由于 SSL 技术已建立到大多数浏览器和 Web 服务器程序中，因此，仅需在 Web 服务器端安装服务器证书就可以激活 SSL 功能了。

如果已经按以上步骤在 Tomcat 中配置好 SSL，就可以启动 Tomcat 服务器，然后从 Chrome 浏览器中以 HTTPS 方式访问在 Tomcat 服务器上的任何一个 Web 应用。例如，可以访问如下地址：

```
https://localhost:8443/bookstore/bookstore.jsp
```

当 Tomcat 接收到这一 HTTPS 请求后，会向客户的浏览器发送服务器的安全证书，Chrome 浏览器接收到证书后，将向客户显示安全警告信息，如图 29-4 所示。

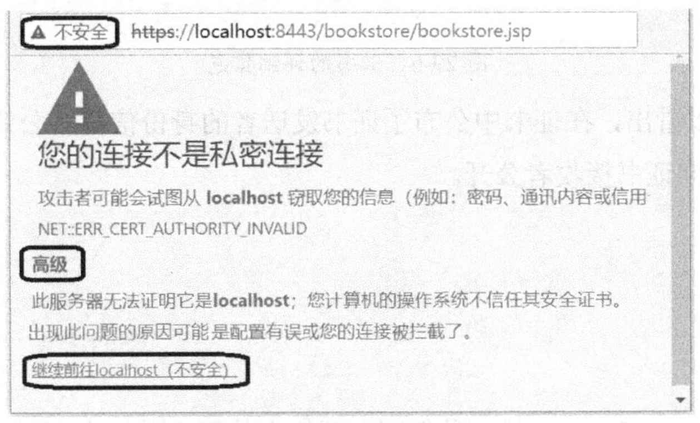

图 29-4 浏览器返回的安全警告信息

以上安全警告信息表明，由于服务器端提供的安全证书非权威机构颁发，不能作为有效的验证对方身份的凭据。

在图 29-4 中，如果单击“高级”下的“继续前往 localhost（不安全）”超链接，那么浏览器会继续访问所请求的网页。浏览器将建立与 Tomcat 服务器的 SSL 会话，Tomcat 服务器接着把客户请求的数据发送过来。对于以上 URL，将在浏览器端显示 bookstore 应用的主页。

在图 29-4 中，如果单击 URL 栏目中开头的“不安全”图标，就会弹出一个安全警告窗口，再单击【证书】按钮，将出现【证书】对话框，如图 29-5 所示。从图中可以看到证书的“颁发者”和“颁发给”都是同一个人，说明这是自我签名的证书，非权威机构颁发。

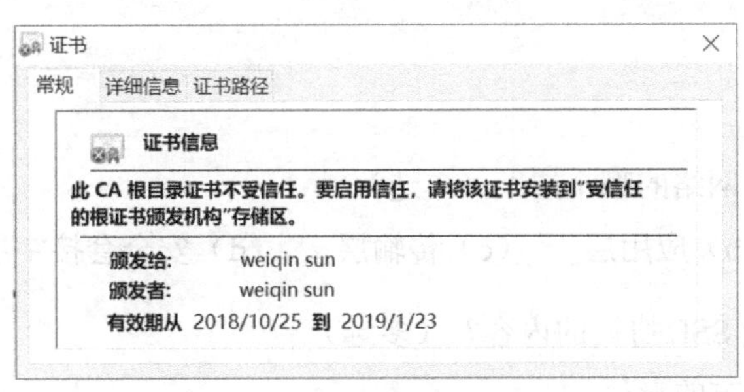

图 29-5 【证书】对话框

在图 29-5 中选择【详细信息】选项卡，将显示证书的详细信息，如图 22-6 所示。

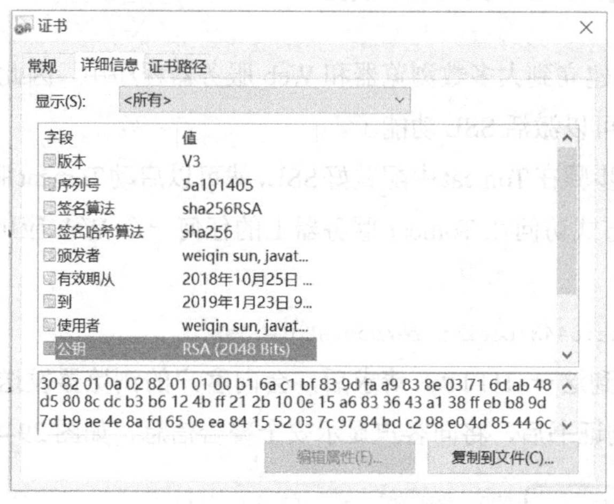

图 29-6　证书的详细信息

从图 29-6 可以看出，在证书中公布了证书发送者的身份信息和公钥。而私钥只有证书发送者拥有，不会向证书接收者公开。

29.3　小结

SSL（Server Socket Layer）是一种保证在网络上的两个节点之间进行安全通信的机制。SSL 使用加密技术实现会话双方信息的安全传递，可以实现信息传递的保密性、完整性，并且会话双方能鉴别对方身份。SSL 通过安全证书来表明 Web 客户或 Web 服务器身份。当 Web 客户通过安全的连接与 Web 服务器通信时，Web 服务器会先向客户出示它的安全证书，这个证书声明该 Web 站点是安全的，而且的确是这个站点。获取安全证书有两种办法：一种办法是从权威机构购买证书，还有一种办法是创建自我签名的证书。采用了 SSL 机制的 HTTP 协议称为 HTTPS 协议。HTTP 使用的默认端口为 80，而 HTTPS 使用的默认端口为 443。Web 客户可以通过 HTTPS 协议访问安全的 Web 站点，形式为 https://ip:port/。

29.4　思考题

1．SSL 协议位于网络的哪个层？（单选）

（a）网络层　（b）应用层　（c）传输层　（d）安全套接字层

2．以下哪些属于 SSL 协议的内容？（多选）

（a）验证通信对方的身份

（b）保证数据在网络传输层的可靠传输，数据不会丢失

（c）对网络上传输的数据加密

（d）保证不会接收到乱序的数据包

3．关于安全证书，以下哪些说法正确？（多选）

（a）自我签名的安全证书能权威、有效地证明自己的身份。

（b）获取安全证书有两种方式，一种方式是从权威机构购买证书，还有一种方式是创建自我签名的证书。

（c）安全证书既包含了用于加密数据的密钥，又包含了用于证实身份的数字签名。

（d）Web 客户与 Web 服务器必须都出示各自的安全证书，才能进行 HTTPS 通信。

4．在 Tomcat 的 server.xml 文件中配置了如下<Connector>元素：

```
<Connector
  protocol="org.apache.coyote.http11.Http11NioProtocol"
  port="8000" maxThreads="200"
  scheme="https" secure="true" SSLEnabled="true"
  keystoreFile="conf/test.keystore" keystorePass="123456"
  clientAuth="false" sslProtocol="TLS"/>
```

以下哪些说法正确？（多选）

（a）Tomcat 支持 HTTPS 通信，Tomcat 使用的安装证书为<CATALINA_HOME>\conf\test.keystore。

（b）Tomcat 监听的 HTTPS 端口为 443。

（c）Tomcat 与客户端进行 HTTPS 通信时，会出示服务器端的安全证书。

（d）Tomcat 与客户端进行 HTTPS 通信时，会要求客户端出示安全证书。

参考答案

1．d　2．a,c　3．b,c　4．a,c,d

第 30 章　用 ANT 工具管理 Web 应用

ANT 工具是 Apache 的一个开放源代码项目，它是一个优秀的软件工程管理工具。ANT 类似于 make 工具，但克服了传统的 make 工具的缺点。传统的 make 往往只能在某一平台上使用，ANT 本身用 Java 语言实现，并且使用 XML 格式的配置文件来构建工程，可以很方便地在多种操作系统平台上运行，非常适合管理大型工程。

本章介绍了 ANT 的安装和配置，并以 bookstore 应用为例，介绍了 ANT 的使用方法。

30.1　安装配置 ANT

ANT 的下载地址为 http://ant.apache.org/。此外，本书的技术支持网页（www.javathinker.net/JavaWeb.jsp）上也提供了 ANT 工具包的压缩文件的下载。获得了 ANT 的压缩文件 apache-ant-X-bin.zip 后，把它解压到本地硬盘，假定 ANT 的根目录为 C:\ant。

在 ANT 根目录的 manual 目录下提供了 ANT 使用文档，网页为：C:\ant\manual\index.html。

提示

由于 ANT 本身用 Java 语言实现，因此必须在本地安装了 JDK，才能运行 ANT。

接下来必须在操作系统中设置如下系统环境变量。

- JAVA_HOME：JDK 的根目录，假定为 C:\jdk。
- ANT_HOME ：ANT 的根目录，假定为 C:\ant。

设置系统环境变量的具体方法可参考本书第 2 章的 2.7 节（安装 Tomcat）。为了便于从 DOS 命令行下直接运行 ANT，还可以把 C:\ant\bin 目录添加到 Path 系统环境变量中，这个步骤不是必需的。

上述设置完成后，就可以使用 ANT 了。

30.2　创建 build.xml 文件

用 ANT 编译规模较大的工程非常方便，每个工程都对应一个 build.xml 文件，这个文件包含与这个工程有关的路径信息和任务。每个 build.xml 文件都包含一个 project 和至少一个

target 元素。target 元素中包含一个或多个任务元素，任务是一段可执行代码。ANT 提供了内置任务集，用户也可以开发自己的任务元素。最常用的 ANT 内置任务描述参见表 30-1。

表 30-1　ANT 内值任务

ANT 任务	描　述
property	设置 name/value 形式的属性
mkdir	创建目录
copy	复制文件和文件夹
delete	删除文件或文件夹
javac	编译 Java 源文件
java	运行 Java 类
war	为 Web 应用打包

下面为 bookstore 应用创建一个 build.xml 文件，用于编译 bookstore 应用的 Java 源代码，并且将这个应用打包为 WAR 文件。bookstore 应用位于本书配套源代码包的 sourcecode/bookstores/version0/bookstore 目录下，如图 30-1 显示了 bookstore 应用的目录结构。

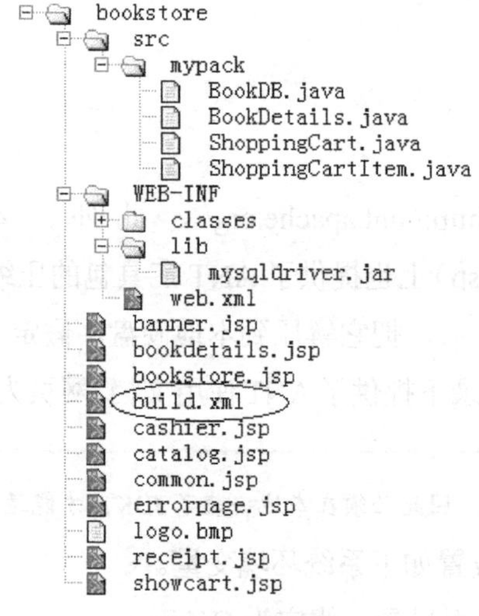

图 30-1　bookstore 应用原有的文件目录展开图

提示

为了便于读者直接运行 bookstore 应用，在 WEB-INF 子目录下已经提供了包含所有类文件的 classes 目录。进行本章实验时，可以先删除这个目录。

build.xml 中配置的任务能在 bookstore 的根目录下建立 build 子目录，然后在 build 子目录下创建 web 应用。最后创建的 build 目录结构如图 30-2 所示。

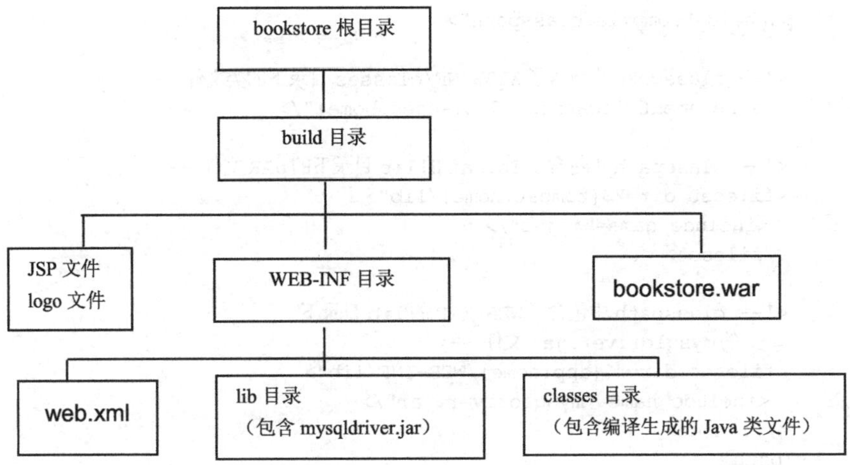

图 30-2　build.xml 配置的 build 目录结构

build 目录在 Windows 资源管理器中的展开图如图 30-3 所示。

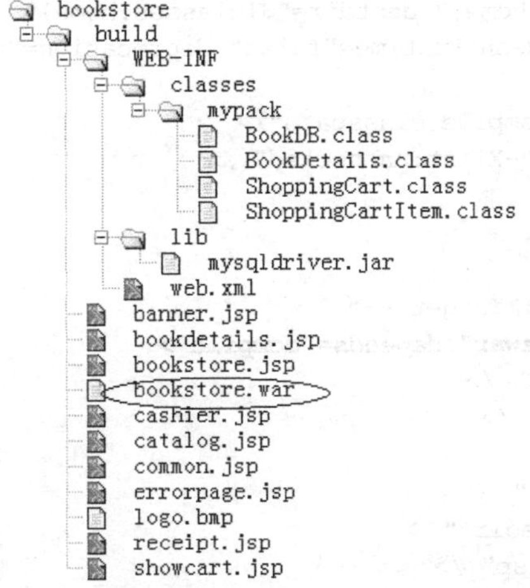

图 30-3　build 目录在 Windows 资源管理器中的展开图

在 bookstore 根目录下提供了 build.xml 文件。例程 30-1 是 build.xml 的代码。

例程 30-1　build.xml

```
<?xml version="1.0" encoding="GB2312" ?>
<project name="bookstore" default="about" basedir=".">

  <!-- 初始化 Target -->
  <target name="init">
    <property name="build" value="build" />
    <property environment="myenv" />
    <property name="tomcat.home"
        value="${myenv.CATALINA_HOME}" />
    <property name="app.home"  value="." />
    <property name="src.home"  value="${app.home}/src"/>
    <property name="classes.home"
          value="${app.home}/WEB-INF/classes"/>

    <!-- 定义 classpath -->
```

```
    <path id="compile.classpath">

      <!-- classpath 中包含了 WEB-INF/classes 目录下的类文件 -->
      <pathelement location="${classes.home}"/>

      <!-- classpath 中包含了 Tomcat 的 lib 目录下的 JAR 文件 -->
      <fileset dir="${tomcat.home}/lib">
        <include name="*.jar"/>
      </fileset>

      <!-- classpath 中包含了 WEB-INF 的 lib 目录下
          的 mysqldriver.jar 文件 -->
      <fileset dir="${app.home}/WEB-INF/lib">
        <include name="mysqldriver.jar"/>
      </fileset>
    </path>
  </target>

  <!-- 编译 Target,依赖于 init Target -->
  <target name="compile"  depends="init" >
    <javac srcdir="${src.home}" destdir="${classes.home}"
       debug="yes" includeAntRuntime="false" deprecation="true">

      <classpath refid="compile.classpath"/>
      <compilerarg value="-Xlint:unchecked" />
    </javac>
  </target>

  <!-- 打包 Target,依赖于编译 Target -->
  <target name="bookstorewar" depends="compile">
    <delete dir="${build}" />
    <mkdir dir="${build}" />

    <copy todir="${build}" >
      <fileset dir="${basedir}" >
        <include name="*.jsp" />
        <include name="*.bmp" />
        <include name="WEB-INF/**" />
        <exclude name="build.xml" />
      </fileset>
    </copy>

    <war warfile="${build}/bookstore.war"
       webxml="${build}/WEB-INF/web.xml">

      <lib dir="${build}/WEB-INF/lib"/>
      <classes dir="${build}/WEB-INF/classes"/>
      <fileset dir="${build}"/>
    </war>
  </target>

  <!-- 工程说明 Target -->
  <target name="about" >
    <echo>
     This build.xml file contains targets
       for building bookstore web application
    </echo>
```

```
    </target>

</project>
```

build.xml 的根元素是 project，它有 3 个属性。

- name：指定工程的名字。
- basedir：指定工程的基路径，如果设置为“.”，就表示工程的基路径为 build.xml 文件所在的路径。
- default：default 属性是必须给定的属性，它指定工程默认的 target 元素，运行 ANT 时如果不指定 target，则使用 default 属性指定的 target。在本例中，默认的 target 为“about”：

```
<project name="bookstore" default="about" basedir=".">
```

在本例中一共定义了 4 个 target:

```
<target name="init">
<target name="compile" depends="init">
<target name="bookstorewar" depends="compile">
<target name="about">
```

target 元素中的 depends 属性指定在执行本 target 之前必须完成的 target, 例如 bookstorewar target 的 depends 属性为 compile，表示在执行 bookstorewar target 之前，必须先执行 compile target。而 compile target 的 depends 属性为 init，表示在执行 compile target 之前，必须先执行 init target。

1. init target

init target 完成初始化工作，首先通过 property 任务来设置属性，一个工程可以设置很多属性，属性由名字和值构成：

```
<property name="build" value="build" />
 <property environment="myenv" />
 <property name="tomcat.home" value="${myenv.CATALINA_HOME}" />
 <property name="app.home"  value="." />
 <property name="src.home"  value="${app.home}/src"/>
 <property name="classes.home"
         value="${app.home}/WEB-INF/classes"/>
```

以上代码还设置了一个系统环境属性 myenv，通过它可以访问系统环境变量，例如，${myenv. CATALINA _HOME}代表操作系统中的 CATALINA _HOME 系统环境变量。

在 build.xml 文件的其他地方使用属性的格式为${属性名}。例如：

```
<mkdir dir="${build}" />
```

对于以上代码，当 ANT 运行时，会把属性名 build 对应的属性值替换到 dir 的具体内容中。

init target 接下来还定义了一个 path，它代表编译 Java 源文件的 classpath。在 classpath 中包含了 WEB-INF/classes 目录下的 Java 类、Tomcat 的 lib 目录下的类库、以及 WEB-INF/lib 目录下的 mysqldriver.jar 文件：

```
<path id="compile.classpath">
```

```
    <!-- classpath 中包含了 WEB-INF/classes 目录下的类文件 -->
    <pathelement location="${classes.home}"/>

    <!-- classpath 中包含了 Tomcat 的 lib 目录下的 JAR 文件 -->
    <fileset dir="${tomcat.home}/lib">
      <include name="*.jar"/>
    </fileset>

    <!-- classpath 中包含了 WEB-INF 的 lib 目录下
            的 mysqldriver.jar 文件 -->
    <fileset dir="${app.home}/WEB-INF/lib">
      <include name="mysqldriver.jar"/>
    </fileset>
  </path>
    </target>
```

2. compile target

compile target 用来编译 Java 源程序：

```
<target name="compile" depends="init" >
  <javac srcdir="${src.home}" destdir="${classes.home}" debug="yes"
      includeAntRuntime="false" deprecation="true">

    <classpath refid="compile.classpath"/>
    <compilerarg value="-Xlint:unchecked" />
  </javac>
</target>
```

ANT 的 javac 任务可以编译 Java 源程序，Java 源文件放在 srcdir 属性指定的文件夹中，编译生成的.class 文件存放在 destdir 指定的文件夹中，其目录结构与 Java 类的包结构一致。必须确保 Java 源文件的目录结构也与 Java 类的包结构相一致。例如，ShoppingCart 类位于 mypack 包下，那么 ShoppingCart.java 文件的路径为：bookstore/src/mypack/ShoppingCart.java。

javac 任务的 includeAntRuntime 属性指定在编译 Java 类时，是否需要把 ANT 本身的类库也加入到 classpath 中，这个属性的默认值为 true。建议把它设为 false，这样可以确保编译生成的 Java 类不会受到 ANT 类库的影响。

javac 任务的 deprecation 属性的默认值为 false。当把它设为 true 时，如果 Java 源文件使用了 Java API 中过时的类，javac 任务就会打印出 Java 源文件引用过时类的详细的信息。

javac 任务的<classpath>子元素设定编译时的 classpath。<compilerarg>子元素设定一些编译参数，当它的 value 属性取值为"-Xlint:unchecked"，表示会在编译时进行详细的泛型检查，并打印详细的检查信息。

3. bookstorewar target

bookstorewar target 负责为 bookstore 应用打包，它首先删除已经存在的 build 目录，然后重新创建它：

```
    <delete dir="${build}" />
    <mkdir dir="${build}" />
```

mkdir 任务的 dir 属性指定需要创建的目录，既可以指定绝对路径（例如

C:\bookstore\build)，也可以指定相对路径（例如：build)。相对路径的基路径取决于 project 元素的 basedir 属性。

bookstorewar target 接下来通过 copy 任务将 bookstore 基路径下相关的文件和目录复制到 build 目录下：

```
<copy todir="${build}" >
  <fileset dir="${basedir}"    >
     <include name="*.jsp" />
     <include name="*.bmp" />
     <include name="WEB-INF/**" />
     <exclude name="build.xml" />
  </fileset>
</copy>
```

<copy>元素的 todir 属性指定把文件复制到哪个目录，<fileset>子元素的 dir 属性指定从哪个目录复制文件。<include>子元素指定需要复制哪些文件，<exclude>子元素指定不需要复制哪些文件。对于<include name="WEB-INF/**" />，表示需要复制 WEB-INF 目录下所有的文件、子目录及子目录下的文件；如果是<include name="WEB-INF/*.*" />，表示只需要复制 WEB-INF 目录下所有的文件，不包含子目录以及子目录下的文件。

bookstorewar target 之后通过 war 任务把 bookstore 应用打包为 WAR 文件。

```
<war warfile="${build}/bookstore.war"
       webxml="${build}/WEB-INF/web.xml">

  <lib dir="${build}/WEB-INF/lib"/>
  <classes dir="${build}/WEB-INF/classes"/>
  <fileset dir="${build}"/>
</war>
```

war 任务的 warfile 属性指定生成的 WAR 文件，webxml 属性指定 Web 应用的 web.xml 文件。<fileset dir="${build}"/>指定把 build 目录下所有的文件加入到 WAR 文件中。

4．about target

about target 中包含一个 echo 任务，它的作用与 DOS 的 echo 命令相似，用于向控制台回显文本。

```
<target name="about" >
  <echo>
   This build.xml file contains targets
   for building bookstore web application
  </echo>
</target>
```

30.3　运行 ANT

在 ANT 根目录的 bin 子目录下有一个 ant.bat 脚本，它用于运行 ANT。运行 ant.bat 时如果不带任何参数，ANT 会在当前路径下搜索 build.xml 文件，如果找到，就运行 project 元素的 default 属性指定的 target。在运行 ANT 时，也可以通过参数来指定 build.xml 文件和 target，语法如下：

```
ant -buildfile <build-dir>/build.xml targetname
```

对于本章介绍的例子，假定把本书配套源代码包的 sourcecode/bookstores/version0/bookstore 目录复制到本地的路径为 C:\bookstore，则在 DOS 命令行下用下面 3 种方式运行 ANT 的效果是一样的：

- 先进入 C:\bookstore 目录，再输入命令：ant
- 在任意目录下，直接输入命令：ant -buildfile C:\bookstore\build.xml
- 在任意目录下，直接输入命令：ant -buildfile C:\bookstore\build.xml about

build.xml 文件的默认 target 为 about，以上 3 种方式都执行 about target，在 DOS 界面上看到的输出结果如图 30-4 所示。

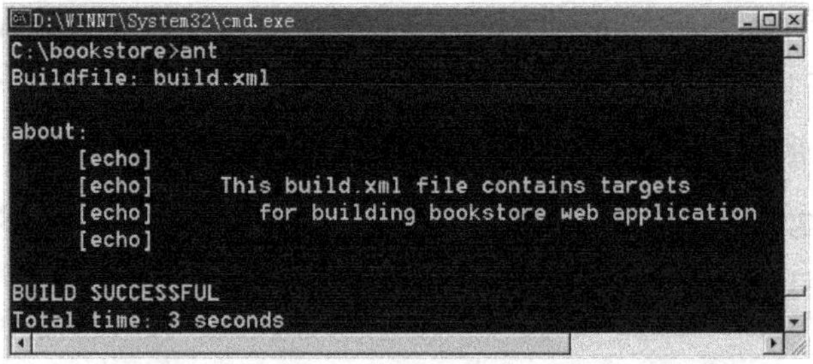

```
D:\WINNT\System32\cmd.exe
C:\bookstore>ant
Buildfile: build.xml

about:
     [echo]
     [echo]     This build.xml file contains targets
     [echo]        for building bookstore web application
     [echo]

BUILD SUCCESSFUL
Total time: 3 seconds
```

图 30-4 ANT 执行 about target 的显示结果

ANT 的“-buildfile”参数还可以简写为“-file”或“-f”，以下 3 种方式是等价的：

```
ant -buildfile C:\bookstore\build.xml
ant -file C:\bookstore\build.xml
ant -f C:\bookstore\build.xml
```

如果要运行 bookstorewar target，可以采用以下两种方式：

- 先进入 C:\bookstore，再输入命令：ant bookstorewar
- 在任意目录下，直接输入命令：ant -f C:\bookstore\build.xml bookstorewar

以上两种方式都将执行 bookstorewar target。运行完毕，在 C:\bookstore\build 目录下将生成 bookstore.war 文件。如果要发布 bookstore 应用，只要把 bookstore.war 文件复制到 <CATALINA_HOME>/webapps 目录下即可。

30.4 小结

ANT 工具是 Apache 的一个开放源代码项目，它是一个优秀的软件工程管理工具。默认情况下，ANT 运行时，在当前路径下搜索 build.xml 文件，如果找到，就运行 project 元素的 default 属性指定的 target。运行 ANT 时，也可以通过参数来指定 build.xml 文件和 target。build.xml 文件包含与工程有关的路径信息和任务。在本章的例子中，介绍了 ANT 提供的内置任务如 mkdir（创建目录）、javac（编译 Java 源程序）和 war（给 Web 应用打包）等的用法。

30.5　思考题

1．在安装和配置 ANT 时，以下哪些步骤是必需的？（多选）

（a）安装 JDK

（b）安装 Tomcat

（c）设置 JAVA_HOME 系统环境变量

（d）设置 ANT_HOME 系统环境变量

2．利用 ANT 工具，可以完成哪些任务？（多选）

（a）编译 Java 程序

（b）运行 Java 程序

（c）解析和运行 JSP 文件

（d）创建和删除文件目录

（e）把 Java Web 应用打包为 WAR 文件

3．实验题：创建一个 build.xml 文件，它包含一个 compile 任务，能够编译 C:\test\src 目录下的所有 Java 类，编译生成的类文件位于 C:\test\classes 目录下。编译时需要把 C:\test\lib 目录下的所有 JAR 文件添加到 classpath 中。该 build.xml 文件位于 C:\test 目录下。

参考答案

1．a,c,d　　　　2．a,b,d,e

3．build.xml 文件的内容如下：

```
<?xml version="1.0"?>
<project name="test" default="compile" basedir=".">
 <property name="source.root" value="src"/>
 <property name="class.root" value="classes"/>
 <property name="lib.dir" value="lib"/>

 <path id="project.class.path">
   <pathelement location="${class.root}" />

   <fileset dir="${lib.dir}">
     <include name="*.jar"/>
   </fileset>
 </path>
```

```
    <target name="compile" description="Compiles all Java classes">
      <javac srcdir="${source.root}"
           destdir="${class.root}" >
        <classpath refid="project.class.path"/>
      </javac>
    </target>
  </project>
```

第 31 章　使用 Log4J 进行日志操作

Log4J 是 Apache 的一个开放源代码项目，它是一个日志操作软件包。通过使用 Log4J，可以指定日志信息输出的目的地，如控制台、文件、GUI 组件，甚至是远程套接字服务器、NT 的事件记录器和 UNIX Syslog 守护进程等；还可以控制每一条日志的输出格式。此外，通过定义日志信息的级别，能够非常细致地控制日志的输出。最令人感兴趣的是，这些功能可以通过一个配置文件来灵活地进行配置，而不需要修改应用程序的代码。

本章首先介绍 Log4J 的组成，接着介绍如何在程序中使用 Log4J。最后介绍如何在 Web 应用中通过 Log4J 生成日志。

31.1　Log4J 简介

在应用程序中输出日志有 3 个目的：

- 监视代码中变量的变化情况，把数据周期性地记录到文件中供其他应用进行统计分析工作。
- 跟踪代码运行时轨迹，作为日后审计的依据。
- 担当集成开发环境中的调试器的作用，向文件或控制台打印代码的调试信息。

要在程序中输出日志，最普通的做法就是在代码中嵌入许多的打印语句，这些打印语句可以把日志输出到控制台或文件中。比较好的做法是构造一个日志操作类来封装此类操作，而不是让一系列的打印语句充斥代码的主体。

在强调可重用组件开发的今天，除了自己从头到尾开发一个可重用的日志操作类外，Apache 为我们提供了一个强有力的现成的日志操作软件包 Log4J。Log4J 主要由三大组件构成：

- Logger：负责生成日志，并能够对日志信息进行分类筛选，通俗地讲，就是决定什么日志信息应该被输出，什么日志信息应该被忽略。
- Appender：定义了日志信息输出的目的地，指定日志信息应该被输出到什么地方，这些地方可以是控制台、文件和网络设备等。
- Layout：指定日志信息的输出格式。

这 3 个组件协同工作，使得开发者能够依据日志信息类别去记录信息，并能够在程序运行期间，控制日志信息的输出格式以及日志存放地点。

一个 Logger 可以有多个 Appender，这意味着日志信息可以同时输出到多个设备上，每个 Appender 都对应一种 Layout，Layout 决定了输出日志信息的格式。

假定根据实际需要，要求程序中的日志信息既能输出到程序运行的控制台上，又能输出到指定的文件中，并且当日志信息输出到控制台时采用 PatternLayout 布局，当日志信息输出到文件时采用 XMLLayout 布局，此时 Logger、Appender 和 Layout 组件的关系如图 31-1 所示。

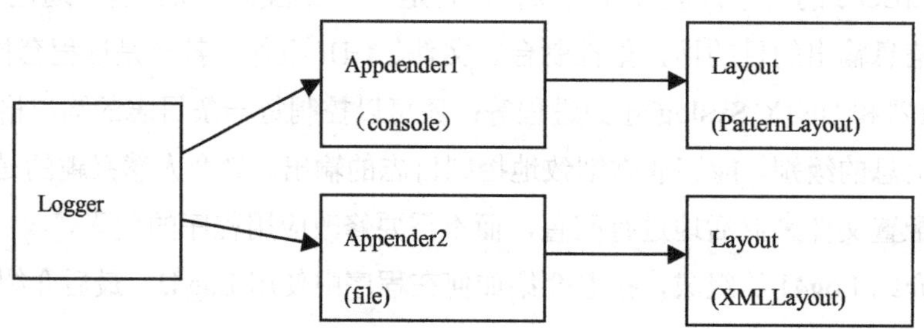

图 31-1　Logger、Appender 和 Layout 三个组件的关系

31.1.1　Logger 组件

Logger 是 Log4J 的核心组件，它代表了 Log4J 的日志记录器，它能够对日志信息进行分类筛选，决定什么日志信息应该被输出，什么日志信息应该被忽略。

org.apache.logging.log4j.Logger 接口表示 Logger 组件，它提供了如下方法：

```
//打印各种级别的日志的方法
public void trace(Object message);
public void debug(Object message);
public void info(Object message);
public void warn(Object message);
public void error(Object message);
public void fatal(Object message);

//打印日志的通用方法
public void log(Level level, Object message);
```

org.apache.logging.log4j.LogManager 类提供了获得 Logger 实例的静态方法：

```
//返回根 Logger 对象
public static Logger getRootLogger();
//根据参数指定的名字返回特定的 Logger 对象
public static Logger getLogger(String name);
```

可以在 Log4J 的 XML 格式的配置文件中配置自己的 Logger 组件，例如以下代码配置了一个 Logger 组件，名为 helloappLogger：

```
<Logger name="helloappLogger" level="warn" additivity="false">
  <AppenderRef ref="console" />
</Logger>
```

以上代码定义了一个 Logger 组件，名为 helloappLogger，并为它分配了一个日志级别（LEVEL），取值为“WARN”。一共有 6 种日志级别：FATAL、ERROR、WARN、INFO、DEBUG 和 TRACE，其中 FATAL 的级别最高，接下来依次是 ERROR、WARN、INFO、DEBUG 和 TRACE。

提示

DEBUG 和 TRACE 日志级别都表示程序的跟踪信息，其中 DEBUG 级别表示普通的跟踪信息，而 TRACE 级别表示更详细的精粒度的跟踪信息。

为什么要把日志分成不同的级别呢？试想一下，我们在写程序的时候，为了调试程序，会在很多容易出错的地方输出大量的日志信息。当程序调试完毕，不再需要输出这些日志信息了，那怎么办呢？以前的做法是把每个程序中输出日志信息的代码删除。对于大的应用程序，这种做法既费力又费时，几乎是不现实的。

Log4J 采用日志级别机制，简化了控制日志输出的步骤。获得了一个 Logger 的实例以后，可以调用以下方法之一输出日志信息：

- fatal(Object message)：输出 FATAL 级别的日志信息。
- error(Object message)：输出 ERROR 级别的日志信息。
- warn(Object message)：输出 WARN 级别的日志信息。
- info(Object message)：输出 INFO 级别的日志信息。
- debug(Object message)：输出 DEBUG 级别的日志信息。
- trace(Object message)：输出 TRACE 级别的日志信息。
- log(Level level,Object message)：输出参数 level 指定级别的日志信息。

对于这些输出日志的方法，只有当它输出日志的级别大于或等于为 Logger 组件配置的日志级别时，这个方法才会被真正执行。

例如对于以上配置的 helloappLogger，它的日志级别为 WARN，那么在程序中，它的 fatal()、error()和 warn()方法会被执行，而 info()、debug()和 trace()方法不会被执行。对于 log()方法，只有当它的 Level 类型的参数 level 指定的日志级别大于或等于 WARN 时，这个方法才会被执行。例如以下 log()方法的 level 参数为 Level.WARN，因此这个方法会被执行：

```
helloappLogger.log(Level.WARN,"This is an error message");
```

假如不需要输出级别为 WARN 的日志信息，则可以在配置文件中把 helloappLogger 组件的级别调高，比如调到 ERROR 或 FATAL 级别，这样 WARN 级别和以下级别的日志就不会输出了，这比修改源程序显然方便得多。

31.1.2　Appender 组件

Log4J 的 Appender 组件决定将日志信息输出到什么地方。目前，log4J 的 Appender 支持将日志信息输出到以下目的地：

- 控制台（Console）
- 文件（File）
- 远程套接字服务器（Remote socket server）
- NT 的事件记录器
- 远程 UNIX Syslog 守护进程（Remote UNIX Syslog daemon）

一个 Logger 可以同时对应多个 Appender，也就是说，一个 Logger 的日志信息可以同时输出到多个目的地。例如，要为 helloappLogger 配置两个 Appender：一个是 file，一个是 console，则可以采用如下配置代码：

```
<Logger name="helloappLogger" level="warn" additivity="false">
  <AppenderRef ref="file" />
  <AppenderRef ref="console" />
</Logger>
```

31.1.3 Layout 组件

Layout 组件用来决定日志的输出格式，它有以下几种类型：

- org.apache.log4j.PatternLayout（可以灵活地指定布局模式）
- org.apache.log4j.HTMLLayout（以 HTML 形式布局）
- org.apache.log4j.XMLLayout（以 XML 形式布局）
- org.apache.log4j.SerializedLayout（产生可以序列化的信息）

PatternLayout 可以让开发者依照 Conversion Pattern（转换模式）去定义输出格式。Conversion Pattern 有点像 C 语言的 print 打印函数，开发者可以通过一些预定义的符号来指定日志的内容和格式，这些符号的说明参见表 31-1。

表 31-1 PatternLayout 的格式

符 号	描 述
%r	自程序开始运行到输出当前日志所消耗的毫秒数
%t	表示输出当前日志的线程的名字
%level	表示日志的级别
%d	表示输出当前日志的日期和时间
%logger	表示输出当前日志的 Logger 的名字
%msg%n	表示日志信息的内容

例如，要为名为“file”的 Appender 配置 PatternLayout 布局，可以采用如下配置代码：

```
<File name="file" fileName="app.log">
  <PatternLayout pattern=
    "%d{HH:mm:ss.SSS} [%t] %-5level %logger{36} - %msg%n" />
</File>
```

采用以上 PatternLayout 布局，从日志文件中看到的输出日志的形式如下：

```
11:10:06.758 [main] WARN  helloappLogger -
This is a log message from the helloappLoggerr
```

以上日志内容中，PatternLayout 的预定义符号与具体内容的对应关系如下：

- “d”对应“11:10:06.758”。
- “%t”对应“main”。
- “%-5level”对应“WARN”。“%-5level”中的“-5”设定日志级别在显示时占用 5 个空格位。
- “%logger{36}”对应“helloappLogger”。
- “%msg%n”对应具体的日志信息。

31.1.4 Logger 组件的继承性

Log4J 提供了一个 root Logger，它是所有 Logger 组件的“祖先”，以下是配置 root Logger 的代码：

```
<Root level="info">
  <AppenderRef ref="console" />
</Root>
```

用户可以在配置文件中方便地配置存在继承关系的 Logger 组件，凡是在符号“.”后面的 Logger 组件都会成为在符号“.”前面的 Logger 组件的子类。例如：

```
<Logger name="helloappLogger.childLogger" level="INFO"
                          additivity="false">
  <AppenderRef ref="console" />
</Logger>
```

对于以上配置代码，childLogger 就是 helloappLogger 的子类 Logger 组件。

Logger 组件的继承关系有以下特点：

- 如果子类 Logger 组件没有配置日志级别，则将继承父类的日志级别。
- 如果子类 Logger 组件配置了日志级别，就不会继承父类的日志级别。
- 默认情况下，子类 Logger 组件会继承父类所有的 Appender，把它们加入到自己的 Appender 清单中。
- 如果在配置文件中把子类 Logger 组件的 additivity 属性设为 false，那么它就不会继承父类的 Appender。additivity 标志的默认值为 true。

如果不希望子类Logger组件继承父类的Appender，必须在配置文件中把子类的additivity属性设为 false。否则，会导致子类 Logger 组件在输出日志信息时，除了会通过自身的 Appender 输出日志，还会用父类的 Appender 输出日志，这可能会导致重复输出日志的现象。本章 31.2.2 节还会结合具体范例对此进行解释。

31.2　Log4J 的基本使用方法

在应用程序中使用 Log4J，首先需要在一个配置文件中配置 Log4J 的各个组件，然后就可在程序中通过 Log4J API 来操作日志。

31.2.1　创建 Log4J 的配置文件

Log4J 由 3 个重要的组件构成：Logger、Appender 和 Layout。Log4J 支持在程序中以编程方式设置这些组件，还支持通过配置文件来配置组件，后一种方式更为灵活。

Log4J 支持 XML 格式的配置文件，这个配置文件的默认名字为：log4j2.xml。这个配置文件的默认存放路径是 classpath 的根路径。例程 31-1 的 log4j2.xml 是本章范例的配置文件。

例程 31-1　log4j2.xml

```
<?xml version="1.0" encoding="UTF-8"?>
<Configuration status="WARN">

  <Appenders>
    <Console name="console" target="SYSTEM_OUT">
      <PatternLayout pattern=
        "%d{HH:mm:ss.SSS} [%t] %-5level %logger{36} - %msg%n" />
    </Console>

    <File name="file" fileName="app.log">
      <PatternLayout pattern=
        "%d{HH:mm:ss.SSS} [%t] %-5level %logger{36} - %msg%n" />
    </File>
  </Appenders>

  <Loggers>
    <Root level="info">
      <AppenderRef ref="console" />
    </Root>

    <Logger name="helloappLogger" level="warn" additivity="false">
      <AppenderRef ref="file" />
      <AppenderRef ref="console" />
    </Logger>

    <Logger name="helloappLogger.childLogger" level="debug"
                                additivity="false">
      <AppenderRef ref="console" />
    </Logger>
  </Loggers>
</Configuration>
```

以上示范代码配置的 rootLogger、helloappLogger 和 childLogger 之间的继承关系如图 31-2 所示。

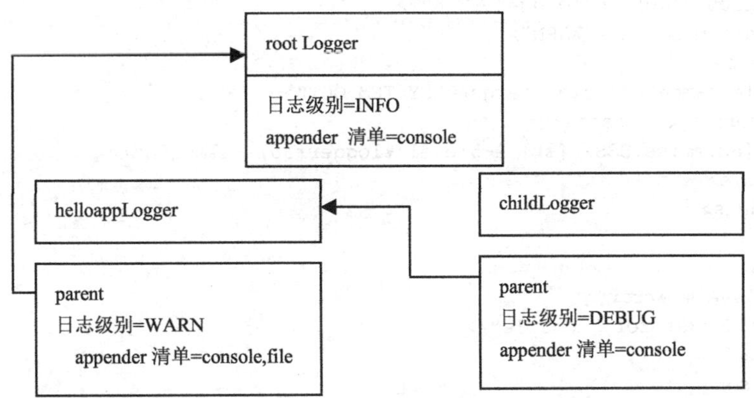

图 31-2 Logger 组件的继承关系

31.2.2 在程序中使用 Log4J

在程序中访问 Log4J，需要用到 Log4J 的 JAR 文件。Log4J 的下载地址为 https://logging.apache.org/log4j。下载了 Log4J 的压缩文件 apache-log4j-X-bin.zip 后，把它解压到本地硬盘，在解压后的目录中包含了 Log4J 的所有 JAR 文件。

此外，本书配套源代码包的 sourcecode/chapter31/lib 目录下提供了 log4j-api-2.11.1.jar 文件和 log4j-core-2.11.1.jar 文件，这是本章范例所需的两个类库文件。

程序中使用 Log4J 包含以下步骤：

（1）获得日志记录器。

（2）输出日志信息。

1．获得日志记录器

LogManager 类提供了获取日志记录器的静态方法。如果要获得 root Logger，可以调用 LogManager 类的静态方法 getRootLogger()：

```
Logger rootLogger=LogManager.getRootLogger();
```

如果要获得用户自定义的 Logger，可以调用 LogManager 类的静态方法 getLogger(String name)：

```
Logger helloappLogger = Logger.getLogger ("helloappLogger") ;
Logger childLogger =
   LogManager.getLogger("helloappLogger.childLogger");
```

以上 getRootLogger()和 getLogger()方法会根据 Log4J 的配置文件中的信息来创建并返回相应的 Logger 对象。如果在配置文件中没有配置某个 Logger 对象，那么就会创建一个默认的 Logger 对象，它的所有属性会继承自父类 Logger。helloappLogger 的父类 Logger 是 rootLogger，helloappLogger.childLogger 的父类 Logger 是 helloappLogger。

如果不存在配置文件，那么 rootLogger 以及子类 Logger 会采用以下默认的配置，它的日志级别为“ERROR”：

```
<?xml version="1.0" encoding="UTF-8"?>
<Configuration status="WARN">
  <Appenders>
    <Console name="console" target="SYSTEM_OUT">
      <PatternLayout pattern=
        "%d{HH:mm:ss.SSS} [%t] %-5level %logger{36} - %msg%n"/>
    </Console>
  </Appenders>

  <Loggers>
    <Root level="error">
      <AppenderRef ref="console"/>
    </Root>
  </Loggers>
</Configuration>
```

2. 输出日志信息

获得了日志记录器 Logger 对象以后，就可以在程序代码中需要生成日志的地方。调用 Logger 的各种输出日志方法来输出不同级别的日志，例如：

```
helloappLogger.warn("This is a log message from the "
  + helloappLogger.getName());
```

例程 31-2 是一个使用 Log4J 的程序，程序名为 Log4JApp.java。

例程 31-2 Log4JApp.java

```
import org.apache.logging.log4j.*;
public class Log4JApp {
  //获得helloappLogger实例
  static Logger helloappLogger =
    LogManager.getLogger("helloappLogger");
  //获得childLogger实例
  static Logger childLogger =
    LogManager.getLogger("helloappLogger.childLogger");

  public static void main(String[] args) {
    //用helloappLogger输出各种级别的日志信息
    helloappLogger.trace("This is a log message from the " +
      helloappLogger.getName());
    helloappLogger.debug("This is a log message from the " +
      helloappLogger.getName());
    helloappLogger.info("This is a log message from the " +
      helloappLogger.getName());
    helloappLogger.warn("This is a log message from the " +
      helloappLogger.getName());
    helloappLogger.error("This is a log message from the " +
      helloappLogger.getName());
    helloappLogger.fatal("This is a log message from the " +
      helloappLogger.getName());
    helloappLogger.log(Level.ERROR,"This is an error message");

    //用childLogger输出各种级别的日志信息
    childLogger.debug("This is a log message from the " +
      childLogger.getName());
    childLogger.info("This is a log message from the " +
```

```
      childLogger.getName());
    childLogger.warn("This is a log message from the " +
      childLogger.getName());
    childLogger.error("This is a log message from the " +
      childLogger.getName());
    childLogger.fatal("This is a log message from the " +
      childLogger.getName());
  }
}
```

编译和运行这个程序时，需要将 Log4J 的 JAR 文件加入到 classpath 中，并且把 Log4J 的配置文件 log4j2.xml 复制到 classpath 的根目录下，然后就可以在 DOS 控制台运行这个程序了。在本书配套源代码包的 sourcecode/chapter31 目录下提供了本范例的所有源文件。在 chapter31 目录下还提供了用 ANT 来编译和运行范例的工程文件 build.xml。把 sourcecode/chapter31 目录复制到本地硬盘，假定在本地硬盘上的目录为 C:\chapter31。

在 DOS 下转到 C:\chapter31 目录下，运行命令"ant compile"，就会编译 Log4JApp 类；运行命令"ant run"，就会运行 Log4JApp 类，它向控制台打印如下日志信息：

```
12:45:41.498 [main] WARN  helloappLogger -
        This is a log message from the helloappLogger
12:45:41.504 [main] ERROR helloappLogger -
        This is a log message from the helloappLogger
12:45:41.505 [main] FATAL helloappLogger -
        This is a log message from the helloappLogger
12:45:41.505 [main] ERROR helloappLogger -
        This is an error message
12:45:41.506 [main] DEBUG helloappLogger.childLogger -
        This is a log message from the helloappLogger.childLogger
12:45:41.506 [main] INFO  helloappLogger.childLogger -
        This is a log message from the helloappLogger.childLogger
12:45:41.507 [main] WARN  helloappLogger.childLogger -
        This is a log message from the helloappLogger.childLogger
12:45:41.507 [main] ERROR helloappLogger.childLogger -
        This is a log message from the helloappLogger.childLogger
12:45:41.508 [main] FATAL helloappLogger.childLogger -
        This is a log message from the helloappLogger.childLogger
```

此外，在 Log4JApp.class 所在的目录下会看到一个 app.log 文件，内容如下：

```
12:45:41.498 [main] WARN  helloappLogger -
        This is a log message from the helloappLogger
12:45:41.504 [main] ERROR helloappLogger -
        This is a log message from the helloappLogger
12:45:41.505 [main] FATAL helloappLogger -
        This is a log message from the helloappLogger
12:45:41.505 [main] ERROR helloappLogger -
        This is an error message
```

从以上输出结果可以看出，helloappLogger 分别向控制台和 app.log 文件中输出日志信息，日志级别为 WARN。chileLogger 向控制台输出日志信息，日志级别为 DEBUG。

如果在 log4j2.xml 文件中把 helloappLogger 的 additivity 属性改为 true：

```
<Logger name="helloappLogger.childLogger" level="debug"
                        additivity="true">
```

```
  <AppenderRef ref="console" />
</Logger>
```

然后再运行以上程序，会在 DOS 控制台看到以下输出内容：

```
12:52:02.667 [main] DEBUG helloappLogger.childLogger -
        This is a log message from the helloappLogger.childLogger
12:52:02.667 [main] DEBUG helloappLogger.childLogger -
        This is a log message from the helloappLogger.childLogger
12:52:02.672 [main] INFO  helloappLogger.childLogger -
        This is a log message from the helloappLogger.childLogger
12:52:02.672 [main] INFO  helloappLogger.childLogger -
        This is a log message from the helloappLogger.childLogger
……
```

此时，childLogger 的日志在控制台上输出了两次，这是因为 childLogger 继承了父类的 console Appender，同时它本身又定义了一个 console Appender，因此它有两个 console Appender。由此可见，为了避免在 childLogger 中重复向控制台输出日志，必须在配置文件中把 childLogger 的 additivity 属性设为 false。

31.3 在 helloapp 应用中使用 Log4J

在 Web 应用中使用 Log4J 非常简单，也是先创建 Log4J 的配置文件，接下来就可以在 Web 组件中获取 Logger 对象并输出日志。

例程 31-3 的 login.jsp 能够输出日志。它先引入了 org.apache.logging.log4j 包：

```
<%@ page import="org.apache.logging.log4j.*" %>
```

login.jsp 接下来就可以在<% … %>代码块中取得 Logger 对象并输出日志。

例程 31-3 login.jsp

```
<%@ page import="org.apache.logging.log4j.*" %>

<html>
<head>
  <title>helloapp</title>
</head>
<body >
<%
  Logger helloappLogger =LogManager.getLogger("helloappLogger");
  //输出各种级别的日志信息
  helloappLogger.trace("This is a log message from the " +
     helloappLogger.getName());
  helloappLogger.debug("This is a log message from the " +
     helloappLogger.getName());
  helloappLogger.info("This is a log message from the " +
     helloappLogger.getName());
  helloappLogger.warn("This is a log message from the " +
     helloappLogger.getName());
  helloappLogger.error("This is a log message from the " +
```

```
        helloappLogger.getName());
     helloappLogger.fatal("This is a log message from the " +
        helloappLogger.getName());

%>
<br>
<form name="loginForm" method="post" action="hello.jsp">
<table>
<tr><td><div align="right">User Name:</div></td>
<td><input type="text" name="username"></td></tr>
<tr><td><div align="right">Password:</div></td>
<td><input type="password" name="password"></td></tr>
<tr><td></td>
<td><input type="Submit" name="Submit" value="Submit"></td></tr>
</table>
</form>
</body></html>
```

发布和运行使用了 Log4J 的 helloapp 应用的步骤如下。

（1）将 Log4J 的相关 JAR 文件（log4j-api-2.11.1.jar、log4j-core-2.11.1.jar、log4j-web-2.11.1.jar）复制到以下目录：

```
<CATALINA_HOME>/webapps/helloapp/WEB-INF/lib
```

（2）创建 Log4J 的配置文件 log4j2.xml，它的默认存放目录为：

```
<CATALINA_HOME>/webapps/helloapp/WEB-INF/classes
```

log4j2.xml 文件的内容如下：

```
<?xml version="1.0" encoding="UTF-8"?>
<Configuration status="WARN">

  <Appenders>
    <Console name="console" target="SYSTEM_OUT">
      <PatternLayout pattern=
        "%d{HH:mm:ss.SSS} [%t] %-5level %logger{36} - %msg%n" />
    </Console>

    <File name="file" fileName="${web:rootDir}/app.log">
      <PatternLayout pattern=
        "%d{HH:mm:ss.SSS} [%t] %-5level %logger{36} - %msg%n" />
    </File>
  </Appenders>

  <Loggers>
    <Root level="info">
      <AppenderRef ref="console" />
    </Root>

    <Logger name="helloappLogger" level="warn" additivity="false">
      <AppenderRef ref="file" />
      <AppenderRef ref="console" />
    </Logger>
  </Loggers>
</Configuration>
```

以上<File>元素指定日志文件 app.log 的存放路径为 helloapp 应用的根目录。

（3）如果不把以上步骤（2）创建的 Log4J 的配置文件 log4j2.xml 存放在默认的 WEB-INF/classes 目录下，而是存放到其他目录，那么还需要在 web.xml 文件中通过<context-param>元素进行配置：

```
<context-param>
  <param-name>log4jConfiguration</param-name>
  <param-value>/WEB-INF/conf/log4j2.xml</param-value>
</context-param>
```

以上配置代码表明 Log4J 的配置文件 log4j2.xml 存放在 WEB-INF/conf 目录下。

（4）启动 Tomcat 服务器，通过浏览器访问 http://localhost:8080/helloapp/login.jsp，会在 Tomcat 服务器的控制台看到如下日志：

```
13:28:49.924 [http-nio-8080-exec-41] WARN  helloappLogger -
        This is a log message from the helloappLogger
13:28:49.947 [http-nio-8080-exec-41] ERROR helloappLogger -
        This is a log message from the helloappLogger
13:28:49.947 [http-nio-8080-exec-41] FATAL helloappLogger -
        This is a log message from the helloappLogger
```

在<CATALINA_HOME>/webapps/helloapp 目录下，会看到一个 app.log 文件，里面也包含了上述日志信息。

在本书配套源代码包的 chapter31/helloapp 目录下提供了使用 Log4J 的完整 helloapp 应用，只要把整个 helloapp 目录复制到<CATALINA_HOME>/webapps 目录下，就可以运行这个应用了。

31.4 小结

Log4J 主要由 3 大组件构成：Logger、Appender 和 Layout。Logger 控制日志信息的输出；Appender 决定日志信息的输出目的地；Layout 决定日志信息的输出格式。Log4J 允许用户在配置文件中灵活地配置这些组件。在程序中使用 Log4J 非常方便，只要通过 LogManager 类获得了 Logger 对象（日志记录器），然后就可以在程序中任何需要输出日志的地方，调用 Logger 对象的适当方法来生成日志。

31.5 思考题

1．Logger、Appender 和 Layout 这三个组件的关系是怎么样的？（单选）

（a）Logger 与 Appender 为一对多关联，Appender 与 Layout 为一对一关联。

（b）Logger 与 Appender 为一对一关联，Appender 与 Layout 为一对一关联。

（c）Logger 与 Appender 为一对多关联，Appender 与 Layout 为多对一关联。

（d）Logger 与 Appender 为一对一关联，Appender 与 Layout 为一对多关联。

2. 哪个组件规定了日志的输出格式？（单选）

（a）Logger （b）Appender （c）Layout

3. 一个日志记录器的日志级别为 INFO，该日志记录器会输出哪些级别的日志信息？（多选）

（a）FATAL （b）ERROR （c）WARN （d）INFO

（e）DEBUG （f）TRACE

4. 以下代码为 childLogger 配置的日志级别和 Appender 分别是什么？（单选）

```
  <Loggers>
    <Root level="info">
      <AppenderRef ref="console" />
    </Root>

    <Logger name="helloappLogger" level="warn" additivity="false">
      <AppenderRef ref="file" />
    </Logger>

    <Logger name="helloappLogger.childLogger" >
      <AppenderRef ref="console" />
    </Logger>
</Loggers>
```

（a）日志级别为 DEBUG，Appender 为 file

（b）日志级别为 WARN，Appender 为 file

（c）日志级别为 INFO，Appender 为 console 和 file

（d）日志级别为 WARN，Appender 为 console 和 file

5. 假定在配置文件中为 helloappLogger 配置的日志级别为 ERROR，以下程序代码会输出哪些日志信息？（单选）

```
helloappLogger.trace("trace");
helloappLogger.debug("debug");
helloappLogger.info("info");
helloappLogger.warn("warn");
helloappLogger.error("error");
helloappLogger.fatal("fatal");
```

（a）debug info warn error fatal

（b）error

（c）debug info warn error

（d）error fatal

参考答案

1．a　2．c　3．a,b,c,d　4．d　5．d

第 32 章　Velocity 模板语言

Velocity 是 Apache 软件组织提供的一项开放源码项目，它是一个基于 Java 的模板引擎。网页作者可以通过 Velocity 模板语言（Velocity Template Language，VTL）定义模板（template），在模板中不包含任何 Java 程序代码。Java 开发人员编写程序代码来设置上下文（context），它包含了用于填充模板的数据。Velocity 引擎能够把模板和上下文合并起来，生成动态网页。

Velocity 模板语言（VTL）旨在为网页作者提供便捷地生成动态网页内容的方法。即使没有编程经验的网页作者也可以很快掌握 VTL 语言。VTL 模板和 JSP 网页的区别在于：VTL 模板中不包含任何 Java 代码，并且 VTL 模板不用经过 JSP 编译器的编译，VTL 模板的解析是由 Velocity 引擎来完成的。

尽管 Velocity 也可用于其他独立应用程序的开发，其主要用途是简化 Web 应用开发。Velocity 将 Java 代码从 Web 页面中分离出来，使 Web 站点在长时间运行后仍然具有很好的可维护性。

本文首先通过一个简单的 Velocity 例子来讲解创建基于 Velocity 的 Web 应用的步骤，然后详细介绍 Velocity 模板语言的各个要素。

32.1　获得与 Velocity 相关的类库

为了使用 Velocity，首先要获得与 Velocity 相关的类库。本章范例涉及以下类库：

- Velocity Engine 类库：这是 Velocity 的核心类库。
- Velocity Tool Generic 类库：这是 Velocity 的基本工具类库。
- Velocity Tool View 类库：这是和展示界面有关的工具类库。
- SLF4J API 类库：这个类库提供了日志记录器的统一 API，它集成了其他常见的日志记录器，如 java.util.logging、logback 和 log4j。Velocity 本身的实现依赖于这个类库。
- Common Lang 类库：这是 Apache 开源项目的公共语言类库，它扩充了 Java API 的功能，提供了诸如操纵字符串等的许多实用方法。Velocity 本身的实现依赖于这个类库。

表 32-1 列出了以上各种类库的下载路径。在本书配套源代码包的 sourcecode/chapter33/helloapp/WEB-INF/lib 目录下已经准备好了这些类库文件。

表 32-1　与 Velocity 有关的类库的下载路径

类库类型	JAR 文件	下载网址
Velocity Engine 类库	velocity-engine-core-2.0.jar	velocity.apache.org
Velocity Tool Generic 类库	velocity-tools-generic-3.0.jar	velocity.apache.org
Velocity Tool View 类库	velocity-tools-view-3.0.jar	velocity.apache.org
SLF4J API 类库	slf4j-api-1.7.25.jar	www.slf4j.org
Common Lang 类库	commons-lang3-3.8.1.jar	commons.apache.org/proper/commons-lang/

32.2　Velocity 的简单例子

创建基于 Velocity 的 Web 应用包括如下步骤：

- 创建 Velocity 模板。
- 创建扩展 VelocityViewServlet 的 Servlet 类。
- 在 web.xml 以及 velocity.properties 文件中配置 Velocity 的有关参数和属性。

32.2.1　创建 Velocity 模板

下面使用 Velocity 模板语言，定义一个简单的模板，它把两个数相加，并显示其结果。在 Velocity 模板语言中，“$”符号表示跟随其后的字符串为变量。如果要把“$”符号作为普通的字符串处理，应该采用“\$”的形式。

下面创建一个文件名为 add.vm 的简单的模板文件，它的内容如下：

```
<html>
<head> <title>Velocity Example</title></head>
<body>
<h1>Velocity Example</h1>
<p>$a+$b=$c</p>
</body>
</html>
```

32.2.2　创建扩展 VelocityViewServlet 的 Servlet 类

在 Velocity API 中提供了 org.apache.velocity.tools.view.VelocityViewServlet 类，它是 HttpServlet 类的子类。在 VelocityViewServlet 类中有一个重要方法 handleRequest()。

handleRequest()方法类似于 HttpServlet 类的 doGet 和 doPost 方法，区别在于 handleRequest()方法中增加了一个 org.apache.velocity.context.Context 类型的参数。Context 类用来存放所有用于显示到 HTML 页面上的数据。handleRequest()方法的定义如下：

```
public Template handleRequest(HttpServletRequest request,
        HttpServletResponse response, Context context)
```

下面，创建扩展了 VelocityViewServlet 的 AddServlet 类。在 handleRequest()方法中把变量 a、变量 b 和变量 c 对应的数据存放在 context 对象中：

```
int a=11;
int b=22;
int c=a+b;
context.put("a",Integer.valueOf(a));
context.put("b",Integer.valueOf(b));
context.put("c",Integer.valueOf(c));
```

handleRequest()方法接下来通过 getTemplate("add.vm")方法获得一个 Template 对象，并将它返回。这个 Template 对象代表 add.vm 模板：

```
return getTemplate("add.vm");
```

例程 32-1 是 AddServlet 的源程序。

例程 32-1　AddServlet.java

```
package mypack;
import org.apache.velocity.Template;
import org.apache.velocity.context.Context;
import org.apache.velocity.tools.view.VelocityViewServlet;
import javax.servlet.http.HttpServletRequest;
import javax.servlet.http.HttpServletResponse;

public class AddServlet extends VelocityViewServlet{
  public Template handleRequest(HttpServletRequest request,
       HttpServletResponse response,Context context){
    int a=11;
    int b=22;
    int c=a+b;
    context.put("a",Integer.valueOf(a));
    context.put("b",Integer.valueOf(b));
    context.put("c",Integer.valueOf(c));

    return getTemplate("add.vm");
  }
}
```

32.2.3　发布和运行基于 Velocity 的 Web 应用

假定把以上例子发布到 helloapp 应用中，如图 32-1 显示了 helloapp 应用的目录结构。编译、发布和运行 helloapp 应用的步骤如下。

(1)编译 AddServlet.java，编译 AddServlet 时需要把 CATALINA_HOME/lib/servlet-api.jar 和 helloapp/WEB-INF/lib 目录下的所有 JAR 文件加入到 classpath 中。编译生成的 AddServlet.class 文件的路径为：

```
<CATALINA_HOME>/webapps/helloapp/WEB-INF
          /classes/mypack/AddServlet.class
```

在 helloapp 目录下有一个 ANT 工具的 build.xml 工程管理文件。在 DOS 命令行中，转到 helloapp 目录下，运行命令“ant”或“ant compile”，就会编译 AddServlet.java。

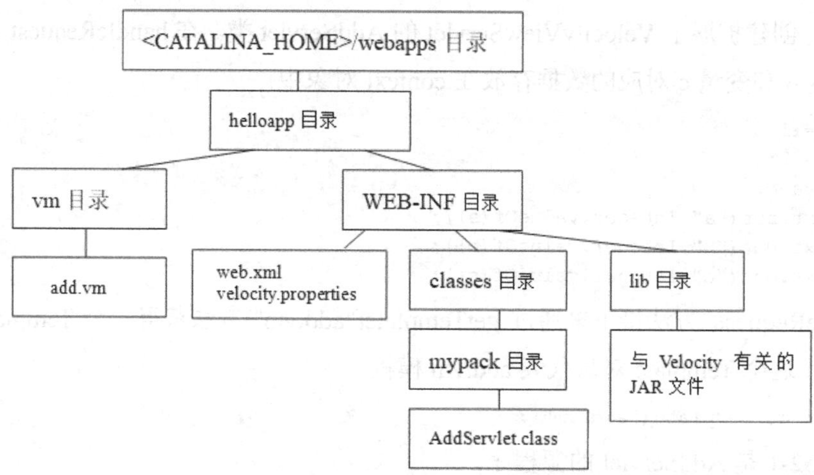

图 32-1　helloapp 应用的目录结构

（2）在<CATALINA_HOME>/webapps/helloapp/WEB-INF/web.xml 中配置 AddServlet，代码如下：

```
<servlet>
  <servlet-name>add</servlet-name>
  <servlet-class>mypack.AddServlet</servlet-class>
</servlet>

<servlet-mapping>
  <servlet-name>add</servlet-name>
  <url-pattern>/add</url-pattern>
</servlet-mapping>
```

AddServlet 类作为 VelocityViewServlet 类的子类，有一个初始化参数“org.apache.velocity.properties”，表示 Velocity 属性文件的文件路径，它的默认值为“/WEB-INF/velocity.properties”。

如果需要为 Velocity 属性文件指定其他的文件路径，那么需要在<servlet>元素中加入<init-param>子元素，例如：

```
<servlet>
   <servlet-name>add</servlet-name>
   <servlet-class>mypack.AddServlet</servlet-class>
   <init-param>
     <param-name>org.apache.velocity.properties</param-name>
     <param-value>/WEB-INF/conf/myvelocity.properties</param-value>
   </init-param>
</servlet>
```

（3）假定本范例中 Velocity 属性文件的文件路径采用默认值“/WEB-INF/velocity.properties”，那么需要在 helloapp/WEB-INF 目录下创建 velocity.properties 文件，它的内容如下：

```
resource.loader=webapp
webapp.resource.loader.class=
```

```
    org.apache.velocity.tools.view.WebappResourceLoader
webapp.resource.loader.path=/vm
```

以上文件中 resource.loader 属性为资源加载器设定一个公共的名字，webapp.resource.loader.class 属性设定资源加载器类。资源加载器的主要作用是加载模板文件。webapp.resource.loader.path 属性设定模板文件的根路径，本范例设为 helloapp 目录的 vm 子目录。因此，add.vm 模板文件的路径为：helloapp/vm/add.vm。

（4）启动 Tomcat 服务器，访问 http://localhost:8080/helloapp/add，会出现如图 32-2 所示的网页。

图 32-2　add.vm 模板生成的网页

在本书配套源代码包的 sourcecode/chaper32 目录下提供了 helloapp 应用的所有源文件。只要把整个 helloapp 目录复制到<CATALINA_HOME>/webapps 目录下，即可以运行本章介绍的 helloapp 应用。

32.3　注释

在 VTL 中，单行注释的前导符为“##”，对于多行注释，采用“#*”和“*#”符号。例如：

```
<p>This text is visible.</p> ## This text is not visible.
<p>This text is visible. </p>
<p>This text is visible. </p> #* This text, as part of a multi-line comment,
is not visible. This text is not visible; it is also part of the
multi-line comment. This text still not visible. *# <p>This text is outside
the comment, so it is visible. </p>
## This text is not visible.
```

注释部分的内容不会被输出到网页上，因此以上代码的输出为：

```
This text is visible.
This text is visible.
This text is visible.
This text is outside the comment, so it is visible.
```

32.4　引用

VTL 中有 3 种类型的引用：变量、属性和方法。下面分别讲述这 3 种引用。

32.4.1 变量引用

变量引用的简略标记是由一个前导“$”字符后跟一个 VTL 标识符（Identifier）组成。一个 VTL 标识符必须以一个字母开始（a .. z 或 A .. Z），剩下的字符将由以下类型的字符组成：

- 字母（a .. z, A .. Z）
- 数字（0 .. 9）
- 连字符（“-”）
- 下画线（“_”）

下面是一些有效的变量引用：

```
$foo
$mudSlinger
$mud-slinger
$mud_slinger
$mudSlinger1
```

给引用变量赋值，有两种办法。一种办法是在 Java 程序代码中给变量赋值（例如本章 32.2 节介绍的例子就采用这种方法），此外，也可以在模板中通过#set 指令给变量赋值，例如：

```
#set( $foo = "bar" )
The output is $foo.
```

紧跟#set 指令后的所有$foo 变量的值都为“bar”。以上代码的输出为：

```
The output is bar.
```

32.4.2 属性引用

VTL 引用的第二种元素是属性。属性引用的简略标记是前导符$后跟一个 VTL 标识符，后面再跟一个点号（“.”），最后又是一个 VTL 标识符。以下是一些有效的示例：

```
$client.phone
$client.firstname
```

下面举一个演示属性引用的完整的模板例子 properties.vm。代码如下：

```
<html>
<head> <title>Velocity Example</title></head>
<body>
<h1>Velocity Properties Example</h1>
<p>Clients First Name:$client.firstname</p>
<p>Clients Last Name:$client.lastname</p>
<p>Clients Phone Number:$client.phone</p>
</body>
</html>
```

给引用属性赋值，有两种办法。一种办法是在 Java 程序代码中创建一个 Hashtable 对象，把所有的属性保存在 Hashtable 对象中，再把 Hashtable 对象保存在 Context 对象中。例如，可以创建一个扩展了 VelocityViewServlet 类的 PropertiesServlet 类，以下是它的 handleRequest() 方法：

```
public Template handleRequest(HttpServletRequest request,
                HttpServletResponse response,Context context){
  Hashtable<String,String> client=new Hashtable<String,String>();
  client.put("firstname","Weiqin");
  client.put("lastname","Sun");
  client.put("phone","56781234");
  context.put("client",client);
  return getTemplate("properties.vm");
}
```

把 properties.vm 和 PropertiesServlet 类发布到 helloapp 应用中（参考本书配套源代码包的 sourcecode/chaper32/helloapp 目录）。在 web.xml 文件中为 PropertiesServlet 类映射的 URL 为“/properties”。通过浏览器访问 http://localhost:8080/helloapp/properties，将会看到如图 32-3 所示的网页。

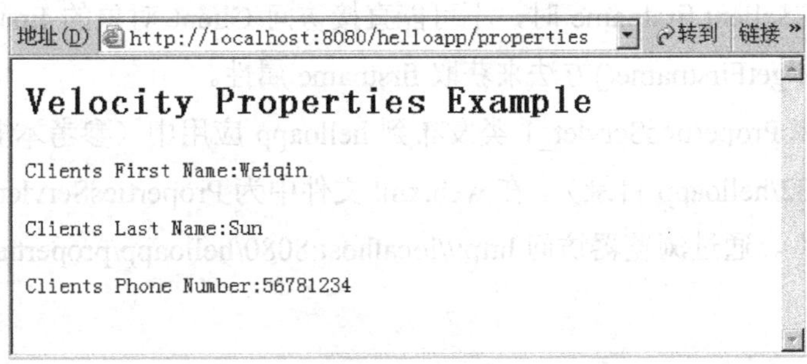

图 32-3 properties.vm 模板生成的网页

给引用属性赋值的第二种办法是定义一个 JavaBean 类，在本例中为 Client.java，在这个类中定义 Client 的各种属性，以及相应的 get 和 set 方法。然后在 Java 代码中创建一个 Client 对象，调用其 set 方法设置各个属性，再把 Client 对象保存在 Context 对象中。下面将创建一个扩展 VelocityViewServlet 类的 PropertiesServlet_1 类，以下是它的 handleRequest()方法：

```
public Template handleRequest(HttpServletRequest request,
        HttpServletResponse response,Context context){
  Client client=new Client();
  client.setFirstname("Weiqin");
  client.setLastname("Sun");
  client.setPhone("56781234");
  context.put("client",client);
  return getTemplate("properties.vm");
}
```

Client.java 的代码如下：

```
package mypack;
public class Client{
  private String firstname;
  private String lastname;
  private String phone;
  public String getFirstname(){
    return firstname;
```

```
    }
    public String getLastname(){
      return lastname;
    }
    public String getPhone(){
      return phone;
    }
    public void setFirstname(String firstname){
      this.firstname=firstname;
    }
    public void setLastname(String lastname){
      this.lastname=lastname;
    }
    public void setPhone(String phone){
      this.phone=phone;
    }
}
```

在 Client 类中，firstname、lastname 和 phone 属性都被定义为 private 类型，因此 Velocity 引擎解析模板中的$client.firstname 时，不可能直接访问 Client 对象的 firstname 属性，而是调用 Client 对象的 getFirstname()方法来获取 firstname 属性。

把 Client 类和 PropertiesServlet_1 类发布到 helloapp 应用中（参考本书配套源代码包的 sourcecode/chaper32/helloapp 目录）。在 web.xml 文件中为 PropertiesServlet_1 类映射的 URL 为"/properties_1"。通过浏览器访问 http://localhost:8080/helloapp/properties_1，显示结果如上图 32-3 所示。

32.4.3 方法引用

方法在 Java 程序代码中定义，VTL 中方法引用的简略标记为前导符"$"后跟一个 VTL 标识符，再跟一个 VTL 方法体（Method Body）。VTL 方法体由一个 VTL 标识符后跟一个左括号，再跟可选的参数列表，最后是右括号。下面是一些有效的方法示例：

```
$customer.getAddress()
$purchase.getTotal()
$page.setTitle( "My Home Page" )
$person.setAttributes( ["Strange", "Weird", "Excited"] )
```

对于上一节介绍的 properties.vm 例子，假定$client 代表一个 Client JavaBean 对象，那么可以在模板文件中访问$client 的各种方法：

```
<html>
<head> <title>Velocity Example</title></head>
<body>
<h1>Velocity Properties Example</h1>
<p>Clients First Name:$client.getFirstname()</p>
<p>Clients Last Name:$client.getLastname()</p>
<p>Clients Phone Number:$client.getPhone()</p>
</body>
</html>
```

32.4.4　正式引用符

引用的简略符号如前文所述，另外还有一种正式引用符（Formal Reference Notation），示例如下：

```
${mudSlinger}
${customer.phone}
${purchase.getTotal()}
```

在大多数情况下，将使用引用的简略符号，但在一些特殊情况下，需要采用正式引用符来区分引用和普通的字符串。例如：

```
Jack is a $vicemaniac.
```

以上代码存在不确定性：Velocity 把$vicemaniac（而不是 $vice）作为整个变量。如果实际引用的变量为$vice，可使用正式引用符来解决这个问题：

```
Jack is a ${vice}maniac
```

这样，Velocity 知道$vice（而不是 $vicemaniac）是一个引用。正式引用符常用在引用变量和普通文本直接邻近的地方。

32.4.5　安静引用符

当 Velocity 遇到一个未赋值的引用时，会直接输出这个引用的名字。例如下面是一个表单中的文本框：

```
<input type="text" name="email" value="$email"/>
```

当表单初次显示时，引用变量$email 无值，Velocity 将在文本框中直接显示“$email”字符串。在实际应用中，希望在文本框中显示一个空白域而不是“$email”字符串。使用安静引用符（Quiet Reference Notation）可以绕过 Velocity 的常规行为，达到希望的效果。

安静引用符的前导字符为“$!”，例如：

```
<input type="text" name="email" value="$!email"/>
```

这样当表单初次显示时，尽管引用变量$!email 仍然没有值，但是在文本框中将显示空字符串。

正式引用符和安静引用符可以一起使用，如下所示：

```
<input type="text" name="email" value="$!{email}"/>
```

32.4.6　转义符

VTL 中的“$”具有特殊的含义，如果希望把“$”符号作为普通的字符来处理，应该采用“\$”形式，其中“\”为转义符。

例如：

```
#set( $email = "foo" )
$email
\$email
\\$email
\\\$email
```

以上代码的输出结果为：foo　$email　\foo　\$email

对于“\\$email”，Velocity 把“\\”解析为“\”字符。对于“\\\$email”，Velocity 先把开头的“\\”解析为“\”字符，再把后面的“\$”解析为“$”字符。

32.4.7 大小写替换

Velocity 借鉴了 JavaBean 的特征，能根据给定的 JavaBean 的属性名，自动调用相应的 get 方法。例如以下代码中的“$client.firstname”和“$client.getFirstname()”是等价的：

```
$client.getFirstname()
## is the same as
$client.firstname

$data.getRequest().getServerName()
## is the same as
$data.Request.ServerName
## is the same as
${data.Request.ServerName}
```

此外，Velocity 可以捕捉和纠正代码中可能出现的大小写错误。例如假定用户实际上想调用的方法为 getFirstname()，他在模板中给出的引用为$client.firstname，Velocity 首先尝试调用 Client 实例的 getfirstname()方法，如果失败，再尝试调用 getFirstname()方法。类似的，当一个模板引用$client.Firstname，Velocity 将先尝试调用 getFirstname()方法，如果失败，再尝试调用 getfirstname()方法。

提示

只有当 Client 类中提供了 public 类型的 getfirstname()或 getFirstname()方法，$client.firstname 才是有效的变量。否则，即使在 Client 类中定义了 public 类型的 firstname 实例变量，也不能通过 $client.firstname 来访问。

32.5 指令

模板设计员可以通过引用来输出动态网页内容。此外，还可以采用指令（一种方便的脚本元素）来灵活地控制网页的外观和内容。

32.5.1 #set 指令

#set 指令用来为引用变量或引用属性赋值。例如：

```
#set( $primate = "monkey" )
#set( $customer.Behavior = $primate )
```

赋值表达式的左边必须是一个变量引用或者属性引用。右边可以是下面的类型之一：

- 变量引用
- 字符串
- 属性引用
- 方法引用
- 数字
- 数组列表

以下代码演示了上述的每种赋值类型：

```
#set( $monkey = $bill ) ## variable reference
#set( $monkey.Friend = "monica" ) ## string literal
#set( $monkey.Blame = $whitehouse.Leak ) ## property reference
#set( $monkey.Plan = $spindoctor.weave($web) ) ## method reference
#set( $monkey.Number = 123 ) ##number literal
#set( $monkey.Say = ["Not", $my, "fault"] ) ## ArrayList
```

提示

在最后一个例子中，$monkey.Say 为 ArrayList 类型，通过$monkey.Say.get(0)方法可以访问数组的第一个元素。

赋值表达式的右边也可以是一个简单的算术表达式，例如：

```
#set( $value = $foo + 1 )
#set( $value = $bar - 1 )
#set( $value = $foo * $bar )
#set( $value = $foo / $bar )
```

如果赋值表达式的右边是一个属性或方法引用，并且取值是 null，Velocity 将不会把它赋值给左边的引用变量。在这种机制下，给一个已经赋值的引用变量重新赋值可能会失败。这是使用 Velocity 的新手常犯的错误。例如：

```
#set( $result = $query.criteria("name") )
Name is $result
#set( $result = $query.criteria("address") )
Address is $result
```

如果$query.criteria("name")返回字符串“Linda”，$query.criteria("address")返回“Shanghai”，上述代码将输出正常结果：

```
Name is Linda
Address is Shanghai
```

如果$query.criteria("name")返回字符串“Linda”，而$query.criteria("address")返回 null，上述代码的输出结果将不符合逻辑：

```
Name is Linda
Address is Linda
```

对此的解决方法是预设$result 为 false，再把$query.criteria($criterion)赋值给$result。然后根据$result 的值来决定输出的内容：

```
#set( $criteria = ["name", "address"] )
#foreach( $criterion in $criteria )

  #set( $result = false )
  #set( $result = $query.criteria($criterion) )

  #if( $result )
     Query was successful.
     $criterion is $result
  #else
     Query was unsuccessful.
     $criterion is unknown.
  #end

#end
```

上述代码中使用了#if 指令和#foreach 循环指令，它们的用法可以分别参考本章的 32.5.3 和 32.5.5 节。

32.5.2 字面字符串

当使用#set 指令时，在双引号中的字面字符串（String Literal）将被解析，例如：

```
#set( $directoryRoot = "www" )
#set( $templateName = "index.vm" )
#set( $template = "$directoryRoot/$templateName" )
$template
```

以上代码输出结果为：www/index.vm。

当字面字符串括在单引号中时，将不被解析，例如：

```
#set( $foo = "bar" )
$foo
#set( $blargh = '$foo' )
$blargh
```

以上代码输出结果为：Bar　$foo

32.5.3 #if 指令

当#if 指令中的 if 条件为真时，Velocity 将输出#if 代码块包含的文本。例如：

```
#if( $foo )
  <strong>Velocity!</strong>
#end
```

Velocity 首先对变量$foo 求值，以决定 if 条件是否为真。在以下两种情况下 if 条件为真：

- $foo 是一个逻辑类型变量，并且值为 true。
- $foo 的值非空。

如果 if 条件为真，Velocity 将输出 #if 和 #end 语句之间的内容。在这种情况下，以上代码的输出将是“Velocity!”。

在以下两种情况下 if 条件为假：

- $foo 是一个逻辑类型变量，并且值为 false
- $foo 的值为 null

如果 if 条件为假，Velocity 将不输出 #if 和 #end 语句之间的内容。在这种情况下，以上代码没有输出结果。

在#if 语句中还可以包含#elseif 和 #else 项。Velocity 引擎将在遇到第一个为真的表达式时停止逻辑判断。在下面的例子中，$foo 具有值 15，$bar 具有值 6：

```
#set( $foo = 15 )
#set( $bar = 6 )

#if( $foo < 10 )
   <strong>Go North</strong>
#elseif( $foo == 10 )
   <strong>Go East</strong>
#elseif( $bar == 6 )
   <strong>Go South</strong>
#else
   <strong>Go West</strong>
#end
```

在以上代码中，$foo 大于 10，所以前面两个比较失败。接下来判断“$bar == 6”逻辑表达式，结果为真，所以输出结果为 Go South。

32.5.4　比较运算

在 if 条件表达式中，Velocity 支持 3 种变量类型的比较运算：字符串比较、对象比较和数字比较。

1．字符串比较

字符串比较使用等于操作符“==”来决定两个字符串的内容是否相同，例如：

```
#set ($country = "China")
#if ($country =="China" )
 Chinese people
#else
 foreign people
#end
```

以上代码的输出结果为：Chinese people。

2．对象比较

对象比较使用等于操作符“==”来比较对象，例如：

```
#if ($client1==$client2)
```

值得注意的是，只有当等号两边的引用变量引用同一个对象时，才为 true。对于以上表达式，要求$client1 和$client2 都指向同一个 Client 对象。否则即使两个对象的属性相同，但不是同一个对象，比较结果仍为 false。例如：如果$client1 和$client2 分别代表两个不同的

Client 对象，这两个 Client 对象具有相同的 name 属性，此时比较结果仍为 false。

3．数字比较

以下是数字比较的例子，Velocity 支持对整数、小数或负数进行比较：

```
#if($a==10)
#if($a>10.34)
#if($a<-0.15)
```

32.5.5 #foreach 循环指令

#foreach 指令用来构成循环代码。以下是一个演示#foreach 指令的模板文件，名为 loop.vm：

```
<html>
<head> <title>Velocity Example</title></head>
<body>
<h1>Velocity Loop Example</h1>

<table border=1>
<tr>
 <td>First Name</td>
 <td>Last Name</td>
 <td>Phone</td>
</tr>

#foreach($client in $clientlist)
 <tr>
  <td>$client.firstname</td>
  <td>$client.lastname</td>
  <td>$client.phone</td>
 </tr>
#end

</table>
</body></html>
```

以上#foreach 循环将遍历$clientlist 列表中的所有 Client 对象。每经过一次循环，将从$clientlist 列表中取得一个对象，把它赋值给$client 变量。

$clientlist 变量的类型可以是 Hashtable 或者数组。假定$clientlist 变量为 Hashtable 类型，下面将在扩展 VelocityViewServlet 的 LoopServlet 类中为$clientlist 赋值。以下是 LoopServlet 类的 handleRequest()方法：

```
public Template handleRequest(HttpServletRequest request,
          HttpServletResponse response,Context context){
 Hashtable<String,Client> clientlist=
           new Hashtable<String,Client>();

 Client client=new Client();
 client.setFirstname("Xiaowen");
 client.setLastname("Li");
 client.setPhone("56781234");
 clientlist.put(client.getFirstname(),client);
```

```
    client=new Client();
    client.setFirstname("Xiaowei");
    client.setLastname("Cao");
    client.setPhone("56782345");
    clientlist.put(client.getFirstname(),client);

    client=new Client();
    client.setFirstname("Xiaojie");
    client.setLastname("Sun");
    client.setPhone("56783456");
    clientlist.put(client.getFirstname(),client);

    context.put("clientlist",clientlist);
    return getTemplate("loop.vm");
  }
```

把 loop.vm 和 LoopServlet 类发布到 helloapp 应用中（参考本书配套源代码包的 sourcecode/chaper32/helloapp 目录）。在 web.xml 文件中为 LoopServlet 类映射的 URL 为"/loop"。通过浏览器访问 http://localhost:8080/helloapp/loop，显示结果如图 32-4 所示。

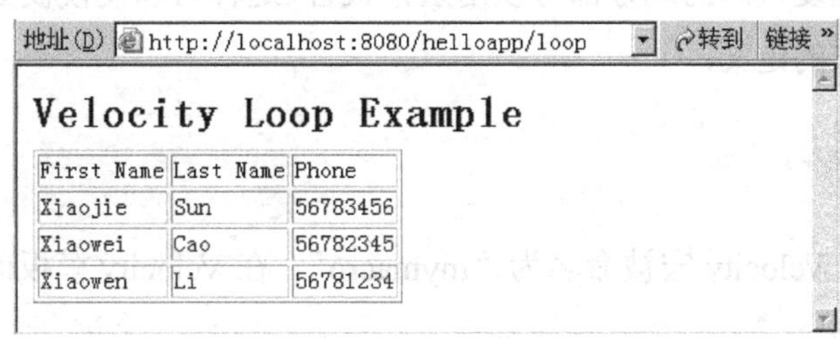

图 32-4　loop.vm 生成的网页

32.5.6　#include 指令

#include 指令用来导入本地文件，这些文件将插入到模板中#include 指令被定义的地方。例如：

```
#include( "one.txt" )
```

#include 指令引用的文件名放在双引号内。如果超过一个文件，其间用逗号隔开，例如：

```
#include( "one.gif","two.txt","three.htm" )
```

被包含的文件并不一定要直接给出文件名，事实上，最好的办法是使用变量而不是文件名。这在需要根据特定逻辑来决定导入相应文件的情况下很有用。例如：

```
#if($client.balance>1000)
#set($page="wealthy.htm")
#else
#set($page="value.htm")
#end

#include( "head.htm", $page, "footer.htm" )
```

32.5.7 #parse 指令

#parse 指令和#include 指令很相似，两者都可以把其他文件导入到当前模板中。区别在于，#parse 指令能够解析被导入的文件，即 Velocity 引擎能够解析导入的模板文件。此外，单个#parse 指令只允许导入一个文件。与#include 指令一样，#parse 指令也允许文件名用变量表示。以下是#parse 指令的例子：

```
#parse( "head.vm" ) ##load and parse head.vm file
#parse($mypage) ##load and parse the file specified by $mypage
```

32.5.8 #macro 指令

#macro 指令允许模板设计者在 VTL 模板中定义重复的段，称之为 Velocity 宏。Velocity 宏不管是在复杂还是简单的场合都非常有用。把模板中重复的代码定义在一个 Velocity 宏中，在模板中所有出现重复代码的地方都可以用宏来代替，这样可以使模板更加简洁，易于维护。例如，以下是一个宏的定义：

```
#macro( mymacro )
<tr><td></td></tr>
#end
```

在以上例子中，Velocity 宏被命名为“mymacro”，在 Velocity 模板的其他地方调用宏的形式为：#mymacro()。

当模板被调用时，Velocity 将把#mymacro()替换为：<tr><td></td></tr>。

Velocity 宏可以不带参数（如上例所示），也可以带一些参数。当宏被调用时，所带的参数必须与其定义时的参数一样。下面这个宏带有两个参数：

```
#macro( tablerows $color $somelist )
 #foreach( $something in $somelist )
   <tr><td bgcolor=$color>$something</td></tr>
 #end
#end
```

以上例子定义的宏名为 tablerows，它有两个参数：第一个参数为$color，第二个为$somelist。

所有合法的 VTL 模板的内容都可以作为 Velocity 宏的主体部分。#tablerows 宏包含了一个 foreach 语句。在以上代码中有两个#end 语句，第一个属于#foreach，第二个用于结束宏定义。

下面是调用宏的代码：

```
#set( $greatlakes = ["Superior","Michigan","Huron","Erie","Ontario"] )
#set( $color = "blue" )
<table>
   #tablerows( $color $greatlakes )
</table>
```

请注意$greatlakes 替换了$somelist 参数。当#tablerows 宏被调用时，将产生以下输出：

```
<table>
   <tr><td bgcolor="blue">Superior</td></tr>
   <tr><td bgcolor="blue">Michigan</td></tr>
   <tr><td bgcolor="blue">Huron</td></tr>
   <tr><td bgcolor="blue">Erie</td></tr>
   <tr><td bgcolor="blue">Ontario</td></tr>
</table>
```

Velocity 宏的参数可以是以下 VTL 元素。

- 引用（Reference）：以“$”打头的元素。
- 字面字符串（String literal）：比如“\$foo”或“hello”。
- 字面数字：1，2，…。
- 整数范围：[1..2] 或 [$foo .. $bar]。
- 对象数组：["a", "b", "c"]。
- 布尔真：true。
- 布尔假：false。

把引用作为参数传递给 Velocity 宏时，请注意引用是按“名字”传递的。这意味着它们的值在每次使用时才产生。例如：

```
#macro( callme $a )
 $a $a $a
#end

#callme( $foo.bar() )
```

以上代码把$foo.bar()方法引用作为参数传给宏，bar()方法将被调用 3 次。

32.5.9 转义 VTL 指令

VTL 采用反斜杠（“\”）来进行符号转义，例如“\#”将被 Velocity 解析为普通的字符“#”。首先看一个没有进行转义的例子：

```
#if( $jazz )
Hello World
#end
```

对于以上代码，如果 $jazz 为 true，输出为：Hello World ；如果 $jazz 为 false，则没有输出。

如果对#if 指令进行转义，将改变输出结果，例如：

```
\#if( $jazz )
Hello World
\#end
```

对于以上代码，“\#if”将被 Velocity 解析为普通的字符串“#if”。因此不管 $jazz 是真或假，输出结果都为：

```
#if($ jazz )
```

```
Hello World
#end
```

事实上，因为所有指令都被转义了，$jazz 永远不会被求值。

32.5.10 VTL 的格式

当 Velocity 解析 VTL 代码时，其行为不受代码中的换行和空格的影响。例如：

```
Send me #set($foo = ["$10 and ","a cake"])
#foreach($a in $foo)$a #end please.
```

上述代码也可以写成：

```
Send me
#set( $foo =["$10 and ","a cake"] )
#foreach( $a in $foo )
$a
#end
please.
```

或者如下：

```
Send me
#set(  $foo  =  ["$10 and ","a cake"] )
   #foreach   ($a in $foo )$a
#end please.
```

上面 3 种写法的输出结果都一样。

32.6 其他特征

下面再介绍 Velocity 的一些其他特征，包括内置的数学运算功能、范围操作符和字符串连接。

32.6.1 数学运算

Velocity 有一些内置的数学运算功能，下面的代码分别演示了加减乘除运算：

```
#set( $foo = $bar + 3.4 )
#set( $foo = $bar - 4 )
#set( $foo = $bar * 6.5 )
#set( $foo = $bar / 0.2 )
```

余数可以通过模运算符“%”获得，例如：

```
#set( $foo = $bar % 5 )
```

在 Velocity 中，整数或小数都可以进行数学运算。

32.6.2 范围操作符

范围操作符（Range Operator）可以定义包含 Integer 对象的数组，它常和#set 或#foreach 语句一起使用。范围操作符的形式为：[n .. m]。

n 和 m 都必须是整数。m 大于或者小于 n 都没关系；在 m 小于 n 的情况下，数组下标从大到小计数。下面是使用范围操作符的例子。

第一个例子：

```
#foreach( $foo in [1..5] )
$foo
#end
```

第二个例子：

```
#foreach( $bar in [2..-2] )
$bar
#end
```

第三个例子：

```
#set( $arr = [0..1] )

#foreach( $i in $arr )
$i
#end
```

第四个例子：

```
[1..3]
```

以上例子的输出结果分别为：

```
第一个例子：1 2 3 4 5
第二个例子：2 1 0 -1 -2
第三个例子：0 1
第四个例子：[1..3]
```

根据第四个例子的输出结果可以看出，范围操作符只有和#set 或#foreach 指令一起使用时，才代表 Interger 对象数组，否则它将被解析为普通的字符串。

32.6.3 字符串的连接

Velocity 开发者常问的问题是：我如何把多个字符串连起来？是否有类似于 Java 中的“+”操作符？答案是否定的。

在 VTL 中，如果要连接字符串，只需要把这些字符串“放在一起”，例如：

```
#set( $size = "Big" )
#set( $name = "Ben" )
The clock is $size$name.
```

以上代码的输出为：The clock is BigBen.

如果想把几个字符串连接后再传递给一个方法，或者赋值给一个引用变量，可以采用以下方法：

```
#set( $size = "Big" )
#set( $name = "Ben" )
#set($clock = "$size$name" )
The clock is $clock.
```

以上代码的输出结果与上一个例子是一样的。再看最后一个例子，若想把字符串和引用混合在一起，则需要使用正式引用符号，例如：

```
#set( $size = "Big" )
#set( $name = "Ben" )
#set($clock = "${size}Tall$name" )
The clock is $clock.
```

以上代码的输出为：The clock is BigTallBen.

32.7 小结

Velocity 是一个基于 Java 的模板引擎。Velocity 引擎能够把模板和上下文合并起来，生成动态网页。创建基于 Velocity 的 Web 应用，需要创建 Velocity 模板文件，然后创建扩展 VelocityViewServlet 的 Servlet 类，该 Servlet 类会为模板文件设定变量的取值，并向客户端返回模板文件。

模板设计员可以在模板中通过引用来输出动态网业内容，还可以采用指令（一种方便的脚本元素）来灵活地控制网页的外观和内容。VTL 中有 3 种类型的引用：变量、属性和方法。Velocity 常用的指令包括：赋值指令#set、条件指令#if、循环指令#foreach、文件包含指令#include、文件解析指令#parse 和宏指令#macro。

32.8 思考题

1．关于 Velocity 模板语言（VTL），下面哪个说法正确？（单选）

（a）VTL 是一种面向对象的编程语言。

（b）VTL 是一种可以嵌入到 JSP 文件中的表达式语言。

（c）VTL 是一种模板语言，模板文件由 Velocity 引擎来负责解析。

（d）VTL 是由 Oracle 公司制定的标记语言。

2．以下哪些属于 Velocity API 中的类？（多选）

（a）VelocityViewServlet （b）Template （c）Context （d）HttpRequest

3．以下 Velocity 模板代码的输出结果是什么？（单选）

```
#set( $word = "hello" )
```

```
$word
\$word
\\$word
```

（a）hello　$word　\hello　　（b）hello　\$word　\hello

（c）hello　$word　\$word　　（d）word　$word　\hello

4．以下 Velocity 模板代码的输出结果是什么？（单选）

```
#set( $first = "one" )
#set( $next = "two" )
#set( $template = "$first/$next" )
$template
```

（a）one two　（b）$first/two　（c）$first/$next　（d）one/two

5．以下 Velocity 模板代码的输出结果是什么？（单选）

```
#set( $foo = 11 )

#if( $foo < 10 )
   <strong>Go North</strong>
#elseif( $foo == 10 )
   <strong>Go East</strong>
#elseif( $foo < 11)
   <strong>Go South</strong>
#else
   <strong>Go West</strong>
#end
```

（a）Go North　（b）Go East　（c）Go South　（d）Go West

6．以下 Velocity 模板代码的输出结果是什么？（单选）

```
#macro( macroout $names )
 #foreach( $name in $names )
   $name,
 #end
#end

#set( $names =["Tom","Mike","Linda","Jack"])
#macroout( $names )
```

（a）"Tom","Mike","Linda","Jack"　　（b）Tom, Mike, Linda, Jack,

（c）没有任何输出结果　　（d）$names

参考答案

1．c　2．a,b,c　3．a　4．d　5．d　6．b

第33章　创建嵌入式Tomcat服务器

本章介绍如何把 Tomcat 嵌入到 Java 应用程序中，在程序中配置 Tomcat 的组件，并控制 Tomcat 服务器的启动和关闭。在这种情况下，Tomcat 服务器将与 Java 应用程序运行在同一个进程中，Tomcat 服务器的工作模式为进程内的 Servlet 容器，关于 Tomcat 服务器的工作模式的概念可以参考本书第 2 章的 2.4 节（Tomcat 的工作模式）。把 Tomcat 服务器作为进程内的 Servlet 容器来运行，可以使 Java 应用程序更灵活地控制 Servlet 容器，而且 Servlet 容器和 Java 应用程序可以共享内存数据。

33.1　将 Tomcat 嵌入 Java 应用

为了将 Tomcat 服务器嵌入到 Java 应用中，需要用到 Tomcat API 中的一些类，最主要的一个类是 org.apache.catalina.startup.Tomcat 类。Tomcat 类的主要方法的描述参见表 33-1，也可以参考 Tomcat 的 API 文档，网址为：

```
http://tomcat.apache.org/tomcat-9.0-doc/api/index.html
```

表 33-1　Tomcat 类的主要方法

方　法	描　述
setBaseDir	设置 Tomcat 服务器的根路径
getServer	返回 Server 对象。如果 Server 不存在，就创建一个标准的 Server，并将它返回
getEngine	返回 Engine 对象。如果 Engine 不存在，就创建一个标准的 Engine，并将它返回
getHost	返回 Host 对象。如果 Host 不存在，就创建一个标准的 Host，并将它返回
getConnector	返回 HTTP Connector 对象。如果 Connector 不存在，就创建一个默认的 Connector，并将它返回
addWebapp	把一个 Web 应用加入到 Tomcat 服务器中
start	启动 Tomcat 服务器
stop	停止 Tomcat 服务器

在本书第 2 章中，曾讲过 Tomcat 由一系列嵌套的组件组成，每种组件都有特定的用途。默认情况下，这些组件在 server.xml 文件中进行配置。如果把 Tomcat 嵌入到 Java 应用中，这个配置文件就无用了，所以必须通过程序来配置这些组件的实例。Tomcat 最主要的组件包括：

- 顶层类组件：Server 和 Service
- 容器类组件：Engine、Host 和 Context
- 连接器：Connector

以下 XML 代码展示了一个 Tomcat 服务器中主要组件的嵌套层次：

```
<Server port="8005" shutdown="SHUTDOWN" >

 <Service name="Catalina">

  <Connector port="8080" protocol="HTTP/1.1"
         connectionTimeout="20000"
         redirectPort="8443" />

  <Engine name="Catalina" defaultHost="localhost">

   <Host name="localhost"  appBase="webapps"
      unpackWARs="true" autoDeploy="true"
      xmlValidation="false" xmlNamespaceAware="false">

     <Context path="" docBase="ROOT" />
     <Context path="/examples"  docBase="examples" />
     <Context path="/docs"  docBase="docs"/>

   </Host>
  </Engine>
 </Service>
</Server>
```

在嵌入 Java 应用的 Tomcat 服务器中，也需要创建以上的组件结构。org.apache.catalina.startup.Tomcat 类的 getServer()、getEngine()和 getHost()等方法会返回 Server、Engine 和 Host 等组件。如果这些组件不存在，这些方法就会先创建它们，再将它们返回。

提示

在 Tomcat 的官方网站（tomcat.apache.org）上可以下载 Tomcat 服务器的 Java 源代码。本书的技术支持网址（www.javathinker.net/Java Web.jsp）上也提供了该源代码下载。如果要进一步了解 Tomcat 服务器的运行原理，可以查阅它的相关 Java 源代码。

Tomcat 类的 start()方法负责启动 Tomcat 服务器，它会先调用 getServer()方法：

```
public void start() throws LifecycleException {
  getServer();
  server.start();
}
```

Tomcat 类的 getServer()方法返回 Server 对象，如果 Server 对象不存在，会创建标准的 Server 对象和 Service 对象，然后再将它们返回：

```
public Server getServer() {
  if(server != null) {
    return server;
  }

  System.setProperty("catalina.useNaming", "false");
```

```
    server = new StandardServer();
    initBaseDir();
    server.setPort( -1 );
    Service service = new StandardService();
    service.setName("Tomcat");
    server.addService(service);
    return server;
}
```

由此可以见，Tomcat 类的 start()方法会保证已经创建了 Server 和 Service 对象。那么，Tomcat 服务器的 Engine、Host 和 Context 对象何时创建呢？Tomcat 类的 addWebapp()方法负责把一个 Web 应用加入到 Tomcat 服务器中，并且返回相应的 Context 对象。addWebapp()方法有多种重载形式，这些重载形式的 addWebapp()方法会先调用 getHost()方法，确保 Host 对象已经创建：

```
public Context addWebapp(Host host, String contextPath,
                         String docBase) {
  LifecycleListener listener = null;
  try {
    Class<?> clazz = Class.forName(getHost().getConfigClass());
    listener = (LifecycleListener) clazz.getConstructor()
                                 .newInstance();
  } catch (ReflectiveOperationException e) {
    throw new IllegalArgumentException(e);
  }
  return addWebapp(host,  contextPath, docBase, listener);
}
```

而 Tomcat 类的 getHost()方法会先调用 getEngine()方法，确保 Engine 对象已经创建。并且如果 Host 不存在，会创建标准 Host 对象：

```
public Host getHost() {
  Engine engine = getEngine();
  if (engine.findChildren().length > 0) {
    return (Host) engine.findChildren()[0];
  }

  Host host = new StandardHost();
  host.setName(hostname);
  getEngine().addChild(host);
  return host;
}
```

由此可以见，当通过 Tomcat 类的 addWebapp()方法把一个 Web 应用加入到 Tomcat 服务器中时，会确保 Engine 对象和 Host 对象已经创建。

33.2 创建嵌入了 Tomcat 的 Java 示范程序

在上一节，介绍了 org.apache.catalina.startup.Tomcat 类的用法。例程 33-1 是一个示范程序，在这个程序中创建了一个嵌入式 Tomcat 服务器，并且加入了一个默认的 Web 应用，以及 examples 应用和 docs 应用。

例程 33-1　EmbeddedTomcat.java

```
import org.apache.catalina.LifecycleException;
import org.apache.catalina.core.StandardServer;
import org.apache.catalina.startup.Tomcat;
import org.apache.catalina.Context;
import org.apache.catalina.connector.Connector;

public class EmbeddedTomcat {
  private Tomcat tomcat;

  public void start(int port,String baseDir)
                          throws LifecycleException {
    tomcat = new Tomcat();

    //设置服务器以及虚拟主机的根路径
    tomcat.setBaseDir(".");
    tomcat.getHost().setAppBase(baseDir);

    //设置接收 HTTP 请求的监听端口
    tomcat.setPort(port);

    //获得连接器，如果还没有连接器，就会先创建一个默认的连接器
    Connector connector=tomcat.getConnector();

    //加入默认的 web 应用
    Context context1=tomcat.addWebapp("", baseDir+"/ROOT");

    //加入 examples 应用
    Context context2=tomcat.addWebapp("/examples",
                    baseDir+"/examples");
    //加入 docs 应用
    Context context3=tomcat.addWebapp("/docs",
                    baseDir+"/docs");

    tomcat.start(); //启动服务器

    StandardServer server = (StandardServer)tomcat.getServer();
    //设置服务器监听 SHUTDOWN 命令的端口
    server.setPort(8005);
    server.await(); //主线程进入等待状态，直到接收到 SHUTDOWN 命令
  }

  public void stop() throws LifecycleException {
    tomcat.stop(); //关闭 Tomcat 服务器
  }

  public static void main(String[] args) {
    try{
      int port=8080;
      String baseDir = "C:/tomcat/webapps";

      EmbeddedTomcat tomcat = new EmbeddedTomcat();
      tomcat.start(port, baseDir);
    }catch (Exception e) {
```

```
      e.printStackTrace();
    }
  }
}
```

在作为程序入口的 main()方法中，先定义了 port 和 baseDir 两个变量，然后创建了一个 EmbeddedTomcat 对象，接着调用它的 start ()方法，在 start ()方法中执行了以下步骤。

（1）创建 Tomcat 对象，并且设置它的根路径、接收 HTTP 请求使用的端口号，以及它的虚拟主机的根路径：

```
//创建 Tomcat 对象
tomcat = new Tomcat();

//设置服务器以及虚拟主机的根路径
tomcat.setBaseDir(".");
tomcat.getHost().setAppBase(baseDir);

//设置接收 HTTP 请求的监听端口
tomcat.setPort(port);
```

(2)通过 Tomcat 对象的 getConnector()方法创建并返回默认的 HTTP Connector 连接器。在 Tomcat9 以前的版本中，这不是必须的步骤。而在 Tomcat 9 中，这个步骤是必需的，它确保创建默认的连接器：

```
Connector connector=tomcat.getConnector();
```

（3）向 Tomcat 服务器中加入 Web 应用：

```
//加入默认的 web 应用
Context context1=tomcat.addWebapp("", baseDir+"/ROOT");

//加入 examples 应用
Context context2=tomcat.addWebapp("/examples",
                    baseDir+"/examples");
//加入 docs 应用
Context context3=tomcat.addWebapp("/docs",
                    baseDir+"/docs");
```

Tomcat 类的 addWebapp(String contextPath,String docBase)方法的第一个参数 contextPath 指定访问 Web 应用的 URL 的入口。当 contextPath 参数的值为""，表示虚拟机主机的默认 Web 应用。第二个参数 docBase 指定 Web 应用所在的文件路径的根目录。访问以上三个 Web 应用的 URL 分别为：

```
http://localhost:8080
http://localhost:8080/examples
http://localhost:8080/docs
```

（4）启动 Tomcat 服务器，main 主线程进入等待状态：

```
tomcat.start();  //启动服务器

StandardServer server = (StandardServer)tomcat.getServer();
//设置服务器监听 SHUTDOWN 命令的端口
server.setPort(8005);
server.await();  // main 主线程进入等待状态，直到接收到 SHUTDOWN 命令
```

tomcat.start()方法启动 Tomcat 服务器，该服务器启动工作线程池来响应客户端的 HTTP 请求。线程池中的工作线程为后台线程。所谓后台线程，是指它的生命周期依赖于 main 主线程。只要主线程未结束生命周期，后台线程也会一直运行。当主线程结束生命周期，后台线程也自动结束生命周期。

main 主线程接下来调用 server.setPort(8005)方法，该方法把服务器监听 SHUTDOWN 命令的端口设为“8005”，接下来执行 server.await()方法，该方法会一直监听 8005 端口的命令，如果在该端口接收到“SHUTDOWN”命令，就会终止服务器。

33.3 终止嵌入式 Tomcat 服务器

当嵌入式 Tomcat 服务器启动后，如何终止它呢？有两种办法。

- 办法一：调用 Tomcat 类的 stop()方法。参见本章 33.3.1 节。
- 办法二：向 8005 端口发送“SHUTDOWN”命令。参见本章 33.3.2 节。

33.3.1 调用 Tomcat 类的 stop()方法终止服务器

EmbeddedTomcat 类的 stop()方法调用 Tomcat 类的 stop()方法，终止服务器：

```
public void stop() throws LifecycleException {
  tomcat.stop();  //关闭 Tomcat 服务器
}
```

下面把本章 33.2 节的例程 33-1 的 EmbeddedTomcat 类的 main()方法做如下修改：

```
public void start(int port,String baseDir)
          throws LifecycleException {
  ......
  tomcat.start(); //启动服务器

  try{
    //主线程睡眠 60*60 秒后关闭服务器
    Thread.sleep(60000*60);
    stop();
  }catch(Exception e){e.printStackTrace();}
}
```

以上代码在启动服务器后，主线程没有调用 server.await()方法进入等待状态，而是睡眠 60*60 秒（即 1 小时），然后调用 stop()方法终止服务器。

33.3.2 通过 SHUTSDOWN 命令终止服务器

当 StandardServer 作为嵌入式服务器启动时，它的 port 属性会被设为-1，在这种情况下，await()方法不会监听任何端口的“SHUTDOWN”命令，会无限期等待下去，直到 stopAwait

变量变为 true。以下是 StandardServer 类的 await()方法中的部分代码：

```
if(port==-1 ) {
  try{
    awaitThread = Thread.currentThread();
    while(!stopAwait) {
      try{
        Thread.sleep( 10000 );
      } catch( InterruptedException ex ) {
        // continue and check the flag
      }
    }
  }finally {
    awaitThread = null;
  }
  return;
}
```

从以上代码可以看出，当 port 属性为-1，并且 stopAwait 变量为 false，await()方法会无限循环下去，即一直处于等待状态，除非程序把 stopAwait 变量设为 true，才会触发终止服务器。

程序只要调用 StandarServer 类的 public 类型的 stopAwait()方法，就会把 stopAwait 变量设为 true，并且终止服务器。以下是 stopAwait()方法的代码：

```
public void stopAwait() {
  stopAwait=true;
  Thread t = awaitThread;
  if(t != null) {
    ServerSocket s = awaitSocket;
    if(s != null) {
      awaitSocket = null;
      try{
        s.close();
      }catch (IOException e) {
        //Ignored
      }
    }
    t.interrupt();
    try {
      t.join(1000);
    } catch (InterruptedException e) {
      // Ignored
    }
  }
}
```

此外，不管 StandardServer 类的 port 变量取何值，程序只要调用 Tomcat 类的 stop()方法，总是会终止 StandardServer 服务器。

本章 33.2 节的例程 33-1 的 EmbeddedTomcat 类把 StandardServer 的监听端口设为 8005，这样，await()方法就会监听 8005 端口，如果接收到“SHUTDOWN”命令，就会终止服务器：

```
StandardServer server = (StandardServer)tomcat.getServer();
//设置服务器监听 SHUTDOWN 命令的端口
server.setPort(8005);
```

```
server.await();  // main 主线程进入等待状态，直到接收到 SHUTDOWN 命令
```

下面创建一个 TomcatManager 类，它利用 Socket 向 8005 端口发送“SHUTDOWN”命令，从而终止服务器。例程 33-2 是 TomcatManager 类的源代码。

例程 33-2　TomcatManager.java

```
import java.net.*;
import java.io.*;
import java.util.*;

public class TomcatManager {
 public static void main(String args[]){
   Socket socket=null;
   String host="localhost";
   int port=8005;

   try{
     socket=new Socket(host,port); //与 Tomcat 建立 FTP 连接
   }catch(Exception e){e.printStackTrace();}

   try{
     String command="SHUTDOWN";
     /*发送 HTTP 请求*/
     OutputStream socketOut=socket.getOutputStream();//获得输出流
     socketOut.write(command.getBytes());

     Thread.sleep(2000); //睡眠 2 秒
     System.out.println("已经发送 SHUTDOWN 命令");
   }catch(Exception e){
     e.printStackTrace();
   }finally{
     try{
       socket.close();
     }catch(Exception e){e.printStackTrace();}
   }
 }
}
```

33.4　运行嵌入式 Tomcat 服务器

编译和运行本章范例程序时，应该到 Tomcat 的官方网站（tomcat.apache.org）下载与嵌入式 Tomcat 服务器相关的类库，下载得到的文件为 apache-tomcat-X-embed.zip。解压这个文件，把其中的所有 JAR 文件加入到 CLASSPATH 中。

在本书配套源代码包的 sourcecode/chapter33 目录下提供了本章范例的所有源文件。图 33-1 为 chapter33 目录的结构。

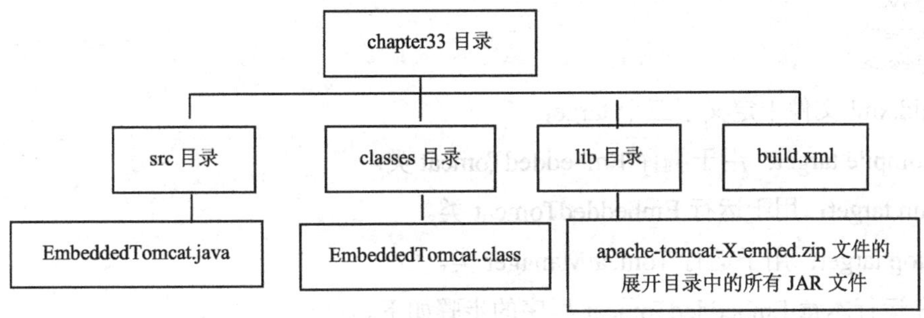

图 33-1　chapter33 目录的结构

在 chapter33 目录下有一个 ANT 的工程管理文件 build.xml，它的源代码参见例程 33-3。

例程 33-3　build.xml

```
<?xml version="1.0" encoding="GB2312" ?>
<project name="Learning Java" default="compile" basedir=".">

  <property name="source.root" value="src"/>
  <property name="class.root" value="classes"/>
  <property name="lib.dir" value="lib"/>

  <!-- 设置 classpath -->
  <path id="project.class.path">
    <!-- 包含 classes 目录下的类文件 -->
    <pathelement location="${class.root}" />
    <!-- 包含 lib 目录下的 JAR 文件 -->
    <fileset dir="${lib.dir}">
      <include name="*.jar"/>
    </fileset>
  </path>

  <!-- 编译 EmbeddedTomcat 类 -->
  <target name="compile" description="Compiles all Java classes">
   <javac srcdir="${source.root}"
         destdir="${class.root}"
         debug="on"
         optimize="off"
         includeAntRuntime="false" deprecation="true">

     <classpath refid="project.class.path"/>
   </javac>
  </target>

  <!-- 运行 EmbeddedTomcat 类 -->
  <target name="run" description="Run EmbeddedTomcat">
   <java classname="EmbeddedTomcat" fork="true">
      <classpath refid="project.class.path"/>
   </java>
  </target>

  <!-- 运行 TomcatManager 类 -->
  <target name="stop" description="Run TomcatManager">
   <java classname="TomcatManager" fork="true">
      <classpath refid="project.class.path"/>
```

```
    </java>
  </target>
</project>
```

在 build.xml 文件中定义了三个 target。

- compile target：用于编译 EmbeddedTomcat 类。
- run target：用于运行 EmbeddedTomcat 类。
- stop target：用于运行 TomcatManager 类。

编译和运行本章 EmbeddedTomcat 程序的步骤如下。

（1）假定在本地已经安装了独立的 Tomcat 服务器，并且它的根路径为 C:\tomcat。

提示

运行嵌入式 Tomcat 服务器程序，并不要求必须先安装独立的 Tomcat 服务器。本章范例之所以需要安装独立的 Tomcat 服务器，仅仅是为了把它的 webapps 目录下的一些现成的 Web 应用（如默认 Web 应用、examples 应用和 docs 应用）加入到嵌入式 Tomcat 服务器中。

（2）将本书配套源代码包的 sourcecode 目录下的整个 chapter33 目录复制到本地硬盘，假定在本地硬盘上的路径为 C:\chapter33。

（3）在 DOS 下，转到 C:\chapter33 目录下，运行命令“ant compile”，该命令会编译 src 子目录下的 EmbeddedTomcat.java 文件，编译出来的类文件放在 classes 子目录下。

（4）在 DOS 下运行命令“ant run”，该命令会运行 EmbeddedTomcat 程序。本程序运行时，会在 DOS 窗口中输出一些日志。如果出现以下的日志内容，就表示 Tomcat 服务器已经启动了：

```
[java] 10月 26, 2018 8:54:21 下午
       org.apache.coyote.AbstractProtocol init
[java] 信息: Initializing ProtocolHandler ["http-nio-8080"]
[java] 信息: Using a shared selector for servlet write/read
[java] 10月 26, 2018 8:54:22 下午
       org.apache.catalina.core.StandardService startInternal
[java] 信息: Starting service [Tomcat]
[java] 10月 26, 2018 8:54:22 下午
       org.apache.catalina.core.StandardEngine startInternal
[java] 信息: Starting Servlet Engine: Apache Tomcat/9.0.12
 ......
[java] 信息: Starting ProtocolHandler ["http-nio-8080"]
```

如果程序正常运行，可以在浏览器中通过如下 URL，分别访问 C:\tomcat\webapps 目录下的默认应用（位于 ROOT 目录下）、examples 应用和 docs 应用：

```
http://localhost:8080
http://localhost:8080/examples/
http://localhost:8080/docs/
```

以上嵌入式 Tomcat 服务器会在 chapter33 目录下生成一个 work 工作目录，服务器编译 Web 应用中的 JSP 文件所生成的 Servlet 类就存放在这个工作目录中。

（5）如果要终止本章范例创建的 Tomcat 服务器，有两种办法：

- 办法一：运行<CATALINA_HOME>\bin\shutdown.bat。

- 办法二：再打开一个新的 DOS 窗口，转到 chapter33 目录下，运行“ant stop”命令，该命令会运行 TomcatManager 类。

以上两种办法都会利用 Socket 向本地机器上的 8005 端口发送“SHUTDOWN”命令，Tomcat 服务器接收到这个命令后，就会终止服务器，并且打印如下信息：

```
信息: A valid shutdown command was received via the shutdown port.
Stopping the Server instance.
```

33.5　小结

本章介绍了将 Tomcat 嵌入到 Java 应用中的步骤，还给出了一个具体的 Java 程序，来说明如何创建和配置 Tomcat 服务器、加入 Web 应用，以及启动和终止 Tomcat 服务器的方法。

33.6　思考题

实验题：编写一个具有图形用户界面的程序，它可以启动和终止内嵌的 Tomcat 服务器。

参考答案

提示：如图 33-2 所示，在这个图形用户界面中，当用户第一次按下 JButton 按钮，会启动 Tomcat 服务器，接下来再按下按钮，会终止 Tomcat 服务器。当用户不断按下按钮，就会在启动或终止 Tomcat 服务器之间进行切换。界面上还有一个 JLabel 用于显示启动或终止服务器的信息。

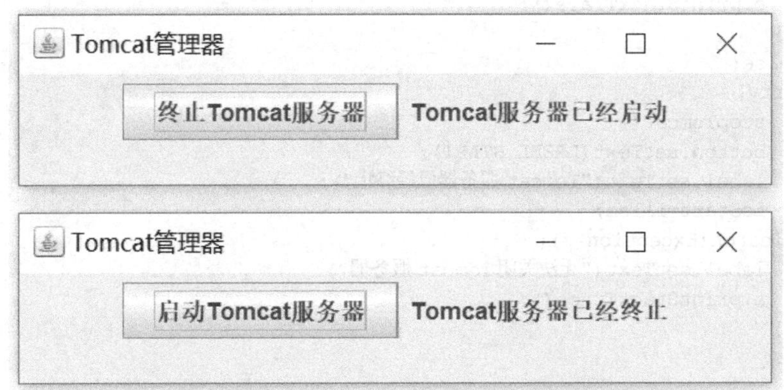

图 33-2　管理嵌入式 Tomcat 服务器的图形用户界面

例程 33-4 的 TomcatGUI 类能够生成上述图形用户界面，并且能管理 Tomcat 服务器的启动和终止。

例程 33-4 TomcatGUI.java

```
import java.awt.*;
import java.awt.event.*;
import javax.swing.*;
import org.apache.catalina.LifecycleException;
import org.apache.catalina.core.StandardServer;
import org.apache.catalina.startup.Tomcat;
import org.apache.catalina.Context;
import org.apache.catalina.connector.Connector;

public class TomcatGUI extends JPanel {
  private Tomcat tomcat;
  private final String LABEL_START="启动 Tomcat 服务器";
  private final String LABEL_STOP="终止 Tomcat 服务器";
  private int port=8080;
  private String baseDir = "C:/tomcat/webapps";
  JButton button;
  JLabel label;
  boolean isStart=false;

  public TomcatGUI(){
    button=new JButton(LABEL_START);
    label=new JLabel();

    //注册一个匿名监听器
    button.addActionListener(new ActionListener(){
      public void actionPerformed(ActionEvent event){
        if(!isStart){
          try{
            startTomcat();
            button.setText(LABEL_STOP);
            label.setText("Tomcat 服务器已经启动");
            isStart=true;
          }catch(Exception e){
            label.setText("Tomcat 服务器启动失败");
            e.printStackTrace();
          }
        }else{
          try{
            stopTomcat();
            button.setText(LABEL_START);
            label.setText("Tomcat 服务器已经终止");
            isStart=false;
          }catch(Exception e){
            label.setText("无法关闭 Tomcat 服务器");
            e.printStackTrace();
          }
        }
      }
    });

    add(button);
    add(label);
  }
```

```
  public void startTomcat() throws LifecycleException {
    tomcat=new Tomcat();
    tomcat.setBaseDir(".");
    tomcat.getHost().setAppBase(baseDir);

    //设置接收 HTTP 请求的监听端口
    tomcat.setPort(port);

    //获得连接器，如果还没有连接器，就会先创建一个默认的连接器
    Connector connector=tomcat.getConnector();

     //加入默认的 web 应用
    Context context1=tomcat.addWebapp("", baseDir+"/ROOT");
    //加入 examples 应用
    Context context2=tomcat.addWebapp("/examples",
                                 baseDir+"/examples");
    //加入 docs 应用
    Context context3=tomcat.addWebapp("/docs", baseDir+"/docs");

    tomcat.start();           //启动服务器
  }

  public void stopTomcat() throws LifecycleException {
    if(isStart){
      tomcat.stop();
      tomcat.destroy();       //销毁 Tomcat 服务器占用的资源，确保不再绑定 8080 端口
    }
  }

  public static void main(String args[]){
    JFrame frame=new JFrame("Tomcat 管理器");
    TomcatGUI gui=new TomcatGUI();
    frame.add(gui);

    frame.addWindowListener(new WindowAdapter(){
      public void windowClosing(WindowEvent evt){
        try{
          gui.stopTomcat();  //终止服务器
          System.exit(0);
        }catch(Exception e){e.printStackTrace();}
      }
    });

    frame.setSize(400,300);
    frame.setVisible(true);
  }
}
```

在 chapter33 目录下的 build.xml 文件中加入如下名为“gui”的 target：

```
<!-- 运行 TomcatGUI 类 -->
<target name="gui" description="Run TomcatGUI">
  <java classname="TomcatGUI" fork="true">
     <classpath refid="project.class.path"/>
  </java>
</target>
```

在 DOS 命令行中，转到 chapter33 目录下，运行命令“ant gui”，就会运行 TomcatGUI 类。

附录 A　server.xml 文件

Tomcat 服务器是由一系列可配置的组件构成，Tomcat 的组件可以在 <CATALINA_HOME>/conf/server.xml 文件中进行配置，每个 Tomcat 组件和 server.xml 文件中的一种配置元素对应。

本附录对一些常用的元素做了介绍。关于 server.xml 的更多信息，可以参考 Tomcat 的文档：<CATALINA_HOME>/webapps/docs/config/index.html

下面首先看一个 server.xml 文件的样例：

```
<!-- Example Server Configuration File -->
<Server port="8005" shutdown="SHUTDOWN" >

  <Service name="Catalina">
    <Executor name="tomcatThreadPool" namePrefix="catalina-exec-"
       maxThreads="150" minSpareThreads="4"/>

    <Connector port="8080" protocol="HTTP/1.1"
           connectionTimeout="20000"
           redirectPort="8443" />

    <Engine name="Catalina" defaultHost="localhost" >

      <Realm className="org.apache.catalina.realm.MemoryRealm" />

      <Host name="localhost" appBase="webapps"
        unpackWARs="true" autoDeploy="true">

        <Valve className="org.apache.catalina.valves.AccessLogValve"
         directory="logs"  prefix="localhost_access_log."
         suffix=".txt" pattern="common" resolveHosts="false"/>

        <Context path="/sample" docBase="sample"  reloadable="true" >

          <Resource name="jdbc/BookDB" auth="Container"
           type="javax.sql.DataSource"
           maxActive="100" maxIdle="30" maxWait="10000"
           username="dbuser" password="1234"
           driverClassName="com.mysql.jdbc.Driver"
           url="jdbc:mysql://localhost:3306/BookDB"/>

        </Context>

      </Host>
```

```
    </Engine>

  </Service>

  <Service name="Apache">
    <Connector port="8009" protocol="AJP/1.3" redirectPort="8443" />
    <Engine name="Apache" defaultHost="localhost" >

      <Host name="localhost" appBase="webapps"
         unpackWARs="true" autoDeploy="true" />

    </Engine>
  </Service>

</Server>
```

以上 XML 代码中，每个元素都代表一种 Tomcat 组件。这些元素可分为 5 类。

1. 顶层类元素

顶层类元素包括<Server>元素和<Service>元素，它们位于整个配置文件的顶层。

2. 连接器类元素

连接器类元素代表了介于客户与服务器之间的通信接口，负责将客户的请求发送给服务器，并将服务器的响应结果传递给客户。

3. 执行器类元素

执行器类元素<Executor>代表可以被 Tomcat 的其他组件共享的线程池。在 Tomcat 的旧版本中，每个连接器都有独立的线程池。而在新的 Tomcat 版本中，允许多个连接器或者其他的 Tomcat 组件共享同一个线程池。

4. 容器类元素

容器类元素代表处理客户请求并生成响应结果的组件，有 4 种容器类元素，它们是 Engine、Host、Context 和 Cluster。Engine 组件为特定的 Service 组件处理所有客户请求，Host 组件为特定的虚拟主机处理所有客户请求，Context 组件为特定的 Web 应用处理所有客户请求。Cluster 组件是集群管理器。

5. 嵌套类元素

嵌套类元素代表了可以加入到容器中的组件，如<Valve>元素和<Realm>元素。

下面，对基本的 Tomcat 元素逐一介绍。

A.1 配置 Server 元素

<Server>元素代表整个 Catalina Servlet 容器，它是 Tomcat 实例的顶层元素，由 org.apache.catalina.Server 接口来定义。<Server>元素中可包含一个或多个<Service>元素，但

<Server>元素不能作为任何其他元素的子元素。在本章样例中定义了以下<Server>元素：

```
<Server port="8005" shutdown="SHUTDOWN">
```

<Server>元素的属性描述参见表 A-1。

表 A-1　<Server>元素的属性

描　述	属　性
className	指定实现 org.apache.catalina.Server 接口的类，默认值为 org.apache.catalina.core. StandardServer
port	指定 Tomcat 服务器监听 shutdown 命令的端口。终止 Tomcat 服务器运行时，必须在 Tomcat 服务器所在的机器上发出 shutdown 命令。该属性是必须设定的
shutdown	指定终止 Tomcat 服务器运行时，发给 Tomcat 服务器的 shutdown 监听端口的字符串。该属性是必须设定的

A.2　配置 Service 元素

<Service>元素由 org.apache.catalina.Service 接口定义，它包含一个<Engine>元素，以及一个或多个<Connector>元素，这些<Connector>元素共享同一个<Engine>元素。例如，在样例 server.xml 文件中配置了两个<Service>元素：

```
<Service name="Catalina">
<Service name="Apache">
```

第一个<Service>处理所有直接由 Tomcat 服务器接收的 Web 客户请求，第二个<Service>处理由 Apache 服务器转发过来的 Web 客户请求。

<Service>元素的属性描述参见表 A-2。

表 A-2　<Service>元素的属性

描　述	属　性
className	指定实现 org.apache.catalina.Service 接口的类，默认值为 org.apache.catalina.core.StandardService
name	定义 Service 的名字

A.3　配置 Engine 元素

<Engine>元素由 org.apache.catalina.Engine 接口定义。每个<Service>元素只能包含一个<Engine>元素。<Engine>元素处理在同一个<Service>中所有<Connector>元素接收到的客户请求。例如，在样例 server.xml 文件中配置了以下<Engine>元素：

```
<Engine name="Catalina" defaultHost="localhost" >
```

<Engine>元素的属性描述参见表 A-3。

表 A-3　<Engine>元素的属性

描　述	属　性
className	指定实现 org.apache.catalina.Engine 接口的类，默认值为 org.apache.catalina.core.StandardEngine
defaultHost	指定处理客户请求的默认主机名，在<Engine>的<Host>子元素中必须定义这一主机
name	定义 Engine 的名字

在<Engine>元素中可以包含等<Realm>、<Valve>和<Host>子元素。

A.4　配置 Host 元素

<Host>元素由 org.apache.catalina.Host 接口定义。一个<Engine>元素中可以包含多个<Host>元素。每个<Host>元素定义了一个虚拟主机，它可以包含一个或多个 Web 应用。

例如，在样例 server.xml 文件中的第一个<Engine>元素中配置了以下<Host>元素：

```
<Host name="localhost"  appBase="webapps"
     unpackWARs="true" autoDeploy="true">
```

以上代码定义了一个名为 localhost 的虚拟主机，Web 客户访问它的 Web 应用的 URL 的根路径为：

```
http://localhost:8080/
```

<Host>元素的属性描述参见表 A-4。

表 A-4　<Host>元素的属性

描　述	属　性
className	指定实现 org.apache.catalina.Host 接口的类，默认值为 org.apache.catalina.core.StandardHost
appBase	指定虚拟主机的目录，可以指定绝对目录，也可以指定相对于<CATALINA_HOME>的相对目录。如果此项没有设定，默认值为<CATALINA_HOME>/webapps
unpackWARs	如果此项设为 true，表示将把 Web 应用的 WAR 文件先展开为开放目录结构后再运行。如果设为 false，将直接运行 WAR 文件
autoDeploy	如果此项设为 true，表示当 Tomcat 服务器处于运行状态时，能够监测 appBase 下的文件，如果有新的 Web 应用加入进来，会自动发布这个 Web 应用
alias	指定虚拟主机的别名，可以指定多个别名
deployOnStartup	如果此项设为 true，表示 Tomcat 服务器启动时会自动发布 appBase 目录下所有的 Web 应用，如果 Web 应用在 server.xml 中没有相应的<Context>元素，将采用 Tomcat 默认的 Context。deployOnStartup 的默认值为 true
name	定义虚拟主机的名字

在<Host>元素中可以包含<Realm>、<Valve>和<Context>等子元素。

A.5　配置 Context 元素

<Context>元素由 org.apache.catalina.Context 接口定义。每个<Context>元素代表了运行

在虚拟主机上的单个 Web 应用。一个<Host>元素中可以包含多个<Context>元素。

例如，在样例 server.xml 文件中配置了以下<Context>元素：

```
<Context path="/sample" docBase="sample"  reloadable="true" >
```

<Context>元素的属性描述参见表 A-5。

表 A-5　<Context>元素的属性

描　述	属　性
className	指定实现 org.apache.catalina.Context 接口的类，默认值为 org.apache.catalina.core.StandardContext
path	指定访问该 Web 应用的 URL 入口
docBase	指定 Web 应用的文件路径。可以给定绝对路径，也可以给定相对于 Host 的 appBase 属性的相对路径。如果 Web 应用采用开放目录结构，那就指定 Web 应用的根目录；如果 Web 应用是个 WAR 文件，那就指定 WAR 文件的路径
reloadable	如果这个属性设为 true，Tomcat 服务器在运行状态下会监视在 WEB-INF/classes 和 WEB-INF/lib 目录下 class 文件的改动，以及监视 Web 应用的 WEB-INF/web.xml 文件的改动。如果监测到有 class 文件或 web.xml 文件被更新，服务器会自动重新加载 Web 应用。该属性的默认值为 false。在 Web 应用的开发和调试阶段，把 reloadable 设为 true，可以方便对 Web 应用的调试。在 Web 应用正式发布阶段，把 reloadable 设为 false，可以降低 Tomcat 的运行负荷，提高 Tomcat 的运行性能
cookies	指定是否通过 Cookie 来支持 Session，默认值为 true

在<Context>元素中可以包含<Realm>、<Valve>和<Resource>等子元素。

A.6　配置 Connector 元素

<Connector>元素由 org.apache.catalina.Connector 接口定义。<Connector>元素代表与客户程序实际交互的组件，它负责接收客户请求，以及向客户返回响应结果。

例如，在样例 server.xml 文件中配置了两个<Connector>元素：

```
<Connector port="8080" protocol="HTTP/1.1"
       connectionTimeout="20000"
       redirectPort="8443" />

<Connector port="8009" protocol="AJP/1.3" redirectPort="8443" />
```

第一个<Connector>元素定义了一个 HTTP Connector，它通过 8080 端口接收 HTTP 请求；第二个<Connector>元素定义了一个 AJP Connector，它通过 8009 端口接收由其他 HTTP 服务器（如 Apache 服务器）转发过来的客户请求。

所有的<Connector>元素都具有一些共同的属性，这些属性描述参见表 A-6。

表 A-6 <Connector>元素的共同属性

描　述	属　性
enableLookups	如果设为 true，表示支持域名解析，可以把 IP 地址解析为主机名。Web 应用中调用 request.getRemostHost()方法将返回客户的主机名。该属性的默认值为 false
redirectPort	指定转发端口。如果当前端口只支持 non-SSL 请求，在需要安全通信的场合，将把客户请求转发到基于 SSL 的 redirectPort 端口
port	设定 TCP 端口号
protocol	设定客户端与服务器端的通信协议

HTTP/1.1 Connector 的属性描述参见表 A-7。

表 A-7 HTTP/1.1 Connector 元素的属性

描　述	属　性
enableLookups	参见表 A-6
redirectPort	参见表 A-6
port	设定 TCP 端口号，默认值为 8080
address	如果服务器有两个以上 IP 地址，该属性可以设定端口监听的 IP 地址，默认情况下，端口会监听服务器上所有 IP 地址
protocol	设定 HTTP 协议，默认值为 HTTP/1.1
maxThreads	设定处理客户请求的线程的最大数目，这个值也决定了服务器可以同时响应客户请求的最大数目，默认值为 200
acceptCount	客户请求队列中存放了等待被服务器处理的客户请求。该属性用于设定在客户请求队列中的最大客户请求数，默认值为 100。如果队列已满，新的客户请求将被拒绝
connectionTimeout	定义建立客户连接超时的时间，以毫秒为单位。如果设置为-1，表示不限制建立客户连接的时间。默认值为 60000 毫秒，即 60 秒
maxConnections	设定在任何时刻服务器会接受并处理的最大连接数。当服务器接受和处理的连接数达到这个上限时，这个新的连接将进入阻塞状态，直到服务器正在处理的连接数目低于这个上限，服务器才会接受并处理新的连接
maxCookieCount	指定对于一个客户请求所允许的最大 Cookie 数目。默认值为 200。如果把它设为一个负数，表示对 Cookie 数目没有限制
maxHttpHeaderSize	指定 HTTP 请求头和响应头的最大长度，以字节为单位。默认值为 8192 字节（8 KB）
maxSwallowSize	指定请求正文的最大长度，以字节为单位。默认值为 2097152 字节（2MB）。如果把它设为一个负数，表示对请求正文的长度没有限制
executor	指定所使用的执行器的名字

AJP Connector 的属性描述参见表 A-8。

表 A-8 AJP Connector 的属性

描　述	属　性
enableLookups	参见表 A-6
redirectPort	参见表 A-6
port	设定 AJP 端口号
protocol	必须设定为 AJP/1.3 协议

A.7　配置 Executor 元素

执行器类元素<Executor>代表可以被 Tomcat 的其他组件共享的线程池。例如，在样例 server.xml 文件中配置了一个<Executor>元素：

```
<Executor name="tomcatThreadPool" namePrefix="catalina-exec-"
    maxThreads="150" minSpareThreads="4"/>
```

由于<Connector>元素可能会引用<Executor>元素配置的执行器，因此在 server.xml 文件中，<Executor>元素的配置代码必须放在<Connector>元素的配置代码的前面。

所有的<Executor>元素都具有一些共同的属性，这些属性描述参见表 A-9。

表 A-9　<Executor>元素的共同属性

描　述	属　性
className	指定执行器的实现类。它的默认值为 org.apache.catalina.core.StandardThreadExecutor
name	指定执行器的名字。其他配置元素（例如<Connector>元素的 executor 属性）会引用这个名字

如果为<Executor>元素设定的实现类为默认的标准实现类 StandardThreadExecutor，那么还可以设置表 A-10 所示的属性。

表 A-10　标准实现类 StandardThreadExecutor 的属性

描　述	属　性
threadPriority	设定线程池中线程的优先级别，默认值为 5（Thread.NORM_PRIORITY 的取值）
daemon	设定线程池中的线程是否为后台线程，默认值为 true
namePrefix	设定线程池中的线程的名字的前缀，线程的名字的格式为“前缀+线程序号”
maxThreads	设定线程池中线程的最大数目，默认值为 200
minSpareThreads	设定线程池中处于空闲或运行状态的线程的最小数目，默认值为 25
maxIdleTime	设定一个线程允许处于闲置状态的最长时间，以毫秒为单位，默认值是 60000 毫秒（1 分钟）。当线程池中的线程数目超过了 minSpareThreads 属性值，服务器就会关闭那些闲置时间超过 maxIdleTime 属性值的线程
maxQueueSize	可运行任务队列中存放了等待运行的任务，此属性设定存放在该队列中任务的最大数目。默认值为 Integer.MAX_VALUE

附录 B　web.xml 文件

Web 应用发布描述符文件（即 web.xml 文件）是在 Servlet 规范中定义的。它是 Web 应用的配置文件。web.xml 中的元素和 Tomcat 容器完全独立。例程 B-1 是一个 web.xml 的样例，在后面的讲解中都会用到这个样例。

例程 B-1　web.xml 的样例

```
<?xml version="1.0" encoding="ISO-8859-1"?>


<!DOCTYPE web-app
PUBLIC "-//Sun Microsystems, Inc.//DTD Web Application 2.3//EN"
"http://java.sun.com/dtd/web-app_2_3.dtd">

<web-app>

 <display-name>Sample Application</display-name>

 <description>
   This is a sample application
 </description>

 <filter>
  <filter-name>SampleFilter</filter-name>
  <filter-class>mypack.SampleFilter</filter-class>
 </filter>

 <filter-mapping>
  <filter-name>SampleFilter</filter-name>
  <url-pattern>*.jsp</url-pattern>
 </filter-mapping>

 <servlet>
  <servlet-name> SampleServlet </servlet-name>
  <servlet-class>mypack.SampleServlet</servlet-class>
  <init-param>
    <param-name>initParam1</param-name>
    <param-value>2</param-value>
  </init-param>
  <load-on-startup> 1 </load-on-startup>
 </servlet>

 <!-- Define the SampleServlet Mapping -->
 <servlet-mapping>
```

```
    <servlet-name>SampleServlet</servlet-name>
    <url-pattern>/sample</url-pattern>
  </servlet-mapping>

  <session-config>
    <session-timeout>30</session-timeout>
  </session-config>

  <welcome-file-list>
    <welcome-file>login.jsp </welcome-file>
    <welcome-file>index.htm </welcome-file>
  </welcome-file-list>

  <taglib>
    <taglib-uri>/mytaglib</taglib-uri>
    <taglib-location>/WEB-INF/mytaglib.tld</taglib-location>
  </taglib>

  <resource-ref>
    <description>DB Connection</description>
    <res-ref-name>jdbc/sampleDB</res-ref-name>
    <res-type>javax.sql.DataSource</res-type>
    <res-auth>Container</res-auth>
  </resource-ref>

  <!-- Define a Security Constraint on this Application -->
  <security-constraint>
    <web-resource-collection>
      <web-resource-name>sample application</web-resource-name>
      <url-pattern>/*</url-pattern>
    </web-resource-collection>
    <auth-constraint>
      <role-name>guest</role-name>
    </auth-constraint>
  </security-constraint>

  <!-- Define the Login Configuration for this Application -->
  <login-config>
    <auth-method>FORM</auth-method>
    <realm-name>Form-Based Authentication Area</realm-name>
    <form-login-config>
      <form-login-page>/login.jsp</form-login-page>
      <form-error-page>/error.jsp</form-error-page>
    </form-login-config>
  </login-config>

  <!-- Security roles referenced by this web application -->
  <security-role>
    <description>
    The role that is required to log into the sample Application
    </description>
    <role-name>guest</role-name>
  </security-role>

</web-app>
```

以上 web.xml 依次定义了如下元素：

- <web-app>：Web 应用的根元素
- <display-name>：Web 应用的名字
- <description>：对 Web 应用的描述
- <filter>：定义过滤器
- <filter-mapping>：为过滤器指定 URL 映射
- <servlet>：定义 Servlet
- <servlet-mapping>：为 Servlet 指定 URL 映射
- <session-config>：配置 HTTP 会话
- <welcome-file-list>：设置 Web 应用的 Welcome 文件清单
- <taglib>：声明引用的标签库
- <resource-ref>：声明引用的 JNDI 资源
- <security-constraint>：配置安全约束
- <login-config>：配置安全验证登录界面
- <security-role>：配置安全角色

提示

在 web.xml 中元素定义的先后顺序不能颠倒，否则 Tomcat 服务器可能会抛出 SAXParseException。

web.xml 中的开头几行往往是固定的，它定义了该文件的字符编码、XML 的版本以及引用的 DTD 文件。在 web.xml 中顶层元素为<web-app>，其他所有的子元素都必须定义在<web-app>内。<display-name>元素定义这个 Web 应用的名字，Java Web 服务器的 Web 管理工具将用这个名字来标识 Web 应用。<description>元素用来声明 Web 应用的描述信息。

下面将介绍几种最常用的元素的配置方法。

B.1 配置过滤器

对于 Servlet 容器收到的客户请求，以及发出的响应结果，过滤器都能检查和修改其中的信息。在 Web 应用中加入过滤器，需要在 web.xml 中配置两个元素：<filter>和<filter-mapping>。以下是<filter>元素的示范代码：

```
<filter>
  <filter-name>SampleFilter</filter-name>
  <filter-class>mypack.SampleFilter</filter-class>
</filter>
```

以上代码定义了一个过滤器，名为 SampleFilter，实现这个过滤器的类是 mypack.SampleFilter 类。<filter>元素的子元素描述参见表 B-1。

表 B-1　<filter>元素的子元素

属　性	描　述
<filter-name>	定义过滤器的名字。当 Web 应用中有多个过滤器时，不允许过滤器重名
<filter-class>	指定实现这一过滤器的类，这个类负责具体的过滤事务

<filter-mapping>元素用来设定过滤器负责过滤的 URL。以下是<filter-mapping>元素的示范代码：

```
<filter-mapping>
  <filter-name>SampleFilter</filter-name>
  <url-pattern>*.jsp</url-pattern>
</filter-mapping>
```

以上代码指明当客户请求访问 Web 应用中的所有 JSP 文件时，将触发 SampleFilter 过滤器工作。具体的过滤事务由在<filter>元素中指定的 mypack.SampleFilter 类完成。

<filter-mapping>元素的子元素描述参见表 B-2。

表 B-2　<filter-mapping>元素的子元素

属　性	描　述
<filter-name>	指定过滤器名。这里的过滤器名必需和<filter>元素中定义的过滤器名匹配
<url-pattern>	指定过滤器负责过滤的 URL

B.2　配置 Servlet

<servlet>元素用来定义 Servlet，以下代码定义了一个名为 SampleServlet 的 Servlet，实现这个 Servlet 的类是 mypack.SampleServlet：

```
<servlet>
  <servlet-name> SampleServlet </servlet-name>
  <servlet-class>mypack.SampleServlet</servlet-class>
  <init-param>
     <param-name>initParam1</param-name>
     <param-value>2</param-value>
  </init-param>
  <load-on-startup> 1 </load-on-startup>
</servlet>
```

<servlet>元素的属性描述参见表 B-3。

表 B-3　<servlet>元素的子元素

属　性	描　述
<servlet-name>	定义 Servlet 的名字
<servlet-class>	指定实现这个 Servlet 的类
<init-param>	定义 Servlet 的初始化参数（包括参数名和参数值），一个<servlet>元素中可以有多个<init-param>。在 Servlet 类中通过 getInitParameter(String name)方法访问初始化参数
<load-on-startup>	指定当 Web 应用启动时，加载 Servlet 的次序。当这个值为正数或零时，Servlet 容器先加载数值小的 Servlet，再依次加载其他数值大的 Servlet。如果这个值为负数或者没有设定，那么 Servlet 容器将在 Web 客户首次访问这个 Servlet 时加载它

B.3　配置 Servlet 映射

<servlet-mapping>元素用来设定客户访问某个 Servlet 的 URL。以下代码为 SampleServlet 指定的 URL 为"/sample"：

```
<servlet-mapping>
  <servlet-name>SampleServlet</servlet-name>
  <url-pattern>/sample</url-pattern>
</servlet-mapping>
```

<servlet-mapping>使得程序中定义的 Servlet 类名和客户访问的 URL 彼此独立。当 Servlet 类名发生改变，只要修改<servlet>元素中的<servlet-class>子元素，而客户端访问 Servlet 的 URL 无须做相应的改动。

<servlet-mapping>元素的子元素描述参见表 B-4。

表 B-4　<servlet-mapping>元素的子元素

属　性	描　述
<servlet-name>	指定 Servlet 的名字。这里的 Servlet 名字应该和<servlet>元素中定义的名字匹配
<url-pattern>	指定访问这个 Servlet 的 URL。这里只需给出相对于整个 Web 应用的 URL 路径

B.4　配置 Session

<session-config>元素用来设定 HTTP Session 的生命周期。例如，以下代码指明，Session 可以保持不活动状态的最长时间为 30 秒，超过这一时间，Servlet 容器将把它作为无效 Session 处理。

```
<session-config>
  <session-timeout>30</session-timeout>
</session-config>
```

<session-config>元素只包括一个子元素<session-timeout>，它用来设定 Session 可以保持不活动状态的最长时间，这里采用的时间单位为"秒"。

B.5　配置 Welcome 文件清单

当客户访问 Web 应用时，如果仅仅给出 Web 应用的 Root URL，没有指定具体的文件名，Servlet 容器会自动调用 Web 应用的 Welcome 文件。<welcome-file-list>元素用来设定 Welcome 文件清单。以下代码中声明了两个 Welcome 文件：login.jsp 和 index.htm。

```
<welcome-file-list>
<welcome-file>login.jsp </welcome-file>
```

```
    <welcome-file>index.htm </welcome-file>
    </welcome-file-list>
```

<welcome-file-list>元素中可以包含多个<welcome-file>，当 Sevlet 容器调用 Web 应用的 Welcome 文件时，首先寻找第一个<welcome-file>指定的文件。如果这个文件存在，那么把这一文件返回给客户；如果这个文件不存在，Servlet 容器将依次寻找下一个 Welcome 文件，直到找到为止；如果<welcome-file-list>元素中指定的所有文件都不存在，服务器将向客户端返回"HTTP 404 Not Found"的错误信息。

B.6 配置 Tag Library

<taglib>元素用来设置 Web 应用所引用的 Tag Library。以下代码声明引用了 mytaglib 标签库，它对应的 TLD 文件为/WEB-INF/mytaglib.tld。

```
<taglib>
   <taglib-uri>/mytaglib</taglib-uri>
   <taglib-location>/WEB-INF/mytaglib.tld</taglib-location>
</taglib>
```

<taglib>元素中的子元素描述参见表 B-5。

表 B-5 <taglib>元素的子元素

属　性	描　述
<taglib-uri>	设定 Tag Library 的惟一标识符，在 Web 应用中将根据这一标识符来引用 Tag Library
<taglib-location>	指定和 Tag Library 对应的 TLD 文件的位置

B.7 配置资源引用

如果 Web 应用访问了由 Servlet 容器管理的某个 JNDI Resource，必须在 web.xml 文件中声明对这个 JNDI Resource 的引用。表示资源引用的元素为<resource-ref>，以下是声明引用 jdbc/SampleDB 数据源的代码。

```
<resource-ref>
  <description>DB Connection</description>
  <res-ref-name>jdbc/sampleDB</res-ref-name>
  <res-type>javax.sql.DataSource</res-type>
  <res-auth>Container</res-auth>
</resource-ref>
```

<resource-ref>的子元素描述参见表 B-6。

表 B-6 <resource-ref>的子元素

属　性	描　述
description	对所引用的资源的说明
res-ref-name	指定所引用资源的 JNDI 名字
res-type	指定所引用资源的类名字
res-auth	指定管理所引用资源的 Manager，它有两个可选值：Container 和 Application。Container 表示由容器来创建和管理 Resource，Application 表示由 Web 应用来创建和管理 Resource

B.8 配置安全约束

<security-constraint>用来为 Web 应用定义安全约束。以下代码指明当用户访问该 Web 应用下所有的资源，必须具备 guest 角色。

```
<security-constraint>
  <web-resource-collection>
    <web-resource-name>sample application</web-resource-name>
    <url-pattern>/*</url-pattern>
  </web-resource-collection>

  <auth-constraint>
     <role-name>guest</role-name>
  </auth-constraint>
</security-constraint>
```

<security-constraint>元素和<web-resource-collection>元素中的子元素描述参见表 B-7 和表 B-8。

表 B-7 <security-constraint>元素的子元素

属　性	描　述
<web-resource-collection>	声明受保护的 Web 资源
<auth-constraint>	声明可以访问受保护资源的角色，可以包含多个<role-name>子元素

表 B-8 <web-resource-collection>元素的子元素

属　性	描　述
<web-resource-name>	标识受保护的 Web 资源
<url-pattern>	指定受保护的 URL 路径

B.9 配置安全验证登录界面

<login-config>元素指定当 Web 客户访问受保护的 Web 资源时，系统弹出的登录对话框的类型。以下代码配置了基于表单验证的登录界面：

```
<login-config>
  <auth-method>FORM</auth-method>
```

```
  <realm-name>Form-Based Authentication Area</realm-name>
  <form-login-config>
    <form-login-page>/login.jsp</form-login-page>
    <form-error-page>/error.jsp</form-error-page>
  </form-login-config>
</login-config>
```

<login-config>元素的各个子元素说明参见表 B-9。

表 B-9 <login-config>元素的子元素

属　性	描　述
<auth-method>	指定验证方法。它有 3 个可选值：BASIC（基本验证）、DIGEST（摘要验证）和 FORM（基于表单的验证）
<realm-name>	设定安全域的名称
<form-login-config>	当验证方法为 FORM 时，配置验证网页和出错网页
<form-login-page>	当验证方法为 FORM 时，设定验证网页
<form-error-page>	当验证方法为 FORM 时，设定出错网页

B.10 配置对安全验证角色的引用

<security-role>元素指明这个 Web 应用引用的所有角色名字。例如，以下代码声明引用了 guest 角色：

```
<security-role>
  <description>
    The role that is required to log in to the sample Application
  </description>
  <role-name>guest</role-name>
</security-role>
```

附录 C XML 简介

XML，即可扩展标记语言（Extensible Markup Language），是一种可以用来创建自定义标记的标记语言。它是 Internet 环境中跨平台的、依赖于内容的技术，它可以简化 Internet 上的文档信息传输，并且在目前流行的分布式软件架构中作为系统之间通信的公共语言。XML 是年轻的元（meta）语言。早在 1998 年，W3C 就发布了 XML 1.0 规范。内容建设者们已经开始开发各种各样的 XML 应用程序，比如说数学标记语言 MathMl 和化学标记语言 CML 等。

XML 不仅满足了 Web 开发者的需要，而且适用于任何对出版业感兴趣的人。Oracle、IBM 以及 Microsoft 公司都积极地投入人力与财力研发 XML 相关软件，这无疑确定了 XML 在 IT 产业的美好前景。

C.1 SGML、HTML 与 XML 的比较

HTML 和 XML 都基于 SGML，即标准通用标记语言（Standard Generalized Markup Language）。SGML 太复杂，HTML 虽然简单但缺乏可扩展性，XML 克服了两者的缺点，所以被广泛地应用于 Web 开发领域。

1．标准通用标记语言 SGML

SGML 是描述电子文档的国际化标准，它是用于书写其他语言的元语言，以逻辑化和结构化的方式描述文本文档，主要用于文档的创建、存储以及分发。

SGML 文档已经被美国军方及美国航空业使用多年，但是对于 Web 工作者来说却显得非常复杂，难以理解，使许多本打算使用它的人望而却步，难怪有人把它翻译为“听起来很棒，但或许以后会用（Sounds great, maybe later）”。SGML 的复杂导致了 HTML 语言（SGML 的一个子集）的成长。

2．超文本标记语言 HTML

HTML 使得 Web 开发变得非常的简单。开发者无须了解 HTML 语法，就可以使用 HTML 编辑器进行 Web 创作。

但是 HTML 存在很大的局限性。由于标准的 HTML 标记已经由 W3C 组织预先确定，所以当描述复杂文档时 HTML 就显得力不从心。HTML 是面向描述的，而非面向对象的。因此，HTML 标记不会给出内容的含义。那么，为什么 W3C 组织不再引进一些新的标记来描述内容呢？因为这么做将导致另一个难题：浏览器生厂商会引进新的但却是非通用的标记

来吸引用户使用他们的产品，这会导致能被浏览器 A 正确解析的一个 HTML 文件，在浏览器 B 中却无法正常显示。

使用当前的 HTML，开发者必须对文档进行许多的调整才能与流行的浏览器兼容。由于浏览器不会去检查错误的 HTML 代码，因此导致 Internet 上大量的文档包含了错误的 HTML 语法。这个问题越来越严重，W3C 开始寻找解决办法，这就是 XML。

3. 可扩展标记语言 XML

XML 可以看做是 SGML 的简化版。XML 是可扩展的，我们可以创建自定义元素以满足创作需要。有了这个强大特征，就不用等待 W3C 委员会发布包含所需要的新标记的下一个 HTML 版本了。

XML 是结构化的，每个 XML 文档都基于特定的结构。如果一个文档没有适当的结构，那么就不能认为它是 XML。

XML 比 SGML 更容易存取。因为它具有良好的结构，因此程序员可以容易地编写软件来解析和处理 XML 文档。XML 语言可以方便地区分文档内容和 XML 标记元素。

C.2 DTD 文档类型定义

DTD（Document Type Definition）可以看做是标记语言的语法文件，它是一套定义 XML 标记如何使用的规则。DTD 定义了元素、元素的属性和取值，以及哪个元素可以被包含在另一个元素中的说明。DTD 还可以用于定义实体。

下面是一个关于 E-Mail 的 DTD 文件：

```
<!ELEMENT Mail (From, To, Cc?, Date?, Subject, Body)>
<!ELEMENT From (#PCDATA)>
<!ELEMENT To (#PCDATA)>
<!ELEMENT Cc (#PCDATA)>
<!ELEMENT Date (#PCDATA)>
<!ELEMENT Subject (#PCDATA)>
<!ELEMENT Body (#PCDATA | P | Br)*>
<!ELEMENT P (#PCDATA | Br)*>
<!ATTLIST P align (left | right | justify) "left">
<!ELEMENT Br EMPTY>
```

根据上面 DTD 的内容，与之符合的 XML 文档具备如下特征：

- <Mail>元素中包含一个<From>，一个<To>，一个可选择的<Cc>，一个可选择的<Date>，一个<Subject>和一个<Body>元素。
- <From>、<To>、<Cc>、<Date>和<Subject>元素只包含文本信息。
- <Body>元素可以含有文本和零个或者多个<P>和
元素。
- <P>元素可以包含文本和零个或者多个
元素。
- <P>元素有一个 align 属性，它的可取值范围是 left、justify 或者 right，默认值是 left。
-
元素的内容为空。

在 DTD 文件中，可以使用一些特殊符号来修饰元素，表 C-1 对这些符号的作用作了说明。

表 C-1 DTD 中特殊符号的作用

符号	含义
无符号	该子元素在父元素内必须存在且只能存在一次
+	该子元素在父元素内必须存在，可以存在一次或者多次
*	该子元素在父元素内可以不存在，或者存在一次或者多次。它是比较常用的符号
?	该子元素在父元素内可以不存在，或者只存在一次。它是比较常用的符号

例如在以上 E-Mail 的 DTD 文件中包含以下内容：

```
<!ELEMENT Mail (From, To, Cc?, Date?, Subject, Body)>
```

其中“From”表明<From>子元素在<Mail>父元素中必须存在且只能存在一次；“Cc?”表明<Cc>子元素在<Mail>父元素中可以不存在，或者只存在一次。

XML 解析器将使用这个 DTD 文档来解析 XML 文档。DTD 使人们能够发布文档以与其他人共享。XML 文档应该告诉 XML 执行程序如何寻找 DTD 文档，XML 文件开头的<!DOCTYPE>元素提供了这一功能。请看下面的例子：

```
<!DOCTYPE Mail system "http://mymailsystem.com/DTDS/mail.dtd">
<Mail>
  …
</Mail>
```

C.3 有效 XML 文档以及简化格式的 XML 文档

XML 文档分为两类：

- 简化格式的 XML 文档：其特征为没有相应的 DTD 文档
- 有效的 XML 文档：其特征为必须有相应的 DTD 文档

1. 简化格式的 XML 文档

简化格式的 XML 文档必须遵从下面几个原则：

- 至少有一个元素
- 遵守 XML 规范
- 根元素（比如上面例子中的<Mail>元素）应该不被其他元素所包含
- 适当的元素嵌套
- 除了保留实体外，所有的实体都要声明

即使没有声明 DTD 文件，XML 解析器也可以解析简化格式的 XML 文档。这个特征对于 Web 应用程序非常有利，因为应用程序不需要了解用于创建 XML 文档的 DTD 结构。

例如，以下是一个简化格式的 XML 文档的例子：

```
<?xml version="1.0" standalone="yes"?>
<Mail>
  <From>Author</From>
  <To>Receiver</To>
```

```
  <Date> Thu, 7 Oct 1999 11:15:16 -0600</Date>
  <Subject>XML Introduction</Subject>
  <Body>
    <P>Thanks for reading <Br/> this article</P>
    <Br/>
    <P>Hope you enjoyed this article</P>
  </Body>
</Mail>
```

第一行是XML声明，其中version属性指明了XML的版本，standalone属性取值为“yes”，表示该XML文档是独立的，它不需要特定的DTD文件来验证其中的XML标记。standalone属性的默认值为 no。XML 声明可以看做是“运行指令”。尽管这个声明不是必需的，但最好包含它，以提高文档的灵活性。

2. 有效 XML 文档

有效 XML 文档指的是那些拥有一个 DTD 参考文件的 XML 文档。一个有效 XML 文档必须首先是简化格式的 XML 文档。而这个文档的 DTD 文件则可以保证 XML 执行程序能正常运行，以及 XML 文档能在支持 XML 的浏览器中正确显示。

例如，以下是一个遵守 mail.dtd 文件的有效 XML 文档。<Date>元素被省略，因为在mail.dtd 中它是可选的。有一个元素<P>的 align 属性取值为 justify，还有一个元素<P>的 align 属性取默认值 left：

```
<?xml version="1.0" standalone="no"?>
<!DOCTYPE Mail system "http://mymailsystem.com/DTDS/mail.dtd">
<Mail>
  <From>Author</From>
  <To>Receiver</To>
  <Cc>Receiver2</Cc>
  <Subject>XML Introduction</Subject>
  <Body>
    Comments:<P align="justify">Thanks for reading this article</P>
    <Br/>
    <P>Hope you enjoyed this article</P>
  </Body>
</Mail>
```

XML 文档可以含有注释信息，注释的语法与 HTML 相似。除了“--”字符串外，任何其他文本信息都可以放置在注释标记“<!--” 和 “-->”之间。例如以下代码是 Tomcat 的server.xml 文件中开头的注释信息：

```
<!-- Note: A "Server" is not itself a "Container", so you may not
     define subcomponents such as "Valves" at this level.
     Documentation at /docs/config/server.html
-->
```

C.4 XML 中的常用术语

通过本书的学习，读者已经了解到Tomcat的配置文件、Web应用的发布描述文件、JavaEE应用的发布描述文件以及 SOAP 服务的发布描述文件，都是基于 XML 的。下面将解释本书中涉及的几个 XML 术语。

C.4.1　URL、URN 和 URI

URL 是统一资源定位符（Uniform Resource Locator）的缩写，URN 是统一资源名称（Uniform Resource Name）的缩写，URI 是统一资源标识符（Uniform Resource Identifier）的缩写。

URL 是通过“通信协议＋网络地址”字符串来唯一标识信息位置及资源访问路径的一种方法。

URN 主要用于唯一标识全球范围内由专门机构负责的稳定的信息资源，URN 通常给出资源名称而不提供资源位置。

URI 是一种用字符串来唯一标识信息资源的工业标准（RFC2396），它使用的范围及方式都较为广泛，在 XML 中可用 URI 来标识元素的命名空间（Namespace）。URI 包括了 URL 和 URN。

C.4.2　XML 命名空间

XML 命名空间提供了一种避免元素名冲突的方法。

1．名字冲突

由于 XML 中的元素名不是固定的，因此当两个不同的文档使用同样的名字描述两个不同类型的元素时就会发生名字冲突。

例如有两份 XML 文档，它们都包含了一个<table>元素，第一个文档的<table>元素中包含了水果信息：

```
<table>
  <tr>
    <td>Apples</td>
    <td>Bananas</td>
  </tr>
</table>
```

第二个文档的<table>元素中包含了一件家具的信息:

```
<table>
  <name>African Coffee Table</name>
  <width>80</width>
  <length>120</length>
</table>
```

如果这两个 XML 文档被放到一个文件中，就会发生元素名字冲突，因为这两个文档都包含了一个<table>元素，但这两个元素的内容和定义都不同。

2．用一个前缀解决名字冲突

为了解决名字冲突，可以为这两个 XML 文档中的元素分别加上不同的前缀，这样就可以区分它们。

XML 文档 1：

```
<h:table>
  <h:tr>
    <h:td>Apples</h:td>
    <h:td>Bananas</h:td>
  </h:tr>
</h:table>
```

XML 文档 2：

```
<f:table>
  <f:name>African Coffee Table</f:name>
  <f:width>80</f:width>
  <f:length>120</f:length>
</f:table>
```

现在就没有元素名冲突的问题了，因为两个文档的<table>元素使用了不同的名字：<h:table>和<f:table>。通过使用不同前缀，可以创建两个不同类型的<table>元素。

3．使用命名空间

下面再分别为这两个文档加上命名空间的信息。

XML 文档 1：

```
<h:table xmlns:h="http://www.mynamespace.com/fruit">
  <h:tr>
    <h:td>Apples</h:td>
    <h:td>Bananas</h:td>
  </h:tr>
</h:table>
```

XML 文档 2：

```
<f:table xmlns:f="http://www.mynamespace.com/furniture">
  <f:name>African Coffee Table</f:name>
  <f:width>80</f:width>
  <f:length>120</f:length>
</f:table>
```

以上代码在<table>元素中增加了一个 xmlns 属性，它代表 XML Name Space，即 XML 命名空间，它用于把元素前缀与一个命名空间 URI 相关联。

命名空间属性 xmlns 放在一个元素的起始标记中，它的语法如下：

```
xmlns:namespace_prefix="namespace URI"
```

在上面的例子中，命名空间 URI 本身是用一个 Internet 地址定义的：

```
xmlns:f="http://www.mynamespace.com/furniture"
```

W3C 命名空间规范规定命名空间本身应该是一个统一资源标识符（URI）。当一个命名空间在一个元素的起始标记中定义时，所有具有相同前缀的子元素都处于这同一个命名空间中。

附录 D　书中涉及软件获取途径

为了便于读者在本地机器上搭建运行范例的环境，以下表 D-1 列出了书中涉及的软件的三种获取途径：

（1）在本书附赠光盘的 software 目录下提供了大部分软件。

（2）在本书技术支持网页（www.javathinker.net/Java Web.jsp）上提供了所有软件的下载链接。

（3）到每个软件的官方网站上下载。本书在提及每个软件时，介绍了具体的官方下载网址。

表 D-1　书中涉及软件下载地址

章号	软件名称	光盘上位置（software 目录下）	下载网址
通用	JDK	无	http://www.oracle.com/technetwork/cn/java/javase/downloads/index.html http://www.javathinker.net/Java Web.jsp
通用	Tomcat	apache-tomcat-9.0.10-windows-x64.zip apache-tomcat-9.0.10.exe apache-tomcat-9.0.10.tar.gz apache-tomcat-9.0.12-src.zip	http://tomcat.apache.org/ http://www.javathinker.net/Java Web.jsp
通用	ANT	apache-ant-1.10.1-bin.zip	http://ant.apache.org/ http://www.javathinker.net/Java Web.jsp
通用	MySQL	mysql-installer.msi	http://www.mysql.com http://www.javathinker.net/Java Web.jsp
11 章	MerakMailServer	无	http://www.icewarp.com http://www.javathinker.net/Java Web.jsp
21 章	WildFly	wildfly14.zip	http://wildfly.org/downloads/ http://www.javathinker.net/Java Web.jsp
22 章	AXIS	axis2-1.7.8-war.zip axis2-1.7.8-bin.zip	http://axis.apache.org http://www.javathinker.net/Java Web.jsp
23 章	Spring	spring-framework-5.1.2.RELEASE-dist.zip	https://repo.spring.io/libs-release-local/org/springframework/spring/ http://www.javathinker.net/Java Web.jsp
26 章	Apache HTTP 服务器	httpd-2.4.37-win64-VC15.zip httpd-2.4.37.tar.gz	http://httpd.apache.org/ http://www.javathinker.net/Java Web.jsp
31 章	Log4J	apache-log4j-2.11.1-bin.zip	http://logging.apache.org/log4j/ http://www.javathinker.net/Java Web.jsp

章号	软件名称	光盘上位置（software 目录下）	下载网址
32 章	Velocity	velocity-engine-core-2.0.jar velocity-tools-generic-3.0.jar velocity-tools-view-3.0.jar	http://velocity.apache.org http://www.javathinker.net/Java Web.jsp
33 章	嵌入式 Tomcat	apache-tomcat-9.0.12-embed.zip	http://tomcat.apache.org http://www.javathinker.net/Java Web.jsp

下面是本书涉及所有软件在本书的技术支持网站上的具体下载网址。

- JDK10 安装软件(for Windows)
  http://www.javathinker.net/software/jdk-10_windows-x64_bin.exe
- JDK10 安装软件（for Linux）
  http://www.javathinker.net/software/jdk-10.0.1_linux-x64_bin.tar.gz
- Tomcat9 安装软件(for Windows,ZIP 文件)
  http://www.javathinker.net/software/apache-tomcat-9.0.10-windows-x64.zip
- Tomcat9 安装软件(for Windows, EXE 文件)
  http://www.javathinker.net/software/apache-tomcat-9.0.10.exe
- Tomcat9 安装软件（for Linux）
  http://www.javathinker.net/software/apache-tomcat-9.0.10.tar.gz
- Tomcat9 的源代码
  http://www.javathinker.net/software/apache-tomcat-9.0.12-src.zip
- TomcatEmbed9 ZIP 文件(包含创建嵌入式 Tomcat 程序所需的类库)
  http://www.javathinker.net/software/apache-tomcat-9.0.12-embed.zip
- MySQL5.7 安装软件
  http://www.javathinker.net/software/mysql-installer.msi
- Merak 邮件服务器安装软件(ZIP 文件)
  http://www.javathinker.net/software/merak.zip
- wildfly14 JavaEE 服务器软件(ZIP 文件)
  http://www.javathinker.net/software/wildfly14.zip
- Axis2-bin ZIP 文件
  http://www.javathinker.net/software/axis2-1.7.8-bin.zip
- Axis2-war ZIP 文件
  http://www.javathinker.net/software/axis2-1.7.8-war.zip
- ANT1.10 ZIP 文件
  http://www.javathinker.net/software/apache-ant-1.10.1-bin.zip
- Velocity Engine Core2.0 JAR 类库文件
  http://www.javathinker.net/software/velocity-engine-core-2.0.jar

- Velocity Tool Generic3.0 JAR 类库文件

  http://www.javathinker.net/software/velocity-tools-generic-3.0.jar

- Velocity Tool View3.0 JAR 类库文件

  http://www.javathinker.net/software/velocity-tools-view-3.0.jar

- Log4J 2.11　ZIP 文件

  http://www.javathinker.net/software/apache-log4j-2.11.1-bin.zip

- Apache HTTP 服务器 2.4 (for Windows, ZIP 文件)

  http://www.javathinker.net/software/httpd-2.4.37-win64-VC15.zip

- Apache HTTP 服务器 2.4 (for Linux, GZ 文件)

  http://www.javathinker.net/software/httpd-2.4.37.tar.gz

- Spring 5.1.2 ZIP 文件

  http://www.javathinker.net/software/spring-framework-5.1.2.RELEASE-dist.zip

读者服务

读者在阅读本书的过程中如果遇到问题，可以关注“有艺”公众号，通过公众号与我们取得联系。此外，通过关注“有艺”公众号，您还可以获取更多的新书资讯、书单推荐、优惠活动等相关信息。

扫一扫关注“有艺”

投稿、团购合作：请发邮件至 art@phei.com.cn。